疯狂 Windows Server 2012 Hyper-V3.0 实战虚拟化讲义

王伟任　著

蒋魏鹏　译

中国水利水电出版社
www.waterpub.com.cn

内 容 提 要

作为虚拟化领域的后起之秀，Windows Server 2012（Hyper-V 3.0）在企业级应用中更具优势，在高可用性方面能提供更多的解决方法，更符合实际应用环境；同时升级更为强大的 System Center Virtual Machine Manager 2012（SCVMM）平台级管理工具，使管理员可以更便捷地管理Hyper-V 环境。本书共 19 章，详细阐述了 Windows Server 2012 服务器虚拟化的部署、管理、应用以及在实际应用中遇到的问题。从一开始的 x86 虚拟化技术，到如何让读者通过 Nested Virtualization 概念打造仅使用一台 PC 主机，便能完成书中所有高级实验的 Hyper-V in a Box 多层虚拟化运行环境，接着从基础配置开始暖身慢慢晋级到 Hyper-V 3.0 各项高级实验。

原著书名：24 小时不打烊的云端服务：专家教你用 Windows Server 2012 Hyper-V3.0 战虚拟化技术

本书中文繁体版本版权由台湾博硕文化股份有限公司（DrMaster Press Co., Ltd）获作者王伟任授权拥有独家出版发行，中文简体版本版权由博硕文化股份有限公司（DrMaster Press Co., Ltd）获作者同意授权中国水利水电出版社独家出版发行。

北京市版权局著作合同登记图字：01-2013-5831 号

图书在版编目（ＣＩＰ）数据

疯狂Windows Server 2012 Hyper-V3.0实战虚拟化讲义 / 王伟任著 ; 蒋魏鹏译. -- 北京 : 中国水利水电出版社, 2014.4

ISBN 978-7-5170-1844-5

Ⅰ. ①疯… Ⅱ. ①王… ②蒋… Ⅲ. ①Windows操作系统－网络服务器－系统管理 Ⅳ. ①TP316.86

中国版本图书馆CIP数据核字(2014)第056235号

策划编辑：周春元　　　责任编辑：李　炎　　　封面设计：李　佳

书　　名	疯狂 Windows Server 2012 Hyper-V3.0 实战虚拟化讲义
作　　者	王伟任　著　蒋魏鹏　译
出版发行	中国水利水电出版社 （北京市海淀区玉渊潭南路 1 号 D 座　100038） 网址：www.waterpub.com.cn E-mail：mchannel@263.net（万水） sales@waterpub.com.cn 电话：（010）68367658（发行部）、82562819（万水）
经　　售	北京科水图书销售中心（零售） 电话：（010）88383994、63202643、68545874 全国各地新华书店和相关出版物销售网点
排　　版	北京万水电子信息有限公司
印　　刷	三河市铭浩彩色印装有限公司
规　　格	185mm×240mm　16 开本　53 印张　1208 千字
版　　次	2014 年 4 月第 1 版　2014 年 4 月第 1 次印刷
印　　数	0001—3000 册
定　　价	108.00 元

译者序

虚拟化，毫无疑问是现在IT界技术热潮之一，尤其是在云计算的时代背景之下，其发展非常迅速，潜力巨大。虚拟化正在全面改变IT架构的管理、存储、网络、安全、操作系统和应用程序等方面的实现方式，并且已经有了非常多的虚拟化方案可供选择。随着近几年的迅猛发展，虚拟化技术在商业应用上的优势日益显露。虚拟化不仅可以降低IT资本投入、节省各种资源，而且可以加强管理者对自身IT资源的管理，提高系统的安全性及可靠性。虚拟化技术集多种优点于一身，许多企业和组织争相部署，这使得虚拟化技术逐渐成为一种重要的IT基础架构。可以说没有虚拟化，就没有云计算。

虚拟化有许多优秀的产品，微软的Hyper-V便是其一。本书紧紧围绕Windows Server 2012 中内置的Hyper-V 3.0产品进行循序渐进、条理清晰的讲解说明。书中对Hyper-V 3.0各项功能均有详实的安装及具体操作流程说明，可以使初学虚拟化的读者从菜鸟华丽地变身为高手。

如果非要说这本书有什么缺陷的话，就是它的整体连贯性比较强，需要读者耐心地从头到尾边实验边读完本书，就能得到非常好的效果。如果读者只是想了解Hyper-V 3.0某个功能的话就需要费些功夫翻翻前面章节先了解下本书实验环境是怎样的。从这个意义上说，这本书更适合作为教材，而不是作为参考手册。

不管怎样，这本书都将是一本非常出色的Hyper-V专著。在本书翻译过程中，特别感谢中国水利水电出版社周春元总经理及李炎编辑给予的宝贵建议，我们的共同努力促使本书的尽快出版。

蒋魏鹏（Sudu）

2014年4月于西安

译者小传：蒋魏鹏（网名：Sudu、速小度），从事多年网络安全工作，近几年专精于云计算及虚拟化。热诚学习IT新技术，愿与读者分享交流、共同进步。

博客 http://www.sudu.us　微博 http://weibo.com/suduit

序

云计算（Cloud Computing）这几年对于许多 IT 人员来说应该不陌生才对，有人觉得云计算不过是一些厂商联合起来利用旧瓶装新酒的概念再炒作一次，有人则觉得云计算改变了整个 IT 基础结构及应用方式，然而追根究底之下提供这样高可用性并具备高弹性的底层计算基础，便是来自于「虚拟化技术」。

那么市场上那么多种的虚拟化技术该选择哪一种才最符合您的需求呢？2012 年 9 月上市的云操作系统 Windows Server 2012，已经将内置的虚拟化技术 Hyper-V 提升到版本 3.0 了，新一代的 Hyper-V 3.0 虚拟化技术到底能够帮助您的企业迎向哪些挑战，不管是计划性迁移、非计划性停机、异地备份、重复数据删除等高级技术，其功能都内置在 Windows Server 2012（Hyper-V 3.0）当中，您不需要像其他虚拟化技术在购买时要头痛需要哪些功能，要购买哪些授权，因为所有的功能全部都包含在其中了，相信您在阅读完本书并且实验一遍之后便能有深刻的体会。

通过新一代 Hyper-V 3.0 虚拟化技术，想要创建一套具备高可用性、可随时动态迁移、弹性化的虚拟架构其实很简单，但是要创建完整的虚拟化架构还有许多方面需要考虑，如完整机房环境、稳定可靠的备份电力、机房空调温湿度、高效率服务器、高效率共享存储设备、高带宽存储传输环境、虚拟化技术软件授权费用等因素，这些在本书当中也都有适当的提醒读者。

为了使读者能够实验出书中各章节内容，本书中特别说明该如何通过「Nested Virtualization」的概念，来搭建出「Hyper-V in a Box」多层虚拟化运行环境（VM 再生出 VM），因此读者只要准备一台 PC 主机便可实验出书中所有章节内容，不管是非群集架构或群集架构技术，如实时迁移（Live Migration）、存储实时迁移（Live Storage Migration）、无共享存储实时迁移（Shared-Nothing Live Migration）、SMB 3.0、Hyper-V 副本异地备份（Hyper-V Replica）、重复数据删除（Data Deduplication）等，在本书中都有详尽的说明及实验，以方便您评估新一代 Hyper-V 3.0 虚拟化技术平台。

最后，一本书能够完成要感谢许多人的指导及支持，首先要感谢我的老婆姿芩，感谢你在背后默默支持，使我能无后顾之忧尽情写作，虚拟化技术启蒙恩师 Johnny 以及 Microsoft MVP 伙伴们 Aska、Andy、Dotjum、Jason 的技术讨论，还有魔力门站长 ZMAN、统振游戏商务总监 Bobby、系统工程师江宏清对于结构化布线及机房的技术指导，以及博硕文化古成泉总编辑、陈锦辉技术主编以及所有团队人员，对于本书相关内容的建议及指导，使得本书得以完美诞生与读者见面。

王伟任（Weithenn）

2013 年 5 月

目　录

准备篇

基础篇

实战篇 不创建故障转移群集

实战篇 创建故障转移群集

Chapter 1

云计算与 x86 虚拟化技术

从云计算近年来为什么如此热门开始，让您了解所谓的云计算最少必须具备五项技术特征、四个布署模型、三种服务模式，这样的服务才能称得上是云计算。让您不再人云亦云。同时相信许多读者已经被全虚拟化技术、半虚拟化技术、硬件辅助虚拟化技术等技术名词搞得混乱，在本章当中也有详细的说明让您彻底了解 x86 虚拟化技术。此外目前市场上充斥着多种虚拟化技术解决方案，在本章中也提出了由知名市调机构 Gartner 的调查结果，让您不用害怕所学习的虚拟化技术跟不上市场趋势。本章最后列举了打造高可用性环境（如机房、制冷降温能力、机柜、结构化布线等）的数据中心基础设施注意事项供您参考。

1-1 云计算

「云计算（Cloud Computing）」这个名词近年来对于许多 IT 人员来说应该不陌生才对（或者听到烦了吧!!）。有人觉得云计算只不过是一些厂商联合起来利用旧瓶装新酒的概念再度炒作一次，有人则觉得云计算改变了整个 IT 基础结构及应用方式，当然若您是一般的使用者则更会觉得要不要云计算跟我有什么关系（只要厂商提供的服务运行正常就好!!）。

不过相信您应该是跟云计算有关系的 IT 人员（否则您应该也不会对这本书有兴趣吧？），因此笔者也不免俗地来概略谈谈什么是云计算，当然每个人对于云计算的认知各有不同，因此请允许笔者说明个人所粗浅认知的云计算。

云计算，基本上来说就是采用互联网的计算方式。因为在网络架构图中通常对于「互联网（Internet）」这个充满未知的环境我们会使用「云」来形容它，而正因为云深不可知，因此通过这种计算方式并且将计算资源及相关信息，提供给需要的计算机、设备或载体时就称之为云计算（Cloud Computing）（见图 1-1）。通常云计算服务的供应厂商为了方便使用者能够随时存取云资源，提供以浏览器（Browser）或其他网页服务的方式，使得使用者能够以最方便的方式进行云资料的存取作业。

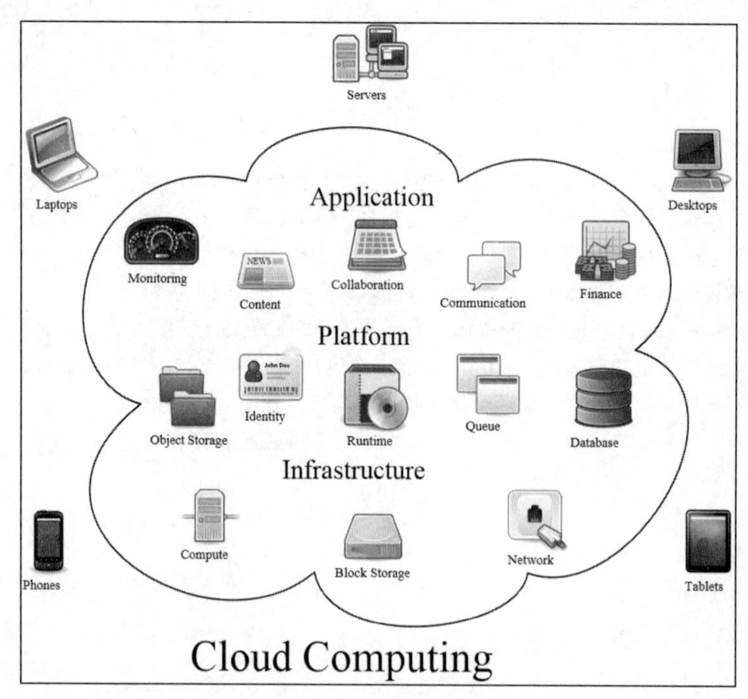

图 1-1　云计算概念图

云计算中关于「云」又常常区分为四种（见图 1-2），分别是公有云、私有云、混合云和社区云：

- 公有云（Public Cloud）：通常搭建于「互联网」上的云，使用者可以通过互联网进行存取及应用，例如 Amazon AWS、Microsoft Azure。
- 私有云（Private Cloud）：通常搭建于「企业内部」上的云，仅提供企业内部存取使用，不开放外部存取。
- 混合云（Hybrid Cloud）：结合了公有云及私有云。
- 社区云（Community Cloud）：基于几个组织中所共同关心议题而搭建的云，可能交由第三方托管或者搭建于公有云或私有云之间。

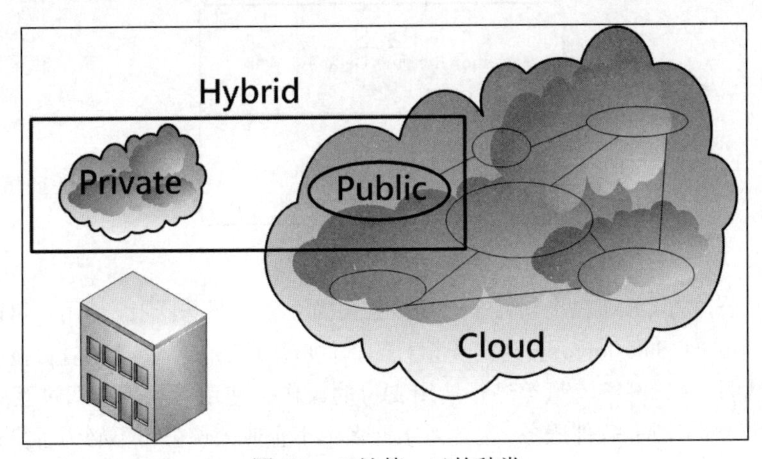

图 1-2　云计算—云的种类

1-1-1　云计算服务模式

目前市场上具有代表性的云计算厂商有 Amazon EC2/S3、Google App Engine、Windows Azure、Yahoo Hadoop 等，而云计算如果根据服务来分的话又可以分为三种服务模式，分别是软件即服务（Software as a Service，SaaS）、平台即服务（Platform as a Service，PaaS）、架构即服务（Infrastructure as a Service，IaaS），如图 1-3 所示。事实上若要细分的话还有许许多多的云服务如雨后春笋般涌出，目前热门的有云存储服务（Storage as a Service，StaaS）、云监控服务（Monitoring as a Service，MaaS）等服务，基本上可以统称为「一切即服务（Everything as a Service，XaaS)」。

1. 软件即服务 SaaS

软件即服务 SaaS（Software as a Service），为通过互联网（Internet）的方式提供软件模式，由使用者向供应厂商租用基于网页形式的软件，以便管理企业营运项目，并且不需要对运行软件进行任何维护操作，全权由服务提供商自行管理和维护即可。知名的厂商如 Salesforce 公司通过互联网所提供的CRM 云客户关系管理系统便是个相当知名的应用服务。

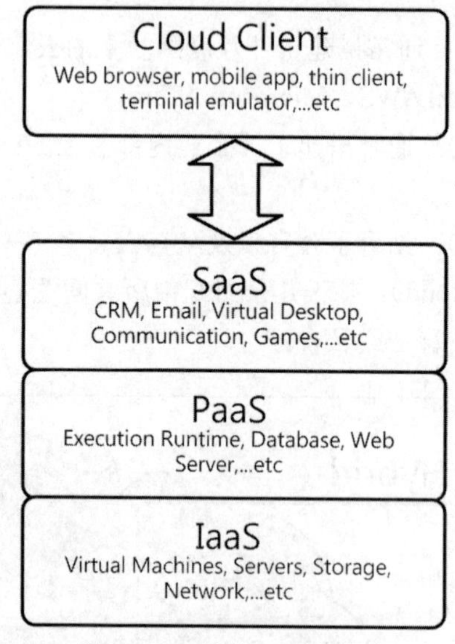

图 1-3　云计算－服务模式

Salesforce 公司将 CRM 应用软件布署在该公司的互联网服务器上，使用者可以根据公司内部的客户管理需求向 Salesforce 公司购买相关的软件应用服务，接着使用者再按所购买的软件服务多少、时间长短、网络流量等进行费用支付的操作。使用者只需要通过互联网即可获得 Salesforce 所提供的 CRM 软件服务，因此对于许多中小企业来说公司不必为了搭建 CRM 客户关系管理服务而购置机房、空调、电力、硬件服务器、CRM 网络服务带宽等以及维护 CRM 应用软件等，可有效降低企业的初期搭建及后续运维管理成本。

根据知名市调机构 Gartner Group 评估，软件即服务 SaaS 在 2010 年市场规模已经达到 100 亿美元，并在 2011 年达到 121 亿美元（上升 20.7%），并且预估在 2015 年时将会超过 2010 年时的两倍，也就是预计将会达到 213 亿美元。

2．平台即服务 PaaS

平台即服务 PaaS（Platform as a Service），提供各种程序开发平台给开发人员以协助构建或测试及部署定制应用程序，因此企业中的开发人员不用自行搭建主机、安装操作系统、准备程序语言环境，企业若导入 PaaS 服务便可以减少在 IT 服务器设备数量以及不同操作系统平台上的搭建成本。市场上知名的厂商有 Google App Engine、Amazon S3、Microsoft Azure、VMware Micro Cloud Foundry、Red Hat OpenShift 等。

以 VMware Micro Cloud Foundry 服务为例来说便可以打造出各种开放源代码的开发框架（Framework）及中间件（Middleware），例如可以打造出支持 Java on Spring、Ruby on Rails/Sinatra、Node.js 的程序语言环境以及 MySQL、MongoDB、Redis 数据库系统。而 RedHat OpenShift 服务也可以支持多种程序语言，如 Ruby、Python、Perl、PHP、Java，以及相关的开

发框架，如 Rails、Sinatra、Pylons、Turbogears、Django、PerlDancer、Zend、Cake、Symfony、CodeIgniter、EE6、CDI/Weld、Spring、Seam 等，数据库方面则是支持 MySQL、SQLite、MongoDB、Membase，如图 1-4 所示。由此可知使用这些 PaaS 服务可以大大节省开发人员为了搭建程序源码测试环境所花费的时间，并且缩短整体开发时间。

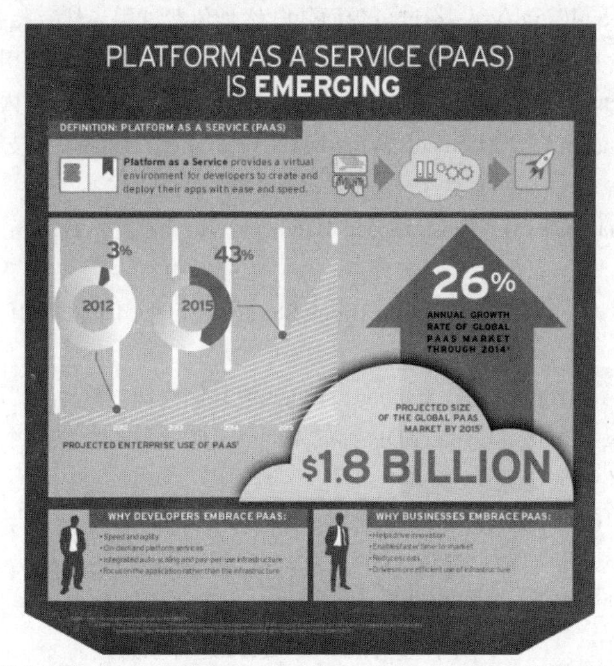

图片来源：RedHat 网站-Cloud Computing Solutions（http://goo.gl/W3g0e）

图 1-4　OpenShift Enterprise-PaaS by RedHat Cloud

3．架构即服务 IaaS

架构即服务 IaaS（Infrastructure as a Service），其实可以说它是整个云计算的基础架构。通常 IaaS 厂商利用大量的物理主机并且通过服务器虚拟化技术，将大量物理服务器的硬件资源整合搭建成一个庞大的计算资源池，而使用者仅需要通过浏览器选择他们所需要的硬件规格，例如几颗 CPU Socket、几个计算核心 CPU Cores、多少内存 Memory、多少硬盘空间 Hard Disk Size 等，选择完毕后便可以轻松搭建好使用者所选择硬件规格的虚拟机并且开始运行，因此对于新创立或小型公司若采用 IaaS 服务，可以减少公司在初创期间对于 IT 基础服务的搭建及管理成本。IaaS 服务供应厂商有 Hinet HiCloud、Amazon Web Services（AWS）EC2、IBM Blue Cloud、HP Flexible Computing Services 等。

以 Amazon EC2 为例，该公司采用 Xen 虚拟化技术将许多物理主机搭建成一个庞大的计算资源池，因此使用者只要登入 Amazon Web Services（AWS）首页后，就可以选择要将搭建的 VM 虚拟机布署在 Amazon 位于全球的哪一座机房中运行。目前 Amazon 全球共有四座主要机房，分别是美洲（美东-维吉尼亚州、美西-北加州）、亚洲（新加坡）、欧洲（爱尔兰）。并且可以搭建各种操作系统，如 Windows、类 UNIX（Linux、FreeBSD 等），之后于该操作系统上执行程序语言（如 PHP、Perl、Python、Ruby、JSP 等），进而使用它来架设商业网站（Business Web Site）、博客（Blog）、论坛社区（Web Forum）、虚拟专用网络（VPN）等企业服务。

读者若有兴趣的话，目前 Amazon Web Services（AWS）有提供「一年免费试用」方案 Free Usage Tier（http://goo.gl/V5ghV），不过可想而知既然是免费试用当然有相关限制（下列所整理的相关小时以及流量数据是以「每个月为限」，超过的部分必须要支付费用!!）：

- 750 小时 Amazon EC2 Linux Micro Instance（支持 32/64 位架构、内存 613 MB）
- 750 小时 Amazon EC2 Microsoft Windows Server Micro Instance（支持 32/64 位架构、内存 613 MB）
- 750 小时 Amazon ELB（Elastic Load Balancer）流量弹性负载平衡（15 GB 的网络资料处理）
- 30 GB 容量 Amazon EBS（Elastic Block Storage）存储空间（2 百万次 I/O 读写）及 1 GB 快照空间
- 5 GB 容量 Amazon S3（S3 Standard Storage）存储空间（2 万次读取、2 千次存储）
- 100 MB 容量 Amazon DynamoDB 存储空间（5 个写入单位、10 个读取单位）
- 15 GB 的网络传输流量
- 10 次告警、100 万次 API 请求服务等

此外 Windows Azure 目前也提供「90 天免费试用」方案（http://goo.gl/bghSG），不过可想而知既然是免费试用当然也有相关限制（下列整理的相关小时及流量数据是以「每个月为限」，超过则必须支付费用!!）。图 1-5 所示为 Windows Azure 运行示意图。

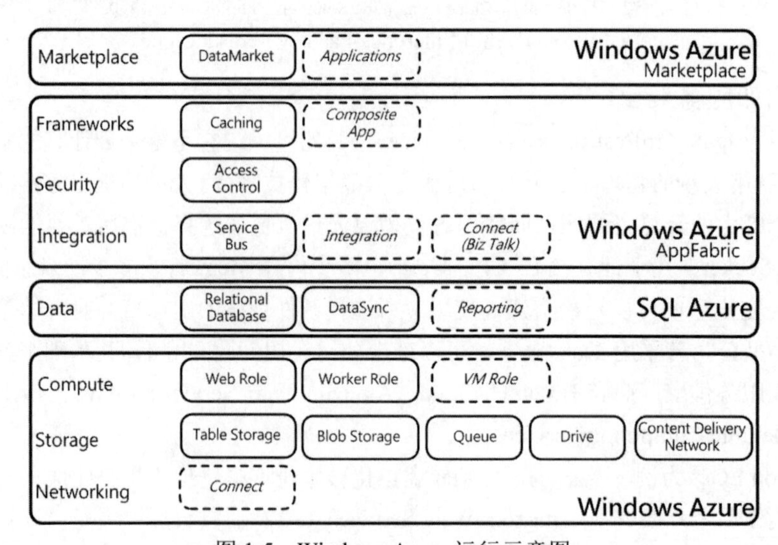

图 1-5　Windows Azure 运行示意图

- 750 小时的小型计算小时

- 10 个网站
- 10 个移动设备网站
- 1 个 SQL 数据库
- 100 小时 SQL Reporting 服务
- 35 GB 及 50,000,000 个文件限制
- 25 GB Output 网络带宽（Input 无限制）
- 20 GB Output 及 500,000 个数量
- 128 MB 内存
- 1,500 个中继小时及 500,000 条消息

从图 1-6 中，我们可以看到传统 IT 架构以及云计算的三种服务模式 IaaS、PaaS、SaaS 互相比较之下 IT 管理人员所需要费心处理的部分，传统 IT 架构虽然拥有最大的弹性但需要处理的部分最多（灰色部分），而随着使用 IaaS、PaaS、SaaS 云计算服务模式后 IT，管理人员需要介入的部分便越来越少。

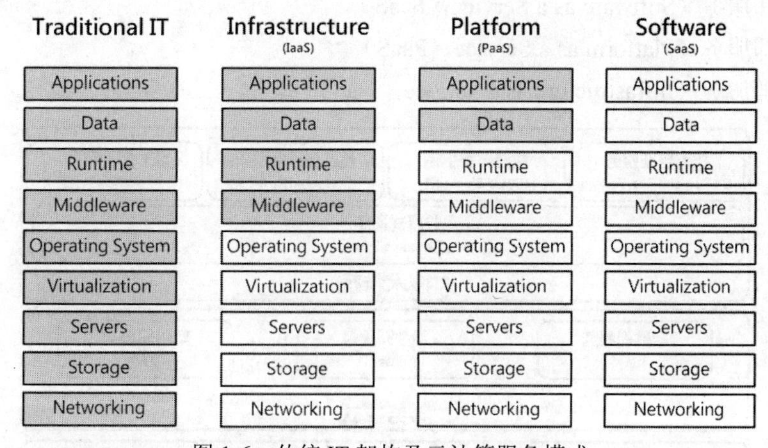

图 1-6　传统 IT 架构及云计算服务模式

1-1-2　云计算五四三

您是否觉得经过上述对于云计算的简单介绍后还是会感到有点困惑或混乱？其实现在市场上有许多厂商所提供的服务并未真正达到云计算等级，但是只要牵扯到使用互联网存取时厂商便会美其名地冠上云计算的称号以便在市场中占据份额，那么到底怎么样的服务才能称之为云计算呢？美国国家标准局（National Institute of Standards and Technology，NIST）对于云计算做出了适当的解释，也就是常常听到的「云计算五四三」。

根据美国国家标准局（NIST）在「The NIST Definition of Cloud Computing」（http://goo.gl/eBGBk）文件当中提到，若要达到云计算等级必须具备「五项技术特征、四个布

署模型、三种服务模式」，如图 1-7 所示。

五项技术特征

- 按需自助服务（On-demand self-service）
- 随时随地地使用任何网络设备存取（Broad network access）
- 共享式资源池（Resource pooling）
- 快速且弹性的布署机制（Rapid elasticity）
- 监控与计费服务（Measured service）

四个布署模型

- 公有云（Public cloud）
- 私有云（Private cloud）
- 混合云（Hybrid cloud）
- 社区云（Community cloud）

三种服务模式

- 软件即服务（Software as a Service，SaaS）
- 平台即服务（Platform as a Service，PaaS）
- 架构即服务（Infrastructure as a Service，IaaS）

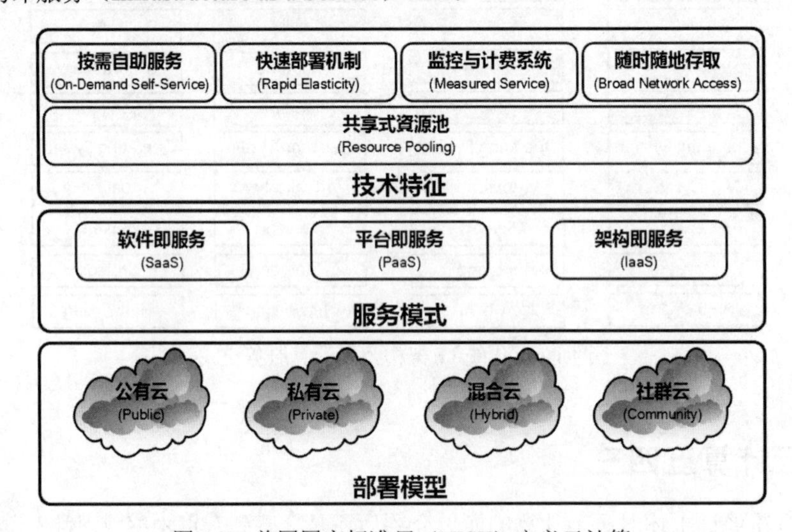

图 1-7　美国国家标准局（NIST）定义云计算

1-2　x86 虚拟化技术

在说明 x86 虚拟化技术以前，笔者认为应该先从 x86 架构 CPU 特权模式（CPU Privileged Mode）开始谈起，由于 x86 架构一开始设计时是以「个人计算机」为定位，因此要做到将物理主机的硬件资源虚拟化有很大的困难。如图 1-8 所示的 x86 CPU 特权模式中可以看到，在 CPU 运行架构上共有四个特权等级，从 Ring 0～Ring 3，其中权限最高为 Ring 0。通常只有操作系统可以与内核（Kernel）进行沟通，并且直接控制物理主机硬件资源的使用，如 CPU、Memory、Device I/O，而 Ring 1 / Ring 2 则通常为外围设备的驱动程序，很少使用到，最后则是使用者接触到的应用程序，处于 Ring 3 特权模式。

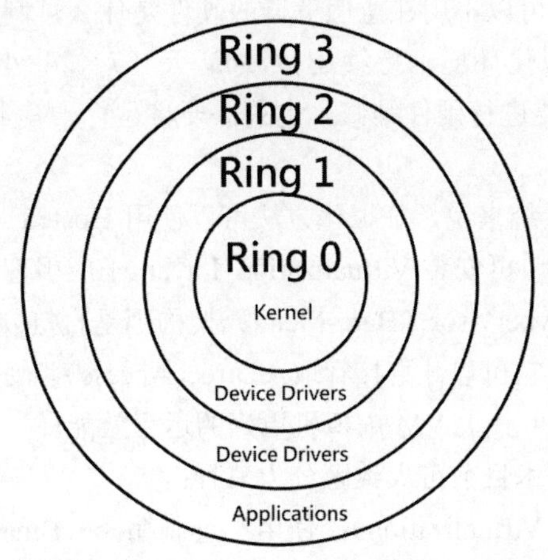

图 1-8 Privilege rings for the x86 available in protected mode

物理主机进行虚拟化之后的虚拟层（Virtualization Layer）将允许多个操作系统（Operating System）同时运行于一台 x86 物理主机上，并且可以动态分享物理主机的 CPU 计算能力、存储设备（Storage）、内存（Memory）、网络功能（Networking）、硬盘 I/O（Disk I/O）、外围设备（Device）等各项物理主机硬件资源，如图 1-9 所示。

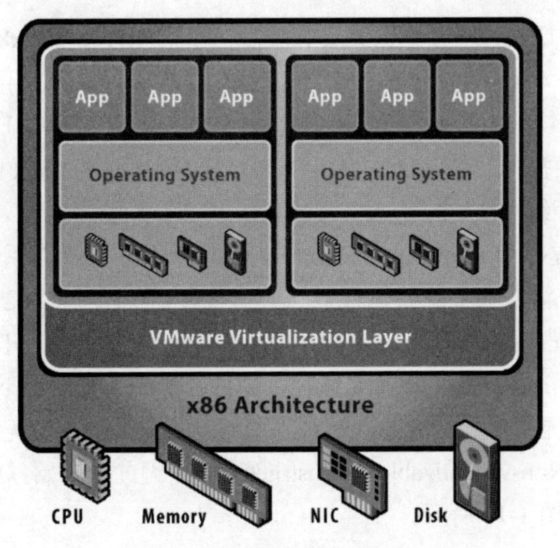

图 1-9 x86 Virtualization Layer

由于近几年来 x86 服务器计算能力与日俱增（几乎为几何式成长!!），服务器虚拟化技术也到了成熟稳定的阶段，因此很适合用来简化软件开发及测试作业，并且也可以将企业营运用的主机及服务迁移至虚拟化平台上，以达到集成服务器的目的（服务器集缩，Server Consolidation）并提高数据中心整体弹性、可用性及连续性。

虚拟化技术可以将操作系统由硬件服务器当中抽离并且封装成单一文件后运行于虚拟化环境之上，因此使得操作系统可以不用在意服务器的硬件是什么，例如操作系统可以在高可用性及具有备份容错功能的虚拟化环境上持续运行 365 天（7×24 小时）都不需要停机（Down Time），即使物理服务器需要进行硬件维修，也只需要将运行于其上的 VM 虚拟机迁移至其他台物理服务器继续运行即可。

对于标准的 x86 架构系统来说，虚拟化方法可以使用 Hosted 或 Hypervisor 架构。Hosted 架构必须先安装操作系统然后再安装 Virtualization Layer 于应用程序上，这样的架构支持最广泛的硬件设备，相比之下 Hypervisor（Bare-Metal）架构则是直接安装 Virtualization Layer 在一个干净的 x86 硬件上，由于它可以「直接存取（Direct Access）」硬件资源而不是另外通过操作系统，因此可以提供给运行于其上 VM 虚拟机更好的运行效能。

x86 CPU 架构虚拟化技术目前可大致区分为三种：

- 全虚拟化技术（Full Virtualization）：使用二进制编译（Binary Translation）技术完成。
- 半虚拟化技术（Para Virtualization）：修改操作系统内核及配合 Hypercall 技术完成。
- 硬件辅助虚拟化（Hardware Assisted Virtualization）：直接由 CPU 支持虚拟化技术完成。

1-2-1 全虚拟化技术

x86 CPU 原先的设计架构下操作系统会完全掌控主机硬件资源，x86 架构提供了四个特权等级（Privilege Level）即 Ring 0～Ring 3（特权大～小）给操作系统及应用程序以直接存取（Direct Execution）方式来存取物理主机硬件资源。使用者等级的应用程序（User Apps）通常运行在 Ring 3 特权等级上，而操作系统（OS）因为需要直接存取硬件资源（例如 CPU、内存等）因此运行在 Ring 0 特权等级上。

x86 虚拟化架构则是将 Virtualization Layer（VMM）放置于跟操作系统同样特权等级的 Ring 0，以便完全掌控硬件资源进而提供给运行于其上的 VM 虚拟机。但是当 Ring 0 特权等级已经被 Virtualization Layer 占用的情况之下，运行于 VMM 上的 VM 虚拟机其操作系统（Guest OS）特权等级就退一级变成 Ring 1。Guest OS 在存取硬件资源的某些情况下，若没有身处在 Ring 0 特权等级中有些命令是无法顺利执行的，而且那些执行操作的命令也无法被虚拟化成在 Ring 1 特权等级上可以执行（Non-virtualizable OS Instructions），因此一开始 x86 虚拟化架构看来是无法运行的一项技术，如图 1-10 所示。

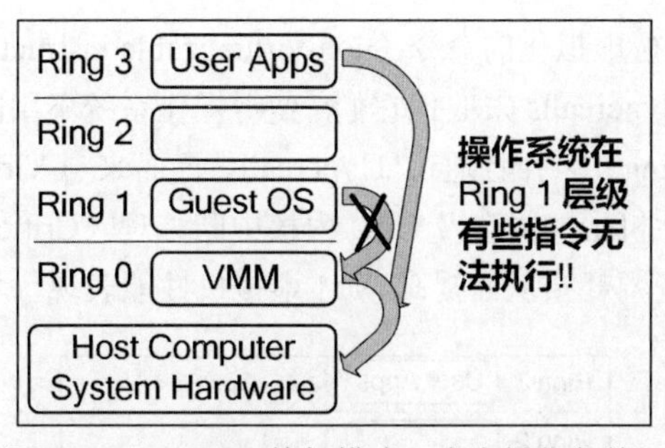

图 1-10　x86 CPU 特权模式（未虚拟化之前）

然而 x86 架构的虚拟化难题在 1998 年时被 VMware 挑战成功!! VMware 开发出名为「二进制编译技术（Binary Translation Techniques）」的全虚拟化技术（Full Virtualization），该技术可以使 VMM 运行在 Ring 0 特权等级之上而 VM 虚拟机（Guest OS）虽然处于 Ring 1 特权模式，但是当需要存取硬件资源时会通过二进制转译的方式，将无法在 Ring 1 模式执行的核心代码（Kernel Code）进行转译进而顺利执行命令并存取硬件资源，而使用者等级的应用程序则仍通过直接存取的方式来存取硬件资源，每一个 VM 虚拟机都会有一个 VMM 来负责虚拟机与物理主机之间硬件资源存取的需求，并提供虚拟硬件给虚拟机使用，包括 BIOS、Memory、外围设备等。

整合了二进制编译（Binary Translation）及直接存取（Direct Execution）的全虚拟化技术，其 Virtualization Layer 可以支持运行任何操作系统的 VM 虚拟机，因此虚拟机可以完全跟物理主机的硬件脱离，如图 1-11 所示。此外运行于虚拟机上的操作系统完全不需要进行任何修改（因为它不知道自已被虚拟化了），所以全虚拟化技术并不需要硬件支持，也不需要修改操作系统即可完成支持无法被虚拟化的特权命令的目的。

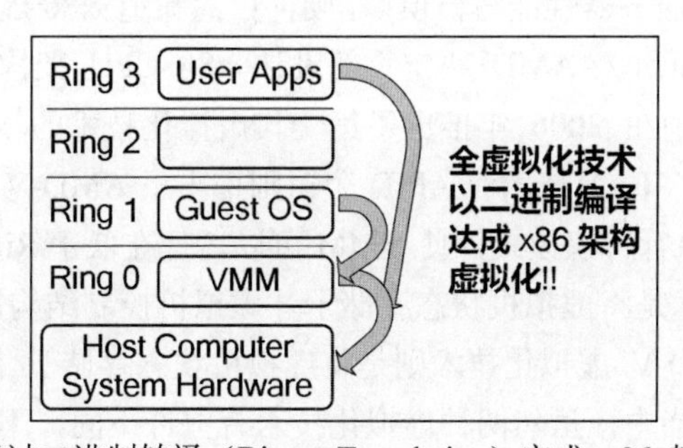

图 1-11 通过二进制转译（Binary Translation）完成 x86 架构虚拟化

1-2-2　半虚拟化技术

「Para」原本是源自于希腊语，如果使用英语来翻译的话则有「旁边」的意思（所以 Para Virtualization 若翻译成旁虚拟化技术也无不可）。半虚拟化技术主要是通过修改操作系统内核

（OS Kernel），将那些无法被虚拟化的命令（non-virtualizable instructions）也就是无法在 Ring 1 特权模式执行的命令，以 Hypercalls 来取代它们，使得操作系统不用因为虚拟化而将 CPU 特权等级降到 Ring 1（保持在 Ring 0），并且通过 Hypercalls 界面来与 Virtualization Layer Hypervisor 进行沟通，以及管理物理主机上的内存及 CPU 内核中断处理（Critical Kernel Operations）等操作，以减少物理主机硬件资源耗损从而提高 VM 虚拟机性能表现，如图 1-12 所示。

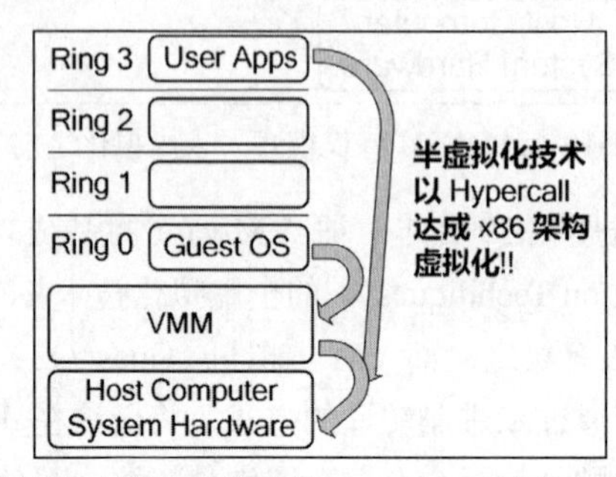

图 1-12 通过修改操作系统内核以 Hypercalls 来完成 x86 虚拟化

由此可知半虚拟化与全虚拟化是完全不同的两种技术，半虚拟化的主要优势是降低因为虚拟化所带来的硬件资源耗损，但是缺点是必须修改操作系统的内核为前提，因此未经过修改的操作系统内核便无法运行于半虚拟化技术平台上。在开放源代码中的 Xen 计划，就是半虚拟化技术的最好例子，它可以使用修改过的 Linux 内核在半虚拟化平台上运行得很好。

1-2-3 CPU 硬件辅助虚拟化

由于目前 x86 架构的服务器性能与日俱增，硬件厂商知道 x86 虚拟化架构的需求在未来势必大增，因此 CPU 大厂 Intel 及 AMD 决定重新设计 x86 CPU 架构以简化虚拟化技术的导入门槛。两家 CPU 大厂分别在 2006 年推出了第一代虚拟化技术的 x86 CPU，Intel 公司推出 Virtualization Technology（VT-x）技术而 AMD 公司则推出了 AMD-V 技术，第一代虚拟化技术可以定制一个新的 CPU 执行特权模式，使 VMM 可以运行在低于 Ring 0 的环境。

Intel VT-x 虚拟化技术是将虚拟机状态存储于「虚拟机控制结构，Virtual Machine Control Structures」当中，而 AMD-V 虚拟化技术则是将虚拟机状态存储于「虚拟机控制模式，Virtual Machine Control Blocks」当中，虽然两种虚拟化技术有些许不同，不过简单来说硬件辅助虚拟化技术是将原先的 x86 CPU 特权等级 Ring 0～Ring 3 重新规划为 Non-Root Mode 特权等级，同时新增一个「Root Mode」特权等级供 Hypervisor（VMM）使用，也常常有人把 Root Mode 称之为「Ring -1」。

因此 Hypervisor（VMM）便可以直接使用 Root Mode（Ring -1）特权等级运行，而操作系统也维持在原来的 Ring 0 特权等级。通过 CPU 硬件辅助虚拟化之后半虚拟化技术不再需要修改操作系统内核来符合虚拟化运行架构，而全虚拟化技术也不用再做二进制编译的操作进而耗损不必要的硬件资源。以开放源代码的 Xen 计划来说，当采用 CPU 硬件辅助虚拟化功能后，便不再需要修改 Linux 内核即可轻松搭建一个虚拟化环境，如图 1-13 所示。

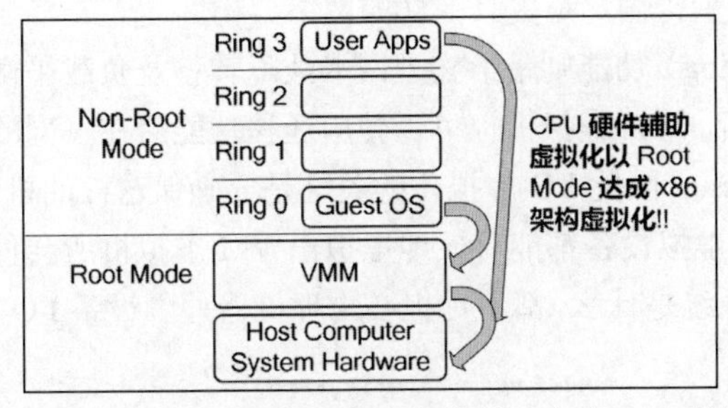

图 1-13　通过 CPU 硬件辅助虚拟化技术完成 x86 虚拟化

将 CPU 虚拟化之后 Memory 虚拟化将是下一个关键，因为这涉及到物理主机内存如何分配给虚拟机并进行动态调整，VM 虚拟机内存虚拟化跟目前虚拟内存支持操作系统的方式非常类似，因此 Intel 及 AMD 又发展出第二代的硬件辅助虚拟化技术 MMU（Memory Management Unit），可以有效降低虚拟化所造成的内存资源损耗。以 Intel 技术来说称之为 Intel EPT（Extended Page Tables），而 AMD 技术则称为 AMD NPT（Nested Page Tables）或 AMD RVI（Rapid Virtualization Indexing），此内存虚拟化技术会在 x86 CPU 中包含一个内存管理单元（MMU）以及前瞻转换缓冲区（Translation Lookaside Buffer，TLB）来优化虚拟内存的使用性能。

MMU 虚拟化技术的运行原理为当应用程序看到一个连续的地址空间（Address Space）时，并不一定依赖于底层物理主机内存进行占用，而是操作系统保留对应虚拟页面号码（Virtual Page Numbers）后与物理页面号码存在页面表格（Page Tables）中。每台运行中的 VM 虚拟机其虚拟内存不断对应到物理内存但无法直接存取物理机器的内存，此时便可以通过内存管理单元（MMU）来支持虚拟机进行对应的操作。VMM 使用阴影分页技术（Shadow Page Tables）负责把虚拟机的物理内存对应到物理机器的内存，如图 1-14 中所示 VMM 使用 TLB 机制（虚线），把虚拟内存直接对应到物理机器内存以避免每次存取时都要进行层层转换作业，当虚拟机改变虚拟内存的对应关系时 VMM 便会更新阴影分页内容以便快速找到相关的对应地址。

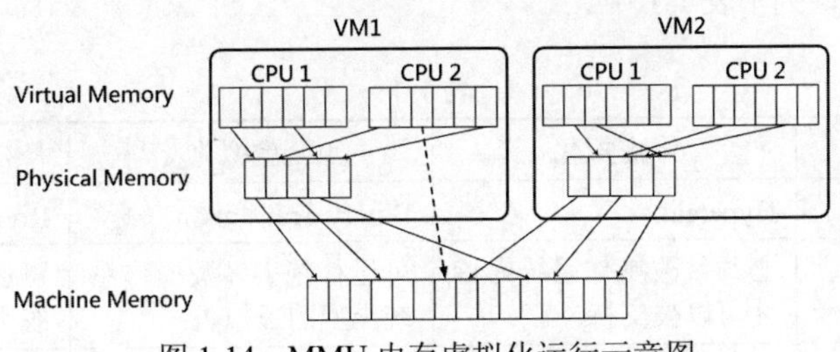

图 1-14　MMU 内存虚拟化运行示意图

克服了 CPU 以及 Memory 虚拟化难题后则是将外围设备 I/O 也进行虚拟化，因为这涉及到虚拟设备和物理设备之间的 I/O 请求以及软件方式的 I/O 虚拟化设备管理，但是相对于物理设备来说虚拟化设备完成了丰富功能以及简化管理的需求，例如虚拟化平台搭建虚拟交换机并将多台 VM 虚拟机接于其中，通过虚拟网卡连接互相进行流量传输，但是实际上却不会给物理网络中造成任何的网络流量传输，是更具弹性的网络架构。

网卡群组（NIC Teaming）功能则带给物理网卡故障转移及负载平衡的功能并且不会影响到 VM 虚拟机的网络流量，而 VM 虚拟机也可以使用迁移功能后在不同的虚拟化平台上使用相同的网卡地址（MAC Address），因此 I/O 虚拟化的关键是要确保这样的机制对于物理主机中 CPU 负载程度是最低的，这些虚拟设备都能有效地虚拟出 VM 虚拟机所会使用到的外围设备，因此不管 VM 虚拟机的操作系统是什么，都不用担心物理机器外围设备 I/O 的问题，如图 1-15 所示。

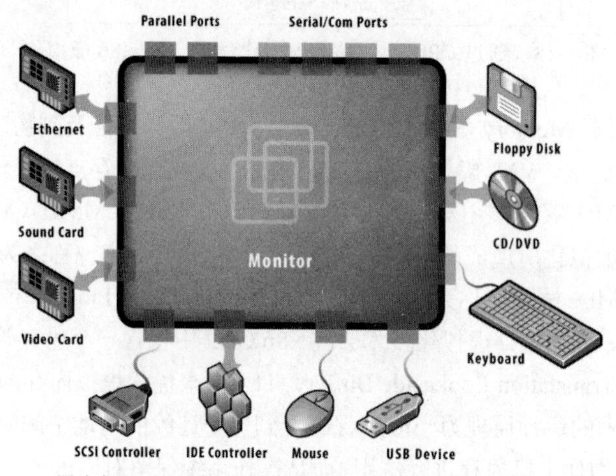

图片来源：VMware 文件-Understanding Full Virtualization, Paravirtualization and Hardware Assist（http://goo.gl/0vnW）

图 1-15 外围设备 I/O 虚拟化

1-2-4 x86 虚拟化技术比较

介绍了目前市场上三种主流的 x86 架构虚拟化技术之后，我们将三种虚拟化技术针对各项需求进行相关的比较，列于表 1-1 中。

表 1-1

	半虚拟化	全虚拟化	硬件辅助虚拟化
实现技术	Hypercalls	Binary Translation	Root Mode
VM 虚拟机兼容性	必须修改操作系统内核才可以被支持	可运行绝大多数操作系统类型的虚拟机	可运行绝大多数操作系统类型的虚拟机
运行效率	较好	普通	中等
代表厂商	Xen、Microsoft	VMware、Microsoft、Parallels	VMware、Microsoft、Parallels、Xen

1-3 虚拟化技术风靡全球

虚拟化技术始于1960年代，在IBM Mainframe System z Platform大型主机上，首次开发用于分割大型主机硬件资源以提高大型主机的硬件资源使用效率，当时IBM公司所采用的虚拟化技术为将大型主机从逻辑观念上分割为数个虚拟机，并且这些逻辑分割区中的虚拟机能进行「多工运行」，即能同时执行多个执行程序（Process）及应用程序（Application），因此在当时虽然大型物理主机搭建费用巨大，却也能通过这样的逻辑分割技术达到投资效益平衡（详情参考IBM网站信息http://goo.gl/PXXOU），如图1-16和图1-17所示。

图片来源：维基百科-IBM 7090（http://goo.gl/5Z3zK）

图1-16　IBM 7090 Mainframe computer

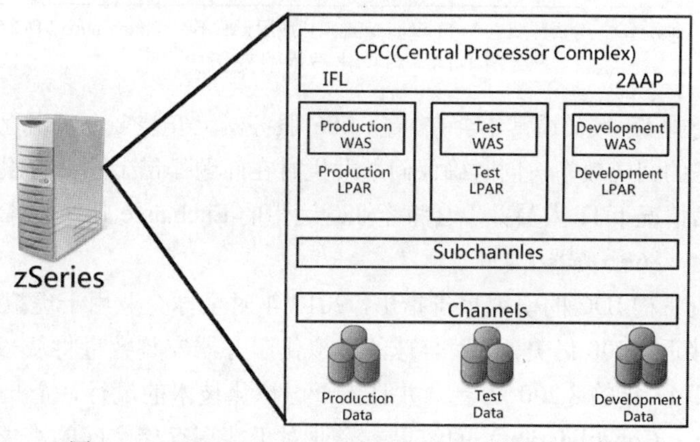

图1-17　IBM Mainframe Virtualization运行示意图

但是在1980～1990年时，由于x86架构具有使用简单且费用便宜的特性（与大型主机相比之下），广泛地应用于PC主机、WorkStation工作站、服务器等，加上Windows及Linux操作系统不断更新升级，x86 架构主机便逐渐成为业界标准，因此与大型主机的高搭建成本形成鲜明对比，从而其虚拟化技术当然也就乏人问津。

然而 x86 架构演变至今，也逐渐面临如同 1960 年代时大型主机所遭遇到的架构变通与硬件资源利用率低落问题。根据市场调查机构 IDC（International Data Corporation）调查指出，企业中 x86 服务器的硬件资源平均利用率通常只占该主机资源的 10%～15%。图 1-18 所示为虚拟化技术演变历史。

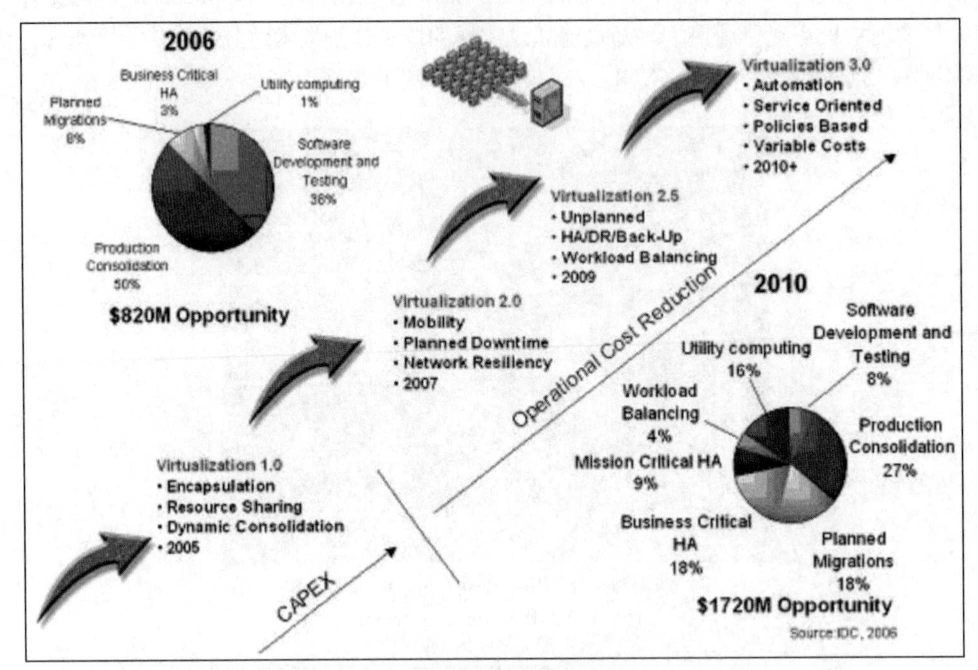

图片来源：IDC 分析师观点-Virtualization!虚拟化应用无所不在（http://goo.gl/DCaCW）

图 1-18　虚拟化技术演变历史

举例来说，企业 IT 人员通常不会在一台 x86 服务器上安装多个应用程序及服务，以便提高服务器运行服务的回应效率，同时确保问题发生时在问题排错上不会有服务互相干扰的情况发生。例如在正常情况下 IT 人员并不会将企业营运用的 Exchange 邮件服务与 MS SQL 数据库服务安装在同一台 x86 服务器上。

根据市场调查机构 IDC 的研究报告指出，2012 年时全球企业用于虚拟化服务器的运行和管理方面的支出接近 1,000 亿美元，而全球的虚拟化服务器安装数量将从 2005 年的 2,690 万台，预估成长到 2013 年的 8,200 万台。并且由于虚拟化技术的风行，企业会将许多物理服务器进行整合（Server Consolidation）的结果，企业对于共享存储空间的需求量也将大幅增加。根据 IDC 的研究数据显示，2009 年全球存储设备空间出货量已经达到 10,420 PB（Peta Byte，1PB = 1,024 TB）并且预估 2014 年将成长至 79,796 PB，如图 1-19 所示。最新由 EMC 委托 IDC 调查的数字世界研究报告更指出，在 2020 年时全球的数字资料量将会达到 40 ZB（Zetta

Byte，1ZB = 1,073,741,824 TB），如图 1-20 所示。

图片来源：EMC 网站-Digital Universe Consumers and the Digital Universe（http://goo.gl/oGJEh）

图 1-19　数字世界资料量成长示意图

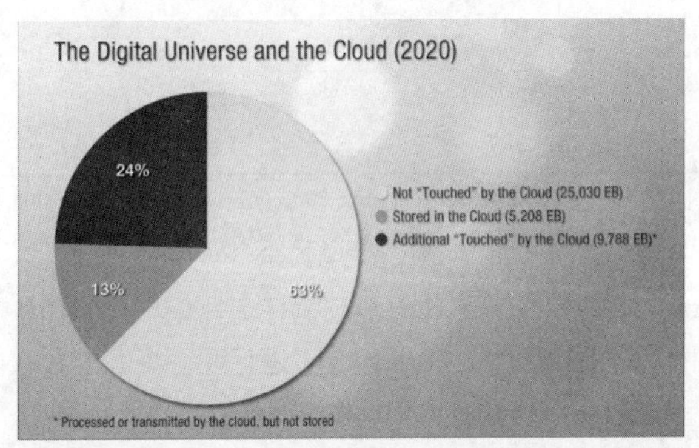

图片来源：EMC 网站-The Digital Universe and the Cloud 2020（http://goo.gl/m14EH）

图 1-20　2020 年数字世界与云计算

1-3-1　Microsoft Hyper-V 虚拟化技术

于 2008 年 6 月所发行的 Windows Server 2008 操作系统当中，便含有 Microsoft Hyper-V 1.0 虚拟化技术。紧接着在 2009 年 10 月发行的 Windows Server 2008 R2 操作系统中，则将其升级为 Microsoft Hyper-V 2.0 虚拟化技术，最新于 2012 年 9 月所发行的 Windows Server 2012 云操作系统则升级为 Microsoft Hyper-V 3.0 虚拟化技术。

Hyper-V 虚拟化平台运行架构主要分为三层，分别是「Hypervisor、Root Partition（或称 Parent Partition）、Child Partition」，当然其中又有其他的模块来分别协同运行，如图 1-21 所示。当我们在看 Hyper-V 运行架构图时便会看到一些技术名词的缩写，以下为相关功能说明：

◆ Hypervisor：负责掌管最后物理主机的硬件资源存取以及硬件资源的调度使用。
  - Hypercall：先前有提到半虚拟化技术为采用 Hypercall 对硬件资源进行存取作业。
  - MSR：Memory Service Routine。
  - APIC（Advanced Programmable Interrupt Controller）：硬件设备的中断作业控制。

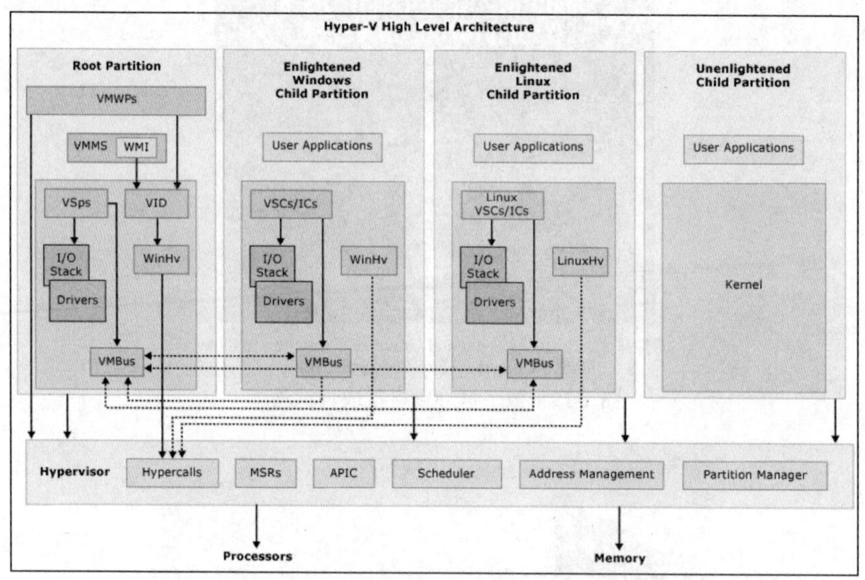

图片来源：MSDN Library-Hyper-V Architecture（http://goo.gl/9x5H9）

图 1-21　Hyper-V 运行模块架构示意图

◆ Root/Parent Partition：简单来说就是 Host OS 执行虚拟化堆栈的任务，将 Child Partition 传送过来的存取硬件设备需求传递给 Hypervisor 进行硬件资源的存取。
  - WMI（Windows Management Instrumentation）：Root Partition 通过 VMI API 去管理及控制在 Child Partition 中运行的 Guest OS。
  - VMMS（Virtual Machine Management Service）：负责管理 Child Partition 也就是 Guest OS 的运行状况。
  - VMWP（Virtual Machine Worker Process）：通过 Virtual Machine Management 管理服务来管理 Child Partition 中的 Guest OS（每管理一台 Guest OS 就会搭建一个服务来专门负责管理）。
  - VID（Virtualization Infrastructure Driver）：提供 Partition 的管理服务，负责管理 Virtual Processor、Memory 的运行事宜。
  - VSP（Virtualization Service Provider）：存在于 Root Partition 中，主要任务为掌控从 Child

Partition 经由 VMBus 传送过来的硬件资源请求。
- VMBus：为 Root Partition 与 Child Partition 之间沟通的渠道。
- I/O stack：硬件资源中的 Input / Output 堆栈。
- WinHv（Windows Hypervisor Interface Library）：为 Partition 中操作系统驱动程序及 Hypervisor 之间的沟通桥梁。

◆ Child Partition：简单来说就是 Guest OS，也就是运行于虚拟化平台上的 VM 虚拟机，当需要存取硬件资源时将通过 VMBus 把存取需求传递给 Root Partition。
- VMBus：为 Root Partition 与 Child Partition 之间沟通的渠道，若 Child Partition 之中的 Guest OS 未安装「集成服务（Integration Services）」，便不会有 VMBus 与 Root Partition 进行硬件资源的存取及沟通，因此便会造成运行性能低落。
- IC（Integration component）：允许 Child Partition 能够与其他 Partition 以及 Hypervisor 进行沟通作业。
- I/O stack：硬件资源中的 Input / Output 堆栈。
- VSC（Virtualization Service Client）：存在于 Child Partition 中，当 Guest OS 需要存取硬件资源时，会把存取需求经由 VMBus 传送给 Root Partition 的 VSP。
- WinHv（Windows Hypervisor Interface Library）：为 Partition 中操作系统驱动程序及 Hypervisor 之间的沟通桥梁，Guest OS 必须要安装「集成服务（Integration Services）」才会有此模块。若是 Hyper-V 3.0 Enlightenment OS（Windows 8、Windows Server 2012），则预先已经拥有此模块。
- LinuxHv（Linux Hypervisor Interface Library）：为 Partition 中操作系统驱动程序及 Hypervisor 之间的沟通桥梁，Guest OS 必须要安装「集成服务（Integration Services）」才会有此模块（集成服务目前最新版本为 Linux Integration Services Version 3.4 for Hyper-V）。

1-3-2 服务器虚拟化技术市场趋势

由全球知名市场调查研究机构 Gartner 于 2010 年 5 月所发表「x86 服务器虚拟化基础设施魔术象限（2010 Magic Quadrant for x86 Server Virtualization Infrastructure）」研究报告当中，我们可以发现在 2010 年，唯一居于「领导者（Leaders）」象限中的厂商只有 VMware 一家，而其他如 Microsoft、Citrix、RedHat、Oracle、Parallels、Novell 则分属于其他象限中继续追赶，如图 1-22 所示。

于 2011 年 6 月 Gartner 研究机构所发表的「x86 服务器虚拟化基础设施魔术象限」研究报告中，我们可以发现 Microsoft 等领导厂商已经了解到虚拟化技术对于全球 IT 来说为势在必行的技术，因此经过相当的努力之后也纷纷挤身至「领导者（Leaders）」象限当中，至于 RedHat、Oracle、Parallels 仍在其他象限中继续追赶，如图 1-23 所示。

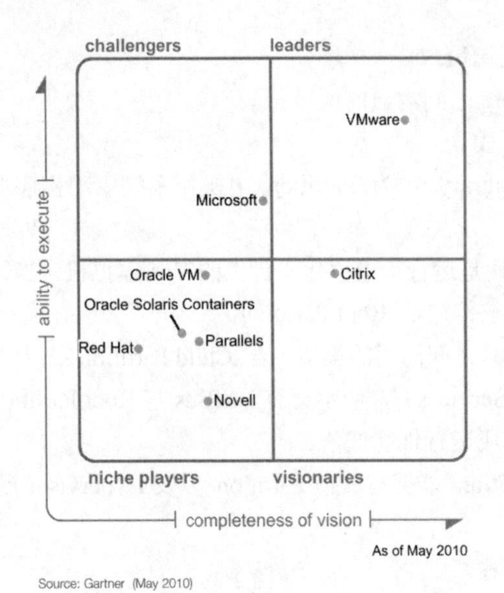

图片来源：Gartner - 2010 Magic Quadrant for x86 Server Virtualization Infrastructure（http://goo.gl/Dy3wn）

图 1-22　Gartner 研究报告 - 2010 年 x86 服务器虚拟化基础设施魔术象限

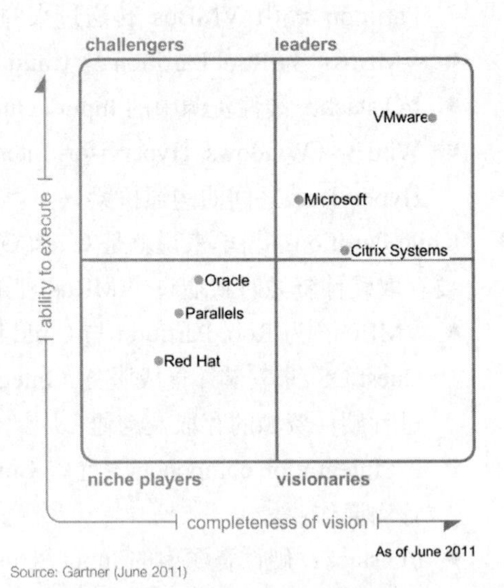

图片来源：Gartner - 2011 Magic Quadrant for x86 Server Virtualization Infrastructure（http://goo.gl/ZRYaJ）

图 1-23　Gartner 研究报告 - 2011 年 x86 服务器虚拟化基础设施魔术象限

2012 年 6 月最新一期的 Gartner 研究机构的「x86 服务器虚拟化基础设施魔术象限」研究报告中，处于「领导者（Leaders）」象限中的仍然只有「VMware、Microsoft、Citrix」等三家厂商，而 RedHat、Oracle、Parallels 同样保持在其他象限中继续追赶，如图 1-24 所示。

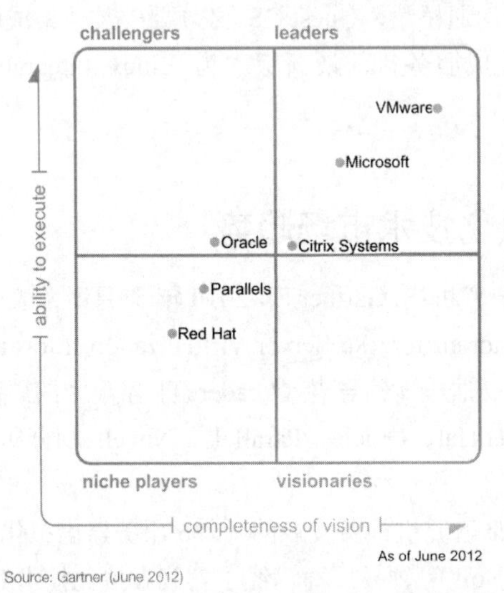

图片来源：Gartner - 2012 Magic Quadrant for x86 Server Virtualization Infrastructure（http://goo.gl/6UGoJ）

图 1-24　Gartner 研究报告 - 2012 年 x86 服务器虚拟化基础设施魔术象限

其实对于使用者来说多几家厂商在技术成熟的领导者象限当中是件好事，除了迫使相关厂商推出更好的解决方案之外，使用者也有更多选择以及比较的机会（避免一家厂商独大），因此可知虚拟化技术演变至今已经是相当得成熟，虽然国内 IT 在虚拟化技术引入进度方面相较于国外确实晚了些，但经过本章相关的说明后相信可以消除大多数人心中对于虚拟化技术的疑问。因此若对于虚拟化技术还停留在只是用于测试软件的话，那实在就太小看了虚拟化技术的功能及用途了!!

1-4 群集服务

在目前竞争激烈的商业环境当中，能够提供给顾客一个高稳定性及反应快速的服务一直是企业营运环境所追求的目标，然而随着时代的进步大多数企业都纷纷将作业环境转移至计算机上，因此小至个人计算大至科学计算无一不跟计算机牵连在一起。

为了完成提供给顾客高稳定性及反应快速的服务的目标，企业的 IT 部门通常会开始着手搭建故障转移群集（Failover Cluster）机制，一般来说故障转移群集技术又可划分为三种类型，分别是 High Availability、Load Balancing 和 Grid Computing。

- 高可用性（High Availability）：也就是我们常听到的 HA 机制（例如 Active/Standby、Active/Active），此类型的群集通常在于维持服务使服务随时处于高稳定的状况中。例如企业营运环境中常常将数据库服务器导入此运行机制，将两台数据库服务器设置为 High Availability Failover Cluster，只要其中一台数据库服务器因为不可抗拒或其他因素发生故障损坏时，另外一台数据库服务器可以在很短时间内自动将服务接手过来，使用者完全感觉不到发生过任何服务中断的情况（顶多是数据库服务回应时间上有点卡卡的）。
- 负载平衡（Load Balancing）：此类型的群集通常能够同时服务为数众多的服务请求。例如在企业营运环境中前端的 AP 应用程序服务器常常是这样的角色，也就是在前端布署多台 AP 服务器来同时服务为数众多的客户端所送出的大量服务请求，将使用者的服务请求进行处理再与后端的数据库服务器进行沟通后将数据写入或取出供客户端查询。
- 网格计算（Grid Computing）：此类型的群集较少使用于企业营运环境上，通常都运用于科学研究上。例如将多台计算机的计算能力串连起来后，利用其强大的计算能力进行计算找出人类基因密码、或者对抗癌症的方法、或分析外星人信息等，1999 年风靡一时的 SETI@Home 项目（Search Extraterrestrial Intelligence at Home），就是号召在计算机闲置时有意提供计算能力的人安装其应用程序后共同参与分析外星文明传递过来的微弱信息，如图 1-25 所示。

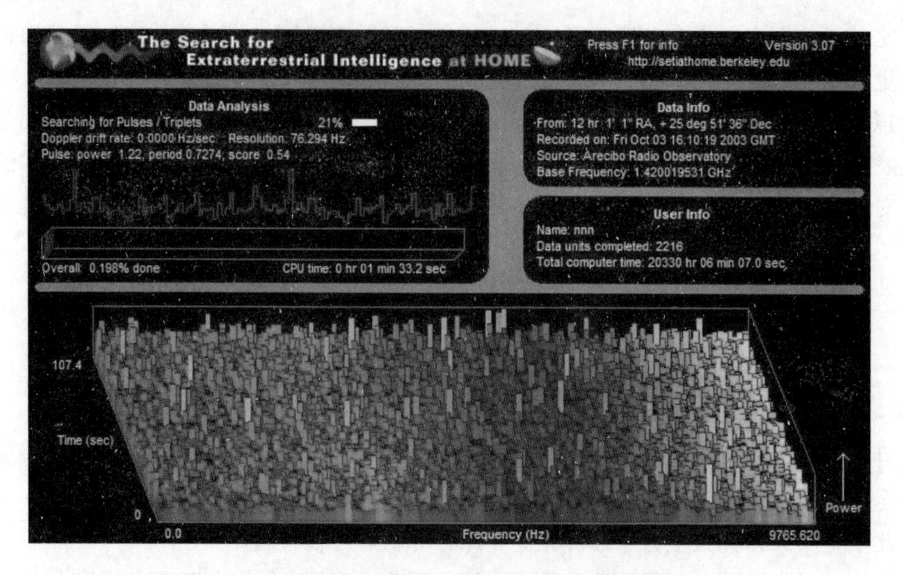

图片来源：维基百科-SETI@home（http://goo.gl/jHXjJ）

图 1-25　Grid Computing - SETI@Home

1-4-1　高可用性

高可用性（High Availability）运行机制为故障转移群集技术（Failover Cluster）的其中一项，也就是常常听到的 HA 机制（例如 Active / Standby）。此类型的群集技术通常用于维持服务的高可用性并使服务随时处于高稳定的运行状态。例如将企业营运环境中的 UTM 设备搭建为 High Availability Cluster 运行机制后，只要其中一台 UTM 设备因为不可抗拒或其他因素损坏时，另外一台 UTM 设备便在很短时间内将在线服务完全接手过来继续服务客户及使用者，因此不论是企业内部员工或外部互联网使用者将完全感觉不到有任何服务停止运行的情况发生过。

而谈到了高可用性便会从「服务层级协议 SLA（Service Level Agreement)」方面说起，服务层级协议 SLA 一般指的便是服务提供者与使用者之间依服务性质、时间、质量、水平、性能等方面共同完成协议或订定契约，而在服务可用性方面通常会采用数字 9 及百分比来表示，依据不同的 SLA 等级通常大略可区分为 1～6 个 9。图 1-26 便是依据可用性不同等级百分比来定制出每年、每月、每周的可允许服务中断时间（Downtime）。

事实上 SLA 服务层级协议并非仅仅上述说明的可允许服务中断时间而已，还有许多因素需要考虑，例如必须要了解该服务供应商以及自身企业中所允许的「停机定义」才行。例如 A 企业可能认为所谓的停机就是服务器故障损坏导致服务停止运行，而 B 企业却可能认为只要在线运行的服务中断或离线（服务器未故障损坏）就视为发生停机事件，因此实际上还要结合许多企业营运状况后进行通盘考虑，才能避免灾难事件发生时双方在责任上扯皮的问题发生。

以企业放置营运环境服务器的数据中心（机房）为例，就有美国国家标准协会（ANSI）、电子工业协会（EIA）、电信工业协会（TIA）所订定的 ANSI/EIA/TIA-942 以及 UPTIME Institute 组织标准可供遵循。以定制出一套标准来进行数据中心的可用性评估为例，从数据中心空间规划（分布区域）、电力供应、冷气空调（冷/热通道）、机房环境干湿度到网络/光纤线材等皆在评估标准内，如图 1-27 和图 1-28 所示。此外还有 3 大关键性 RAS 指标，分别是「可靠性（Reliability）、可维护性（Serviceability）、可用性（Availability）」。

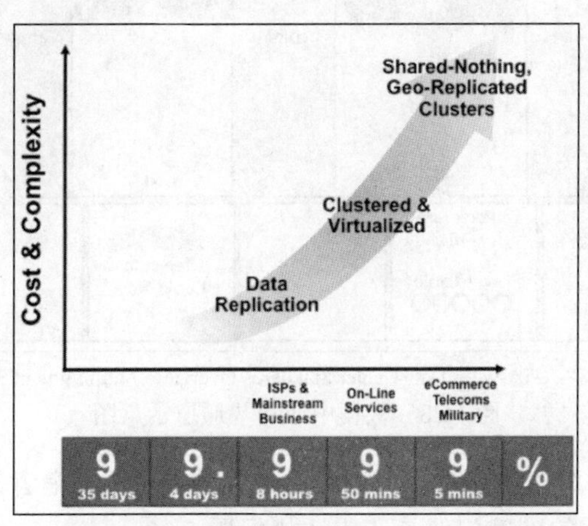

图片来源：MySQL 网站-High Availability and Scalability（http://goo.gl/EVfOh）

图 1-26　SLA 服务层级协议（成本、复杂性、可用性）

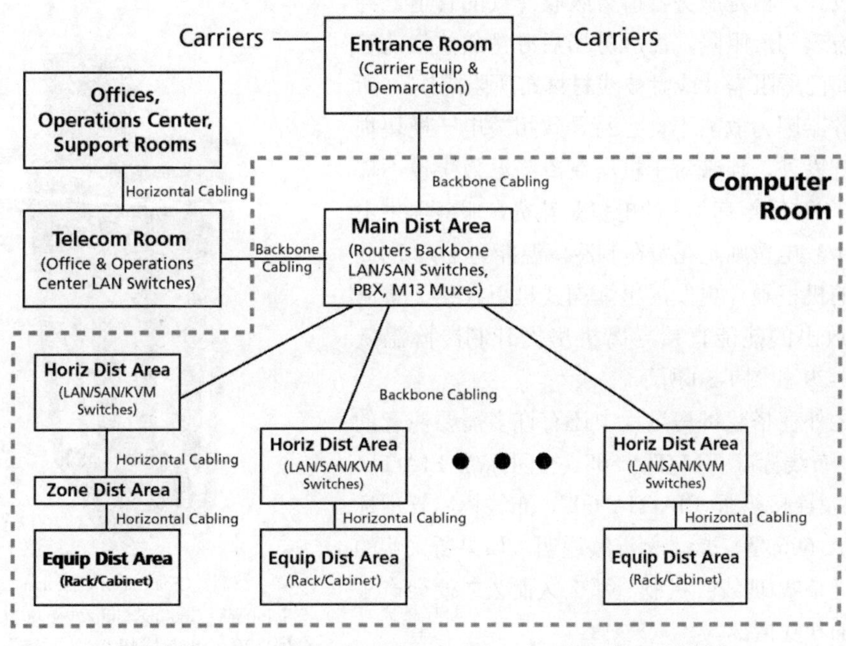

图片来源：TIA-942 - Data Center Standards Overview（http://goo.gl/33lsh）

图 1-27　数据中心分布区域规划示意图

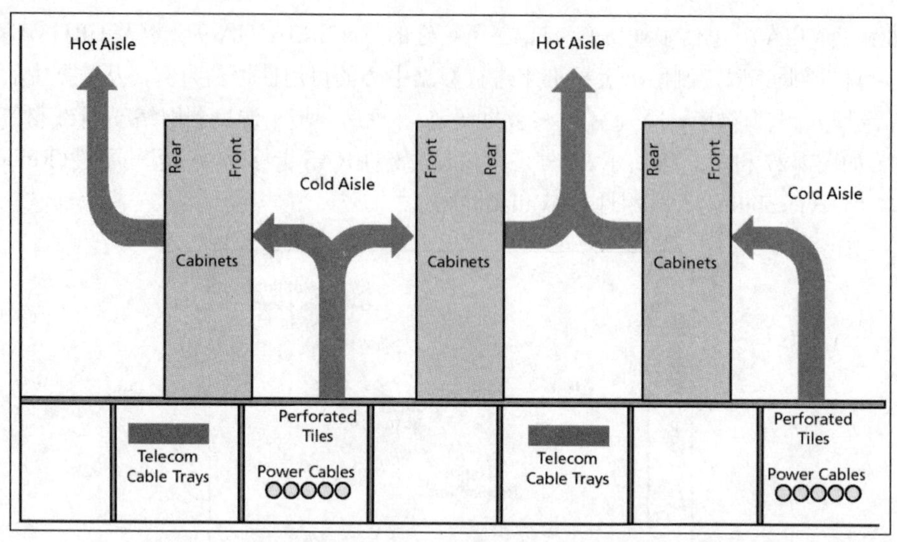

图片来源：TIA-942 - Data Center Standards Overview（http://goo.gl/33lsh）

图 1-28　数据中心冷热通道示意图

许多人认为单纯的「机柜」也是机房搭建的一大重点，例如笔者常看到许多企业机房中的机柜其前后门皆采用透明的玻璃门便是造成散热问题的常见原因。试想服务器通常会采用前方进气后方排热的架构设计，但是服务器前方吸收冷气的管道已经被机柜的玻璃门所阻隔，而服务器后方排放热气的管道也被玻璃门所阻隔（或者被线材瀑布所阻隔!!），所以除了服务器因为散热不良容易导致相关电子模块损坏机率提升以外，连带对于机房制冷降温效果也不佳（根据统计 IT 每年有 1/3 的电费是花费在服务器供电上、另外 1/3 电费则是花费在制冷降温能力上）。因此现在新兴的机柜设计更发展出烟囱式机柜，统一将服务器所排放出的热能直接导离机房提升制冷降温效果，如图 1-29 和图 1-30 所示。

图片来源：Great Lakes Case and Cabinet – Solutions - Cooling（http://goo.gl/CCLbK）

图 1-29　烟囱式机柜冷热空气示意图

除此之外在搭建机房过程中还有许多需要注意的事项，例如布线标准 EIA/TIA 568、空间标准 EIA/TIA 569、接地及连接需求 EIA/TIA 607、布线标示管理标准 EIA/TIA 606 等。接上例继续说明，如果所采购的机柜没有「整线/理线」机制，那么久而久之便会产生线材瀑布的壮观情况。

此外网络线材也不应该自行 DIY（您真的能确认

水晶头含铜量是否标准？线材的绞线是否合乎标准等），并且笔者看过太多的机房虽然使用的网络交换机是大牌，但是所使用的网络线材却是令人啼笑皆非的情况，如图 1-31 所示，所以搭建时就应该要考量到整体进行结构化布线（并非只是单纯的整线），不但可以有效提升系统的可靠度、日后维护弹性、管理方便性等，对于机房的制冷降温能力也同样有帮助，如图 1-32 和图 1-33 所示。

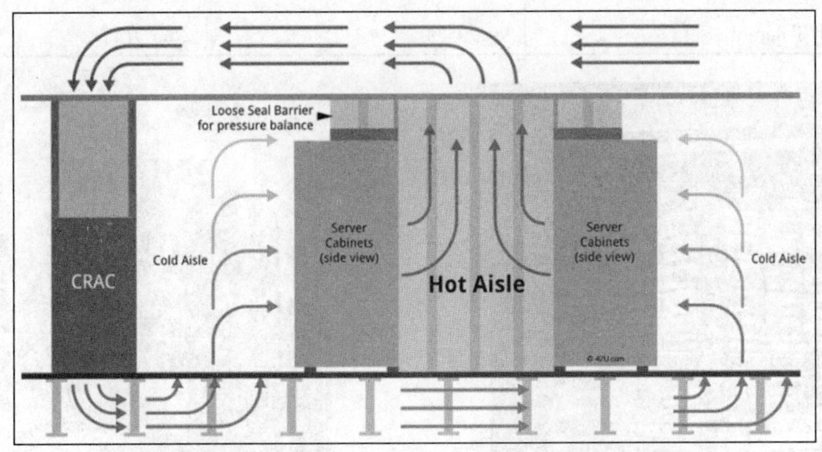

图片来源：42U.com 网站 - Hot Aisle Containment（http://goo.gl/8GHrH）

图 1-30　烟囱式机柜冷热通道示意图

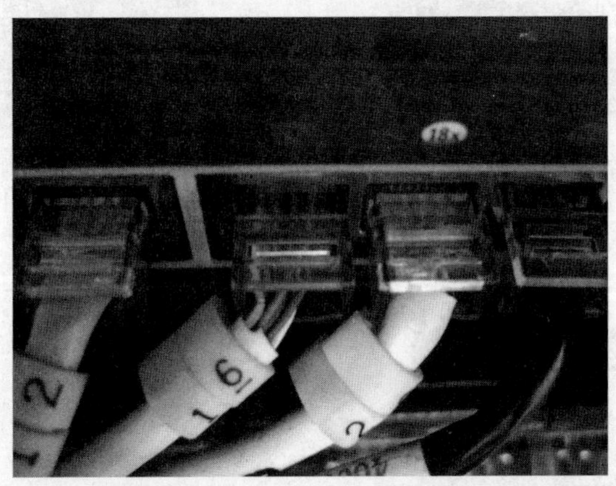

图 1-31　自行 DIY 制作的网络线材传输效率令人担心

近年来国内各大 ISP 如中国电信、中国联通、中国移动所打造的数据中心（绿色云机房），便是纷纷采用 TIA-942 或 UPTIME Institute 评估数据中心可靠性标准进行搭建 也就是通过「平均故障间隔时间 MTBF（Mean Time Between Failures）」及「平均修复时间 MTTR（Mean Time to Repair）」，并且配合 3 大关键性 RAS 指标所规划出四种不同等级（Tier 1～Tier 4）的可用性评估标准进行搭建。表 1-2 所示为 Tier 1～Tier 4 的可用性及中断时间。

图 1-34 和图 1-35 为数据中心夏季和冬季时的温湿度建议值图表。

表 1-2

可用性等级	可用性%	中断时间（年）
Tier 1 - Basic	99.671%	28.8 小时
Tier 2 - Redundant Components	99.741%	22.7 小时
Tier 3 - Concurrently Maintainable	99.982%	1.6 小时
Tier 4 - Fault Tolerant	99.995%	26.3 分钟

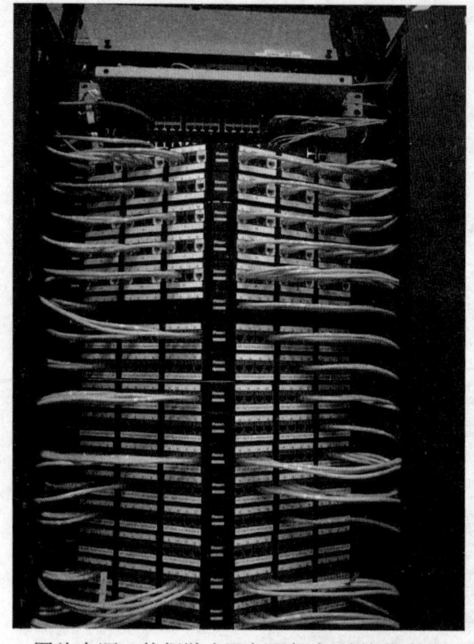

图片来源：统振游戏服务器机房-结构化布线

图 1-32　采用结构化布线后管理方便、整齐美观、传输效率高

图片来源：统振游戏服务器机房-结构化布线

图 1-33　采用结构化布线后管理方便、整齐美观、传输效率高

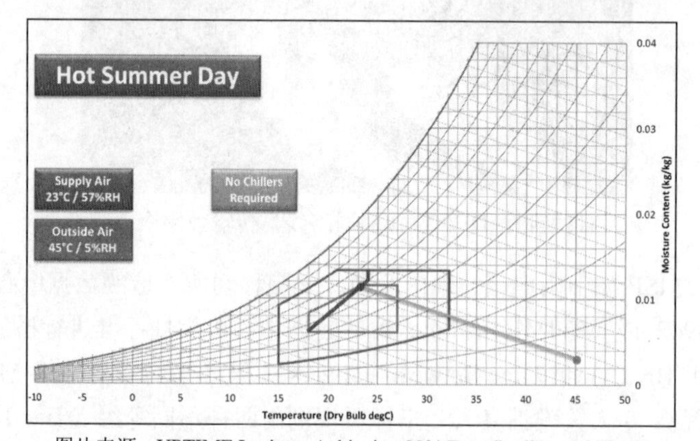

图片来源：UPTIME Institute-Achieving 99% Free Cooling and Tier 3 Certification in a Modular Enterprise Data Center（http://goo.gl/PzMzK）

图 1-34　数据中心对于各种季节时温湿度也应进行相对调整（夏天时温湿度建议值）

不过如此是否就真的高枕无忧完全不会发生任何问题呢？事实证明并不然，即便是目前市场上最优秀的云机房服务供应商之一的Amazon也偶尔会发生严重当机事件。举例来说，Amazon EC2（Elastic Compute Cloud）云服务对于该服务使用者号称具备「99.95%（年）」的可用性（也就是一年当中的中断时间仅有4.38小时），如图1-36所示。

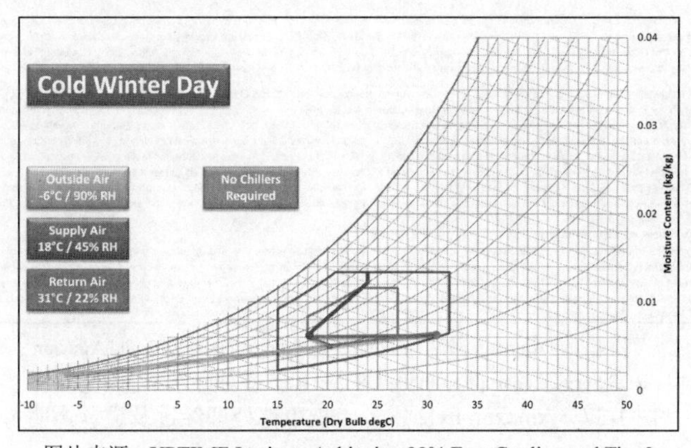

图片来源：UPTIME Institute-Achieving 99% Free Cooling and Tier 3 Certification in a Modular Enterprise Data Center（http://goo.gl/PzMzK）

图1-35 数据中心对于各种季节时温湿度也应进行相对调整（冬天时温湿度建议值）

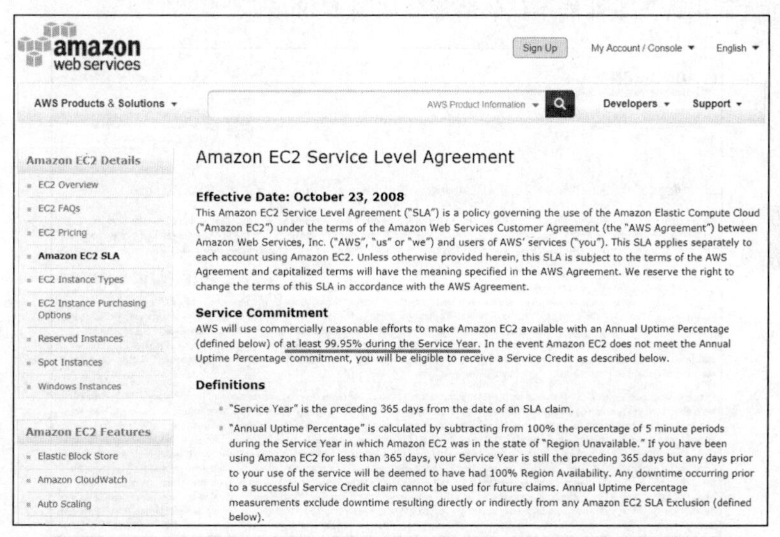

amazon web services

Sign Up | My Account / Console | English

AWS Products & Solutions | AWS Product Information | Developers | Support

Amazon EC2 Details
- EC2 Overview
- EC2 FAQs
- EC2 Pricing
- Amazon EC2 SLA
- EC2 Instance Types
- EC2 Instance Purchasing Options
- Reserved Instances
- Spot Instances
- Windows Instances

Amazon EC2 Features
- Elastic Block Store
- Amazon CloudWatch
- Auto Scaling

Amazon EC2 Service Level Agreement

Effective Date: October 23, 2008

This Amazon EC2 Service Level Agreement ("SLA") is a policy governing the use of the Amazon Elastic Compute Cloud ("Amazon EC2") under the terms of the Amazon Web Services Customer Agreement (the "AWS Agreement") between Amazon Web Services, Inc. ("AWS", "us" or "we") and users of AWS' services ("you"). This SLA applies separately to each account using Amazon EC2. Unless otherwise provided herein, this SLA is subject to the terms of the AWS Agreement and capitalized terms will have the meaning specified in the AWS Agreement. We reserve the right to change the terms of this SLA in accordance with the AWS Agreement.

Service Commitment

AWS will use commercially reasonable efforts to make Amazon EC2 available with an Annual Uptime Percentage (defined below) of at least 99.95% during the Service Year. In the event Amazon EC2 does not meet the Annual Uptime Percentage commitment, you will be eligible to receive a Service Credit as described below.

Definitions

- "Service Year" is the preceding 365 days from the date of an SLA claim.
- "Annual Uptime Percentage" is calculated by subtracting from 100% the percentage of 5 minute periods during the Service Year in which Amazon EC2 was in the state of "Region Unavailable." If you have been using Amazon EC2 for less than 365 days, your Service Year is still the preceding 365 days but any days prior to your use of the service will be deemed to have had 100% Region Availability. Any downtime occurring prior to a successful Service Credit claim cannot be used for future claims. Annual Uptime Percentage measurements exclude downtime resulting directly or indirectly from any Amazon EC2 SLA Exclusion (defined below).

图片来源：Amazon网站-Amazon EC2 Service Level Agreement（http://goo.gl/SuKq）

图1-36 Amazon EC2网站 SLA内容中说明提供 99.95%的可用性

但是Amazon EC2（Elastic Compute Cloud）服务于2011年4月21日时就发生过因为维护人员操作上的人为疏失（弄错一项网络设置）加上过度自动化机制的盲点所产生的连锁效应，导致整个Amazon EC2、Amazon RDS、AWS Elastic Beanstalk等相关服务中断了足足「3天」才完全复原，因此连带影响到存放于该机房中运行的上千个网站停止服务，如图1-37所示。

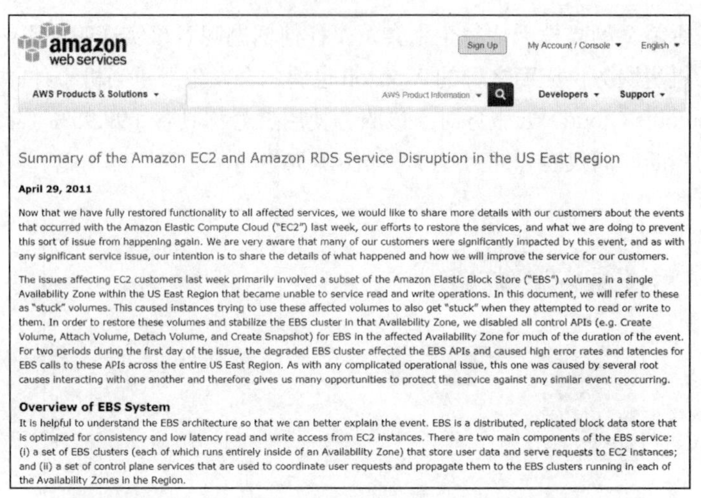

amazon web services

Sign Up　My Account / Console　English

AWS Products & Solutions　AWS Product Information　Developers　Support

Summary of the Amazon EC2 and Amazon RDS Service Disruption in the US East Region

April 29, 2011

Now that we have fully restored functionality to all affected services, we would like to share more details with our customers about the events that occurred with the Amazon Elastic Compute Cloud ("EC2") last week, our efforts to restore the services, and what we are doing to prevent this sort of issue from happening again. We are very aware that many of our customers were significantly impacted by this event, and as with any significant service issue, our intention is to share the details of what happened and how we will improve the service for our customers.

The issues affecting EC2 customers last week primarily involved a subset of the Amazon Elastic Block Store ("EBS") volumes in a single Availability Zone within the US East Region that became unable to service read and write operations. In this document, we will refer to these as "stuck" volumes. This caused instances trying to use these affected volumes to also get "stuck" when they attempted to read or write to them. In order to restore these volumes and stabilize the EBS cluster in that Availability Zone, we disabled all control APIs (e.g. Create Volume, Attach Volume, Detach Volume, and Create Snapshot) for EBS in the affected Availability Zone for much of the duration of the event. For two periods during the first day of the issue, the degraded EBS cluster affected the EBS APIs and caused high error rates and latencies for EBS calls to these APIs across the entire US East Region. As with any complicated operational issue, this one was caused by several root causes interacting with one another and therefore gives us many opportunities to protect the service against any similar event reoccurring.

Overview of EBS System

It is helpful to understand the EBS architecture so that we can better explain the event. EBS is a distributed, replicated block data store that is optimized for consistency and low latency read and write access from EC2 instances. There are two main components of the EBS service: (i) a set of EBS clusters (each of which runs entirely inside of an Availability Zone) that store user data and serve requests to EC2 instances; and (ii) a set of control plane services that are used to coordinate user requests and propagate them to the EBS clusters running in each of the Availability Zones in the Region.

图片来源：Amazon 网站 - Summary of the Amazon EC2 and Amazon RDS Service Disruption in the US East Region（http://goo.gl/FhgCJ）

图 1-37　Amazon EC2 服务当机事件处理经过及道歉声明

在 2012 年 12 月 24 日平安夜又因为 Amazon ELB（Elastic Load Balancing）服务资料被误删，造成专门提供串流影片的 Netflix 服务中断了「20 小时」才恢复正常，其他网站则因为此次的资料误删事件而出现严重性能不佳的情形，如图 1-38 所示。

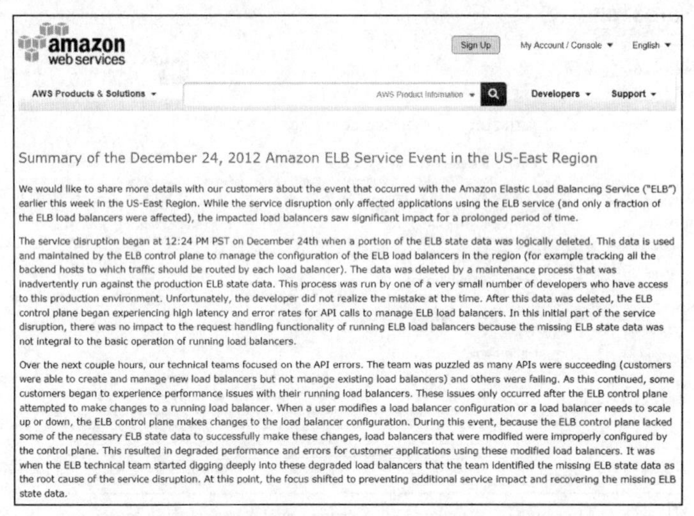

amazon web services

Sign Up　My Account / Console　English

AWS Products & Solutions　AWS Product Information　Developers　Support

Summary of the December 24, 2012 Amazon ELB Service Event in the US-East Region

We would like to share more details with our customers about the event that occurred with the Amazon Elastic Load Balancing Service ("ELB") earlier this week in the US-East Region. While the service disruption only affected applications using the ELB service (and only a fraction of the ELB load balancers were affected), the impacted load balancers saw significant impact for a prolonged period of time.

The service disruption began at 12:24 PM PST on December 24th when a portion of the ELB state data was logically deleted. This data is used and maintained by the ELB control plane to manage the configuration of the ELB load balancers in the region (for example tracking all the backend hosts to which traffic should be routed by each load balancer). The data was deleted by a maintenance process that was inadvertently run against the production ELB state data. This process was run by one of a very small number of developers who have access to this production environment. Unfortunately, the developer did not realize the mistake at the time. After this data was deleted, the ELB control plane began experiencing high latency and error rates for API calls to manage ELB load balancers. In this initial part of the service disruption, there was no impact to the request handling functionality of running ELB load balancers because the missing ELB state data was not integral to the basic operation of running load balancers.

Over the next couple hours, our technical teams focused on the API errors. The team was puzzled as many APIs were succeeding (customers were able to create and manage new load balancers but not manage existing load balancers) and others were failing. As this continued, some customers began to experience performance issues with their running load balancers. These issues only occurred after the ELB control plane attempted to make changes to a running load balancer. When a user modifies a load balancer configuration or a load balancer needs to scale up or down, the ELB control plane makes changes to the load balancer configuration. During this event, because the ELB control plane lacked some of the necessary ELB state data to successfully make these changes, load balancers that were modified were improperly configured by the control plane. This resulted in degraded performance and errors for customer applications using these modified load balancers. It was when the ELB technical team started digging deeply into these degraded load balancers that the team identified the missing ELB state data as the root cause of the service disruption. At this point, the focus shifted to preventing additional service impact and recovering the missing ELB state data.

图片来源：Amazon 网站 - Summary of the December 24, 2012 Amazon ELB Service Event in the US East Region（http://goo.gl/PlM8X）

图 1-38　Amazon ELB 服务当机事件处理经过及道歉声明

所以对于企业永久经营服务不中断的理念来说，除了对于服务供应商所提供的 SLA 服务层级协议及相关罚则之外，对于企业服务的异地备份也应该考虑进去，以便发生相关灾难事件时得以在最短时间内应变。

1-4-2 单点故障 SPOF

要实现群集服务高可用性目标并非仅仅为服务器搭建故障转移群集机制就可以完成，因为所谓的服务并不单单只是硬件服务器及运行其上的应用程序，还包括刚才所提到的网络设备、存储设备、电力供应、机房空调等环境因素，整体来说就是整个服务顾客流程当中所会经过的企业节点设备都应该搭建备份机制，也就是常常听到的预防「单点故障 SPOF（Single Point Of Failure)」的情况发生。

举例来说，已经将服务器群搭建群集服务机制，但是存储设备并没有搭建备份机制的情况下，当存储设备发生故障损坏时仍然会造成群集服务停止运行，又或者网络交换机只有一台搭建的情况之下也会因为其发生故障损坏事件而造成网络连接中断进而影响到企业服务停止运行，因此若以简单的定义来说预防单点故障最好的方法，其实就是硬设备最好都搭建两套以完成互相备份容错的机制。

如图 1-39 所示的群集网络架构中不管是网络交换机(Network Switch)、群集节点服务器(Cluster Node Server)、心跳线（Heartbeat)、光纤交换机（SAN Switch)、存储设备（Storage）等，在单台故障损坏的情况下都不会造成服务的停止运行，所以我们可以说这样的群集网络架构可以防止单点故障 SPOF 发生（当然这样的架构并没有考虑其他如电力、空调等因素）。

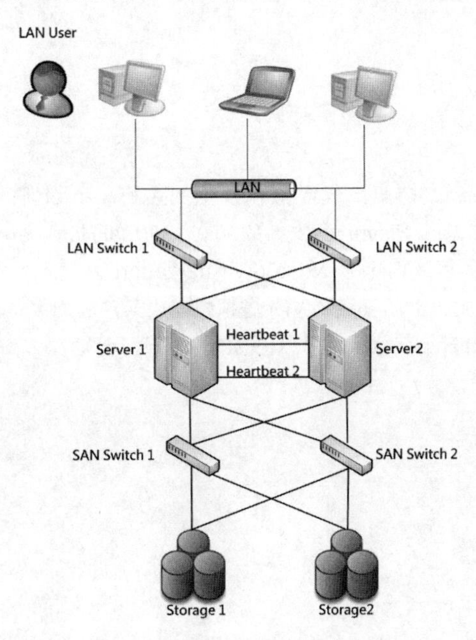

图 1-39 双节点高可用性群集网络架构示意图

Chapter 2

软硬件环境准备

读者只要准备一台支持第二代虚拟化技术的主机（Intel EPT 或 AMD NPT/RVI），再配合 VMware Player 所支持的 VHV（Virtual Hardware- Assisted Virtualization）功能，便可以构建出 Nested Virtualization 环境（或称为 Nested VMs），也就是在物理主机上所安装的 VM 虚拟机当中又产生出 VM 虚拟机并且可以正常运行，打造出 Hyper-V in a Box 多层虚拟化运行环境。

2-1 硬件环境准备

为了使读者能够轻易架构并实验本书中所介绍的各项 Hyper-V 虚拟化高级功能，以及体验 x86 虚拟化技术所带来的好处，本书将采用「一台」支持虚拟化技术的 PC 主机（当然若是采用工作站或服务器更好）来架构多层虚拟化环境并且实验，事实上选择哪一种品牌的主机并没有限制，唯一的条件就是该主机必须支持第二代虚拟化技术「Intel EPT 或 AMD NPT/RVI」（请注意!! CPU 处理器、芯片组、主机板 BIOS 都必须支持才行!!），而内存方面建议实验主机中最少拥有 12～32 GB（当然越多越好），如图 2-1 和图 2-2 所示。至于如何在一台 PC 主机上模拟出虚拟化环境以及实验各项高可用性服务，请读者耐心看下去并跟着本书中每篇实验便知分晓。

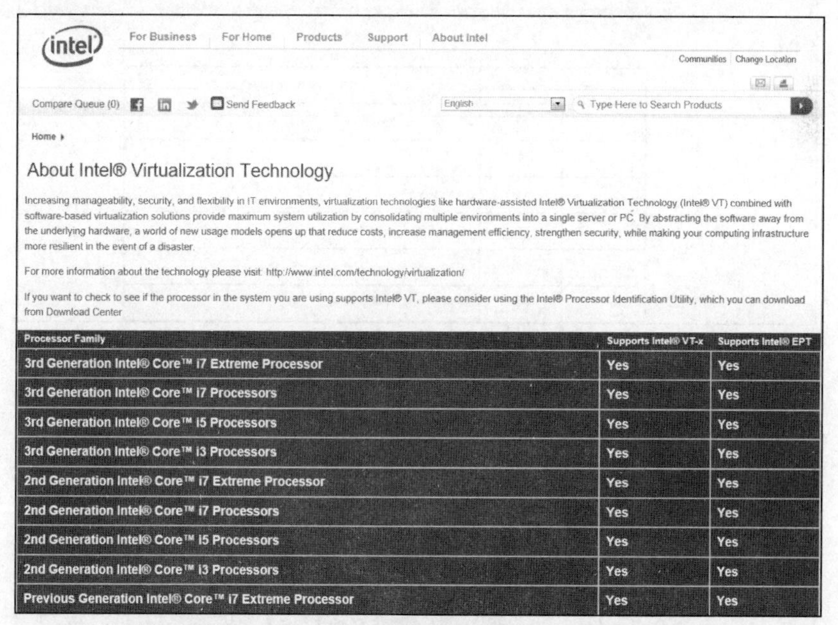

Processor Family	Supports Intel® VT-x	Supports Intel® EPT
3rd Generation Intel® Core™ i7 Extreme Processor	Yes	Yes
3rd Generation Intel® Core™ i7 Processors	Yes	Yes
3rd Generation Intel® Core™ i5 Processors	Yes	Yes
3rd Generation Intel® Core™ i3 Processors	Yes	Yes
2nd Generation Intel® Core™ i7 Extreme Processor	Yes	Yes
2nd Generation Intel® Core™ i7 Processors	Yes	Yes
2nd Generation Intel® Core™ i5 Processors	Yes	Yes
2nd Generation Intel® Core™ i3 Processors	Yes	Yes
Previous Generation Intel® Core™ i7 Extreme Processor	Yes	Yes

图片来源：Intel 网站-About Intel Virtualization Technology（http://goo.gl/MzBO2）

图 2-1　Intel CPU 支持虚拟化技术 VT-x、EPT 清单

相信搭建过 Hyper-V 虚拟化 Lab 环境的读者便会知道，要搭建出一个 Hyper-V 虚拟化的 Lab 环境最少需要「三台物理主机、一台网络交换机、多条网线」，其中一台物理主机架构 Windows AD（Active Directory）环境并且还要同时担任 iSCSI Target 来模拟存储设备，另外两台物理主机担任 Hypervisor 角色并在其上运行 VM 虚拟机，如此的虚拟化 Lab 环境相信光是准备设备就够累人了，更何况是要实际进行搭建。

不知读者有没有听过「Nested Virtualization」这个名词，所谓的 Nested Virtualization 是指我们可以使用一台主机来搭建出「多重虚拟化」的环境，以便我们在一台物理主机上便可以模拟多台虚拟化主机，以便省去寻找相关设备如物理主机、网络交换机、网络线材、电力等进行测试环境搭建，如图 2-3 所示。或许有读者会马上说现在 Host-Based 虚拟化软件众多，如 VMware Player、Oracle VirtualBox、Microsoft VirtualPC 等，都非常容易取得后安装及设置使用。这有何困难？没错!!在这些 Host-Based 虚拟化软件当中安装及设置「一层式」的 VM 虚拟机是很简单容易的，但如果是要架设「第二层」甚至是「第三层」VM 虚拟机环境的话便需要一些技巧了。

AMD

Worldwide | About AMD | News | Compare & Shop <Search AMD>

Products & Technologies Partners Developers Business Home Gaming Support & Drivers

Support & Drivers

AMD Processors with Rapid Virtualization Indexing Required to Run Hyper-V in Windows® 8

Back

Last Updated
7/4/2012

Article Number
GPU-120

This article provides a list of AMD processors that support AMD Virtualization™ (AMD-V™) Technology with Rapid Virtualization Indexing (RVI), also known as nested page tables or Second Level Address Translation (SLAT) necessary to support Hyper-V virtualization technology in Microsoft® Windows® 8.

Codename	CPUID family	CPU / APU Brand Name
Trinity	15h	AMD A-Series Series of Products (2nd Generation)
Zambezi	15h	AMD FX Series of Products
Llano	12h	AMD A-Series Series of Products
Sargas	10h	AMD Athlon™ II Series of Products
Champlain	10h	AMD Athlon II Dual-Core Mobile Series of Products
Geneva	0Fh	AMD Athlon II Neo Series of Products

图片来源：AMD 网站-AMD Processors with Rapid Virtualization Indexing Required to Run Hyper-V in Windows 8（http://goo.gl/OX7QX）

图 2-2　AMD CPU 支持虚拟化技术 RVI 清单

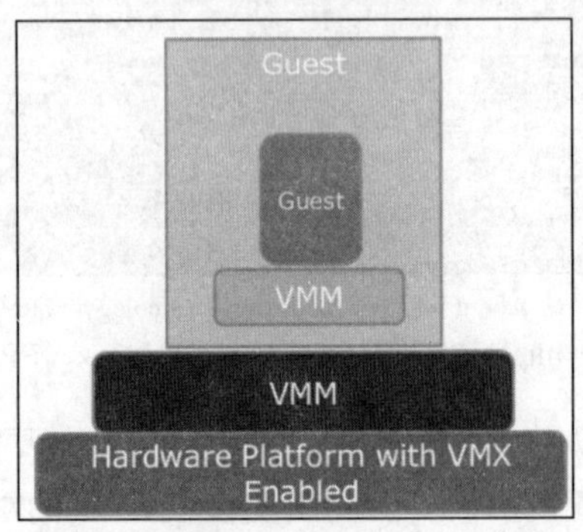

图片来源：Xen 网站-Nested Virtualization Update from Intel（http://goo.gl/cAg9E）

图 2-3　Nested Virtualization 概念示意图

简单来说 Nested Virtualization 就是能够在「VM 虚拟主机当中再生出 VM 虚拟主机」。以本书实验环境来说，希望构建出 Microsoft Hyper-V 虚拟化平台，并且在每台 Hyper-V 虚拟化平台上运行 VM 虚拟机以便实验及演练各种虚拟化服务，来模拟企业或组织今后导入 Hyper-V 虚拟化技术高可用性服务的运行环境，那么应该如何设置才能完成这样的测试环境呢？首先我们会让 Microsoft Hyper-V 虚拟化平台担任「第二层」VM 虚拟机，并且能够搭建出「第三层」VM 虚拟机，如图 2-4 所示。至于详细运行原理在稍后会详细说明。

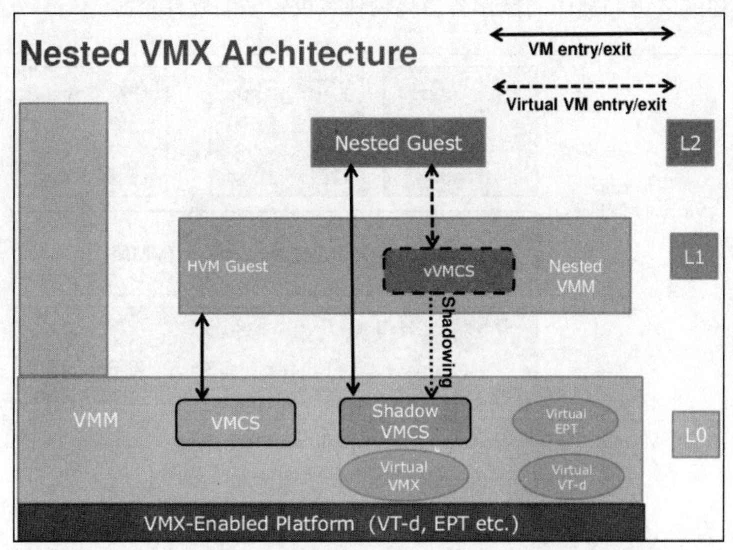

图片来源：Xen 网站-Nested Virtualization Update from Intel（http://goo.gl/cAg9E）

图 2-4　Nested Virtualization 运行示意图

2-1-1　CPU 硬件辅助虚拟化

x86 虚拟化技术是在 x86 CPU 架构中插入一层 Hypervisor 来管理硬件资源。Hypervisor 为介于软件与固件间的一层极小的程序源码，可以提供动态的硬件资源配置及弹性设置和管理虚拟资源，并且由 VMM（Virtual Machine Monitors）来取代本来由操作系统所掌管的 Ring 0 特权模式，而原来的操作系统则降一级成为 Ring 1，但是操作系统中某些关键命令必须在 Ring 0 特权模式才可正常执行，因此便衍生出半/全虚拟化技术（Para / Full Virtualization）。CPU 大厂 Intel 将其称之为 Software-Based Virtualization 来解决特殊关键命令无法顺利执行的问题. 图 2-5 为 Virtual Machine Monitors 示意图。

- ◆ 半虚拟化技术（Para Virtualization）：必须修改操作系统内核以植入 Hypercall 的方式，使操作系统不用因为虚拟化而将 CPU 特权等级降到 Ring 1(保持在 Ring 0)，并且通过 Hypercall 来存取物理主机的硬件资源。
  - ● 优点：此类型的虚拟化技术对于物理主机的硬件资源消耗相对较少。
  - ● 缺点：因为必须要修改操作系统内核，所以可以运行的操作系统种类较少。
- ◆ 全虚拟化技术（Full Virtualization）：采用二进制翻译（Binary Translation）技术完成，因为虚拟化而调低的操作系统层级（降级为 Ring 1 特权模式）在其存取硬件资源时，由 VMM

将操作系统发出的 CPU 命令通过二进制翻译技术进行转换进而顺利存取硬件资源，简单来说操作系统并不知道自已被降到 Ring 1 特权模式当中。

- 优点：不需要修改操作系统内核，因此可运行绝大部分的操作系统种类。
- 缺点：通过二进制翻译的操作会消耗物理主机较多的硬件资源。

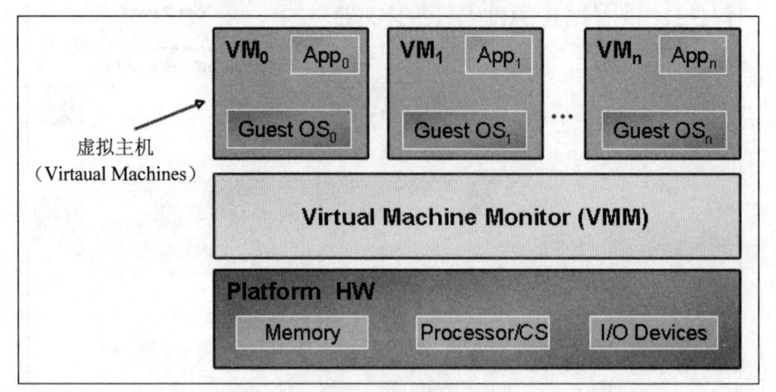

图片来源：Microsoft 网站-Understanding Intel Virtualization Technology（http://goo.gl/N9X8C）

图 2-5　Virtual Machine Monitors 示意图

图 2-6 所示为 Software-Only Virtualization。

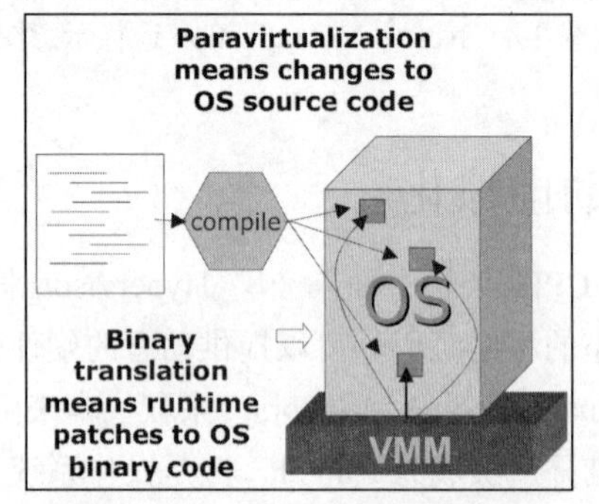

图片来源：Intel Virtualization Technology-Processor Virtualization（http://goo.gl/iFAWR）

图 2-6　Software-Only Virtualization

◆ CPU 硬件辅助虚拟化（Hardware Assisted Virtualization）：因为软件架构的虚拟化技术各有其优缺点，因此 CPU 大厂 Intel / AMD 决定从 x86 CPU 架构的基础来着手改善 x86 CPU 运行虚拟化的门槛，分别提出了 Intel-VT（Vanderpool）（见图 2-7）及 AMD-V（Pacifica）（见图 2-8）虚拟化技术。第一代的虚拟化技术简单来说便是将原有的 CPU 特权模式重新拆分为两种等级，原有的 Ring 0～Ring 3 称为 Non-Root Mode 等级，另外新增 Root Mode 等级（又称为 Ring -1）。

如此一来 VMM 便可以使用 Ring -1 特权模式而操作系统则维持原来的 Ring 0 特权模式，因此使用了 CPU 硬件辅助虚拟化之后，半虚拟化技术便不需要事先修改操作系统内核来符合运行架构，而全虚拟化技术也不用作二进制翻译减少了硬件资源的消耗。采用 CPU 硬件辅助虚拟化之后则半/全虚拟化不论在运行性能或硬件资源消耗上其实相差无几。

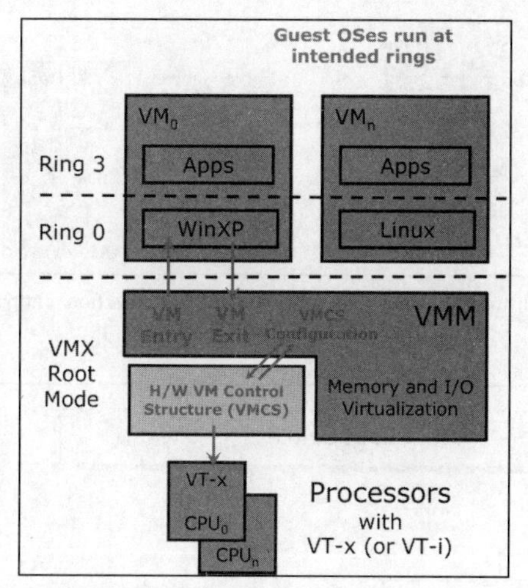

图片来源：Intel Virtualization Technology-Processor Virtualization（http://goo.gl/iFAWR）

图 2-7　Intel VT-x 虚拟化技术

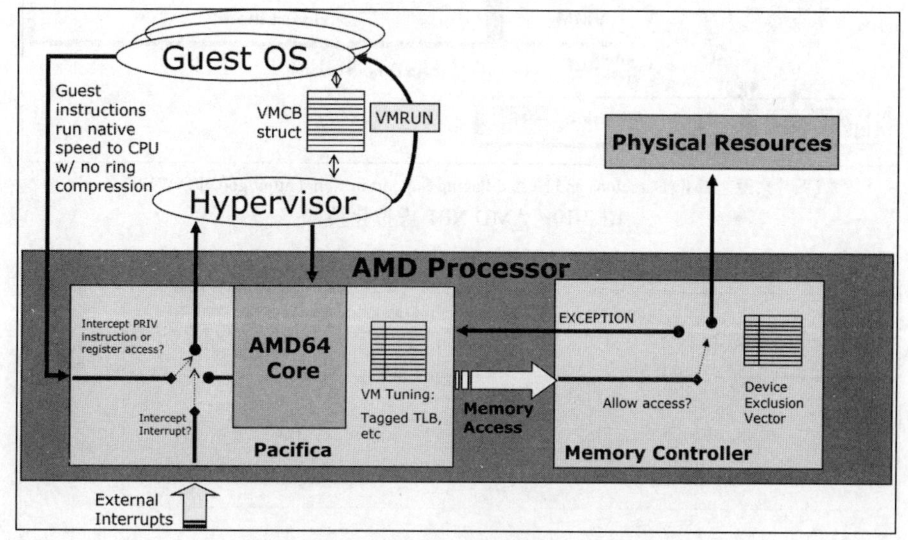

图片来源：AMD “Pacifica” Virtualization Technology（http://goo.gl/5n5iJ）

图 2-8　AMD-V（Pacifica）虚拟化技术

Intel / AMD 除了将 CPU 虚拟化之外也陆续发展出其他虚拟化技术，第二代虚拟化技术针对「内存」进行虚拟化以减少因为虚拟化而带来的内存损耗，Intel 称之为 EPT（Extended Page Tables）（见图 2-9），而 AMD 称之为 NPT（Nested Page Tables）（见图 2-10）或 RVI（Rapid Virtualization Indexing）（见图 2-11）。

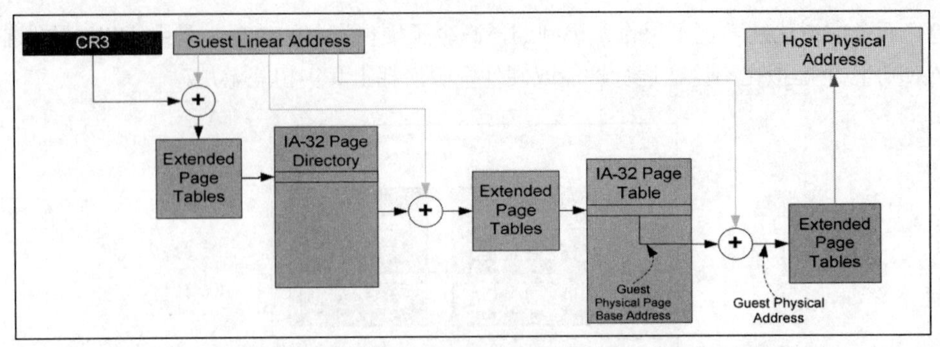

图片来源：Intel Virtualization Technology-Processor Virtualization（http://goo.gl/iFAWR）

图 2-9　Intel EPT 虚拟化技术

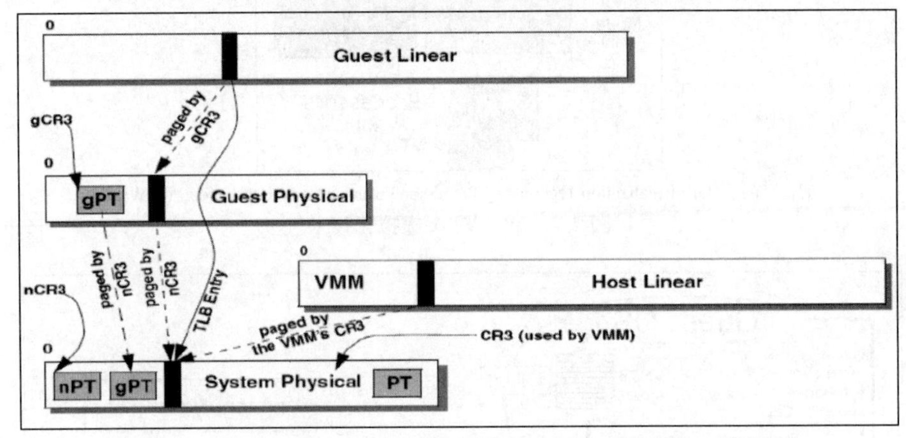

图片来源：AMD Barcelona and Nested Paging Support in Xen（http://goo.gl/ClWXP）

图 2-10　AMD NPT 虚拟化技术

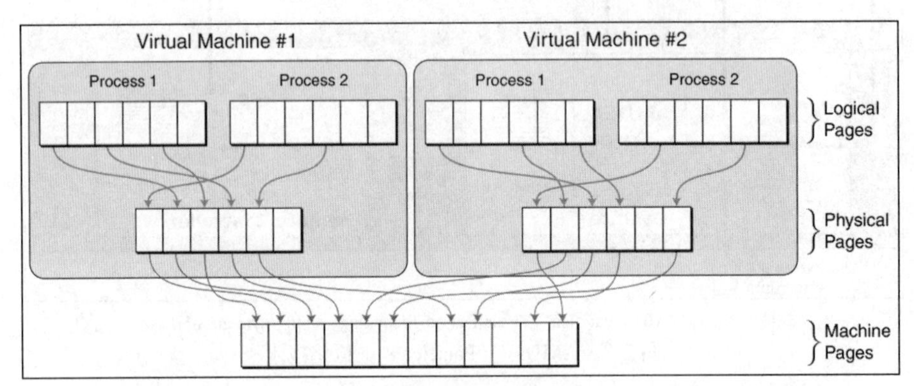

图片来源：Performance Evaluation of AMD RVI Hardware Assist（http://goo.gl/v2cCj）

图 2-11　AMD RVI 虚拟化技术

第三代虚拟化技术则是针对「Chipset I/O 及 Device I/O」进行虚拟化以减少因为虚拟化而带来的 I/O 损耗，在 Intel 方面有多种技术如 VT-d（Virtualization Technology for Directed I/O）（见

图 2-12）、VT-C（Virtualization Technology for Connectivity），而在 AMD 方面则是 AMD-Vi（AMD I/O Virtualization Technology）或称为 IOMMU（见图 2-13）。

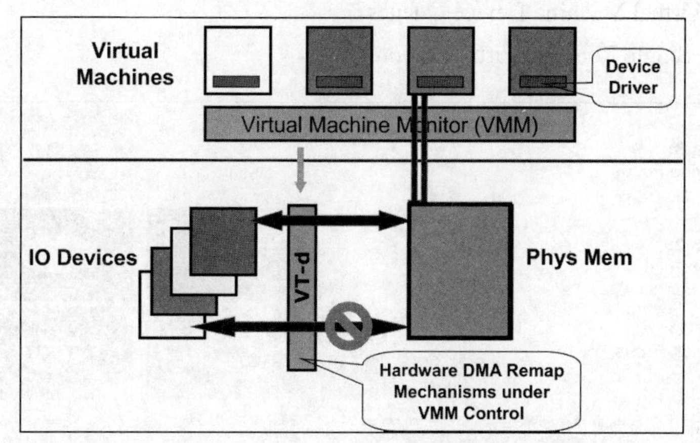

图片来源：Intel Virtualization Technology-Processor Virtualization（http://goo.gl/iFAWR）

图 2-12　Intel VT-d 虚拟化技术

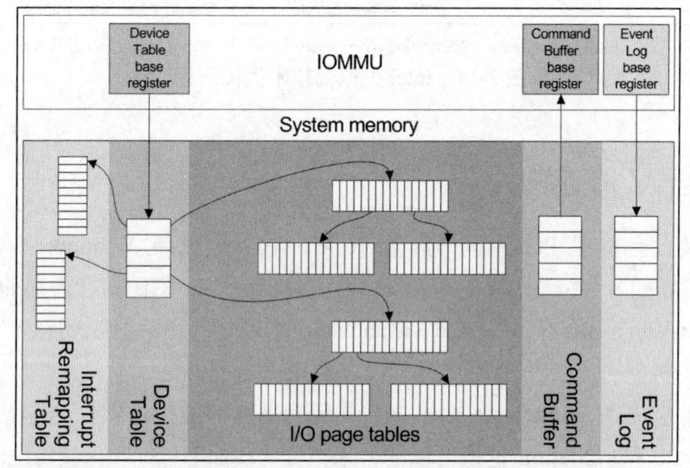

图片来源：AMD IOMMU Architectural Specification（http://goo.gl/SI7uB）

图 2-13　AMD IOMMU 虚拟化技术

从 2005 年开始，Intel/AMD 便致力发展不同方式及跨时代的虚拟化技术，从第一代针对 CPU 进行虚拟化，打破了原本 Software-Based Virtualization 的困扰，第二代虚拟化技术是针对虚拟化时内存的损耗进行改进，第三代虚拟化技术则是针对 Chipset / Device 在运行虚拟化环境时的 I/O 损耗进行改进。以下是对 Intel 虚拟化技术的简单分类（见图 2-14）：

- VT-x：针对 IA-32 及 Intel 64 架构的 CPU 进行虚拟化
- VT-i：针对 Itanium 架构的 CPU 进行虚拟化
- VT-d：针对 Chipset 的 Directed I/O 进行虚拟化

- VT-c：针对 Device 的 Connectivity I/O 进行虚拟化
- VMDc：Virtual Machine Direct Connect
- VMDq：Virtual Machine Device Queues
- SR-IOV：Single Root I/O Virtualization

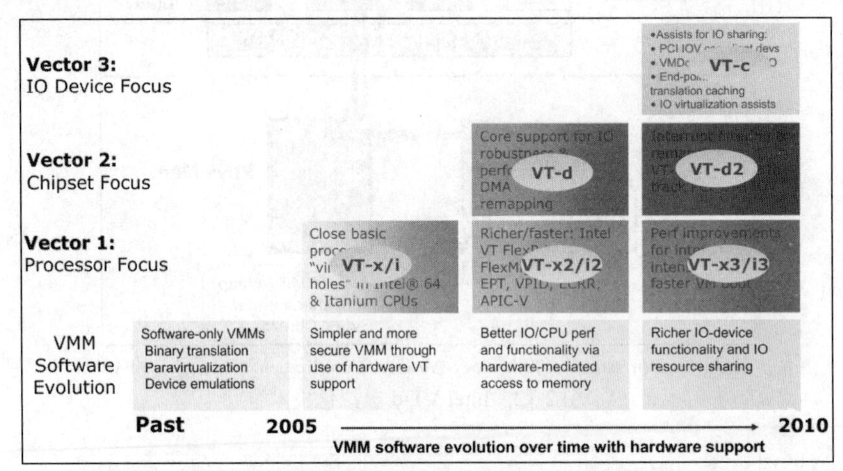

图片来源：Intel Virtualization Technology-Processor Virtualization（http://goo.gl/iFAWR）

图 2-14　Intel 虚拟化技术世代演进

2-1-2　Hyper-V in a Box

首先我们会为此台物理 PC 主机（具备 16 GB 内存）安装 Windows 8 操作系统（当然 Windows 7 也是可以的），并且采用 64 位版本架构以支持超过 4GB 物理内存的限制，接着在该主机上搭建 Hyper-V in a Box 的「Nested Virtualization」环境（稍后会说明在 Windows 8 操作系统中，确认物理主机是否支持第一代及第二代虚拟化技术的方法）。

简言之，我们会先在 Windows 8 主机上安装免费版本的虚拟化软件 VMware Player（当然采用付费的 VMware WorkStation 也是可以的）来担任「Host Hypervisor」角色（第一层），之后在 VMware Player 上搭建 VM 虚拟机并安装 Windows Server 2012 虚拟化平台来担任「Guest Hypervisor」角色（第二层），之后通过 VMware Player 所具备的 VHV（Virtual Hardware-assisted Virtualization）功能，将 Windows 8 物理主机所具备的虚拟化技术交付给第二层的 Hyper-V 虚拟化平台，最后再由 Hyper-V 虚拟化平台搭建出 VM 虚拟机的「Guest OS」角色进行后续的各种实验演练（第三层）。

所谓的 Nested Virtualization 环境（或称为 Nested VMs），指的就是在物理主机上所安装的 VM 虚拟机当中，又产生出 VM 虚拟机并且可以正常运行。以本书实验环境来说明的话：

1．Windows 8 操作系统及 VMware Player（第一层）

确认物理主机支持 Intel / AMD 第二代虚拟化技术（此实验为采用 Intel i7 CPU），并且于物理主机 BIOS 设置中开启「Intel / AMD 虚拟化技术」功能，接着安装 Windows 8 操作系统之后安装 VMware Player 虚拟化软件，此时 VMware Player 的 Hypervisor 将因为硬件辅助虚拟化技术，使得 VMware Player Hypervisor（VMM）成为 CPU 特权模式中的 Ring -1，可以称之为 Host Hypervisor。

请进入物理主机 BIOS 设置以确定虚拟化技术功能有开启，以本书实验主机为例开机时按下「F2」键进入 BIOS 设置模式，展开「Performance」项目切换至「Virtualization」子项目，选择至「On」确定开启虚拟化技术 Virtualization 后保存离开，如图 2-15 所示。

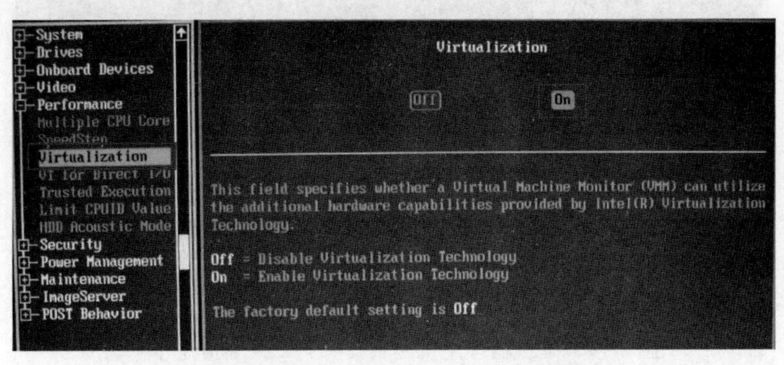

图 2-15　物理主机开启 Intel 虚拟化技术

顺利进入 Windows 8 操作系统之后，请打开浏览器输入网址：http://technet.microsoft.com/zh-tw/sysinternals/cc835722.aspx（或使用 Coreinfo 关键字搜索），单击「Download Coreinfo」下载微软官方所推出用于识别 CPU 相关特色技术的命令工具「Coreinfo」（此实验采用 Coreinfo v3.2），如图 2-16 所示。

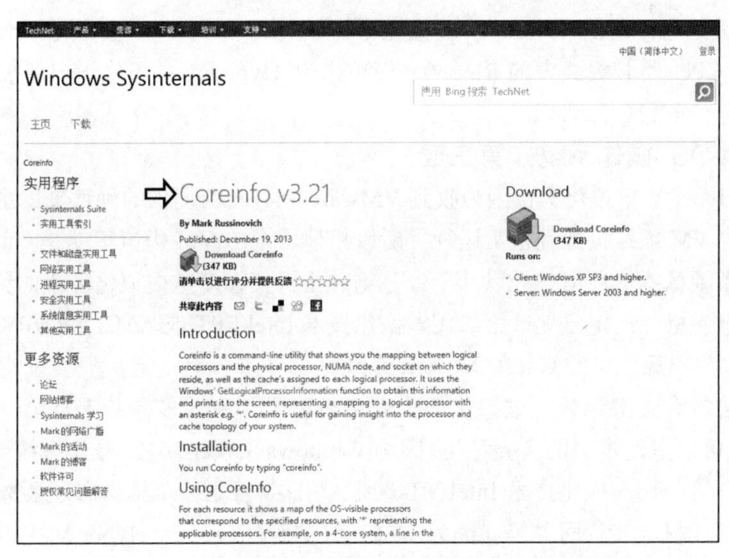

图 2-16　下载 CPU 相关特色技术的命令工具 Coreinfo

此命令工具为绿色软件不需要进行程序安装，请使用「以管理员身份运行」开启命令提示符切换到 Coreinfo 命令工具存放路径后输入命令「coreinfo.exe –v」即可，在输出信息当中您可以看到 CPU 概要信息，请确认「EPT」字段为「*」，则表示此物理主机已经支持第二代虚拟化技术，如图 2-17 所示，若为「-」则表示不支持（请确认 CPU 型号是否支持以及 BIOS 是否开启虚拟化技术）。

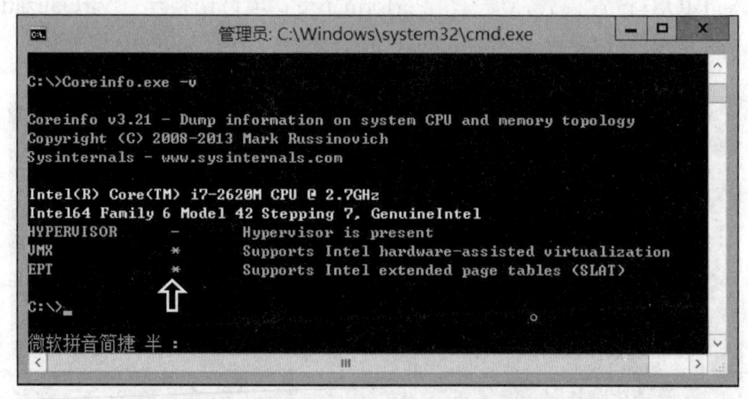

图 2-17　确认物理主机是否支持第二代虚拟化技术

2．Microsoft Hyper-V 虚拟化平台（第二层）

在 VMware Player 上搭建好 VM 虚拟机后接着便是安装 Microsoft Hyper-V 虚拟化平台，而 Hyper-V 虚拟化平台因为同样拥有 Hypervisor 因此可以再度搭建 VM 虚拟机，但是此时物理主机上的 CPU 特权模式已经被 VMware Player 的 Hypervisor 所占用，我们可以利用 VMware Player 的 VHV（Virtual Hardware-assisted Virtualization）功能，将 Windows 8 物理主机所具备的虚拟化技术交付给这一层的 Hyper-V 虚拟化平台，使得 Hyper-V 虚拟化平台的 Hypervisor（VMM）成为 CPU 特权模式中的 Ring 0（简单来说 Hyper-V 并不知道自己被虚拟化了!!），此层可以称之为 Guest Hypervisor。

3．Guest OS 操作系统（第三层）

第二层的 Hyper-V 虚拟化平台因为收到 VMware Player 所提供的硬件辅助虚拟化技术，因此可以顺利搭建 VM 虚拟机并且正常运行，所以搭建出来的 VM 虚拟机就是 Guest OS。

请注意!! 若要像本书环境一样以「一台」物理主机架设多重虚拟化环境的话（VM 上搭建 VM），您的物理主机「一定要支持第二代虚拟化技术 Intel EPT 或 AMD NPT/RVI」才行，否则到时候将无法产生出第三层的 Guest OS 操作系统。

如果您手边没有支持第二代虚拟化的物理主机但是却有「多台」支持第一代虚拟化的物理主机，那么也可以搭建本书的实验环境，因为 Windows Server 2012 操作系统要启用 Hyper-V 功能只要支持「第一代虚拟化技术 Intel VT-x 或 AMD-V」即可，只是您还要额外准备多台网络交换机、网络线材、多片网卡等（因为本书高级实验部分一台 Hyper-V 主机将会配备 6 个网卡）。

2-1-3 下载及安装 Windows 8 Enterprise 评估版

在本书实验中安装于物理主机的操作系统为 64 位架构的 Windows 8 Enterprise 90 天评估试用版本，请将下载后的 Windows 8 评估试用版 ISO 文件刻录为 DVD 光盘（或制作成开机 USB 盘）后，将物理主机 BIOS 设置为光盘开机（或 USB 盘开机）后进行安装。

请于任一台可上互联网的主机中，打开浏览器在网址栏输入 Microsoft TechNet 网址（http://technet.microsoft.com）后，在搜索栏输入关键字「Windows 8 Enterprise 评估版」，即可找到 Windows 8 Enterprise 操作系统 90 天评估试用版 ISO 文件的下载页面，如图 2-18 所示。

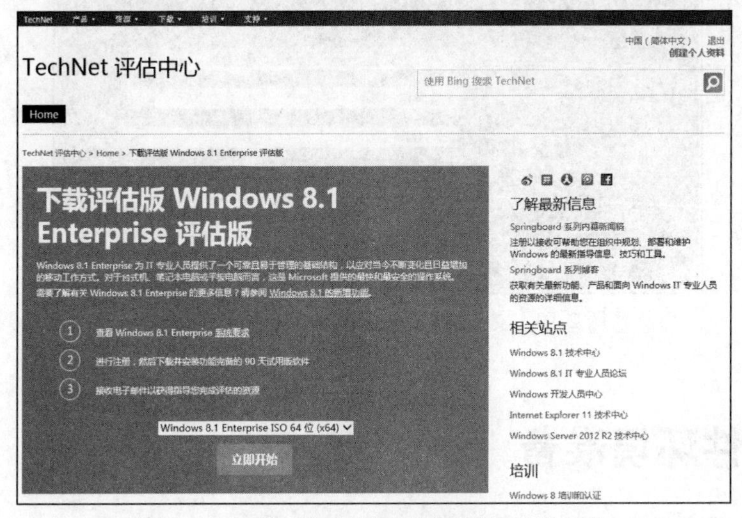

图 2-18 下载 Windows 8 操作系统 64 位架构

在此下载页面中您可预先了解到 Windows 8 操作系统相关信息，例如使用安装向导以及安装 Windows 8 操作系统的硬件主机最低需求等信息，在此页面最下方即可找到 ISO 文件下载链接，本书实验环境为采用 Windows 8 操作系统 64 位架构。

下载 Windows 8 企业试用版 ISO 文件后，请刻录为 DVD 光盘并在本书实验主机的 BIOS 中设置为光盘开机，开始安装 Windows 8 Enterprise 64 位版本，如图 2-19 所示。

2-1-4 规划实验环境文件夹

在本书实验环境中我们于 Windows 8 主机中搭建文件夹「Lab」并且存放相关文件，例如稍后下载的各种 ISO 文件及工具安装程序等，当然这只是为了将相关文件进行集中存放以方便说明，您也可自行规划适合的方式，下列为相关文件夹用途说明：

- C:\Lab：存放本书中所有实验的相关文件
- C:\Lab\VM：存放 VMware Player 所搭建的 VM 虚拟机相关文件（也就是 Hyper-V 虚拟

化平台）

- C:\Lab\ISO：存放各种操作系统的安装 ISO 文件（.iso）
- C:\Lab\Tools：存放安装程序及相关工具（.exe、.msi）

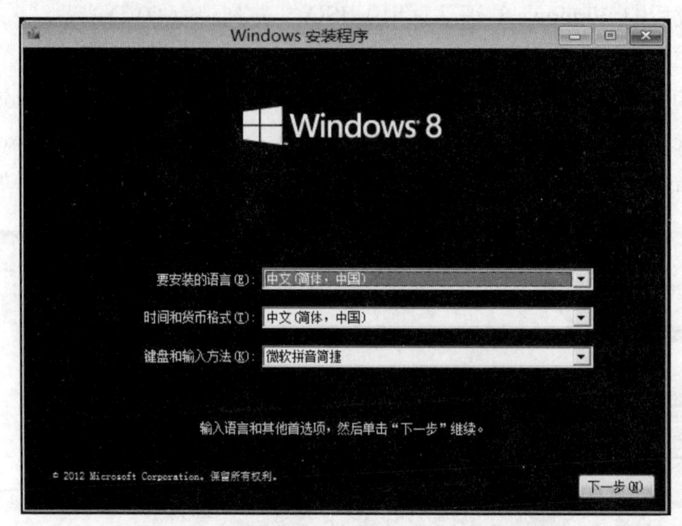

图 2-19　安装 Windows 8 Enterprise 64 位版本

2-2　软件环境准备

本书实验环境中使用到的相关软件，本节中将进行相关下载及安装的操作，请将下载后的软件 ISO 文件（.iso）或工具安装程序（.exe、.msi）存放于上一小节中所规划的文件夹内，以便进行软件安装的操作，下列为相关软件的功能说明：

◆　VMware Player

VMware Player 为 VMware 公司所发行 Hosted Type 类型的免费虚拟机软件，它其实是 VMware 公司另一套需要授权软件 VMware WorkStation 的功能精简版，并且从 VMware Player 3 版本开始便拥有可以搭建虚拟机的功能（旧版中只能开启 VM 虚拟机而无法搭建）。本书中便是使用它来搭建 Nested Virtualization 环境，并且在下一节中将会详细解说如何安装 VMware Player 以及设置三种虚拟网络环境（Bridge、NAT、Host-Only），也就是说 VMware Player 将担任 Nested Virtualization 环境中的 Host Hypervisors 角色。

◆　Windows Server 2012

本书实验中已经于物理主机上安装好 Windows 8 Enterprise 操作系统，接着安装 VMware Player 虚拟化软件之后搭建 VM 虚拟机，而所搭建的 VM 虚拟机便是安装 Windows Server 2012 操作系统，也就是到时候担任 Nested Virtualization 环境中的 Guest Hypervisors 角色。

◆ Hyper-V Server 2012

第二层的虚拟机除了安装 Windows Server 2012 之外，在本书实验当中也会采用可以免费使用的 Microsoft Hypervisor，也就是 Hyper-V Server 2012 进行部分的高级实验，它也是担任 Nested Virtualization 环境中的 Guest Hypervisors 角色。

◆ 类 UNIX 操作系统

除了 Windows 家族产品的操作系统之外，Hyper-V 虚拟化平台也支持许多常见的类 UNIX 操作系统，例如 Red Hat Enterprise Linux、CentOS、SUSE Linux Enterprise Server、Ubuntu、FreeBSD 等。在本书环境当中也会说明针对这些不同的类 UNIX 操作系统应该怎么安装「集成服务（Integration Services）」，使得安装类 UNIX 操作系统的 VM 虚拟机能够在 Hyper-V 虚拟化平台中达到最佳运行状态。

2-2-1 下载 VMware Player

VMware 于 2011 年 9 月发行了授权虚拟化软件 VMware WorkStation 8，之后 VMware 官方于 2011 年 10 月将其精简功能免费版本 VMware Player 4.0 也正式发行并开放下载，从此版本之后才开始支持「VHV（Virtual Hardware-assisted Virtualization）」功能，也就是才能将 Windows 8 物理主机所具备的虚拟化技术「交付」给第二层的 Hyper-V 虚拟化平台，所以请您最少要下载 VMware Player 4.0 以上的版本才能构建本书实验环境。本书所下载的 VMware Player 为发行版本 5.0.3 而搭建号码 BuildNumber 为 1410761（本文更新时最新版本为 6.0.1），此次下载的安装执行文件名称为「VMware-player-5.0.3-1410761.exe」。

请打开 VMware 国内网站（http://www.vmware.com/cn）单击「下载」，接着在「By Category」选项卡中展开「Desktop & End-User Computing」项目后单击「VMware Player」→「Download Product」链接项目，如图 2-20 所示。

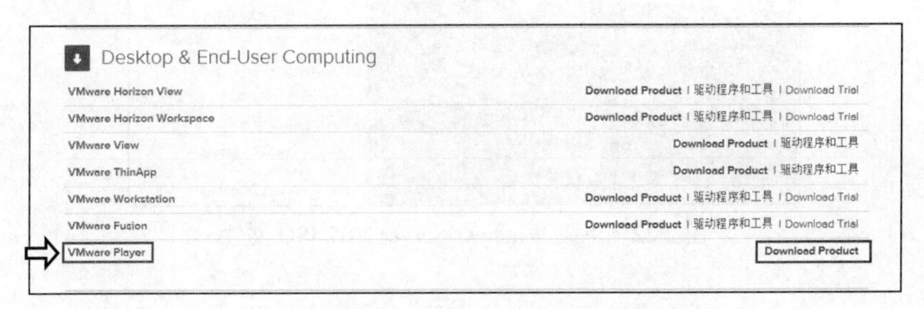

图 2-20 准备下载最新版本 VMware Player

请在 Product Downloads 选项卡中，选择「VMware-player-5.0.1-894247.exe」项目中的「Download」图标下载 VMware Player，如图 2-21 所示。下载 VMware Player 之后请先别急着安装，下一章中会详细说明 VMware Player 虚拟网络环境，以及我们如何规划它来搭建 Hyper-V 的测试环境。

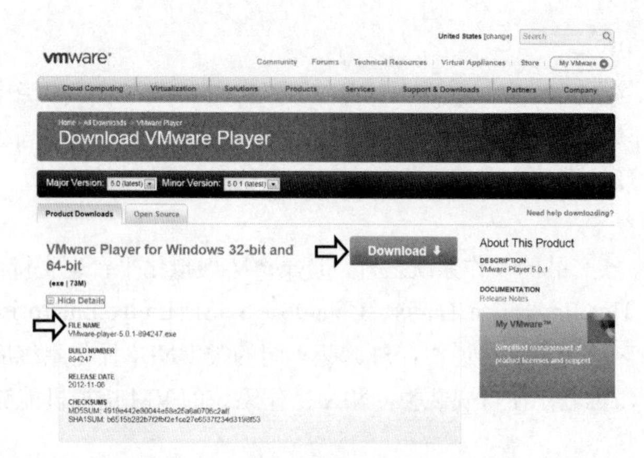

图 2-21　选择下载 VMware Player 5.0.3

2-2-2　下载 Windows Server 2012

请于任一台可上互联网的主机中，打开浏览器在网址栏输入 Microsoft TechNet 网址（http://technet.microsoft.com）后，在搜索栏输入关键字「下载 Windows Server 2012」即可找到 Windows Server 2012 试用版 ISO 文件的下载页面，如图 2-22 所示。

图 2-22　下载 Windows Server 2012 ISO 文件

2-2-3　下载 Hyper-V Server 2012

请打开浏览器后在网址栏输入 Microsoft Server and Cloud Platform 网址（http://www.microsoft.com/hyper-v-server）后，即可找到 Microsoft Hyper-V Server 2012 ISO 文件的下载页面，如图 2-23 所示。

图 2-23　下载 Hyper-V Server 2012 ISO 文件

2-2-4　下载 Ubuntu ISO 文件

请打开浏览器链接至 Ubuntu 国内官方网站（http://www.ubuntu.org.cn/），单击「下载」项目后选择您要下载的 Ubuntu ISO 文件类型。本书实验为选择「Ubuntu 服务器版本、13.04、64 位版本」，接着单击「获得 Ubuntu 13.04」链接项目，进入 Ubuntu ISO 文件下载页面，如图 2-24 所示。

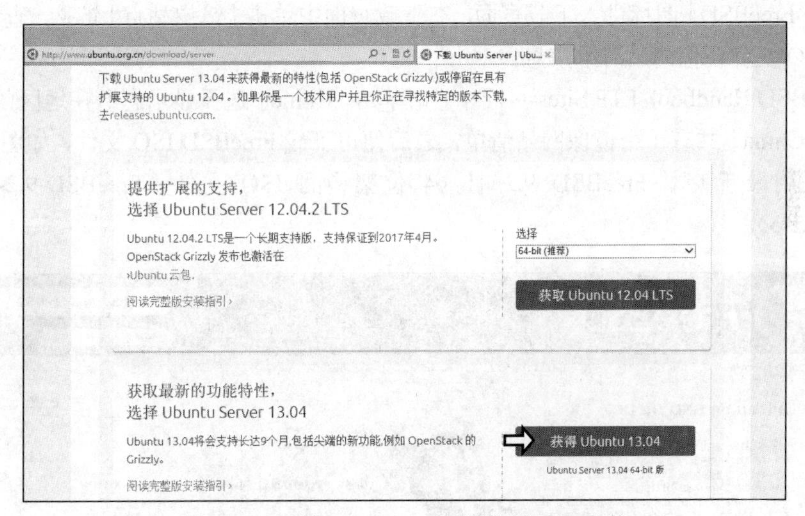

图 2-24　下载 Ubuntu 13.04 服务器 ISO 文件

2-2-5　下载 CentOS ISO 文件

请打开浏览器链接至 CentOS 官方网站（http://www.centos.org），鼠标移动至「Downloads」

选项，在弹出的下拉菜单中选择「Mirrors」链接项目进入 CentOS 下载页面，于 CentOS 下载页面中单击「Mirror List」，查看 CentOS 操作系统 ISO 文件镜像网站清单信息。

默认会显示北美（North American）的镜像网站清单，请单击「亚洲 Asian」的链接以显示亚洲区的镜像网站清单，选择您所在地区的镜像网站，目前「国内 China」共有 12 个镜像网站清单，请选择最适合您互联网网络的镜像站点。例如您使用的是中国电信（ChinaNet）的 ADSL 上网，则可以选择「Sohu Inc」项目以及采用 HTTP 或 FTP 方式下载，如图 2-25 所示，之后便可下载 CentOS ISO 文件。本书实验采用最新版本 CentOS 6.5 且 64 位架构的 ISO 文件。

Asia	China	Beijing Institute of Technology	All	All	Yes	HTTP		
Asia	China	CDS China	All	All	Yes	HTTP	FTP	RSYNC
Asia	China	Dalian Neusoft University of Information	All	All	Yes	HTTP	FTP	
Asia	China	esocc	All	All	Yes	HTTP		
Asia	China	Grand Cloud	All	All	Yes	HTTP		
Asia	China	Huazhong University of Science and Technology	All	All	Yes	HTTP		RSYNC
Asia	China	Northeastern University, Shenyang Liaoni	All	All	Yes	HTTP		
Asia	China	Qiming College of Huazhong University of Science and Technology	All	All	Yes	HTTP		RSYNC
Asia	China	Sohu Inc, Beijing P.R. China	All	i386 x86_64	Yes	HTTP		
Asia	China	Star Studio of UESTC	All	All	Yes	HTTP	FTP	
Asia	China	Tsinghua University	All	All	Yes	HTTP		
Asia	China	University of Science and Tech of China	All	All	Yes	HTTP		

图 2-25　下载 CentOS 6.5 ISO 文件

2-2-6　下载 FreeBSD ISO 文件

请打开浏览器链接至 FreeBSD 官方网站（http://www.freebsd.org/zh_CN/），在首页中单击「立即获得 FreeBSD」图标进入下载页面，在下载页面中单击「镜像站点」链接，查看 FreeBSD 操作系统 ISO 文件镜像网站清单信息。

在 FreeBSD Handbook FTP Sites 页面中，请单击「China」选择显示您所在地区的镜像网站，目前「国内 China」共有 1 个镜像网站清单，之后便可下载 FreeBSD ISO 文件，如图 2-26 所示。本书实验采用最新版本 FreeBSD 9.2 且 64 位架构的 ISO 文件（FreeBSD-9.2-RELEASE-amd64-dvd1.iso）。

图 2-26　下载 FreeBSD 9.2 ISO 文件

2-3 安装 VMware Player 虚拟化软件

在本书的实验环境当中，不管您的 Windows 8 物理主机网络功能设置为公用 IP 地址（Public IP）或私有 IP 地址（Private IP），只要可以经由主机上所设置的默认网关（Default Gateway）连至互联网上便可以完成本书中所有实验（例如群集感知更新实验便是使用 Windows Update Agent 去下载群集更新），若物理主机无法连接至互联网也没关系，仍然可以完成书中绝大部分的高级实验，例如实时迁移（Live Migration）、快速迁移（Quick Migration）、存储实时迁移（Live Storage Migration）等。

稍后我们将会安装 VMware Player 虚拟化软件，此虚拟化软件提供了三种虚拟网络环境（Bridge、NAT、Host-Only），到时候会让 Windows Server 2012 分别连接到 NAT、Host-Only 虚拟网络环境，其中「NAT」虚拟网络环境（10.10.75.0/24）提供虚拟机可以连接至互联网的能力（自动通过 Windows 8 主机连接至互联网），而「Host-Only」虚拟网络环境（172.20.75.0/24、192.168.75.0/24、192.168.76.0/24）则是提供虚拟机专用于 Heartbeat 心跳侦测、Migration 迁移网络流量、MPIO 传输流量等，在后面将会详细说明这三种虚拟网络环境的差异，以及如何设置 NAT 及 Host-Only 虚拟网络环境。

VMware 公司有一套发行超过十年的商业版本虚拟化软件 VMware Workstation（目前最新版本为 10.0.1），价格便宜，功能非常强大。其特色功能举例如下：

- 完整支持 Windows 8：可以在 32/64 位的 Windows 主机上更有效率的运行，并且可以正常使用动态磁铁、Multi-touch 等功能，且每台虚拟机最多可拥有 4 个虚拟处理器和 32 GB 的内存。
- 支援 3D 图形：支持在 Windows 虚拟机中运行更多的 3D 应用程序，例如 AutoCAD、SolidWorks，对于 Linux 虚拟机则支持 OpenGL 图形驱动程序。
- 保护虚拟主机：可将虚拟机进行加密保护以避免被盗用。
- WSX 网页存取：只需要使用支持 HTML5 的 WebSockets 浏览器（例如 Chrome 17、Safari 5）便可以控制虚拟机。
- 快照 Snapshot：使 VM 虚拟机可以快速恢复至快照执行时间点的状态，例如 VM 虚拟机为 Windows 操作系统进行重大更新以前可以先进行快照，如此一来当重大更新后系统发生问题或运行不稳定时便可以快速恢复至先前进行重大更新前的良好状态。
- 硬盘链接（Link Clone）：可以使多台相同类型的 VM 虚拟机同时运行，但是在空间占用上只会占用一份主要引用的硬盘空间以及每台虚拟机变更设置的少许空间。例如 5 台虚拟机每台设置 20 GB 的硬盘空间，在正常情况下便会占用系统 100 GB 的硬盘空间，但此功能启动仅会占用一份 20 GB 的硬盘空间，加上每台虚拟机变更设置的少许空间，通常总共约占用 20～25 GB 的硬盘空间。
- 群组功能（Team）：当您有好几台 VM 虚拟机运行于 Workstation 时，可以将部分虚拟机群组起来后设置开机及关机的顺序，例如前端 AP 主机及后端 DB 主机，便可以设置开机时先打开 DB 主机后再打开 AP 主机，而关机时则先关闭 AP 主机后再关闭 DB 主机。

- USB 3.0：支持 USB 3.0 设备并且可以指派给 Windows 及 Linux 虚拟机。

本书中所使用的 VMware Player 可以称之为 VMware Workstation 免费精简版，此软件在一开始发行时仅能运行已经搭建好的 VM 虚拟机，但是从 VMware Player 3 版本开始便拥有可以搭建虚拟机的功能，重点在于它是「完全免费」的虚拟机软件，这也正是本书选择采用它的原因。当然如果您已经有习惯使用的虚拟化软件也行，但在后续虚拟网络环境 NAT、Host-Only 设置上就会与本书的设置步骤有所不同了。

2-3-1 安装 VMware Player

本书实验所用的 VMware Player 为最新发行的 VMware Player 5.0.3（Build 1410761）版本，请双击该安装程序 VMware-player-5.0.3-1410761.exe 后开始进行安装，如图 2-27 所示。

步骤一、VMware Player 欢迎安装

首先出现的是 VMware Player 欢迎安装画面，请单击「Next」按钮后继续安装程序，如图 2-28 所示。

图 2-27　VMware Player 安装程序初始化

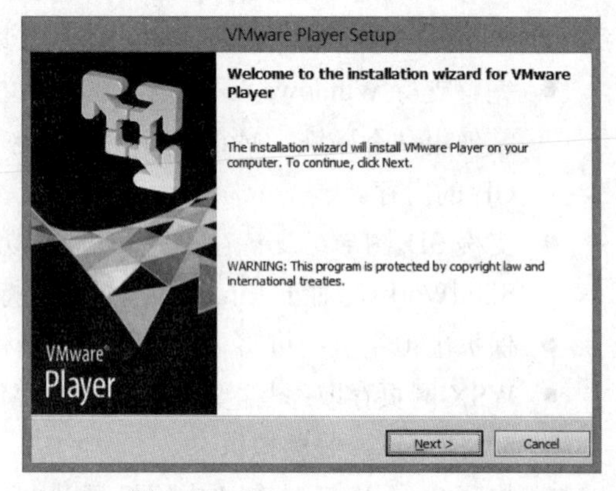

图 2-28　VMware Player Setup

步骤二、选择存放 VMware Player 应用程序文件夹

在 Destination Folder 界面中，请选择将 VMware Player 主要相关执行文件存放于 Windows 8 主机中哪个文件夹内，若要更改文件夹路径请单击「Change」按钮后选择要放置的文件夹即可，本书实验中采用默认值设置即可，请单击「Next」按钮后继续安装程序，如图 2-29 所示。

步骤三、软件版本更新

在 Software Updates 界面中，若安装 VMware Player 应用程序的主机具有上网功能时，则 VMware Player 启动后将会尝试连接 VMware 网站检查是否有更新的版本及相关模块可供更新或升级安装，采用默认值设置即可，请单击「Next」按钮后继续安装程序，如图 2-30 所示。

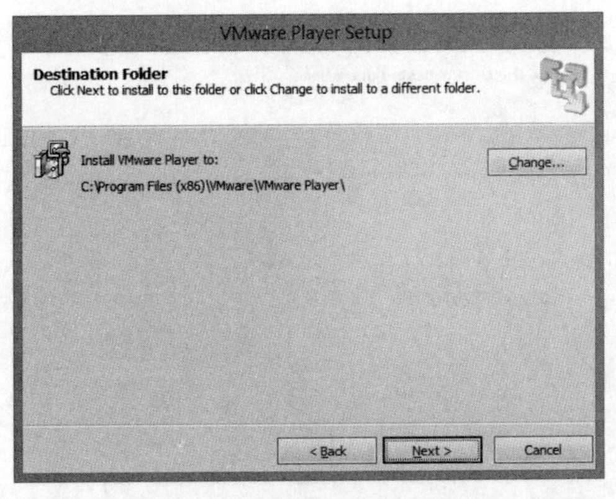

图 2-29 VMware Player Setup-Destination Folder

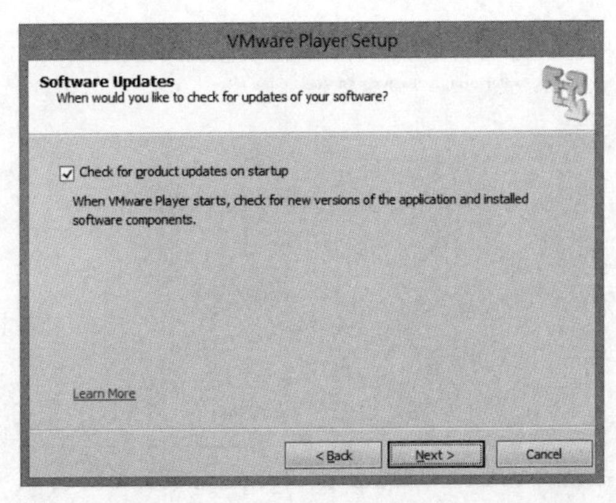

图 2-30 VMware Player Setup-Software Updates

步骤四、收集主机资料

在 User Experience Improvement Program 界面中，询问您是否同意 VMware Player 收集此台主机资料后自动回馈给 VMware，以协助 VMware 公司能够改进 VMware Player 功能及进行 bug 问题的修正，采用默认值设置即可，请单击「Next」按钮后继续安装程序，如图 2-31 所示。

步骤五、搭建桌面捷径

在 Shortcuts 界面中，请勾选您是否要将 VMware Player 在系统相关路径中创建快捷方式，例如在桌面上（Desktop）、开始菜单所有程序内（Start Menu Programs folder），采用默认值设置即可，请单击「Next」按钮后继续安装程序，如图 2-32 所示。

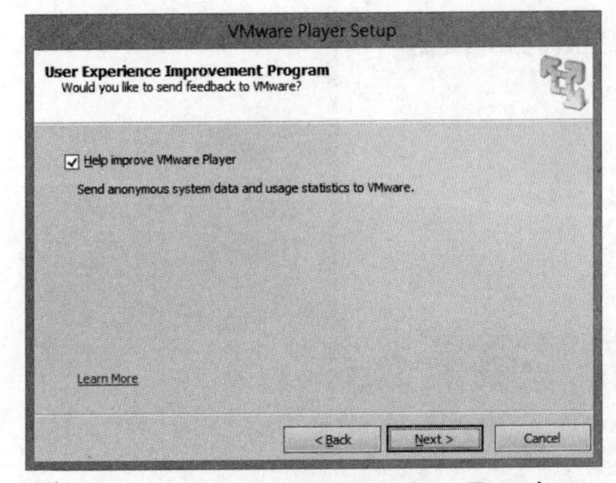

图 2-31 VMware Player Setup-User Experience Improvement Program

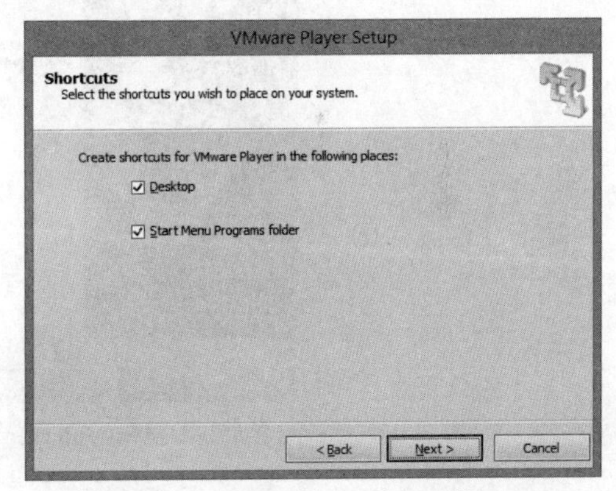

图 2-32 VMware Player Setup-Shortcuts

步骤六 准备安装 VMware Player 相关文件

至目前为止 VMware Player 还没有真正安装至 Windows 8 主机当中，在 Ready to Perform the Requested Operations 界面中，您可以单击「Back」按钮修改先前的设置值或单击「Cancel」按钮取消安装程序，当然我们要单击「Continue」按钮确定开始安装 VMware Player 相关应用程序及执行文件，如图 2-33 和图 2-34 所示。

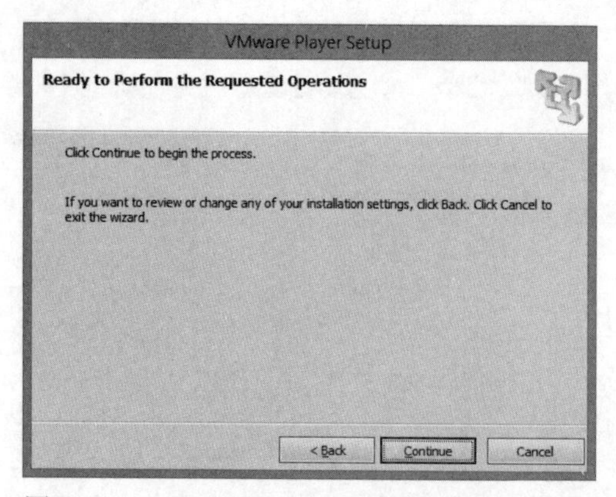

图 2-33　VMware Player Setup-Ready to Perform the Requested Operations

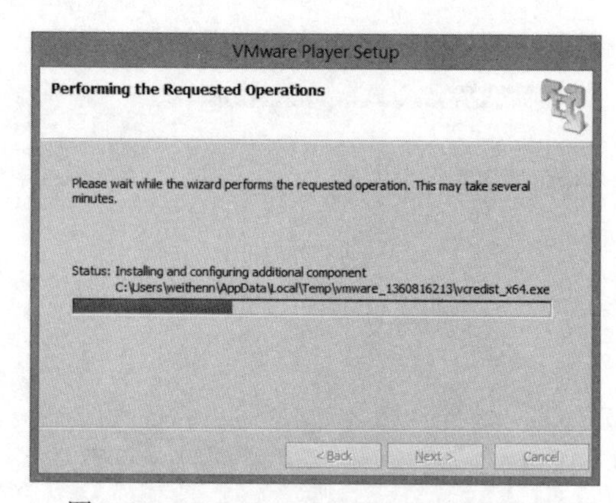

图 2-34　VMware Player Setup-Performing the Requested Operations

步骤七、VMware Player 安装完毕

当 VMware Player 相关应用程序及执行文件安装完毕后，会弹出安装完毕窗口（Setup Wizard Complete），请单击「Finish」按钮结束安装程序（若采用旧版本 VMware Player 则会提示您重新启动主机），如图 2-35 所示。

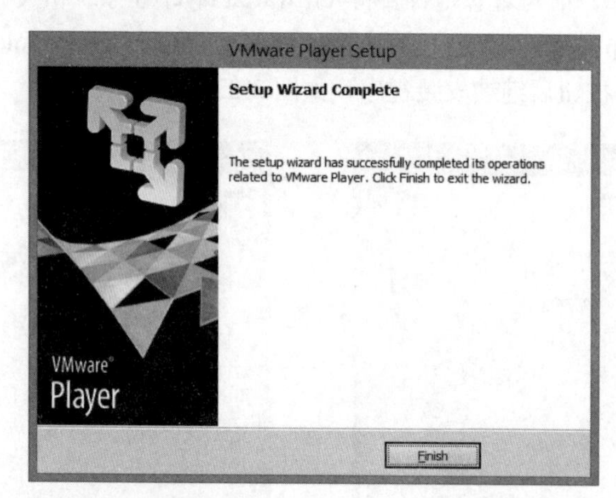

图 2-35　VMware Player Setup-Setup Wizard Complete

2-3-2　了解 VMware Player 三种虚拟网络环境

当 VMware Player 安装完毕后，您会发现 Windows 8 的网络共享中心内多出了两块虚拟网卡（VMnet1、VMnet8），如图 2-36 所示，其中 VMnet1 虚拟网卡为连接 Windows 8 主机与采用 Host-Only 虚拟网络环境的虚拟机之用，而 VMnet8 虚拟网卡则为连接采用 NAT 虚拟网络环境的虚拟机之用，采用 Bridge 虚拟网络环境的虚拟机则会直接使用 Windows 8 主机的物理网卡。

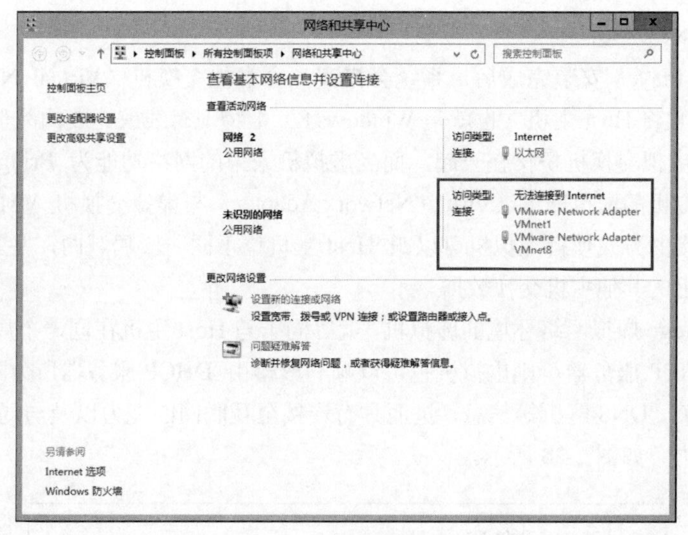

图 2-36　安装 VMwrae Player 后多了 VMnet1、VMnet8 两块虚拟网卡

除了多出两块虚拟网卡之外，VMware Player 还会在 Windows 8 操作系统中创建「4 项以 VMware 开头的系统服务」，这些相关服务就是供以后与 VM 虚拟机所连接的虚拟网卡使用，如图 2-37 所示。例如「VMware NAT Service」服务用来控制采用 NAT 虚拟网络环境的 VM 虚拟机能够通过 VMnet8 虚拟网卡与 Windows 8 主机连接，若 Windows 8 主机能够连接至互联网则虚拟机就能够连接至互联网，若此服务停止则此 NAT 连接功能便会失效；「VMware DHCP Service」服务则是启动 DHCP Service 服务，使 VM 虚拟机若有启动 DHCP Client 功能时便能够自动获得所分配的 IP 地址信息（稍后会说明如何设置），因此若虚拟机设置皆正确但是无法顺利运行相关功能时，您可以查看是否因为相关服务停止运行所导致。

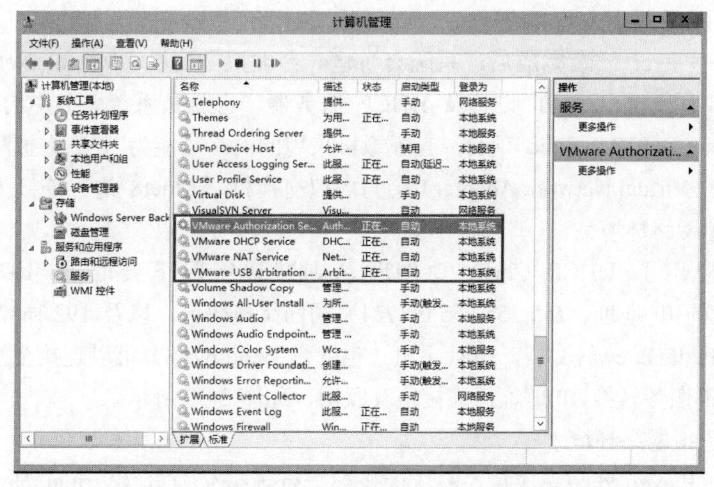

图 2-37　安装 VMware Player 后多了 4 项 VMware 开头的系统服务

◆ Bridge 虚拟网络环境

当 VMware Player 安装完成后，系统会搭建一台虚拟交换机（Virtual Network Switch）——VMnet0，并且将 Host 主机（也就是 Windows 8）上物理有线或无线的网卡（Host Network Adapter）与此台虚拟交换机桥接在一起。而当虚拟机采用的网络功能为 Bridge 虚拟网络环境时，即表示将虚拟机的虚拟网卡（Virtual Network Adapter）与虚拟交换机 VMnet0 进行连接，通过这种虚拟桥接的方式使得虚拟机可以跟 Host 主机位于同一段局域网，并且能够与 Host 主机同一段局域网上的其他主机交换数据。

因此采用 Bridge 虚拟网络环境的虚拟机，就等同于与 Host 主机在同一个局域网上，若区域网络上配置有 DHCP 服务器，则虚拟机也可以顺利取得由 DHCP 服务器所分配的 IP 地址、网络掩码、默认网关、DNS 解析等信息，进而具有连接至互联网的能力以及与局域网上的其他主机交换数据的能力，如图 2-38 所示。

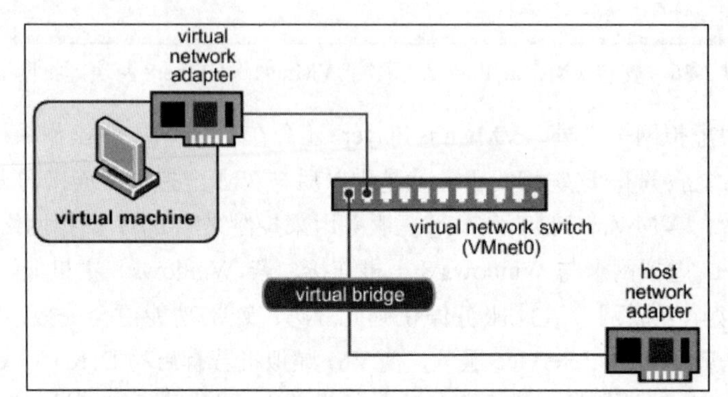

图片来源：VMware Workstation and ACE Online Library-Bridged Networking（http://goo.gl/Fl2Ay）

图 2-38　Bridge 虚拟网络环境运行示意图

◆ NAT 虚拟网络环境

当 VMware Player 安装完成后，系统会搭建一台虚拟交换机（Virtual Network Switch）——VMnet8，并且模拟出 NAT 设备及 DHCP 服务器，也就是系统服务中的 VMware NAT Service 与 VMware DHCP Service 项目。当虚拟机采用的网络功能为 NAT 虚拟网络环境时，虚拟机的虚拟网卡（Virtual Network Adapter）会与虚拟交换机 VMnet8 进行连接（请注意!! 只能有一个 NAT 虚拟网络环境）。

当虚拟机启用了 DHCP Client 功能时，则默认情况下会取得 192.168.211.128～192.168.211.254 的 IP 地址、255.255.255.0（/24）的网络掩码值，以及 192.168.214.2 的默认网关 IP 地址（Default Gateway）。若 Host 主机（也就是 Windows 8）可以连接至互联网，则虚拟机便会通过 NAT 服务转换 IP 地址后连接至互联网，如图 2-39 所示。

◆ Host-Only 虚拟网络环境

当 VMware Player 安装完成后，系统会搭建一台虚拟交换机（Virtual Network Switch）——VMnet1，并且模拟出 DHCP 服务器，也就是系统服务中的 VMware DHCP Service。当虚

拟机采用的网络功能为Host-Only虚拟网络环境时，虚拟机的虚拟网卡（Virtual Network Adapter）将与虚拟交换机 VMnet1 进行连接（您可以设置多段 Host-Only 虚拟网络环境，后续高级实验中将会说明如何设置）。

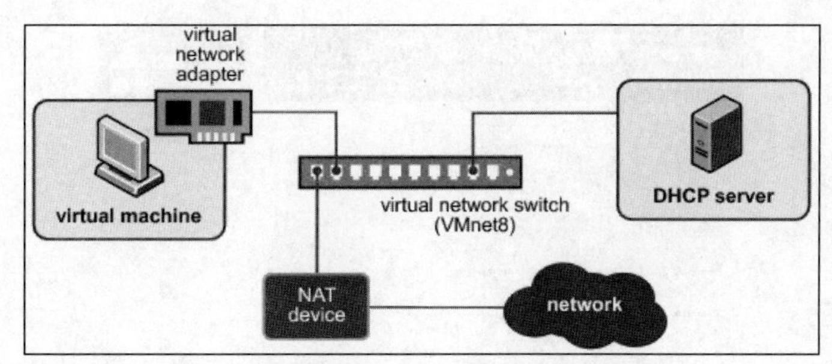

图片来源：VMware Workstation and ACE Online Library-Network Address Translation （http://goo.gl/U2znb）

图 2-39 NAT 虚拟网络环境运行示意图

若虚拟机设置有 DHCP Client 功能时，则默认情况下会取得 192.168.119.128～192.168.119.254 的 IP 地址、255.255.255.0（/24）的网络掩码值。通常采用此虚拟网络环境的虚拟机仅能与运行于其上的虚拟机及 Host 主机互相沟通，而无法连接至互联网，如图 2-40 所示。

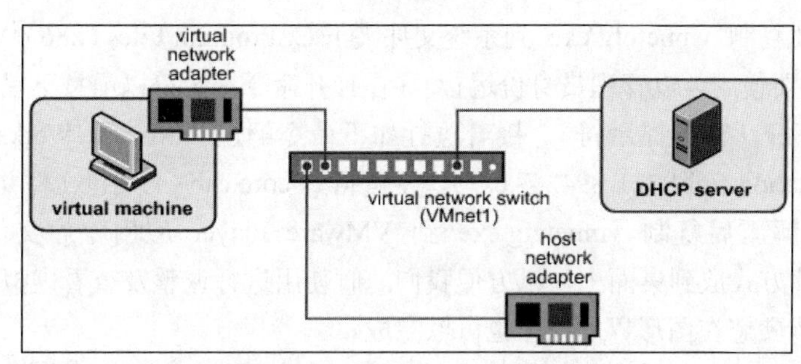

图片来源：VMware Workstation and ACE Online Library-Host-Only Networking（http://goo.gl/lcf3i）

图 2-40 Host-Only 虚拟网络环境运行示意图

◆ vmnetcfg 虚拟网络环境设置工具

vmnetcfg 为设置 VMware Player 三种虚拟网络环境的图形化设置工具，在默认情况下此工具并不会自行产生。在旧版本 VMware Player 3.x、4.x 中可以通过 VMware Player 安装文件配合参数「/e」，将网络环境设置工具包「network.cab」解压并找到 vmnetcfg.exe 执行文件，将此执行文件复制到先前指定的 VMware Player 安装文件夹下，如「C:\Program Files（x86）\VMware\VMware Player」，之后您便可以通过此设置工具来修改 VMware Player 虚拟网络环境的相关设置值。

新版本 VMware Player 5.x 安装文件当中解压后并没有旧版的network.cab文件，而core.cab文件内也未含有 vmnetcfg.exe 执行文件（因为此免费虚拟化软件越来越好用，所以功能不断被减少!!）。我们必须要下载 VMware Workstation 安装文件，其解压的「core.cab」文件中才含有

vmnetcfg.exe 执行文件（适用于 VMware Player）。

由于我们此次安装的版本为 VMware Player 5.0.1（Build 894247），请下载相对应的 VMware WorkStation 版本，也就是 9.0.1（Build 894247）安装文件，如图 2-41 所示。

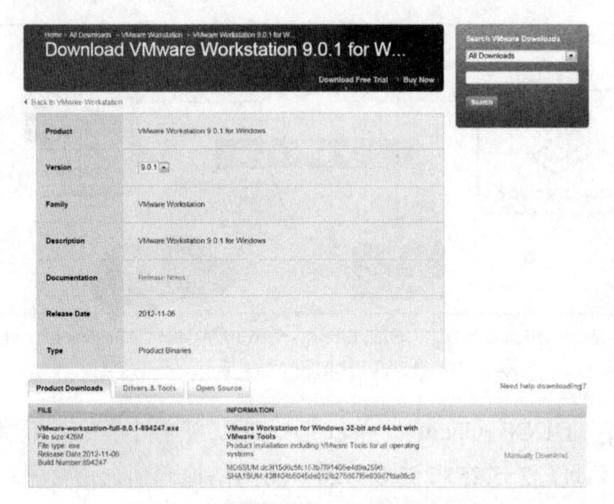

图 2-41　下载 VMware WorkStation

因为到时候要复制 vmnetcfg.exe 到系统文件夹下 C:\Program Files（x86）\VMware\VMware Player，因此必须要使用「以管理员身份运行」（在打开命令提示符以前按下鼠标右键即可发现此项目）。请先打开「命令提示符」，接着执行如下命令解压 VMware Workstation 安装文件（VMware-workstation-full-9.0.1-894247.exe），便可得到 core.cab 工具包文件并存放于 Tools 文件夹内。请再次解压后复制 vmnetcfg.exe 到 VMware Player 应用程序文件夹下，最后将 vmnetcfg.exe 快捷方式放到桌面上，以方便我们随时使用进行调整及查看虚拟网络环境设置，当然这样的操作步骤您在图形界面操作也可以完成。

```
C:\Windows\system32>cd C:\Lab\ISO        //切换至 VMware Player 执行文件存放处
C:\Lab\ISO> VMware-workstation-full-9.0.1-894247.exe /e .\Tools   //解压得到 core.cab
C:\Lab\ISO>cd Tools                      //切换至文件夹
C:\Lab\ISO\Tools>expand core.cab -F:vmnetcfg.exe "C:\Program Files (x86)   //接续下一行
\VMware\VMware Player"                   //复制至系统文件夹下
Microsoft (R) File Expansion Utility  Version 6.2.9200.16384
Copyright (c) Microsoft Corporation. All rights reserved.
新增 C:\Program Files (x86) \VMware\VMware Player\vmnetcfg.exe 到解压缩队列
正在展开文件....
正在展开文件完成...
```

2-3-3　设置 NAT 虚拟网络环境（VMnet8）

本书实验中我们按如下设置 NAT 虚拟网络环境，了解环境设置后请单击桌面上的 vmnetcfg.exe 虚拟网络环境设置工具快捷方式，来开始进行虚拟网络环境设置，如图 2-42 所示。

- 网段 IP 地址：10.10.75.0/24
- 默认网关 IP 地址：10.10.75.254
- DHCP 服务器分配 IP 地址区段：10.10.75.201～10.10.75.250

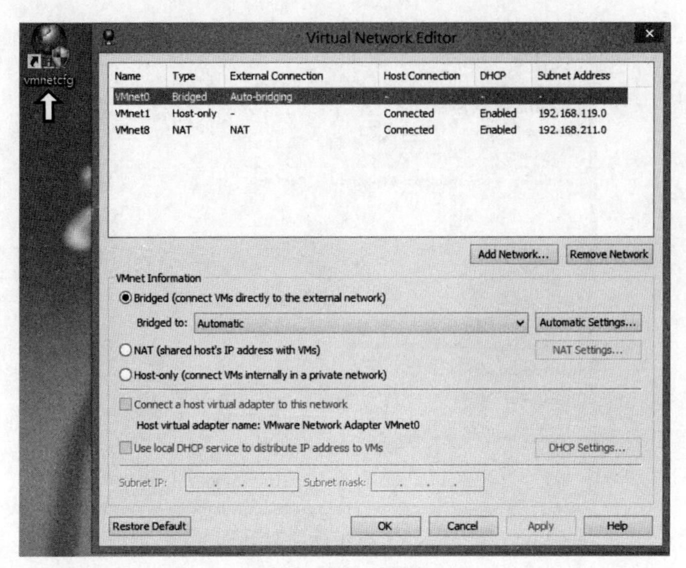

图 2-42　VMware Player 虚拟环境设置工具 vmnetcfg.exe

打开后请切换至「VMnet8」虚拟网络环境，将 Subnet IP 网段修改为「10.10.75.0」，而 Subnet mask 设置为「255.255.255.0」后单击「Apply」按钮应用设置值，如图 2-43 所示。

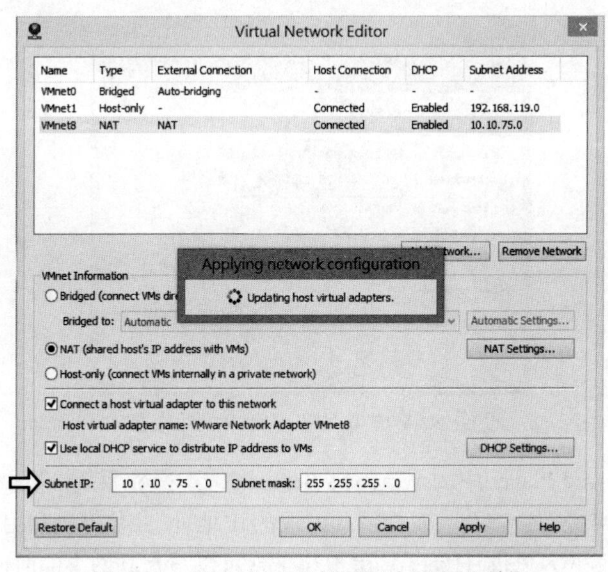

图 2-43　修改 NAT 虚拟网络中网段设置值

接着请单击「NAT Settings」按钮来修改此网段中的默认网关 IP 地址，默认情况下会采用该网段的.2 IP 地址（例如 10.10.75.2）。在本书实验中则设置「10.10.75.254」为该网段默认网关 IP 地址，确认无误后单击「OK」按钮，如图 2-44 所示。

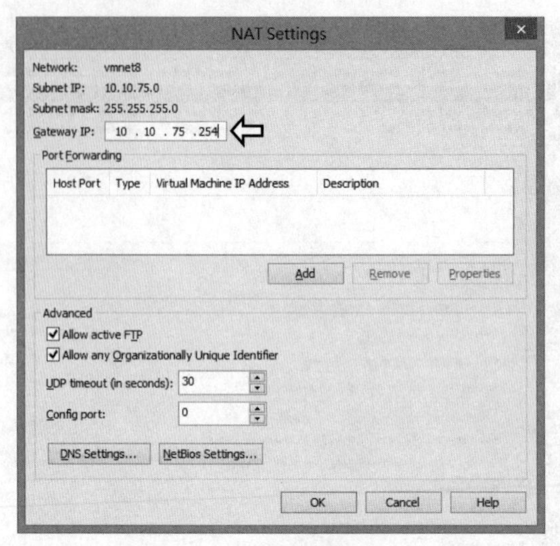

图 2-44　设置 NAT 虚拟网络默认网关 IP 地址

最后请单击「DHCP Settings」按钮来修改此网段中 DHCP 服务器分配的 IP 地址区段，默认情况下会采用该网段的.128～.254 IP 地址（例如 10.10.75.128～10.10.75.254）。在本书实验中则设置为「10.10.75.201～10.10.75.250」为 DHCP 网段发放的 IP 地址，确认无误后单击「OK」按钮，如图 2-45 所示。

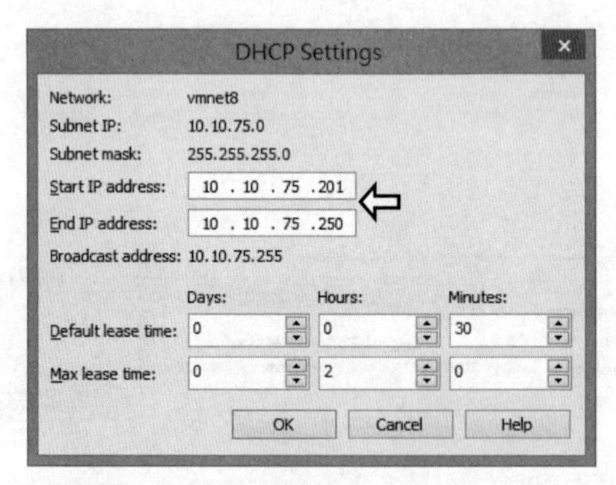

图 2-45　设置 NAT 虚拟网络 DHCP 网段发放的 IP 地址

以后运行于 VMware Player 中的 Windows Server 2012 操作系统，以及运行于 Hyper-V 3.0 虚拟化平台当中的 VM 虚拟机都会设置使用此网段的 IP 地址，并且可以利用 Host 主机上 VMnet8 虚拟网卡来连接至互联网，以供 Hyper-V 虚拟化平台可以与互联网上的时间服务器进行时间校对以及下载安全性更新等操作，如图 2-46 所示。

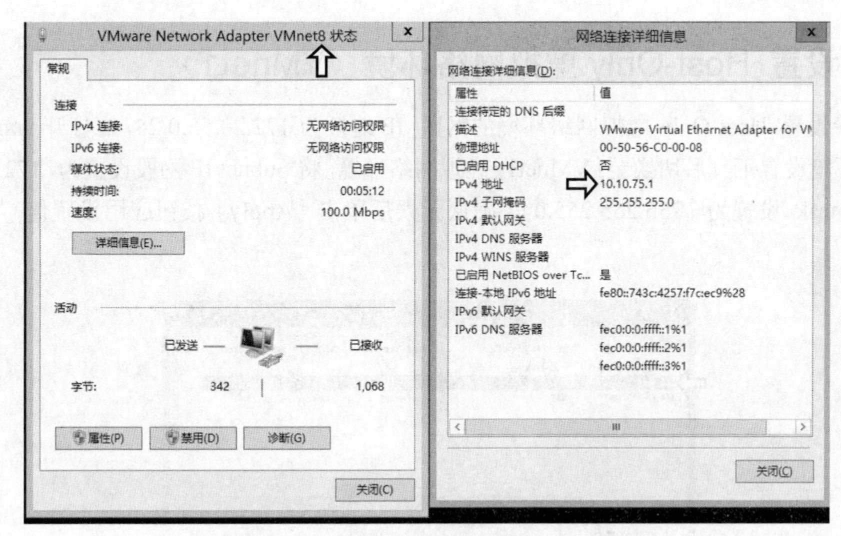

图 2-46　调整后的 VMnet8 虚拟网卡信息

这样的虚拟网络环境与模拟企业网络环境中的局域网相同，因此您可以将虚拟交换机 VMnet8 假想为企业网络环境中介于骨干核心交换机（Core Switch）与边缘交换机（Edge Switch）之间专门负责服务器群集（Server Farm）的专用交换机，用来提供局域网中 End User 存取服务之用，并且可以通过骨干核心交换机至局域网中的默认网关连接至互联网上，如图 2-47 所示。

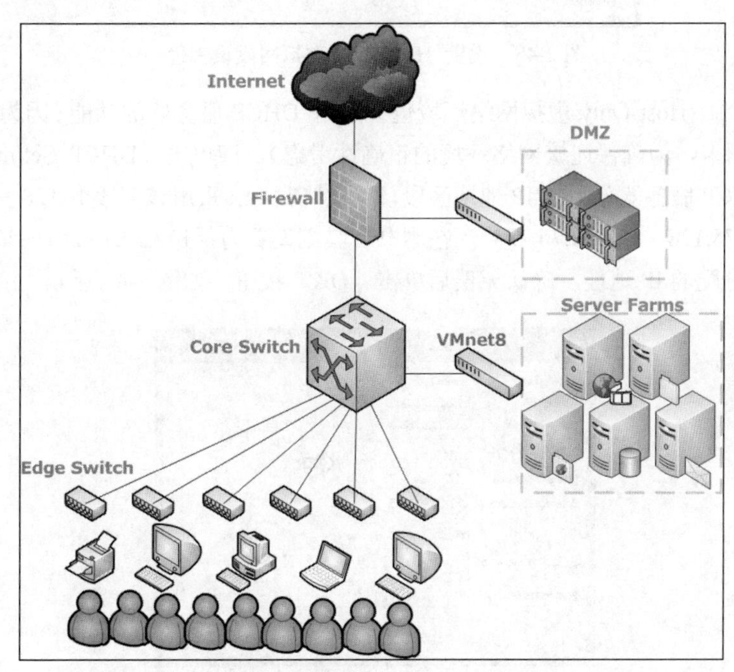

图 2-47　VMnet8 虚拟网络环境模拟物理环境示意图

2-3-4 设置 Host-Only 虚拟网络环境（VMnet1）

接着请设置 Host-Only 虚拟网络环境的网段 IP 地址为 172.20.75.0/24，请打开 vmnetcfg.exe 虚拟网络环境设置工具后切换至「VMnet1」虚拟网络环境，将 Subnet IP 网段设置为「172.20.75.0」，而 Subnet mask 设置为「255.255.255.0」，确认无误后单击「Apply」按钮应用设置值，如图 2-48 所示。

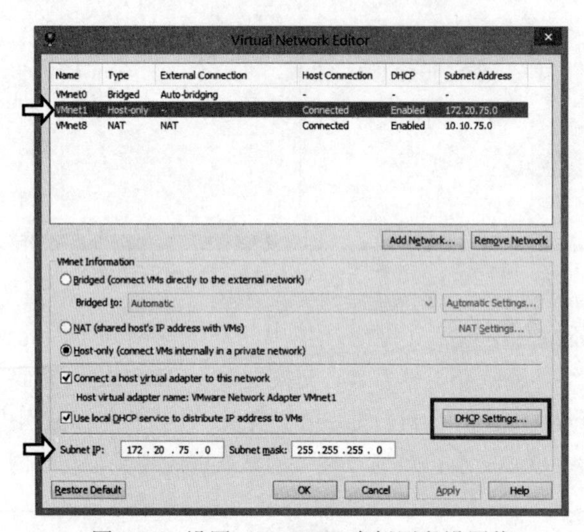

图 2-48 设置 Host-Only 虚拟网段设置值

在本书实验中 Host-Only 虚拟网络环境也会启用 DHCP 服务器的功能（因为到时候每台主机会配置多片网卡，为确保连接网络环境的正确性考虑），请单击「DHCP Settings」按钮来修改此网段中 DHCP 服务器分配的 IP 地址区段，默认情况下会采用该网段的.128～.254 IP 地址（例如 172.20.75.128～172.20.75.254）。在本书实验则设置为「172.20.75.201～172.20.75.250」为 DHCP 网段分配的 IP 地址，确认无误后单击「OK」按钮，如图 2-49 所示。

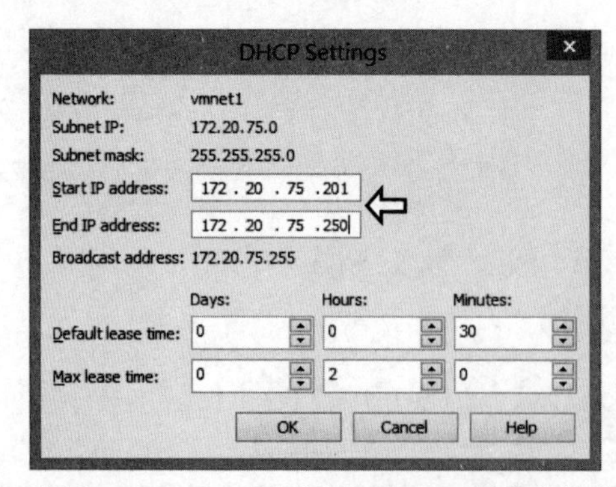

图 2-49 设置 Host-Only 虚拟网络 DHCP 网段发放的 IP 地址

以后运行于 VMware Player 中的 Windows Server 2012 操作系统，将会使用此网段负责 Heartbeat 心跳侦测及 Migration 迁移网络流量，如图 2-50 所示。

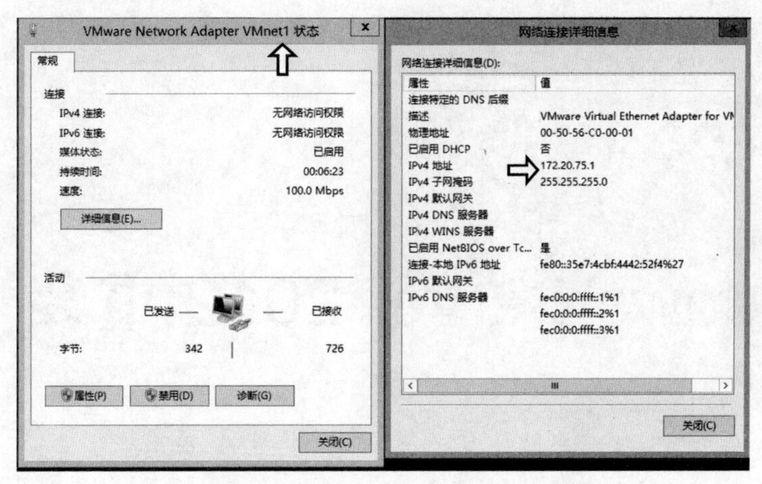

图 2-50　调整后的 VMnet1 虚拟网卡信息

这样的网络环境为模拟企业网络环境中，专门用于服务器群集（Server Farm）中侦测对方主机是否存活以及主机互相交换数据用的网络交换机，除此之外没有任何连接出口，因此 End User 无法接触到此交换机及 IP 地址，而在本书中会利用此封闭的网络环境来担任故障转移群集中 Heartbeat 心跳侦测网络以及 Migration 迁移网络流量来使用，如图 2-51 所示。

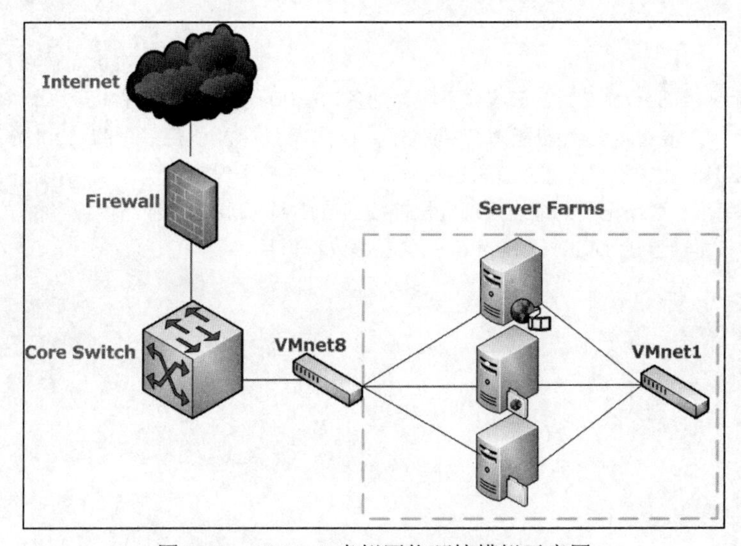

图 2-51　VMnet1 虚拟网络环境模拟示意图

Chapter 3

Windows Server 2012 重装上阵

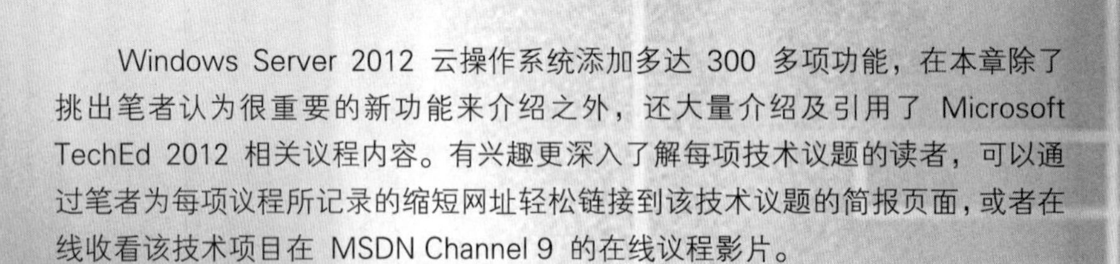

Windows Server 2012 云操作系统添加多达 300 多项功能，在本章除了挑出笔者认为很重要的新功能来介绍之外，还大量介绍及引用了 Microsoft TechEd 2012 相关议程内容。有兴趣更深入了解每项技术议题的读者，可以通过笔者为每项议程所记录的缩短网址轻松链接到该技术议题的简报页面，或者在线收看该技术项目在 MSDN Channel 9 的在线议程影片。

3-1 Windows Server 2012 云操作系统

Microsoft 在 2012 年 9 月时推出「云操作系统（Cloud OS）」也就是 Windows Server 2012，以顺应现代化产品（智能手机、多功能媒体设备等）及服务平台，协助 IT 管理人员能架构出 具备高弹性、可扩充的基础架构，管理各种平台等，并且可以让您创建公有云（Public Cloud）、私有云（Private Cloud）、混合云（Hybrid Cloud）等云环境，如图 3-1 所示。

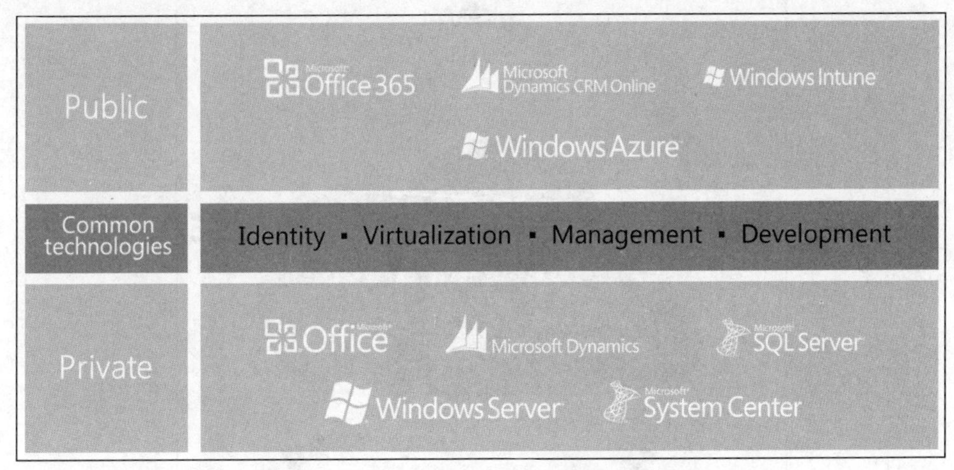

图片来源：Microsoft TechEd 2012 VIR308-What`s New in Windows Server 2012 Hyper-V, Part 1（http://goo.gl/1aVNY）

图 3-1 Windows Server 2012 创建云环境

Windows Server 2012（Cloud OS）针对新一代数据中心提供如下特色（见图 3-2）：

- 超越虚拟化：不单单只提供虚拟化环境，更提供动态多用户的基础架构及许多灵活的应用。
- 众多服务器化繁为简：不仅仅只是服务器合并，更结合了高效率管理机制以及自动化功能。
- 应用程序跨越各种云：不管是在私有云、公有云、混合云云环境中都可以灵活地创建及部署各种应用程序及程序语言环境。
- 新时代工作形态：顺应新时代工作形态 BYOD（Bring your own device），使用者无论身处何地何处都可以使用任何智能设备来存取云数据。

简单来说 Windows Server 2012 云操作系统适合应用于创建企业的私有云和公有云数据中心，并且能够将私有云和公有云之间无缝地连接起来完成弹性的开发平台、轻松集成开发作业和管理、通用身份识别机制、集成式虚拟化环境、完整的资料平台等，如图 3-3 所示。

图片来源：Microsoft TechEd 2012 VIR303-An Overview of Hyper-V Networking in Windows Server 2012（http://goo.gl/DmBJY）

图 3-2　Windows Server 2012 Cloud Optimize Your IT

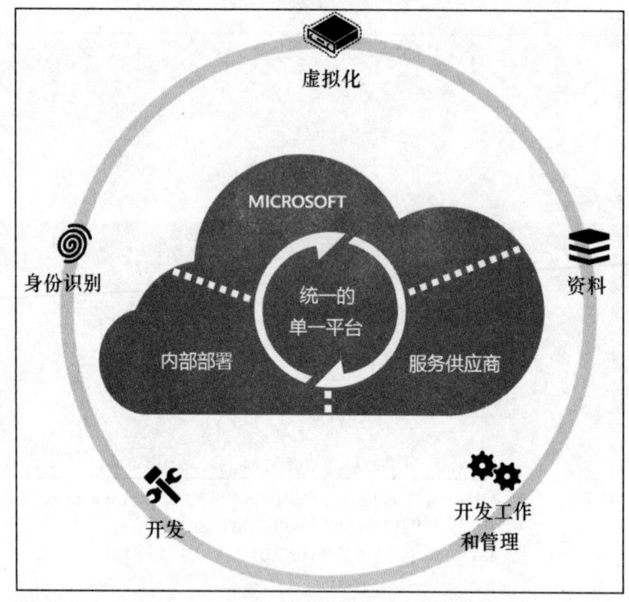

图片来源：Windows Server 2012 产品概观白皮书（http://goo.gl/FuAgk）

图 3-3　Windows Server 2012 云操作系统

事实上 Windows Server 2012 云操作系统不仅仅只是将原有功能增强而已，而是新增功能超过 300 项，若要一项一项介绍可能又可以写另外一本书了吧，那么就挑几个笔者认为很重要的新功能来介绍给读者吧。

3-1-1　Host 及 VM 支持度大大提升

从 Windows Server 2008（Hyper-V 1.0）、Windows Server 2008 R2（Hyper-V 2.0）演变至目前最新一代 Windows Server 2012（Hyper-V 3.0），整体支持度都在大幅提升，不管是在 Host 物理主机（水平扩充 Scale-Out）或者是 VM 虚拟机（垂直扩充 Scale-Up）的支持度上都呈现「倍数」的成长，如图 3-4 所示。

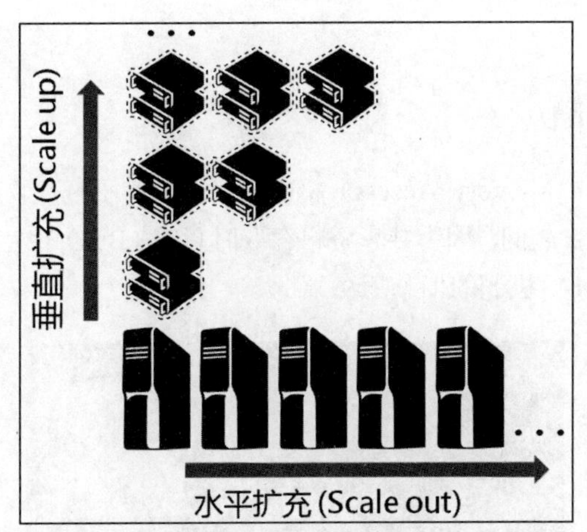

图片来源：Microsoft TechEd 2012 WSV328-The Path to Continuous Availability with Windows Server 2012（http://goo.gl/jxPpQ）

图 3-4 Host 及 VM 支持度倍数成长

表 3-1 为旧版 Windows Server 2008 R2（Hyper-V 2.0）与新版 Windows Server 2012（Hyper-V 3.0）虚拟化平台的支持度比较。

表 3-1

		Hyper-V 2.0	Hyper-V 3.0
Host	Logical Processor	64	320
	Virtual Processor	512	2,048
	Memory	1TB	4TB
	VMs	384	1,024
VM	Virtual Processor	4	64
	Memory	64GB	1TB
	Virtual IDE Disks	4	4
	Virtual SCSI Controllers	4	4
	Virtual SCSI Disks	256	256
	Virtual Disk Capacity	2,040GB（VHD）	2,040GB（VHD）/64TB（VHDX）
	Snapshots	50	50
	Virtual NIC	12	12
	Virtual Floppy	1	1
	COM Ports	2	2
Cluster	Nodes	16	64
	VMs	1,000	8,000

3-1-2 Guest NUMA

NUMA（Non-Uniform Memory Access）机制的出现是为了解决物理服务器因为中央处理器（CPU）与内存（Memory）之间，因为共享资料存取时总线（Bus）带宽不足而产生的解决方案。图 3-5 所示为未支持 NUMA 机制的旧款服务器。

图 3-5 未支持 NUMA 机制的旧款服务器

NUMA 机制利用「分割」的概念将物理服务器内中央处理器（CPU）与内存（Memory）进行切割，切割成多个资源模式，每一个模式称之为「NUMA Node」，如此一来便不用担心因为通过共享的总线（Bus）而发生带宽不足的问题，每个 CPU 在默认情况下便会直接存取身处于同一个 NUMA Node 中的内存空间（不通过共享总线）。图 3-6 所示为支持 NUMA 机制的新款服务器。

图 3-6 支持 NUMA 机制的新款服务器

1．非最佳化 NUMA Node 配置

但是在使用支持 NUMA 机制的物理服务器时要注意一件非常重要的事情，那就是「内存分配」的问题，前面已经说明 NUMA 机制是将物理服务器中 CPU 及 Memory 进行切割分配以避免总线带宽不足的问题。但若是 CPU 所在 NUMA Node 的 Memory 空间不足时便「还是需要」通过总线去存取其他 NUMA Node 的 Memory 空间。如图 3-7 所示，可以看到物理服务器虽然为强大的服务器（配有 4 模式 CPU），内存却分配不均造成虽然服务器具备有 NUMA 机制但是 NUMA Node2、3、4 都还是需要通过总线来存取其他 NUMA Node 的内存空间，如图 3-7 所示，所以购买物理服务器时应特别注意内存模式。

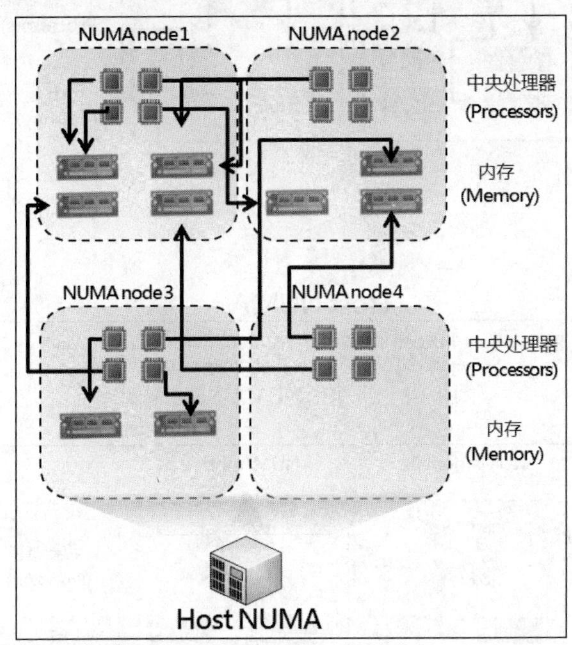

图片来源：Microsoft TechEd 2012 VIR308-What`s New in Windows Server 2012 Hyper-V, Part 1（http://goo.gl/1aVNY）

图 3-7　非最佳化 NUMA Node 配置

2．最佳化 NUMA Node 配置

同样的例子若是内存空间分配平均，那么每个 NUMA Node 需要存取内存时便自行存取同一个节点中的内存空间即可，运行效率将会是最佳的情况，如图 3-8 所示。

3．Host NUMA 与 Guest NUMA

在旧版 Windows Server 2008 R2（Hyper-V 2.0）虚拟化平台时代，只要使用的物理服务器支持 NUMA 机制，那么安装的 Hyper-V 主机也能够感知到物理服务器的 NUMA 机制（Host NUMA），但是其上所运行的 VM 虚拟机并无法感知 NUMA 机制（Guest NUMA），如图 3-9 所示。在旧版 Hyper-V 2.0 虚拟化平台中您只能通过 PowerShell「手动调整」VM 虚拟机所要对应的 NUMA Node。

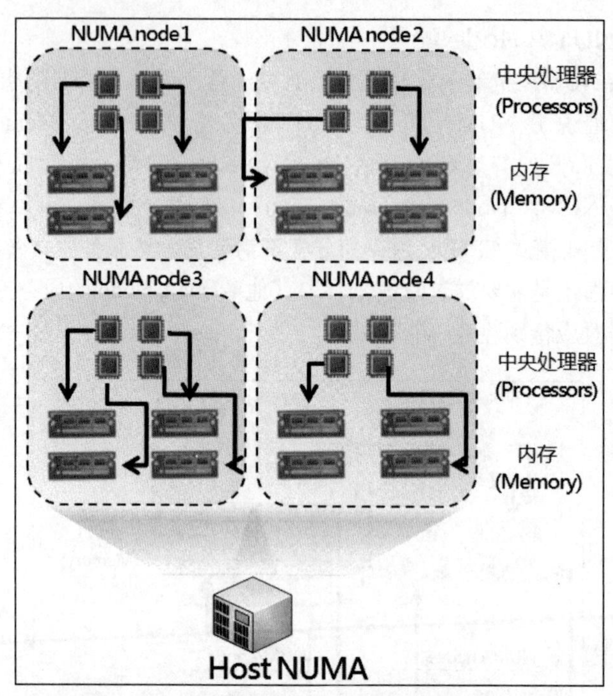

图片来源：Microsoft TechEd 2012 VIR308-What`s New in Windows Server 2012 Hyper-V, Part 1（http://goo.gl/1aVNY）

图 3-8　最佳化 NUMA Node 配置

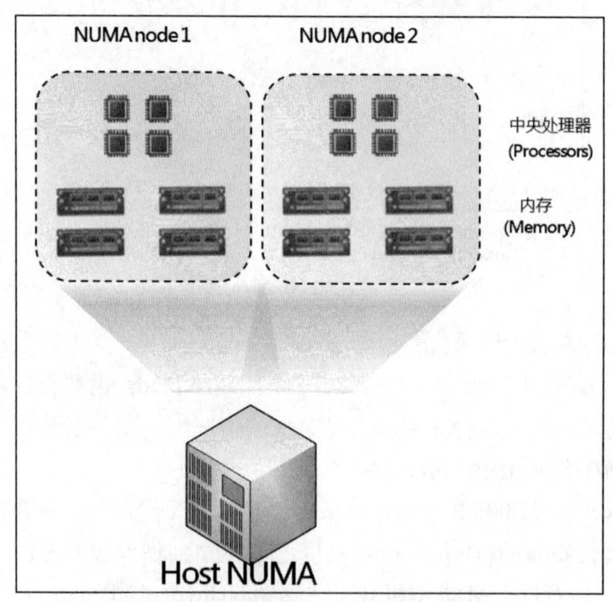

图片来源：Microsoft TechEd 2012 VIR308-What`s New in Windows Server 2012 Hyper-V, Part 1（http://goo.gl/1aVNY）

图 3-9　旧版 Hyper-V 2.0 虚拟化平台仅支持 Host NUMA

在 Windows Server 2012（Hyper-V 3.0）虚拟化平台上，不但支持物理主机感知 NUMA 机制，更支持其上运行的 VM 虚拟机也能够感知由 Host 主机传送过来的 NUMA 机制，使得 VM 虚拟机能够感知到物理主机 NUMA 机制后「自动调整」到最适当的位置进行运行，如图 3-10 所示。

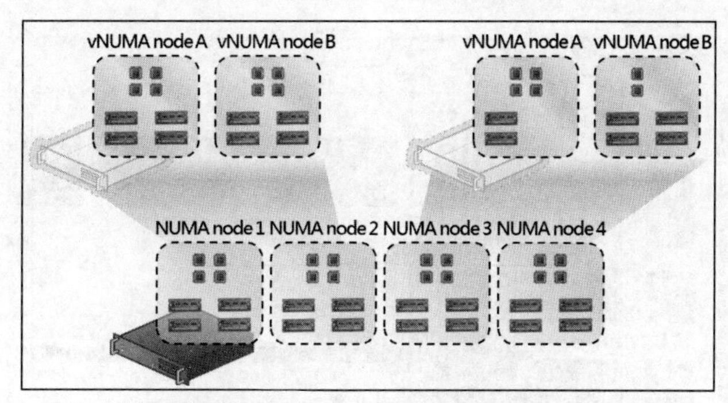

图片来源：Microsoft TechEd 2012 VIR308-What`s New in Windows Server 2012 Hyper-V, Part 1（http://goo.gl/1aVNY）

图 3-10　新版 Hyper-V 3.0 支持 Guest NUMA

原则上运行于 Hyper-V 3.0 虚拟化平台上的 VM 虚拟机会感知后「自动」调整使用的 NUMA Node，如果希望「手动」调整使用的 NUMA Node 的话还是可行的（但是调整不当的话有可能会造成反效果），若手动调整后又希望还原成原来自动对应的话请单击「使用硬件拓朴」按钮即可，如图 3-11 所示。

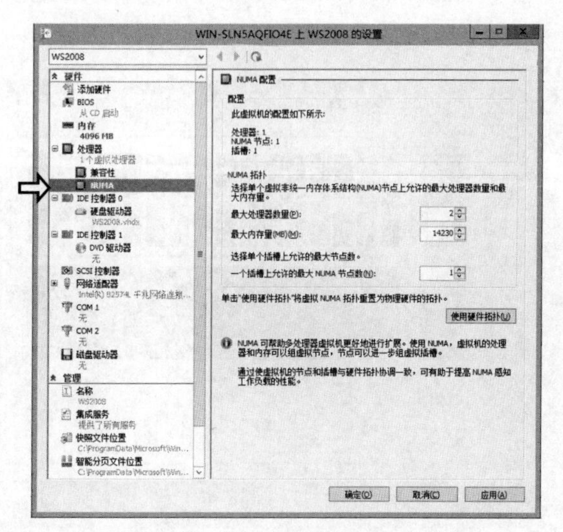

图 3-11　VM 虚拟机 NUMA 设置

也因为支持 Guest NUMA 机制后，其上运行的 VM 虚拟机可以完全感知到物理服务器上的硬件资源（当然还有其他机制协同运行），因此您现在可以放心地在 Hyper-V 3.0 虚拟化平台上运行非常大型负载的 VM 虚拟机。如图 3-12 所示为一台安装 SQL 数据库的 VM 虚拟机，在打开的工作管理员窗口中可以看到配置了「64 模式虚拟处理器、1TB 的虚拟内存」。

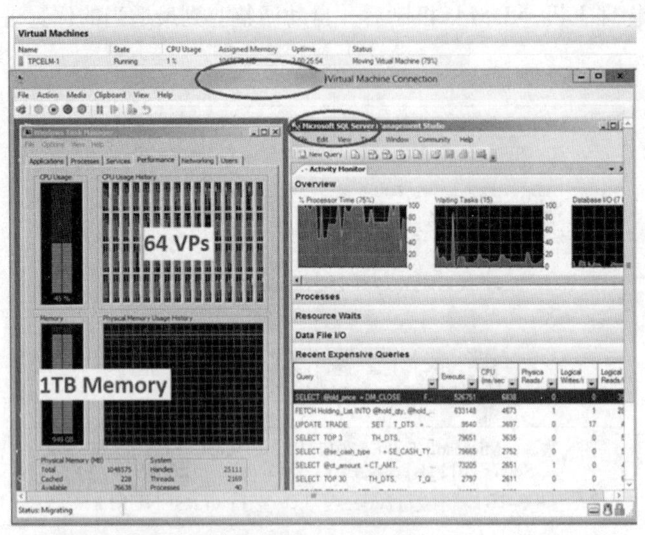

图片来源：Microsoft TechEd 2012 VIR308-What`s New in Windows Server 2012 Hyper-V, Part 1（http://goo.gl/1aVNY）

图 3-12 大型负载的 VM 虚拟机（64 VPs、1TB Memory）

即使安装旧版本的操作系统在 VM 虚拟机上也能够充分发挥运行效率，如图 3-13 所示为一台配置 32 模式虚拟处理器的 Windows Server 2008 操作系统的 VM 虚拟机。

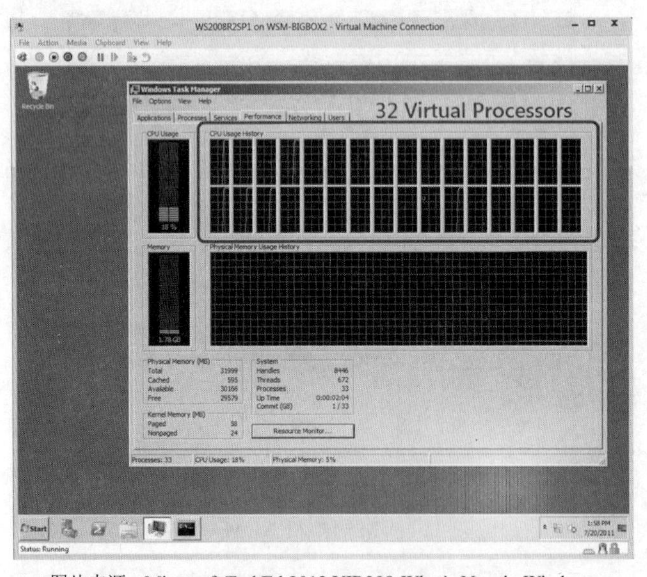

图片来源：Microsoft TechEd 2012 VIR308-What`s New in Windows Server 2012 Hyper-V, Part 1（http://goo.gl/1aVNY）

图 3-13 配置 32 模式虚拟处理器的 Windows 虚拟机

此外不只是安装 Windows 操作系统的 VM 虚拟机，就连安装 Linux 操作系统的 VM 虚拟机也能发挥运行效率，如图 3-14 所示为一台配置 32 模式虚拟处理器的 CentOS 操作系统的 VM 虚拟机。

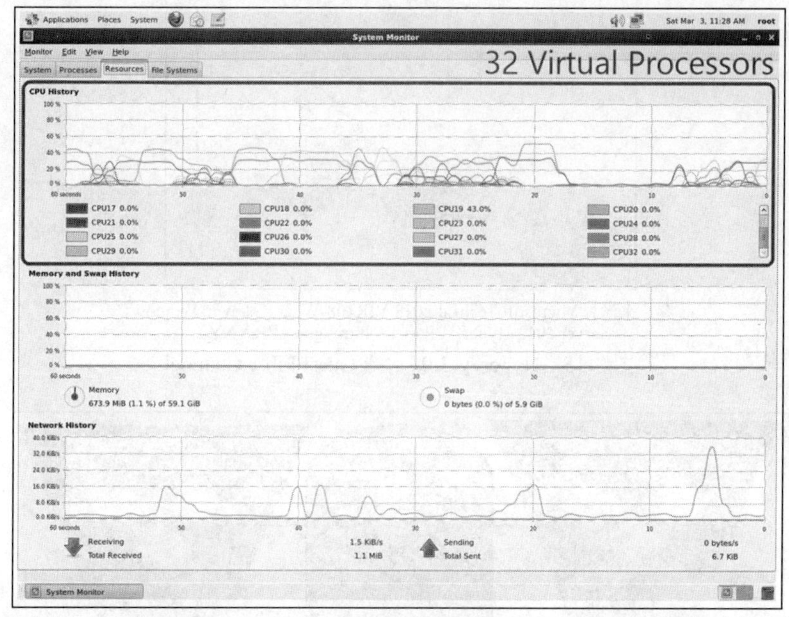

图片来源：Microsoft TechEd 2012 VIR308-What`s New in Windows Server 2012 Hyper-V, Part 1（http://goo.gl/1aVNY）

图 3-14 配置 32 模式虚拟处理器的 CentOS 虚拟机

3-1-3 Guest Fibre Channel

在旧版本 Hyper-V 2.0 虚拟化平台当中，要使 VM 虚拟机存取 SAN 存储设备只能采用「IP-SAN」，也就是只能存取 iSCSI Target 存储设备。但是在新一代 Hyper-V 3.0 虚拟化平台当中，只要您安装于 Hyper-V 实验主机的物理 Fibre Channel HBA 卡支持此功能，如图 3-15 所示，便可以指派给其上运行的 VM 虚拟机进行使用（Guest OS 必须是 Windows Server 2008、Windows Server 2008 R2、Windows Server 2012 才支持）。

因此您的 VM 虚拟机现在可以采用「FC-SAN」的方式来直接存取物理 SAN 存储设备（请注意!! 仅支持 Data LUNs 功能，并不支持 VMs Boot From FC-SAN 功能），如图 3-16 所示。

虽然 VM 虚拟机等同于使用 Hyper-V 物理主机上的 FC-HBA 卡来存取共享存储设备，但是并不会影响到 VM 虚拟机的移动性，您仍然可以使用「实时迁移（Live Migration）」技术来迁移已经启用 Guest Fibre Channel 机制的 VM 虚拟机，将其迁移到不同的 Hyper-V 物理主机上继续运行，并且迁移期间不会有任何存取中断的状况发生，如图 3-17 所示。

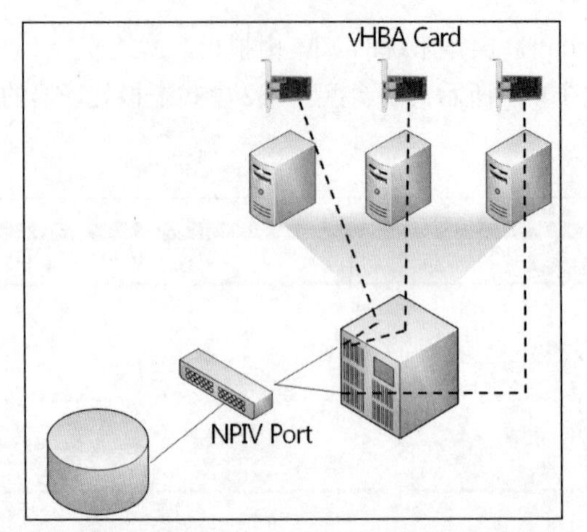

图片来源：Microsoft TechEd 2012 VIR308-What`s New in Windows Server 2012 Hyper-V, Part 1（http://goo.gl/1aVNY）

图 3-15　Hyper-V 3.0 支持 Guest Fibre Channel

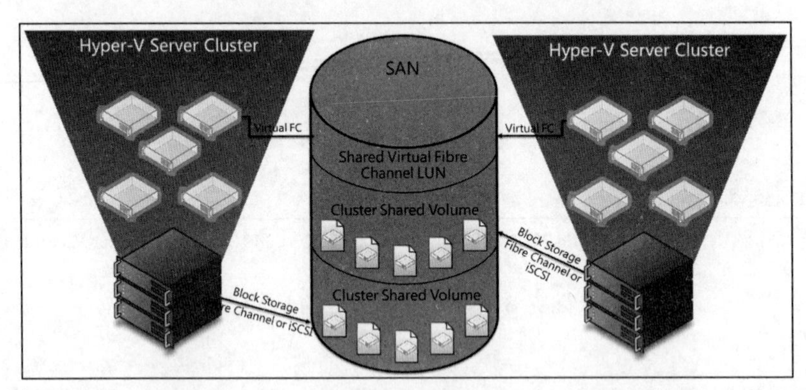

图片来源：Microsoft TechEd 2012 VIR301-Windows Server 2012 Hyper-V Storage（http://goo.gl/bYm7N）

图 3-16　VM 虚拟机直接存取物理 SAN 存储设备

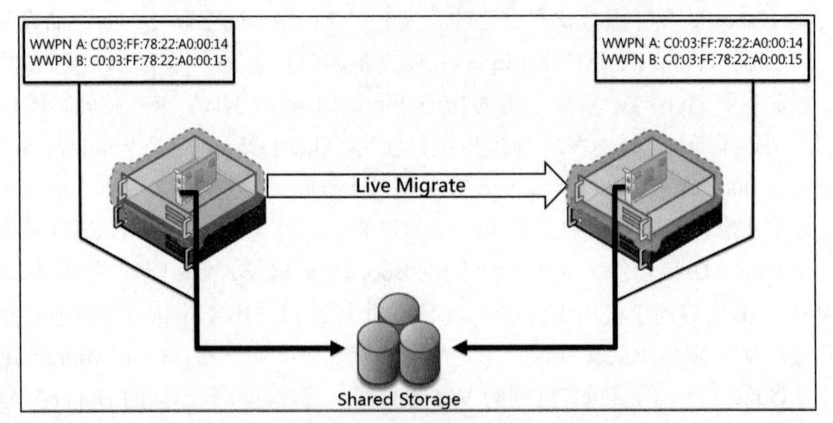

图片来源：Microsoft TechEd 2012 VIR301-Windows Server 2012 Hyper-V Storage（http://goo.gl/bYm7N）

图 3-17　Guest Fibre Channel with Live Migration

只要安装于 Hyper-V 实验主机的物理 Fibre Channel HBA 卡支持此功能后「更新驱动程序」,便可以指派给 VM 虚拟机使用(请注意!! 每台 VM 虚拟机最多只能指派四片 Virtual Fibre Channel HBA 卡),如图 3-18 和图 3-19 所示。

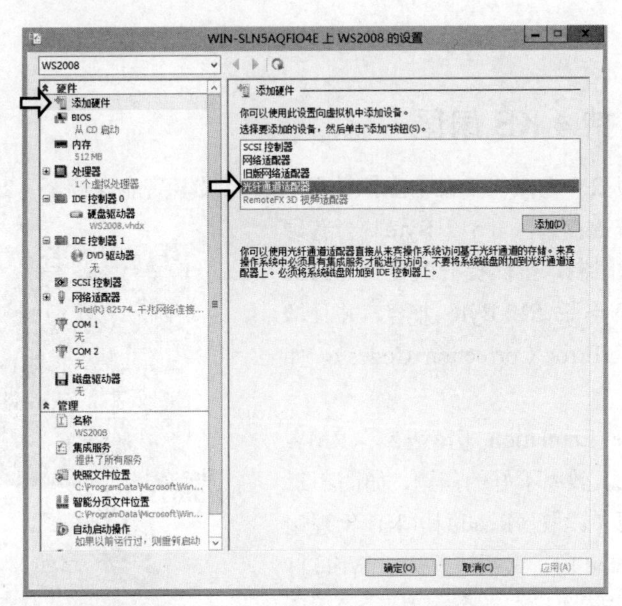

图 3-18　VM 虚拟机新增光纤通道接口

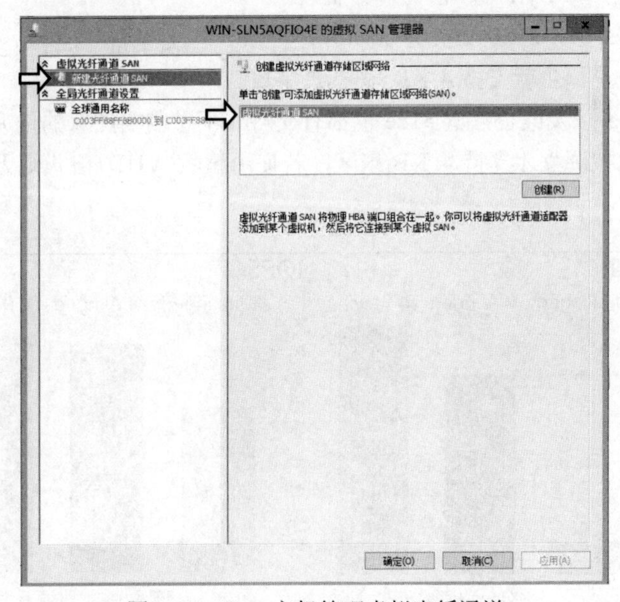

图 3-19　Host 主机管理虚拟光纤通道

以下为各 Fibre Channel HBA 卡大厂支持 Virtual Fibre Channel HBA 卡的型号：

- Brocade：BR415、425、804、815、825、1860-1p、1860-2p
- QLogic：Qxx25xx
- Emulex：LPe 111、1150、1250、11000、11002、11004、12000、12002、12004、16000、16002

3-1-4 原生支持 4 KB 扇区

在旧版 Hyper-V 2.0 虚拟化平台中虚拟硬盘 VHD 最多只能支持至「2,040 GB」的空间大小，也就是使用传统磁盘扇区「512 Byte」会有硬盘空间 2 TB 的容量限制，虽然提升改良为「512e Byte Emulation」能与旧版 512 Byte 兼容，并且增加了优化特性 ECC（Error Correction Codes），如图 3-20 所示。

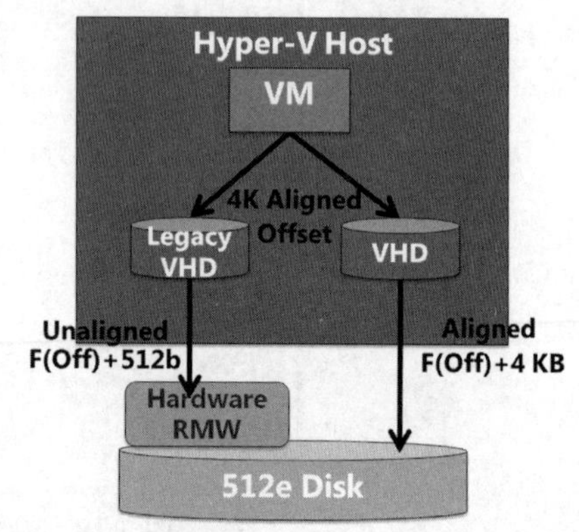

图片来源：Microsoft TechEd 2012 VIR301-Windows Server 2012 Hyper-V Storage（http://goo.gl/bYm7N）

图 3-20 支持 512e Disk Sector

但是 512e Byte Emulation 仍然会有 RMW（Read-Modify-Write）效率不好的问题，如图 3-21 所示。因为它必需要「读取（Read）」4 KB 物理扇区存放在 Internal Cache 内，最后「写入（Write）」则是 512 Byte 逻辑扇区（只在一个物理扇区），所以效率上虽然较传统 512 Byte 好，但仍有其瓶颈。

新一代 Windows Server 2012 支持「Native 4 KB Disk 扇区」也就是原生就支持 4 KB 扇区，当然对于旧版 512 Byte 以及改良后的 512e 也都有支持。不过需要注意的地方是，您必需要使用「VHDX」格式的虚拟硬盘才支持 4 KB 扇区，若使用旧版 VHD 格式则无法支持，如图 3-22 和图 3-23 所示。

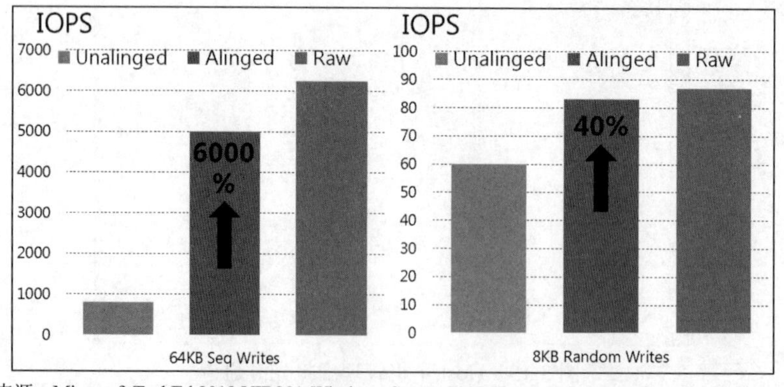

图片来源：Microsoft TechEd 2012 VIR301-Windows Server 2012 Hyper-V Storage（http://goo.gl/bYm7N）

图 3-21 VHD Performance on 512e

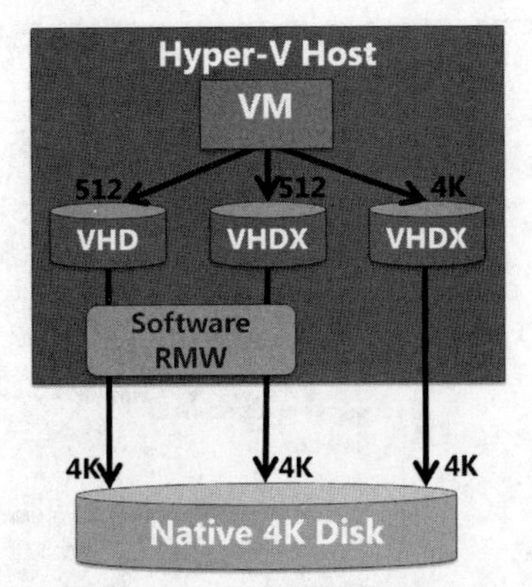

图片来源：Microsoft TechEd 2012 VIR301-Windows Server 2012 Hyper-V Storage
（http://goo.gl/bYm7N）

图 3-22　Native 4 KB Disk Sector

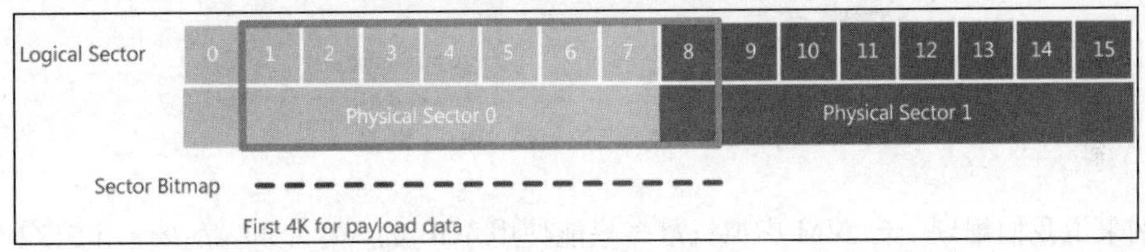

图片来源：Windows Server 2012 Storage White Paper（http://goo.gl/cPrX0）

图 3-23　虚拟硬盘 4 KB Block 示意图

3-1-5　动态内存功能增强

动态内存（Dynamic Memory）功能在旧版 Hyper-V 2.0 虚拟化平台时便已经具备，但是在旧版中 VM 虚拟机必需要在「关机」状态才能调整虚拟内存的空间大小，现在新一代的 Hyper-V 3.0 虚拟化平台可以在 VM 虚拟机处于「运行中」状态时调整其虚拟内存的大小，以便随时依您的环境需求进行实时的调整（请注意!! 启用或停用动态内存机制时 VM 虚拟机仍需要关机才行）。

此外新一代的 Hyper-V 3.0 虚拟化平台多了「启动 RAM」的选项（旧版没有此选项），因为通常 VM 虚拟机启动时会需要较多的内存空间（启动相关服务、初始化等），但是当启动程序执行完毕后内存使用量又会下降，因此这样的设计更多了一层灵活运行的弹性。新版动态内存可调整的项目如下（见图 3-24）：

- 启动 RAM（Startup）：「启动」VM 虚拟机时配置的内存空间。
- 最低 RAM（Minimum）：配置给 VM 虚拟机「最少」的内存使用空间（最少可设置 8 MB）。
- 最大 RAM（Maximum）：配置给 VM 虚拟机「最多」能使用的内存空间（默认不限制）。
- 内存缓冲区（Memory Buffer）：配置给 VM 虚拟机的缓冲百分比。
- 内存权重（Memory Weight）：当众多 VM 虚拟机发生资源竞争时优先使用的权重比例。

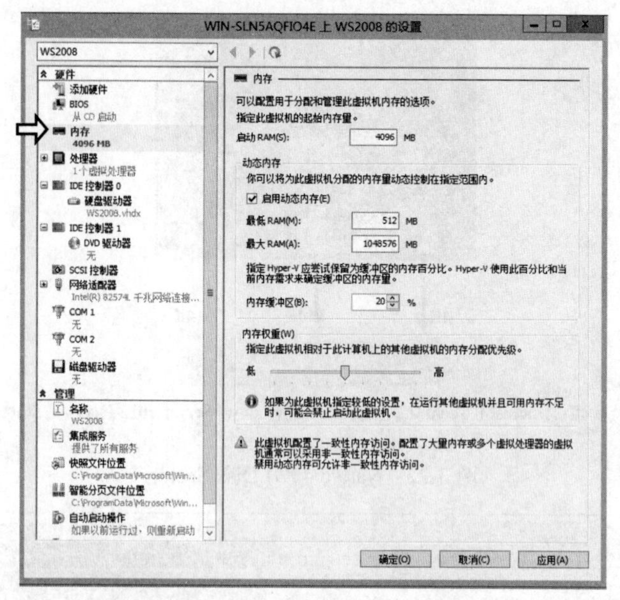

图 3-24 VM 虚拟机动态内存设置

举例来说我们规划一台 VM 虚拟机最多只能使用 4GB 的内存空间，最少使用 512 MB 的内存空间，但是当 VM 虚拟机在启动时我们给予 2 GB 的内存空间以加快启动速度该怎么设置这样的需求，如图 3-25 所示。

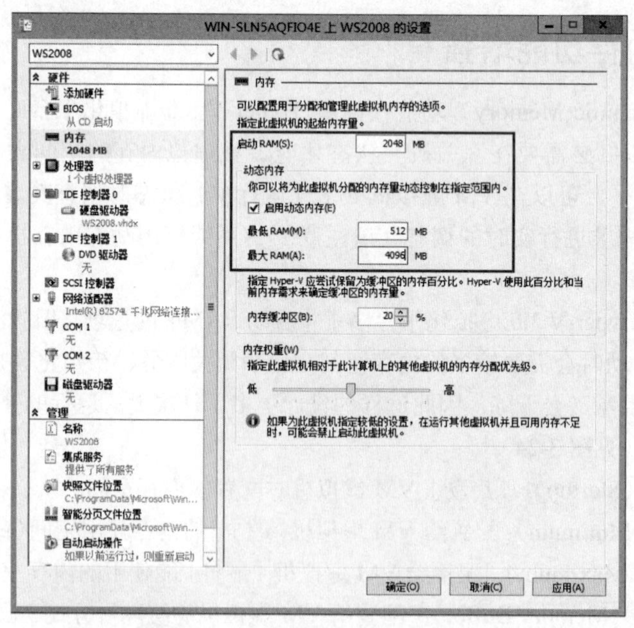

图 3-25 VM 虚拟机动态内存设置

1. 智能分页（Smart Paging）

虽然动态内存功能可以帮助 Hyper-V 主机「回收」VM 虚拟机未使用的内存空间以激活内存资源使用效率，但也正因为如此有效地激活硬件资源所以我们会安放更多的 VM 虚拟机进去运行以提高硬件使用率，直到 Hyper-V 主机内存空间可能使用率达 80%～90%时才会停止。

但是在这样高使用率的运行状态下，若有 VM 虚拟机因为安装了安全性更新或其他因素需要重新启动时，就有可能发生 Hyper-V 物理主机内存资源不足以启动 VM 虚拟机的情况!! 例如 Hyper-V 主机剩下 3GB 的内存空间但是 VM 虚拟机需要 4GB 内存空间来启动，此时 Hyper-V 主机便会自动采用「智能分页（Smart Paging）」机制来度过这个内存空间暂时不足的情况，使得 VM 虚拟机可以顺利重新启动（因为 VM 虚拟机启动完成后内存使用量应该就会下降）。

简单来说智能分页机制就是暂时利用 Hyper-V 主机内置的存储（通常是硬盘），来暂时作为内存空间以度过内存空间暂时不足的情况（所以效率表现可想而知，一定不如内存来得理想），您可以指派智能分页机制存放位置（例如指派到 IOPS 较好的存储设备），如图 3-26 所示。

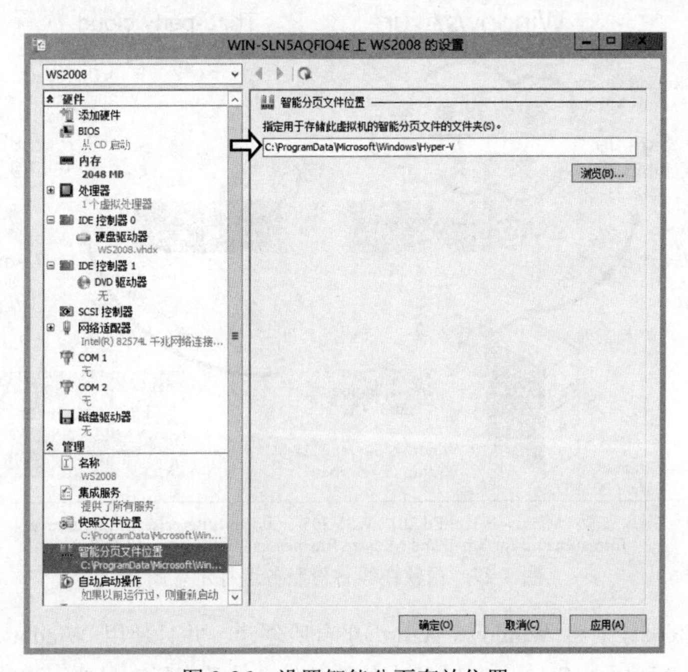

图 3-26　设置智能分页存放位置

最后值得读者注意的地方是，智能分页机制并非随时都会运行，举例来说当 Hyper-V 主机内存资源不足时，若 VM 虚拟机是「重新启动（Restart）」那么智能分页机制就会自动运行，若 VM 虚拟机是「开机（Power On）」那么智能分页机制就「不」会运行。

2. 智能分页机制启动情形

- VM 虚拟机重新启动时（Restart）

- Hyper-V 主机物理内存资源不足时
- 无法从运行中的 VM 虚拟机回收内存资源时

3. 智能分页机制「不运行」情形

- VM 虚拟机 Power On 启动时（非重新启动）
- VM 虚拟机超额使用内存时（Guest OS 自行分页）
- VM 虚拟机进行 Failover 时

3-1-6 微软在线备份服务

微软在线备份服务（Microsoft Online Backup Service）是一项专门针对 Windows Server 2012 所提供的云备份解决方案，它可以将 Windows Server 2012 本地端的文件与文件夹备份到云环境中，也可以将云环境中的备份资料还原到 Windows Server 2012 本地端，如图 3-27 所示。

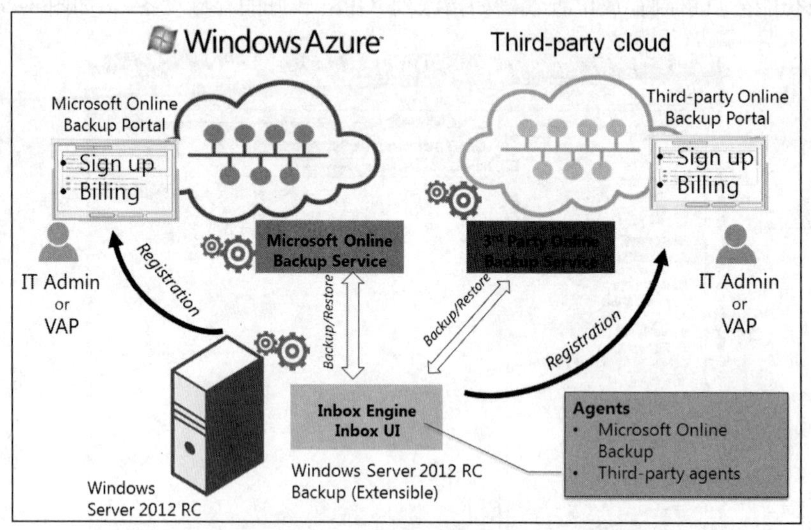

图片来源：Microsoft TechEd 2012 WSV305-Build an Enterprise-Level Storage Infrastructure for Small and Midsize Businesses（http://goo.gl/LIH8z）

图 3-27 微软在线备份服务运行示意图

微软在线备份服务采用 Windows Azure 平台所创建，并且使用 Windows Azure 的 Blob Storage 技术存储 Windows Server 2012 所上传的备份文件及资料，只要下载「微软在线备份服务代理程序（Microsoft Online Backup Service Agent）」安装后便可以通过您熟悉的 Windows Server Backup 接口来操作并使用它，如图 3-28 所示。

当微软在线备份服务代理程序安装完毕后，在搜索应用程序页面便会看到「微软在线备份服务」项目，而在 Windows Server Backup（WSB）项目中也会多出「Online Backup」项目，如图 3-29 所示。

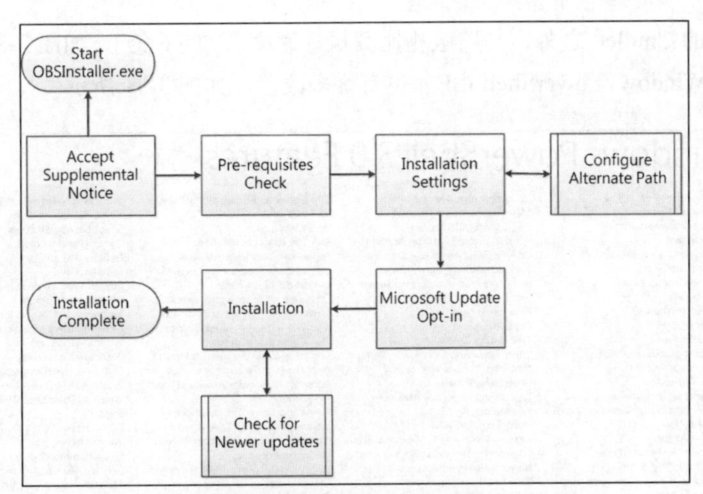

图 3-28　微软在线备份服务代理程序安装流程

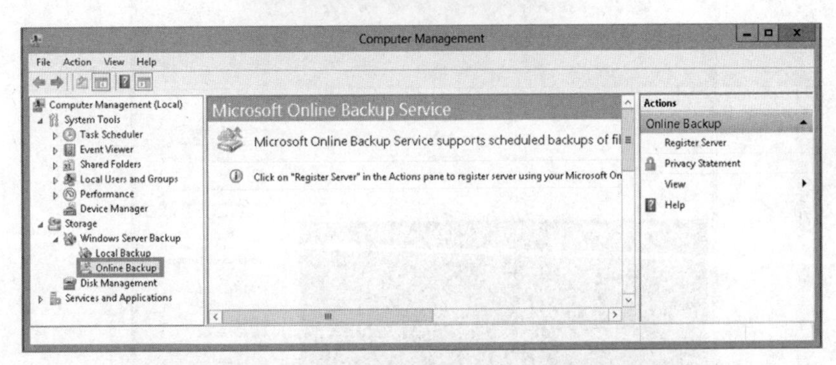

图片来源：Understand and Troubleshoot Microsoft Online Backup Service in Windows Server "8" Beta（http://goo.gl/u0Pyf）

图 3-29　安装代理程序后 WSB 出现微软在线备份服务

3-1-7　PowerShell 3.0

旧版本 Windows Server 2008 中 PowerShell 1.0 内置约 160 个 Cmdlet，可通过 RPC/DCOM 存取远程计算机的 VMI 对象，接着在 Windows Server 2008 R2 的 PowerShell 2.0 内置 236 个 Cmdlet（含内置模式则为 456 个），并且可以自定义模式进行扩充同时在后台执行，而新一代 Windows Server 2012 当中的 PowerShell 已经提升为 3.0 版本并且内置了「2,430」个 Cmdlet，除了改良

原有及增加大量的 Cmdlet 之外，与旧版相比其执行速度增加「6 倍」，如图 3-30 所示。此外在集成脚本环境（Windows PowerShell ISE）也有许多改善，如图 3-31 所示。

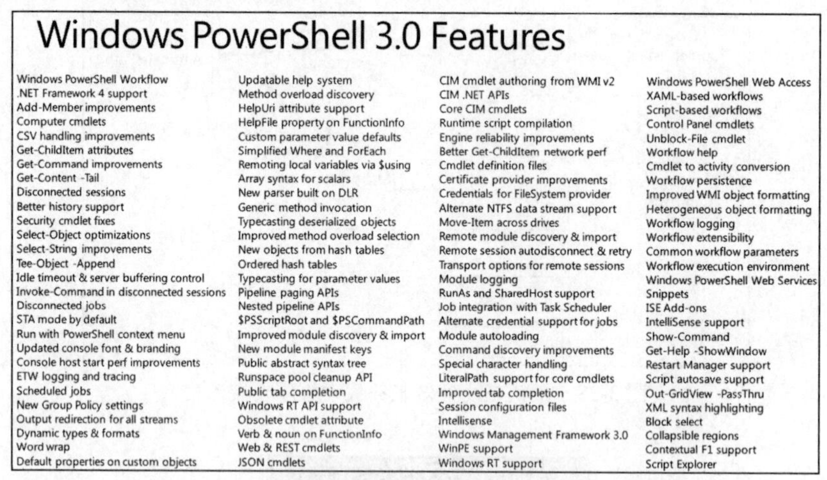

图片来源：Microsoft TechEd 2012 WSV414 - Advanced Automation Using Windows PowerShell 3.0（http://goo.gl/r9zV2）

图 3-30　PowerShell 3.0 Feature

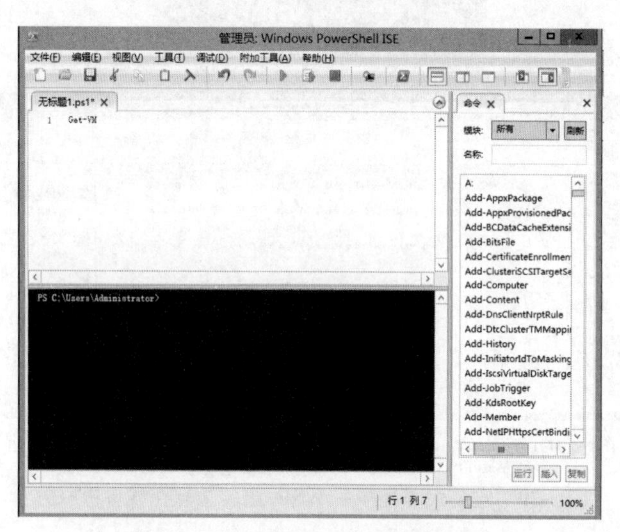

图 3-31　PowerShell 集成脚本环境

因此 PowerShell 3.0 将更容易完成任务自动化、可靠和灵敏度自动化、使系统运维人员更容易执行自动化、使开发人员更容易轻松开发，如图 3-32 所示。

在 PowerShell 3.0 中已经将 Windows Workflow Foundation 引擎集成至其中，以便能简单且轻松地执行需要大量时间的操作任务，在以往开发人员则需要使用 Visual Studio 及许多程序源码才能创建一个 Windows Workflow 解决方案。而现在开发人员可以使用 Windows SKU 工具方便地创建 Workflow，并且只要会编写 PowerShell 函数便能创建 Workflow，而且用 PowerShell 创建 Workflow 将会比起以往使用 XAML 或 Workflow 设计器来得更容易许多，如图 3-33 所示。

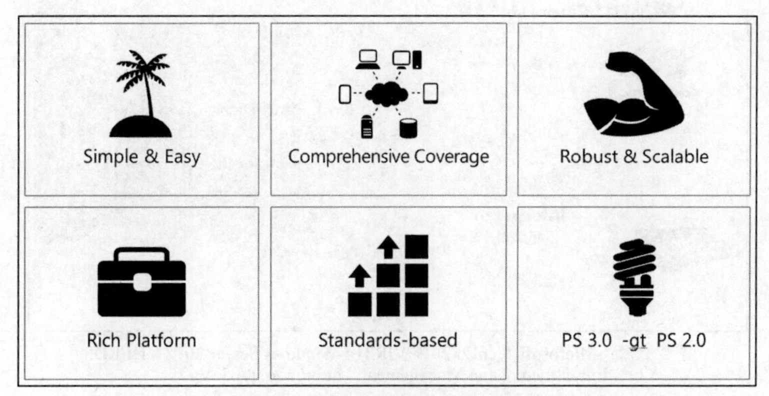

图片来源：Microsoft TechEd 2012 WSV414-Advanced Automation Using Windows PowerShell 3.0（http://goo.gl/r9zV2）

图 3-32 功能强大的 PowerShell 3.0

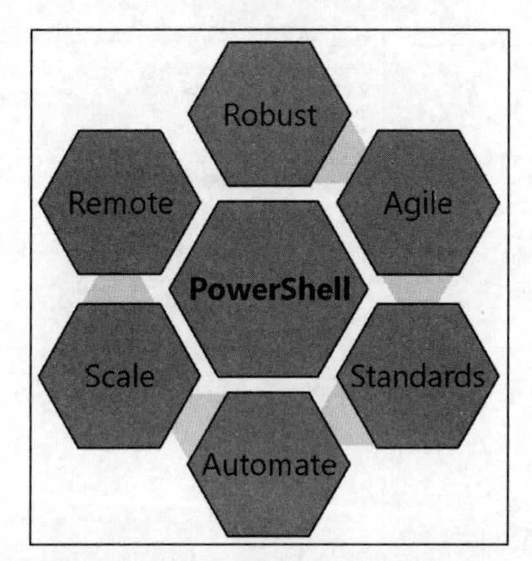

图片来源：Microsoft TechEd 2012 WSV414-Advanced Automation Using Windows PowerShell 3.0（http://goo.gl/r9zV2）

图 3-33 PowerShell 3.0

3-1-8 桌面虚拟化 VDI

Windows Server 2012 为全方位的云操作系统，将协助您创建云环境，也可以利用它来创建桌面虚拟化基础设施（Virtual Desktop Infrastructure，VDI），现在通过 RemoteFx 功能您可以让桌面虚拟化运行更为顺畅，如图 3-34 所示。

当 Hyper-V 主机所安装的显卡支持时，就能指派给 VM 虚拟机使用并具备处理 3D 影像的能力，如图 3-35 所示。

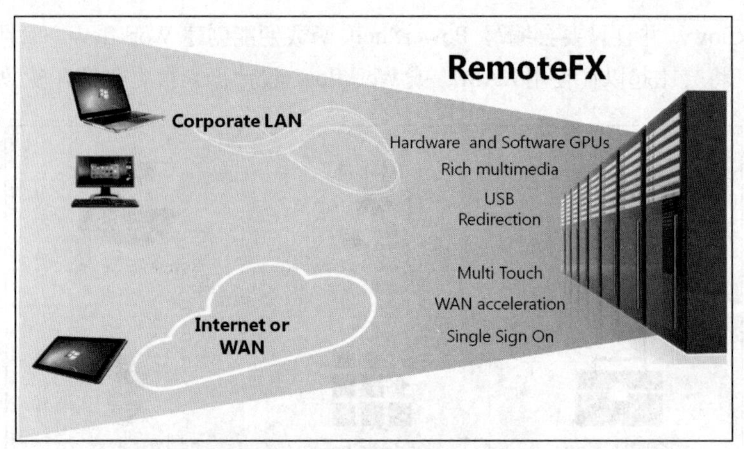

图片来源：Microsoft TechEd 2012 VIR314-Windows Server 2012 VDI/RDS Infrastructure and Management（http://goo.gl/p5cVg）

图 3-34　RemoteFx 功能示意图

图 3-35　VM 虚拟机新增 RemoteFx 3D 显卡

在 Windows Server 2012 中也针对远程桌面服务（Remote Desktop Service，RDS）进行了功能增强，如图 3-36 所示，在跨越 WAN 连接时不管是影像或者多媒体的传输，整体效率表现都很亮眼，并且在多人连接使用的情况下能够根据主机的负载情况自动调整 CPU、Memory、Network 等资源的分配。

创建了桌面虚拟化基础设施 VDI 之后，针对不同的使用者以及使用情况可分别采用 Session、Pool VMs、Personal VMs 等多种方式（因为不同方式各有其优缺点），如图 3-37 和图 3-38 所示。

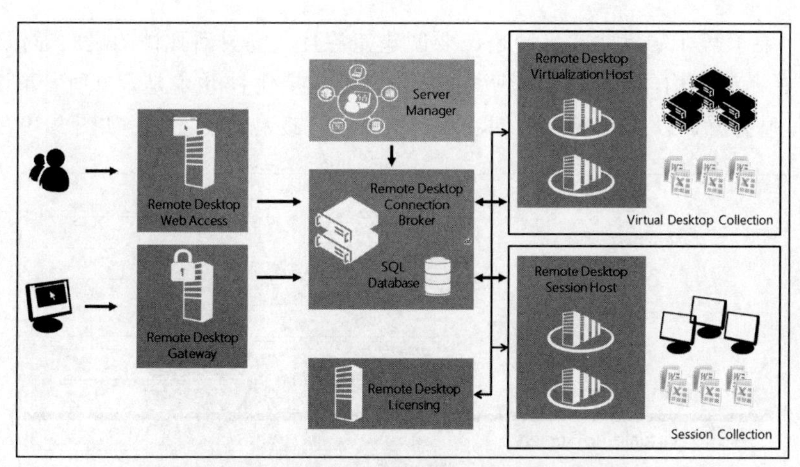

图片来源：Microsoft TechEd 2012 VIR314-Windows Server 2012 VDI/RDS Infrastructure and Management（http://goo.gl/p5cVg）

图 3-36　RDS 架构模式示意图

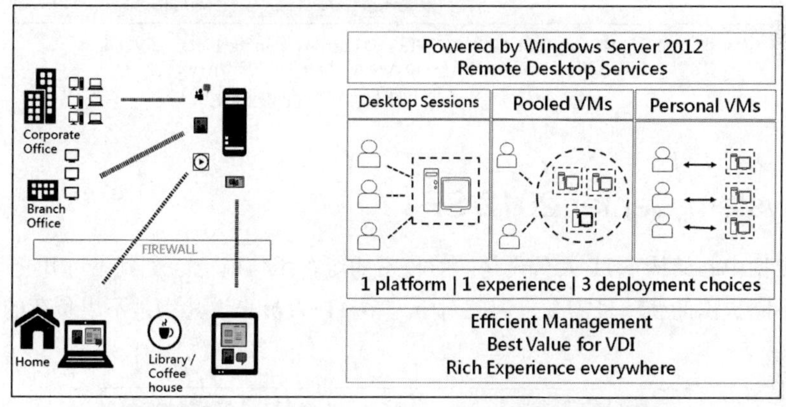

图片来源：Microsoft TechEd 2012 VIR314-Windows Server 2012 VDI/RDS Infrastructure and Management（http://goo.gl/p5cVg）

图 3-37　VDI 运行示意图

Good ★
Better ★★
Best ★★★

	Sessions	Pooled VMs	Personal VMs
Personalization	★★	★★	★★★
App Compatibility	★★	★★★	★★★
Image Management	★★★	★★	★
Cost Effectiveness	★★★	★★	★

图片来源：Microsoft TechEd 2012 VIR314-Windows Server 2012 VDI/RDS Infrastructure and Management（http://goo.gl/p5cVg）

图 3-38　使用者连接方式比较表

最后应当要了解非常重要的事情是，要创建完备且具高灵活弹性的桌面虚拟化基础设施VDI，其底层的基础架构一定是来自于坚实的「服务器虚拟化」，也就是本书所着重讲解的部分。您必需要将地基打好，以后在VDI的创建及应用上才能够无后顾之忧，如图3-39所示。

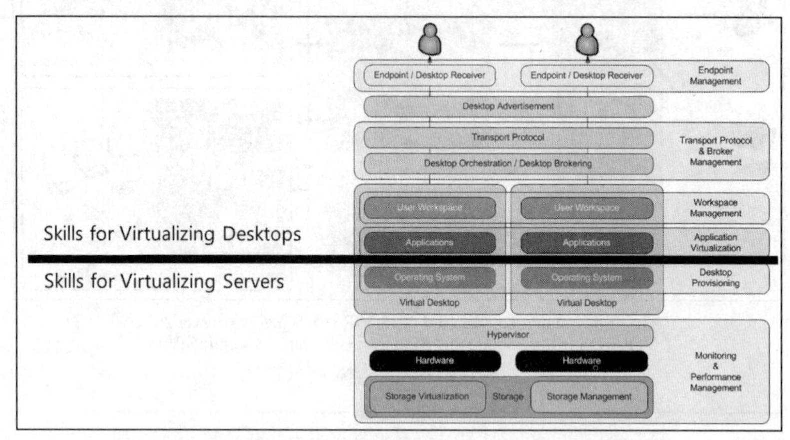

图片来源：Microsoft TechEd 2012 VIR317-Lessons from the Field: 22 VDI and RDS Mistakes You`ll Want to Avoid（http://goo.gl/QpT62）

图3-39　服务器虚拟化与桌面虚拟化

3-1-9　System Center 2012 SP1

在传统数据中心架构下IT人员光是面对日常的维护工作就已经忙到不可开交，更何况还要面对使用者不断提出的新项目需求，因此对于许多IT人员来说其实是不堪负荷的，如图3-40所示。

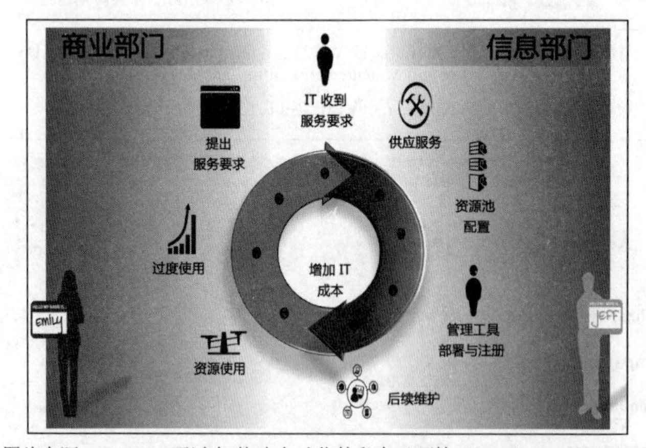

图片来源：TechNet 研讨会-构建自动化的私有云环境（http://goo.gl/JhNgA）

图3-40　传统数据中心营运情况

那么您可以尝试导入云环境来改善现状!! 要谈到云那么就一定要谈到服务器虚拟化（地

基），但是云并非仅仅只是虚拟化而已（云≠虚拟化），还包括许多服务在其中，例如应用程序管理、使用者自助式服务、监控、自动布署等，如果您要构建完整的云解决方案，那么您应该要搭配 System Center 来创建并提供云服务，如图 3-41 所示。

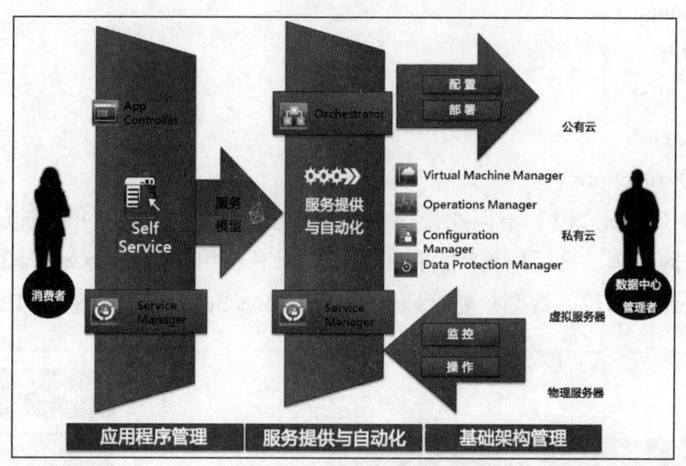

图片来源：TechNet 研讨会-构建自动化的私有云环境（http://goo.gl/JhNgA）

图 3-41　使用 System Center 提供 IT 服务

目前 System Center 2012 家族产品众多并且各司其职，都有不同的功能特色，以供您创建、布署、管理、监控、备份您的云环境，如图 3-42 所示。

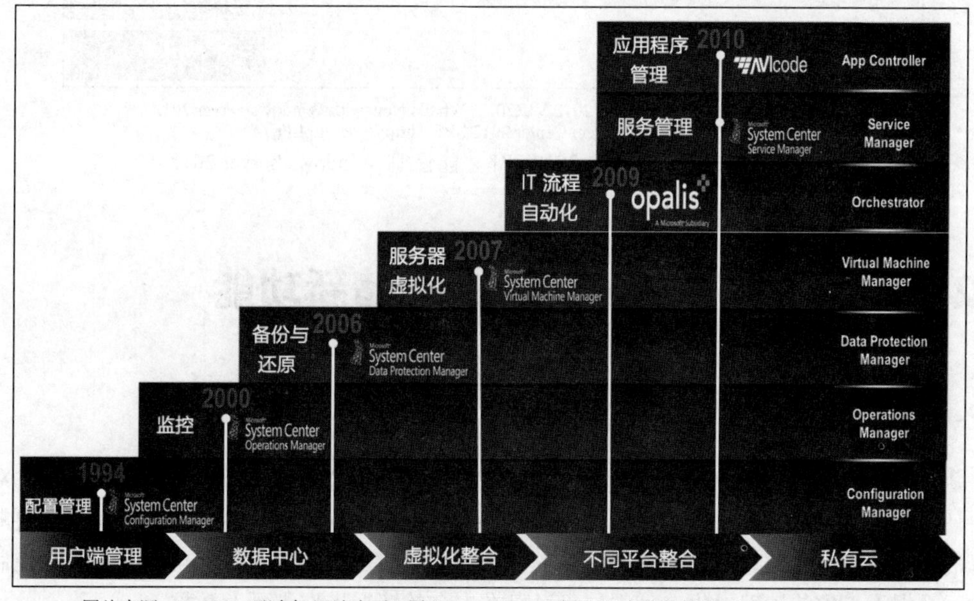

图片来源：TechNet 研讨会-迅速上手！用 System Center 实现 IT 自动化管理（http://goo.gl/u35jI）

图 3-42　System Center 家族产品历史演进

- Virtual Machine Manager
- Operations Manager
- Configuration Manager
- Service Manager
- Orchestrator
- App Controller
- Data Protection
- Endpoint Protection

此外 System Center 2012 不但能管理自家操作系统平台，连不同的虚拟化平台（Citrix、VMware）也能协同管理。最后值得注意的地方是，只有使用「System Center 2012 SP1」才能够管理 Windows Server 2012，否则只能管理旧版 Windows Server 2008 R2，如图 3-43 所示。

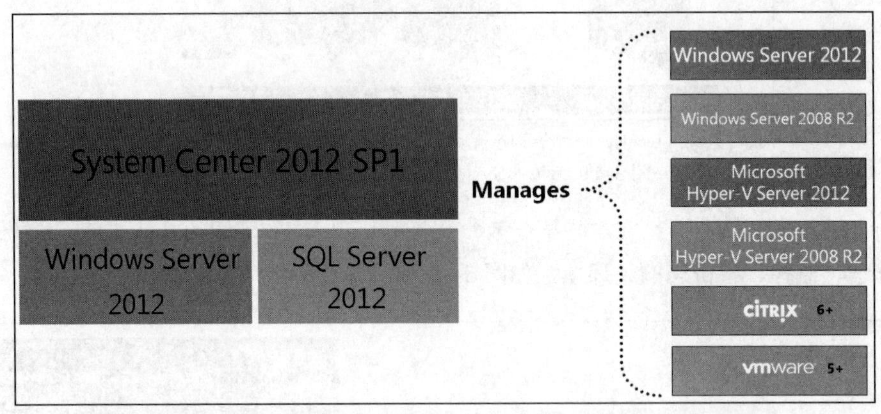

图片来源：Microsoft TechEd 2012 VIR201 - What`s New with Windows Server 2012 and Microsoft System Center 2012 SP1（http://goo.gl/pLFq1）

图 3-43 System Center 2012 SP1 才能管理 Windows Server 2012

3-2 Windows Server 2012 存储新功能

3-2-1 CHKDSK 硬盘检查与修复

新一代的 Windows Server 2012 云操作系统当中针对 NTFS 文件系统功能进行了加强，对于需要使用 Flush 命令的数据都以 Forced unit access（write-through）代替，因此能保障需要顺序写入的数据以确保元数据的完整性，这样的增强功能可以降低因为意外断电而造成硬盘控制器内的元数据不一致的情况发生，使得硬盘可以在安全的情况下取得缓存数据。

以往旧版 Windows 当中您必需要将重新启动主机（服务中断）才能进行文件系统的扫描和

修复作业，现在 Windows Server 2012 能够「在线」扫描文件系统数据结构以及错误状态并且「在线进行修复」(包含群集共享硬盘区 CSV)，只有在特殊状况发生时才会产生文件系统的停机时间（卸载硬盘区），其中停机时间是取决于错误数量而非数据量。图 3-44 为同样是 64 TB 空间的硬盘大小下新旧 Windows 版本执行检测及修正 NTFS 损坏而产生的停机时间，我们可以看到新版 Windows Server 2012 的停机时间极短。图 3-45 为 CHKDSK 检测及修复流程。

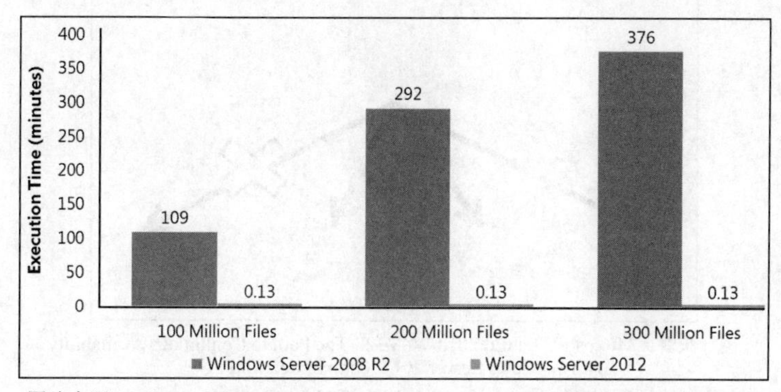

图片来源：Microsoft TechEd 2012 WSV327-Windows Server 2012 Storage Solutions: Vast Storage Capabilities for Everyone（http://goo.gl/yADat）

图 3-44　新版 CHKDSK 硬盘检查大幅缩短停机时间

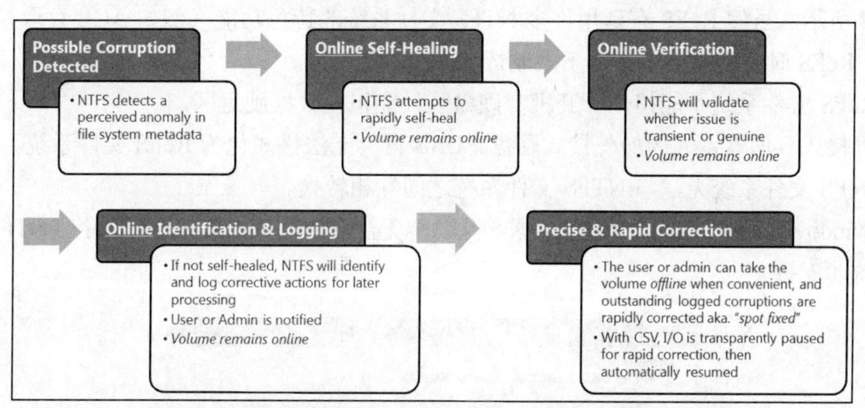

图片来源：Microsoft TechEd 2012 WSV327-Windows Server 2012 Storage Solutions: Vast Storage Capabilities for Everyone（http://goo.gl/yADat）

图 3-45　CHKDSK 检测及修复流程

3-2-2　新一代文件系统 ReFS

在 Windows Server 2012 当中支持一种全新的文件系统格式 ReFS（Resilient File System），如图 3-46 所示，它具备如下重要功能特色：

- 完整性：自动修复侦测到的损毁数据，因此可以从错误中快速复原不遗失任何数据。
- 可用性：通过指定数据可用性优先级机制，当发生数据损毁情况时可将范围缩小为损毁区域后在线执行修复作业而不需要卸载硬盘区（请注意!! ReFS 并没有 CHKDSK 功能）。

- 延展性：支持硬盘区大小为 16 EB（NTFS 为 256TB）、支持最大文件大小为 2^{64}-1 Bytes、支持最多文件数量为 2^{64} 个（NTFS 为 2^{32} 个）、支持文件名称 32,768 UniCode 字符（NTFS 为 255）。

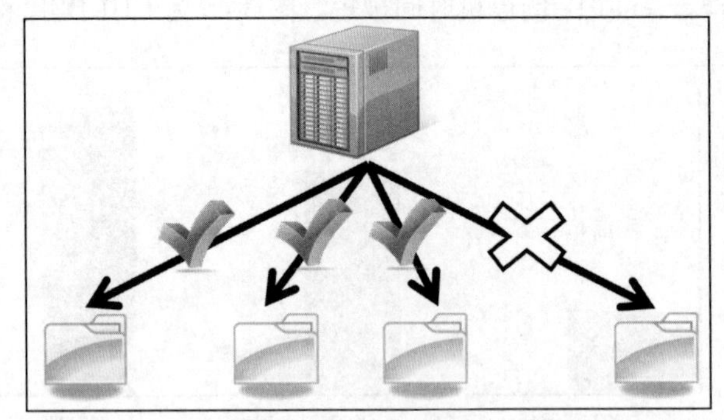

图片来源：Microsoft TechEd 2012 WSV328-The Path to Continuous Availability with Windows Server 2012（http://goo.gl/jxPpQ）

图 3-46　全新的文件系统格式 ReFS

当您在执行硬盘分区格式化操作时，在文件系统下拉式菜单中就有「ReFS」选项可供选择，如图 3-47 所示。虽然 ReFS 有延用许多 NTFS 文件系统的特色功能（例如 ACL 存取控制），但是在使用 ReFS 时您必需要注意以下限制情况：

- ReFS 文件系统不能担任「开机」硬盘区只能担任数据硬盘区。
- 外接式存储设备（例如外接式硬盘、USB 盘）无法格式化为 ReFS 文件系统。
- ReFS 文件系统无法与 NTFS 文件系统之间互相转换。
- Windows Server 2012 的重复数据删除功能无法应用在 ReFS 文件系统上（NTFS 文件系统才支持）。

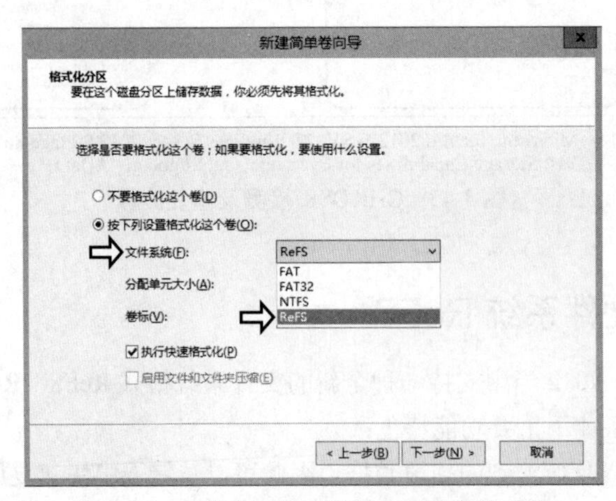

图 3-47　硬盘分区格式化为 ReFS 文件系统

3-2-3 新一代虚拟硬盘格式 VHDX

新一代 Windows Server 2012 当中对于 VM 虚拟机的虚拟硬盘默认都采用「VHDX」格式，如图 3-48 所示，当然采用旧有的 VHD 格式也可以，此外也可以将虚拟硬盘格式进行互相转换「VHDX←→VHD」。VHDX 虚拟硬盘格式支持如下特色功能（详细信息请参考 Microsoft Download Center - VHDX Format Specification v0.95 文件 http://goo.gl/FlTPO）：

- 支持存储容量高达 64 TB
- 支持 Native 4 KB Disk Sector
- 支持的块大小（Block Size）高达 256 MB，有效提升 I/O 效率
- 支持更新元数据结构以避免电源发生异常时的数据修复能力
- 支持采用 PowerShell 进行设置及管理

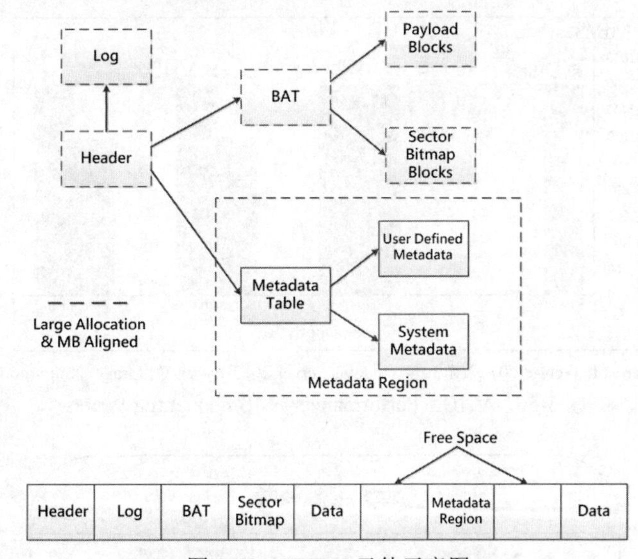

图 3-48 VHDX 元件示意图

此外，VHDX 虚拟硬盘格式对于以往采用的「动态扩充硬盘（Dynamic）」以及「差异式硬盘（Differencing）」，在运行效率上都比旧版 VHD 虚拟硬盘格式提高许多，如图 3-49 和图 3-50 所示。

3-2-4 ODX 数据卸载传输机制

在传统方式下，两台主机之间从传统共享存储设备上复制数据时，会先由来源端主机「读取」存储设备中的数据后存储在本机缓存区域中，接着通过网络传输的方式将读取的资料传送给目的端主机，而目的端主机收到数据后再将数据写入至共享存储设备上，如图 3-51 所示。其实您有没有发现数据的「读取/写入」行为都是在同一台共享存储设备上完成的，但因为是不同

的主机所以就要耗费两端主机之间的 CPU、内存、网络带宽资源。

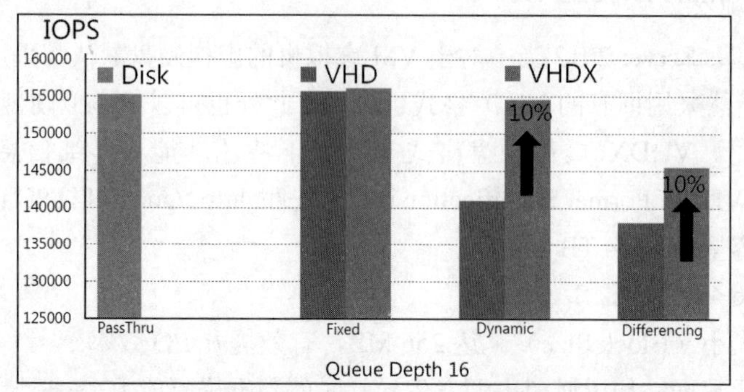

图片来源：Microsoft TechEd 2012 VIR301-Windows Server 2012 Hyper-V Storage（http://goo.gl/bYm7N）

图 3-49　VHDX Performance-32 KB Random Writes

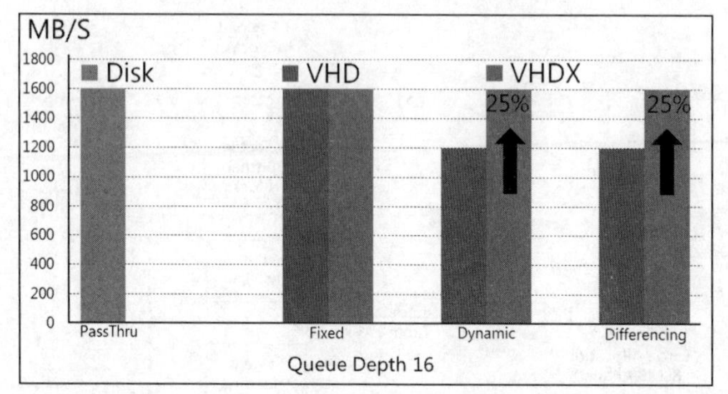

图片来源：Microsoft TechEd 2012 VIR301-Windows Server 2012 Hyper-V Storage（http://goo.gl/bYm7N）

图 3-50　VHDX Performance-1 MB Sequential Writes

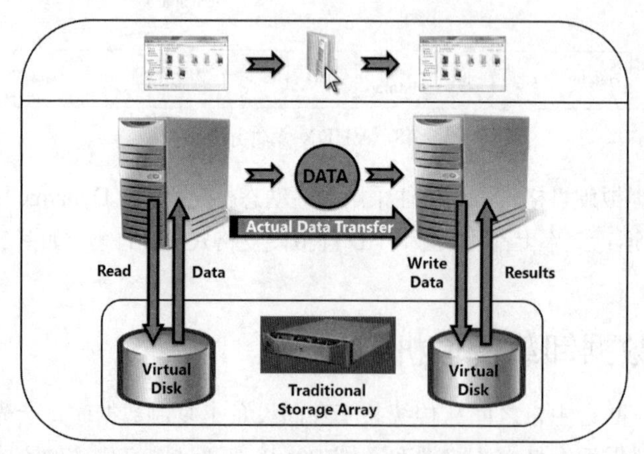

图片来源：Microsoft TechEd 2012 WSV327-Windows Server 2012 Storage Solutions: Vast Storage Capabilities for Everyone（http://goo.gl/yADat）

图 3-51　传统数据传输方式

如果来源端与目的端主机还有控制端主机都在同一个区域可能还好，如果触发数据移动的主机是在远程的话那么情况可能更糟，如图 3-52 所示。

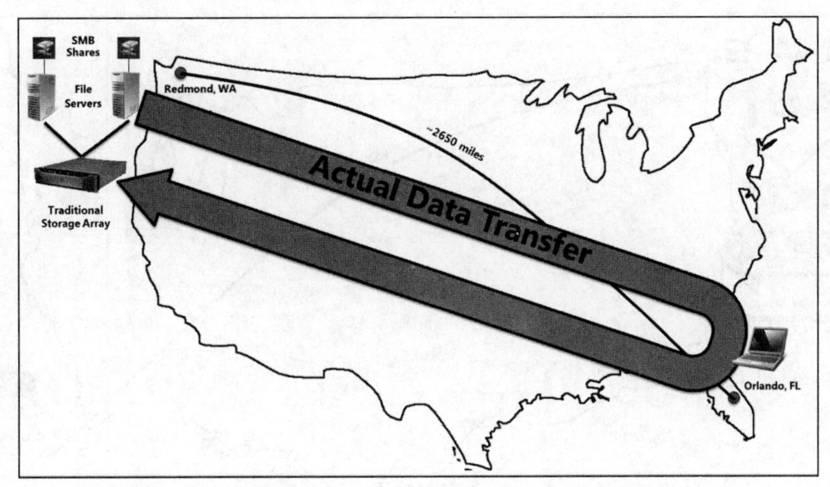

图片来源：Microsoft TechEd 2012 WSV327-Windows Server 2012 Storage Solutions: Vast Storage Capabilities for Everyone（http://goo.gl/yADat）

图 3-52 传统资料传输方式

Windows Server 2012 操作系统支持数据卸载传输「ODX（Offloaded Data Transfer）」机制，它采用「Token」方式来传输数据的索引部分，当采用新式共享存储设备「支持 ODX 机制」时虽然一样发出传输数据的需求，但是来源端主机只读取需要传输数据的 Token 后传递给目的端主机，接着目的端主机便将 Token 交由新式共享存储设备进行数据搬移或写入的操作，如图 3-53 所示。整体的数据传输操作因为只需传送小小的 Token 而已，因此可以有效减少主机端 CPU、内存、网络带宽资源耗用。

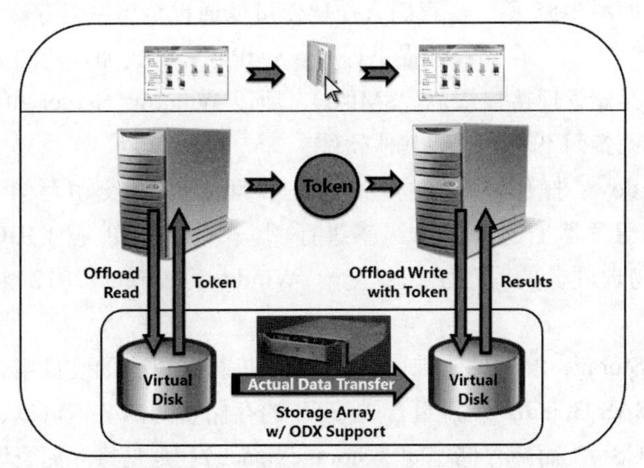

图片来源：Microsoft TechEd 2012 WSV327-Windows Server 2012 Storage Solutions: Vast Storage Capabilities for Everyone（http://goo.gl/yADat）

图 3-53 ODX 资料卸载传输机制传输方式

所以同样的情况即使触发数据移动的主机是在远程的话，那么也不会影响到数据传输的运行效率，如图 3-54 所示。

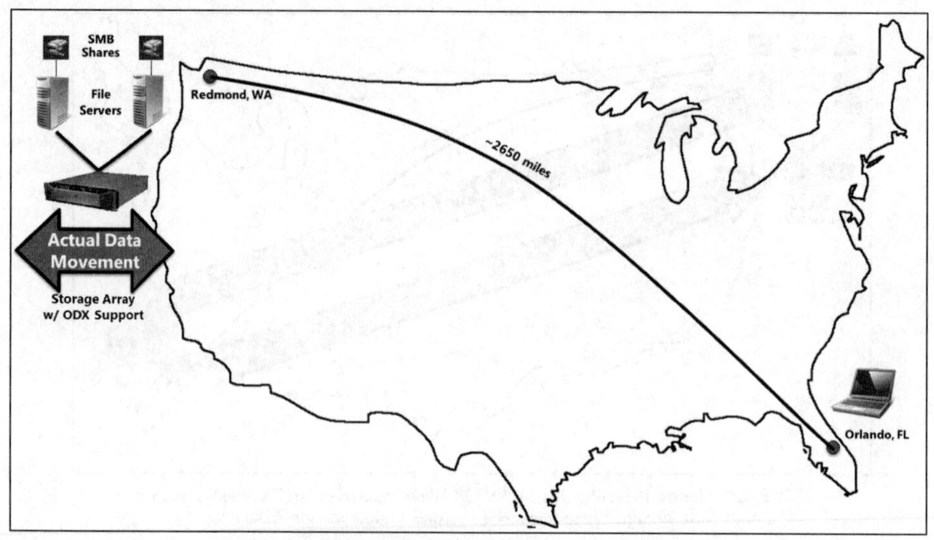

图片来源：Microsoft TechEd 2012 WSV327-Windows Server 2012 Storage Solutions: Vast Storage Capabilities for Everyone（http://goo.gl/yADat）

图 3-54　ODX 资料卸载传输机制传输方式

3-2-5　存储虚拟化

Windows Server 2012 当中内置 VMI 所开发的存储管理 API（Windows Storage Management API，SMAPI），同时还有相对应的 PowerShell Cmdlet，此 API 是由 VMI 对象模型和相应方法及属性所组合而成，如图 3-55 所示，存储合作伙伴可以通过全球网络存储工业协会（SNIA）、存储管理接口规范（SMI-S）、存储管理提供程序（SMP）等方式加入新的 API 规范。现在已经有许多存储设备支持存储管理接口规范（SMI-S），所以 Windows Server 2012 只要使用 SMAPI 便可以直接操作存储设备而不需要安装其他软件。

以往旧版本 Windows 操作系统对物理硬盘的管理，通常会交由存储设备控制器（Storage Controller）或者物理服务器上的 RAID 卡来进行，现在只购买单纯的 JBOD（Just a Bunch Of Disks）即可，其他物理硬盘的管理工作就交给 Windows Server 2012 来处理吧!!如图 3-56 所示。

「存储资源池（Storage Pool）」机制是将 JBOD 机箱中所有的硬盘组合成一个非常大的存储池，例如将 10 个 SAS 300GB 硬盘组合成 3TB 的存储资源池（也可以进行硬盘混用，例如使用 SAS、SATA、SCSI），而「存储空间（Storage Space）」则是将存储资源池所创建的硬盘空间依照您所选择的 RAID 等级进行划分，如图 3-57 所示。

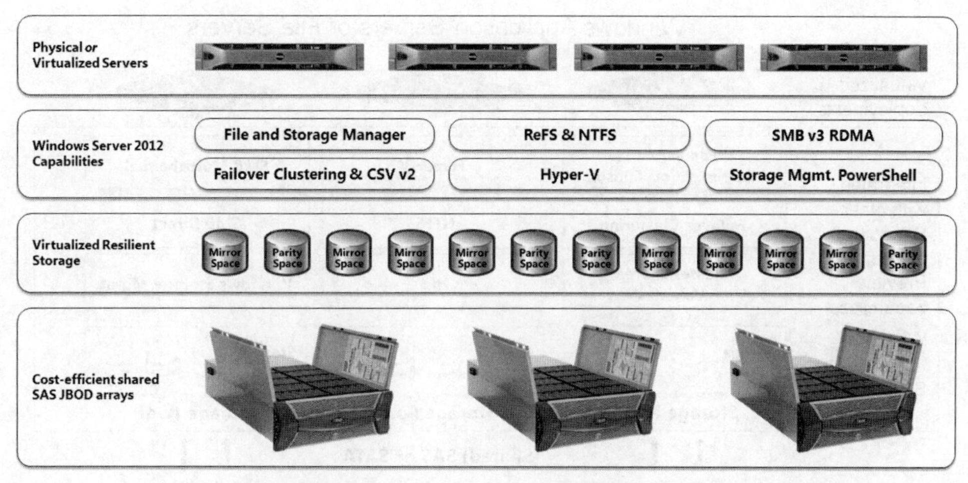

图片来源：Microsoft TechEd 2012 WSV327-Windows Server 2012 Storage Solutions: Vast Storage Capabilities for Everyone（http://goo.gl/yADat）

图 3-55 Windows Server 2012 存储管理架构

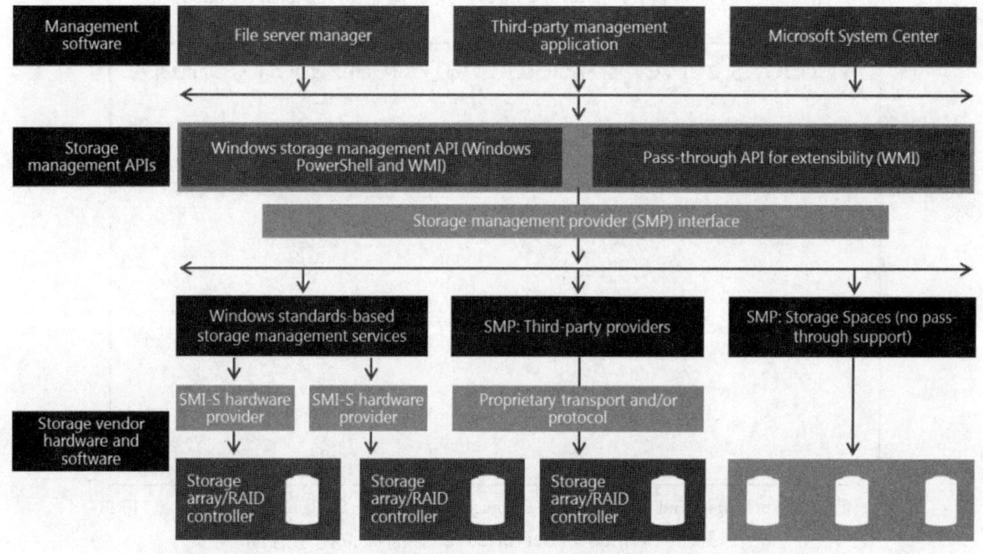

图片来源：Windows Server 2012 Storage White Paper（http://goo.gl/cPrX0）

图 3-56 Storage Spaces Model

在 RAID 等级划分上支持三种，分别是「RAID-0（Simple）、RAID-1（Mirror）、RAID-5（Parity）」，甚至连「热备份（Hot Spare）」功能也支持，最后再指定要采用「固定（Fixed）、精简（Thin）」以及硬盘空间便完成设置。

图 3-58 所示为 Windows Server 2012 存储虚拟化示意图。

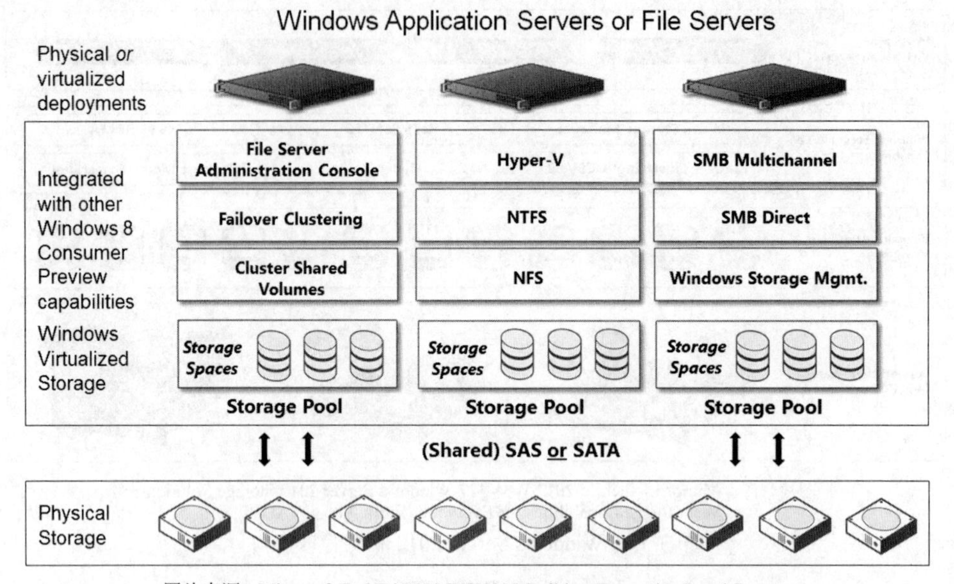

图片来源：Microsoft TechEd 2012 WSV305-Build an Enterprise-Level Storage Infrastructure for Small and Midsize Businesses（http://goo.gl/LIH8z）

图 3-57 存储资源池（Storage Pool）及存储空间（Storage Space）

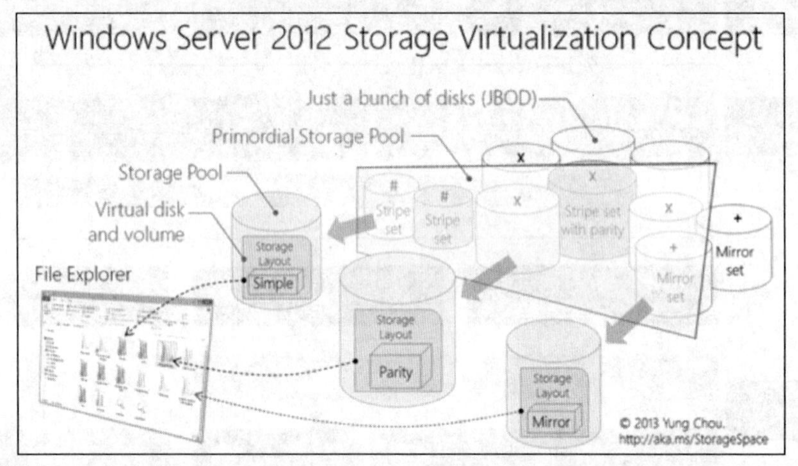

图片来源：TechNet Blogs-Windows Server 2012 Storage Virtualization Explained（http://goo.gl/FFR2D）

图 3-58 Windows Server 2012 存储虚拟化示意图

3-2-6 重复数据删除

相信许多 IT 管理人员都有过相同的体验，那就是「硬盘空间再多也不够用」，目前许多中高端的存储设备都会具备「重复数据删除（Data Deduplication）」的机制，以避免宝贵的存储空间产生不必要的浪费，如图 3-59 所示。现在新一代的 Windows Server 2012 操作系统当中便已经「内置」这样的技术，它具备如下功能特色：

- 硬盘空间优化：相较于旧版 SIS（Single Instance Storage）或 NTFS 压缩（NTFS Compression）技术，能以更少的硬盘空间存储更多数据。
- 可扩充性及高效率：它可以同时运行多个工作负载而不影响到服务器效率。
- 可靠性及完整性：采用校验和（Checksum）、一致性（Consistency）、身份识别（Identity Validation）等机制来完成数据的可靠性及完整性。

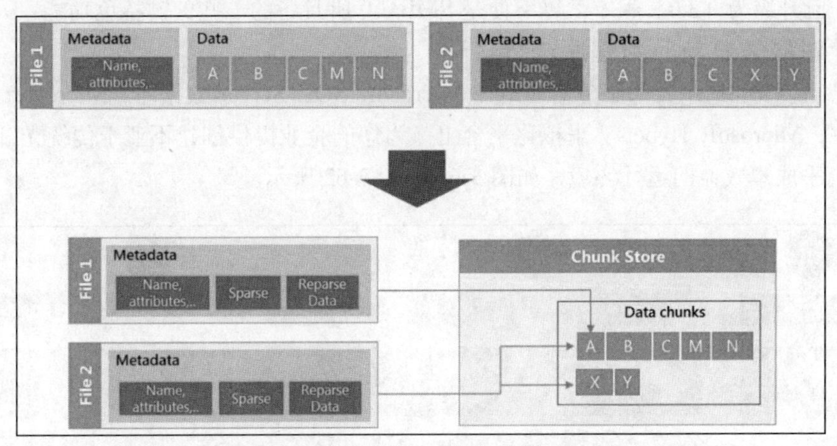

图片来源：Windows Server 2012 Storage White Paper（http://goo.gl/cPrX0）

图 3-59 重复数据删除机制运行示意图

使用 Windows Server 2012 对于各种不同类型的文件进行重复数据删除时，都可以得到 30%～90%的重复数据删除空间，如图 3-60 所示。

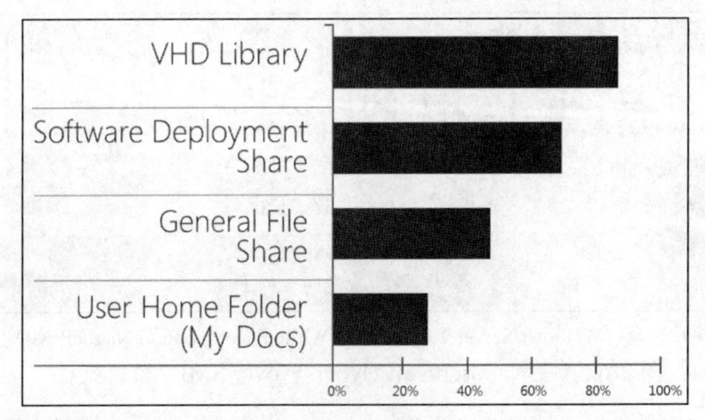

图片来源：Windows Server 2012 Storage White Paper（http://goo.gl/cPrX0）

图 3-60 重复数据删除空间示意图

3-2-7 SMB 3.0

SMB（Server Message Block）为网络文件共享通信协议，允许计算机上的应用程序读取和写入文件，SMB 通信协议可以作用于 TCP/IP 通信协议或其他网络通信协议上。因此允许应用程序读取、创建、更新远程服务器上的文件，简单来说您从网上邻居存取文件服务器上的文件便是采用的 SMB 通信协议。

事实上您现在看到的 Windows Server 2012 一开始并非叫此名称，在 Beta 阶段时称为「Windows Server 8 Beta」。在当时 SMB（Server Message Block）版本为 2.2，之后微软官方正式公布服务器产品为「Windows Server 2012」，SMB 团队也正式公布在 Windows Server 2012 当中的 SMB 已升级为「3.0」版本，以下便是 SMB 3.0 所具备的一些关键特色功能：

1．针对服务器与应用程序进行优化

现在您可以将 SMB 文件服务器应用在 Microsoft SQL Server 数据库、Microsoft Exchange Server 邮件、Microsoft Hyper-V 虚拟化平台上，为您的企业提供创建不亚于传统光纤通道的可靠性但又合乎成本效益的运行环境，如图 3-61 和图 3-62 所示。

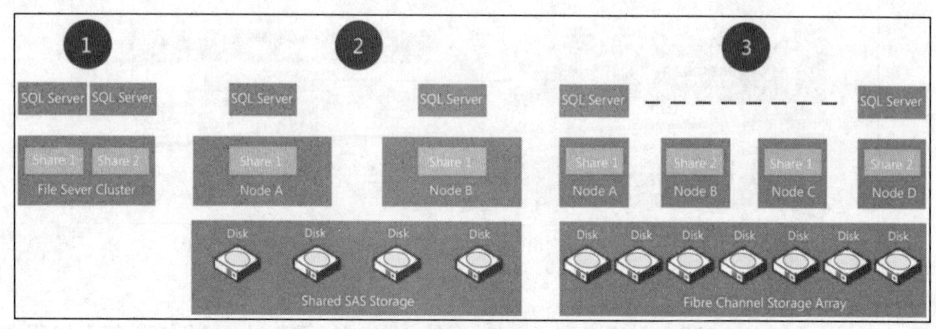

图片来源：Windows Server 2012 Storage White Paper（http://goo.gl/cPrX0）

图 3-61　三种 Microsoft SQL Server over SMB 布署架构

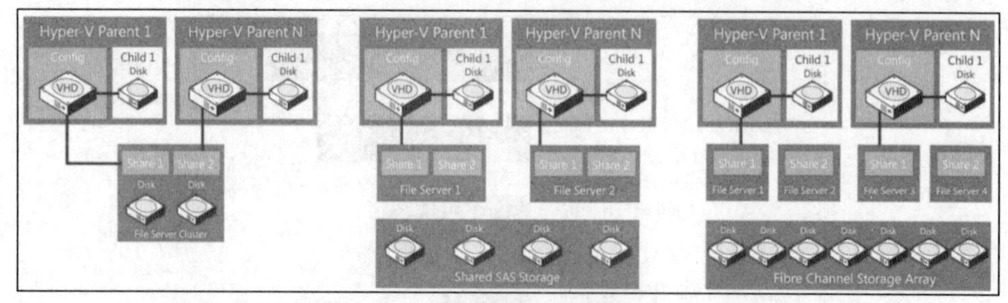

图片来源：Windows Server 2012 Storage White Paper（http://goo.gl/cPrX0）

图 3-62　三种 Microsoft Hyper-V over SMB 布署架构

2．SMB 透明故障转移（SMB Transparent Failover）

对于计划性群集资源迁移以及发生非计划性群集节点故障的状况，SMB 透明故障转移机制对于应用程序及使用者来说都是「透明转移」的，运行中的应用程序以及使用者操作不会受到任何影响，如图 3-63 和图 3-64 所示。

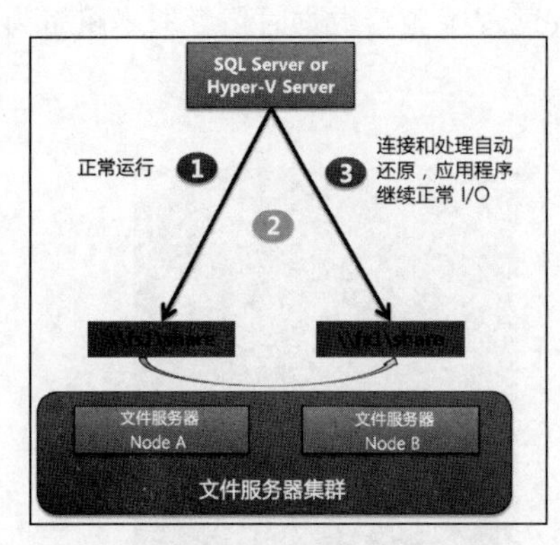

图 3-63　SMB 透明故障转移示意图

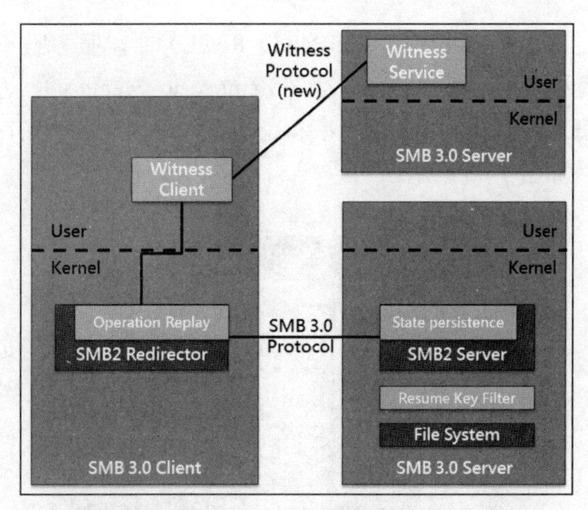

图 3-64　SMB 透明故障转移模式运行示意图

3．支持水平扩充（Scale-Out）架构

传统上若存储设备的控制器带宽被占满那么除了换一台存储设备之外别无他法，采用水平扩充（Scale-Out）架构设计的 SMB 3.0 文件服务器，只要增加群集文件服务器便可提升整体可用带宽（请注意!! 水平扩充架构最多只能至 8 台 SMB 3.0 文件服务器），如图 3-65 所示。

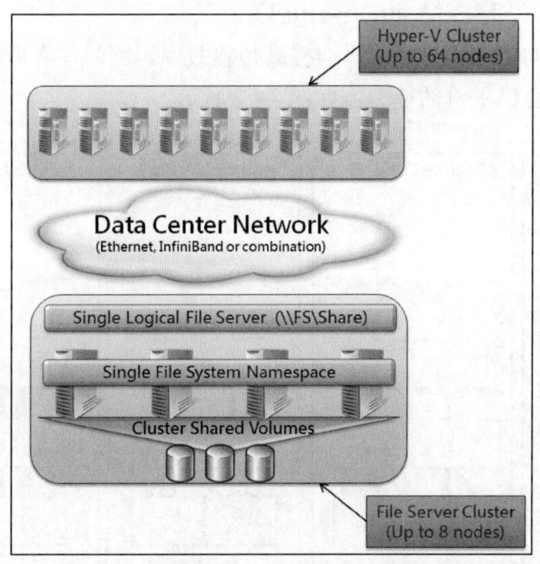

图片来源：Microsoft TechEd 2012 VIR306-Hyper-V over SMB2: Remote File Storage Support in Windows Server 2012 Hyper-V（http://goo.gl/brlIZ）

图 3-65　SMB Scale-Out 示意图

4．SMB 直接传输（SMB Direct）

SMB over RDMA（Remote Direct Memory Access）机制是当物理主机采用支持 RDMA 标

准的网卡（iWARP、InfiniBand、RoCE）时，服务器（SMB Client）与存储设备（SMB Server）之间便会采用「内存到内存（Memory to Memory）」方式进行数据传输，所以能够最大程度地降低服务器 CPU 的使用率和延迟时间，因此能够在存取远程服务器数据时像存取本机资料一样，如图 3-66 所示。

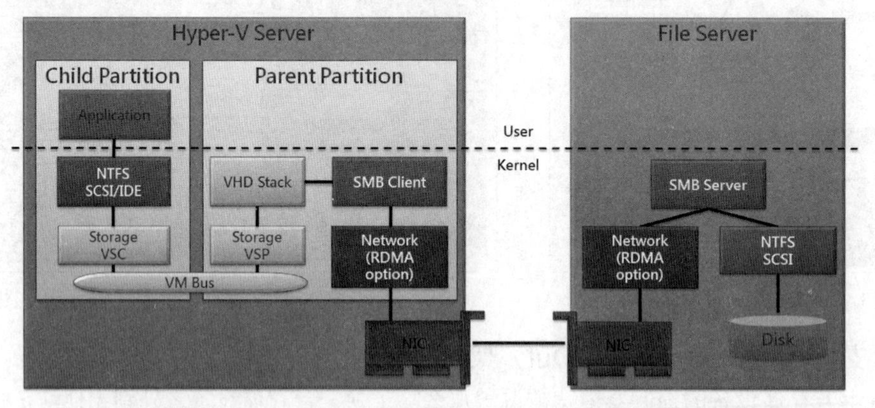

图片来源：Microsoft TechEd 2012 VIR306-Hyper-V over SMB2: Remote File Storage Support in Windows Server 2012 Hyper-V（http://goo.gl/brlIZ）

图 3-66　服务器采用 RDMA 网卡完成高效率的 SMB Direct 环境

5. SMB 多通道（SMB MultiChannel）

可将多个网络接口的带宽进行集成进而提高传输效率，同时在存取 SMB 共享文件夹多个网络路径时也都能提供容错备份的能力，如图 3-67 所示。

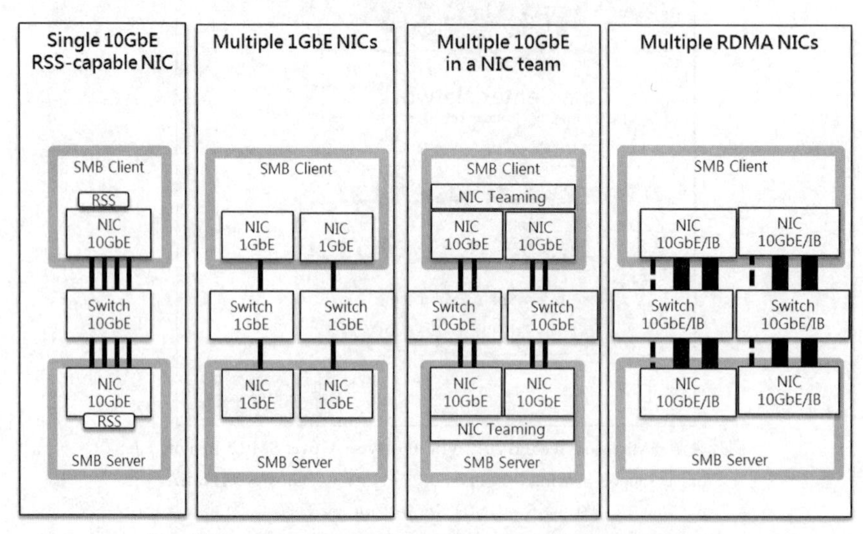

图片来源：Microsoft TechEd 2012 WSV314-Windows Server 2012 NIC Teaming and Multichannel Solutions（http://goo.gl/PLmFN）

图 3-67　SMB MultiChannel 支持模式

6. SMB 加密（SMB Encryption）

SMB 加密机制可以保护数据在传输过程当中免遭窃听和篡改的攻击，并且启用此机制只要勾选加密项目即可，完全不用任何额外设置的操作，如图 3-68 所示为 SMB 加密示意图。

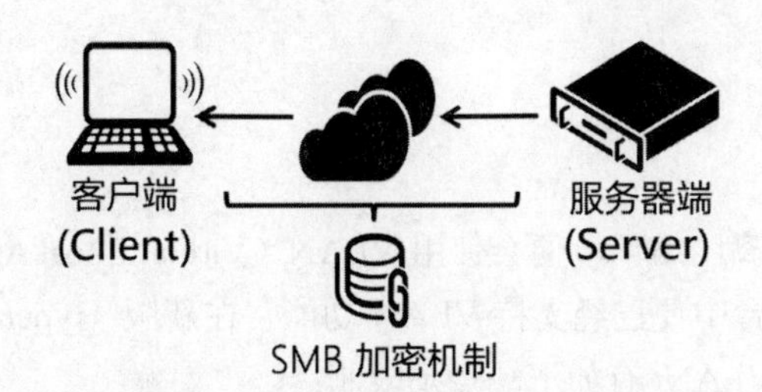

图片来源：Microsoft TechEd 2012 VIR306-Hyper-V over SMB2: Remote File Storage Support in Windows Server 2012 Hyper-V（http://goo.gl/brlIZ）

图 3-68　SMB 加密示意图

7. SMB 目录租用（SMB Directory Leasing）

SMB 目录租用机制能够暂存及缓存共享文件夹中的目录和文件元数据，因此能够有效缩短从文件服务器中获取元数据的往返时间，当分公司使用者通过 WAN 网络来存取总公司数据时能明显缩短延迟时间。

8. VSS for SMB File Shares

由于 SMB 文件服务器中已经可以存放数据库、Exchange、Hyper-V 等应用程序，因此 SMB 也支持使用「硬盘卷阴影复制服务 VSS（Volume Shadow copy Service）」来备份及还原应用程序在 SMB File Shares 内存放的数据，如图 3-69 所示。

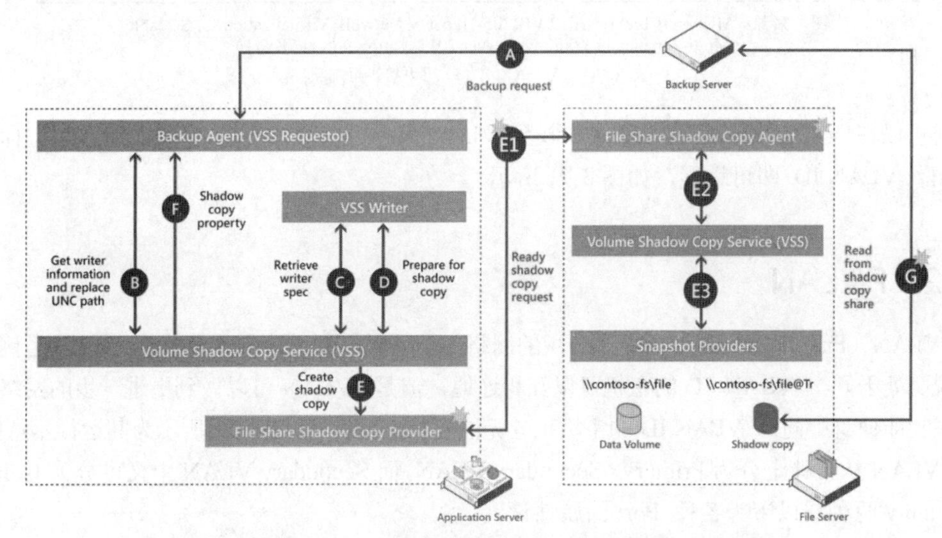

图片来源：Windows Server 2012 Storage White Paper（http://goo.gl/cPrX0）

图 3-69　VSS for SMB File Shares 运行示意图

3-3 Windows Server 2012 网络新功能

3-3-1 VLAN

以往要实现安全性隔离网络环境便会使用 VLAN（Virtual Local Area Network）技术，在旧版 Hyper-V 2.0 虚拟化平台中便已经支持 VLAN 功能，在新版 Hyper-V 3.0 虚拟化平台中同样支持 VLAN 功能，不过 VLAN 有如下缺点及限制：

- 繁杂的创建及维护管理流程，因为只要新增/修改/删除 VLAN 时便需要对相关的接口进行 VLAN Tag 维护作业，如图 3-70 所示。
- VLAN ID 限制，许多 VLAN ID 在 1,000 左右或是最大值 4,094。

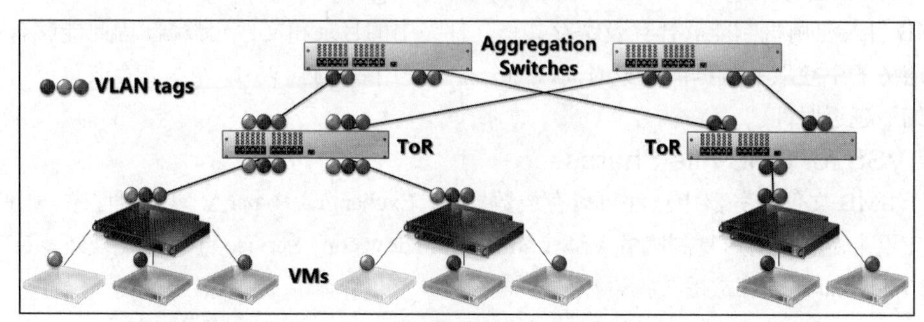

图片来源：Microsoft TechEd 2012 VIR305-Hyper-V Network Virtualization for Scalable Multi-Tenancy in Windows Server 2012（http://goo.gl/7Kwt1）

图 3-70 VLAN Tag 维护管理流程

您可以在 VM 虚拟机的网卡设置中找到 VLAN 设置，只要勾选「启用虚拟 LAN 标识」并且填入 VLAN ID 即可运行，如图 3-71 所示。

3-3-2 PVLAN

PVLAN（Private VLAN）为更进一步的网络安全隔离机制，以刚才介绍的 VLAN 为例，一般来说身处于同一 VLAN ID 的主机可以互相连通，但是 PVLAN 可以做到更进一步的网络安全隔离，让即使身处同一 VLAN ID 的主机也「无法互相连通」，如图 3-72 所示为其运行示意图。

PVLAN 从设计上分为 Primary / Secondary VLAN，而 Secondary VLAN 中又可分为 Isolated、Community 两种。以下为各种 Port 的属性设置：

（1）Primary VLAN

- Promiscuous Port：可以跟「所有」的 VLAN 连通。

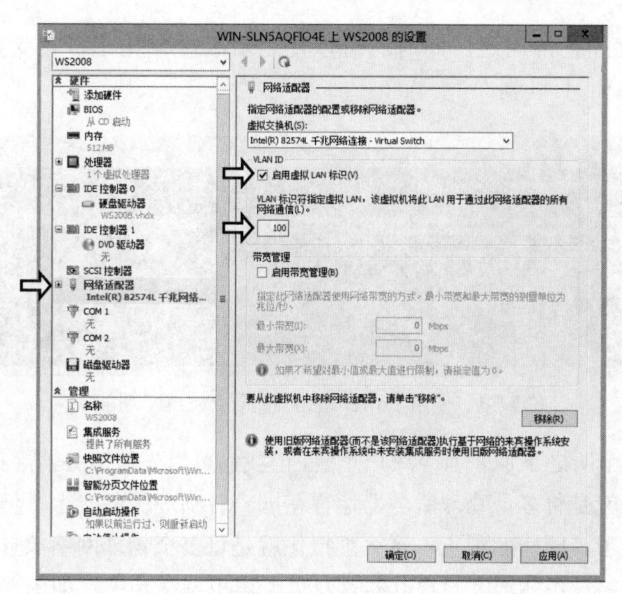

图 3-71　VM 虚拟机设置 VLAN ID

（2）Secondary VLAN

- Isolated Port：同 VLAN 中「无法」互相连通，跟其他 VLAN 也「无法」互相连通。
- Community Port：同 VLAN 中「可以」互相连通，跟其他 VLAN 则「无法」互相连通。

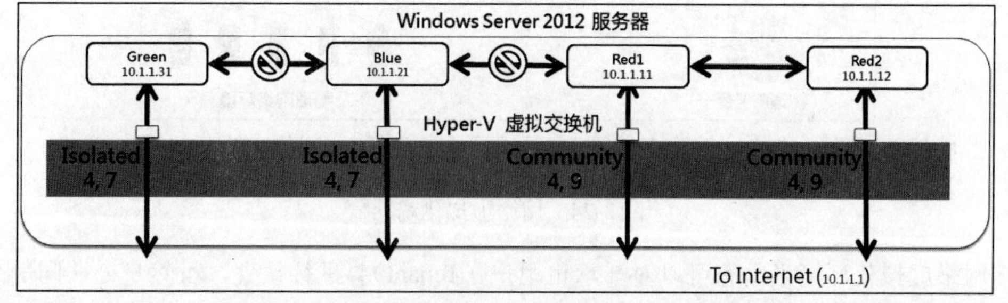

图片来源：Microsoft TechEd 2012 VIR309-What`s New in Windows Server 2012 Hyper-V Part 2（http://goo.gl/kg4xv）

图 3-72　PVLAN 运行示意图

虽然在 Windows Server 2012 中没有 GUI 图形接口可以设置 PVLAN 功能，但是可以通过 PowerShell 来进行功能设置，如图 3-73 所示。详细设置方式请参考 TechNet Library-Set-VMNetworkAdapterVlan（http://goo.gl/iDPSh）。

3-3-3　网络虚拟化

只依靠 VLAN 及 PVLAN 所完成的网络隔离安全性对于中小企业来说可能够用，但是对于构建复杂的云环境来说可能就显得不足。举例来说 VLAN 及 PVLAN 就无法完成 VM 虚拟机的 IP 网段相同时还能正常连通，此时就可以使用新版虚拟化平台才支持的「网络虚拟化（Network Virtualization）」机制。

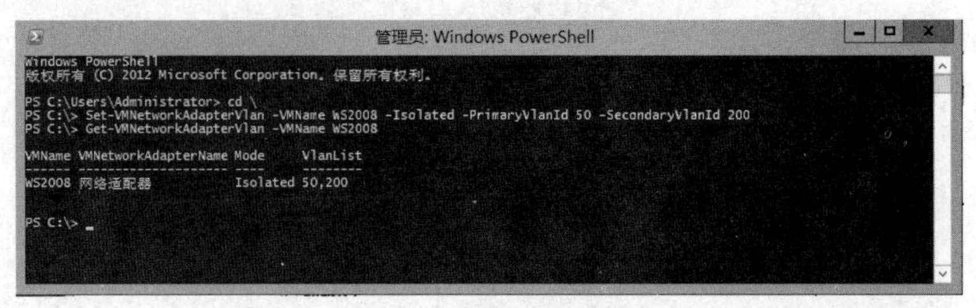

图 3-73 使用 PowerShell 设置 PVLAN 功能

网络虚拟化技术乍听之下似乎有点难以理解，但我们可以先从服务器虚拟化的观点来切入。所谓的服务器虚拟化就是将多台物理服务器运行在同一台物理服务器上，但是物理服务器「不知道」自己被虚拟化了。同样的观点，网络虚拟化就是将多个物理网络放置在同一个物理网络上，但是每个物理网络「不知道」自己其实是身处于虚拟网络当中，如图 3-74 所示。

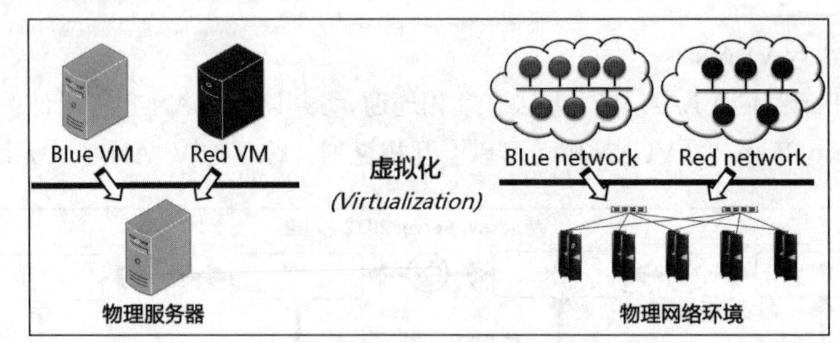

图片来源：Microsoft TechEd 2012 VIR303-An Overview of Hyper-V Networking in Windows Server 2012（http://goo.gl/DmBJY）

图 3-74 网络虚拟化观念

在网络虚拟化环境当中您可以对「承租用户（Tenant）」进行设置，虽然身处「同一个 IP 网段」但是彼此并无法互相连通，即使两家承租用户主机的 IP 地址一模一样也不会有任何冲突，如图 3-75 所示。

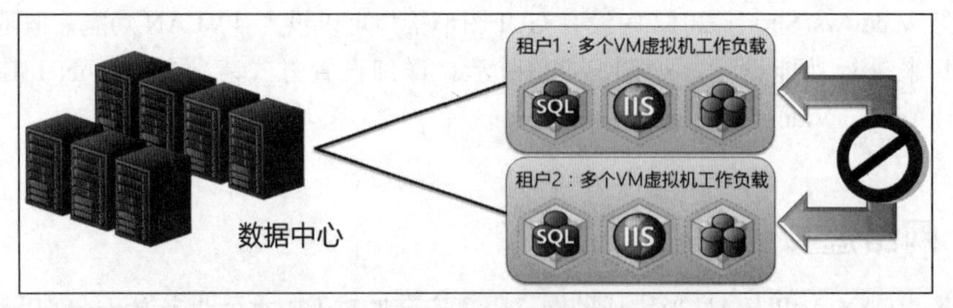

图片来源：Microsoft TechEd 2012 VIR309-What's New in Windows Server 2012 Hyper-V Part 2（http://goo.gl/kg4xv）

图 3-75 网络虚拟化承租用户安全隔离示意图

当然不同的承租用户对于使用的计算资源、网络带宽、存储空间等都有不同程度的需求，在网络虚拟化架构当中您可以对不同付费程度的承租用户进行使用资源的调整，如图3-76所示。

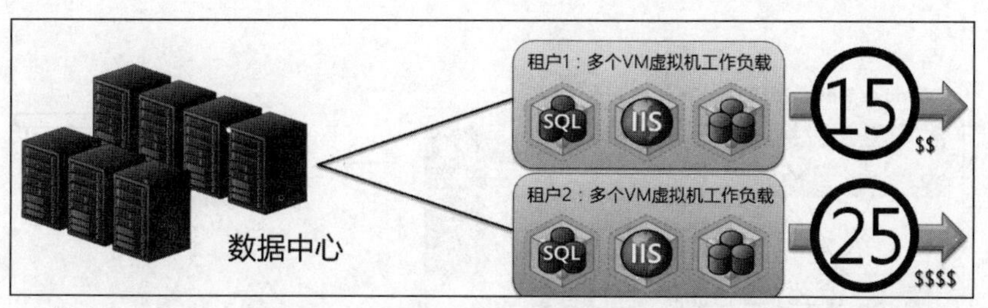

图片来源：Microsoft TechEd 2012 VIR309-What`s New in Windows Server 2012 Hyper-V Part 2（http://goo.gl/kg4xv）

图 3-76　对不同付费程度的承租用户进行资源的调整

不同的承租用户对于网络安全性的要求也不同，您可以依照承租用户对网络安全性的要求进行适当的调整，如图 3-77 所示。

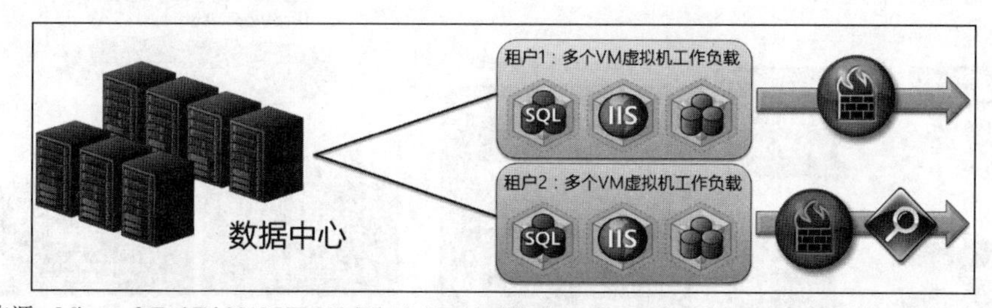

图片来源：Microsoft TechEd 2012 VIR309-What`s New in Windows Server 2012 Hyper-V Part 2（http://goo.gl/kg4xv）

图 3-77　依照承租用户对网络安全性的要求进行适当的调整

在网络虚拟化环境架构（见图 3-78 和图 3-79）下，不同的承租用户即使 IP 地址（网段、掩码）一模一样也不会互相影响，甚至承租用户的 IP 地址与数据中心一模一样也不会互相影响，网络虚拟化通过如下机制完成：

（1）每台 VM 虚拟机将有两个 IP 地址

- CA（Customer Address）：客户内部网络 IP 地址，简单说就是 VM 虚拟机的 IP 地址。
- PA（Provider Address）：虚拟化供应商 IP 地址，在物理网络架构（Layer 3）传输的 IP 地址。

（2）两种网络虚拟化技术

- IP Rewrite：修改 CA 的 IP 地址以达到网络虚拟化的目的。
- IP Encapsulation（GRE）：VM 虚拟机所有数据包被封装后加入新的 Header 才发送，Header 内包含网络 ID 并配合 IP、MAC 即可正确识别及运行。

网络虚拟化承租用户数据传输

刚才提到不同的承租用户即使 IP 地址相同也能顺利进行数据传输，那么网络虚拟化是怎么办到这一点的呢？以下我们将说明在网络虚拟化架构下，承租用户的 VM 虚拟机在不同的 Host 主机时是如何进行数据传输的。

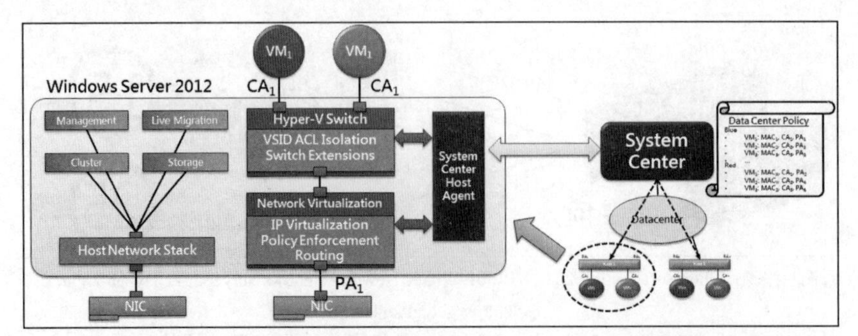

图片来源：Microsoft TechEd 2012 VIR305-Hyper-V Network Virtualization for Scalable Multi-Tenancy in Windows Server 2012（http://goo.gl/7Kwt1）

图 3-78 网络虚拟化架构示意图

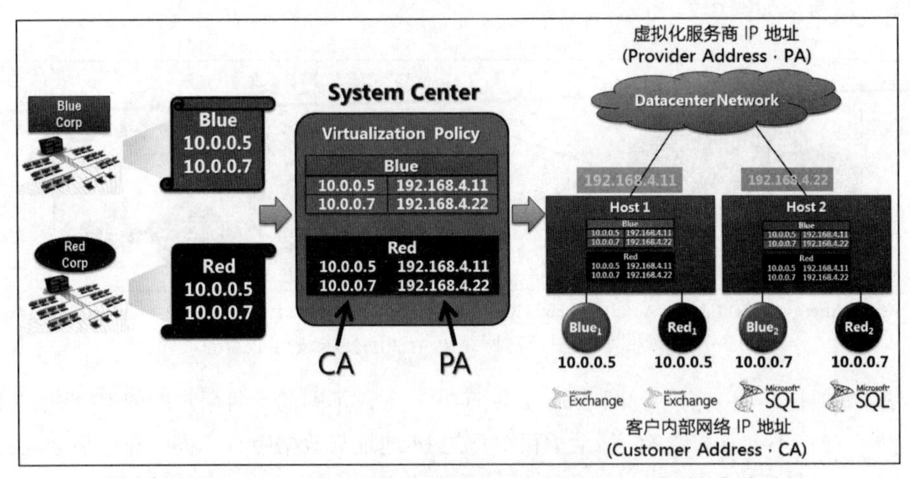

图片来源：Microsoft TechEd 2012 VIR305-Hyper-V Network Virtualization for Scalable Multi-Tenancy in Windows Server 2012（http://goo.gl/7Kwt1）

图 3-79 网络虚拟化架构示意图

（1）当 Blue1 VM（10.0.0.5）要「传送」数据给 Blue2 VM（10.0.0.7）时

Hyper-V 虚拟交换机（Hyper-V Switch）会广播 ARP 给所有 VSID 5001 的 VM 虚拟机（请注意!!并不会广播 ARP 数据包到物理网络上），如图 3-80 所示。

（2）Blue1 VM（10.0.0.5）「学习」到 Blue2 VM（10.0.0.7）MAC 地址

网络虚拟化过滤器（Network Virtualization Filter）收到广播 ARP 数据包后，回复在 VSID 5001 上的 Blue2 VM 虚拟机的 IP 地址 10.0.0.7 及 MAC 地址，如图 3-81 所示。

（3）Blue1 VM（10.0.0.5）「发送」数据给 Blue2 VM（10.0.0.7）

Blue1 VM 虚拟机取得 Blue2 VM 虚拟机的 IP 地址及 MAC Address 后发送数据，经过 Hyper-V Switch 及网络 Virtualization Filter 后，最后通过 NVGRE 机制封装加入新的 Header 后

发送，Header 内包含 Network ID、PA（Provider Address）的 IP 地址及 MAC 地址、CA（Customer Address）的 IP 地址及 MAC 地址即可正确识别及运行，如图 3-82 所示。

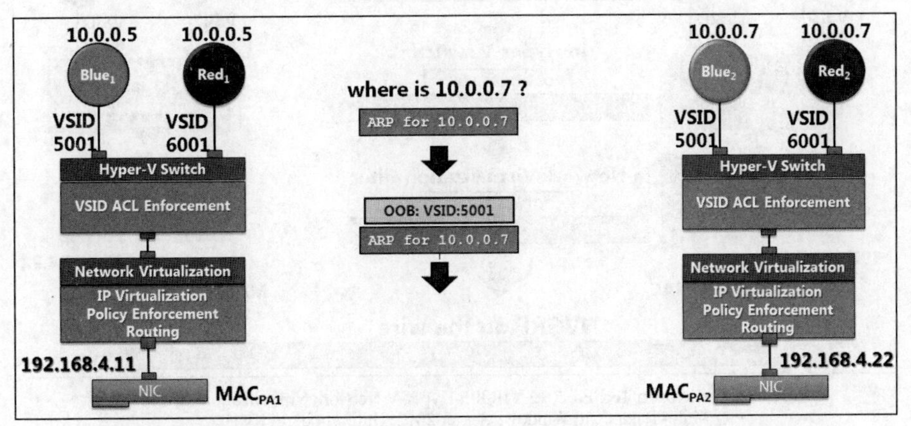

图片来源：Microsoft TechEd 2012 VIR305-Hyper-V Network Virtualization for Scalable Multi-Tenancy in Windows Server 2012（http://goo.gl/7Kwt1）

图 3-80 广播 ARP 数据包寻找 Blue2 VM

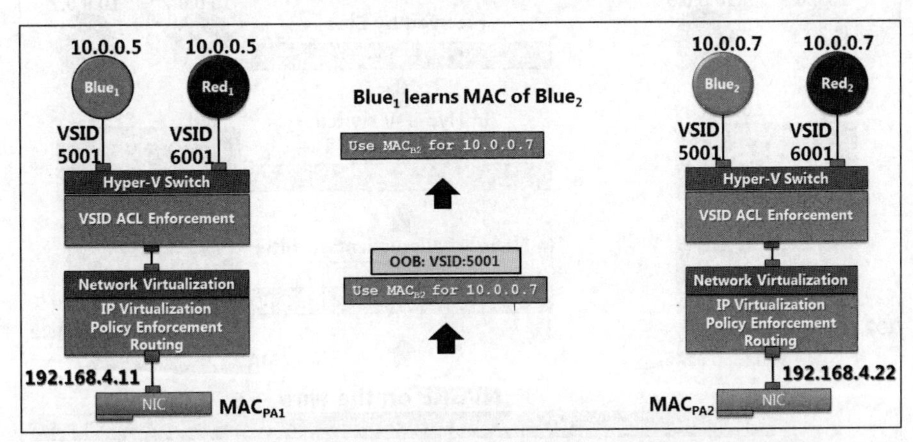

图片来源：Microsoft TechEd 2012 VIR305-Hyper-V Network Virtualization for Scalable Multi-Tenancy in Windows Server 2012（http://goo.gl/7Kwt1）

图 3-81 学习目的地 VM 虚拟机 IP 及 MAC Address

（4）Blue2 VM（10.0.0.7）「收到」Blue1 VM（10.0.0.5）送来的数据

同样经过 NVGRE 机制、Network Virtualization Filter、Hyper-V Switch 将数据包逐一拆解后，Blue2 VM 虚拟机顺利收到 Blue1 VM 虚拟机送来的数据，如图 3-83 所示。

最后值得注意的是，虽然新版 Windows Server 2012 支持此运行方式，但是并没有 GUI 图形接口可以设置，您必需要搭配 SCVMM 2012 SP1（System Center Virtual Machine Manager）才可进行网络虚拟化的设置及管理操作。

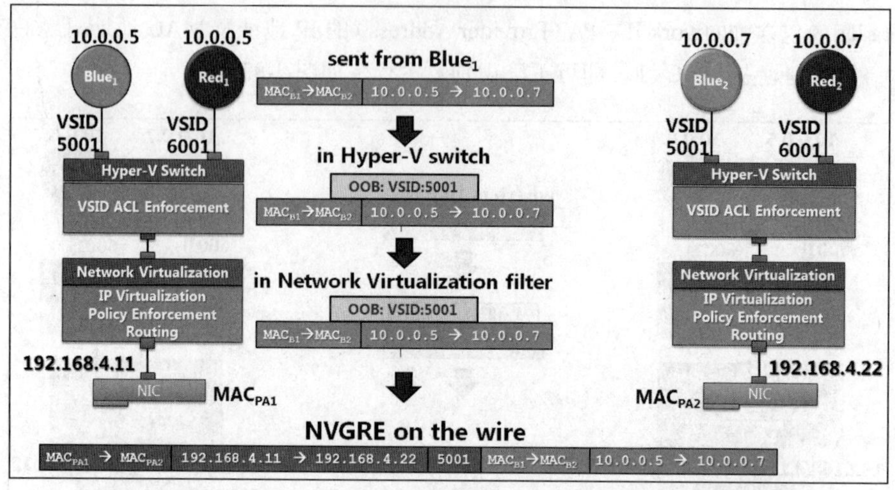

图片来源：Microsoft TechEd 2012 VIR305-Hyper-V Network Virtualization for Scalable Multi-Tenancy in Windows Server 2012（http://goo.gl/7Kwt1）

图 3-82　通过 NVGRE 机制封装加入新的 Header 后发送

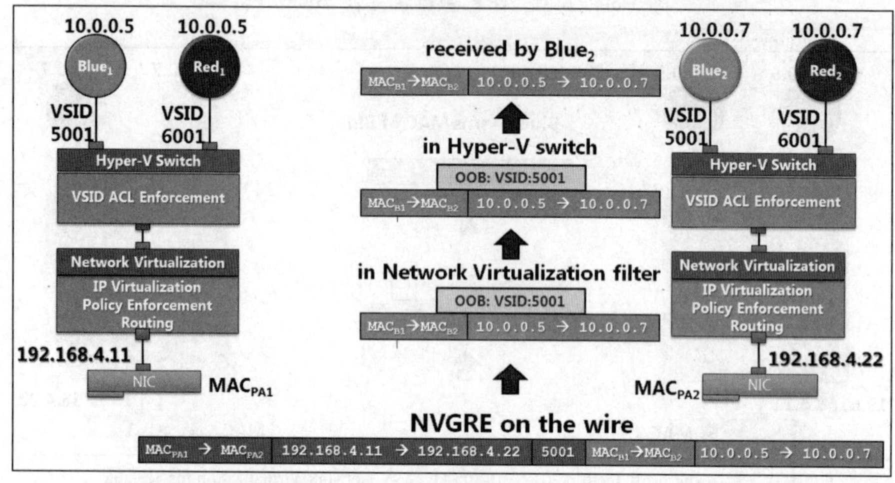

图片来源：Microsoft TechEd 2012 VIR305-Hyper-V Network Virtualization for Scalable Multi-Tenancy in Windows Server 2012（http://goo.gl/7Kwt1）

图 3-83　Blue2 VM 顺利收到 Blue1 VM 传送过来的资料

3-3-4　可扩充式交换机

在旧版 Hyper-V 2.0 虚拟化平台中虚拟交换机仅具备 Layer 2 功能，在新版 Hyper-V 3.0 虚拟化平台中已经成为可扩充式交换机（见图 3-84）并允许第三方开发外挂程序，只要安装 Network Driver Interface Specification（NDIS）Drivers（或称为扩充功能）便能加强功能，例如流量整形（Traffic Shaping）、防止恶意虚拟机（Malicious VM）等。

目前不同的厂商都开发出适用于 Hyper-V 3.0 虚拟化平台可扩充式交换机的加强功能：

- 捕获（Capture）：可以捕获（Capture）/检测（Inspect）/监听（Monitor）网络流量（但是无法修改或删除数据包），例如 InMon 所开发的 sFlow。
- 转发（Forwarding）：可以捕获（Capture）/过滤（Filter）网络流量（可以修改数据包中的路由记录），例如 Cisco 所开发的 USC for Hyper-V 及 Nexus 1000V、NEC 所开发的 OpenFlow。
- 过滤（Filtering）：可以检测（Inspect）/丢弃（Drop）/修改（Modify）/插入（Insert）网络数据包（可以修改或删除数据包），例如 5Nine 所开发的 Virtual Firewall、Broadcom 所开发的 VM DoS。

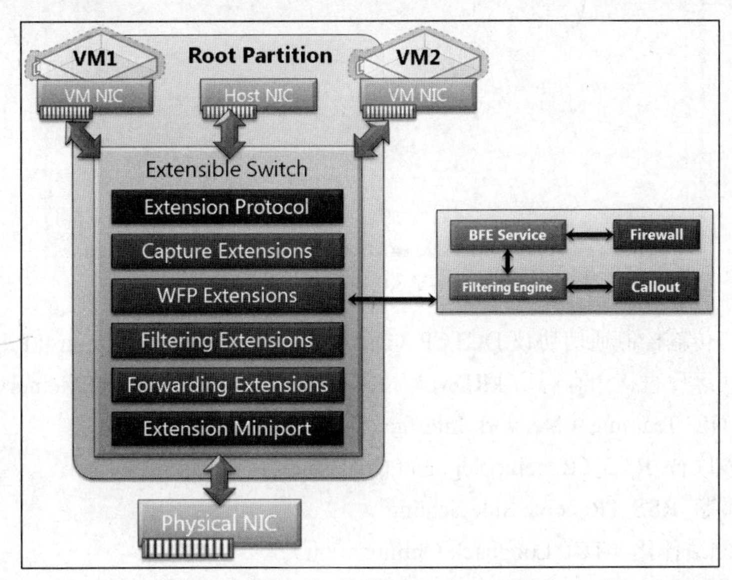

图片来源：Microsoft TechEd 2012 VIR309-What`s New in Windows Server 2012 Hyper-V Part 2（http://goo.gl/kg4xv）

图 3-84　可扩充式交换机

Windows Server 2012 当中已经内置 WFP（Windows Filter Platform），其功能与上述介绍的过滤（Filtering）机制相同，如图 3-85 所示。

3-3-5　低延迟工作负载技术

在 Windows Server 2012 当中有许多「低延迟工作负载（Low Latency Workload）」技术，以前两台主机之间在传输数据时造成传输延迟的可能有许多，例如电力传输延迟、运行处理延迟、队列影响等，而在 Windows Server 2012 当中采用内置或以下低延迟工作负载技术（技术比较见图 3-86），能够有效降低网络延迟并且提升主机运行效率：

- 数据中心桥接 DCB（Data Center Bridging）

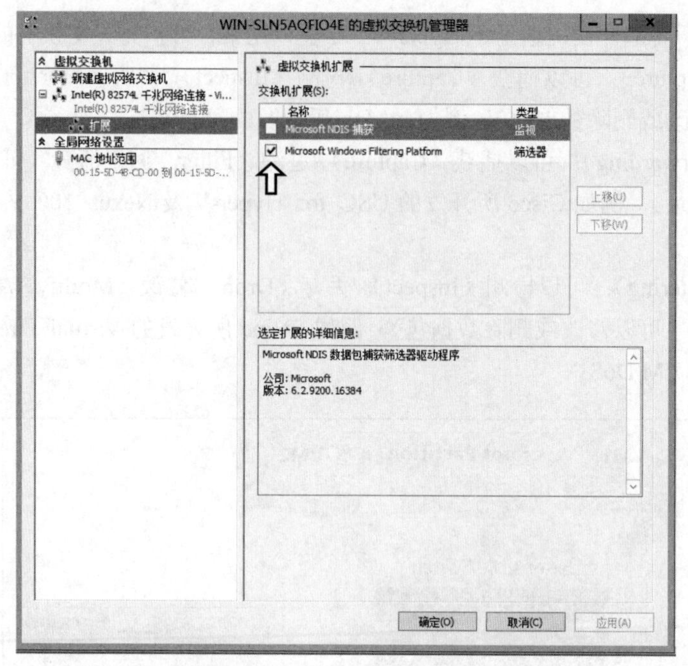

图 3-85　Hyper-V 3.0 内置交换机扩充功能

- 数据中心传输控制通信协议 DCTCP（Data Center Transmission Control Protocol）
- 核心模式远程直接内存存取 kRDMA（Kernel Mode Remote Direct Memory Access）
- 网卡组 NIC Teaming（Network Interface Card Teaming）
- 接收区段联合 RSC（Receive Segment Coalescing）
- 接收端调整 RSS（Receive Side Scaling）
- TCP 环回最佳化（TCP Loopback Optimization）
- 动态虚拟机队列 DVMQ（Dynamic Virtual Machine Queues）
- SR-IOV（Single Root I/O Virtualization）
- IPSec 工作卸载（IPSec Task Offload）

效率指标	Loopback Fast Path	Registered I/O (RIO)	Large Send Offload (LSO)	Receive Segmentation Offload (RSC)	Receive Side Scaling (RSS)	Virtual Machine Queues (VMQ)	Remote DMA (RDMA)	Single Root I/O Virtual (SR-IOV)
较低的端对端延迟等待时间	X	X					X	X
扩展能力较高		X			X	X		
封包吞吐量较高	X	X	X	X	X	X	X	X
较短的传输路径	X	X	X	X			X	X
变动性较少		X						

图片来源：Microsoft TechEd 2012 WSV304-Windows Server 2012 Networking Performance and Management（http://goo.gl/VuRtT）

图 3-86　低延迟工作负载（Low Latency Workload）技术比较表

1．数据中心桥接 DCB

数据中心桥接（Data Center Bridging，DCB）为美国电气和电子工程师协会（IEEE）所制定的标准，能够在数据中心创建聚合式结构（Converged Fabrics），在此聚合式结构中存储设备、数据网络、群集管理流量都使用相同的以太网基础结构。

简单来说数据中心桥接为针对特定流量类型提供以「硬件」为主的「QoS 带宽配置」机制，除了 Windows Server 2012 主机必须安装支持 DCB 技术的以太网卡之外，您也必须部署支持 DCB 技术的网络交换机，如图 3-87 所示。

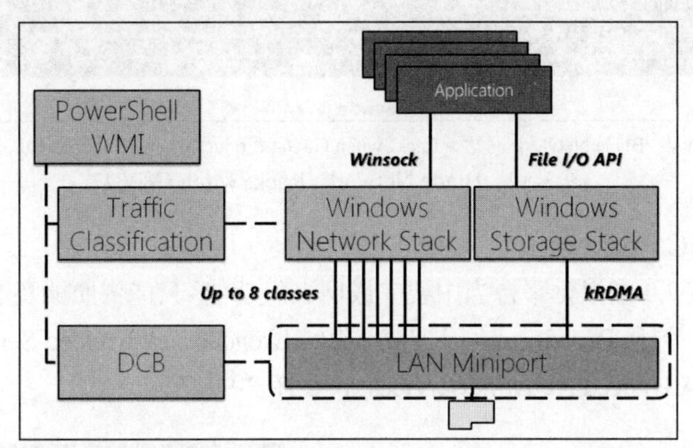

图片来源：Microsoft TechEd 2012 WSV308-Standards Support and Interoperability in Windows Server 2012: Storage, Networking, and Management（http://goo.gl/G2WZD）

图 3-87 数据中心桥接示意图

2．数据中心传输控制通信协议 DCTCP

在 Windows Server 2012 中集成了 DCTCP（Data Center Transmission Control Protocol，数据中心传输控制通信协议），它使用「显式拥塞通知（Explicit Congestion Notification，ECN）」（详请参考 RFC 3168）来预估来源端拥塞的范围，并将传送速率降低到拥塞的范围。如此一来便能细微地控制网络流量使 DCTCP 只占用很少的缓冲区（与传统 TCP 相比约减少 90%），但是仍然能达到高传输量，与传统 TCP 的比较见图 3-88。

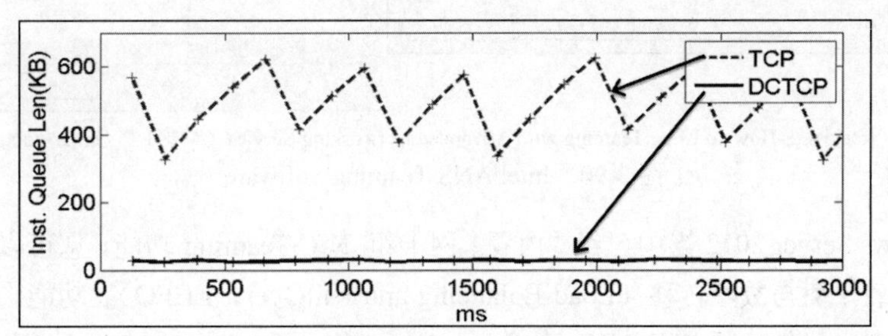

图片来源：Microsoft TechEd 2012 VIR303-An Overview of Hyper-V Networking in Windows Server 2012（http://goo.gl/DmBJY）

图 3-88 传统 TCP 与 DCTCP 比较表

请注意!! 您必需要使用支持 ECN 技术的网络交换机才能完成 DCTCP 传输网络环境，目前各网络交换机厂商都有相关的网络交换机产品：

- Blade Networks：G8264（见图 3-89）、G8052
- Cisco：Nexus 3064-X、3064-T3048

图片来源：Blade Network 网站 - RackSwitch G8264 Product Brief（http://goo.gl/39qQi）

图 3-89　Blade Networks RackSwitch G8264

3．网卡组 NIC Teaming

在旧版 Hyper-V 2.0 虚拟化平台当中要完成网卡组功能，只能依照购买的网卡厂商所发行的第三方程序来创建，例如 Broadcom 网卡的 BASP（Broadcom Advanced Server Program），或者 Intel 网卡的 ANS（Advanced Network Services），如图 3-90 所示。

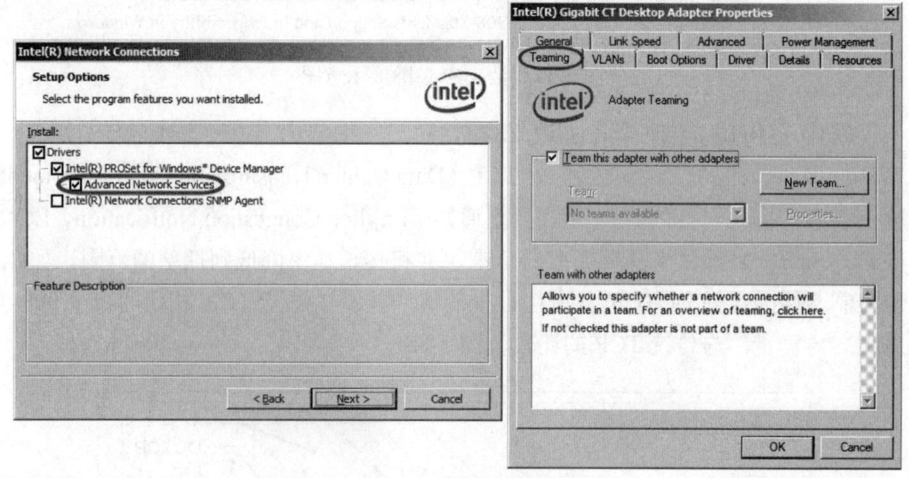

图片来源：Intel 网站-How do I Use Teaming with Advanced Networking Servies（ANS）?（http://goo.gl/1iKRv）

图 3-90　Intel ANS Teaming Software

而 Windows Server 2012 当中已经「内置」网卡组 NIC Teaming 功能，您可以将多张网卡集成以完成「负载平衡与故障转移（Load Balancing and FailOver，LBFO)」功能，并且不需要同一种厂牌的网卡也能创建网卡组 NIC Teaming 功能（例如 Intel 与 Broadcom 网卡混用），如图 3-91 所示。图 3-92 为网卡组运行架构。

Windows Server 2012 内置了网卡组 NIC Teaming 功能之后，便可以顺应虚拟化环境，因为实时迁移（Live Migration）、存储实时迁移（Live Storage Migration）等，需要高效率的网络流量负载平衡与高稳定性的故障转移需求，如图 3-93 所示。

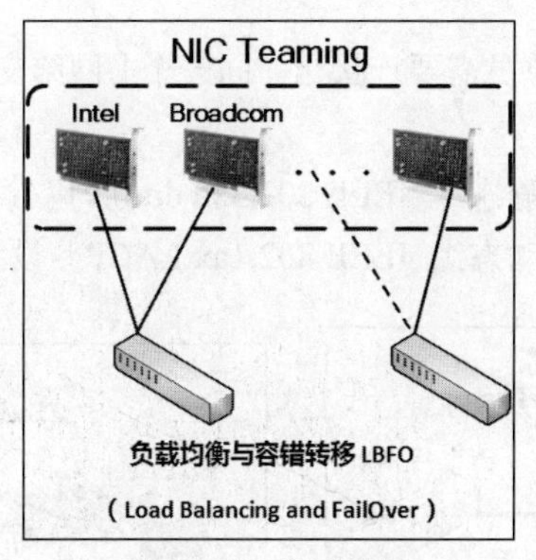

图 3-91　网卡组

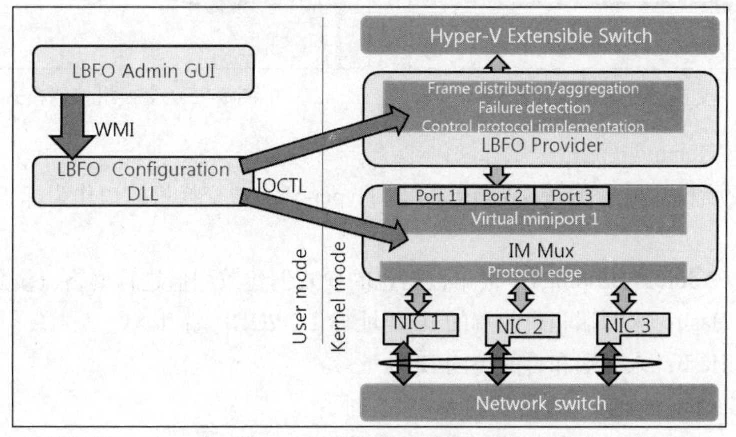

图片来源：Microsoft TechEd 2012 VIR303-An Overview of Hyper-V Networking in Windows Server 2012（http://goo.gl/DmBJY）

图 3-92　网卡组运行架构示意图

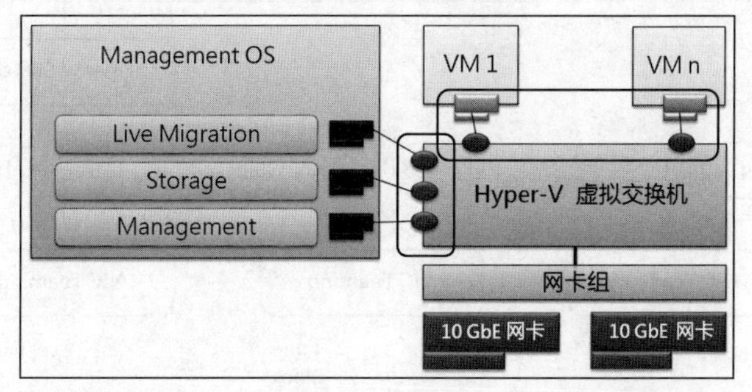

图片来源：Microsoft TechEd 2012 VIR303-An Overview of Hyper-V Networking in Windows Server 2012（http://goo.gl/DmBJY）

图 3-93　网卡组运行示意图

网卡组 NIC Teaming 搭配交换机设置模式：

- ◆ 交换机独立模式：网卡组成员可以连接至「不同」的网络交换机（交换机不需任何设置），如图 3-94 所示。
- ◆ 交换机依赖模式：网卡组成员需要连接至「同一个」网络交换机（交换机需额外设置），如图 3-95 所示。
  - 搭配网络交换机采用「静态组 IEEE 802.3ad draft v1」设置
  - 搭配网络交换机采用「动态组 IEEE 802.1ax LACP」设置

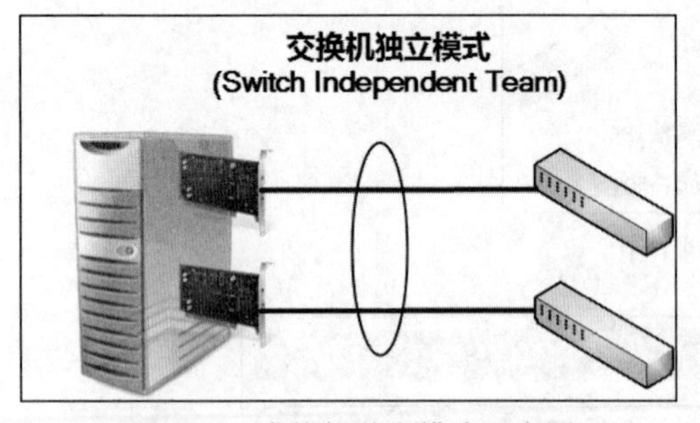

图 3-94　交换机独立模式示意图

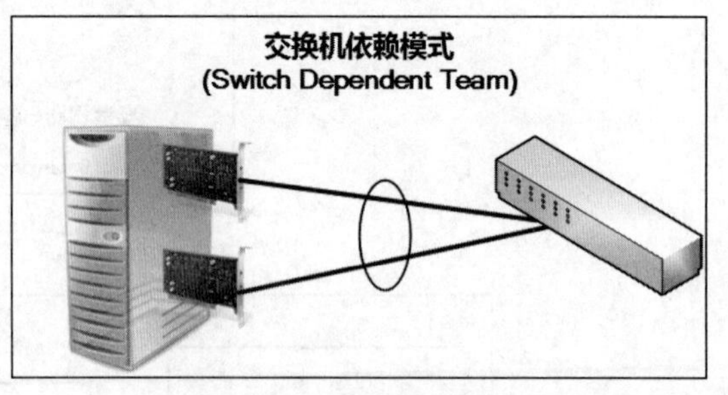

图 3-95　交换机依赖模式示意图

网卡组 NIC Teaming 流量分布算法：

- ◆ Hyper-V 交换机端口（Hyper-V Port）：以 Hyper-V 虚拟交换机端口作为标识进行网络流量负载平衡。
- ◆ 地址散列（Address Hashing）：根据数据包的模式创建散列值进行网络流量负载平衡。
  - 4 Tuple Hash：来源端和目的端的 IP 地址与 TCP/UDP 端口。
  - 2 Tuple Hash：来源端和目的端的 IP 地址。
  - MAC Hash：来源端和目的端的 MAC 地址。

同时网卡组 NIC Teaming 也支持 VLAN 设置，您可以拥有多种 VLAN 设置的弹性，如图 3-96 所示。

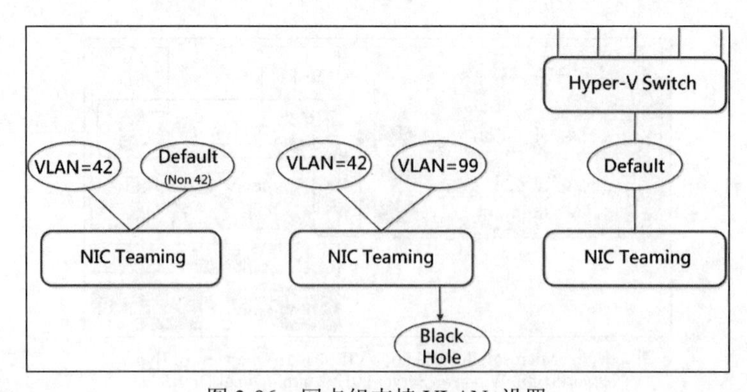

图 3-96　网卡组支持 VLAN 设置

Hyper-V 3.0 虚拟化平台物理主机可以设置网卡组 NIC Teaming，来完成负载平衡与故障转移（Load Balancing and FailOver，LBFO），而在 Hyper-V 3.0 虚拟化平台中运行的「VM 虚拟机」也支持网卡组 NIC Teaming 设置，如图 3-97 所示，不过要注意以下限制：

- 不支持 SR-IOV
- 不支持 RDMA
- 不支持 TCP Chimney
- 只能使用交换机独立模式以及地址散列算法

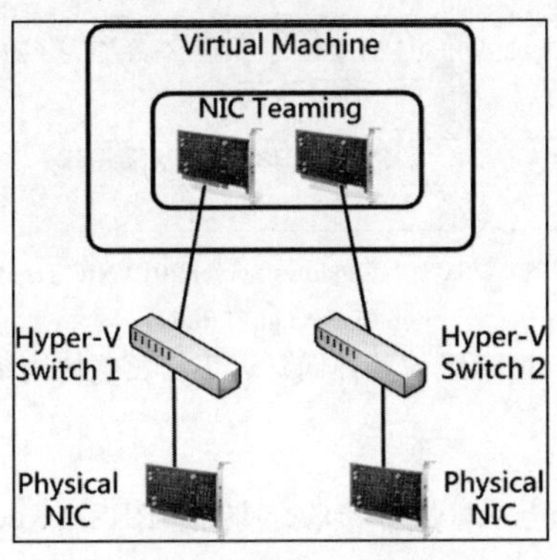

图 3-97　VM 虚拟机也支持网卡组

只要在 VM 虚拟机的网卡高级功能设置项目中，勾选「允许将此网络适配器作为来宾操作系统中的组的一部分」复选框即可，如图 3-98 所示。

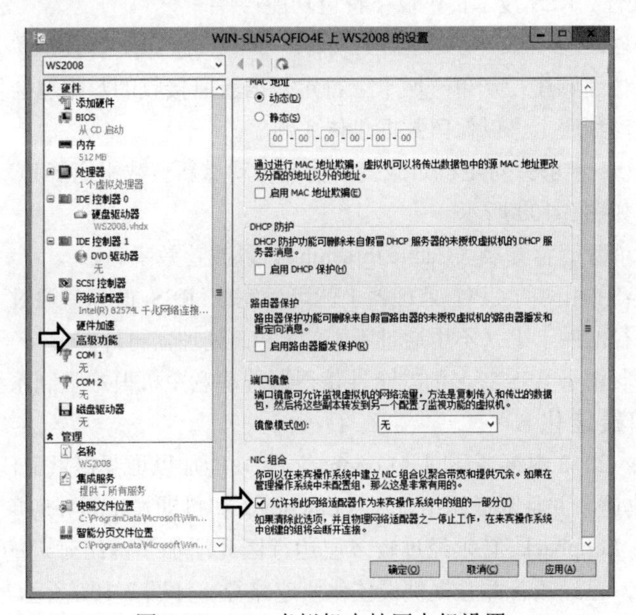

图 3-98　VM 虚拟机支持网卡组设置

网卡组 NIC Teaming 与各种低延迟工作负载（Low Latency Workload）技术协同运行的情况，如图 3-99 所示。

特色功能	描述
RSS	可程序化直接透明传送TCP/UDP
VMQ	通过 Hyper-V 虚拟交换机可程序化直接透明传送
IPSecTO, LSO, Jumbo frames, all checksum offloads (transmit)	Yes - 当网卡组中有网卡支持时
RSC, all checksum offloads (receive)	Yes - 当网卡组中所有网卡支持时
DCB	Yes - 支持网卡组独立运行
RDMA, TCP Chimney offload	网卡组不支持
SR-IOV	VM虚拟机中允许VF网卡组
Network virtualization	Yes

图片来源：Microsoft TechEd 2012 WSV314-Windows Server 2012 NIC Teaming and Multichannel Solutions（http://goo.gl/PLmFN）

图 3-99　网卡组与各种低延迟工作负载协同运行情况

4．接收端调整 RSS

Windows Server 2012 当中已经增强了接收端调整 RSS（Receive Side Scaling）功能，例如对于拥有 64 模式处理器以上的大型服务器最佳化、改善 RSS 诊断和管理功能等。当 Windows Server 2012 主机采用支持 RSS 功能的网卡时能够将网络流量处理负载分散到多处理器核心去，进行主动平衡负载网络流量传输（包括 TCP、UDP、Mutlicast、IP Forwarded），并且提高对于 NUMA Node 的延展性。RSS 技术提供以下特色功能：

- 平行接收处理：在多个 CPU 处理器上同时产生中断和 DPC 以便从单一网卡接收数据包。
- 保留数据包传递顺序：从单一网卡上特定数据流所接收的数据包会依序传送至 TCP/IP 通信协议驱动程序上，以保留数据包传递顺序。
- 动态负载平衡：能够针对主机负载变动情况自动重新负载平衡 CPU 处理器数量与网络流量负载，如图 3-100 所示。
- 缓存位置：消除缓存置换（Cache thrashing）以改善效率。
- 传送端调整：在相同的 CPU 处理器上就可以完成 RSS 散列值通过 TCP/IP 通信协议传送到输出路径的网卡上（不用通过不同的 CPU 处理器再计算）。
- Toeplitz 散列：由于 RSS 签名的安全性使得远程恶意主机很难强制系统进入不平衡状态。

5．TCP 环回最佳化

Windows Server 2012 中将「环回（Loopback）」功能加以增强提供最佳化快速路径，完成高 TCP 传送和接收速率并且降低网络延迟（Latency）和抖动（Jitter）现象。在旧版 Windows Server 2008 R2 中 Loopback 必须经过较多层运行因此增加了网络延迟的可能，现在新版的 Windows Server 2012 已经改善并且提供最佳化快速路径，如图 3-101 所示。

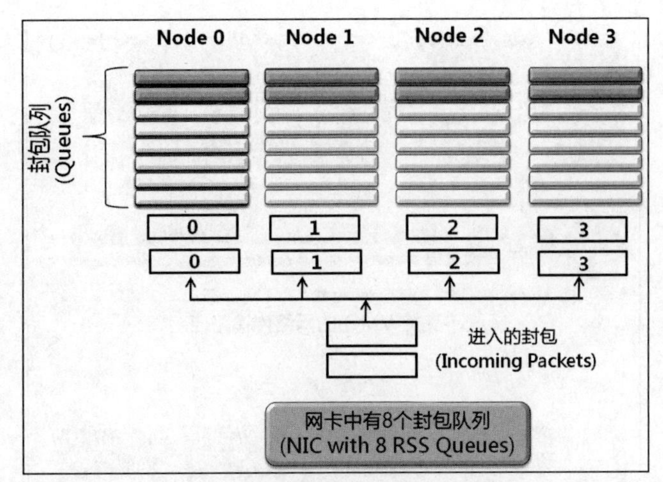

图片来源：Microsoft TechEd 2012 WSV304-Windows Server 2012 Networking Performance and Management（http://goo.gl/VuRtT）

图 3-100 RSS 动态负载平衡示意图

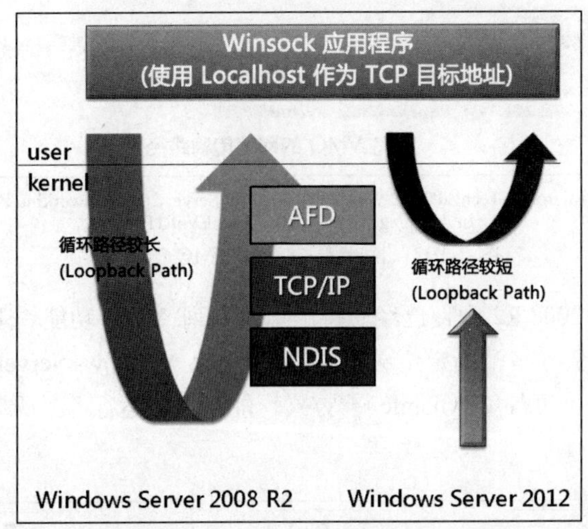

图片来源：Microsoft TechEd 2012 WSV304-Windows Server 2012 Networking Performance and Management（http://goo.gl/VuRtT）

图 3-101 TCP 环回最佳化示意图

6．动态虚拟机队列 DVMQ

虚拟机队列（Virtual Machine Queues，VMQ）网卡硬件虚拟化技术能够高效率地将网络流量传递给 Host 主机，当 Host 主机安装具备 VMQ 功能的网卡时能够允许「DMA Packets」直接传送到 VM 虚拟机「内存堆栈（Memory Stacks）」当中，并且为每台 VM 虚拟机分配一个 VMQ 以避免不必要的「数据包副本（Packet Copies）」以及「路由查找（Route Lookups）」操作。简单来说使用支持 VMQ 功能的网卡将使主机 I/O 效率提升且负载降低。网卡是否支持 UMQ 的差异见图 3-102。

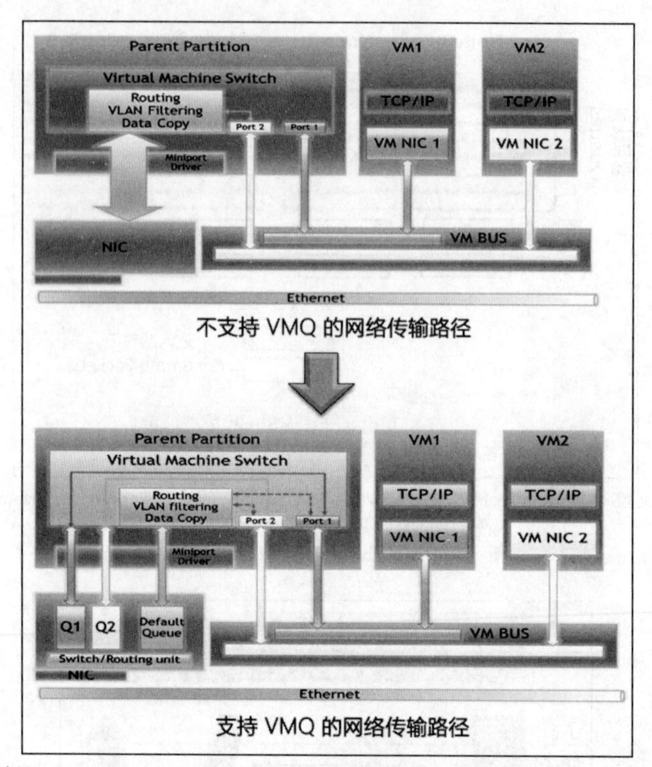

图片来源：Microsoft TechEd 2012 WSV304-Windows Server 2012 Networking Performance and Management（http://goo.gl/VuRtT）

图 3-102 网卡是否支持 VMQ 的差异

在 Windows Server 2008 R2 中便已经支持虚拟机队列 VMQ 功能，但是属于「静态（Static）」方式，需要手动进行设置（搭配指定传送速率），而新版 Windows Server 2012 当中的虚拟机队列 VMQ 功能则是属于「动态（Dynamic）」方式，能够自动运行并且无须额外设置，两种方式的运行比较见图 3-103。

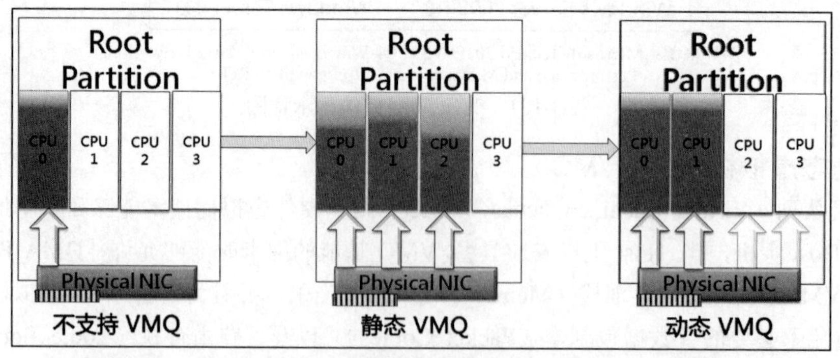

图片来源：Microsoft TechEd 2012 VIR303-An Overview of Hyper-V Networking in Windows Server 2012（http://goo.gl/DmBJY）

图 3-103 新旧版本 VMQ 方式运行比较

当 Hyper-V 3.0 虚拟化平台安装支持 VMQ 功能的网卡后，只要在 VM 虚拟机网卡设置中勾选「启用虚拟机器队列」复选框（默认便勾选启用），那么动态虚拟机队列（Dynamic Virtual Machine Queues，DVMQ）功能将会自动运行，如图 3-104 所示。

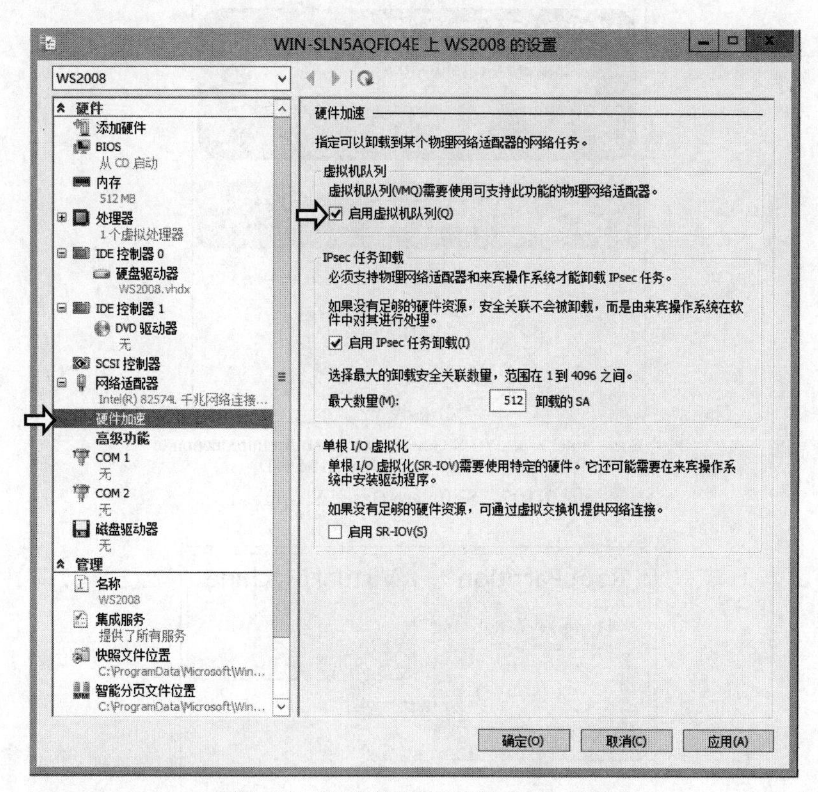

图 3-104　VM 虚拟机启用 DVMQ 功能

7. SR-IOV（Single Root I/O Virtualization）

鉴于目前虚拟化风潮日渐普及，大家对于 VM 虚拟机运行效率的期望越来越高，1GbE 网络环境已渐渐不够使用，虽然可以将多个 1 GbE 网络通过网卡组进行合并，不过您可以想象一台主机若装有 8 Port 1 GbE 网卡，其所耗费的网络线材以及网络交换机的 Port 数也是很惊人的，并且对于主机网络 I/O 负载也有一定程度的影响。那么可以换个角度思考，一台主机只要 2 Port 10GbE，除了网络带宽增大，线材减少、交换机 Port 数也减少。

目前服务器虚拟化运行模式下 VM 虚拟机必须通过虚拟化平台上的虚拟交换机，接着才能到达虚拟化平台所安装的物理网卡后到物理网络，简单来说这样的数据传输过程需要经过层层虚拟化转换，增加了 I/O 负载的开销，Intel 称之为 Software Based Sharing，如图 3-105 所示。

所以运行于 Hyper-V 虚拟化平台上的 VM 虚拟机，在正常情况下必需要经过 VMBus、Hyper-V VMM、Hyper-V Switch 才可以到达物理网卡，如图 3-106 所示。

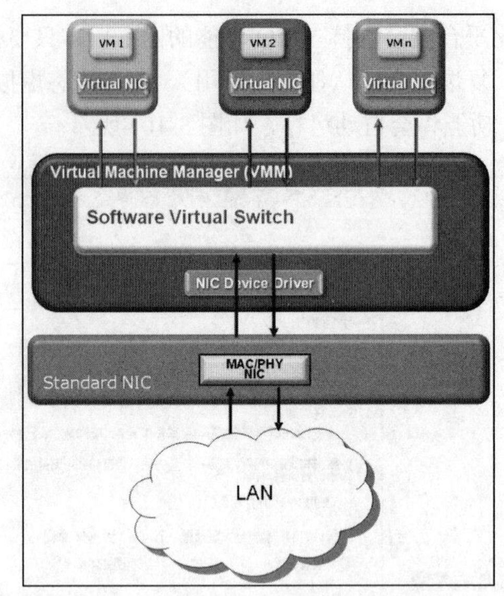

图片来源：Intel 网站-PCI-SIG SR-IOV Primer: An Introduction to SR-IOV Technology（http://goo.gl/Mr98D）

图 3-105　Software Based Sharing

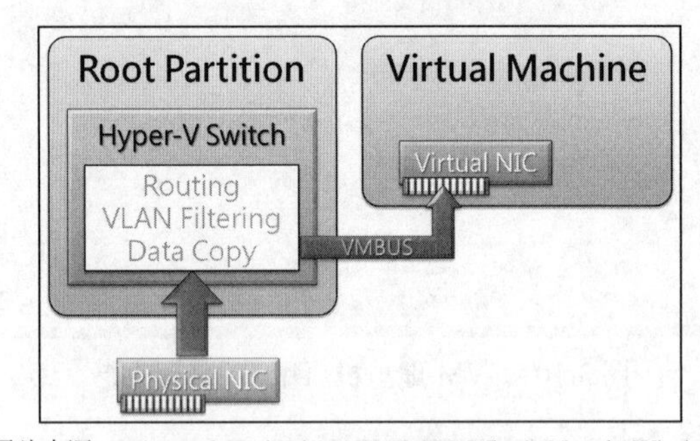

图片来源：Microsoft TechEd 2012 VIR309-What`s New in Windows Server 2012 Hyper-V Part 2（http://goo.gl/kg4xv）

图 3-106　物理网卡未支持 SR-IOV 功能

基于这样的考虑，I/O 虚拟化技术也应运而生。所谓的 I/O 虚拟化设计理念为提供可扩充性并且可以支持 VM 虚拟机运行在数据传输时能「绕过虚拟化平台 VMM」（减少因虚拟化而造成的耗损）进而提高网络吞吐量，以提供接近「原生 I/O 效率（Native I/O Performance）」，例如 Intel VT-d I/O Virtualization 技术便能够提供类似的功能，使数据传输操作能够「直接分配（Direct Assignment）」到 VM 虚拟机的「内存空间（Memory Space）」内，如图 3-107 所示。

但是 Intel VT-d Direct Assignment 机制有个严重缺点：「一片物理网卡只能指派给一台 VM 虚拟机」，当该片物理网卡指派给 VM 虚拟机后就只能专用而无法分享给其他用途使用，因此如果您有「10 台 VM」虚拟机需要 Intel VT-d Direct Assignment 机制的话，那么就要准备「10 片」物理网卡。

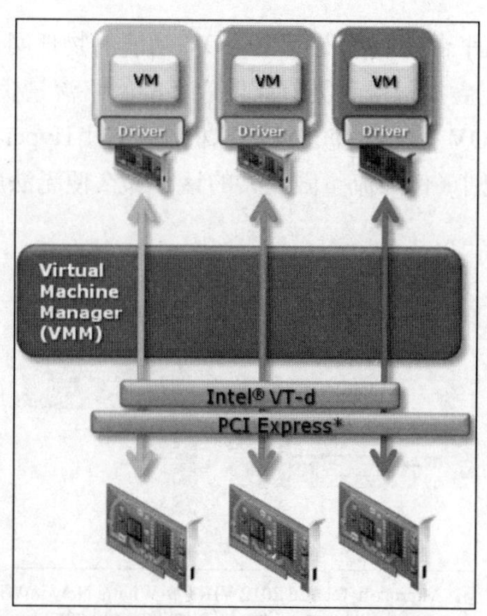

图片来源：Intel 网站-PCI-SIG SR-IOV Primer: An Introduction to SR-IOV Technology（http://goo.gl/Mr98D）

图 3-107　Intel VT-d Direct Assignment 示意图

所以 Intel 又发展了新一代的 I/O Virtualization 技术「SR-IOV（Single Root I/O Virtualization）」，具备了 Software Shared 的弹性以及 Natively 效率的特性，现在您可以将具备 SR-IOV 技术的物理网卡以「1 片」网卡指派给「多台 VM 虚拟机」，如图 3-108 所示。

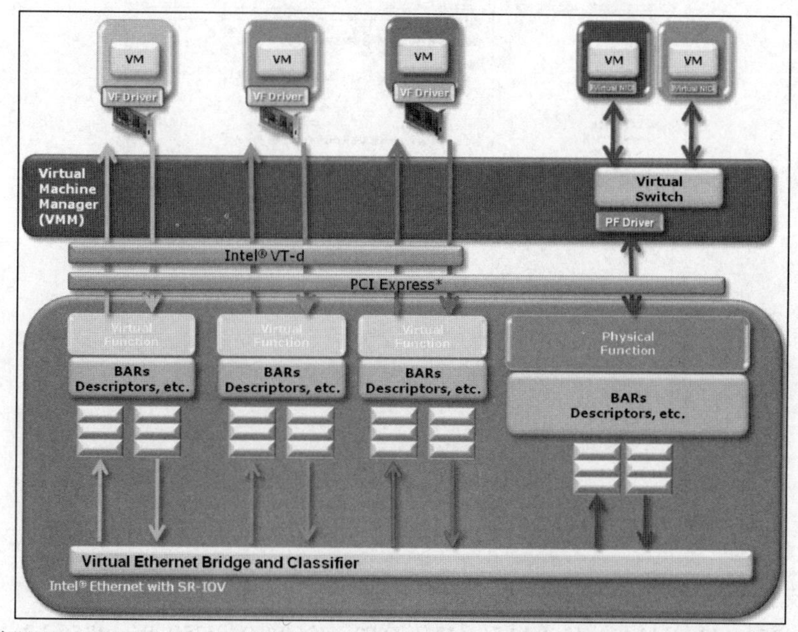

图片来源：Intel 网站-PCI-SIG SR-IOV Primer: An Introduction to SR-IOV Technology（http://goo.gl/Mr98D）

图 3-108　Intel SR-IOV Direct Assignment 示意图

因此当 Hyper-V 虚拟化平台安装了支持 SR-IOV 功能的物理网卡后，便可以直接「指派」给 VM 虚拟机应用，使 VM 虚拟机得到类似原生效率的网络流量负载能力，如图 3-109 所示。但需要注意的是，因为 SR-IOV 技术会使 VM 虚拟机「绕过」Hyper-V Switch，所以如果在虚拟交换机上有设置相关限制原则（例如流量限制）的话，那么便无法应用在启用 SR-IOV 功能的 VM 虚拟机上。

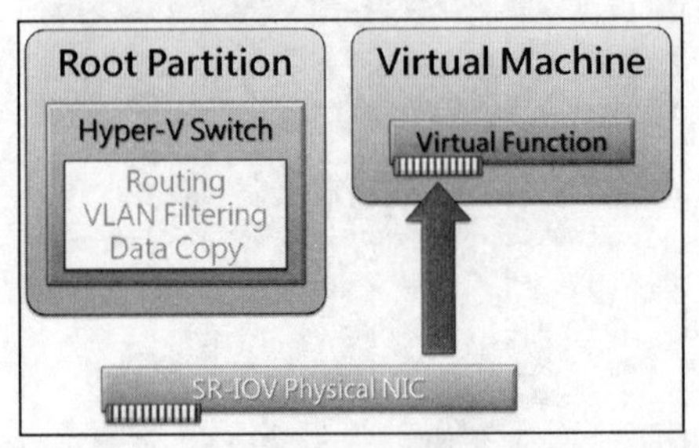

图片来源：Microsoft TechEd 2012 VIR309-What`s New in Windows Server 2012 Hyper-V Part 2（http://goo.gl/kg4xv）

图 3-109　物理网卡支持 SR-IOV 功能

若 Hyper-V 3.0 虚拟化平台所安装的物理网卡支持 SR-IOV 功能，那么只要在 VM 虚拟机网卡设置中勾选「启用 SR-IOV」复选框，那么 SR-IOV 功能将会自动运行，如图 3-110 所示。

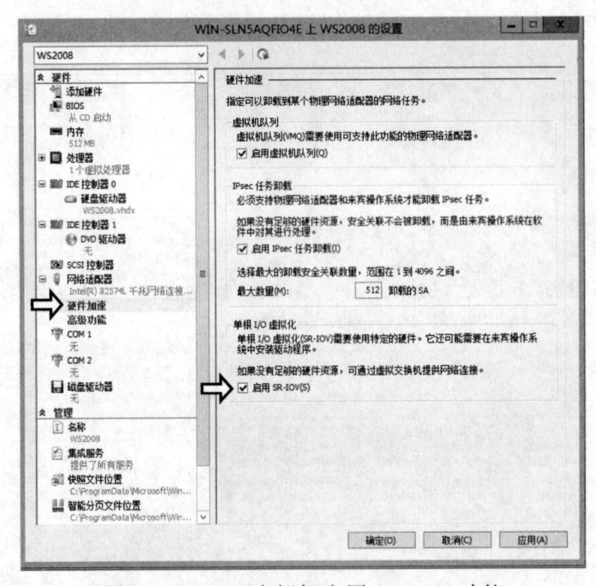

图 3-110　VM 虚拟机启用 SR-IOV 功能

以下为支持 SR-IOV 功能的 Intel 以太网服务器接口卡清单：

- Intel I350、I350-AM2、I350AM4、I350-BT2、I350-T2、I350-T4、I350-F2、I350-F4
- Intel X540、X540-T1、X540-T2

- Intel X520、X520-DA2（见图 3-111）、X520-SR1、X520-SR2、X520-LR1、X520-T2
- Intel 82599 EB、82599 ES、82599 EN

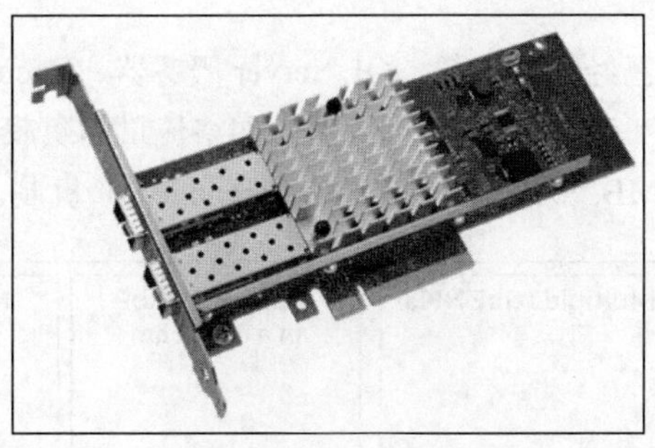

图片来源：Dell 网站 - Intel X520 DA2 Ethernet Server Adapter（http://goo.gl/e4NLr）

图 3-111　Intel X520 DA2 Ethernet Server Adapter

8．IPSec 工作卸载（IPSec Task Offload）

加密算法都会大量消耗主机的 CPU 计算效率，因此当物理网卡支持此功能时便能将此加密算法交由物理网卡上的芯片进行卸载处理以提升 VM 虚拟机运行效率，此外还可以调整要处理的「IPSec SA（Security Association）数量」。

当 Hyper-V 3.0 虚拟化平台安装支持 IPSec Task Offload 功能的网卡后，只要在 VM 虚拟机网卡设置中勾选「启用 IPSec 工作卸载」复选框（默认便勾选启用），那么 IPSec 工作卸载功能将自动运行并且可以在「最大数量」文本框调整要进行卸载的 SA 数量，如图 3-112 所示。

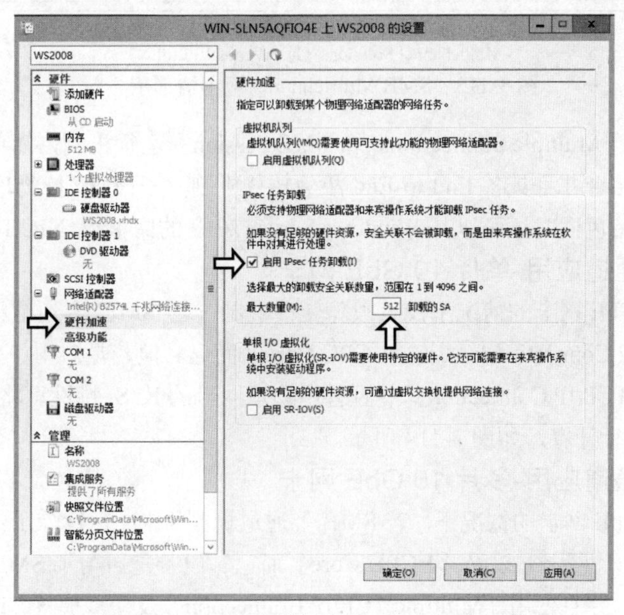

图 3-112　VM 虚拟机启用 IPSec 工作卸载

3-3-6 SMB 多通道

现在 SMB 文件服务器已经可以担任 SQL Server 服务器、Exchange 服务器、Hyper-V 虚拟化平台等应用程序「存储空间」的重任，因此对于网络流量的负载平衡以及故障转移的需求当然要有所顺应，那就是「SMB 多通道（SMB Multichannel）」机制，如图 3-113 所示。

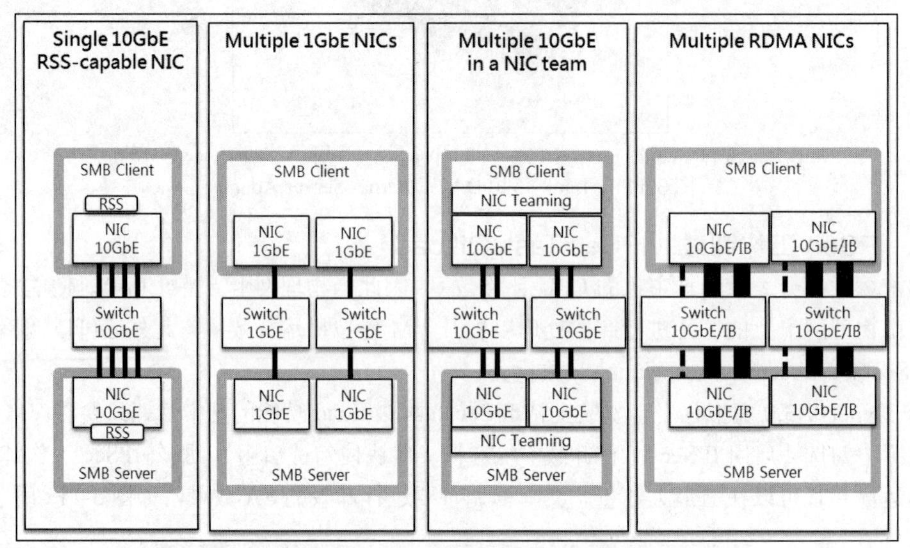

图片来源：Microsoft TechEd 2012 WSV314-Windows Server 2012 NIC Teaming and Multichannel Solutions（http://goo.gl/PLmFN）

图 3-113 SMB Multichannel 应用情形示意图

SMB 多通道为「Multiple connections per SMB session」运行机制，简单来说就是可以将多个网卡的带宽进行结合并且具备 End-to-End 故障转移机制，它不但支持物理网卡 RSS（Receive Side Scaling）功能特色同时还可以与 Windows Server 2012 的网卡组 NIC Teaming 协同运行。

1．SMB 多通道应用-单片 10 GbE 网卡

只有一片 10 GbE 网卡的情况下没有故障转移机制，若 SMB 多通道机制「未」运行则只会使用到「1 TCP/IP Connection」以及「1 CPU Core」而已。但若是启用了 SMB 多通道机制后便能使用「Multiple TCP/IP Connection」并且善用物理网卡的 RSS 特性可将负载平均分配给「多模式 CPU Core」进行计算，如图 3-114 所示。

2．SMB 多通道应用-多片 10 GbE 网卡

当有多片 10 GbE 网卡的情况下，若 SMB 多通道机制「未」运行除了没有故障转移机制以外也只会使用到「1 片网卡」以及「1 CPU Core」而已。但若是启用了 SMB 多通道机制后便能具备故障转移机制，并且使用「Multiple TCP/IP Connection」及「多模式 CPU Core」进行计算，如图 3-115 所示。

不支持 SMB Multichannel

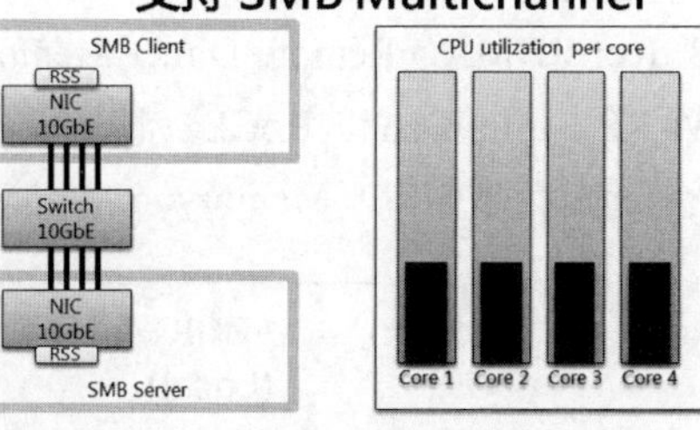

图片来源：Microsoft TechEd 2012 WSV314-Windows Server 2012 NIC Teaming and Multichannel Solutions （http://goo.gl/PLmFN）

图 3-114 SMB 多通道应用情形-单片 10 GbE 网卡

不支持 SMB Multichannel　　支持 SMB Multichannel

图片来源：Microsoft TechEd 2012 WSV314-Windows Server 2012 NIC Teaming and Multichannel Solutions （http://goo.gl/PLmFN）

图 3-115 SMB 多通道应用情形-多片 10 GbE 网卡

3．SMB 多通道应用-多片网卡集成 NIC Teaming

当有多片网卡（1 GbE、10 GbE）的情况下，若集成网卡组 NIC Teaming 但 SMB 多通道机制「未」运行虽然具备网卡故障转移机制，但是却只会使用到「1 片网卡」以及「1 CPU Core」而已。若 SMB 多通道机制启用后便能使用「Multiple TCP/IP Connection」及「多模式 CPU Core」进行计算，如图 3-116 所示。

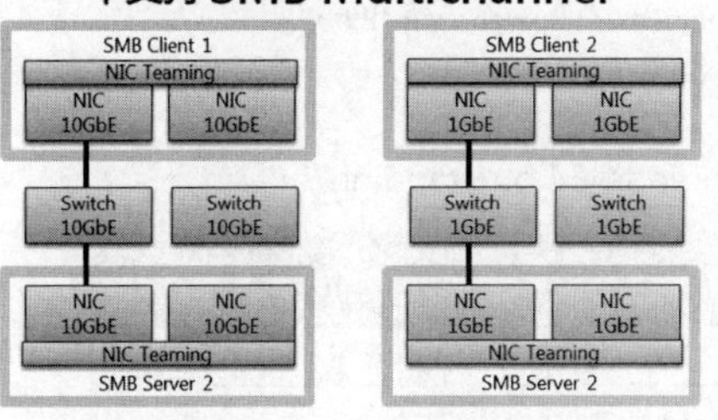

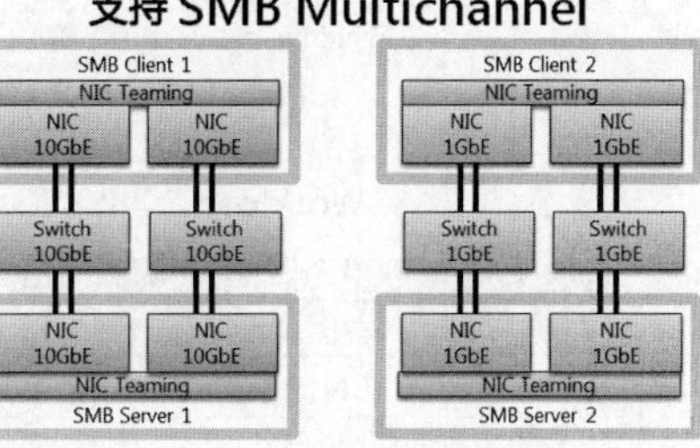

图片来源：Microsoft TechEd 2012 WSV314-Windows Server 2012 NIC Teaming and Multichannel Solutions （http://goo.gl/PLmFN）

图 3-116 SMB 多通道应用情形-多片网卡集成 NIC Teaming

4．SMB 多通道应用-多片 RDMA 网卡

SMB over RDMA（Remote Direct Memory Access）机制，当主机采用支持 RDMA 标准的网卡（iWARP、InfiniBand、RoCE）时，服务器（SMB Client）与存储设备（SMB Server）之间便会采用「内存到内存（Memory to Memory）」方式进行数据传输，如图 3-117 所示。

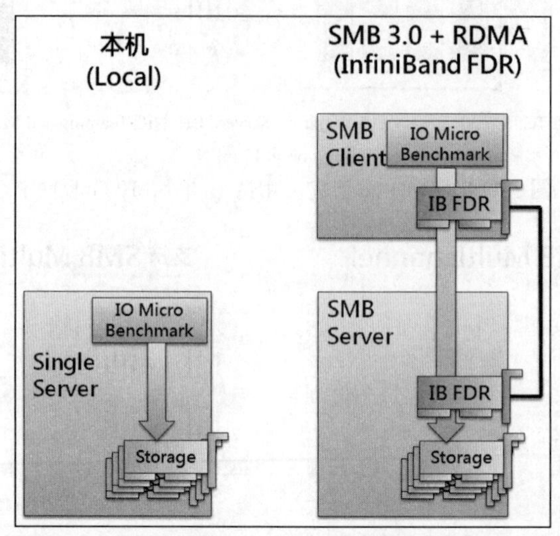

图片来源：Microsoft TechEd 2012 WSV330-Hot to Increase SQL Availability and Performance Using Windows Server 2012 SMB 3.0 Solutions（http://goo.gl/p4P9r）

图 3-117 SMB 3.0 + RDMA

通过 SMB Direct 功能能够最大程度降低服务器 CPU 的使用率和延迟时间，因此存取远程服务器数据时就像存取本机数据一样，如图 3-118 和图 3-119 所示为 RDMA 与本机效率测试数据。

Workload: 8KB IOs, 16 threads, 48 outstanding

Configuration	BW MB/sec	IOPS IOs/sec	%CPU Privileged
RDMA (InfiniBand FDR, 54Gbps)	4,550	555,000	55
Local	4,870	595,000	29

图片来源：Microsoft TechEd 2012 WSV330-Hot to Increase SQL Availability and Performance Using Windows Server 2012 SMB 3.0 Solutions（http://goo.gl/p4P9r）

图 3-118 RDMA 与 Local 效率测试数据

Workload: 128KB IOs, 4 threads, 64 outstanding

Configuration	BW MB/sec	IOPS IOs/sec	%CPU Privileged
RDMA (InfiniBand FDR, 54Gbps)	10,900	83,400	8
Local	11,200	85,500	5

图片来源：Microsoft TechEd 2012 WSV330-Hot to Increase SQL Availability and Performance Using Windows Server 2012 SMB 3.0 Solutions（http://goo.gl/p4P9r）

图 3-119 RDMA 与 Local 效率测试数据

当有多片 RDMA 网卡的情况下，若 SMB 多通道机制「未」运行除了没有故障转移机制以外只会使用到「1 片网卡（未使用 RDMA 功能）」以及「1 CPU Core」而已。但若是启用了 SMB 多通道机制后便能具备故障转移机制，并且使用「RDMA 功能」、「Multiple TCP/IP Connection」、「多模式 CPU Core」进行传输计算，如图 3-120 所示。

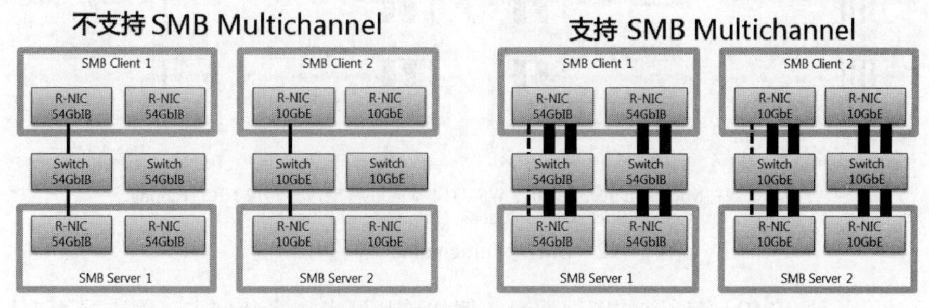

图片来源：Microsoft TechEd 2012 WSV314-Windows Server 2012 NIC Teaming and Multichannel Solutions（http://goo.gl/PLmFN）

图 3-120　SMB 多通道应用情形-多片 RDMA 网卡

了解到 SMB 多通道的好处之后，读者应该也好奇在效率表现上到底可以达到什么程度。以下为微软官方的测试数据，如图 3-121 所示，详细内容请参考 Windows 8 SMB 2.2 File Sharing Performance（http://goo.gl/ONk91）文件。

- 1 * 10 GbE NIC：1,150 MB/sec
- 2 * 10 GbE NIC：2,330 MB/sec
- 3 * 10 GbE NIC：3,320 MB/sec
- 4 * 10 GbE NIC：4,300 MB/sec

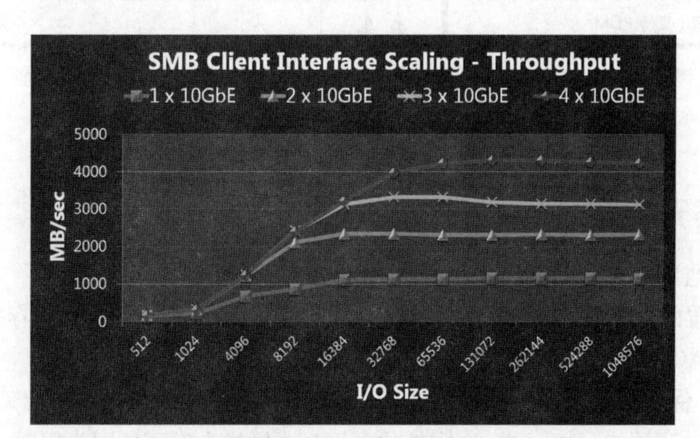

图片来源：Microsoft TechEd 2012 WSV314-Windows Server 2012 NIC Teaming and Multichannel Solutions（http://goo.gl/PLmFN）

图 3-121　SMB Multichannel Performance

原则上 SMB 多通道功能不用进行额外设置，只要运行情况符合条件后便会「自动运行」，并且 SMB 多通道只会作用在「SMB Client 与 SMB Server 之间」，同时在规划物理网卡时要注意某些限制，例如 1GbE 网卡不可以与 10 GbE 网卡混用，如图 3-122 所示。

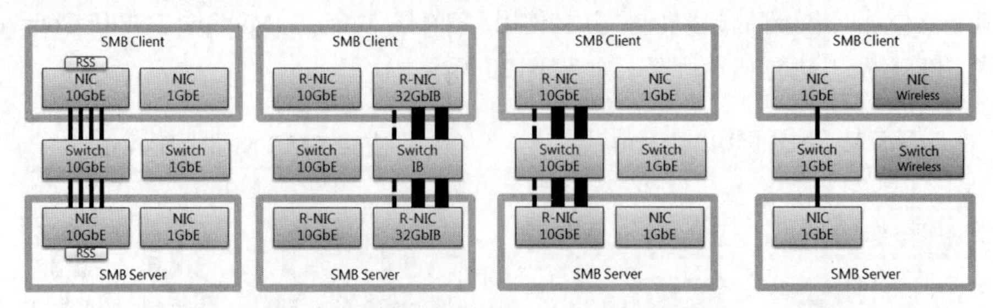

图片来源：Microsoft TechEd 2012 WSV314-Windows Server 2012 NIC Teaming and Multichannel Solutions（http://goo.gl/PLmFN）

图 3-122　SMB Multichannel 不适用情况

最后对于各种 SMB 多通道的应用情况，例如单片网卡、多片网卡、网卡是否支持 RSS、网卡是否支持 RDMA、网卡是否集成 NIC Teaming 等，图 3-123 都给出了相关的建议值以及各种情况在效率表现上的数据。

网卡数量及特色功能	吞吐量	支持SMB容错	不支持SMB容错	CPU负载较低
单块网卡（不支持 RSS）	▲			
多块网卡（不支持 RSS）	▲▲	▲		
多块网卡（不支持 RSS）+网卡组	▲▲	▲▲	▲	
单块网卡（支持 RSS）	▲			
多块网卡（支持 RSS）	▲▲	▲		
多块网卡（支持 RSS）+网卡组	▲▲	▲▲	▲	
单块网卡（支持 RDMA）	▲			▲
多块网卡（支持 RDMA）	▲▲	▲		▲

图片来源：Microsoft TechEd 2012 WSV314-Windows Server 2012 NIC Teaming and Multichannel Solutions（http://goo.gl/PLmFN）

图 3-123　SMB Multichannel 应用情况比较表

3-3-7　网络安全性

1．MAC 地址欺骗

Hyper-V 内置的「MAC 地址欺骗」功能，可以有效阻挡虚拟化环境当中存有恶意的 VM 虚拟机进行的「MAC Address Spoofing」攻击，如图 3-124 所示。

2．DHCP 保护（DHCP Guard）

如同运行在物理网络环境一样，在虚拟化环境当中同样会有可能因为假冒 DHCP 服务器的出现，扰乱整个虚拟化网络环境，您可以在 VM 虚拟机设置当中勾选「启用 DHCP 保护」复选框，那么 Hyper-V 便会「丢弃」由这台 VM 虚拟机所「发出的 DHCP 服务器信息（DHCP Offer）」，如图 3-125 所示。

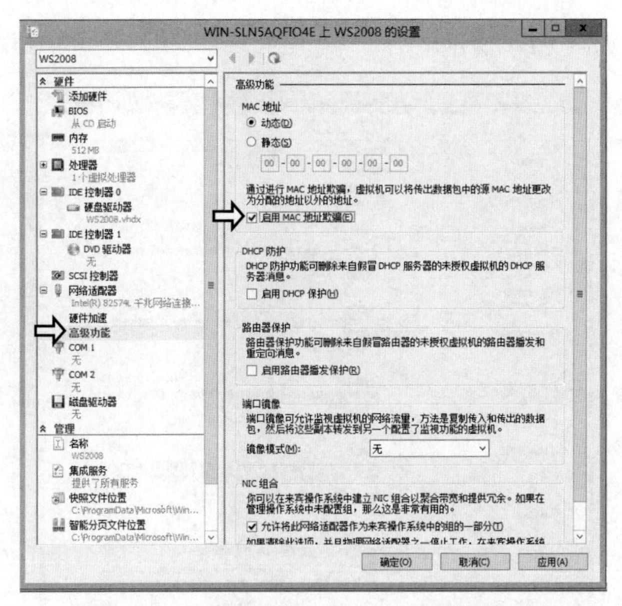

图 3-124 VM 虚拟机启用 MAC 地址欺骗功能

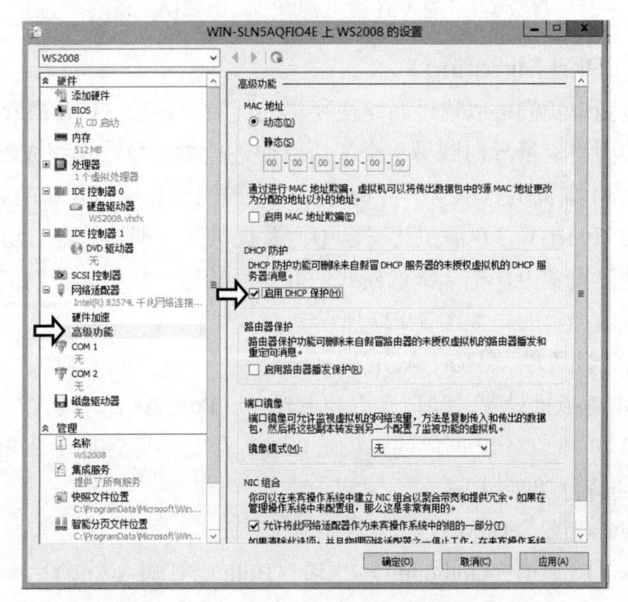

图 3-125 对 VM 虚拟机启动 DHCP 保护功能

3. 路由器保护（Router Guard）

同样的，在虚拟化环境当中也有可能因为假冒的路由器服务器出现而扰乱了整个虚拟化网络环境，您可以在 VM 虚拟机设置当中勾选「启用路由器播发保护」复选框，那么 Hyper-V 便会「丢弃」由这台 VM 虚拟机所发出的「路由器通告（Router Advertisement）」以及「重定向

（Redirect）」信息，如图 3-126 所示。

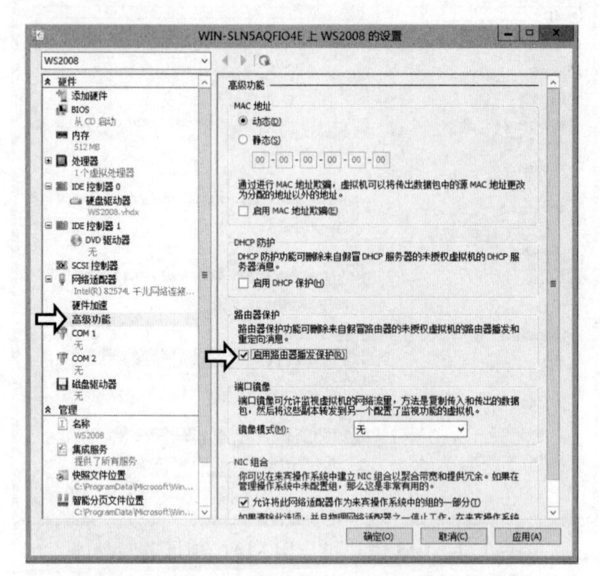

图 3-126　对 VM 虚拟机启动路由器保护功能

4．端口镜像（Port Mirroring）

在物理网络环境当中我们可以通过网络交换机的「端口镜像（Port Mirror）」功能，把网络交换机上某个端口的网络流量导向到另一个端口以便进行数据包收集完成监控目的，不过在虚拟化环境当中许多 VM 虚拟机共享同一台物理主机上的网卡，所以传统的监控方式便不可行。

此时您可以使用 Hyper-V 3.0 虚拟化平台中内置提供的「端口镜像」功能，只要在 VM 虚拟机网卡中的高级功能设置内，把「镜像模式」开启后转送给执行监控功能的 VM 虚拟机即可进行数据包收集完成监控目的，如图 3-127 所示。

5．端口存取控制清单（Port ACL）

您可以针对 VM 虚拟机设置「端口存取控制清单（Port ACL）」功能，例如设置某台 VM 虚拟机「仅允许」10.10.75.0/24 IP 网段的主机可以进行存取，其余的 IP 网段主机则无法进行存取。Port ACL 支持的特色功能如下：

- 允许（Allow）/拒绝（Deny）
- 输入（Inbound）/输出（Outbound）/二者（Both）/任何（Any）
- IP 地址（IPv4、IPv6）/ MAC 地址
- 支持计数器功能

目前 Port ACL 设置方式在 GUI 图形接口中尚无法进行，但是您可以通过 PowerShell 进行，如图 3-128 所示。详细设置方式请参考 TechNet Library-Add-VMNetworkAdapterAcl（http://goo.gl/eERFr）。

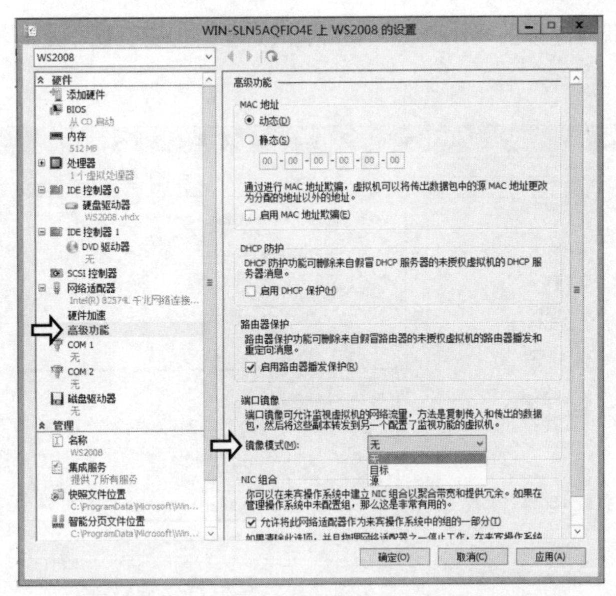

图 3-127 开启 VM 虚拟机数据包镜像功能

```
管理员: Windows PowerShell

PS C:\> Add-VMNetworkAdapterAcl -VMName WS2008 -RemoteIPAddress ANY -Direction Both -Action Deny
PS C:\> Add-VMNetworkAdapterAcl -VMName WS2008 -RemoteIPAddress 10.10.75.0/24 -Direction Both -Action Allow
PS C:\> Get-VMNetworkAdapterAcl -VMName WS2008


VMName: WS2008
VMId: 57a8bb7b-ecf0-432d-a436-2fb7ecb38504
AdapterName: 网络适配器
AdapterId: Microsoft:57A8BB7B-ECF0-432D-A436-2FB7ECB38504\DDD742E8-DA02-4CE8-9EF1-577DBBF97F7B

Direction    Address                                          Action
---------    -------                                          ------
Inbound      Remote 10.10.75.0/24                             Allow
Inbound      Remote 0.0.0.0/0                                 Deny
Inbound      Remote ::/0                                      Deny
Outbound     Remote ::/0                                      Deny
Outbound     Remote 10.10.75.0/24                             Allow
Outbound     Remote 0.0.0.0/0                                 Deny


PS C:\> _

微软拼音简捷 半 :
```

图 3-128 利用 PowerShell 设置 Port ACL 功能

6．服务质量 QoS（Quality of Service）

如果您的网络环境当中不支持前面提到的数据中心桥接 DCB，那么也可以使用 Windows Server 2012 当中「内置」的以原则为依据的「QoS（Quality of Service）」功能，来针对 VM 虚拟机进行「最大或最小」带宽使用量的限制。

只要在 VM 虚拟机设置当中勾选「启用带宽管理」复选框，并且在「最小带宽」或「最大带宽」文本框输入您想要对 VM 虚拟机限制的网络流量（单位为 Mbps）即可，如图 3-129 所示。

除了上述设置最小带宽或最大带宽这种「绝对设置」网络带宽方式之外，Hyper-V 3.0 还支持另一种「相对设置」网络带宽的方式，也就是使用「权重（Weight)」。每台 VM 虚拟机分配不同的权重（数值由 1～100），最后依照大家所设置的权重进行带宽分配，所得到权重数值越高的 VM 虚拟机将获得越多的网络带宽（请注意!!当网络带宽资源不足互相抢夺时带宽分配机制才会作用）。

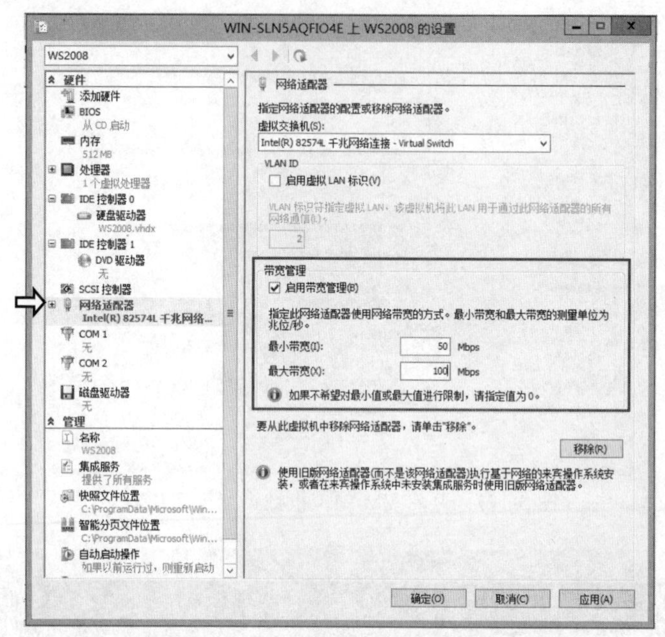

图 3-129　VM 虚拟机启用带宽管理功能

目前相对设置网络带宽机制在 GUI 图形接口中并没有办法进行，但是您可以通过 PowerShell 命令来进行，如图 3-130 所示。详细设置方式请参考 TechNet Library-Set-VMNetworkAdapter（http://goo.gl/u3Ex3）、TechNet Library-Set-VMSwitch（http://goo.gl/oJhyd）。

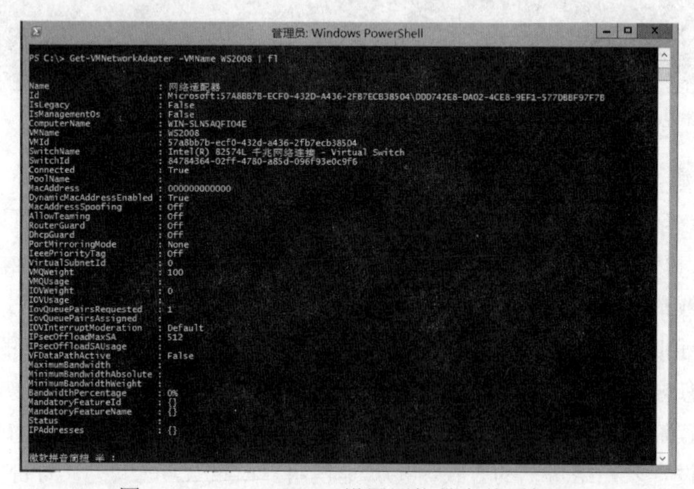

图 3-130　PowerShell 设置网络带宽使用权重

7．资源计算（Resource Metering）

在虚拟化环境中您应该如何对承租用户收费？您怎么对承租用户出示它的 VM 虚拟机在您的数据中心使用的数据量？在旧版 Hyper-V 2.0 虚拟化平台当中您必需要自行创建相关的解决方案，而新版 Hyper-V 3.0 虚拟化平台中内置了「资源计算（Resource Metering）」功能。

针对 VM 虚拟机进行资源计算的统计数据会「跟随」VM 虚拟机，即使 VM 虚拟机发生了迁移的到别台 Host 主机上继续运行，先前的统计数据仍然存在并且继续累积，除非您执行「重置（Reset）」操作将统计数据清空归零，如图 3-132 和图 3-132 所示。

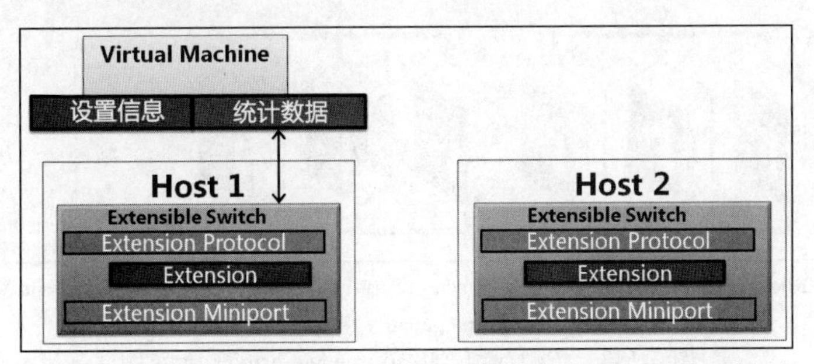

图片来源：Microsoft TechEd 2012 VIR303-An Overview of Hyper-V Networking in Windows Server 2012（http://goo.gl/DmBJY）

图 3-131　VM 虚拟机运行于 Host 1 主机（资源计算启动）

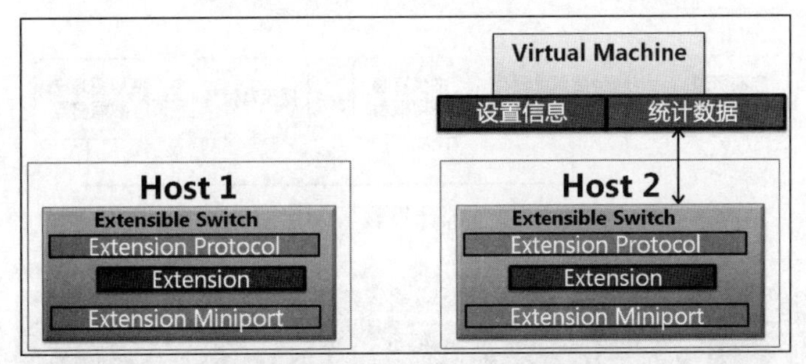

图片来源：Microsoft TechEd 2012 VIR303-An Overview of Hyper-V Networking in Windows Server 2012（http://goo.gl/DmBJY）

图 3-132　VM 虚拟机迁移到 Host 2 主机（统计数据仍然存在并且继续累积）

您可以针对 VM 虚拟机资源计算使用数据中心的各种资源项目进行计算（见图 3-133）：

- 消耗 Host 主机 CPU 中央处理器平均使用时间（MHz）
- 消耗 Hosts 主机内存平均（Average）/ 最小（Minimum）/ 最大（Maximum）使用量（MB）
- 消耗 Hosts 主机硬盘使用空间（MB）
- VM 虚拟机流入（Incoming）/流出（Outgoing）流量 Mbps

资源计算的设置流程为 Host 主机先启用此功能，接着便会对其上运行的 VM 虚拟机进行统计，然后执行产生报表（例如每个月）的操作，最后执行「重置」以便重新统计资源使用数据，如图 3-134 所示。

目前资源计算设置方式在 GUI 图形接口中尚无法进行，但是您可以通过 PowerShell 进行设置，如图 3-135 所示。详细设置方式请参考 TechNet Library Enable-VMResourceMetering（http://goo.gl/M7CGz）、TechNet Library Measure-VM（http://goo.gl/kQW4d）。

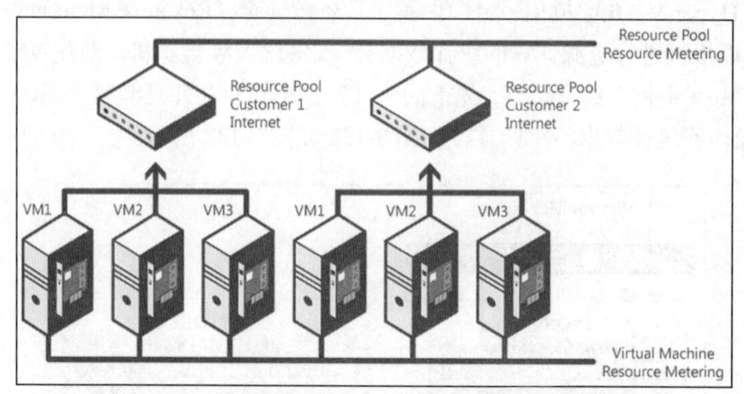

图片来源：Microsoft TechEd 2012 WSV304-Windows Server 2012 Networking Performance and Management（http://goo.gl/VuRtT）

图 3-133　资源计算（Resource Metering）示意图

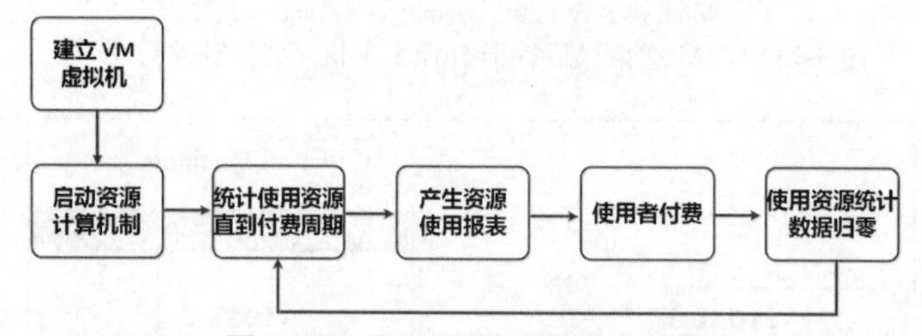

图 3-134　资源计算设置及运行流程

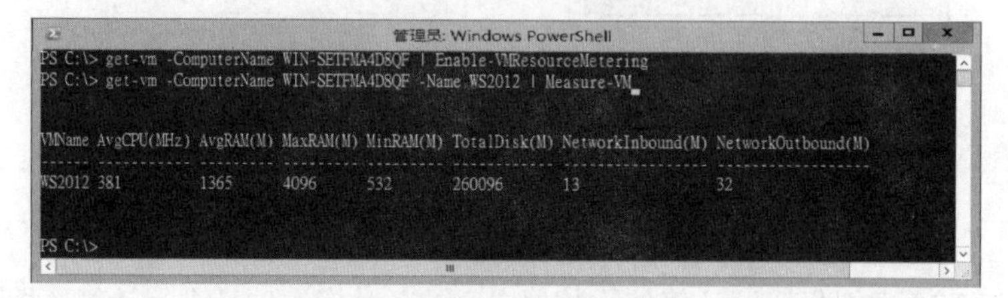

图 3-135　利用 PowerShell 设置资源计算功能

3-4　Windows Server 2012 迁移新功能

3-4-1　群集共享硬盘区 CSV 2.0

群集共享硬盘区（Cluster Shared Volumes，CSV）在 Windows Server 2008 R2 中首次出现（CSV

1.0)，它提供「分散式文件存取」解决方案使得故障转移群集当中「多台」群集节点可以「同时存取」同一个 NTFS 文件系统，如图 3-136 所示，也因此得以实验出迁移 VM 虚拟机时不会发生停机时间的「实时迁移（Live Migration)」技术。

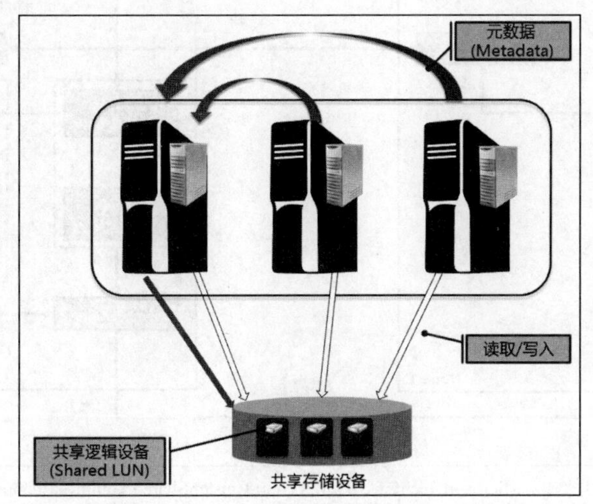

图片来源：Microsoft TechEd 2012 WSV430-Cluster Shared Volumes Reborn in Windows Server 2012：Deep Dive（http://goo.gl/kljnh）

图 3-136 群集共享硬盘区 CSV 示意图

在 Windows Server 2012 中群集共享硬盘区 CSV 升级为版本 2.0 并加强了许多功能，例如 CSV 2.0 对于数据的备份及还原进行增强、在文件资料存取方面采用直接 I/O，增强 VM 虚拟机的创建及复制效率、不需要再依赖 AD 外部验证以改善效率及自我恢复能力、心跳侦测支持多个子网络等，如图 3-137 所示。

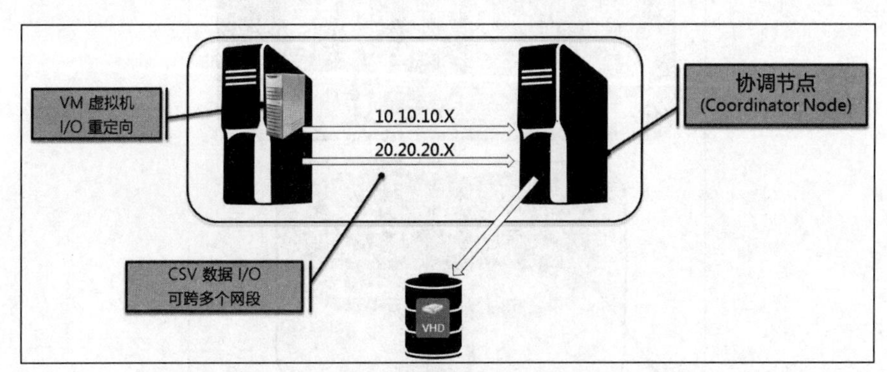

图片来源：Microsoft TechEd 2012 WSV430-Cluster Shared Volumes Reborn in Windows Server 2012：Deep Dive（http://goo.gl/kljnh）

图 3-137 CSV 2.0 心跳侦测线路支持多个子网络

CSV 2.0 使用一致的文件名称解析成为「CSV 文件系统（CSVFS)」（请注意!! 底层运行技术仍是 NTFS 文件系统，且目前并不支持 ReFS 文件系统），如图 3-138 所示。

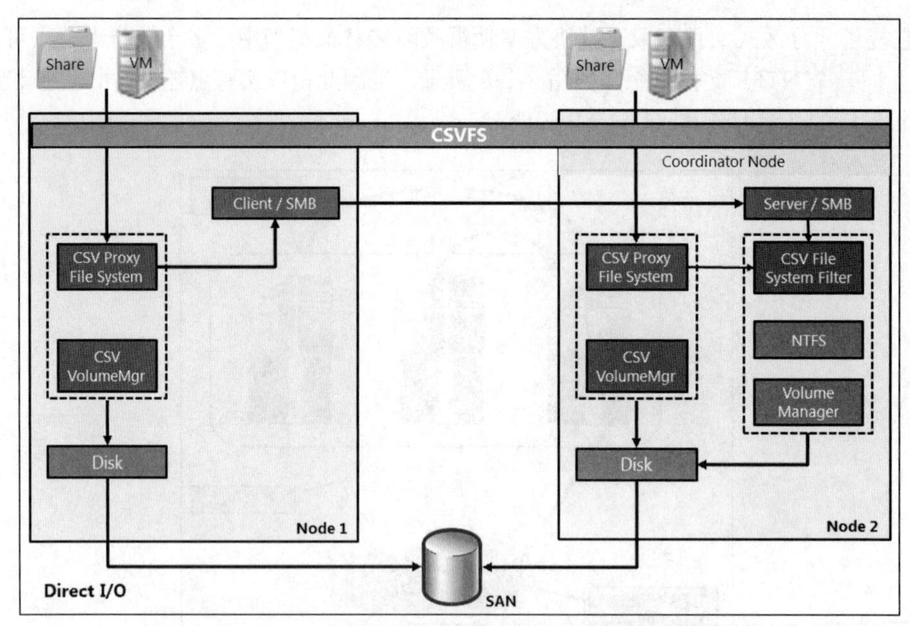

图片来源：Microsoft TechEd 2012 WSV430-Cluster Shared Volumes Reborn in Windows Server 2012：Deep Dive（http://goo.gl/kljnh）

图 3-138　CSV 文件系统（CSVFS）

CSV 2.0 支持 SMB 文件服务器应用程序存储区（包含水平扩充架构 Scale-Out SMB），如图 3-139 所示。

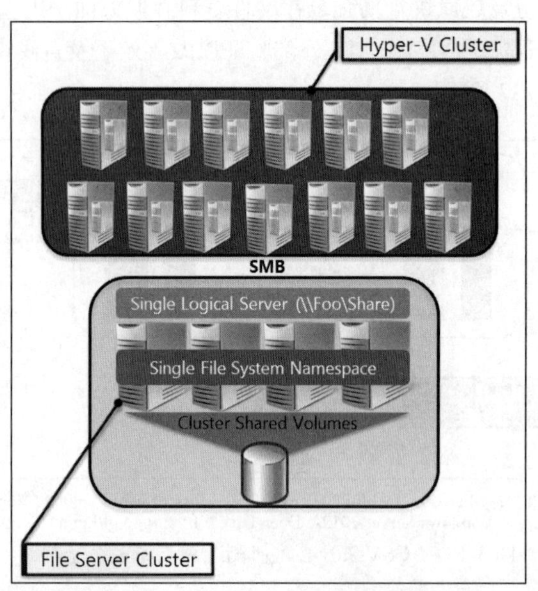

图片来源：Microsoft TechEd 2012 WSV328-The Path to Continuous Availability with Windows Server 2012（http://goo.gl/jxPpQ）

图 3-139　SMB File Server Cluster 示意图

3-4-2 BitLocker 硬盘加密

BitLocker 硬盘加密机制首次出现在 Windows Vista 时代，它主要的作用是对硬盘进行加密，当硬盘发生遗失、遭窃、不慎报废等可能导致数据泄漏的情况时能够达到「数据保护」的功效并且符合法规标准，如图 3-140 所示。

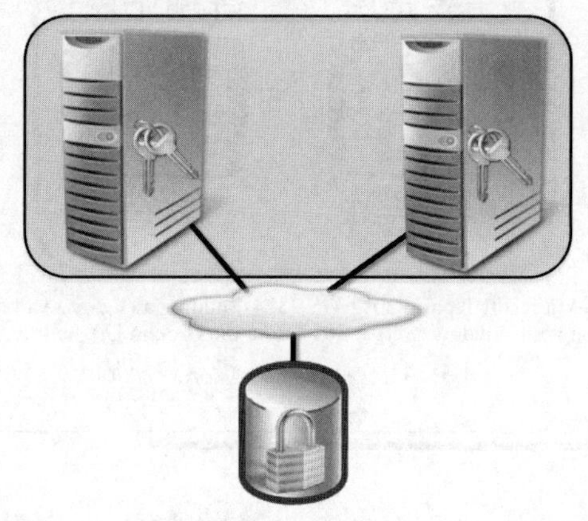

图片来源：Microsoft TechEd 2012 VIR308-What`s New in Windows Server 2012 Hyper-V, Part 1（http://goo.gl/1aVNY）

图 3-140 BitLocker 硬盘加密机制

新版的 Windows Server 2012 当中，您还可以将 BitLocker 硬盘加密机制应用于「传统故障转移硬盘」或「群集共享硬盘区 CSV 2.0」中，而群集节点对于采取 BitLocker 硬盘加密后的群集硬盘则是采用「群集名称对象（Cluster Name Object，CNO）」方式进行解密。

3-4-3 节点投票权（Node Vote Weight）

在旧版本的故障转移群集架构当中，您有可能因为部分群集节点离线（较不重要的群集节点）而导致故障转移群集损坏，现在您可以「决定」哪些群集节点「有投票权（1 Vote）」或是哪些群集节点「没有投票权（0 Vote）」以决定仲裁（请注意!! 默认情况下每台群集节点都拥有投票权）。

群集节点投票权机制也适用于「多重站点」群集架构，并且可以确保主站点中的群集节点才有投票权以避免由于备用站点中的群集节点损坏而影响仲裁运行（请注意!! 此群集节点投票权机制「不适用于 Disk Only 仲裁」模式的故障转移群集），如图 3-141 所示。

3-4-4 动态仲裁（Dynamic Quorum）

在新版 Windows Server 2012 当中增强了「动态仲裁（Dynamic Quorum）」机制以强化故障

转移群集稳定性，当有群集节点发生离线事件（例如故障损坏、关机检修等）时会「自动改变」以达到仲裁运行所需的投票数。此机制可以允许故障转移群集当中「超过 50%」群集节点发生离线也不会造成群集瘫痪。在大多数仲裁模式当中动态仲裁机制默认「自动启用」(请注意!! 此机制不适用于 Disk Only 仲裁模式)，如图 3-142 所示。

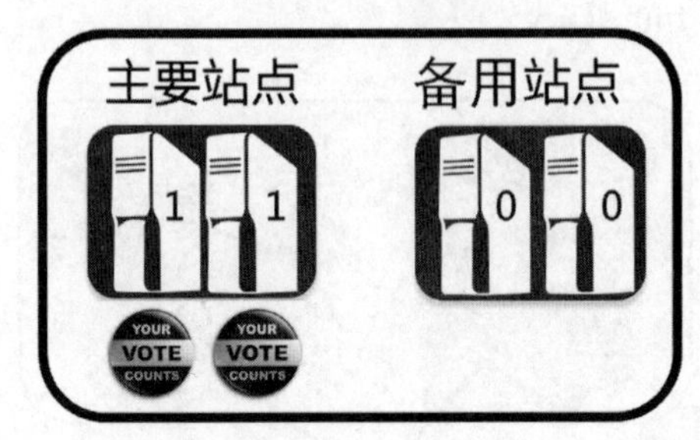

图片来源：Microsoft TechEd 2012 WSV324-Building a Highly Available Failover Cluster Solution with Windows Server 2012 from the Ground UP（http://goo.gl/A393t）

图 3-141　群集节点投票权机制

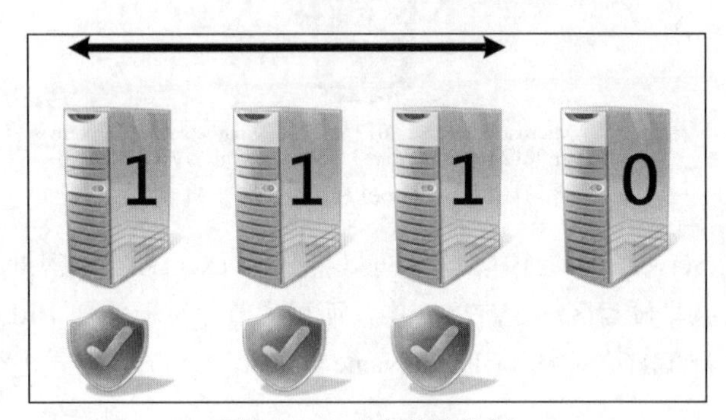

图 3-142　动态仲裁机制

3-4-5　群集感知更新 CAU

在旧版 Windows Server 2008 R2 中若要对故障转移群集当中的群集节点进行安全性更新操作时，必需要「手动」执行相关的操作，例如暂停群集节点、迁移工作负载、迁移群集角色、安装安全性更新、重新启动主机、恢复群集节点、重新加入群集等。

新版 Windows Server 2012 中新增「群集感知更新（Cluster-Aware Updating，CAU)」自动化机制，将旧版当中需要手动执行的部分完全「自动化」不需要人工介入，如图 3-143 所示。在默认情况下会使用 WUA（Windows Update Agent）基础结构当作安全性更新来源，或者也可以搭配 WSUS（Windows Server Update Services）来当作安全性更新来源。

当然在 Windows Server 2012 当中所有 GUI 图形模式可以达到的功能 都可以采用 PowerShell 来完成，如图 3-144 所示，以几行 PowerShell 命令取代相比之下较为繁琐的鼠标设置。

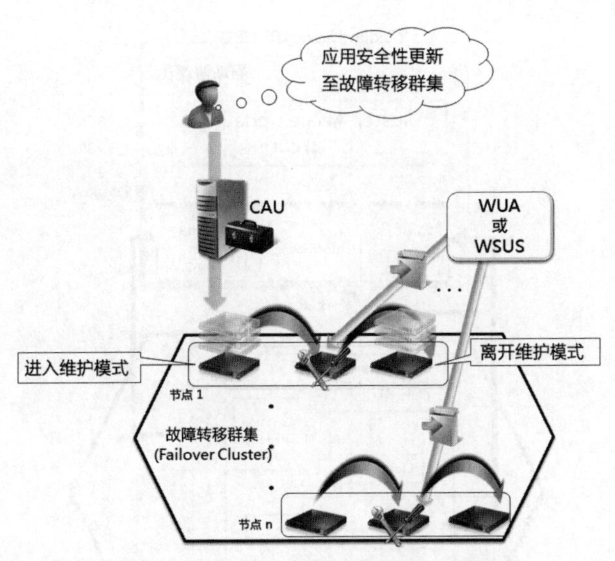

图片来源：Microsoft TechEd 2012 WSV322-Update Management in Windows Server 2012: Revealing Cluster-Aware Updating and the New Generation of WSUS（http://goo.gl/vajLq）

图 3-143 群集感知更新 CAU 运行示意图

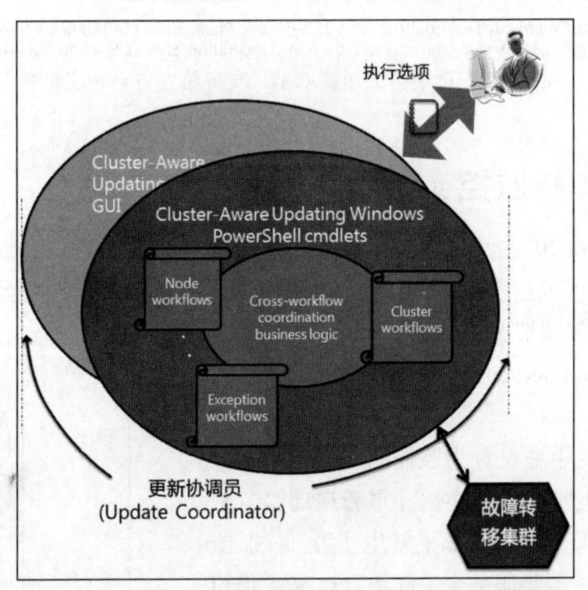

图片来源：Microsoft TechEd 2012 WSV322-Update Management in Windows Server 2012: Revealing Cluster-Aware Updating and the New Generation of WSUS（http://goo.gl/vajLq）

图 3-144 群集感知更新 CAU 支持 PowerShell 操作

群集感知更新 CAU 机制除了默认的 Windows Update 及 Hotfix 外挂程序（Plug-in）以外，还支持「第三方自定义插件（Custom 3rd Party Plug-in）」以自定义软件安装程序，例如 BIOS 更新工具、网卡、HBA 卡等更新工具，如图 3-145 所示。

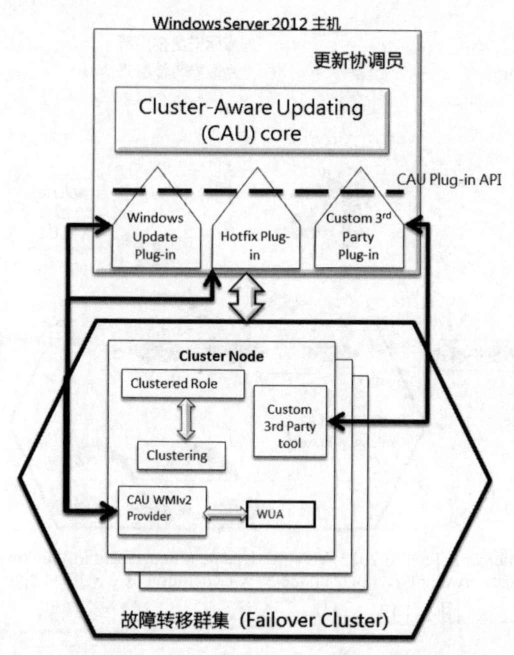

图片来源：Microsoft TechEd 2012 WSV322-Update Management in Windows Server 2012: Revealing Cluster-Aware Updating and the New Generation of WSUS（http://goo.gl/vajLq）

图 3-145　群集感知更新 CAU 支持第三方自定义插件

3-4-6　VM 虚拟机监控（VM Monitoring）

在 Windows Server 2012 故障转移群集环境当中新增「VM 虚拟机监控（VM Monitoring)」功能，使得管理人员可以监视故障转移群集中 VM 虚拟机上运行的服务的健康情况（请注意!! VM 虚拟机操作系统必须为 Windows Server 2012 才支持此机制)，如图 3-146 所示。

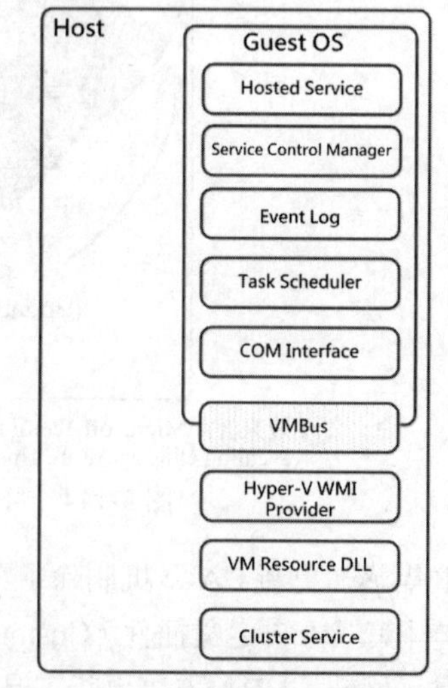

图 3-146　VM 虚拟机监控运行模式

如果 VM 虚拟机中被设置为监控的服务失败（或停止运行)，此时群集服务就会尝试「重新启动服务」共「两次（第一次、第二次)」，如果发生「第三次」监控服务失败事件，那么群集服务会「重新启动 VM 虚拟机」，如图 3-147 所示。

当发生三次监控服务失败事件时会重新启动 VM 虚拟机，若搭配监控 VM 虚拟机服务重新启动设置以及故障转移群集设置，则当 VM 虚拟机重新启动后再次发生监控服务失败事件时，便会尝试把 VM 虚拟机「迁移到另一台群集节点」当中运行，如图 3-148 所示。相关详细信息可参考 Microsoft TechEd 2012 VIR324-Guest Clustering and VM Monitoring in WS2012（http://goo.gl/mQ4he）。

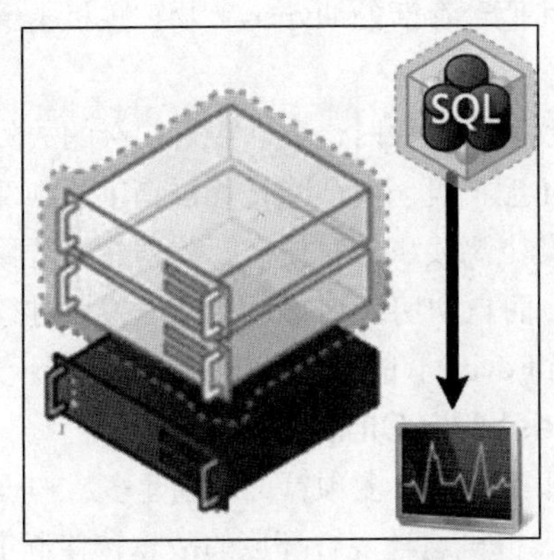

图 3-147 VM 虚拟机监控机制

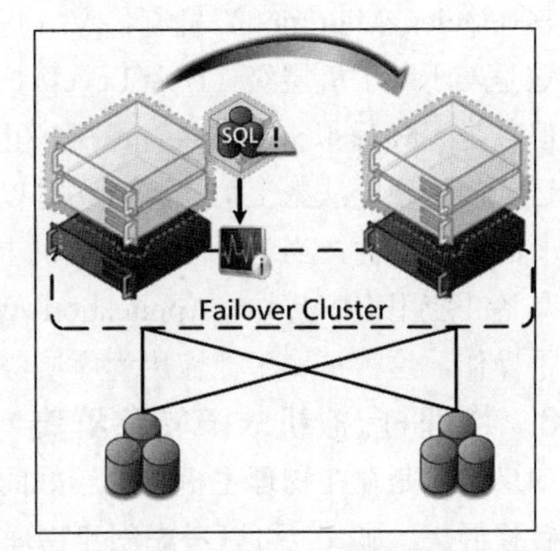

图 3-148 发生监控服务失败事件 VM 虚拟机迁移到另一台群集节点

3-4-7 弹性的故障转移群集架构

1. 物理主机层级故障转移群集（Host Clustering）

您可以在两台物理主机上安装 Hyper-V 虚拟化平台，并且为「Hyper-V 物理主机」创建故障转移群集运行环境，使得 Hyper-V 虚拟化平台上运行的 VM 虚拟机可以自由地在 Hyper-V 虚拟化平台中游走，如图 3-149 所示。相关详细信息可参考 Microsoft TechEd 2012 VIR401-Hyper-V High-Availability and Mobility: Designing the Infrastructure for Your Private Cloud（http://goo.gl/jLSqB）。

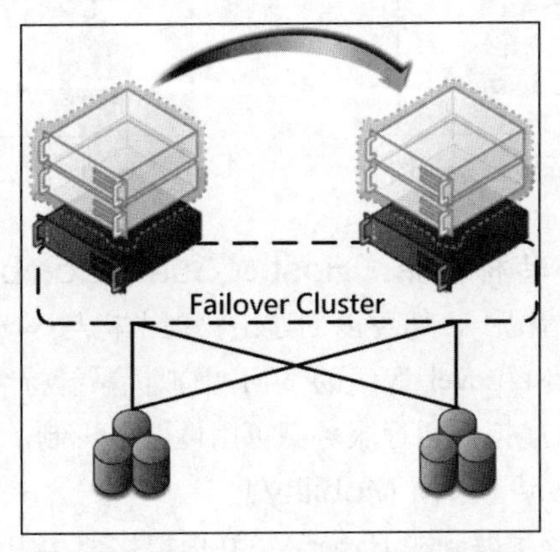

图 3-149 Host Clustering 运行示意图

2. VM 虚拟机层级故障转移群集（Guest Clustering）

物理主机层级的故障转移群集运行架构仅能让其上运行的 VM 虚拟机拥有「系统运行」的

高可用性，例如 Hyper-V 物理主机进行计划性维护时可以将 VM 虚拟机以实时迁移（Live Migration）机制移转到其他台 Hyper-V 物理主机，或者发生非计划性的灾难事件时可以通过快速迁移（Quick Migration）机制将 VM 虚拟机转移到其他台存活的 Hyper-V 物理主机上继续运行，这是属于「主机层级（Host Level）」的保护。

但若是 VM 虚拟机上发生「服务停止、中断、失败」等事件时，物理主机层级的故障转移群集运行架构便无法帮上忙，此时您可以针对两台 VM 虚拟机创建故障转移群集以达到「应用程序」的高可用性，当主要 VM 虚拟机上的应用程序发生离线事件时便会因为创建的故障转移群集具备「应用程序感知（Application-Aware）」能力，而自动切换到备用 VM 虚拟机进行服务的接手操作，这种是属于「应用程序层级（Application Level）」的保护，如图 3-150 所示。

3．物理+虚拟机故障转移群集（Host + Guest Mix Clustering）

如果您还是存在物理主机效率较好的想法，但是却又没那么多预算可以创建多组物理主机故障转移群集，那么也可以考虑创建物理主机加 VM 虚拟机这种混合环境的故障转移群集，例如将主要节点保持在物理主机上，而另一台物理主机则创建为 Hyper-V 虚拟化平台，上面运行多台 VM 虚拟机担任其他物理主机故障转移群集当中的备份节点角色，如图 3-151 所示。

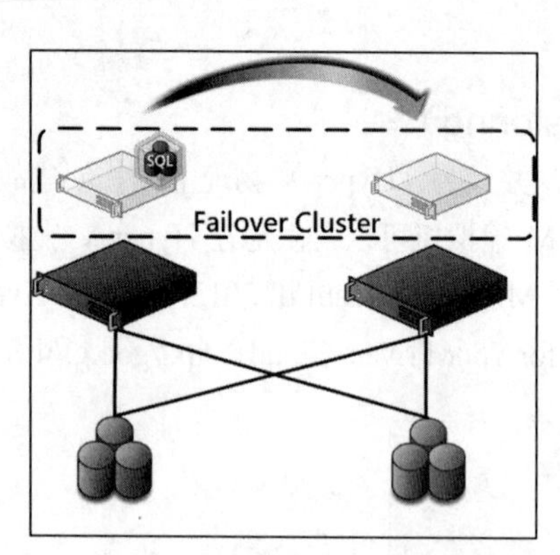

图 3-150　Guest Clustering 运行示意图

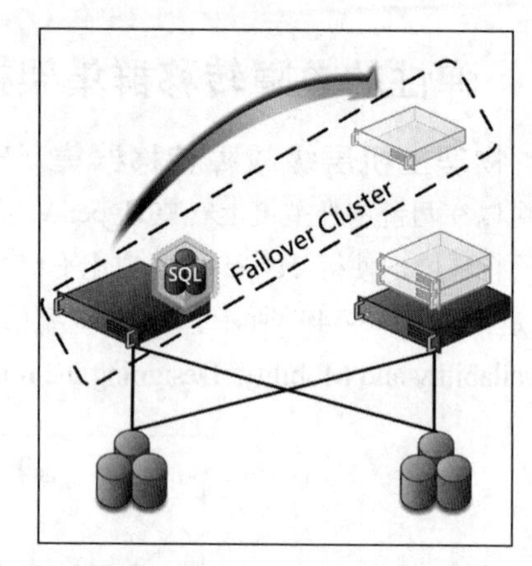

图 3-151　Host + Guest Mix Clustering 运行示意图

4．物理&虚拟机故障转移群集（Host & Guest Combine Clustering）

当然如果在预算许可的情况下，您可以创建出物理主机与 VM 虚拟机集成的故障转移群集环境，如此一来不但具备 Host Level 等级的 VM 虚拟机系统持续可用性保护机制之外，更有 Application Level 等级的 VM 虚拟机运行服务高可用性保护机制，如图 3-152 所示。

5．VM 虚拟机自由移动（VM Mobility）

经过上述介绍之后您应该了解到在 Hyper-V 3.0 虚拟化架构中，VM 虚拟机可以在单机、群集、跨群集数据中心环境当中自由移动而且不受限制，可以达到您理想中具备弹性以及高可用性的营运环境，如图 3-153 所示。

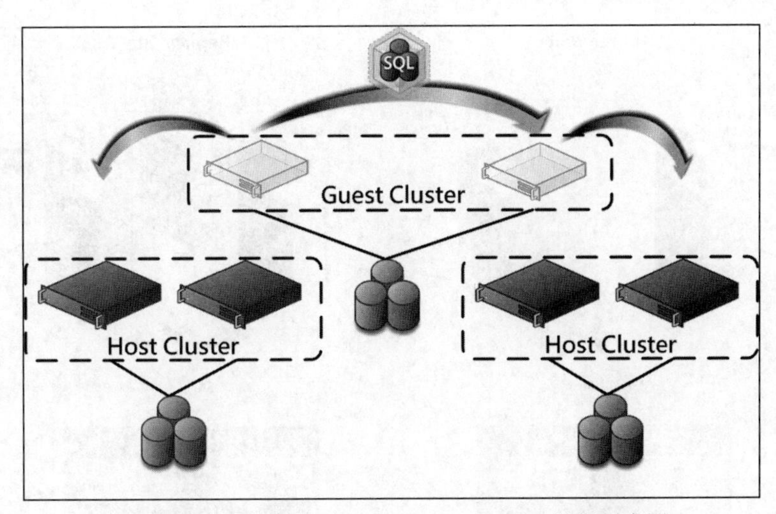

图 3-152　Host & Guest Combine Clustering 运行示意图

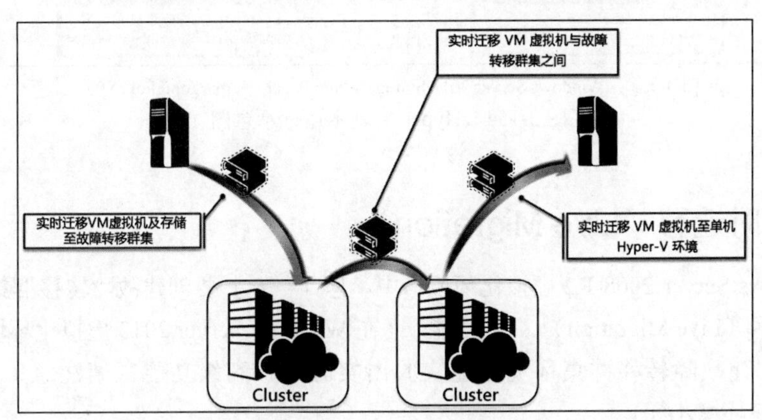

图片来源：Microsoft TechEd 2012 WSV324-Building a Highly Available Failover Cluster Solution with Windows Server 2012 from the Ground UP（http://goo.gl/A393t）

图 3-153　VM Mobility Across the Datacenter

3-4-8　Hyper-V 副本（Hyper-V Replica）

Windows Server 2012 当中新增了「Hyper-V 副本（Hyper-V Replica）」功能，它可以在两台物理服务器之间以「异步」的方式复制 VM 虚拟机。并且不需要共享存放区或者任何特定的硬件存储设备，同时复制数据可以在数据传输期间进行 SSL 加密以保护数据机密性。

Hyper-V 副本可以在多种运行环境当中运行，例如独立服务器（Standalone Server)、故障转移群集（Faliover Cluster)、或者两者混合、服务器在同一域或不加入域环境，并且两台服务器之间可以物理安放在一起或者相隔遥远的两地（例如总公司与分公司）之间完成「异地备份 DR（Disaster Recovery)」解决方案，如图 3-154 所示。

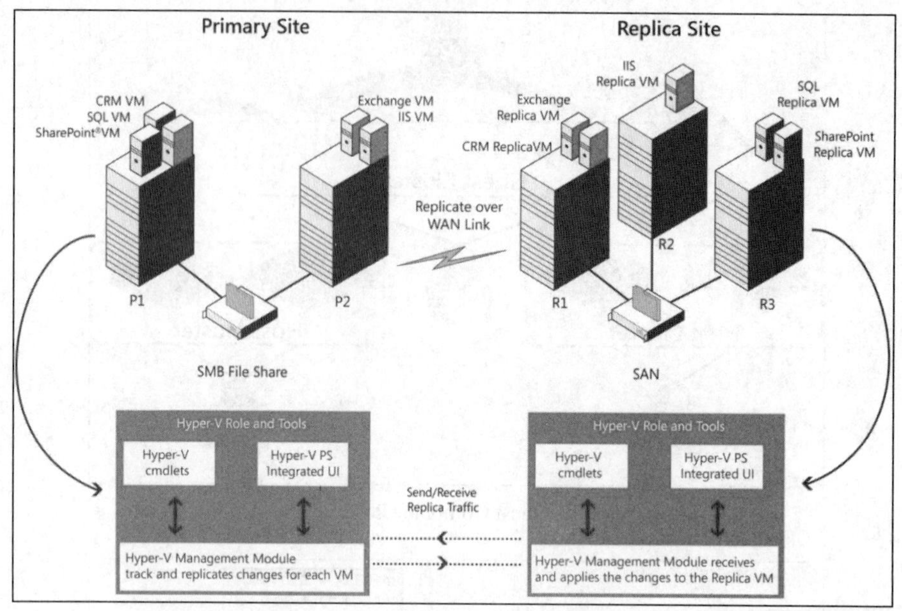

图片来源：Windows Server 2012 Storage White Paper（http://goo.gl/cPrX0）

图 3-154　Hyper-V 副本运行示意图

3-4-9　实时迁移（Live Migration）

在 Windows Server 2008 R2 虚拟化环境当中，您「一定」要创建故障转移群集环境才能实验出「实时迁移（Live Migration）」高级功能，而在 Windows Server 2012 虚拟化环境当中您「不一定需要」创建故障转移群集环境也能实验出实时迁移高级功能（请注意!! 一定要具备 Windows AD 域环境才行）。

此外在 Windows Server 2008 R2 虚拟化环境当中，您在同一时间只能「移动一台 VM」虚拟机，而 Windows Server 2012 虚拟化环境中您可以同一时间「移动无限制台 VM」虚拟机到别台 Hyper-V 主机（请注意!! 传输限制的瓶颈将会是在网络带宽）。

实时迁移（Live Migration）功能可以在 VM 虚拟机处于「运行中（Power On）」的情况下运行，同时在执行迁移期间并不会发生停机（Downtime）事件就能顺利迁移 VM 虚拟机的「内存页（Memory Pages）」到别台 Hyper-V 主机中继续运行，如图 3-155 所示。

3-4-10　存储实时迁移（Live Storage Migration）

在 Hyper-V 2.0 虚拟化平台时代，您必需要搭配 SCVMM 2008 R2（System Center Virtual Machine Manager）才能完成「存储快速迁移（Quick Storage Migration）」机制，并且在存储迁移切换的过程当中会有「短暂的离线时间」。

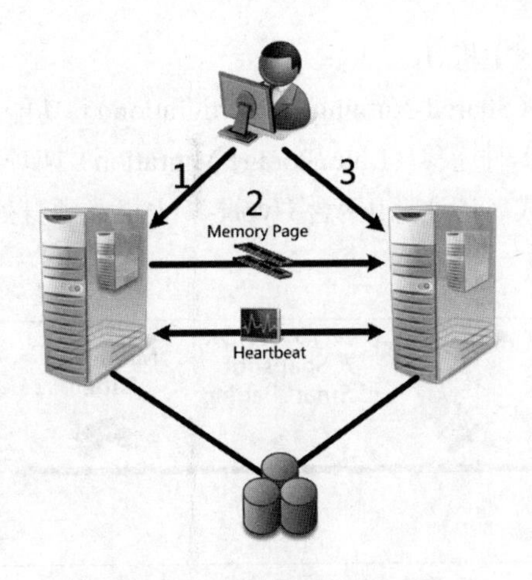

图 3-155 实时迁移运行示意图

在 Hyper-V 3.0 虚拟化平台当中不需要创建 System Center 2012 环境，只要通过内置的 Hyper-V 管理员便可以完成「存储实时迁移（Live Storage Migration）」功能，同时在迁移及切换过程当中并「不会有停机时间」发生（请注意!!此机制 VM 虚拟机的存储「不」支持使用 Pass Through Disk 虚拟硬盘格式），如图 3-156 所示。

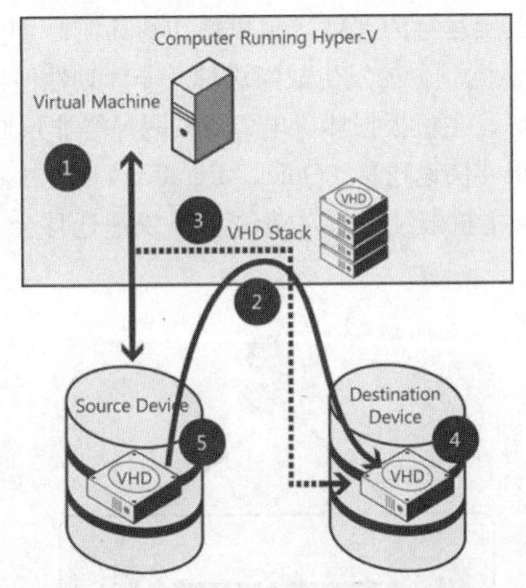

图片来源：Windows Server 2012 Storage White Paper（http://goo.gl/cPrX0）

图 3-156 存储实时迁移运行示意图

3-4-11 无共享存储实时迁移（Shared-Nothing Live Migration）

在 Hyper-V 2.0 当中若没有「共享存储（Shared Storage）」的话是无法完成相关高级功能的，如实时迁移等，但是在 Hyper-V 3.0 虚拟化平台当中即使「没有共享存储」也可以将 VM 虚拟机由 Hyper-V 主机 A 迁移至主机 B。

「无共享存储实时迁移（Shared-Nothing Live Migration）」功能，其实等同于集成了实时迁移（Live Migration）+ 存储实时迁移（Live Storage Migration）两项功能同时运行，但是却不需要依靠共享存储设备即可完成（请注意!!两台 Hyper-V 主机必须身处「同一域」当中才行），如图 3-157 所示。

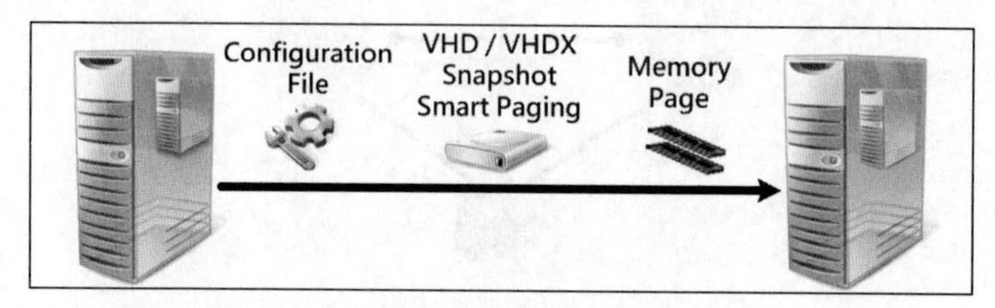

图 3-157　无共享存储实时迁移运行示意图

3-4-12　快速迁移（Quick Migration）

先前所介绍的「实时迁移（Live Migration）」其实适用于「计划性停机」，例如 Hyper-V 主机要进行年末维护或者其他检修作业需要中止（增加内存、UPS 电力维护、电源模式更换等），便可以使用实时迁移技术将其上运行的 VM 虚拟机移动到其他台 Hyper-V 主机继续运行。

但若是 Hyper-V 主机突然无预警的发生故障这种「非计划性停机」事件呢？例如 Hyper-V 主机物理服务器电源模块损坏、主机板损坏、电力线被踢掉等非预期的因素使 Hyper-V 主机无预警的断电，这时就适合使用「快速迁移（Quick Migration）」机制来顺应灾难，以便将 VM 虚拟机移动到其他台 Hyper-V 主机继续运行（请注意!! 快速迁移会有短暂的停机时间），如图 3-158 所示。

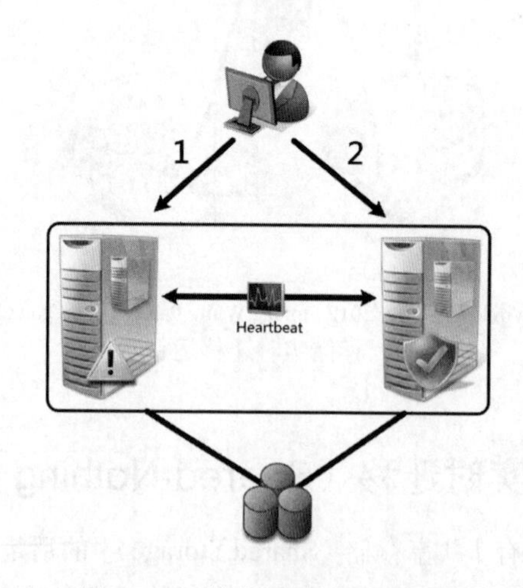

图 3-158　快速迁移运行示意图

3-5 Windows Server 2012 软件授权

在 Windows Server 2008 R2 操作系统（Hyper-V 2.0）中您需要使用企业级版本（Enterprise Edition）或数据中心版本（DataCenter Edition），才能够创建故障转移群集（Failover Cluster）环境，也才能实验出各项高级功能（标准版本 Standard Edition 无法创建群集环境），所以在 Hyper-V 2.0 时代创建虚拟化平台时不但要注意使用的版本还要注意功能性以及授权方式，如图 3-159 所示。

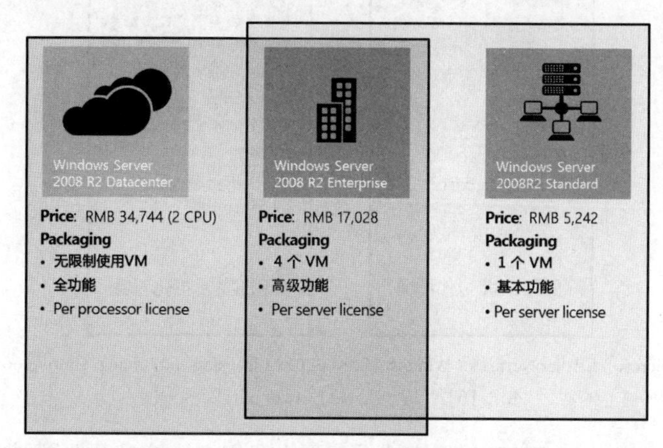

图片来源：Microsoft Partner Network - Windows Server 2012 Licensing and Pricing（http://goo.gl/HfVpo）

图 3-159　Windows Server 2008 R2 授权

Windows Server 2012 云操作系统当中将授权方式简化许多，本小节将会简略说明授权事宜以便您创建虚拟化环境，如图 3-160 所示。

图片来源：Microsoft Partner Network - Windows Server 2012 Licensing and Pricing（http://goo.gl/HfVpo）

图 3-160　Windows Server 2012 新授权理念

Windows Server 2012 标准版本（Standard）及数据中心版本（DataCenter）都以「CPU 模式数 + CAL」为授权模式（Windows Server 2012 已经没有企业级 Enterprise 版本），并且每一套授权版本都提供「单台服务器 2 模式 CPU」授权，如图 3-161 所示，而且「Standard / DataCenter

版本的功能一模一样」，不像旧版本中功能不同，这两种授权版本唯一的不同点在于「VM 虚拟机授权数量」。

- 标准版本（Standard）：单台服务器运行「2 台」VM 虚拟机
- 数据中心版本（DataCenter）：单台服务器运行「无限制台」VM 虚拟机

图片来源：Microsoft Partner Network - Windows Server 2012 Licensing and Pricing（http://goo.gl/HfVpo）

图 3-161 Windows Server 2012 授权

了解了 Windows Server 2012 授权方式后，那么我们来比较看看如果创建虚拟化环境时，该如何估算所需要购买的授权套数，如图 3-162 所示。

	Windows Server 2012 Standard	Windows Server 2012 Datacenter
• 2 台服务器 • 每台服务器各有1颗 CPU	2☆ RMB 12,752	2 RMB 69,484
• 1 台服务器 • 4 颗 CPU • 4 VMs	2☆ RMB 12,752	2 RMB 69,484
• 1 台服务器 • 4 颗 CPU • 8 VMs	4☆ RMB 25,504	2 RMB 69,484
• 1 台服务器 • 8颗 CPU • 12 VMs	6☆ RMB 38,256	4 RMB 138,968

图片来源：Microsoft Partner Network - Windows Server 2012 Licensing and Pricing（http://goo.gl/HfVpo）

图 3-162 标准版及数据中心版授权计算

不过除了服务器授权之外还须记得容易被遗忘的 CAL 授权，使用者端必须拥有 CAL 授权才能存取服务器，而 CAL 授权分为两种，分别是 Device CAL 和 User CAL，如图 3-163 所示。

- 设备 CAL 授权（Device CAL）：限制设备数量，但不限制使用者数量。
- 使用者 CAL 授权（User CAL）：限制使用者数量，但不限制设备数量。

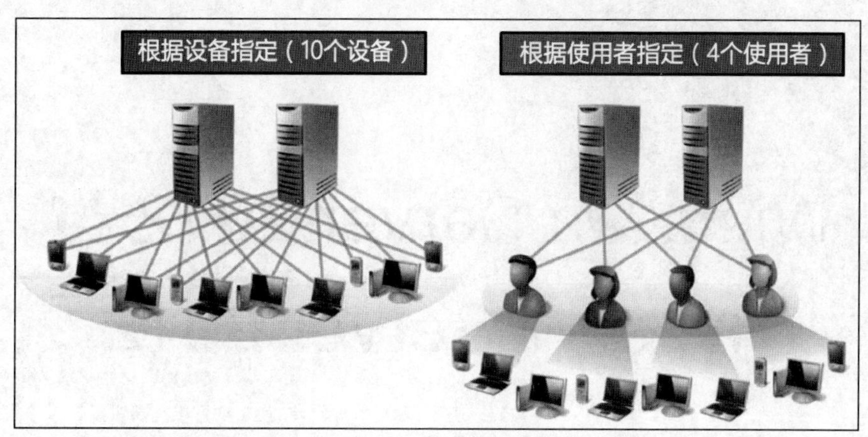

图片来源：Microsoft Partner Network-全方位虚拟化销售培训会（http://goo.gl/Ct4Nj）

图 3-163　CAL 授权计算

如果您希望创建完整的私有云环境（本书实验着重于服务器虚拟化部分），那么您可以规划创建 System Center 2012 来更加便利管理私有云环境，同样的 System Center 2012 也简化了授权方式，其实跟 Windows Server 2012 授权方式相同，简单来说您只需要注意「VM 虚拟机数量」即可，如图 3-164 所示。

版本 完整的私有云版本(STANDARD,DATACENTER) 以虚拟化授权作为区分		授权类型 每一个授权最多只能 支持2个物理处理器	功能 两种版本下都提供相同 功能以方便使用者快速 启动云计算环境	虚拟化授权 支持2个虚拟机	虚拟化授权 无限VM数
标准版 低密度或无虚拟化需求	Windows Server 2012 标准版 Microsoft System Center 2012 标准版 Enrollment for Core Infrastructure (ECI) Standard Core Infrastructure Suite (CIS) Standard	✓	✓	✓	
Datacenter 高密度虚拟化环境	Windows Server 2012 Datacenter Microsoft System Center 2012 Datacenter Enrollment for Core Infrastructure (ECI) Datacenter Core Infrastructure Suite (CIS) Datacenter	✓	✓		✓

图片来源：Microsoft Partner Network - Windows Server 2012 Licensing and Pricing（http://goo.gl/HfVpo）

图 3-164　Windows Server + System Center 私有云授权方案

Chapter 4

Windows Server 2012 与 Hyper-V Server 2012

安装具备图形用户界面的 Windows Server 2012，以及仅具备 Server Core 文字接口运行模式的 Hyper-V Server 2012，并且进行简单的初始配置为后面的基础及实战章节暖身。

4-1 安装 Windows Server 2012

安装 Windows Server 2012 要求

在安装 Windows Server 2012 操作系统以前首先了解一下最低硬件需求以及需要注意的事项，以避免不可预期的错误情况发生：

- 中央处理器（CPU）：1.4 GHz（64 位处理器）。
- 内存（Memory）：512 MB。
- 硬盘空间（HDD Space）：32 GB，若是通过网络安装操作系统或主机超过 16 GB 内存将需要更多磁盘空间，以供页面文件（Page File）、休眠文件（Hiberfil File）、Dump 文件（Dump File）等使用。
- 显示器（Monitor）：Super VGA 800×600 或更高分辨率的显示器。
- 中断电源 UPS 设备：因为安装程序会自动检测已连接的设备，而 UPS 设备将会导致检测处理程序发生问题。
- 暂时禁用防病毒软件：因为防病毒软件会扫描每一个复制到计算机上的文件，因此会使安装程序变得很慢。

4-1-1 创建 Windows Server 2012 虚拟机

步骤一、创建虚拟机

将 VMware Player 虚拟网络环境设置完成后接着创建第一台虚拟机，此台虚拟机就是基础练习章节中的 Windows Server 2012 虚拟机。请启动 VMware Player 之后单击 Create a New Virtual Machine 项目，以打开新增虚拟机向导，如图 4-1 所示。

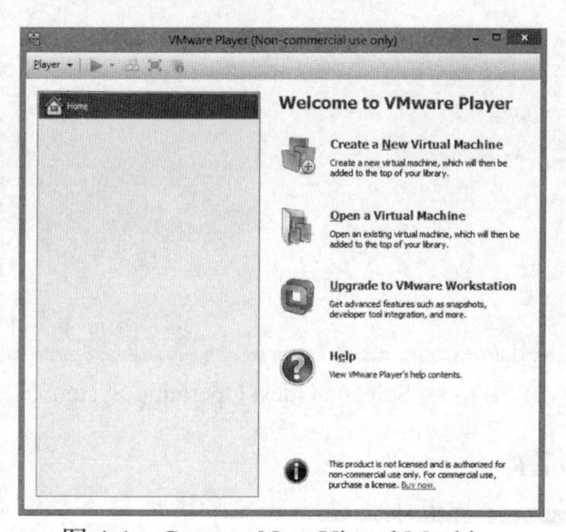

图 4-1　Create a New Virtual Machine

步骤二、选择稍后安装操作系统

在 Install from 安装来源选项界面中，请选择 I will install the operating system later 项目后单击「Next」按钮继续新增虚拟机向导，如图 4-2 所示。

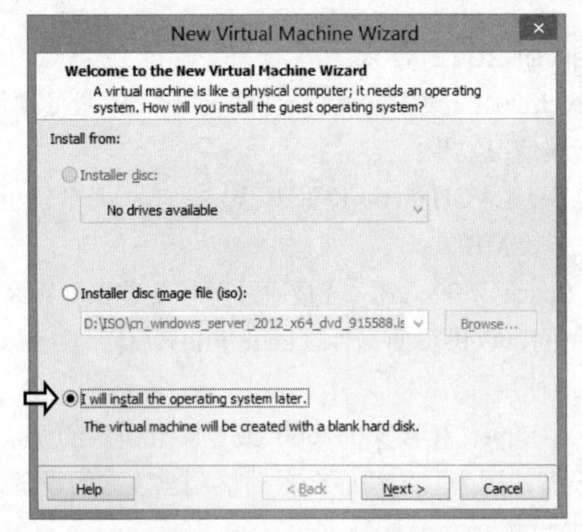

图 4-2　Welcome to the New Virtual Machine Wizard

步骤三、选择操作系统类型

在 Select a Guest Operating System 界面中，请在虚拟机操作系统类型（Guest operating system）区域中选择 Microsoft Windows 项目，在版本（Version）区域中请在下拉列表中选择 Windows Server 2012 项目，然后单击「Next」按钮继续新增 VM 虚拟机程序，如图 4-3 所示。

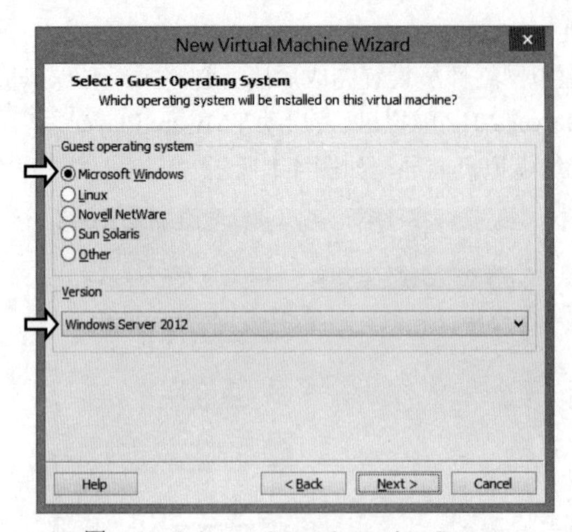

图 4-3　Select a Guest Operating System

步骤四、设置虚拟机名称

在 Name the Virtual Machine 界面中，请为创建的虚拟机命名，此次练习用的虚拟机名设置为 Windows Server 2012，而虚拟机文件保存在 C:\Lab\VM\WS2012，确认无误后请单击「Next」按钮继续新增 VM 虚拟机程序，如图 4-4 所示。

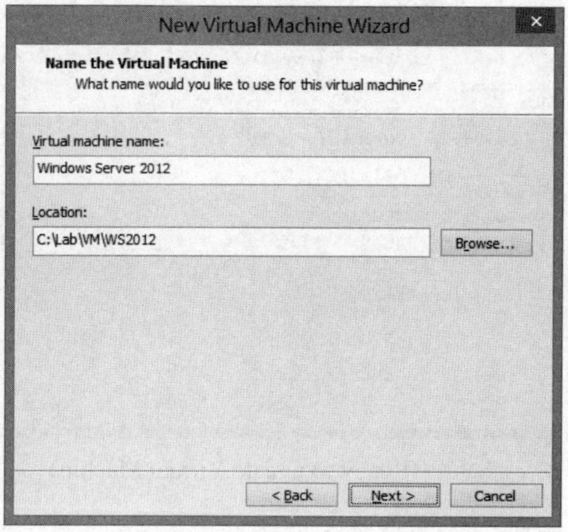

图 4-4　Name the Virtual Machine

步骤五、设置虚拟机硬盘大小

在 Specify Disk Capacity 界面中，设置新增的虚拟机硬盘大小时采用默认值 60 GB 及选择 Split virtual disk into multiple files 选项即可，请单击「Next」按钮继续新增 VM 虚拟机程序，如图 4-5 所示。

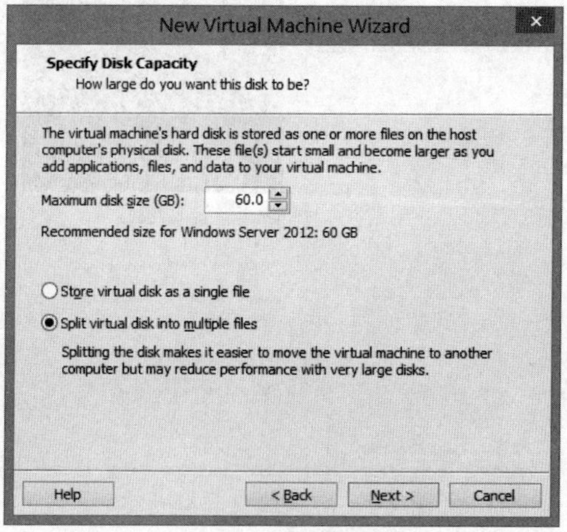

图 4-5　Specify Disk Capacity

步骤六、确定新增虚拟机

在 Ready to Create Virtual Machine 界面中，请检查刚才的组件设置值，确认无误后单击「Finish」按钮创建 VM 虚拟机，如图 4-6 所示。

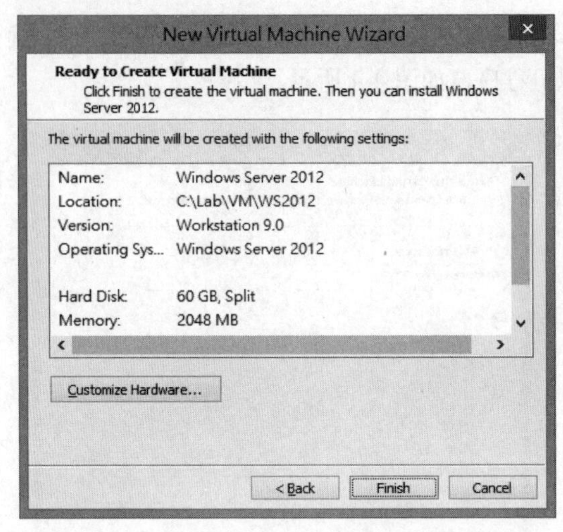

图 4-6　Ready to Create Virtual Machine

步骤七、修改虚拟机硬件

虚拟机创建完成后先别急着启动它，我们先将虚拟机的虚拟硬件进行调整后再启动，请在 VMware Player 界面中先单击「Windows Server 2012」虚拟机，然后单击「Edit virtual machine settings」选项准备调整虚拟硬件，如图 4-7 所示。

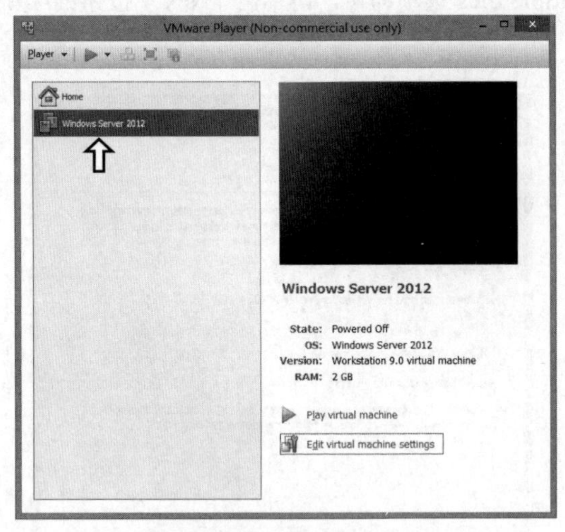

图 4-7　准备调整虚拟硬件

此次操作所采用的物理主机 CPU 为多核并且内存共有 16GB，因此我们可以将虚拟机的内存空间调高以加快运行效率（可依您主机性能进行调整），请将虚拟机的内存调整为「4096MB」，将虚拟机的 Processors 数量调整为「2」，并且将不需要使用的虚拟外围设备，例如 Floppy、USB Controller、Sound Card、Printer 移除（选择后单击 Remove 按钮）以节省物理主机硬件资源（因为每个虚拟设备都会耗费主机资源)，最后请记得在光驱（CD/DVD）选项中加载 Windows Server 2012 ISO 映像文件以便稍后进行安装，确认无误后单击「OK」按钮确认修改，如图 4-8 所示。

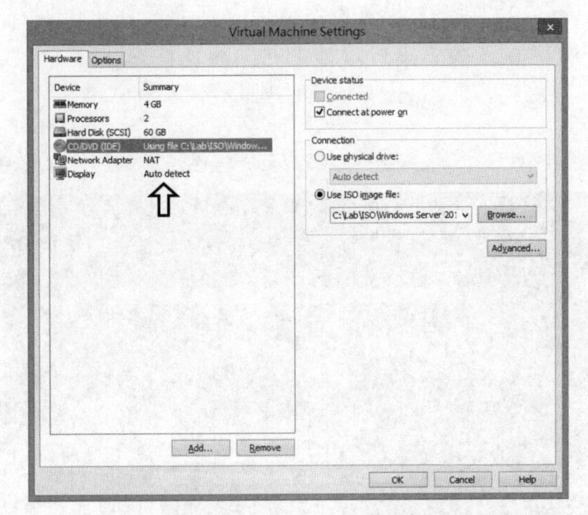

图 4-8　Windows Server 2012 虚拟硬件设置

4-1-2　开始安装 Windows Server 2012

了解 Windows Server 2012 安装需求之后就可以运行操作系统的安装程序，请在 VMware Player 窗口中单击 Windows Server 2012 虚拟机后选择「Play virtual machine」，如图 4-9 所示，将虚拟机「开机（Power On）」，接着便会看到 Windows Server 2012 操作系统的安装程序的开机画面。

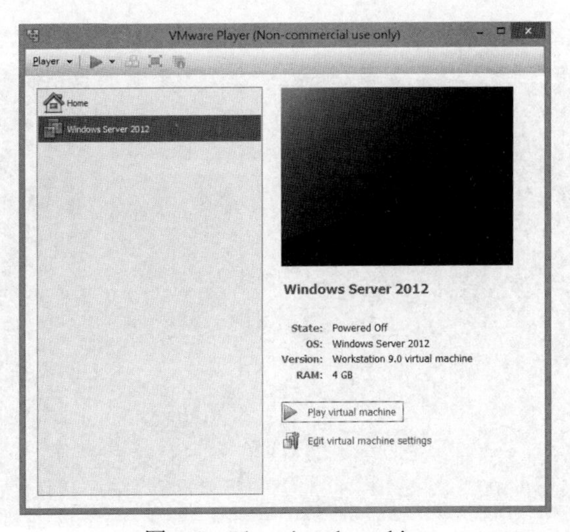

图 4-9　Play virtual machine

步骤一、Windows Server 2012 开机菜单

虚拟机启动后会检测到之前选择的 Windows Server 2012 ISO 映像文件，经过硬件检测之后便会看到 Windows Server 2012 操作系统的安装程序画面，您可以选择使用的语言、时间、货币格式、键盘及输入法等信息，请采用默认值即可，确认后单击「下一步」按钮继续安装程序，如图 4-10 所示。

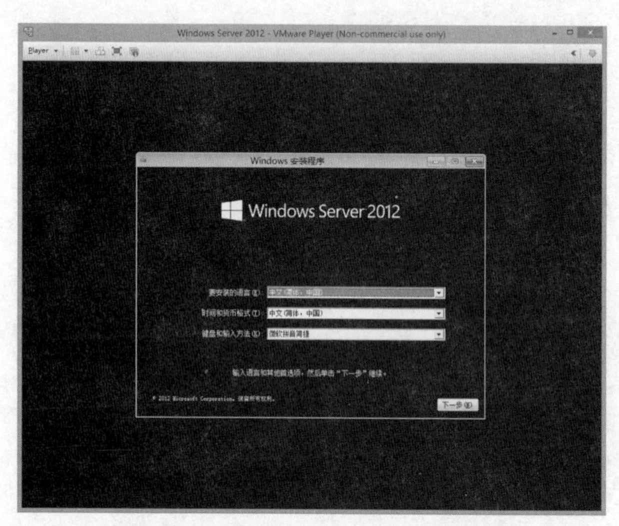

图 4-10　Windows Server 2012 安装程序

步骤二、立即安装

确认后会出现询问是否立即安装的窗口，如果您要进行修复操作的话可以选择左下角的「修复计算机」，但由于我们是初次安装，因此请单击「现在安装」按钮继续安装程序，如图 4-11 所示。

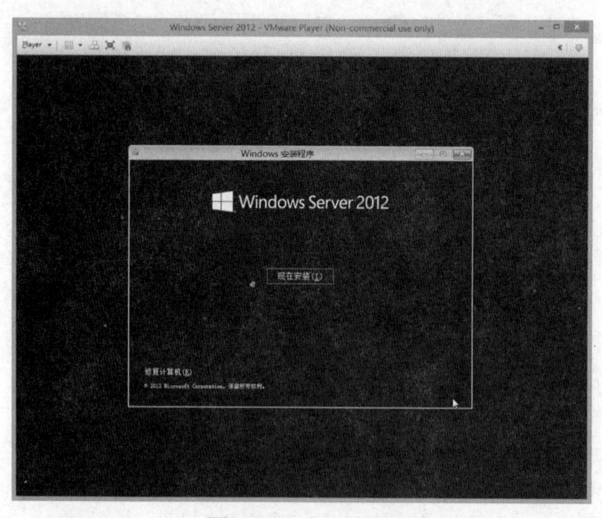

图 4-11　立即安装

步骤三、选择安装哪一种运行模式

在「选择要安装的操作系统」界面中，请选择您希望安装的运行模式（默认为 Server Core 选项），此操作中我们选择「Windows Server 2012 Standard（Server 含 GUI）」（后续会说明如何切换运行模式），请单击「下一步」按钮继续安装程序，如图 4-12 所示。

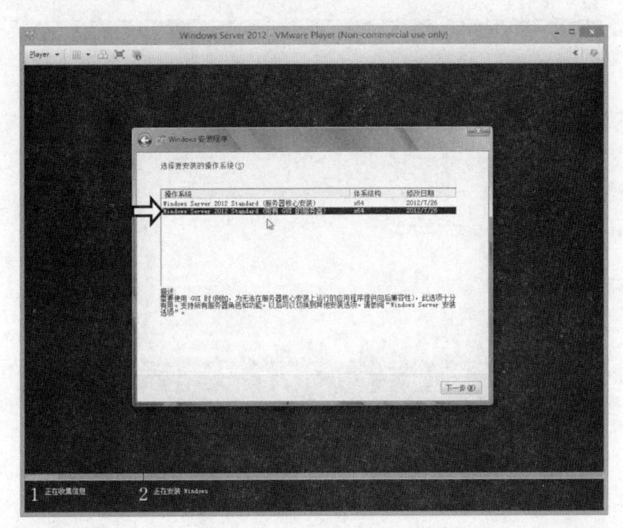

图 4-12　选择运行模式

步骤四、使用者授权条款

在「许可条款」界面中（EULA，End User License Agreement），请勾选「我接受授权条款」复选框，然后单击「下一步」按钮继续安装程序，如图 4-13 所示。

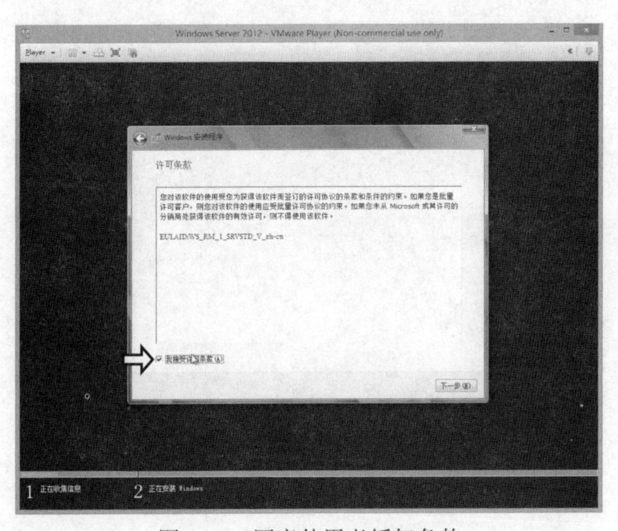

图 4-13　同意使用者授权条款

步骤五、选择安装类型

在选择安装类型界面中，由于我们是初次安装而非版本升级，因此请选择「自定义：仅安装 Windows（高级）」，继续安装程序，如图 4-14 所示。

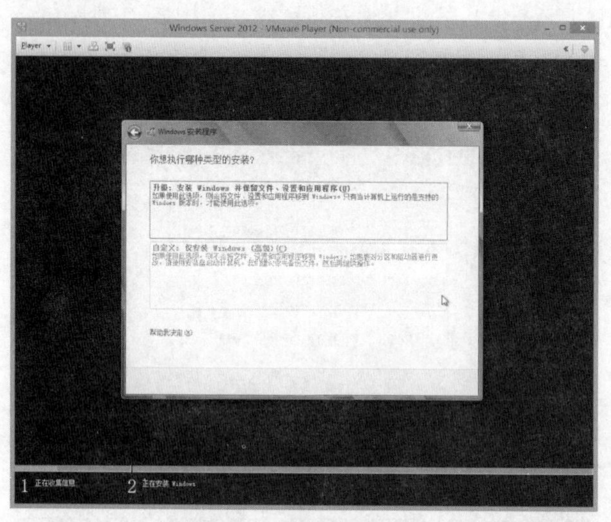

图 4-14　选择安装类型

步骤六、选择硬盘

在选择 Windows 安装路径的界面中，由于我们只为此台虚拟机配置了一个 60 GB 的硬盘，因此在窗口中您只会看到一个 60 GB 的磁盘驱动器，请选择「60 GB 磁盘驱动器」，然后单击「下一步」按钮继续安装程序，如图 4-15 所示。

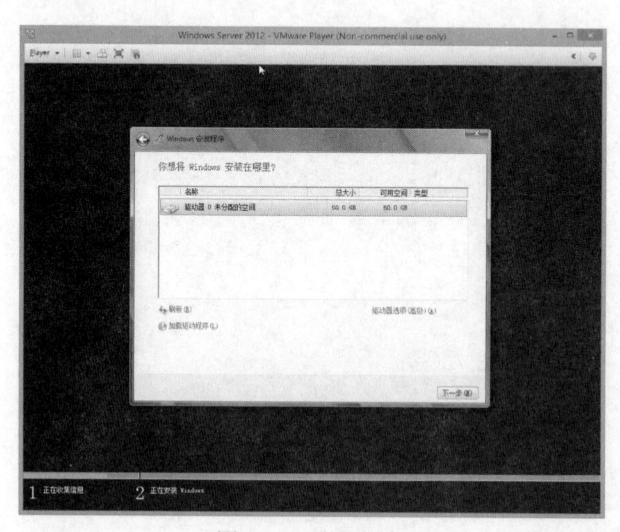

图 4-15　选择硬盘

步骤七、正在安装 Windows

Windows 操作系统的安装程序已经非常简化了，到此您就已经在友好的向导中完成了相关的组件设置并开始安装 Windows Server 2012 操作系统了，如图 4-16 所示。

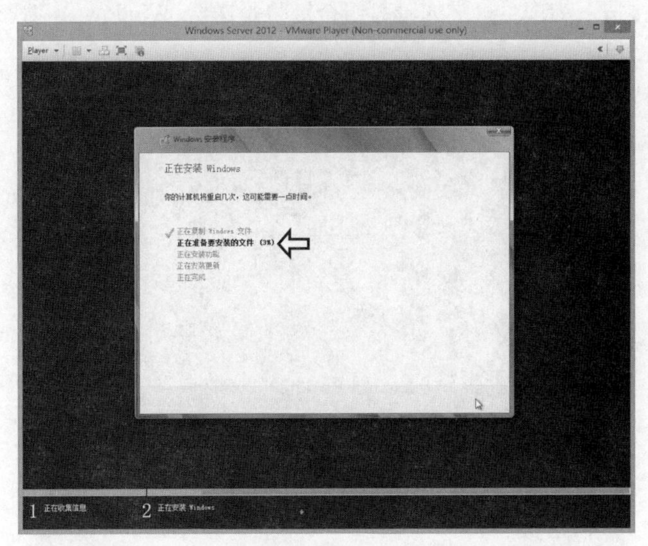

图 4-16　开始安装 Windows Server 2012 操作系统

步骤八、设置管理员密码

经过一段时间后安装程序完成并重新启动，在登入操作系统以前必须先设置管理员密码(默认管理员账户为 Administrator)，请输入两次管理员密码后单击「完成」按钮，如图 4-17 所示。

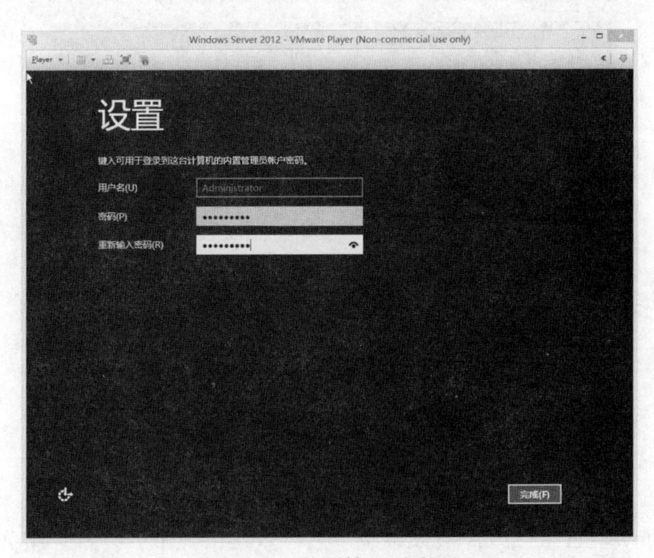

图 4-17　设置管理员密码

步骤九、登入 Windows Server 2012

设置好管理员密码之后接着便会看到登录画面，如图 4-18 所示，请按下 VMware Player 任务栏中的组合键「三个键盘按钮图标」将「Ctrl + Alt + Delete」组合键传送给 Windows Server 2012 虚拟机（如果您直接按下物理主机上的键盘组合键将是送给 Windows 8 物理主机）。

图 4-18 Windows Server 2012 登入画面

看到准备登入画面后请输入刚才所设置的「管理员密码」，然后按下 Enter 键即可登入，如图 4-19 所示。

图 4-19 登入 Windows Server 2012

顺利登入 Windows Server 2012 操作系统之后，默认情况下会打开「服务器管理器（Server Manager）」窗口，如图 4-20 所示。

图 4-20　登入后默认开启服务器管理员

4-1-3　Windows Server 2012 初始设置

服务器管理器在 Windows Server 2008 中首度亮相，而在 Windows Server 2012 中功能更加强大（微软官方建议在 50 台服务器的管理规模下使用服务器管理器仍绰绰有余）。默认情况下登入后便会自动打开并且每隔「10 分钟」收集所管理的数据，如果您希望修改这样的默认组件设置值，请在服务器管理器窗口中依次单击「管理>服务器管理器属性」选项，在弹出的窗口中便可以修改组件设置值，如图 4-21 所示。

图 4-21　修改服务器管理员属性组件设置值

1．安装 VMware Tools

目前 Windows Server 2012 虚拟机因为还没有安装 VMware Tools，所以您会发现一旦切换到虚拟机后鼠标便无法脱离 VMware Player Console，必需要按下「Ctrl + Shift」组合键才能释放鼠标（事实上还有很多功能也没有优化），稍后将会说明如何安装 VMware Tools 来解决这一问题。

事实上每种虚拟化平台都需要帮它上面运行的虚拟机安装适当的 Tools，以便运行的虚拟机能够与虚拟化平台进行最紧密的结合（例如虚拟设备优化等）。举例来说 VMware 系列的虚拟化平台需要帮虚拟机安装 VMware Tools，而 Microsoft Hyper-V 虚拟化平台需要帮虚拟机安装集成服务（Integration Services），Citrix XenServer 虚拟化平台需要帮虚拟机安装 Xen Tools。

因此请为 Windows Server 2012 虚拟机安装 VMware Tools，以便能够与 VMware Player 虚拟化软件达到优化运行方便后续的设置操作。在 Windows Server 2012 虚拟机中请于 VMware Player 的 Console 画面任务栏中依次单击「Player>Manage>Install VMware Tools」选项，如图 4-22 所示。

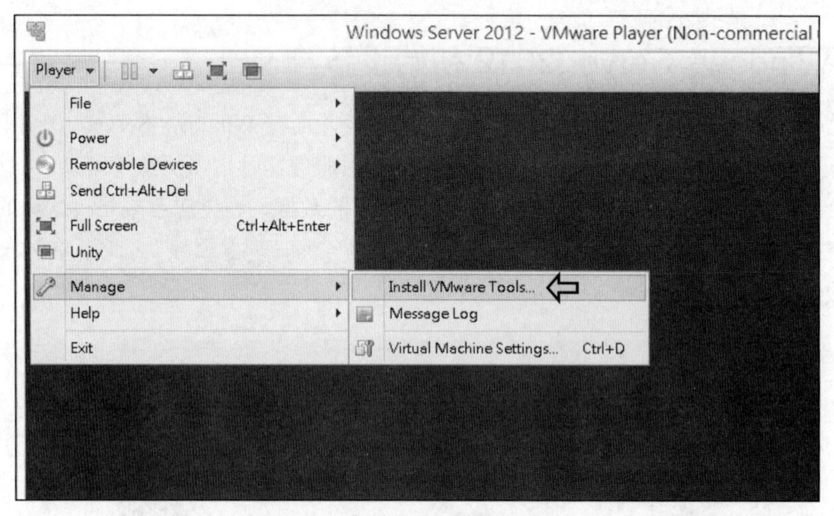

图 4-22　准备安装 VMware Tools

过几秒钟后在 Windows Server 2012 窗口右上角将会出现光驱自动加载 VMware Tools 的信息，单击后选择针对此光盘运行的运用程序「setup64.exe」，便会运行 VMware Tools 安装向导（若未自动加载请打开资源管理器手动双击光驱也可以运行），如图 4-23 所示。

当 VMware Tools 安装初始化完成后，便会出现安装 VMware Tools 的安装向导窗口，依序单击「下一步>下一步>完成」按钮便可以完成安装，如图 4-24 所示。安装完成后会提示您必需要重新启动主机，请单击「Yes」按钮重新启动主机。当主机重新启动完成后便会发现操作较为顺畅（鼠标也不会被卡在窗口内）。

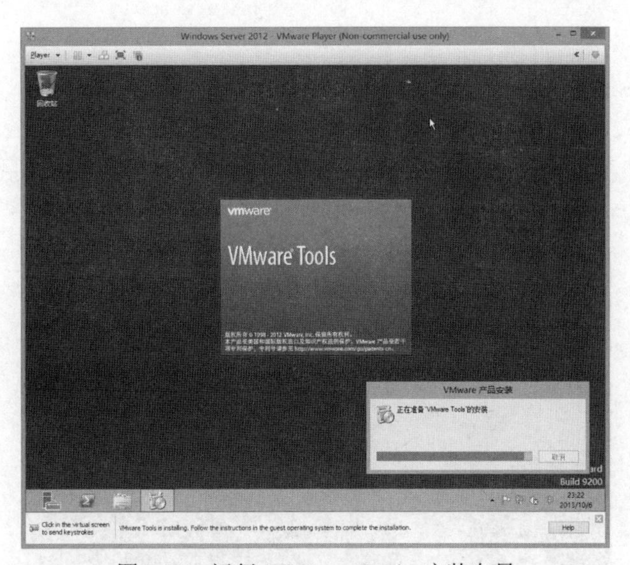

图 4-23 运行 VMware Tools 安装向导

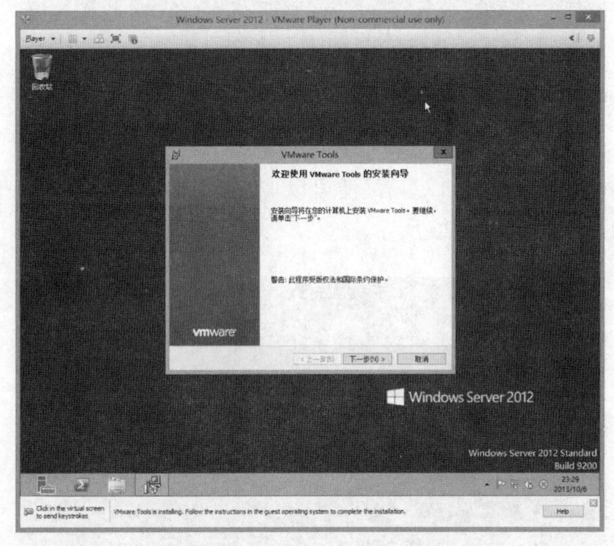

图 4-24 安装 VMware Tools

2. 常用组合键

左下角的开始按钮不见了？是的!!新一代的 Windows 8 以及 Windows Server 2012 操作系统已经没有大家长久以来习惯的「开始按钮」，那么我们该如何找到常用的管理功能呢，只要记得下列常用的组合键即可（Windows Key 为键盘左下方介于 Ctrl 与 Alt 键之间带 Windows 符号的按键）：

- Windows Key：动态磁贴
- Windows Key + C：Charms Bar
- Windows Key + X：开始

● Windows Key + I：设置
● Windows Key + Q：搜索
● Windows Key + R：运行

只要按下键盘上的「Windows Key」键便可以切换到「动态磁贴」模式，单击「桌面」图标便可以切换回到桌面，如图 4-25 所示。

图 4-25　切换为动态磁贴模式

按下键盘上的「Windows Key + C」键便可以调出「Charms Bar」，若是单击「开始」图标也会切换到动态磁贴模式，如图 4-26 所示。

图 4-26　调出 Charms Bar

按下键盘上的「Windows Key + X」键便可以打开「开始」菜单，在「开始」菜单中便有我们常用的管理工具，例如系统、设备管理器、命令提示符等，如图 4-27 所示。

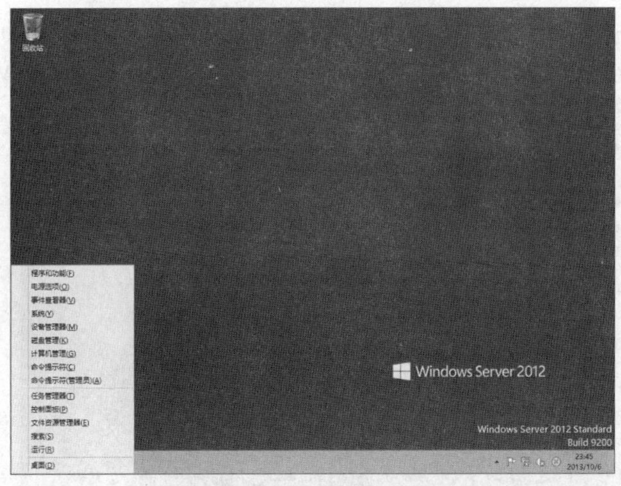

图 4-27　打开「开始」菜单

按下键盘上的「Windows Key + I」键便可以打开「设置」菜单，在「设置」菜单中可以设置网络、音效、屏幕亮度（适用于笔记本电脑），而「电源」选项则是关机设置，如图 4-28 所示。

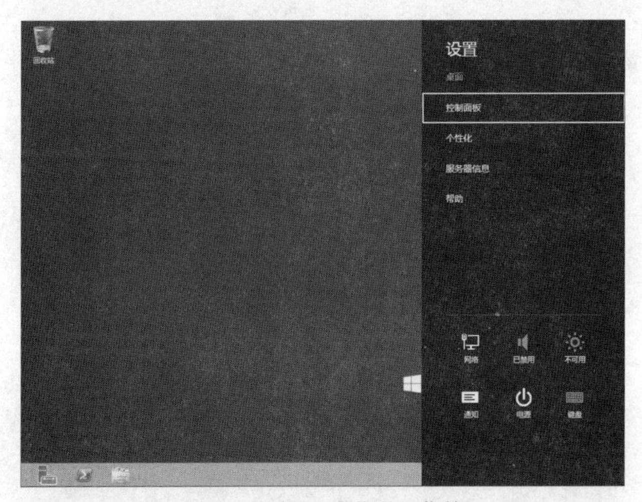

图 4-28　打开「设置」菜单

按下键盘上的「Windows Key + Q」键便可以打开「搜索」菜单，在「搜索」菜单中您只要输入要搜索的应用程序关键词便能快速找到，并且也可以将常用的应用程序选定在桌面上（按下 Esc 键便回到桌面），如图 4-29 所示。

按下键盘上的「Windows Key + R」键便可以打开「运行」对话框，可以输入常用命令，例如输入 regedit 打开注册表编辑器，如图 4-30 所示。

如果您还是觉得这么多的组合键难以记住的话，可以如同笔者一样只记两组常用的组合键「Windows Key + C、X」，Windows Key + C 设置为打开 Charms Bar，并且在打开的 Charms Bar

中可以进入动态磁贴模式，也可以运行搜索程序还有设置菜单功能，而 Windows Key + X 则设置为打开「开始」菜单，只要记住这两组常用的组合键，相信对于您操作 Windows Server 2012 来说应该就能很快上手了!!

图 4-29　打开「搜索」菜单

图 4-30　打开「运行」对话框

3. 调整默认输入法模式

Windows Server 2012 简体中文版在默认情况下会使用「拼音输入法」，因此会与我们常久以来习惯的「中文（简体） - 美式键盘」可以直接输入英文不同，您必需要按下「Shift」键才会切换成拼音输入法中的英文模式，虽然是一件很小的事情但是却大大影响整体的操作流畅度，那么有没有办法可以调整成「默认使用英文模式」呢？

请使用「Windows Key + X」组合键打开「开始」菜单，接着依次单击「控制面板>更改输入法>中文>微软拼音」选项，在默认输入语言中选择「英文」项目，然后单击「确定>保存」按钮即可完成设置（请注意!! 此输入法默认模式设置必需要「重新启动」主机才会生效），如图 4-31 所示。

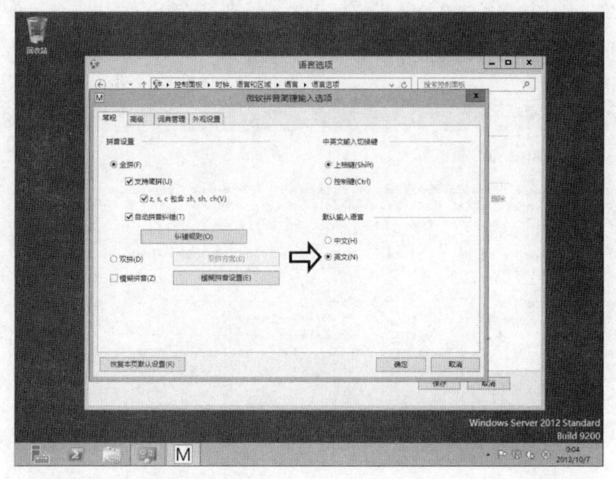

图 4-31　更改 Windows Server 2012 默认输入法模式

4．无法安装 Hyper-V 服务器角色？

熟悉 Windows Server 2012 的读者可能已经迫不急待地想要安装 Hyper-V 服务器角色，但是您可能会发现当勾选 Hyper-V 服务器角色时便出现错误信息「无法安装 Hyper-V：虚拟机监控程序已在运行中」，如图 4-32 所示。

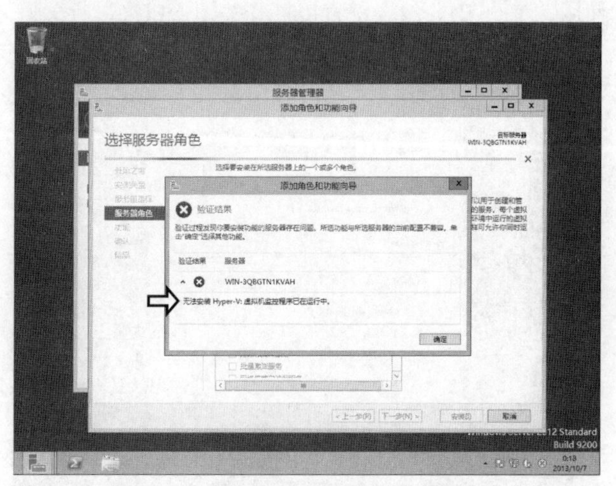

图 4-32　无法安装 Hyper-V 服务器角色

读者可能会纳闷为什么已经按照书中说明准备了支持第二代虚拟化技术的物理主机，并且也在装了 Windows 8 操作系统的物理主机上使用 Coreinfo 命令工具确认了支持第二代虚拟化技术，但是为什么连在 Windows Server 2012 下安装 Hyper-V 服务器角色都不行，难道是笔者在骗人吗？请读者耐心地看下去便知分晓。

请您在 Windows Server 2012 虚拟机中下载前面介绍的判断主机支持虚拟化技术的命令工具 Coreinfo 并且输入「Coreinfo.exe -v」命令，您会发现得到的结果是目前 Windows Server 2012 虚拟机并不支持任何虚拟化技术，所以当然无法安装 Hyper-V 服务器角色，如图 4-33 所示。

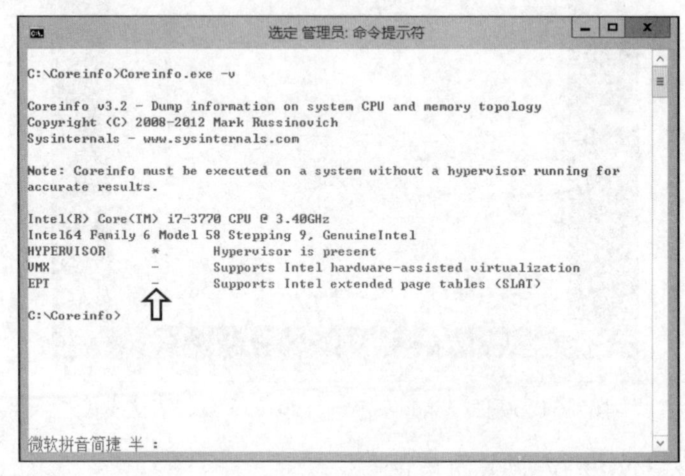

图 4-33 Windows Server 2012 虚拟机并不支持任何虚拟化技术

请将 Windows Server 2012 虚拟机关机，准备将物理主机的虚拟化技术「提供」给虚拟机，不需要复杂的方法，只使用「Windows Keys + C」组合键打开「Charms Bar>设置菜单>关机」执行关机的操作，也可以使用「Alt + F4」组合键直接打开关闭窗口来进行关机，如图 4-34 所示。

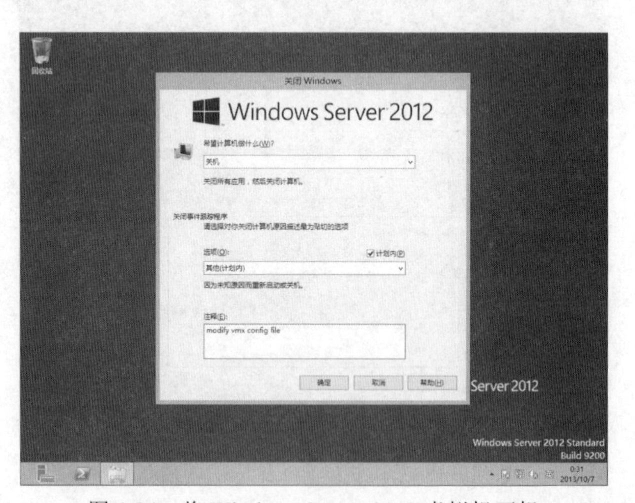

图 4-34 将 Windows Server 2012 虚拟机开机

请先修改 Windows Server 2012 虚拟机虚拟硬件配置，打开 VMware Player 设置窗口，切换到「Processors」项目，在 Virtualization engine 区域中勾选「Virtualize Intel VT-x/EPT or AMD-V/RVI」项目后单击「OK」按钮，便可以把物理主机的虚拟化技术提供给 Windows Server 2012 虚拟机，如图 4-35 所示。

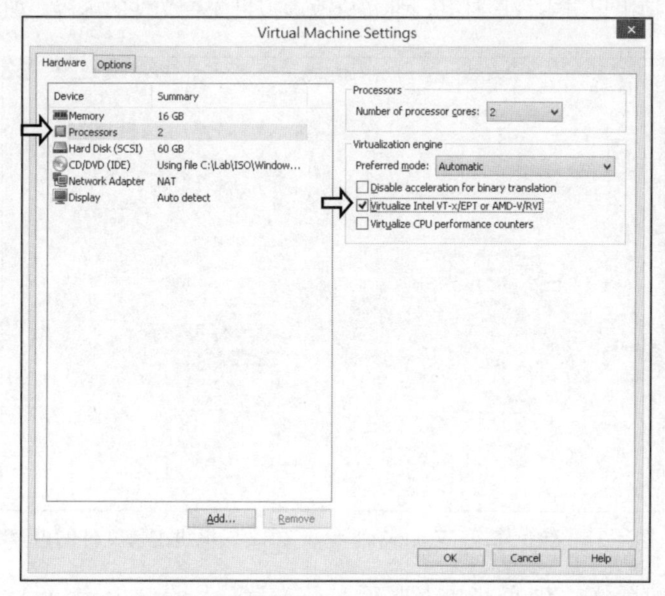

图 4-35　将虚拟化技术递交给 Windows Server 2012 虚拟机

您可以将 Windows Server 2012 虚拟机开机，登入后再尝试安装 Hyper-V 服务器角色，但结果还是令人失望的错误信息「无法安装 Hyper-V: 虚拟机监控程序已在执行中」，但我们可以再次使用 Coreinfo 命令工具来看看目前 Windows Server 2012 虚拟机是否支持虚拟化技术的功能，您会看到目前 Windows Server 2012 虚拟机已经支持第一、二代虚拟化技术能力（物理主机已经成功递交虚拟化技术功能），如图 4-36 所示。

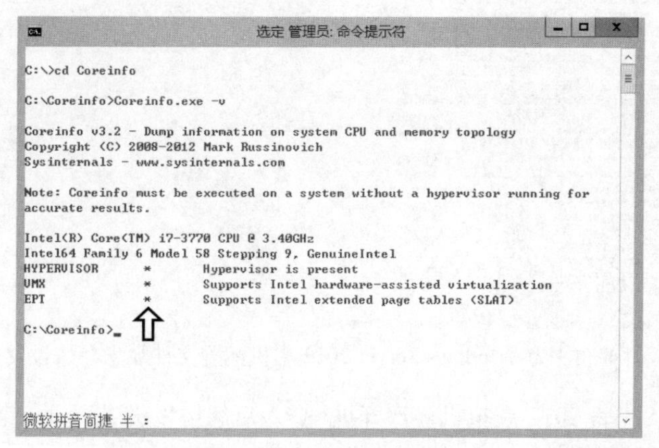

图 4-36　Windows Server 2012 虚拟机已经支持第一、二代虚拟化技术

虽然物理主机已经提供虚拟化技术给虚拟机了，但是因为层层虚拟化环境的关系，需要微调设置值才可以顺利运行，请将 Windows Server 2012 虚拟机再次关机，接着切换到 Windows Server 2012 虚拟机的系统保存路径「C:\Lab\VM\WS2012」文件夹中，单击「Windows Server 2012.vmx」虚拟机配置文件后使用记事本程序打开，准备修改虚拟机配置文件的内容，如图 4-37 所示。

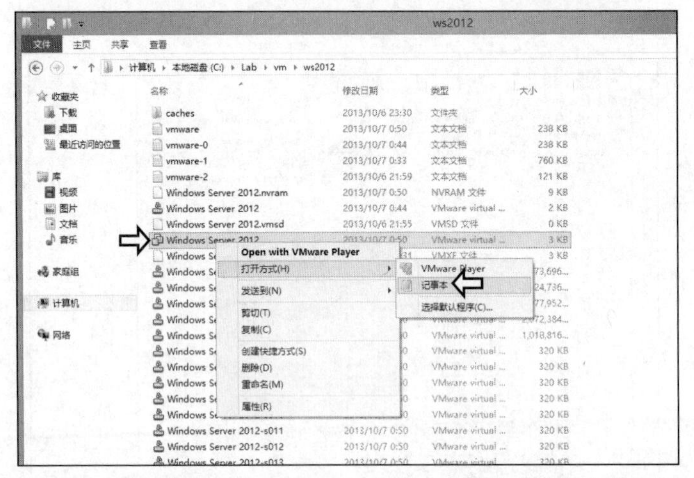

图 4-37　准备修改 Windows Server 2012 虚拟机配置文件的内容

请在虚拟机配置文件最底部加上两行参数设置：「hypervisor.cpuid.v0 = "FALSE"」、「mce.enable = "TRUE"」，然后保存关闭即可，如图 4-38 所示。

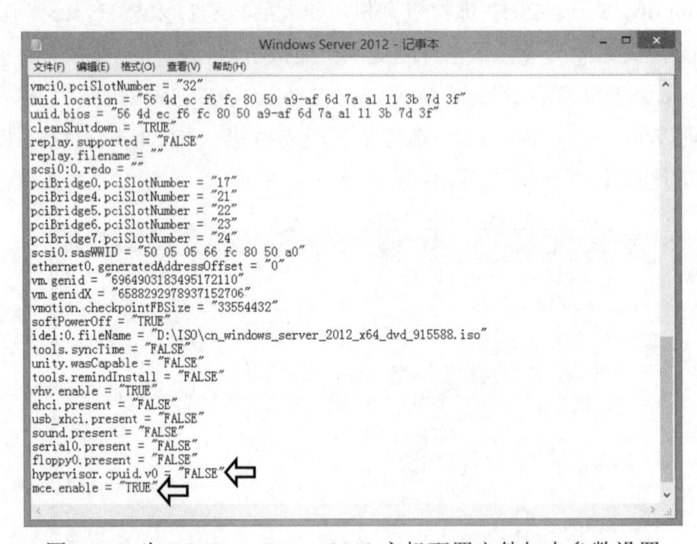

图 4-38　为 Windows Server 2012 主机配置文件加上参数设置

请将 Windows Server 2012 虚拟机再次开机，登入后您可以尝试再次安装 Hyper-V 服务器角色，此时便会发现没有任何错误信息（表示可以顺利安装!!），并且再次使用 Coreinfo 命令工具来看看目前 Windows Server 2012 虚拟机的虚拟化技术功能，您会看到「Hypervisor is present」，项目从先前的「*」变成「-」(此时才可以顺利安装 Hyper-V 虚拟化平台并且担任本书中的 Guest Hypervisor 角色)，如图 4-39 所示。

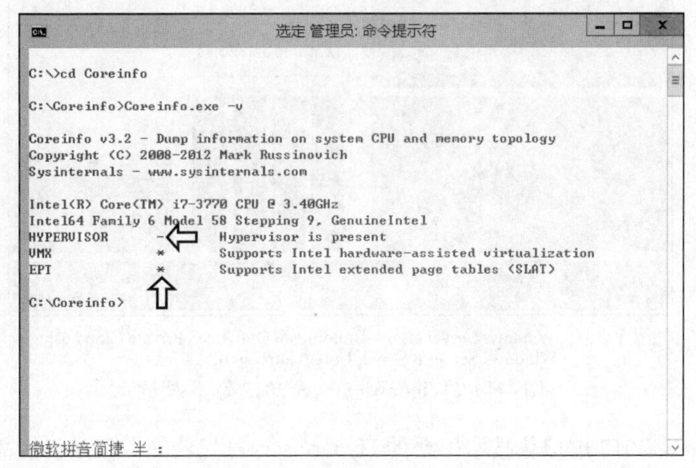

图 4-39 Windows Server 2012 虚拟机已经支持第一、二代虚拟化技术

4-2 安装 Hyper-V Server 2012

与旧版本一样，新一代 Windows Server 2012 云操作系统发行时，也一并发行了 Hypervisor 虚拟化平台功能的免费版本 Windows Hyper-V Server 2012，其实您可以将 Windows Hyper-V Server 2012 视为是 Server Core 版本的「再精简版本」，只是正常版本的 Server Core 可以安装其他角色及功能服务（例如 AD DS、DHCP、DNS 等），而 Hyper-V Server 2012 则仅仅具备了「Hyper-V 服务器角色」的功能而已。

此外关于硬件设备兼容程度，Hyper-V Server 2012 已经包含了 Windows Server 2012 Driver Model，因此只要是 Windows Server 2012 能够识别的硬件设备，Hyper-V Server 2012 也能够正确识别及安装。Windows Server 2012 组件架构如图 4-40 所示。

虽然 Hyper-V Server 2012 是可以「免费」使用的 Hypervisor 虚拟化平台，但是在功能上却一点也不差，它并非只能进行简单的「服务器合并（Server Consolidation）」操作，除了物理主机同样支持的 320 Logical Processors 以及超大容量内存空间 4TB 之外，更支持虚拟化技术故障转移群集（Failover Clustering）、快速迁移（Quick Migration）、实时迁移（Live Migration）等高级功能。

所以在本书的非故障转移群集环境（Non-Failover Cluster）的操作章节当中，其 Hypervisor 角色便是使用 Hyper-V Server 2012，以便证明给读者知道 Hyper-V Server 2012 也能担任企业级虚拟化环境的操作平台（请注意!! 使用 Hyper-V Server 2012 不含任何 Guest OS 授权!!）。

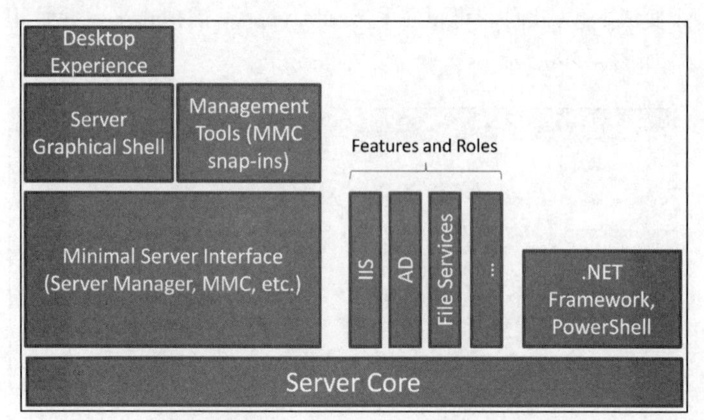

图片来源：Windows Server Blog - Building an Optimized Private Cloud using Windows Server 8 Server Core（http://goo.gl/KJcxx）

图 4-40　Windows Server 2012 组件架构

Hyper-V Server 2012 虚拟化技术平台的 Hypervisor 虽然精简，但是仍然需要进行安全性更新的操作，以 Server Core 相对于 GUI 图形接口来说，安全性更新的数量已经可以减少 40%～60%，相对于 GUI 图形接口的大约每 2 个月就需要重新启动主机来说，Server Core 已经大大地减少了主机重新启动的次数，而 Hyper-V Server 是比正常 Server Core 更加精简的版本，因此需要安全性更新的数量将更少，所以在 Hyper-V Server 虚拟化平台上运行的 VM 虚拟机也减少了迁移的频率。Hyper-V Server 2008 R2 及 2012 硬件支持度比较见图 4-41。

Capability	Hyper-V Server 2008 R2	Hyper-V Server 2012
Number of logical processors on host	64	320
Maximum supported RAM on host	1 TB	4 TB
Virtual CPUs supported per host	512	2048
Maximum virtual CPUs supported per virtual machine	4	64
Maximum RAM supported per virtual machine	64 GB	1 TB
Maximum running virtual machines supported per host	384	1024
Guest NUMA	No	Yes
Maximum failover cluster nodes supported	16	64
Maximum number of virtual machines supported in failover clustering	1000	8000

图片来源：TechNet Library - Virtualization Platform Comparison（http://goo.gl/ueBDX）

图 4-41　Hyper-V Server 2008 R2 及 2012 硬件支持度比较表

表 4-1 为 Hyper-V Server 的各种版本及其功能的列表，至于 Hyper-V 版本该如何区分其实很简单：

- Hyper-V 1.0：Hyper-V Server 2008、Windows Server 2008
- Hyper-V 2.0：Hyper-V Server 2008 R2、Windows Server 2008 R2
- Hyper-V 3.0：Hyper-V Server 2012、Windows Server 2012

表 4-1

功能/版本	Hyper-V 1.0	Hyper-V 2.0	Hyper-V 3.0
VDI（Virtual Desktop Infrastructure）	✔	✔	✔
Mixed OS（Windows and Linux）		✔	✔
Failover Clustering		✔	✔
Dynamic Memory		✔	✔
Live Migration		✔	✔
Quick Migration		✔	✔
Live Storage Migration			✔
Hyper-V Replica			✔
Guest NUMA			✔
Application Failover			✔
VM File Level Support			✔

4-2-1 创建 Hyper-V Server 2012 虚拟机

请打开 VMware Player 虚拟化软件，按照前面的方式创建第二台虚拟机，此台 Hyper-V Server 2012 虚拟机在基础练习章节中仅练习基础设置，目的是熟悉一下运行环境为后续高级操作章节热热身。

原则上创建此台 Hyper-V Server 2012 虚拟机的方式与刚才创建 Windows Server 2012 虚拟机的方式大同小异，因此为避免浪费不必要的篇幅只说明不同或者需要注意的部分。

4-2-2 开始安装 Hyper-V Server 2012

步骤一、Hyper-V Server 2012 开机菜单

创建好 Hyper-V Server 2012 虚拟机后便可以运行操作系统的安装程序，请在 VMware Player 窗口中单击 Hyper-V Server 2012 虚拟机，然后选择「Play virtual machine」项目，将虚拟机「开机（Power On）」，接着便会看到 Hyper-V Server 2012 操作系统的开机画面，经过硬件检测后便会看到 Hyper-V Server 2012 操作系统的安装程序向导画面，您可以选择要采用的语言、时间、货币格式、键盘及输入法等信息，请采用默认值即可，确认后单击「下一步」按钮继续安装程序，如图 4-42 所示。

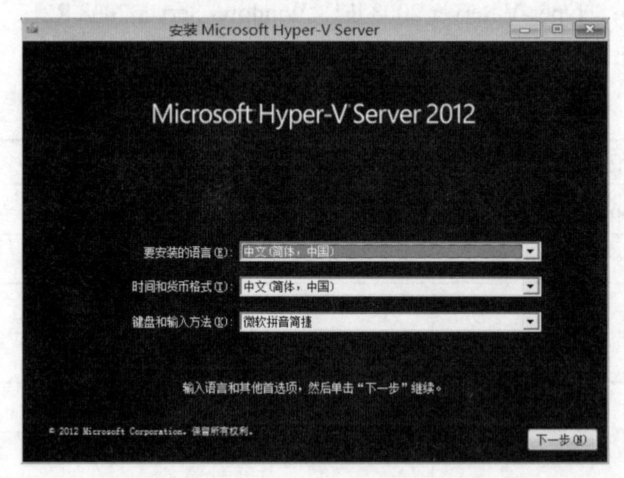

图 4-42 Hyper-V Server 2012 安装程序

步骤二、立即安装

确认后会出现是否立即安装的窗口，如果要修复的话可以单击左下角的「修复计算机」，但由于我们是初次安装因此请单击「现在安装」按钮，继续安装程序，如图 4-43 所示。

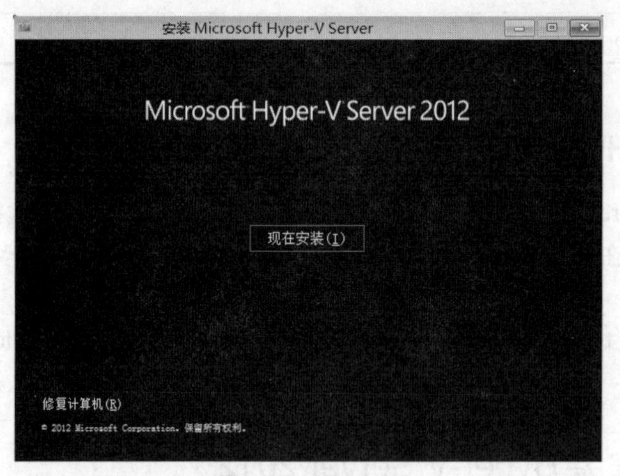

图 4-43 立即安装

步骤三、使用者授权条款

在许可条款界面中（EULA，End User License Agreement），请勾选「我接受许可条款」项目，然后单击「下一步」按钮继续安装程序，如图 4-44 所示。

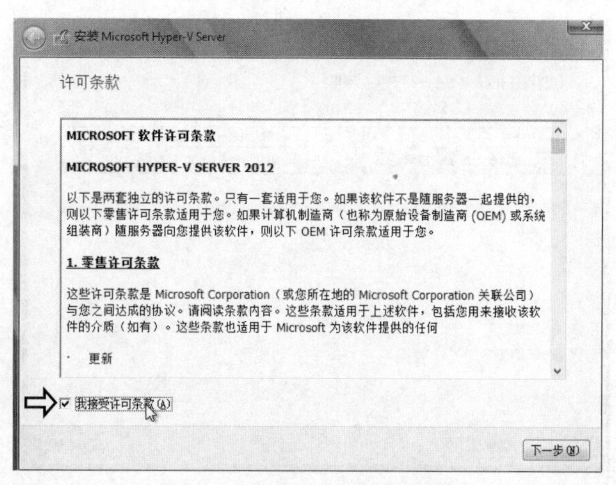

图 4-44　同意使用者授权条款

步骤四、选择安装类型

在选择安装类型的界面中，由于我们是初次安装而非版本升级因此请选择「自定义：仅安装较新版本的 Hyper-V Server（高级）」项目，继续安装程序，如图 4-45 所示。

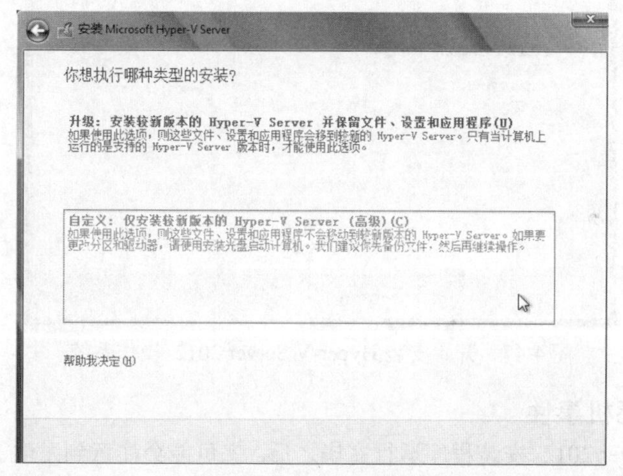

图 4-45　选择安装类型

步骤五、选择硬盘

在选择 Hyper-V Server 安装路径的界面中，由于我们只为此台虚拟机配置了一个 60GB 硬盘，因此窗口中您只会看到一个 60GB 磁盘驱动器，请单击「60GB 磁盘驱动器」项目，然后单击「下一步」按钮继续安装程序，如图 4-46 所示。

步骤六、正在安装 Windows

Windows 操作系统的安装程序已经非常简化了，到这里您就已经在友好的向导中完成相关的组件设置并开始安装 Hyper-V Server 2012 操作系统了，如图 4-47 所示。

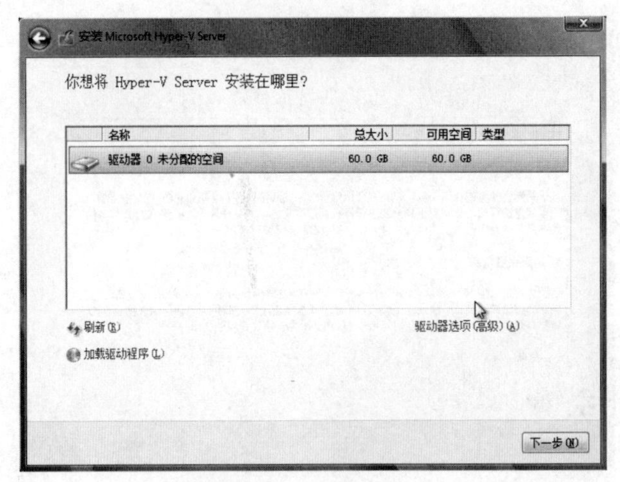

图 4-46　选择硬盘

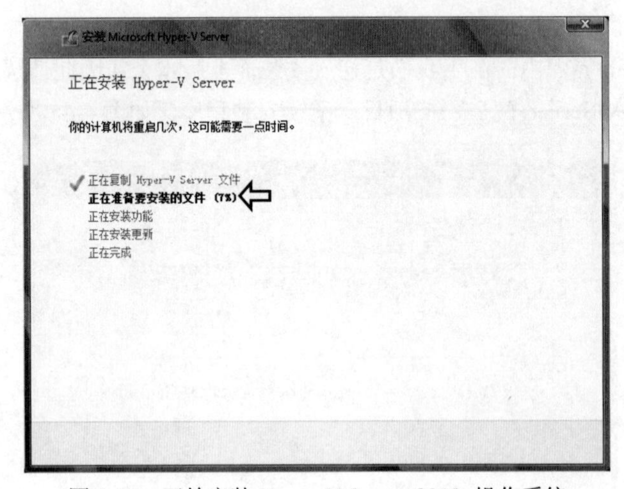

图 4-47　开始安装 Hyper-V Server 2012 操作系统

发生 BSOD 死机事件

当 Hyper-V Server 2012 安装程序运行完毕之后，您可能会注意到发生了让人意外的情况!! 居然发生 BSOD（Blue Screen of Death）蓝色死机画面，如图 4-48 所示，并且 Hyper-V Server 2012 虚拟机将会重新启动，然后不断重复这样的错误事件。

还记得吗？刚才为 Windows Server 2012 设置将物理主机提供虚拟化技术的操作，我们在 Hyper-V Server 2012 并没有进行相关设置，又因为 Hyper-V Server 2012 只具备 Hyper-V 服务器角色功能，因此当您没有设置将物理主机提供虚拟化技术给 Hyper-V Server 2012 虚拟机时，又强迫它开机运行就会发生 BSOD 死机事件。

请先将 Hyper-V Server 2012 虚拟机强行关机（Player>Power>Power Off），接着在虚拟硬件配置中勾选 Virtualize Intel VT-x/EPT or AMD-V/RVI 项目，并且在虚拟机配置文件的最底部加

上两行参数设置：「hypervisor.cpuid.v0 = "FALSE"」、「mce.enable = "TRUE"」，然后保存关闭即可，这样便会将物理主机的虚拟化技术提供给 Hyper-V Server 2012 虚拟机。

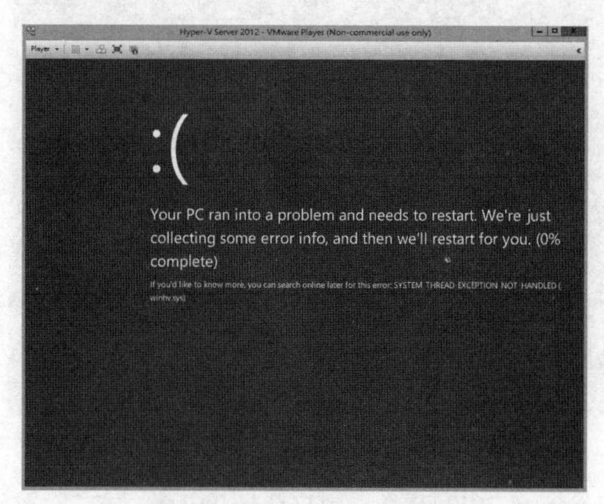

图 4-48　发生 BSOD 死机事件

步骤七、设置管理员密码

将 Hyper-V Server 2012 虚拟机再次开机，如果这次能顺利开机而不发生 BSOD 死机事件便表示它可以顺利运行并且可以担任本书中的 Guest Hypervisor 角色。当 Hyper-V Server 2012 虚拟机顺利打开后，会显示必需要更改管理者密码的提示信息，请单击「确定」按钮准备设置，如图 4-49 所示。

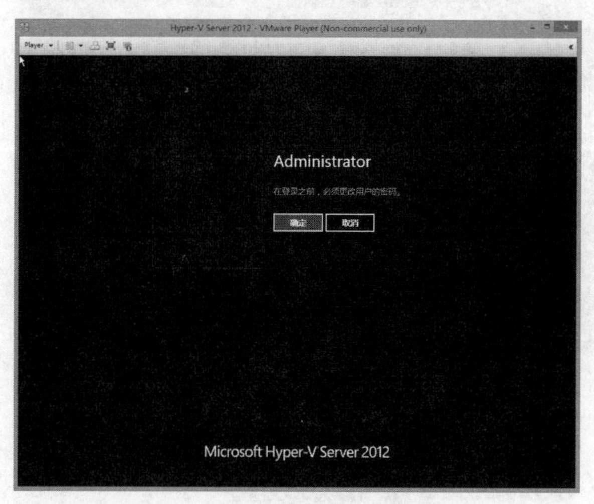

图 4-49　准备设置管理者密码

同样的在登入操作系统以前必须先设置管理员密码（默认管理员账号为 Administrator），请输入两次管理员密码后按下 Enter 键，如图 4-50 所示。

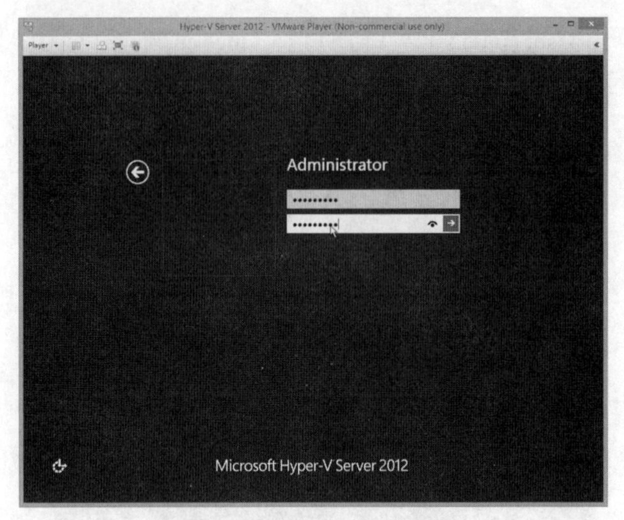

图 4-50　输入管理员密码

顺利登入 Hyper-V Server 2012 后会看到自动打开了两个窗口，分别是命令提示符以及 SConfig（Server Configuration Tool）设置窗口（Windows Server 2012 的 Server Core 运行模式默认并不会打开 SConfig 设置窗口），如图 4-51 所示。

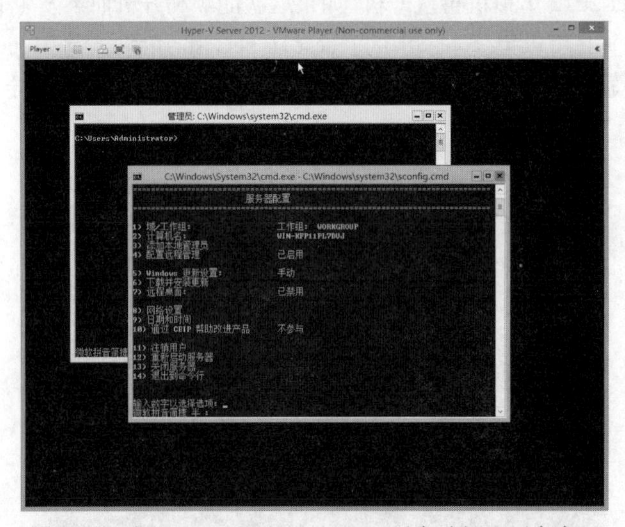

图 4-51　登入 Hyper-V Server 2012 后自动打开两个窗口

4-2-3　Hyper-V Server 2012 初始设置

1．安装 VMware Tools

同样的 Hyper-V Server 2012 虚拟机因为还没有安装 VMware Tools，所以切换到虚拟机后鼠标便无法脱离 VMware Player Console，需要按下「Ctrl + Shift」组合键才能释放鼠标，那么在没有 GUI 图形接口的 Hyper-V Server 2012 虚拟机中该如何安装 VMware Tools 呢？

请在 Hyper-V Server 2012 虚拟机的 VMware Player Console 的任务栏中依次选择「Player>Manage>Install VMware Tools」选项，几秒钟后（待 VMware Tools 资源载入完成）在命令提示符中切换到 Hyper-V Server 2012 虚拟机的光驱（演示为 D 盘），直接输入「setup.exe 或 setup64.exe」便会运行 VMware Tools 安装初始化，如图 4-52 所示。

图 4-52　运行 VMware Tools 安装向导

当 VMware Tools 安装初始化完成后，便会出现 VMware Tools 安装向导，请依次单击「下一步>下一步>完成」按钮完成安装并重新启动虚拟机，重新启动完成后便会发现运行较为流畅（鼠标也不会被卡在窗口内），如图 4-53 所示。

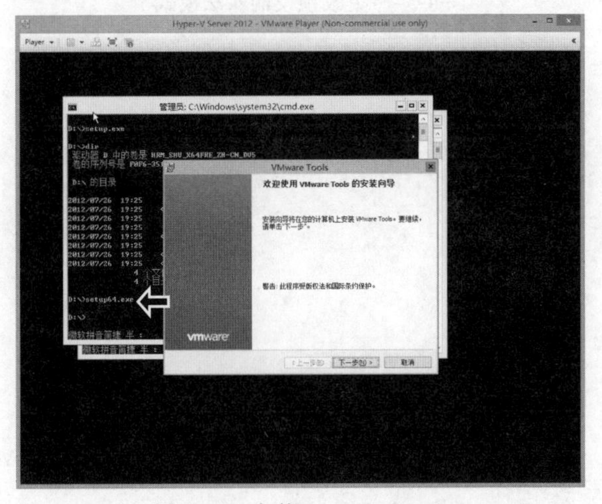

图 4-53　安装 VMware Tools

2．调整默认输入语言

同样的 Hyper-V Server 2012 简体中文版在默认情况下会使用「微软拼音输入法」，因此在默认情况下与我们习惯的「中文（简体） - 美式键盘」可以直接输入英文不同，必需要按下 Shift 键才能切换成微软拼音输入法中的英文模式，但是 Hyper-V Server 2012 虚拟机是 Server Core 运行模式，并没有控制面板可以打开更改输入法窗口，那么应该要如何才能更改默认的输入法语言？

请切换到命令提示符窗口后输入「regedit」命令（请先按下 Shift 键才能输入英文），在弹出的「注册表编辑器」窗口中切换到计算机\HKEY_CURRENT_USER\Software\Microsoft\IME\15.0\IMETC 路径，双击 DefaultInputLang 表项便可进行内容编辑，请将数值由原来的 0x00000001 修改为 0x00000000 后单击「确定」按钮完成设置（请注意!! 必须重新启动主机才能使应用生效），如图 4-54 所示。

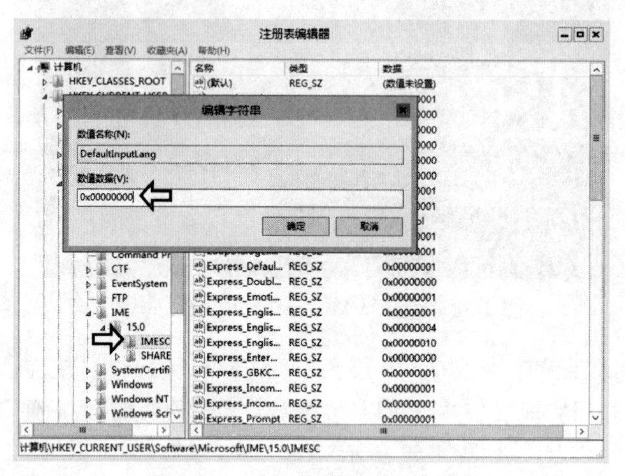

图 4-54　更改预设输入法模式

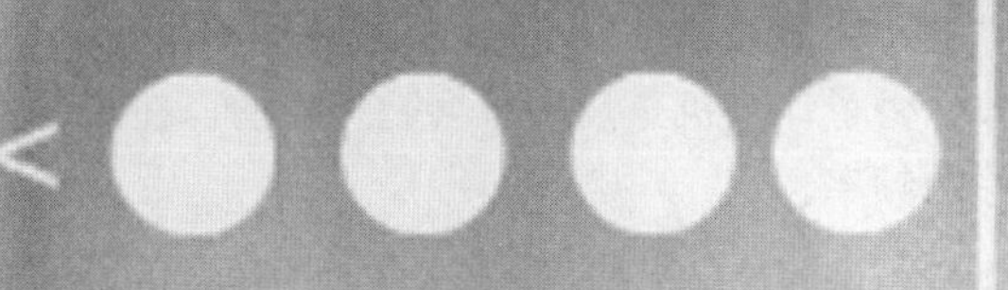

Chapter 5

Windows Server 2012 运行模式切换

核心服务器（Server Core）在 Windows Server 2008 中首度亮相，因为 Server Core 并不具备 GUI，因此整体上来说具有硬件资源耗费较少、安全性提升等优点，但主要的缺点就是所有操作都必需要下命令（命令提示符或者 PowerShell），而且并非所有的服务都可以在 Server Core 中安装执行。同时 Windows Server 2008 / 2008 R2 当您在安装操作系统的时候，就必需要决定使用 GUI 或者是 Server Core，并且一旦安装之后便无法反悔，除非重新安装操作系统才行。

但是这个限制在 Windows Server 2012 当中完全被打破，您可以在安装 Windows Server 2012 操作系统之后进行运行模式的切换。举例来说，可以在 GUI 中将相关服务进行安装配置，待服务启动并测试完成后再将运行模式切换为 Server Core 模式。

5-1 Windows Server 2012 运行模式

在 Windows Server 2012 当中有两个安装选项，分别是完整服务器（Server 带有 GUI）以及核心服务器（Server Core），其中核心服务器（Server Core）是在 Windows Server 2008 中首次引入的，因为 Server Core 并不具备 GUI 图形管理界面，因此整体上来说具有硬件资源消耗较少、安全性提升等优点。相对于完整 GUI 模式来说，Server Core 模式安全更新的数量大约可以减少 40%～60%。

从图 5-1 的 Months without reboots 列可以看出，安装了 Windows Server 2008 / 2008 R2 Server Core 版本的计算机，从产品发布到完成部署，平均约 10～13 个月才需要重新启动，而如果只是选择安装关键安全更新，还可以进一步减少计算机重新启动的频率。相对于完整 GUI 模式大约每 2 个月就需要重新启动计算机来说，大大减少了计算机重启的机会。相应的，在 Hyper-V 虚拟化平台上运行的 VM 虚拟机也减少了迁移的频率。

	WS08 Server Core		WS08 R2 Server Core	
	Reduction	Critical Only	Reduction	Critical Only
All applicable patches				
All roles	42%	56%	37%	49%
Months without reboots	13	19	10	13
Without AD, DNS, Print, Media Services, Telnet, .Net, Clustering, Hyper-V, IIS, or WINS	53%	63%	51%	62%
Months without reboots	15	21	10	13
Necessary patches only				
All roles	48%	67%	40%	55%
Months without reboots	16	26	10	13
Without AD, DNS, Print, Media Services, Telnet, .Net, Clustering, Hyper-V, or IIS	60%	71%	54%	65%
Months without reboots	19	28	10	13

图片来源：Windows Server Blog - Building an Optimized Private Cloud using Windows Server 8 Server Core（http://goo.gl/KJcxx）

图 5-1 Windows Server 2008 / 2008 R2 Server Core 安全更新数量比较表

Server Core 模式虽然具备了上述优点，但是其主要的缺点就在于所有操作都必须要在命令提示符或者 PowerShell 中完成，而且不是所有的角色和功能都可以在 Server Core 中运行。Windows Server 2008 组件架构如图 5-2 所示。

在 Windows Server 2008 / 2008 R2 系统中，对于运行模式，我们只能在安装操作系统时选择使用 GUI 图形界面或是 Server Core 模式，如图 5-3 所示。一旦选择，便不可更改运行模式，如果要更改的话，只能重新安装操作系统。

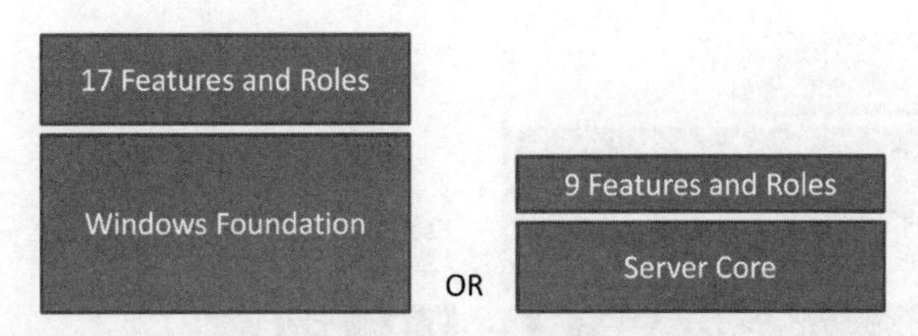

图片来源：Windows Server Blog - Building an Optimized Private Cloud using Windows Server 8 Server Core（http://goo.gl/KJcxx）

图 5-2　Windows Server 2008 组件架构

图片来源：TechNet Library-Server Core and Full Server Integration Overview（http://goo.gl/UbgO5）

图 5-3　Windows Server 2008 / 2008 R2 安装选项

在 Windows Server 2012 系统当中，这个限制已被打破，在安装完成 Windows Server 2012 操作系统之后，还可以切换运行模式，如图 5-4 所示。举例来说，您可以在 GUI 图形界面中安装和配置相关角色和服务，然后再切换到 Server Core 模式运行安装的服务。Windows Server 2012 还提供了一种介于 GUI 图形界面模式和 Server Core 模式之间的选择，称之为基本服务器界面。

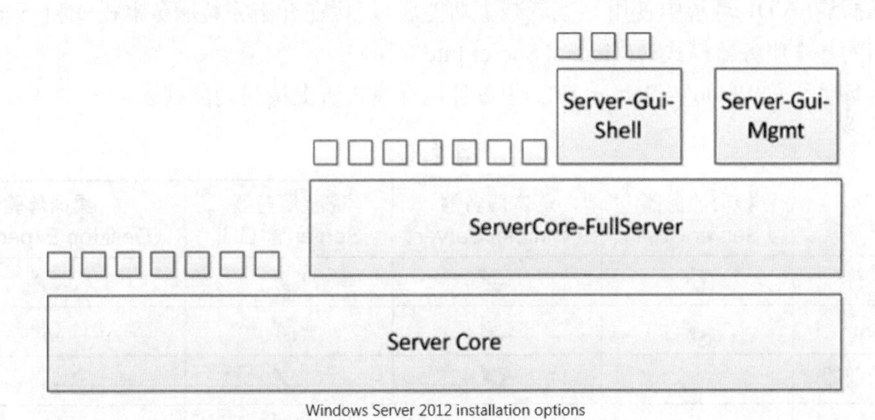

图片来源：TechNet Library-Server Core and Full Server Integration Overview（http://goo.gl/UbgO5）

图 5-4　Windows Server 2012 运行模式

您可以看到 Windows Server 2012 与旧版本的 Windows Server 2008 / 2008 R2 的不同，如图 5-5 所示。旧版本系统的两种运行模式是完全独立运行的，而在 Windows Server 2012 系统当中，两种运行模式都是以 Server Core 作为基础，再依据管理的需求切换到需要的运行模式。

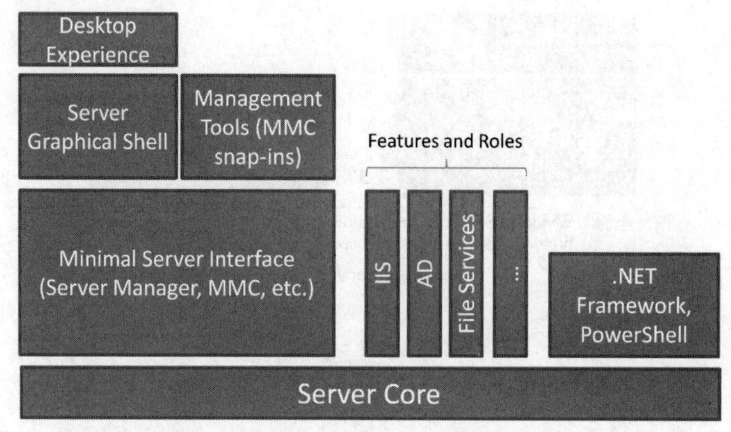

图片来源：Windows Server Blog - Building an Optimized Private Cloud using Windows Server 8 Server Core（http://goo.gl/KJcxx）

图 5-5 Windows Server 2012 组件架构

5-2 切换 Windows Server 2012 运行模式

Windows Server 2012 提供了两个安装选项，分别是带有 GUI 的服务器和核心服务器安装（Server Core）。在 Server Core 模式中，您可以依据管理的需求增加桌面体验（Desktop Experience）功能，使 Windows Server 2012 能够支持 Windows 应用商店、Media Player、主题等功能（通常在 VDI 环境中使用），或者减少功能后，运行在介于完整服务器模式和 Server Core 模式之间的基本服务器模式（Minimal Server Interface）。

表 5-1 列出了 Windows Server 2012 中每种运行模式所支持的功能列表。

表 5-1

	核心服务器（Server Core）	基本服务器（Minimal Server）	完整服务器（Server 含 GUI）	桌面体验（Desktop Experience）
命令提示符	✔	✔	✔	✔
PowerShell	✔	✔	✔	✔
服务器管理器		✔	✔	✔
MMC		✔	✔	✔
控制台			✔	✔
资源管理器			✔	✔
任务栏			✔	✔
通知区域			✔	✔

续表

	核心服务器（Server Core）	基本服务器（Minimal Server）	完整服务器（Server 含 GUI）	桌面体验（Desktop Experience）
IE 浏览器			✓	✓
自带说明系统			✓	✓
主题				✓
Shell				✓
应用商店				✓
Media Player				✓

以下为 Windows Server 2012 在每种运行模式下的操作画面截图，稍后将会详细说明如何在各种运行模式之间切换。

1．完整服务器（带有 GUI 的服务器）

在此运行模式中，具备了完整的服务器功能和图形化界面，并且登录后默认会启动服务器管理器程序，如图 5-6 所示。

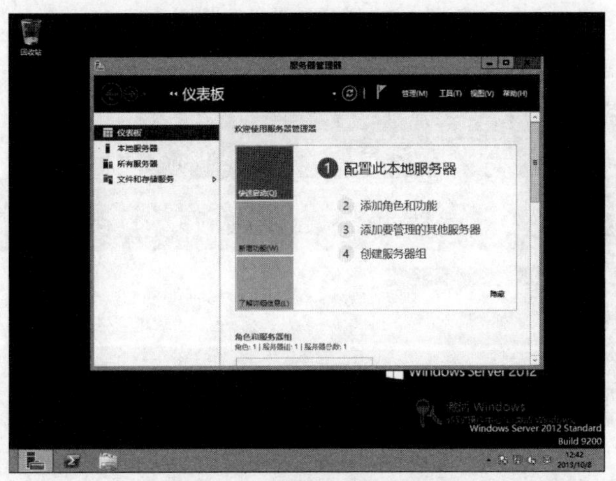

图 5-6　完整服务器操作画面

2．核心服务器（Server Core）

在此运行模式中，系统具备了大部分的角色和功能，比如 Active Directory 域服务、Active Directory 证书服务、DHCP 服务、DNS 服务等，相对于完整服务器运行模式，它所占的硬盘空间「将减少 4GB」左右，并且不具备图形化管理界面，登录后默认仅会启动命令提示符程序，如图 5-7 所示。

3．基本服务器（Minimal Server）

使用功能强大的服务器管理器，我们可以完成绝大部分的 Windows Server 2012 管理和设置任务。因此，如果您既希望像 Server Core 模式一样高效运行，如图 5-8 所示，又希望使用图形化界面中功能强大的服务器管理器，那么基本服务器运行模式就是您最佳的选择。相对于完整服务器模式，基本服务器模式「将少占用约 300M」左右的空间，也不具有完整的图形化界面，管理员登录后默认将启动命令提示符程序和服务器管理器程序。

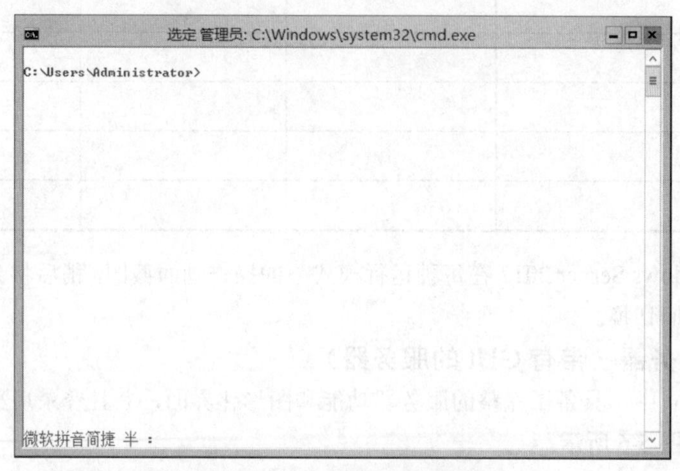

图 5-7　核心服务器操作画面

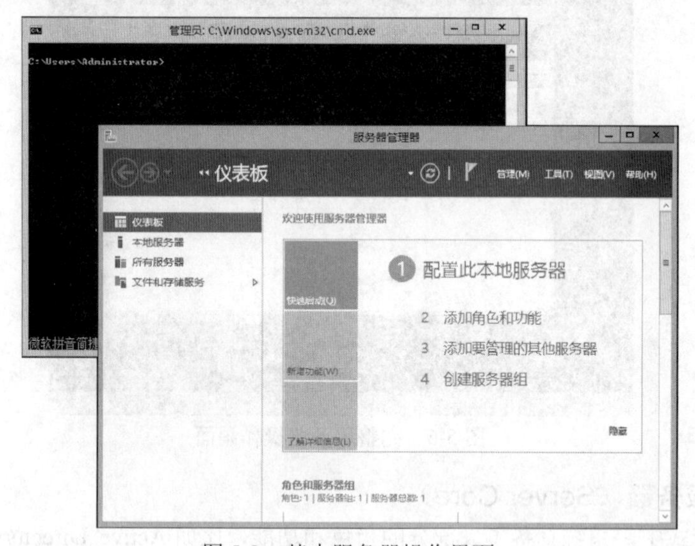

图 5-8　基本服务器操作界面

4．桌面体验（Desktop Experience）

这种运行模式是在完整服务器的基础之上新增与桌面体验有关的功能，如主题、Windows 应用商店、Windows Media Player 等功能，完成安装后便可以在「开始」菜单中看到「应用商店」、「Windows Media Player」等应用程序，如图 5-9 所示。

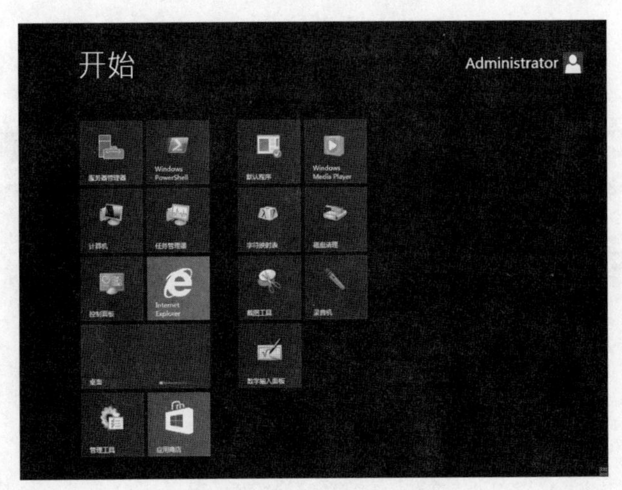

图 5-9　桌面体验操作画面

5-2-1　完整服务器 → 桌面体验

在登录 Windows Server 2012 后，将会自动启动服务器管理器，在服务器管理器中，请依次选择「管理>添加角色和功能」，系统将会运行「添加角色和功能向导」，单击「下一步」按钮继续，如图 5-10 所示。

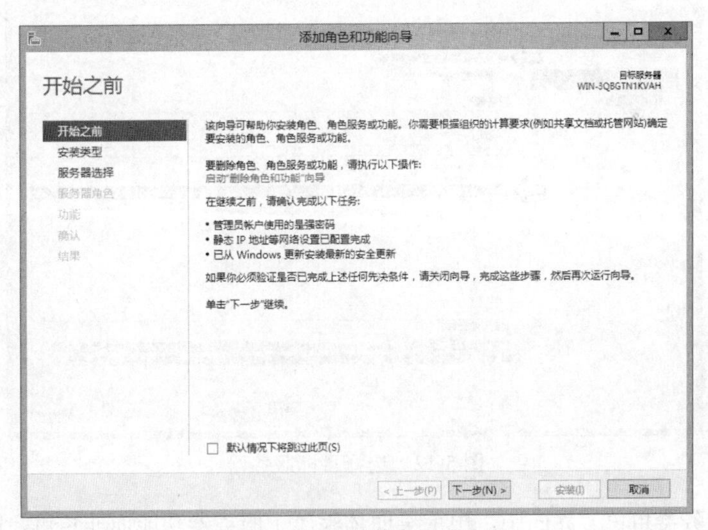

图 5-10　添加角色及功能向导

在「选择安装类型」界面中，由于桌面体验属于服务器功能，因此请选择「基于角色或基于功能的安装」，单击「下一步」按钮继续，如图 5-11 所示。

在「选择目标服务器」界面中，由于目前此服务器管理器中并没添加和管理其他服务器，因此在「服务器池」中只会显示并自动选择本地服务器，确认后单击「下一步」按钮继续，如图 5-12 所示。

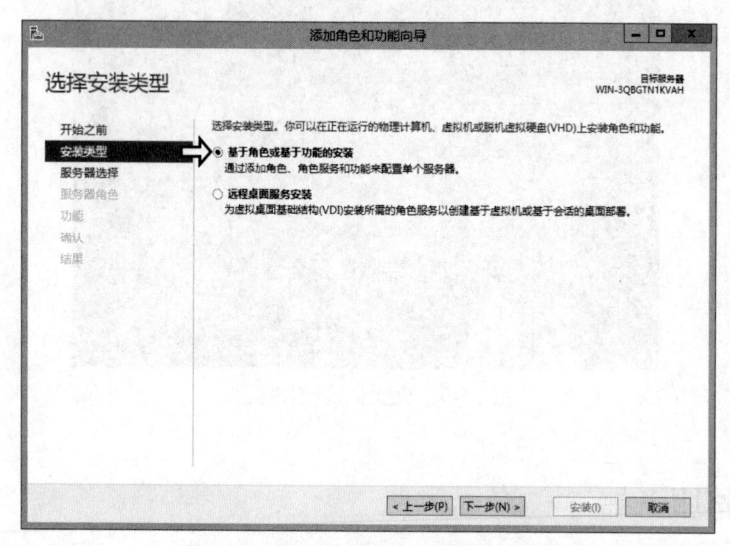

图 5-11　基于角色或基于功能的安装

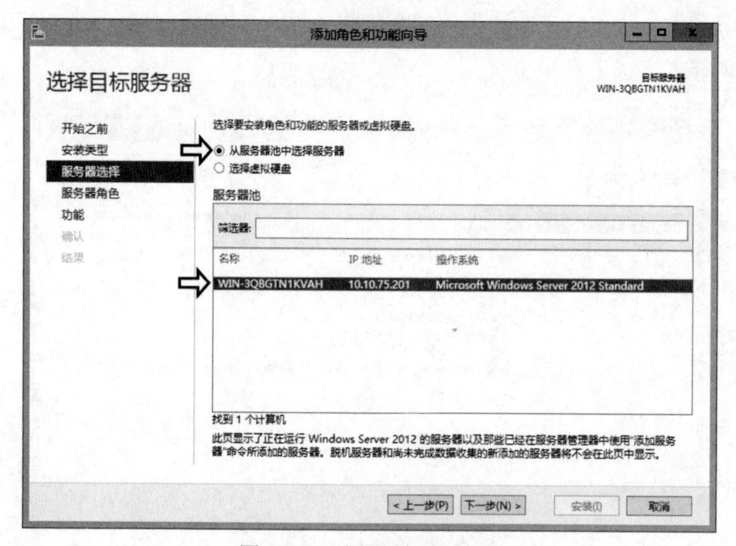

图 5-12　选择目标服务器

在「选择服务器角色」界面中，由于桌面体验属于服务器功能而非角色，因此请直接单击「下一步」按钮继续，如图 5-13 所示。

在「选择功能」界面中，展开「用户界面和基础结构」会看到「桌面体验」选项，当您勾选「桌面体验」选项时会弹出所需的角色或功能对话框，选择添加功能便会回到「选择功能」界面，请直接单击「下一步」按钮继续，如图 5-14 所示。

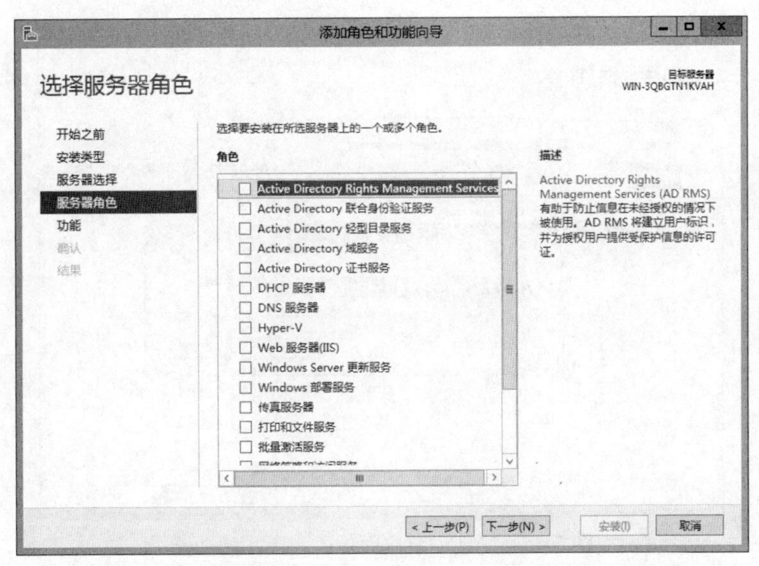

图 5-13　桌面体验属于服务器功能而非角色因此不须选择

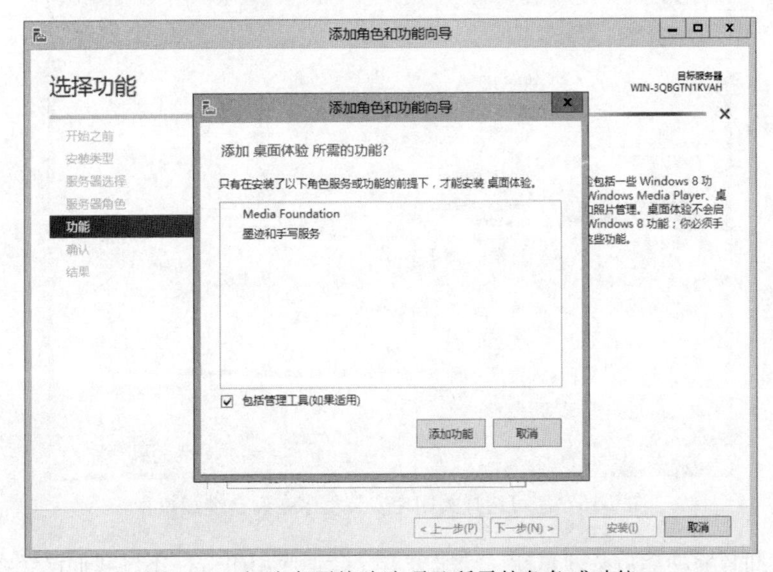

图 5-14　勾选桌面体验选项及所需的角色或功能

在「确认安装所选内容」界面中，请勾选「如果需要，自动重新启动目标服务器」选项，系统会弹出提示框，当此功能安装完毕需要重新启动服务器时将再次询问，单击「是」按钮后回到「确认安装所选内容」界面，确认安装桌面体验和所需的功能，如图 5-15 所示。

在桌面体验及其所需的功能安装过程中，您可以在安装进度窗口中等待安装程序完成，或者单击「关闭」按钮使安装程序在后台继续执行，如图 5-16 所示。

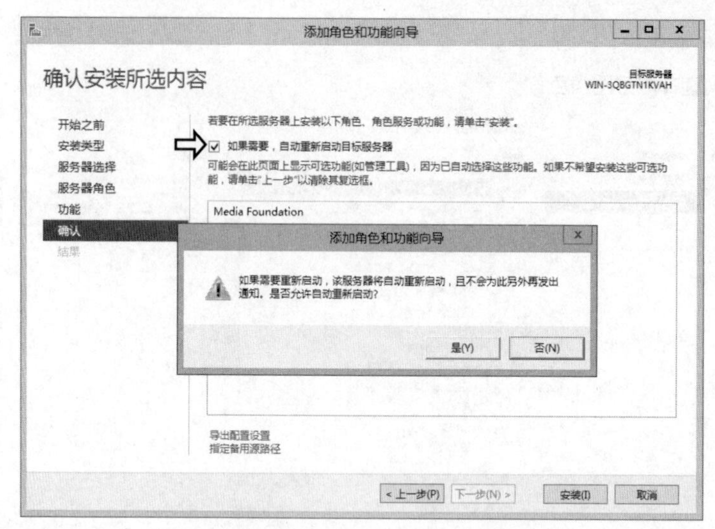

图 5-15　确认安装桌面体验和所需的功能

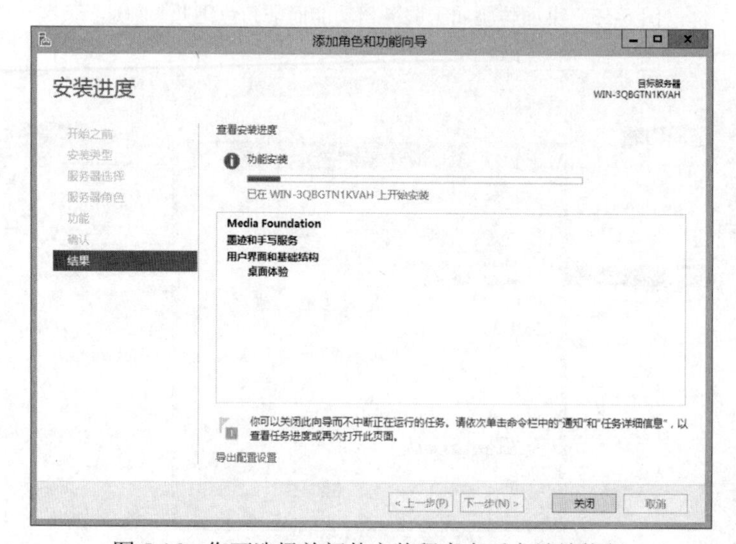

图 5-16　您可选择关闭使安装程序在后台继续执行

安装完桌面体验功能后必须重新启动服务器才会使应用生效，不过我们已经在「确认安装所选内容」页面中勾选了「如果需要，自动重新启动目标服务器」，因此桌面体验功能安装完毕后便会自动重新启动服务器（重新启动服务器两次），如图 5-17 所示。

服务器重新启动完毕后在「开始」菜单中便可以看到「应用商店、Windows Media Player、录音机等」桌面体验功能程序，如图 5-18 所示。

重新启动完成后，当您登录到服务器，服务器管理器程序将再次自动启动，如果您在安装桌面体验过程中没有关闭进度窗口，那么现在服务器管理器将会显示安装成功的提示信息，如图 5-19 所示。

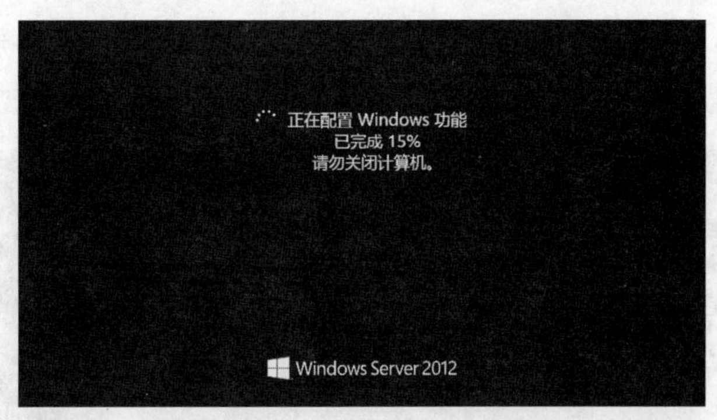

图 5-17　桌面体验功能安装完毕后便自动重新启动服务器

图 5-18　「开始」菜单中可以看到桌面体验功能程序

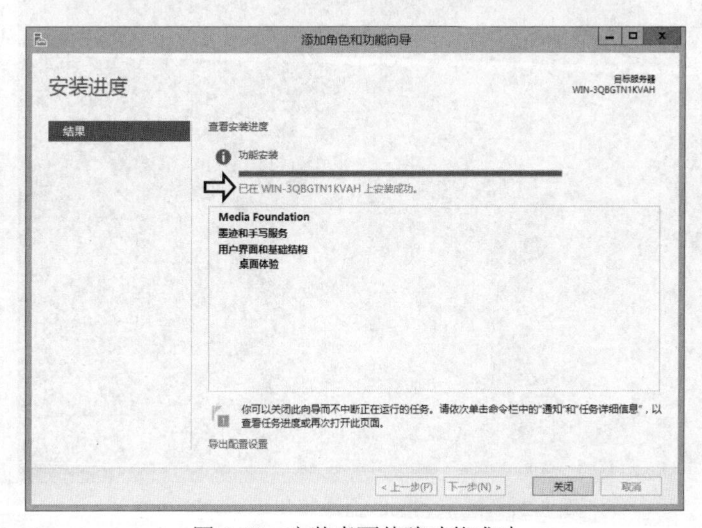

图 5-19　安装桌面体验功能成功

如果您在刚才的安装进度窗口中选择了在后台运行添加功能的程序，那么单击服务器管理器上的旗帜图标，便可以查看到安装进度完成的信息，如图 5-20 所示。

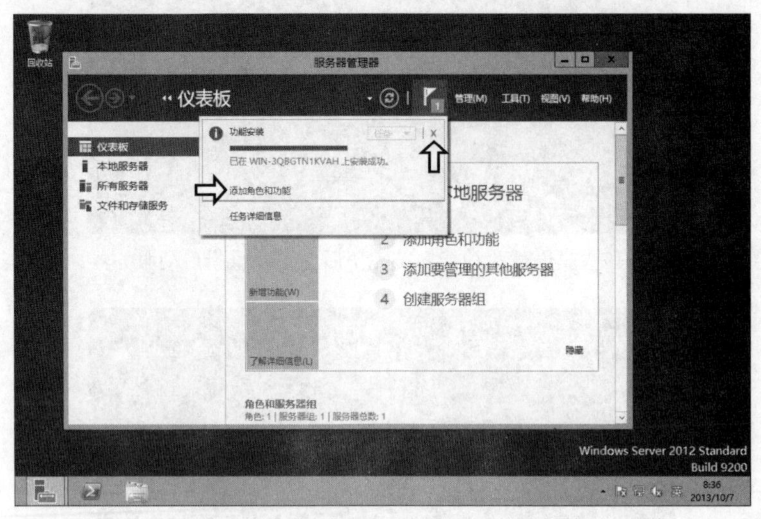

图 5-20　查看安装进度或者关闭提示进度

PowerShell 命令

其实您也可以在完整服务器环境中打开 PowerShell 运行环境后，执行以下命令完成添加桌面体验功能的目的，如图 5-21 所示。

```
Install-WindowsFeature Desktop-Experience -Restart
```

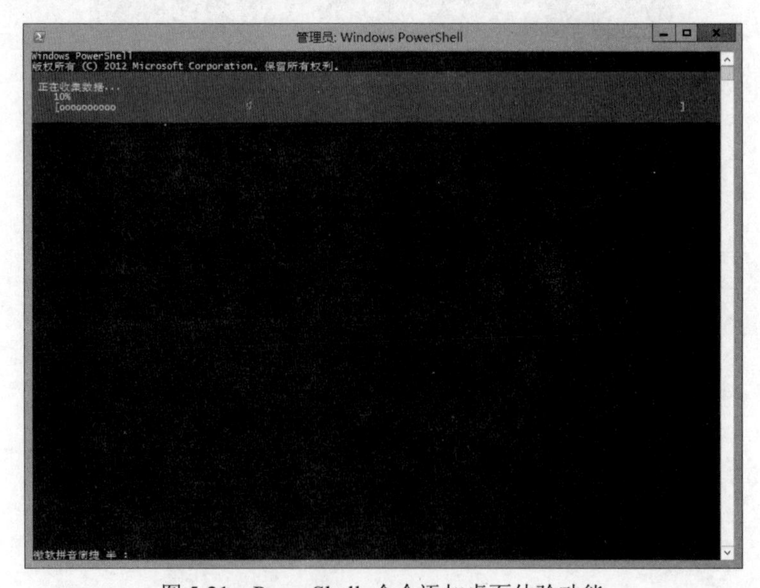

图 5-21　PowerShell 命令添加桌面体验功能

5-2-2 完整服务器 → 基本服务器

请在服务器管理器操作界面中依次选择「管理>删除角色和功能选项」，此时便会弹出「删除角色和功能向导」，确认后单击「下一步」按钮继续，如图 5-22 所示。

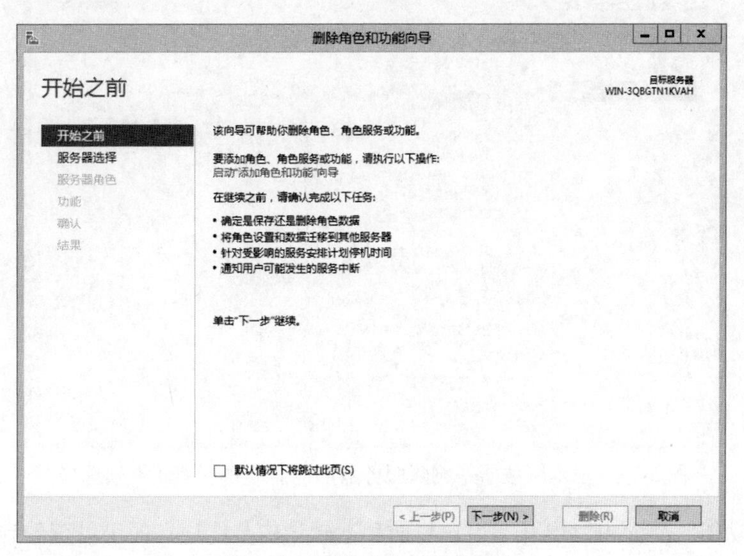

图 5-22 删除角色和功能向导

在「选择目标服务器」界面中，由于当前服务器管理器中并没有添加管理其他的服务器，因此在服务器池中只能选择当前本机服务器，确认后单击「下一步」继续，如图 5-23 所示。

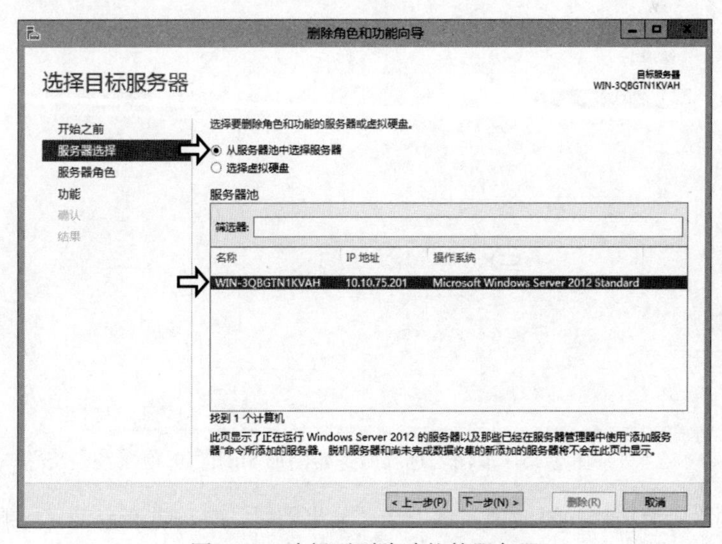

图 5-23 选择要删除功能的服务器

在「删除服务器角色」界面中，由于基本服务器（服务器图形 Shell）属于服务器功能而非角色，因此请直接单击「下一步」按钮继续删除功能程序，如图 5-24 所示。

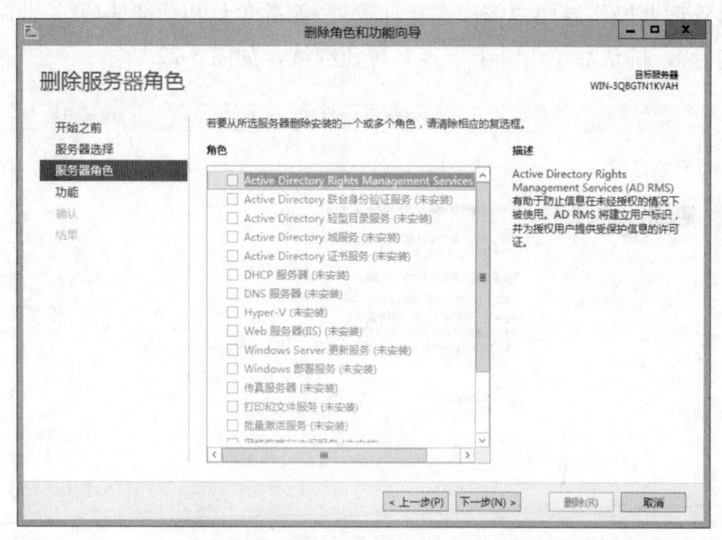

图 5-24　基本服务器是删除服务器功能而非角色因此不须选择

在「删除功能」界面中，展开「用户界面和基础结构」选项，便可以查看到「服务器图形 Shell」选项，「取消勾选」此选项，单击「下一步」按钮继续删除功能程序，如图 5-25 所示。

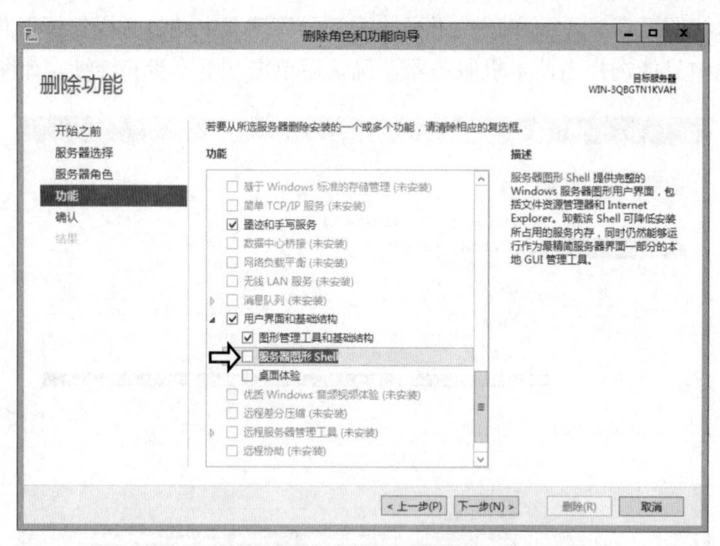

图 5-25　取消勾选「服务器图形 Shell」选项

在「确认删除所选内容」界面中，请勾选「如果需要，自动重新启动目标服务器」选项，单击「删除」按钮确认删除服务器图形 Shell 功能，如图 5-26 所示。

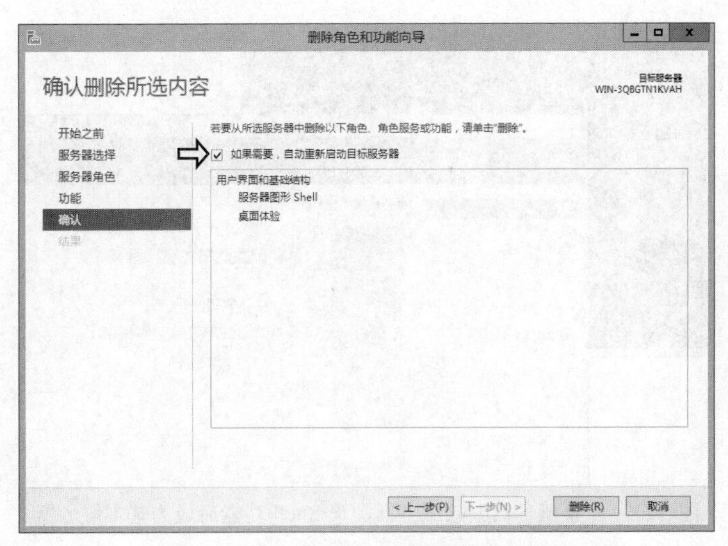

图 5-26　确认删除服务器图形 Shell 功能

在删除服务器图形 Shell 功能的同时，您可以等待删除进度的完成，或者单击「关闭」按钮选项使删除功能程序在后台继续执行，如图 5-27 所示。

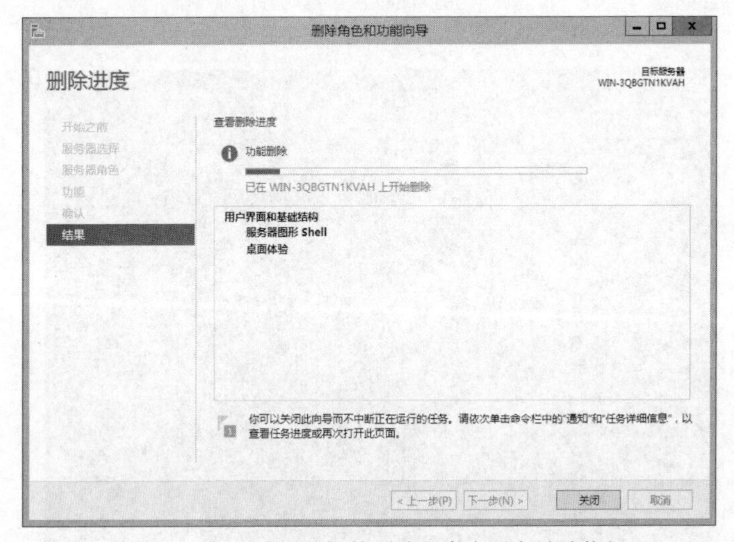

图 5-27　您可选择关闭使删除程序在后台继续执行

删除服务器图形 Shell 功能必须重新启动计算机才能生效，不过在刚才的删除功能程序中我们已经勾选必要时自动重新启动目标服务器选项，因此当服务器图形 Shell 功能删除完毕后便会自动重新启动计算机，当计算机重新启动完成后，再次登录，您会看到默认将开启命令提示符和服务器管理器，如图 5-28 所示。

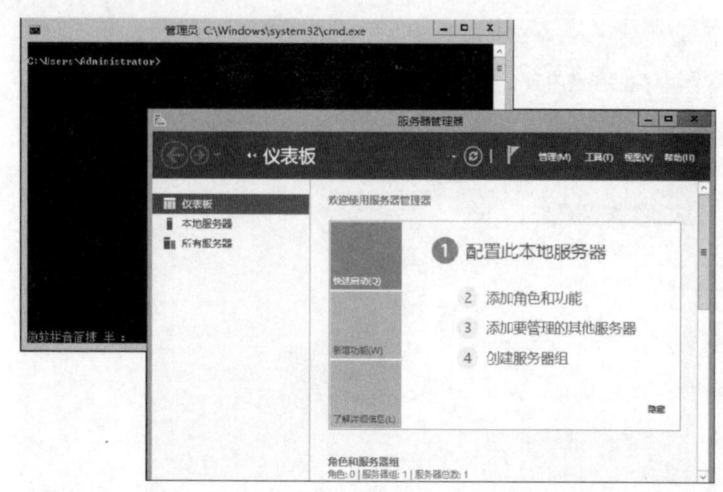

图 5-28 完整服务器删除服务器图形 Shell 功能后成为基本服务器

PowerShell 命令

您也可以在完整服务器环境中打开 PowerShell 运行环境窗口后，输入以下命令来完成删除服务器图形 Shell 功能的目标，如图 5-29 所示。

```
Uninstall-WindowsFeature  Server-Gui-Shell  -Restart
```

图 5-29 PowerShell 命令删除服务器图形化 Shell 功能

5-2-3 完整服务器 → 核心服务器

请在服务器管理器操作界面中依次选择「管理>删除角色和功能」选项，此时便会弹出「删除角色和功能」向导，确认后单击「下一步」按钮继续，如图 5-30 所示。

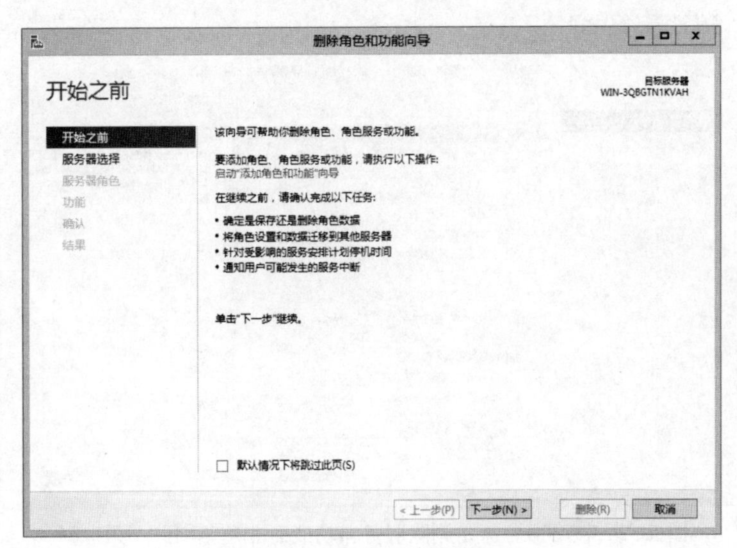

图 5-30　删除角色和功能向导

在「选择目标服务器」界面中，由于当前此服务器管理器中并没有添加管理其他的服务器，因此在服务器池中只会选择当前本机服务器，确认后单击「下一步」按钮继续，如图 5-31 所示。

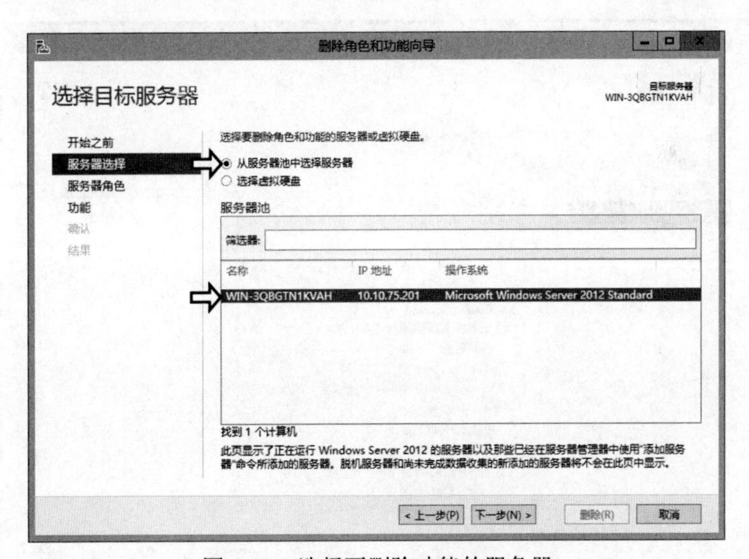

图 5-31　选择要删除功能的服务器

在「删除服务器角色」界面中，由于核心服务器（用户界面和基础结构）属于服务器功能而非角色，因此请直接单击「下一步」按钮继续删除功能程序，如图 5-32 所示。

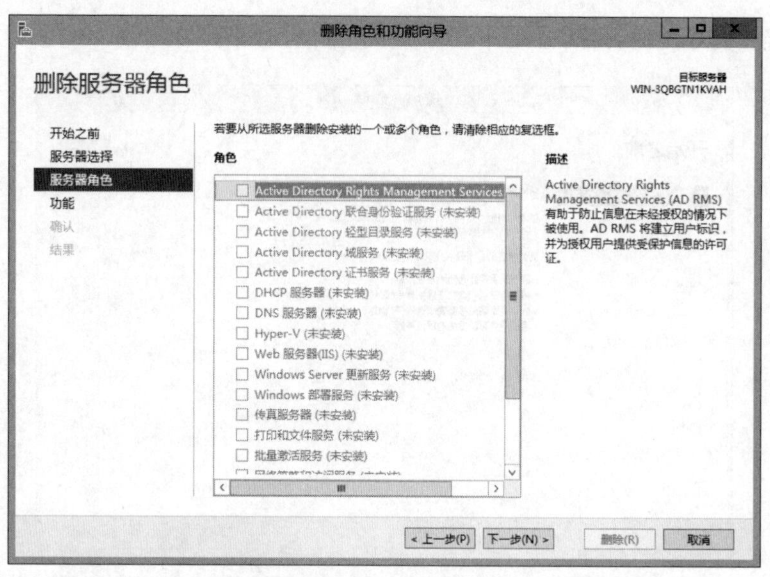

图 5-32　核心服务器是删除服务器功能而非角色因此不须选择

在「删除功能」界面中，请取消勾选「用户界面和基础结构」所有子项目后，单击「下一步」按钮继续删除功能程序，如图 5-33 所示。

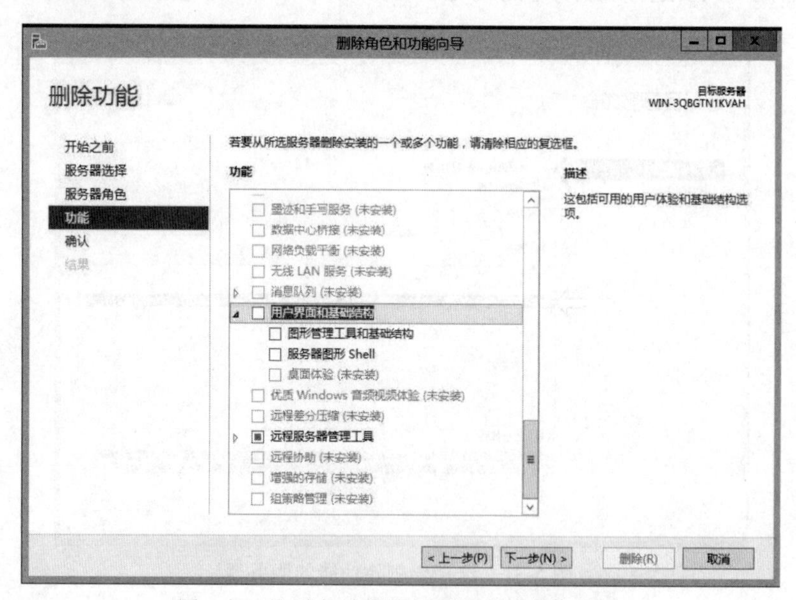

图 5-33　取消勾选用户界面和基础结构选项

在「确认删除所选内容」界面中，请勾选「如果需要，自动重新启动目标服务器」选项，单击「删除」按钮确认删除用户界面和基础结构功能，如图 5-34 所示。

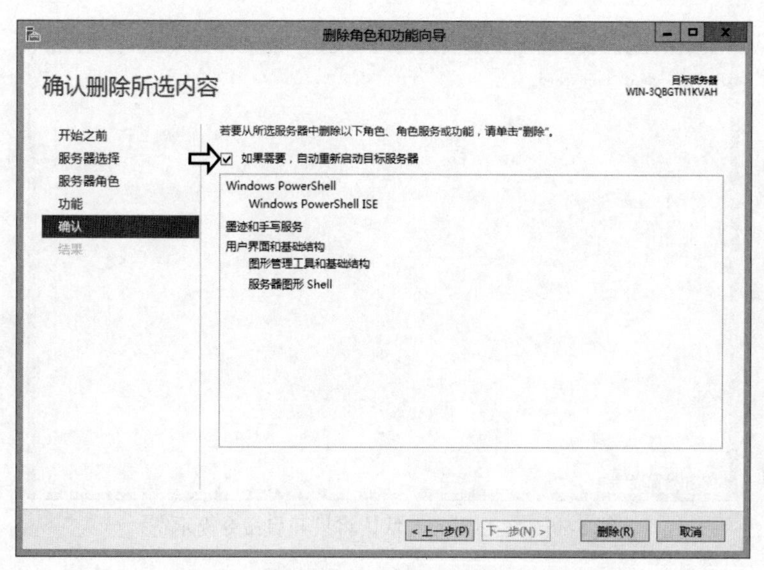

图 5-34　确认删除用户界面和基础结构功能

在删除用户界面和基础结构功能的同时，您可以等待删除进度的完成，或者单击「关闭」按钮使删除功能程序在后台继续执行，如图 5-35 所示。

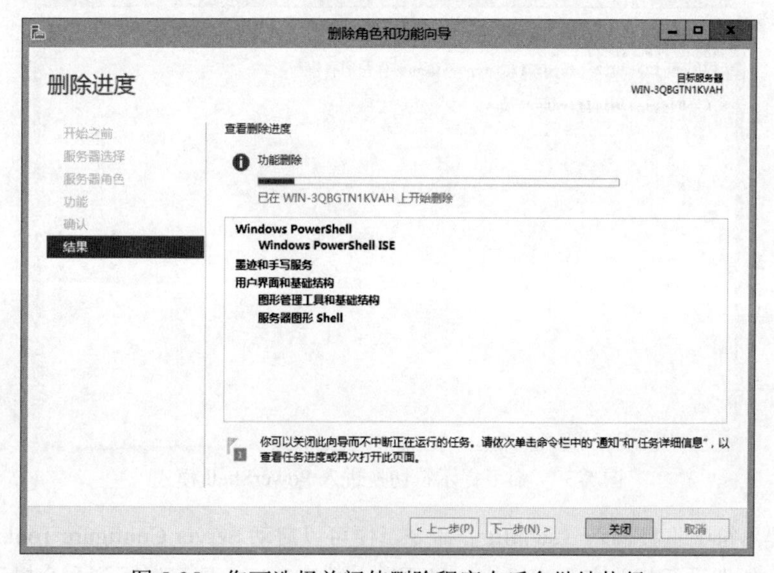

图 5-35　您可选择关闭使删除程序在后台继续执行

删除用户界面和基础结构功能必须重新启动计算机才能生效，不过在刚才的删除功能程序中我们已经勾选必要时自动重新启动目标服务器选项，因此当用户界面和基础结构功能删除完毕后便会自动重新启动计算机，当计算机重新启动完成后，再次登录，您会看到默认将开启命令提示符，如图 5-36 所示。

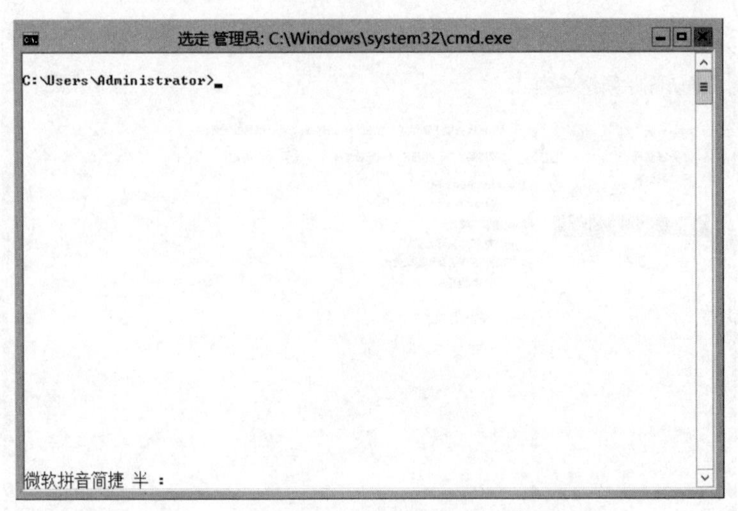

图 5-36　核心服务器默认将只开启命令提示符

在命令提示符中直接输入「powershell」命令，便可以切换进入 PowerShell 模式，而需要离开时只要输入「exit」命令，便可以回到命令提示符模式，如图 5-37 所示。

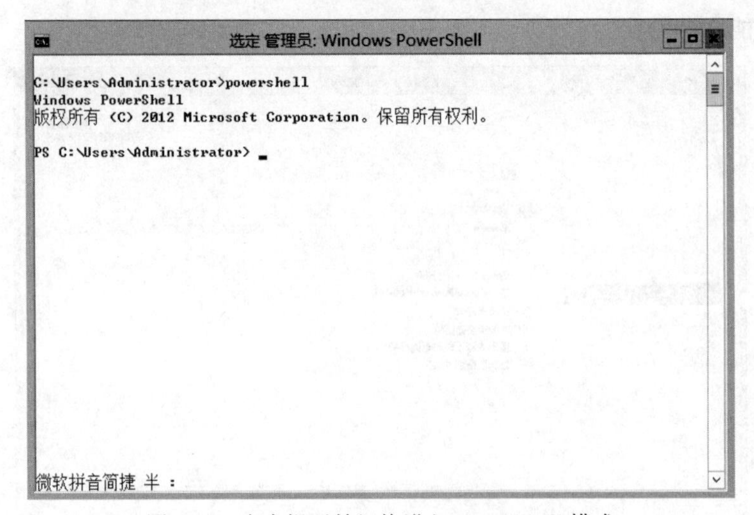

图 5-37　命令提示符切换进入 PowerShell 模式

在命令提示符中直接输入「sconfig」命令，便可以启动 Server Configure Tools 窗口，如图 5-38 所示，方便您进行相关交互式操作，只要输入数字「15」便可以回到命令提示符模式。

PowerShell 命令

您也可以在完整服务器环境中打开 PowerShell 运行环境窗口后，输入以下命令来完成删除用户界面与基础结构功能的目标，如图 5-39 所示。

```
Uninstall-WindowsFeature  Server-Gui-Mgmt-Infra  -Restart
```

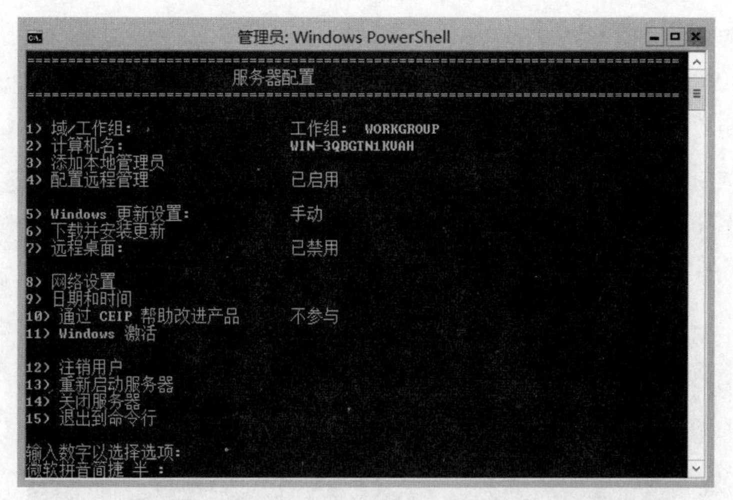

图 5-38　命令提示符启动 Server Configure Tools

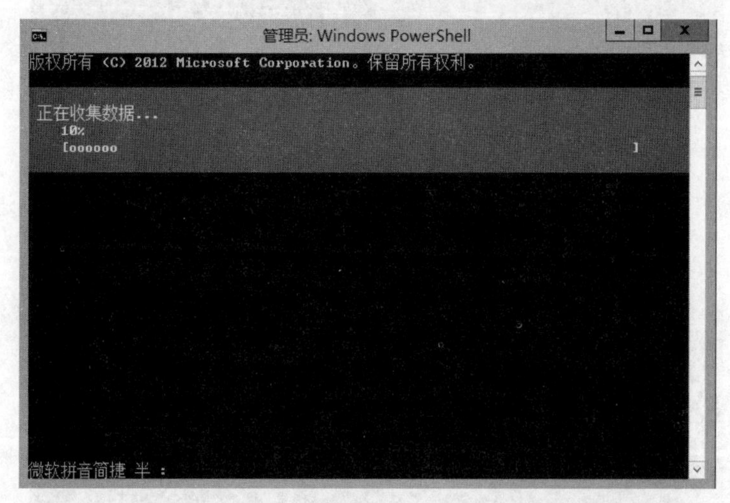

图 5-39　PowerShell 命令删除用户界面与基础结构功能

5-2-4　核心服务器 → 完整服务器

1. 无须指定安装源

核心服务器运行模式切换为完整服务器运行模式也很简单，不过要看最初安装操作系统时选择了哪种安装模式，如果选择的是完整服务器模式，而后基于性能上的考虑切换成核心服务器模式，最后由于某些原因又希望切换成完整服务器模式，在这个过程中，因为相关的二进制源文件已经存在于系统当中，因此您并不需要指定安装源，直接运行相应的 PowerShell 命令就可以完成切换了。

请在核心服务器的命令提示符中输入「powershell」命令进入 PowerShell 运行环境，然后输入命令「Install-WindowsFeature Server-Gui-Mgmg-Infra,Server-Gui-Shell-Restart」，在安装的过程中，会自动从系统中找到所需要的安装源文件完成安装，如图 5-40 所示。

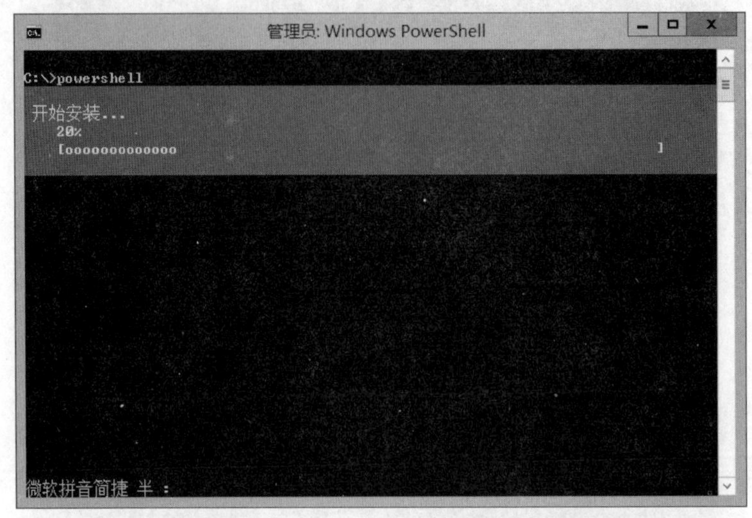

图 5-40 查找系统中是否已经有相关二进制源文件

确认了系统中已经有相关二进制文件后（无须从其他来源加载），便会自动进行安装用户界面与基础结构相关功能的操作，如图 5-41 所示。

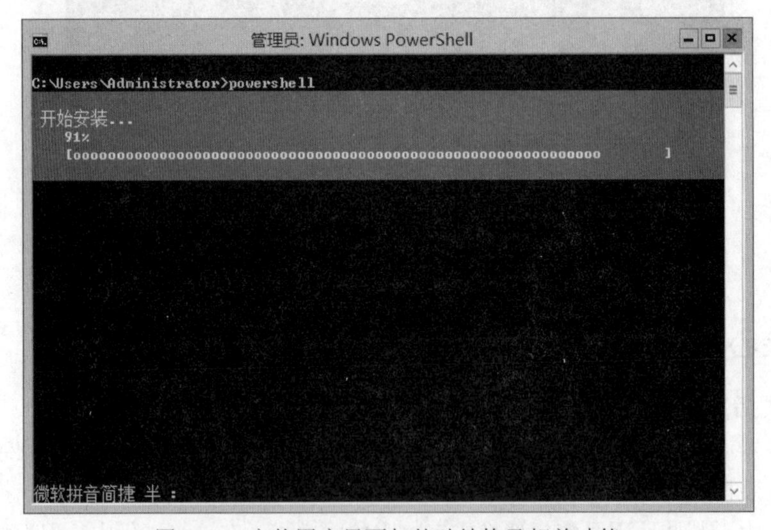

图 5-41 安装用户界面与基础结构及相关功能

完成了用户界面与基础结构的功能安装后，由于我们在 PowerShell 命令的最后指定了「-Restart」参数，系统将开始重新启动以使应用生效，如图 5-42 所示。

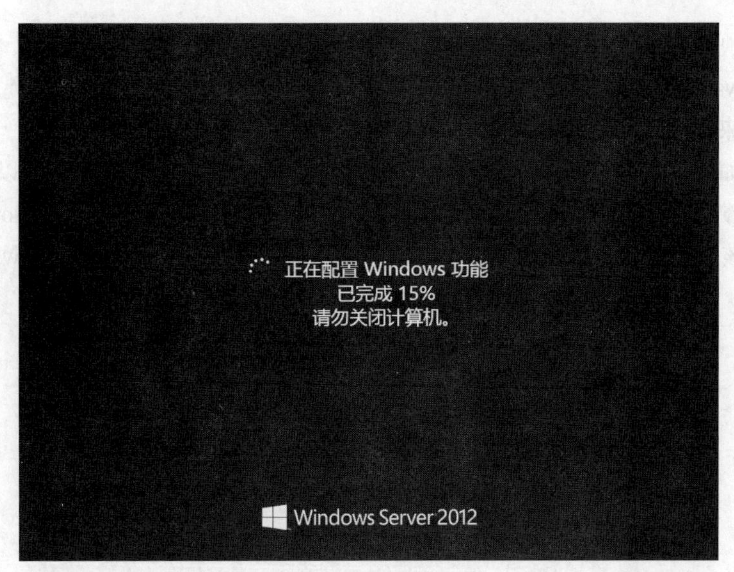

图 5-42　功能安装完毕之后将自动重新启动计算机以应用生效

计算机重新启动完毕后便回到完整服务器的运行模式了，如图 5-43 所示。

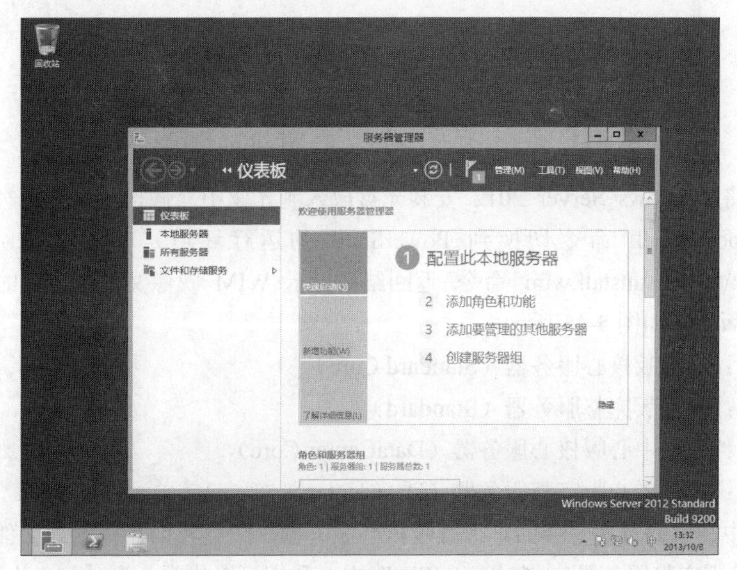

图 5-43　回到完整服务器的运行模式

2．需要指定安装源文件

如果在首次安装 Windows Server 2012 操作系统时就选择了核心服务器安装选项，那么所安装好的操作系统当中便「不具备」切换到完整服务器的相关二进制文件，因此当需要切换成完整服务器时就需要指定安装来源，其安装来源可以是下列两种（二选一即可）：

- WIM 映像文件（包含在 Windows Server 2012 安装光盘中）
- Windows Update（自动从微软官方网站下载）

3．安装来源为 WIM 映像文件（安装光盘）

首先介绍如何从安装光盘中的 WIM 映像文件中取得相关的二进制文件以便切换运行模式，请先在核心服务器的命令提示符中输入「DISM /online /Get-CurrentEdition」命令，它将显示您目前的核心服务器是哪个版本，结果显示目前运行的是标准版的 Windows Server 2012，如图 5-44 所示。

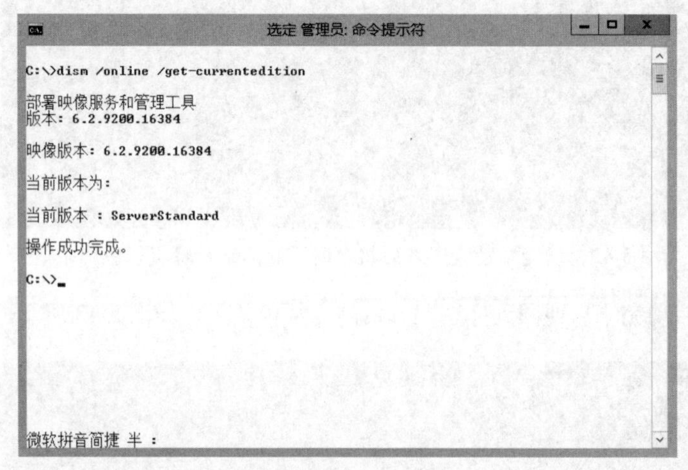

图 5-44　当前运行的是标准版的 Windows Server 2012

接下来请将 Windows Server 2012 安装光盘放入到光驱中（假设光盘为 D 盘），在命令提示符中输入 powershell 命令切换到 PowerShell 的运行环境，输入「Get-WindowsImage -ImagePath D:\sources\install.wim」命令，返回结果显示 WIM 映像文件中包含的所有 Windows Server 2012 的版本，如图 5-45 所示：

- Index 1：标准版核心服务器（Standard Core）
- Index 2：标准版完整服务器（Standard）
- Index 3：数据中心版核心服务器（DataCenter Core）
- Index 4：数据中心版完整服务器（DataCenter）

演示环境中，我们首次安装的是标准版核心服务器，因此我们在指定源文件时必须要选择「Index 2 标准版完整服务器」。在 PowerShell 中，我们可以执行命令「*Install-WindowsFeature Server-Gui-Mgmt-Infra, Server-Gui-Shell -Restart -Source wim:d:\sources\install.wim:2*」，开始用户界面和基础结构功能安装，而安装源文件将来源于光盘中 WIM 文件的 Index 镜像，如图 5-46 所示。

当用户界面与基础结构功能安装完成后，由于刚才执行的 PowerShell 命令中指定了「-Restart」参数，因此功能安装完成后将自动重新启动，重新启动完成后便回到了完整服务器的运行模式了，如图 5-47 所示。

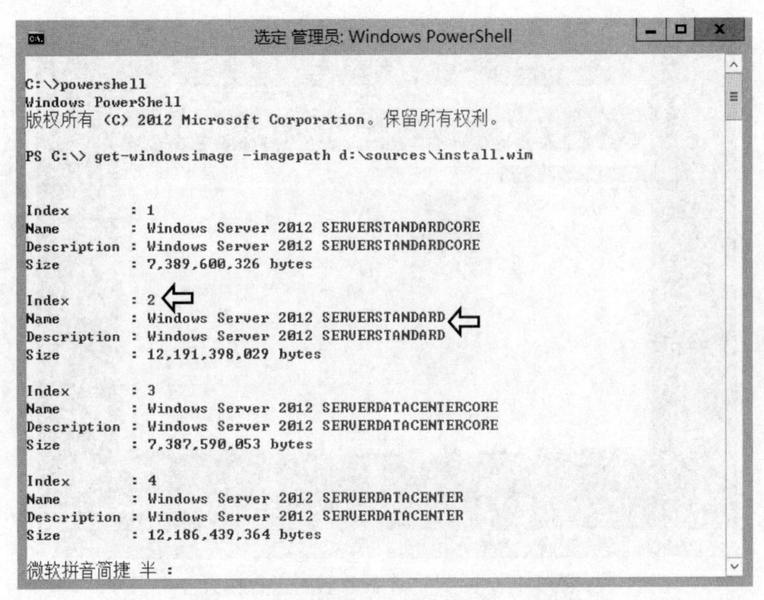

图 5-45　列出此安装光盘中所包含的版本

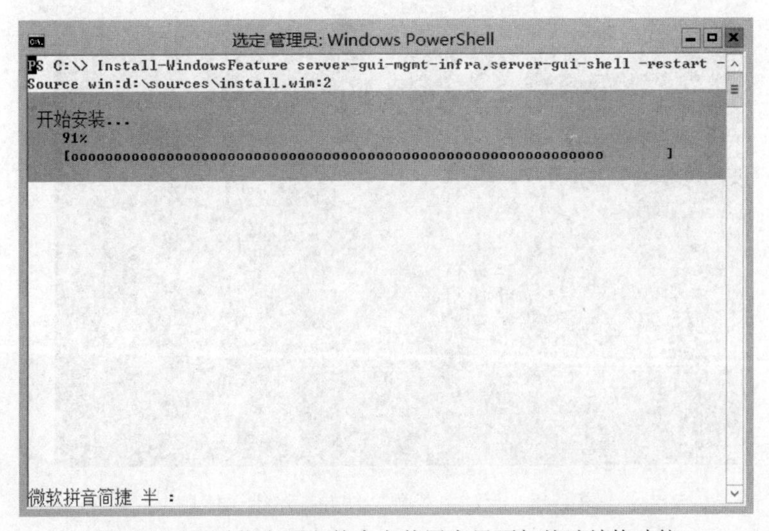

图 5-46　通过指定源文件来安装用户界面与基础结构功能

4．通过 Windows Update 更新安装

如果我们正准备为核心服务器安装用户界面和基础结构功能，但又没有准备 Windows Server 2012 的安装光盘，这种情况下，只要服务器能够正常连接到因特网，就可以通过 Windows Update 更新的方式完成安装。但如果服务器网络连接不正常，那么在安装相应功能的时候，就会出现无法下载源文件的错误信息，如图 5-48 所示。

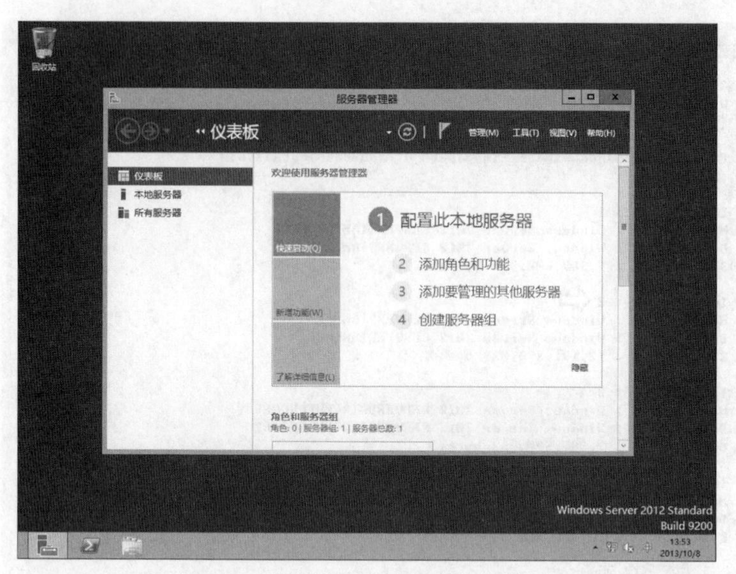

图 5-47　回到完整服务器的运行模式

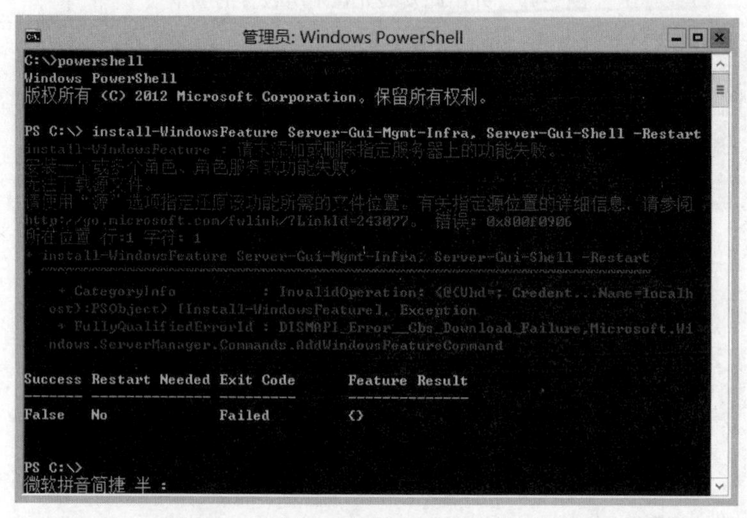

图 5-48　无法下载源文件并提示错误信息

保证网络连接正常的情况下，便可以在核心服务器中启动 PowerShell，运行命令「Install-WindowsFeature Server-Gui-Mgmt-Infra, Server-Gui-Shell -Restart」。在安装的过程中，会自动连接到微软官方网站下载安装用户界面和基础结构功能所需要的可执行文件，当安装进度达到「68%」时，会停顿很久，如果这个时候您使用任务管理器查看网络，便会发现下载流量的增长，如图 5-49 所示。

到这一步，您是否在各种运行模式的切换过程中觉得混乱了？本质上来说，您可以通过服务器管理器工具来添加或者删除相应的角色和功能，而如果使用 PowerShell 的话，那就可以使用 Install-WindowsFeature / Uninstall-WindowsFeature 来添加或者删除角色和功能。表 5-2 整理了在服务器管理器或是 PowerShell 中每一种运行模式的名称。

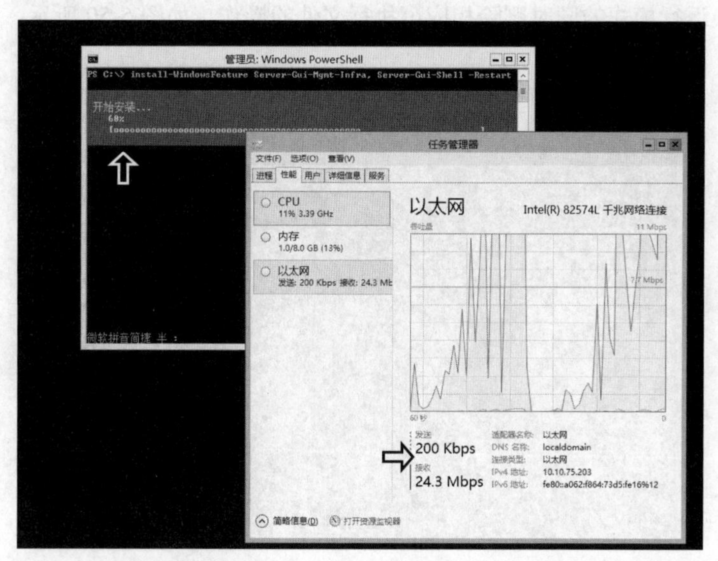

图 5-49　通过 Windows Update 下载源文件来安装相关功能

表 5-2

	服务器管理器	PowerShell
核心服务器（Server Core）	-	-
基本服务器（Minimal Server）	图形管理工具与基础结构	Server-Gui-Mgmt-Infra
完整服务器（Server 含 GUI）	服务器图形 Shell	Server-Gui-Shell
桌面体验（Desktop）	桌面体验	Desktop-Experience

5-3　功能按需安装

在 Windows Server 2012 当中新增了功能按需安装（Features on Demand）的特性，在旧版本的 Windows 当中（例如 Windows Server 2008 R2）即使停用了服务器角色或功能，相关的可执行文件仍然会保留在硬盘中占用磁盘空间。

举例来说，我们在前面演示了从完整服务器运行模式切换到核心服务器运行模式的操作，完成这个操作之后，相关的可执行文件仍然会保留在硬盘中，所以我们再一次切换回来时便不用指定外部的安装源。而如果我们执行相反的操作，因为按需安装的特性，硬盘中并不存在相关的可执行文件，因此我们必须指定外部安装源。

那么，我们是否可以在完整服务器运行模式切换到核心服务器运行模式的过程中，也将相关的可执行文件一起删除呢？可以通过在删除的 PowerShell 命令中指定「－Remove」参数，完整的命令为「Uninstall-WindowsFeature Server-Gui-Mgmt-Infra, Server-Gui-Shell －Remove」，就可以实现切换运行模式的同时删除相应可执行文件的操作，如图 5-50 所示。

图 5-50　删除功能的同时也删除可执行文件

由于我们不只是删除功能（切换运行模式）同时也将二进制文件一并删除，因此必须要重新启动主机才能完成删除程序并且应用生效（请注意!! 此时使用-Restart 参数是无效的），如图 5-51 所示。

图 5-51　移除完毕后必须重新启动主机才能套用生效

Chapter 6

Hyper-V Server 2012 单机管理

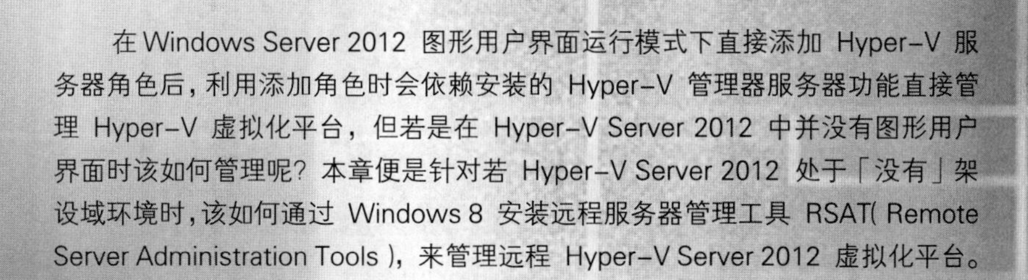

在 Windows Server 2012 图形用户界面运行模式下直接添加 Hyper-V 服务器角色后，利用添加角色时会依赖安装的 Hyper-V 管理器服务器功能直接管理 Hyper-V 虚拟化平台，但若是在 Hyper-V Server 2012 中并没有图形用户界面时该如何管理呢？本章便是针对若 Hyper-V Server 2012 处于「没有」架设域环境时，该如何通过 Windows 8 安装远程服务器管理工具 RSAT(Remote Server Administration Tools)，来管理远程 Hyper-V Server 2012 虚拟化平台。

6-1　单机管理 Hyper-V 虚拟化平台

在 Windows Server 2012 图形界面运行模式下，我们可以直接添加 Hyper-V 服务器角色，然后利用安装的 Hyper-V GUI 管理工具直接管理 Hyper-V 虚拟化平台。但是 Hyper-V Server 2012 并没有图形界面，该如何管理呢？在后面的高级管理章节中，我们会将 Hyper-V Server 2012 加入到域以方便管理。在当前的工作组环境中我们首先要解决远程管理的问题。

本章我们将介绍 Hyper-V Server 2012 在没有加入域的情况下，如何在 Windows 8 中安装远程管理工具 RSAT，用于管理远程的 Hyper-V Server 2012 虚拟化平台。在前面的章节中，我们已经介绍了 Hyper-V Server 2012 的安装过程，在此我们就可以直接使用此 Hyper-V Server 2012 的虚拟机继续演示操作，如图 6-1 所示。

图 6-1　登录 Hyper-V Server 2012

6-1-1　查询 Hyper-V Server 2012 授权信息

如果您还是担心 Hyper-V Server 2012 虚拟化平台是否真的可以「免费使用」，那么直接登录到 Hyper-V Server 2012 后，在命令提示符中输入「slmgr.vbs －dlv」命令，在返回的结果中便可以在许可证状态一行看到已授权的信息。需要注意的是，免费授权只是针对于 Hyper-V Hypervisor 而言的，在其上运行的虚拟机也就是 Guest OS 还是必须购买授权的，如图 6-2 所示。

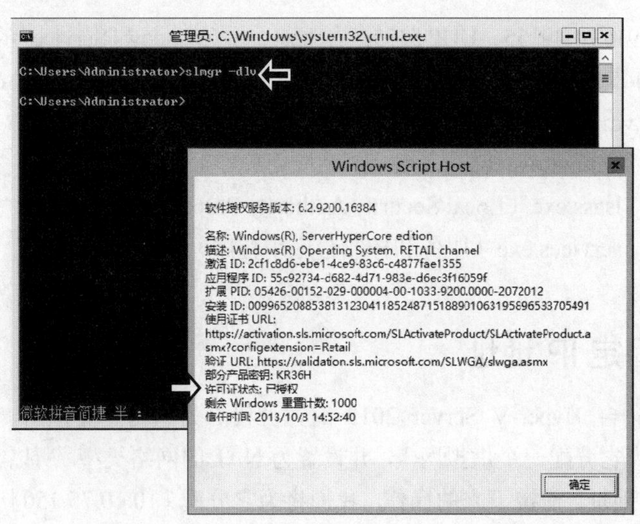

图 6-2　查看 Hyper-V Server 2012 授权信息

6-1-2　了解 Hyper-V 主机默认开放的端口

在完成了 Hyper-V Server 2012 的安装之后，默认会开启一些服务的端口，在对服务器进行配置之前，我们可以先了解开启了哪些端口。可以使用 netstat -nao 命令进行查询，并且可以结合任务管理器的 PID 值查找对应的进程。从返回的结果可以看到，默认开启的端口非常少，如图 6-3 所示。从这一方面来说，Hypervisor 不仅仅只是使用的硬件资源少，安全性也有进一步的提升。

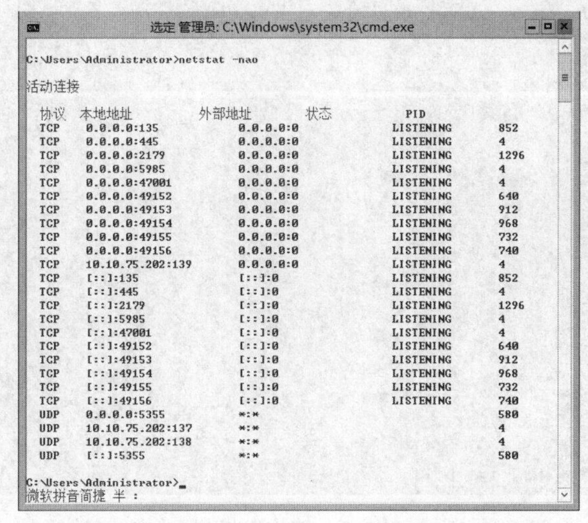

图 6-3　查看 Hyper-V Server 2012 默认开启端口

- TCP 135、49153、49155、UDP 5355：svchost.exe（Windows Services 的主机处理程序）
- TCP 139、445、5985、47001、UDP 137、138：System（NT Kernel & System）
- TCP 2179：vmms.exe（虚拟机管理服务）
- TCP 49152：wininit.exe（Windows 启动应用程序）
- TCP 49154：lsass.exe（Local Security Authority Process）
- TCP 49156：services.exe（服务和控制台应用程序）

6-1-3 设置固定 IP 地址

在我们创建这一台 Hyper-V Server 2012 时，并没有为它指定虚拟网卡和网络类型，那么 VMware Player 将为它分配一个虚拟网卡，并设置为 NAT 的网络类型，所以它会自动获取 NAT 交换机上分配的 IP 地址。而接下来的操作，我们将为它分配「10.10.75.150」这个固定 IP 地址，可以在 Hyper-V Server 的服务器配置工具中完成操作：

步骤一、选择网卡

在服务器配置工具中，我们可以通过输入数字「8」选择网络设置菜单，所有检测到的网卡都会出现在列表中列举出来。如果服务器上安装了多块网卡，我们可以使用索引编号来选择相应的网卡，在图 6-4 中，你可以看到只配置了一块网卡，并且获得的动态 IP 地址是「10.10.75.202」，输入「11」选择这块网卡。

图 6-4　Hyper-V Server 2012 获取的动态 IP 地址

步骤二、设置固定 IP 地址、Gateway、DNS

要设置固定 IP 地址，可以依据以下顺序选择相应的菜单选项「1>S>10.10.75.150>255.255.255.0>10.10.75.254」，即依次设置静态 IP 地址、子网掩码、默认网关，接着依照这个顺序「2>10.10.75.254」设置 DNS 服务器地址，最后再输入「4」退出设置菜单，如图 6-5 所示。

图 6-5　设置 Hyper-V Server 2012 固定 IP 地址

6-1-4　添加本机系统管理员账号

对于 Windows Server 服务器的管理，出于安全的考虑，一般建议不直接使用内置 administrator 账号，而是再添加一个账号，并把添加的账号加入到 Administrators 管理员组中。减少 administrator 账号的使用，可以避免密码被暴力破解的可能。

步骤一、添加本地管理员

在服务器管理工具菜单中，请输入数字 3，选择添加本地管理员选项，如图 6-6 所示，随后输入账户以加入本地 Administrators 组。这里添加的账号名为「Weithenn」，输入完账号之后，回车，就会弹出设置账户密码的窗口，需要连续输入两次密码。

步骤二、确定新增管理账号信息

在命令提示符中输入「net user 账号名称」（也就是 net user Weithenn），查看刚才新建的管理员账户信息，确认是否是 Administrators 管理组成员，如图 6-7 所示。

图 6-6　创建另一个本机系统管理员组 Administrators 成员账号

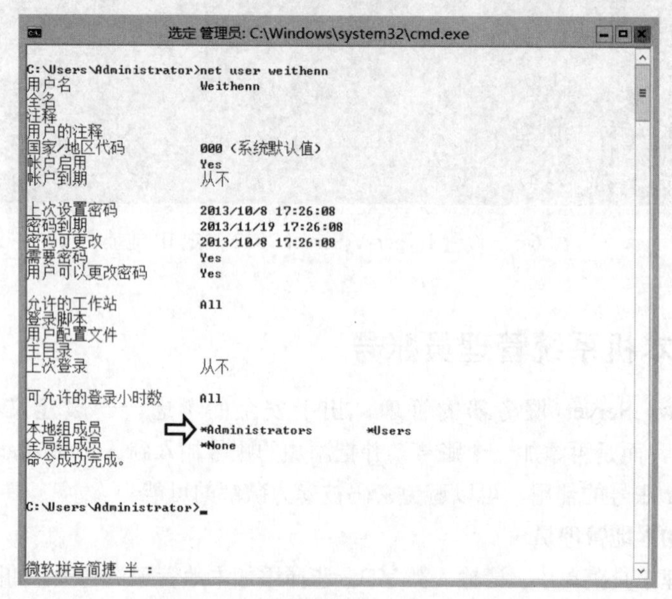

图 6-7　查看管理账号 Weithenn 信息

步骤三、禁用 Administrator 账号

接下来我们需要将内置的管理员账号 Administrator「禁用」，可以运行命令「net user Administrator /active:no」来完成操作。同样的，我们可以通过查看账户信息中的「账户启用」值是否为 No，说明禁用操作已经成功，如图 6-8 所示。

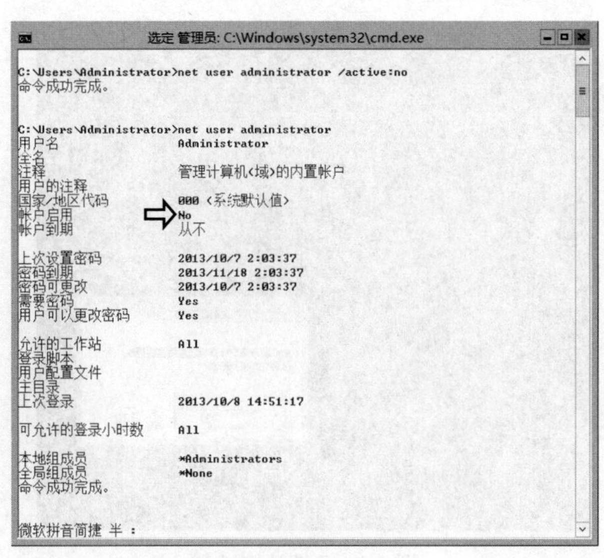

图 6-8 确认成功禁用内置管理员账号 Administrator

6-1-5 更改计算机名

默认情况下，Hyper-V Server 2012 在安装过程中，会分配一个随机的计算机名，以「WIN-」开头。比如我们演示的 Hyper-V Server 2012 的计算机名为 WIN-KFP11PL7DVJ，这样的名称显然毫无意义，也不符合企业中服务器的命名规则。

在更改计算名之前，有必要了解一下相关的命名规则。我们可以使用「互联网主机必要条件——应用程序和支持（RFC-1123）」条款中定义的任何标准支持字符，具体如下：

- 大写字母 A～Z
- 小写字母 a～z
- 数字 0～9
- 连字符（-）

了解计算机名称的命名规则后，接着便可以准备更改 Hyper-V Server 的计算机名：

步骤一、更改计算机名

请在服务器配置中输入数字 2，选择计算机名项目，输入「MyHyperV-2012」，把它设置成新的计算机名，同时会出现必须要重新启动主机才能应用生效的信息，请单击「是」按钮立即重新启动主机，如图 6-9 所示。

步骤二、使用新管理员账号登录

Hyper-V Server 2012 重新启动之后，我们已经禁用了 Administrator 管理员账号，所以登录画面中只有刚刚创建的账号「Weithenn」，如图 6-10 所示。

图 6-9　更改计算机名

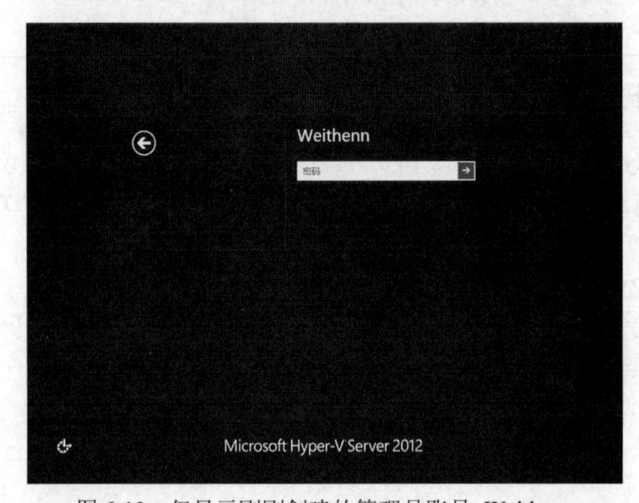

图 6-10　仅显示刚刚创建的管理员账号 Weithenn

步骤三、确认新的计算机名应用生效

成功登录 Hyper-V Server 2012 之后便可以发现刚才所更改的计算机名已经应用生效了，如图 6-11 所示。

6-1-6　加入域或更改工作组

如果您准备为 Hyper-V Server 配置高可用性的故障转移群集，那么必须要将 Hyper-V Server 加入到 Windows AD 域中，还需要通过 PowerShell 命令安装故障转移群集功能，也可以使用服务器管理器来远程安装。而如果只是单纯地实现服务器集成的话，并不一定需要域环境，只需要更改工作组名称。本章的演示环境不需要域环境，只是简单的单机环境，更改工作组名称，我们在服务器配置菜单中来完成。

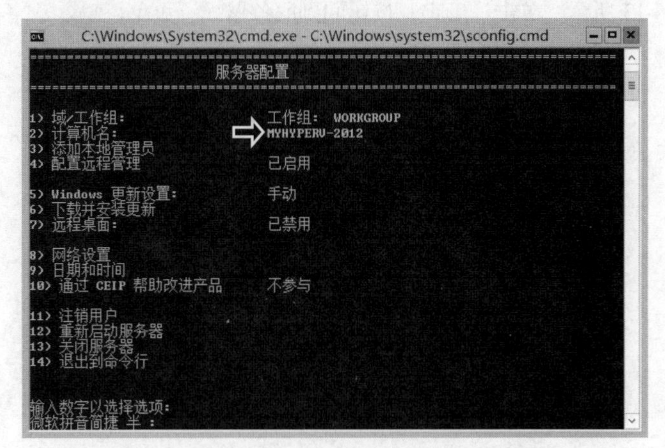

图 6-11　确定设置的计算机名称是否应用生效

输入数字「1」，选择「域/工作组」选项，接着可以依据环境选择「D>域名>域管理员账号>域管理员密码」，完成加入域操作，加入域成功之后需要重新启动计算机。如果是加入工作组的话，可以选择「W>工作组名称」，完成加入工作组的操作，如图 6-12 所示。

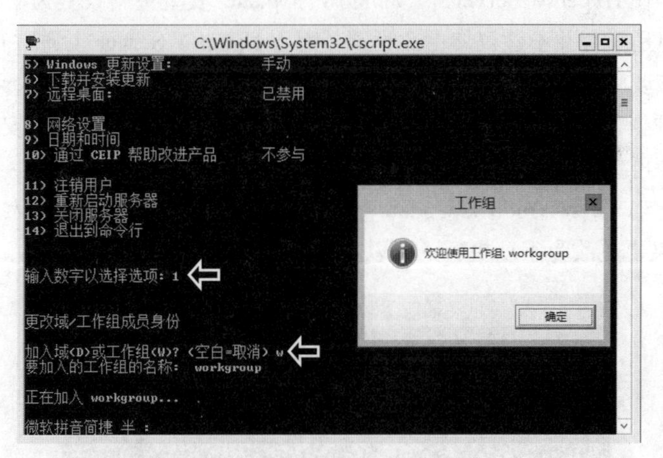

图 6-12　将 Hyper-V Server 加入域或工作组

6-1-7　设置 Hyper-V Server 允许 Ping 响应

默认情况下 Hyper-V Server 安装完成后便会自动启用防火墙功能，防火墙的规则分为「入站规则」和「出站规则」。默认情况下您无法 ping 通 Hyper-V Server 主机，请进行如下更改，允许 Hyper-V Server 主机接收和响应 Ping 的数据包：

输入数字「4」选择配置远程管理菜单，然后输入数字「3」选择配置服务器的 Ping 响应菜单，在配置远程管理的弹出窗口中单击「是」按钮，设置完成后便会再弹出「已成功配置为允许 Ping 操作」对话框，如图 6-13 所示，单击「确定」按钮回到服务器配置菜单，输入数字「4」返回主菜单。

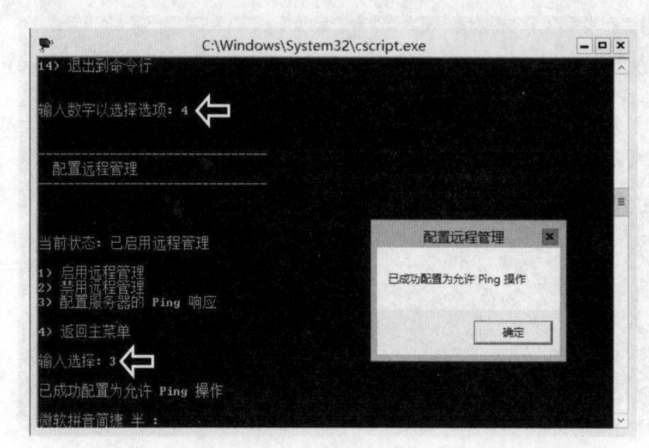

图 6-13　配置 Hyper-V Server 允许 Ping 响应

6-1-8　Windows Update 设置

默认情况下，在 Hyper-V Server 中 Windows Update 安全更新设置为手动，当然您可以将其更改为自动，但是笔者并不建议您更改设置。因为 Hyper-V Server 上通常有许多 VM 虚拟机正在运行，您应该要将所有 VM 虚拟机进行关机或者迁移至另外一台 Hyper-V Server 上运行，确认迁移的 VM 虚拟机及服务正常运行之后再手动为 Hyper-V Server 执行安全更新操作，应用相应安全更新后，再重新启动 Hyper-V Server 服务器：

请输入数字「5」选择 Windows Update 设置菜单，若要将设置值更改为自动下载安全更新请键入「A」，如果要更改为手动更新，可以输入「M」，如图 6-14 所示。

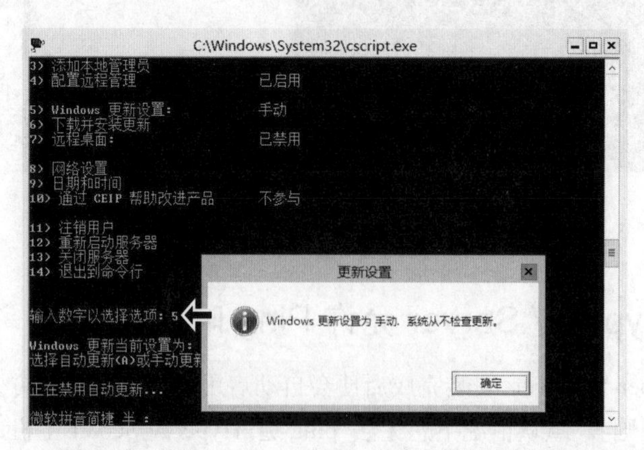

图 6-14　将 Windows Update 安全更新设置为手动

6-1-9 下载并安装安全更新

当您将所有 VM 虚拟机关机或迁移到另外一台 Hyper-V Server 主机上运行之后，接着便可以在维护时间执行 Hyper-V Server 安全更新的操作：

步骤一、搜索推荐的更新

请输入数字 6，选择下载并安装更新菜单，接着选择您搜索更新的方式，本文演示输入「R」也就是仅搜索推荐的更新，如图 6-15 所示。

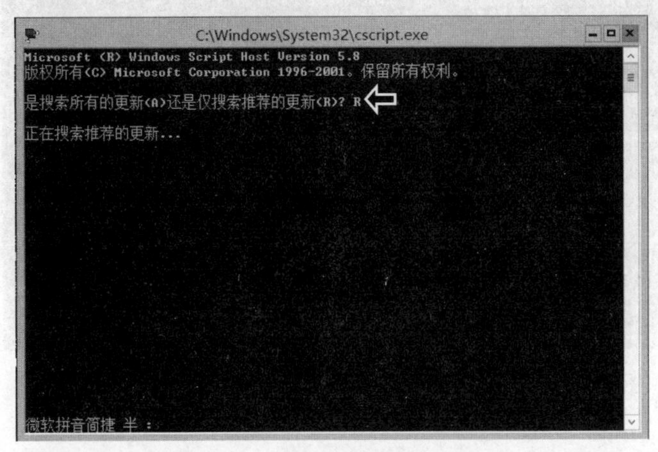

图 6-15 搜索推荐的安全更新

步骤二、列出推荐的安全性更新

搜索推荐的安全更新完成后，会列出 Hyper-V Server 2012 可以下载和安装的安全更新，请输入「A」将所有推荐的安全更新进行下载和安装，如图 6-16 所示。

```
C:\Windows\System32\cscript.exe
16) Windows Server 2012 安全更新程序 (KB2829254)
17) Windows Server 2012 安全更新程序 (KB2830290)
18) Windows Server 2012 更新程序 (KB2836988)
19) Windows Server 2012 安全更新程序 (KB2829361)
20) Windows Server 2012 安全更新程序 (KB2813430)
21) Windows Server 2012 更新程序 (KB2845533)
22) 用于基于 x64 的系统的 Windows 8 和 Windows Server 2012 的 Microsoft .NET Fra
mework 4.5 安全更新程序 (KB2833958)
23) Windows Server 2012 安全更新程序 (KB2835361)
24) Windows Server 2012 更新程序 (KB2822241)
25) Windows Server 2012 安全更新程序 (KB2862966)
26) Windows Server 2012 安全更新程序 (KB2868623)
27) Windows Server 2012 安全更新程序 (KB2849470)
28) 用于基于 x64 的系统的 Windows 8 和 Windows Server 2012 的 Microsoft .NET Fra
mework 4.5 安全更新程序 (KB2840632)
29) Windows Server 2012 更新程序 (KB2863058)
30) Windows Server 2012 安全更新程序 (KB2876315)
31) Windows Server 2012 更新程序 (KB2871777)
32) Windows Server 2012 更新程序 (KB2871389)
33) Microsoft Pinyin SimpleFast popular words dictionary 更新 (KB2723161)

选择一个选项:
所有更新(A)、无更新(N)还是一个更新(S)? _
微软拼音简捷 半 :
```

图 6-16 列出推荐的安全更新

步骤三、下载和安装推荐的安全更新

Hyper-V Server 2012 主机会自动下载和安装所有列出的安全更新，我们可以查看到每项安全更新的安装结果，完成安装所有安全更新之后会弹出对话框提示您必须要重新启动主机才能应用生效，如图 6-17 所示。

图 6-17　安全更新安装完毕必须要重新启动主机才能应用生效

6-1-10　调整系统日期和时间

或许您曾有过这样的经验，硬件设备上线运行一段时间之后每台机器时间便开始出现误差。事实上在企业环境中不管是任何等级的硬件设备在运行一段时间之后机器的时间一定会与标准时间有些许误差，即使是两台相同的硬件设备同时上线运行一段时间之后，它们的时间也会不尽相同。造成这种误差的主要原因是硬件设备中负责计算时间的晶体震荡组件（Crystal Oscillator）在制造过程中或多或少都会有些许误差，而正是这些许的误差导致所震荡出来的频率无法完全精准，最终导致硬件设备运行一段时间后造成时间误差。

在企业生产环境中拥有大量的服务器，如果服务器之间的时间不同步，可能会造成以下影响：比如 Kerberos 验证失败，当服务器之间的时间误差超过 5 分钟就会造成验证失败，还有企业电子商务平台，当前端 AP 服务器与后端数据库服务器时间不同步则可能产生用户下单记录在数据库服务器上显示为未来时间下单，又或者优惠活动时间明明已经结束但用户仍然可以下单购买造成客服人员的困扰，还可能是公司财务报表生成时因为服务器之间的时间不同步造成财务报表合并时在核对上出现困扰等，以上各种事例出现的原因便是服务器之间时间不同步。

因此您可以手动为 Hyper-V Server 调整主机时间，或者设置 NTP 时间服务器进行网络自动校时，以避免因为时间差而发生不可预期的错误或怪异现象：

步骤一、调整日期和时间

请输入数字「9」选择日期和时间菜单，选择「日期和时间」选项卡，便可以手动更改主机的「日期、时间、时区」，如图 6-18 所示。

步骤二、设置附加时区时钟

如果您希望 Hyper-V Server 主机设置多个时区时钟的话，请选择「附加时钟」选项卡，在此便可以进行设置，如图 6-19 所示。

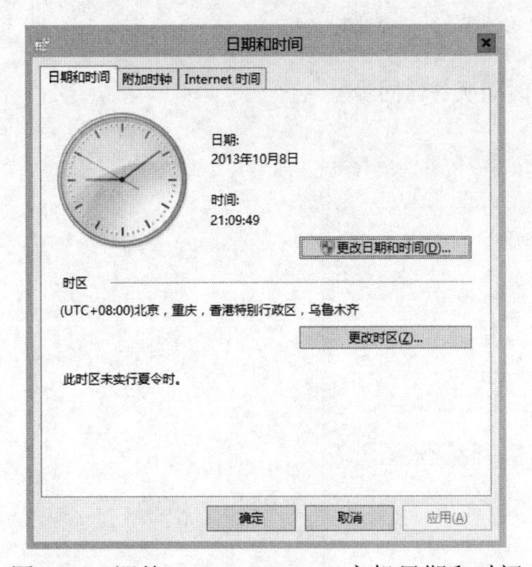

图 6-18 调整 Hyper-V Server 主机日期和时间

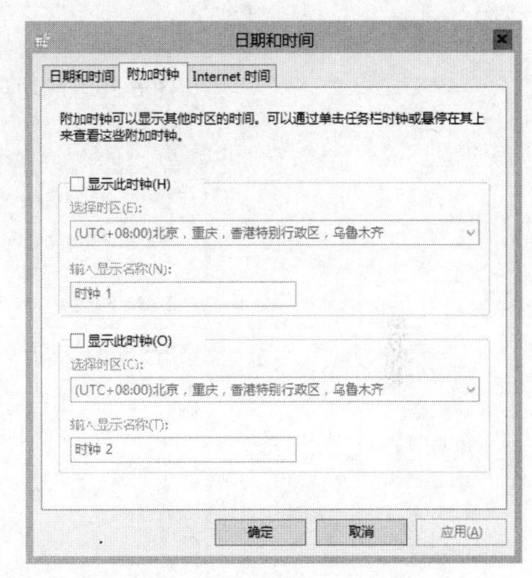

图 6-19 设置多个时区时钟

步骤三、设置网络校时

如果您的 Hyper-V Server 主机网络环境中有 NTP 时间服务器，便可以选择「Internet 时间」选项卡，选择「变更设置」，输入 NTP 时间服务器 IP 地址进行网络校时，或是您的 Hyper-V Server 主机可以接入因特网，您可以与微软公司或是 NIST 的 NTP 时间服务器进行网络校时。

- time.windows.com
- time.nist.gov
- time-nw.gist.gov
- time-a.gist.gov
- time-b.gist.gov

默认情况下会与时间服务器「time.windows.com」进行时间同步，可以从下拉列表选择相应的 NTP 服务器，或者输入您的网络中的时间服务器地址，输入完成后，单击「立即更新」按钮，Hyper-V Server 服务器就开始了与 NTP 服务器时间同步的操作，如图 6-20 所示。

手动完成与 NTP 时间服务器的同步操作后单击「确定」按钮，便会显示下次自动与 NTP 时间服务器校时的时间点，默认周期为一周，如图 6-21 所示。

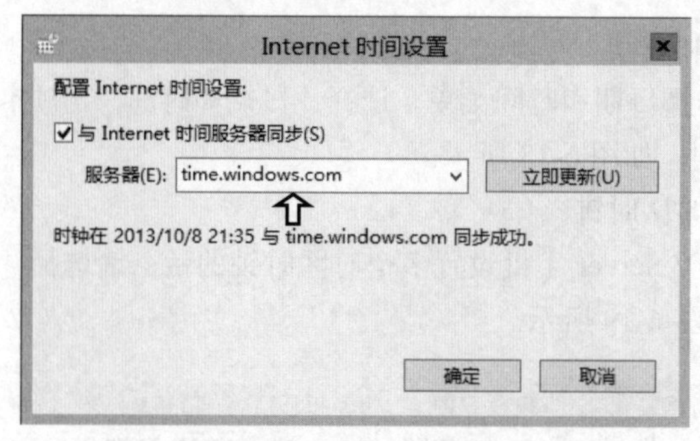

图 6-20　成功与 NTP 时间服务器同步

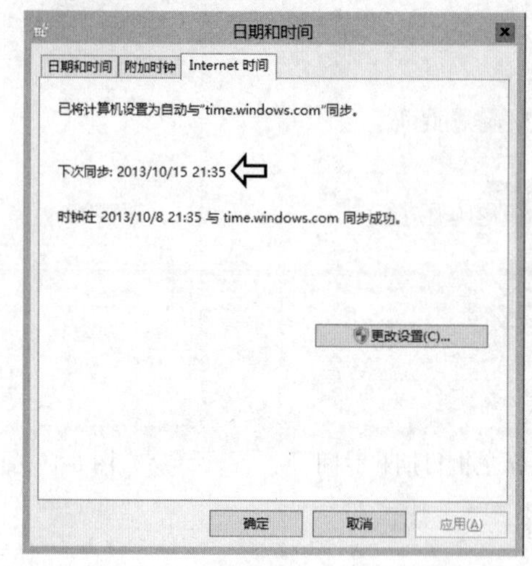

图 6-21　显示下次自动与 NTP 时间服务器同步的时间点

6-1-11　参加客户体验改进计划（CEIP）

客户体验改进计划（CEIP）是帮助 Microsoft 改进产品功能的一项计划，开启这个功能后将会自动收集该主机安装的角色、功能、使用设置、硬件信息等，帮助 Microsoft 提高服务器稳定性、改善服务器管理脚本可编程性、多样化的 Windows 认证硬件、改善产品操作体验等等。

当您确定参加了 CEIP 后，它将通过 Windows 事件跟踪（ETW）功能来记录服务器使用信息，并且使用 Consolicator 和 Uploader 程序分为两个部分将信息传送给 Microsoft，其中 Consolidator 程序会将收集的数据导出为经过压缩的二进制格式，该二进制文件的大小通常小于 1 MB，因此能够尽可能降低对网络带宽的影响。Uploader 程序则会每隔 24 小时自动运行，将数据通过 Windows Telemetry 协议传输到 Microsoft 的前端服务器。

请输入数字「10」选择通过 CEIP 帮助改进产品菜单，在弹出的确认对话框中选择「是」或「否」来开启或者关闭 CEIP 功能，如图 6-22 所示。

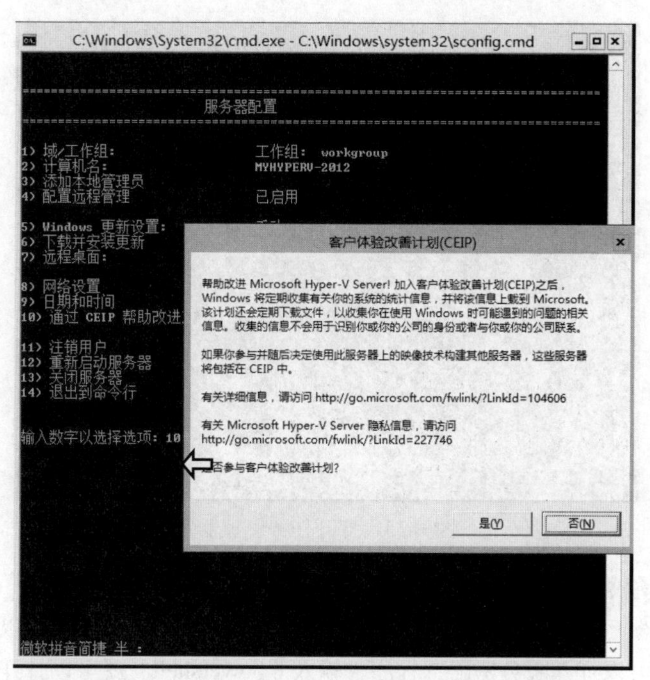

图 6-22 启动或关闭客户体验改进计划（CEIP）

6-1-12 其他功能选项

在服务器配置窗口中的其他功能选项，因为都是很直观的选项设置，在此只简单地说明如下：

- 注销用户：注销当前登录用户。
- 重新启动服务器：将 Hyper-V Server 重新启动（Restart）。
- 关闭服务器：将 Hyper-V Server 关机（Shutdown）。
- 退出到命令行：退出服务器配置工具，返回命令提示符，如果需要再次进入服务器配置工具，可以在命令提示符中输入 sconfig 重新进入。

6-1-13 不小心将所有窗口都关闭时

如果您不小心将 Hyper-V Server 上的命令提示符和服务器配置工具窗口都关闭了，只要依照下列步骤设置后便可以将相关程序再次调出来：

步骤一、打开任务管理器

如果 Hyper-V Server 是物理主机的话，您可以使用「Ctrl + Alt + Delete」组合键，如果 Hyper-V Server 与我们的演示环境一样也是虚拟机，请选择「组合键图标」，然后就可以选择「任务管理器」了，如图 6-23 所示。

图 6-23　打开任务管理器

步骤二、打开命令行工具

打开任务管理器后，可以选择「文件>运行新任务」，输入「cmd」就可以打开命令提示符、输入「sconfig」就可以打开服务器配置程序、输入「powershell」就可以打开 PowerShell 程序，如图 6-24 所示。

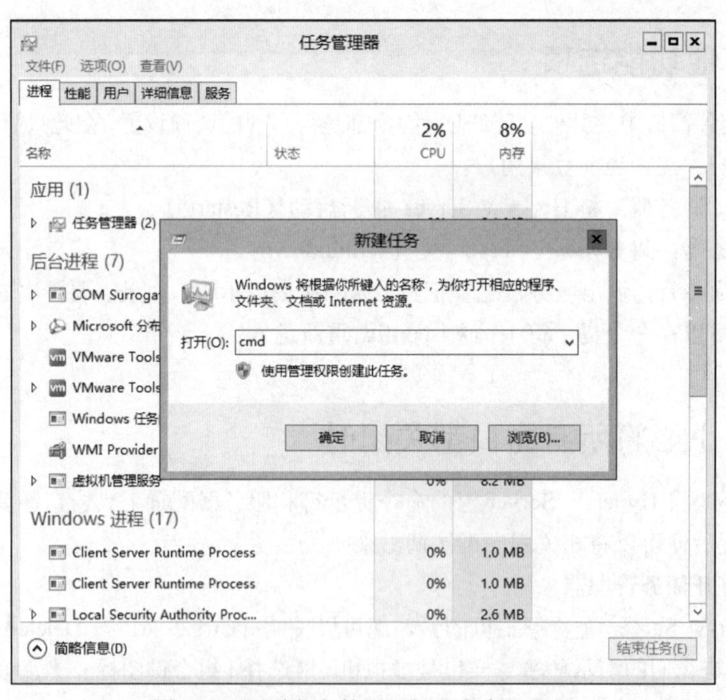

图 6-24　通过任务管理器打开命令行工具

6-2 Hyper-V Server 远程管理设置

在前一小节当中我们已经将 Hyper-V Server 基本设置操作了一遍，接下来将重点说明「如何远程管理 Hyper-V Server」。之前我们已经提到 Hyper-V Server 支持所有 Hyper-V 服务器角色，但读者心中可能还是会有小小的纳闷，到底是支持哪些特色功能呢？例如 Windows Server 2012 支持数据中心桥接（Data Center Bridging，DCB），那么 Hyper-V Server 2012 支不支持该功能呢？

在 Hyper-V Server 2012 中打开 PowerShell 命令窗口后输入「Get-WindowsFeature」命令，便可以列出所有支持的功能特性，例如 BitLocker 磁盘驱动器加密、SNMP Service、Windows Server Backup、多重路径 I/O（Multipath-IO）等，如图 6-25 所示。

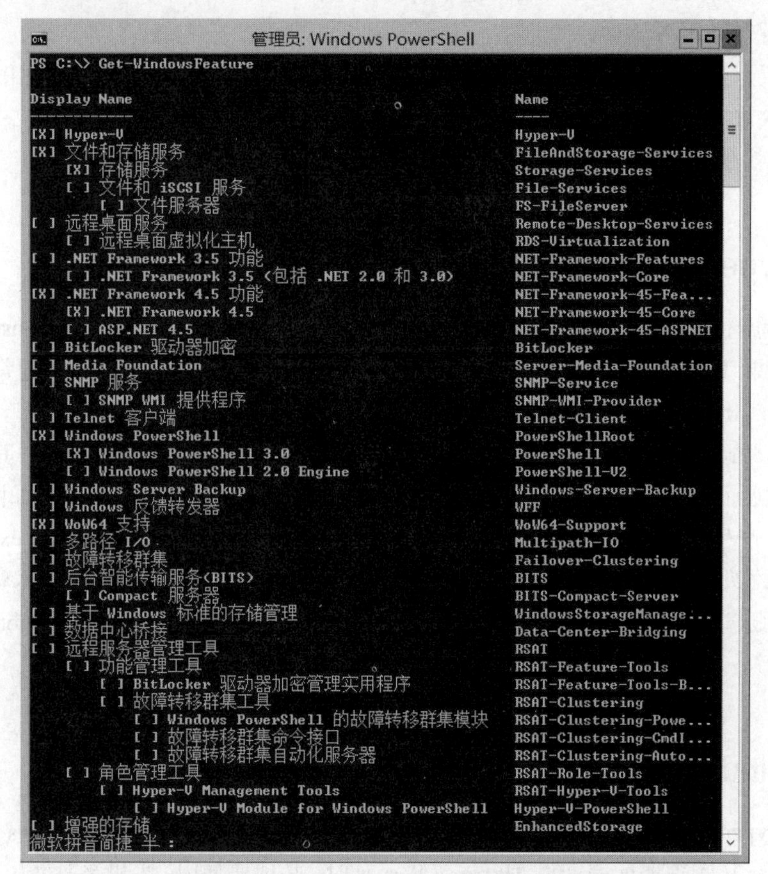

图 6-25 Hyper-V Server 2012 所有支持的功能特性列表

另外一点，您可能会觉得 Hyper-V Server 远程管理设置有点麻烦，其实是因为当前处在没有「域」的环境之下，少了 Active Directory 帮助我们处理认证、授权，所以在设置步骤上较为繁琐，在后面高级功能章节时您就会发现在域环境中，有了 Active Directory 帮助我们处理认证授权，管理 Hyper-V Server 是一件简单的事。

以下是远程管理 Hyper-V Server 时的两种场景说明：

当 Hyper-V Server 主机与远程管理主机在「同一个域」中时：

- 在 Hyper-V Server 上添加本地管理员账号
- 不需要任何设置，在远程管理主机上使用 Hyper-V Manager 直接连接 Hyper-V Server。

当 Hyper-V Server 主机与远程管理主机在「不同的域」或是「工作组」环境时：

- 在 Hyper-V Server 上添加本地管理员账号。
- 在远程管理主机上必须进行以下设置：

（1）添加 C:\Windows\System32\Drivers\etc\hosts 记录。

（2）设置允许 Anonymous Logon 远程访问权限。

（3）设置 Hyper-V Server 为信任主机。

（4）如果远程管理主机与 Hyper-V Manager 管理用户账号不同，必须创建相同用户账号。

（5）相关设置完成后，便可使用 Hyper-V Manager 连接，即可远程管理。

那么我们就开始设置「工作组」环境的 Hyper-V Server 远程管理吧 !!

6-2-1 Hyper-V Server 启动远程桌面管理功能

因为本章演示中的 Hyper-V Server 2012 是虚拟机，通过 VMware Player Console 可以很轻松地操作。如果 Hyper-V Server 2012 安装在物理主机上便没那么方便，所以通常在物理主机 Hyper-V Server 2012 上我们会开启远程桌面功能，方便进行远程维护操作：

请在服务器配置工具中输入「7」，选择远程桌面菜单，然后依次输入「E>1」，其中 E 表示启用远程桌面功能，而数字 1 则表示使用网络级身份验证实现安全的远程桌面连接，如图 6-26 所示。启用之后 Hyper-V Server 将会开启 TCP 协议的 3389 端口，对应的进程为 svchost.exe。关于远程桌面连接中网络级身份验证功能的详细说明，有兴趣的读者可以参考 Technet 技术资源库——配置远程桌面服务连接的网络级身份验证（http://technet.microsoft.com/zh-cn/library/cc732713(v=ws.10).aspx）。

6-2-2 Windows 8 设置 hosts 名称解析文件

此次的 Hyper-V Server 远程管理演示环境为「工作组」模式，而不是 Windows AD 域模式。由于使用 Hyper-V 管理器远程管理 Hyper-V Server 时，必须要使用「主机名」的方式进行连接，因为使用 IP 地址的方式连接的话，会提示「您没有授权连接到此台服务器」的错误信息（请注意 !! Windows 7 即使安装了 RSAT 也无法远程管理新版的 Hyper-V Server 2012，只能管理旧版的 Hyper-V Server 2008 R2）。

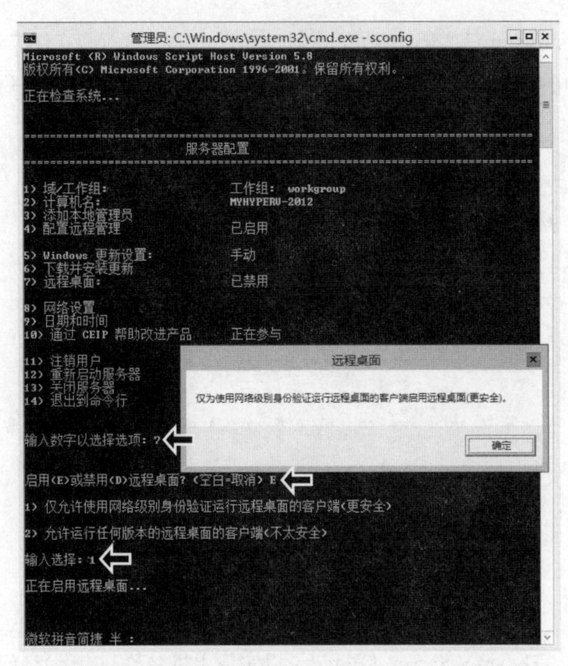

图 6-26　启用远程桌面功能并仅允许较安全的远程桌面客户端

因此我们可以通过修改 Windows 8 本机 hosts 文件，来实现主机名到 IP 地址解析的目标，保证顺利连接到 Hyper-V Server。请使用以管理员身份运行的方式打开记事本（或您习惯的文本编辑器）准备修改 hosts 名称解析文件，如图 6-27 所示。

图 6-27　准备修改 hosts 名称解析文件

请修改「C:\Windows\System32\drivers\etc\hosts」文件内容，加入「10.10.75.150 MyHyperV-2012」一条记录后保存关闭即可（如果未使用管理员身份运行的话则会发现无法保存），如图 6-28 所示。

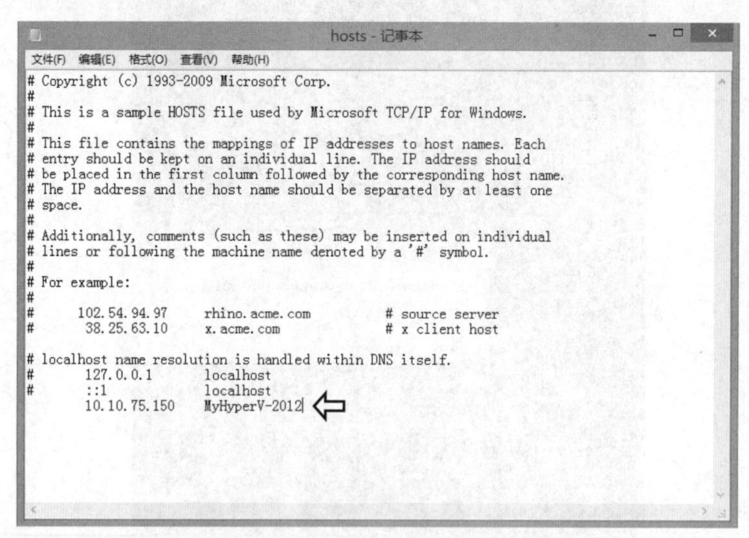

图 6-28　添加 Hyper-V Server 解析记录以实现主机名称与 IP 地址解析的需求

修改完 hosts 文件后，请在 Windows 8 主机打开命令提示符测试能否 ping 到 Hyper-V Server 2012 主机，因为 Hyper-V Server 已经配置了允许 Ping，输入「ping myhyperv-2012」进行测试，如图 6-29 所示。

图 6-29　Windows 8 主机能正确解析 Hyper-V Server 2012 主机名称

6-2-3 Windows 8 启用 Hyper-V GUI 管理工具

因为 Windows 8 默认也内置了 Hyper-V 虚拟化平台的功能（但与 Windows Server 2012 中有一些不同），因此也内置了 Hyper-V GUI 管理工具，请依次选择「控制面板>程序>启用或关闭 Windows 功能」，勾选「Hyper-V GUI 管理工具」选项后单击「确定」按钮，如图 6-30 所示。

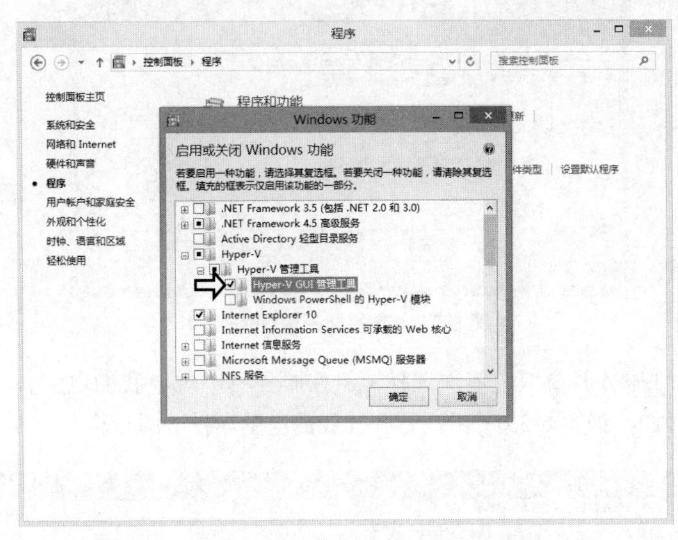

图 6-30 Windows 8 启用 Hyper-V GUI 管理工具

当 Hyper-V GUI 管理工具功能启用完成后，会提示您应该要重新启动主机以使应用生效，请单击「立即重新启动」按钮来重新启动 Windows 8 主机，如图 6-31 所示。

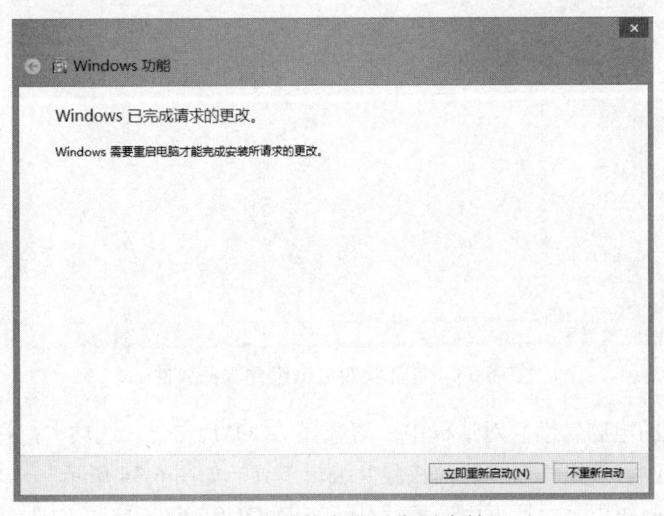

图 6-31 重新启动以应用生效

6-2-4 Windows 8 设置 Anonymous Logon 具有远程访问权限

重新启动后在 Windows 8 主机中请使用「Windows Key + X」组合键打开运行菜单，在弹出的「运行」对话框中输入「dcomcnfg」命令后单击「确定」按钮打开组件服务，如图 6-32 所示。

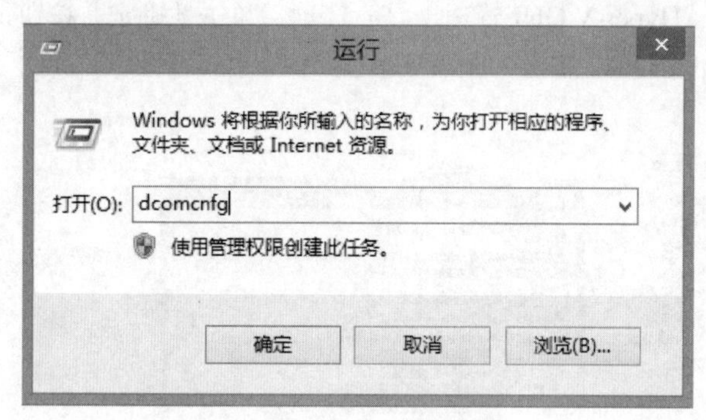

图 6-32 准备打开组件服务

在打开的「组件服务」窗口中依次选择「组件服务>计算机>我的电脑」，单击右键，在弹出菜单中选择「属性」，如图 6-33 所示，打开「我的电脑属性」对话框。

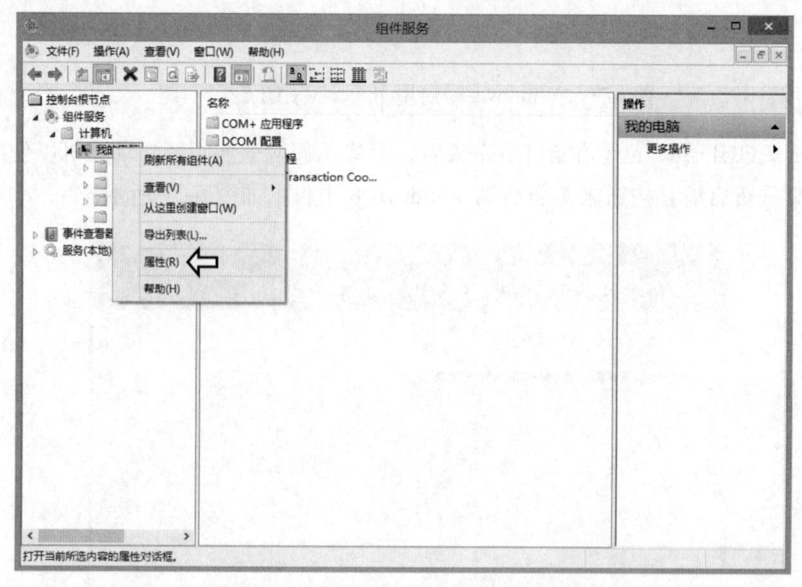

图 6-33 打开我的电脑组件服务属性

在弹出的「我的电脑属性」对话框中，请选择「COM 安全」选项卡，在「访问权限」区域中单击「编辑限制」按钮打开「访问权限」编辑工具，如图 6-34 所示。

在弹出的「访问权限」对话框中选择「ANONYMOUS LOGON」，勾选允许「远程访问」，单击「确定」按钮，如图 6-35 所示，便完成了设置 Anonymous Logon 的远程访问权限。

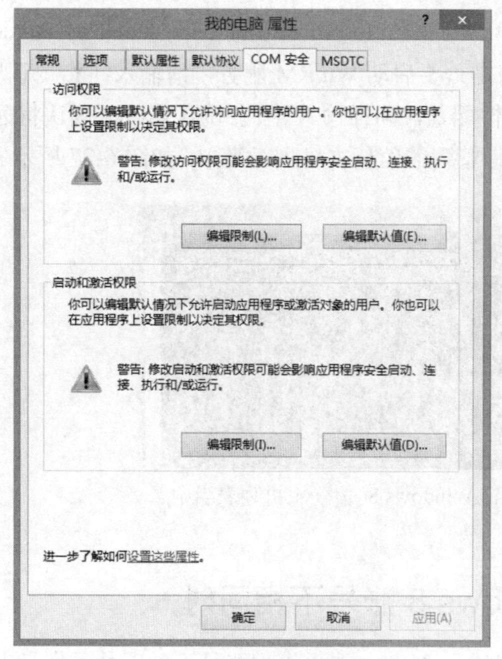

图 6-34 打开访问权限编辑工具

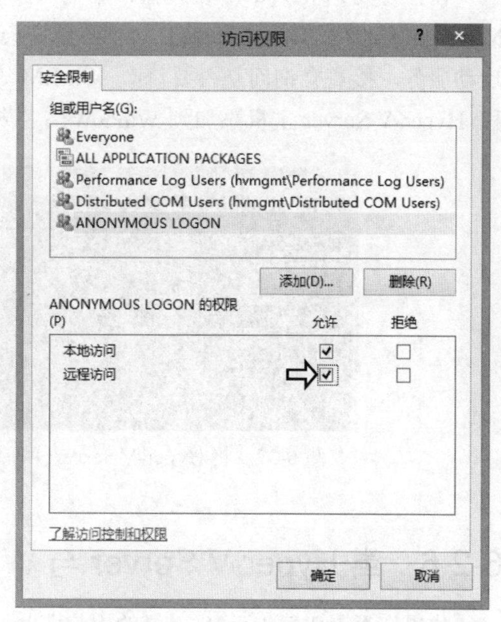

图 6-35 设置 Anonymous Logon 远程访问权限

6-2-5 将 Hyper-V Server 添加为信任主机

请在 Windows 8 主机中使用管理员权限打开 PowerShell 运行环境，如图 6-36 所示，准备输入命令将远程 Hyper-V Server 主机添加到 Windows 8 远程管理的信任主机列表中。

图 6-36 以管理员身份打开 PowerShell 运行环境

在打开的 PowerShell 设置窗口中输入「Set-Item WSMan:\localhost\Client\TrustedHosts -Value MyHyperV-2012 -Concatenate」命令，首先会询问是否要启动 WinRM 服务，请输入「Y」确认启动服务，接着会询问是否要修改 WinRM 安全性配置，同样输入「Y」确认修改，确认将远程 Hyper-V Server 主机添加到 Windows 8 主机远程管理的信任主机列表当中，如图 6-37 所示。

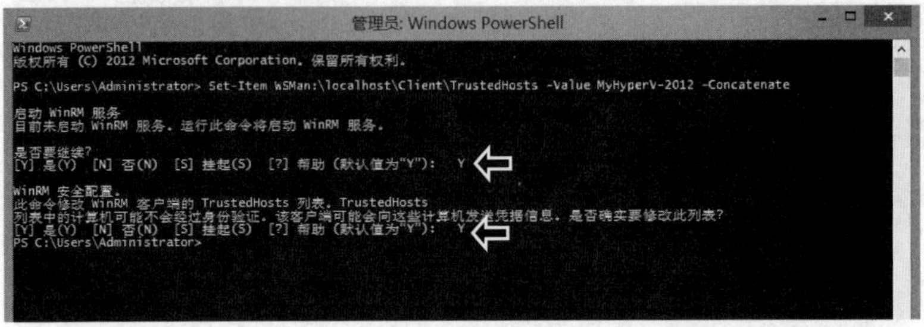

图 6-37　将 Hyper-V Server 主机添加到 Windows 8 信任主机列表当中

6-2-6　当 Hyper-V Server 与 Windows 8 账号不相同时

如果您登录 Windows 8 主机的用户账号，与 Hyper-V Server 上管理账号不相同并且您又不希望在 Windows 8 主机上创建用户账号，例如 Windows 8 主机使用 Administrator 账号登录，而 Hyper-V Server 主机中的管理账号是 Weithenn，您可以通过命令添加一个专门针对远程主机进行管理的账号。

请使用以管理员身份运行的方式打开命令提示符，输入「cmdkey /add: MyHyperV-2012 /user:Weithenn /pass:abc123,./」命令，如图 6-38 所示。此处演示中 Hyper-V Server 管理员密码为 abc123,./，此命令将在 Windows 8 计算机中存储 Hyper-V Server 的账号和密码信息，最后输入「cmdkey /list」命令确认保存。

图 6-38　存储一个用于对远程主机进行管理的用户账号

6-2-7 Windows 8 使用 Hyper-V 管理器进行远程管理

经过上述一系列的远程管理设置之后，我们便可以在 Windows 8 主机上通过刚才启用的 Hyper-V 管理器工具进行 Hyper-V Server 远程管理，如图 6-39 所示。

图 6-39 打开 Hyper-V 管理器工具

在打开的「Hyper-V 管理器」窗口中，请选择右方操作窗口中的「连接到服务器」选项，然后输入 Hyper-V Server 的主机名「MyHyperV-2012」，单击「确定」按钮，便可以连接到 Hyper-V Server 远程主机，如图 6-40 所示。

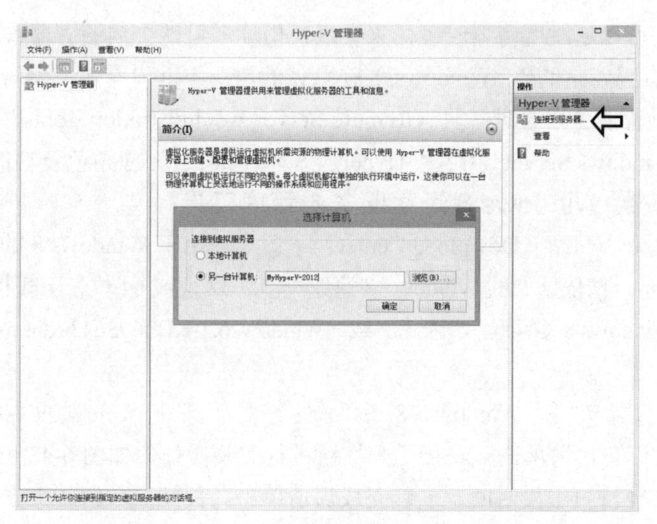

图 6-40 通过 Hyper-V 管理器连接到远程 Hyper-V Server 主机

成功连接 Hyper-V Server 主机后，由于目前并没有任何虚拟机运行，因此会显示「在此服务器上没有找到虚拟机」，如图 6-41 所示。

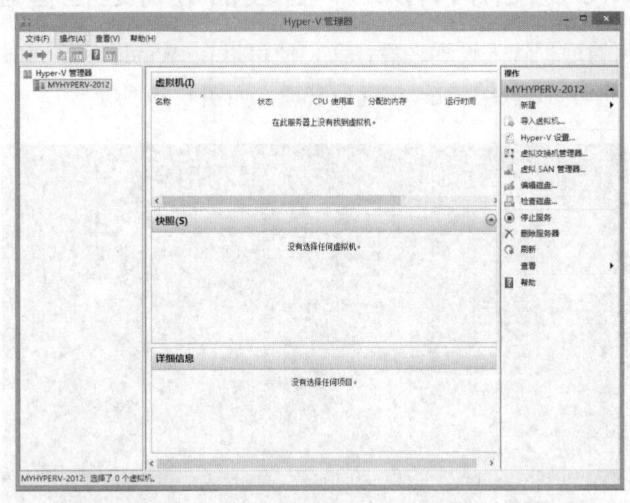

图 6-41　成功远程管理 Hyper-V Server 主机

6-2-8　Windows 8 使用服务器管理器进行远程管理

如果只是管理 Hyper-V Server 2012 虚拟化平台，只需要使用 Hyper-V 管理器就可以满足需求，但是如果要管理其他的服务器角色的话，目前的配置是不够的，例如，当 Hyper-V Server 2012 主机磁盘空间不足，我们需要为主机添加一块硬盘，添加之后该怎么进行硬盘初始化、格式化等操作？

这些需求我们可以通过服务器管理器来实现，但读者可能会问服务器管理器不是 Windows Server 2012 中才有吗？是的!!　Windows 8 在默认的情况下并没有服务器管理器，但只要您为 Windows 8 安装远程服务器管理工具（Remote Server Administration Tools，RSAT），便拥有可以「远程管理」Windows Server 2012 和 Hyper-V Server 2012 相应角色及功能的能力。

1. 下载和安装 Windows 8 远程服务器管理工具

请在微软下载中心网站（Download Center）下载「适用于 Windows 8 的远程服务器管理工具」，如图 6-42 所示。请依据您的 Windows 8 系统类型（32 位或 64 位）下载相对应的安装文件，本书演示环境为 Windows 8（64 位），因此下载「Windows6.2-KB2693643-x64.msu（102.1 MB）」安装文件。

下载完成后直接双击 Windows 8 远程服务器管理工具安装文件，便会弹出安装「KB2693643」的信息，请单击「我接受」按钮进行安装操作，如图 6-43 所示。

安装操作需要等待一小段时间，安装完成后请单击「关闭」按钮结束安装操作，如图 6-44 所示。

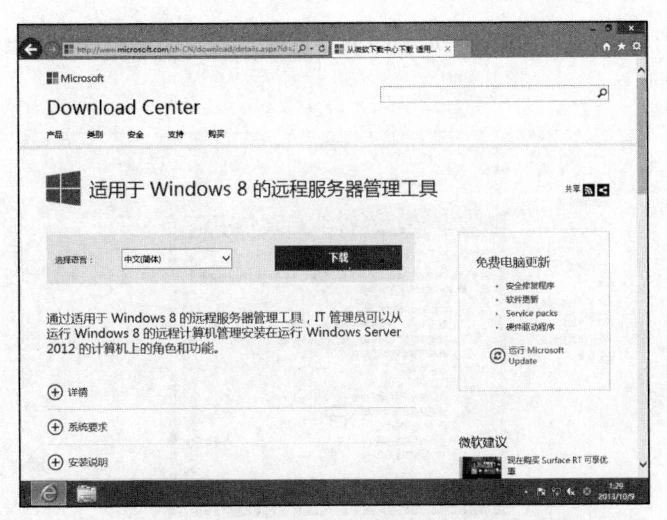

图 6-42　下载 Windows 8 远程服务器管理工具

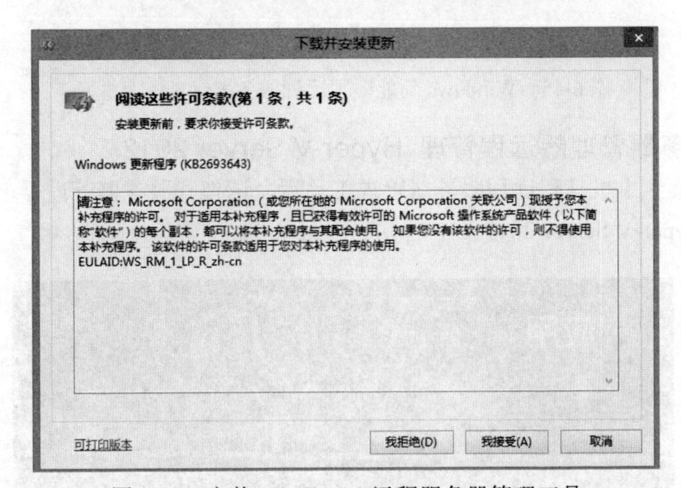

图 6-43　安装 Windows 8 远程服务器管理工具

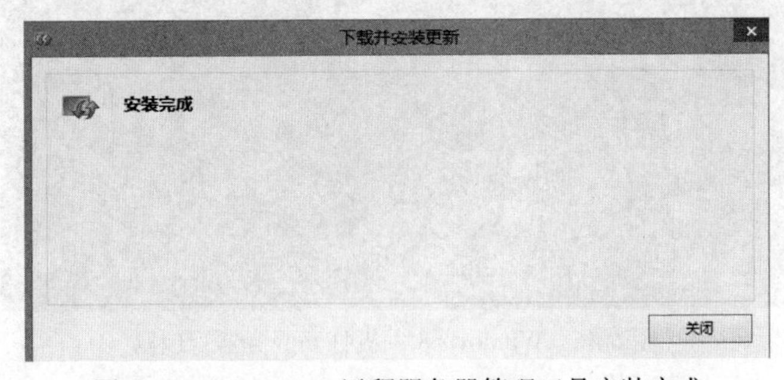

图 6-44　Windows 8 远程服务器管理工具安装完成

Windows 8 远程服务器管理工具安装完成之后，您可以在 Windows 8 主机的「启用或关闭

Windows 功能」窗口中，发现多了「**远程服务器管理工具**」选项并且默认已经完全启用，如图 6-45 所示。

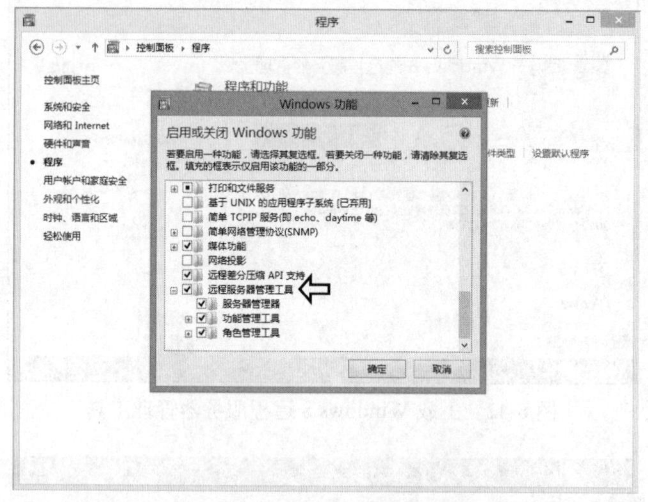

图 6-45 Windows 功能多了远程服务器管理工具选项

2．使用服务器管理器远程管理 Hyper-V Server 2012

确认 Windows 8 主机具有远程服务器管理工具后，请打开服务器管理器，如图 6-46 所示，准备远程管理 Hyper-V Server 2012。

图 6-46 Windows 8 主机打开服务器管理器

打开服务器管理器后，请选择「所有服务器」，单击鼠标右键后选择「添加服务器」，准备将远程 Hyper-V Server 2012 主机加入管理，如图 6-47 所示。

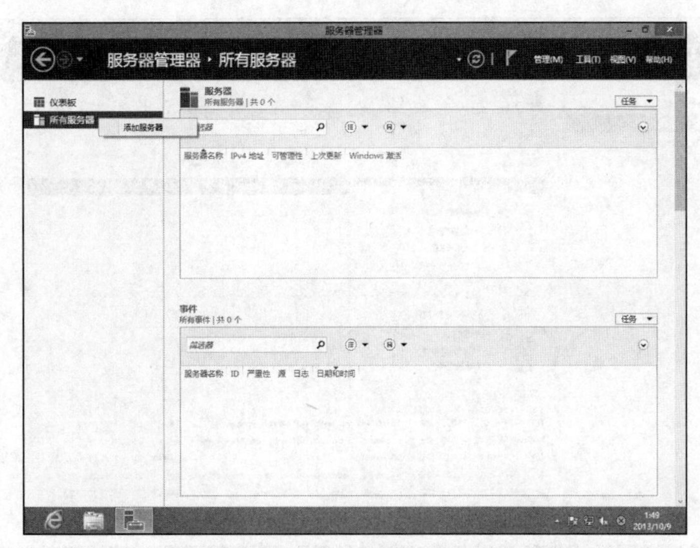

图 6-47　准备将远程 Hyper-V Server 2012 主机加入管理

在弹出的「添加服务器」窗口中，由于目前的运行环境是工作组，因此无法使用 Active Directory 来进行验证，请切换到「DNS」选项卡后在「搜索」框中输入 Hyper-V Server 2012 主机名「MyHyperV-2012」后进行搜索，搜索完成后会在下方显示主机名以及 IP 地址，请单击窗口中间的向右图标将 Hyper-V Server 主机添加到「已选择」列表中，确认添加后单击「确定」按钮，如图 6-48 所示。

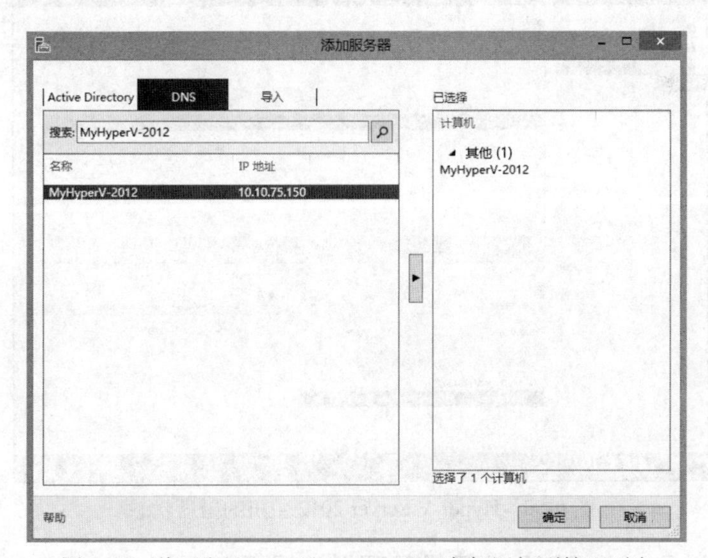

图 6-48　将远程 Hyper-V Server 2012 主机添加到管理列表

顺利将 Hyper-V Server 2012 主机添加后便可以执行相关的远程管理操作，例如配置 NIC 组合、远程桌面连接、重新启动服务器等，如图 6-49 所示。

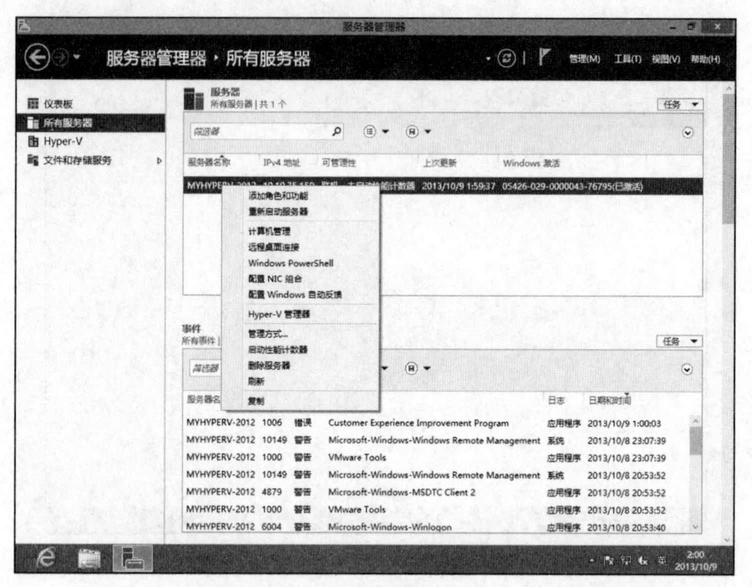

图 6-49　成功将远程 Hyper-V Server 2012 主机添加管理

切换到「文件和存储服务>卷>磁盘」选项，也可以看到 Hyper-V Server 2012 主机的磁盘状态，如图 6-50 所示。

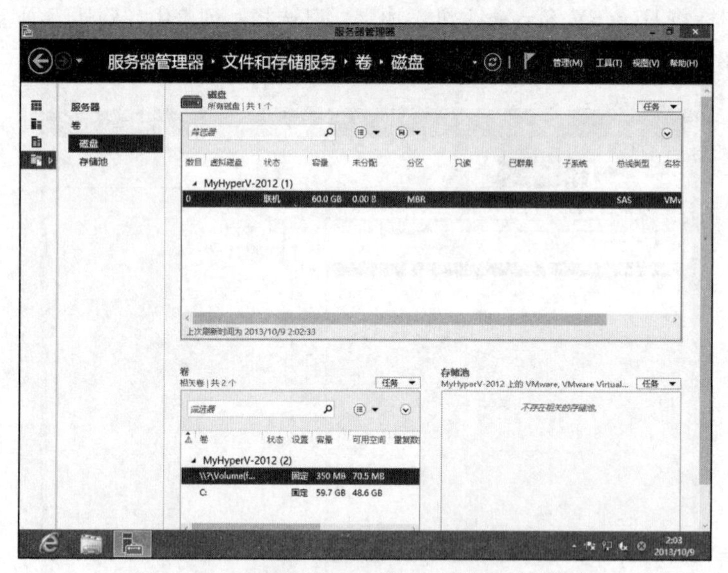

图 6-50　Hyper-V Server 2012 主机的磁盘状态

3. Hyepr-V Server 2012 计算机管理无法运行？

不过当您在「服务器管理器」窗口中对 Hyper-V Server 2012 右键选择「计算机管理」时，将会弹出无法管理的警告信息？如图 6-51 所示。

图 6-51　弹出无法管理的警告信息

忽略警告信息后，发现确实无法对远程 Hyper-V Server 2012 主机进行计算机管理（窗口中没有显示相关管理组件），如图 6-52 所示。

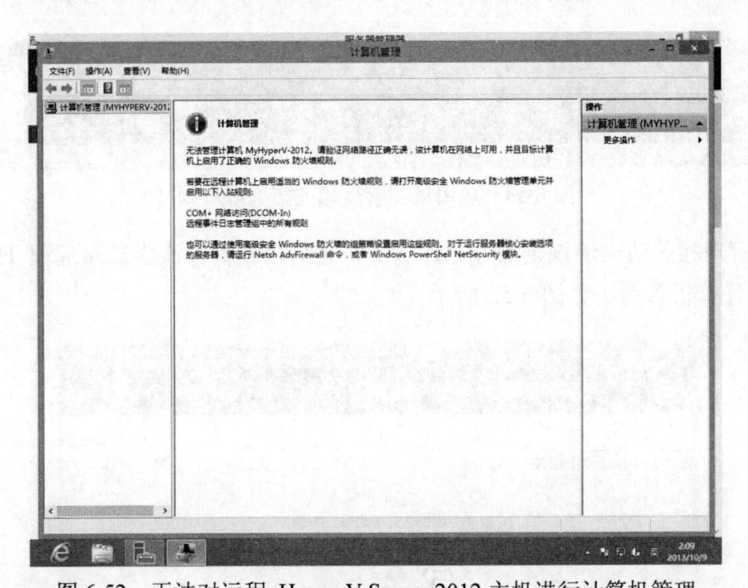

图 6-52　无法对远程 Hyper-V Server 2012 主机进行计算机管理

这是因为 Hyper-V Server 2012 虽然默认已经启用了远程管理功能（Sconfig 设置工具中的选项 4），但是还有相关的「防火墙规则未开启」，请在服务器管理器中选择启动 Hyper-V Server 2012 远程执行 PowerShell 选项，如图 6-53 所示。

在打开的 PowerShell 远程执行窗口中输入以下命令启用「远程事件日志管理、Windows 防火墙远程管理」防火墙规则，如图 6-54 所示。

```
Enable-NetFirewallRule  -DisplayGroup  "远程事件日志管理"
Enable-NetFirewallRule  -DisplayGroup  "Windows 防火墙远程管理"
```

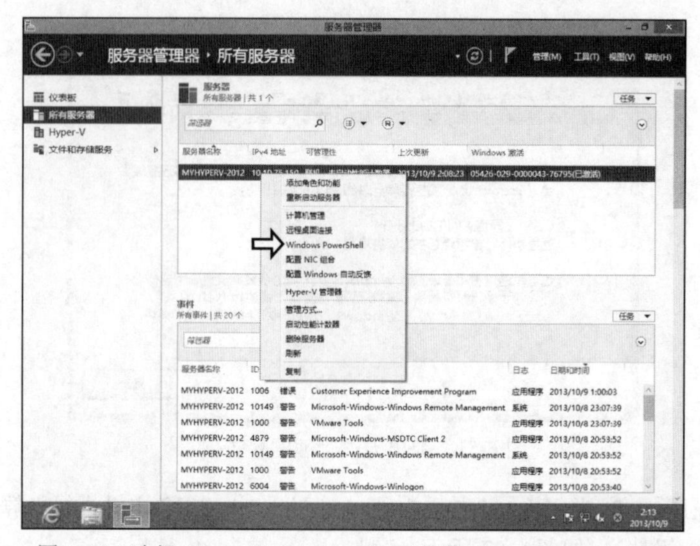

图 6-53　选择 Hyper-V Server 2012 远程执行 PowerShell 选项

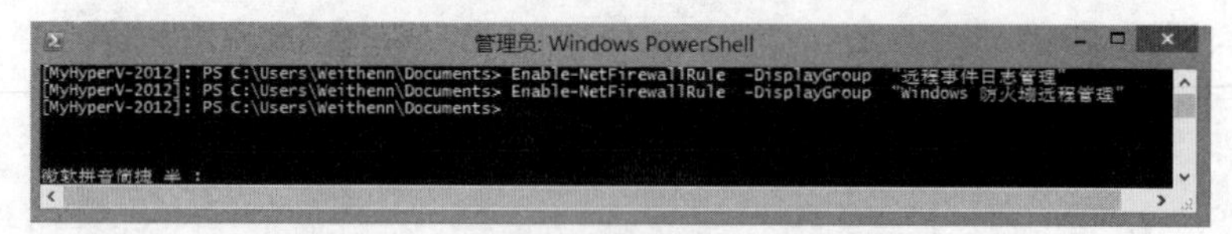

图 6-54　启用远程管理相关防火墙规则

完成远程管理相关防火墙规则的「允许」操作之后，我们再次尝试对远程 Hyper-V Server 2012 主机进行计算机管理，如图 6-55 所示。

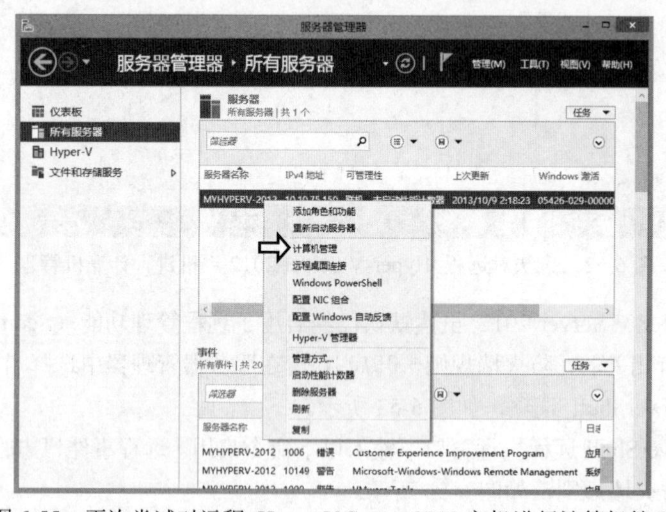

图 6-55　再次尝试对远程 Hyper-V Server 2012 主机进行计算机管理

这次您会发现没有出现任何警告信息并显示出了相关的管理组件，而在打开的「计算机管理」窗口中确实是连接到远程的 Hyper-V Server 2012 主机（MyHyperV-2012）进行计算机管理，如图 6-56 所示。

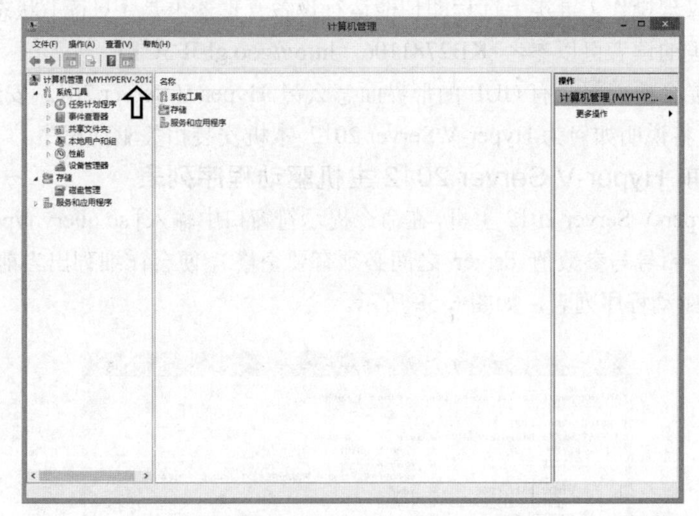

图 6-56　顺利对远程 Hyper-V Server 2012 主机进行计算机管理

4．Hyper-V Server 2012 设备管理器无法运行？

不过在「计算机管理」窗口当中您应该还是会得到令人沮丧的错误信息，当您单击到「设备管理器」选项时会发现弹出错误信息提示「即插即用（Plug and Play）、远程注册表（Remote Registry）」这两项服务可能未运行，但是您查看系统服务时却发现这两项服务是运行的状态？如图 6-57 所示。

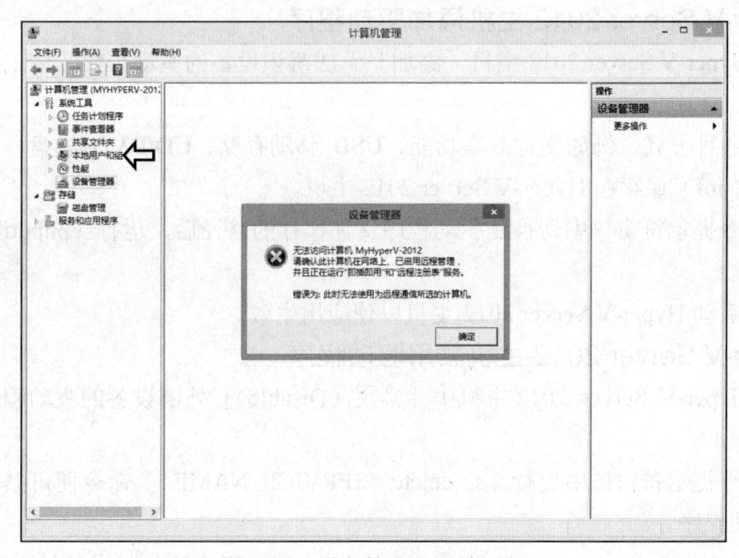

图 6-57　设备管理器无法运行

此问题发生的原因在于即插即用（Plug and Play）的「RPC Interface」在 Windows 8 以及 Windows Server 2012 当中已经被「删除」的情况导致的。微软官方建议您应该要到「本机」去执行外围设备的管理操作（事实上远程即使能运行设备管理器也是「只读」状态），关于此问题的详细原因有兴趣的读者可以参考 KB2781106（http://goo.gl/JE3C1）。

那么读者可能会接着问没有 GUI 图形界面怎么帮 Hyper-V Server 2012 安装外围设备的驱动程序呢？ 以下将说明如何为 Hyper-V Server 2012 本机安装相关驱动程序。

5．查看当前 Hyper-V Server 2012 主机驱动程序列表

请切换到 Hyper-V Server 2012 主机，在命令提示符窗口中输入「sc query type= driver | more」命令（请注意 !! = 号与参数值 driver 之间必须有要空格），便会详细列出当前 Hyper-V Server 2012 主机的所有驱动程序列表，如图 6-58 所示。

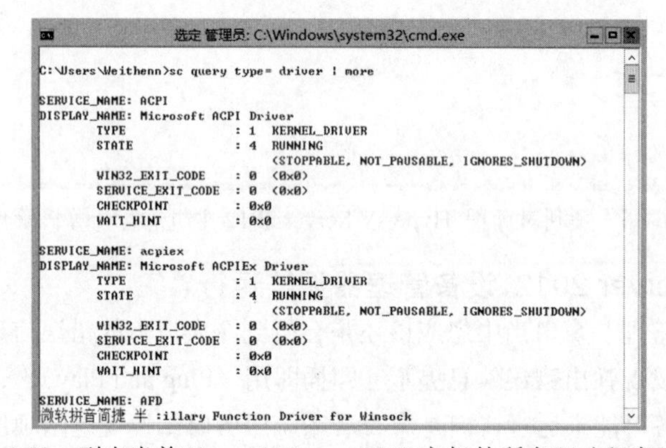

图 6-58 列出当前 Hyper-V Server 2012 主机的所有驱动程序列表

6．Hyper-V Server 2012 主机添加驱动程序

如果要为 Hyper-V Server 2012 主机「添加」无法辨识设备的驱动程序，请依据下列操作步骤完成：

（1）通过各种方式，例如文件共享功能、USB 移动存储、CD/DVD 光盘，将外围设备的驱动程序文件（.inf）保存在 Hyper-V Server 2012 主机。

（2）在命令提示符窗口中切换到驱动程序文件保存的路径后，运行「pnputil -i -a <驱动程序文件名>」命令。

（3）重新启动 Hyper-V Server 2012 主机以使应用生效。

7．Hyper-V Server 2012 主机禁用驱动程序

如果要在 Hyper-V Server 2012 主机中「禁用（Disable）」外围设备的驱动程序，请依据下列操作步骤操作：

（1）在命令提示符窗口中运行「sc delete <SERVICE_NAME>」命令便可禁用指定名称的外围设备的驱动程序。

（2）再次运行「sc query type= driver | more」命令确认指定的外围设备是否已停用。

8. Hyepr-V Server 2012 磁盘管理无法操作？

同样的当您选择「磁盘管理」时也会弹出警告信息提示「虚拟磁盘管理（Virtual Disk Service，VDS）」这项系统服务可能未运行，如图 6-59 所示。

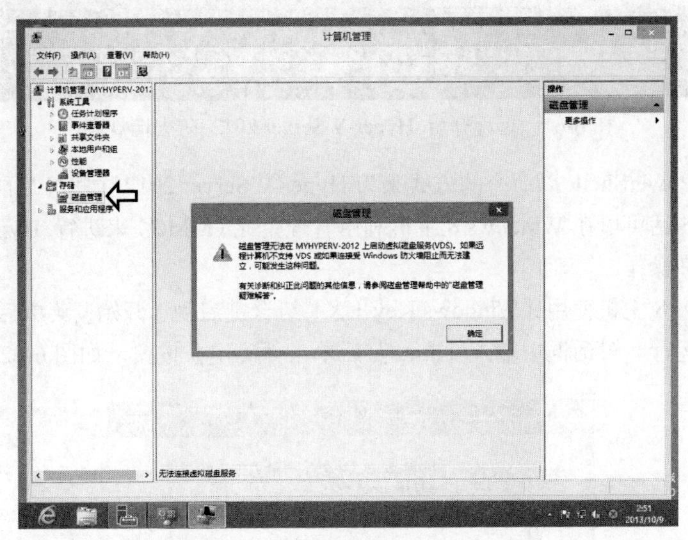

图 6-59　远程主机磁盘管理无法运行

但是当您查看系统服务时却发现「Virtual Disk」系统服务「正在运行」，如图 6-60 所示。

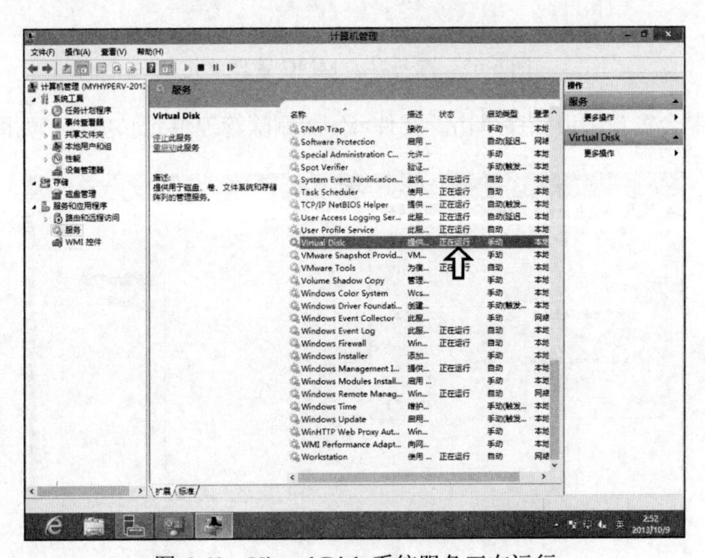

图 6-60　Virtual Disk 系统服务正在运行

9. Hyper-V Server 2012 开启防火墙规则

此问题在于 Hyper-V Server 2012 对于远程磁盘区管理的防火墙规则没有开启，您同样可以在 Windows 8 开启远程 PowerShell 运行窗口，输入「Enable-NetFirewallRule - DisplayGroup "远程卷管理"」命令来完成远程开启防火墙规则的操作，如图 6-61 所示。

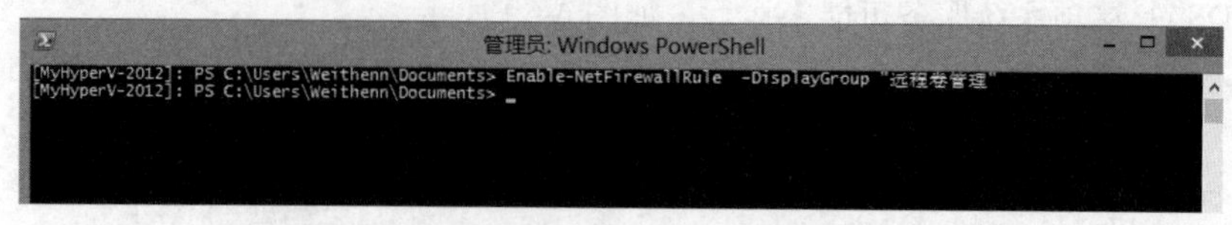

图 6-61　远程开启 Hyper-V Server 2012 防火墙规则

刚才是使用 PowerShell 以命令的方式来为 Hyper-V Server 2012 主机开启防火墙规则，如果不想一直敲命令的话可以在 Windows 8 主机利用管理单元（MMC）来进行 Hyper-V Server 2012 防火墙规则的允许操作。

请在 Windows 8 主机使用「Windows Key + X」组合键启动「开始」菜单后选择「运行」项目，在弹出的「运行」对话框中输入「mmc」后单击「确定」按钮，如图 6-62 所示。

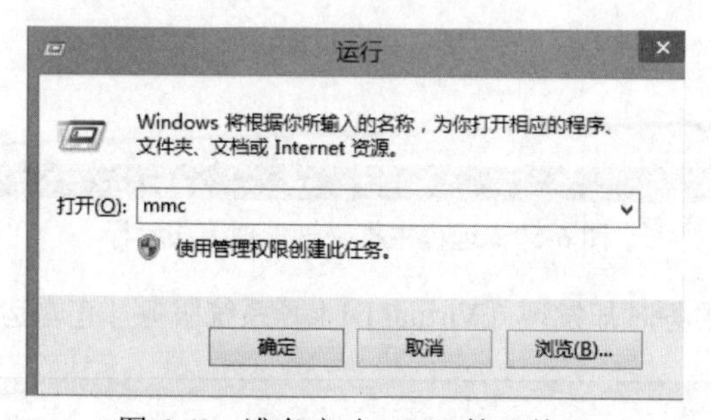

图 6-62　准备启动 MMC 管理单元

在打开的控制台窗口中请依序单击「文件>添加/删除管理单元」项目，如图 6-63 所示。

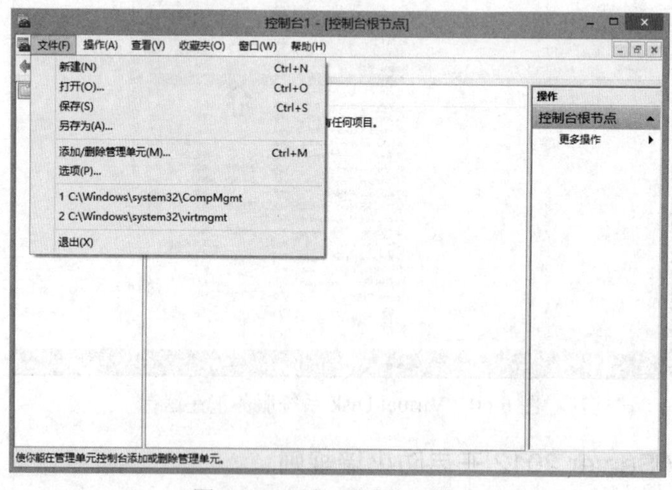

图 6-63　添加/删除管理单元

在「添加/删除管理单元」窗口中，请选择「高级安全 Windows 防火墙」项目后单击「添加」按钮，此时会弹出「选择计算机」窗口，请选择「另一台计算机」选项后键入 Hyper-V Server 2012 主机名称「MyHyperV-2012」后单击「完成」按钮，如图 6-64 所示。

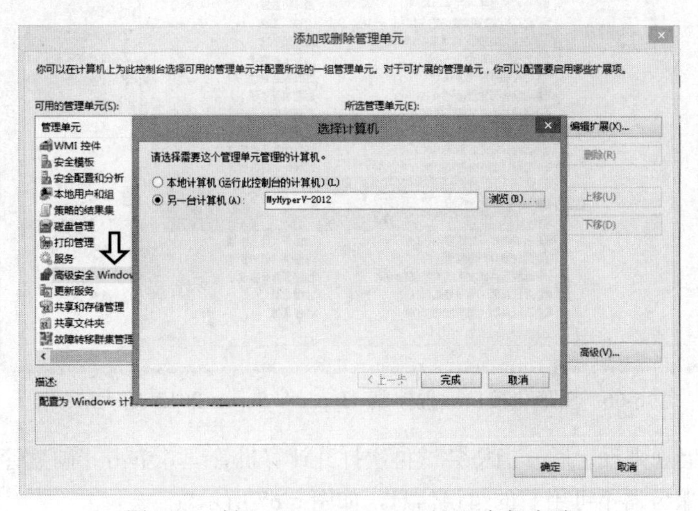

图 6-64 键入 Hyper-V Server 2012 主机名称

确定将 Hyper-V Server 2012 主机高级安全 Windows 防火墙管理单元添加完毕后单击「确定」按钮即可完成设定，如图 6-65 所示。

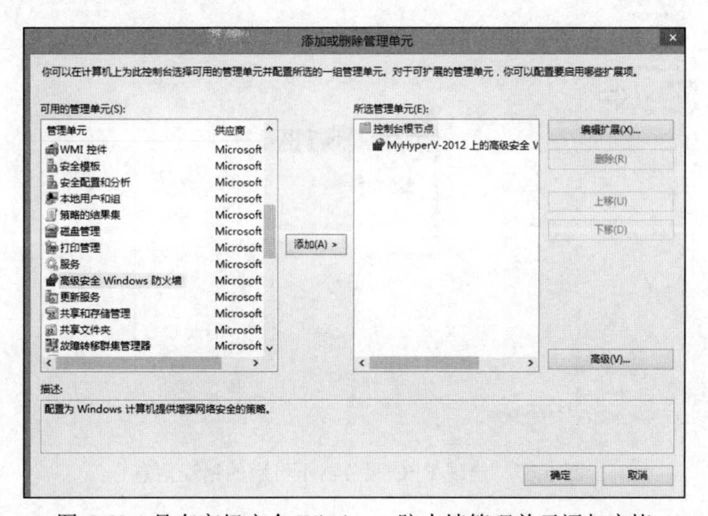

图 6-65 具有高级安全 Windows 防火墙管理单元添加完毕

我们便可以利用具有高级安全性的 Windows 防火墙图形化接口，来远程控制 Hyper-V Server 2012 主机对于防火墙规则的「启用/停用」作业。如刚才的设定需求请确认「远程卷管理」的防火墙规则已启用，如图 6-66 所示。

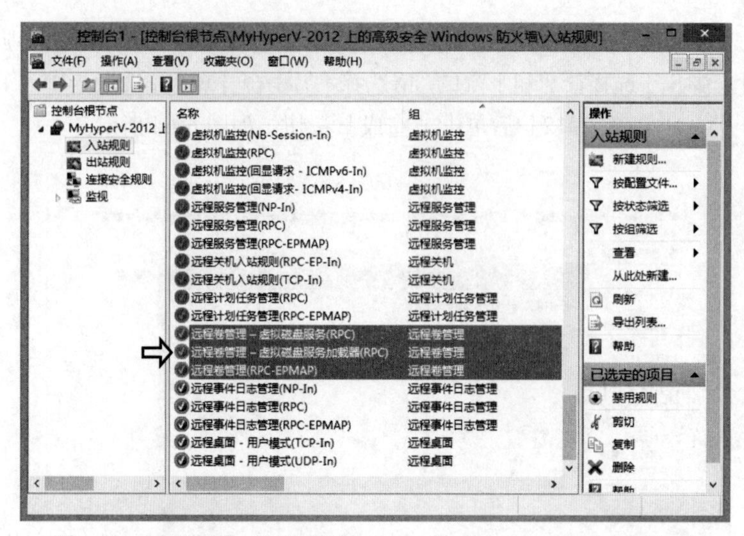

图 6-66　图形化接口远程控制 Hyper-V Server 2012 防火墙规则

完成了防火墙规则设定后，当您尝试再次打开计算机管理并单击「硬盘管理」项目后，却还是出现「RPC 服务器不可用」的错误信息，如图 6-67 所示。

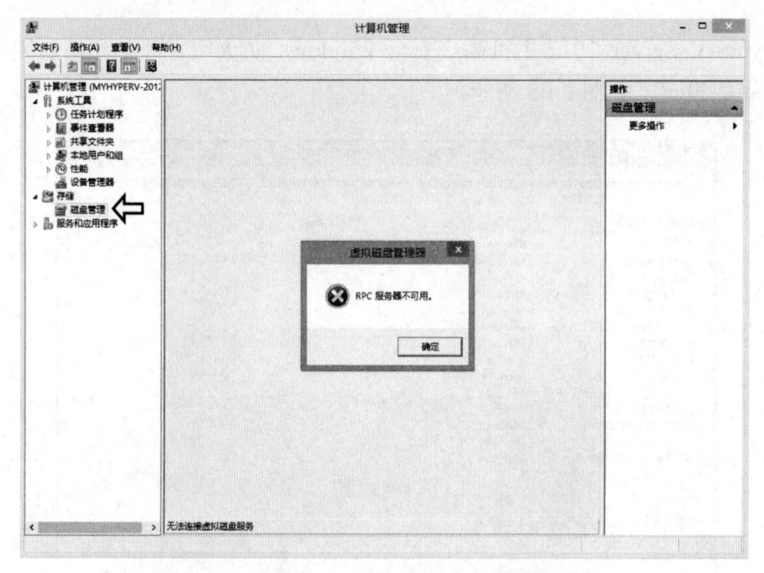

图 6-67　出现 RPC 服务器不可用的错误信息

10．Windows 8 开启防火墙规则

此错误信息发生的原因在于 Windows 8 主机也必须要允许「远程卷管理」的防火墙规则才行，由于目前 Windows 8 主机的网络为「专用」，因此请允许相关的防火墙规则，如图 6-68 所示。

当 Windows 8 主机允许相关的防火墙规则后，便可以顺利在计算机管理中存取「磁盘管理」

项目远程管理 Hyper-V Server 2012 的硬盘，如图 6-69 所示。

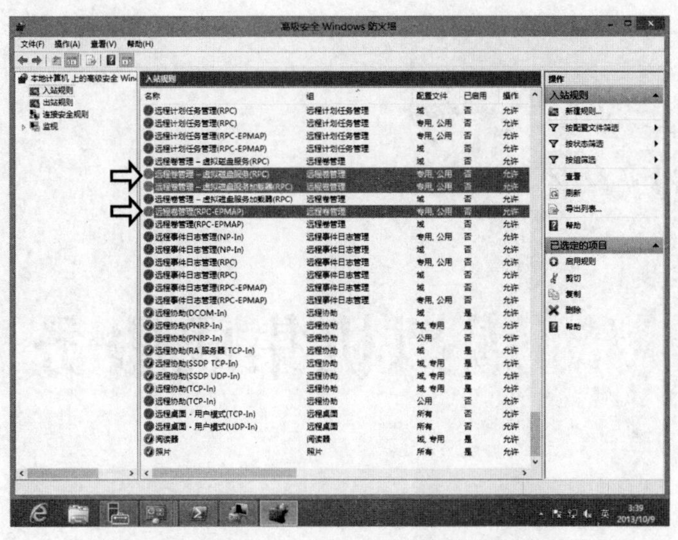

图 6-68 Windows 8 主机允许相关的防火墙规则

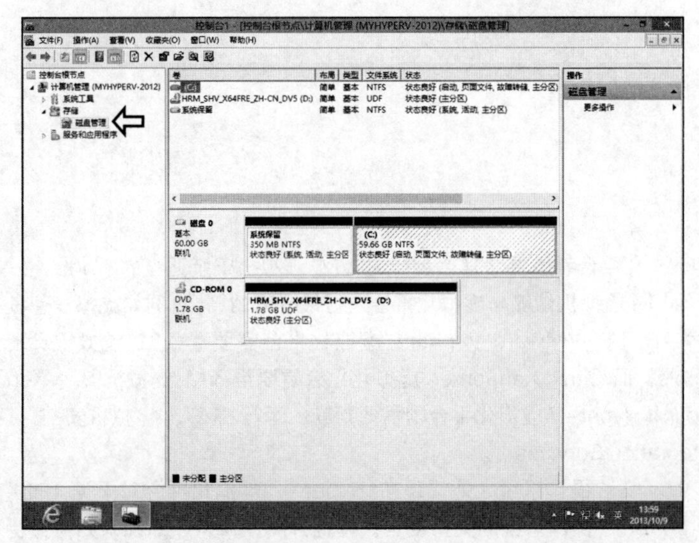

图 6-69 远程管理 Hyper-V Server 2012 的硬盘

Chapter 7

VM 虚拟机集成服务

每一种虚拟化平台都需要帮其上运行的 VM 虚拟机安装适当的 Tools，以使其上运行的 VM 虚拟机能够与虚拟化平台进行最紧密的结合（例如虚拟设备最优化等），举例来说，VMware vSphere 虚拟化平台需要帮 VM 虚拟机安装 VMware Tools，而 Citrix XenServer 虚拟化平台需要帮 VM 虚拟机安装 Xen Tools。Microsoft Hyper-V 虚拟化平台则需要帮其上运行的 VM 虚拟机安装「集成服务（Integration Services）」。

除了 Windows 操作系统之外，现在 Hyper-V 虚拟化平台对于类 UNIX（Linux、FreeBSD）操作系统的支持度也大幅提升。本章将详细说明如何安装集成服务以使 VM 虚拟机跟 Microsoft Hyper-V 虚拟化平台，不管是在效率运行上或是驱动程序最优化方面都能进行完美的结合。

7-1 Hyper-V 3.0 支持的来宾操作系统

Hyper-V 2.0 虚拟化平台当中对于来宾操作系统（Guest OS）的支持度比较低，例如安装了 Windows Server 2008 R2 操作系统的虚拟机，最大支持的虚拟处理器数量为 4 个，但是在 Hyper-V 3.0 虚拟化平台当中虚拟处理器数量最多能支持到「64」个，并且支持很多的类 UNIX 操作系统（例如 FreeBSD）。

表 7-1 为 Hyper-V 2.0、3.0 虚拟化平台所支持的 Guest OS 以及最大虚拟处理器数量的数量。

表 7-1

	Hyper-V 2.0	Hyper-V 3.0
Windows XP SP3	2	2
Windows Vista SP2	2	2
Windows 7	4	4
Windows 8	-	32
Windows Server 2003 / 2003 R2	2	2
Windows Server 2008 SP2	4	8
Windows Server 2008 R2	4	64
Windows Server 2012	-	64
Red Hat Enterprise Linux	4 5.2～5.7、6.0～6.1	64 5.7～5.9、6.0～6.4
CentOS	4 5.2～5.7、6.0～6.1	64 5.7～5.9、6.0～6.4
SuSE Linux Enterprise Server	4 10 SP4、11 SP1	64 11 SP2
OpenSUSE 12.1	-	64
Ubuntu 12.04、12.10	-	64
FreeBSD 8.2、9.0	4 8.2、8.3	64

集成服务（Integration Services）

每一种虚拟化平台都会要求在其上运行的虚拟机安装适当的 Tools 来保证运行的虚拟机能够与虚拟化平台进行最紧密的结合（例如虚拟设备优化等）。举例来说 VMware vSphere 虚拟化平台要求虚拟机安装 VMware Tools，而 Citrix XenServer 虚拟化平台要求 VM 虚拟机安装 Xen Tools。

Microsoft Hyper-V 虚拟化平台则是要求虚拟机安装「集成服务」，在安装的过程中，它会更新虚拟机的 IDE、SCSI、网络、视频、鼠标等虚拟硬件的驱动程序，提高使用性能。不仅如此，集成服务还提供了操作系统关闭、时间同步、数据交换、检测信号、备份（卷快照）等功能，保证虚拟机与 Microsoft Hyper-V 虚拟化平台在运行性能和驱动优化方面能够完美地结合。Hyper-V 组件架构示意图如图 7-1 所示。

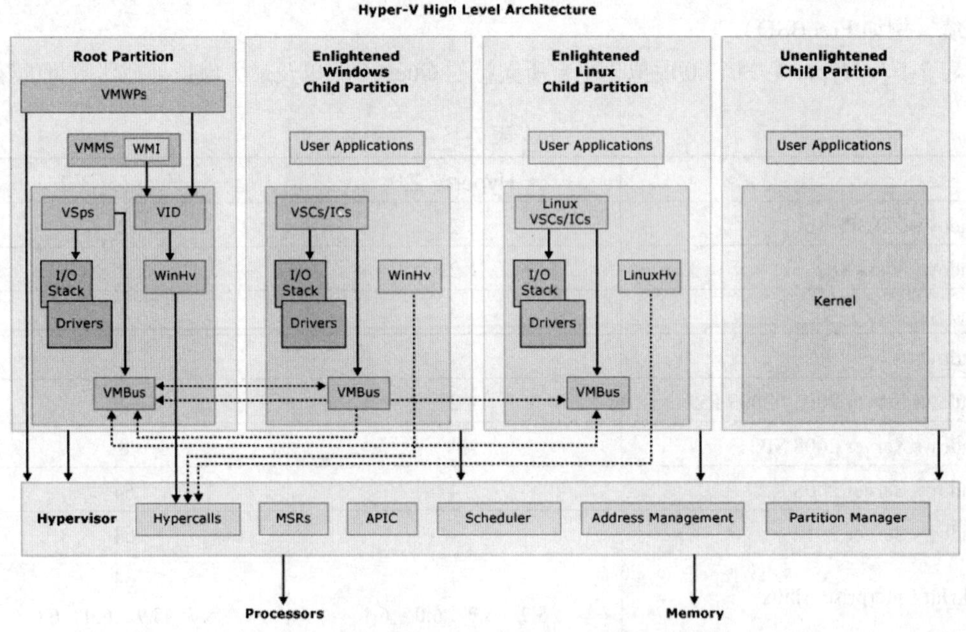

图片来源：MSDN Library-Hyper-V Architecture（http://goo.gl/9x5H9）

图 7-1 Hyper-V 组件架构示意图

您会发现当虚拟机安装来宾操作系统之后，有一部分 Guest OS 操作系统必须「安装」集成服务，而有一部分只需要「升级」，还有的并不需要安装。对于「不需要」安装集成服务的虚拟机来说，是因为它所安装的操作系统内核已经做过优化，能够自动「感知」到自己是运行在虚拟化环境之中。

举例来说，在 Hyper-V 2.0 虚拟化平台之上，如果虚拟机安装的来宾操作系统是 Windows 7、Windows Server 2008 R2 操作系统，那么我们就不需要为它们安装集成服务。但如果虚拟化平台是 Windows Server 2012 或是 Hyper-V Server 2012 提供的 Hyper-V 3.0，那么我们就需要对于 Windows 7、Windows Server 2008 R2 的虚拟机来宾系统升级集成服务的版本。

- Hyper-V 1.0：Windows Vista、Windows Server 2008。
- Hyper-V 2.0：Windows 7、Windows Server 2008 R2。
- Hyper-V 3.0：Windows 8、Windows Server 2012。

7-2 Windows 虚拟机集成服务

在虚拟机配置中，您会发现有两种类型的虚拟网卡，网络适配器和旧版网络适配器，它们之间有什么区别呢？

所谓的旧版网络适配器（图标为橘色）实际上就是模拟网卡，它是「模拟」一块真实存在的，可以在市场上购买到的网卡，它的优点在于不需要集成服务的支持就可以使用。一个典型的应用场景就是「PXE Boot」网络启动，它的缺点在于性能较差。

而网络适配器（图标为蓝色）是合成网卡，当 VM 虚拟机的操作系统安装了集成服务后，便可以正常使用，它的优点在于运行性能比较高。二者的性能比较见表 7-2。

表 7-2

	Emulated Adapters	Synthetic Adapters
MAC 地址变更	✔	✔
DHCP 防护	✔	✔
路由器防护	✔	✔
端口镜像	✔	✔
NIC 小组	✔	✔
硬件加速（VMQ、SR-IOV 等）	-	✔
PXE Boot	✔	-

7-2-1 Windows Server 2003 R2 虚拟机

我们在 Hyper-V 3.0 虚拟化平台上准备了一台虚拟机，为它分配了一块网络适配器和一块旧版网络适配器，如图 7-2 所示，并且在虚拟机中安装了 Windows Server 2003 R2 操作系统，我们将要来查看在虚拟机集成服务安装前后，网卡名称，驱动程序，传输速率等有何不同。

1. 未安装集成服务

在安装 Windows Server 2003 R2（32 位）操作系统过程中会出现「鼠标不好用」的问题，这是因为我们还未安装集成服务，如图 7-3 所示，可以使用键盘来安装操作系统。完成操作系统的安装之后，在 Hyper-V 管理器中选择虚拟机后，您可以在该虚拟机的摘要信息中看到状态为「无联系人」，说明 Hyper-V 虚拟化平台无法检测虚拟机的运行状态。

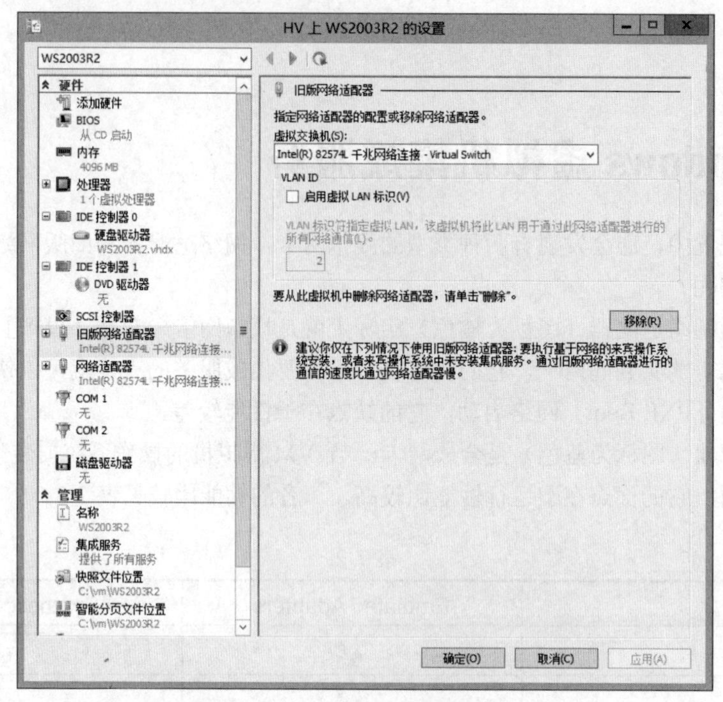

图 7-2　虚拟主机配置两块网卡

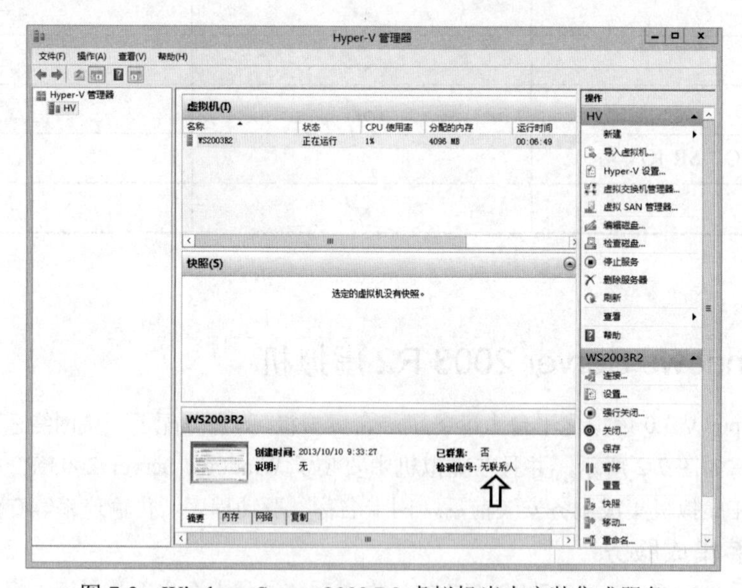

图 7-3　Windows Server 2003 R2 虚拟机尚未安装集成服务

在「网络」选项卡中您会看到网络适配器状态为「无通信」，这也是因为还没有安装集成服务，故无法识别出该网卡，如图 7-4 所示。

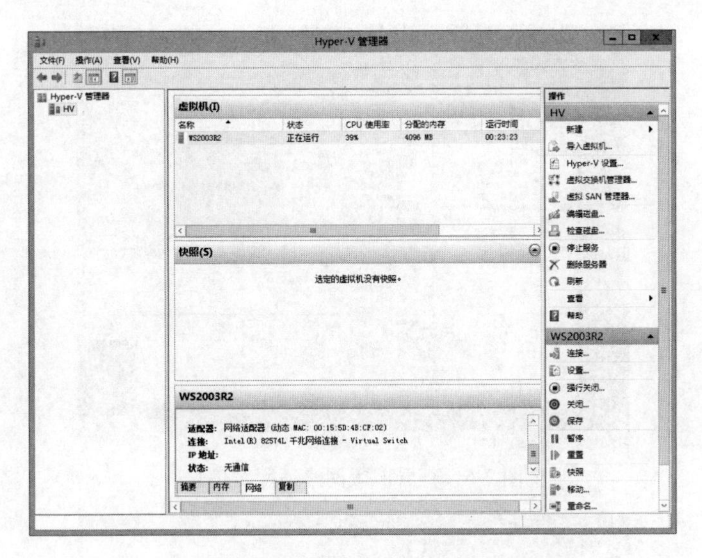

图 7-4　未安装集成服务无法识别网络适配器

因为我们为虚拟机配置了两块网卡，查看旧版网络适配器状态时，可以看到其状态是「确定（仿真）」，如图 7-5 所示。

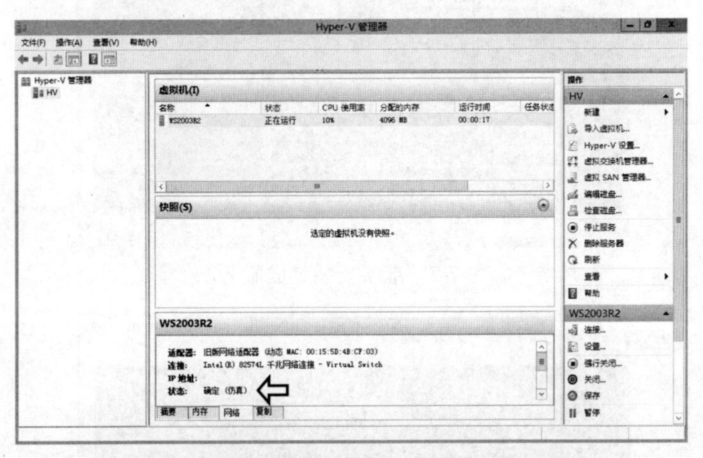

图 7-5　未安装集成服务可识别旧版网络适配器

登录 Windows Server 2003 R2 操作系统后，打开设备管理器您可以看到有「未知设备」，以及一块 Intel 21140 网卡，也就是旧版网络适配器，如图 7-6 所示（请注意!! 如果来宾操作系统是 Windows Server 2003 R2 的 64 位版本将不支持旧版网络适配器，因为缺少驱动程序）。

2. 安装集成服务

请在 Windows Server 2003 R2 虚拟机打开的控制台窗口菜单中依次单击「操作>插入集成服务安装盘」选项，准备安装集成服务，如图 7-7 所示。

插入集成服务安装盘后，系统将「自动安装」Hyper-V 集成服务和相关组件，如图 7-8 所示。

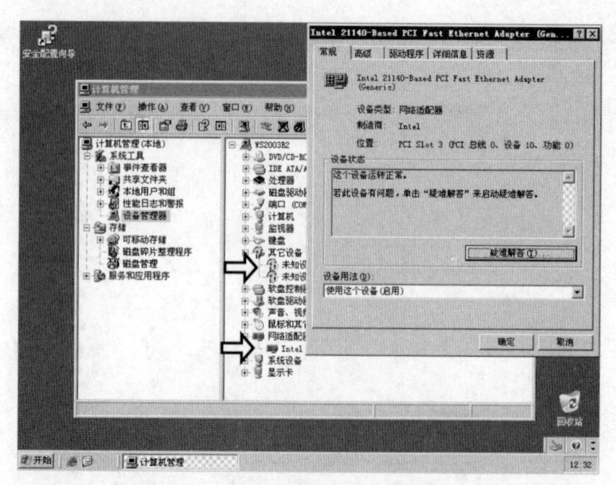

图 7-6　查看旧版网络适配器信息

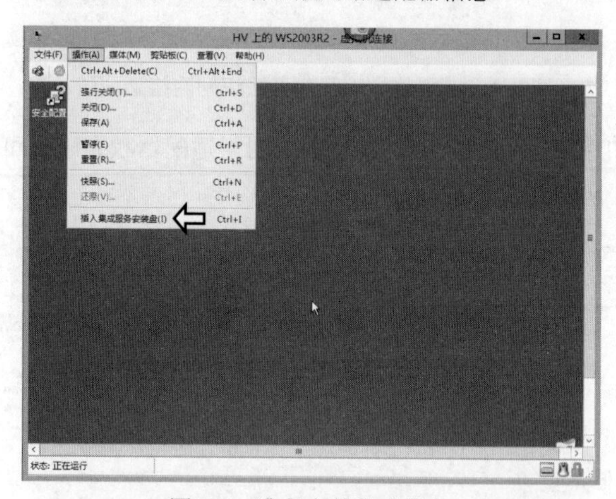

图 7-7　准备安装集成服务

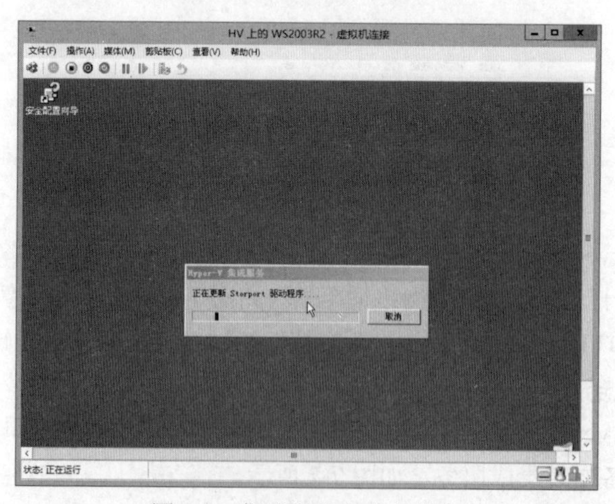

图 7-8　集成服务自动安装中

当 Hyper-V 集成服务安装完成后，安装程序会提示您重新启动主机，单击「是」按钮立即重启，如图 7-9 所示。

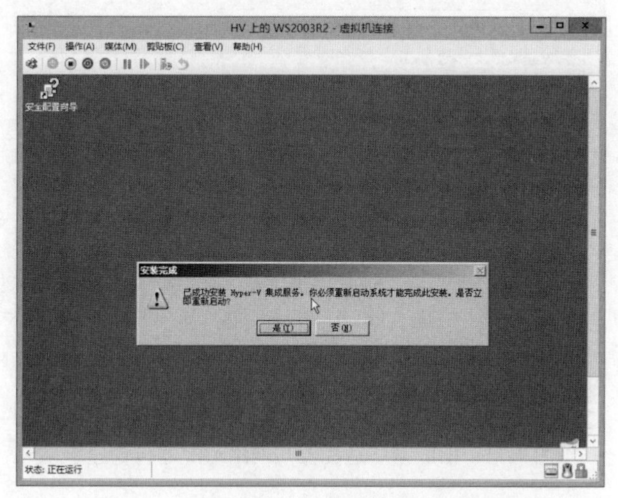

图 7-9　集成服务安装完成后需要重新启动

重新启动主机后您会发现鼠标已经可以正常工作，登录操作系统后打开设备管理器会看到已经没有了未知设备，并且多了一块 Microsoft Hyper-V Network Adapter 网卡，如图 7-10 所示，并且屏幕的分辨率也可以调高了。

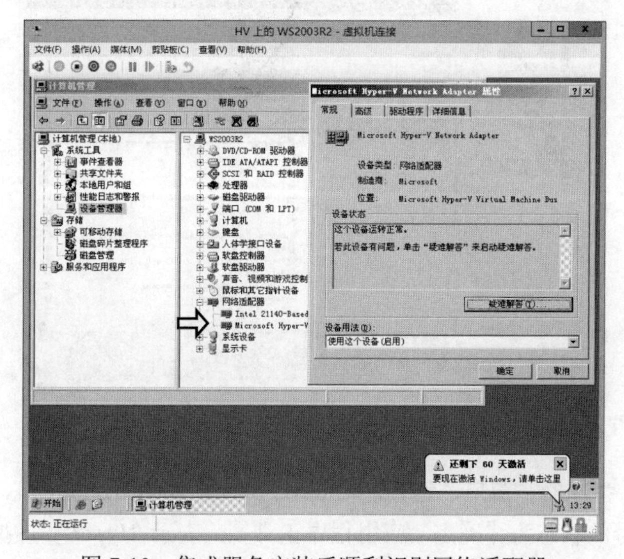

图 7-10　集成服务安装后顺利识别网络适配器

分别打开两块网卡的网络连接属性窗口，就可以查看到连接速度，旧版网络适配器的速度为 100 Mbps，安装集成服务后的网络适配器速度则是 10 Gbps，如图 7-11 所示。

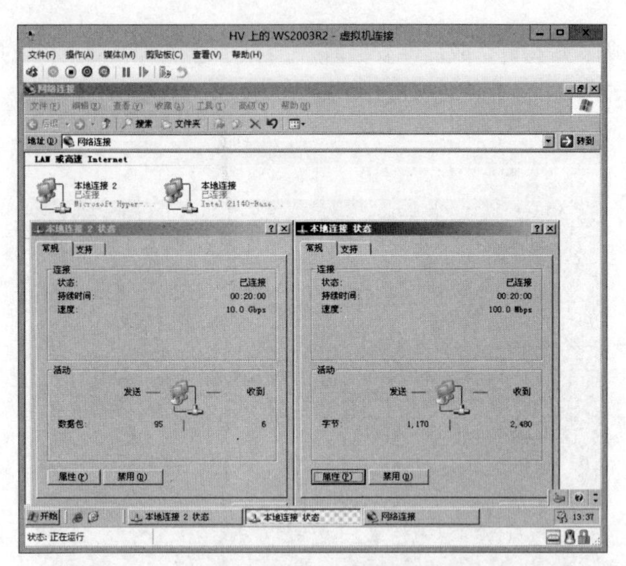

图 7-11　旧版网络适配器与网络适配器传输速率

查看系统服务，您可以看到多了「5 项」命名以 Hyper-V 开头的系统服务，如图 7-12 所示。

图 7-12　新增 5 项命名以 Hyper-V 开头的系统服务

回到「Hyper-V 管理器」窗口，选择 Windows Server 2003 R2 虚拟机，可以在「摘要」选项卡中看到检测信号的状态为「确定（应用程序正常）」，表示 Hyper-V 虚拟化平台已经可以检测到虚拟机的运行状态了，如图 7-13 所示。

在「网络」选项卡中您会看到网络适配器状态为「确定」，表示安装集成服务后已经可以顺利识别该网卡，如图 7-14 所示。

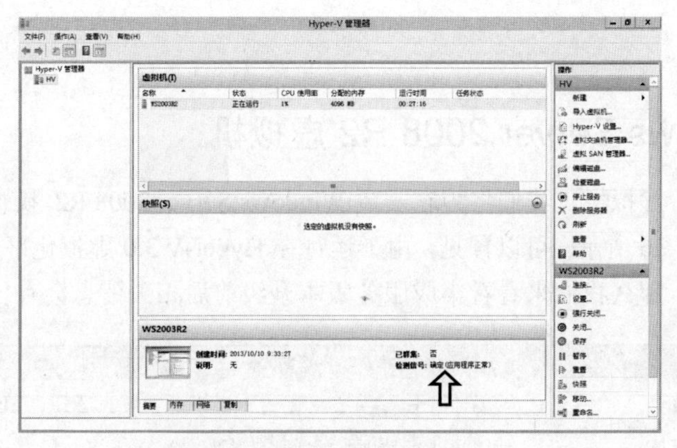

图 7-13　虚拟机集成服务运行中

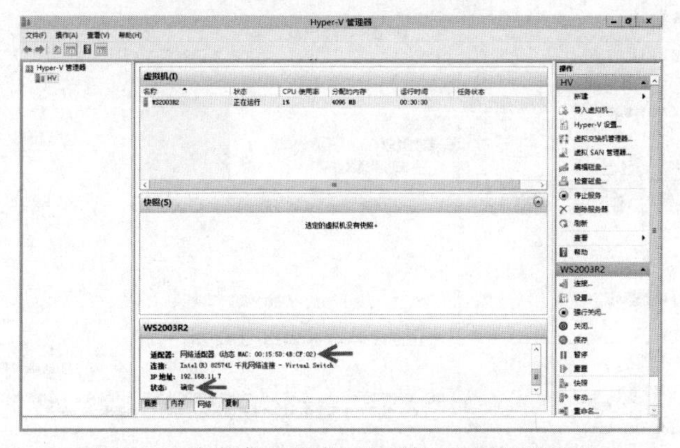

图 7-14　安装集成服务后顺利识别网络适配器

切换到「内存」选项卡中，您可以看到内存需求显示了相应的内存值，动态内存显示了「已启用」的状态，说明动态内存功能也已经顺利运行，如图 7-15 所示。

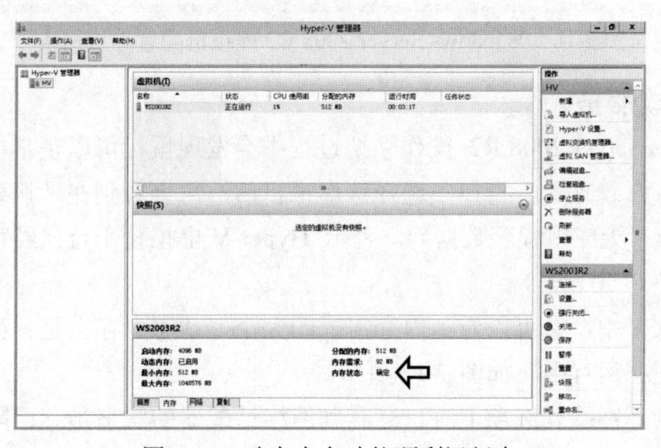

图 7-15　动态内存功能顺利运行中

7-2-2 Windows Server 2008 R2 虚拟机

接下来创建一台虚拟机，我们将为它安装 Windows Server 2008 R2 操作系统并且配置一块网络适配器，如图 7-16 所示。可以预见，由于运行在 Hyper-V 3.0 虚拟化平台上，所以需要「升级」集成服务版本。那么我们来看看集成服务版本升级前后相关信息会有什么不同。

图 7-16　Windows Server 2008 R2 虚拟机配置一块网卡

1．未升级集成服务

在安装 Windows Server 2008 R2 操作系统过程中会发现鼠标可以正常使用，而当操作系统安装完毕在「Hyper-V 管理器」窗口中选择该虚拟机后，您会看到在「摘要」选项卡中，检测信号的状态是「确定（无应用程序数据）」，表示 Hyper-V 虚拟化平台已经可以检测到虚拟机的运行状态了，如图 7-17 所示。

在「内存」选项卡中，您可以看到内存需求的大小，动态内存也是「已启用」的状态，表明动态内存功能也正在运行中，如图 7-18 所示。

但是当您切换到「网络」选项卡时，会看到网络适配器的状态是「已降级（需要升级集成服务）」的提示信息，表示必需要升级集成服务以达到最佳运行状态，如图 7-19 所示。

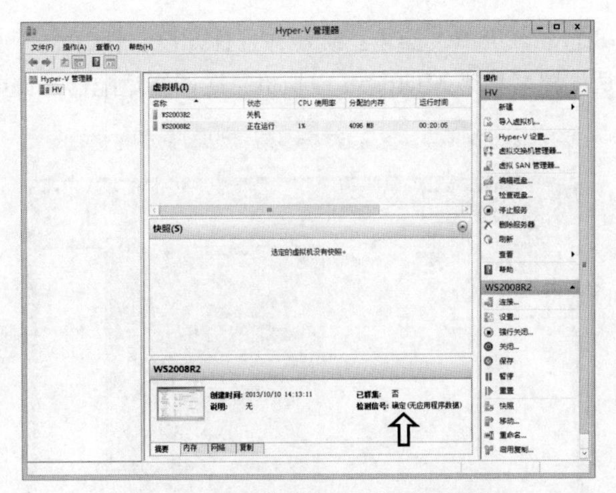

图 7-17　VM 虚拟机未升级集成服务

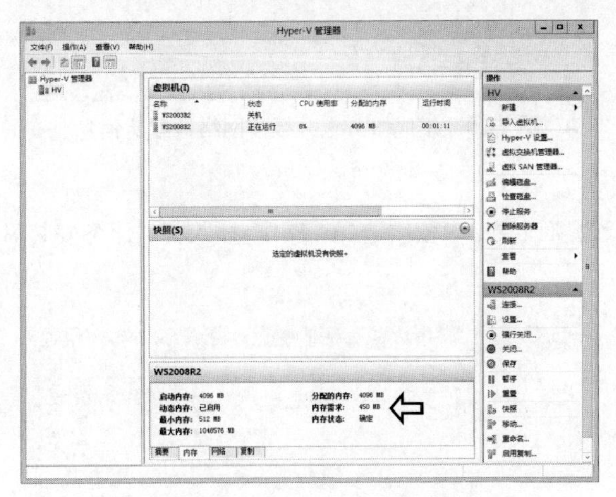

图 7-18　动态内存功能运行中

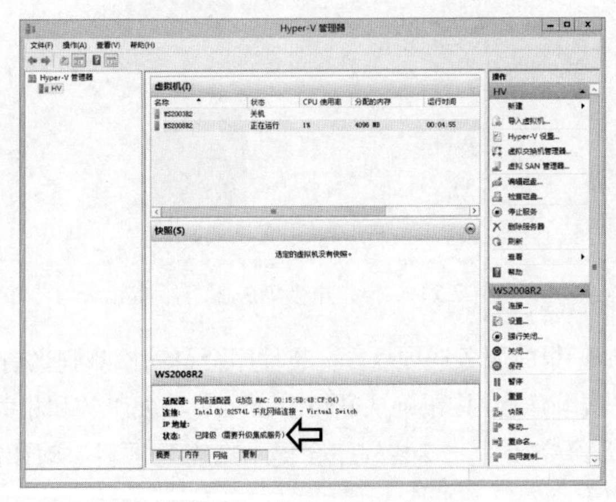

图 7-19　需要升级集成服务

登录到 Windows Server 2008 R2 操作系统，并且打开设备管理器，可以看到仍然有无法识别的设备，此时网络适配器名称为 Microsoft 虚拟机总线网络适配器，如图 7-20 所示。

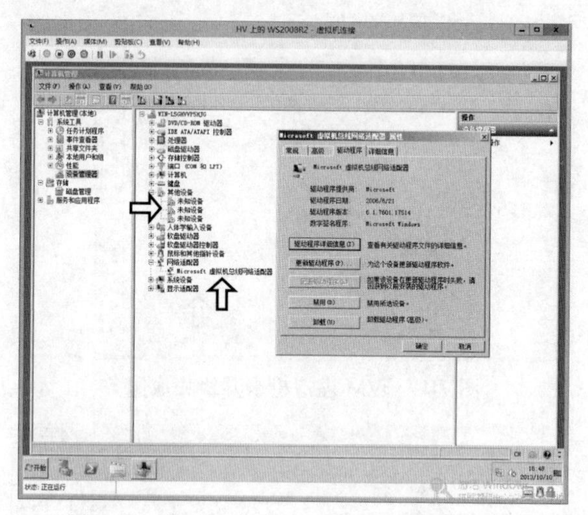

图 7-20 集成服务未升级前网络适配器信息

2. 安装集成服务

请同样在虚拟机管理窗口菜单中依次选择「操作>插入集成服务安装盘」准备升级集成服务，如图 7-21 所示。

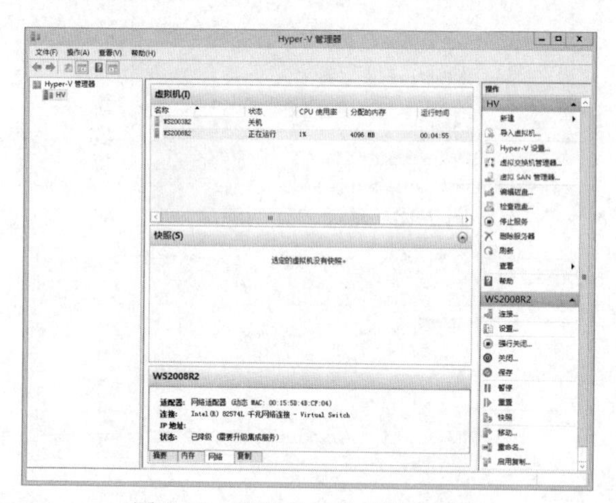

图 7-21 准备升级集成服务版本

当您选择安装 Hyper-V 集成服务选项后，安装程序会自动检测到当前的虚拟机中已经安装了 Hyper-V 集成服务，请单击「确定」按钮确认升级 Hyper-V 集成服务和相关组件，如图 7-22 所示。

Hyper-V 集成服务升级完成后，安装程序会提示您需要重新启动计算机，单击「是」按钮确认重启，如图 7-23 所示。

图 7-22 确认升级 Hyper-V 集成服务

图 7-23 集成服务升级完毕重新启动计算机

重新启动计算机后，再次登录 Windows Server 2008 R2 操作系统，打开设备管理器您可以看到已经没有任何无法识别的设备，而网络适配器名称则变更为 Microsoft Hyper-V 网络适配器，如图 7-24 所示。

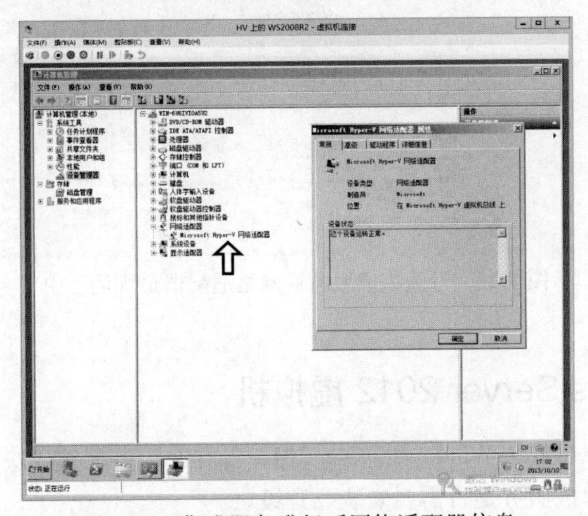

图 7-24 集成服务升级后网络适配器信息

回到「Hyper-V 管理器」窗口中选择此虚拟机，在「摘要」选项卡中检测信号的状态变更为「确定（应用程序正常)」，如图 7-25 所示。

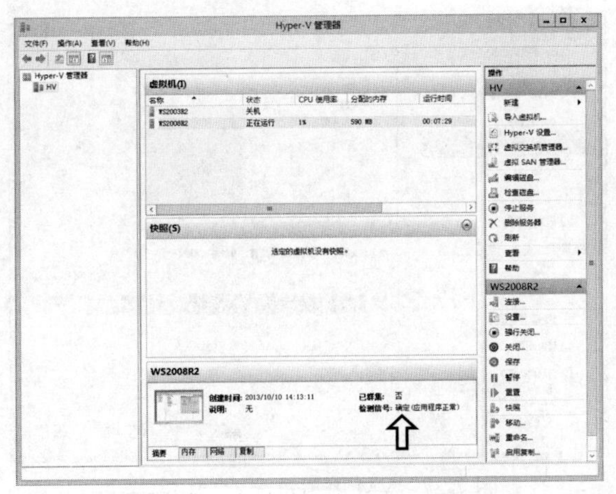

图 7-25 虚拟机新版本集成服务运行中

切换到「网络」选项卡中您会看到网络适配器状态变更为「确定」，说明升级集成服务后驱动程序处于最优状态，如图 7-26 所示。

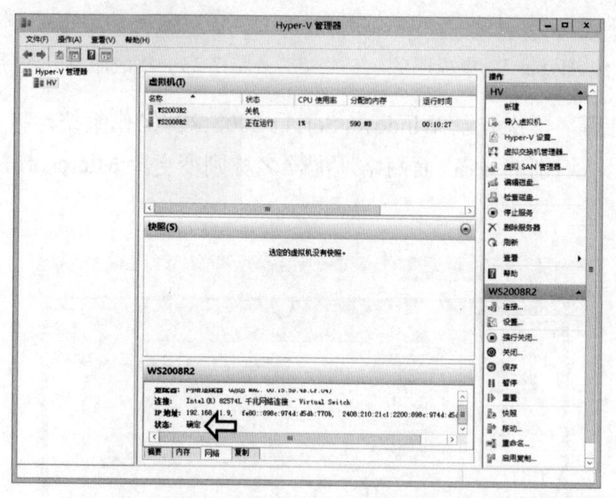

图 7-26　升级集成服务后网络适配器最优运行中

7-2-3　Windows Server 2012 虚拟机

创建一台 VM 虚拟机安装 Windows Server 2012 操作系统并配置一块网络适配器，如图 7-27 所示。么我们来查看集成服务是否需要安装或升级。

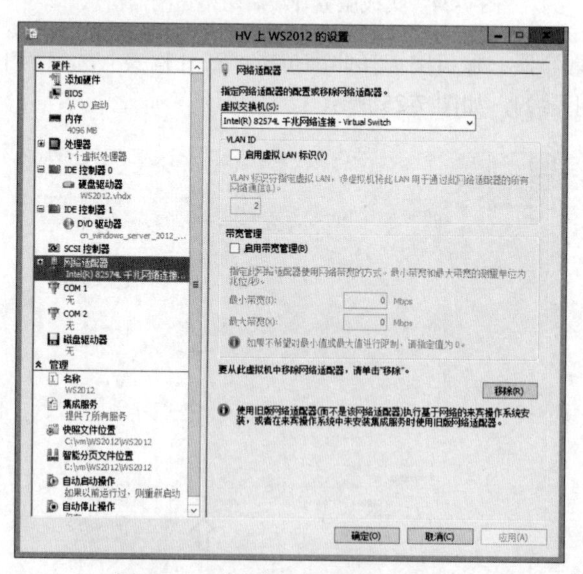

图 7-27　VM 虚拟机配置一块网卡

Windows Server 2012 操作系统安装完成后，打开「Hyper-V 管理器」窗口，选择该虚拟机，您可以在「摘要」选项卡中看到检测信号状态为「确定（应用程序正常）」，如图 7-28 所示。

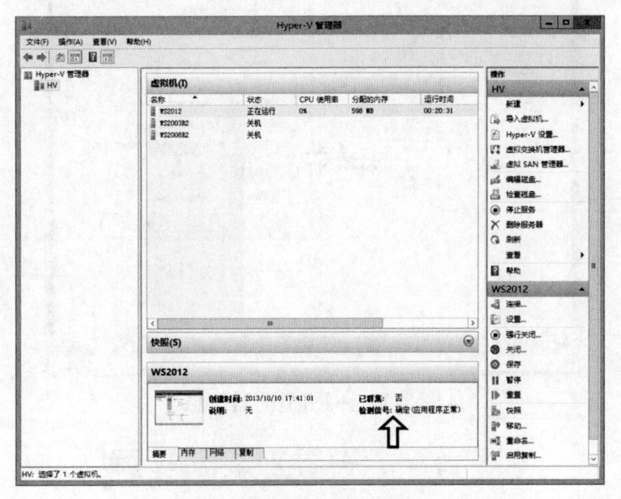

图 7-28　虚拟机集成服务运行中

切换到「网络」选项卡，您会看到网络适配器的状态为「确定」，表明集成服务已经将驱动程序进行了优化，如图 7-29 所示。

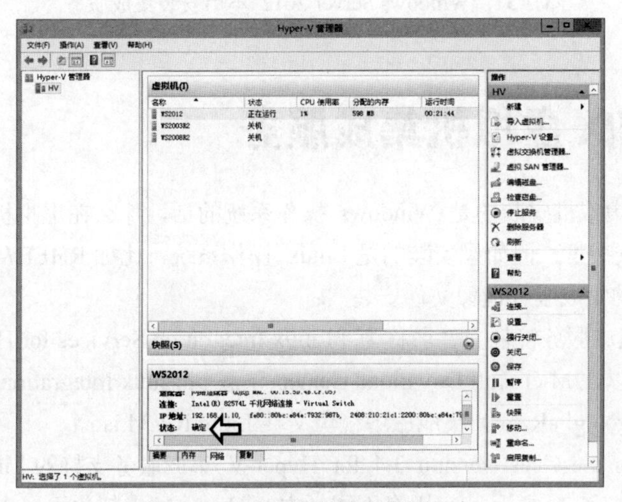

图 7-29　网络适配器优化运行中

登录操作系统后，打开设备管理器，您可以看到没有任何无法识别的设备并且网络适配器名称为 Microsoft Hyper-V 网络适配器，如图 7-30 所示。

当然，如果您还是尝试插入集成服务安装盘并执行安装程序，安装程序会提示您已是最新版集成服务，如图 7-31 所示。

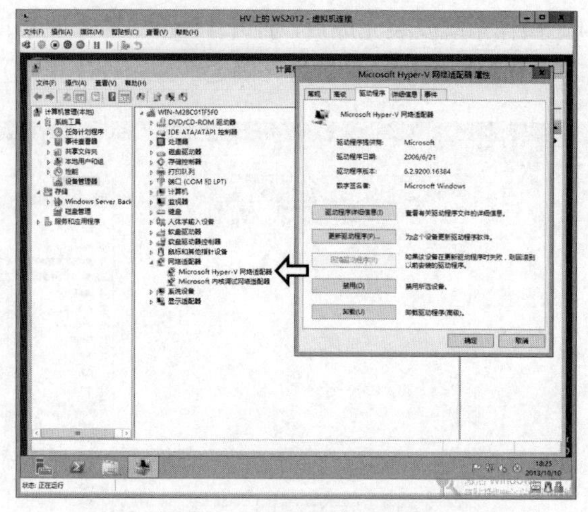

图 7-30　网络适配器信息

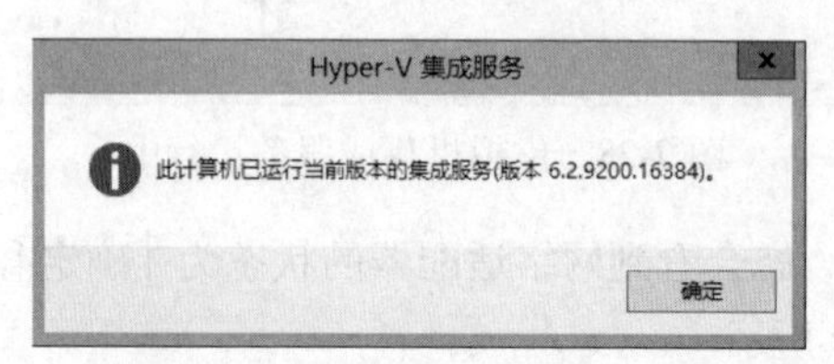

图 7-31　Windows Server 2012 不用安装集成服务

7-3　类 UNIX 虚拟机集成服务

如果您的 VM 虚拟机安装的是 Windows 操作系统的话，那么在虚拟机的管理工具上可以直接插入集成服务安装盘，但如果安装的是 Linux 操作系统，比如 RHEL / CentOS 的话，则需要下载 Linux 版本的集成服务镜像文件安装。

Linux 版本的集成服务镜像文件名称为「Linux Integration Services for Hyper-V」，目前最新版本为「3.4」，您可以在 Microsoft Download Center 下载到 Linux Integration Services Version 3.4 for Hyper-V（http://goo.gl/aRz5c）集成服务镜像文件 LinuxICv34.iso。

Linux Integration Services Version 3.4 for Hyper-V 集成服务支持的 Linux 版本为 RHEL / CentOS 5.7、5.8、6.0～6.3，并且可应用在不同版本的 Hyper-V 虚拟化平台上，例如 Hyper-V 1.0（Windows Server 2008）、Hyper-V 2.0（Windows Server 2008 R2）、Hyper-V 3.0（Windows Server 2012）、Windows 8 Pro。

安装集成服务后的 Linux 虚拟机将支持如下特性和优化功能：

- Driver Support：对于 IDE/SCSI Storage Controller、Network Controller 虚拟设备的优化支持。

- Fastpath boot support for Hyper-V：采用 Block VSC（Virtualization Service Client）机制加强启动效率。
- Time Keeping：通过 Timesync Service 同步虚拟机系统时间。
- Integrated Shutdown：支持管理工具窗口的关机（Shutdown）功能。
- SMP（Symmetric Multiprocessing）Support：支持多块 vCPU 虚拟处理器并行计算功能。
- Heartbeat：Hyper-V 虚拟化平台能够顺利检测 VM 虚拟机的运行状态是否正常。
- KVP（Key-Value Pair）Exchange：获取 VM 虚拟机信息。
- Integrated mouse support：集成鼠标功能，鼠标将在物理设备和虚拟机之间无缝切换使用。
- Live Migration：支持实时迁移（Live Migration）、无共享存储实时迁移（Shared Nothing Live Migration）、Hyper-V 复制（Hyper-V Replica）等高级功能。
- Jumbo Frames：可設定 MTU 數值大於 1500 bytes。
- VLAN tagging and trunking：支持单一 VLAN ID 或是多个 VLAN ID Trunking 网络环境。

如果 Linux 虚拟机配置的 vCPU 虚拟处理器数量超过 7 个，或者虚拟内存超过 30 GB 的话，建议您在 GRUB 开机配置文件 boot.cfg 中加入「numa=off」参数值以优化运行效率。

7-3-1 Ubuntu 虚拟机

事实上微软一直在贡献兼容 Linux 内核的驱动程序，在 2009 年 7 月以 GPL v2 方式贡献了 Linux Drivers，2012 年 3 月时微软已经是排名 TOP 20 的核心贡献者了，2012 年第二季度许多 Hyper-V 虚拟驱动程序已经都内置在众多 Linux 发行版中，例如 SUSE Linux Enterprise 11 SP2、OpenSUSE 12.1、Ubuntu 12.04/12.10。

新建一台 VM 虚拟机并安装 Linux 发行版 Ubuntu Server 12.10 操作系统（或者 Ubuntu Server 12.04 也可以），如图 7-32 所示。

图 7-32 安装 Ubuntu 12.10 操作系统

登录操作系统之后您可以输入「modinfo hv_vmbus」和「lsmod | grep hv」命令来查看内核

数据加载状态，可以看到相关模块和数据都已经加载但是 hv_vmbus.ko 版本为「3.1」，如图 7-33 和图 7-34 所示。

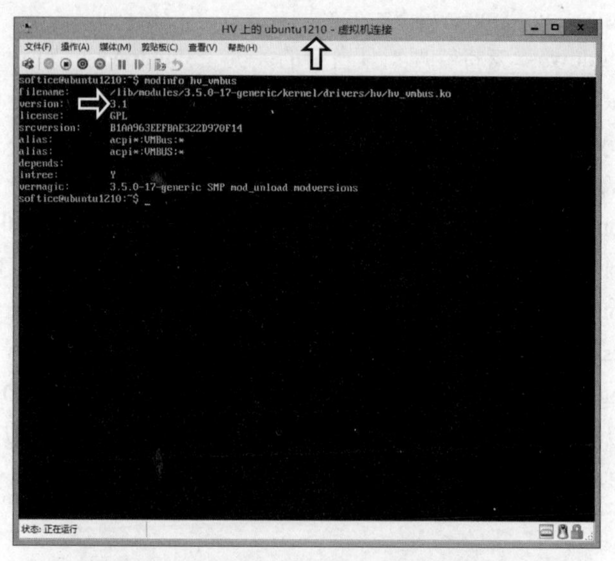

图 7-33 Ubuntu Server 12.10 模块加载信息

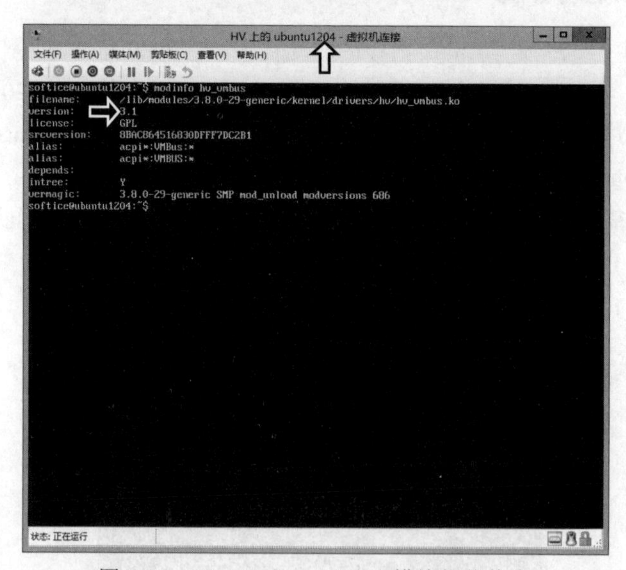

图 7-34 Ubuntu Server 12.04 模块加载信息

切换到「Hyper-V 管理器」窗口中选择 Ubuntu Server 12.10 虚拟机后，您会看到在「摘要」选项卡中信号检测状态为「确定（无应用程序数据）」，表示其 Linux 内核确实可以感知目前身处于 Hyper-V 虚拟化环境并且支持相关虚拟设备，如图 7-35 所示。

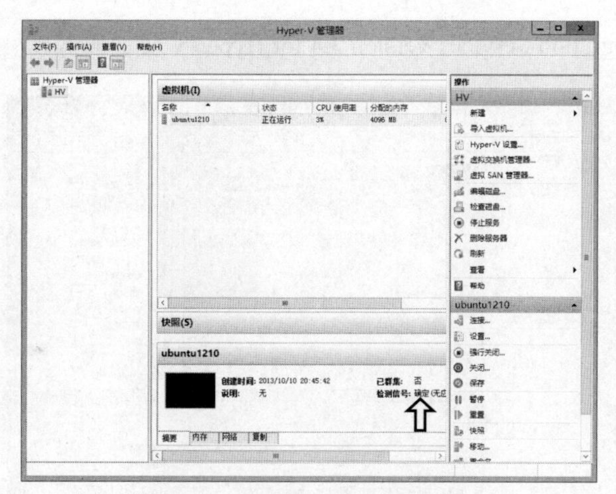

图 7-35　虚拟机信号检测功能正常

切换到「内存」选项卡中，您可以看到内存需求和内存状态参数为空白，这是因为 Hyper-V 虚拟化平台的动态内存功能还「未支持」类 UNIX 操作系统，如图 7-36 所示。

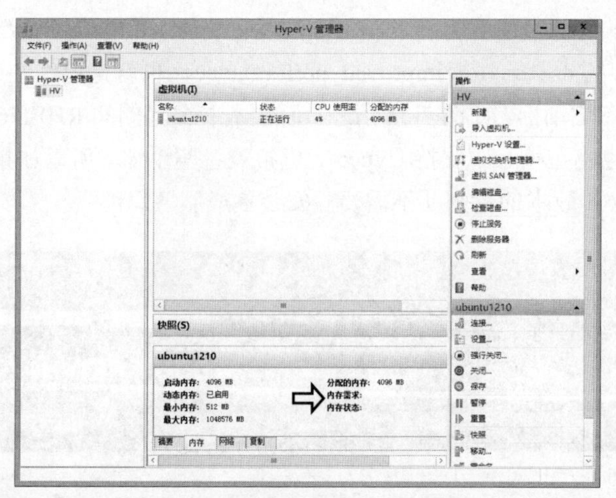

图 7-36　Hyper-V 动态内存功能还未支持类 UNIX 操作系统

切换到「网络」选项卡中您会看到网络适配器状态为「已降级（需要升级集成服务)」，虽然看起来似乎需要升级集成服务版本，如图 7-37 所示。不过笔者发现类 UNIX 操作系统所呈现的集成服务状态都是如此（与 Windows 操作系统不同)，稍后您会发现 CentOS 即使装好最新版本的集成服务所呈现的状态也是如此。

7-3-2　CentOS 虚拟机

如果您为 VM 虚拟机安装的 RHEL / CentOS 版本为「5.7、5.8、6.0～6.3（32 或 64 位)」

便需要安装 Linux Integration Services Version 3.4 for Hyper-V 集成服务。

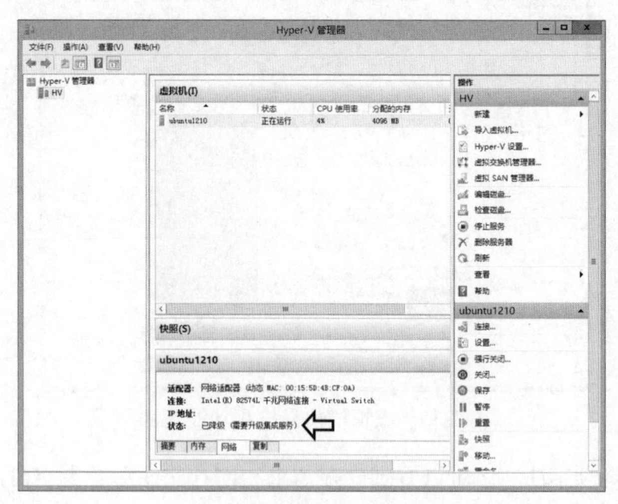

图 7-37　网络适配器状态

2013 年 1 月 8 日 Red Hat 官方在 RHEL 5.9 发行公告（http://goo.gl/XAJXk）当中简要说明了 Microsoft Hyper-V drivers for improved performance，也就是已经在 Linux 内核中集成了 Hyper-V 相关虚拟设备驱动器，如图 7-38 所示。而在本书编写期间 RHEL 6.4 虽然尚在 Beta 阶段，但是据官方表示也将在核心中支持 Hyper-V 虚拟设备驱动器。所以如果您所安装的 RHEL / CentOS 版本为 5.9、6.4 版本的话则「不需要」安装集成服务。

图 7-38　RHEL 5.9 发行公告

我们创建一台虚拟机安装 CentOS 6.3 操作系统并且选择 Minimal 安装选项，为此台虚拟机配置一块网卡，如图 7-39 所示，用于观察安装集成服务前后有何不同。

图 7-39　虚拟机配置一块网卡

1．未安装集成服务

在 CentOS 6.3 操作系统安装过程中，会发现鼠标不会动，这是因为集成服务还未安装，请先以键盘操作完成操作系统的安装。当操作系统安装完成后，在「Hyper-V 管理器」窗口中选择 CentOS 6.3 虚拟机，您会看到在「摘要」选项卡查看到检测信号状态为「不可用」，表明 Hyper-V 虚拟化平台无法检测 VM 虚拟机的运行状态，如图 7-40 所示。

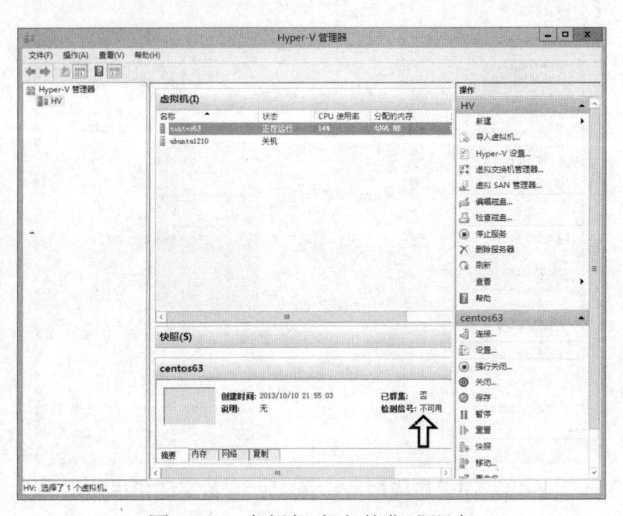

图 7-40　虚拟机未安装集成服务

在「网络」选项卡中您会看到网络适配器状态为「无通信」，因为尚未安装集成服务所以无法识别该网卡，登录操作系统后也会发现没有任何网卡可使用，如图 7-41 所示。

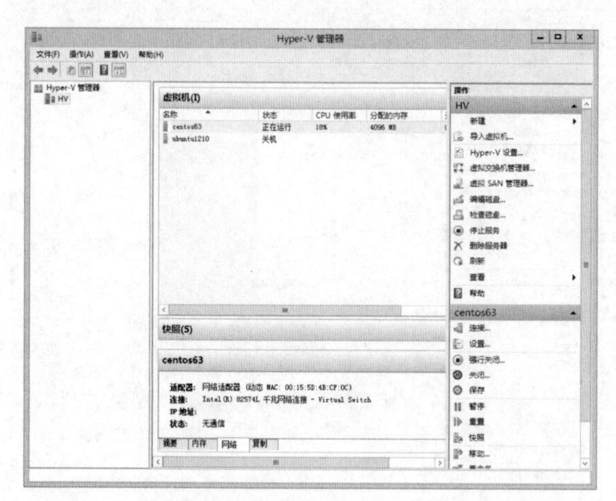

图 7-41　尚未安装集成服务无法识别网络适配器

2．安装集成服务

请在虚拟机设置页面的 DVD 光驱选项加载刚才下载的 Linux Integration Services Version 3.4 for Hyper-V 集成服务镜像文件 LinuxICv34.iso，准备为 CentOS 6.3 操作系统安装集成服务，如图 7-42 所示。

图 7-42　加载集成服务镜像文件准备安装集成服务

设置加载集成服务镜像文件后，回到 CentOS 6.3 虚拟机管理接口，请依次输入如下命令完成挂载光驱资源、切换到适合 CentOS 版本安装的集成服务路径、安装集成服务等操作，如图

7-43 所示：

```
#mount /dev/cdrom /media       //挂载光驱资源至 /media 文件夹
#cd /media/RHEL63              //切换到挂载资源（集成镜像文件目录）
#./install.sh                  //安装集成服务
```

图 7-43　安装集成服务

当集成服务安装完成后，先别急着重新启动虚拟机，请依次输入如下命令设置网络功能，如图 7-44 所示。因为我们的测试环境中有 DHCP 服务器发放 IP 地址，所以只需要设置 DHCP Client 自动取得 IP 地址即可。当设置网络功能完成后便可以将虚拟机关机。

```
#echo "NETWORKING=yes">> /etc/sysconfig/network          //启用网络功能
#echo "DEVICE=eth0">> /etc/sysconfig/network-scripts/ifcfg-eth0   //设置网卡信息
#echo "ONBOOT=yes">> /etc/sysconfig/network-scripts/ifcfg-eth0
#echo "BOOTPROTO=dhcp">> /etc/sysconfig/network-scripts/ifcfg-eth0
#sync
#shutdown -h now    //关机
```

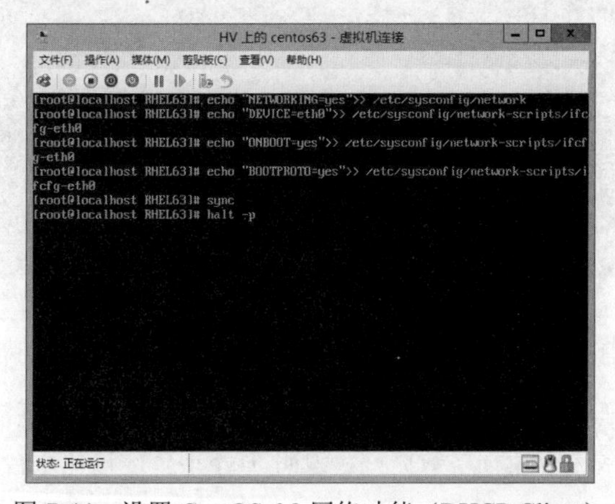

图 7-44　设置 CentOS 6.3 网络功能（DHCP Client）

将 CentOS 6.3 虚拟机启动后您便会发现网卡已经顺利被识别到，并且因为我们刚才设置采用 DHCP Client 功能，所以也顺利自动获取「10.10.75.213」的 IP 地址，如图 7-45 所示。

图 7-45 集成服务安装后顺利识别网络适配器

接着您还可以输入「modinfo hv_vmbus」和「lsmod | grep hv」命令来查看核心数据加载状态，可以看到相关模块和数据都有加载，并且 hv_vmbus.ko 版本为 3.4，如图 7-46 所示。

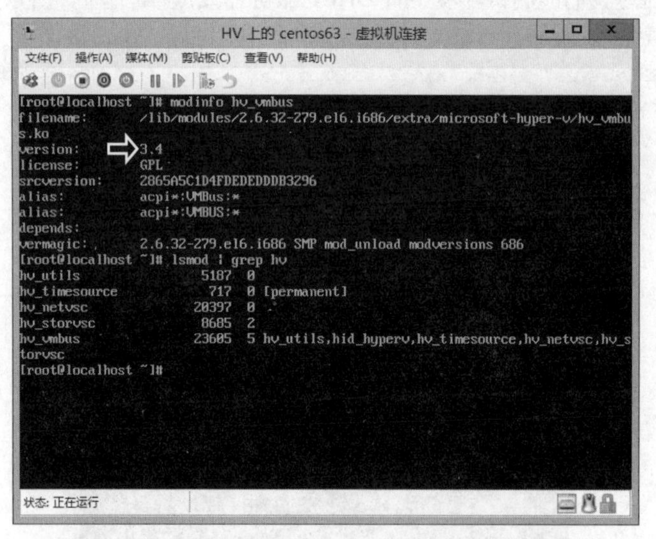

图 7-46 集成服务安装后 Hyper-V 相关模块加载成功

回到「Hyper-V 管理器」窗口中，选择 CentOS 6.3 虚拟机，您会看到在「摘要」选项卡中，检测信号状态是「确定（无应用程序数据）」，说明 Hyper-V 虚拟化平台已经可以检测到虚拟机运行状态，如图 7-47 所示。

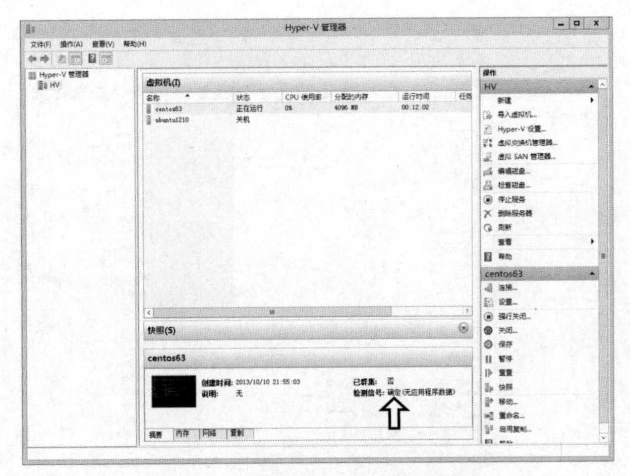

图 7-47　虚拟机集成服务运行中

切换到「内存」选项卡中，您可以看到内存需求及内存状态为空白，这是因为 Hyper-V 虚拟化平台的动态内存功能还未支持类 UNIX 操作系统，如图 7-48 所示。

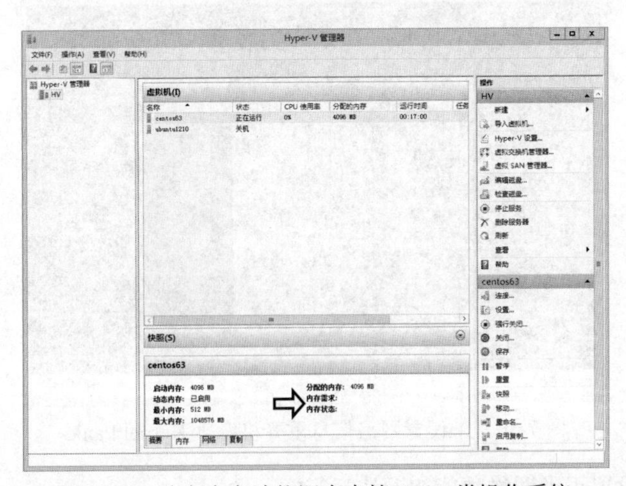

图 7-48　动态内存功能还未支持 Unix 类操作系统

切换到「网络」选项卡中，您会看到网络适配器状态为「已降级（需要升级集成服务）」，如图 7-49 所示。虽然看起来似乎需要升级集成服务版本，不过笔者发现类 UNIX 操作系统所呈现的集成服务状态都是如此，与 Windows 操作系统不同。

注意事项 1：安装好集成服务后重开机却发生 Kernel Panic !!

当您为 CentOS 6.3 安装好集成服务后，如果未设置网络信息便将 VM 虚拟机重新启动或关机的话，当开机时便可能会发生 Kernel Panic 的状况，如图 7-50 所示。

请先将虚拟机执行关闭（Power Off）操作，并且将**原有**的网络适配器**删除**后开机，等确认 CentOS 可以顺利启动后关机，然后新增网络适配器后再设置网络信息即可解决此状况。

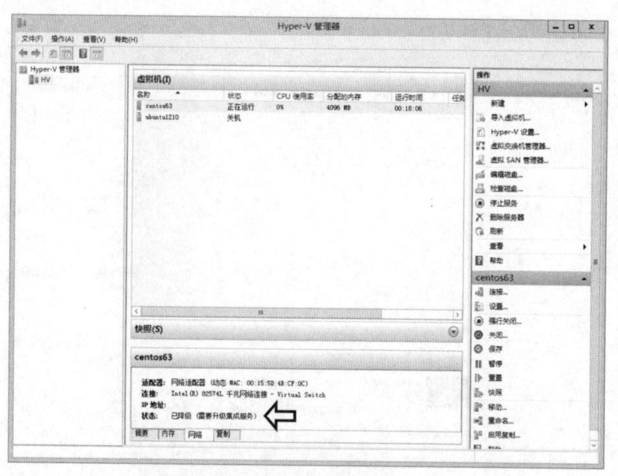

图 7-49　网络适配器运行中

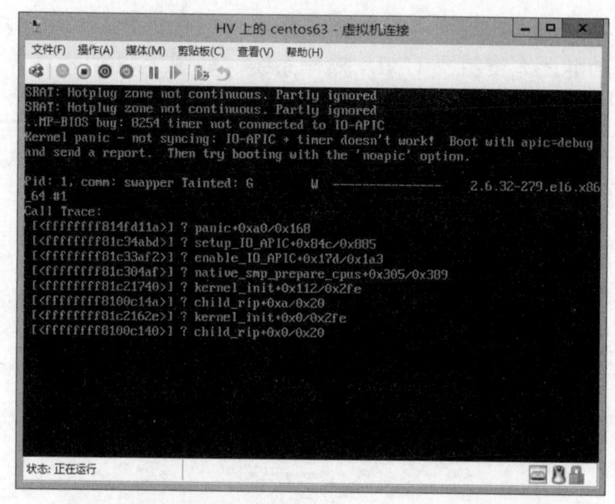

图 7-50　未设置网络信息重开机发生 Kernel Panic

注意事项 2：设置正确网络功能却无法运行？

udev 设备管理器（Device Manager）的主要功能，就是在系统中的/dev 目录提供动态式的设备节点（Device Mapper），这些设备节点文件是以用户系统中的 udev 应用程序规则来指定产生的，这些规则会直接在来自于系统内核（Kernel）的 udev 事件上进行处理来完成特定设备的添加、删除、变更，为热插拔设备提供了方便的自动检测感应机制。

当然除了自动检测并创建设备节点之外，udev 设备管理器也支持由用户自行创建任何设备链接，在每个 udev 事件中都包含了有关被检测后设备的基本信息，例如名称、所属的子系统、设备类型、所使用的 major 与 minor 号码、事件的类型等。除了能在/sys 目录中找到这些信息之外，也能在 udev 规则中存取所有的信息，因此用户可以能轻易地添加一组自定义的规则，来定义任何设备的处理规则。

在 CentOS 6 操作系统中默认便提供了 udev 直接与 Device Mapper 集成的支持。因为 udev 服务（Daemon）中的规则应用程序会与系统自动检测设备源程序进行并行处理，所以会将所有与 Device Mapper 设备相关的 udev 程序进行同步，例如，主机上的网卡 MAC Address、LVM 逻辑磁盘等，其中系统所检测到的网卡 MAC Address 会记录在 70-persistent-net.rules 文件中。

所以如果虚拟机的 MAC Address 改变的话（例如删除网卡又添加），那么就会因为 70-persistent-net.rules 文件中所记录的 MAC Address 不同而造成网络功能无法顺利启动，请您将「/etc/udev/rules.d/70-persistent-net.rules」文件删除后再重新启动 CentOS 即可（重新检测新的网卡 MAC Address 并自动产生和写入 70-persistent-net.rules 文件中）。

3. CentOS 5.9 不须安装集成服务

如果安装的 RHEL / CentOS 版本为 5.9/6.4 的话便不需要安装集成服务。登录操作系统之后您可以输入「modinfo hv_vmbus」和「lsmod | grep hv」命令来查看内核数据加载状态，可以看到相关模块和数据都已加载，并且 hv_vmbus.ko 版本为「3.1」，如图 7-51 所示。

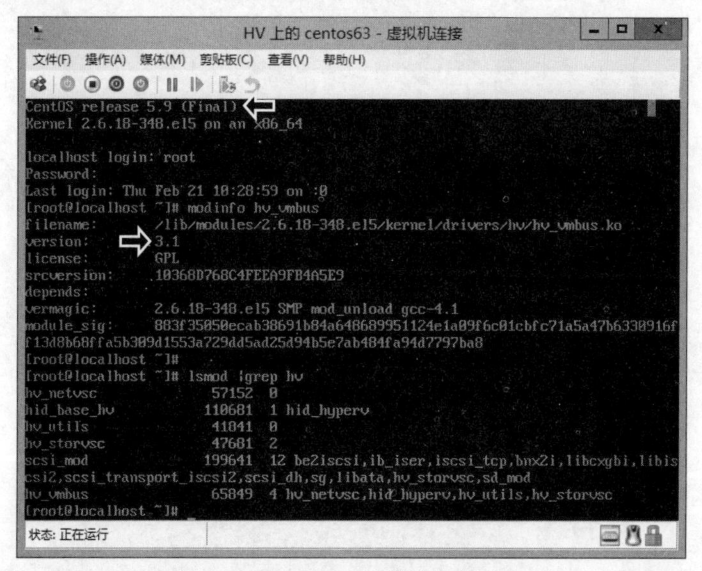

图 7-51 CentOS 5.9 模块加载信息

切换到「Hyper-V 管理器」窗口，选择该虚拟机，您会看到在「摘要」选项卡中信号检测状态为「确定（无应用程序数据）」，表示其 Linux 内核确实可以感知目前身处于虚拟化环境并且支持相关虚拟设备，如图 7-52 所示。

切换到「内存」选项卡中，您可以看到内存需求和内存状态为「空白」，这是因为 Hyper-V 虚拟化平台的动态内存功能还「未支持」类 UNIX 操作系统，如图 7-53 所示。

切换到「网络」选项卡中，您会看到网络适配器状态为「已降级（需要升级集成服务）」，虽然看起来似乎需要升级集成服务版本，如图 7-54 所示。不过笔者发现类 UNIX 操作系统所呈现的集成服务状态都是如此，与 Windows 操作系统不同。

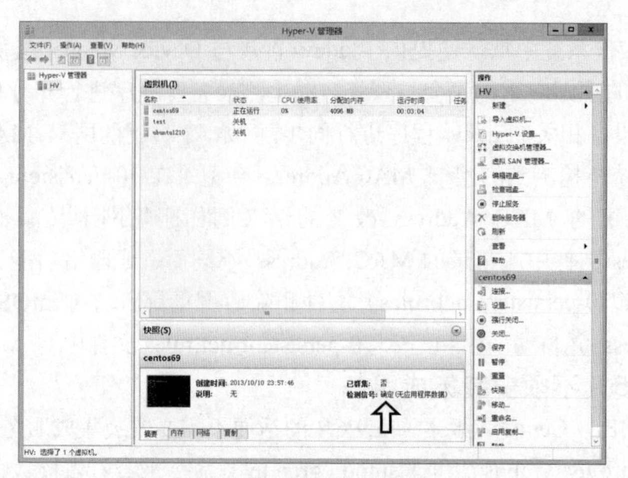

图 7-52　虚拟机信号检测功能运行中

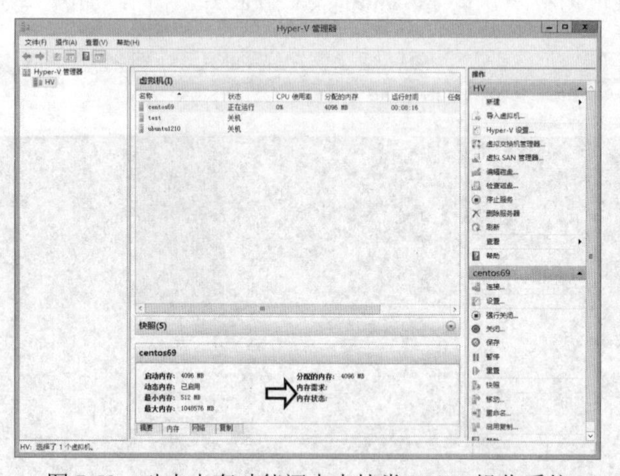

图 7-53　动态内存功能还未支持类 UNIX 操作系统

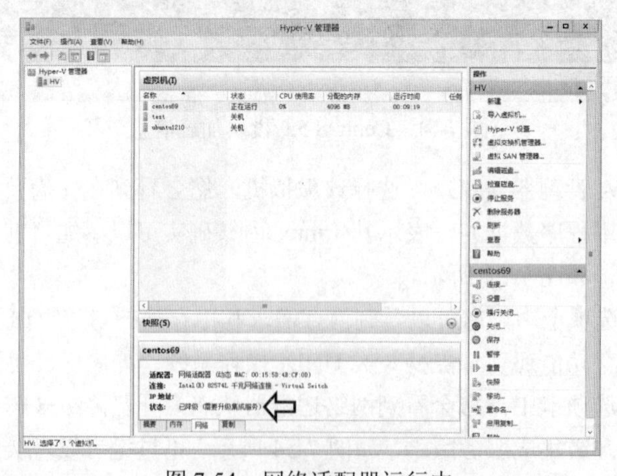

图 7-54　网络适配器运行中

7-3-3 FreeBSD 虚拟机

2012 年 5 月 10 日 Microsoft TechNet Blog 发表了一篇名为 FreeBSD Support on Windows Server Hyper-V（http://goo.gl/GVtCA）的文章，内容中说明 Microsoft 及其合作伙伴 NetApp、Citrix 将会在 BSDCan 2012 大会上发表 FreeBSD 也在其内核当中支持 Hyper-V 虚拟设备驱动器，在旧版 Hyper-V 2.0 虚拟化平台上可使用 FreeBSD 8.2、8.3，而在新版 Hyper-V 3.0 虚拟化平台上则连最新发行的 FreeBSD 9.0 也支持，如图 7-55 所示。

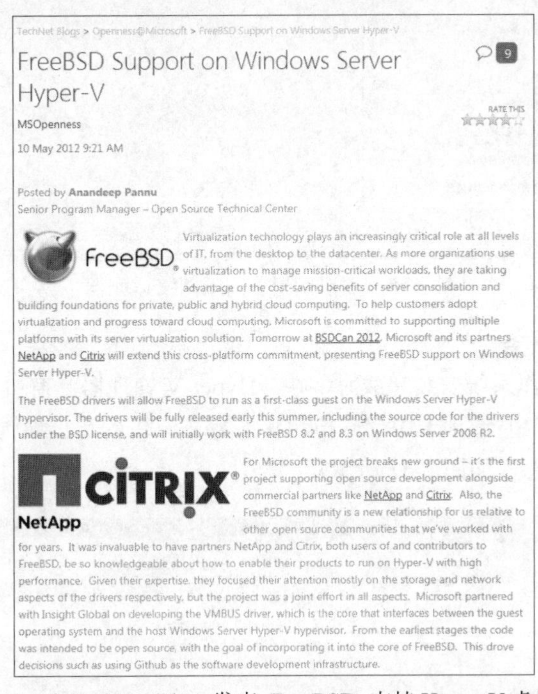

TechNet Blogs > Openness@Microsoft > FreeBSD Support on Windows Server Hyper-V

FreeBSD Support on Windows Server Hyper-V

9

RATE THIS

MSOpenness

10 May 2012 9:21 AM

Posted by **Anandeep Pannu**
Senior Program Manager – Open Source Technical Center

FreeBSD®

Virtualization technology plays an increasingly critical role at all levels of IT, from the desktop to the datacenter. As more organizations use virtualization to manage mission-critical workloads, they are taking advantage of the cost-saving benefits of server consolidation and building foundations for private, public and hybrid cloud computing. To help customers adopt virtualization and progress toward cloud computing, Microsoft is committed to supporting multiple platforms with its server virtualization solution. Tomorrow at BSDCan 2012, Microsoft and its partners NetApp and Citrix will extend this cross-platform commitment, presenting FreeBSD support on Windows Server Hyper-V.

The FreeBSD drivers will allow FreeBSD to run as a first-class guest on the Windows Server Hyper-V hypervisor. The drivers will be fully released early this summer, including the source code for the drivers under the BSD license, and will initially work with FreeBSD 8.2 and 8.3 on Windows Server 2008 R2.

CITRIX®
NetApp

For Microsoft the project breaks new ground – it's the first project supporting open source development alongside commercial partners like NetApp and Citrix. Also, the FreeBSD community is a new relationship for us relative to other open source communities that we've worked with for years. It was invaluable to have partners NetApp and Citrix, both users of and contributors to FreeBSD, be so knowledgeable about how to enable their products to run on Hyper-V with high performance. Given their expertise, they focused their attention mostly on the storage and network aspects of the drivers respectively, but the project was a joint effort in all aspects. Microsoft partnered with Insight Global on developing the VMBUS driver, which is the core that interfaces between the guest operating system and the host Windows Server Hyper-V hypervisor. From the earliest stages the code was intended to be open source, with the goal of incorporating it into the core of FreeBSD. This drove decisions such as using Github as the software development infrastructure.

图 7-55 Microsoft TechNet Blog 发表 FreeBSD 支持 Hyper-V 虚拟设备驱动器

虽然 FreeBSD 内核可以支持 Hyper-V 虚拟设备驱动器，但是仍未包含在默认核心配置文件当中，因此您有两种方式可以更新您的 FreeBSD 内核，第一种方式是通过 Github 版本控制系统下载相关源代码文件并重编译和安装内核，详细操作情况请参考 FreeBSDonHyper-V-Build the kernel with the HyperV drivers（http://goo.gl/KWCiV）文章。第二种方法则是下载已经由热心人士所写好的补丁文件（Patch File）后重新编译内核即可。本小节将使用第二种方法并且以最新版本 FreeBSD 9.0 为例。

我们创建一台虚拟机安装 FreeBSD 9.0（64 位）操作系统，并且在创建虚拟机时将默认添加的网络适配器移除，然后添加一块旧版网络适配器，以便稍后下载内核补丁文件（Patch File），如图 7-56 所示。

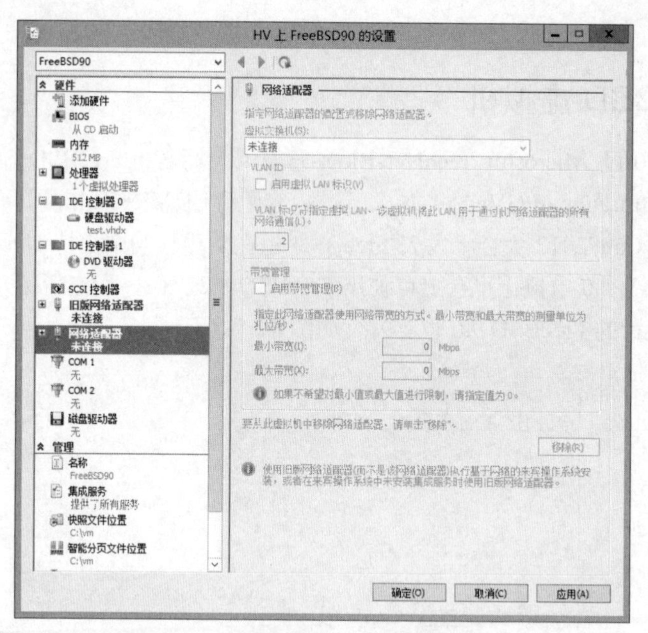

图 7-56　虚拟机配置旧版网络适配器

1. 未安装集成服务

当 FreeBSD 9.0 操作系统安装完成时，在「Hyper-V 管理器」窗口中选择 FreeBSD 9.0 虚拟机，您会看到在「摘要」选项卡中信号检测状态为「无联系人」，说明 Hyper-V 虚拟化平台无法检测虚拟机运行状态，如图 7-57 所示。

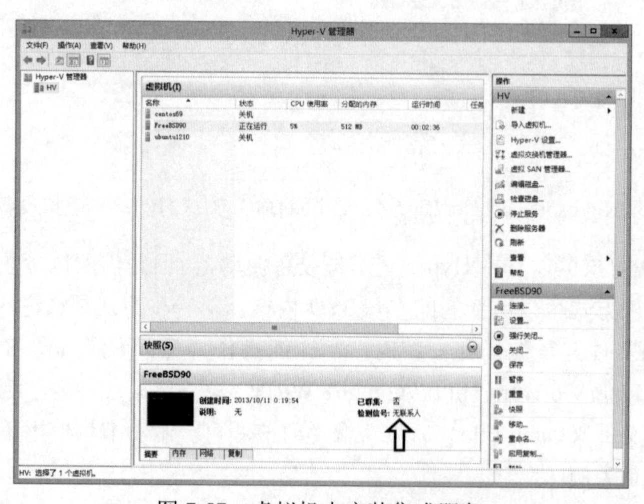

图 7-57　虚拟机未安装集成服务

在「网络」选项卡中，因为使用的是旧版网络适配器，所以您会看到网络适配器状态为「确定（仿真）」，如图 7-58 所示。

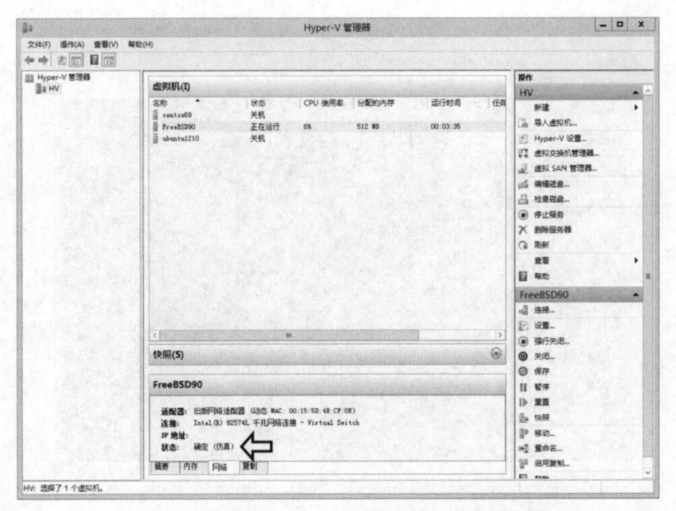

图 7-58　未安装集成服务只能使用旧版网络适配器

2．安装集成服务

顺利登录 FreeBSD 9.0 系统后您会发现传统网络适配器将会自动辨识为 de0，并且模拟「Digital 21140A Fast Ethernet 100 Mbps」网卡。将 FreeBSD 网络功能设置完成后可以测试一下是否可以顺利对外，此演示中我们输入「ping -c2 sites.google.com」测试能否解析 DNS 名称以便稍后下载 FreeBSD Kernel 修正文件（Patch File），如图 7-59 所示。

图 7-59　设置 FreeBSD 网络功能并准备下载修正文件

确认 FreeBSD 虚拟机网络功能正常运行后，我们利用 fetch 命令下载 FreeBSD Kernel 补丁文件，请输入「fetch https://sites.google.com/site/stryqx/fbsd90-hyperv.patch」命令开始下载，如图 7-60 所示，如果您使用的操作系统是 FreeBSD 8.2 版本的话，请修改下载文件为 fbsd82-hyperv.patch 文件。

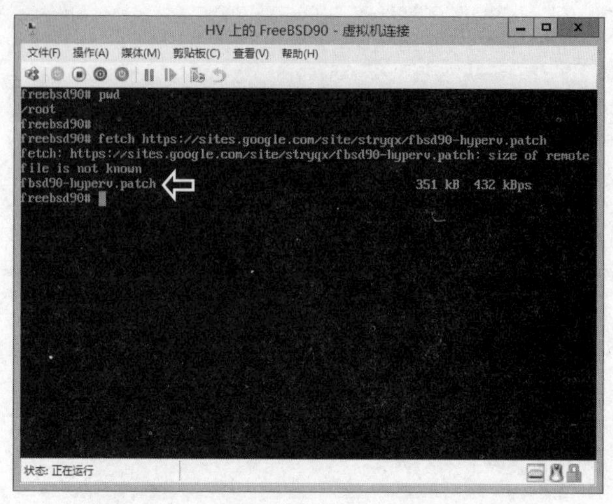

图 7-60　下载 FreeBSD Kernel 补丁文件

下载完成 FreeBSD Kernel 补丁后，请输入命令「patch -p -d /usr/src < fbsd90-hyperv.patch」安装 FreeBSD Kernel 补丁文件，如图 7-61 所示。

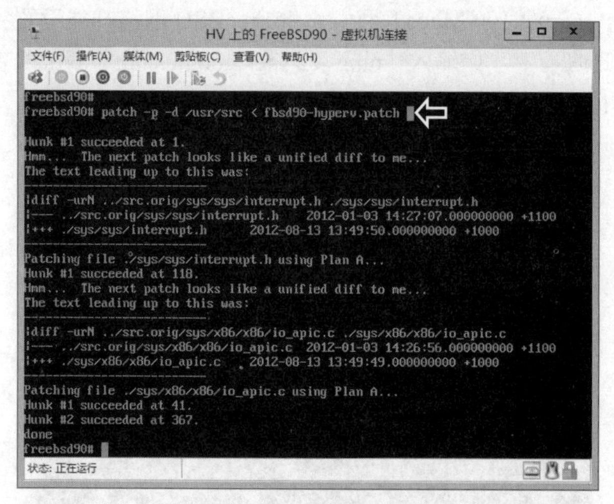

图 7-61　安装 FreeBSD Kernel 补丁文件

安装完成 FreeBSD Kernel 补丁文件后，切换到 FreeBSD 内核文件存放的路径「/usr/src/sys/amd64/conf」，可以发现多出了「HYPERV_VM」内核文件，如图 7-62 所示。

请依次输入如下命令重新编译 FreeBSD 内核并安装内核，如图 7-63 所示。

```
#cp HYPERV_VM /etc/                                  //复制内核文件到 etc 路径下
#rm HYPERV_VM                                        //删除内核文件
#ln -s /etc/HYPERV_VM                                //创建内核文件链接
#echo "KERNCONF=HYPERV_VM" >> /etc/make.conf         //加上内核名称参数
#cd /usr/src                                         //切换到编译内核路径
#make kernel                                         //重新编译内核并安装内核
```

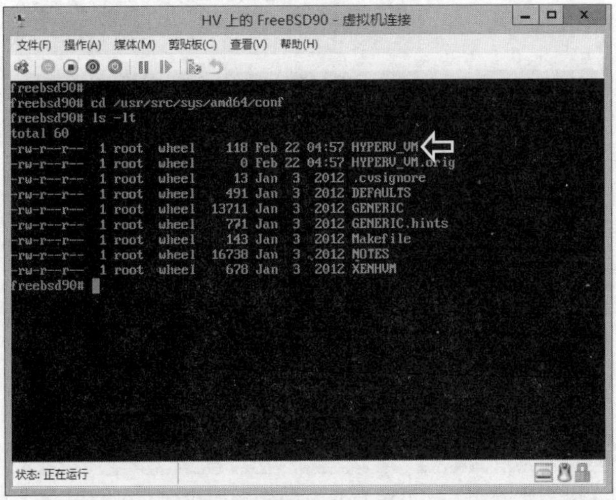

图 7-62　安装完成补丁后的 HYPERV_VM 内核文件

图 7-63　重新编译和安装 FreeBSD 内核

重新编译和安装 FreeBSD 内核后，请输入命令「echo "hw.ata.disk_enable=1">>/boot/loader.conf」，将禁用 Fast IDE Driver 的参数并加载到开机配置文件中（否则会造成开机问题!!），最后可以输入「halt –p」命令将 FreeBSD 虚拟机关机，如图 7-64 所示。

FreeBSD 虚拟机关机后，因为支持 Hyper-V 虚拟化平台的 FreeBSD 内核和相关驱动都已经加载完成，再次开机便可以顺利识别，所以请将原本的旧版网络适配器「删除」和「添加」网络适配器，如图 7-65 所示。

将 FreeBSD 虚拟机开机启动，顺利登录操作系统后，您可以为网络适配器（代号为 hn0）设置网络功能，查看系统开机信息可以了解 hn0 网卡为 Synthetic Network Interface on vmbus，如图 7-66 所示。

图 7-64 将禁用 Fast IDE Driver 的参数加载到开机配置文件中

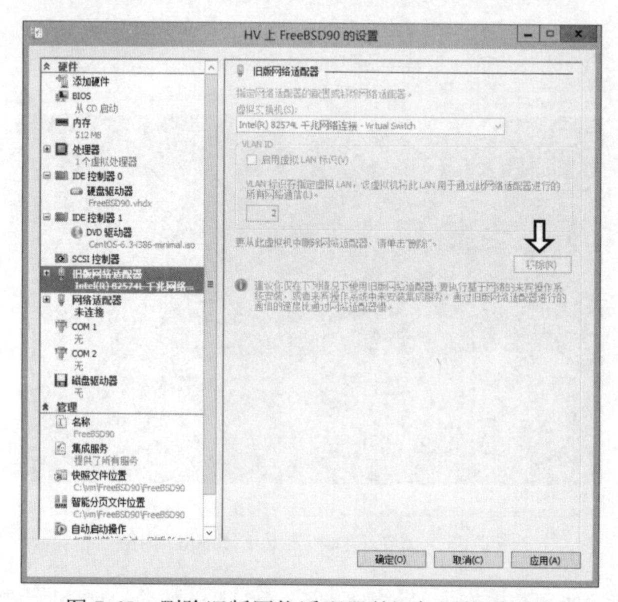

图 7-65 删除旧版网络适配器并添加网络适配器

请输入命令「ls /boot/kernel | grep hv」，以查看 FreeBSD 模块存放文件夹内容，返回结果说明 Hyper-V 相关模块文件已存在，如图 7-67 所示。

请输入命令「dmesg」查看 FreeBSD 开机信息，您会看到已加载 Hyper-V 相关集成服务 Heartbeat、Shutdown、Time Synch 等，如图 7-68 所示。

回到「Hyper-V 管理器」窗口，选择 FreeBSD 虚拟机后，您会看到在「摘要」选项卡中信号检测状态为「确定（无应用程序数据）」，说明 Hyper-V 虚拟化平台已经可以检测到虚拟机运行状态，如图 7-69 所示。

HV 上的 FreeBSD90 - 虚拟机连接

```
freebsd90# ifconfig
lo0: flags=8049<UP,LOOPBACK,RUNNING,MULTICAST> metric 0 mtu 16384
        options=3<RXCSUM,TXCSUM>
        inet6 ::1 prefixlen 128
        inet6 fe80::1%lo0 prefixlen 64 scopeid 0x1
        inet 127.0.0.1 netmask 0xff000000
        nd6 options=21<PERFORMNUD,AUTO_LINKLOCAL>
hn0: flags=8843<UP,BROADCAST,RUNNING,SIMPLEX,MULTICAST> metric 0 mtu 1500
        ether 00:15:5d:4b:da:13
        inet 10.10.75.90 netmask 0xffffff00 broadcast 10.10.75.255
        inet6 fe80::215:5dff:fe4b:da13%hn0 prefixlen 64 scopeid 0x2
        nd6 options=29<PERFORMNUD,IFDISABLED,AUTO_LINKLOCAL>
freebsd90#
freebsd90#
freebsd90# dmesg |grep hn0
hn0: <Synthetic Network Interface> on vmbus0
hn0: Ethernet address: 00:15:5d:4b:da:13
freebsd90#
freebsd90#
```

图 7-66　顺利识别网络适配器

HV 上的 FreeBSD90 - 虚拟机连接

```
freebsd90# ls /boot/kernel | grep hv
hv_netvsc.ko
hv_netvsc.ko.symbols
hv_storvsc.ko
hv_storvsc.ko.symbols
hv_utils.ko
hv_utils.ko.symbols
hv_vmbus.ko
hv_vmbus.ko.symbols
freebsd90#
freebsd90#
freebsd90#
```

图 7-67　Hyper-V 相关模块文件

HV 上的 FreeBSD90 - 虚拟机连接

```
qpi0: <QPI system bus> on motherboard
orm0: <ISA Option ROM> at iomem 0xc0000-0xcbfff on isa0
sc0: <System console> at flags 0x100 on isa0
sc0: VGA <16 virtual consoles, flags=0x300>
vga0: <Generic ISA VGA> at port 0x3c0-0x3df iomem 0xa0000-0xbffff on isa0
ppc0: cannot reserve I/O port range
Timecounters tick every 10.000 msec
hyperv-utils0 on vmbus0
hyperv-utils0: Hyper-V Service attaching: Hyper-V Heartbeat Service

hyperv-utils1 on vmbus0
hyperv-utils1: Hyper-V Service attaching: Hyper-V Shutdown Service

hyperv-utils2 on vmbus0
hyperv-utils2: Hyper-V Service attaching: Hyper-V Time Synch Service

storvsc0 on vmbus0
ada0 at ata0 bus 0 scbus0 target 0 lun 0
ada0: <Virtual HD 1.1.0> ATA-8 device
ada0: 16.700MB/s transfers (WDMA2, PIO 65536bytes)
ada0: 20480MB (41943040 512 byte sectors: 16H 63S/T 16383C)
ada0: Previously was known as ad0
cd0 at ata1 bus 0 scbus1 target 0 lun 0
cd0: <Msft Virtual CD/ROM 1.0> Removable CD-ROM SCSI-5 device
```

图 7-68　FreeBSD 开机信息显示已加载 Hyper-V 相关集成服务

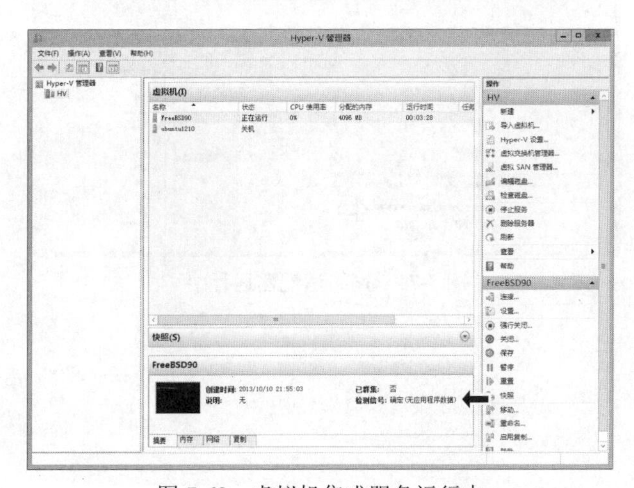

图 7-69　虚拟机集成服务运行中

切换到「内存」选项卡中，您可以看到内存需求和内存状态参数空白，这是因为 Hyper-V 虚拟化平台的动态内存功能还「未支持」类 UNIX 操作系统，如图 7-70 所示。

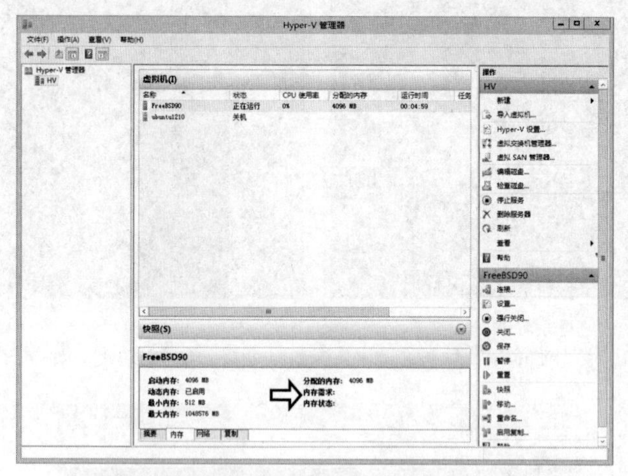

图 7-70　动态内存功能还未支持类 UNIX 操作系统

切换到「网络」选项卡中，您会看到网络适配器状态为「已降级（需要升级集成服务）」，虽然看起来似乎需要升级集成服务版本，如图 7-71 所示。不过笔者发现类 UNIX 操作系统所呈现的集成服务状态都是如此，与 Windows 操作系统不同。

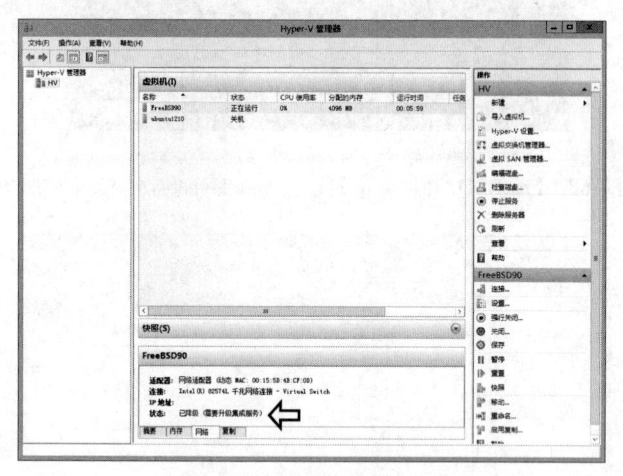

图 7-71　网络适配器运行中

Chapter 8

实战环境及初始配置

在 Hyper-V 2.0 虚拟化环境当中如果需要完成「实时迁移(Live Migration)」高级功能，一定要创建「故障转移群集（ Failover Cluster ）」环境才行，但是在 Hyper-V 3.0 中这样的限制条件已经被打破了，本章开始的各项高级实验便是在不需要创建故障转移群集（ Non Failover Cluster ）的环境中完成。

此外 Node1、Node2 节点主机我们采用了 Hyper-V Server 2012 免费虚拟化平台，目的是让读者了解免费版本的 Hyper-V Server 2012，也同样支持所有 Hyper-V 虚拟化高级功能，并且详细说明如何在 DC 主机通过服务器管理器完成远程统一管理的目的。

8-1 演示环境（Non-Cluster）

在 Hyper-V 2.0 虚拟化环境当中如果需要实现实时迁移（Live Migration）等高级功能，那么一定要构建故障转移群集（Failover Cluster）环境才行，但是在 Hyper-V 3.0 中这样的限制条件已经被打破了。本章的各项高级演示便是在不需要构建故障转移群集（Non Failover Cluster）的环境中实现。

在开始进入本章各项演示以前我们先了解一下相关信息，例如，演示环境架构图（见图 8-1）、服务器角色、操作系统、IP 地址等，如表 8-1 所示，其中 Node1、Node2 我们采用 Hyper-V Server 2012 免费虚拟化平台，目的是让读者了解免费版本的 Hyper-V Server 2012 也同样支持所有 Hyper-V 虚拟化高级功能，不过因为 Hyper-V Server 运行的是 Server Core 模式，也就是只有命令提示符和 SConfig 配置工具，因此在 Node1、Node2 主机的初始化设置上读者可能不习惯。

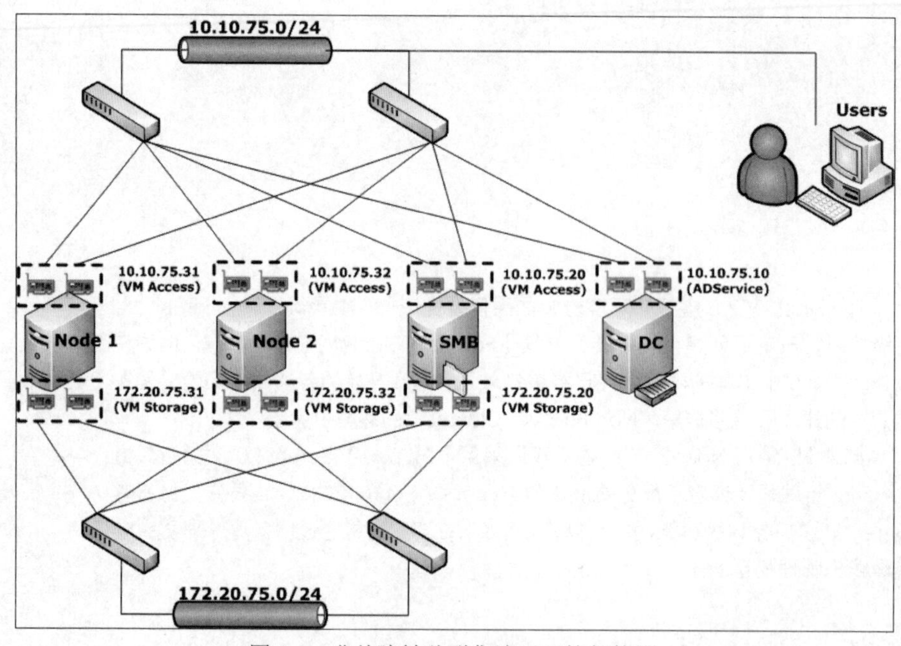

图 8-1 非故障转移群集演示环境架构图

本章将会详细说明并且一步一步地带领您进行设置，并且当 Node1、Node2 主机成功加入域环境之后，将说明如何在 DC 主机上通过服务器管理器实现远程统一管理的目的。当然如果还是觉得在 Hyper-V Server 2012 初始设置上有困难的话，也可以使用具有图形接口的 Windows Server 2012 来担任 Node1、Node2 主机角色，也是没有问题的。

表 8-1

<table>
<tr><th>角色名称</th><th>操作系统</th><th colspan="2">网卡数量</th><th>IP 地址</th><th>网络环境</th></tr>
<tr><td>DC</td><td>Windows Server 2012</td><td colspan="2">2</td><td>10.10.75.10</td><td>VMnet8（NAT）</td></tr>
<tr><td rowspan="2">SMB</td><td rowspan="2">Windows Server 2012</td><td rowspan="2">4</td><td>2</td><td>10.10.75.20</td><td>VMnet8（NAT）</td></tr>
<tr><td>2</td><td>172.20.75.20</td><td>VMnet1（Host-Only）</td></tr>
<tr><td rowspan="2">Node1</td><td rowspan="2">Hyper-V Server 2012</td><td rowspan="2">4</td><td>2</td><td>10.10.75.31</td><td>VMnet8（NAT）</td></tr>
<tr><td>2</td><td>172.20.75.31</td><td>VMnet1（Host-Only）</td></tr>
<tr><td rowspan="2">Node2</td><td rowspan="2">Hyper-V Server 2012</td><td rowspan="2">4</td><td>2</td><td>10.10.75.32</td><td>VMnet8（NAT）</td></tr>
<tr><td>2</td><td>172.20.75.32</td><td>VMnet1（Host-Only）</td></tr>
</table>

8-1-1 设置 VMware Player 网络环境

在本章的演示环境中会用到两个网段，分别是负责管理服务的 10.10.75.0/24（NAT）和迁移流量的 172.20.75.0/24（Host-Only），并且两个网段都有 DHCP 服务来分配 IP 地址（.201～.250），以便我们判断 DC、SMB、Node1、Node2 主机，其网卡所连接的网段是否如同我们规划的那样运行。

在创建 VMware Player 虚拟机以前，您可以在 Windows 8 物理主机上打开 VMware Player 的网络功能设置工具 Virtual Network Editor 确认网络功能设置是否正确。请先确认在 NAT 环境中 IP 网段、DHCP 分配地址、网关地址设置是否正确，如图 8-2 至图 8-4 所示。

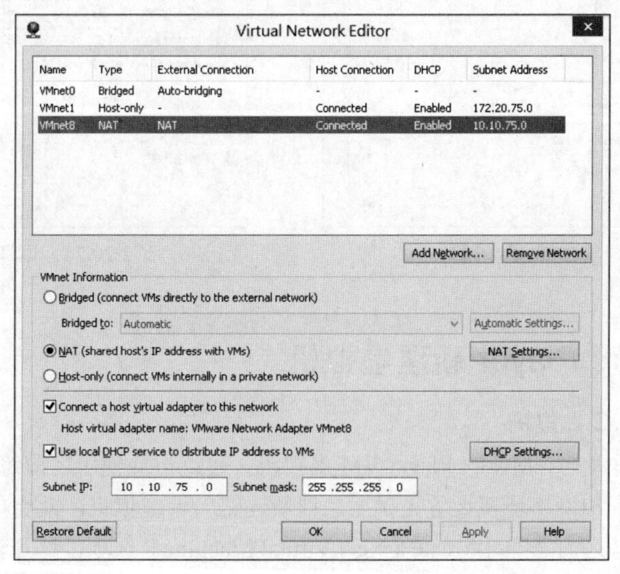

图 8-2 10.10.75.x 网段

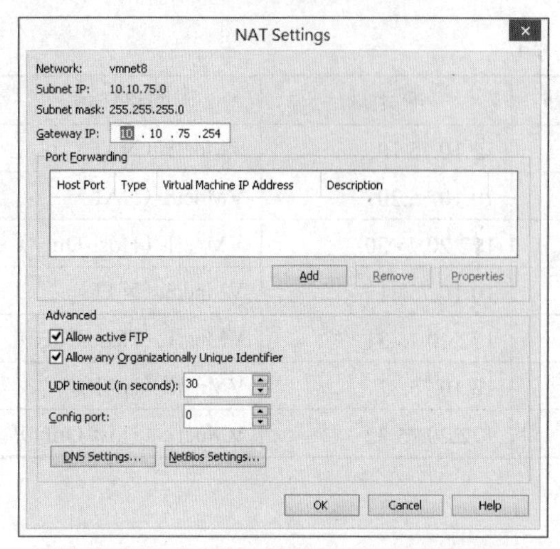

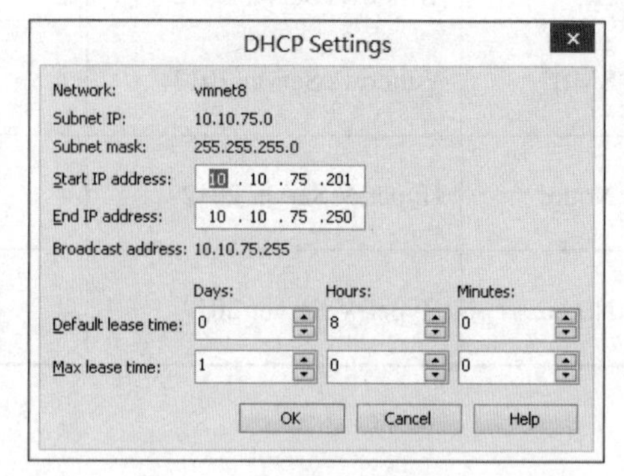

图 8-3　10.10.75.x 网段 Gateway 设置　　　图 8-4　10.10.75.x 网段 DHCP 分配地址

以及在本章演示中负责实时迁移、存储实时迁移、无共享存储实时迁移等迁移流量的 Host-Only 环境，其 IP 网段、DHCP 分配地址是否正确，如图 8-5 和图 8-6 所示。

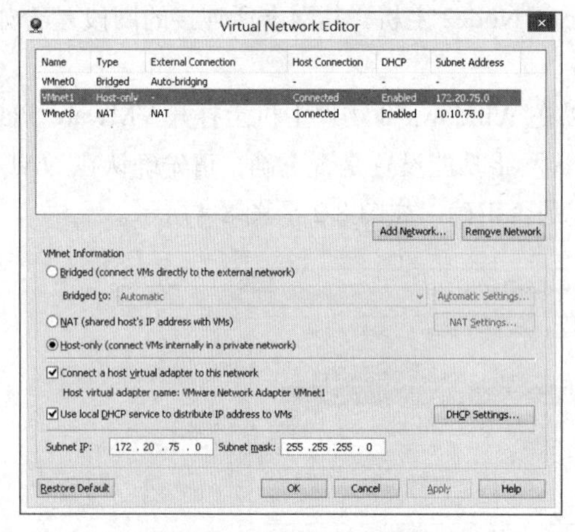

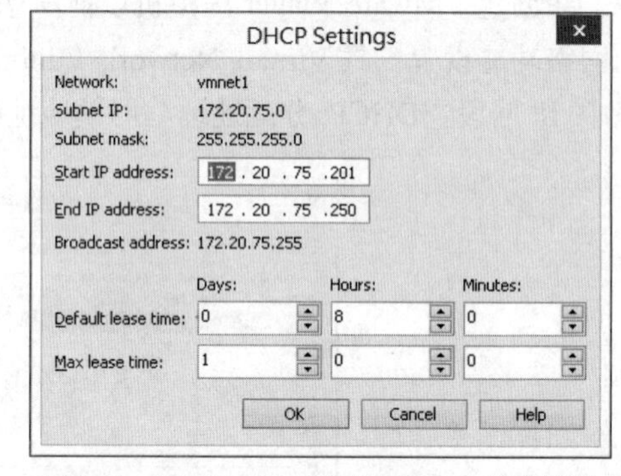

图 8-5　172.20.75.x 网段　　　图 8-6　172.20.75.x 网段 DHCP 分配地址

8-1-2　VMware Player 新建虚拟机

步骤一、新建 DC 虚拟机

我们将重新创建新的 VMware Player VM 虚拟机（建议不要使用之前练习过的虚拟机），确认 VMware Player 虚拟网络环境设置无误后，请新建第一台虚拟机，此台虚拟机为 DC 主机。打开 VMware Player 之后选择「Create a New Virtual Machine」选项，打开新建虚拟机向导，如图 8-7 所示。

步骤二、选择稍后安装操作系统

在安装来源选项中请选择「I will install the operating system later」选项，单击「Next」按钮，如图 8-8 所示。

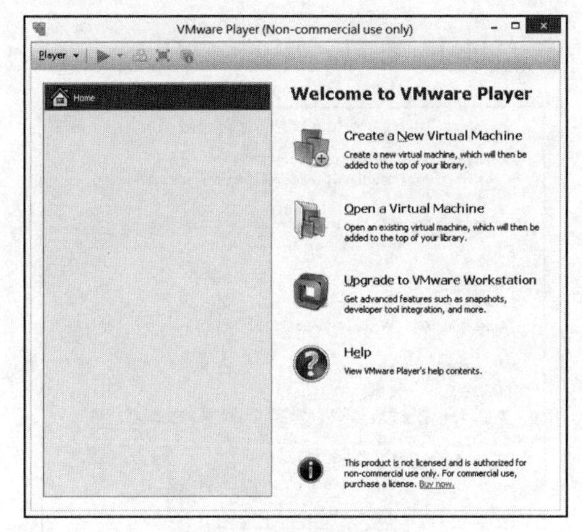

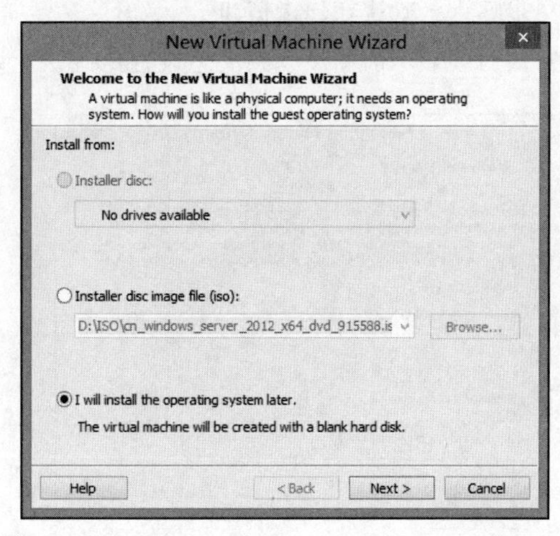

图 8-7　VMware Player　　　　图 8-8　Welcome to the New Virtual Machine Wizard

步骤三、选择操作系统类型

在虚拟机操作系统类型（Guest operating system）区域中请选择「Microsoft Windows」，而在版本（Version）区域中请在下拉列表中选择「Windows Server 2012」，单击「Next」按钮，如图 8-9 所示。

步骤四、设置虚拟机名称

这一步需要设置虚拟机的名称，本书演示中虚拟机的名称设置为「DC」，而虚拟机文件存放在 C:\Lab\VM\DC，确认无误后单击「Next」按钮，如图 8-10 所示。

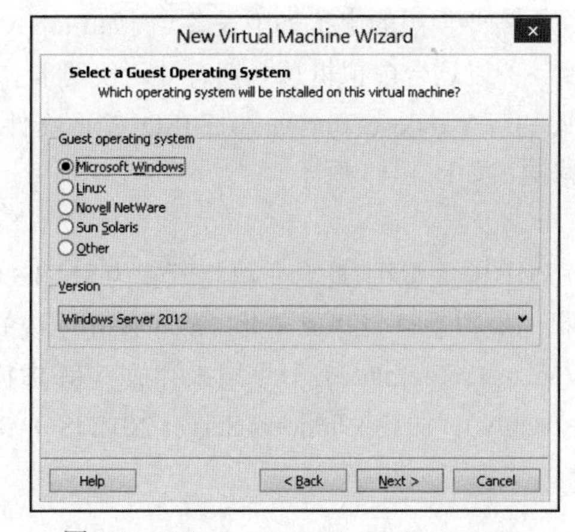

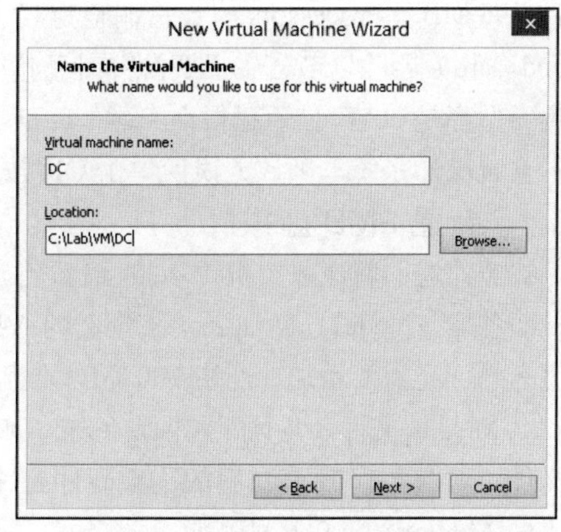

图 8-9　Select a Guest Operating System　　　　图 8-10　Name the Virtual Machine

步骤五、设置虚拟机硬盘大小

本书演示中虚拟机的硬盘大小使用默认值「60 GB」，并且选择「Split virtual disk into multiple files」，单击「Next」按钮，如图 8-11 所示。

步骤六、确认新建虚拟机

最后会显示前面步骤的汇总设置，确认无误单击「Finish」按钮，如图 8-12 所示。

图 8-11　Specify Disk Capacity

图 8-12　Ready to Create Virtual Machine

步骤七、修改虚拟机硬件

DC 虚拟机创建完成后，先别急着启动它，我们需要将虚拟机的虚拟硬件进行调整，请在 VMware Player 界面中选择「DC」虚拟机后选择「Edit virtual machine settings」选项进行虚拟硬件调整。

本书演示所使用的物理主机 CPU 为多核，并且内存共有 16 GB，因此我们可以将每一台虚拟机的内存值调高以加快运行效率（根据您的主机配置进行调整）请将 DC 主机的内存调整为「4,096 MB」，Processors 的数量调整为「2」，并且将不需要使用的虚拟外围设备（例如 Floppy、Sound Card）删除以节省主机资源并且新增一块网卡。所以这台虚拟机总共拥有「两块网卡」，并且类型都是 NAT，最后记得在光驱 CD/DVD 选项中加载 Windows Server 2012 ISO 镜像文件，准备安装操作系统，确认无误后单击 OK 按钮确认修改，如图 8-13 所示。

1．新建 SMB 虚拟机

按照前述的新建虚拟机的步骤，请新建一台名为 SMB 的虚拟机，此台主机将配置为 SMB 3.0 文件服务器，Node1、Node2 主机创建的 VM 虚拟机的虚拟硬盘将存放于此。除了操作系统的硬盘之外，还需要添加「两块 100 GB 硬盘」（V: VMs、T: Template）分别用来存放 VM 虚拟机和 VM 模板文件，并且配置四块网卡（NAT、Host-Only），加载 Windows Server 2012 ISO 镜像文件，如图 8-14 所示。它的虚拟硬件配置如下：

- Memory：4,096 MB
- Processors：2

- Hard Disk：60 GB、100 GB、100 GB
- Network Adapter：NAT *2、Host-only *2

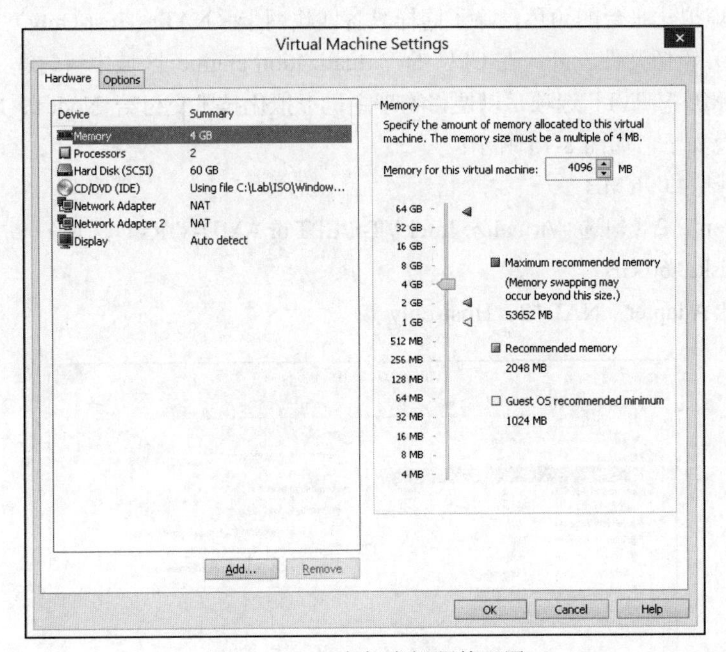

图 8-13　DC 主机虚拟硬件配置

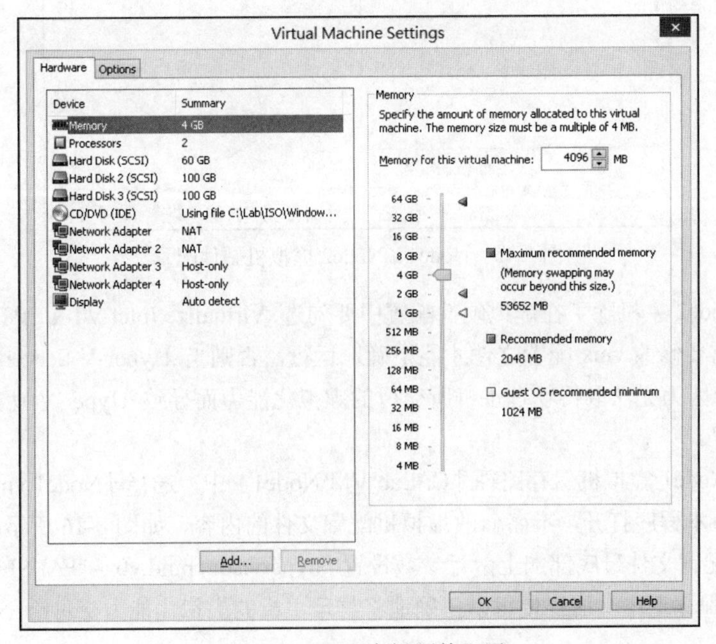

图 8-14　SMB 虚拟硬件配置

2．新建 Node1、Node2 虚拟机

同样的虚拟机创建步骤，请新建名称为「Node1」和「Node2」的虚拟机，这两台主机将担任 Hypervisor 虚拟化平台的角色，除了同样具备四块网卡（NAT、Host-Only）和加载 Hyper-V Server 2012 ISO 镜像文件之外，在 CPU 的 Virtualization engine 区域中请勾选「Virtualize Intel VT-x/EPT or AMD-V/RVI」选项，以便将物理主机虚拟化技术交付给 Node1、Node2 主机，虚拟硬件配置信息如下，如图 8-15 所示：

- Memory：4,096 MB
- Processors：2（勾选 Virtualize Intel VT-x/EPT or AMD-V/RVI 选项）
- Hard Disk：60 GB
- Network Adapter：NAT *2、Host-only *2

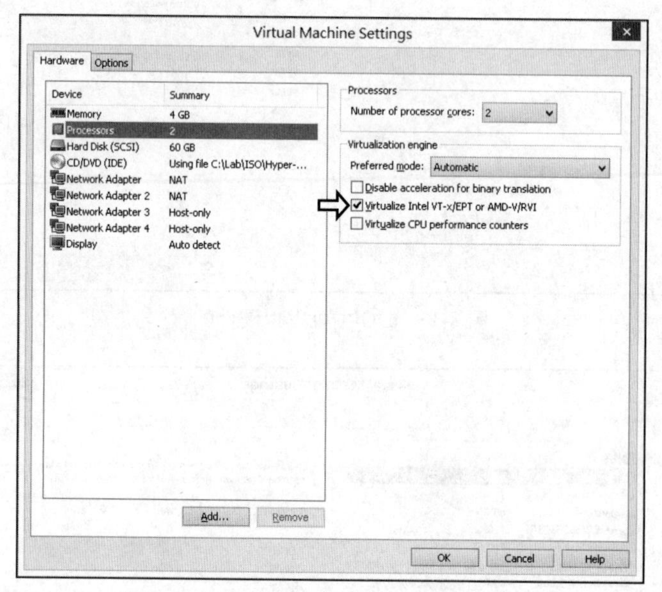

图 8-15　Node1、Node2 虚拟机硬件配置

Node1、Node2 主机除了在虚拟硬件配置中要勾选 Virtualize Intel VT-x/EPT or AMD-V/RVI 选项之外，还需要修改 vmx 配置文件才能正确地运行，否则当 Hyper-V Server 2012 系统安装完成之后，将会因为无法取得物理主机所交付的虚拟化能力而导致 Hyper-V 功能无法运行，甚至导致蓝屏错误。

请切换到 Node1 虚拟机保存路径「C:\Lab\VM\Node1」中，选择「Node1.vmx」虚拟机配置文件后使用记事本程序打开，准备修改虚拟机配置文件的内容，如图 8-16 所示。

请在 vmx 配置文件最底部加上两行参数设置「hypervisor.cpuid.v0 = "FALSE"」、「mce.enable = "TRUE"」后保存退出，这样便可以正确地将物理主机的虚拟化能力交付给 Node1 虚拟机，如图 8-17 所示。

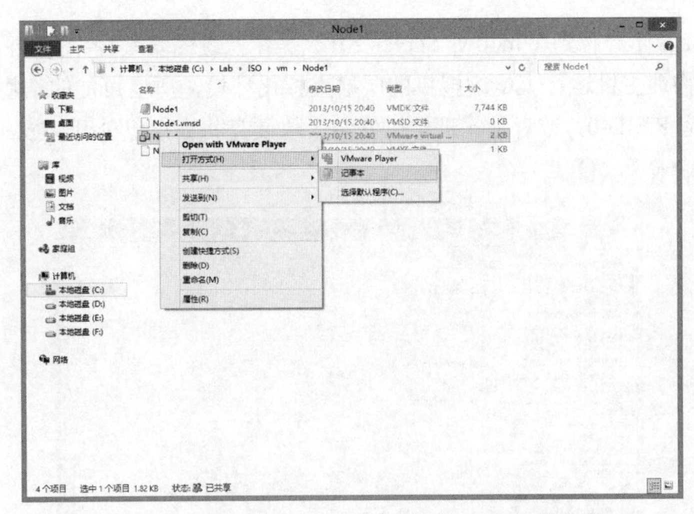

图 8-16 准备修改 Node1 虚拟机配置文件的内容

Node1 - 记事本

文件(F) 编辑(E) 格式(O) 查看(V) 帮助(H)

```
pciBridge4.present = "TRUE"
pciBridge4.virtualDev = "pcieRootPort"
pciBridge4.functions = "8"
pciBridge5.present = "TRUE"
pciBridge5.virtualDev = "pcieRootPort"
pciBridge5.functions = "8"
pciBridge6.present = "TRUE"
pciBridge6.virtualDev = "pcieRootPort"
pciBridge6.functions = "8"
pciBridge7.present = "TRUE"
pciBridge7.virtualDev = "pcieRootPort"
pciBridge7.functions = "8"
vmci0.present = "TRUE"
hpet0.present = "TRUE"
usb.vbluetooth.startConnected = "TRUE"
displayName = "Node1"
guestOS = "windows8srv-64"
nvram = "Node1.nvram"
virtualHW.productCompatibility = "hosted"
gui.exitOnCLIHLT = "FALSE"
vhv.enable = "TRUE"
powerType.powerOff = "hard"
powerType.powerOn = "hard"
powerType.suspend = "hard"
powerType.reset = "hard"
extendedConfigFile = "Node1.vmxf"
floppy0.present = "FALSE"
hypervisor.cpuid.v0 = "FALSE"
mce.enable = "TRUE"
```

图 8-17 为 Node1 主机配置文件加上参数设置

同样的 vmx 配置文件修改方式，也对 Node2 主机修改虚拟机配置文件 Node2.vmx 的内容，如图 8-18 所示。

8-1-3 安装操作系统

1. DC、SMB 主机安装 Windows Server 2012

将 DC、SMB、Node1、Node2 虚拟机创建完成后，接着就可以进行操作系统的安装。请在 VMware Player 窗口中选择 DC、SMB 主机后选择 Play virtual machine 选项将两台主机「开机

（Power On）」，接着便会看到 Windows Server 2012 操作系统的安装程序开机画面（请注意!! 别忘了我们是一台物理主机运行大量虚拟机的层层虚拟化环境，所以可能的话物理主机可以考虑使用 SSD 或配置 RAID-0，或者是物理主机安装多块硬盘将虚拟机分开存放，以避免所有负载都卡在物理主机的 Disk I/O 上）。

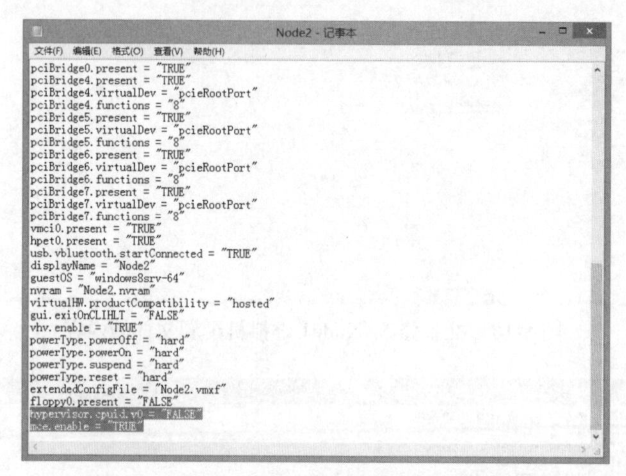

图 8-18　为 Node2 主机配置文件加上参数设置

此处演示中我们为 DC、SMB 主机安装 Windows Server 2012 Standard（带有 GUI 的服务器），也就是采用 Windows Server 2012 标准版（完整服务器）的运行模式，如图 8-19 所示。由于前面的章节已经详细说明安装程序因此便不再赘述。

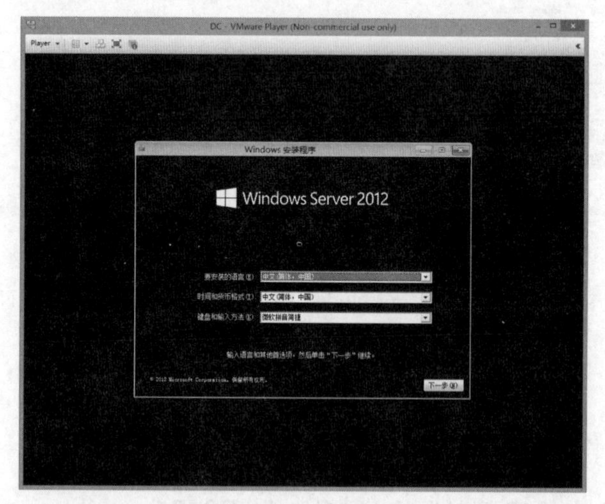

图 8-19　DC、SMB 主机安装 Windows Server 2012 操作系统

2．Node1、Node2 主机安装 Hyper-V Server 2012

此处演示中我们将为 Node1、Node2 主机安装 Hyper-V Server 2012，如果您觉得 Hyper-V

Server 2012 的 Server Core 操作界面会造成设置困难的话，您也可以为 Node1、Node2 安装 Windows Server 2012 以方便您的操作，如图 8-20 所示。

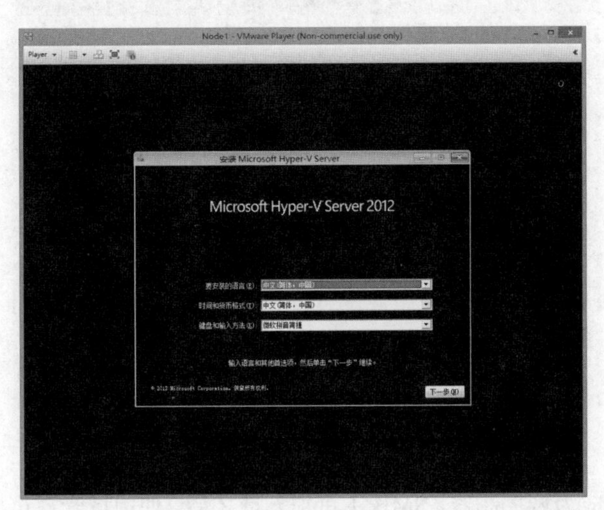

图 8-20　Node1、Node2 主机安装 Hyper-V Server 2012 操作系统

8-2　系统初始设置

顺利将 DC、SMB、Node1、Node2 的操作系统都安装完毕后，在开始进行相关设置之前我们先进行操作系统的基础初始设置，例如 Windows Server 2012 默认输入法语言的调整、Hyper-V Server 2012 默认输入法语言的调整、变更计算机名称、安装 VMware Tools 等，以提高虚拟机性能和操作时的流畅度。

目前 DC、SMB、Node1、Node2 主机因为都还没有安装 VMware Tools，所以会发现一旦单击到虚拟机后鼠标便无法脱离 VMware Player Console，必需要按下「Ctrl + Shift」组合键才能释放鼠标。在稍后便会说明如何安装 VMware Tools 解决此问题。

8-2-1　调整默认输入法模式

Windows Server 2012 简体中文版在默认情况下会使用微软拼音简捷输入法，因此在默认情况下与我们长久已来习惯的中文（简体）- 美式键盘可以直接输入英文不同，您必需要按下 Shift 键才会切换成微软拼音简捷输入法中的英文模式。虽然是一件很小的事情但是却大大影响整体的操作流畅度，那么有没有办法可以调整成默认就使用英文模式呢？

请使用「Windows Key + X」调用「开始」菜单，依次选择「控制面板>更换输入法>中文（中华人民共和国）>微软拼音简捷>选项」，在「默认输入语言」中选择「英文」，单击「确定」

按钮保存设置，如图 8-21 所示。

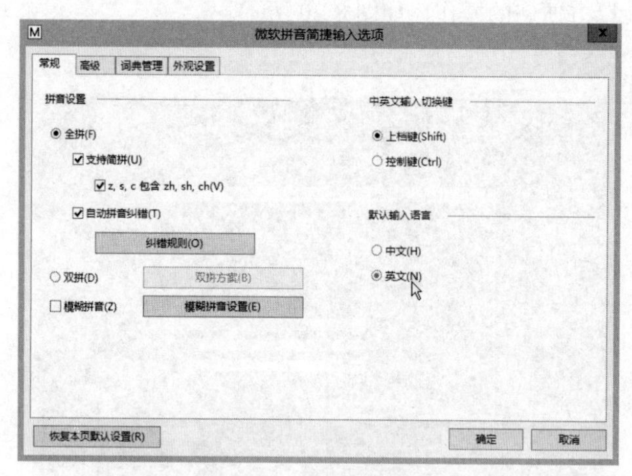

图 8-21　更改 DC、SMB 主机默认输入语言

此外当 DC 主机成为域控制器，SMB 主机加入域之后，使用域管理员账户登录系统时也必需要再次修改输入法默认语言才行（因为不同用户配置文件的关系），最后输入法默认语言设置必需要重新启动主机才会生效。不过请先不用急着重新启动主机，我们可以先修改计算机名称并安装 VMware Tools 后再一起重新启动。

Node1、Node2 主机为 Server Core 运行模式并没有控制面板，那么应该要如何才能更改默认的输入法语言？请切换到命令提示符窗口后输入「regedit」命令（请记得先按下 Shift 键才能输入英文），在弹出的「注册表编辑器」窗口中请切换到「计算机\HKEY_CURRENT_USER\Software\Microsoft\IME\15.0\IMETC」路径，选择「Default Input Mode」选项，双击便可进行内容编辑，请将「数值数据」由原来的「0x00000001」修改为「0x00000000」后单击「确定」按钮完成设置，如图 8-22 所示。

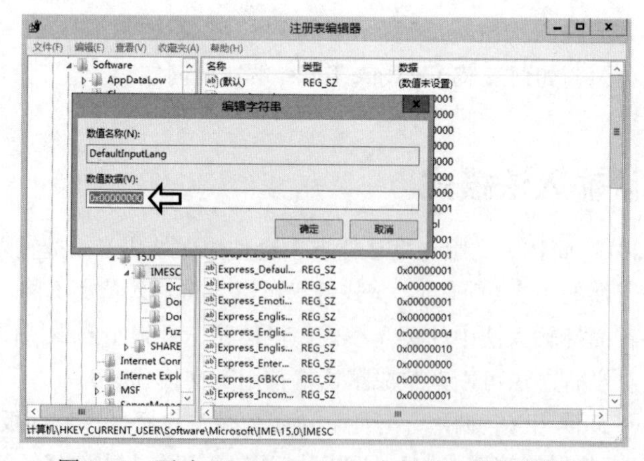

图 8-22　更改 Node1、Node2 主机默认输入法语言

8-2-2 更改计算机名称

DC、SMB 主机登录后默认便会启动服务器管理器，请在「服务器管理器」窗口中选择「本地服务器」选项，在内容区域中选择「计算机名称」，便可以更改计算机名称，如图 8-23 所示。

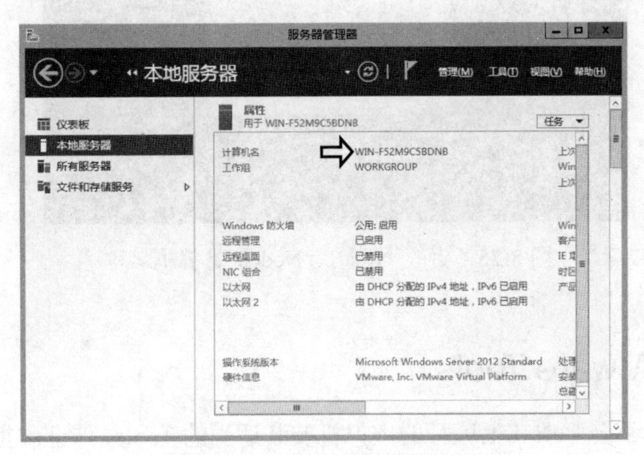

图 8-23 准备更改计算机名称

在弹出的「系统属性」窗口中请单击「计算机名」选项卡内的「更改」按钮，接着在「计算机名」字段中输入计算机名「DC」、「SMB」后单击「确定」按钮，如图 8-24 所示。此时系统会提醒您必须重新启动计算机才能应用这些更改的信息，请选择稍后重新启动，待安装完 VMware Tools 后再一起重新启动主机。

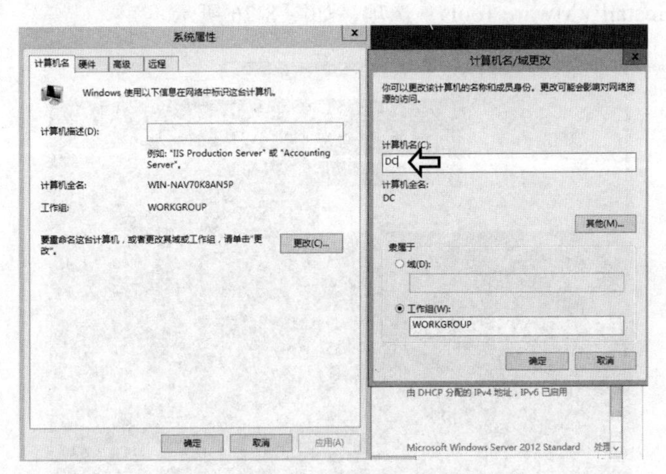

图 8-24 更改 DC、SMB 计算机名称

Node1、Node2 主机请切换至 SConfig 窗口中，先输入数字「2」更改计算机名称，接着输入计算机名称「Node1」、「Node2」，按 Enter 键，此时系统会弹出您必需要重新启动计算机才能应用这些更改的提示，请单击「否」按钮，如图 8-25 所示，安装完 VMware Tools 后再一起重新启动主机。

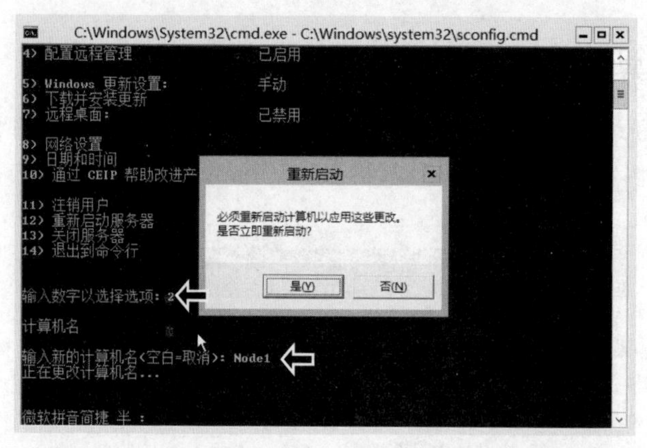

图 8-25 更改 Node1、Node2 计算机名称

8-2-3 安装 VMware Tools

每种虚拟化平台都会要求其上运行的虚拟机安装适当的 Tools，保证虚拟机能够与虚拟化平台进行最紧密的结合（例如虚拟设备优化等）。举例来说 VMware 系列的虚拟化平台便要求虚拟机安装 VMware Tools，而 Microsoft Hyper-V 虚拟化平台便要求虚拟机安装集成服务，Citrix XenServer 虚拟化平台便要求虚拟机安装 Xen Tools。

因此请为 DC、SMB、Node1、Node2 主机安装 VMware Tools，以便能够与 VMware Player 虚拟化软件实现最优化运行。在 DC、SMB 主机中请在 VMware Player Console 画面依次选择「Player>Manage>Install VMware Tools」选项，如图 8-26 所示。

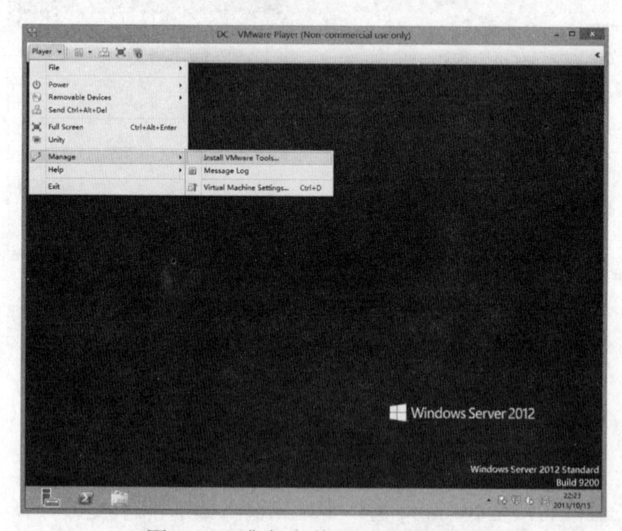

图 8-26 准备安装 VMware Tools

过几秒钟后在 Windows Server 2012 窗口右上角将会出现光驱自动加载 VMware Tools 的信息，单击后选择要针对此光盘执行的操作「运行 setup64.exe」，便会执行 VMware Tools 安装初始化（若未自动加载请打开资源管理器手动单击光驱也可以执行），如图 8-27 所示。

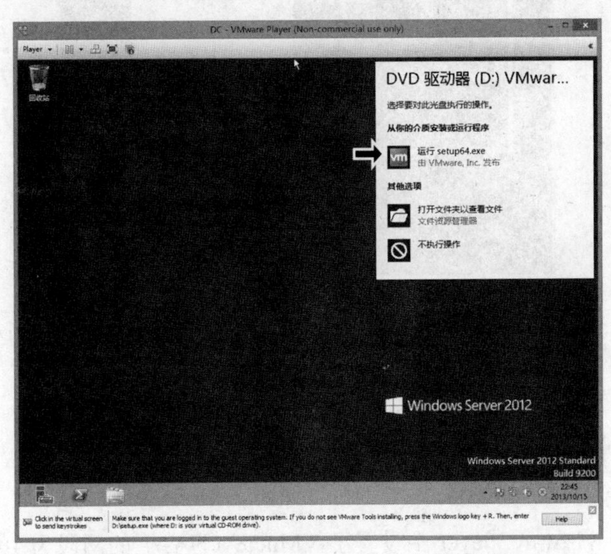

图 8-27　执行 VMware Tools 安装初始化

当 VMware Tools 安装初始化完成后，便会出现安装 VMware Tools 向导程序，请依次单击「Next>Next>Finish」便可以完成安装。安装完成后向导会提示您必需要重新启动主机，请单击「是」按钮重新启动主机，如图 8-28 所示。当 DC、SMB 主机重新启动完成后便会发现运行较为流畅，同时鼠标也不会被卡在窗口内。

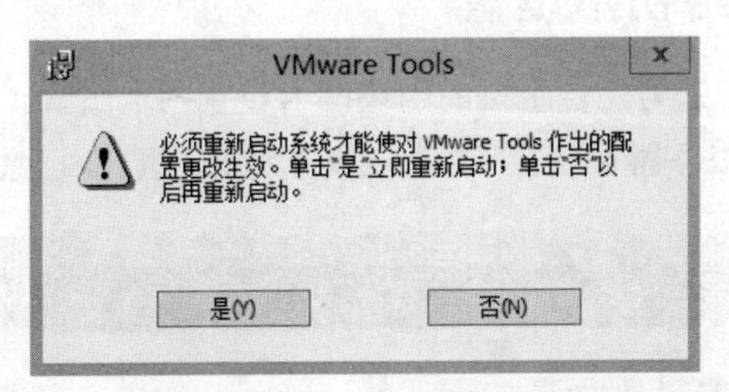

图 8-28　DC、SMB 主机安装完 VMware Tools 重新启动主机

接下来请为 Node1、Node2 主机安装 VMware Tools，同样的依次选择「Player>Manage>Install VMware Tools」选项将 VMware Tools 安装执行文件加载至光驱中，接着切换到命令提示符窗口中依次输入命令「D:>setup64.exe」，也就是切换到光驱后执行 setup64.exe 安装文件，同样会出现 VMware Tools 安装初始化和安装向导，安装完成后同样会提示您必需要重新启动主机，请单击「是」按钮重新启动主机，如图 8-29 所示。当 Node1、Node2 主机重新启动完成后便会发现执行较为流畅，同时鼠标也不会被卡在窗口内。

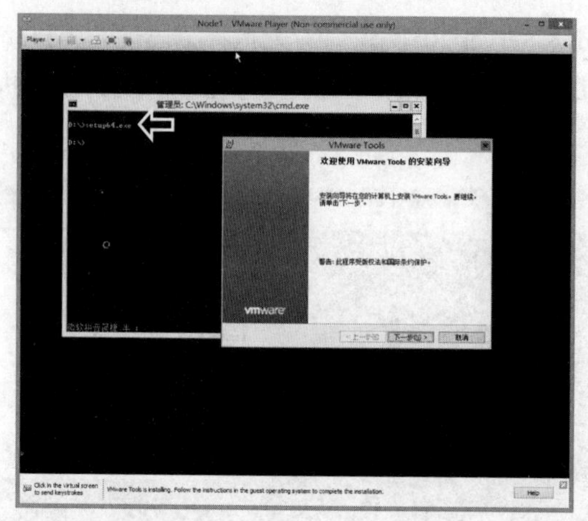

图 8-29　Node1、Node2 主机安装完成 VMware Tools 重新启动主机

8-3　网络功能和域设置

因为我们已经在 VMware Player 中设置了 VMnet8（NAT）的网段为 10.10.75.0/24，并且启动了 DHCP Server 功能以分配 IP 地址，而 VMnet1（Host-Only）则为 172.20.75.0/24 网段，同样的也启用了 DHCP Server 功能，因此不用担心 DC、SMB、Node1、Node2 主机因为有多块网卡，而不知道哪块网卡是连接在哪个网络上。

8-3-1　DC 主机网络初始设置

登录 DC 主机之后，首先为此台主机的两块网卡设置网卡组合（NIC Teaming）以实现网络高可用性，请依次选择「服务器管理器>本地服务器>NIC 组合>已禁用」，如图 8-30 所示。

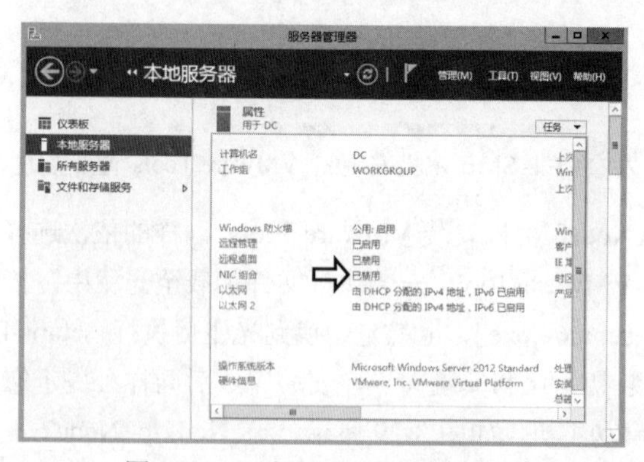

图 8-30　开启 NIC 组合设置窗口

接着在「NIC 组合」设置窗口中按住 Ctrl 键，并选择要加入 NIC Teaming 的成员网卡（以太网、以太网 2）后，单击鼠标右键选择「添加到新组」选项，如图 8-31 所示。

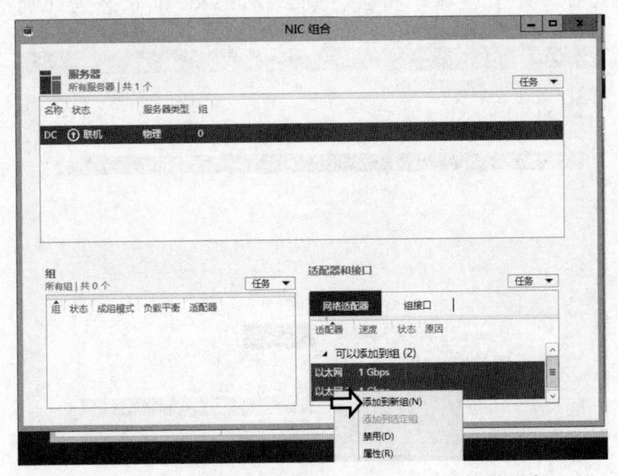

图 8-31 选择要加入 NIC Teaming 的成员网卡

在「新建组」窗口中输入此 NIC Teaming 的组名称，本书演示中输入的组名称为「ADService」，并且采用默认的「交换机独立」的成组模式和「地址哈希」的负载平衡模式，确认后单击「确定」按钮完成 NIC 组合的创建，如图 8-32 所示。

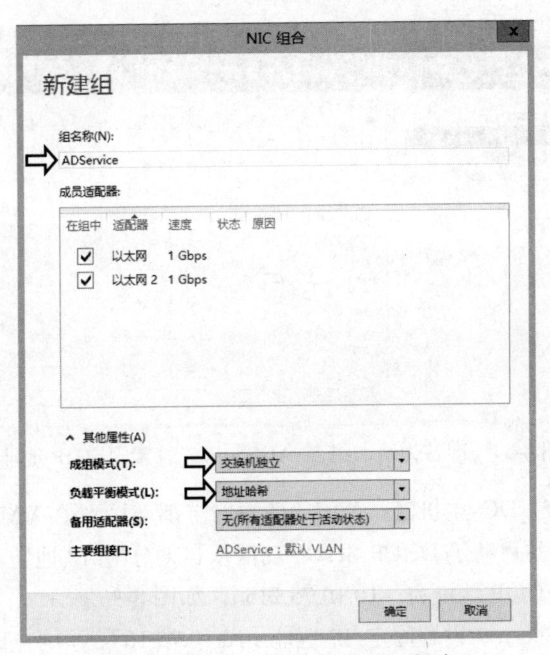

图 8-32 输入组名称创建 NIC 组合

在创建 NIC 组合的过程中，在「适配器和接口」区域中，首先会看到两块网卡的状态都是已出错，媒体已断开连接，接着您会看到其中一块网卡的状态变成「活动」，最后两块网卡的状态都变成活动，此时您在「组」区域中将会看到 ADService 的状态为「确定」，如图 8-33 所示。

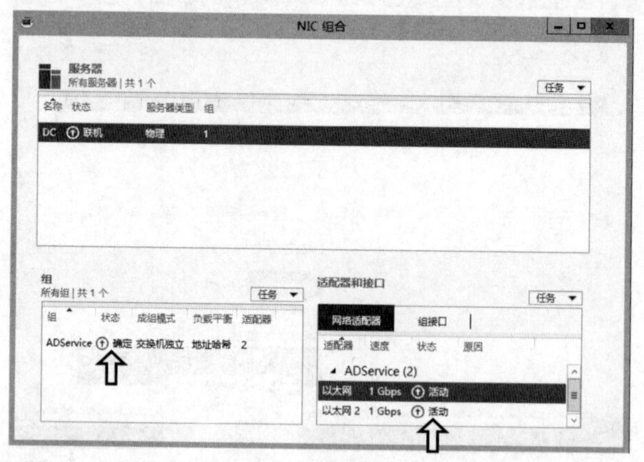

图 8-33 NIC Teaming（ADService）网卡组合创建完成

重新回到服务器管理器中，您可以看到刚才创建的网卡组合 ADService 的状态为「由 DHCP 分配的 IPv4 地址，IPv6 已启用」，请选择此链接，准备为 ADService 网卡组合设置固定 IP 地址，如图 8-34 所示。

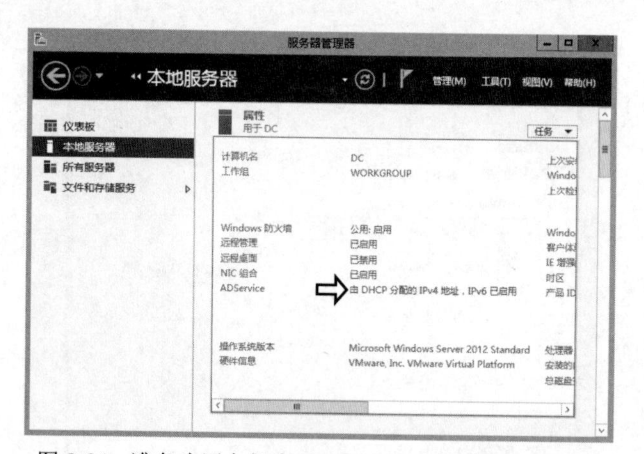

图 8-34 准备为网卡组合 ADService 设置固定 IP 地址

因为我们在创建此台 DC 主机时，分配的两块网卡都连接到了 VMnet8（NAT）虚拟交换机 10.10.75.0/24 上，并且启动了 DHCP Server 功能以自动分配 IP 地址，所以可以看到网卡组合 ADService 自动获得的 IP 地址为「10.10.75.215」，如图 8-35 所示。

请为网卡组合 ADService 设置固定 IP 地址「10.10.75.10」、子网掩码「255.255.255.0」、默认网关「10.10.75.254」、DNS 服务器「127.0.0.1」，确认后单击「确定」按钮完成设置，如图 8-36

所示。如果 IP 地址未正确应用，请将网卡禁用后再启用。

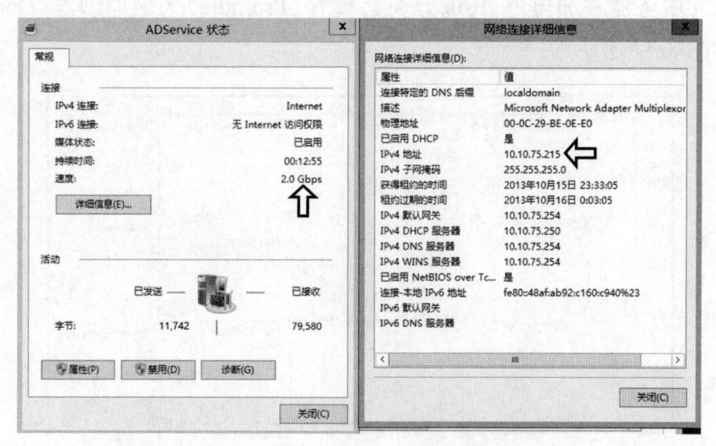

图 8-35　网卡组合 ADService 自动获得的 IP 地址

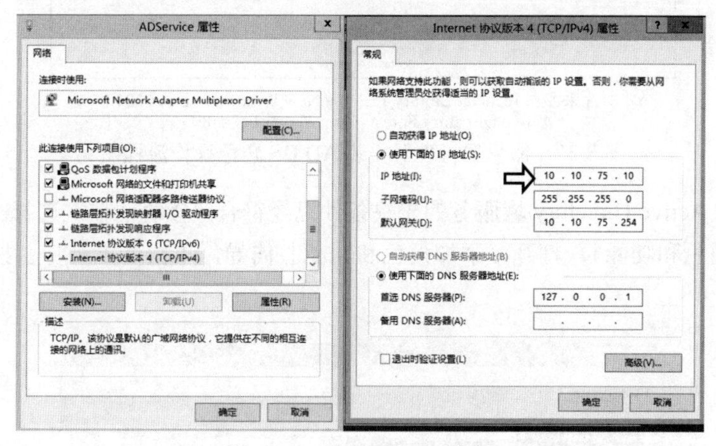

图 8-36　设置固定 IP 地址

8-3-2　DC 主机创建 Active Directory 域服务

将 DC 主机的系统和网络基础设置完成后，接着需要创建 Active Directory 域服务。在执行之前您必需要确定如下条件：

- 若要创建新林，则您必需要以该台计算机的本机系统管理员身份运行登录。
- 若要创建新的子域或新的域树，则您必须以 Enterprise Admins 组成员的身份登录。
- 若要在现有域中安装辅助域控制器，则您必需是 Domain Admins 组的成员。

此处演示环境中我们将「创建新林」，并且使用了本机系统管理员（Administrator）身份登录，因此创建 Active Directory 域服务的相关条件已经符合，稍后我们便可以放心创建 Active Directory 域服务。

在开始创建 Active Directory 域服务之前，我们先了解一下服务器管理器是如何将一台服务器主机从单台独立服务器添加角色（Role），然后提升（Promote）为域控制器（Domain Controller）的操作流程，如图 8-37 所示。

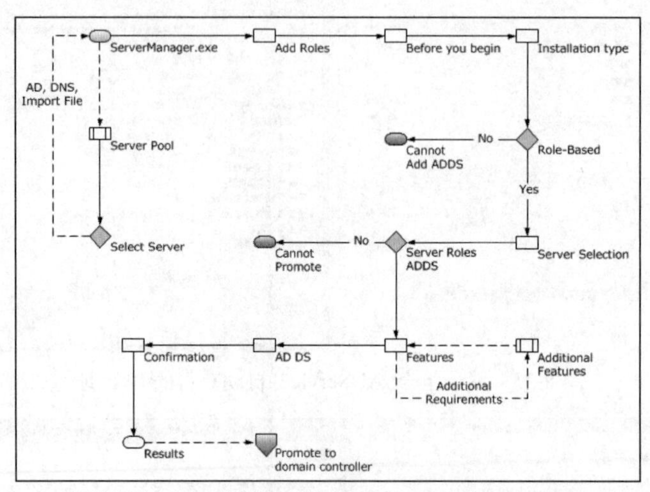

图片来源：TechNet Library-Install a New Windows Server 2012 Active Directory Forest（http://goo.gl/eUU8P）

图 8-37　服务器管理器安装 AD DS 角色操作流程图

确认了创建 Active Directory 域服务的先决条件已经符合，接着请依次选择「服务器管理器>仪表板>添加角色和功能」，打开「添加角色和功能」向导，单击「下一步」按钮继续，如图 8-38 所示。

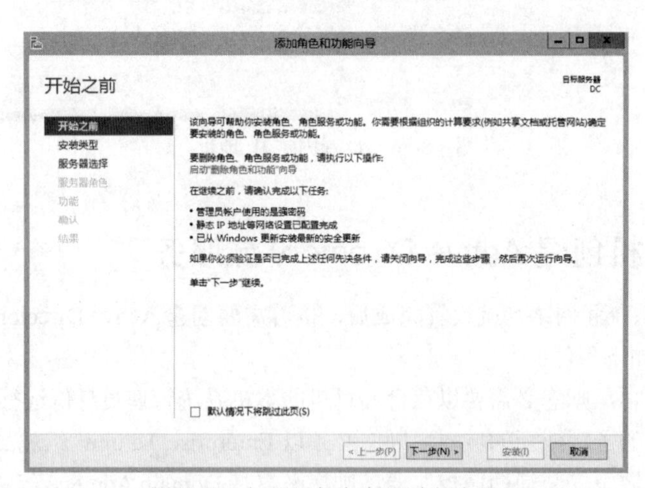

图 8-38　打开添加角色和功能向导

在「选择安装类型」界面中，由于所要安装的 Active Directory 域服务（AD DS）属于服务器角色，因此请选择「基于角色或基于功能的安装」，单击「下一步」按钮继续，如图 8-39 所示。

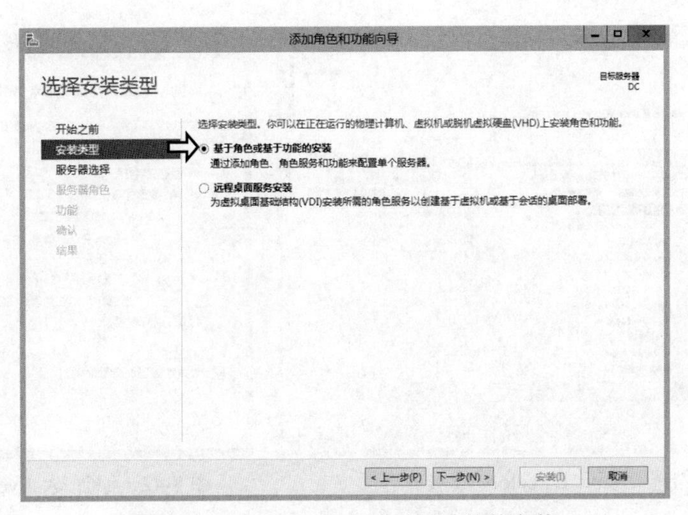

图 8-39 选择基于角色或基于功能的安装

在「选择目标服务器」界面中，请选择「从服务器池中选择服务器」，并且确认选择 DC 主机后，单击「下一步」按钮继续，如图 8-40 所示。

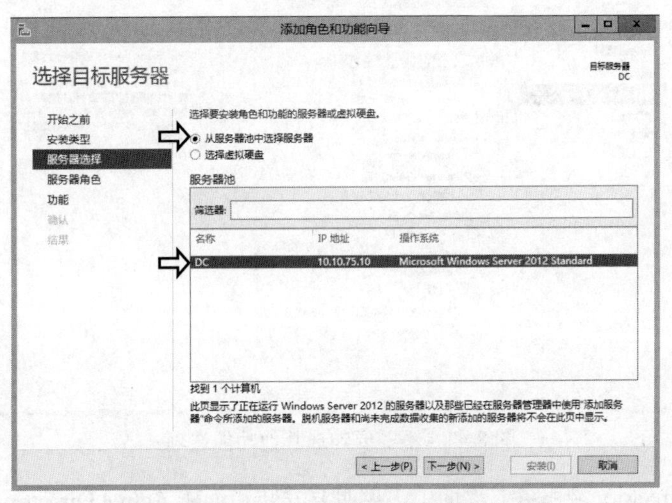

图 8-40 选择 DC 主机准备安装服务器角色

在「选择服务器角色」界面中，请勾选「Active Directory 域服务」，此时会弹出窗口提示添加 Active Directory 域服务所需要的其他功能，请单击「添加功能」确认稍后要一起安装的功能，接着回到「选择服务器角色」界面中确认「Active Directory 域服务」勾选完毕后，单击「下一步」按钮继续，如图 8-41 和图 8-42 所示。

在「选择功能」界面中，由于刚才已经确认相关功能会进行安装，因此不需要勾选其他功能，直接单击「下一步」按钮继续，如图 8-43 所示。

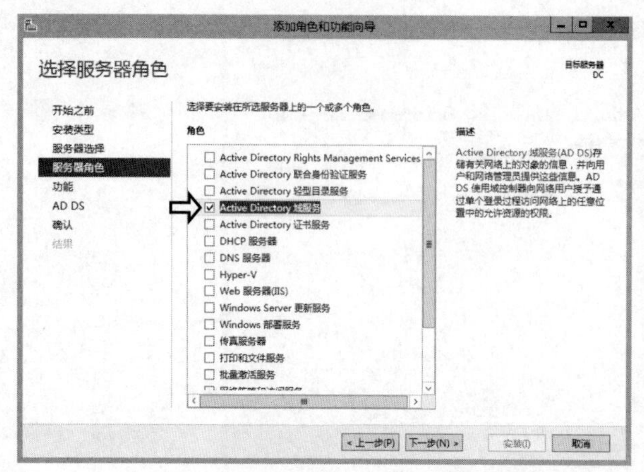

图 8-41　勾选 Active Directory 域服务选项

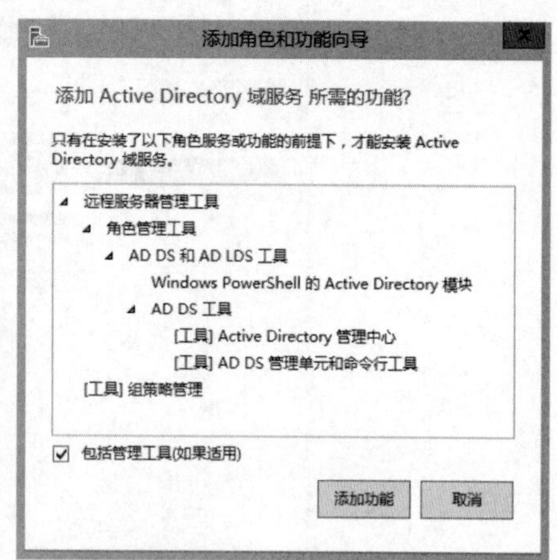

图 8-42　添加 Active Directory 域服务时所需要的其他功能

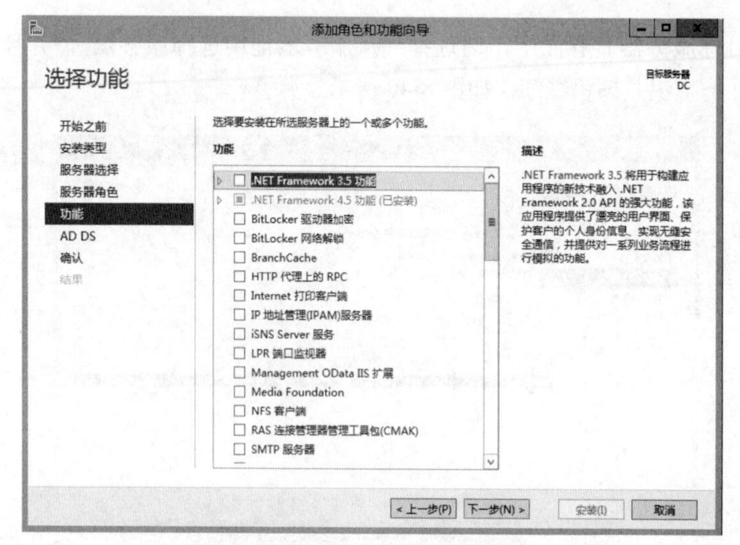

图 8-43　不需要勾选其他功能选项

在「Active Directory 域服务」界面中，说明要安装和创建 Active Directory 域服务的一些注意事项，例如在一个域中应该要最少安装两台域控制器，如图 8-44 所示。但是本书中因为硬件资源紧张，因此只会创建一台域控制器，但是在正式运营环境中强烈建议您要创建两台（或以上）域控制器，单击「下一步」按钮继续。

在「确认安装所选内容」界面中，建议您勾选「如果需要，自动重新启动目标服务器」选项，此选项的功能在于当相关的服务器功能或角色安装完成之后，若需要重新启动主机才能应用时将会自动重启，无须您手动执行重新启动的操作，确认要进行 Active Directory 域服务安装程序请单击「安装」按钮，如图 8-45 所示。

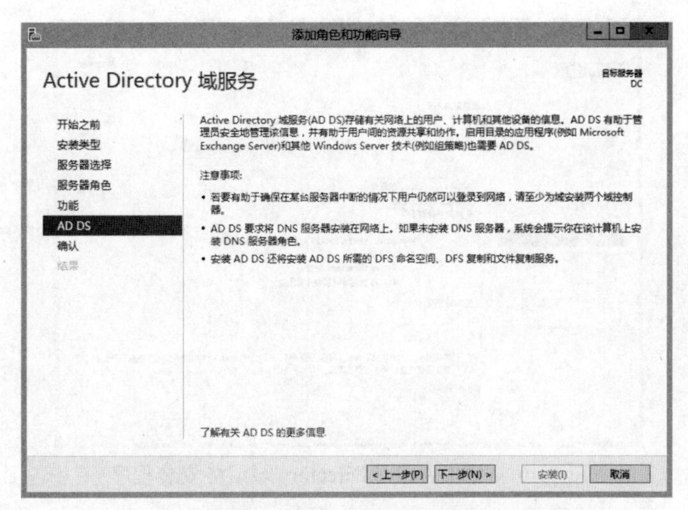

图 8-44　创建 Active Directory 域服务注意事项

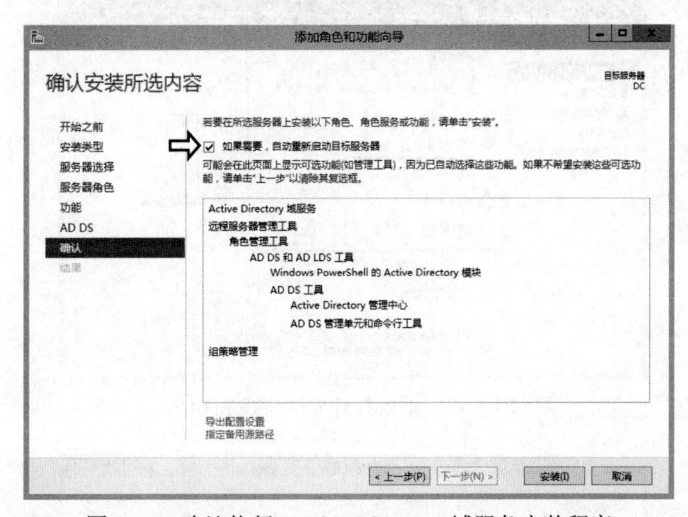

图 8-45　确认执行 Active Directory 域服务安装程序

接着便开始进行 Active Directory 域服务和相关服务器功能（如远程服务器管理工具等）的安装操作，您可以保留此窗口实时查看安装程序的进度，或者单击「关闭」按钮便会关闭当前窗口，如图 8-46 所示，但是安装程序仍在后台继续执行。

如果您关闭了安装程序窗口，那么要如何重新打开安装进度窗口呢？请在「服务器管理器」窗口中选择旗帜图标，接着在弹出窗口中选择「添加角色和功能」链接，便可以重新打开安装进度窗口，如图 8-47 所示。

当 Active Directory 域服务角色安装完成后，系统会提示您必需要执行其他步骤才能将此台服务器「提升」为域控制器，请在安装进度窗口中选择「将此服务器提升为域控制器」链接，如图 8-48 所示。

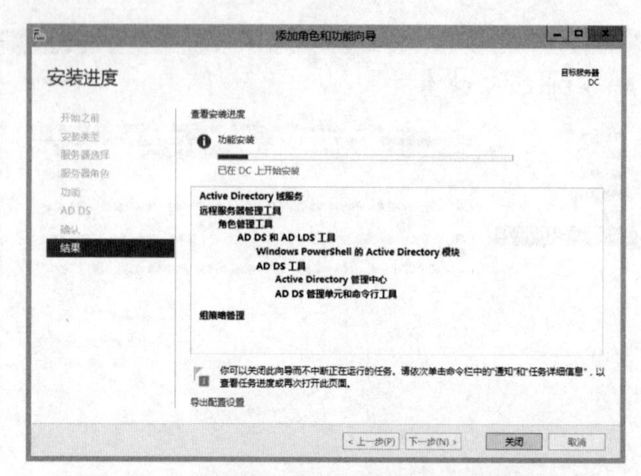

图 8-46　开始 Active Directory 域服务安装程序

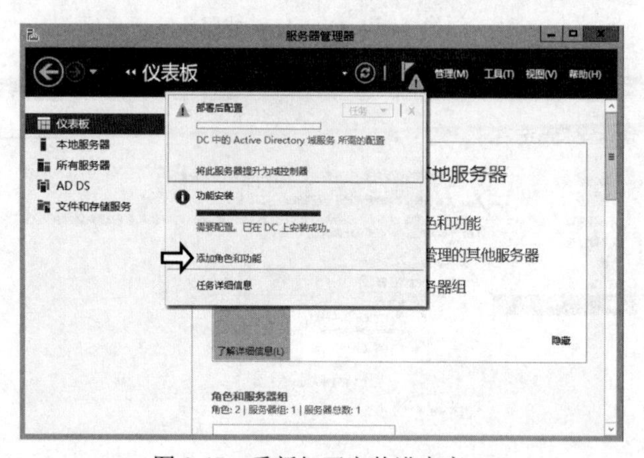

图 8-47　重新打开安装进度窗口

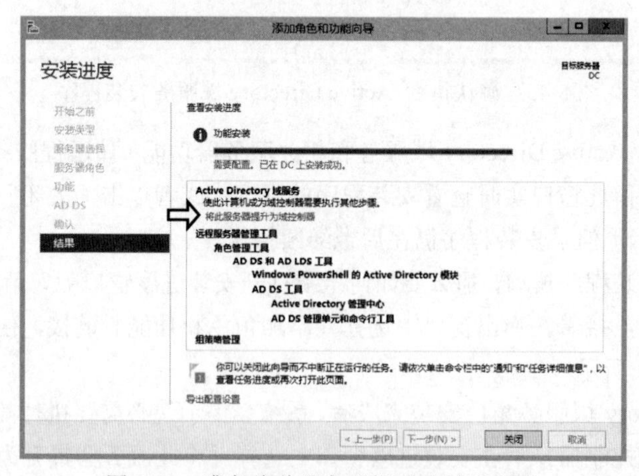

图 8-48　准备将此服务器提升为域控制器

此时将打开「Active Directory 域服务配置向导」，在「选择部署操作」中请选择「添加新林」，接着在「根域名」字段中输入自定义的根域名称 weithenn.org，单击「下一步」按钮继续，如图 8-49 所示。

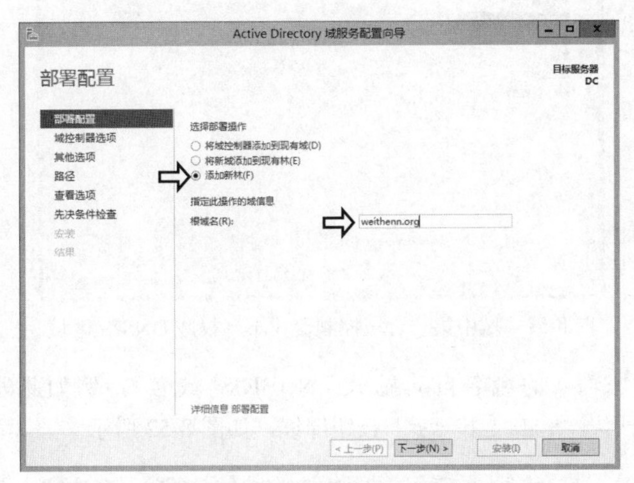

图 8-49　添加新林并输入根域名

在「域控制器选项」窗口中，请在「键入目录服务还原模式（DSRM）密码」区域中输入两次自定义的密码，以备日后需要执行目录服务还原模式时使用。请注意!! 此目录服务还原模式密码为必填项无法略过，若未输入密码则会发现无法单击「下一步」按钮继续设置程序，当密码输入完成后单击「下一步」按钮继续，如图 8-50 所示。

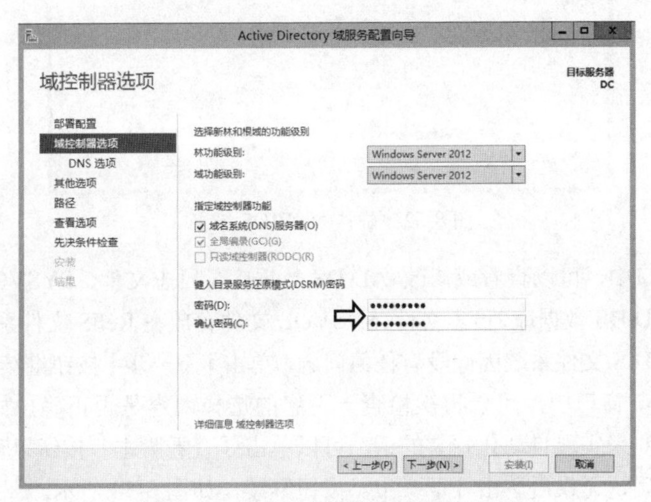

图 8-50　设置目录服务还原模式密码

由于此台主机为域中的第一台域控制器，因此会出现找不到权威的 DNS 父区域警告信息，不用担心，单击「下一步」按钮继续，如图 8-51 所示。

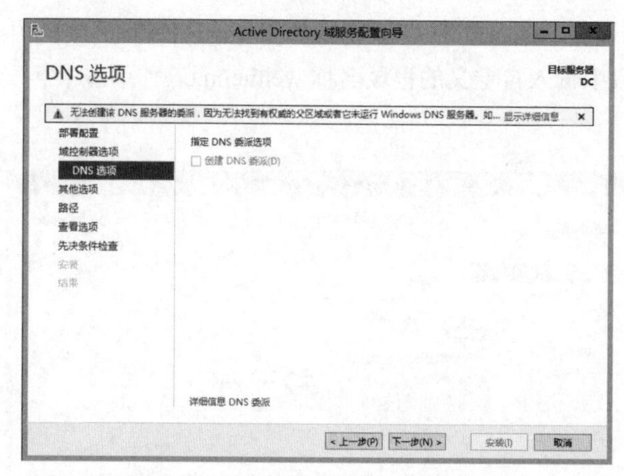

图 8-51　域中第一台域控制器找不到权威 DNS 父区域

接下来会依据您输入的域名自动显示「NetBIOS 域名」，例如此处演示中显示的是 WEITHENN，保持默认，单击「下一步」按钮继续，如图 8-52 所示。

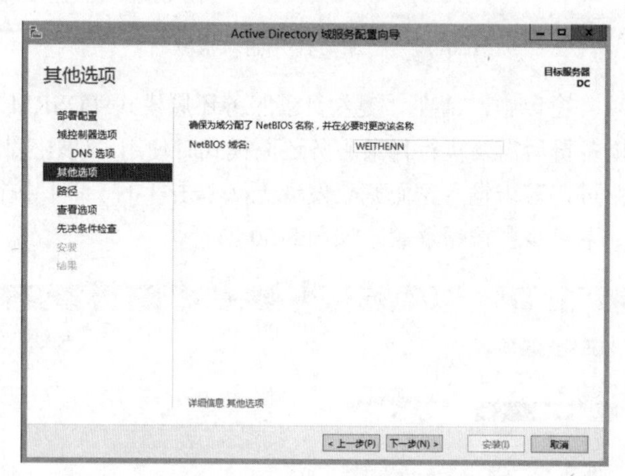

图 8-52　确认 NetBIOS 域名

在「路径」窗口中，可以查看或修改 AD DS 数据库、日志文件、SYSVOL 文件夹的路径。请注意!! 不要将 AD DS 数据库、日志文件、SYSVOL 文件存放在 ReFS 文件系统的磁盘分区上，此处演示为采用 NTFS 文件系统因此没有任何问题，单击「下一步」按钮继续，如图 8-53 所示。

在「查看选项」窗口中，可以再次检查一下您的选择内容是否正确，如果希望以后使用 Windows PowerShell 来实现自动化安装的话，可以单击「查看脚本」按钮以查看 PowerShell 程序代码，设置内容确认无误后单击「下一步」按钮继续，如图 8-54 所示。

此时系统便开始检查您的选项设置值和当前的主机运行环境是否真的适合提升为域控制器，若有错误信息的话请解决后再次执行设置任务。此处演示中相关设置和条件都符合提升要求，因此单击「安装」按钮开始 Active Directory 域服务的安装和设置任务，如图 8-55 所示。

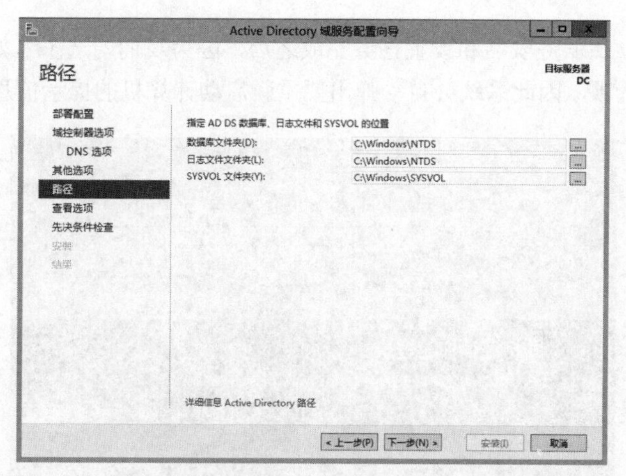

图 8-53　指定 AD DS 数据库、日志文件、SYSVOL 文件夹路径

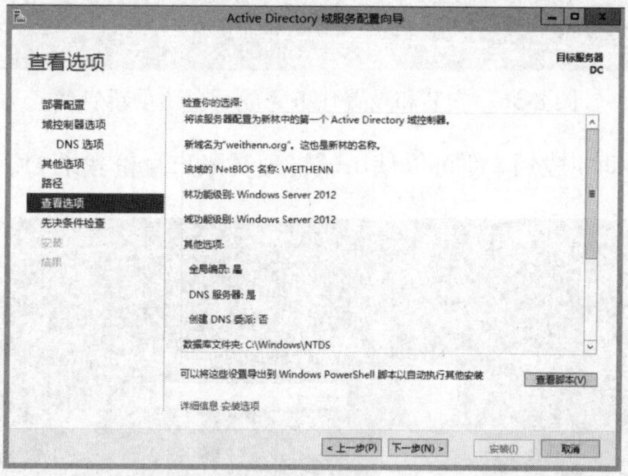

Active Directory 域服务配置向导
查看选项
目标服务器
DC
部署配置
域控制器选项
DNS 选项
其他选项
路径
查看选项
先决条件检查
安装
结果
检查你的选择:
将该服务器配置为新林中的第一个 Active Directory 域控制器。
新域名为"weithenn.org"。这也是新林的名称。
该域的 NetBIOS 名称: WEITHENN
林功能级别: Windows Server 2012
域功能级别: Windows Server 2012
其他选项:
全局编录: 是
DNS 服务器: 是
创建 DNS 委派: 否
数据库文件夹: C:\Windows\NTDS
可以将这些设置导出到 Windows PowerShell 脚本以自动执行其他安装
查看脚本(V)
详细信息 安装选项
< 上一步(P)
下一步(N) >
安装(I)
取消

图 8-54　再次检查设置内容是否正确

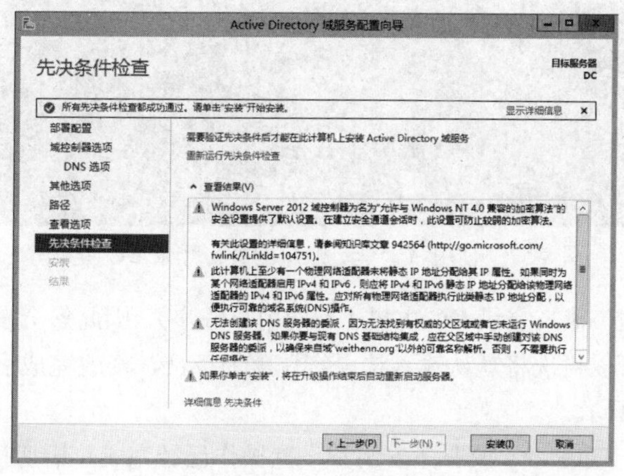

图 8-55　进行 Active Directory 域服务安装和设置任务

Active Directory 域服务安装和设置任务完成之后，因为我们勾选了「如果需要，自动重新启动目标服务器」选项，因此系统会自动弹出要重新启动计算机的提示信息，如图 8-56 所示。

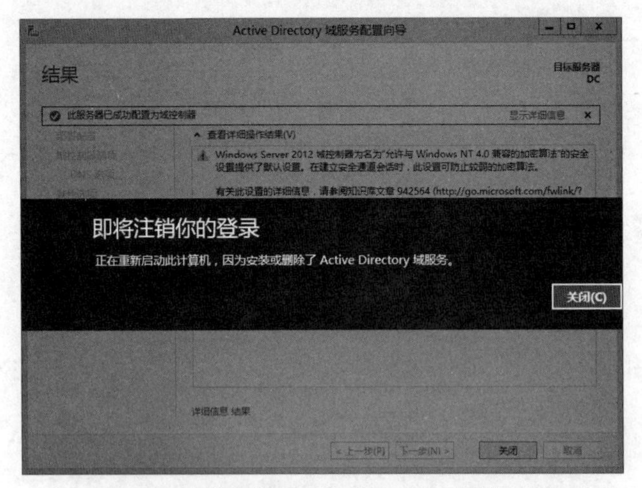

图 8-56　安装和设置任务完成后自动重新启动

当 DC 主机重新启动完成后，便可以使用域管理员账户身份登录 DC 主机，如图 8-57 所示。

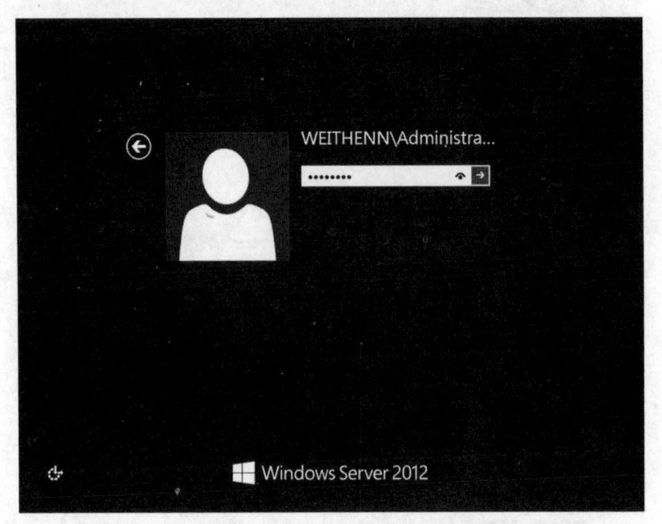

图 8-57　使用域管理员账户的身份登录 DC 主机

由于使用了域管理员账户登录 DC 主机（不同用户账户），因此您会发现设置的默认输入法语言又变成了中文，可以再次将默认输入法语言调整为英文，修改完成后必须重新启动才能使应用生效，如图 8-58 所示。

到这一步，Active Directory 域服务安装和设置操作已经完成，请切换至 SMB 主机进行相关系统和网络基础设置，并且加入 DC 主机所创建的 Active Directory 域中。

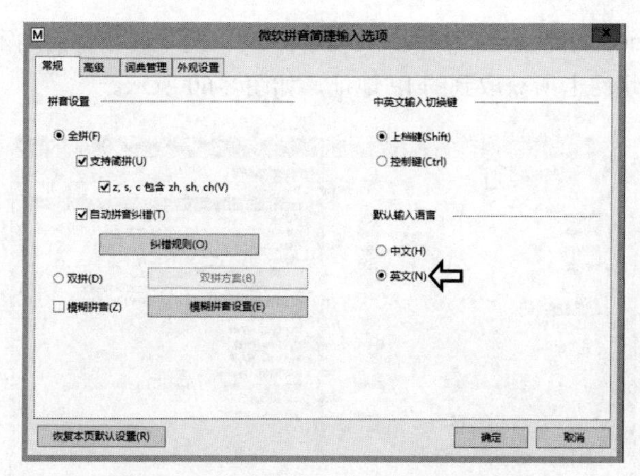

图 8-58　将默认输入法语言调整为英语

8-3-3　SMB 主机网络和域设置

登录 SMB 主机之后，我们已经为 SMB 主机配置了 4 块网卡，分别连接着 VMnet8（NAT）、VMnet1（Host-Only）两个不同的交换机，所以在创建 NIC 组合之前，我们必须先确认网卡连接位置，请打开「网络和共享中心」确认网卡连接信息。

由于 VMnet8 是 NAT 网络交换机，连接此交换机的网卡可以正常访问因特网，因此我们可以很容易判断出 SMB 主机中以太网、以太网 2 的类型为 VMnet8（NAT），它们获得的 IP 地址网段为 10.10.75.0/24（网络，公用网络，Internet），而以太网 3、以太网 4 连接着 VMnet1（Host-Only）交换机，分配的 IP 地址网段为 172.20.75.0/24（未识别的网络，公用网络，无法连接到 Internet），如图 8-59 所示。

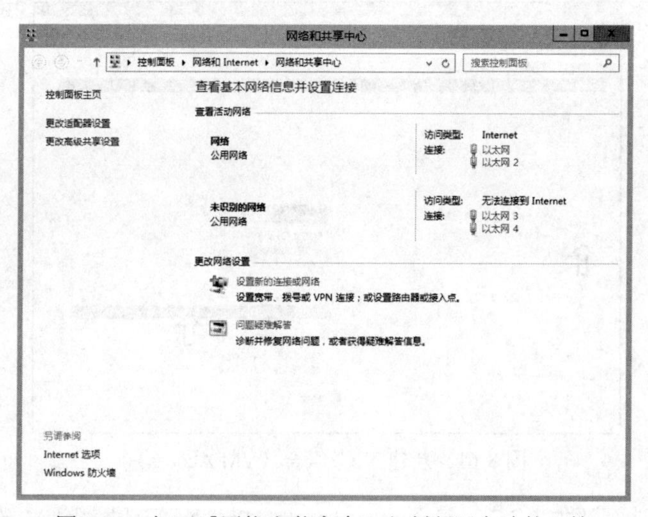

图 8-59　打开「网络和共享中心」判断网卡连接环境

当然，因为 VMnet8（NAT）、VMnet1（Host-Only）两个网络都启动了 DHCP 功能，因此您可以分别查看每一块网卡所获取到的 IP 地址，如图 8-60 所示。

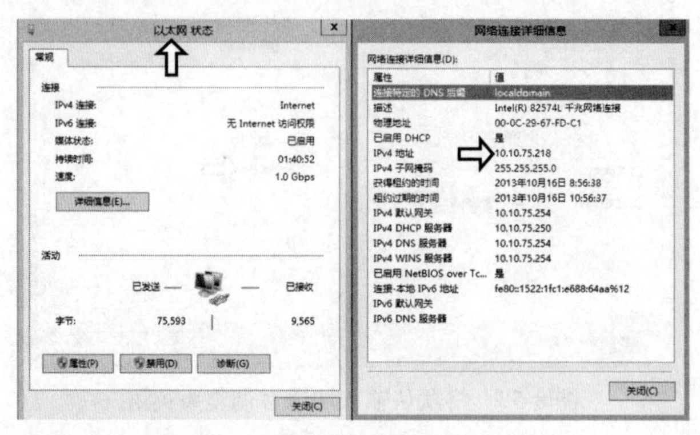

图 8-60　查看网卡获取到的 IP 地址

确认了 SMB 主机 4 块网卡所连接的网络环境后，我们便可以为此台主机的 4 块网卡设置 NIC 组合，实现网络高可用性和网络负载平衡的目标。此处演示中我们会将 4 块网卡以 2 块一组的方式创建 NIC 组合，其中 2 块网卡负责 VM 虚拟机的管理流量，另外 2 块网卡则负责实时迁移、存储实时迁移、无共享存储实时迁移等流量。

请依次选择「服务器管理器>本地服务器>NIC 组合>已禁用」，接着在「NIC 组合」设置窗口中按住 Ctrl 键，选择要加入 NIC 组合的成员网卡：以太网、以太网 2，单击鼠标右键在右键菜单中选择「添加到新组」选项。接着在「新建组」窗口中填入此 NIC 组合的组名称为 VM Access，并且采用默认的交换机独立成组模式和地址哈希负载平衡模式，单击「确定」按钮完成新建 NIC 组合，如图 8-61 所示。

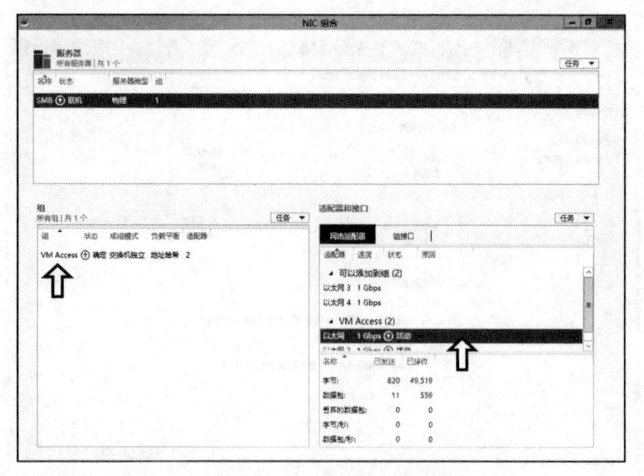

图 8-61　新建 NIC 组合（VM Access）

以同样的方式选择要加入 NIC 组合的成员网卡：以太网 3、以太网 4，选择「添加到新组」

选项，将 NIC 组合名称指定为 VM Storage，创建新的 NIC 组合，如图 8-62 所示。

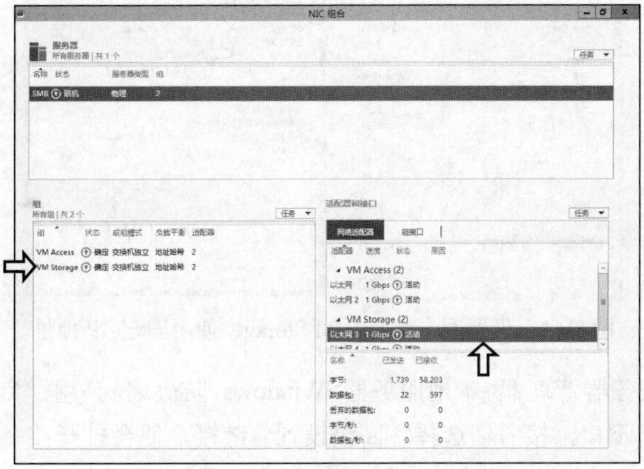

图 8-62　新建 NIC 组合（VM Storage）

返回「服务器管理器」窗口中，您可以看到新建的网卡组合 VM Access、VM Storage 的状态为「由 DHCP 分配的 IPv4 地址，IPv6 已启用」，请选择 VM Access 链接，准备设置固定 IP 地址。

请为网卡组合 VM Access 设置固定 IP 地址「10.10.75.20」、子网掩码为「255.255.255.0」、默认网关为「10.10.75.254」，而 DNS 服务器请指向 DC 服务器也就是「10.10.75.10」，如图 8-63 所示。如果 IP 地址未正确应用，请将网卡禁用后再启用。

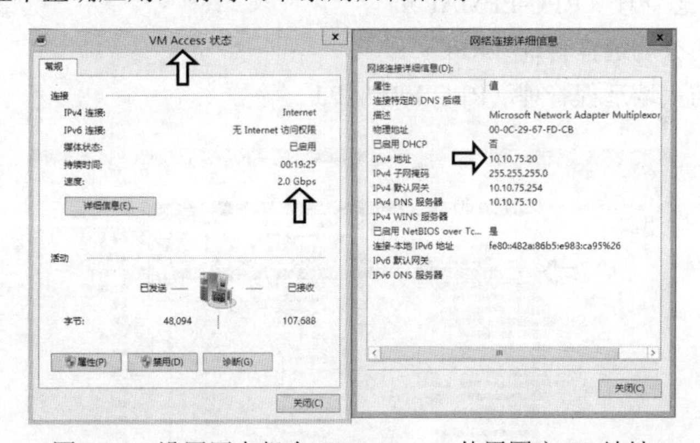

图 8-63　设置网卡组合 VM Access 使用固定 IP 地址

接着为网卡组合 VM Storage 设置固定 IP 地址「172.20.75.20」、子网掩码为「255.255.255.0」，如图 8-64 所示。

1．SMB 主机调整防火墙规则设置

请调整 SMB 主机的防火墙规则设置，以便稍后可以在 DC 主机进行远程管理的相关操作。例如默认情况下防火墙规则并不允许远程主机可以设置计划任务，而此次演示中我们会使用 DC 主机远程管理 SMB，执行数据删除重复操作的计划任务，因此便需要开启相关的防火墙规则。

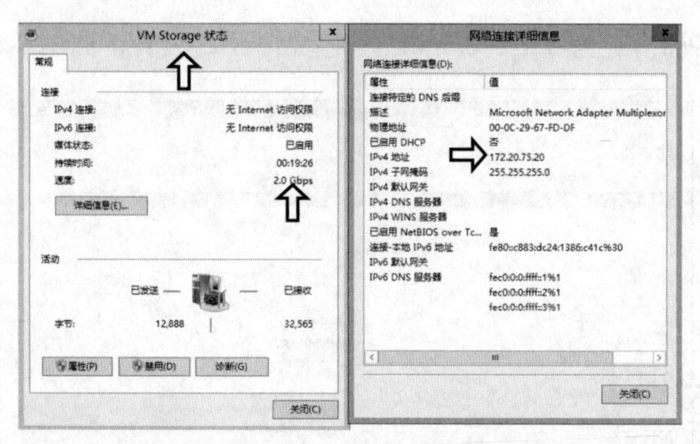

图 8-64　设置网卡组合 VM Storage 使用固定 IP 地址

请依次选择「服务器管理器>本地服务器>Windows 防火墙>公用：启用」，此时将会弹出「Windows 防火墙」窗口，接着请选择「高级设置」链接，便会打开「高级安全 Windows 防火墙」设置窗口，选择「入站规则」，启用以下防火墙规则，如图 8-65 所示。

- 文件和打印机共享（回显请求 - ICMPv4-In）
- 远程计划任务管理（RPC）
- 远程计划任务管理（RPC-EPMAP）
- 远程事件日志管理（NP-In）
- 远程事件日志管理（RPC）
- 远程事件日志管理（RPC-EPMAP）
- Windows 防火墙远程管理（RPC）
- Windows 防火墙远程管理（RPC-EPMAP）

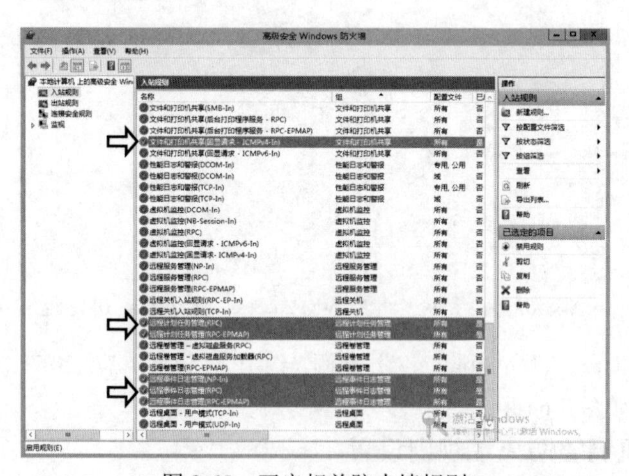

图 8-65　开启相关防火墙规则

2．SMB 主机加入域

设置完 SMB 主机的网络和防火墙规则后，便可以将 SMB 主机加入 weithenn.org 域，在执行加入域的操作之前先运行 ping 和 nslookup 命令，以确认 SMB 与 DC 主机之间通信正常，保证加入域的操作能正常运行。

您可以利用「Windows Key + X」组合键打开「开始」菜单，选择命令提示符，输入「ping 10.10.75.10」命令确认 SMB 可以 ping 通 DC 主机，再输入「nslookup weithenn.org」命令确认 SMB 主机可以正确解析 weithenn.org 域，如图 8-66 所示。

```
管理员: 命令提示符
(c) 2012 Microsoft Corporation。保留所有权利。

C:\Users\Administrator>ping 10.10.75.10

正在 Ping 10.10.75.10 具有 32 字节的数据:
来自 10.10.75.10 的回复: 字节=32 时间<1ms TTL=128
来自 10.10.75.10 的回复: 字节=32 时间<1ms TTL=128
来自 10.10.75.10 的回复: 字节=32 时间<1ms TTL=128
来自 10.10.75.10 的回复: 字节=32 时间<1ms TTL=128

10.10.75.10 的 Ping 统计信息:
    数据包: 已发送 = 4，已接收 = 4，丢失 = 0 (0% 丢失)，
往返行程的估计时间(以毫秒为单位):
    最短 = 0ms，最长 = 0ms，平均 = 0ms

C:\Users\Administrator>nslookup weithenn.org
服务器:  UnKnown
Address:  10.10.75.10

名称:    weithenn.org
Address:  10.10.75.10


C:\Users\Administrator>_
微软拼音简捷 半 :
```

图 8-66　确认 SMB 与 DC 主机之间能够通信正常

确认 SMB 与 DC 通信正常后，请依次选择「服务器管理器>本地服务器>工作组>WORKGROUP」打开「系统属性」对话框，在「计算机名」选项卡中单击「更改」按钮，准备执行加入域的操作，如图 8-67 所示。

在「隶属于」区域中选择「域」，输入要加入的域名 weithenn.org，单击「确定」按钮，如图 8-68 所示。

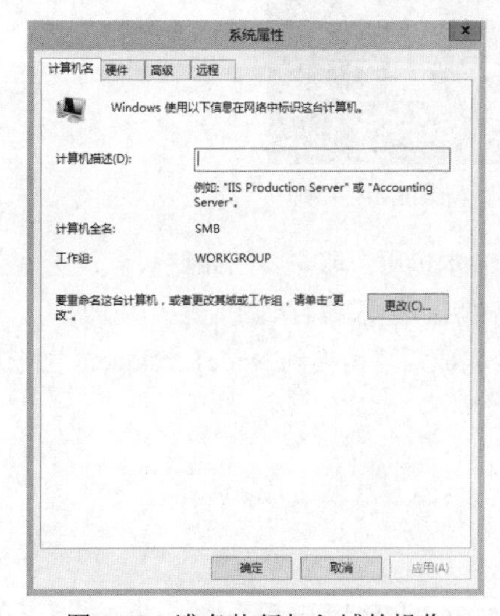

图 8-67　准备执行加入域的操作

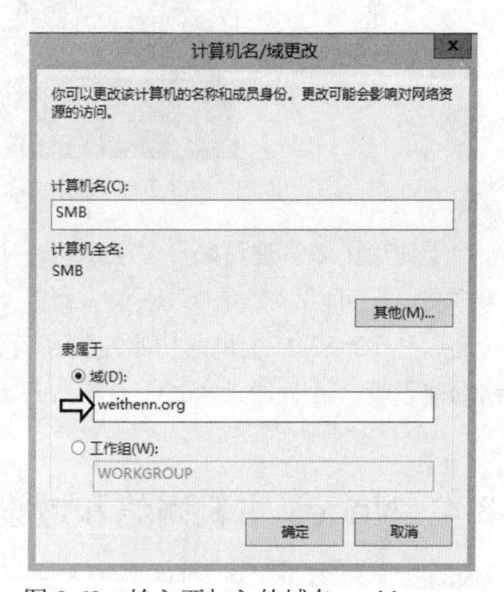

图 8-68　输入要加入的域名 weithenn.org

接下来将弹出「Windows 安全」对话框，请输入 weithenn.org 域管理员账号和密码，单击「确定」按钮，验证成功后，便会弹出「欢迎加入 weithenn.org 域」的提示信息，接着提示您必需要重新启动主机以应用更改，如图 8-69 所示。

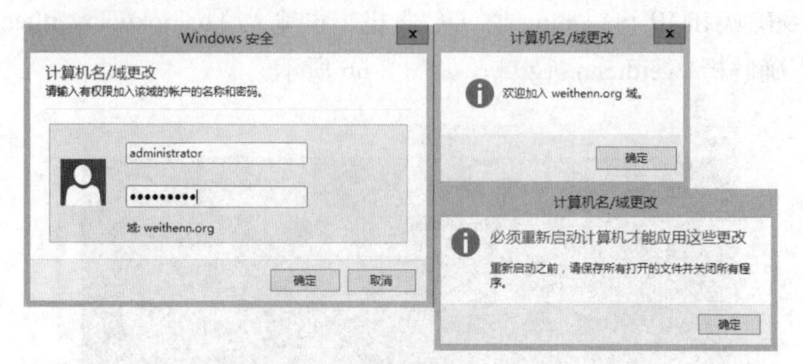

图 8-69　输入 weithenn.org 域管理员账号和密码后成功加入域

当 SMB 主机重新启动之后，请选择使用其他用户账号登录，接着输入域管理员账户「weithenn.org\administrator」和密码便可以使用域管理员账户的身份登录 SMB 主机，如图 8-70 所示。

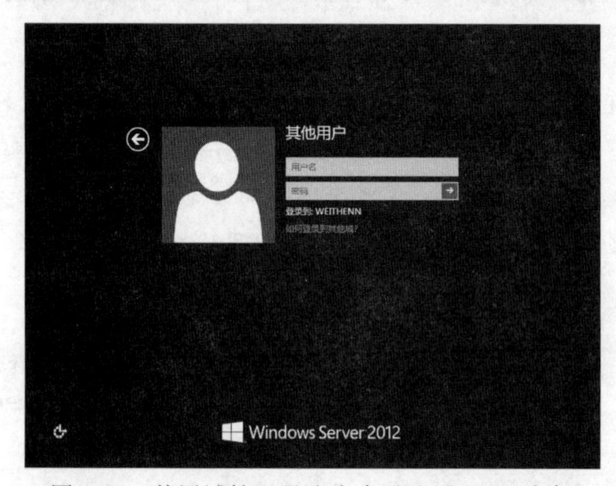

图 8-70　使用域管理员账户身份登录 SMB 主机

由于使用了域管理员账户登录主机，不同于 SMB 本机用户账户，因此默认输入法语言恢复为中文，您可以再次将输入法语言修改为英语，修改后必须重新启动才能应用更改。

到这一步，SMB 主机的初始安装和设置操作已经完成，请切换到 Node1、Node2 主机进行网络功能设置，并且加入 Active Directory 域。

8-3-4　Node1 主机网络和域设置

Node1 主机因为安装了 Hyper-V Server 2012，它是以 Server Core 模式运行的，因此登录后

您只会看到命令提示符和 SConfig 设置窗口，如图 8-71 所示。

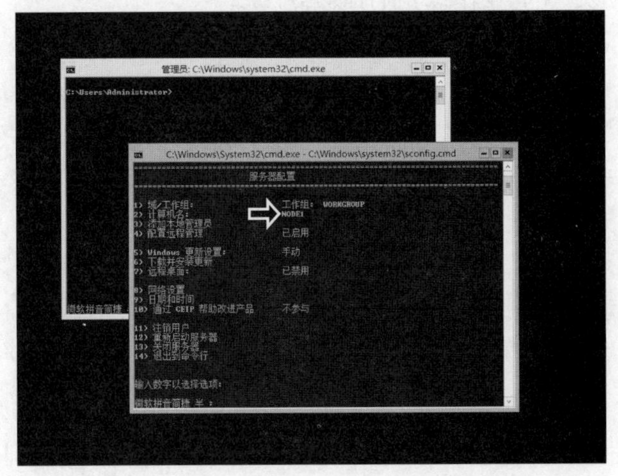

图 8-71　Hyper-V Server 2012 登录后界面

由于我们为 Node1 主机配置了 4 块网卡，并且分别连接着 VMnet8（NAT）、VMnet1（Host-Only）两个交换机，所以在创建 NIC 组合之前必须先确认网卡的连接位置。切换到 SConfig 窗口，输入数字「8」后回车，便可以查看到四块网卡获取的 IP 地址，如图 8-72 所示。

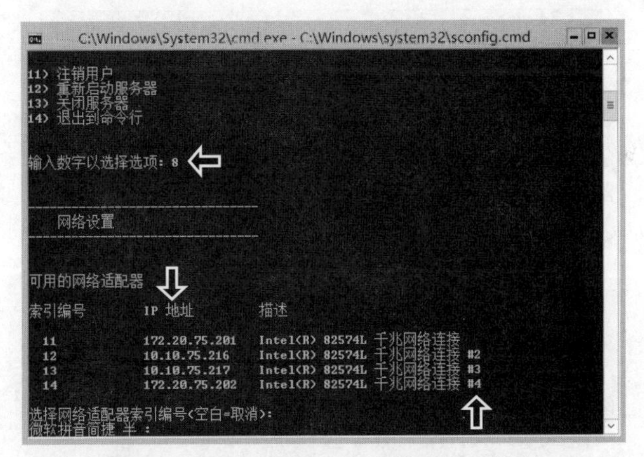

图 8-72　查看四块网卡分别获取的 IP 地址

然后切换到命令提示符窗口，输入「powershell」命令进入 PowerShell 运行环境，输入「get-neta」后按下 Tab 键将会自动补齐为「Get-NetAdapter」，因此我们可以很容易判断出来此演示中 Node1 的以太网 2、以太网 3 为 VMnet8（NAT）也就是 10.10.75.0/24 网络，而以太网、以太网 4 为 VMnet1（Host-Only）也就是 172.20.75.0/24 网络，如图 8-73 所示。

确认 Node1 主机 4 块网卡连接的网络环境后，便可以为此台主机的 4 块网卡设置 NIC 组合，实现网络高可用性和负载平衡的目标。此处演示中我们会将 4 块网卡分别以 2 块为一组的方式创建 NIC 组合，其中 2 块网卡负责 VM 虚拟机的管理流量，而另外 2 块网卡则负责实时迁移、存储实时迁移、无共享存储实时迁移等流量。

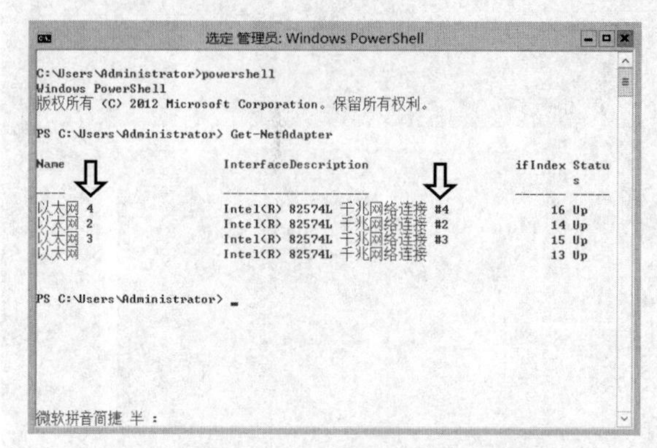

图 8-73　确认网卡名称和获取的 IP 地址

请在刚才的命令提示符窗口 PowerShell 运行环境中输入命令「New-NetLbfoTeam -Name "VM Access" -TeamMembers "以太网 2","以太网 3"」，也就是创建 NIC 组合并且命名为「VM Access」，成员网卡为「以太网 2、以太网 3」，并且采用默认的交换机独立成组模式和地址哈希负载平衡模式，如图 8-74 所示。

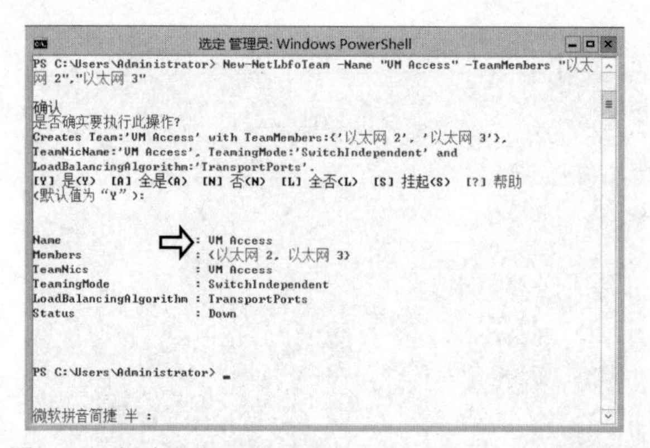

图 8-74　创建名为 VM Access 的 NIC Teaming 网卡组合

接着以同样的方式创建第二个 NIC 组合，请输入命令「New-NetLbfoTeam -Name "VM Storage" -TeamMembers "以太网","以太网 4"」，也就是创建 NIC 组合并且命名为「VM Storage」，成员网卡为「以太网、以太网 4」，并且采用默认的交换机独立成组模式和地址哈希负载平衡模式，如图 8-75 所示，完成后请输入 exit 命令退出 PowerShell 模式。

在 SConfig 窗口中再次输入数字「8」进入网络设置，可以看到目前仅显示 NIC 组合（Microsoft Network Adapter Multiplexor Driver），请输入 VM Access 的 NIC 组合索引数字 17 开始设置固定 IP 地址，如图 8-76 所示。

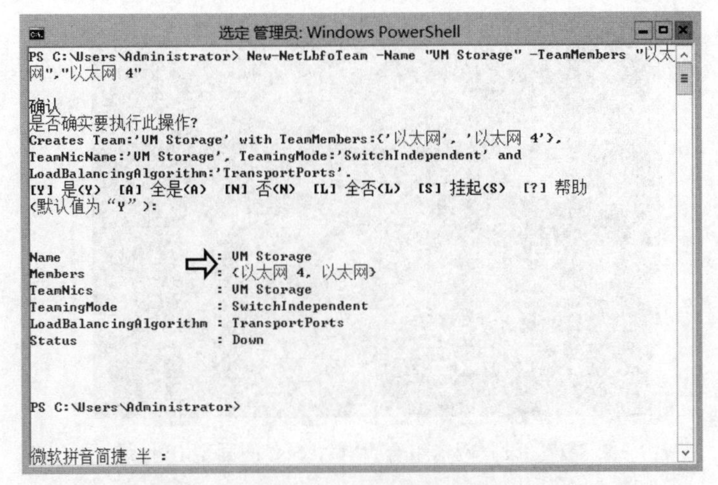

图 8-75 创建名为 VM Storage 的 NIC 组合

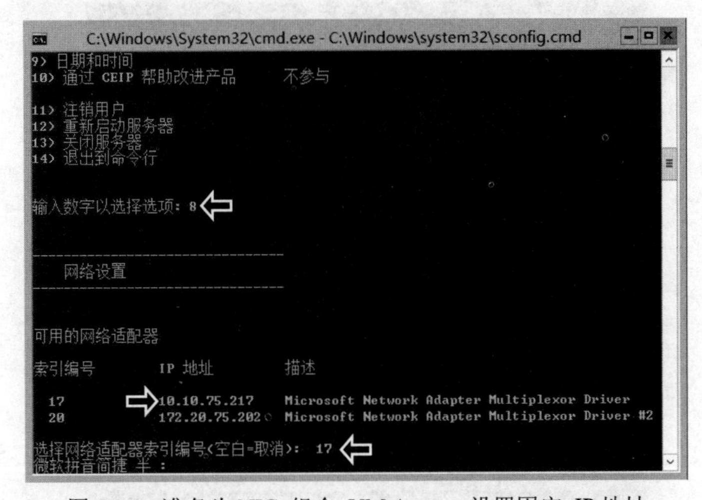

图 8-76 准备为 NIC 组合 VM Access 设置固定 IP 地址

请依次输入「1>S>10.10.75.31>255.255.255.0>10.10.75.254」，也就是进入设置网络适配器地址后，准备设置静态 IP 地址，设置网卡组合 VM Access 的固定 IP 地址为「10.10.75.31」、子网掩码为「255.255.255.0」、默认网关为「10.10.75.254」，如图 8-77 所示。

接着依次输入「2>10.10.75.10」指定网卡组合 VM Access 所使用的 DNS 服务器地址，也就是指向 DC 主机的 IP 地址以便稍后加入域，完成 IP 地址设置后请输入数字 4 返回主菜单，准备为 VM Storage 网卡组合设置固定 IP 地址，如图 8-78 所示。

请输入数字「8」再次进入网络设置窗口，输入 VM Storage 网卡组合的网络适配器索引数字「20」，准备设置固定 IP 地址，如图 8-79 所示。

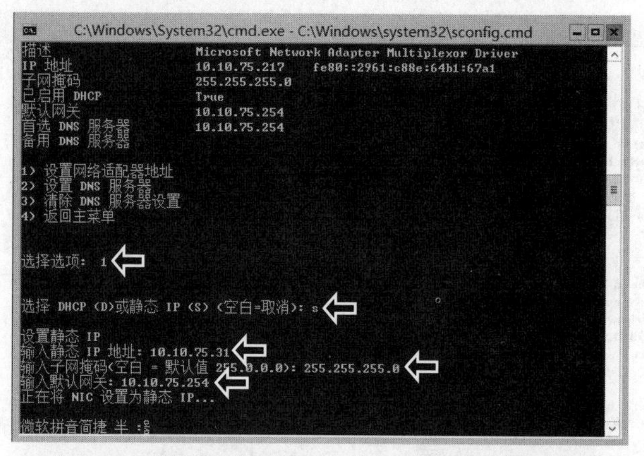

图 8-77 设置网卡组合 VM Access 的固定 IP 地址

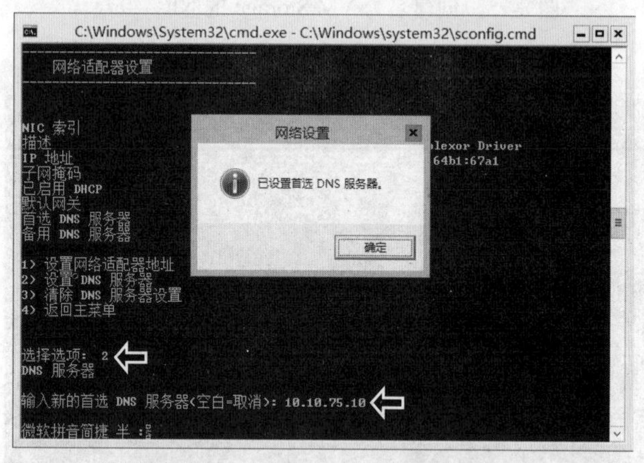

图 8-78 设置网卡组合 VM Access 使用的 DNS 服务器地址

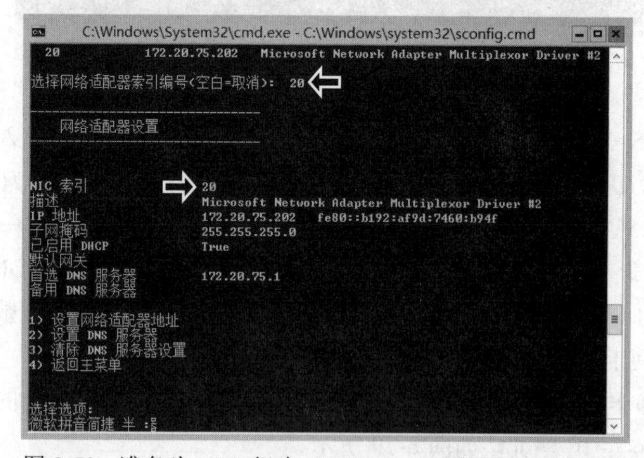

图 8-79 准备为 NIC 组合 VM Storage 设置固定 IP 地址

接着依次输入「1>S>172.20.75.31>255.255.255.0>4」，也就是进入设置网络适配器地址后，准备设置静态 IP 地址，设置网卡组合 VM Storage 的固定 IP 地址为「172.20.75.31」、子网掩码为「255.255.255.0」，如图 8-80 所示，完成固定 IP 地址设置后请输入数字「4」返回主菜单。

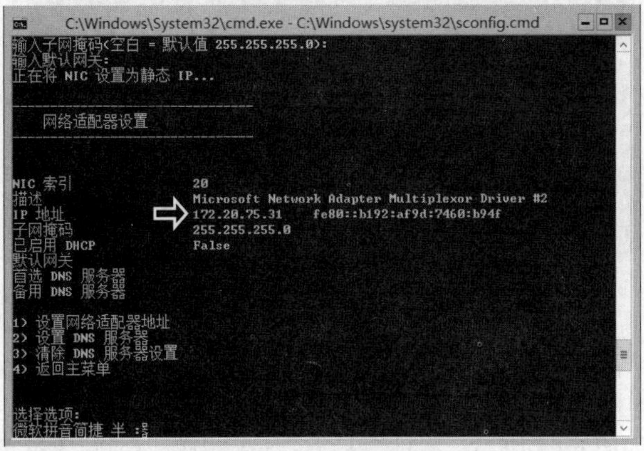

图 8-80　设置网卡组合 VM Storage 固定 IP 地址

您可以再次输入数字「8」进入网络设置窗口，再次确认网卡组合 VM Access、VM Storage 是否都设置了正确的固定 IP 地址。接着为 Node1 主机配置服务器的 Ping 响应规则，方便管理和排错。在 SConfig 窗口依次输入「4>3>4」，进入远程管理设置后，设置服务器允许对 Ping 的响应，如图 8-81 所示，成功启用之后返回 SConfig 主菜单。

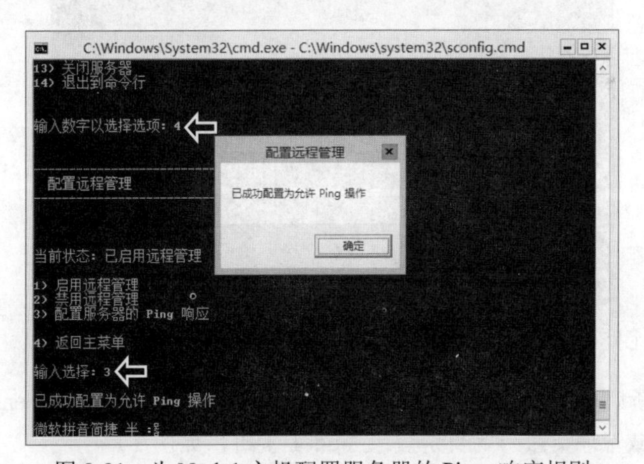

图 8-81　为 Node1 主机配置服务器的 Ping 响应规则

同样的在执行加入域操作之前，先执行 ping 和 nslookup 命令，确认 Node1 与 DC 主机之间能够正常通信，以确保加入域的操作能顺利执行，请输入「ping 10.10.75.10」命令确认 Node1 主机可以 ping 通 DC 主机，再输入「nslookup weithenn.org」命令确认 Node1 主机可以正确解析 weithenn.org 域，如图 8-82 所示。

图 8-82　确认 Node1 与 DC 主机之间能够正常通信

切换到 SConfig 窗口后输入「1」进入域及工作组选项，接着依次输入「D>weithenn.org>administrator>域管理员账户密码」，也就是选择加入域的选项后输入域名，输入 weithenn.org 域管理员账号和密码，如图 8-83 所示。验证成功后，会弹出窗口询问您是否要更改计算机名称，由于我们已经更改好了计算机名称，因此无需再更改，单击「否」按钮后会提示重新启动计算机的信息，单击「是」按钮重新启动应用更改。

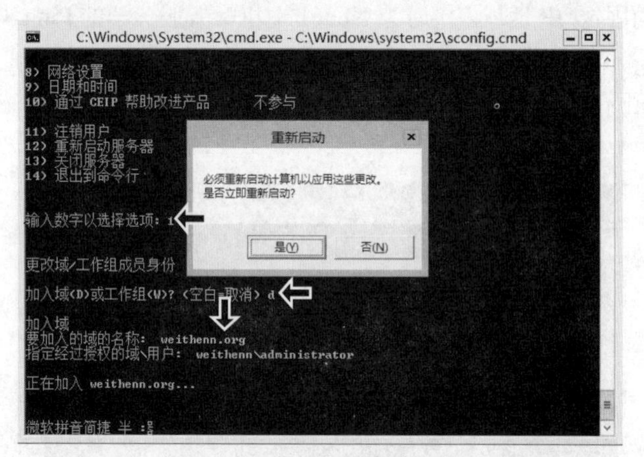

图 8-83　输入 weithenn.org 域管理员账号和密码后成功加入域

Node1 主机重新启动完成后，选择使用其他用户账号登录，输入「weithenn.org\administrator」和密码便可以使用域管理员账户的身份登录 Node1 主机，如图 8-84 所示。

由于使用域管理员账户登录主机，不同于 Node1 本机用户账户，因此会发现默认的输入法语言是中文，可以再次使用修改注册表的方式将默认输入语言修改为英语，修改完成后必须重新启动使更改生效，如图 8-85 所示。

到这一步，Node1 主机的初始化和设置操作已经完成，请切换到 Node2 主机进行系统和网络的基础设置，并且加入 Active Directory 域。

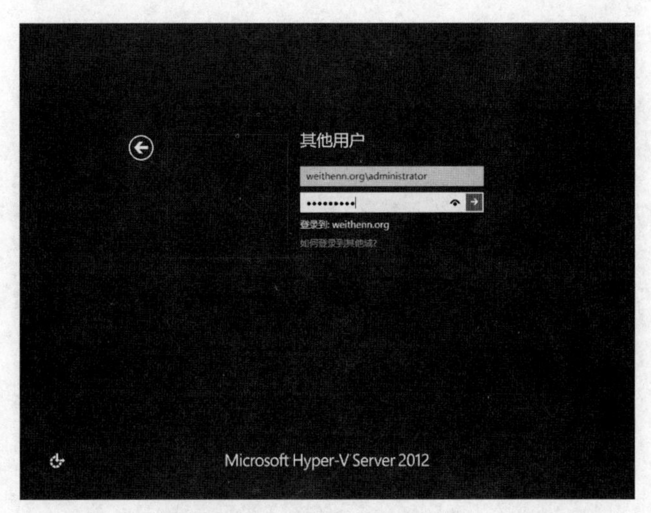

图 8-84　使用域管理员账户的身份登录 Node1 主机

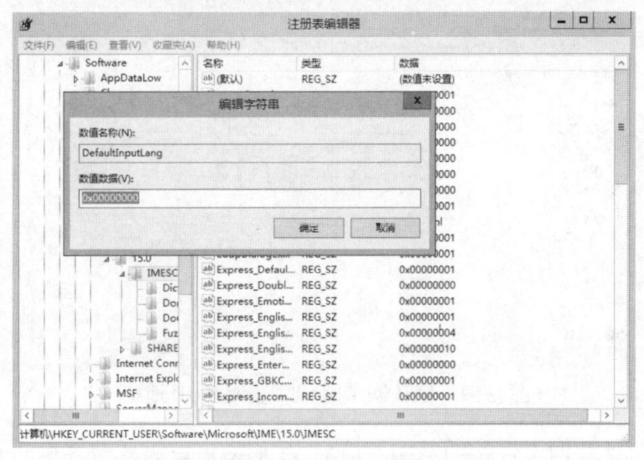

图 8-85　通过修改注册表的方式修改默认输入法语言

8-3-5　Node2 主机网络和域设置

Node2 主机同样也配置了 4 块网卡，并且分别连接着 VMnet8（NAT）、VMnet1（Host-Only）2 个交换机，所以在创建 NIC 组合以前我们必须先确认网卡的连接位置。切换到 SConfig 窗口，输入数字 8 选择回车，便可以查看到 4 块网卡获取的 IP 地址，如图 8-86 所示。

然后切换到命令提示符窗口，输入「powershell」命令进入 PowerShell 运行环境，输入「get-neta」后按下 Tab 键将会自动补齐为「Get-NetAdapter」，因此我们可以很容易判断出此演示中 Node2 的以太网 2、以太网 3 为 VMnet8（NAT）也就是 10.10.75.0/24 网络，而以太网、以太网 4 为 VMnet1（Host-Only）也就是 172.20.75.0/24 网络，如图 8-87 所示。

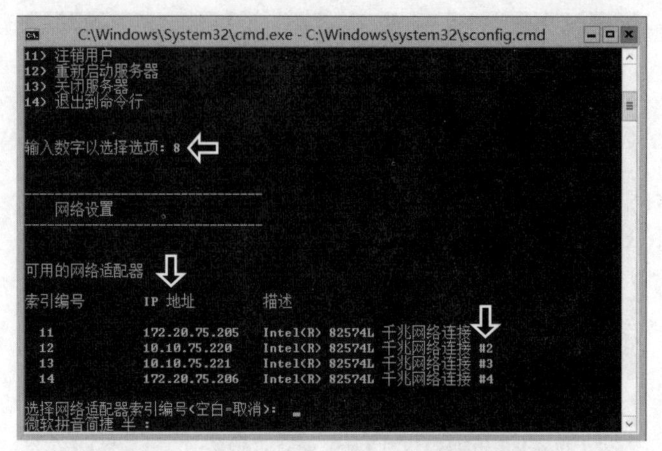

图 8-86　查看四块网卡分别获取的 IP 地址

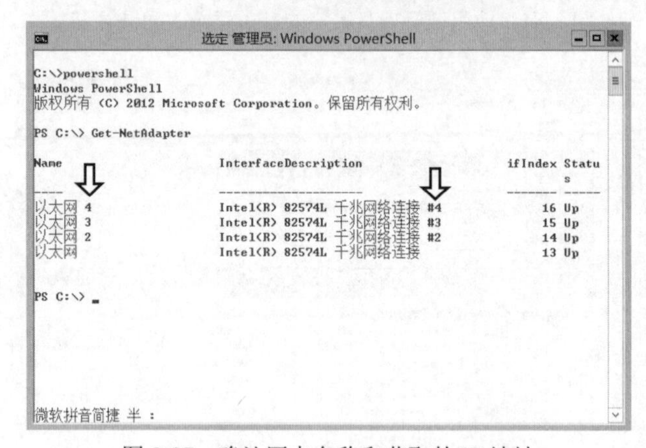

图 8-87　确认网卡名称和获取的 IP 地址

确认 Node2 主机 4 块网卡连接的网络环境后，我们便可以为此台主机的 4 块网卡设置 NIC 组合，实现网络高可用性和负载平衡的目标。此处演示中我们会将 4 块网卡分别以 2 块为一组的方式创建 NIC 组合，其中 2 块网卡负责 VM 虚拟机的管理，而另外 2 块网卡则负责实时迁移、存储实时迁移、无共享存储实时迁移等流量。

请在刚才的命令提示符窗口 PowerShell 运行环境中输入命令「New-NetLbfoTeam -Name "VM Access" -TeamMembers "以太网 2","以太网 3"」，也就是创建 NIC 组合并且命名为「VM Access」，成员网卡为「以太网 2、以太网 3」，并且采用默认的交换机独立成组模式和地址哈希负载平衡模式，如图 8-88 所示。

以同样的方式创建第二个 NIC 组合，请输入命令「New-NetLbfoTeam -Name "VM Storage" -TeamMembers "以太网","以太网 4"」，也就是创建 NIC 组合并且命名为「VM Storage」，成员网卡为「以太网、以太网 4」，并且采用默认的交换机独立成组模式和地址哈希负载平衡模式，如图 8-89 所示。完成后请输入「exit」命令退出 PowerShell 模式。

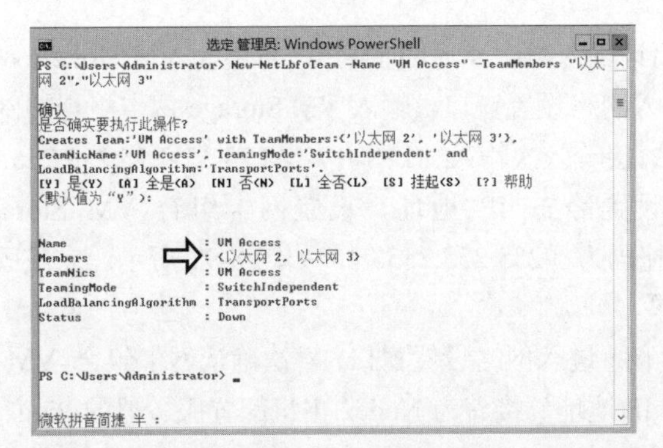

图 8-88　创建名为 VM Access 的 NIC Teaming 网卡组合

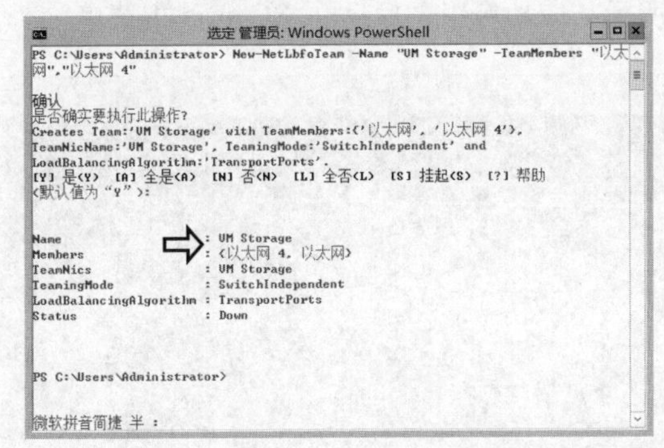

图 8-89　创建名为 VM Storage 的 NIC 组合

在 SConfig 窗口中再次输入数字「8」进入网络设置，可以看到目前仅显示 NIC 组合，输入 VM Access 的 NIC 组合索引数字「17」开始设置固定 IP 地址。依次输入「1>S>10.10.75.32>255.255.255.0>10.10.75.254」，准备设置静态 IP 地址，设置网卡组合 VM Access 的固定 IP 地址为「10.10.75.32」、子网掩码为「255.255.255.0」、默认网关为「10.10.75.254」，如图 8-90 所示。接着依次输入「2>10.10.75.10」指定网卡组合 VM Access 所使用的 DNS 服务器地址，也就是指向 DC 主机的 IP 地址以便稍后加入域。

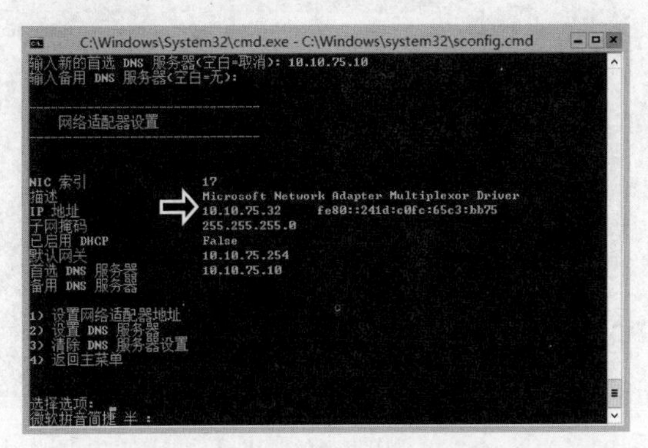

图 8-90　设置网卡组合 VM Access 固定 IP 地址和 DNS 服务器地址

完成 IP 地址设置后请输入数字 4 返回主菜单，准备为 VM Storage 网卡组合设置固定 IP 地址，输入数字 8 再次进入网络设置窗口，输入 VM Storage 网卡组合的网络适配器索引数字 19，准备设置固定 IP 地址。接着依次输入「1>S>172.20.75.32>255.255.255.0>4」，也就是进入网络适配器地址后，准备设置静态 IP 地址，设置网卡组合 VM Storage 的固定 IP 地址为「172.20.75.32」、子网掩码为「255.255.255.0」，如图 8-91 所示。完成固定 IP 地址设置后请输入数字「4」返回主菜单。

可以再次输入数字「8」进入网络设置窗口，再次确认网卡组合 VM Access、VM Storage 是否都设置了正确的固定 IP 地址。接着为 Node2 主机配置服务器的 Ping 响应规则，方便管理操作和排错需要。在 SConfig 窗口依次输入「4>3>4」，进入远程管理设置后，设置服务器允许对 Ping 的响应，如图 8-92 所示。成功启用之后返回 SConfig 主菜单。

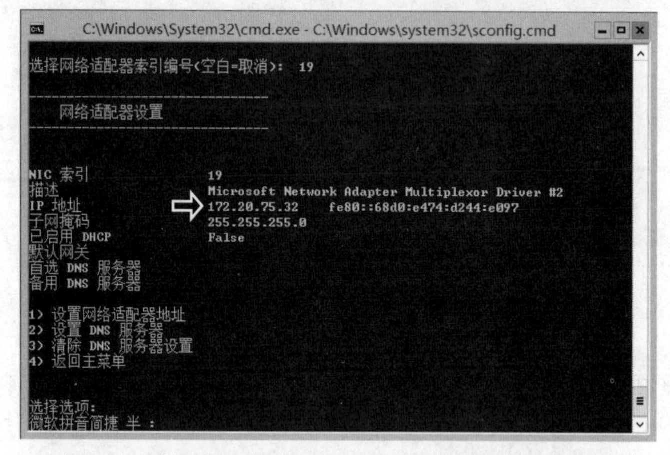

图 8-91　设置网卡组合 VM Storage 使用固定 IP 地址

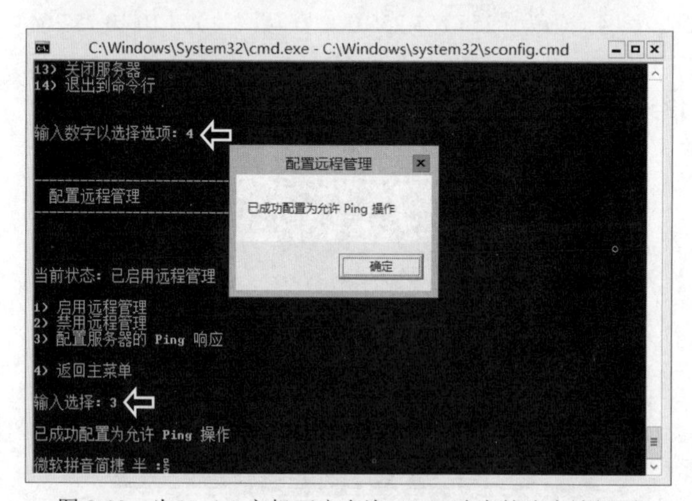

图 8-92　为 Node2 主机开启允许 Ping 响应的防火墙规则

同样的在执行加入域操作之前，先执行 ping 和 nslookup 命令，以确认 Node2 与 DC 主机之间能够正常通信，确保加入域的操作能顺利执行。请输入「ping 10.10.75.10」命令确认 Node2 主机可以 ping 通 DC 主机，再输入「nslookup weithenn.org」命令确认 Node2 主机可以正确解析 weithenn.org 域，如图 8-93 所示。

```
管理员: 命令提示符
(c) 2012 Microsoft Corporation。保留所有权利。

C:\Users\Administrator>ping 10.10.75.10

正在 Ping 10.10.75.10 具有 32 字节的数据:
来自 10.10.75.10 的回复: 字节=32 时间<1ms TTL=128
来自 10.10.75.10 的回复: 字节=32 时间<1ms TTL=128
来自 10.10.75.10 的回复: 字节=32 时间<1ms TTL=128
来自 10.10.75.10 的回复: 字节=32 时间<1ms TTL=128

10.10.75.10 的 Ping 统计信息:
    数据包: 已发送 = 4，已接收 = 4，丢失 = 0 (0% 丢失)，
往返行程的估计时间(以毫秒为单位):
    最短 = 0ms，最长 = 0ms，平均 = 0ms

C:\Users\Administrator>nslookup weithenn.org
服务器:  UnKnown
Address:  10.10.75.10

名称:    weithenn.org
Address:  10.10.75.10


C:\Users\Administrator>
微软拼音简捷 半 :
```

图 8-93　确认 Node2 与 DC 主机之间通信正常

切换到 SConfig 窗口后输入「1」进入域和工作组选项，接着依次输入「D>weithenn.org>administrator>域管理员账户密码」，也就是选择「加入域」的选项后输入域名，输入 weithenn.org 域管理员账号和密码，验证成功后，会弹出窗口询问您是否要更改计算机名称。由于我们已经更改好了计算机名称，因此并不需要更改计算机名称，单击「否」按钮后会提示重新启动计算机，单击「是」按钮重新启动使应用生效，如图 8-94 所示。

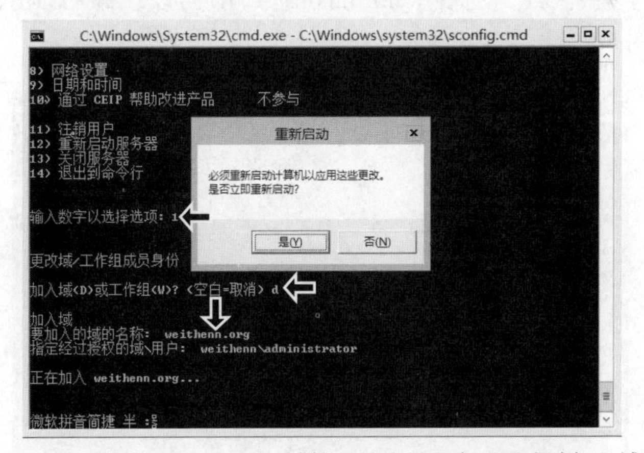

图 8-94　输入 weithenn.org 域管理员账号和密码后成功加入域

Node2 主机重新启动完成后，请选择使用其他用户账号登录，然后输入「weithenn.org\administrator,」并且输入密码便可以使用域管理员账户的身份登录 Node2 主机，如图 8-95 所示。

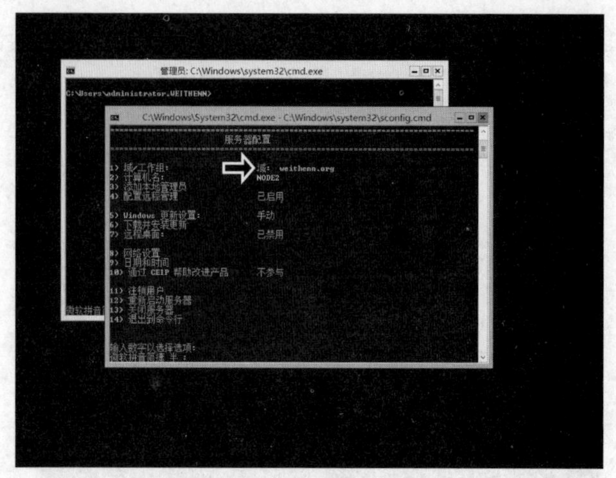

图 8-95　使用域管理员账户的身份登录 Node2 主机

由于使用域管理员账户登录主机，不同于 Node2 本机用户账户，因此会发现默认的输入法语言是中文，可以再次使用修改注册表的方式将默认输入语言修改为英语，修改完成后必须重新启动使应用更改生效。

目前我们已经顺利创建了 weithenn.org 域并且将 DC 主机提升为域控制器，同时也已经将 SMB、Node1、Node2 三台主机的网络环境和网卡组合设置完成，并且都顺利加入 weithenn.org 域当中。您可以切换到 DC 主机中打开服务器管理器，选择「工具」菜单打开「Active Directory 用户和计算机」和「DNS」两个管理工具，在「Active Directory 用户和计算机」管理工具中展开 Computers 便可以查看到 SMB、Node1、Node2 三台主机的计算机账号，而在「DNS」管理工具中，选择「正向查找区域」，选择 weithenn.org 域，便可以查看到 SMB、Node1、Node2 三台主机的记录，如图 8-96 和图 8-97 所示。

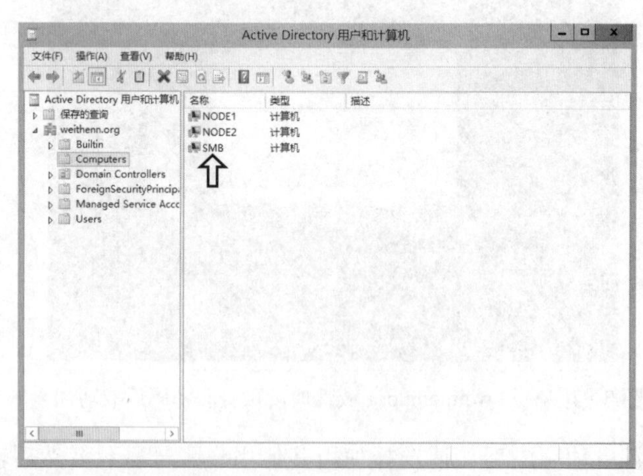

图 8-96　Active Directory 用户和计算机的 Computers 已有三台计算机对象存在

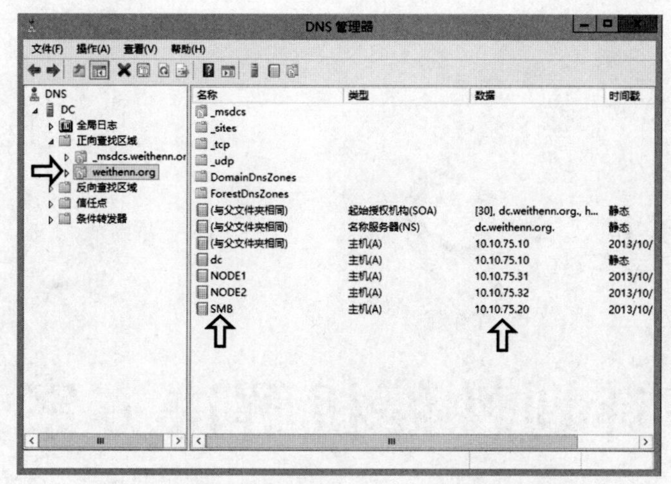

图 8-97　DNS 中已有三台主机正向解析记录存在

Chapter 9

计划性停机解决方案

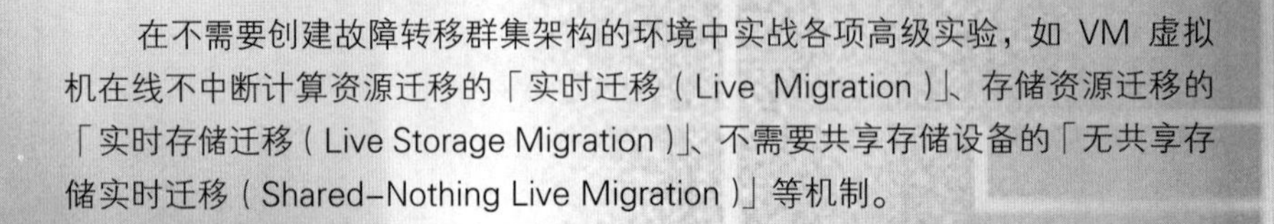

在不需要创建故障转移群集架构的环境中实战各项高级实验，如 VM 虚拟机在线不中断计算资源迁移的「实时迁移（Live Migration）」、存储资源迁移的「实时存储迁移（Live Storage Migration）」、不需要共享存储设备的「无共享存储实时迁移（Shared-Nothing Live Migration）」等机制。

9-1 高级功能准备工作

在 Windows Server 2012 当中对服务器管理器进行了重新设计，如图 9-1 所示，您可以在一台主机中通过服务器管理器轻松管理多台主机，可以为远程主机安装服务器角色和功能、执行 PowerShell 命令等。在本章中将会说明在 DC 主机上如何使用服务器管理器管理远程主机，并且执行相关的管理操作。

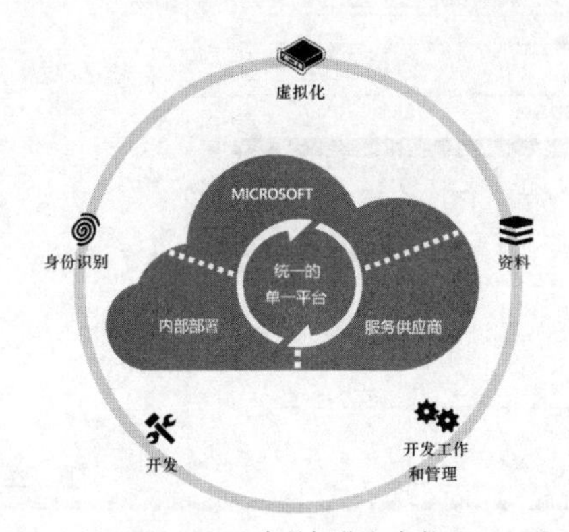

图片来源：Windows Server 2012 产品概览白皮书（http://goo.gl/FuAgk）

图 9-1 云操作系统 Windows Server 2012

9-1-1 服务器管理器集中管理

切换到 DC 主机上，打开服务器管理器，选择「所有服务器」选项后单击鼠标右键在弹出菜单中选择「添加服务器」选项，如图 9-2 所示，准备添加 SMB、Node1、Node2 主机来实现远程统一管理的目的。

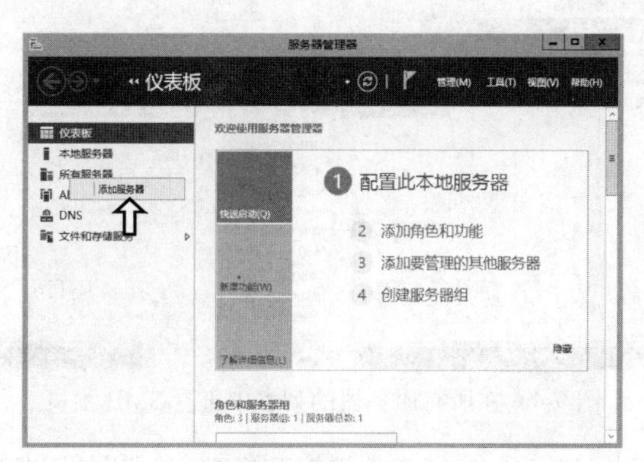

图 9-2 准备添加远程服务器进行管理

在「添加服务器」窗口的 Active Directory 选项卡中，请在「名称」字段中输入 SMB 的主机名后单击「立即查找」按钮，您将会在下方区域中发现能够顺利搜索到 SMB 主机名以及其操作系统信息 Windows Server 2012 Standard，接下来选择该主机，并且单击中间的三角形图标，将此主机添加到「已选择」区域中，最后单击「确定」完成添加，如图 9-3 所示。

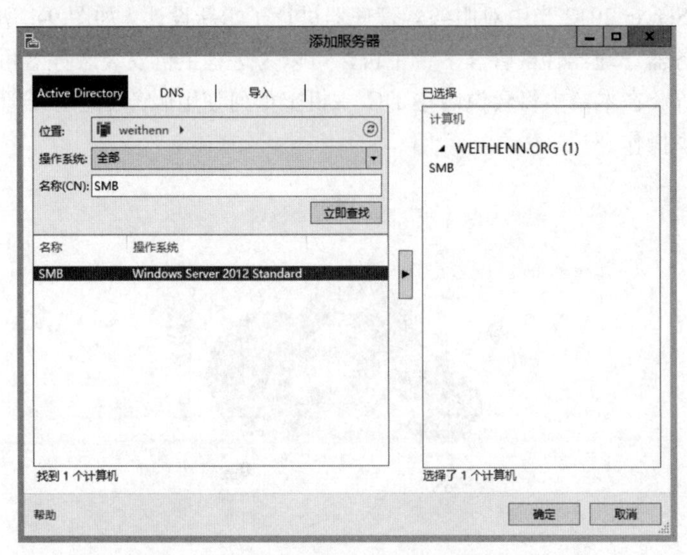

图 9-3　添加 SMB 主机接受远程管理

此时在 DC 主机服务器管理器的「所有服务器」选项中，便可以在「服务器」列表中看到 SMB 主机，同时也可以看到 SMB 两组 NIC 组合的 IP 地址信息，如果右击此主机的话，就可以看到相关的远程管理选项，包括添加角色和功能、Windows PowerShell 等，如图 9-4 所示。

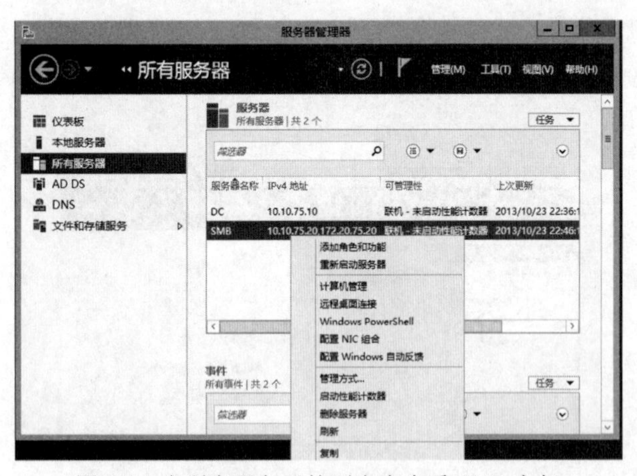

图 9-4　在所有服务器的列表中查看 SMB 主机

使用同样的方法，添加 Node1、Node2 主机接受管理，在「添加服务器」窗口中搜索 Node1、

Node2 主机时，也可以看到它们的操作系统为 Hyper-V Server 2012，如图 9-5 所示。

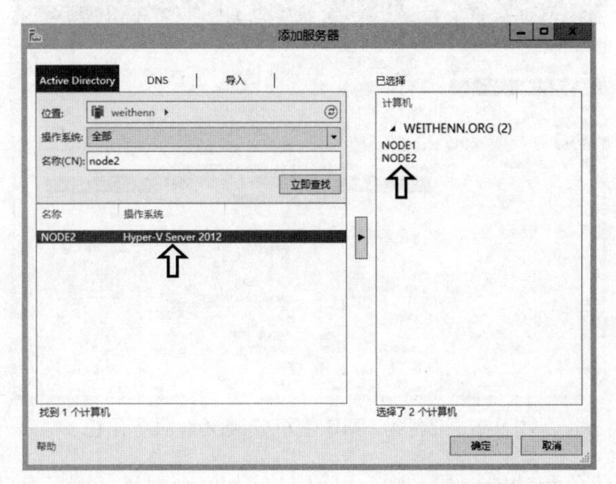

图 9-5　添加 Node1、Node2 主机接受远程管理

到这一步，我们就顺利地将 SMB、Node1、Node2 三台主机添加到了 DC 主机的服务器管理器中，如图 9-6 所示。这样我们便可以在 DC 主机上轻松管理这三台主机，而不需要切换到每一台主机上完成相应的设置操作。

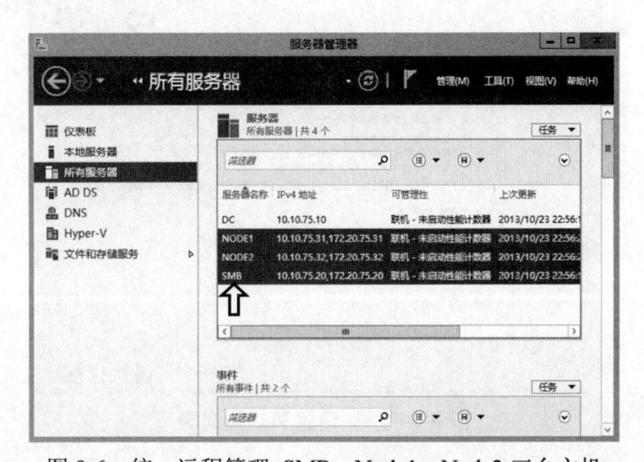

图 9-6　统一远程管理 SMB、Node1、Node2 三台主机

9-1-2　添加角色和功能

1．SMB 主机添加文件服务角色

添加完三台主机后，我们将首先为 SMB 主机安装文件服务角色，这样我们便可以将虚拟机文件存放在 SMB 主机上。请在 DC 主机的服务器管理器中，选择「所有服务器」，在「服务器」列表中，右击 SMB 主机，在弹出菜单中选择「添加角色和功能」选项，如图 9-7 所示。

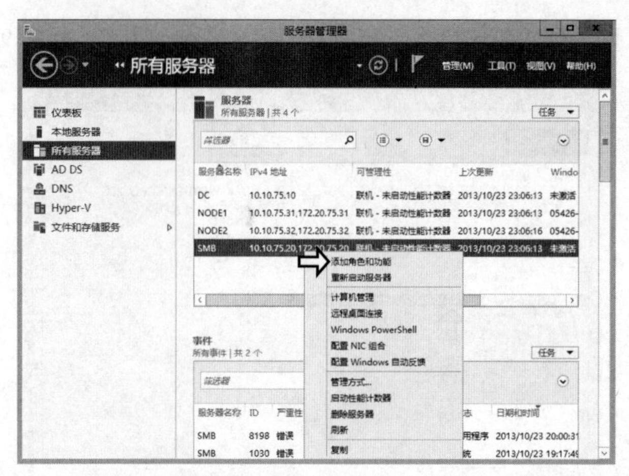

图 9-7　准备为 SMB 主机安装文件服务角色

在弹出的「添加角色和功能向导」中，可以在右上角看到目标服务器为 SMB.weithenn.org，说明我们确实是在通过 DC 主机为远程主机 SMB 添加角色和功能，单击「下一步」按钮继续，如图 9-8 所示。

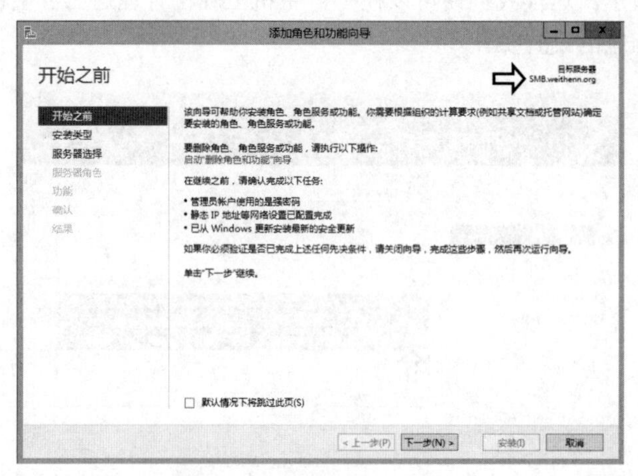

图 9-8　添加角色和功能向导

在「选择安装类型」页面中，由于我们准备安装的文件服务器属于服务器角色，所以选择「基于角色或基于功能的安装」选项，单击「下一步」按钮继续，如图 9-9 所示。

在「选择目标服务器」页面中，选择「从服务器池中选择服务器」默认选项，在「服务器池」列表框中将会看到所有接受管理的服务器清单，SMB 主机默认就是选择的状态，单击「下一步」按钮继续，如图 9-10 所示。

在「选择服务器角色」页面中，依次选择「文件和存储服务>文件和 iSCSI 服务>文件服务器」角色，确认勾选后单击「下一步」按钮继续，如图 9-11 所示。

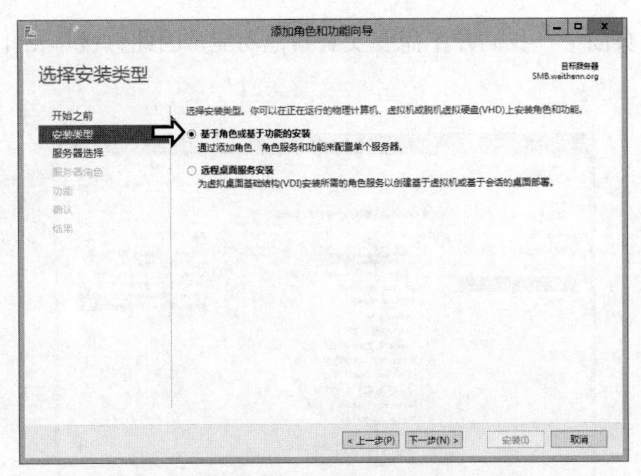

图 9-9　选择基于角色或基于功能的安装选项

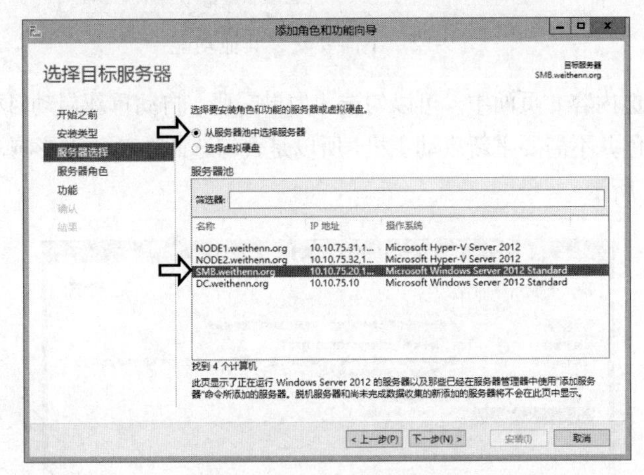

图 9-10　选择 SMB 主机准备安装服务器角色

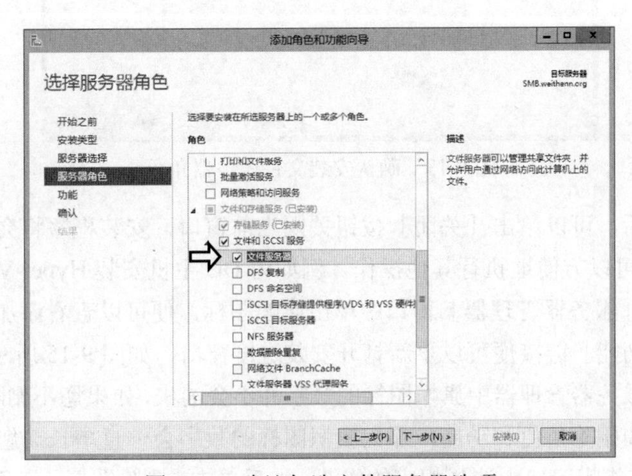

图 9-11　确认勾选文件服务器选项

在「选择功能」页面中，我们并不需要安装其他功能，因此直接单击「下一步」按钮继续，如图 9-12 所示。

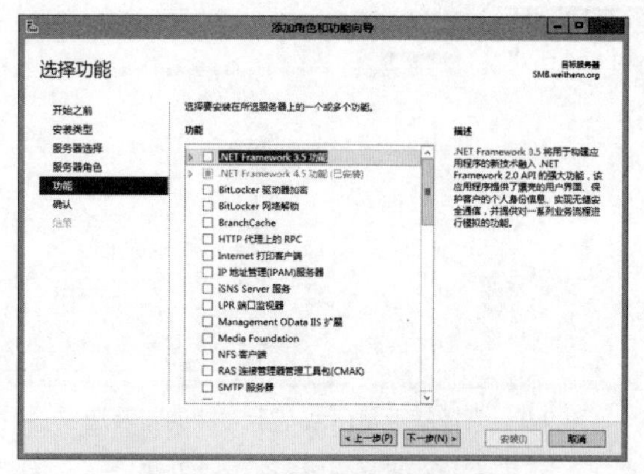

图 9-12　不需要安装其他功能

在「确认安装所选内容」页面中，可以勾选「如果需要，自动重新启动目标服务器」选项，因为安装文件服务器角色并不需要重新启动主机，所以是否勾选此选项并无影响，确认后单击「安装」按钮继续，如图 9-13 所示。

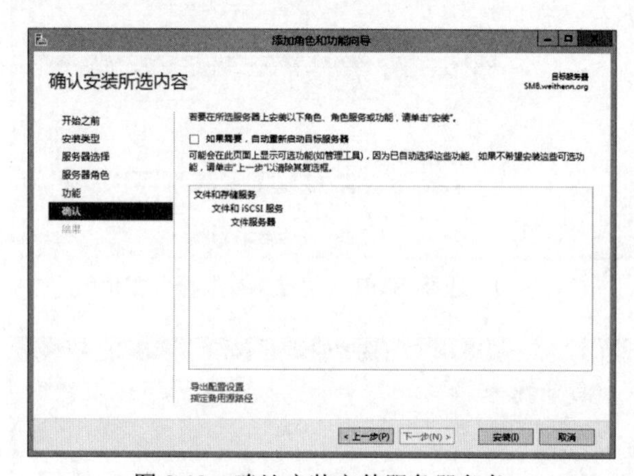

图 9-13　确认安装文件服务器角色

安装程序开始后，可以单击「关闭」按钮关闭当前窗口，安装程序将会在后台继续运行，如图 9-14 所示。您可以方便地执行其他操作，例如为 DC 主机安装 Hyper-V 管理工具。

在 DC 主机的「服务器管理器」窗口中单击旗帜图标，便可以查看添加角色操作的信息，选择「添加角色和功能」链接便可以重新打开安装进度窗口，如图 9-15 所示。

您可能会发现服务器管理器中旗帜图标的数字并不会消失，如果您不删除已经完成的项目，并且执行更多的添加删除角色和功能，那么旗帜图标的数字会一直增长。您可以在确认安装后选择删除该选项，在旗帜窗口中选择相应的作业，然后单击「删除图标（红色叉叉）」，如图 9-16

所示，便会看到旗帜图标的数字立即消失，以便于您辨别其他的添加/删除/未完成作业。

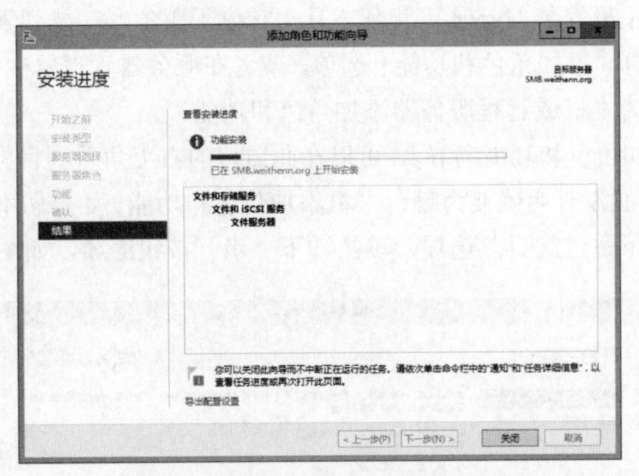

图 9-14　开始文件服务器角色安装

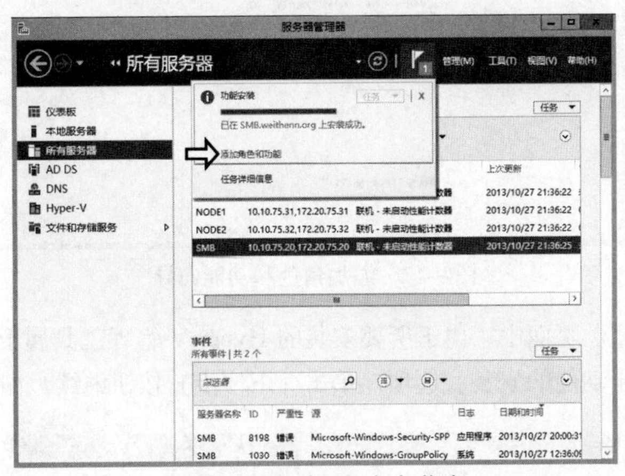

图 9-15　查看添加角色信息

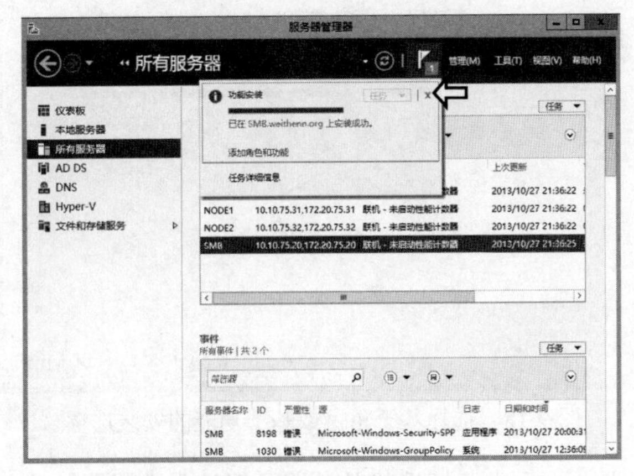

图 9-16　删除已完成的作业

2. DC 主机添加 Hyper-V 管理工具

接下来请为 DC 主机安装 Hyper-V 管理工具，它位于服务器功能列表中，您可以在所有服务器的旗帜窗口中选择「添加角色和功能」选项，或者在服务器管理器中依次选择「管理>添加角色和功能」选项，为本机或远程服务器添加角色和功能。

此时会弹出「添加角色和功能向导」，可以在此窗口的右上角看到目标服务器为「未选择任何服务器」，表示目前并没有明确要为哪台主机添加角色和功能。如果您不希望以后出现此窗口可以勾选「默认情况下跳过此页」选项，单击「下一步」按钮继续，如图 9-17 所示。

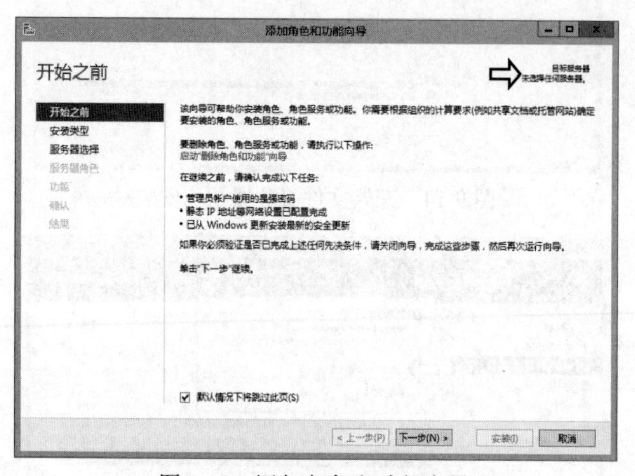

图 9-17　添加角色和功能向导

在「选择安装类型」页面中，由于所要安装的 Hyper-V 管理工具属于服务器功能，因此请选择「基于角色或基于功能的安装」选项，单击「下一步」按钮继续，如图 9-18 所示。

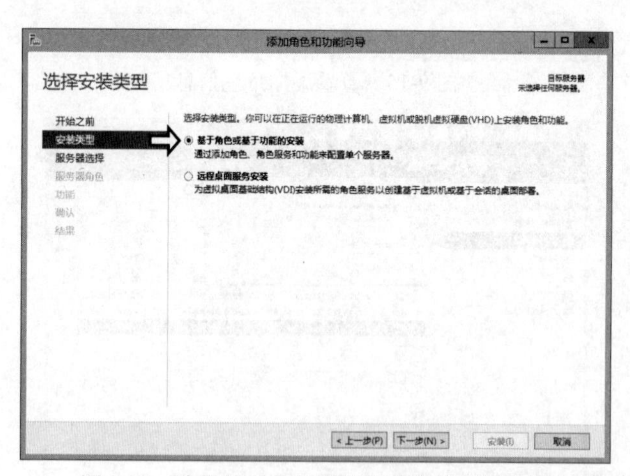

图 9-18　选择基于角色或基于功能的安装选项

在「选择目标服务器」页面中，请选择从「服务器池中选择服务器」选项，您可以在「服务器池」列表框中看到所有接受管理的服务器列表，当选择 DC.weithenn.org 后在窗口右上角将会看到目标服务器由未选择任何服务器变成 DC.weithenn.org，同时「下一步」按钮也由灰色变成黑色可选状态，单击「下一步」按钮继续，如图 9-19 所示。

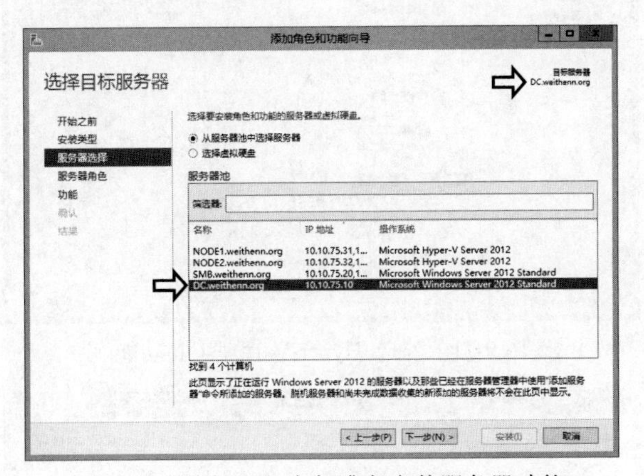

图 9-19　选择 DC 主机准备安装服务器功能

在「选择服务器角色」页面中，因为不需要安装任何服务器角色，因此单击「下一步」按钮继续，如图 9-20 所示。

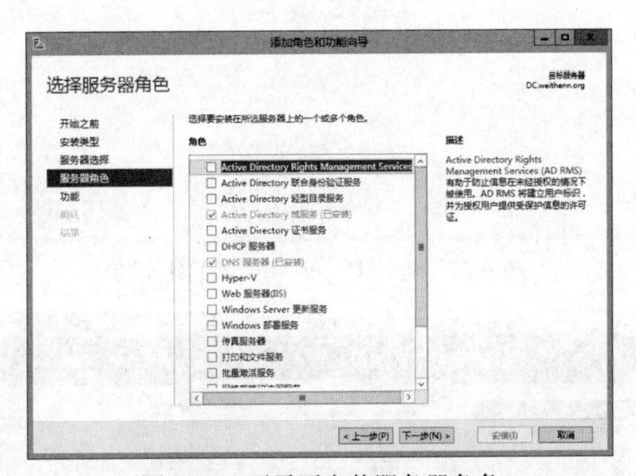

图 9-20　不需要安装服务器角色

在「选择功能」页面中，请勾选「远程服务器管理工具>角色管理工具>Hyper-V 管理工具」，单击「下一步」按钮继续，如图 9-21 所示。

在「确认安装所选内容」页面中，您可以勾选或不勾选「如果需要，自动重新启动目标服务器」选项，因为安装此服务器功能并不需要重新启动主机，因此是否勾选此项目并不影响，确认后单击「安装」按钮继续，如图 9-22 所示。

同样的可以在安装过程中关闭向导窗口，并且在服务器管理器的旗帜窗口中单击红叉，如图 9-23 所示，便会看到旗帜图标的数字消失，帮助您辨别其他添加或未完成的任务。

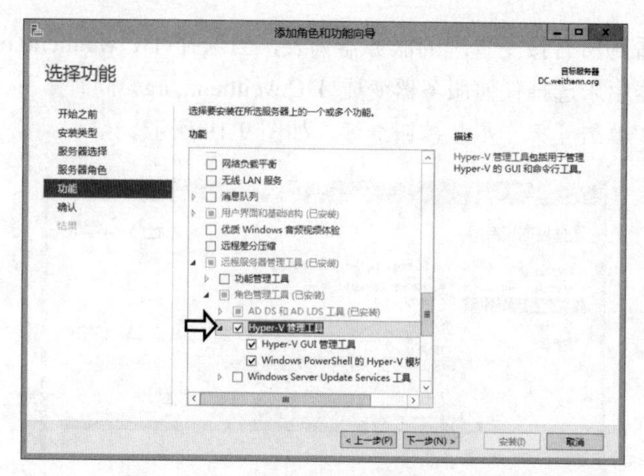

图 9-21　勾选 Hyper-V 管理工具功能

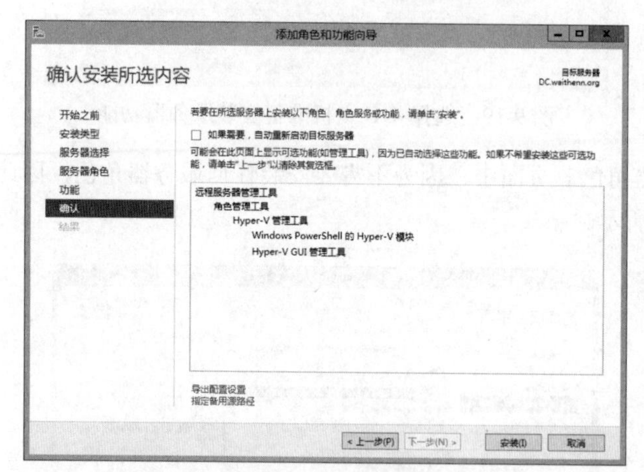

图 9-22　确认 Hyper-V 管理工具安装

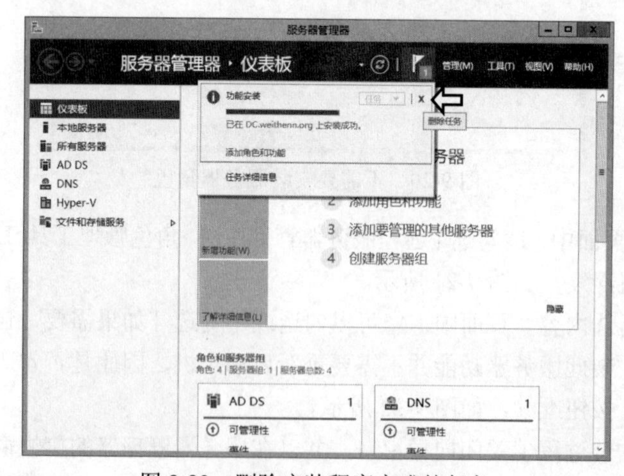

图 9-23　删除安装程序完成的任务

9-1-3 格式化 SMB 主机磁盘

完成 SMB 主机文件服务器角色安装后，我们可以为 SMB 主机配置的 2 块 100 GB 硬盘执行联机、初始化、格式化等操作。请在 DC 主机的服务器管理器中依次选择「文件和存放服务>卷>磁盘」选项，您将会看到 DC、SMB、Node1、Node2 主机，在 SMB 主机中除了可以看到 60 GB 硬盘安装操作系统之外，还有 2 块 100 GB 硬盘，状态显示「脱机」，磁盘分区状态为「未知」，只读字段的状态显示为 √，如图 9-24 所示。

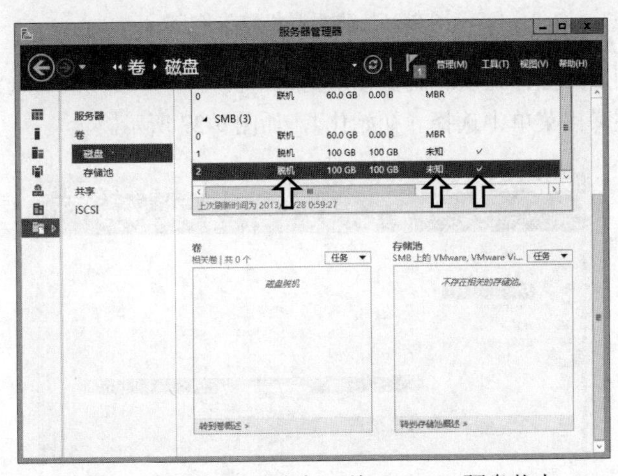

图 9-24 查看 SMB 主机 2 块 100 GB 硬盘状态

请将 2 块 100 GB 硬盘执行「联机」操作，以便对硬盘进行初始化，选择硬盘后，单击鼠标右键，并且在右键菜单中选择「联机」选项，如图 9-25 所示。

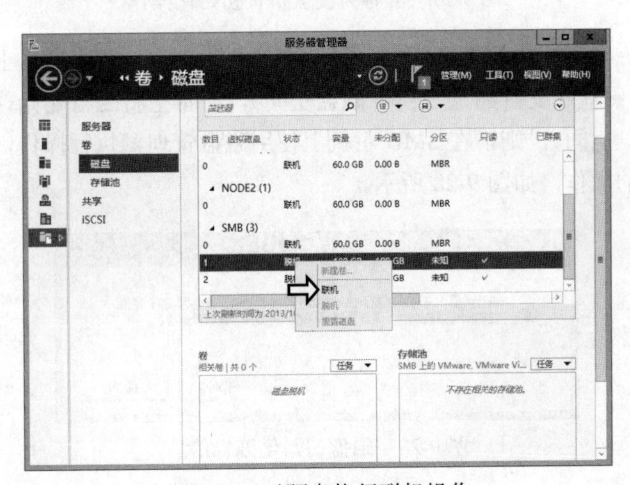

图 9-25 对硬盘执行联机操作

接下来会弹出磁盘联机的警告信息，提示您如果此磁盘已在另一个服务器上联机，将此磁盘在此服务器上联机可能会导致数据丢失。我们确认这两块硬盘并没有其他用途，所以可以放心地单击「是」按钮完成联机操作，如图 9-26 所示。

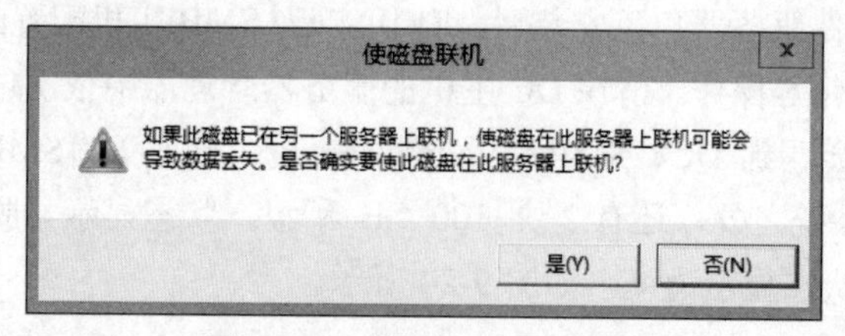

图 9-26　磁盘联机警告信息

当磁盘联机成功后，会看到该硬盘状态列变成「联机」，只读列的勾选状态也消失，接下来再次右击此硬盘，在弹出菜单中选择「初始化」，如图 9-27 所示。

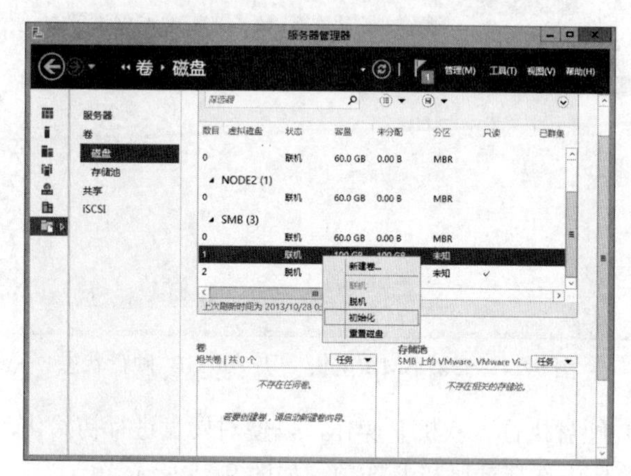

图 9-27　准备为硬盘执行初始化操作

此时将会出现磁盘初始化的警告信息，提示您执行此操作将清除磁盘上的所有数据，并将磁盘初始化为 GPT 磁盘（支持超过 2 TB 磁盘空间），若希望将磁盘初始化为 MBR 格式（支持 2 TB 以下的磁盘空间），则请在 SMB 主机上使用磁盘管理器执行操作，单击「是」按钮确认执行磁盘初始化的操作，如图 9-28 所示。

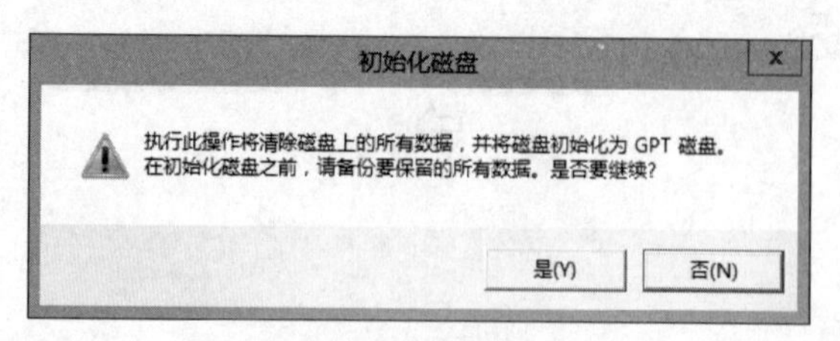

图 9-28　磁盘初始化警告信息

磁盘初始化完成后，会看到该硬盘未分配列由 100 GB 变成了「99.9 GB」，磁盘分区列状态由未知变成了「GPT」，请再右击此磁盘，在弹出菜单中选择「新建卷」选项，如图 9-29 所示。

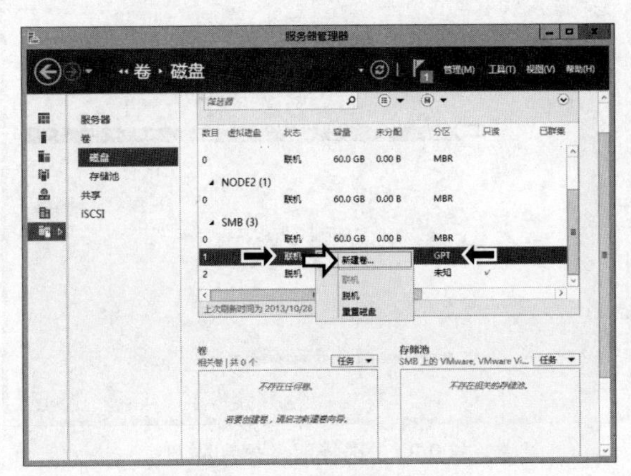

图 9-29 准备为硬盘新建卷

接下来将会弹出「新建卷向导」，您可以勾选「不再显示此页」选项，再次启动该向导将会跳过此页，单击「下一步」按钮继续，如图 9-30 所示。

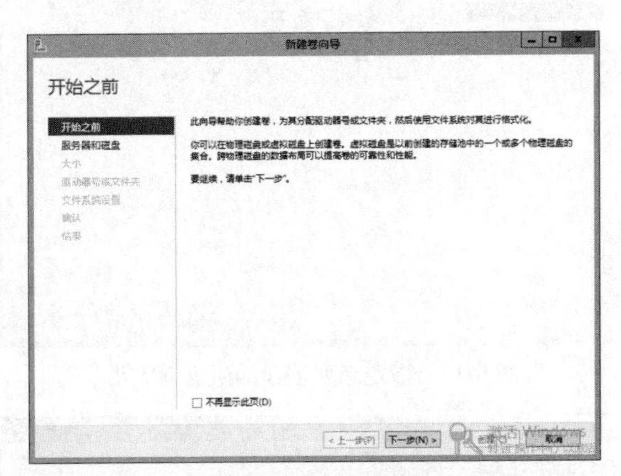

图 9-30 新建卷向导

在「选择服务器和磁盘」页面中，在服务器区域中您会看到接受管理的 4 台服务器，默认情况下会自动选择 SMB 主机，在磁盘区域中会显示已经联机并初始化的磁盘，可以看到当前只有一块磁盘，所以默认情况下也会自动选择该磁盘，单击「下一步」按钮继续，如图 9-31 所示。

在「指定卷大小」页面中，请指定您要创建的卷大小。可以在一块硬盘中创建多个不同大小的分区，也可以一块硬盘只分一个区。此处我们直接将所有磁盘空间分配给一个区，也就是这个区的空间大小为「99.9 GB」，单击「下一步」按钮继续，如图 9-32 所示。

在「分配到驱动器号或文件夹」页面中，请选择「驱动器号」选项，并且在驱动器号下拉列表中选择「T」，我们将使用此块磁盘存储虚拟机模板（Template），单击「下一步」按钮继续，如图 9-33 所示。

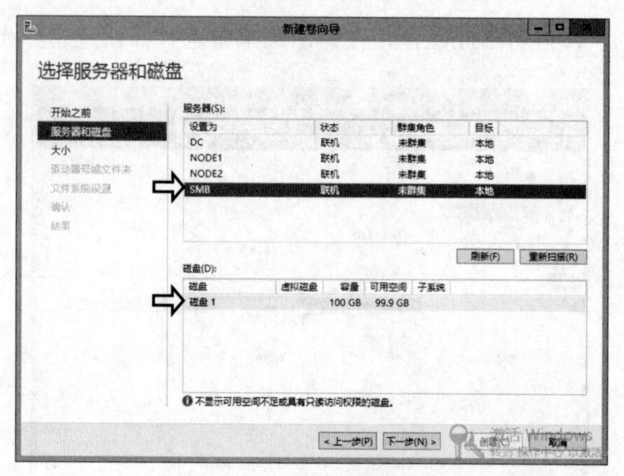

图 9-31　选择服务器和磁盘

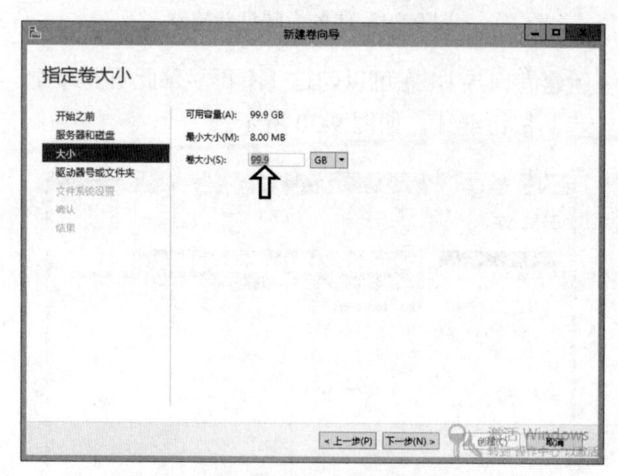

图 9-32　指定您要创建的磁盘卷大小

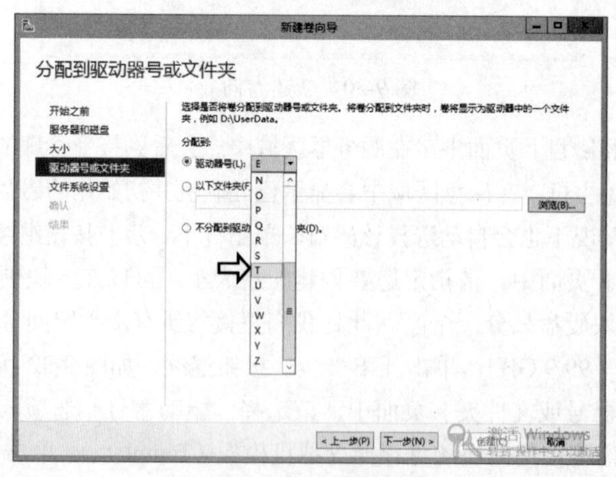

图 9-33　分配驱动器号为 T

在「选择文件系统设置」页面中，文件系统采用默认的 NTFS，分配单元大小选择默认值，卷标设置为「Template」，单击「下一步」按钮继续，如图 9-34 所示。

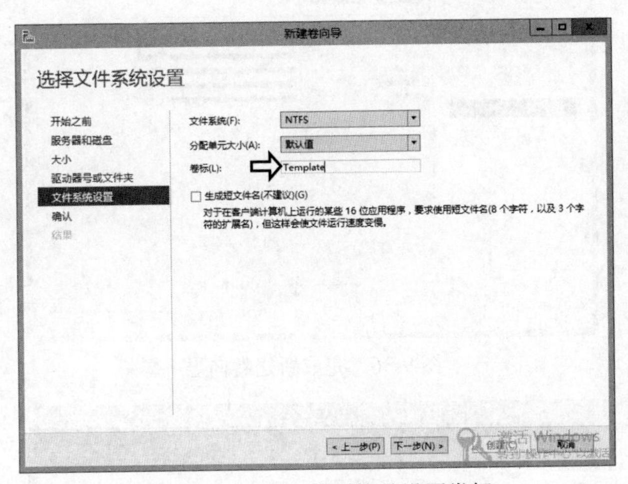

图 9-34　选择文件系统并设置卷标

在「确认选择」页面中，您可以再次查看到相关的设置，确认无误后单击「创建」按钮，便会立即进行磁盘卷格式化、分配驱动器号、分配磁盘卷标等任务，如图 9-35 所示。

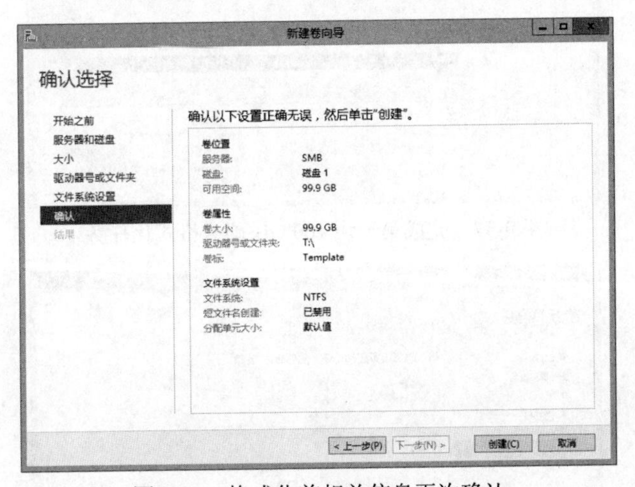

图 9-35　格式化前相关信息再次确认

完成磁盘卷格式化任务后请关闭窗口，如图 9-36 所示。

您可以在服务器管理器的磁盘区域内看到，该磁盘的未分配列已经变成 0.00 B，而在卷的区域中，您可以看到 SMB 主机已经具备了 C: 和 T:两个分区，如图 9-37 所示。

接下来，请以同样的步骤对第二块 100 GB 硬盘执行联机、初始化、添加卷等硬盘初始化操作，此块将分配驱动器号「V」，并且用于存储虚拟机文件，如图 9-38 所示。

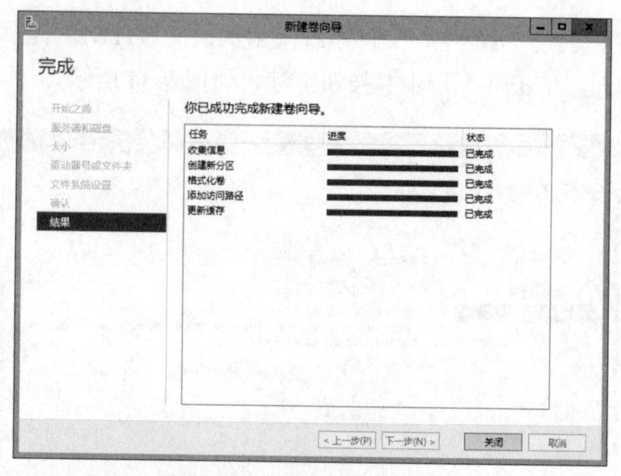

图 9-36　完成新建卷向导

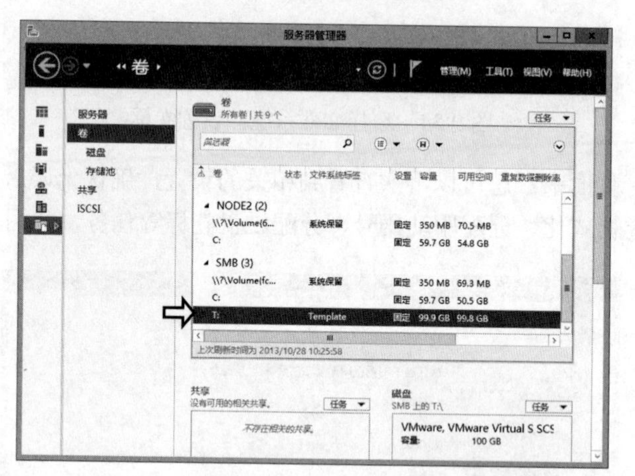

图 9-37　完成第一块 100 GB 硬盘格式化任务

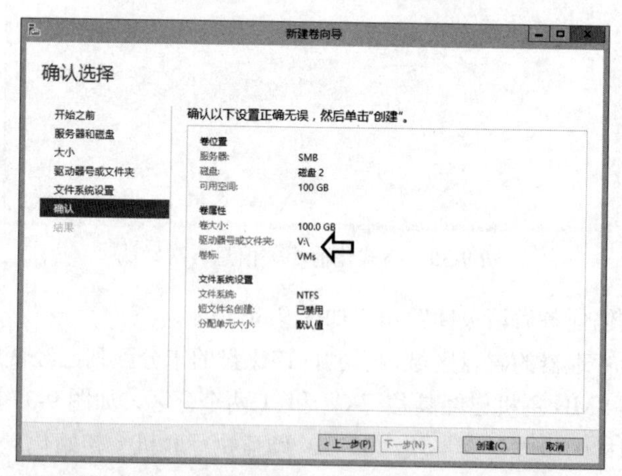

图 9-38　完成第二块 100 GB 硬盘格式化任务

到这一步，对于 SMB 主机的 2 块 100 GB 硬盘，我们完成了联机、初始化、格式化等操作，如图 9-39 所示。接下来就可以创建相应的共享，方便虚拟机的存储和运行。

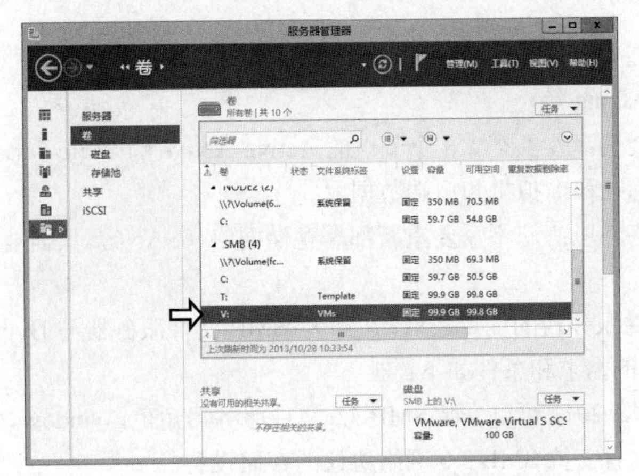

图 9-39　完成两块 100 GB 硬盘格式化任务

9-1-4　SMB 3.0 文件共享

在 Hyper-V 2.0 虚拟化平台中，并不支持将虚拟机的文件（虚拟硬盘、快照、配置文件等）保存在文件级别（File Level）的存储空间中，只能保存在数据区块级别（Block Level）的共享存储设备（Shared Storage）中。但此限制在 Hyper-V 3.0 虚拟化平台中已经被打破，现在您可以轻松且放心地将虚拟机的文件保存在 SMB 3.0 文件共享（UNC 路径，例如\\smb\vmpool）中，如图 9-40 所示。

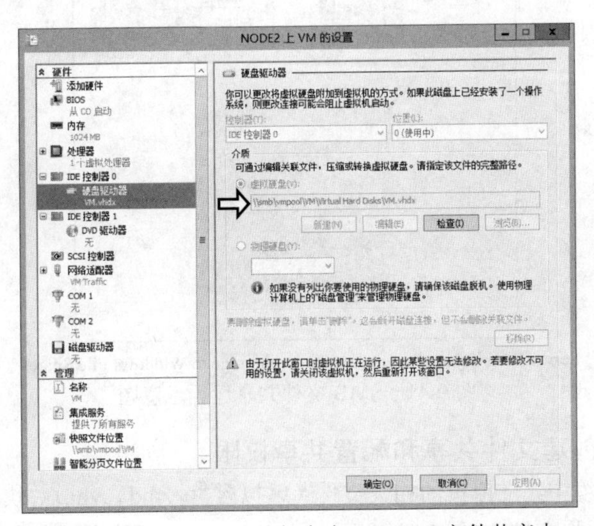

图 9-40　将虚拟机文件保存在 SMB 3.0 文件共享中

现在的 SMB 3.0 文件共享不但支持 Hyper-V 虚拟化平台存储虚拟机文件，还支持成为服务器应用程序 Microsoft SQL Server 和 Exchange Server 的后端数据库。SMB 3.0 文件共享优点如下：

- 简化配置和管理任务：您不需要费尽心机地配置逻辑单元编号（LUN）、Zone、LUN Mapping / Masking 等。
- 弹性和可扩展性：最多支持 8 个节点的 Active-Active 的 Scale-Out 架构，使您可以在数据中心内动态迁移虚拟机和后端数据库。
- 利用现有网络环境：您不需要重新部署存储网络（SAN），只需要利用现有的以太网络环境即可。

了解了 SMB 文件服务器的优点之后，在部署 SMB 文件服务器与 Hyper-V 虚拟化平台组合的环境时还需要注意的需求和条件如下：

- Windows Server 2012 可以安装 SMB 3.0 文件服务器角色，Windows Server 8 为 SMB 2.2，此外市面上也有支持 SMB 3.0 网络协议的存储设备。
- SMB 文件服务器和 Hyper-V 虚拟化平台必须在 Active Directory 基础架构中(委派权限设置给 Hyper-V 主计算机账户)。

本章演示环境中我们采用单台 SMB 主机来担任文件服务器的角色，设置好 SMB 文件共享后，便可将 Hyper-V 主机中的虚拟机文件存储在共享中。如图 9-41 所示便是此次演示的 SMB 文件共享运行示意图。

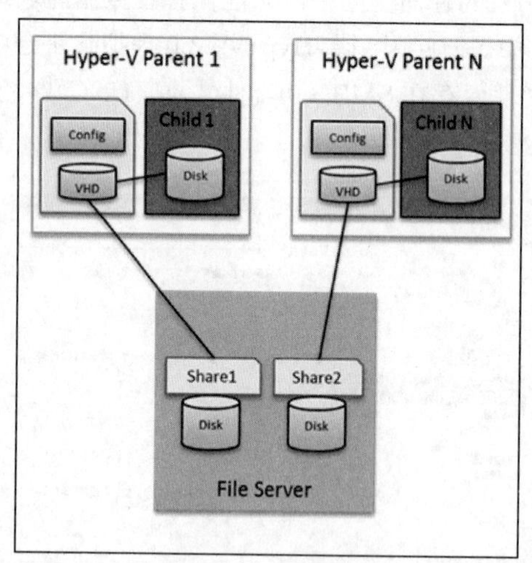

图片来源：Windows Server Blog-Taking Server Application Storage to Windows File Shares（http://goo.gl/tVqi0）

图 9-41　SMB 文件共享运行示意图

1．SMB 主机创建文件共享和配置共享权限

在本章的演示环境中，虚拟机的相关文件（虚拟磁盘 .vhd / .vhdx、快照 Snapshot、智能分页 Smart Paging 等）将存储在 SMB 主机的文件共享中，用于存储虚拟机的文件夹需要设置相

应的权限才能顺利存取，因此您必需要确定 Hyper-V 主机的计算机账户、SYSTEM 账户和所有 Hyper-V 系统管理员账户都具有完整的控制权限。

请在 DC 主机中打开服务器管理器，并依次选择「文件和存储服务>共享」选项，接着在共享设置区域中找到「任务」下拉列表，从中选择「新建共享」选项，如图 9-42 所示。

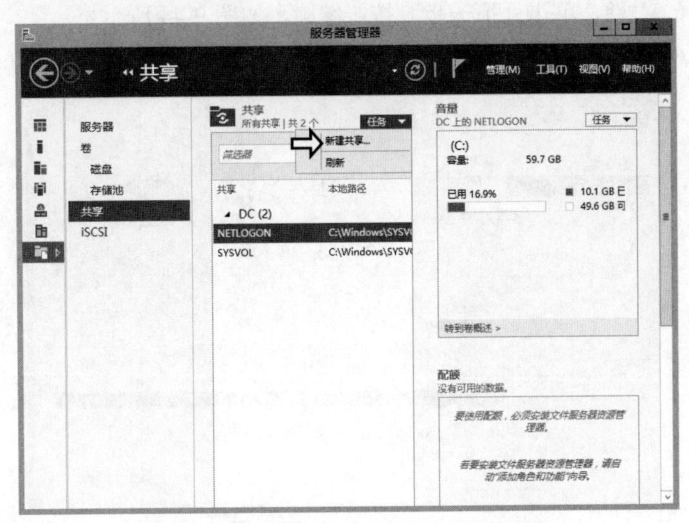

图 9-42 准备为 SMB 主机新建文件共享

此时将会弹出「新建共享向导」，请在文件共享配置文件区域中选择「SMB 共享–应用程序」，要保证 Hyper-V 虚拟机的文件顺利保存在 SMB 共享中，必须选择此种类型的共享，确定选择后，单击「下一步」按钮继续，如图 9-43 所示。

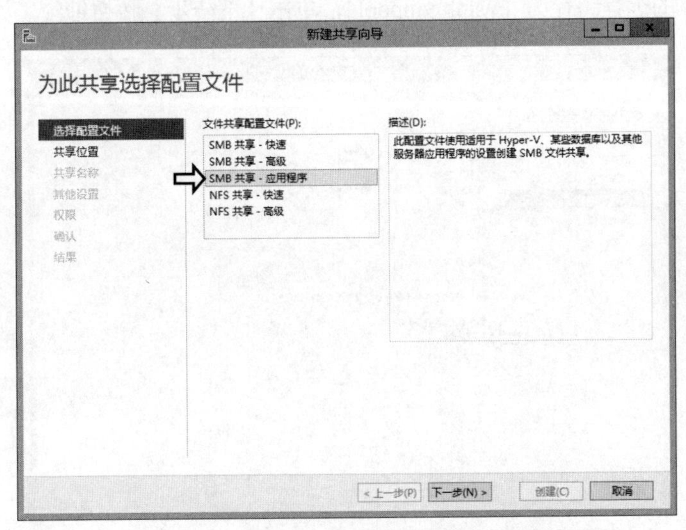

图 9-43 选择 SMB 共享–应用程序选项

在「选择服务器和此共享的路径」页面中，因为只有 DC 和 SMB 服务启用了文件功能，所以在服务器区域列表中只有 DC 及 SMB 主机（Node1、Node2 主机并未安装此角色所以未显示于列表中）。请在列表中选择「SMB」主机，接着您会在共享位置区域中看到 SMB 主机的三个磁盘分区，分别是操作系统的 C 卷和刚才添加的 T 卷和 V 卷，我们计划将虚拟机保存在 V 卷中，因此请选择 V 卷，单击「下一步」按钮继续，如图 9-44 所示。

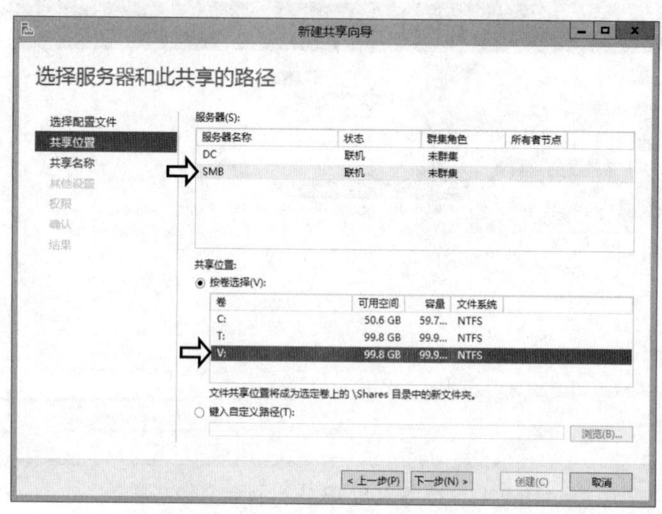

图 9-44　选择 SMB 主机以及 V 卷

在「指定共享名称」页面中，请在「共享名称」中输入 vmpool，在「共享描述」中输入 VMs Storage Pool，在输入共享名称的同时，您会看到下方的要共享的本地路径和远程路径会同步更新，本书演示中要共享的远程路径为「\\smb\vmpool」，单击「下一步」按钮继续，如图 9-45 所示。

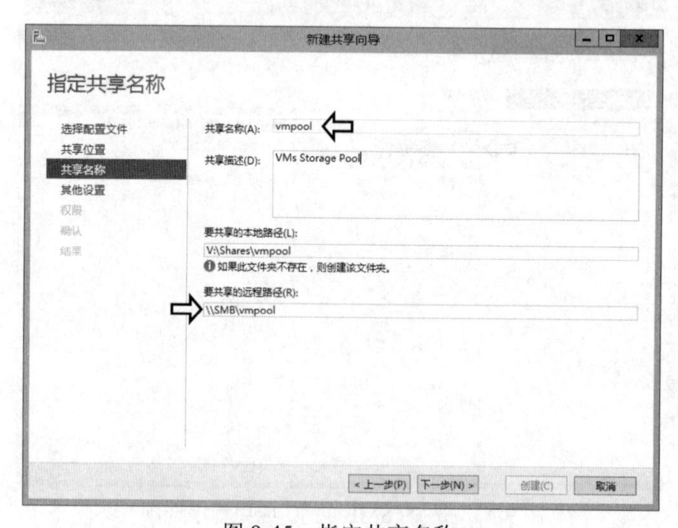

图 9-45　指定共享名称

在「配置共享设置」页面中，可以依据需求选择相应的功能，例如勾选「加密数据访问」选项将共享的数据加密，本章的演示中并不需要使用加密数据访问功能，因此直接单击「下一步」按钮继续，如图 9-46 所示。

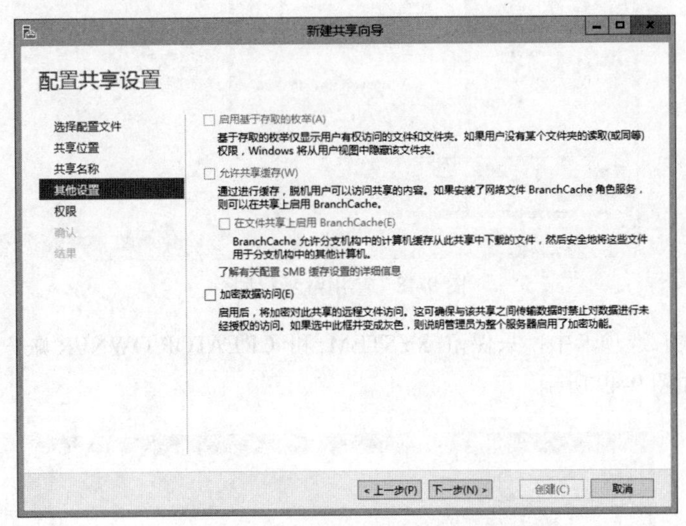

图 9-46　勾选启用其他共享功能

在「指定控制访问的权限」页面中，请单击「自定义权限」按钮设置此共享文件夹的权限，添加 Hyper-V 主机的计算机账户和域管理员账户具有访问控制权限，如图 9-47 所示。

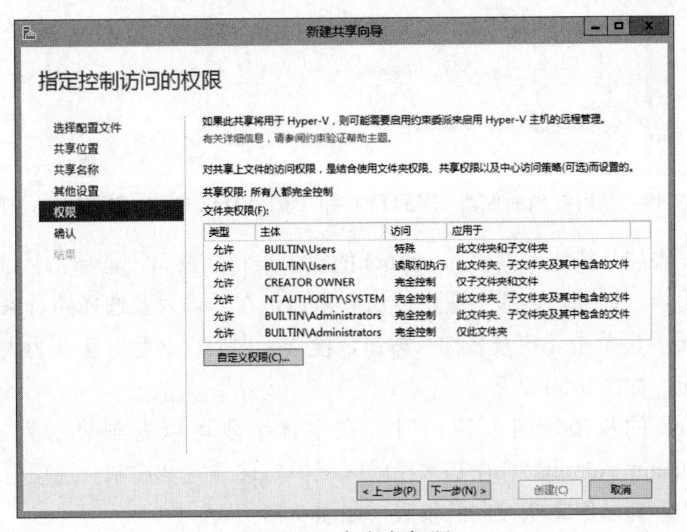

图 9-47　自定义权限

在弹出的「vmpool 的高级安全设置」窗口中，请单击「禁用继承」按钮，并且选择「将已继承的权限转换为此对象的显式权限」选项，如图 9-48 所示。

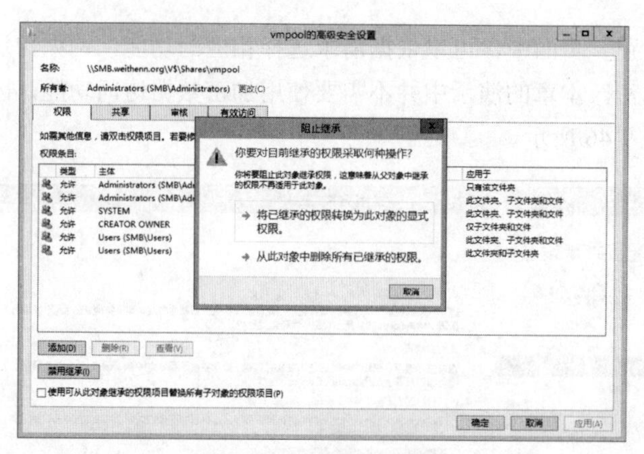

图 9-48　禁用继承权限

然后在「权限」选项卡中，只保留 SYSTEM 和 CREATOR OWNER 账户权限，其他账户权限选择删除，如图 9-49 所示。

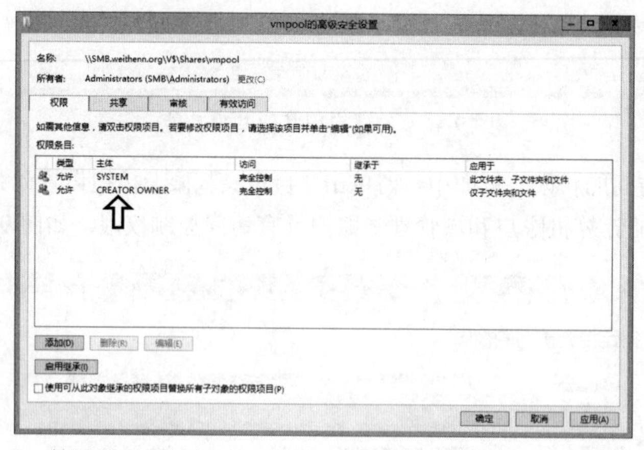

图 9-49　禁用继承后保留 SYSTEM 和 CREATOR OWNER 账户的权限

接下来单击「添加」按钮，弹出「vmpool 的权限项目」窗口，请单击「选择主体」链接，将会弹出「选取用户、计算机、服务账户或组」窗口，在「输入要选择的对象名称」区域中输入「domain admins」后单击「检查名称」按钮，检查无误后（名称开头变为大写并有下划线）单击「确定」按钮，如图 9-50 所示。

回到「vmpool 的权限项目」窗口时，在主体字段可以看到显示为 Domain Admins（WEITHENN\Domain Admins），在基本权限区域中勾选「完全控制」选项后单击「确定」按钮，便可以赋予域管理员组完全控制的权限，如图 9-51 所示。

回到「vmpool 的高级安全设置」页面时，便可以看到域管理员组（Domain Admins）已经添加到了权限条目列表中，请别急着单击「确定」按钮，再次单击「添加」按钮，准备添加 Hyper-V 主机（Node1、Node2）的计算机账户也具有完全控制的权限，如图 9-52 所示。

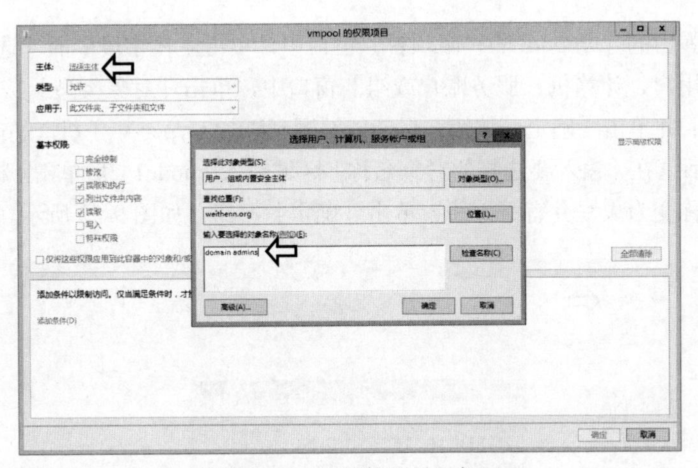

图 9-50　添加域管理员组权限

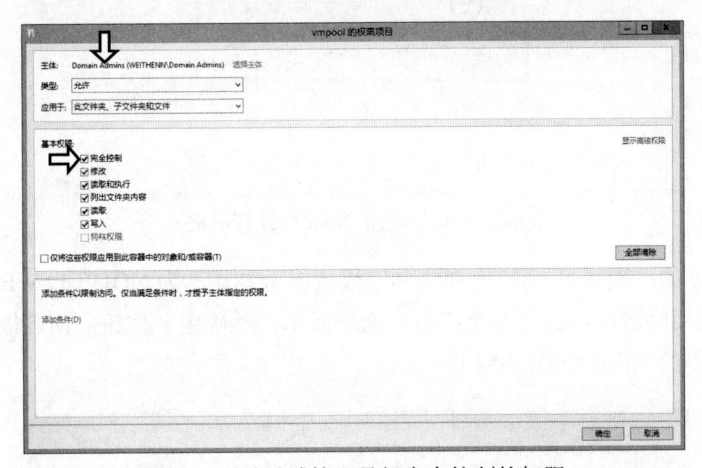

图 9-51　赋予域管理员组完全控制的权限

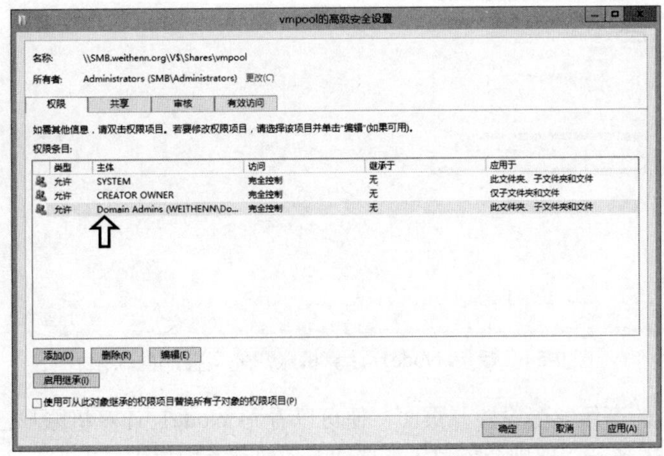

图 9-52　准备添加 Hyper-V 计算机账户

同样的，在弹出的「vmpool 的权限项目」窗口中，单击主体字段中的「选择主体」链接，在弹出的「选择用户、计算机、服务账户或组」窗口中，单击「对象类型」按钮，在弹出窗口中勾选「计算机」并单击「确定」按钮，保证能够顺利添加 Hyper-V 主机（Node1、Node2）的计算机账户，最后请在「输入要选择的对象名称」区域输入「node1」后单击「检查名称」按钮，检查无误后（名称变为大写并有下划线）单击「确定」按钮，如图 9-53 所示。

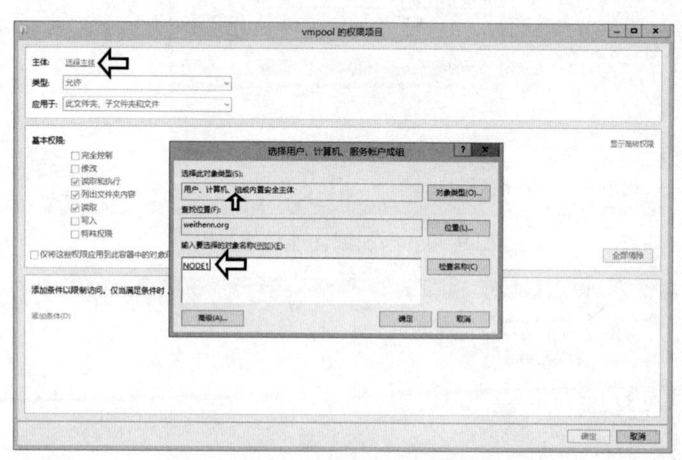

图 9-53　准备添加 Node1 计算机账户

回到「vmpool 的权限项目」窗口，在主体字段可以看到显示为 NODE 1（WEITHENN\NODE 1$），请在基本权限区域中勾选「完全控制」选项后单击「确定」按钮，便可以赋予 Node1 计算机账户完全控制的权限，如图 9-54 所示。

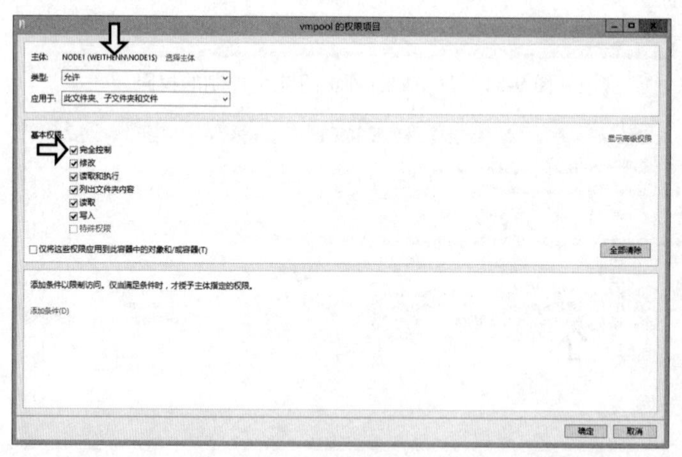

图 9-54　赋予 Node1 计算机账户完全控制的权限

回到「vmpool 的高级安全设置」页面，便可以看到 Node1 计算机账户已经添加到权限条目列表中，如图 9-55 所示。请别急着单击「确定」按钮，再次单击「添加」按钮，为 Node2 计算机账户添加完全控制的权限。

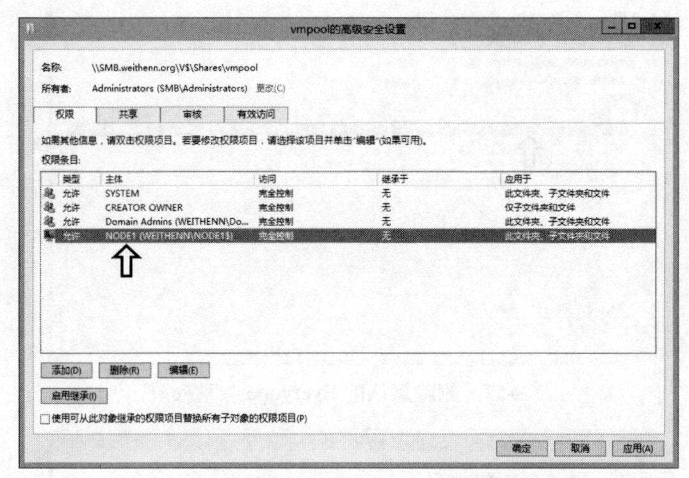

图 9-55　Node1 计算机账户权限设置完成

请按照同样的方式添加 Node2 计算机账户，并且赋予完全控制的权限，如图 9-56 所示。

图 9-56　Node2 计算机账户权限设置完成

我们已经完成了 SMB 共享的权限设置但仍请不要急着单击「确定」按钮，切换到「共享」选项卡，选中「允许/Everyone/完全控制」选项后，单击「删除」按钮，如图 9-57 怕示。

然后单击「添加」按钮，单击「选择主体」链接，再一次添加域管理员组账户（Domain Admins）和 Hyper-V 主机（Node1、Node2）账户，赋予「完全控制」的权限，完成 SMB 共享权限的设置，如图 9-58 所示。

回到「指定控制访问的权限」页面，您可以在文件夹权限区域中查看到已经添加的域管理组和 Hyper-V 计算机账户，单击「下一步」按钮继续，如图 9-59 所示。

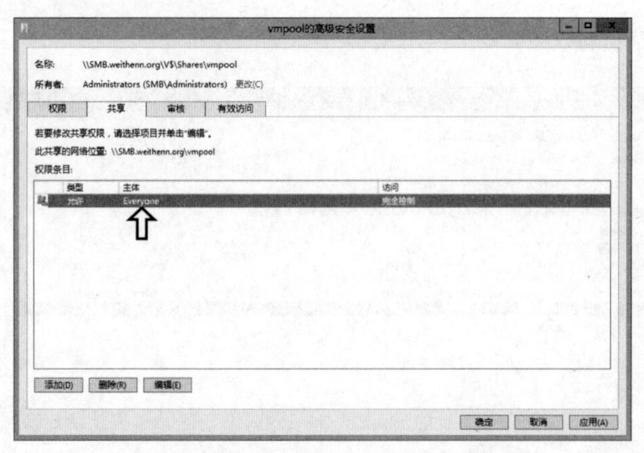

图 9-57　删除默认的 Everyone 共享权限

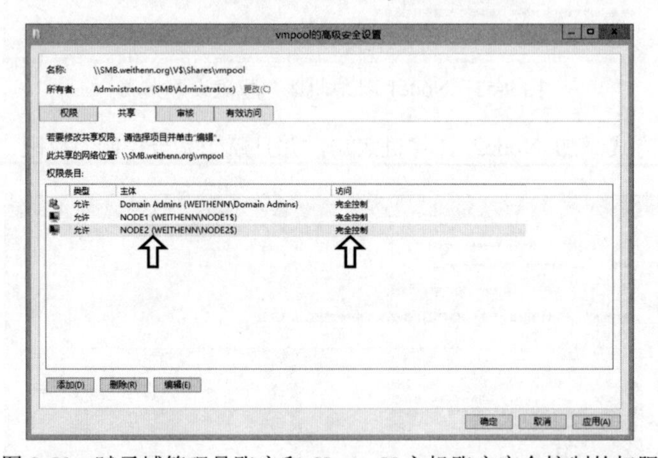

图 9-58　赋予域管理员账户和 Hyper-V 主机账户完全控制的权限

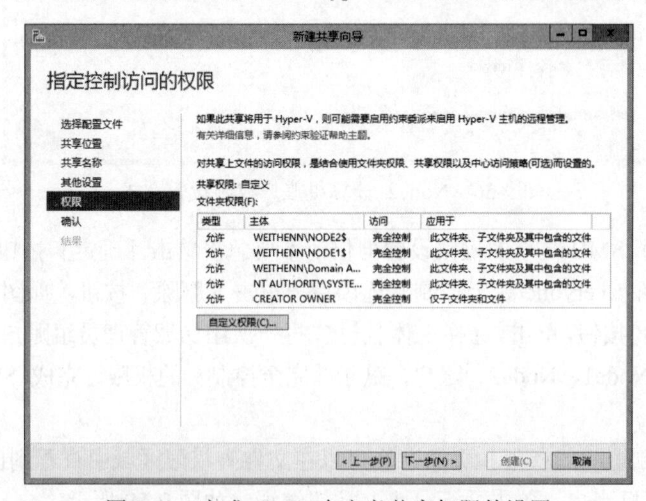

图 9-59　完成 SMB 自定义共享权限的设置

在「确认选择」页面，可以再一次查看并确认刚才的设置，然后单击「创建」按钮，完成创建 SMB 共享–应用程序的操作，如图 9-60 所示。

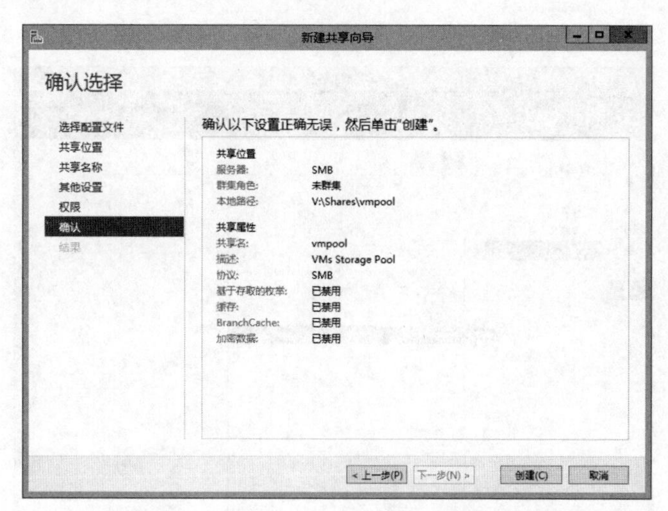

图 9-60　确认创建 SMB 共享-应用程序的配置

完成 SMB 共享的创建操作后，单击「关闭」按钮，关闭当前「新建共享向导」窗口，如图 9-61 所示。

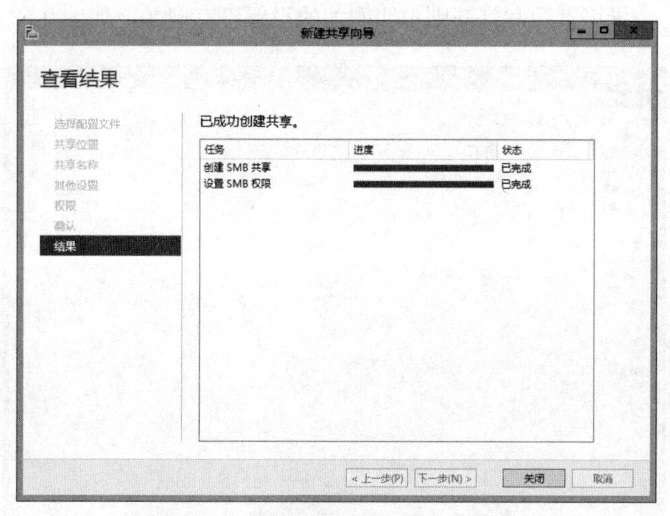

图 9-61　完成新建 SMB 共享的操作

到这一步，我们就完成了添加 SMB 文件共享和权限分配的操作，此时在「服务器管理器」窗口中，也可以看到文件共享的设置信息，如图 9-62 所示。

2．测试 SMB 文件共享

经过上述 SMB 新建文件共享的设置步骤后，接下来测试一下刚才所新建的 SMB 文件共享是否可以顺利访问。我们已经设置了允许域的管理员账户有读写权限，那么可以在 DC 主机上来完成测试。以下列举三种方法用于测试 SMB 文件共享功能是否正常，读者可以依据个人习惯选择其一。

图 9-62　SMB 文件共享设置完成

方法一、可以在 DC 主机中打开文件资源管理器，在地址列中输入 SMB 文件共享路径「\\smb\vmpool」，如果可以顺利打开则说明刚才的设置没有问题，如图 9-63 所示。

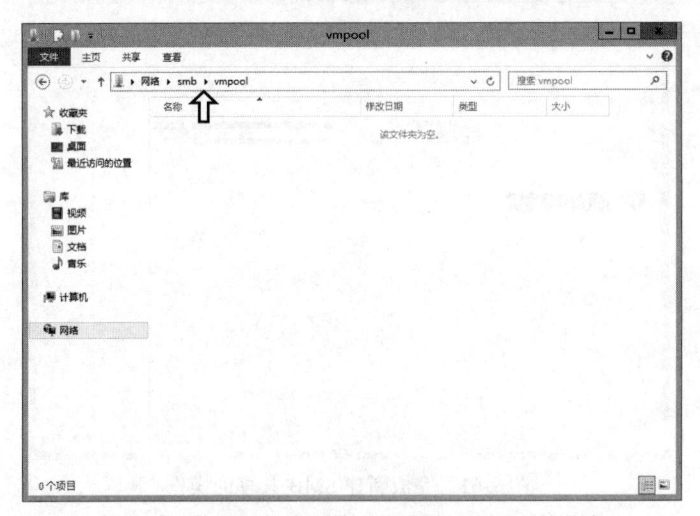

图 9-63　使用文件资源管理器测试 SMB 文件共享

方法二、在 DC 主机中按下「Windows Key + X」组合键后选择命令提示符，输入「net use \\smb\vmpool」命令尝试访问 SMB 文件共享路径，然后再次输入「net use」命令测试是否可以顺利访问，如图 9-64 所示。

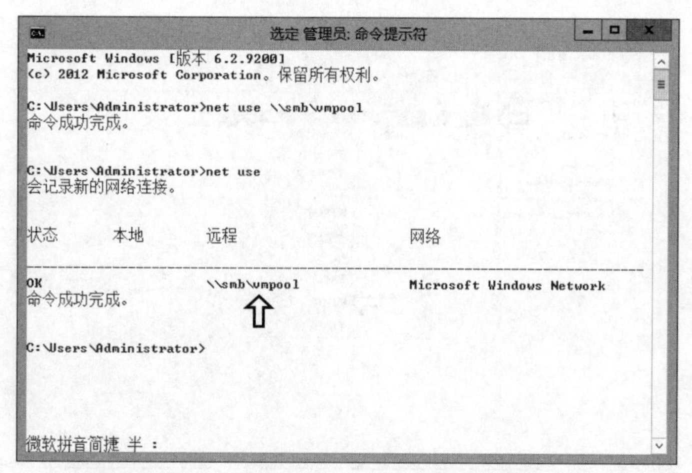

图 9-64　使用命令提示符测试 SMB 文件共享

方法三、打开 PowerShell 后输入「test-path　\\smb\vmpool 」命令尝试访问 SMB 文件共享，如果返回结果为「True」则说明可以顺利访问，如图 9-65 所示。

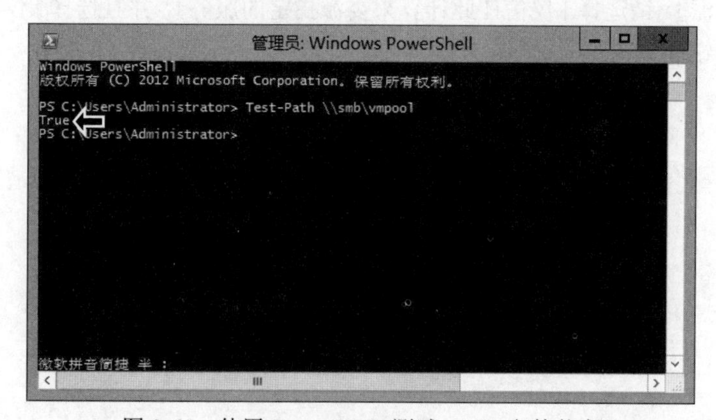

图 9-65　使用 PowerShell 测试 SMB 文件共享

9-1-5　设置 Hyper-V 主机信任委派权限

确认了 SMB 文件共享权限设置和测试后，默认情况下 SMB 主机并不会启用对 Hyper-V 主机（Node1、Node2）的信任委派权限，因此必须完成 Hyper-V 主机（Node1、Node2）具备信任委派的权限设置，保证 Hyper-V 主机能够将虚拟机存储在 SMB 文件共享中，并且实现后续的实时存储迁移（Live Storage Migration）、实时迁移（Live Migration）、无共享存储实时迁移（Shared-Nothing Live Migration）等高级功能。

请在 DC 主机中依次选择「服务器管理器>工具>Active Directory 用户和计算机」，打开后选择 Computers，右击「Node1」主机，在弹出菜单中选择「属性」，如图 9-66 所示。

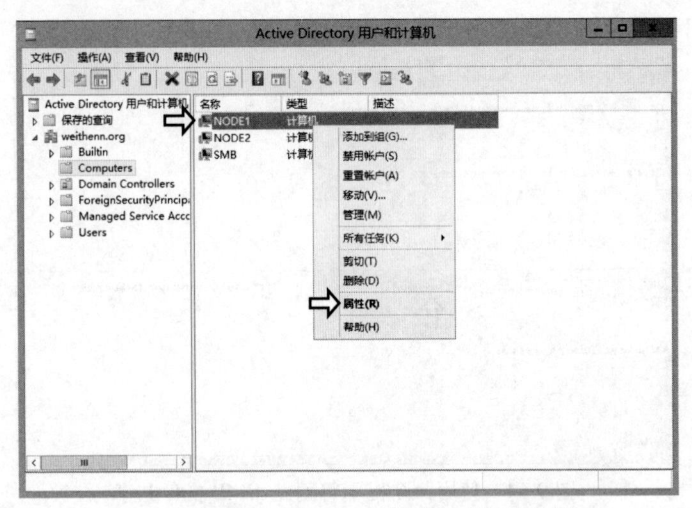

图 9-66 准备进行 Node1 主机信任委派权限设置

在弹出的「Node1 属性」对话框中请切换到「委派」选项卡，默认情况下的设置为「不信任此计算机来委派」，请选择「仅信任此计算来委派指定的服务」，并且选择「仅使用 Kerberos」，单击「添加」按钮，如图 9-67 所示。

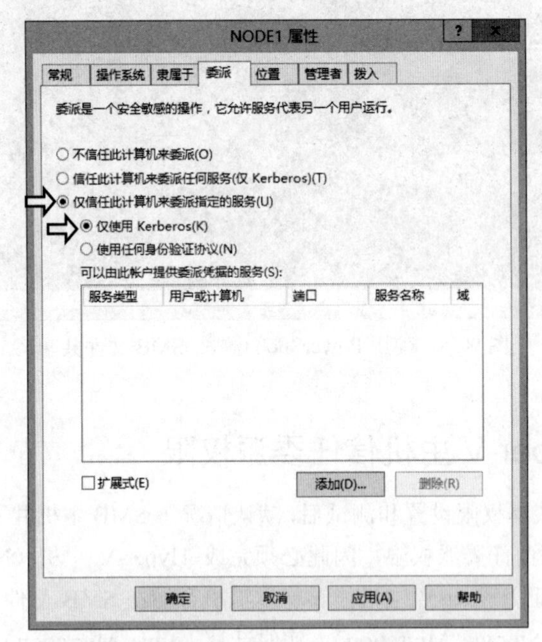

图 9-67 准备设置 Node1 主机信任委派服务

在弹出的「添加服务」对话框中单击「用户或计算机」按钮，准备委派信任服务的计算机和服务类型，如图 9-68 所示。

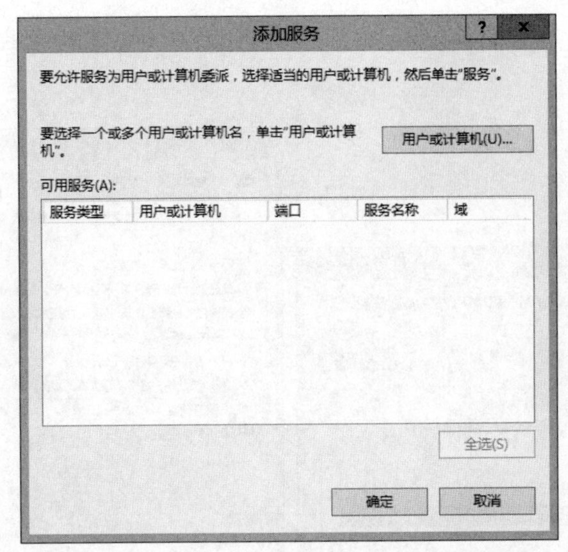

图 9-68　准备委派信任服务的计算机和服务类型

在「选择用户或计算机」对话框中输入文件共享主机名「smb」，然后单击「检查名称」按钮，确认名称输入正确（字体变为大写并有下划线），单击「确定」按钮，如图 9-69 所示。

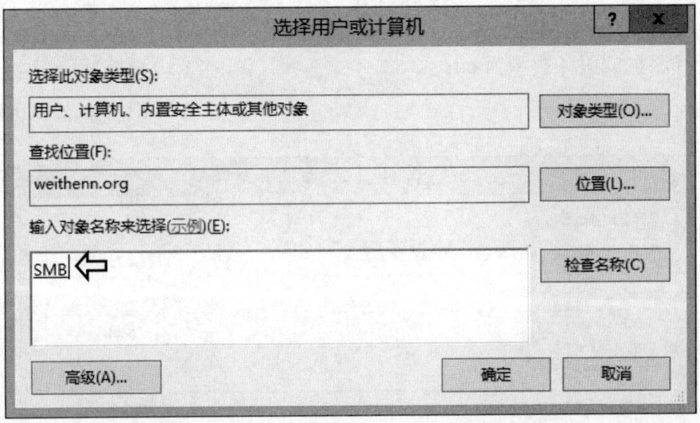

选择用户或计算机

选择此对象类型(S):

用户、计算机、内置安全主体或其他对象　　对象类型(O)...

查找位置(F):

weithenn.org　　位置(L)...

输入对象名称来选择(示例)(E):

SMB　　检查名称(C)

高级(A)...　　确定　　取消

图 9-69　输入文件共享主机主机名 smb

在「添加服务」对话框中，您会在可用服务区域中看到许多服务项目，因为演示中采用 SMB 文件共享的方式，因此请选择添加的服务类型为「cifs」，单击「确定」按钮，如图 9-70 所示。

此时在「Node1 属性」对话框中会看到信任的 SMB 主机服务 cifs，这样就保证了后续的高级功能演示中，Node1 主机可以将虚拟机文件存储在 SMB 主机的文件共享中，如图 9-71 所示。

不过先别急着单击「确定」按钮，后续会介绍 Node1 和 Node2 主机之间实现无共享存储实时迁移（Shared-Nothing Live Migration），所以还必须在 Node1 主机上设置允许 Node2 主机信任委派服务。再次依次选择「添加>用户或计算机>输入 node2>检查名称>确定」，如图 9-72 所示。

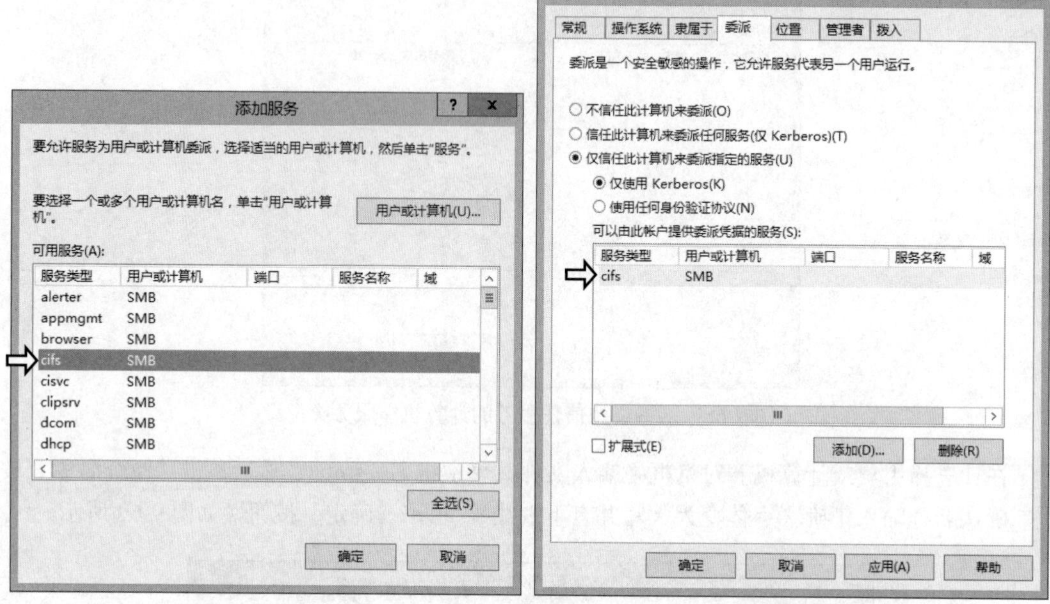

图 9-70　选择添加的服务类型为 cifs

图 9-71　完成 Node1 主机委派信任 SMB 主机的 cifs 服务

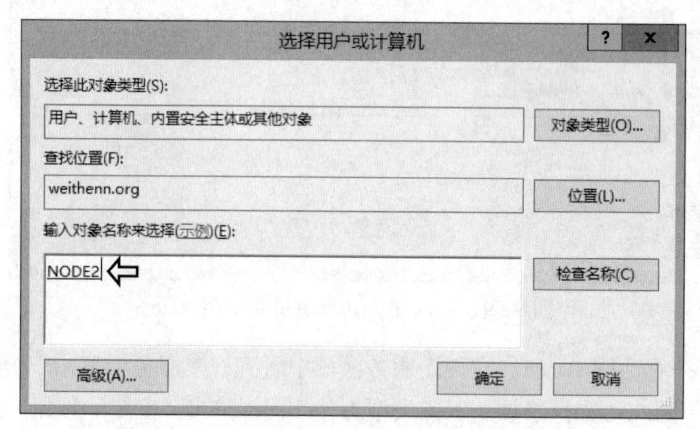

图 9-72　准备委派 Node2 主机相关信任服务

在「添加服务」对话框中，您会在可用的服务区域中看到许多服务项目，因为无共享存储实时迁移其实等同于实时迁移+实时存储迁移，因此请按住 Ctrl 键添加两种服务类型，分别是「cifs」和「Microsoft Virtual System Migration Service」，单击「确定」按钮，如图 9-73 所示。

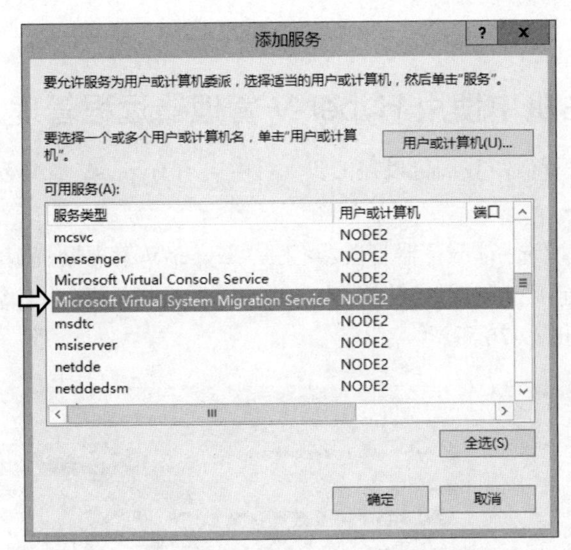

图 9-73　选择添加 cifs 和 Microsoft Virtual System Migration Service 服务

此时在「Node1 属性」对话框中，您会看到已经添加了信任 Node2 主机的 cifs、Microsoft Virtual System Migration Service 服务，那么后续演示的实时迁移、实时存储迁移、无共享存储实时迁移，便不会因为未委派信任服务发生访问错误，如图 9-74 所示。

请依据上述委派信任服务的设置步骤，为Node2主机委派信任 SMB主机的cifs服务，Node1主机的 cifs 服务和 Microsoft Virtual System Migration Service 服务，如图 9-75 所示。

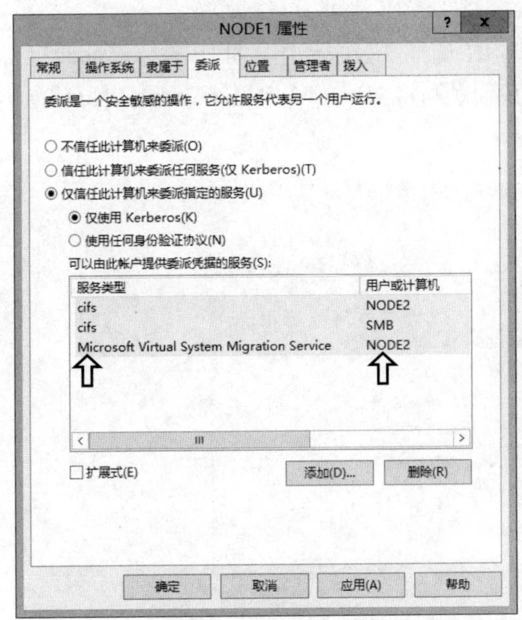

图 9-74　完成 Node1 主机委派信任服务设置

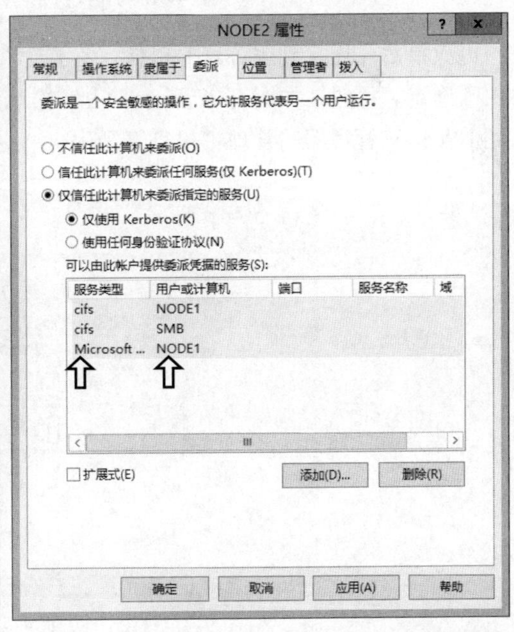

图 9-75　完成 Node2 主机委派信任服务设置

9-1-6 在 DC 主机中使用 Hyper-V 管理器远程管理

完成了权限委派设置后，我们可以在 DC 主机中启动 Hyper-V 管理器来远程管理 Hyper-V 主机（Node1、Node2）。

请在 DC 主机中依次选择「服务器管理器>工具>Hyper-V 管理器」选项，在弹出的「Hyper-V 管理器」窗口中单击「连接到服务器」链接，在弹出窗口中选择「另一台计算机」，并输入「node1」单击「确定」按钮，如图 9-76 所示。

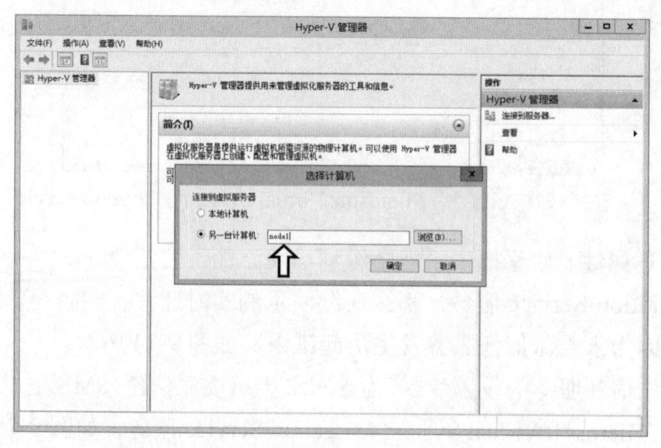

图 9-76 Hyper-V 管理器添加 Node1 主机

再次单击「连接到服务器」链接，在弹出窗口中选择「另一台计算机」，输入「node2」后单击「确定」按钮，如图 9-77 所示。很轻松地我们顺利将 Hyper-V 主机（Node1、Node2）加入到 Hyper-V 管理器的管理主机列表当中。

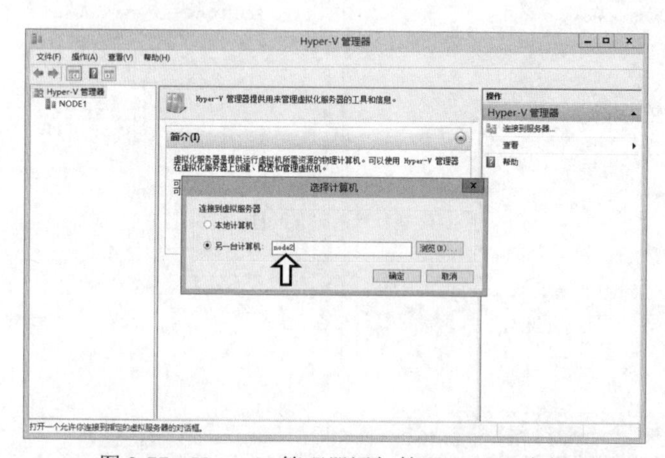

图 9-77 Hyper-V 管理器添加管理 Node2 主机

接下来要为虚拟机创建虚拟交换机，我们将在 Node1 主机上分配已经创建的 NIC Teaming 10.10.75.31，如果忘记了 NIC Teaming 网卡名称，可以切换到 Node1 主机上，在服务器配置窗口中输入数字 8 进行查看，当 NIC Teaming 网卡组合分配给虚拟交换机后，它的名称将发生改变，如图 9-78 所示。

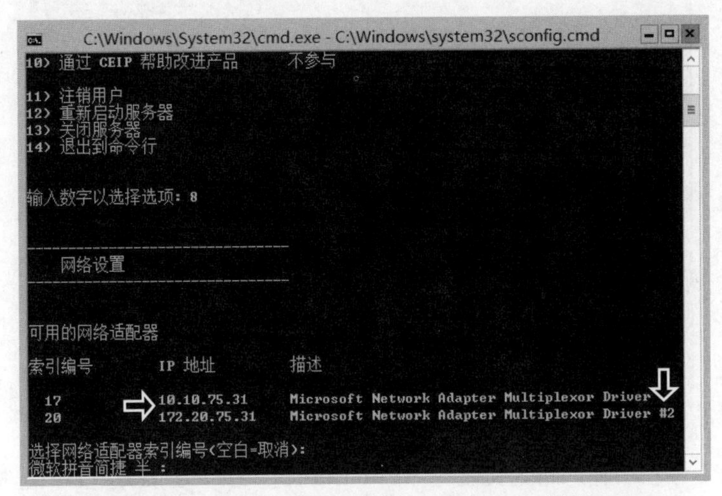

图 9-78 再次确认 Node1 主机 NIC Teaming 网卡名称

请在「Hyper-V 管理器」中选择「Node1」主机，然后在右边操作区域中单击「虚拟交换机管理器」链接，如图 9-79 所示。

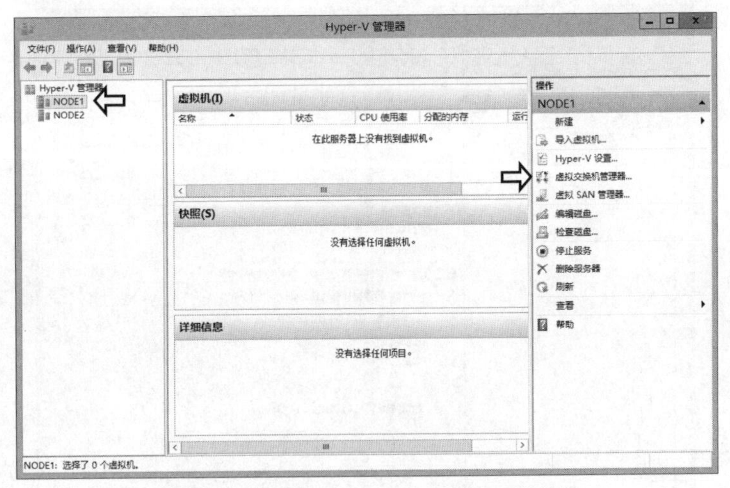

图 9-79 准备设置 Node1 主机虚拟交换机

在弹出的「Node1 的虚拟交换机管理器」窗口中，选择「新建外部虚拟网络交换机」，在右侧单击「创建虚拟交换机」按钮，创建外部虚拟交换机，如图 9-80 所示。

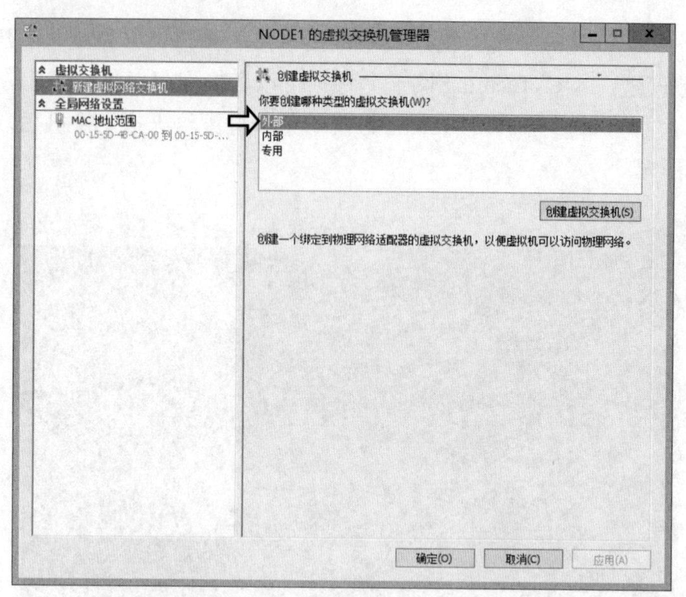

图 9-80　准备为 Node1 主机创建外部虚拟交换机

请在「名称」字段中输入自定义名称「VM Traffic」，在「连接类型」中选择分配给此虚拟交换机的网卡，在下拉列表中选择 NIC Teaming 10.10.75.31 的网卡「Microsoft Network Adapter Multiplexor Driver」，保持默认勾选的「允许管理操作系统共享此网络适配器」，它将允许 Hyper-V 主机的管理流量通过，确认后单击「确定」按钮，如图 9-81 所示。

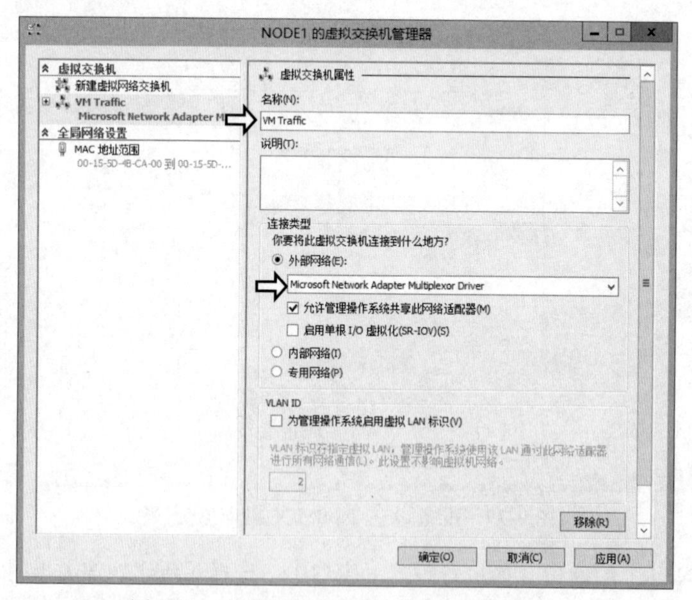

图 9-81　创建 VM Traffic 外部虚拟交换机

接下来使用同样的方式再次为 Node1 主机创建第二台外部虚拟交换机，此台虚拟交换机将专用于迁移时的网络流量，不与专用的 VM Traffic 虚拟交换机混用。请在「名称」字段中填入自定义名称「VM Migration」，在「连接类型」中选择分配给此虚拟交换机的网卡，即 NIC Teaming 172.20.75.31 的网卡 Microsoft Network Adapter Multiplexor Driver #2，确认后单击「确定」按钮，如图 9-82 所示。

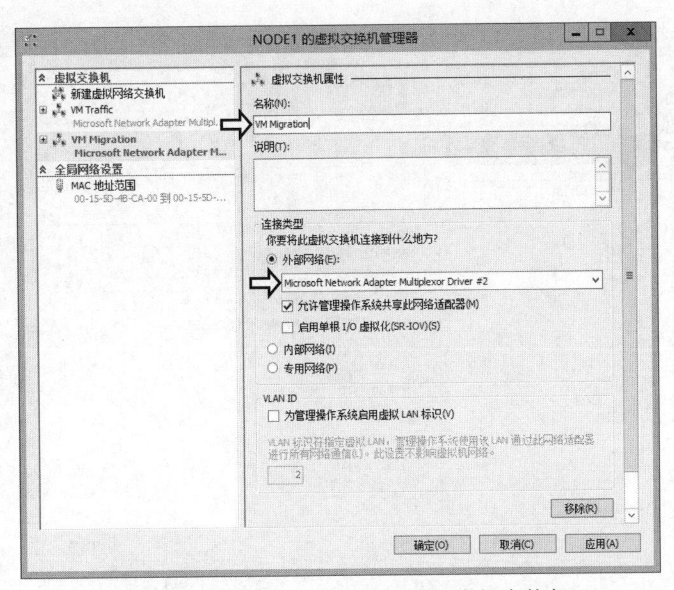

图 9-82　创建 VM Migration 外部虚拟交换机

完成了将 Node1 主机的网卡组合分配给虚拟交换机的操作后，可以再次切换到 Node1 主机后输入数字「8」查看一下网络设置，网卡组合的名称由 Microsoft Network Adapter Multiplexor Driver 改变为「Hyper-V 虚拟以太网适配器」，如图 9-83 所示。

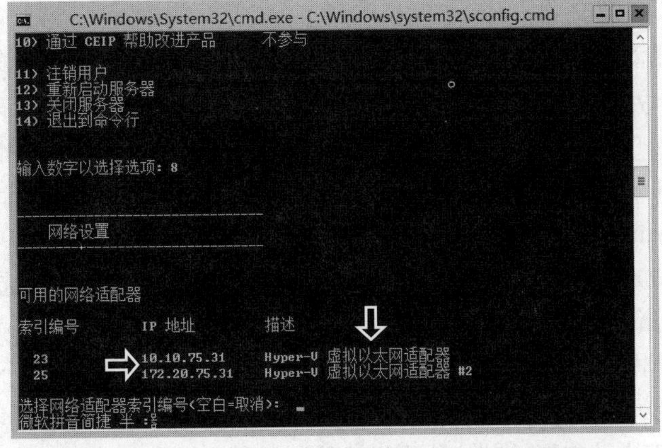

图 9-83　网卡组合分配给虚拟交换机后名称的变化

接着请以同样的方式将 Node2 主机的网卡组合分配给两台外部虚拟交换机，请将「10.10.75.32」网卡组合 Microsoft Network Adapter Multiplexor Driver 分配给「VM Traffic」虚拟交换机，将「172.20.75.32」网卡组合 Microsoft Network Adapter Multiplexor Driver #2 分配给 VM Migration 虚拟交换机，如图 9-84 所示。请注意!! 两台 Hyper-V 主机的虚拟交换机「名称必须完全一致」，以避免虚拟机在迁移时因为找不到对应的虚拟交换机名称而导致失败的情况。

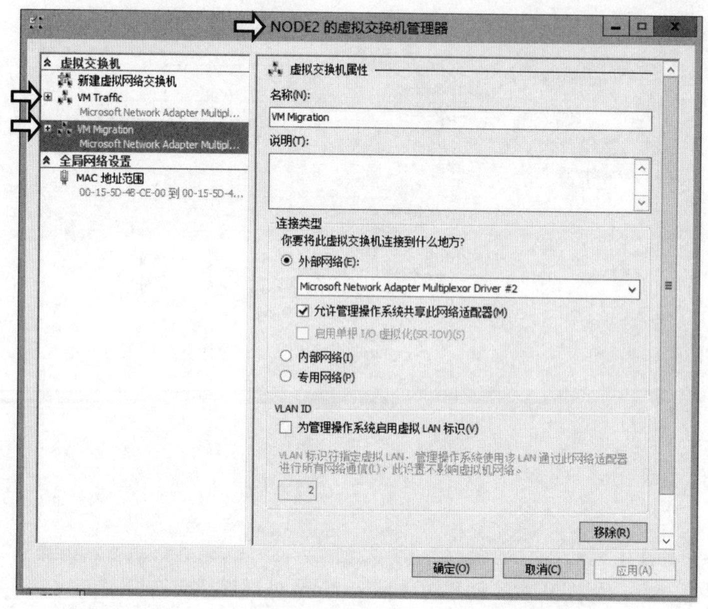

图 9-84　创建 VM Traffic、VM Migration 虚拟交换机

9-1-7　在 Node1 主机上创建虚拟机

1．复制 ISO 映像文件

接下来我们将在 Node1 主机上创建一台虚拟机，为后续介绍高级功能做准备，我们将部署资源占用比较少的 Hyper-V Server 2012。请将物理主机中 Hyper-V Server 2012 的 ISO 映像文件复制到 Node1 主机中，相对于放在 SMB 文件共享中，将 ISO 保存在本地，读取速度更快。

请切换到 Node1 主机的 VMware Player 窗口，依次选择「Player>Manage>Virtual Machine Settings」，准备将 Windows 8 物理主机磁盘资源挂载到 Node1 主机，如图 9-85 所示。

在打开的 Virtual Machine Settings 窗口中，切换到「Options」选项卡，选择「Shared Folders」选项，在 Folder sharing 区域中选择「Always enabled」选项并且勾选「Map as a network drive in Windows guests」，单击「Add」按钮添加物理主机磁盘资源，如图 9-86 所示。

依据向导添加物理主机的「c:\lab\iso」文件夹路径，因为我之前已经将 Hyper-V Server 2012 的 ISO 映像文档保存在此位置，其他选项保持默认，完成添加操作，如图 9-87 所示。

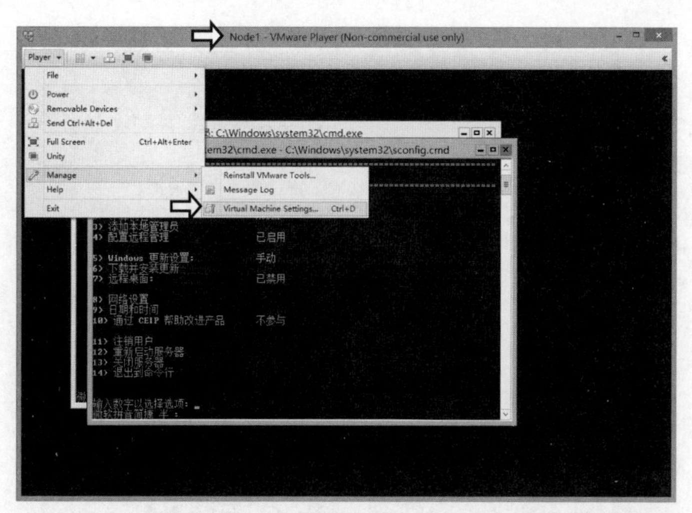

图 9-85　准备将 Windows 8 物理主机磁盘资源挂载到 Node1 主机

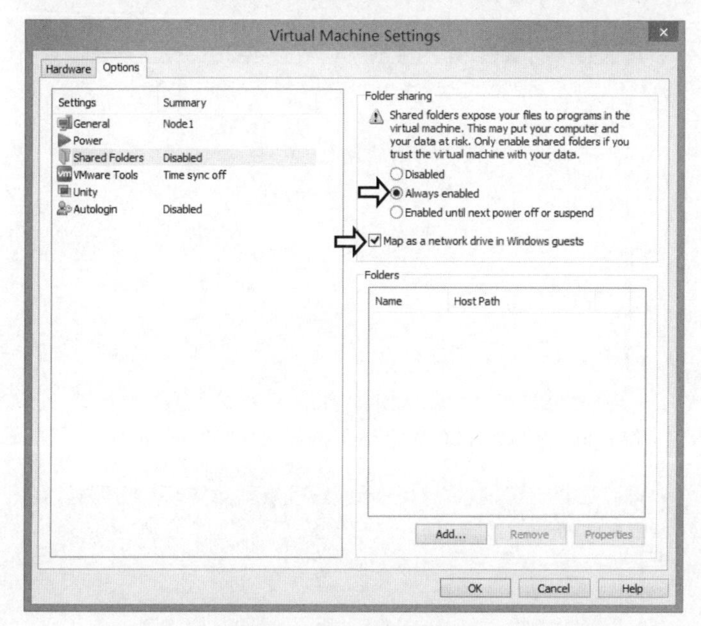

图 9-86　将物理主机磁盘资源挂载到 Node1 主机

刚才的添加操作中，由于勾选了 Map as a network drive in Windows guests 选项，那么默认情况下，选择的物理主机文件夹将在 Node1 虚拟机中映射为名称为「Z」的网络磁盘，这时我们便可以复制 Hyper-V Server 2012 的 ISO 映像文件到 Host1 的「C 盘」中，如图 9-88 所示。

2．新建虚拟机

请切换回 DC 主机，打开「Hyper-V 管理器」，并依次选择「Node1>右击>新建>虚拟机」，开始新建一台虚拟机，如图 9-89 所示。

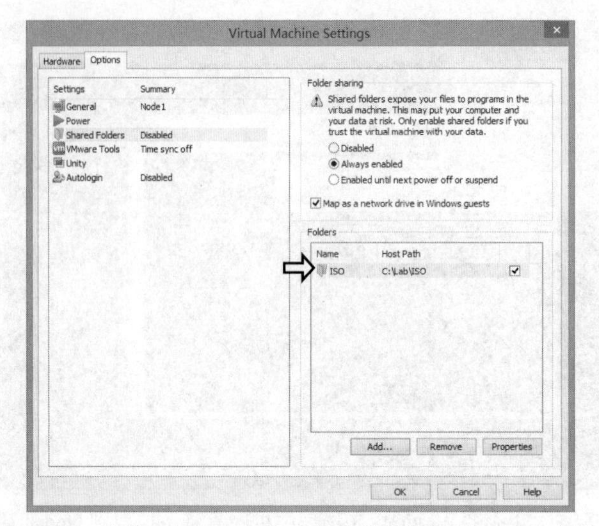

图 9-87　挂载 Windows 8 物理主机磁盘资源到 Node1 主机

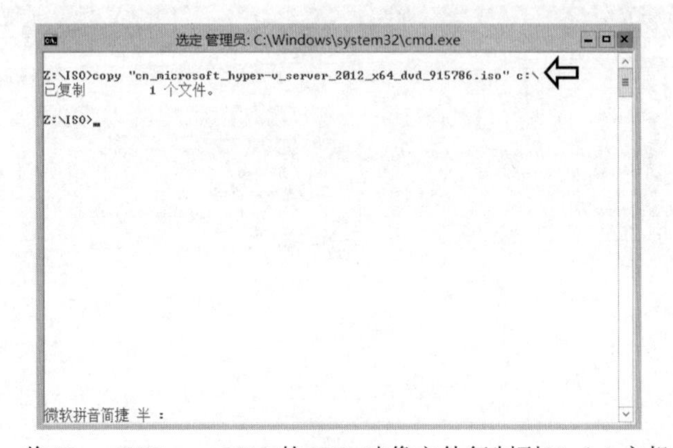

图 9-88　将 Hyper-V Server 2012 的 ISO 映像文件复制到 Node1 主机的 C 盘

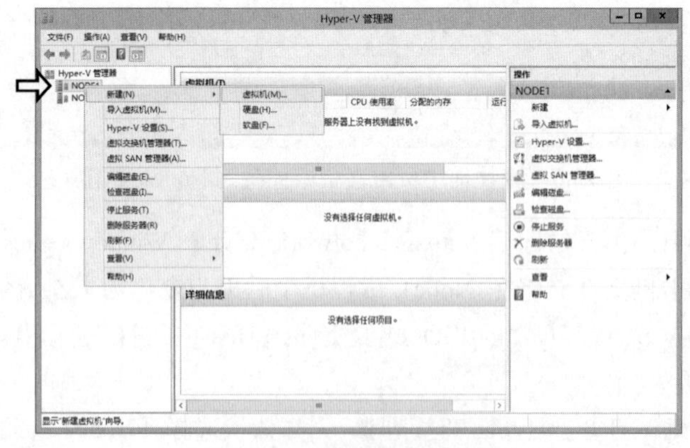

图 9-89　选择新建虚拟机

在「新建虚拟机向导」中，可以单击「完成」按钮，全部使用默认值来新建一台虚拟机，也可以单击「下一步」按钮，自定义相关选项来完成虚拟机的创建，如图 9-90 所示。

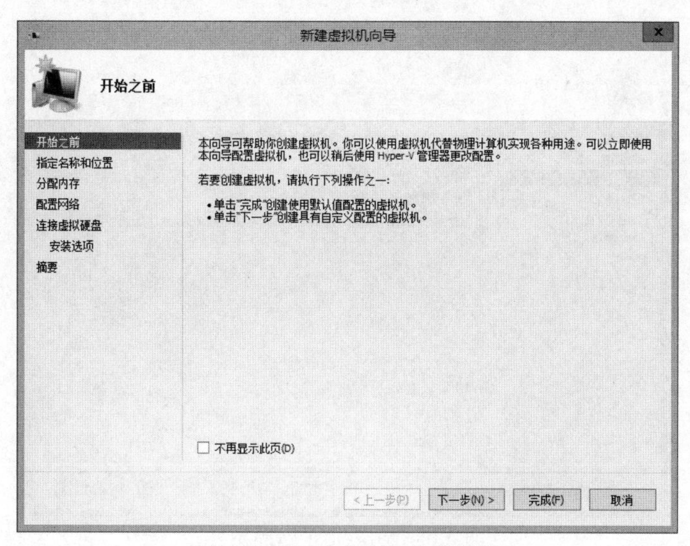

图 9-90　创建自定义的虚拟机

在「指定名称和位置」页面中，请在「名称」字段输入虚拟机的名称为「VM」（此名称与 Guest OS 的计算机名称并无关系），默认情况下 VM 虚拟机文件将保存在 Node1 主机的本地磁盘中，请勾选「将虚拟机存储在其他位置」选项并且指定位置为「\\smb\vmpool」，单击「下一步」按钮继续，如图 9-91 所示。

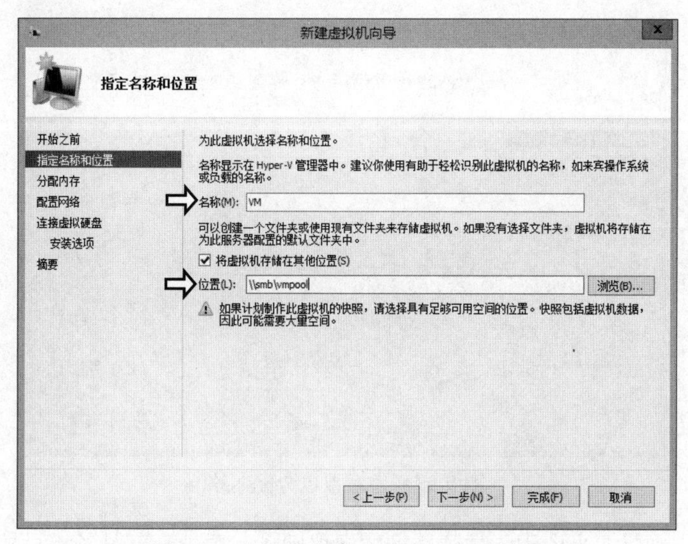

图 9-91　设置虚拟机名称和和存储位置

在「分配内存」页面中，默认「启动内存」为 512 MB，我们将它修改为「1024 MB」，同时勾选「为此虚拟机使用动态内存」选项，单击「下一步」按钮继续，如图 9-92 所示。

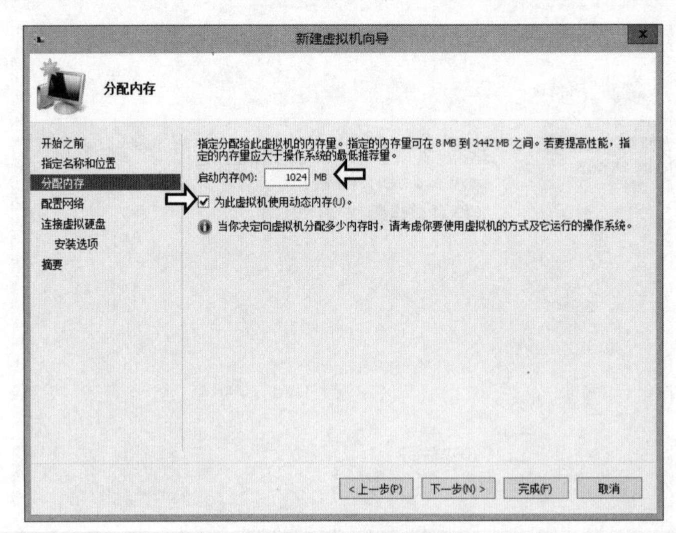

图 9-92　为虚拟机分配内存

在「配置网络」页面中，默认连接为未连接，此选项将不会将虚拟机连接到任何的 Hyper-V 虚拟交换机上，打开下拉列表，可以看到之前我们创建的「VM Traffic」虚拟交换机，选择该虚拟交换机，单击「下一步」按钮继续，如图 9-93 所示。

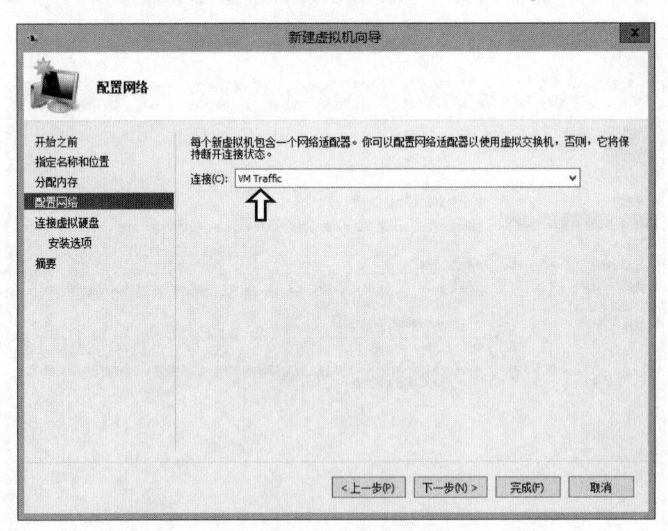

图 9-93　为虚拟机分配网络

在「连接虚拟硬盘」页面中，选择「创建虚拟硬盘」选项，并且名称自动配置为虚拟机名称加上 vhdx 扩展名 vm.vhdx，存储位置也将自动配置为 SMB 文件共享\\smb\vmpool\，虚拟硬盘大小保持默认的 127 GB，单击「下一步」按钮继续，如图 9-94 所示。

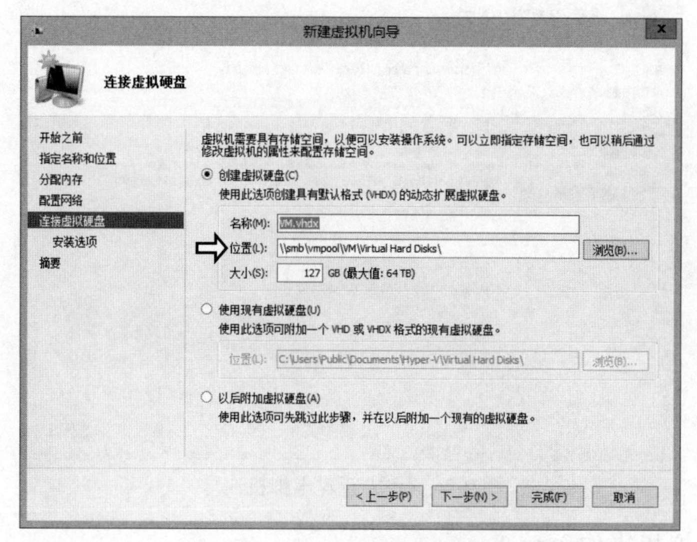

图 9-94 为虚拟机配置虚拟硬盘

在「安装选项」页面中，选择「从引导 CD/DVD-ROM 安装操作系统」选项，并且选择「映像文件」，浏览准备好的位于 C 盘根目录的 Hyper-V Server 2012 光盘映像文件，单击「下一步」按钮继续，如图 9-95 所示。

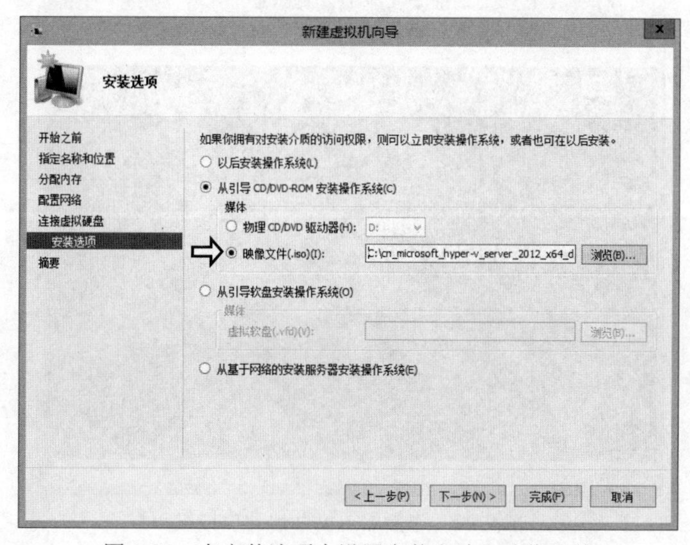

图 9-95 在安装选项中设置安装方法和映像文件

在「正在完成新建虚拟机向导」页面中，可以再次查看所有设置选项，确认无误后，单击「完成」按钮开始虚拟机的创建，如图 9-96 所示。

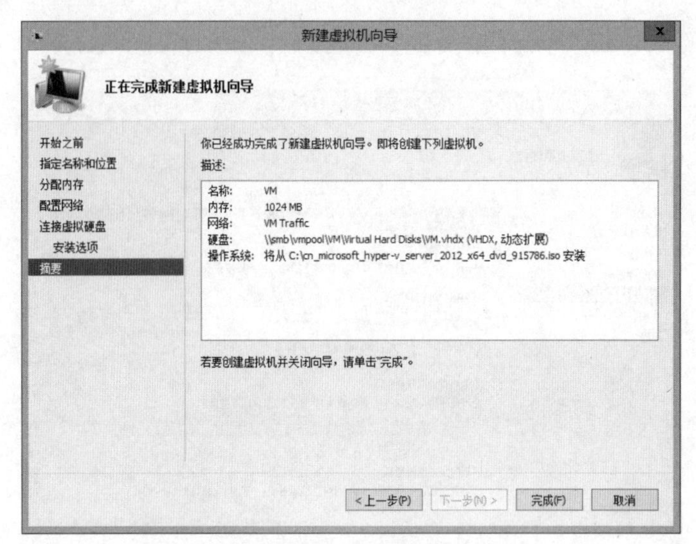

图 9-96　完成新建虚拟机向导

3. 安装虚拟机操作系统

在 Node1 主机上完成了新建虚拟机操作后，便可以在 Hyper-V 管理器工具选择该虚拟机，然后选择右侧窗口中的「连接」链接，打开虚拟机的控制台程序，单击控制台窗口中的「启动」按钮，启动虚拟机，如图 9-97 所示。

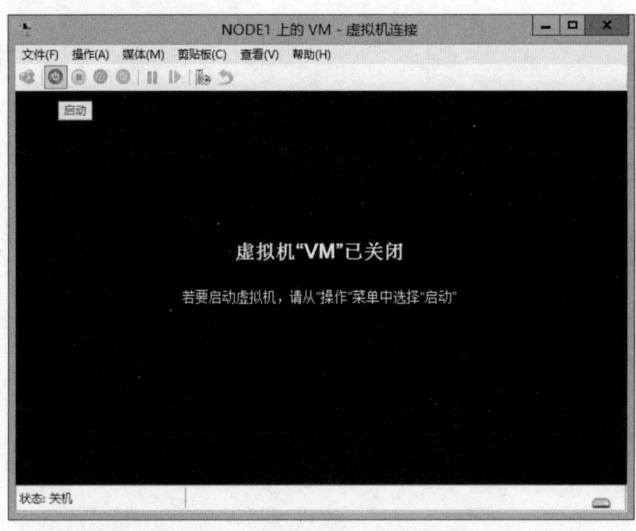

图 9-97　连接虚拟机并启动虚拟机

虚拟机启动后，它将会自动使用配置好的 Hyper-V Server 2012 映像文件引导启动，可以依据向导来完成 Hyper-V Server 2012 的安装过程，前面章节中有详细介绍，在此便不再浪费篇幅说明，如图 9-98 所示。

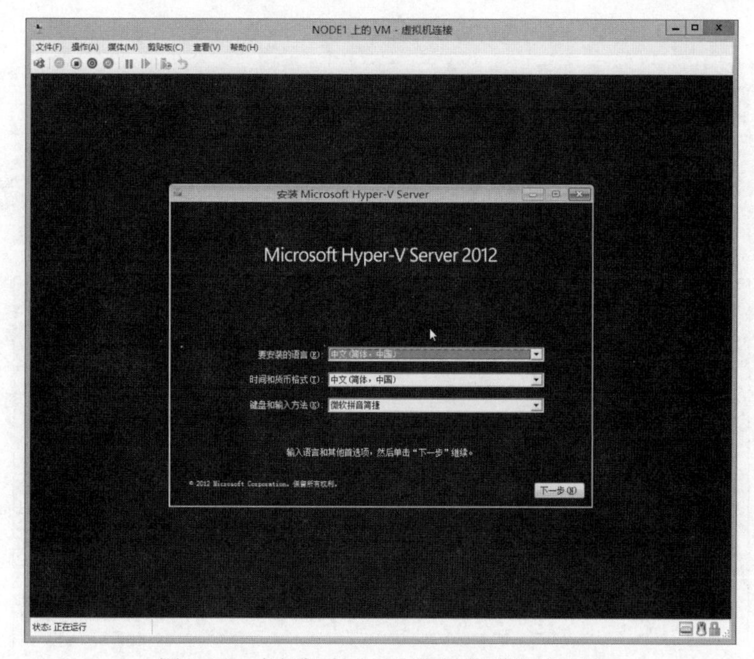

图 9-98　虚拟机启动后开始操作系统的安装

当虚拟机完成了操作系统的安装后，我们可以登录到虚拟机，查看网络设置，可以看到当前网络自动获取的 IP 地址为 10.10.75.224，如图 9-99 所示。这是因为我们为虚拟机分配了 VM Traffic 虚拟交换机，该交换机设置的网段为 10.10.75.0/24。到这一步，我们的测试环境已经准备就绪，接下来便可以开始高级功能的测试了。

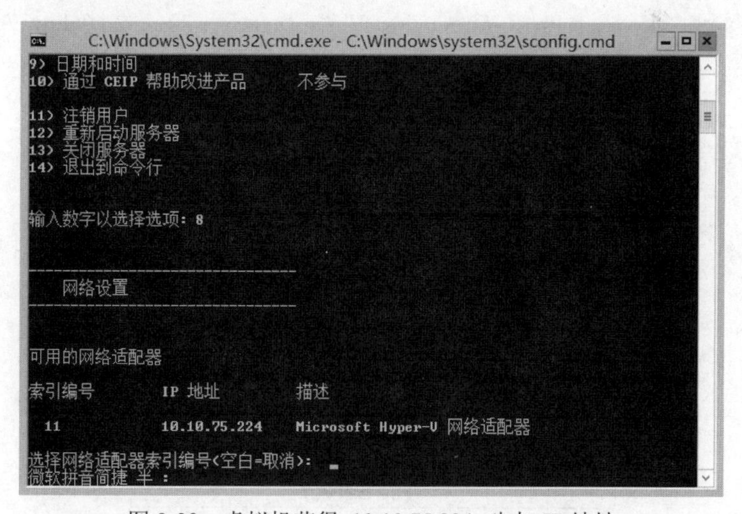

图 9-99　虚拟机获得 10.10.75.224 动态 IP 地址

9-2 实时迁移（Live Migration）

要实现实时迁移的功能，在 Hyper-V 2.0 中，必须构建故障转移群集和群集共享磁盘的环境，并且「每一次」只能移动「一台」虚拟机，如图 9-100 所示。

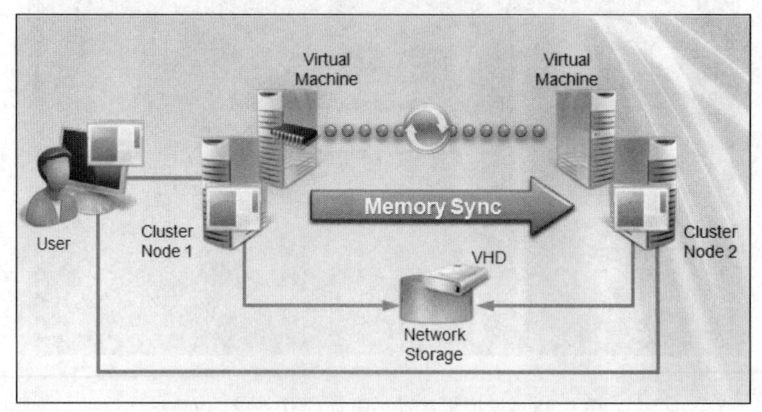

图片来源：Technet Blog-Network Configuration for Live Migration（http://goo.gl/ErJk1）

图 9-100 Hyper-V 2.0 实时迁移运行示意图

而在 Hyper-V 3.0 虚拟化平台中，要实现实时迁移，可以不需要故障转移群集环境，可以将 VM 虚拟机存储在 SMB 3.0 文件服务器中，并且同时移动的虚拟机数量也「不再受限」，如图 9-101 所示。当然关于迁移的效率和性能仍然需要评估 Network Throughput、Storage IOPS 等因素，相关信息可参考 Microsoft Press-Introducing Windows Server 2012 文档（http://goo.gl/dfXq2）。

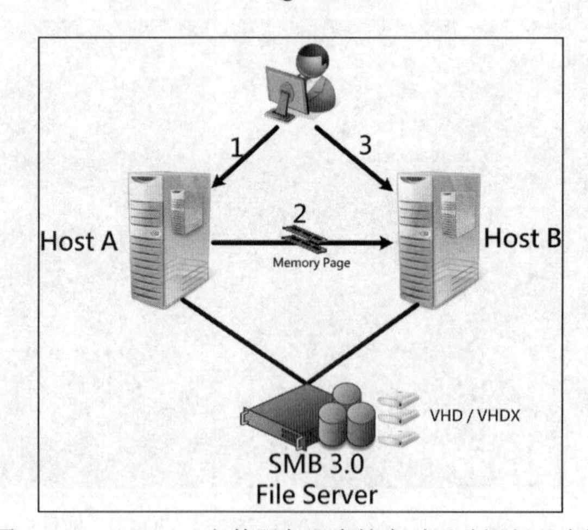

图 9-101 SMB 3.0 文件服务器支持实时迁移运行示意图

在配置 Hyper-V 的实时迁移功能和环境时，需要注意以下事项：

◆ 源端主机和目的端主机

- 处于同一个 Active Directory 域，或是受信任的 Active Directory 域。
- 支持硬件虚拟化技术（Intel VT-x 或 AMD AMD-V）。
- 必须采用同一厂商的处理器（例如都是 Intel 或都是 AMD）。
- 必须安装 Hyper-V 服务器角色。
- 故障转移群集（非必要条件）。

◆ 用户账户和计算账户权限

- 设置限制委派的账户必须是 Domain Administrators 组的成员。
- 设置和执行实时迁移的账户，必须是本机 Hyper-V Administrators 组的成员。
- 必须是源端和目的端计算机中 Administrators 组的成员。

◆ 实时迁移认证协议

- 如果使用凭据安全支持提供程序「CredSSP」，那么只能在「源端」计算机上执行「迁移」操作，才能顺利将虚拟机迁移到目标计算机上，否则会发生错误提示。
- 如果使用「Kerberos」作为身份验证协议，那么必需要在 Computers OU 中设置「委派」信任服务，否则也会发生错误。

◆ 实时迁移网络流量

- 为虚拟机迁移任务准备专用网络，保证该专用网络带宽只用于迁移流量。
- 虚拟机在实时迁移数据时并不会加密，所以需要准备一个受信任的私有网络，保证实时迁移数据的安全性，从而提高整体安全性。

9-2-1 Hyper-V 主机启用实时迁移功能

首先我们必需要在 Hyper-V 主机 Node1、Node2 上启用「实时迁移」的功能，请在 DC 主机中打开 Hyper-V 管理器，在左侧窗口中右击「Node1」主机，选择「Hyper-V 设置」选项，如图 9-102 所示。

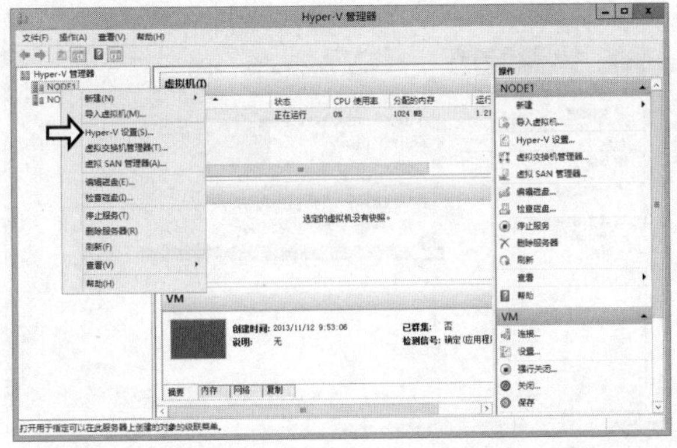

图 9-102 准备为 Node1 主机启用实时迁移功能

在弹出的「Node1 的 Hyper-V 设置」窗口中，在左侧选择「实时迁移」选项，勾选「启用传入和传出的实时迁移」，身份验证协议选择「使用 Kerberos」协议，并行实时迁移的值为 2，表示可以同时启动两台虚拟机的实时迁移任务。虽然理论上支持不限数量的虚拟机实时迁移任务，实际上应用时还需要考虑 Hyper-V 主机的硬件配置、网络带宽等因素，最后，在「传入的实时迁移」选项中，选择「使用这些 IP 地址进行实时迁移」，如图 9-103 所示，并且输入之前规划好的网络地址段「172.20.75.0/24」，设置完成后，单击「确定」按钮启用实时迁移功能。

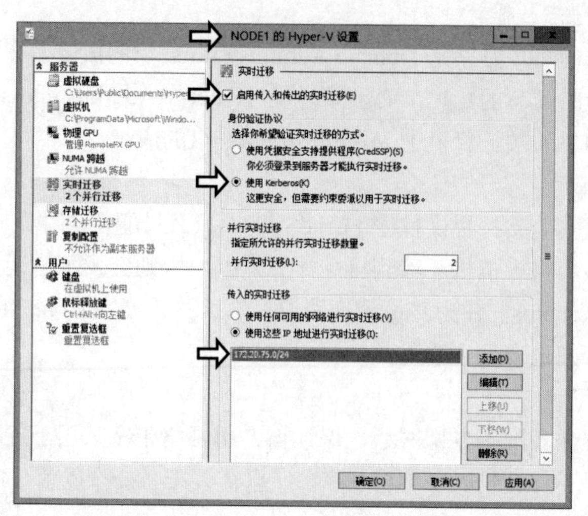

图 9-103　Node1 主机启用实时迁移功能

对于 Node2 主机，请使用同样的操作步骤启用实时迁移功能，而实时迁移数据流量的网段，同样设置为「172.20.75.0/24」，设置完成后单击「确定」按钮启用实时迁移功能，如图 9-104 所示。

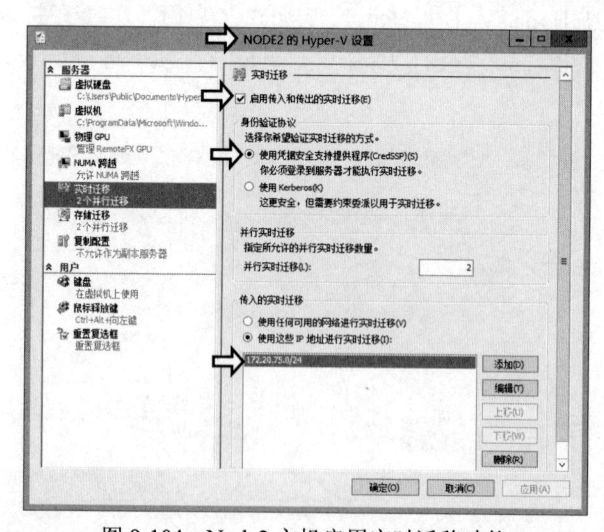

图 9-104　Node2 主机启用实时迁移功能

9-2-2 测试实时迁移（Live Migration）

当前 VM 虚拟机运行在 Node1 主机上，并且它的虚拟硬盘文件保存在 SMB 文件共享中，接下来我们就可以测试在 VM 虚拟机运行的状态下，实时地将它从 Node1 主机迁移到 Node2 主机上运行。

开始执行 VM 虚拟机实时迁移前，需要准备好测试环境，方便观察实时迁移过程是否如我们预期。请在 VM 虚拟机的 SConfig 窗口中依次输入「4>3」允许 ping 响应，接着在 DC 主机中打开命令提示符持续 ping VM 虚拟机，本书实例中输入「ping -t 10.10.75.224」，如图 9-105 所示。

```
选定 管理员: 命令提示符 - ping -t 10.10.75.224

C:\>ping -t 10.10.75.224

正在 Ping 10.10.75.224 具有 32 字节的数据:
来自 10.10.75.224 的回复: 字节=32 时间=1ms TTL=128
来自 10.10.75.224 的回复: 字节=32 时间=1ms TTL=128
来自 10.10.75.224 的回复: 字节=32 时间=1ms TTL=128
来自 10.10.75.224 的回复: 字节=32 时间=1ms TTL=128
来自 10.10.75.224 的回复: 字节=32 时间=2ms TTL=128
来自 10.10.75.224 的回复: 字节=32 时间<1ms TTL=128

微软拼音简捷 半 :
```

图 9-105 DC 主机持续 ping VM 虚拟机

在 VM 虚拟机中，也可以通过 ping 的方式来检测对外连接，例如持续 ping 某个外部因特网主机 IP 地址。此书实例中输入「ping -t 168.95.1.1」，以方便检测执行实时迁移的过程中是否会有掉包的情况，如图 9-106 所示。

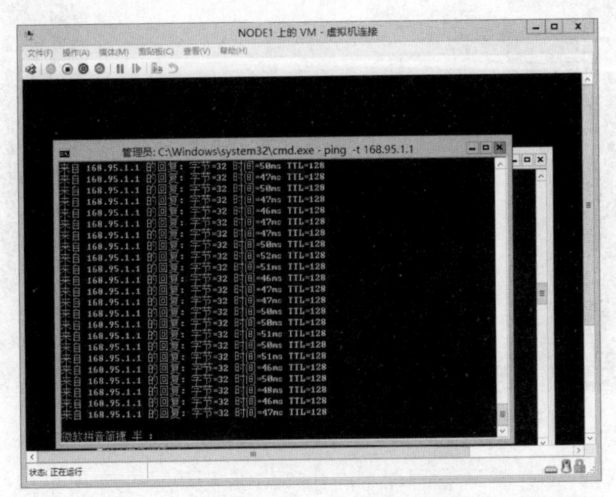

图 9-106 VM 虚拟机持续 ping 某个外部主机 IP 地址

接下来请在 Node1、Node2 主机中打开任务管理器，切换到「性能」选项卡，便可以查看当前的网络流量，以及稍后执行实时迁移时是否真的使用我们所规划的 VM Migration 网络。在 Node1 主机的任务管理器信息中可以看到，因为 VM 虚拟机目前正在运行中，因此只有使用到 VM Traffic 网络，如图 9-107 所示。

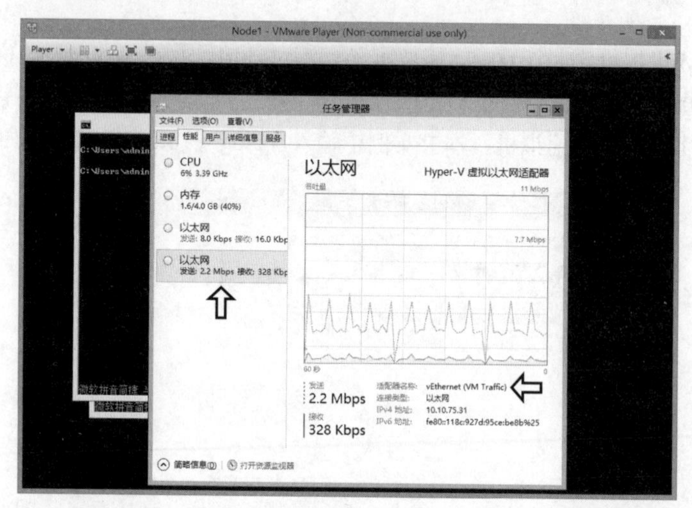

图 9-107　Node1 主机在实时迁移前的网络流量状况

而在 Node2 主机的任务管理器中可以看到，目前并没有任何 VM 虚拟机运行，并且未执行实时迁移的操作，因此没有任何的网络流量，如图 9-108 所示。

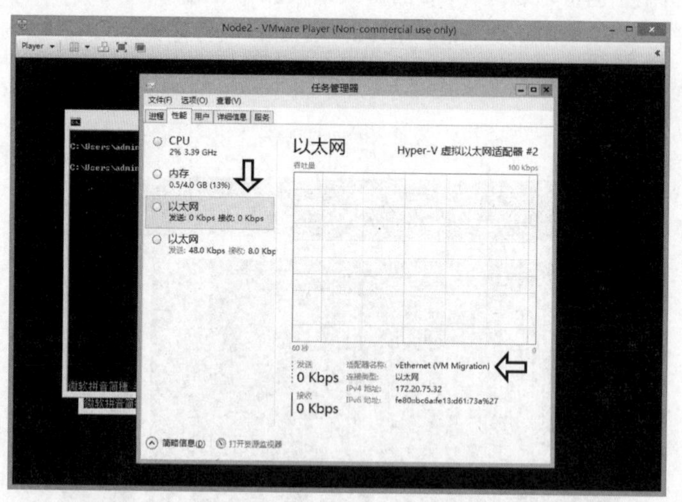

图 9-108　Node2 主机在实时迁移前的网络流量状况

回到 DC 主机，打开 Hyper-V 管理器，右击 VM 虚拟机，在弹出菜单中选择「移动」选项，准备执行 VM 虚拟机的实时迁移，如图 9-109 所示。

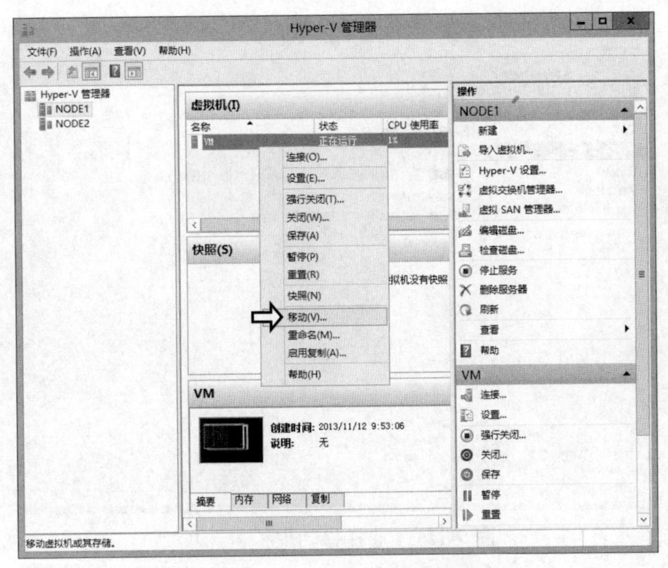

图 9-109 准备执行 VM 虚拟机的实时迁移

此时将会弹出移动向导窗口，确认要对 VM 虚拟机进行实时迁移操作，单击「下一步」按钮继续，如图 9-110 所示。

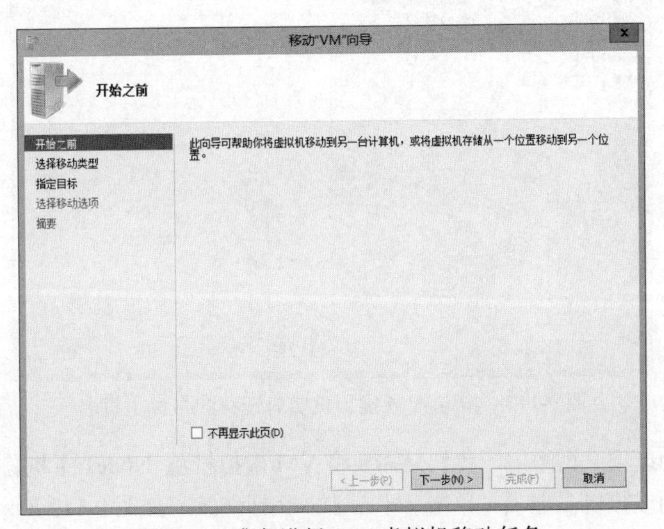

图 9-110 准备进行 VM 虚拟机移动任务

在「选择移动类型」页面中，我们是要将 VM 虚拟机从 Node1 主机移动到 Node2 主机，因此选择「移动虚拟机」选项，单击「下一步」按钮继续，如图 9-111 所示。

在「指定目标计算机」页面中，单击「浏览」按钮，并且在选择计算机窗口中输入 node2 后单击「检查名称」按钮，确认名称无误后，单击「确定」按钮，便可以查看到 Node2 主机为目标主机，单击「下一步」按钮继续，如图 9-112 所示。

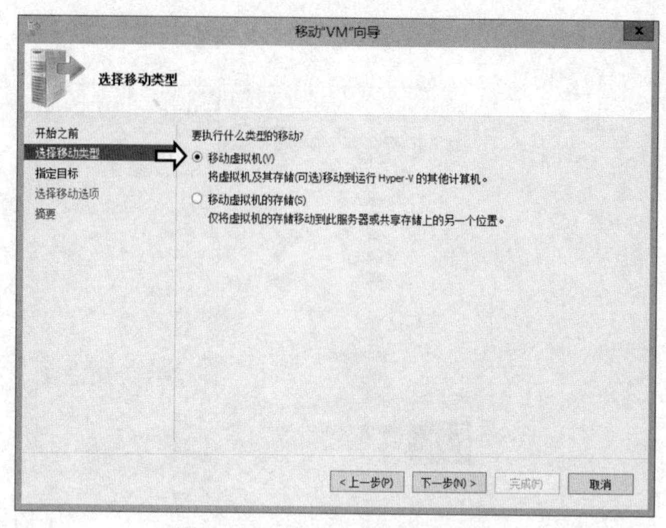

图 9-111　选择移动虚拟机选项

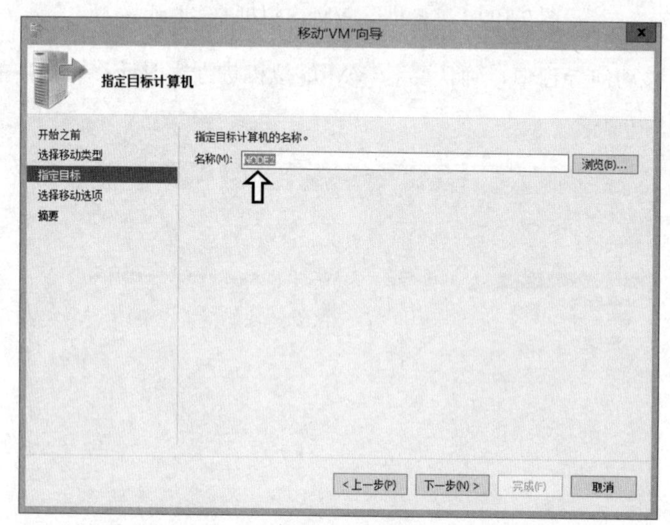

图 9-112　指定 VM 虚拟机实时迁移的目标主机名

在「选择移动选项」页面中，我们只需要将 VM 虚拟机从 Node1 主机移动到 Node2 主机，所以选择「仅移动虚拟机」选项，单击「下一步」按钮继续，如图 9-113 所示。

在「正在完成移动向导」页面中，会显示此次实时迁移的概要信息，也就是虚拟机名称是「VM」，将会移动到「Node2」主机上，确认这些信息后，单击「完成」按钮立即执行迁移任务，如图 9-114 所示。

在执行实时迁移任务过程中，打开 Hyper-V 管理器，您可以看到移动虚拟机的进度百分比，如图 9-115 所示。并且在实时迁移过程中虚拟机仍然可以正常进行操作，刚才持续 ping 外部主机 IP 地址的命令还在不断执行中。

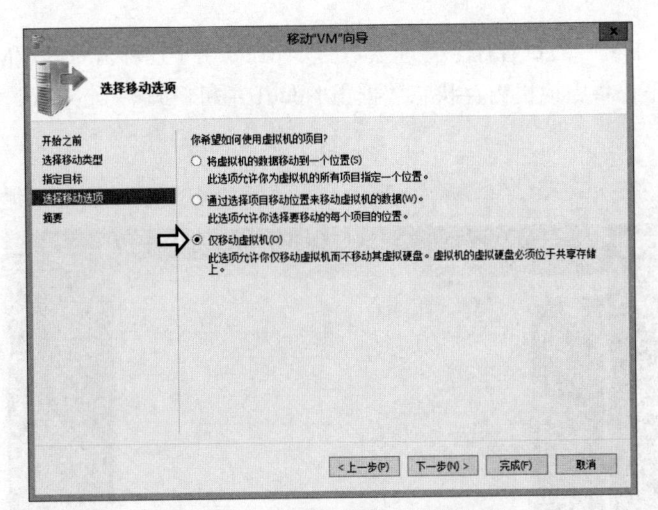

图 9-113　选择只移动虚拟机选项

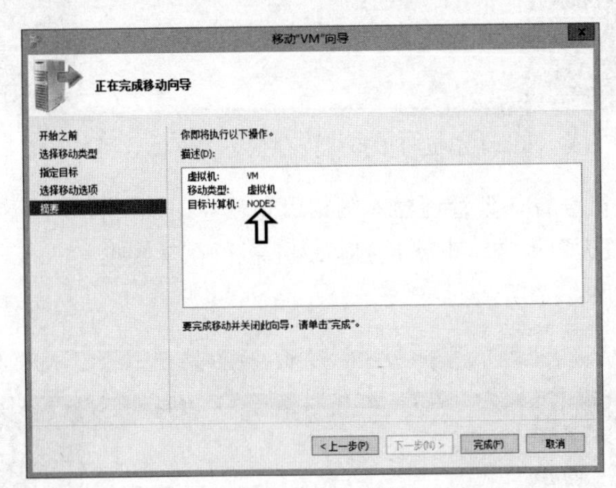

图 9-114　选择完成便立即执行迁移任务

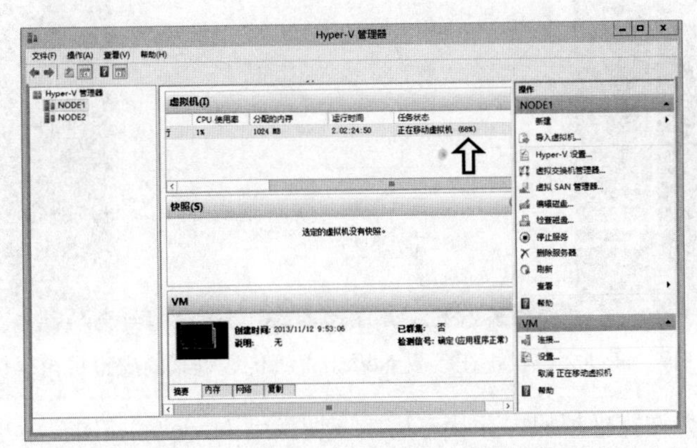

图 9-115　Hyper-V 管理器中可查看移动虚拟机的进度百分比

切换到 Node1 主机中去查看任务管理器，可以看到专用于迁移流量的 VM Migration 网络流量大幅增加，因为正在将虚拟机内存状态数据由 Node1 主机「传送」到 Node2 主机中，如图 9-116 所示。

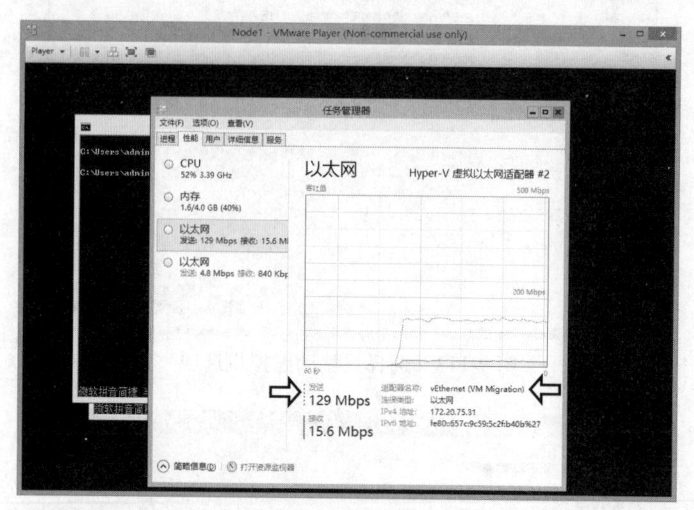

图 9-116　Node1 主机将虚拟机内存状态数据传送到 Node2 主机

切换到 Node2 主机查看任务管理器中网络流量信息时，一样可以看到专用于迁移流量的 VM Migration 网络流量大幅增加，也就是 Node2 主机正在「接收」Node1 主机传送过来的 VM 虚拟机内存状态，如图 9-117 所示。

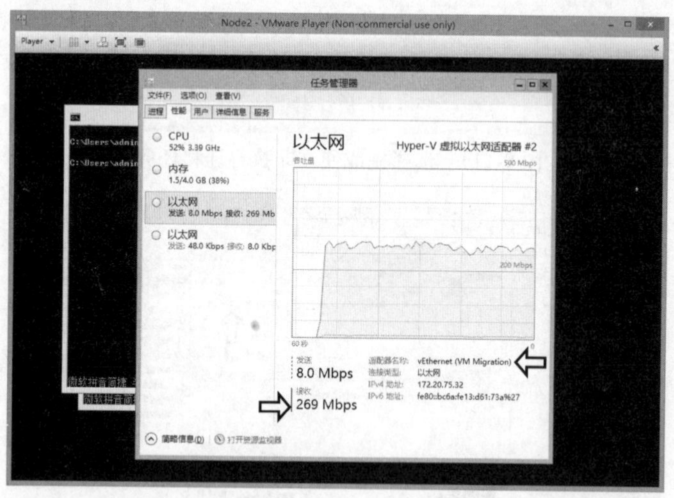

图 9-117　Node2 主机正在接收 Node1 主机传送过来的虚拟机内存状态

当 Node1 主机传送完虚拟机内存状态后，在切换到 Node2 主机的「瞬间」，您会看到 DC 主机对虚拟机的持续 ping 数据包丢失了「1～3 个」，如图 9-118 所示，这是因为虚拟机迁移到不同的 Host 主机时，MAC 地址发生改变，交换机需要更新其 MAC 地址转换表导致的。由于本书演示处于多层虚拟化的环境中，才会掉了这么多 ping 数据包，在实际运行环境中应该是不会掉任何数据包或者最多掉一个数据包!!

图 9-118　虚拟机迁移 Host 主机的瞬间

如果您一直开启虚拟机管理控制台的话，在切换 Host 主机的瞬间会看到控制台接口闪一下，并从 Node1 切换到 Node2。如果是 Hyper-V 2.0 的环境，断开控制台后必须手动重新连接，而 Hyper-V 3.0 虚拟化平台中则会自动进行切换不需重新连接。

虚拟机从 Node1 主机在线不中断地迁移到 Node2 主机的过程中，在虚拟机中执行的持续 ping 因特网上某台主机 IP 地址的任务也会一直执行，如图 9-119 所示。

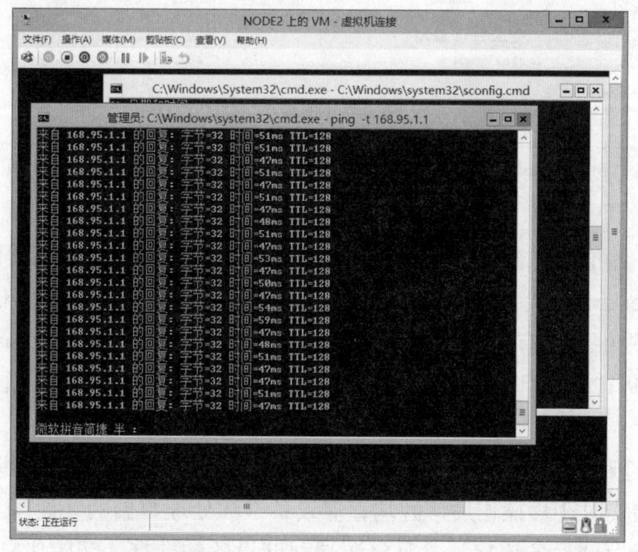

图 9-119　VM 虚拟机顺利从 Node1 主机在线不中断迁移到 Node2 主机

读者是不是觉得非常简单且顺利就完成了「实时迁移（Live Migration）」的操作了呢？ 没有错!! 经过前面正确的组件设置要实现实时迁移这样的高级功能真的很容易。那么我们就继续进入下个高级功能「存储实时迁移（Live Storage Migration）」吧!!

9-3 存储实时迁移（Live Storage Migration）

在 Hyper-V 2.0 虚拟化平台，必需要结合 SCVMM 2008 R2 管理工具才能实现存储快速迁移的功能，并且在迁移切换的过程当中会有短暂的脱机时间（见图 9-120）。

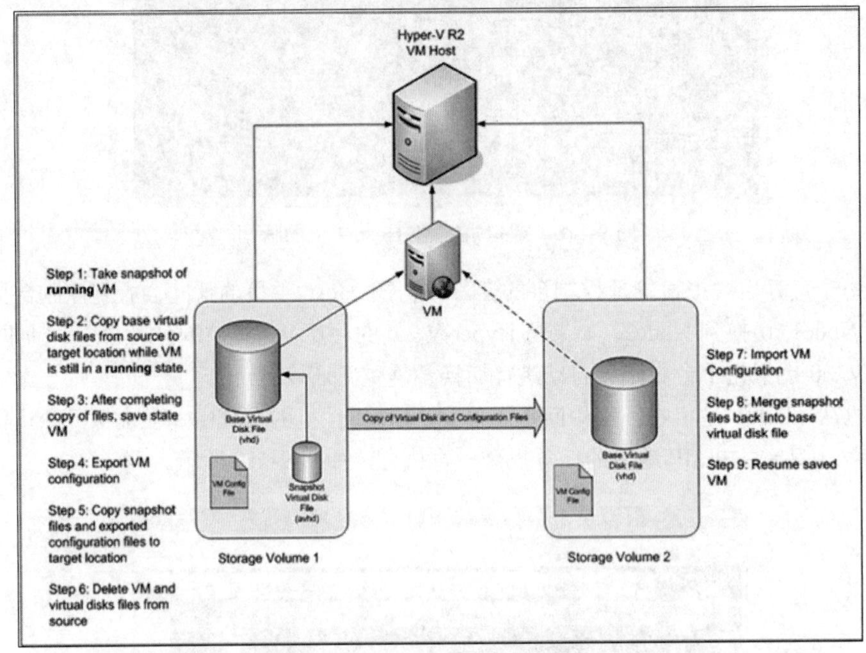

图片来源：Virtualization Blog-SCVMM 2008 R2 Quick Storage Migration（http://goo.gl/xCqRQ）

图 9-120　快速存储迁移运行示意图

在 Hyper-V 3.0 虚拟化平台，不再需要结合 SCVMM 2012 SP1（请记得!! SCVMM 2012 无法管理 Windows Server 2012）环境，使用 Hyper-V 管理器便可以实现「存储实时迁移」功能，除了迁移和切换过程中不会有「停机时间」，还支持卸载的数据传输（Offloaded Data Transfer，ODX）功能（见图 9-121）。但需要注意的是，虚拟机的存储不可以使用直通磁盘（Pass Through Disk）的类型。

那么存储实时迁移是如何运行的呢？以下为存储实时迁移的运行流程和示意图：

（1）启动存储实时迁移操作后，源端存储设备继续处理数据的「读写」操作。

（2）创建目标存储设备连接，并且将源端存储设备的数据「初始化复制」到目标存储设备中。

（3）初始化复制操作将源端数据复制到目标端设备后，数据的写入操作将执行「镜像」操作，同时在源端设备和目标端设备写入。

（4）当源端和目标端存储设备上的内容「完全一致」后，便会通知虚拟机将其虚拟存储连接切换到目标端存储设备上。

（5）当 VM 虚拟机顺利切换到目标端存储设备并且运行正常后，便会「删除」源端存储设备的数据，如果切换失败，则会放弃使用目标存储设备的数据，继续使用源端存储设备的数据。

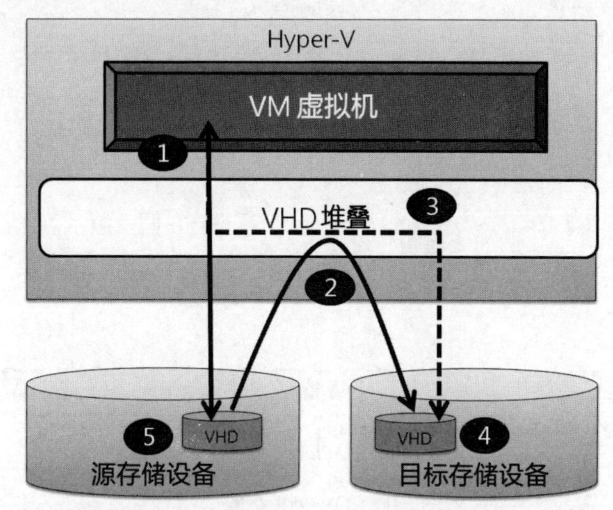

图片来源：Microsoft TechEd 2012 VIR309-What`s New in Windows Server 2012 Hyper-V, Part2（http://goo.gl/GDj7G）

图 9-121　存储实时迁移运行示意图

9-3-1　Hyper-V 存储设备迁移功能

在执行存储实时迁移之前，需要确认一下 Hyper-V 主机的存储迁移功能设置，请在 DC 主机中打开 Hyper-V 管理器，选择 Node1 主机后再选择「Hyper-V」设置选项。

在弹出的「Node1 的 Hyper-V 设置」窗口中，请选择「存储迁移」选项，「并行存储迁移」数值为 2，此数值表示您可以同时执行 2 个虚拟存储设备的实时迁移任务，如图 9-122 所示，理论上可以根据需要任意调整这个数值，最大可以设置为 1,999,999,999，它主要依赖于网络带宽和存储设备读写速度。因此请依据实际情况来调整此数值。

使用同样的方法，可以查看 Node2 主机的 Hyper-V 设置，如图 9-123 所示，依据实际的网络架构、存储设备负载能力和要迁移的虚拟机的虚拟硬盘空间大小等实际情况，查看和调整存储迁移中的并行存储迁移的值。

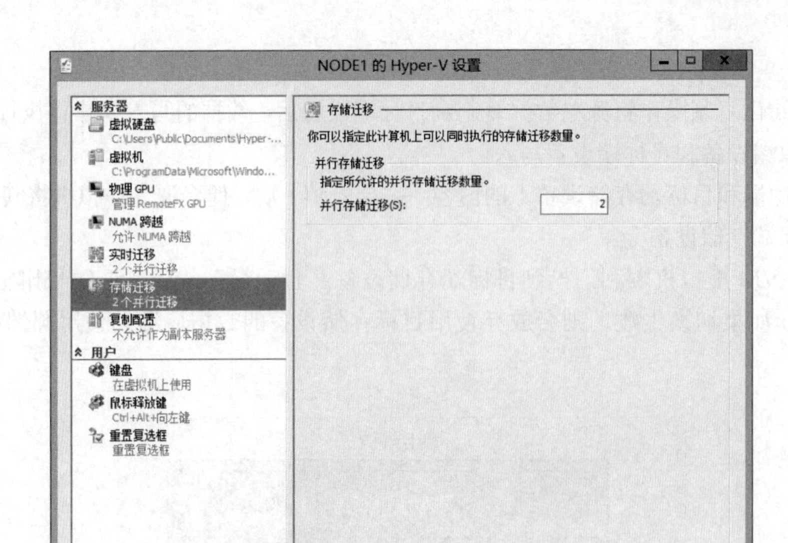

图 9-122　查看 Node1 主机存储实时迁移功能设置

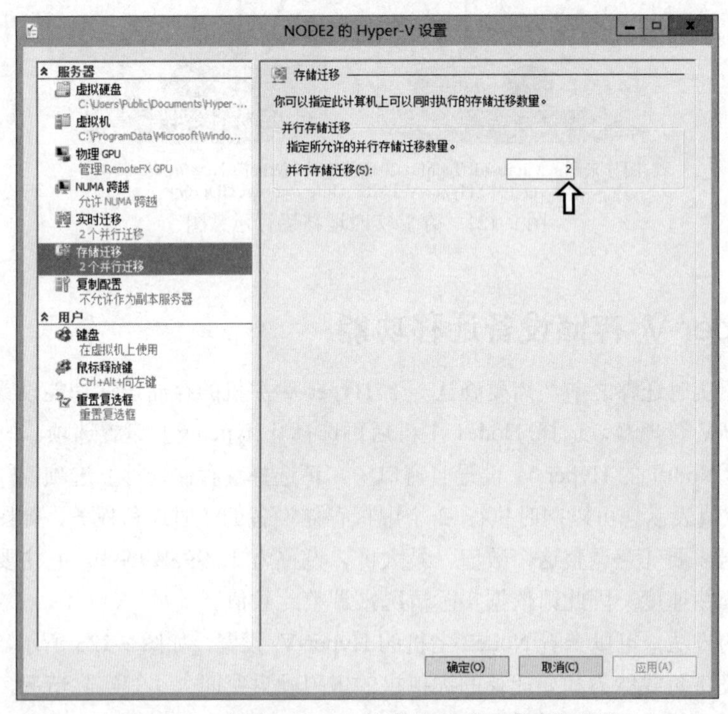

图 9-123　查看 Node2 主机存储实时迁移功能设置

9-3-2 实测存储实时迁移（Live Storage Migration）

目前虚拟机运行在 Node2 主机上，虚拟机的虚拟硬盘文件存放在 SMB 主机所共享的 SMB 文件共享中，接下来我们将测试在虚拟机运行的情况下，实时地将虚拟机的虚拟硬盘文件从「\\smb\vmpool」迁移到「Node2 主机的 C 盘」中。

执行虚拟机存储实时迁移前，我们提前准备测试环境，方便观察迁移过程的状态。请先在 DC 主机中打开命令提示符连续 ping 虚拟机，本书中输入「ping -t 10.10.75.224」，如图 9-124 所示。

```
选定 管理员: 命令提示符 - ping  -t 10.10.75.224

C:\>ping -t 10.10.75.224

正在 Ping 10.10.75.224 具有 32 字节的数据:
来自 10.10.75.224 的回复: 字节=32 时间<1ms TTL=128
来自 10.10.75.224 的回复: 字节=32 时间=1ms TTL=128
来自 10.10.75.224 的回复: 字节=32 时间=1ms TTL=128
来自 10.10.75.224 的回复: 字节=32 时间<1ms TTL=128
来自 10.10.75.224 的回复: 字节=32 时间=1ms TTL=128

微软拼音简捷 半 :
```

图 9-124　DC 主机连续 ping 执行存储迁移的虚拟机

在虚拟机中，您也可以连续 ping 某个外部主机的 IP 地址，本书中输入「ping -t 168.95.1.1」，用于观察存储实时迁移过程中是否会有掉包的情况，如图 9-125 所示。

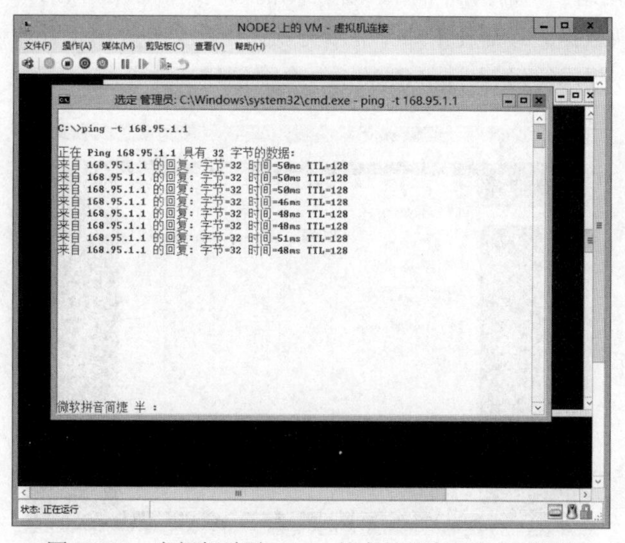

图 9-125　虚拟机连续 ping 某个外部主机的 IP 地址

除此之外在执行存储实时迁移过程中，我们会在 C 盘目录中创建「test」文件夹，并且在此文件夹中依次创建「1000 个大小为 1 KB」的文件来模拟存储实时迁移过程中数据写入的情况，因此请在虚拟机中再次打开一个命令提示符，先输入「md test>cd test」命令，创建 test 文件夹，并切换到该目录中，输入「for /l%i in（1,1,1000） do fsutil file createnew%i 1024」命令但先不要运行，稍后执行存储实时迁移程序时再运行，如图 9-126 所示。

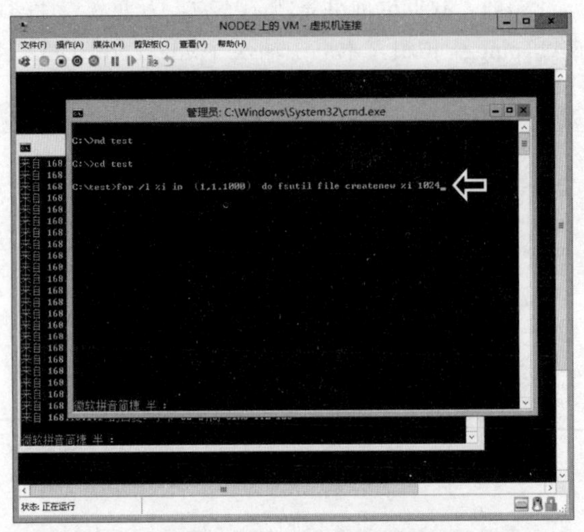

图 9-126　虚拟机执行存储实时迁移时模拟文件写入

接下来请切换到虚拟机运行的 Node2 主机上，打开任务管理器，切换到「性能」选项卡，查看当前的网络流量，如图 9-127 所示，并且稍后要在此查看执行存储实时迁移时是否真的使用了 VM Migration 网络。当前情况下网络流量非常低，少量的流量用于 Node2 主机与 SMB 文件共享主机之间交换数据。最后使用命令提示符创建一个文件夹用于存放稍后迁移过来的虚拟机文件，请打开命令提示符运行「md C:\VMs」命令创建文件夹。

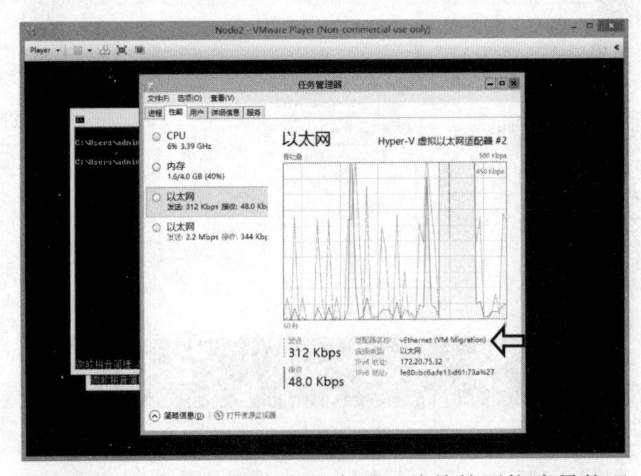

图 9-127　Node2 主机在存储实时迁移前的网络流量状况

在开始执行存储实时迁移以前，再次查看虚拟机的存储设置，确定当前虚拟机文件保存在SMB文件共享中打开虚拟机设置，便可以查看到虚拟硬盘、快照文件、智能分页处理文件，都存放在「\\smb\vmpool\VM」共享文件夹中，如图9-128所示。

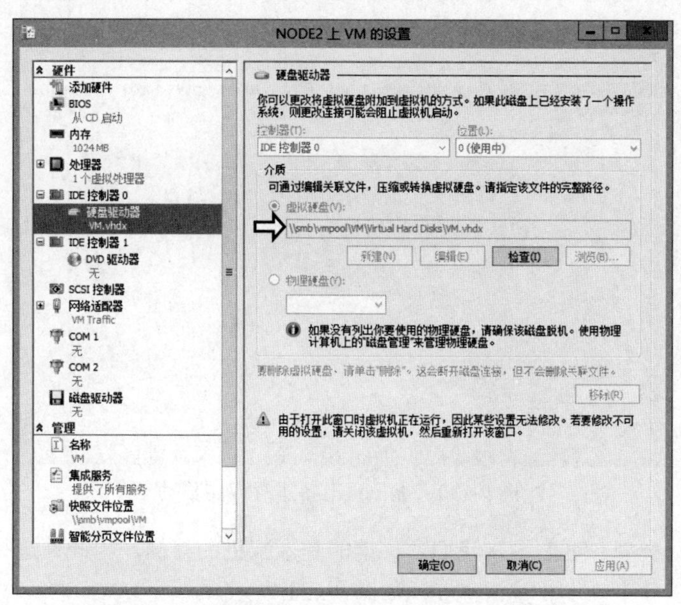

图9-128　虚拟机存储在\\smb\vmpool\VM文件夹中

所有的环境准备就绪后，就可以执行存储实时迁移的操作了。请在DC主机的「Hyper-V管理器」窗口中，右击虚拟机，在弹出菜单中选择「移动」选项，准备执行虚拟机存储实时迁移的操作，如图9-129所示。

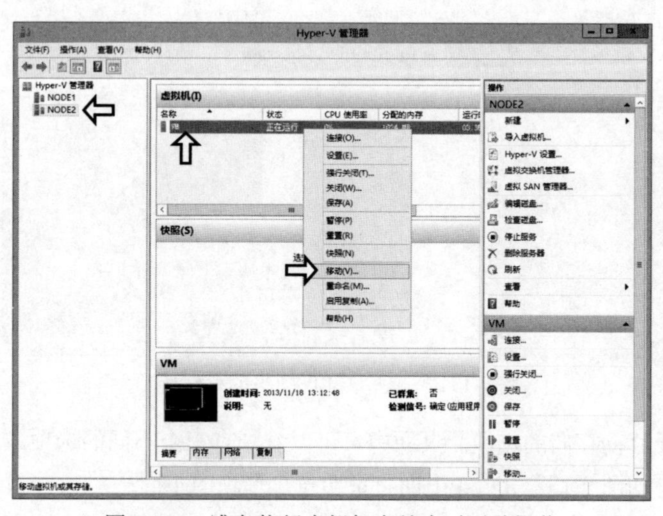

图9-129　准备执行虚拟机存储实时迁移操作

此时将会弹出「移动 VM 向导」窗口，确认要对虚拟机进行存储实时迁移后，单击「下一步」按钮继续，如图 9-130 所示。

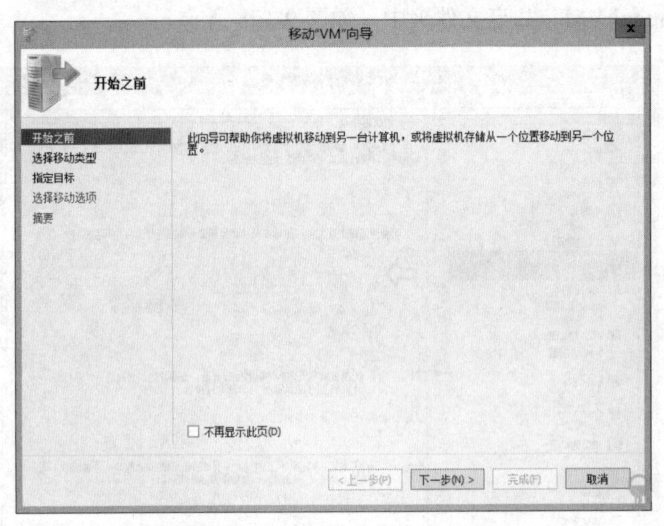

图 9-130　虚拟机准备进行存储移动

在「选择移动类型」页面中，我们要移动的是虚拟机的存储，因此请选择「移动虚拟机的存储」选项，单击「下一步」按钮继续，如图 9-131 所示。

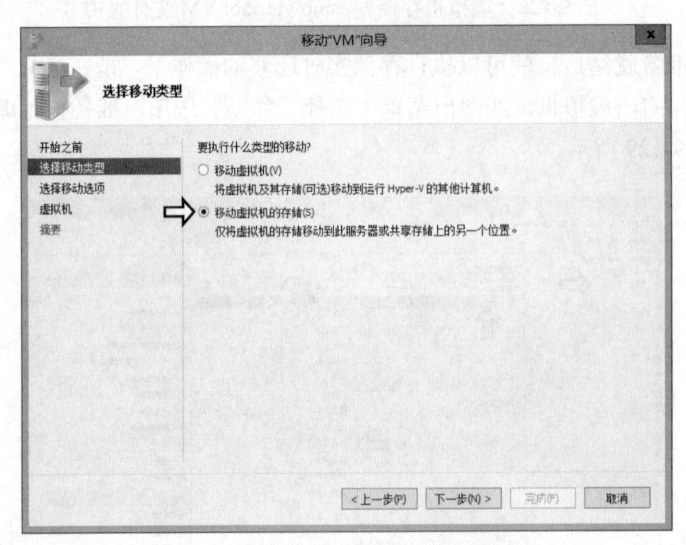

图 9-131　选择移动虚拟机的存储选项

在「选择用于移动存储的选项」页面中，可以看到有三个不同的选项，这三个选项都是移动虚拟机的存储，如图 9-132 所示。下面将说明每个选项的不同：

- 将虚拟机的所有数据移动到一个位置：将虚拟机的存储整体迁移，包括虚拟硬盘、配置文件、快照、智能分页等文件。

- 将虚拟机的数据移动到其他位置：将虚拟机不同类型的文件分开存储，例如可以把虚拟硬盘与快照存放在不同的存储路径中。
- 仅移动虚拟机的虚拟硬盘：顾名思义就是只移动虚拟机的虚拟硬盘文件。

此处演示，笔者选择第一项，也就是「将虚拟机的所有数据移动到一个位置」，接着单击「下一步」按钮继续。

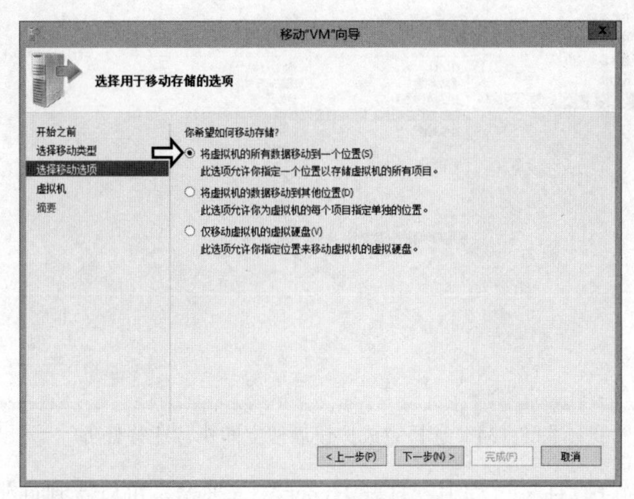

图 9-132　选择将虚拟机的所有数据移动到一个位置选项

在「为虚拟机选择新位置」页面中，单击「浏览」按钮选择要存放虚拟机文件的存储路径，请选择 Node2 主机的 C:\vms 文件夹，然后单击「选择文件夹」按钮，回到页面中确认无误后单击「下一步」按钮继续，如图 9-133 所示。

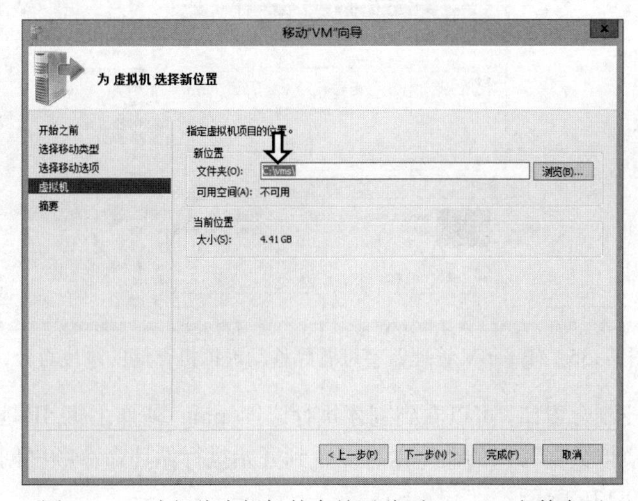

图 9-133　选择将虚拟机的存储迁移至 C:\vms 文件夹下

在「正在完成移动向导」页面中，会显示此次存储实时迁移的概要信息，也就是虚拟机的名称为「VM」，将会移动存储到的「新位置」，其中虚拟硬盘、当前配置、快照、智能分页都将存放在 C:\vms 文件夹下，确认后单击「完成」按钮便立即开始执行迁移任务，如图 9-134 所示。

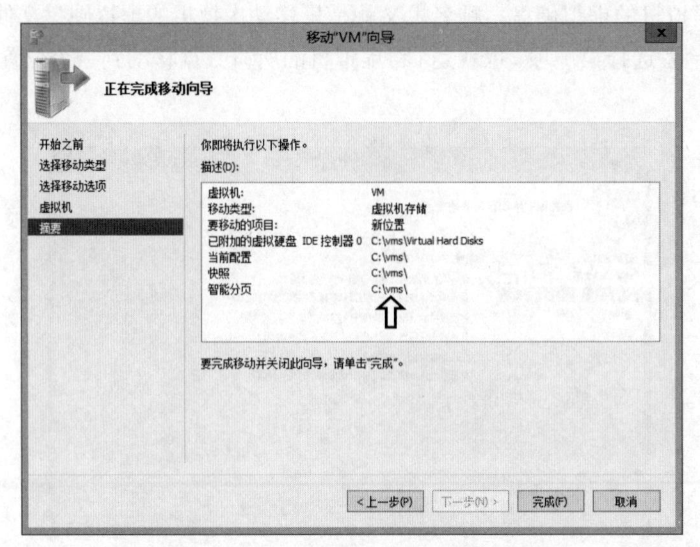

图 9-134　选择完成按钮后便立即执行迁移任务

在执行存储实时迁移任务过程中，打开 Hyper-V 管理器，可以看到目前移动虚拟机存储的进度百分比，并且在存储实时迁移过程中虚拟机仍然可以正常工作，如图 9-135 所示。

图 9-135　Hyper-V 管理器中可看到移动虚拟机存储的进度百分比

打开虚拟机的控制台窗口，可以看到刚才执行连续 ping 外部主机 IP 地址的操作正在不断执行中，接着运行模拟数据写入的命令，可以看到开始执行循环命令顺序创建 1～1000 个 1KB 大小的文件，如图 9-136 所示。

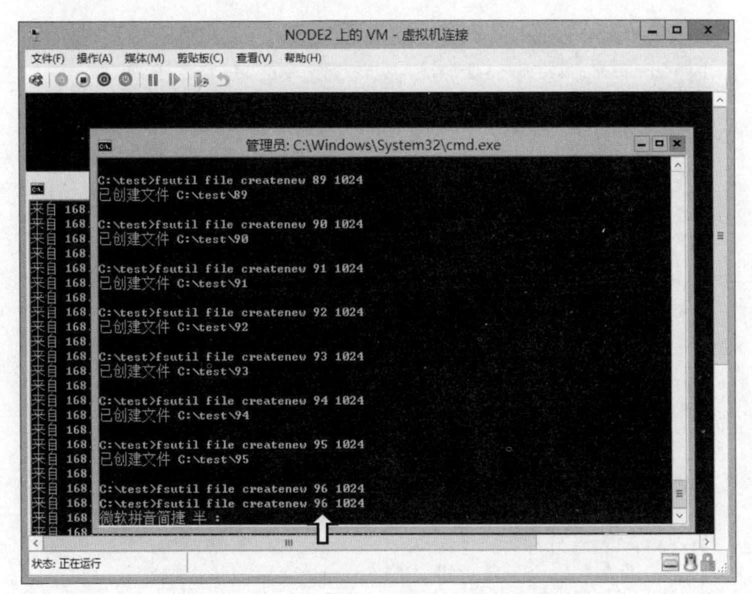

图 9-136　在存储实时迁移过程中模拟数据写入

切换到 Node2 主机中查看任务管理器中的网络功能，您可以看到专用于迁移流量的 VM Migration 网络流量大幅增长，说明正在将虚拟机的存储由原本的 SMB 文件共享实时迁移到 Node2 主机的 C 盘当中（别忘了此时文件仍在不断写入当中），如图 9-137 所示。

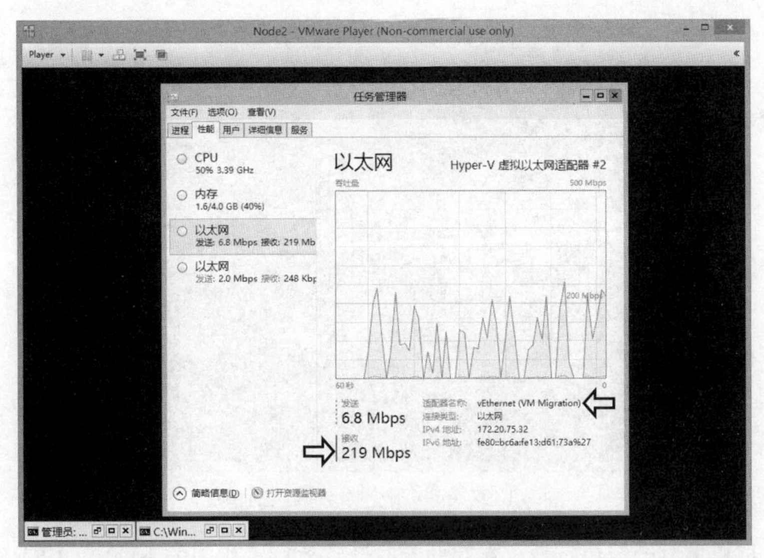

图 9-137　虚拟机的存储由 SMB 文件共享实时迁移到 Node2 主机 C 盘当中

切换到 SMB 主机查看任务管理器中的网络功能，同样的专用于迁移流量的 VM Storage 网络流量大幅增长，因为 Node2 主机正在复制文件，如图 9-138 所示。

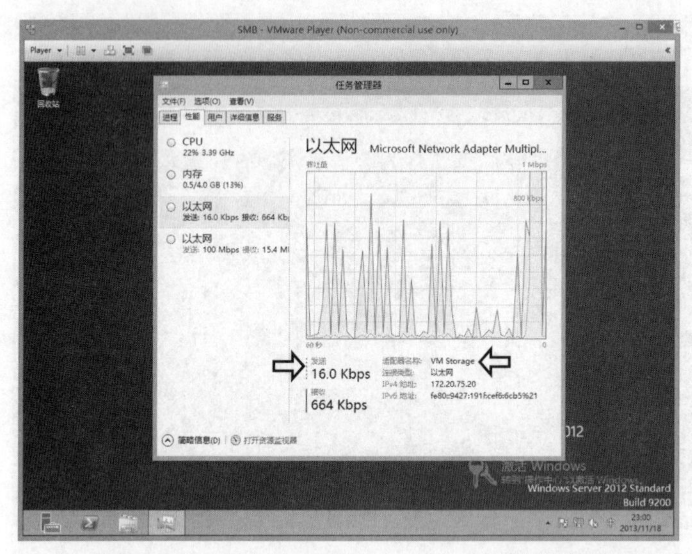

图 9-138　SMB 主机 VM Storage 网络流量大幅增长

当 Node2 主机顺利将虚拟机的存储迁移完成后，在切换虚拟存储的瞬间不论是 DC 主机对虚拟机的连续 ping 数据包，还是虚拟机对外的连续 ping 数据包都不会有掉包的情况，如图 9-139 所示，只是会有 ping 数据包的响应时间延长的现象发生，这是因为数据读写和多层虚拟化的原因。

```
管理员: 命令提示符 - ping 10.10.75.224 -t
来自 10.10.75.224 的回复: 字节=32 时间=3ms TTL=128
来自 10.10.75.224 的回复: 字节=32 时间=3ms TTL=128
来自 10.10.75.224 的回复: 字节=32 时间=2ms TTL=128
来自 10.10.75.224 的回复: 字节=32 时间=5ms TTL=128
来自 10.10.75.224 的回复: 字节=32 时间=3ms TTL=128
来自 10.10.75.224 的回复: 字节=32 时间=2ms TTL=128
来自 10.10.75.224 的回复: 字节=32 时间=2ms TTL=128
来自 10.10.75.224 的回复: 字节=32 时间=2ms TTL=128
来自 10.10.75.224 的回复: 字节=32 时间=2ms TTL=128
来自 10.10.75.224 的回复: 字节=32 时间=57ms TTL=128
来自 10.10.75.224 的回复: 字节=32 时间=39ms TTL=128
来自 10.10.75.224 的回复: 字节=32 时间=2ms TTL=128
来自 10.10.75.224 的回复: 字节=32 时间=5ms TTL=128
来自 10.10.75.224 的回复: 字节=32 时间=4ms TTL=128
来自 10.10.75.224 的回复: 字节=32 时间=4ms TTL=128
来自 10.10.75.224 的回复: 字节=32 时间=3ms TTL=128
来自 10.10.75.224 的回复: 字节=32 时间=2ms TTL=128
来自 10.10.75.224 的回复: 字节=32 时间=4ms TTL=128
来自 10.10.75.224 的回复: 字节=32 时间=2ms TTL=128
来自 10.10.75.224 的回复: 字节=32 时间=2ms TTL=128
来自 10.10.75.224 的回复: 字节=32 时间=3ms TTL=128
来自 10.10.75.224 的回复: 字节=32 时间=4ms TTL=128
来自 10.10.75.224 的回复: 字节=32 时间=3ms TTL=128
微软拼音简捷 半 :
```

图 9-139　ping 不会掉数据包的情况

切换到虚拟机控制台窗口查看，在存储实时迁移执行过程中的 1000 个 1 KB 的文件也已经顺利创建完成，如图 9-140 所示。

回到 Hyper-V 管理器中，右击虚拟机后选择「设置」选项，再次查看虚拟机的存储是否真的已经迁移了，可以看到虚拟硬盘、快照文件、智能分页文件，都从原来存放的「\\smb\vmpool\

VM」路径顺利迁移到了「C:\vms」文件夹中，如图 9-141 所示。

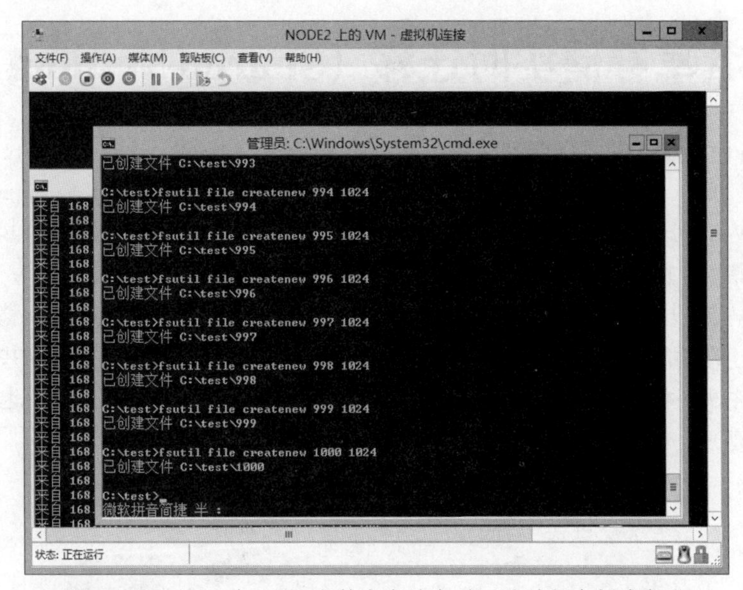

图 9-140　1000 个 1 KB 文件在存储实时迁移过程中创建完成

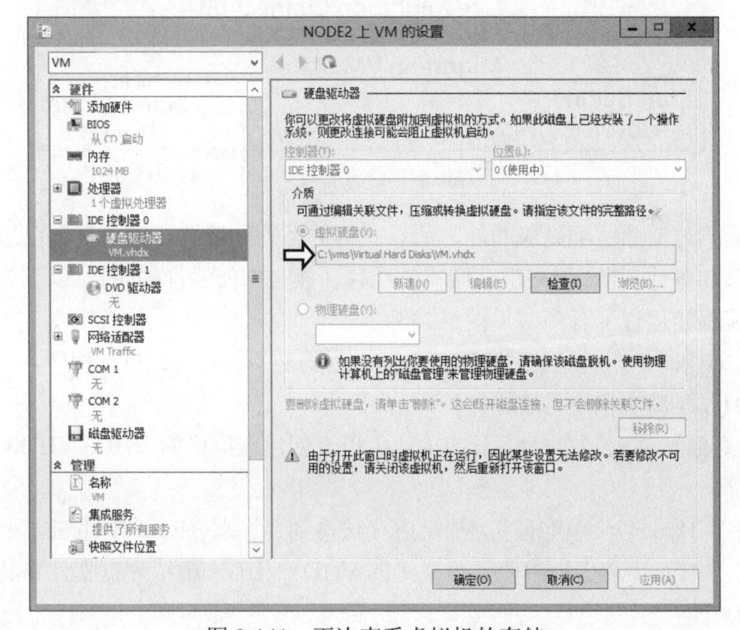

图 9-141　再次查看虚拟机的存储

是的!! 我们又在轻松简单的过程中完成了虚拟机存储实时迁移的任务!! 没错!! 经过前面正确的设置要实现存储实时迁移真的很容易对吧。那么我们就继续进入下一个高级功能，无共享存储实时迁移吧!!

9-4 无共享存储实时迁移（Shared-Nothing Live Migration）

在 Hyper-V 2.0 虚拟化平台，除了需要配置故障转移群集、群集共享磁盘环境之外，还一定要有「共享存储」才能实现实时迁移的功能。

在 Hyper-V 3.0 虚拟化平台，即使没有共享存储也能将虚拟机由主机 A 迁移至主机 B。无共享存储实时迁移功能结合了实时迁移和存储实时迁移两项功能，不需要依靠共享存储便可实现，所以它的先决条件是只要符合实时迁移和存储实时迁移即可，但是很重要也很容易被忘记的前提是必需要两台物理主机在「同一个域」中才行，如图 9-142 所示。

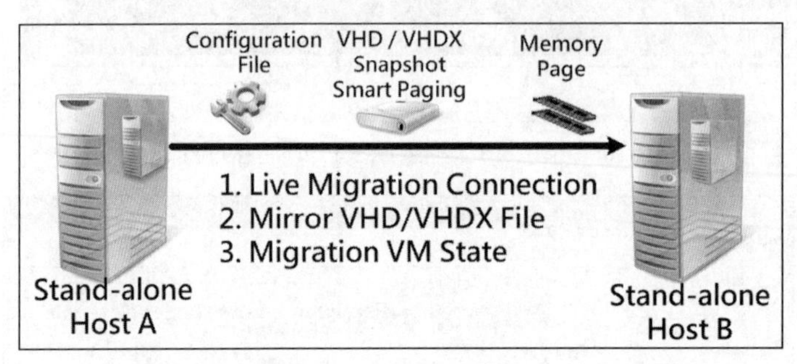

图 9-142 无需共享存储设备便可运行实时迁移

因为已经演示过前面两项高级功能，所以我们的运行环境和相关条件都已经符合执行无共享存储实时迁移的条件，那么无共享存储实时迁移功能是如何运行的呢？ 以下为无共享存储实时迁移的运行流程和运行示意图（见图 9-143）：

（1）源端 Hyper-V 主机通过 VMMS 服务，也就是 vmms.exe 执行程序，启用实时迁移连接机制与目标 Hyper-V 主机进行连接。

（2）通过存储迁移机制在目标 Hyper-V 主机上创建虚拟机的 VHD / VHDX 虚拟硬盘文件和其他存储文件。

（3）从源端 Hyper-V 主机迁移虚拟机内存状态到目标端 Hyper-V 主机。

（4）从源端 Hyper-V 主机中删除虚拟机的 VHD / VHDX 虚拟硬盘文件和其他存储文件，完成后中断实时迁移连接。

9-4-1 Hyper-V 主机实时迁移/存储设备迁移功能

我们已经了解了无共享存储实时迁移本质上是一次执行两个迁移任务，也就是结合了实时

迁移 +存储实时迁移功能，因此在执行前请再次通过 Hyper-V 管理器确认 Node1 和 Node2 主机是否启用了「实时迁转和存储设备迁移」功能，如图 9-144 和图 9-145 所示。

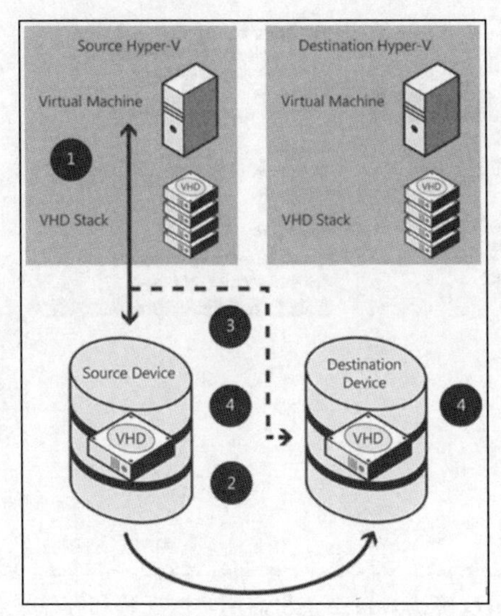

图片来源：TechNet Wiki-Windows Server 8 Hyper-V（http://goo.gl/LQAb5）

图 9-143　无共享存储实时迁移运行示意图

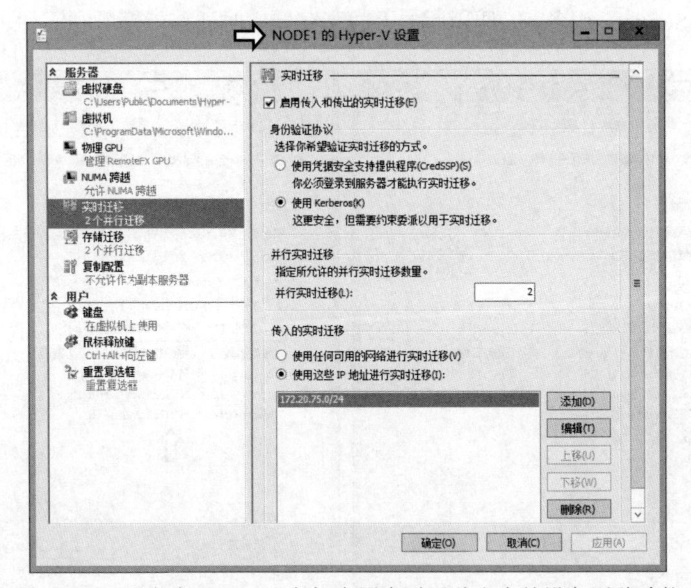

图 9-144　再次确认 Node1 主机启用实时迁移和存储设备迁移功能

同时在之前的准备工作中我们已经设置好委派服务，所以再次确认在 Active Directory 用户和计算机中 Node1 主机委派设置，是否允许信任 Node2 主机的 cifs、Microsoft Virtual System Migration Service 服务，如图 9-146 所示。

图 9-145　再次确认 Node2 主机启用实时迁移和存储设备迁移功能

同样的在 Node2 主机的委派设置中，也必需要允许信任 Node1 主机的「cifs、Microsoft Virtual System Migration Service」服务，以便稍后的无共享存储实时迁移能够顺利运行，如图 9-147 所示。

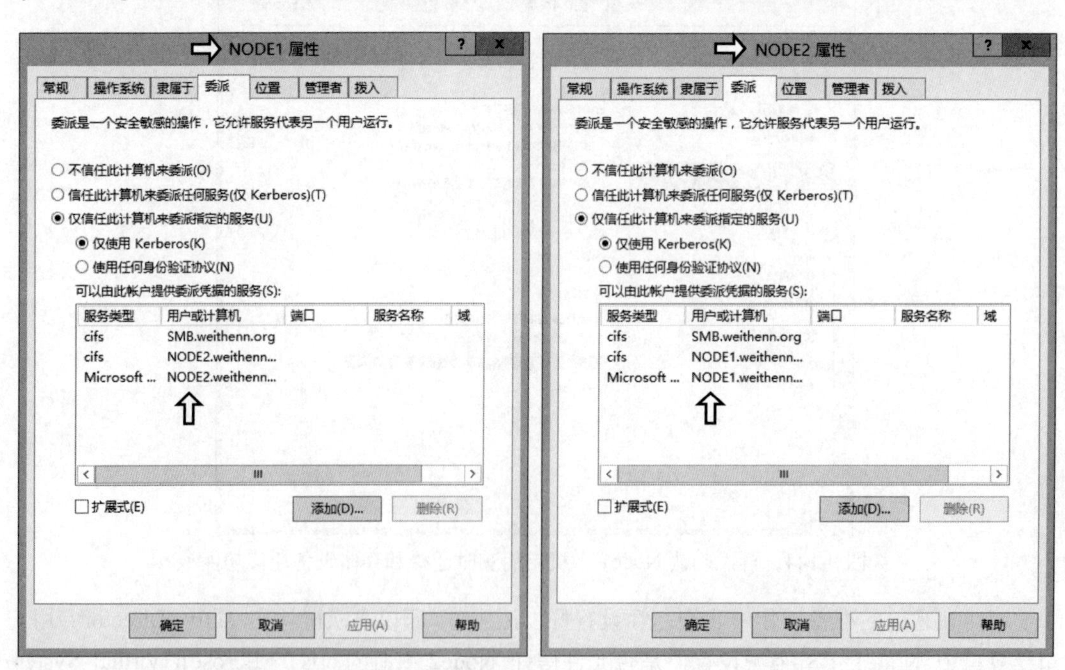

图 9-146　Node1 主机信任 Node2 主机委派服务　　图 9-147　Node2 主机信任 Node1 主机委派服务

9-4-2 实测无共享存储实时迁移（Shared-Nothing Live Migration）

目前虚拟机运行在 Node2 主机上，而该台虚拟机的虚拟硬盘、配置文件集、快照、智能分页等文件也都存储在 Node2 主机上。现在我们就测试在虚拟机运行的情况下，在线不中断地将虚拟机迁移到 Node1 主机中。

在开始执行虚拟机存储实时迁移前，先准备好测试环境，以便观察整个迁移过程，同样地先在 DC 主机中打开命令提示符连续 ping 虚拟机，本书演示中输入「ping -t 10.10.75.224」，如图 9-148 所示。

```
选定 管理员: 命令提示符 - ping 10.10.75.224 -t
来自 10.10.75.224 的回复: 字节=32 时间=1ms TTL=128
来自 10.10.75.224 的回复: 字节=32 时间<1ms TTL=128
来自 10.10.75.224 的回复: 字节=32 时间<1ms TTL=128
来自 10.10.75.224 的回复: 字节=32 时间<1ms TTL=128
来自 10.10.75.224 的回复: 字节=32 时间=8ms TTL=128
来自 10.10.75.224 的回复: 字节=32 时间=1ms TTL=128
来自 10.10.75.224 的回复: 字节=32 时间=1ms TTL=128
来自 10.10.75.224 的回复: 字节=32 时间=1ms TTL=128
来自 10.10.75.224 的回复: 字节=32 时间=1ms TTL=128
来自 10.10.75.224 的回复: 字节=32 时间<1ms TTL=128
来自 10.10.75.224 的回复: 字节=32 时间=1ms TTL=128
来自 10.10.75.224 的回复: 字节=32 时间=1ms TTL=128
来自 10.10.75.224 的回复: 字节=32 时间<1ms TTL=128
来自 10.10.75.224 的回复: 字节=32 时间=1ms TTL=128
来自 10.10.75.224 的回复: 字节=32 时间=1ms TTL=128
来自 10.10.75.224 的回复: 字节=32 时间=1ms TTL=128
来自 10.10.75.224 的回复: 字节=32 时间<1ms TTL=128
来自 10.10.75.224 的回复: 字节=32 时间=1ms TTL=128
来自 10.10.75.224 的回复: 字节=32 时间=1ms TTL=128
来自 10.10.75.224 的回复: 字节=32 时间<1ms TTL=128
来自 10.10.75.224 的回复: 字节=32 时间=5ms TTL=128
来自 10.10.75.224 的回复: 字节=32 时间=3ms TTL=128
来自 10.10.75.224 的回复: 字节=32 时间<1ms TTL=128
微软拼音简捷 半 :
```

图 9-148 DC 主机连续 ping 运行中的虚拟机

在虚拟机中也可以模拟连续的对外连接，例如连续 ping 某个外部主机 IP 地址，本书演示中输入「ping -t 168.95.1.1」，以便查看执行无共享存储实时迁移时是否会有掉包的情况。当然也可以先将 test 文件夹中上一个演示创建的文件清空，先执行命令「del *」清空文件，然后再次输入「for /l%i in（1,1,1000） do fsutil file createnew%i 1024」命令，先不要执行，等待执行无共享存储实时迁移程序时再执行，如图 9-149 所示。

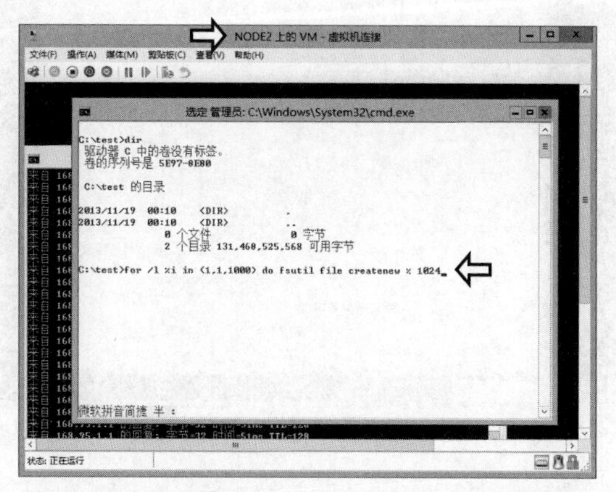

图 9-149 虚拟机执行无共享储存实时迁移时模拟文件写入

切换到 Node1 主机，打开任务管理器查看当前的网络流量，可以看到当前 Node1 主机上没有运行任何虚拟机，所以并没有任何流量产生，如图 9-150 所示。打开命令提示符输入「md C:\VMs」命令创建文件夹，用于存放由 Node2 主机迁移过来的虚拟机。

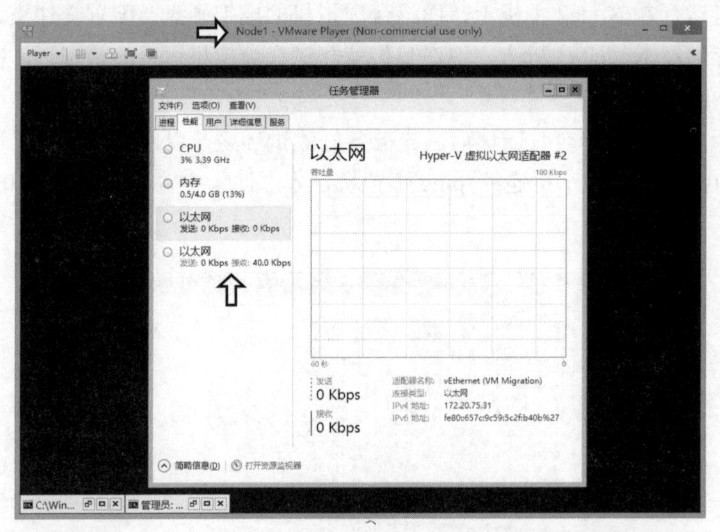

图 9-150　Node1 主机在无共享存储实时迁移前的网络流量状况

接着切换到 Node2 主机上，在任务管理器中查看当前的网络流量，可以看到 VM Migration 网络是没有流量的，如图 9-151 所示，因为刚才已经将虚拟机的存储由 SMB 文件共享迁移到 Node2 主机的 C 盘当中，因此只有 VM Traffic 会有网络流量。

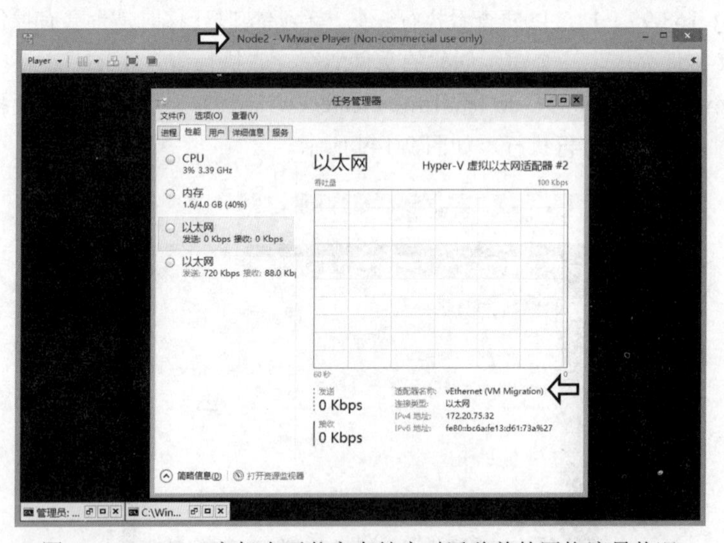

图 9-151　Node2 主机在无共享存储实时迁移前的网络流量状况

在开始执行无共享存储实时迁移前，可以再次查看虚拟机的设置，确定虚拟机的存储（虚拟硬盘、快照文件、智能分页处理文件等存储资源）都在 Node2 主机中，并且目前运行在 Node2 主机之上（计算资源），如图 9-152 所示。

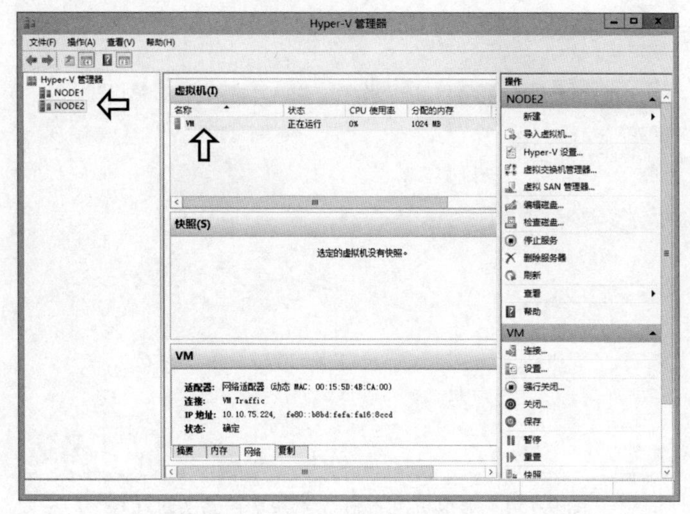

图 9-152　虚拟机运行在 Node2 主机上

一切准备就绪后就来执行无共享存储实时迁移的操作吧。在 DC 主机的「Hyper-V 管理器」窗口中，右击虚拟机并在弹出菜单中选择「移动」选项，准备执行虚拟机无共享存储实时迁移，如图 9-153 所示。

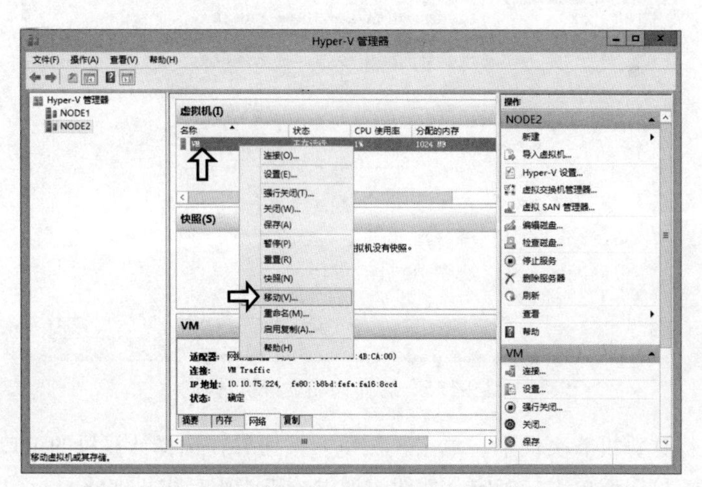

图 9-153　准备执行 VM 虚拟机无共享存储实时迁移

此时会弹出移动向导窗口，确认要对虚拟机进行无共享存储实时迁移，单击「下一步」按钮继续，如图 9-154 所示。

在「选择移动类型」页面中，由于我们是要将虚拟机的计算和存储资源由主机 Node2 迁移到 Node1，因此选择「移动虚拟机」选项后单击「下一步」按钮继续，如图 9-155 所示。

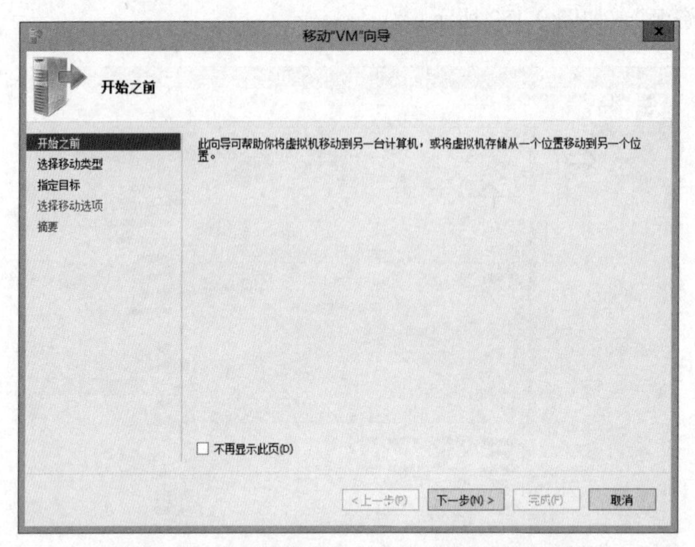

图 9-154　虚拟机准备进行无共享存储实时迁移

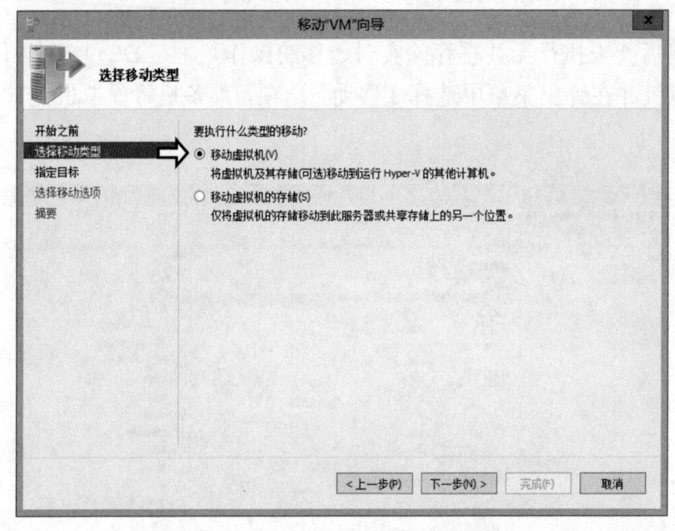

图 9-155　选择移动虚拟机选项

在「指定目标计算机」页面中，单击「浏览」按钮并在选择计算机的窗口中输入 node1，单击「检查名称」按钮后单击「确定」按钮，通过检查步骤后主机名将显示为 Node1 并返回窗口，单击「下一步」按钮继续，如图 9-156 所示。

在「选择移动选项」页面中，此次我们是要将虚拟机的计算和存储资源由 Node2 主机迁移到 Node1 主机，因为分别存储在 Node 主机的 C 盘当中，而并非是共享存储资源，所以将虚拟机的文件分开存储在 Node1、Node2 主机中是无法正常运行的，因此只能选择第一个选项「将虚拟机的数据移动到一个位置」，也就是将虚拟机的文件（包括虚拟硬盘、配置文件、快照、智能分页）存储在同一个主机上，单击「下一步」按钮继续，如图 9-157 所示。

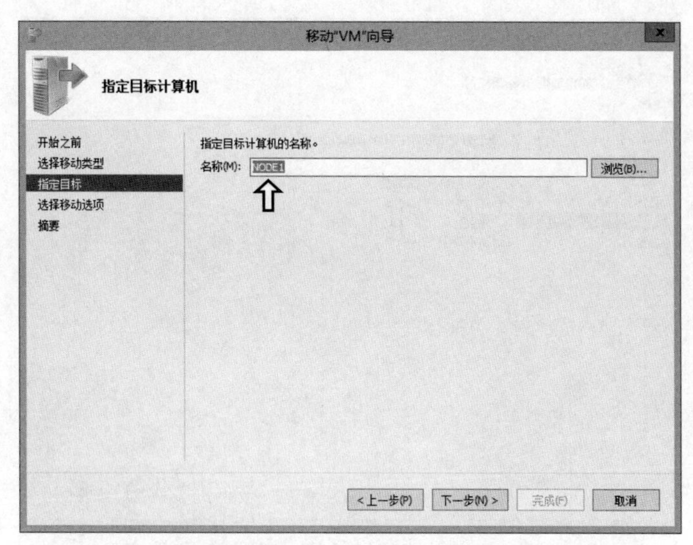

图 9-156　指定虚拟机无共享存储实时迁移的目标计算机

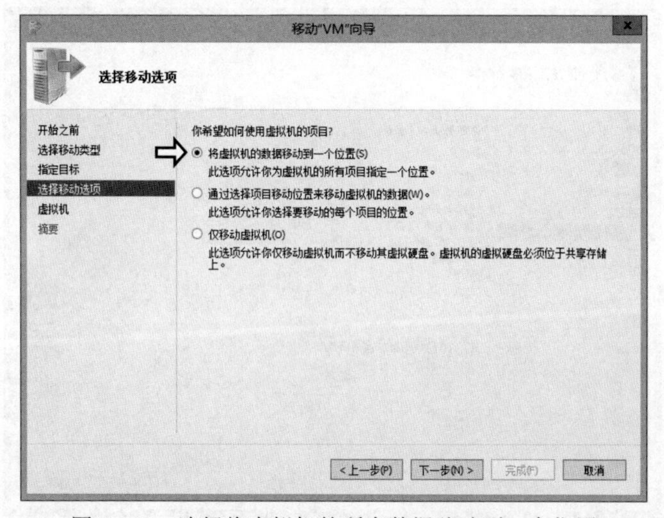

图 9-157　选择将虚拟机的所有数据移动到一个位置

在「为虚拟机选择新位置」页面中，单击「浏览」按钮，并在弹出窗口中选择要保存虚拟机的路径，请选择 Node1 主机的 C:\vms 文件夹，回到页面中确认无误后单击「下一步」按钮继续，如图 9-158 所示。

在「正在完成移动向导」页面中，会显示此次头共享存储实时迁移的概要信息，也就是虚拟机的名称为「VM」，移动类型为虚拟机和存储，目标计算机为「Node1」，虚拟硬盘、当前配置、快照、智能分页都存放在 C:\vms 文件夹下，确认要执行无共享存储实时迁移后单击「完成」按钮便立即执行无共享存储实时迁移任务，如图 9-159 所示。

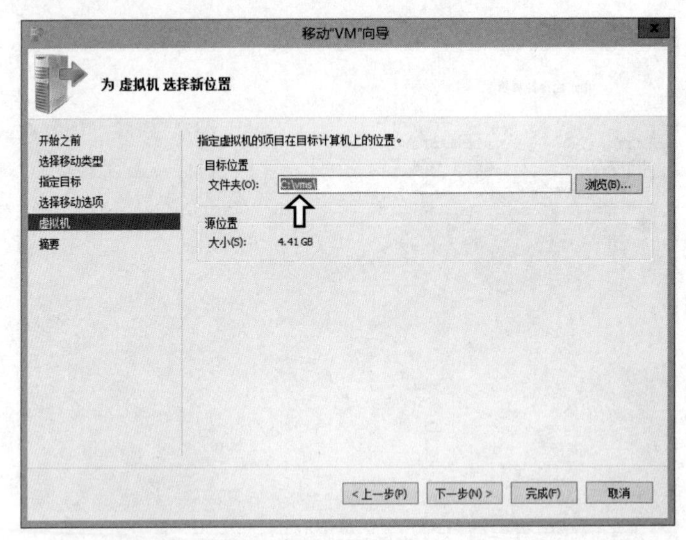

图 9-158　选择将虚拟机迁移到 C:\VMs 文件夹下

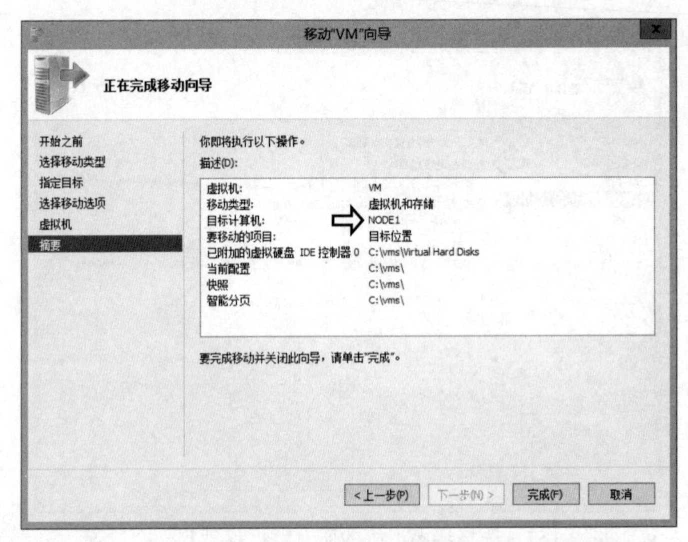

图 9-159　选择完成按钮便立即执行无共享存储实时迁移任务

在执行无共享存储实时迁移任务过程中，打开「Hyper-V 管理器」窗口，可以看到目前移动虚拟机和存储的进度百分比，当然在迁移过程中虚拟机仍然可以正常进行操作，如图 9-160 所示。

打开虚拟机的控制台窗口，可以看到刚才执行连续 ping 外部主机 IP 地址的操作正在不断执行中，接着将刚才准备好的模拟数据写入的命令按下 Enter 键开始执行，可以看到开始循环创建 1～1000 个 1 KB 大小的文件，如图 9-161 所示。

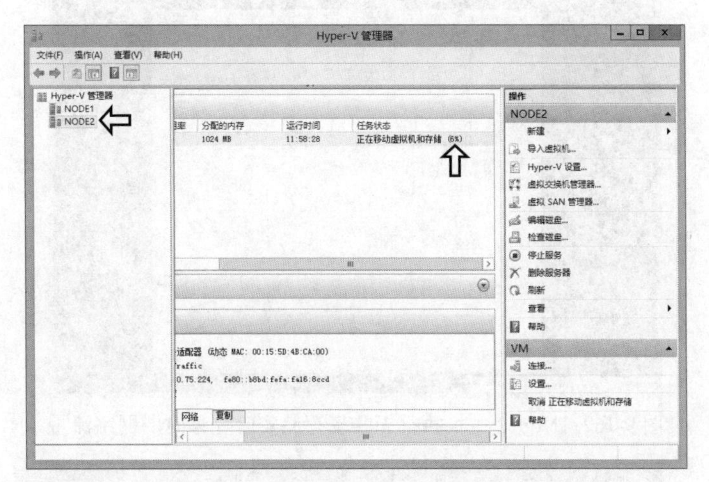

图 9-160　在 Hyper-V 管理器中可看到移动虚拟机的进度百分比

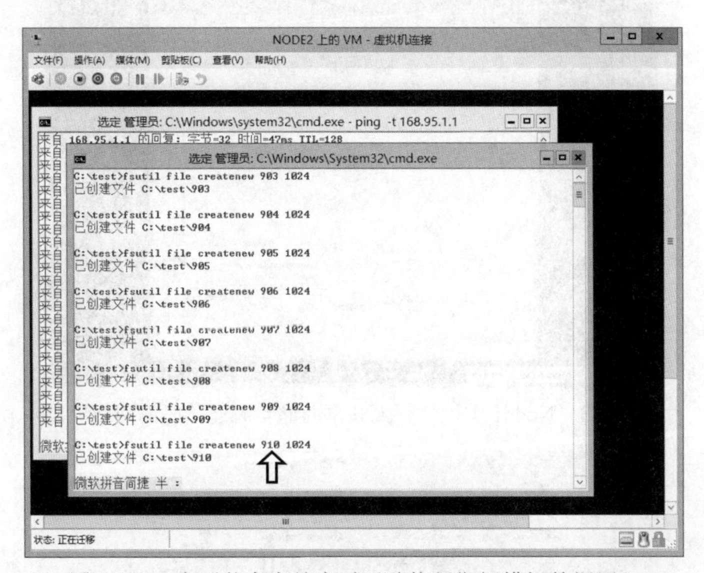

图 9-161　在无共享存储实时迁移执行期间模拟数据写入

此时切换到 Node2 主机中查看任务管理器中的网络功能，可以看到我们所规划的专用于迁移流量的 VM Migration 大幅增长中，表示正在将虚拟机的计算和存储资源实时迁移到 Node1 主机的 C 盘当中，如图 9-162 所示。

接着切换到 Node1 主机查看任务管理器中的网络功能，同样的专用于迁移流量的 VM Migration 流量大幅增长中，因为它正从 Node2 主机复制文件，如图 9-163 所示。

当然在执行无共享存储实时迁移期间 DC 主机对虚拟机的连续 ping 数据包也是不会掉包的，只是偶尔会有数据包响应时间延长的现象，如图 9-164 所示。

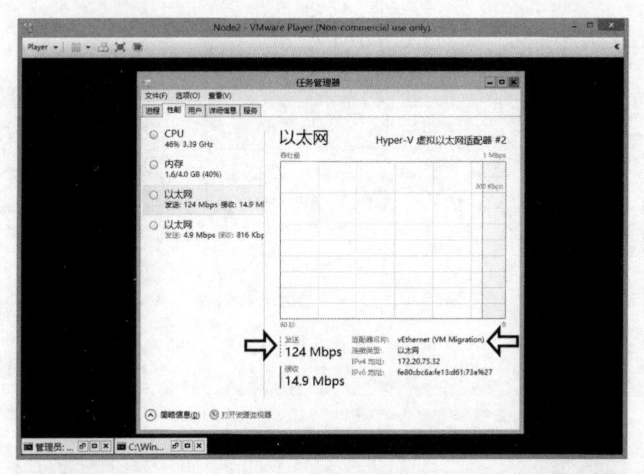

图 9-162　Node2 主机执行无共享存储实时迁移时的网络流量

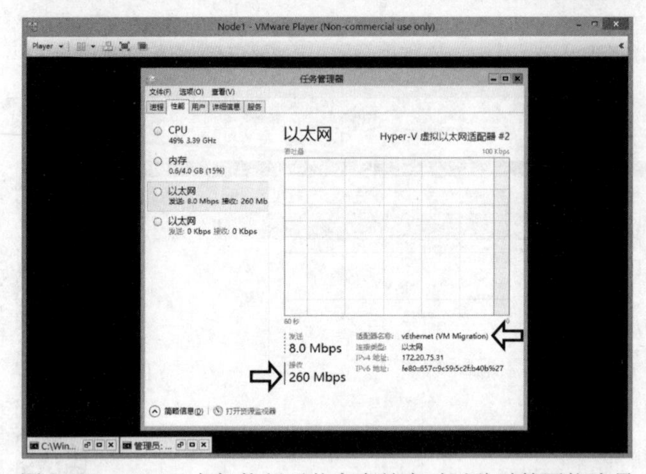

图 9-163　Node1 主机执行无共享存储实时迁移时的网络流量

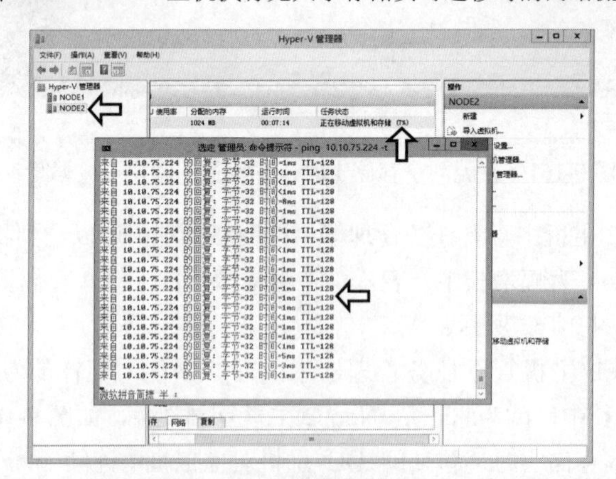

图 9-164　执行无共享存储实时迁移期间 ping 数据包不会掉包

在传送完虚拟机内存状态和存储资源时，即虚拟机从 Node2 主机切换到 Node1 主机的「瞬间」，您会看到在 DC 主机中，对虚拟机的连续 ping 数据包掉了「1～3 个」，如图 9-165 所示。这是因为虚拟机迁移到不同的 Host 主机 MAC 地址发生了改变，因为交换机要更新其 MAC 地址表所导致，并且因为本书环境是多层虚拟化的关系才会掉这么多数据包，在实际运行环境中是不会掉任何数据包或者最多掉一个数据包才对!! 如果您已经打开了虚拟机控制台的话，在切换 Host 主机的瞬间会看到画面闪一下，并且由 Node2 切换为 Node1。

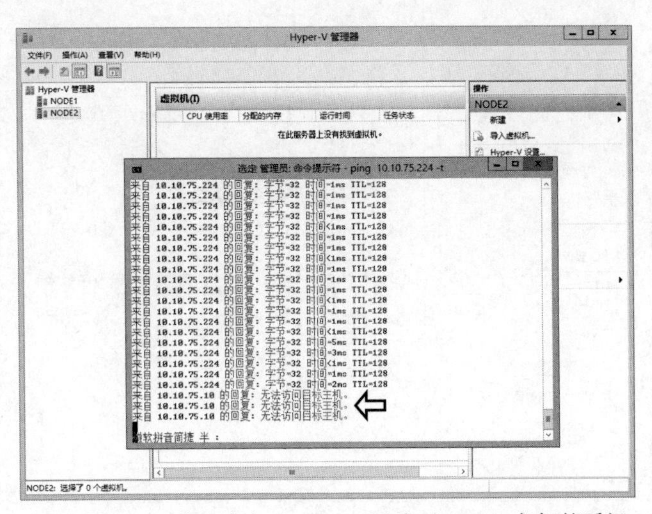

图 9-165　VM 虚拟主机由 Node2 迁移至 Node1 主机的瞬间

接着在 Hyper-V 管理器中选择 Node1 主机，您可以看到虚拟机的计算和存储资源已经顺利地从 Node2 主机移动到 Node1 主机上继续运行，而 1000 个 1 KB 文件在无共享存储实时迁移过程中当然也顺利创建完成，如图 9-166 所示。

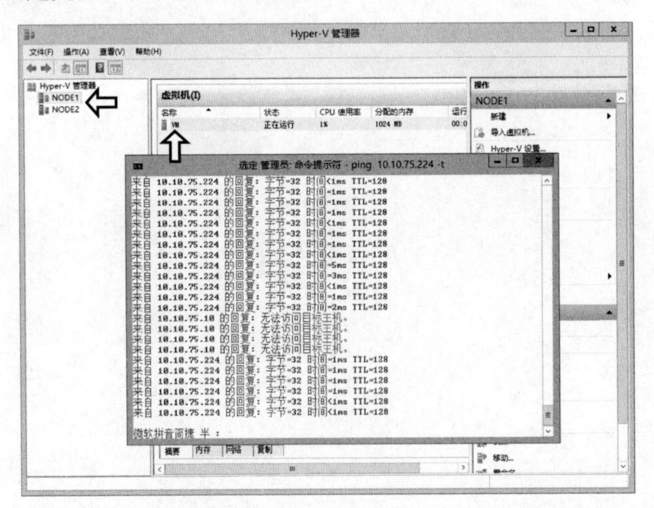

图 9-166　虚拟机已经顺利移动到 Node1 主机上继续运行

当我们查看虚拟机的存储时，可以看到虚拟硬盘、快照文件、智能分页处理文件，从 Node2 主机的 C:\vms 迁移到当前的 Node1 主机的「C:\vms」文件夹中，如图 9-167 所示。

图 9-167　查看虚拟机的存储

我们再一次在轻松简单的过程中完成了虚拟机无共享存储实时迁移的任务!! 没错!! 经过前面正确的设置要实现无共享存储实时迁移真的很容易。那么我们继续进入下一个高级操作「Hyper-V 复制（Hyper-V Replica）」吧!!

Chapter 10

异地备份解决方案

从如何启动 Hyper-V 主机副本机制开始，到针对要进行保护的 VM 虚拟机启用复制机制，完成资料复制后进行测试故障转移、计划性故障转移、非计划性故障转移等各种机制的演练测试。您将会体验到 Hyper-V 副本确实是「保持业务连续性以及异地备份（Business Continuity and Disaster Recovery，BCDR）」的解决方案。

10-1 Hyper-V 复制（Hyper-V Replica）

「Hyper-V 复制」是 Windows Server 2012 中才有的 Hyper-V 服务器角色，也就是 Hyper-V 3.0 虚拟化平台中才有此功能，在 Hyper-V 2.0 中并没有此角色。简单来说 Hyper-V 复制是保持业务连续性和异地备灾（Business Continuity and Disaster Recovery，BCDR）的解决方案。

Hyper-V 复制功能允许虚拟机运行在「主要站点（Primary Site）」，通过异步传输功能同步到「复制站点（Replica Site）」，以便运行在主要站点上的虚拟机发生灾难时，可以在最短的时间内让复制站点上的虚拟机接管原有服务，如图 10-1 所示。

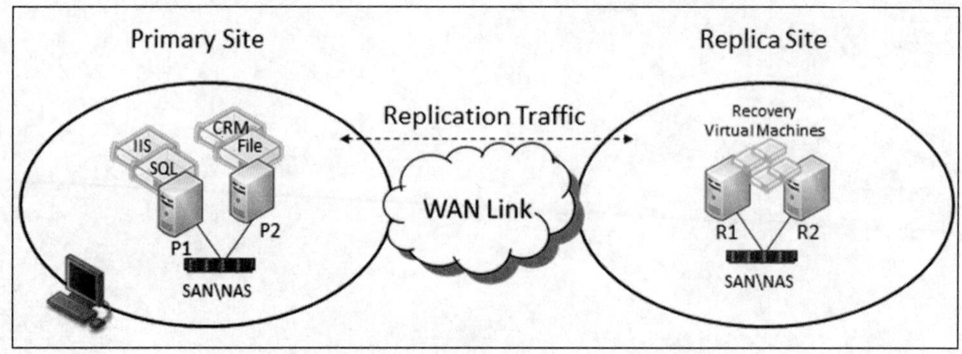

图片来源：Understand and Troubleshoot Hyper-V Replica in Windows Server 8 Beta（http://goo.gl/gU0V7）

图 10-1　Hyper-V 复制功能原理示意图

那么 Hyper-V 复制功能整体是怎么运行的并且如何实现计划性容错和具备哪些特性：

- 使用「快照」和「异步」的方式进行数据传输，一般情况下，「5～10 分钟」会将数据传输一次。
- 主要和复制站点之间「不需要」共享存储设备或者特定的存储设备。
- 支持独立服务器和故障转移群集的运行环境，两种环境的混合也支持，所以主机可以处于同一域内或者不需要加入域。
- 主要和复制站点之间可以位于同一个局域网内或是地理上相隔遥远。
- 支持「测试故障转移」机制，以方便您测试复制同步后的虚拟机是否能够正常运行。
- 支持「计划内故障转移」机制（不会发生数据丢失的情况!!），任何未复制的变更数据都会先复制到复制站点中的虚拟机后才能执行故障转移，属于「虚拟机级别」的保护机制。
- 支持「计划外故障转移」机制（可能发生数据丢失的情况!!），在 Hyper-V 物理主机发生无预警的灾难状况时进行虚拟机的故障转移，属于「Hyper-V 主机级别」的保护机制。

图 10-2 至图 10-4 分别为 Hyper-V 复制运行、组件架构和通信架构示意图。

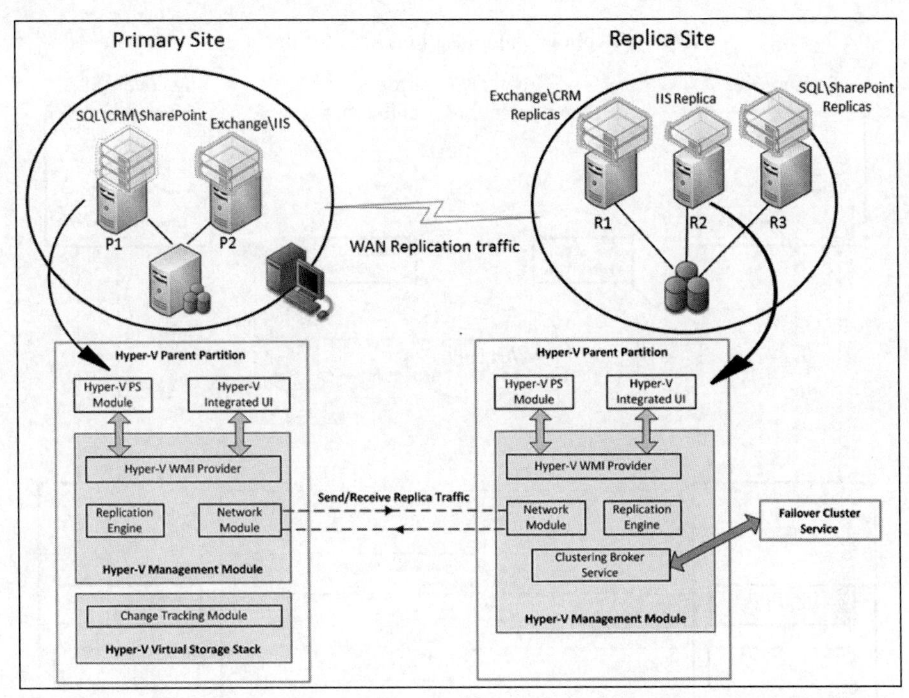

图片来源：Understand and Troubleshoot Hyper-V Replica in Windows Server 8 Beta（http://goo.gl/gU0V7）

图 10-2　Hyper-V 复制运行示意图

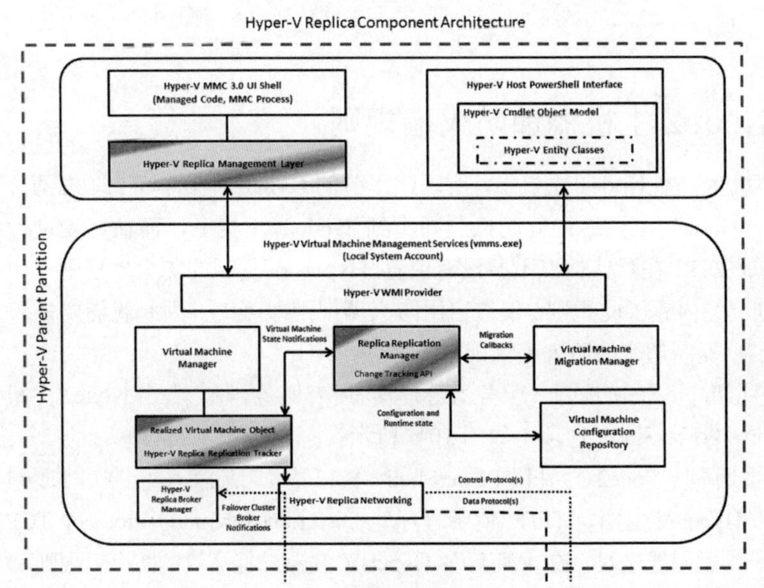

图片来源：Understand and Troubleshoot Hyper-V Replica in Windows Server 8 Beta（http://goo.gl/gU0V7）

图 10-3　Hyper-V 复制组件架构示意图

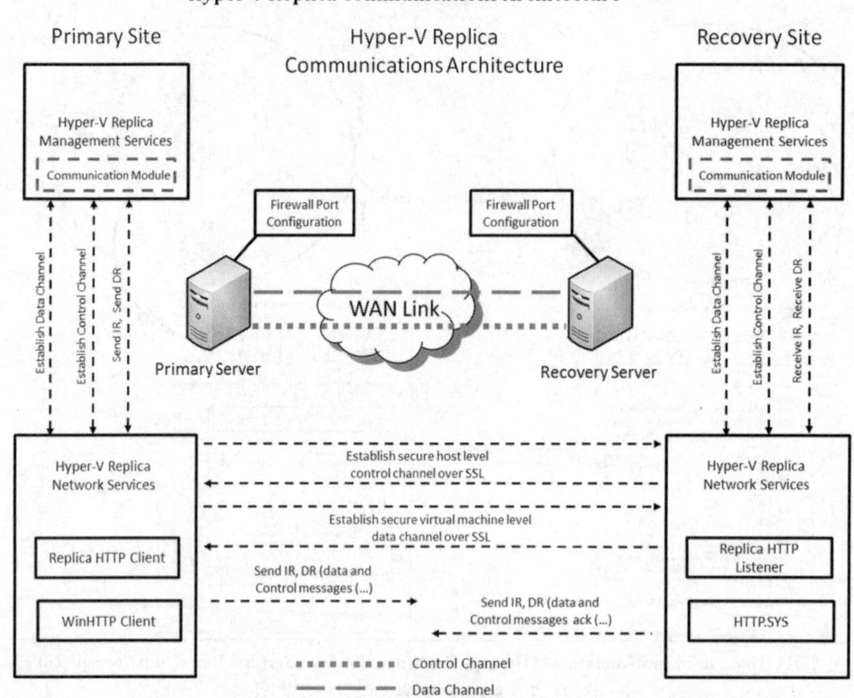

图片来源：Understand and Troubleshoot Hyper-V Replica in Windows Server 8 Beta（http://goo.gl/gU0V7）

图 10-4　Hyper-V 复制通信架构示意图

10-1-1　Node2 主机添加防火墙规则

目前虚拟机运行在 Node1 主机中，所以在本节的 Hyper-V 复制高级功能演示中，我们将虚拟机由原本的 Node1 主机通过复制机制同步到 Node2 主机上，而在开始进行设置以前因为 Hyper-V Server 2012 在默认情况下并没有内置 Hyper-V 复制的防火墙规则（如果是 Windows Server 2012 则已经内置了此规则，仅需启用防火墙规则即可!!），因此我们要先为 Node2 主机创建用于 Hyper-V 复制功能的防火墙规则。

请在 DC 主机中、依次选择「服务器管理器>所有服务器」，右击 Node2 主机，在弹出菜单中选择 Windows PowerShell 选项，如图 10-5 所示。

在打开的远程 Node2 主机 PowerShell 窗口中，请输入命令「New-NetFirewallRule -DisplayName "Hyper-V 副本 HTTP 侦听程序" -Direction Inbound -Protocol TCP -LocalPort 80 -Action Allow」，远程创建 Node2 主机允许 Hyper-V 复制功能通过的防火墙规则，如图 10-6 所示。

接着在同一个 PowerShell 窗口中输入命令「New-Item -ItemType directory -Path C:\ReplicaVM」，也就是在 Node2 主机中创建 C:\ReplicaVM 文件夹，Node1 主机通过 Hyper-V 复制功能传输过来的虚拟机文件将会存储在此文件夹中，如图 10-7 所示。

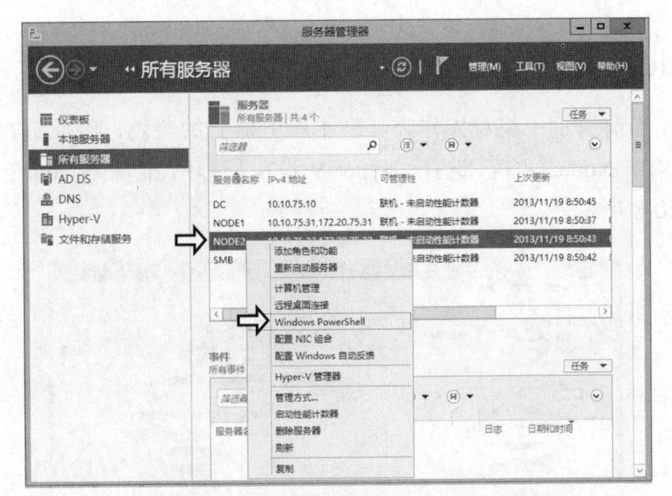

图 10-5　选择 Windows PowerShell 选项

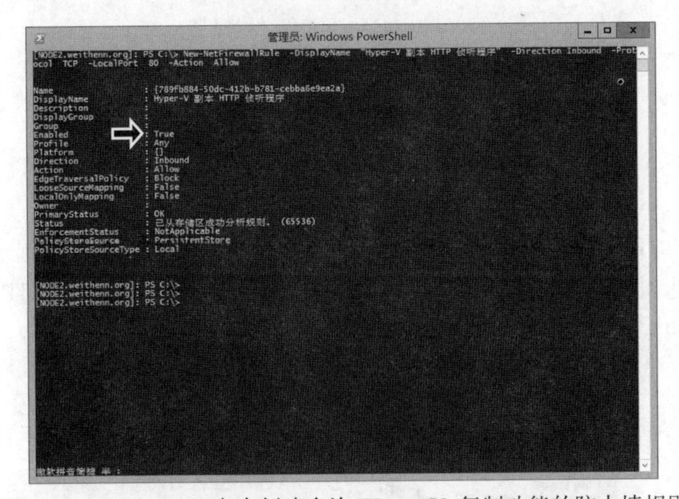

图 10-6　PowerShell 命令创建允许 Hyper-V 复制功能的防火墙规则

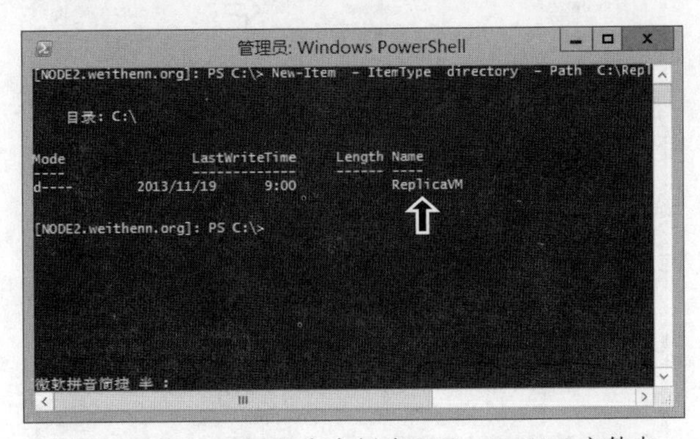

图 10-7　PowerShell 命令创建 C:\ReplicaVM 文件夹

10-1-2　Node2 主机启用复制功能

Node2 主机在当前演示中将首先作为「副本服务器」的角色，因此请在 DC 主机中打开 Hyper-V 管理器，单击 Node2 主机，选择「Hyper-V 设置」选项，准备为 Node2 主机启用 Hyper-V 复制功能，如图 10-8 所示。

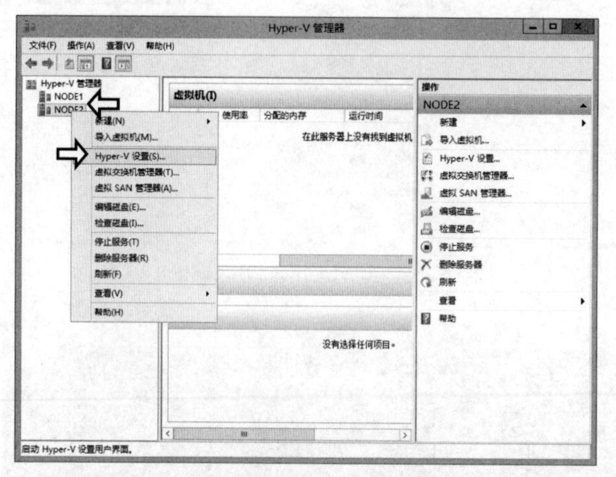

图 10-8　准备为 Node2 主机启用 Hyper-V 复制功能

在「Node2 的 Hyper-V 设置」窗口中选择「复制配置」选项，首先勾选「启用此计算机作为副本服务器」选项，在身份验证和端口区域中勾选「使用 Kerberos（HTTP）」选项，指定端口使用默认的「80」，如图 10-9 所示。

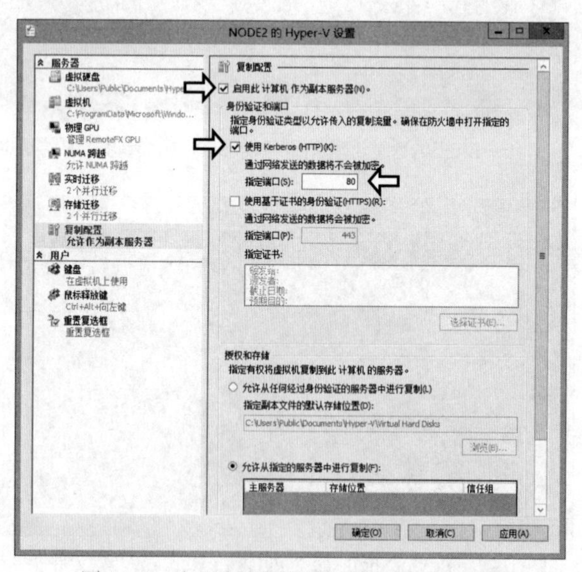

图 10-9　启用复制功能并使用 HTTP 传输

请将窗口滚动到授权与存储区域，单击「添加」按钮，在弹出的「添加授权条目」对话框中，「指定主服务器」字段输入「*.weithenn.org」，表示接受 weithenn.org 域中的任何一台主机成为主服务器，接着单击「浏览」按钮，「指定副本文件的默认存储位置」为「C:\ReplicaVM」，表示要将复制同步的虚拟机存放在此文件夹中，最后在「指定信任组」字段中输入两台主机之间通信的密码「MyReplica」，设置完成后单击「确定」按钮完成授权与存储设置，如图 10-10 所示。

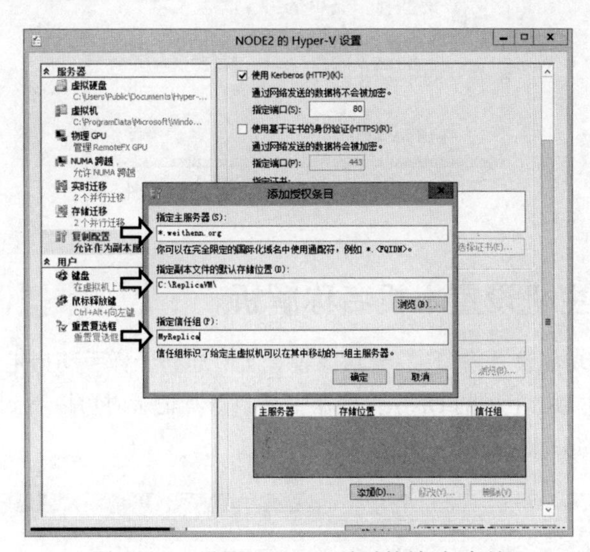

图 10-10　设置 Hyper-V 复制授权与存储

确认 Node2 主机 Hyper-V 复制功能设置无误后，单击「确定」按钮完成设置，如图 10-11 所示。

图 10-11　Node2 主机 Hyper-V 复制功能完成设置

单击「确定」按钮时，系统还会提醒您记得要允许 Hyper-V 复制功能的防火墙规则通过，以便稍后的操作可以顺利进行，如图 10-12 所示。因为我们已经为 Node2 主机设置好防火墙规则，所以无须担心。

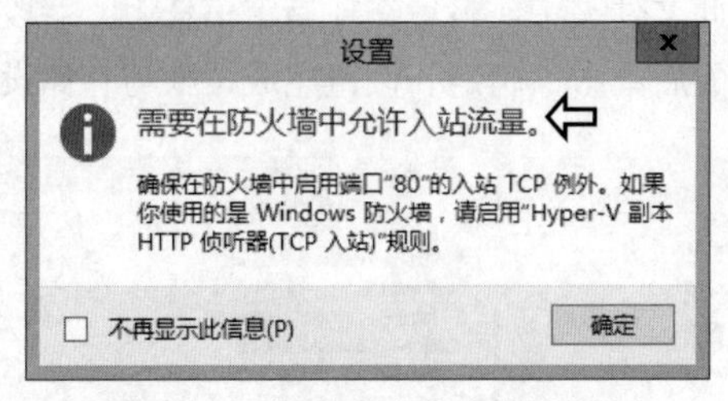

图 10-12　提醒须允许防火墙规则

10-1-3　Node 主机设置本机名称解析

在 Hyper-V 复制功能设置窗口中，无法像设置实时迁移一样手动指定用于 Hyper-V 复制数据传输的网络，并且在 DC 主机的 DNS 管理器工具中查看记录时可以看到，有关 Node1、Node2 主机只有 10.10.75.x 的 DNS 记录，如图 10-13 所示。

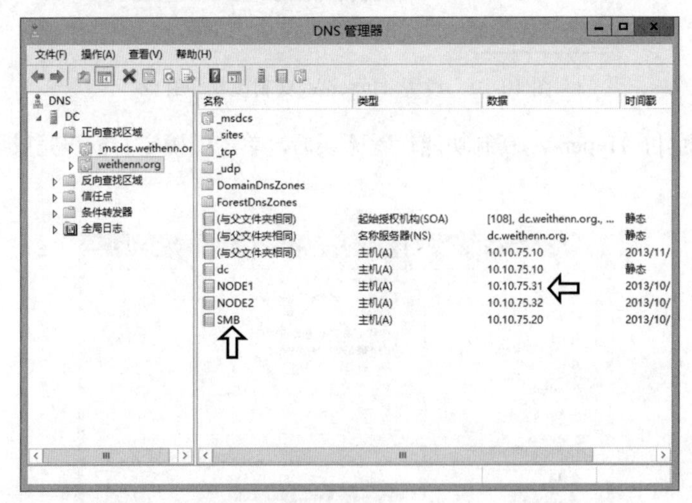

图 10-13　DNS 管理器中 Node1、Node2 的 DNS 记录

所以我们必须在 Node1 和 Node2 主机内手动设置优先的 DNS 名称解析，并且指向 172.20.75.x 网段 IP 地址，这样 Hyper-V 复制功能传送虚拟机副本数据时，就会使用 VM Migration 网络，否则的话 Hyper-V 复制功能的网络流量将会使用 DNS 名称解析到的 VM Traffic 网络，如图 10-14 所示。

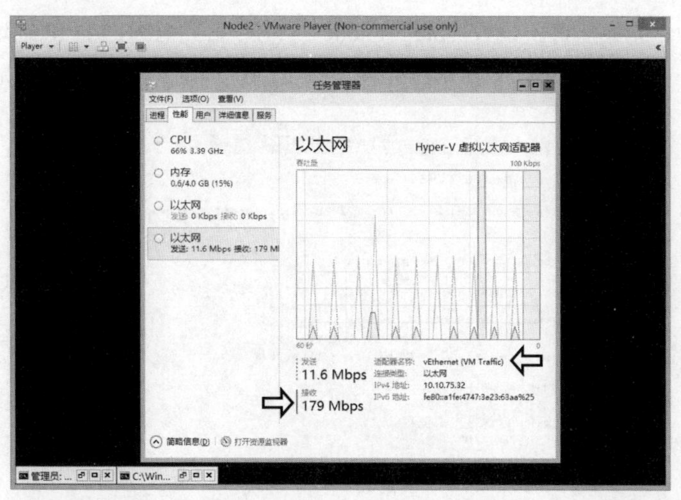

图 10-14　Host 主机未设置名称解析将导致副本传输使用 VM Traffic 网络

切换到 Node1 主机，打开命令提示符，可以先执行「ping node 2」命令，返回的 IP 地址将会是 DNS 记录的 10.10.75.32，接着输入「cd C:\Windows\System32\Drivers\etc」命令切换到本机 hosts 文件位置，输入「echo 172.20.75.32 node2.weithenn.org >> hosts」命令，也就是将 Node2 主机名和 IP 地址写入到 hosts 文件中（hosts 文件名称解析顺序优先于 DNS 名称解析），完成后再次执行「ping node 2」命令，返回的 IP 地址就会是 172.20.75.32，如图 10-15 所示，完成后打开任务管理器准备在复制过程中观察网络流量情况。

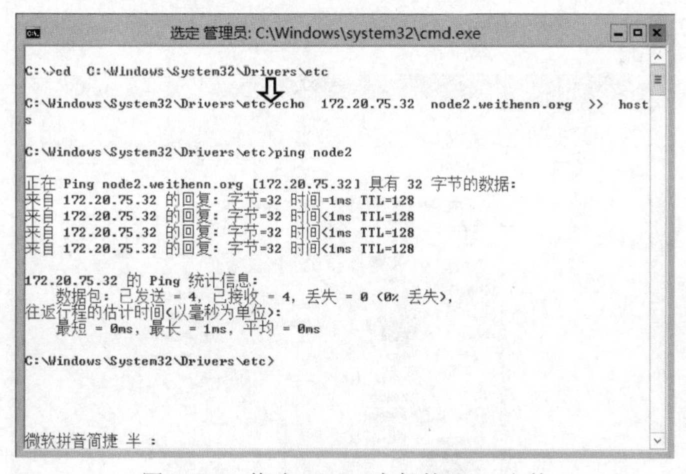

图 10-15　修改 Node1 主机的 hosts 文件

同样切换到 Node2 主机，打开命令提示符，先执行「ping　node1」命令，返回的 IP 地址是 10.10.75.31，接着输入「cd　C:\Windows\System32\Drivers\etc」命令切换到 hosts 文件位置，然后输入「echo 172.20.75.31 node1.weithenn.org>>hosts」，也就是将 Node1 主机名和 IP 地址写

入到 hosts 文件中，完成后再次执行「ping　node 1」命令，此时返回的 IP 地址是 172.20.75.31，如图 10-16 所示，完成后打开任务管理器准备观察复制过程中的网络流量情况。

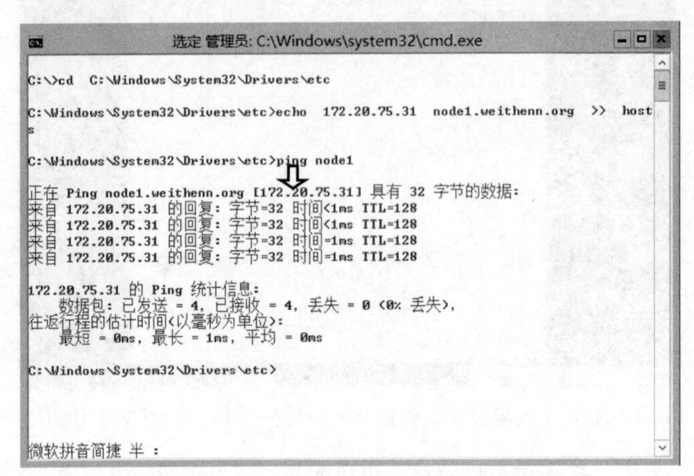

图 10-16　修改 Node2 主机的 hosts 文件

10-1-4　虚拟机启用复制功能

完成了 Node2 主机副本服务器设置，并且设置了两台 Node 主机的名称解析后，请在「Hyper-V 管理器」窗口中右击 Node1 主机中的虚拟机，选择「启用复制」，准备为虚拟机创建副本，如图 10-17 所示。

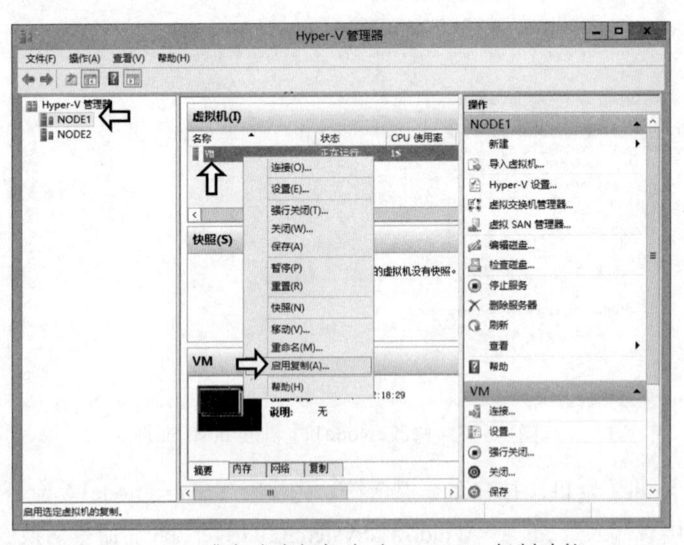

图 10-17　准备为虚拟机启动 Hyper-V 复制功能

在弹出的「为 VM 启用复制」向导窗口中，确认为虚拟机启动 Hyper-V 复制功能，单击「下一步」按钮继续，如图 10-18 所示。

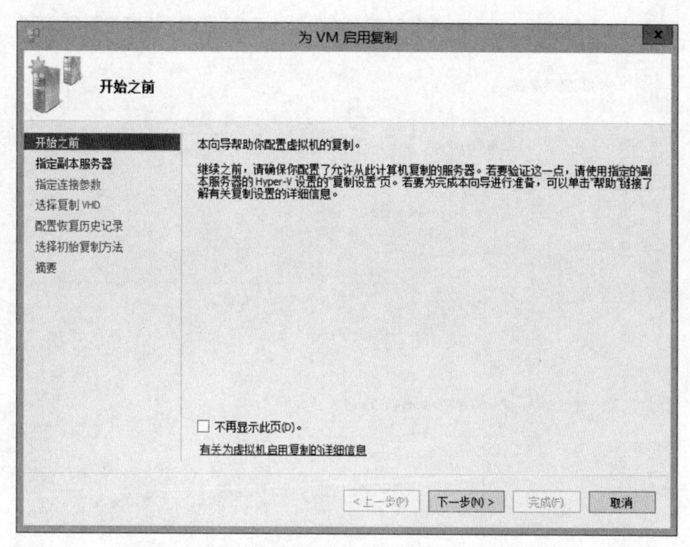

图 10-18　虚拟机启动 Hyper-V 复制功能

在「指定副本服务器」页面中，单击「浏览」按钮，并且在弹出的选择计算机窗口中输入 node2，单击「检查名称」按钮，名称检查完成后，单击「确定」按钮，在「副本服务器」字段中将显示主机名为 Node2，单击「下一步」按钮继续，如图 10-19 所示。

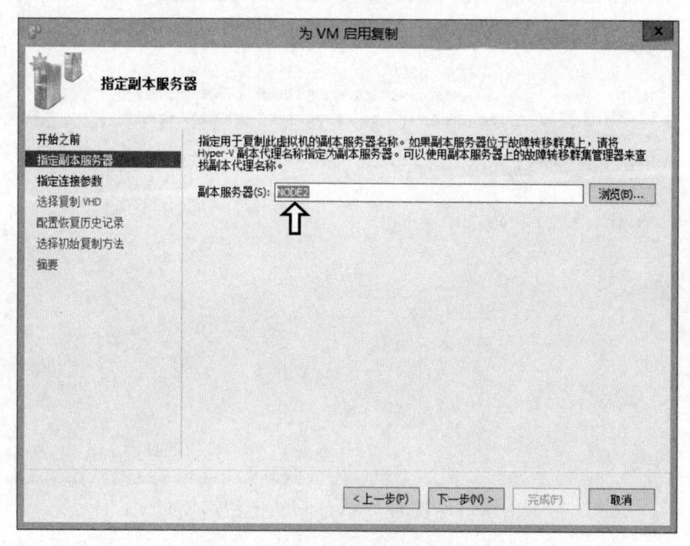

图 10-19　指定副本服务器

在「指定连接参数」页面中，再次确认副本服务器为 Node2.weithenn.org，并且使用端口 80

和 HTTP 的方式进行复制传输，并确认勾选「压缩通过网络传输的数据」以加快传输效率，单击「下一步」按钮继续，如图 10-20 所示。

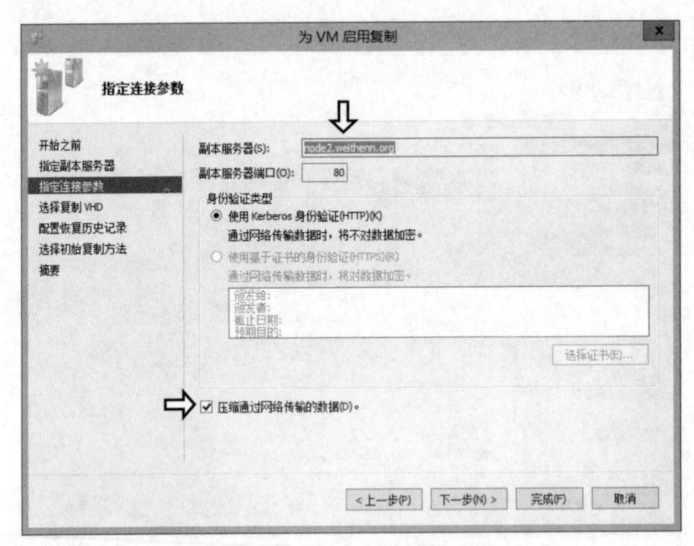

图 10-20　确认副本服务器和传输方式

在「选择复制 VHD」页面中，会显示当前虚拟机的文件（虚拟硬盘、页面文件等），建议采用默认值也就是全部都进行复制，单击「下一步」按钮继续，如图 10-21 所示。

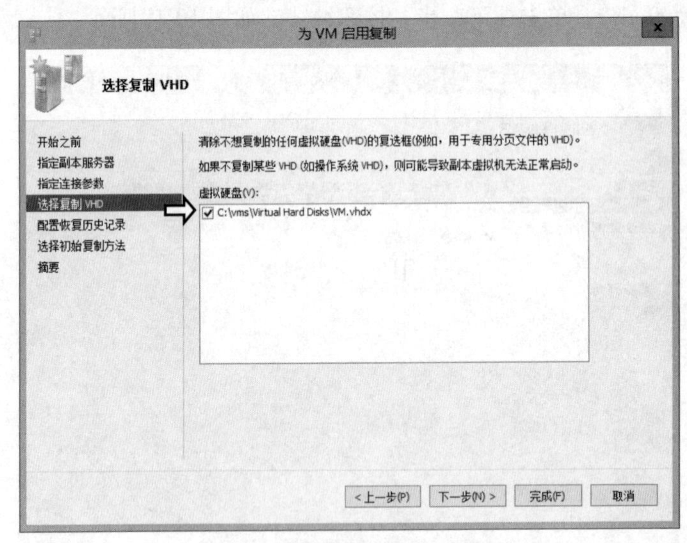

图 10-21　选择需要复制的虚拟机文件

在「配置恢复历史记录」页面中，可以指定要保存的恢复点数量，如果选择「其他恢复点」选项的话，默认情况下恢复点的数量为 4，最多可以调整为 15 个，系统将依据所要保存的恢复点数量和虚拟机的文件大小自动估算出大约占用的硬盘空间，此外还可以结合 VSS 功能来复制增量快照，时间间隔可以调节的范围为 1～12 小时。本书此处演示选择「仅最新的恢复点」选项，也就是虚拟机总是使用最新一份副本数据，单击「下一步」按钮继续，如图 10-22 所示。

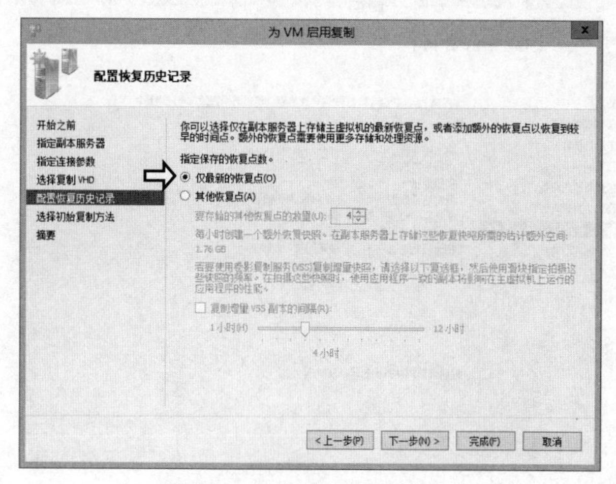

图 10-22　配置恢复历史记录

在「选择初始复制方法」页面中，可以看到当前虚拟机的虚拟硬盘初始副本大小（4.41 GB），源服务器和副本服务器如果是 WAN 网络连接的情况，还可以选择「使用外部介质发送初始副本」（例如 DVD、USB、移动硬盘），或者可以根据计划，在网络非高峰使用的时间完成虚拟机的初始副本复制。由于本书演示环境是一个可靠的高速网络，因此选择「通过网络发送初始副本」，并且在「计划初始复制」选项中选择「立即启动复制」，单击「下一步」按钮继续，如图 10-23 所示。

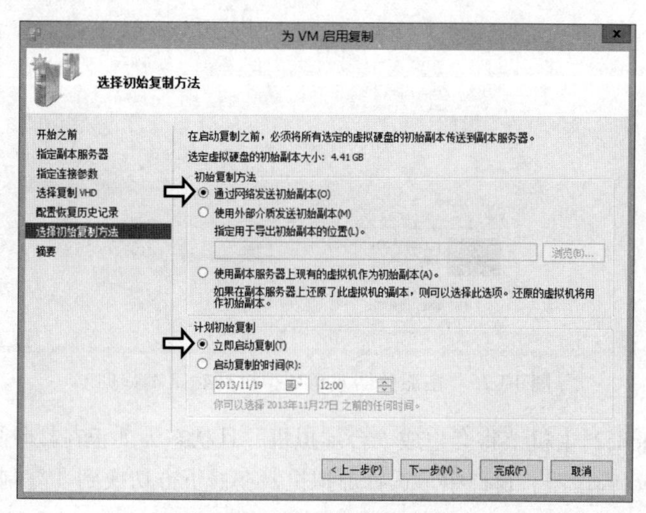

图 10-23　选择初始复制方法

在「正在完成启用复制向导」页面中，再次检查相关选项设置，确认无误后单击「完成」按钮，便立即会执行将虚拟机由 Node1 主机复制到 Node2 主机的任务，如图 10-24 所示。

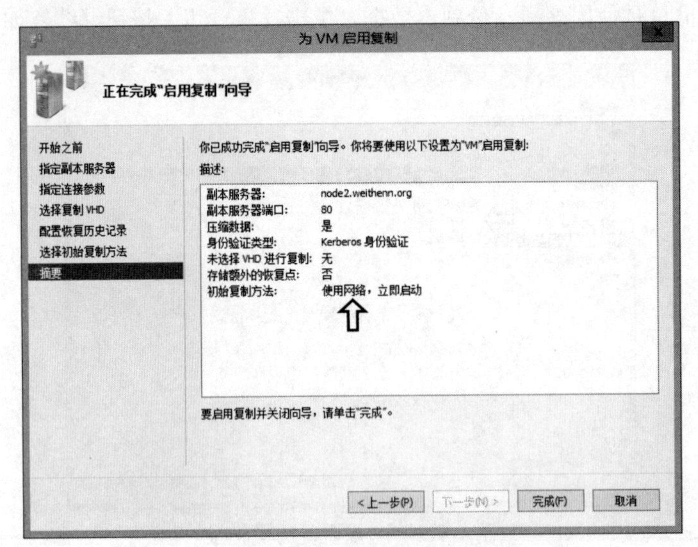

图 10-24　完成启用复制向导设置

在 Hyper-V 管理器中，可以看到主服务器（Node1）中的虚拟机在创建「初始副本快照」后开始将初始副本数据同步到副本服务器（Node2），如图 10-25 所示。

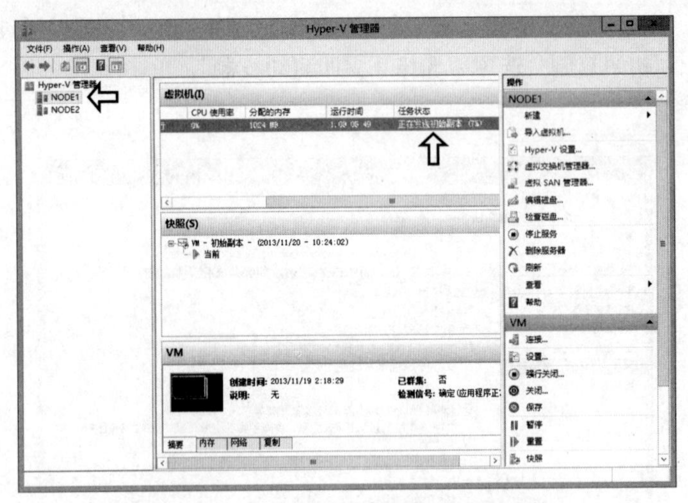

图 10-25　主服务器发送虚拟机初始副本数据

副本服务器 Node2 主机上将会生成一台虚拟机并且状态为「正在接收更改」，如图 10-26 所示。在「Hyper-V 管理器」窗口中，选择虚拟机，在最下方切换到「复制」选项卡，可以清楚地了解此台虚拟机的主/副本服务器是哪一台主机。

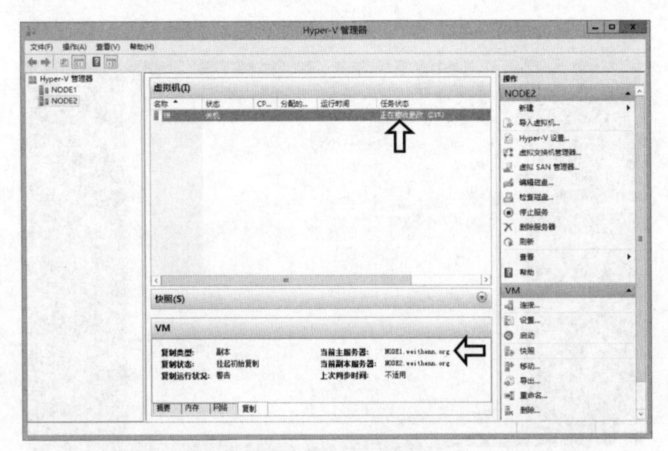

图 10-26　副本服务器正在接收虚拟机初始副本数据

切换到 Node2 主机，查看任务管理器中的网络功能，因为我们已经提前设置好了 hosts 文件的名称解析，所以初始副本数据在发送时将使用 VM Migration 网络，可以看到 VM Migration 网络的流量大幅增长，也就是正在「接收」Node1 主机发送过来的虚拟机初始副本数据，如图 10-27 所示。

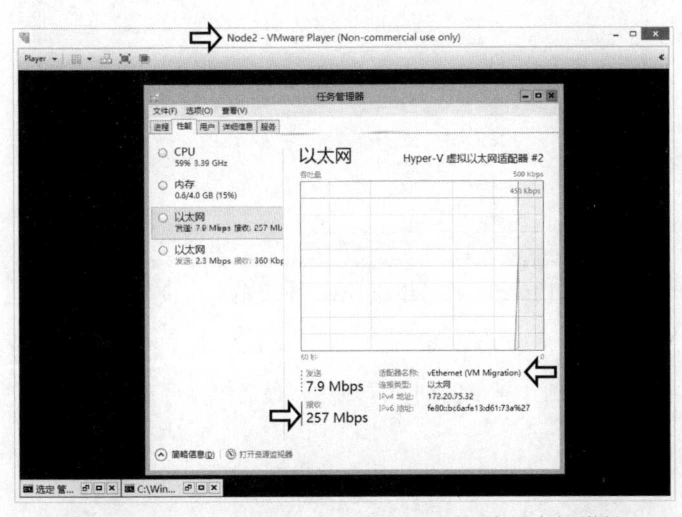

图 10-27　Node2 主机 VM Migration 网络流量大幅增长

切换到 Node1 主机，查看任务管理器中的网络功能，因为我们已经提前设置好了 hosts 文件的名称解析，所以初始副本数据在发送时将使用 VM Migration 网络，可以看到 VM Migration 网络的流量大幅增长，也就是正在「发送」虚拟机初始副本数据到 Node2 主机，如图 10-28 所示。

默认情况下，在「Hyper-V 管理器」窗口中，必需要切换到「复制」选项卡才能看到 Hyper-V 复制运行状况，您可以在 Hyper-V 管理器中依次选择「查看>添加/删除列」选项来添加 Hyper-V 复制运行状况列，如图 10-29 所示。

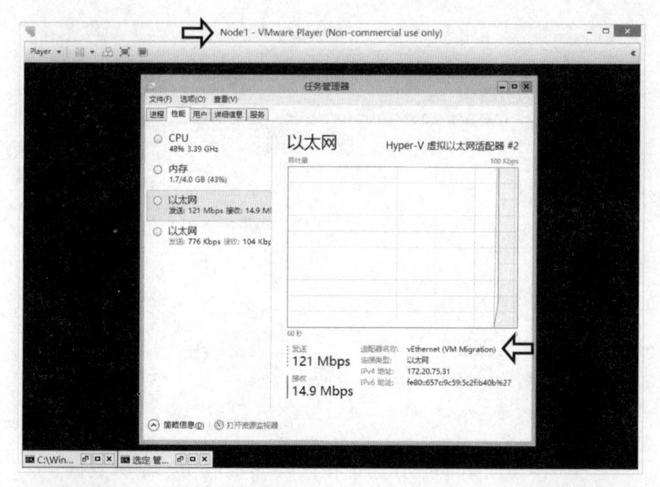

图 10-28　Node1 主机 VM Migration 网络流量大幅增长

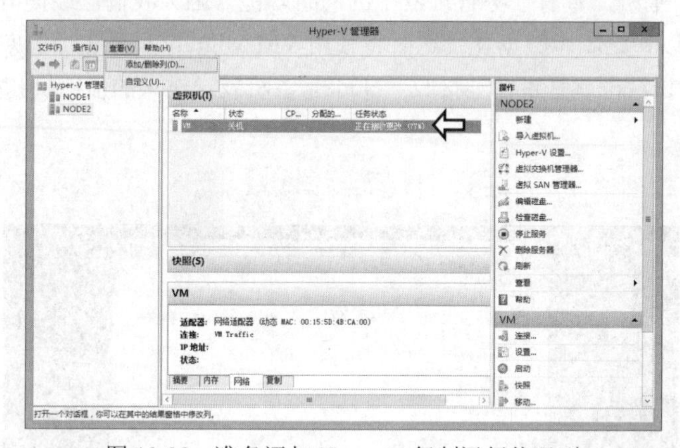

图 10-29　准备添加 Hyper-V 复制运行状况列

在弹出的「添加/删除列」对话框中，在「可用的列」列表框中选择「复制运行状况」，单击「添加」按钮，将它移动到「显示的列」区域中，最后单击「确定」按钮完成添加列的操作，如图 10-30 所示。

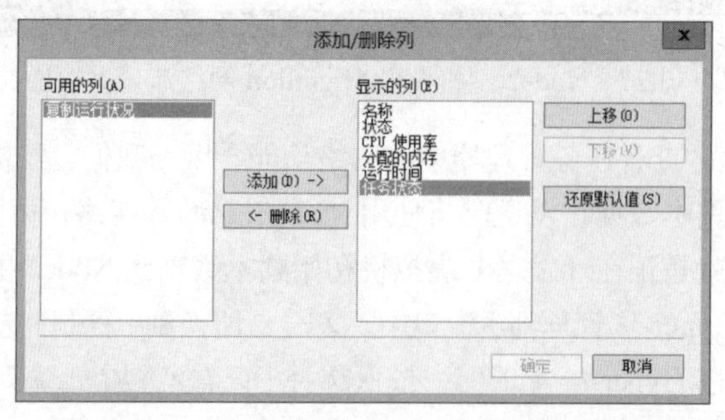

图 10-30　完成添加 Hyper-V 复制运行状况列

完成添加列的操作后，便可以在虚拟机中看到增加了「复制运行状况」列，如图 10-31 所示。

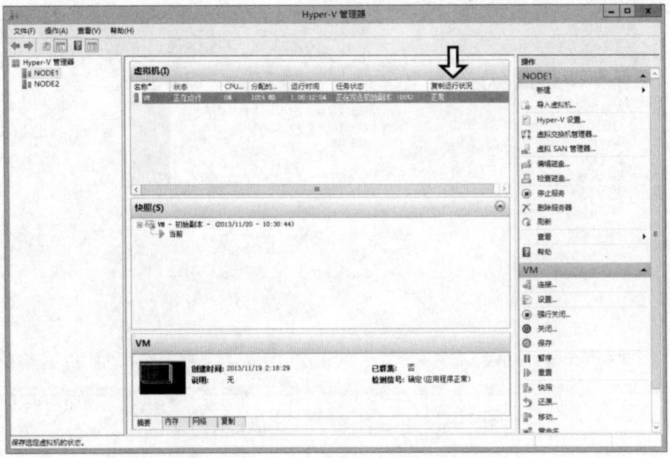

图 10-31　出现复制运行状况列

10-1-5　查看复制运行状况

默认情况下 Hyper-V 复制技术会每隔「5～15 分钟」执行一次异步的数据复制操作，如果想要查看复制数据操作的详细信息，请在 Hyper-V 管理器中选择虚拟机，然后右击，在弹出菜单中选择「复制>查看复制运行状况」，如图 10-32 所示。

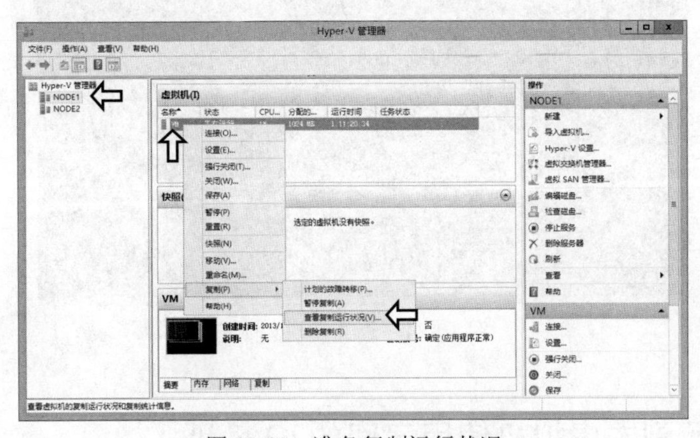

图 10-32　准备复制运行状况

在弹出的「"VM"的复制运行状况」窗口中，可以查看到主服务器、副本服务器的名称和复制运行状况，在统计信息区域中，还可以查看到复制的起始时间、结束时间、传输的数据量和复制同步的次数，而在挂起的复制区域，还能查看到上次同步时间，也就是最新的同步时间，如图 10-33 所示。

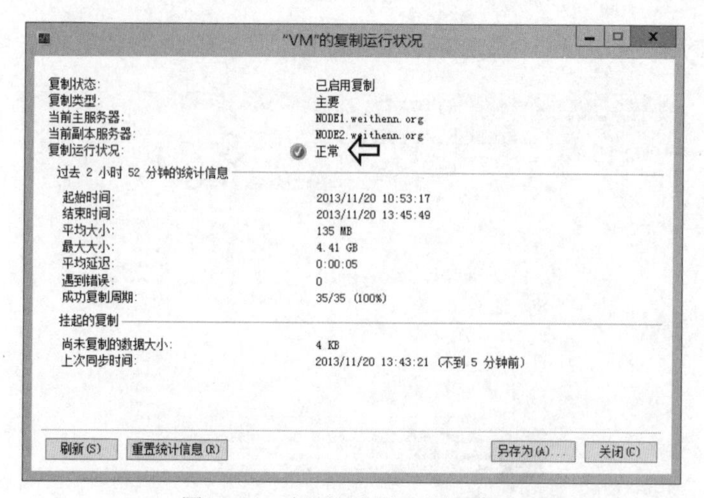

图 10-33　复制运行状况详细信息

可以在 DC 主机中启动副本服务器 Node2 的 PowerShell 运行窗口，在 PowerShell 中切换到「C:\ReplicaVM」文件夹，确认相关的文件夹和文件是否已经复制，如图 10-34 所示。

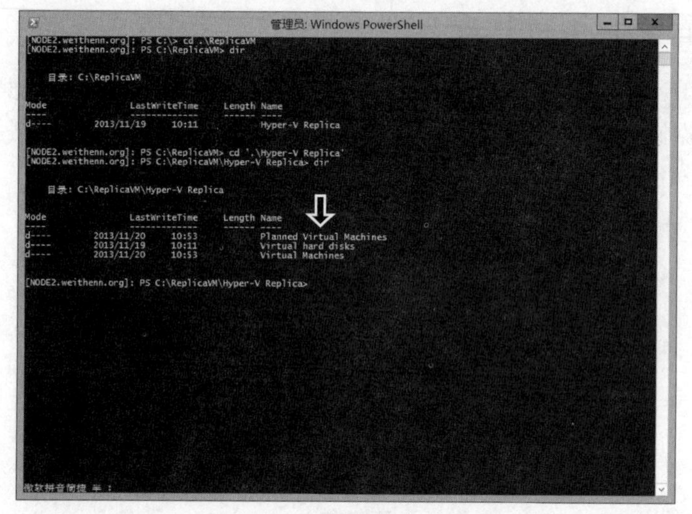

图 10-34　查看复制文件夹

10-1-6　设置副本虚拟机使用不同的 IP 地址

因为 Hyper-V 复制技术是异地备灾的容错解决方案，因此很有可能副本服务器与主服务器的网络架构不同而导致 IP 地址网段不同，那么当发生故障转移事件时有可能会导致副本服务器上的虚拟机虽然顺利启动并接管了服务，但是却因为网络环境的 IP 地址网段不同而导致服务不可用的情况!!

请放心!! 关于这点 Hyper-V 复制技术已经考虑到了，您只要在该虚拟机的设置当中选择「网络适配器>故障转移 TCP/IP」，便可以为副本服务器的虚拟机设置符合所在网络架构的 IP 地址网段，如图 10-35 所示。本书演示中因为硬件资源有限，因此主要/副本服务器都在同一网段，所以不需要更改。

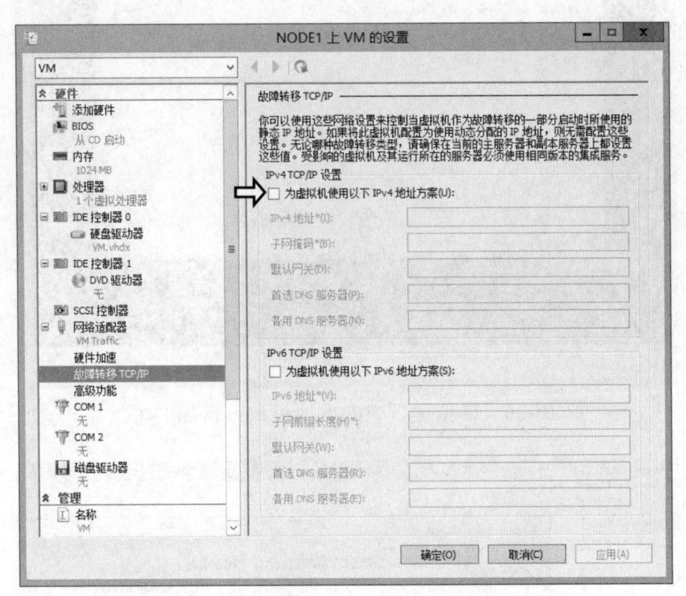

图 10-35　指定副本虚拟机使用不同的 IP 地址

10-2　测试故障转移

在开始测试计划性和非计划性故障转移前，我们先测试副本虚拟机是否能正常运行，数据是否能正确同步。先打开主服务器上运行的虚拟机，打开命令提示符，输入「cd \>md replica-test>cd replica-test」命令，创建测试文件夹，然后输入「for /l%i in（1,1,100）do fsutil file createnew%i 1024」命令，创建 100 个大小为 1 KB 的文件，来模拟运行中的虚拟机数据增加的场景，如图 10-36 所示。

接下来可以在 Hyper-V 管理器中，再一次查看虚拟机的复制运行状况，查看最新的同步时间。确认重新执行了同步复制数据的操作后，在 Hyper-V 管理器中选择副本服务器中的副本虚拟机，右击虚拟机，在弹出菜单中选择「复制>测试故障转移」选项，准备进行故障转移测试，如图 10-37 所示。

此时将会弹出「测试故障转移」对话框，如果设置了保留多个恢复点的话，便可以选择要使用哪个恢复点创建虚拟机。我们之前选择了仅最新的恢复点，因此会以最新一次的副本数据来创建虚拟机，确认恢复点后单击「测试故障转移」按钮，创建虚拟机进行测试，如图 10-38 所示。

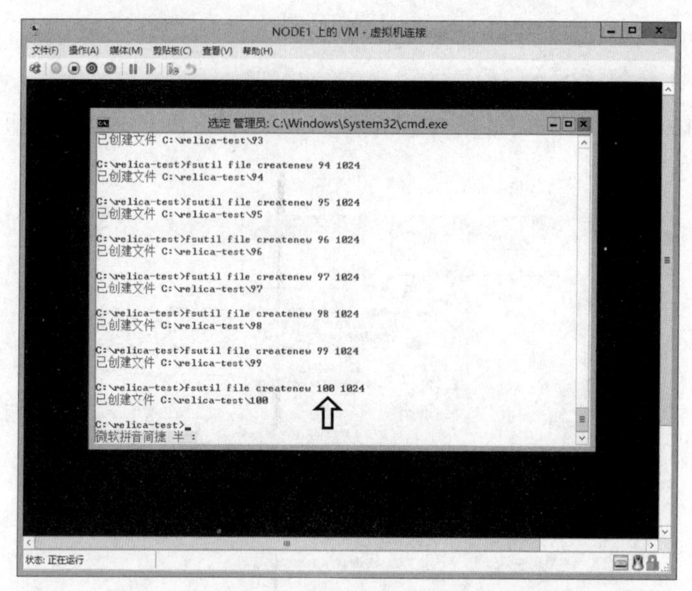

图 10-36　模拟运行中的虚拟机数据增加的场景

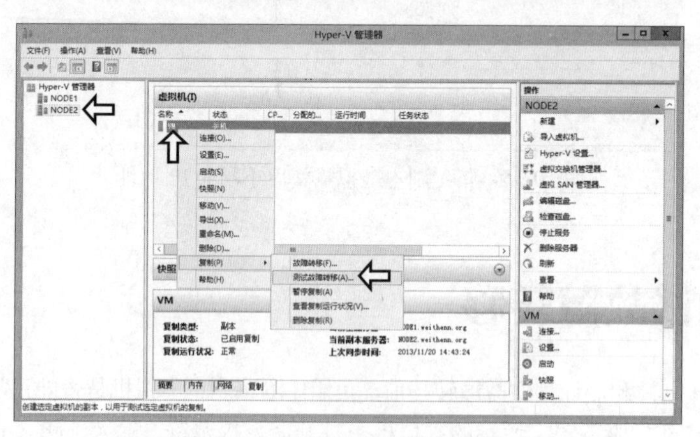

图 10-37　准备进行故障转移测试

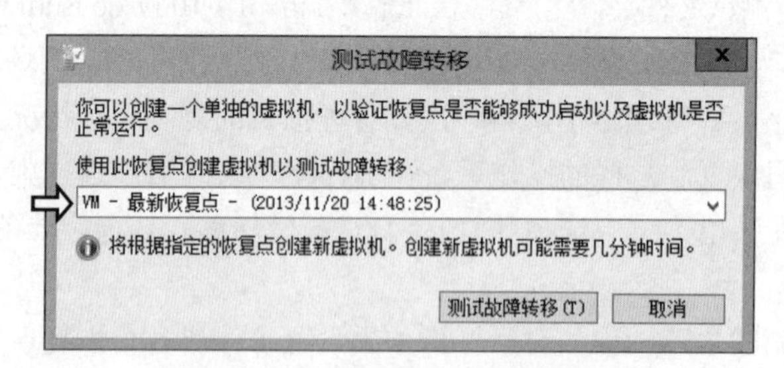

图 10-38　选择恢复点来创建虚拟机

您会发现系统将以最新恢复点创建一个以虚拟机的名称后接「-测试」的虚拟机，此虚拟机是可以正常开机的，若想要将副本虚拟机开机，将会发生错误提示，复制同步的虚拟机是无法开机的!!，如图 10-39 所示。

图 10-39　副本虚拟机无法开机

将测试故障转移用的虚拟机顺利开机后，查看我们刚才创建的文件是否复制同步，切换到 C:\replica-test 文件夹后，可以发现有 100 个大小为 1 KB 的文件，如图 10-40 所示。

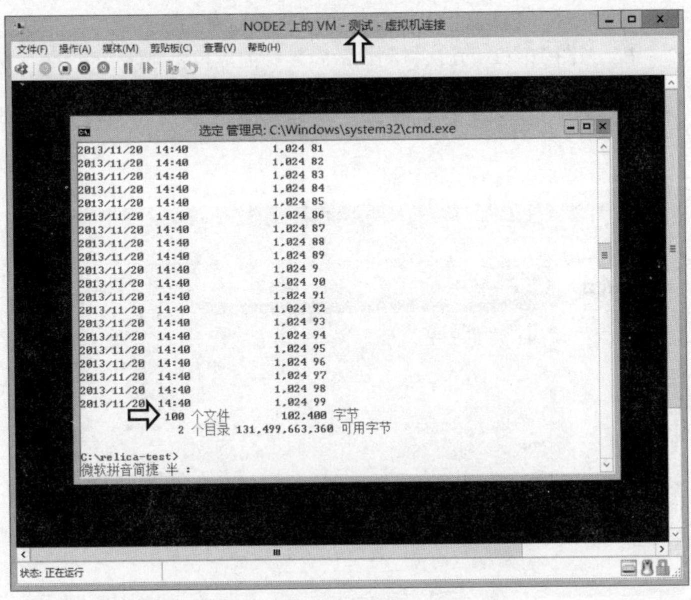

图 10-40　文件已经复制同步

确认了副本虚拟机能够顺利运行，并且数据也已经同步完成，就可以放心地将刚才开机测试的虚拟机关机。当虚拟机关闭后，请选择正在接收复制同步的虚拟机，右击，在弹出菜单中选择「复制>停止测试故障转移」，删除测试虚拟机，如图 10-41 所示。

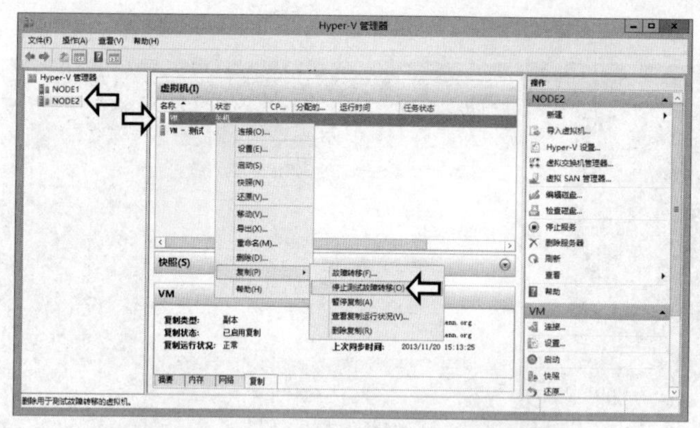

图 10-41　准备将测试完毕的虚拟机删除

在弹出的「停止测试故障转移」对话框中单击「停止测试故障转移」按钮，便可以删除测试虚拟机，如图 10-42 所示。

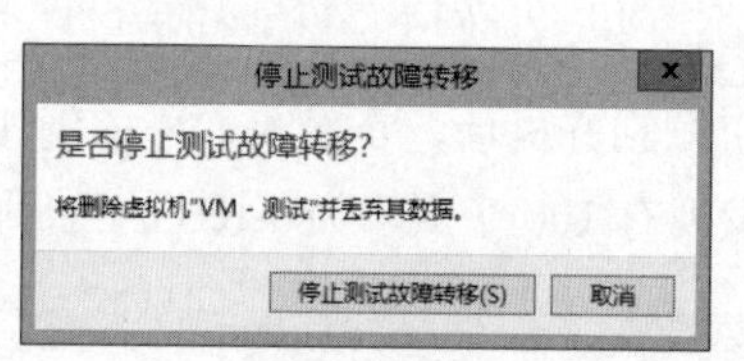

图 10-42　确认将测试故障转移的虚拟机删除

删除完成后，在「Hyper-V 管理器」窗口中，便会看到只有持续接收复制同步的虚拟机，如图 10-43 所示。

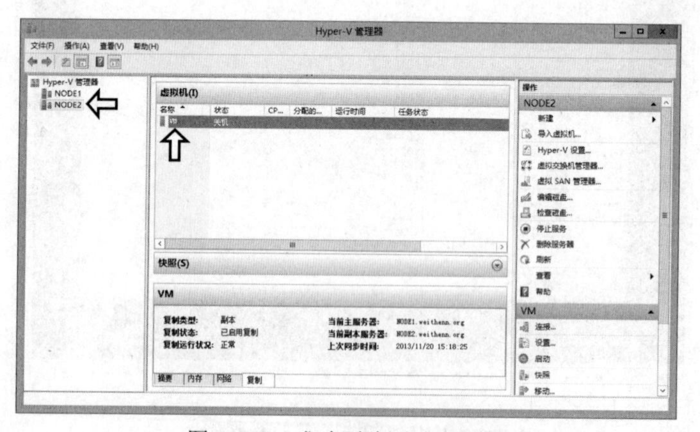

图 10-43　成功删除测试虚拟机

10-3　计划性故障转移

计划性故障转移的应用场景有：主服务器的年度维护，常规维护（如电力检测），运行在主服务器中的虚拟机无法正常运行等。启动计划性故障转移功能，将自动启动副本服务器上的虚拟机继续提供服务。

在开始操作前，请为主服务器也启用复制功能，因为当主服务器的虚拟机无法正常提供，将通过故障转移由副本服务器的虚拟机提供服务，在运行的过程中，副本服务器上运行的虚拟机数据也有可能增加或删除，而当主服务器维护完成重新上线后，也需要同步这一部分变更的数据，因此请为当前的主服务器启用复制功能。

10-3-1　Node1 主机添加防火墙规则

在启用 Hyper-V 复制功能之前，请先记得添加防火墙规则，在 DC 主机中依次选择「服务器管理器>所有服务器」选项，选择 Node1 主机后，右击并在弹出菜单中选择「Windows PowerShell」，准备远程为 Node1 主机添加 Hyper-V 复制防火墙规则，如图 10-44 所示。

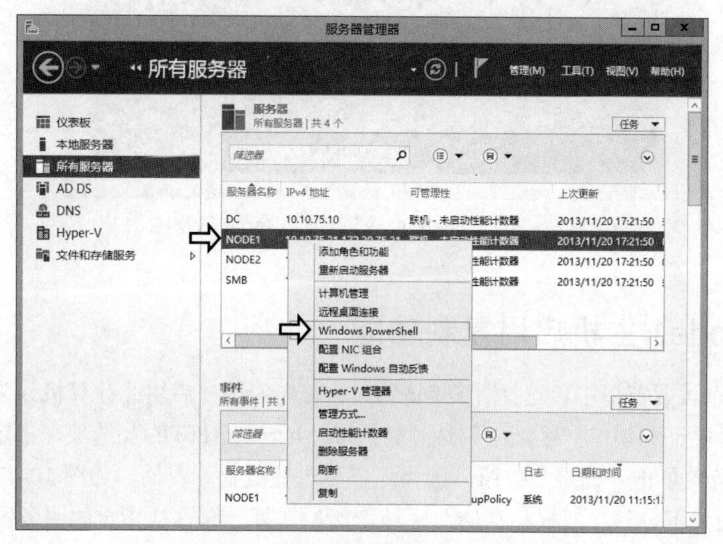

图 10-44　选择 Windows PowerShell

在打开的 Node1 主机远程 PowerShell 运行窗口当中，请输入命令「New-NetFirewallRule -DisplayName "Hyper-V 复制 HTTP 侦听程序" -Direction Inbound -Protocol TCP -LocalPort 80 -Action Allow」，创建允许 Hyper-V 复制功能的防火墙规则，如图 10-45 所示。

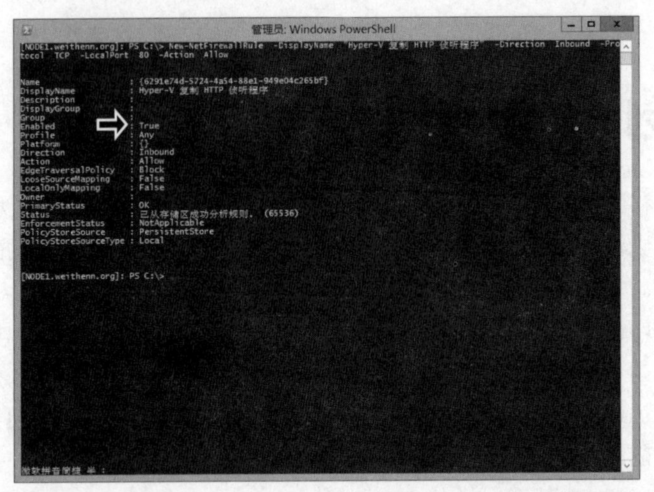

图 10-45 在 Node1 主机中创建允许 Hyper-V 复制功能的防火墙规则

接着在 PowerShell 窗口中输入命令「New-Item -ItemType directory -Path C:\ReplicaVM」，也就是在 Node1 主机中创建「C:\ReplicaVM」文件夹，用于存储 Node2 主机通过 Hyper-V 复制技术同步的文件，如图 10-46 所示。

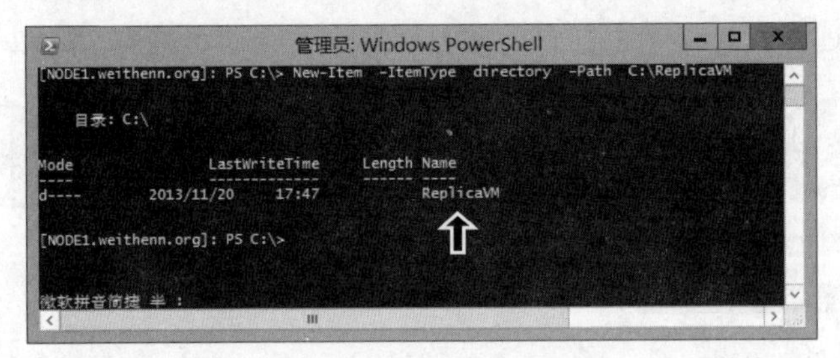

图 10-46 PowerShell 命令创建 C:\ReplicaVM 文件夹

10-3-2 Node1 主机启用复制功能

在 Hyper-V 设置窗口中，选择「复制配置」，首先勾选「启用此计算机作为副本服务器」选项，在「身份验证和端口」区域中勾选「使用 Kerberos（HTTP）」选项，指定端口中使用默认的 80，请别急着单击「确定」按钮，因为还需要设置授权和存储，如图 10-47 所示。

将窗口滚动条下拉到「授权和存储」区域，然后选择「允许从指定的服务器中进行复制」，单击「添加」按钮，在弹出的添加授权条目窗口中指定主服务器选项中输入「*.weithenn.org」，表示接受 weithenn.org 域中任何一台主机成为主服务器，在指定副本文件的默认存储位置选项中单击「浏览」按钮，浏览到「C:\ReplicaVM」文件夹，表示要将复制的副本文件存放在此位置，最后在指定信任组选项中输入两台主机通信的密码「MyReplica」，设置完成后，单击「确定」按钮，完成设置，如图 10-48 所示。

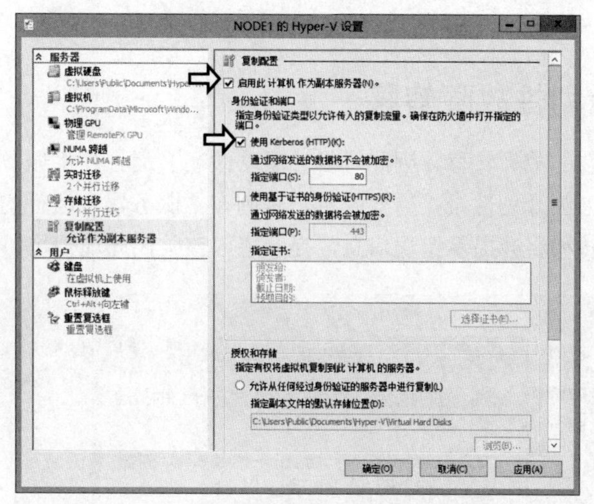

图 10-47　启用复制配置和使用 HTTP 传输

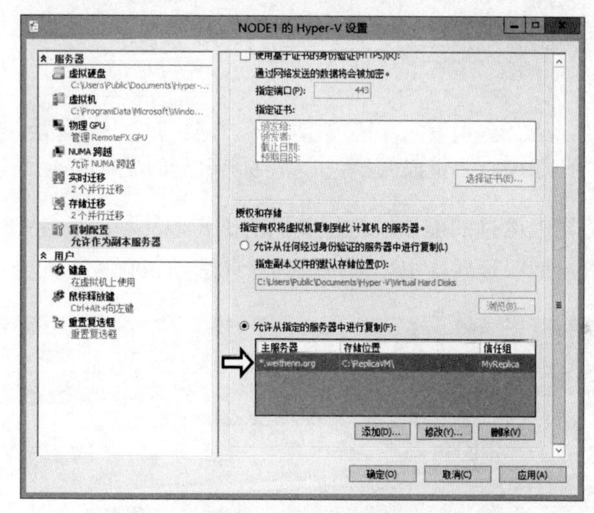

图 10-48　设置 Hyper-V 复制授权和存储

当再次单击「确定」按钮时，系统还会提醒您记得要允许 Hyper-V 复制功能防火墙规则通过，以便副本复制能够正常运行，如图 10-49 所示。因为刚才已经做过了相应的设置，因此可忽略此提示信息。

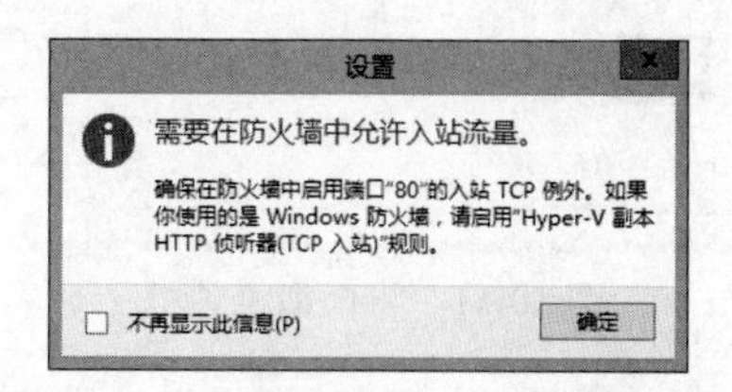

图 10-49　提醒必须允许防火墙规则

10-3-3 执行计划性故障转移

因为是执行计划性的故障转移，因此可以「手动关闭」运行在主服务器上的虚拟机。模拟主服务器或是虚拟机因为计划性维护需要停机，否则在主服务器中运行的虚拟机正常运行的状态下执行计划性故障转移将会提示错误信息，提示您应该关闭此虚拟机，如图 10-50 所示。

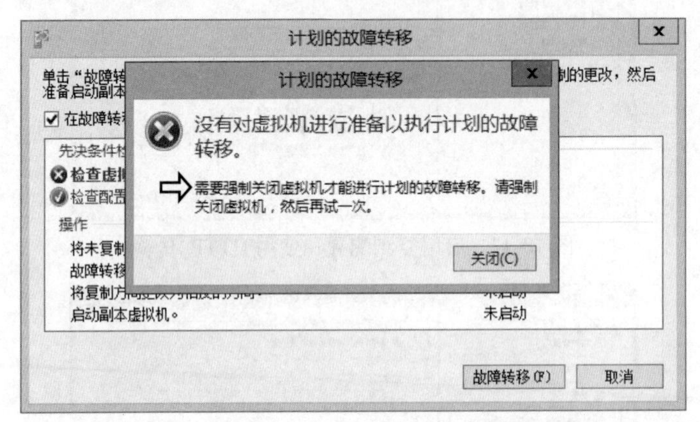

图 10-50 虚拟机要关机才能执行计划的故障转移

因此先将在主服务器上运行的虚拟机执行关机的操作，因为 Hyper-V Server 2012 默认已经集成了服务，所以在 Hyper-V 管理器中可以直接选择此选项执行关机的操作，如图 10-51 所示。

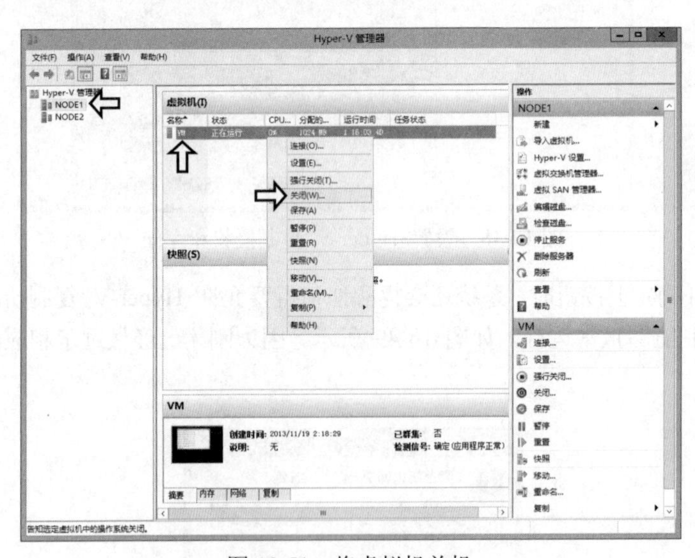

图 10-51 将虚拟机关机

当虚拟机的状态由正在运行变成关机后，说明虚拟机已经关闭，现在就可以右击此台虚拟机，在弹出菜单中选择「复制>计划的故障转移」，准备使用副本服务器中的虚拟机自动启动继续提供服务，如图 10-52 所示。

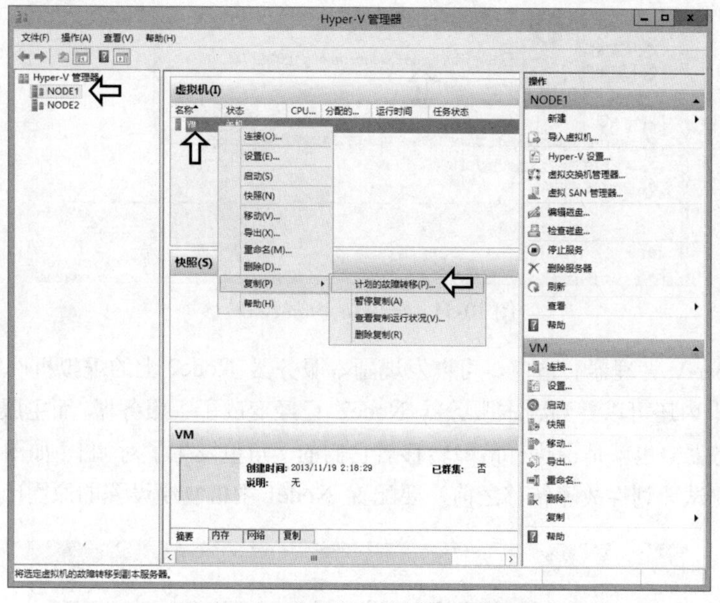

图 10-52　准备执行计划性故障转移

在弹出的「计划的故障转移」窗口中，默认已经勾选「在故障转移后启动副本虚拟机」选项，也就是说，当执行完故障转移的先决条件检查，并且当前环境通过测试后，便会自动启动在副本服务器上的虚拟机，确认后单击「故障转移」按钮，如图 10-53 所示。

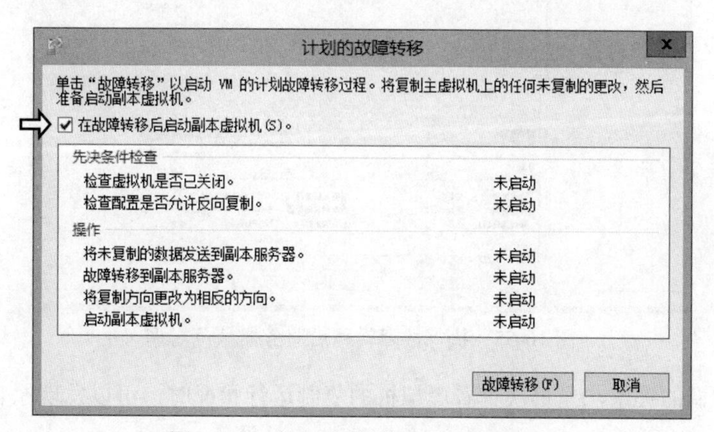

图 10-53　执行故障转移先决条件检查

当先决条件检查操作完成后，系统会弹出窗口提示您已成功完成故障转移，并且已成功启动位于副本服务器上的虚拟机，如图 10-54 所示。

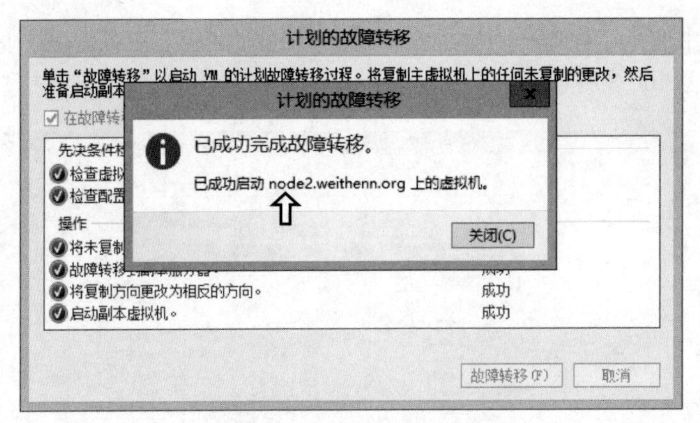

图 10-54　已成功完成故障转移

回到「Hyper-V 管理器」窗口，可以发现副本服务器 Node2 上的虚拟机确实自动启动了，在「复制」选项卡内还可以看到副本服务器 Node2 已经变成了主服务器，而主服务器 Node1 则变成了副本服务器，也就是说执行故障转移后它们的「角色发生了对调」，如图 10-55 所示。这也是为什么在测试计划性故障转移之前，要配置 Node1 主机复制设置的原因!!。

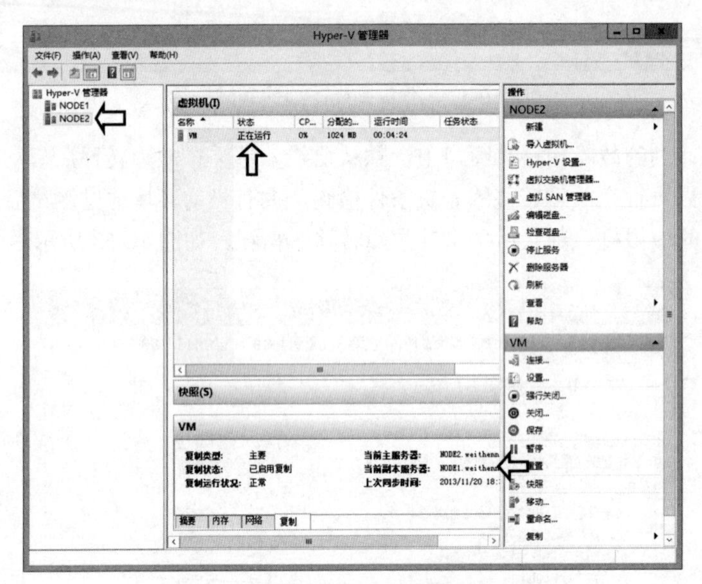

图 10-55　执行故障转移后服务器角色对调

由于角色对调的关系，当再次查看虚拟机的复制运行状况时，可以发现原有的统计数据已经清零，如图 10-56 所示。

可以再次打开目前运行在主服务器 Node2 的虚拟机，创建测试文件夹「C:\replica-test2」，输入命令「for /l%i in（1,1,5）do fsutil file createnew%i 1024」创建 5 个 1 KB 大小的文件，模拟故障转移后虚拟机数据增加的场景，如图 10-57 所示。

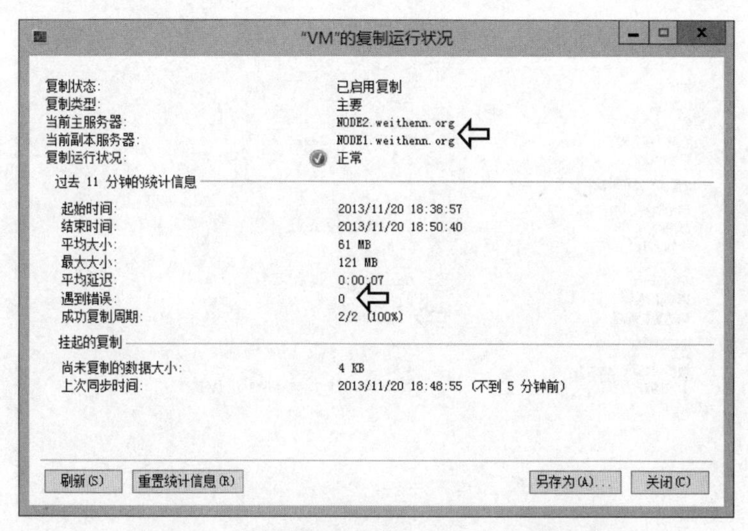

图 10-56 角色对调后复制运行状况统计数据清零

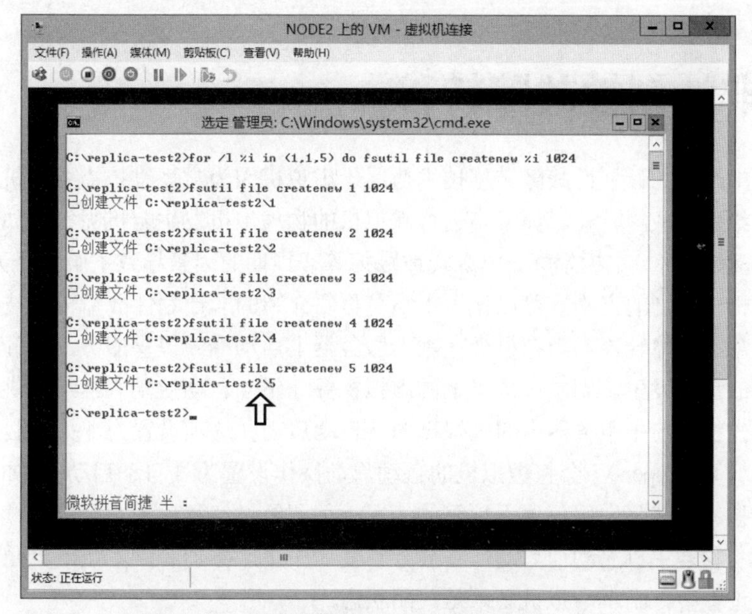

图 10-57 模拟故障转移后虚拟机数据增加情况

文件创建完成后，我们可以再次打开虚拟机的复制运行状况，从统计数据中确认复制同步机制已经在运行中。您还可以把当前运行在 Node2 主服务器上的虚拟机关机，再次执行计划性的故障转移，把两台服务器的角色「再次对调」。最终结果当然也是当前的副本服务器 Node1 上的虚拟机会启动接管服务，如图 10-58 所示。因此我们就不再执行计划性的故障转移，而是介绍另外一个高级功能，也就是非计划性的故障转移。

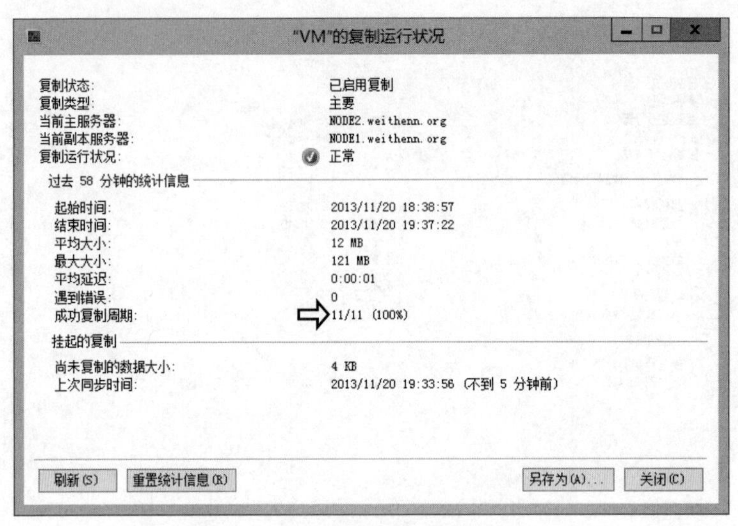

图 10-58　确认复制同步已经执行

10-4　非计划性故障转移

上一小节中介绍的计划性故障转移技术适用于虚拟机因为常规维护需要停机的场景，来实现「虚拟机」级别的故障转移。如果是运行虚拟机的物理主机发生宕机呢？例如主服务器（物理主机）电源模块损坏、主板损坏、电源线被踢掉等非预期的因素导致主服务器无预警的关机，这种「物理主机」级别的灾难，可以使用本小节将要介绍的非计划性故障转移技术来应对。

不同于计划性故障转移，虚拟机会在副本服务器上启动继续提供服务，非计划性的故障转移则是无预警的事件发生，副本服务器上的虚拟机并「不会自动启动」继续提供服务。在开始操作之前，请先将目前主服务器上的虚拟机的「自动启动」选项设置为「关闭」。

在默认情况下 Hyper-V 会将虚拟机的自动启动操作设置为「自动启动」，如果要配置非计划性的故障转移，也就是主服务器无预警的情况下关闭经过修复后正常开机继续运行，此时如果虚拟机也随着物理主机启动而启动，将会导致复制中主服务器和副本服务器角色对调失败，因为复制同步过程中，副本虚拟机必须是关闭状态。

打开 Hyper-V 管理器，右击虚拟机，在弹出菜单中选择「设置」选项。在虚拟机设置窗口中，选择「自动启动操作>无」选项。也就是当 Node2 主机启动时，虚拟机不会自动启动，确认后单击「确定」按钮完成设置，如图 10-59 所示。

请切换到主服务器 Node2 上，执行「关闭」操作系统操作，如图 10-60 所示。需要注意的是，当前在 Node2 上虚拟机还是处于正常运行状态。

确认当前的主服务器 Node2 已经进入关机的状态，如图 10-61 所示。

图 10-59　设置 Host 主机启动时虚拟机不会自动启动

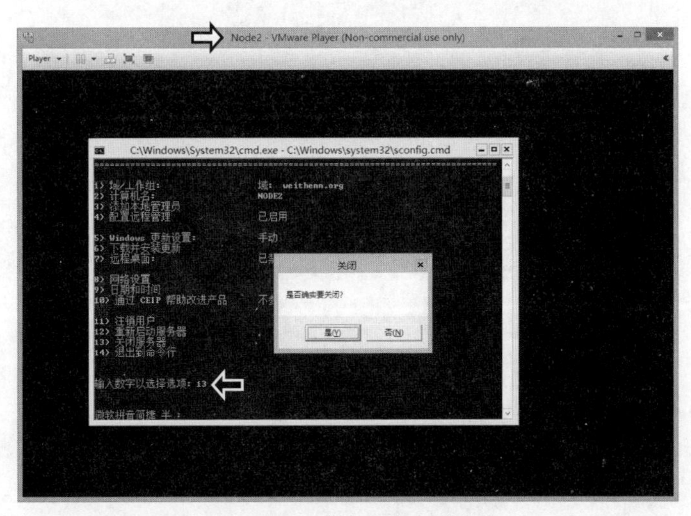

图 10-60　将主服务器关机

回到 DC 主机的「Hyper-V 管理器」窗口中，可以看到当前的主服务器的 Node2 主机的图标标记多了一个「红叉」，状态显示为虚拟机管理服务不可用，如图 10-62 所示。

在 Hyper-V 管理器中，请选择当前角色为副本服务器的 Node1 主机，当前虚拟机的状态为关机，右击虚拟机，在弹出菜单中选择「复制>故障转移」选项，准备接管服务以便让当前是副本的虚拟机能够「开机」，如图 10-63 所示。默认情况下副本服务器上的虚拟机是无法开机的!!

图 10-61　主服务器关机中

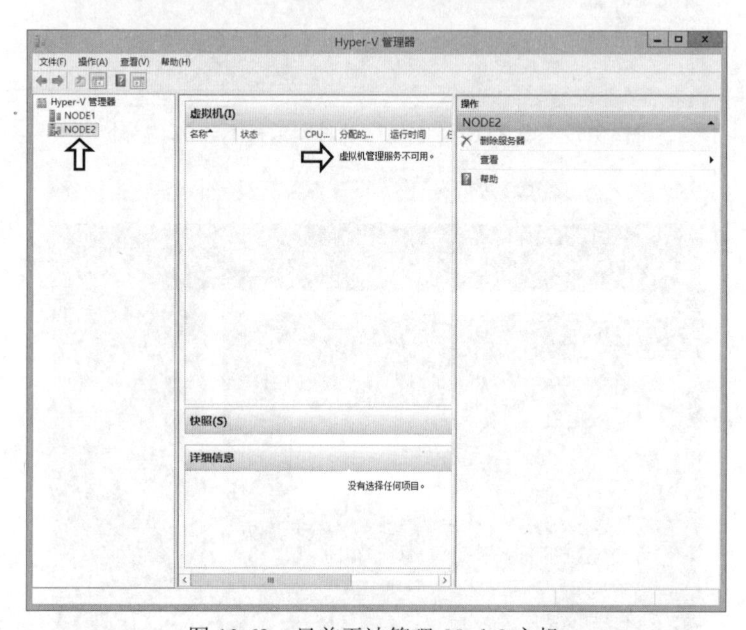

图 10-62　目前无法管理 Node2 主机

在弹出的「故障转移」对话框中，可以选择要使用的虚拟机恢复点，系统也会提醒您当前操作是要将副本服务器上的虚拟机上线，可能会有数据丢失的风险，确认要进行非计划性的故障转移后，单击「故障转移」按钮，如图 10-64 所示。

在「Hyper-V 管理器」窗口中，可以看到副本服务器上的虚拟机已经顺利启动，如图 10-65 所示，而 Node2 主机因为还未修复上线，所以图标状态仍保持为带红叉，同时 Node2 主机当前「仍然」是主服务器的角色。

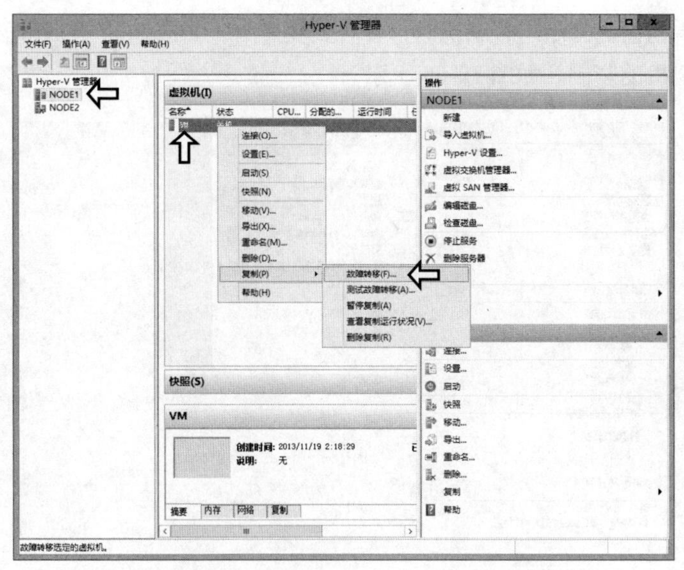

图 10-63　虚拟机执行故障转移（非计划性故障转移）

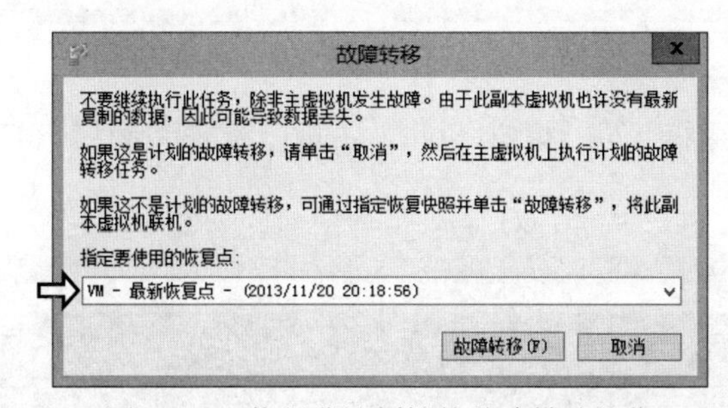

图 10-64　执行非计划性的故障转移操作

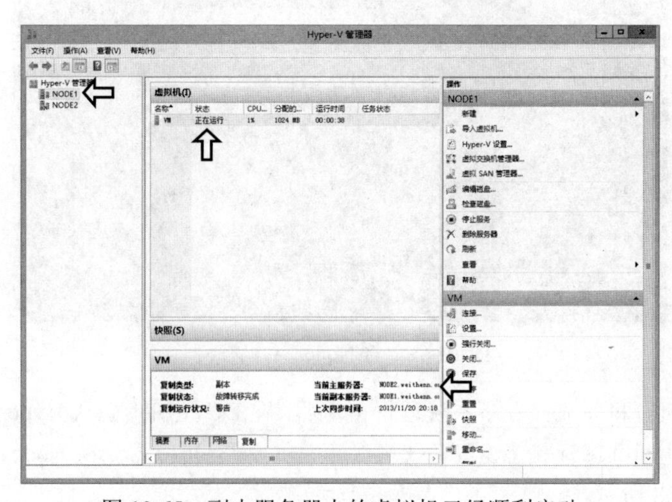

图 10-65　副本服务器上的虚拟机已经顺利启动

所以当您查看当前的复制运行状况时，会看到状态为「警告」，并且提醒您应该选择「反向复制」以恢复虚拟机的复制，如图 10-66 所示。

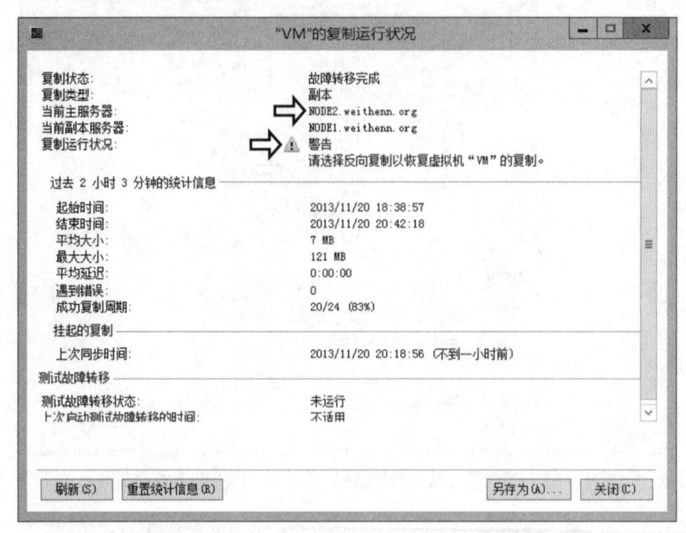

图 10-66　复制运行状况显示为警告

此时我们将 Node2 主机开机，模拟 Node2 主机已经排除硬件错误后准备重新上线，如图 10-67 所示。

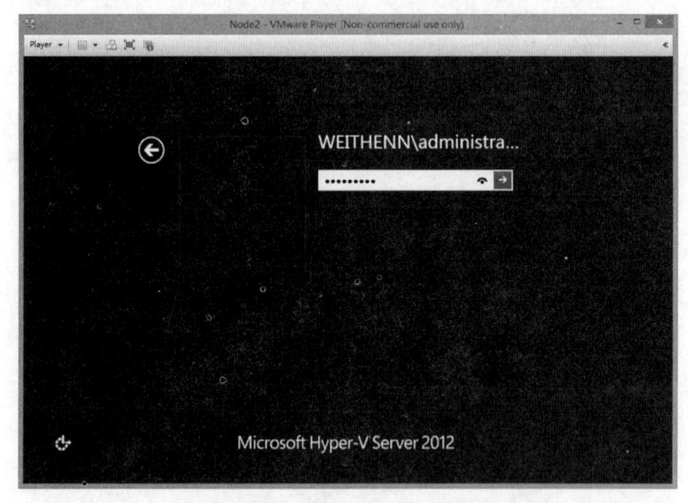

图 10-67　将 Node2 主机开机

当 Node2 主机开机完成并登录系统运行正常后，在 DC 主机上确认 Hyper-V 管理器是否能顺利管理 Node2 主机（图标状态由红色叉转为正常），并且可以看到在 Node2 上的虚拟机状态为关机，如图 10-68 所示。

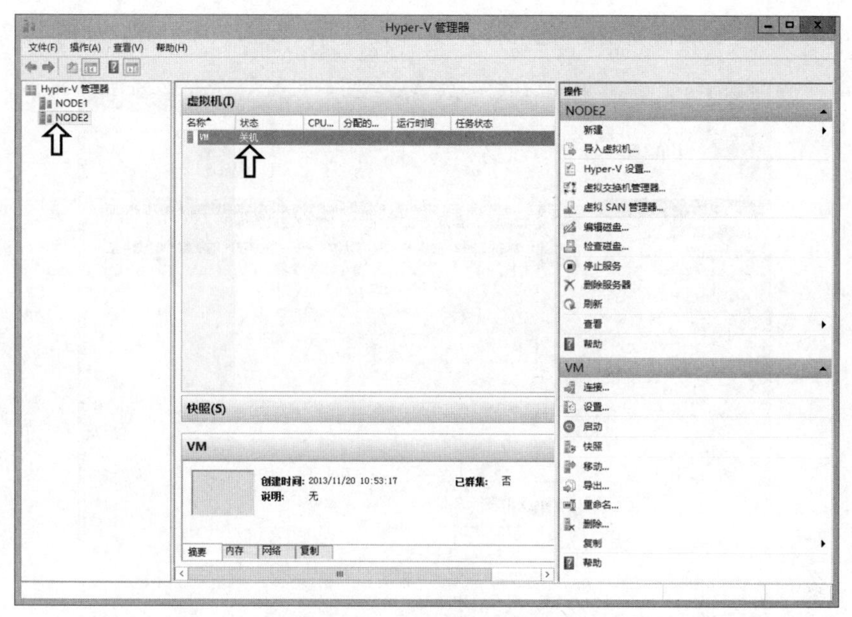

图 10-68 Node2 主机重新上线

接下来我们应该要将复制角色对调反向，因为目前在 Node1 上运行的虚拟机可能已经有了数据的更改，我们需要将新的数据的虚拟机与 Node2 上的虚拟机进行同步。右击 Node1 主机中的虚拟机，在弹出菜单中选择「复制>反向复制」，准备复制同步数据，如图 10-69 所示。

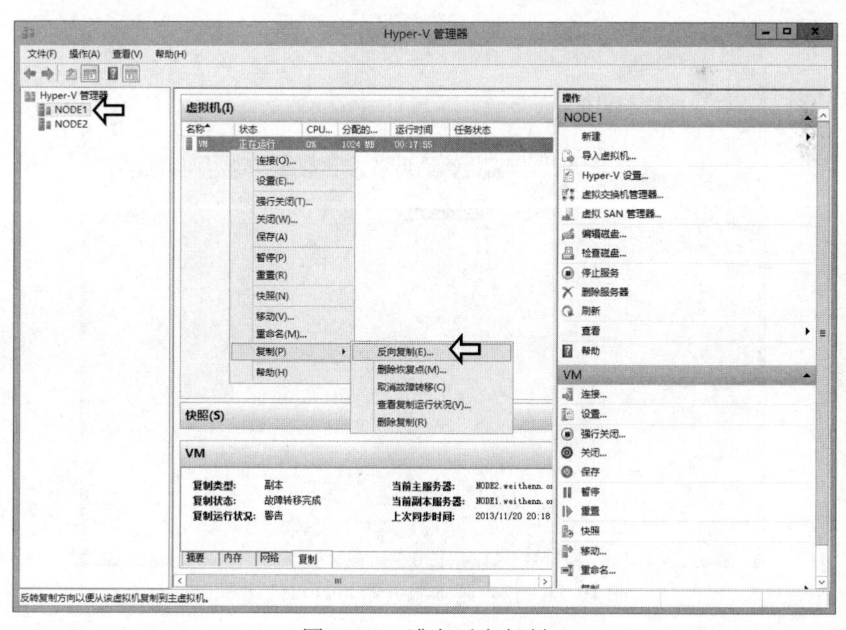

图 10-69 准备反向复制

在弹出的「VM 的反向复制向导」窗口中，单击「下一步」按钮继续，如图 10-70 所示。

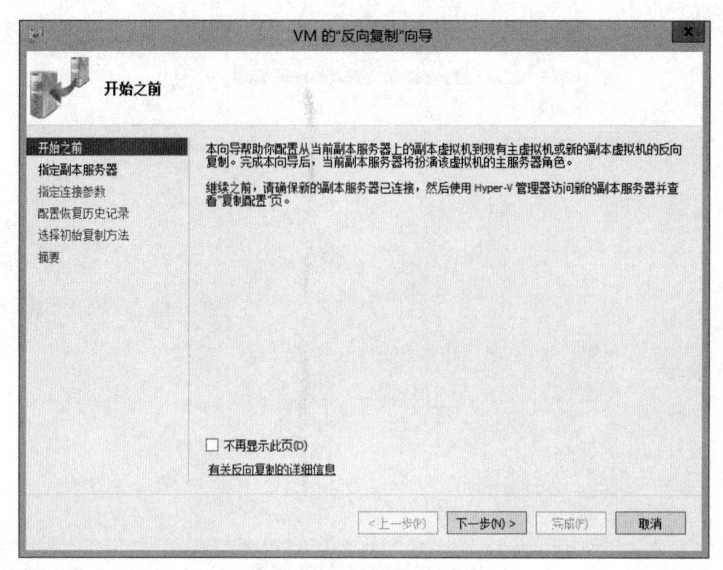

图 10-70　反向复制向导

在「指定副本服务器」页面中，单击「浏览」按钮，在弹出的选择计算机的窗口中输入「node2」，单击「检查名称」按钮，单击「确定」按钮，通过名称检查后主机名将显示 Node2 并返回指定副本服务器窗口，单击「下一步」按钮继续，如图 10-71 所示。

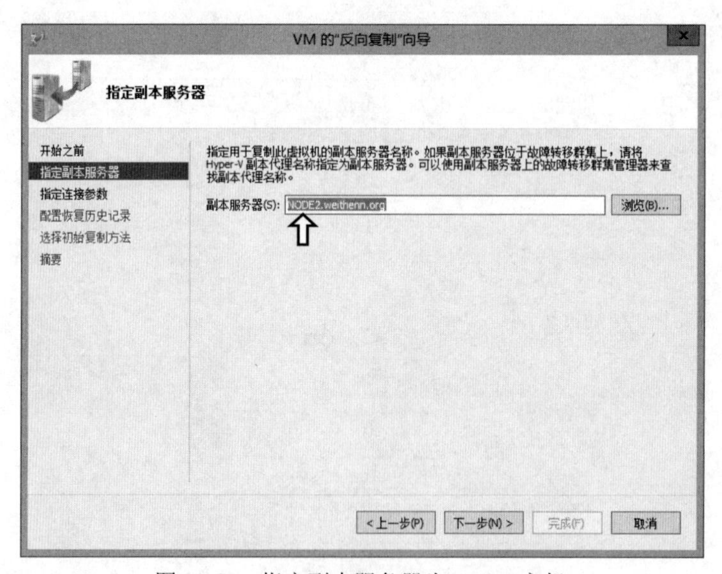

图 10-71　指定副本服务器为 Node2 主机

在「指定连接参数」页面中，我们使用默认的 HTTP 协议和 80 端口来传输同步数据，并且在传输过程中启用压缩机制，单击「下一步」按钮继续，如图 10-72 所示。

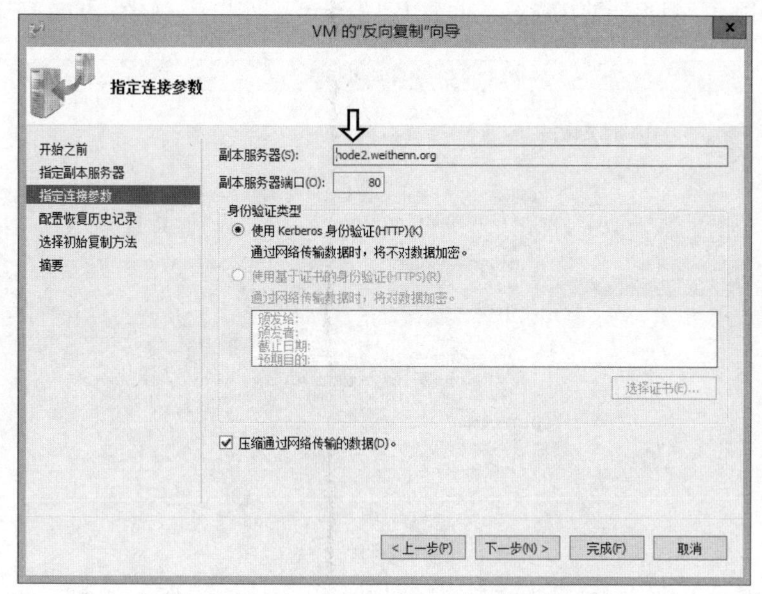

图 10-72　指定与副本服务器间同步的传输机制

在「配置恢复历史记录」页面中，可以调整恢复点的数量，也可以保持默认设置，选择「仅最新的恢复点」，请单击「下一步」按钮继续，如图 10-73 所示。

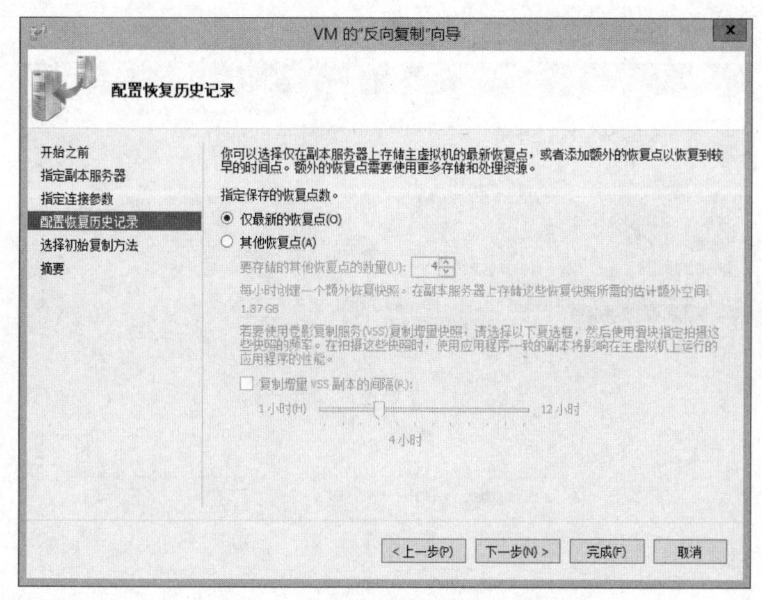

图 10-73　指定同步数据的恢复点数量

在「选择初始复制方法」页面中，将会显示初始副本的数据大小，您也可以选择初始复制方法和日程安排，这里保持默认设置，单击「下一步」按钮继续，如图 10-74 所示。

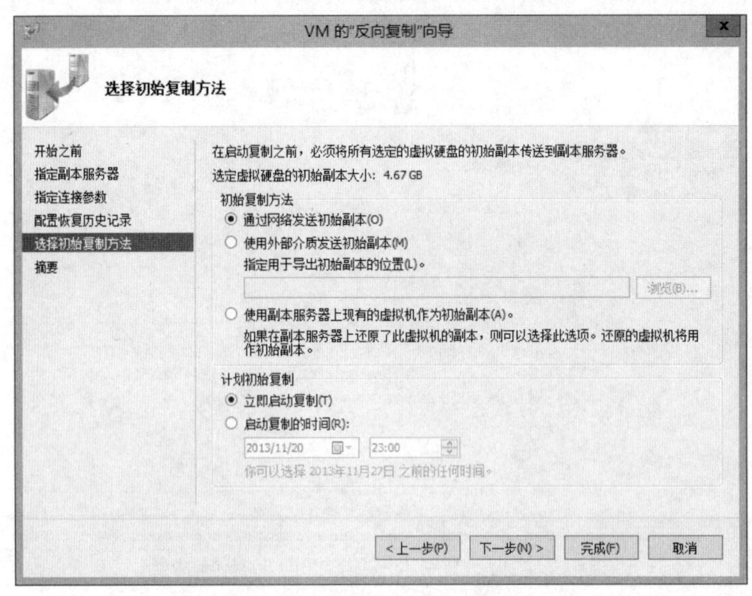

图 10-74　选择初始复制方法

在「正在完成反向复制向导」页面中，确认相关选项设置正确后单击「完成」按钮，便会依据设置立即执行反向复制任务，如图 10-75 所示。

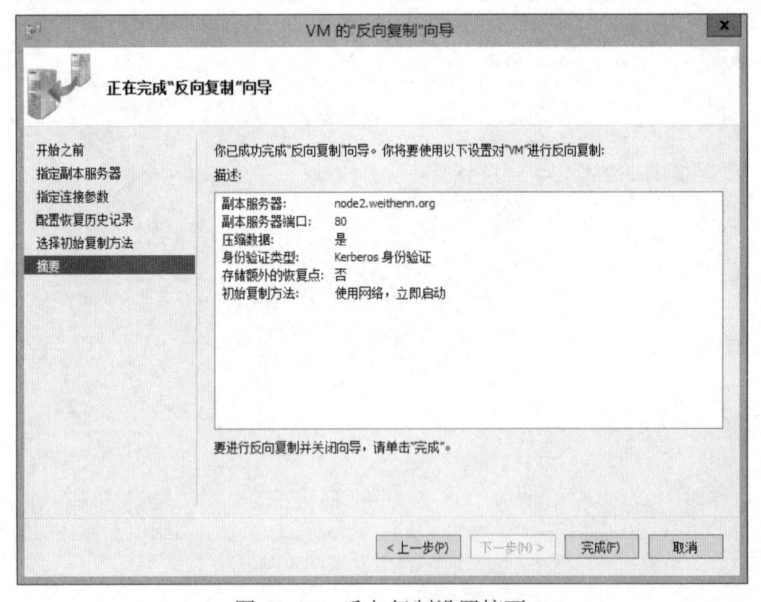

图 10-75　反向复制设置摘要

反向复制设置完成后，Node1 主机将成为主服务器，Node2 主机成为副本服务器，Node1 主机上运行的虚拟机生成快照后，开始「同步初始副本数据」到 Node2 主机，如图 10-76 所示。

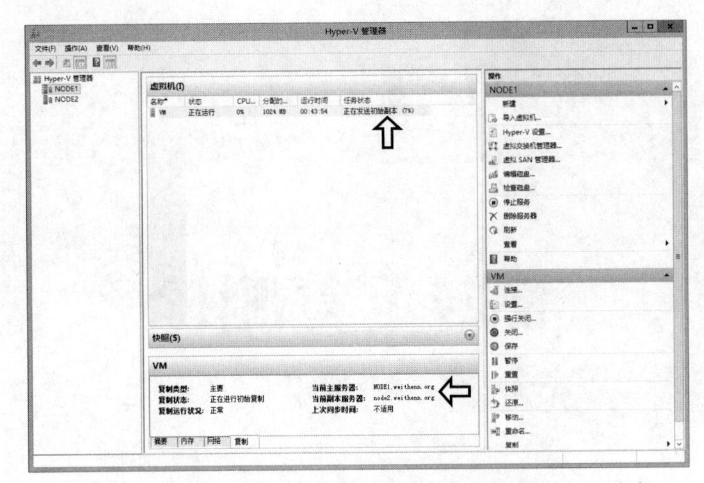

图 10-76　Node1 主机开始同步初始副本数据到 Node2 主机

切换到 Node2 主机，可以看到虚拟机「正在接收更改」，同时在「复制」选项卡中也可以明确看到目前谁是主要/副本服务器，如图 10-77 所示。

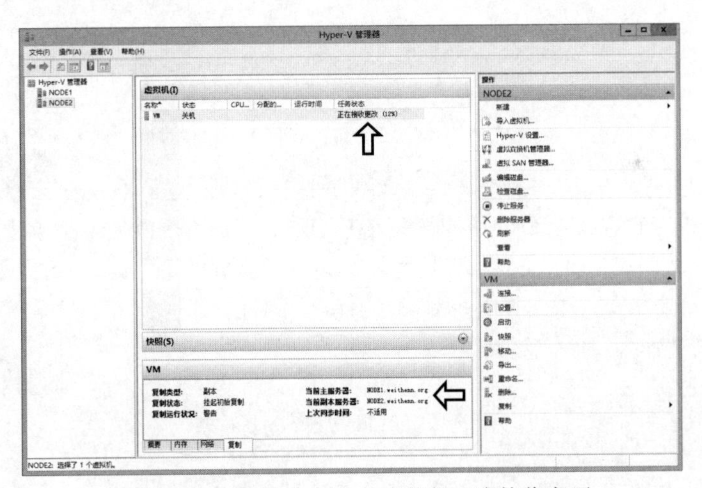

图 10-77　Node2 主机上的虚拟机正在接收变更

到这一步，Hyper-V 复制功能已经演示完成，我们首先是启用了复制的功能，然后测试了同步的副本虚拟机是否能正常运行，接着测试了计划性的故障转移来应对虚拟机的常规维护的应用场景，最后测试了非计划性的故障转移机制来应对 Hyper-V 主机无预警故障的应用场景，读者应该从中了解到 Hyper-V 复制功能确实能够给您提供异地备灾的完整解决方案。

Chapter 11

数据重复删除

许多中高级的存储设备都会具备「数据重复删除（Data Deduplication）」机制，以避免宝贵的存储空间产生不必要的浪费，现在 Windows Server 2012 操作系统当中便已经「内置」该功能并且表现非常亮眼，读者还有什么理由不使用此功能呢?

根据存储厂商 EMC 委托知名调查机构 IDC 所做出的「数字世界（Digital Universe）」报告，指出全球的数据量在公元 2020 年时估计将会达到「40 ZB（1 ZB = 1,073,741,824 TB）」，如图 11-1 所示，这么庞大的数据量已经远远超过想象，或许用个简单的数据来表达可能会更清楚，40 ZB 的数字数据量大约等于地球上每一个人将拥有 5.247 TB 的数据。

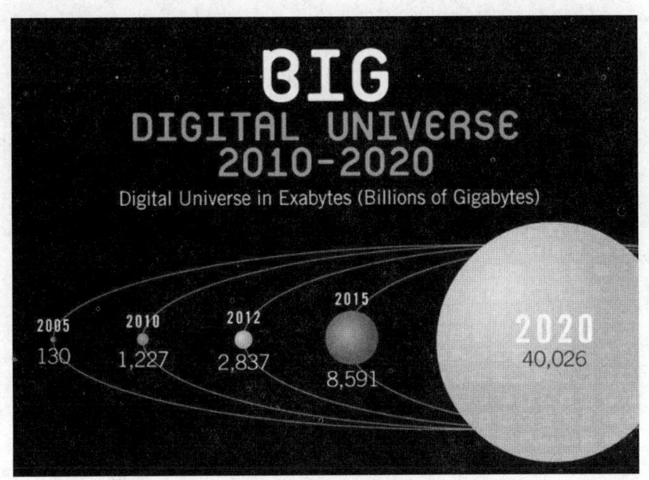

图片来源：EMC-Consumers and the Digital Universe（http://goo.gl/oGJEh）

图 11-1　公元 2020 年数字世界的数据量

然而这么庞大的数据量中真正需要保护的数据其实很少，以 2010 年统计数值来看只有不到 1/3（33.3%）的数字数据需要启用保护机制，2012 年时有 35%的数字数据需要启用保护机制，而到了 2020 年时预计有超过 40%的数字数据需要启用保护机制，这样的统计结果表示有很多数据其实都「重复了」。

因此目前许多中高端的存储设备都会有重复数据删除（Data Deduplication）功能，以避免宝贵的存储空间产生不必要的浪费。而 Windows Server 2012 操作系统当中便已经「内置」了中高端存储设备才具备的功能，而且比起单实例存储 SIS 或 NTFS 压缩功能来说，它进一步提升了存储空间的有效利用率。

Windows Server 2012 内置的数据删除重复技术使用了「块存储（sub-file data chunking）」和「压缩（Compression）」技术实现，它可以通过日程计划执行的方式和选择性的优化技术将磁盘 I/O 影响降到最低，并且有效地减少硬件资源（CPU / Memory）使用率以降低对服务器的影响，因此对于服务器工作负载来说等于是「透明」的。

此外，Windows Server 2012 内置的数据删除重复技术也大大地提升了「数据完整性」，也就是在所有数据和元数据中执行数据的完整性检查（通过校验和、一致性检查、身份识别验证等机制），同时确保所有元数据和常用的数据区块都会保留备份数据以具备容错功能，确保当数据发生毁损时可以还原数据。

数据删除重复技术会将文件切割成多个动态大小（32～128KB Chunks），平均来说为 64 KB，然后将其压缩后存放到隐藏的根目录（System Volume Information，SVI）中。举例来说，文件1和文件2切割后发现其中有A、B、C的数据区块相同，经过数据删除重复技术处理后，需要相同的数据区块时，便会指向到「Chunk-Store」进行数据的存取操作，以实现数据删除重复的目的，如图11-2所示。

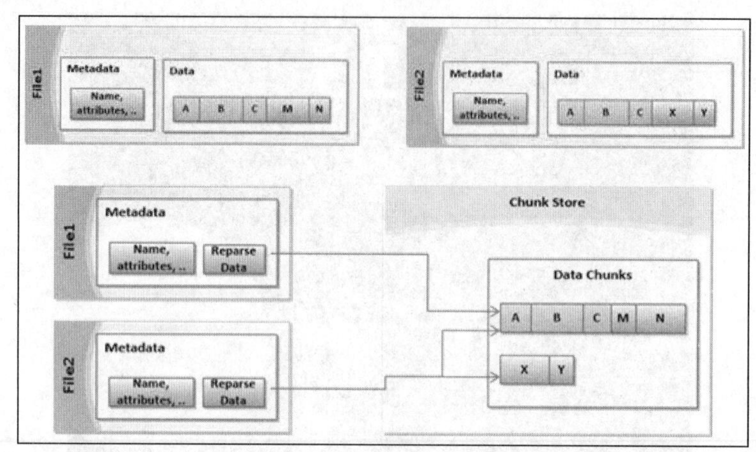

图片来源：The Storage Team at Microsoft-Introduction to Deduplication in Windows Server 2012（http://goo.gl/HgZRs）

图 11-2　数据删除重复技术示意图

事实上对于各种类型的数据应用数据删除重复技术后，能够节省的磁盘空间也都不尽相同，表11-1为经过统计分析后不同数据的数据删除重复空间节省率（见图11-3）。数据来源：Server & Colud Blog-Windows 8 Platform Storage-Part 2（http://goo.gl/drsm2）。

表 11-1

数据类型	内容	空间节省率
用户文件（User Documents）	文本文件、图片文件、音乐文件、影片文件	30%～50%
部署共享（Deployment Shares）	Binaries 文件、Cab 文件、Symbol 文件	70%～80%
虚拟化库文件（Virtualization Libraries）	虚拟硬盘文件（VHD / VHDX）	80%～95%
一般共享文件（General File Share）	以上所有类型文件	50%～60%

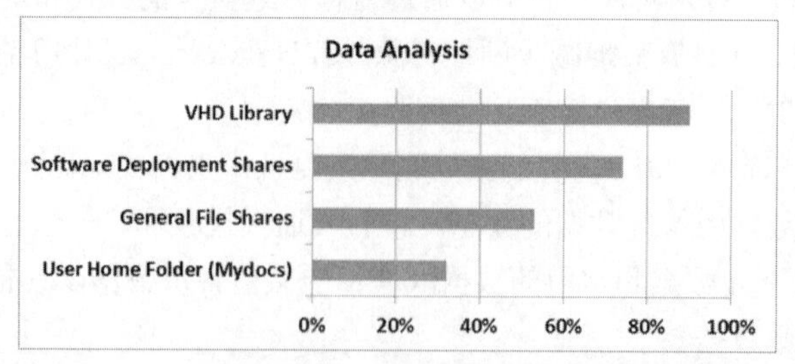

图片来源：The Storage Team at Microsoft-Introduction to Deduplication in Windows Server 2012（http://goo.gl/HgZRs）

图 11-3　数据删除重复技术空间节省率示意图

11-1 SMB 主机添加数据删除重复角色

在 DC 主机中打开「服务器管理器>所有服务器」，右击 SMB 主机，在弹出菜单中选择「添加角色和功能」，准备为远程 SMB 主机添加数据删除重复服务器角色，如图 11-4 所示。

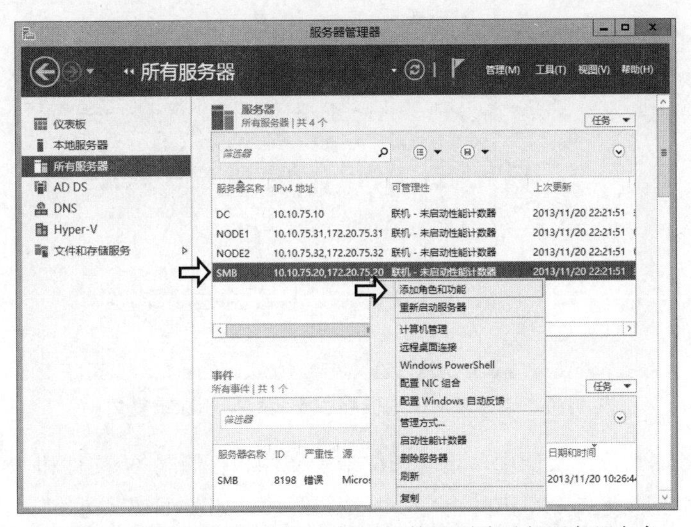

图 11-4 准备为远程 SMB 主机添加数据删除重复服务器角色

在「选择安装类型」页面中，由于所要安装的数据删除重复属于服务器角色，因此请选择「基于角色或基于功能的安装」选项，单击「下一步」按钮继续，如图 11-5 所示。

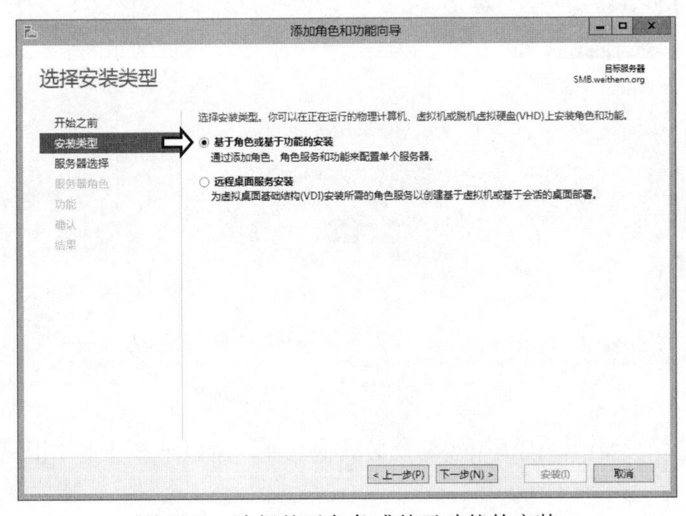

图 11-5 选择基于角色或基于功能的安装

在「选择目标服务器」页面中，请选择「从服务器池中选择服务器」，在「服务器池」列表框中将会看到所有接受管理的服务器清单，默认已经选择 SMB.weithenn.org 主机，在向导窗口右上角也会看到目标服务器名称，单击「下一步」按钮继续，如图 11-6 所示。

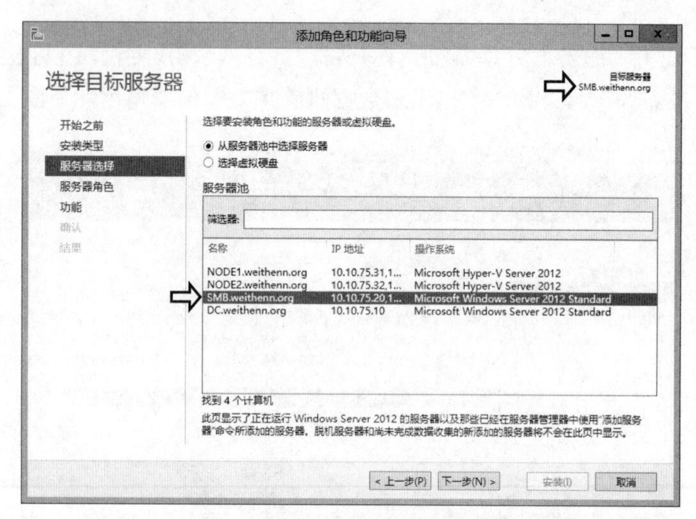

图 11-6　选择 SMB 主机准备安装数据删除重复角色

在「选择服务器角色」页面中，请勾选位于「文件和存储服务>文件和 iSCSI 服务」选项下的「数据删除重复」选项，单击「下一步」按钮继续，如图 11-7 所示。

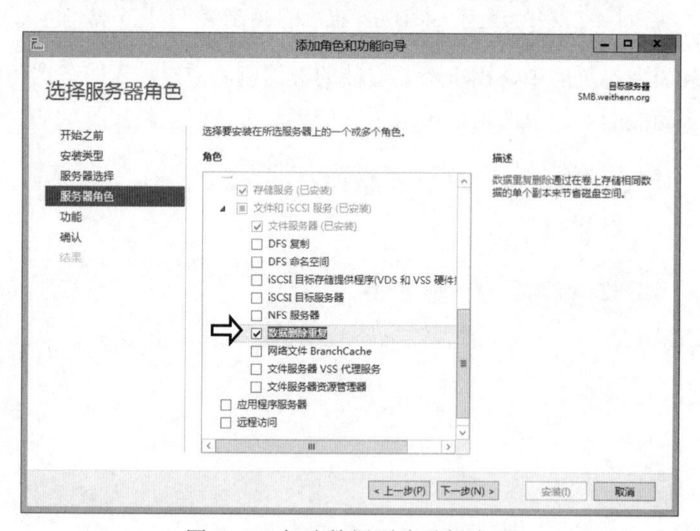

图 11-7　勾选数据删除重复选项

在「选择功能」页面中，因为不需要安装其他功能，所以单击「下一步」按钮继续，如图 11-8 所示。

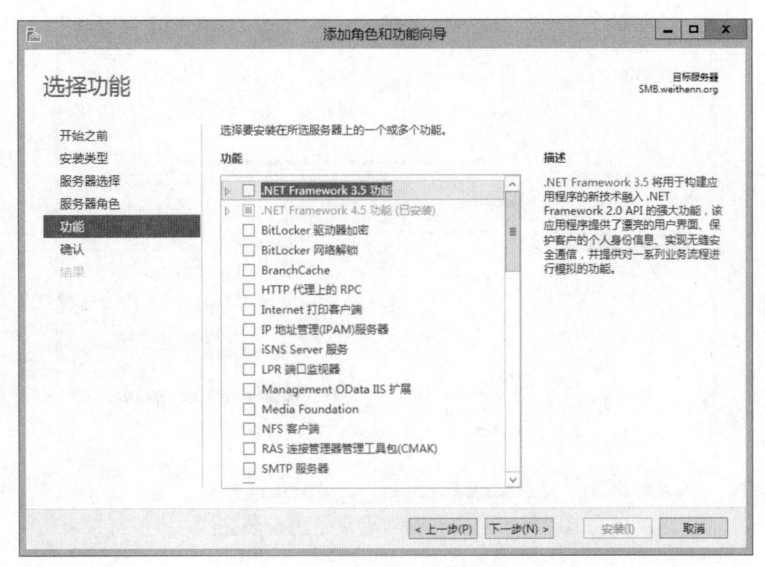

图 11-8　不需安装其他功能

在「确认安装所选内容」页面中，可以勾选或不勾选「如果需要，自动重新启动目标服务器」选项，因为安装此服务器角色并不需要重新启动服务器，因此是否勾选此选项并无影响，确认要进行数据删除重复角色安装后请单击「安装」按钮，如图 11-9 所示。

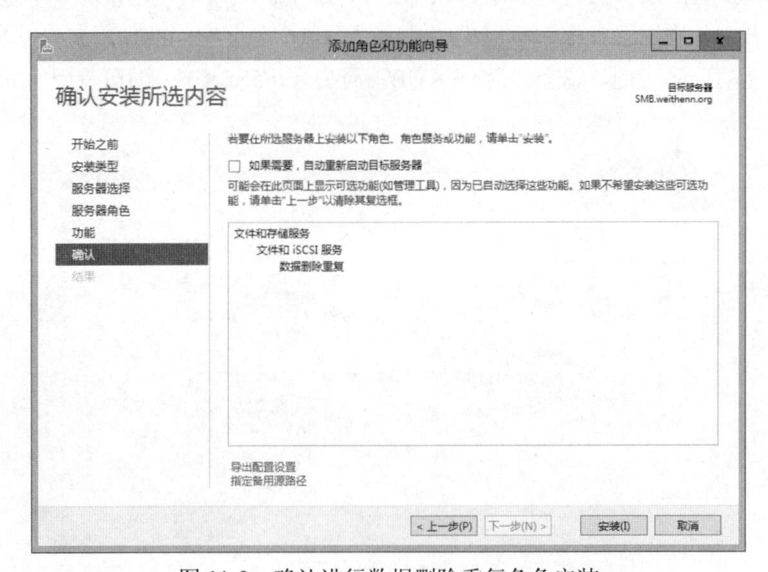

图 11-9　确认进行数据删除重复角色安装

可以保持「安装进度」窗口打开以实时查看结果，或者单击「关闭」按钮，在服务器管理器中选择旗帜图标查看安装结果，确认角色安装完成后，准备进行下一个设置操作，如图 11-10 所示。

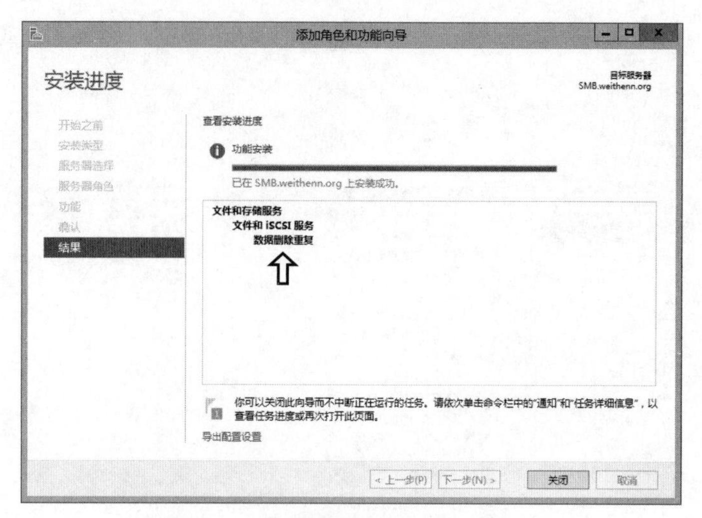

图 11-10　数据删除重复角色安装完成

11-2　SMB 主机空间使用状态

虽然在 DC 主机的服务器管理器中可以看到 SMB 主机空间的使用情况，不过切换到 SMB 主机，直接打开文件资源管理器，可以更清楚地看到整个分区空间的使用情况，我们要启用数据删除重复功能的分区「T」，总空间为 99.8 GB，而剩余「55.3 GB」的可使用空间，如图 11-11 所示。

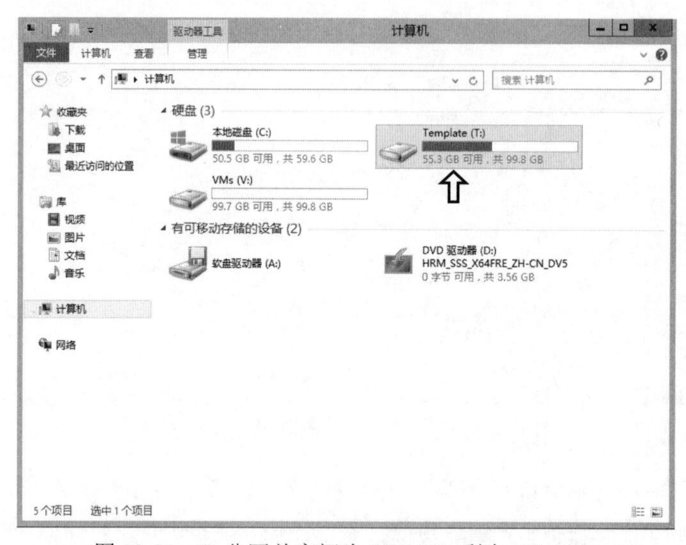

图 11-11　T 分区总空间为 99.8 GB 剩余 55.1 GB

进入 T 分区后可以看到里面存放了各种虚拟机的硬盘文件，我们计划将许多虚拟机的模板文件保存在此（共使用了 44.5 GB），如图 11-12 所示。

图 11-12　虚拟机的模板文件

在 DC 主机中选择「服务器管理器>文件和存储服务>卷」，同样可以看到 SMB 主机中 T 分区空间和可用空间信息，当前因为「还未」启用数据删除重复服务（仅安装好了服务器角色），所以在相关列中是没有任何数据的，如图 11-13 所示。

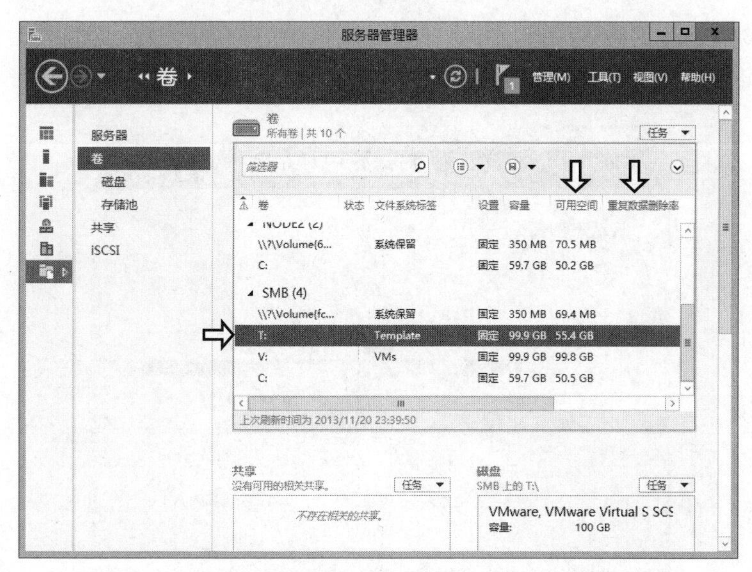

图 11-13　查看 SMB 主机中 T 分区空间和可用空间信息

11-3 启用数据删除重复服务

先前的章节中已经提到过系统或启动卷是无法启用数据删除重复服务的，那么如果我们想要尝试启动看看会发生什么情况？可以右击 SMB 主机中的启动卷 C，在弹出菜单中会发现无法选择「配置数据删除重复」选项（选项为灰色无法选择），如图 11-14 所示。

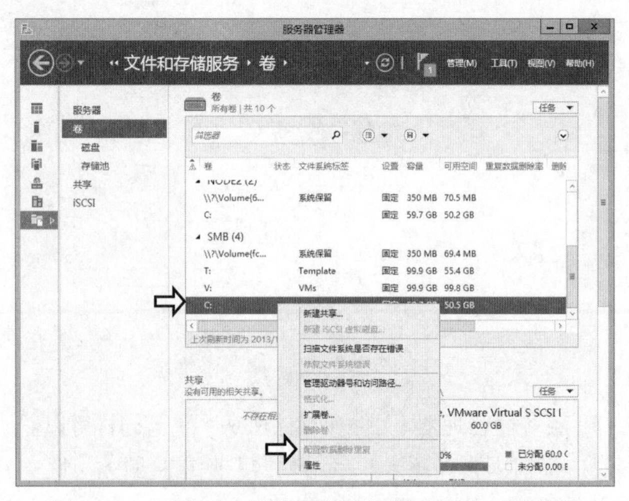

图 11-14　系统或启动卷无法启用数据删除重复服务

右击 SMB 主机中的磁盘卷 T，并且在弹出菜单中选择「配置数据删除重复」选项，准备启用数据删除重复服务，如图 11-15 所示。

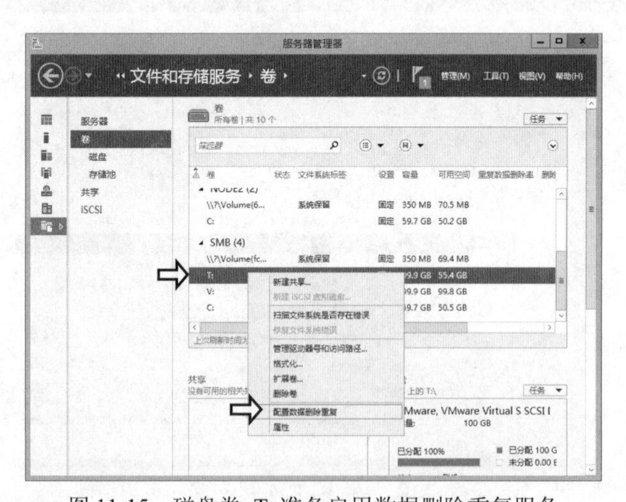

图 11-15　磁盘卷 T 准备启用数据删除重复服务

在弹出的「Template（T:\）删除重复设置」窗口中，请先勾选「启用数据删除重复」选项，默认情况下会删除存在时间大于「5 天」的重复文件，因为我们要立即看到效果所以设置为「0 天」（将会每 1 小时自动执行一次），此外如果您希望排除特定的文件或是文件类型，那么可以单击「添加」按钮进行添加（请先别急着单击「确定」按钮），如图 11-16 所示。

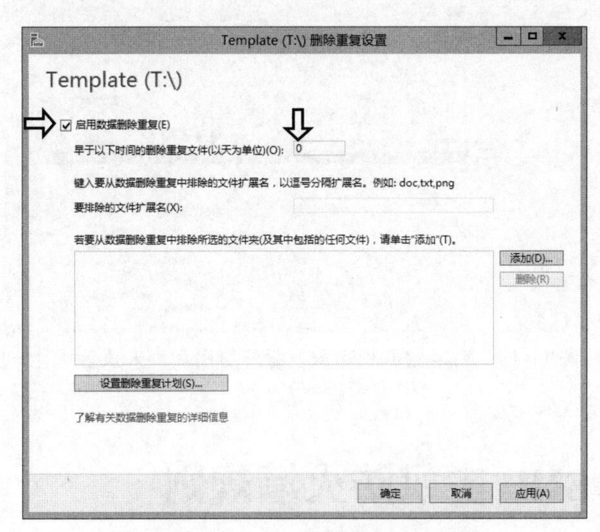

图 11-16　启用数据删除重复服务

一般情况下需要设置删除重复计划，安排服务器在非高峰使用时间执行数据删除重复操作，尽量避免影响到正常服务的运行（多多少少会有些许影响），单击「设置删除重复计划」按钮，调整数据删除重复优化的执行时间，确认后即可单击「确定」按钮完成设置，如图 11-17 所示。

图 11-17　调整和优化数据删除重复执行时间

启用数据删除重复服务后，因为尚未执行数据优化的操作，所以您在「服务器管理器」窗口中可以看到目前数据删除重复率为「0%」，数据删除重复节省空间也为「0.00 B」，如图 11-18 所示。

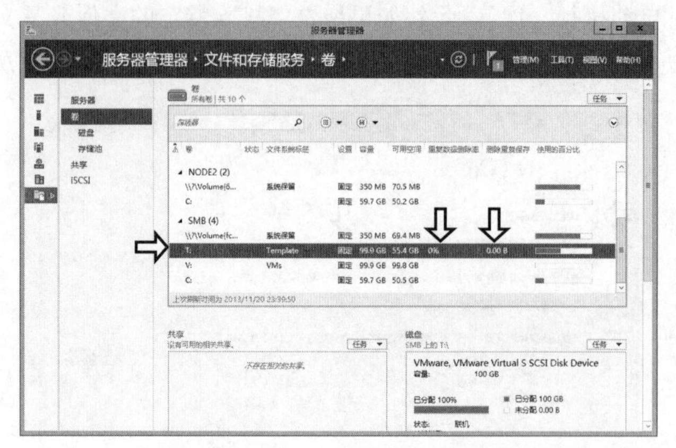

图 11-18 启用数据删除重复服务启用后尚未执行优化

11-4 调整 SMB 主机防火墙规则

可以切换到 SMB 主机中运行数据删除重复服务，也可以在 DC 主机上统一远程管理。虽然 SMB 主机已经加入域，但要进行远程管理仍需开启相关的防火墙规则，否则稍后启用远程计算机管理时将会因为防火墙规则未允许而发生错误（默认情况下无法远程执行计划任务）。

在前面章节中已经为 SMB 主机开启了相应的防火墙规则，如果您在当时未开启这些防火墙规则，请在 DC 主机中依次选择「服务器管理器>所有服务器」，然后右击 SMB 主机，在弹出菜单中选择 Windows PowerShell 选项，准备远程开启 SMB 主机相应的防火墙规则，如图 11-19 所示。

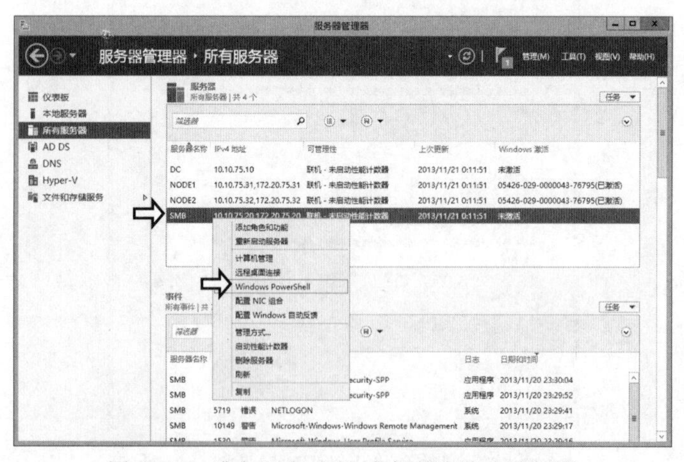

图 11-19 准备开启 SMB 主机相应防火墙规则

在打开的 PowerShell 窗口中，请依次运行以下命令，开启远程计划任务管理、远程事件日志管理、Windows 防火墙远程管理防火墙规则，如图 11-20 所示。

```
Set-NetFirewallRule  -DisplayGroup “远程计划任务管理” -Enabled  True
Set-NetFirewallRule  -DisplayGroup “远程事件日志管理” -Enabled  True
Set-NetFirewallRule  -DisplayGroup “Windows 防火墙远程管理” -Enabled  True
```

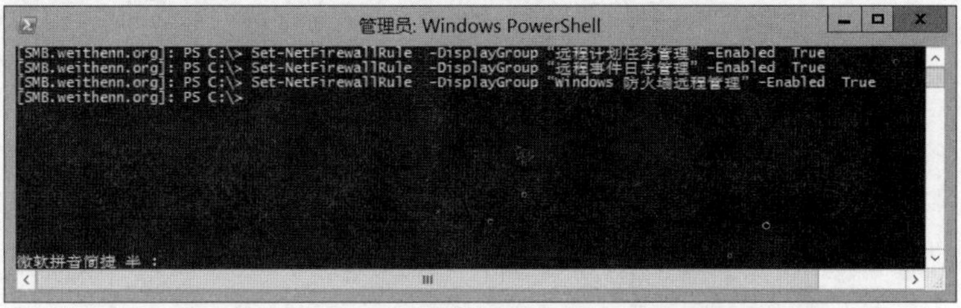

图 11-20　开启 SMB 主机相关防火墙规则

确认 SMB 主机防火墙规则允许的设置后，便可以再次在服务器管理器中右击 SMB 主机，在弹出菜单中选择「计算机管理」选项，以远程操作 SMB 主机的计划任务，如图 11-21 所示。

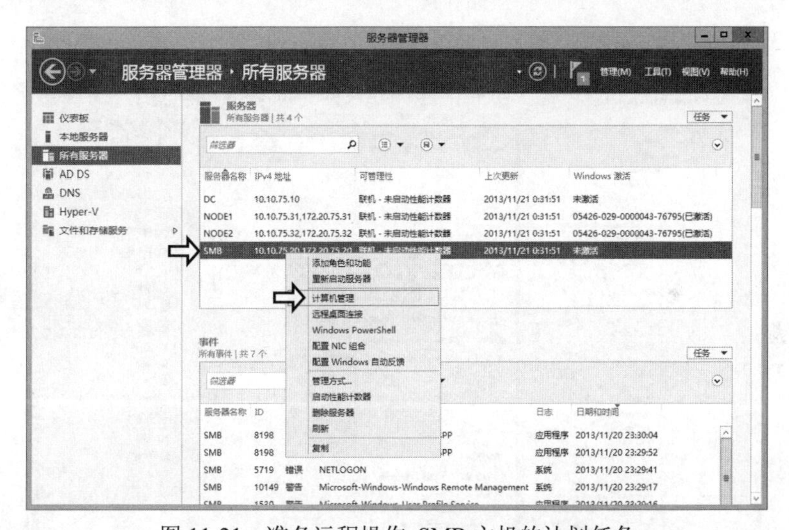

图 11-21　准备远程操作 SMB 主机的计划任务

在弹出的「计算机管理」窗口中可以看到主机为 SMB.WEITHENN.ORG，请依次选择「系统工具>任务计划程序>任务计划程序库>Microsoft>Windows>Deduplication」选项（防火墙规则未开启便会产生错误信息）。在删除重复文件设置天数上我们设置为 0 天，也就是默认会「每 1 小时」执行一次数据删除重复的操作，如果您不想等待的话，可以选择 BackgroundOptimization 选项，单击「运行」，也就是立即执行数据删除重复操作，如图 11-22 所示。

执行数据删除重复操作时，BackgroundOptimization 选项的状态将会由准备就绪的状态转变为「正在运行」状态，如图 11-23 所示。

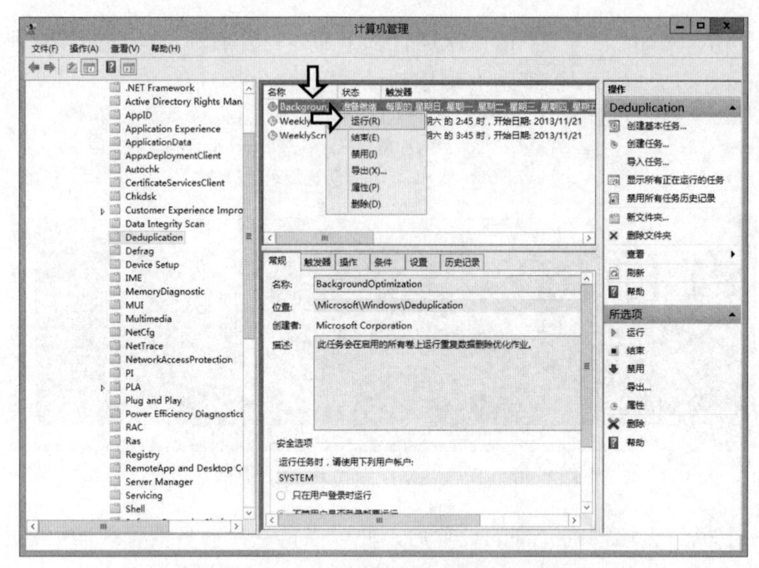

图 11-22　立即执行数据删除重复操作

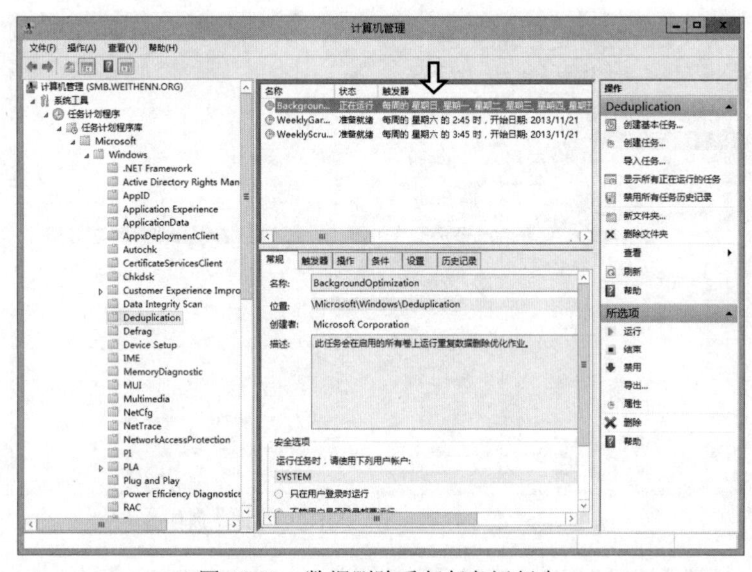

图 11-23　数据删除重复任务运行中

此时可以切换到 SMB 主机查看任务管理器，您会发现系统因为正在执行删除重复数据的操作使得「CPU 使用率升高」(这就是数据删除重复要在非高峰时间执行的原因之一)，如图 11-24 所示。

如果查看任务管理器中的处理程序，会看到有个名称为「Microsoft File Server Data Management Host」的执行程序，它占用了 CPU「25%～50%」左右的计算资源，如图 11-25 所示。

当数据删除重复的任务执行完成后，该处理程序会自动结束，系统的 CPU 使用率也会下降，如图 11-26 所示。

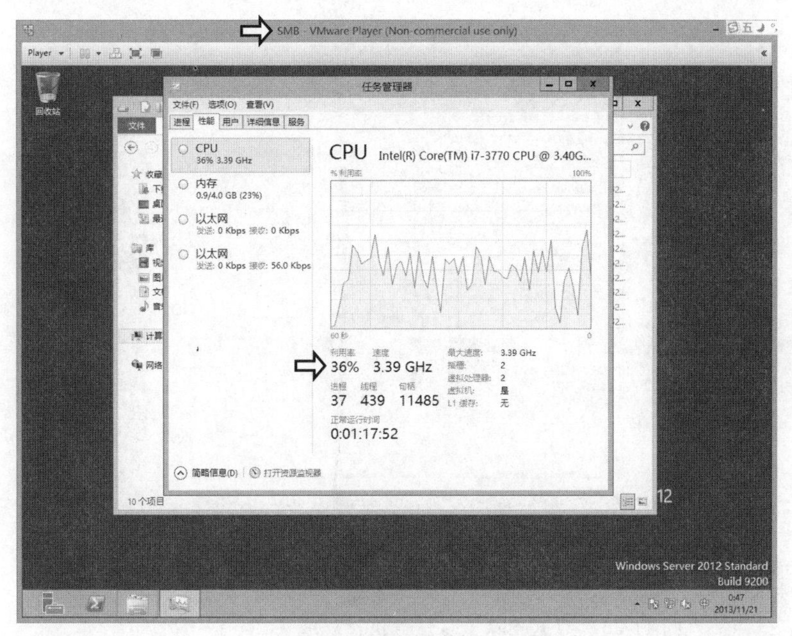

图 11-24 执行数据删除重复使 CPU 使用率升高

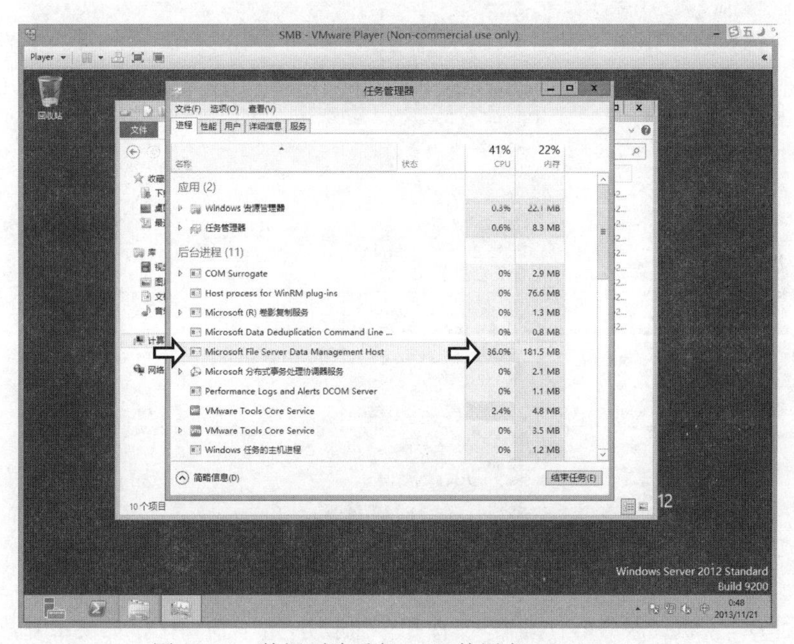

图 11-25 数据删除重复 CPU 使用率 25%～50%

回到 DC 主机中，在已经打开的「计算机管理」窗口中，可以单击「刷新」来确认 BackgroundOptimization 的状态为准备就绪，表示数据删除重复任务确实已经运行完成，如图 11-27 所示。

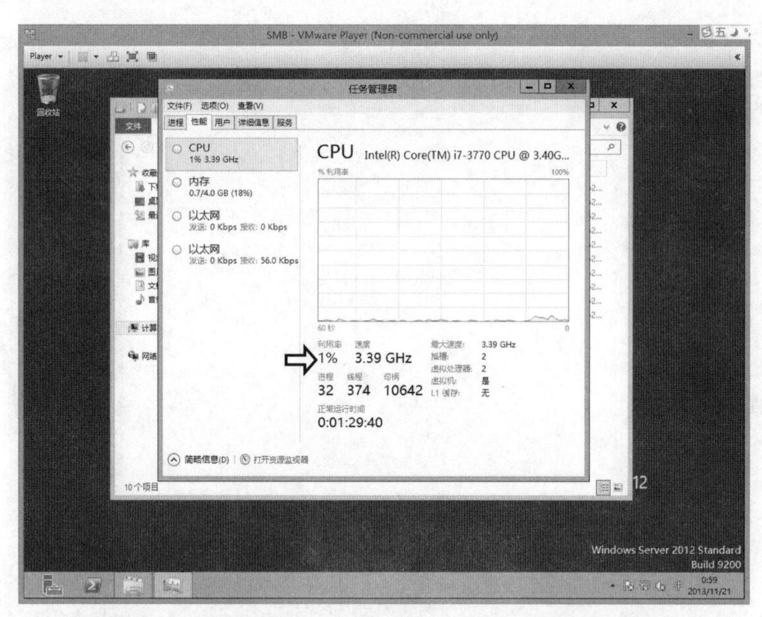

图 11-26　数据删除重复任务执行完成 CPU 使用率下降

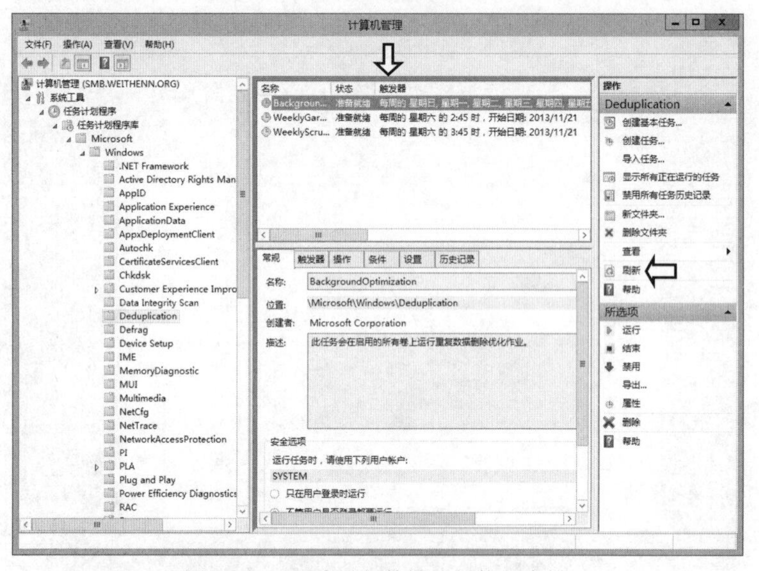

图 11-27　删除重复数据已经执行完毕

此时切回 DC 主机「服务器管理器>文件和存储服务>卷」窗口中，如果重复数据删除率未更新，请单击「刷新」的图标来更新远程主机状态。

重新整理完成后，可以看到 T 分区的原可用空间为「55.4 GB」，经过数据删除重复后可用空间提升为「97.8 GB」，重复数据删除率为「95%」，删除重复保存列为 42.7 GB，也就是节省了「42.7 GB」的存储空间，如图 11-28 所示。

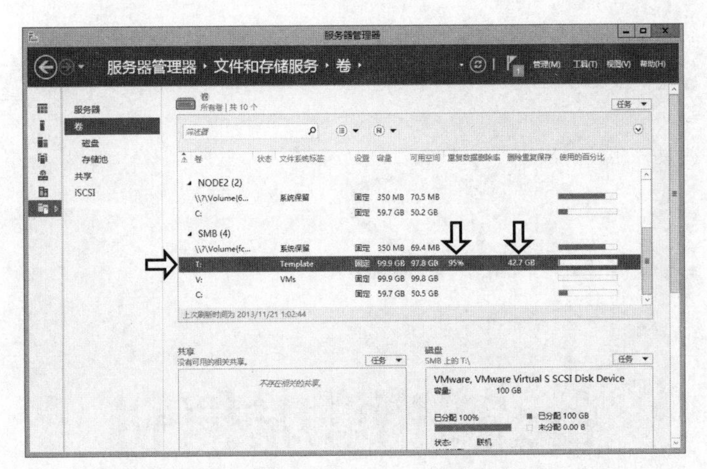

图 11-28 重复数据删除率 95% 节省空间 42.7 GB

数据重复删除功能以前只有在费用高昂的中高端存储设备中才有，如今 Windows Server 2012 已经内置并且表现如此抢眼，读者还有什么理由不使用此功能呢？

Chapter 12

备份还原虚拟机

本章将实验把 VM 虚拟机关机后，使用「导出（Export）」的离线备份（Offline Backup）方式，并在发生灾难时进行还原，以及在 VM 虚拟机在线运行中通过「WSB（Windows Server Backup）」机制进行在线备份（Online Backup），并在发生灾难时进行还原。

备份虽然是一件非常重要的事情，但是很多管理人员却常常忽视它，等到灾难发生时才了解到备份的重要性，并且备份策略也不是有或随随便便进行就可以的!! 例如虽然有定期备份数据到磁带，但是却从来没有演练过灾难还原程序，因此灾难真的发生时除了手忙脚乱外，也有可能因为没有验证过备份到磁带的数据是否正确而导致无法还原的惨剧。一般来说备份通常可分为下列四个方向：

◆ 备份文件

如配置文件、数据库、程序文件、邮件等，此备份通常可以在短时间内还原，例如公司业务的报表系统每小时进行数据库备份，当有人操作失误不小心删除了某些表格或字段中的数据时，便可以立即使用备份数据还原。

◆ 备份系统

如备份 Windows、Linux、FreeBSD 等操作系统，此备份通常为了节省平台搭建时间，或者是包含上述的备份文件一起进行，举例来说架设一个 MSSQL 数据库系统必须先将 Windows 操作系统进行安装，安装完成后必须安装操作系统本身的安全更新，以 Windows Server 2003 R2 SP2 操作系统来说，最少必须安装 128 个以上的安全更新才行，接着才是安装 MSSQL 数据库系统，并且安装完数据库系统后又有相关软件需要更新，因此平时若定期将整个系统进行备份并且配合文件备份，则灾难发生时便可以在最短时间内恢复数据库服务。

◆ 备份介质

通常会将前面两种备份后的结果存储在特定介质上，例如 CD/DVD 光盘、Tape 磁带（LTO 4/5）、DAS/NAS/SAN 存储设备等，这些不同的存储介质除了影响备份和还原的时间长短之外，数据的保存周期也是一大挑战。例如备份到 DVD 光盘则可能因为光盘涂层的关系，导致时间过久（通常为 2～5 年或更短）之后光盘内的备份数据无法读取，或者备份到 Tape 磁带后因为存放磁带的环境较为潮湿，导致磁带机无法正确读取磁带内所备份的数据，采用硬盘的 DAS / NAS / SAN 存储设备，虽然有磁盘阵列（RAID）的机制来保护数据，但也有可能因为采购的硬盘质量不良多块硬盘同时损坏或其他因素导致磁盘阵列整体崩溃（RAID Crash），因此选择将备份数据存放在哪些存储介质上时还要兼顾到读写性能和预算考虑。

◆ 备份方式

完整备份、差异备份、增量备份、备份频率等，不同的备份方式各有其优缺点，也同时会影响到备份和还原的时间。例如完整备份虽然在还原程序上最为方便但备份时所花费的时间最长，差异和增量备份虽然可以缩短备份时间但在还原程序上则较为麻烦，至于备份频率则视不同的应用进行调整。以备份企业业务用的数据库来说则可能备份频率为 1 小时一次，倘若是备份用户邮箱则 1 天备份一次即可。

12-1 联机/脱机备份

什么是联机备份（Online Backup）和脱机备份（Offline Backup）呢？一般来说联机备份是

指主机或相关服务在运行状态下进行备份，而脱机备份则是在主机关机或者服务停用的状态下进行备份，两种备份方式都有适合的应用场景。例如在企业业务环境中因为有服务不中断的要求，因此常常会采用联机备份方式进行备份操作，虽然联机备份非常方便但通常备份操作较为复杂。举例来说要在 Windows 操作系统上备份 MSSQL 数据库，必须通过卷影复制服务（Volume Shadow copy Services，VSS）技术进行备份操作，否则还原数据时便可能会发生问题。

脱机备份因为是在操作系统关机或者应用程序停止运行的情况下进行，因此备份操作通常较为简单，并且备份时间会较短。不过脱机备份机制虽然简单易用，对于企业业务来说却不适用，例如企业若采用此备份方式则必需要停机进行备份，相信 CIO 是不可能同意的，如果将脱机备份安排在假日进行，则 IT 人员必需要安排每周末时到公司将主机关机后进行备份，相信这也是不可能的事情。不过脱机备份机制仍有适合它使用的时候，例如一般用户计算机或者企业中较不重要的服务器并且可允许短暂停机时间的服务就很适合使用。

表 12-1 将联机/脱机备份方式做个比较。

表 12-1

	备份方式	备份时间	还原风险	中断服务
联机备份（Online Backup）	复杂	通常较长	较高	否
脱机备份（Offline Backup）	简单	通常较短	低	是

我们可以将运行在 Hyper-V 虚拟化平台上的虚拟机关机，然后通过 Hyper-V 管理器内置的导出功能实现备份的目的，不过此方式仅能针对关机状态的虚拟机进行，也就是所谓的脱机备份方式。若是您希望虚拟机能在「运行」状态下备份，那么也可以通过 Windows Server 2012 当中内置的「Windows Server Backup」服务器功能，来实现联机备份的目的。

以下就是本章中将陆续对虚拟机进行联机/脱机备份的方式：

- 脱机备份（Offline Backup）：导出 VM 虚拟机文件（Export）
- 联机备份（Online Backup）：Windows Server Backup

12-2 脱机备份虚拟机（Export VM）

打开 Node1 主机上运行的虚拟机，里面有许多前面章节中创建的测试文件夹（replica-test、replica-test2、test），如图 12-1 所示。

可以运行 del 命令清空文件夹内的文件，接着再以 rd 命令删除文件夹，最后创建此次测试脱机备份虚拟机的测试文件夹「C:\export-test」，同样也在该文件夹中创建 10 个大小为 1 KB 的文件，如图 12-2 所示。

将脱机备份的测试文件夹和文件创建完成后，请切换到 SConfig 窗口并输入数字「13」将虚拟机关机，如图 12-3 所示。

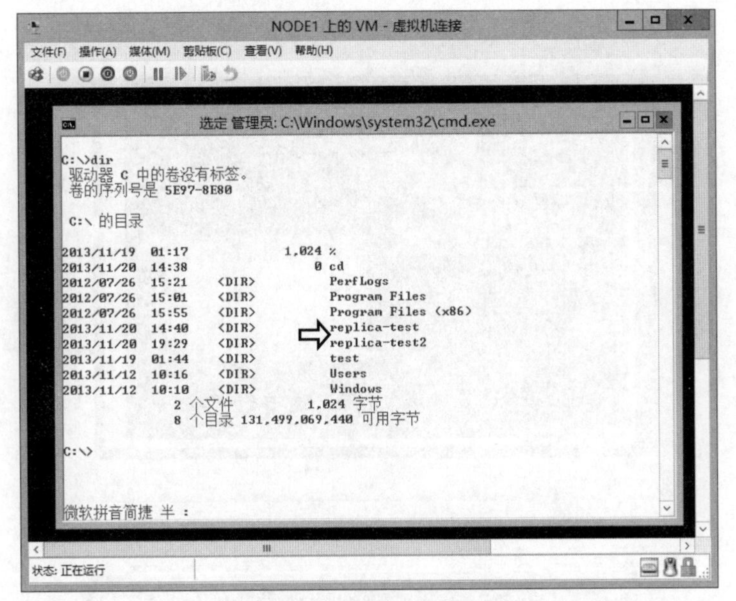

图 12-1　虚拟机当前数据

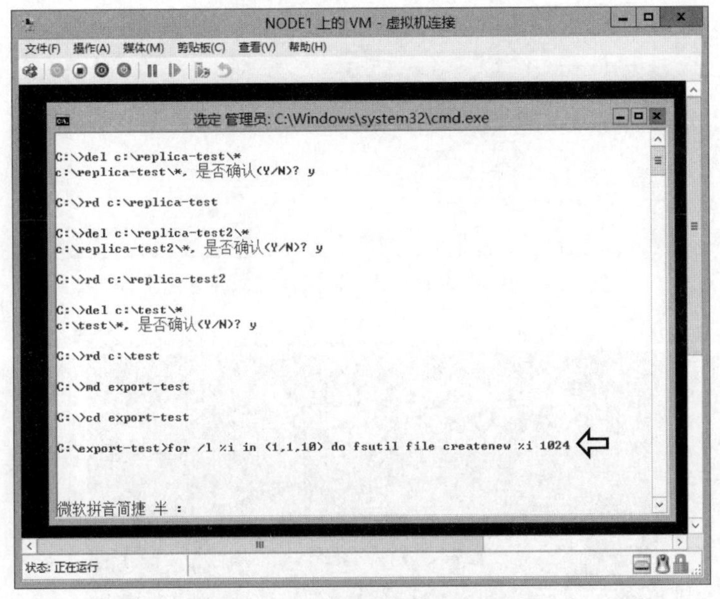

图 12-2　创建测试文件夹和文件

在「服务器管理器」窗口中右击 Node1 主机，在弹出菜单中选择「Windows PowerShell」选项，准备远程为 Node1 主机创建文件夹用于保存导出的虚拟机文件，如图 12-4 所示。

在打开的 PowerShell 窗口中，输入「New-Item -ItemType directory -Path C:\ExportVM」命令，便会在 Node1 主机中创建「C:\Exportvm」文件夹，如图 12-5 所示。

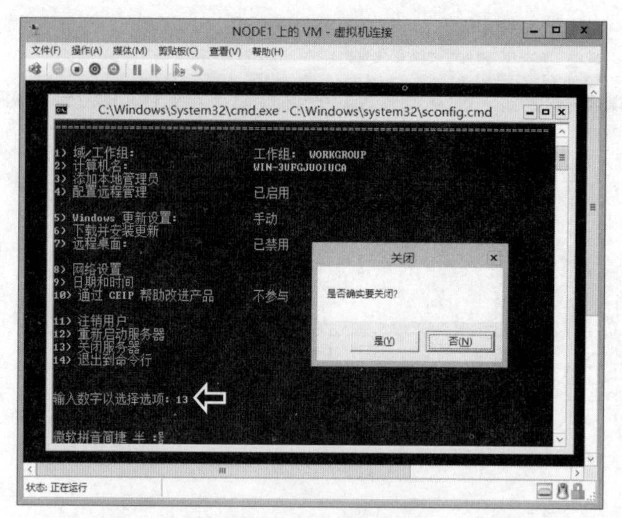

图 12-3　将虚拟机关机

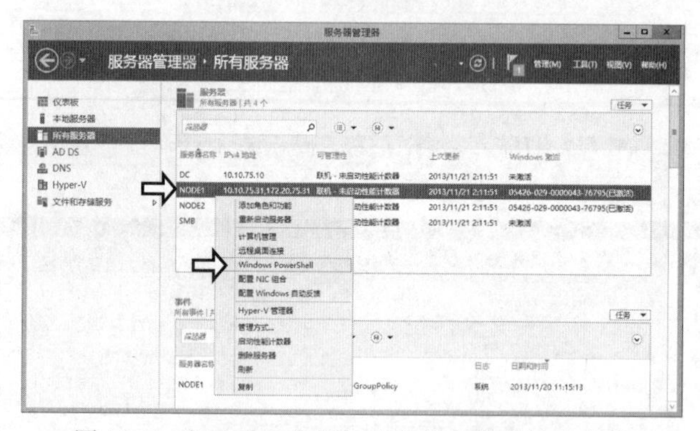

图 12-4　为 Node1 主机创建文件夹保存导出文件

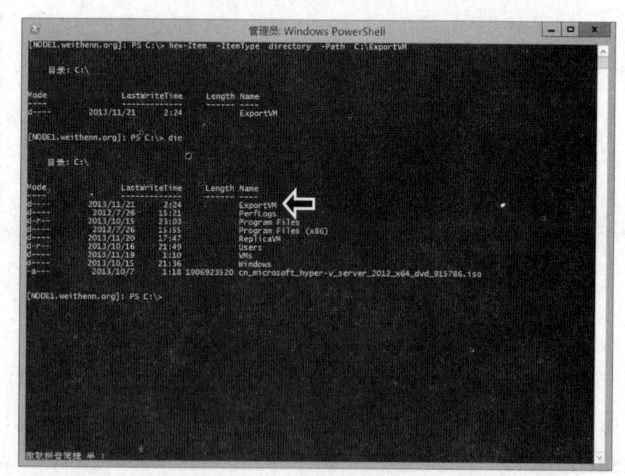

图 12-5　在 Node1 主机中创建 C:\Exportvm 文件夹

回到「Hyper-V 管理器」窗口，右击虚拟机，在弹出菜单中选择「导出」选项，准备进行虚拟机的导出操作，如图 12-6 所示。

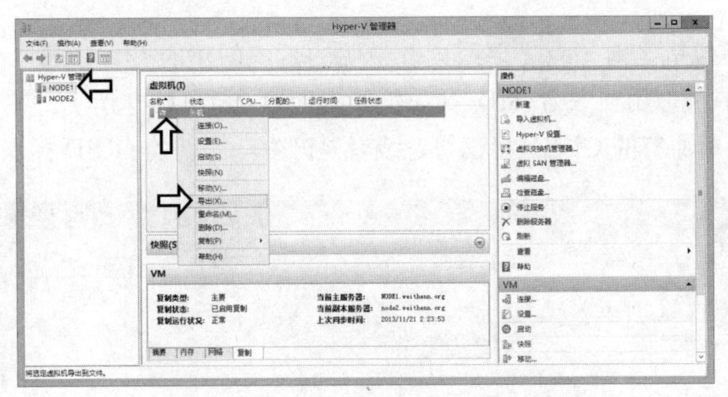

图 12-6　准备进行虚拟机的导出操作

在弹出的「导出虚拟机」对话框中，单击「浏览」按钮选择刚才创建的 C:\Exportvm 文件夹，然后「导出」按钮，开始虚拟机的导出操作，如图 12-7 所示。

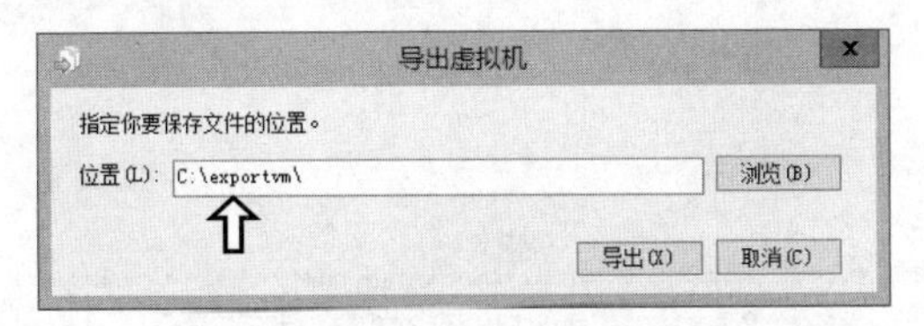

图 12-7　选择保存位置后导出虚拟机

在「Hyper-V 管理器」窗口中，可以看到虚拟机导出任务的进度百分比，如图 12-8 所示。

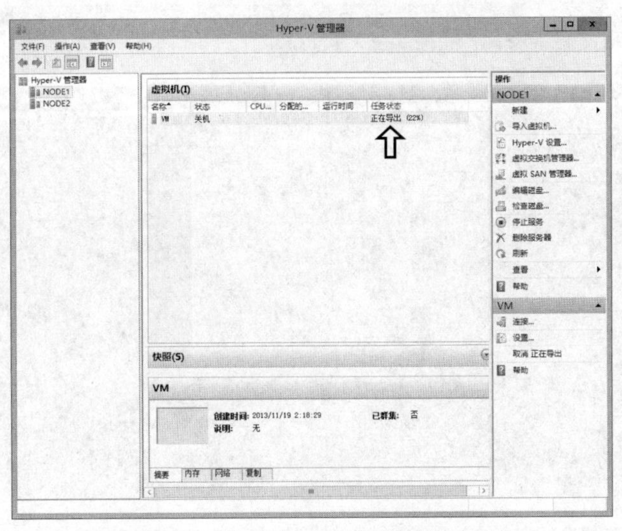

图 12-8　虚拟机导出任务的进度百分比

导入虚拟机（Import VM）

在开始导入虚拟机之前，首先要跟读者说明的是，创建的每一台虚拟机都有一个唯一的「GUID」标识符（类似用户账号 SID 标识符的概念），如图 12-9 所示。在导入虚拟机时便会需要您决定是否保留原有的 GUID 标识符，或者是产生一个新的 GUID 标识符。

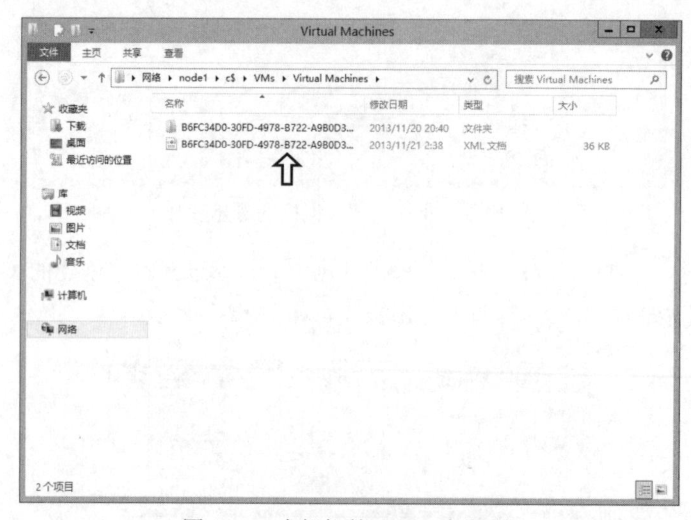

图 12-9　虚拟机的 GUID 标识符

我们可以将虚拟机的虚拟硬盘删除，模拟虚拟机发生灾难无法正常运行，如图 12-10 所示。

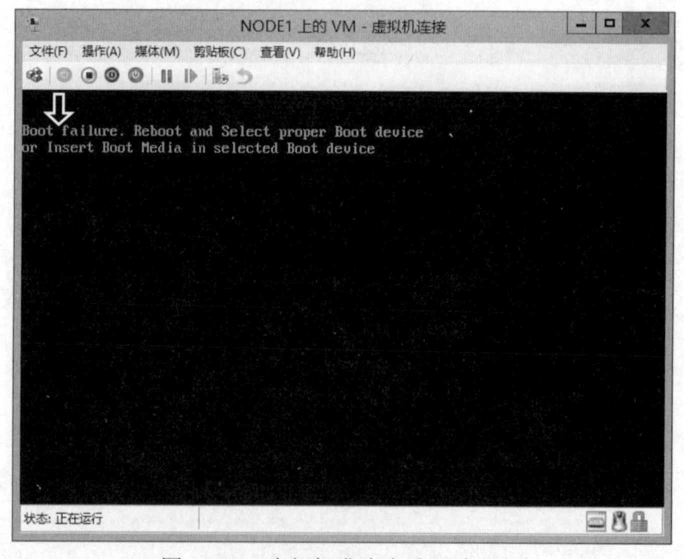

图 12-10　虚拟机发生灾难无法运行

在本小节导入虚拟机的操作中，因为我们想要保留原有的 GUID 标识符，所以必须将原有虚拟机删除，否则导入虚拟机时便会产生 GUID 标识符冲突的错误。请右击该虚拟机后在弹出菜单中选择「删除」选项，如图 12-11 所示。

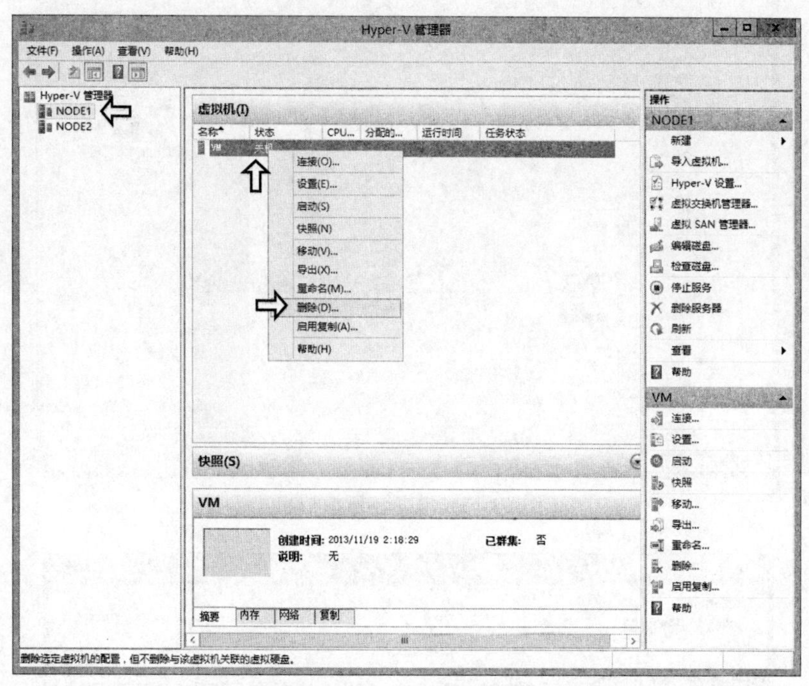

图 12-11　删除虚拟机

此时将会弹出确认窗口，单击「删除」按钮，如图 12-12 所示。事实上仅会删除虚拟机的配置文件，虚拟硬盘文件并不会删除。

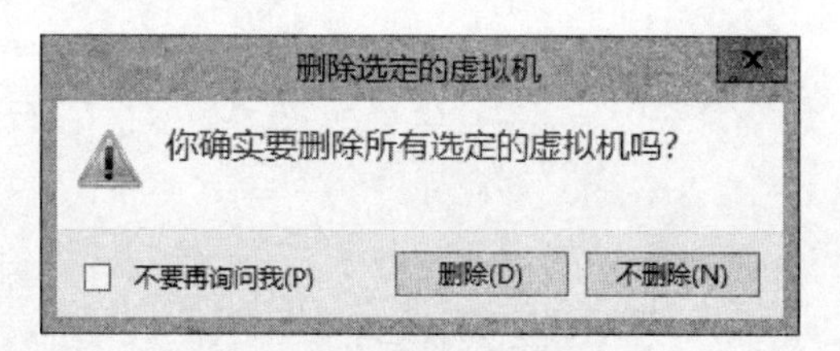

图 12-12　删除 VM 虚拟机

在「Hyper-V 管理器」窗口中右击 Node1 主机，在弹出菜单中选择「导入虚拟机」选项，准备导入虚拟机如图 12-13 所示。

在弹出的「导入虚拟机」向导窗口中，单击「下一步」按钮继续，如图 12-14 所示。

在「定位文件夹」页面中，单击「浏览」按钮，选择我们保存虚拟机的导出文件夹 C:\exportvm\vm，单击「下一步」按钮继续，如图 12-15 所示。

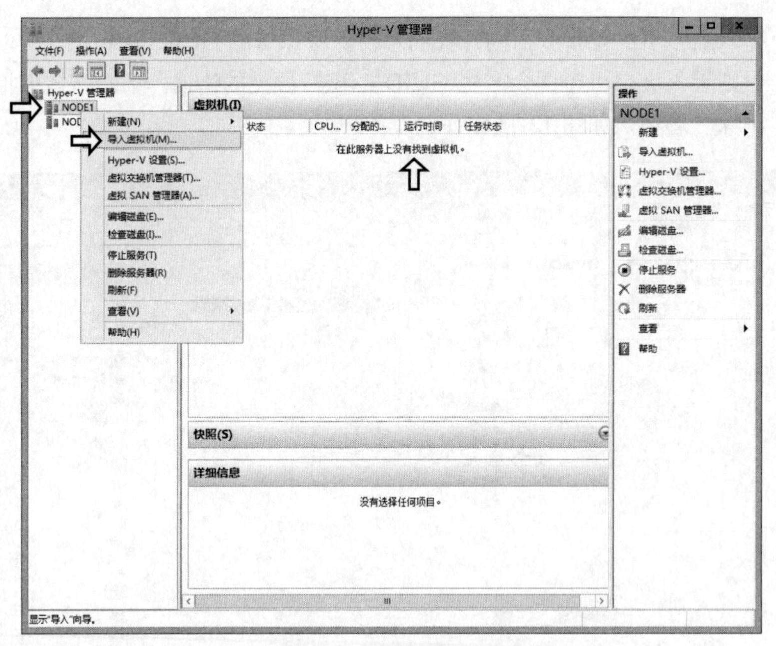

图 12-13　准备还原虚拟机

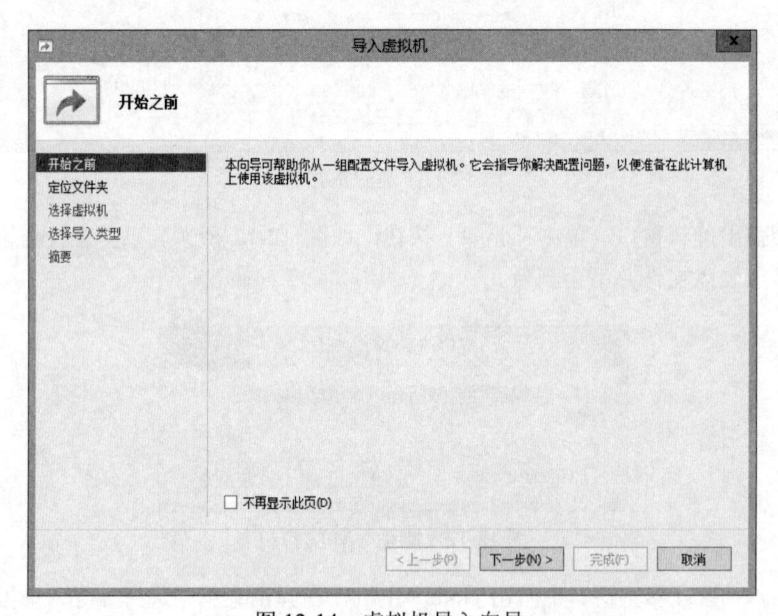

图 12-14　虚拟机导入向导

在「选择虚拟机」页面中，导出文件夹当前只保存有一台虚拟机的导出文件，因此只会显示一台虚拟机，如果导出文件夹内保存有多台虚拟机导出文件，那么会全部显示让您选择，单击「下一步」按钮继续，如图 12-16 所示。

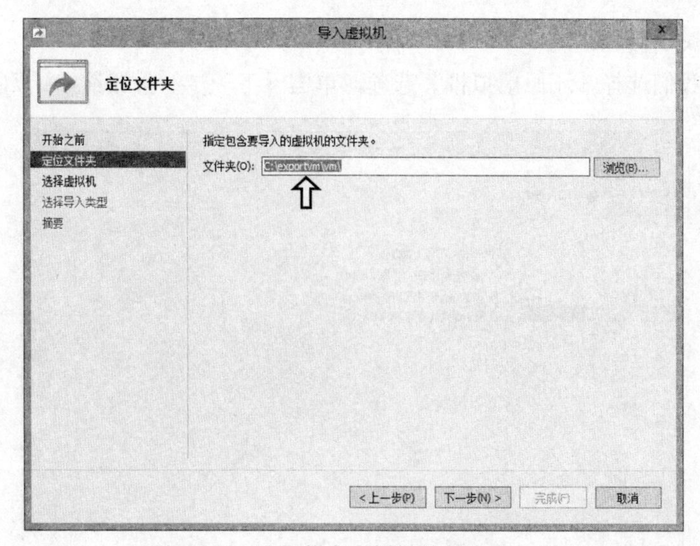

图 12-15　选择保存虚拟机的导出文件夹

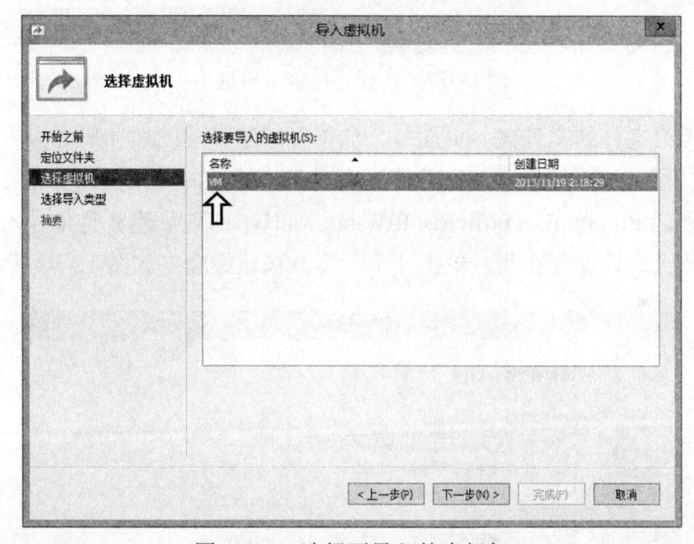

图 12-16　选择要导入的虚拟机

在「选择导入类型」页面中，会看到有三种导入类型可以选择：

- 就地注册虚拟机：保留虚拟机 GUID 标识符，并使用原来的保存路径（虚拟硬盘、快照、智能分页文件等）。
- 还原虚拟机：保留虚拟机的 GUID 标识符，但使用新的保存路径。
- 复制虚拟机：生成新的虚拟机 GUID 标识符，并且使用新的保存路径。

如果刚才在 Node1 主机上没有将虚拟机删除，那么选择「就地注册虚拟机」或是「还原虚拟机」选项导入时，便会发生 GUID 标识符冲突的错误，只有「复制虚拟机」才能避免发生

GUID 标识符冲突的问题。

此次演示中我们选择「还原虚拟机」选项，单击「下一步」按钮继续，如图 12-17 所示。

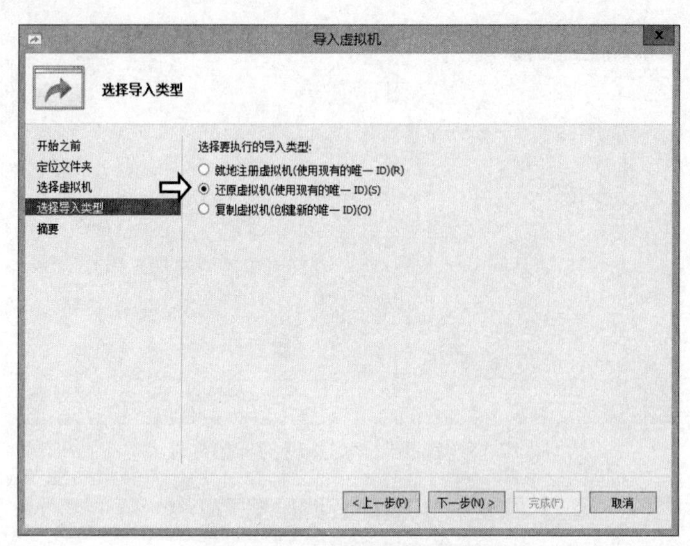

图 12-17　选择还原虚拟机选项

在「选择虚拟机文件的文件夹」页面中，如果刚才选择「就地注册虚拟机」选项便不会有此页面，它将保持原有的路径设置，此处演示中我们将导入的虚拟机保存在「C:\vms」文件夹中（默认保存目录 C:\ProgramData\Microsoft\Windows\Hyper-V），也就是将导入的虚拟机配置文件、快照、智能分页文件保存在此，单击「下一步」按钮继续，如图 12-18 所示。

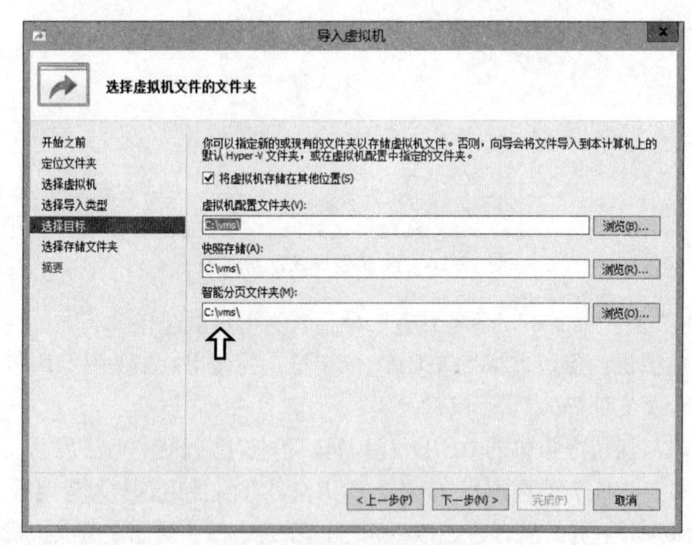

图 12-18　选择虚拟机配置文件夹

在「选择用于存储虚拟硬盘的文件夹」页面中，我们将导入的虚拟机的虚拟硬盘文件同样保存在「C:\vms」文件夹中，默认保存在 C:\Users\Public\Documents\Hyper-V\Virtual Hard Disks\文件夹中，单击「下一步」按钮继续，如图 12-19 所示。

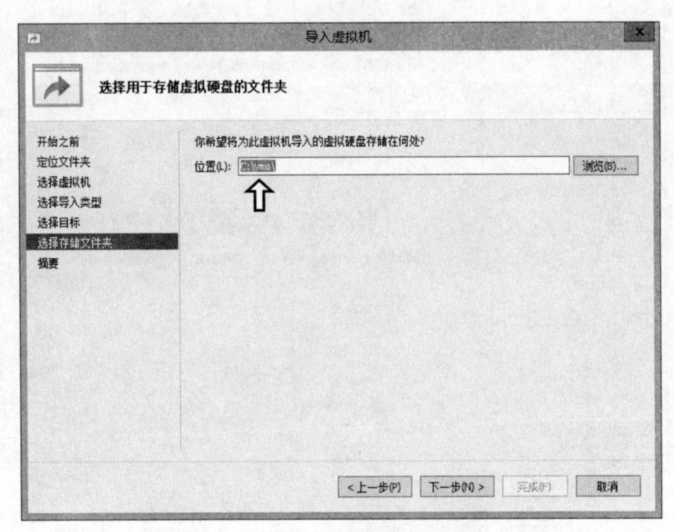

图 12-19　选择虚拟机硬盘文件保存位置

在「正在完成导入向导」页面中，可以再次查看导入虚拟机的相关设置，确认后单击「完成」按钮，如图 12-20 所示。

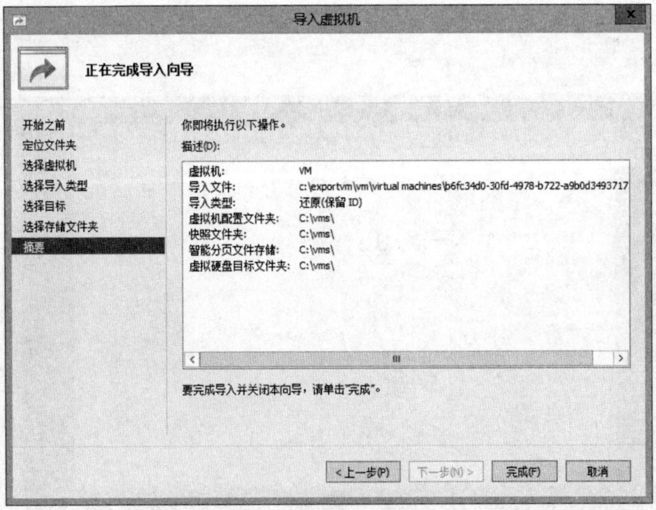

图 12-20　确认虚拟机导入

VM 虚拟机导入完成后，可以再次查看虚拟机的虚拟硬盘和相关设置保存位置，如图 12-21 所示。

图 12-21　查看导入后的虚拟机设置

当虚拟机开机完成并且正常运行后，可以查看导出前创建的测试文件夹和文件是否存在，答案当然是没有问题的!!如图 12-22 所示。

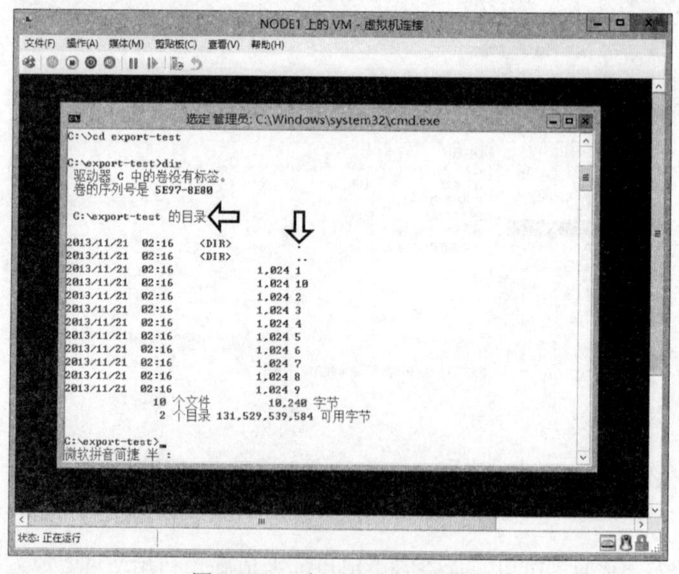

图 12-22　确认导出前的文件

12-3 联机备份虚拟机（WSB）

Windows Server Backup（WSB）最早集成在 Windows Server 2008 系统中，用于取代 NTBACKUP，最初只能用于备份卷（Volume）或分区（Partiton）。在 Windows Server 2008 R2 中则增加了文件夹和文件的备份功能，可以实现更精细的备份。

在 Windows Server 2012 中，Windows Server Backup 除了进一步增强功能外，还提供了在线备份服务选项，只需要安装「在线备份代理程序（Microsoft Online Backup Agent）」，便可以轻松使用 Windows Server Backup 备份数据到云存储中。

1. SMB 主机安装 Windows Server Backup

在前面章节的规划中，SMB 主机主要提供 SMB 共享服务，Hyper-V 主机将虚拟机文件保存在 SMB 共享中，因此我们将为 SMB 主机安装 Windows Server Backup 服务器功能，实现联机备份虚拟机的目标。请在 DC 主机中选择「服务器管理器>所有服务器」，右击 SMB 主机，在弹出菜单中选择「添加角色和功能」，准备为远程 SMB 主机添加 Windows Server Backup 服务器功能，如图 12-23 所示。

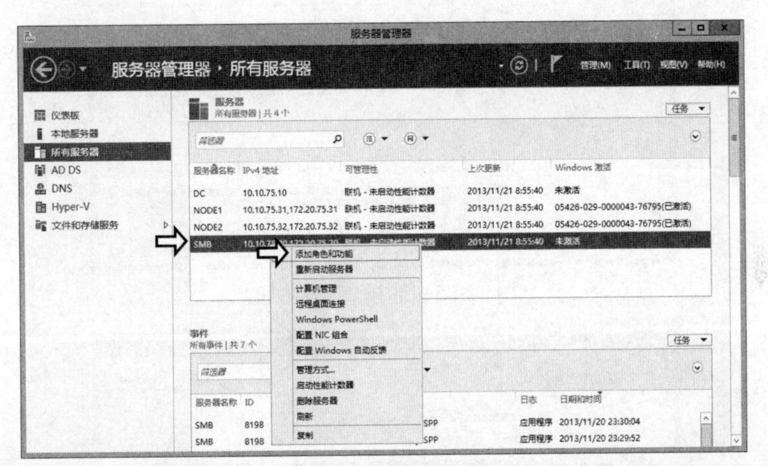

图 12-23 准备为远程 SMB 主机添加 Windows Server Backup 服务器功能

在「选择安装类型」页面中，Windows Server Backup 属于服务器功能，因此请选择「基于角色或基于功能的安装」选项，单击「下一步」按钮继续，如图 12-24 所示。

在「选择目标服务器」页面中，请保持默认的「从服务器池中选择服务器」选项，同时在服务器池中您将会看到所有接受管理的服务器列表，默认已经选择了 SMB.weithenn.org 主机，在向导窗口右上角也可以看到目标服务器名称，单击「下一步」按钮继续，如图 12-25 所示。

在「选择服务器角色」页面中，不需要安装任何服务器角色，单击「下一步」按钮继续，如图 12-26 所示。

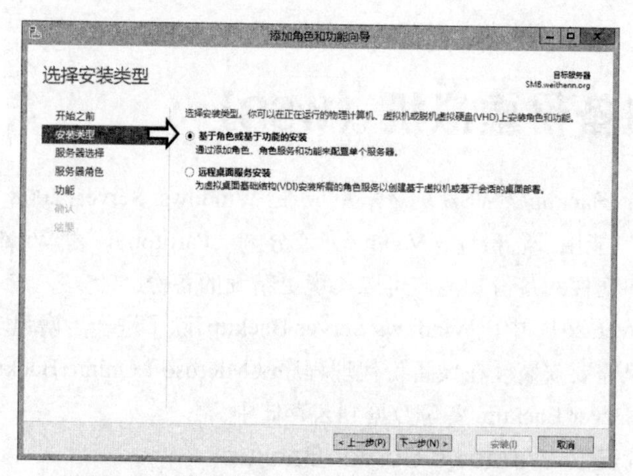

图 12-24　选择基于角色或基于功能的安装选项

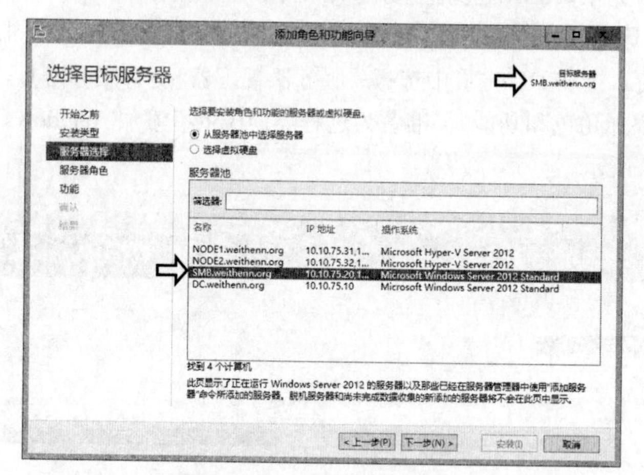

图 12-25　选择 SMB 主机

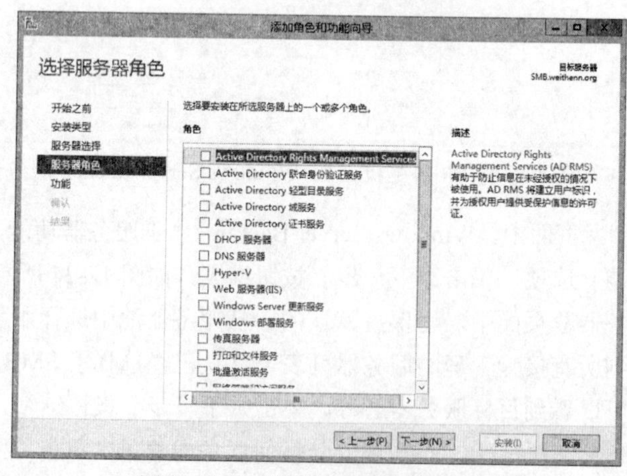

图 12-26　不需要安装服务器角色

在「选择功能」页面中，请勾选「Windows Server Backup」选项，然后单击「下一步」按钮继续，如图 12-27 所示。

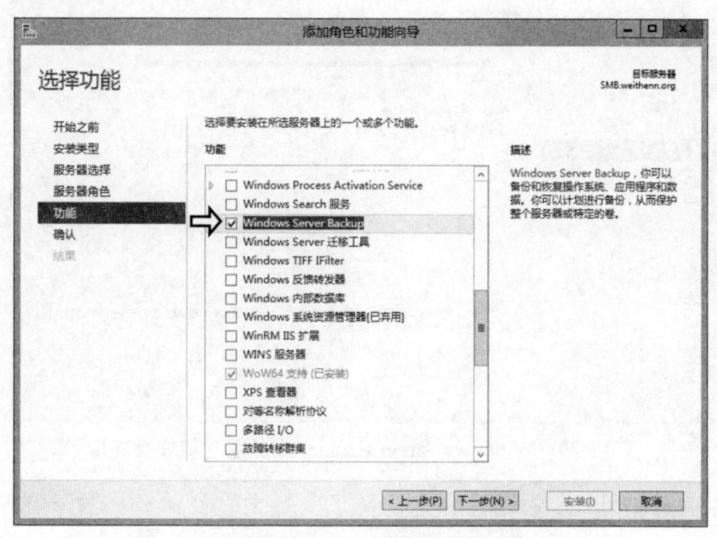

图 12-27　勾选 Windows Server Backup 选项

在「确认安装所选内容」页面中，可以勾选「如果需要，自动重新启动目标服务器」选项，但是 Windows Server Backup 安装完成后并不需要重新启动服务，因此只需要保持默认不勾选，单击「安装」按钮继续，如图 12-28 所示。

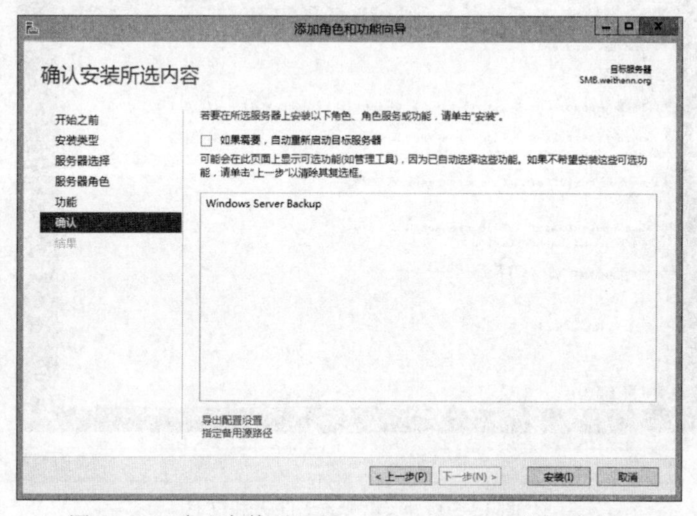

图 12-28　确认安装 Windows Server Backup 服务器功能

确认 Windows Server Backup 服务器功能安装完成后，单击「关闭」按钮关闭向导，如图 12-29 所示。

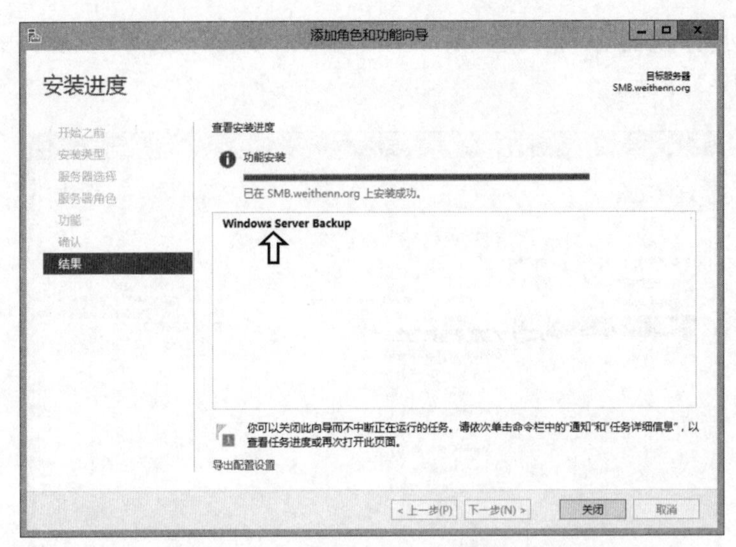

图 12-29　Windows Server Backup 服务器功能安装完成

2. 联机备份虚拟机

开始备份虚拟机前，我们在虚拟机中创建测试文件夹「C:\backup-test」，并且在该文件夹中创建 3 个大小 1KB 的文件，如图 12-30 所示。

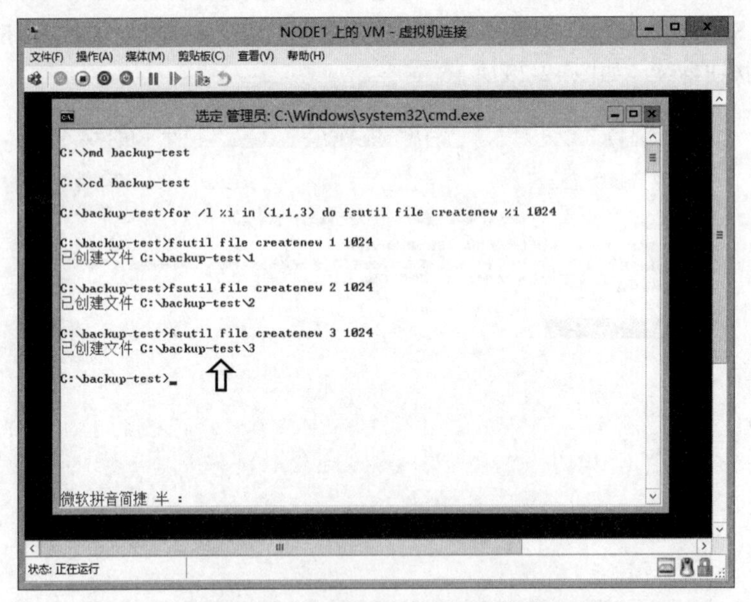

图 12-30　创建测试文件夹和文件

可以在 SMB 主机上完成 Windows Server Backup 的备份，也可以在 DC 主机上远程操作，在 DC 主机的「服务器管理器>所有服务器>右击 SMB 主机」，在弹出菜单中选择「计算机管理」

选项，准备远程设置 SMB 主机的 Windows Server Backup 备份，如图 12-31 所示。

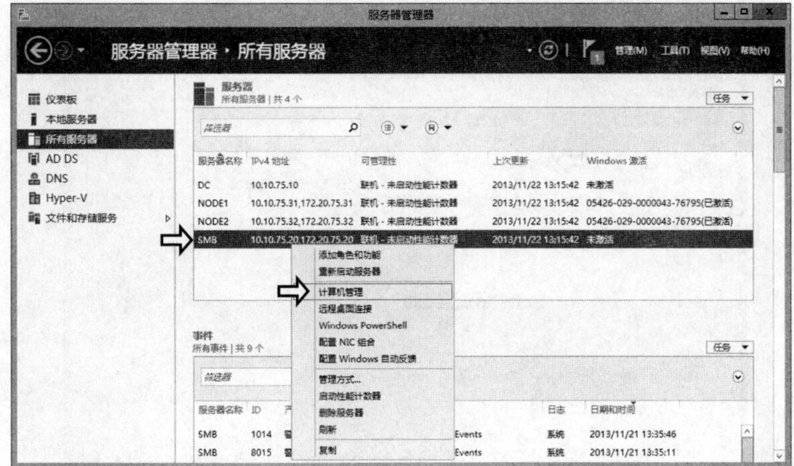

图 12-31 准备远程设置 SMB 主机备份功能

在弹出的「计算机管理」窗口中可以看到主机为 SMB.WEITHENN.ORG，依次选择「存储 >Windows Server Backup>本地备份」，现在立即测试备份和还原功能是否能正确运行，因此在右键菜单中选择「一次性备份」，如图 12-32 所示。

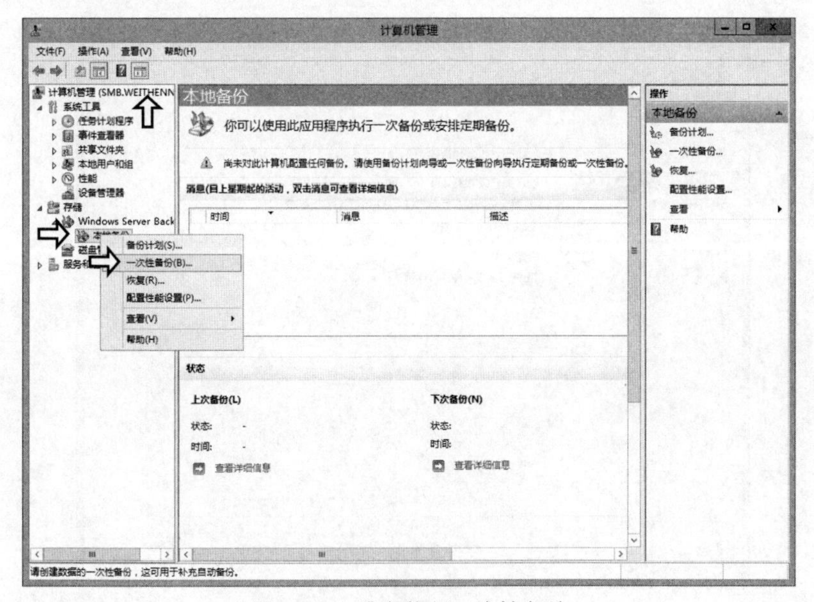

图 12-32 准备执行一次性备份

在弹出的「一次性备份向导」窗口中，由于是一次性备份，默认便会选择「其他选项」，单击「下一步」按钮继续，如图 12-33 所示。

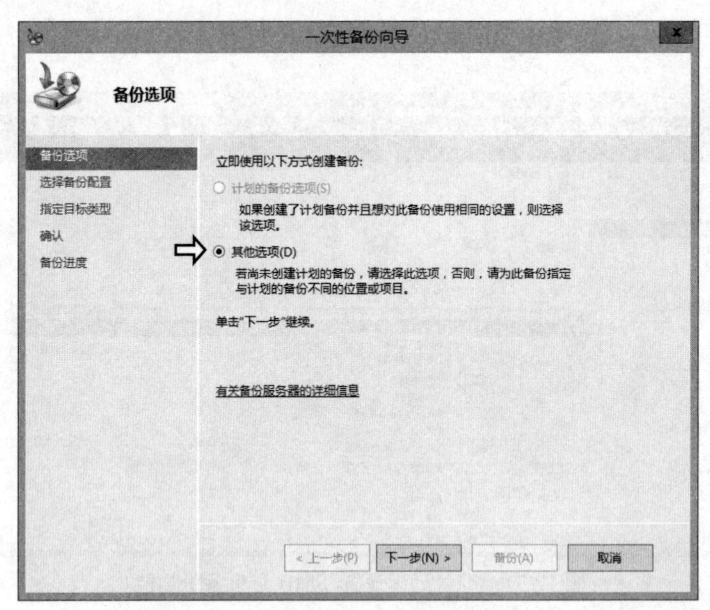

图 12-33　继续一次性备份程序

在「选择备份配置」页面中，由于我们只想备份 SMB 主机保存虚拟机的共享文件夹(\\smb\vmpool)，因此请选择「自定义」选项，单击「下一步」按钮继续，如图 12-34 所示。

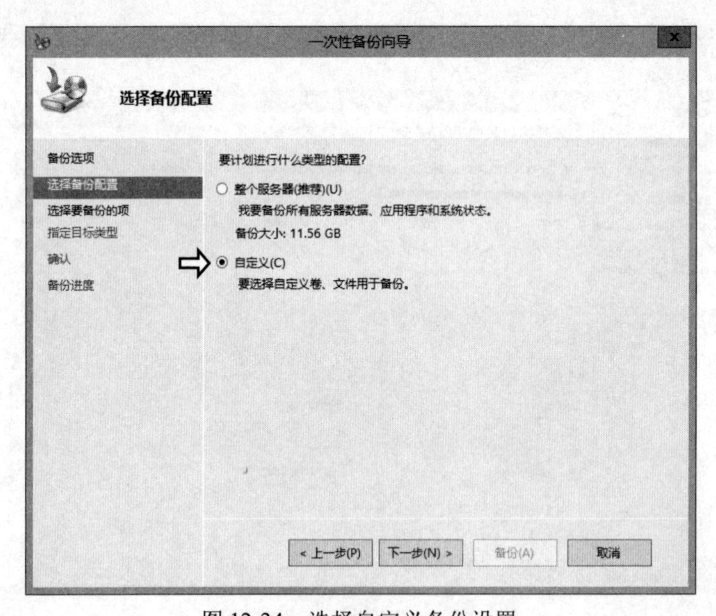

图 12-34　选择自定义备份设置

在「选择要备份的项」页面中，选择「添加项目」按钮，准备选择需要备份的文件夹，如图 12-35 所示。

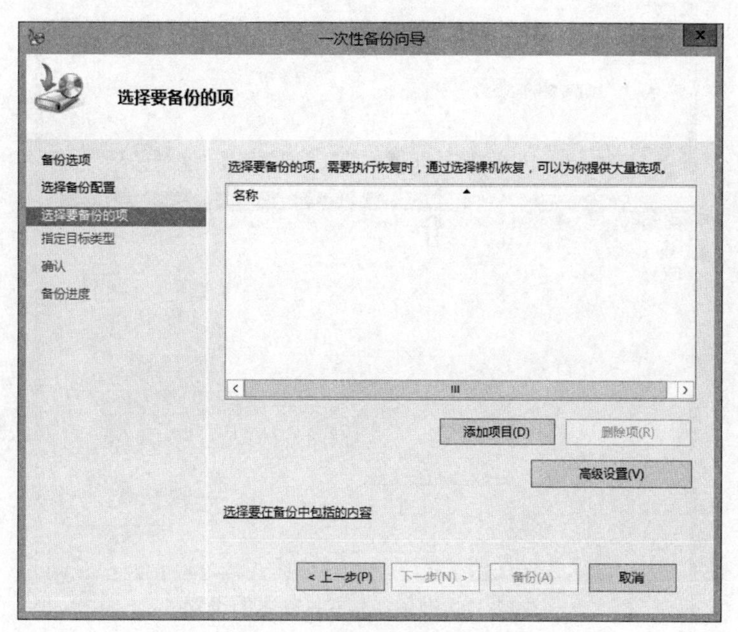

图 12-35　准备添加备份文件夹

在弹出的「选择项」窗口中，勾选虚拟机的共享文件夹（\\smb\vmpool）在 SMB 主机中的物理路径，也就是「V:\Shares」，单击「确定」按钮继续，如图 12-36 所示。

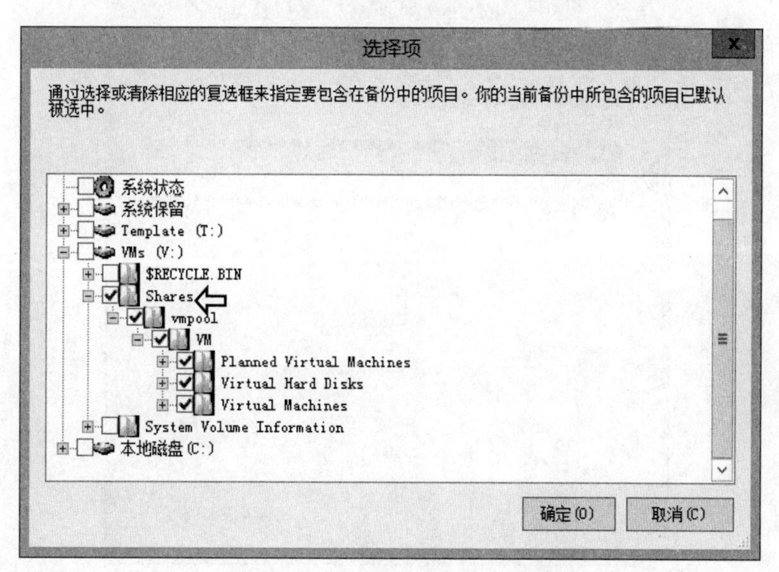

图 12-36　选择 V:\Shares 文件夹

回到「选择要备份的项」页面中，单击「高级设置」按钮调整卷影副本的设置，如图 12-37 所示。

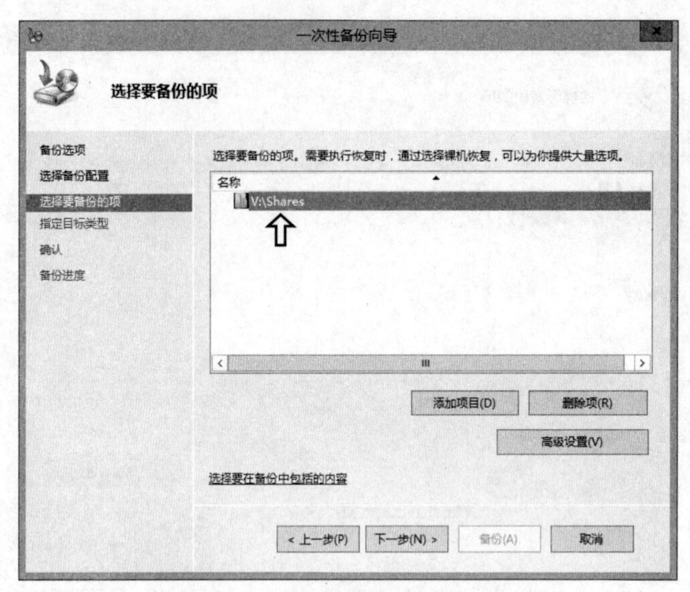

图 12-37　准备调整卷影副本的设置

在弹出的「高级设置」窗口中，可以在「VSS 设置」选项卡中依据需求调整卷影副本服务的备份类型，确认后单击「下一步」按钮继续，如图 12-38 所示。

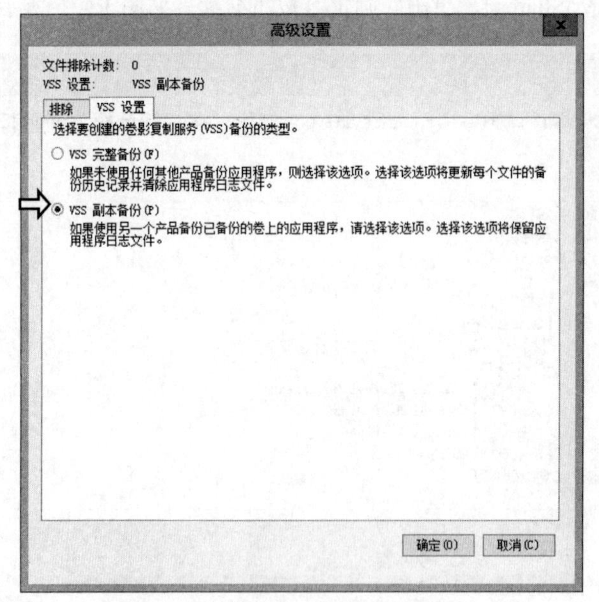

图 12-38　调整卷影副本服务设置

在「指定目标类型」页面中，选择「本地驱动器」选项，单击「下一步」按钮继续，如图 12-39 所示。

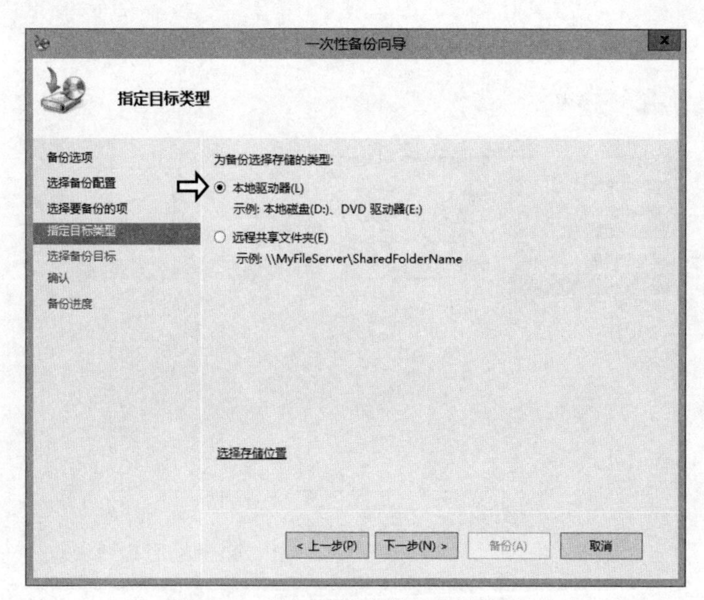

图 12-39　选择备份保存在本地驱动器

在「选择备份目标」页面中，请在备份目标中选择「T」，并且可以查看到 T 的总空间和可用空间的信息，单击「下一步」按钮继续，如图 12-40 所示。

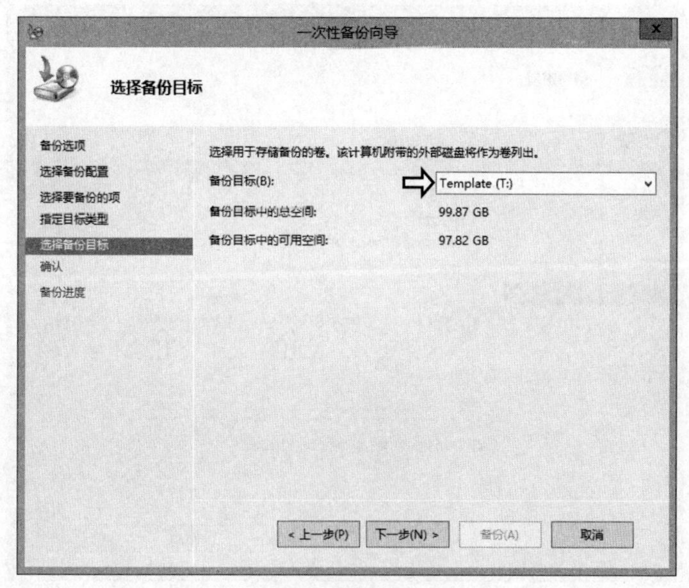

图 12-40　选择备份目标

在「确认」页面中，可以查看到所有的设置，确认后单击「备份」按钮开始备份任务，如图 12-41 所示。

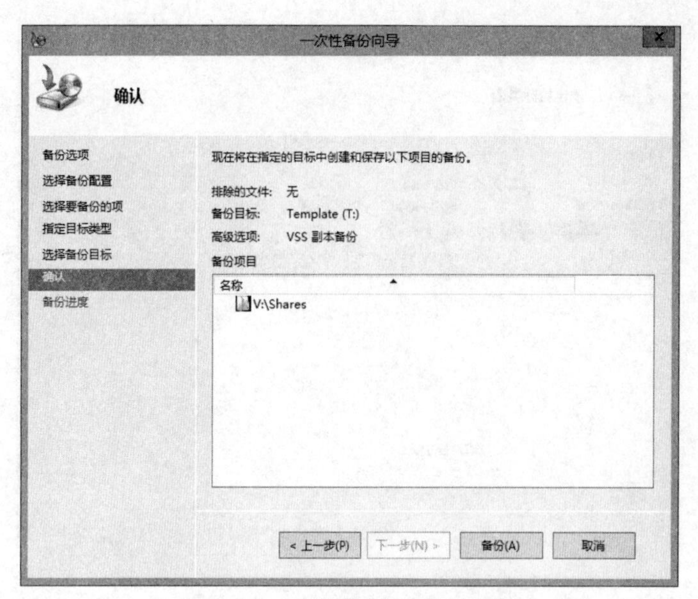

图 12-41　确认要进行一次性备份

可以看到总共需要备份的数据量为 4.46 GB，当前所备份的数据量为 510.54 MB，可以单击「关闭」按钮关闭目前的窗口，备份任务将在后台自动运行，如图 12-42 所示。

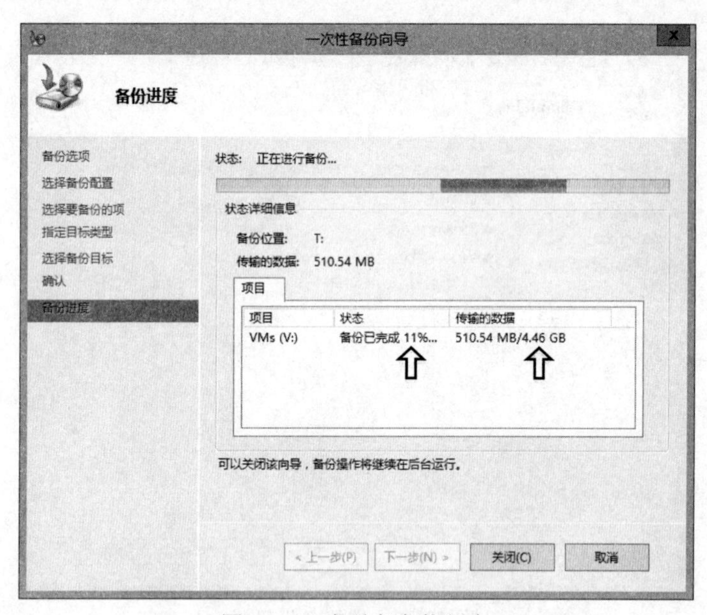

图 12-42　备份任务执行中

可以切换到虚拟机中，创建更多的文件夹或文件，模拟在备份期间虚拟机仍然可以正常运行，如图 12-43 所示，当然此时添加的文件不会在此次备份中包括。

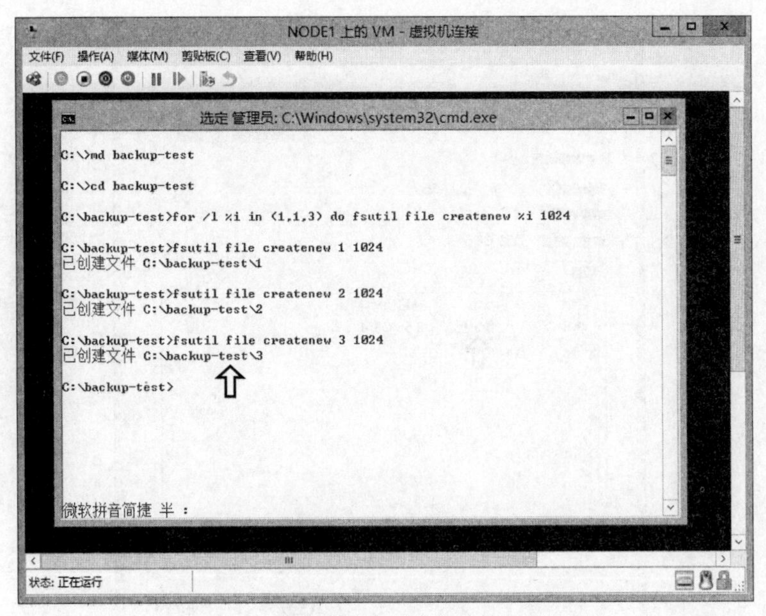

图 12-43　虚拟机在备份期间仍可正常运行

关闭备份任务窗口后，在「计算机管理」窗口中仍然可以看到备份进度百分比，如图 12-44 所示。

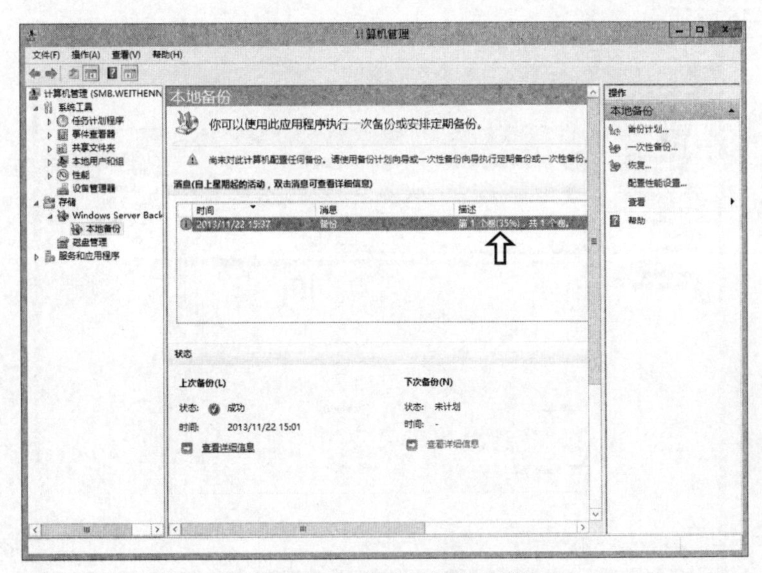

图 12-44　可随时了解备份进度

双击该备份任务，便可以打开「进度」窗口，查看备份开始时间、备份进度百分比、需要备份的数据量、已经备份完成的数据量等，如图 12-45 所示。

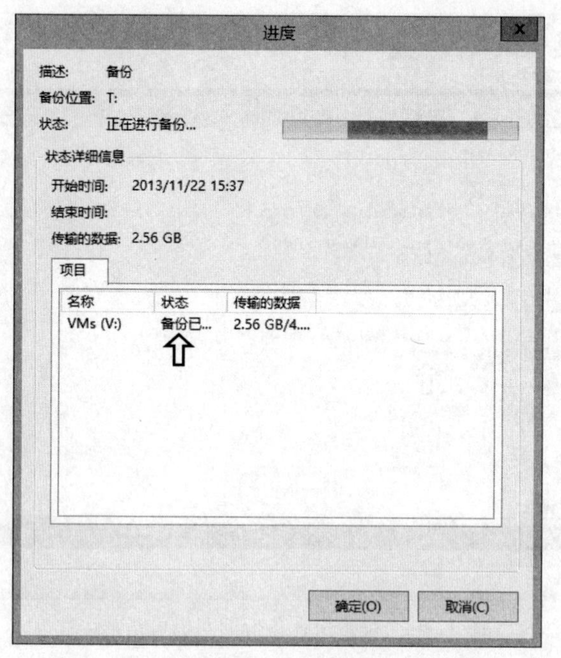

图 12-45　打开进度窗口查看备份任务信息

备份任务完成后，在该备份项目的「描述」字段会显示出备份结果，此次的备份结果为「成功」，如图 12-46 所示。

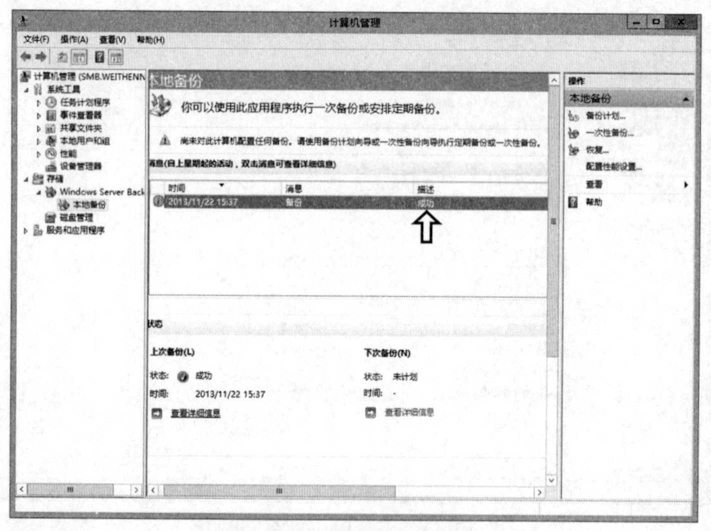

图 12-46　备份任务完成

单击下方状态区域中的「查看详细信息」链接，便会打开「备份」窗口，在此窗口中可以查看到更详细的信息，如图 12-47 所示。

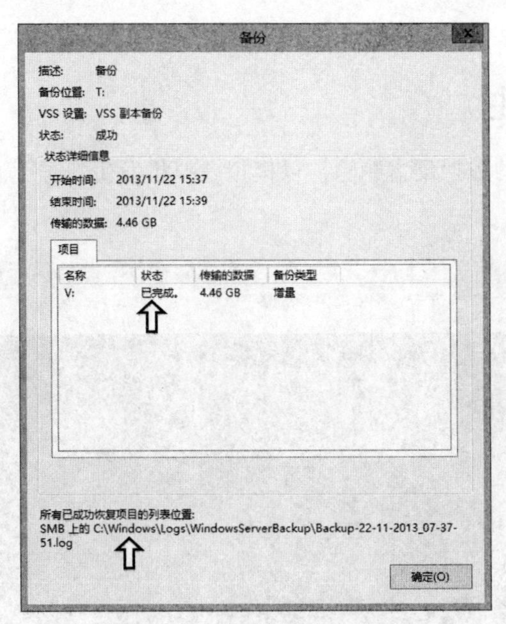

图 12-47 查看详细备份信息

切换到 SMB 主机，将会发现在刚才指定保存备份文件的 V 盘中，已经自动创建了「WindowsImageBackup」文件夹，在这个目录中创建了以主机名 SMB 命名的子文件夹，子文件夹中便是刚才执行一次性备份时所创建的相关文件夹和文件，如图 12-48 所示。

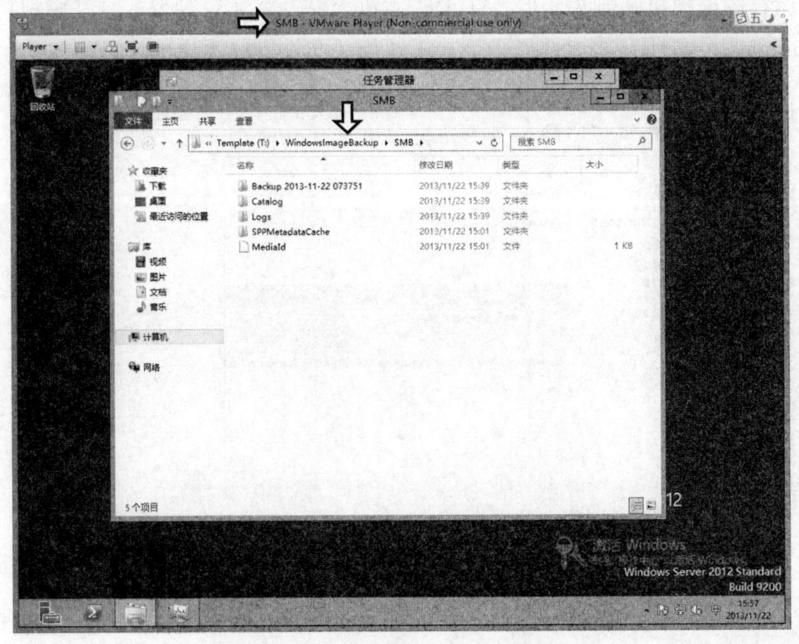

图 12-48 查看备份文件夹及文件

还原虚拟机（WSB）

我们可以将虚拟机的虚拟硬盘删除，以模拟虚拟机发生灾难无法正常运行的场景，如图 12-49 所示。

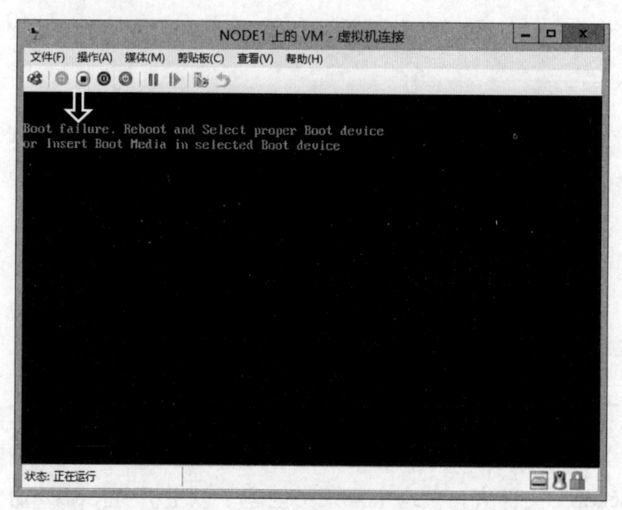

图 12-49　虚拟机发生灾难无法运行

将无法运行的虚拟机强制关闭后，在 DC 主机上打开资源管理器，打开虚拟机文件保存路径「\\smb\vmpool」，将所有的文件夹删除，模拟相关文件彻底丢失的场景，如图 12-50 所示。

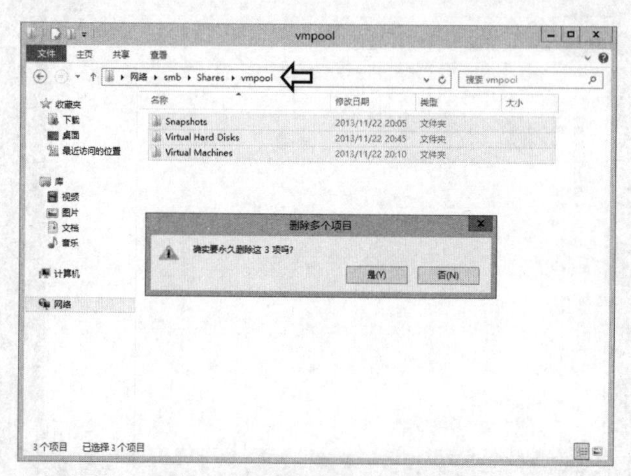

图 12-50　删除虚拟机相关文件

切换回「计算机管理」窗口，右击选择「恢复」选项，使用刚才的一次性备份来进行恢复任务，如图 12-51 所示。

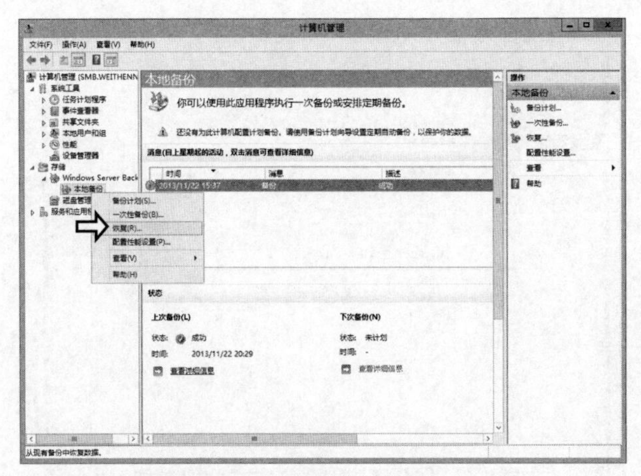

图 12-51 准备进行恢复任务

在弹出的「恢复向导」窗口中，刚才一次性备份是将备份文件保存在 SMB 主机的 T 盘中，因此选择「此服务器」选项，单击「下一步」按钮继续，如图 12-52 所示。

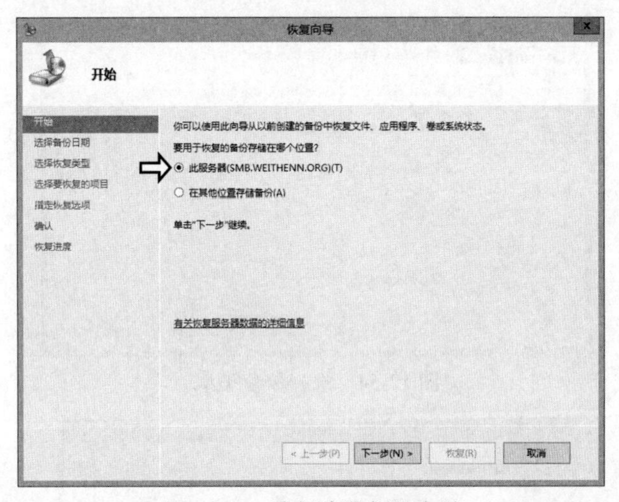

图 12-52 选择此服务器选项

在「选择备份日期」页面中，由于对此台虚拟机只进行过一次性备份，因此没有其他备份日期可供选择，如果执行过多次备份的话，那么可以选择相应的日期，这里选择相应的备份进行恢复，单击「下一步」按钮继续，如图 12-53 所示。

在「选择恢复类型」页面中，由于刚才是选择备份整个 V:\Shares 文件夹，因此在页面中请选择「文件和文件夹」选项，单击「下一步」按钮继续，如图 12-54 所示。

在「选择要恢复的项目」页面中，因为刚才已经将\\smb\vmpool 路径下所有文件夹都删除，因此请选择「vmpool」选项，在要恢复的项目窗口中便会显示所有的子文件夹，单击「下一步」按钮继续，如图 12-55 所示。

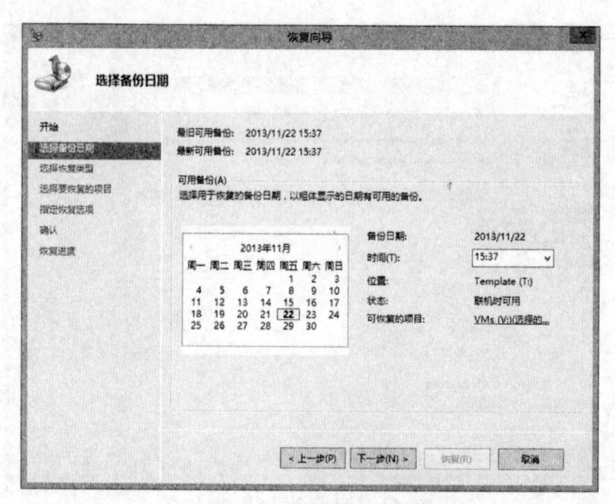

图 12-53　选择备份日期

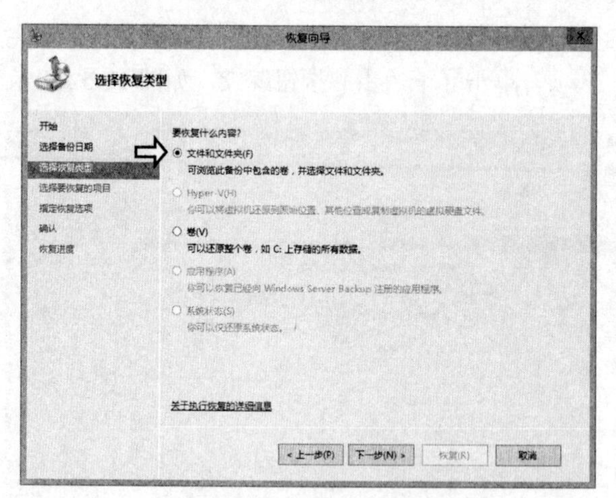

图 12-54　选择恢复类型

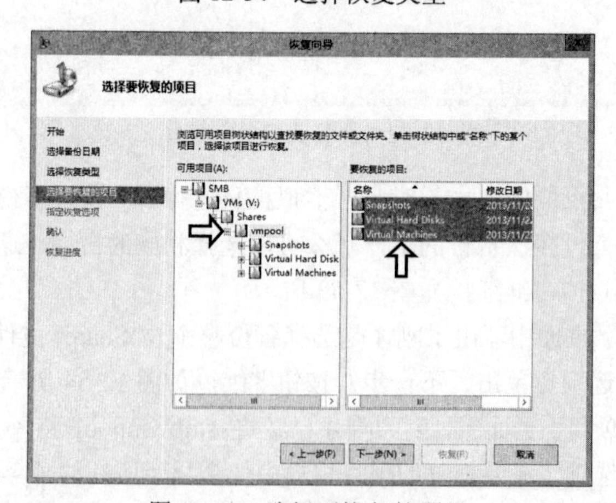

图 12-55　选择要恢复的项目

在「指定恢复选项」页面中，在恢复目标区域中选择「原始位置」，其他设置保持默认，单击「下一步」按钮继续，如图 12-56 所示。

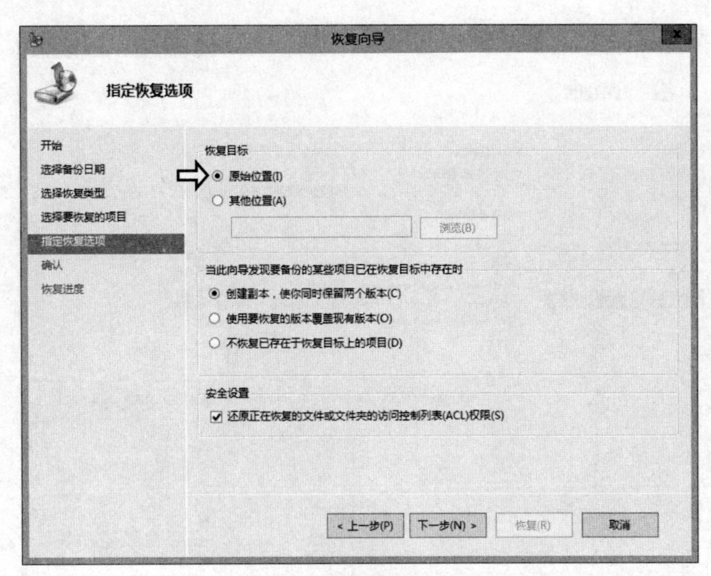

图 12-56　选择恢复选项

在「确认」页面中，可以再次查看相关设置选项，确认后单击「恢复」按钮开始恢复任务，如图 12-57 所示。

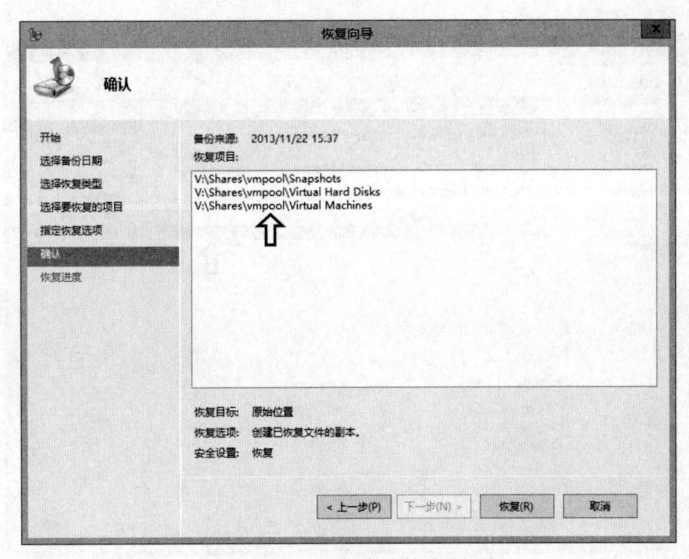

图 12-57　再次确认恢复设置

单击「恢复」按钮后便会立即开始恢复任务，可以看到该恢复项目总共所需要恢复的数据量，以及当前已经恢复的数据量，可以单击「关闭」按钮关闭当前窗口，恢复作业将继续在后台中运行，如图 12-58 所示。

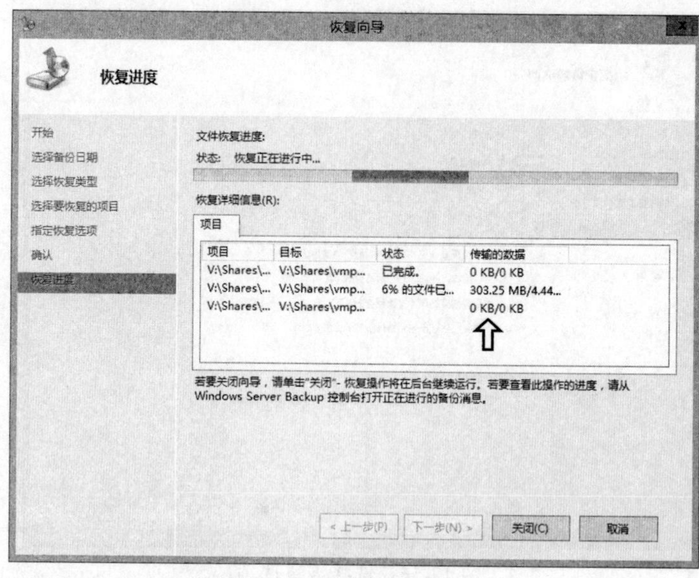

图 12-58　恢复任务运行中

恢复任务窗口关闭后，可以在「计算机管理」窗口中查看到恢复任务的运行状态，如图 12-59 所示。

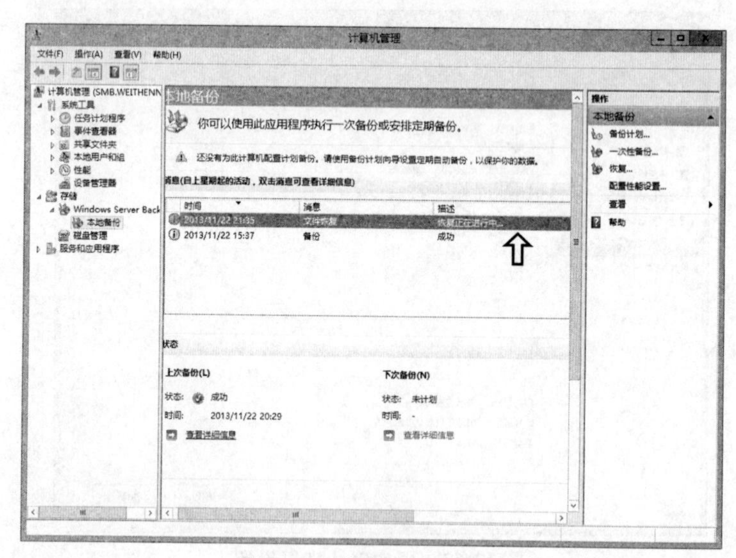

图 12-59　恢复任务运行中

可以再次双击恢复任务，打开恢复任务详细窗口，查看恢复开始时间、恢复进度百分比、总的还原数据量、已经还原的数据量等，如图 12-60 所示。

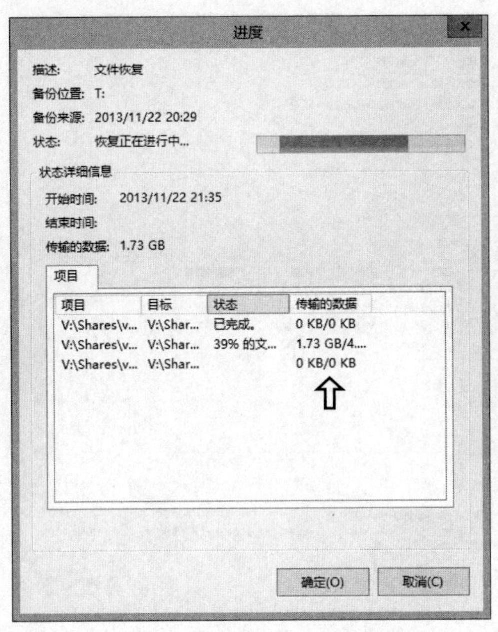

图 12-60　打开恢复窗口详细信息窗口

恢复任务完成后，在恢复项目的「描述」字段会返回恢复的最终结果，此次的结果为「成功」，如图 12-61 所示。

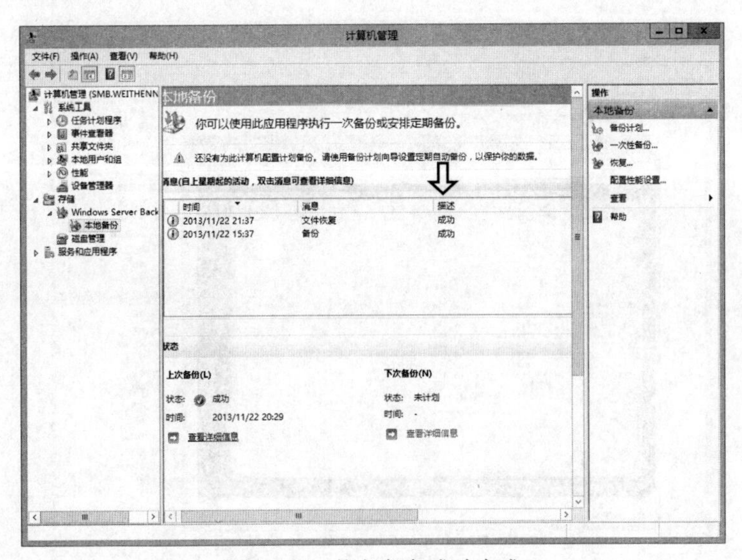

图 12-61　恢复任务成功完成

可以再次双击此项目，便可以在弹出窗口中查看到更详细的恢复信息，如恢复任务的开始时间、恢复任务的结束时间、恢复数据量等，如图 12-62 所示。

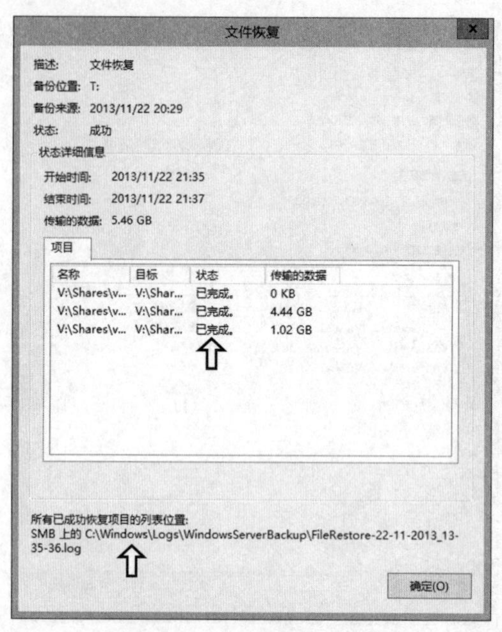

图 12-62　查看详细恢复信息

完成了虚拟机文件的恢复后，可以再次启动虚拟机，启动完成后，可以再次查看相应的测试文件夹和文件，确认恢复成功，当然备份期间的数据更改是没有的，如图 12-63 所示。

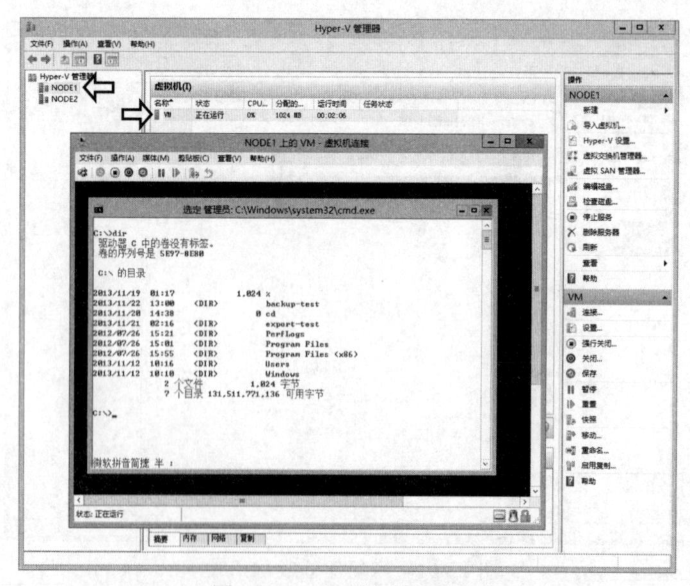

图 12-63　顺利恢复虚拟机

虽然市面上有许多专门用于备份虚拟化平台中虚拟机的备份软件，不过 Windows Server 2012 内置的 Windows Server Backup 备份功能，若仅仅只是备份虚拟机，已经足够了，除非您有特殊需求，例如备份数据至磁带机等，否则内置的 WSB 备份功能已经提供了基本的虚拟机备份解决方案。

Chapter 13

实战环境及初始配置

未创建故障转移群集的虚拟化环境并不支持「快速迁移（Quick Migration）」机制，也就是当 Hyper-V 物理主机发生灾难时，在未创建故障转移群集的虚拟化环境中并没有相对应的机制将其上运行的 VM 虚拟机自动迁移到其他存活的 Hyper-V 主机当中。因此若希望所创建的 Hyper-V 虚拟化环境具备完整的高度可用性时，那么还是必需要创建「故障转移群集（Failover Cluster）」环境才行。

13-1 演示环境（Failover Cluster）

经过前面章节的介绍，我们可以了解到，在 Hyper-V 3.0 虚拟化平台中，并不需要故障转移群集环境也可以实现虚拟机迁移功能，但是事实上未配置故障转移群集的虚拟化环境高可用性机制并未完善。举例来说，未配置故障转移群集的虚拟化环境并不支持「快速迁移」功能，当 Hyper-V 物理主机发生灾难时，在未配置故障转移群集的虚拟化环境中会将其上运行的虚拟机自动迁移到其他 Hyper-V 主机中。因此若您希望 Hyper-V 虚拟化环境具备完整的高可用性时，还是必需要配置故障转移群集环境才行。

在开始进入本章节演示以前我们先了解一下相关信息，例如演示环境架构图（见图 13-1）、服务器角色、操作系统、IP 地址等（见表 13-1），由于配置故障转移群集环境较为复杂，因此 Node1、Node2 将采用具备图形化接口的 Windows Server 2012 来完成，当然如果您熟悉相关设置，也可以使用先前介绍的免费虚拟化平台 Hyper-V Server 2012 来担任 Node1、Node2 主机。

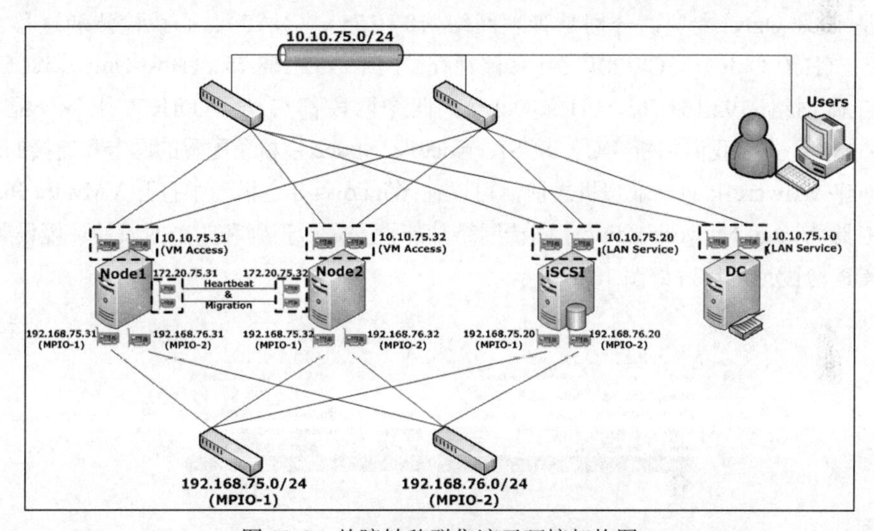

图 13-1 故障转移群集演示环境架构图

表 13-1

<table>
<tr><th>角色名称</th><th>操作系统</th><th colspan="2">网卡数量</th><th>IP 地址</th><th>网络环境</th></tr>
<tr><td>DC</td><td>Windows Server 2012</td><td colspan="2">2</td><td>10.10.75.10</td><td>VMnet8（NAT）</td></tr>
<tr><td rowspan="3">iSCSI</td><td rowspan="3">Windows Server 2012</td><td rowspan="3">4</td><td>2</td><td>10.10.75.20</td><td>VMnet8（NAT）</td></tr>
<tr><td>1</td><td>192.168.75.20</td><td>VMnet2</td></tr>
<tr><td>1</td><td>192.168.76.20</td><td>VMnet3</td></tr>
<tr><td colspan="2">Hyper-V Cluster</td><td colspan="2">-</td><td>10.10.75.30</td><td>-</td></tr>
</table>

续表

角色名称	操作系统	网卡数量		IP 地址	网络环境
Node1	Windows Server 2012	6	2	10.10.75.31	VMnet8（NAT）
			2	172.20.75.31	VMnet1
			1	192.168.75.31	VMnet2
			1	192.168.76.31	VMnet3
Node2	Windows Server 2012	6	2	10.10.75.32	VMnet8（NAT）
			2	172.20.75.32	VMnet1
			1	192.168.75.32	VMnet2
			1	192.168.76.32	VMnet3

13-1-1 设置 VMware Player 网络环境

在本章的演示环境中总共会用到「四个网段」，其中只有一个网段是 NAT 类型，而另外三个网段都是 Host-Only 类型，分别是管理网络 10.10.75.x（NAT）、心跳检测和迁移流量网络 172.20.75.x（Host-Only）、iSCSI MPIO-1 多路径存储网络 192.168.75.x（Host-Only）、iSCSI MPIO-2 多路径存储网络 192.168.76.x（Host-Only），四个网段都启动了 DHCP 服务分配 IP 地址（.201～.250），方便我们判断 DC、iSCSI、Node1、Node2 主机所配置的网卡和连接的网段。

在创建 VMware Player 虚拟机之前，可以在 Windows 8 主机当中打开 VMware Player 的网络配置工具 Virtual Network Editior，确认网络功能设置是否正确和四个网段的环境设置如 IP 网段、DHCP 分配地址等，如图 13-2 所示。

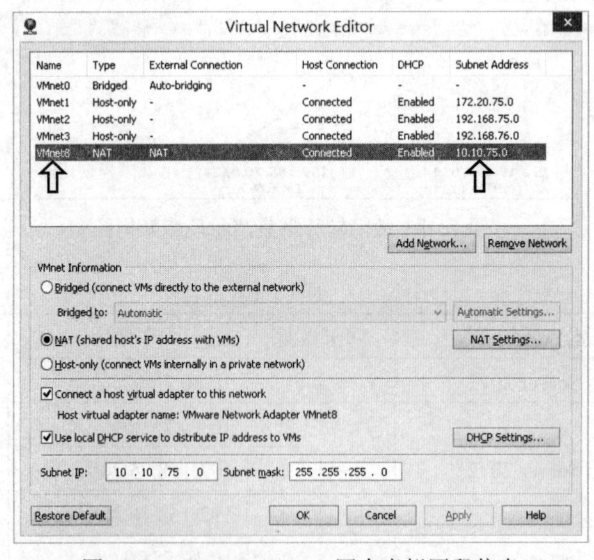

图 13-2 VMware Player 四个虚拟网段信息

13-1-2 VMware Player 创建虚拟机

步骤一、创建 DC 虚拟机

将 VMware Player 虚拟网络环境设置完成后，开始创建第一台虚拟机，此台虚拟机将配置为 DC 主机。打开 VMware Player，然后选择「Create a New Virtual Machine」选项，打开添加虚拟机向导，如图 13-3 所示。

步骤二、选择稍后安装操作系统

在安装来源区域中，请选择「I will install the operating system later」选项，单击 Next 按钮继续，如图 13-4 所示。

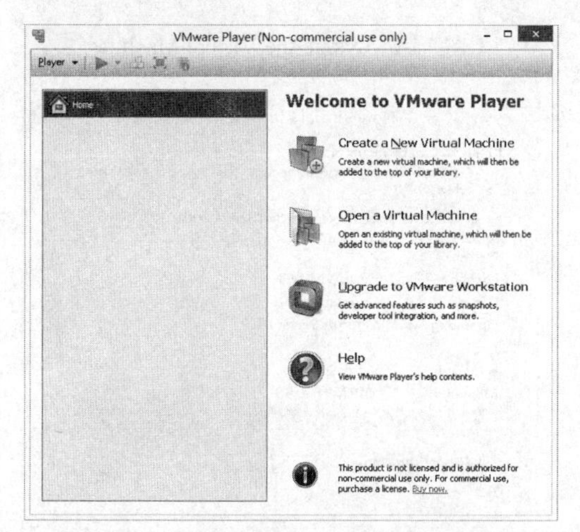

图 13-3 Create a New Virtual Machine

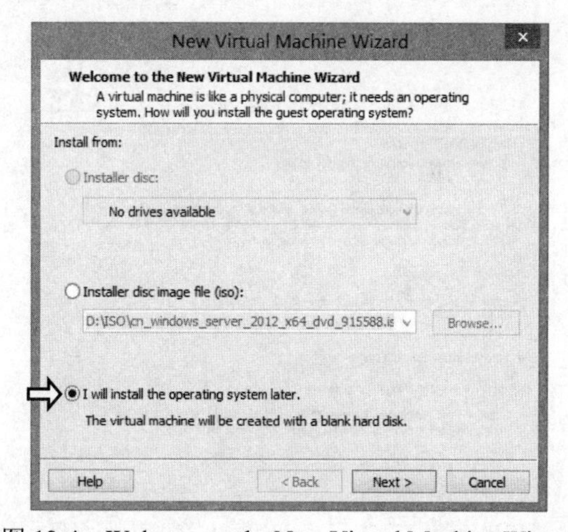

图 13-4 Welcome to the New Virtual Machine Wizard

步骤三、选择操作系统类型

在虚拟机操作系统类型（Guest operating system）区域中请选择「Microsoft Windows」选项，在版本（Version）区域中请在下拉列表中选择「Windows Server 2012」，单击 Next 按钮继续，如图 13-5 所示。

步骤四、设置虚拟机名称

在图 13-6 中设置创建的虚拟机名称，这里设置为「DC」，保存路径设置为「C:\Lab\VM\DC」，设置完成后单击「Next」按钮继续。

步骤五、设置虚拟磁盘大小

演示中此虚拟机的硬盘大小将采用默认值「60 GB」，并且选择「Split virtual disk into multiple files」，单击「Next」按钮继续，如图 13-7 所示。

步骤六、确定添加虚拟机

图 13-8 会显示前面步骤的设置值，确认后单击「Finish」按钮创建虚拟机。

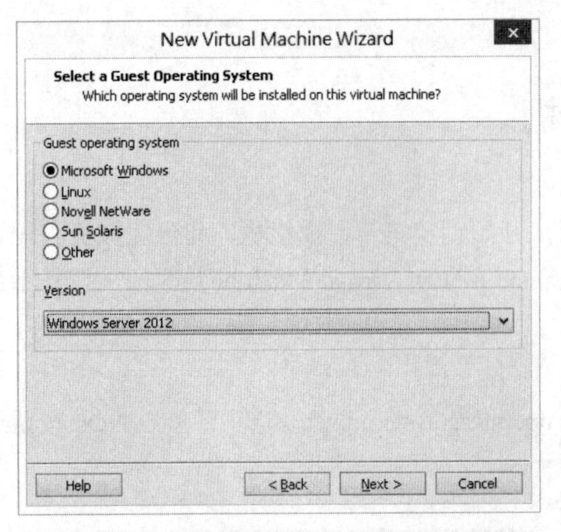

图 13-5　Select a Guest Operating System

图 13-6　Name the Virtual Machine

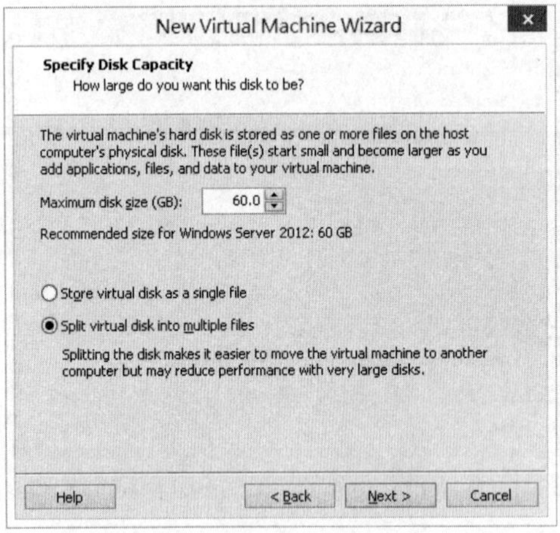

图 13-7　Specify Disk Capacity

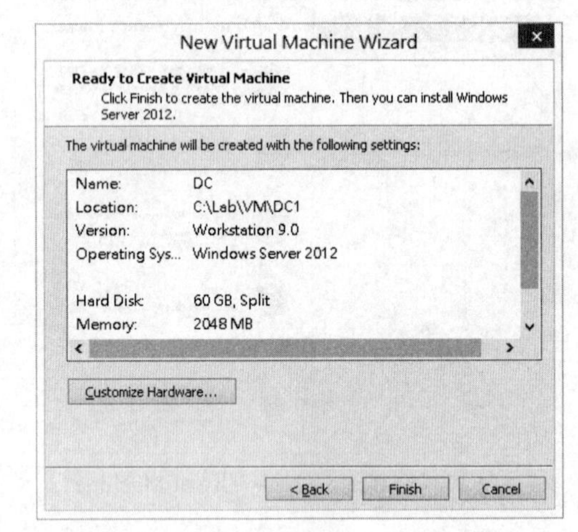

图 13-8　Ready to Create Virtual Machine

步骤七、修改虚拟机硬件

DC 虚拟机创建完成后请先别急着启动它，我们先将虚拟机的虚拟硬件进行调整后再启动，在 VMware Player 画面中先选择「DC」虚拟机，然后选择「Edit virtual machine settings」选项调整虚拟硬件。

此次演示所采用的物理主机 CPU 为多核心并且内存共有 32GB，因此我们可以将每一台虚拟机的内存增大以加快运行效率（请依据您的主机配置进行调整），请将 DC 主机的内存调整为「4096 MB」，Processors 数量调整为「2」，并且将不需要使用到的虚拟外部设备如 Floppy、Sound Card 删除，以节省主机资源，再添加一块网卡，「两块网卡」都配置为 NAT 类型，最后在光驱（CD/DVD）选项中加载 Windows Server 2012 ISO 镜像文件，单击「OK」按钮完成修改，如图 13-9 所示。

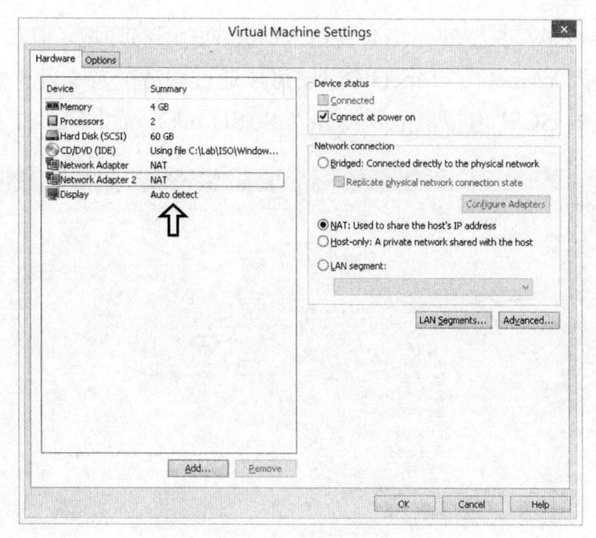

图 13-9　DC 主机虚拟硬件信息

1. 创建 iSCSI 虚拟机

使用同样的步骤，创建一台名为「iSCSI」的虚拟机，用于配置 iSCSI Target 服务器，Node1、Node2 主机中创建的虚拟机硬盘文件将保存在此服务器上，此台 iSCSI 主机除了操作系统的硬盘外，请记得再添加一块 100GB 和一块 200GB 的硬盘，并且配置四块网卡，最后加载 Windows Server 2012 ISO 镜像文件，此 iSCSI 主机的虚拟硬件相关信息如图 13-10 所示。

- Memory：4096 MB
- Processors：2
- Hard Disk：60 GB、100 GB、200 GB
- Network Adapter：NAT *2、Host-only（VMnet2、VMnet3）

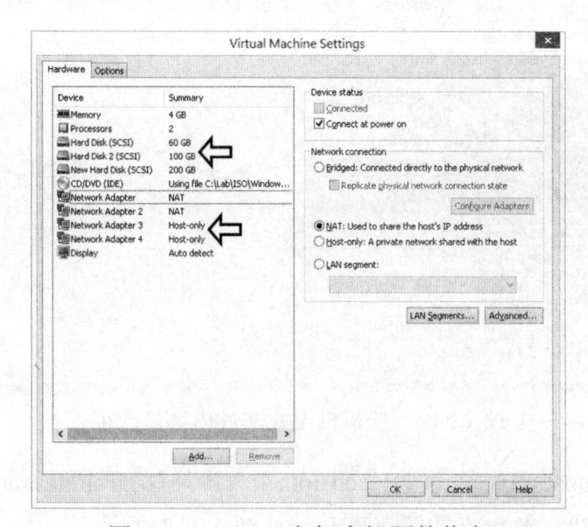

图 13-10　iSCSI 主机虚拟硬件信息

默认情况下，Host-only 类型的网络会使用 VMnet1 的网络环境，但我们规划 iSCSI 主机用于 MPIO 传输的网段为 VMnet2、VMnet3 类型，可以通过修改配置文件来完成目标。打开 iSCSI 主机保存路径后，修改 iSCSI 虚拟机配置文件（iSCSI.vmx），如图 13-11 所示。

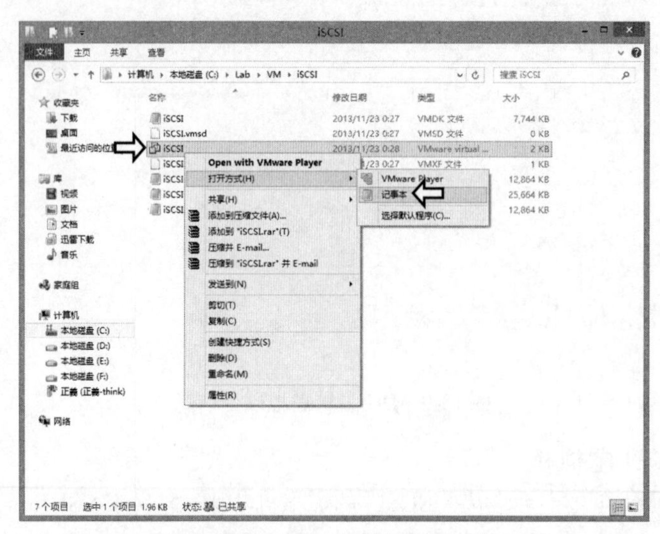

图 13-11　准备修改 iSCSI 虚拟机配置文件 iSCSI.vmx

在虚拟机配置文件当中，网卡的顺序是由「ethernet0」开始计算的，因此我们要修改的第三、四块网卡就是「ethernet2、ethernet3」，可以看到 ethernet2.connectionType、ethernet3.connectionType 的值为「hostonly」，如图 13-12 所示。

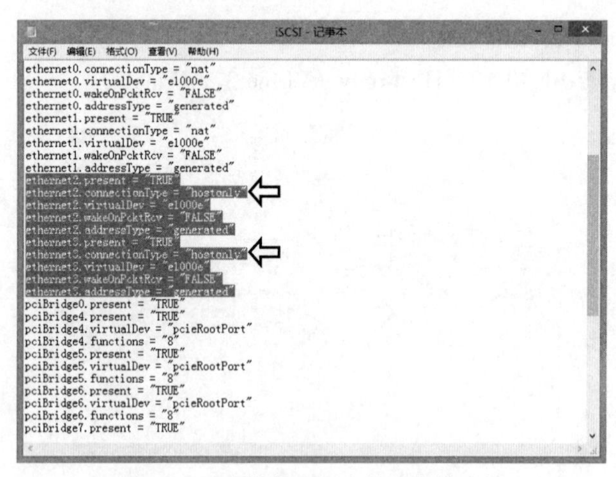

图 13-12　虚拟机配置文件内容修改前

请将值由原本的 hostonly 修改为「custom」，并且添加「ethernet2.vnet = "VMnet2"、ethernet3.vnet = "VMnet3"」参数值后保存离开，如图 13-13 所示。

修改前

```
ethernet2.connectionType = "hostonly"
ethernet3.connectionType = "hostonly"
```

修改后

```
ethernet2.connectionType = "custom"
ethernet2.vnet = "VMnet2"
ethernet3.connectionType = "custom"
ethernet3.vnet = "VMnet3"
```

```
iSCSI - 记事本
文件(F) 编辑(E) 格式(O) 查看(V) 帮助(H)
idel:0.fileName = "D:\ISO\cn_windows_server_2012_x64_dvd_915588.iso"
idel:0.deviceType = "cdrom-image"
ethernet0.present = "TRUE"
ethernet0.connectionType = "nat"
ethernet0.virtualDev = "e1000e"
ethernet0.wakeOnPcktRcv = "FALSE"
ethernet0.addressType = "generated"
ethernet1.present = "TRUE"
ethernet1.connectionType = "nat"
ethernet1.virtualDev = "e1000e"
ethernet1.wakeOnPcktRcv = "FALSE"
ethernet1.addressType = "generated"
ethernet2.present = "TRUE"
ethernet2.connectionType = "custom"
ethernet2.vnet = "VMnet2"
ethernet2.virtualDev = "e1000e"
ethernet2.wakeOnPcktRcv = "FALSE"
ethernet2.addressType = "generated"
ethernet3.present = "TRUE"
ethernet3.connectionType = "custom"
ethernet3.vnet = "VMnet3"
ethernet3.virtualDev = "e1000e"
ethernet3.wakeOnPcktRcv = "FALSE"
ethernet3.addressType = "generated"
pciBridge0.present = "TRUE"
pciBridge4.present = "TRUE"
pciBridge4.virtualDev = "pcieRootPort"
pciBridge4.functions = "8"
pciBridge5.present = "TRUE"
pciBridge5.virtualDev = "pcieRootPort"
```

图 13-13 虚拟机配置文件内容修改后

再次查看 iSCSI 主机虚拟硬件信息时，便会发现第三、四块网卡已经由 Host-only 变成设置的「Custom（VMnet2）和 Custom（VMnet3）」，如图 13-14 所示。

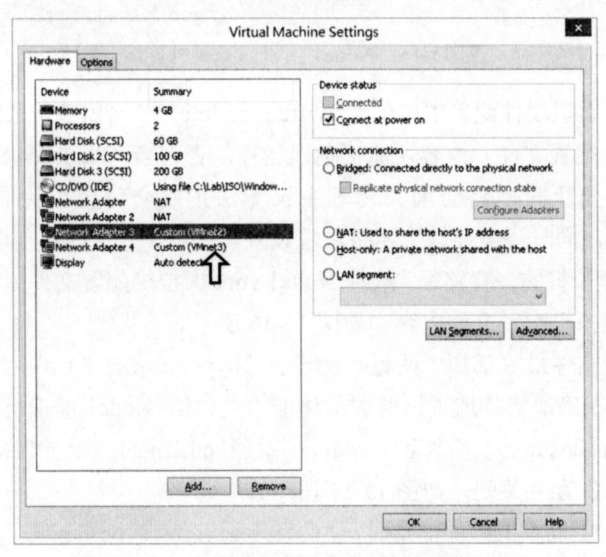

图 13-14 更新后的 iSCSI 主机虚拟硬件信息

2．创建 Node1、Node2 虚拟机

同样的步骤创建名称为「Node1」、「Node2」的虚拟机，这两台主机将担任 Hypervisor 虚拟化平台的角色，除了配置六块网卡和加载 Windows Server 2012 ISO 映像文件外，在 CPU 选项 Virtualization engine 区域中请勾选「Virtualize Intel VT-x/EPT or AMD-V/RVI」选项，以便将物理主机的虚拟化技术交付给 Node1、Node2 主机，这两台虚拟机硬件相关信息如图 13-15 所示。

- Memory：4096 MB
- Processors：2（勾选 Virtualize Intel VT-x/EPT or AMD-V/RVI 选项）
- Hard Disk：60 GB
- Network Adapter：NAT *2、Host-only *4

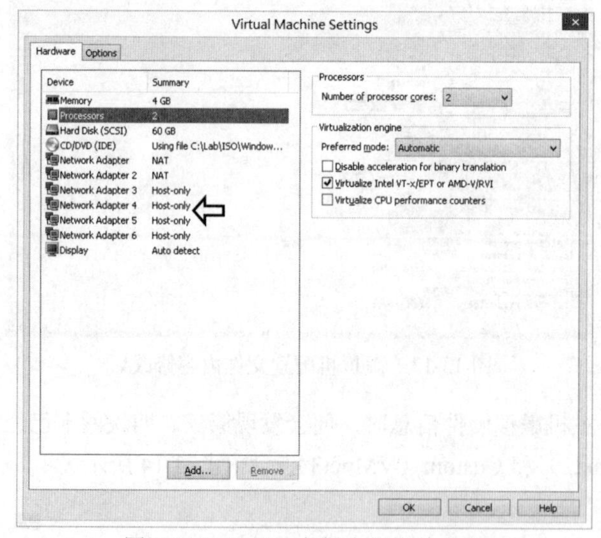

图 13-15　Node1 主机虚拟硬件配置

Node1 主机除了虚拟硬件配置中要勾选 Virtualize Intel VT-x/EPT or AMD-V/RVI 选项外，还必需要修改「vmx 配置文件」内容才能正确地运行，否则当 Windows Server 2012 中需要安装 Hyper-V 服务器角色时，将会因为物理主机无法正确交付虚拟化能力而导致无法添加 Hyper-V 服务器角色，同时还需要修改网络环境设置。

切换到 Node1 虚拟机的保存路径，选择 Node1.vmx 虚拟机配置文件后使用内置的记事本程序打开，准备修改虚拟机配置文件内容，如图 13-16 所示。

请在虚拟机配置文件最底部加上两行参数设置「hypervisor.cpuid.v0 = "FALSE"、mce.enable = "TRUE"」，便可以正确地将物理主机的虚拟化能力交付给 Node1 虚拟机，并且请将第五、六块网卡设置由原来的「hostonly」修改为「custom」，添加「ethernet4.vnet = "VMnet2"、ethernet5.vnet = "VMnet3"」参数，保存并关闭，如图 13-17 所示。

再次查看 Node1 主机虚拟硬件信息时，便会发现第五、六块网卡已经由刚才的 Host-only 变为我们所设置的「Custom(VMnet2)和 Custom(VMnet3)」，如图 13-18 所示。

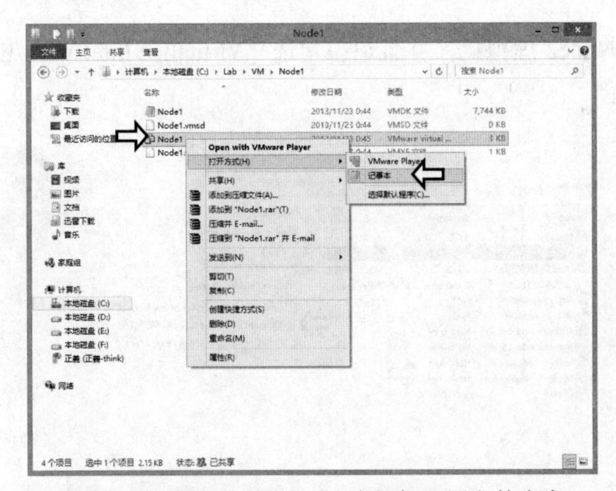

图 13-16　准备修改 Node1 虚拟机配置文件内容

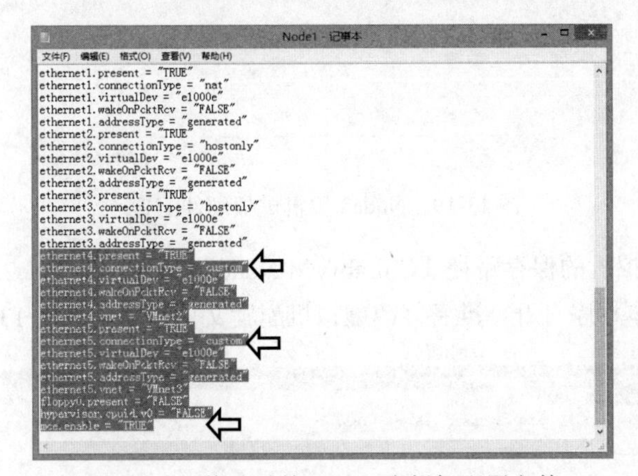

图 13-17　修改后的 Node1 虚拟机配置文件

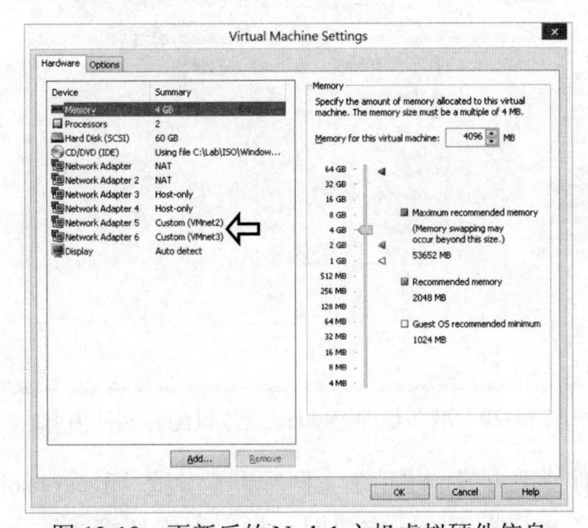

图 13-18　更新后的 Node1 主机虚拟硬件信息

同样的方法创建 Node2 虚拟机，并且记得勾选「Virtualize Intel VT-x/EPT or AMD-V/RVI」选项，如图 13-19 所示。

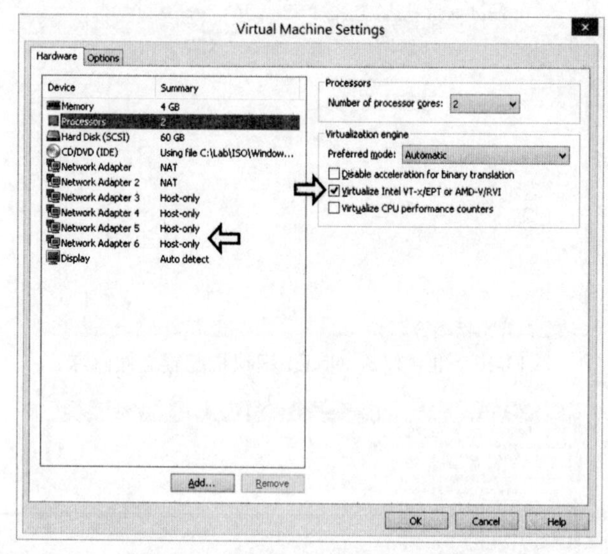

图 13-19　Node2 主机虚拟硬件配置

切换到 Node2 虚拟机的保存路径「C:\Lab\VM\Node2」，选择「Node2.vmx」虚拟机配置文件后使用内置的记事本程序打开，准备修改虚拟机配置文件内容，如图 13-20 所示。

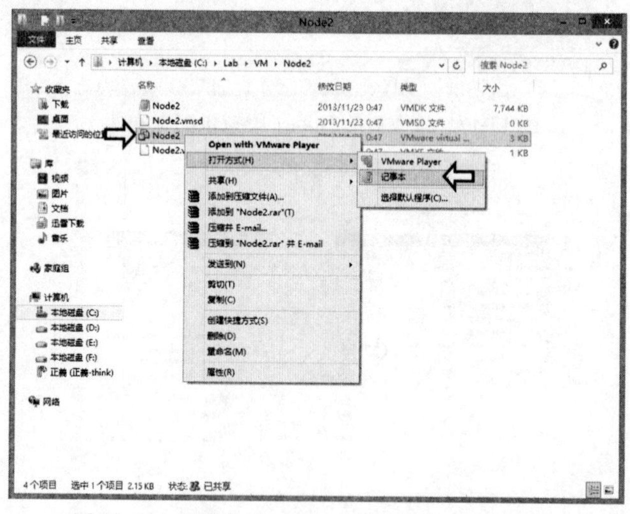

图 13-20　准备修改 Node2 虚拟机配置文件内容

同样的 vmx 配置文件修改方式，也请加上两行设置参数「hypervisor.cpuid.v0 = "FALSE"、mce.enable = "TRUE"」，并且将第五、六块网卡指定网络环境由原本的「hostonly」修改为

「custom」，并且添加「ethernet4.vnet = "VMnet2"、ethernet5.vnet = "VMnet3"」参数值，设置完成后保存退出，如图 13-21 所示。

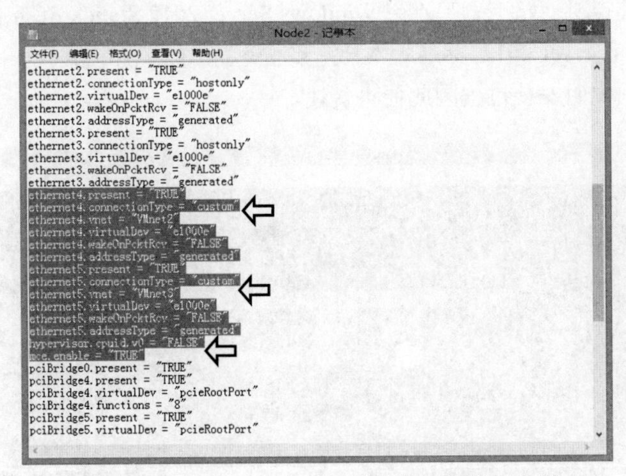

图 13-21　为 Node2 主机配置文件添加设置参数

再次查看 Node2 主机虚拟硬件信息时，便会发现第五、六块网卡已经由刚才的 Host-only 变为我们设置的「Custom（VMnet2）、Custom（VMnet3）」，如图 13-22 所示。

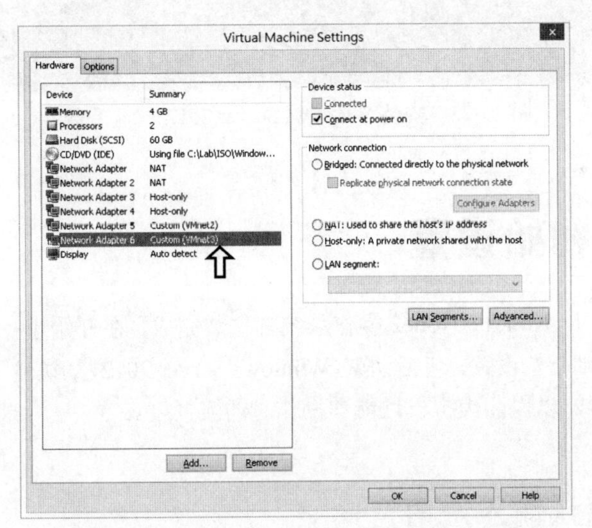

图 13-22　更新后的 Node2 主机虚拟硬件信息

13-1-3　安装操作系统

安装 Windows Server 2012 操作系统

创建完 DC、iSCSI、Node1、Node2 虚拟机后，就可以进行操作系统的安装。在 VMware Player

窗口中选择虚拟机后再选择「Play virtual machine」选项，「启动」虚拟机，接着便会看到 Windows Server 2012 操作系统的安装程序开机画面。

演示中的四台虚拟机，我们都将安装「Windows Server 2012 Standard（带有 GUI 的服务器）」，也就是采用 Windows Server 2012 标准版本（完整服务器）的运行模式，如图 13-23 所示。由于前面的章节已经详细说明安装过程因此便再赘述。

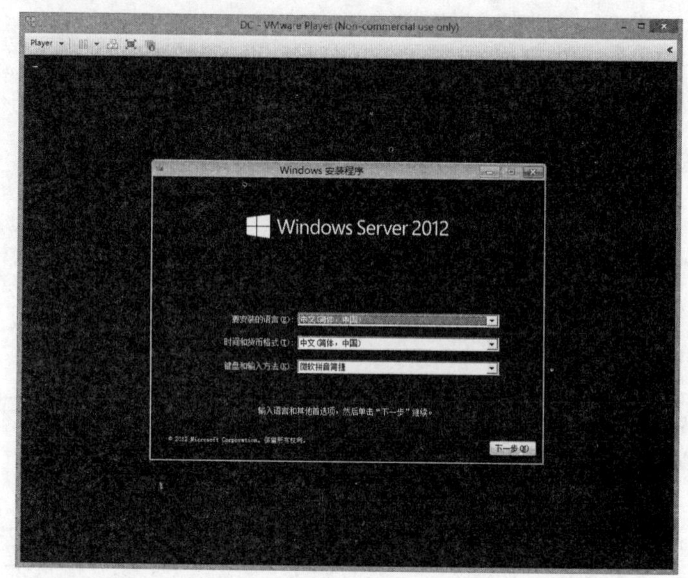

图 13-23　安装 Windows Server 2012 操作系统

13-2　系统初始设置

顺利将 DC、iSCSI、Node1、Node2 操作系统都安装完成，在开始进行相关设置以前，我们先对操作系统进行基础初始设置，包括调整 Windows Server 2012 默认输入法、变更计算机名、安装 VMware Tools 等，以提高虚拟机性能和操作时的流畅度。

13-2-1　调整默认输入法语言

请使用「Windows Key + X」调出「开始」菜单，接着依次选择「控制面板>更改输入法>中文（中华人民共和国）选项>微软拼音简捷选项」，在默认输入语言区域中，选择「英文」，单击「确定>保存」按钮，完成设置，如图 13-24 所示。请注意，当主机加入到域后，因为不同用户配置文件的关系，还需要再一次进行设置，并且设置完成默认输入法语言后，需要「重新启动」计算机才能生效。

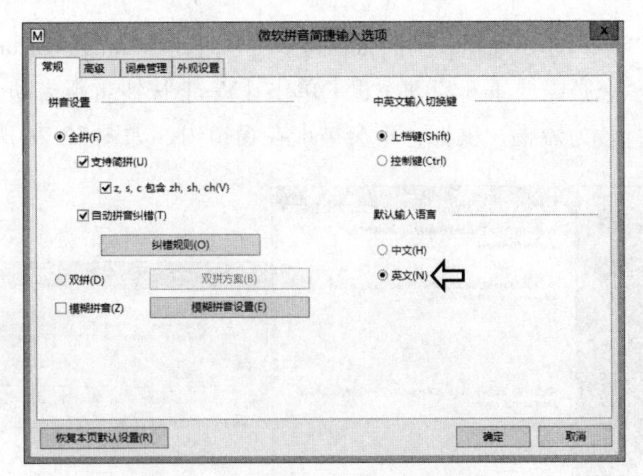

图 13-24　更改默认输入法语言

13-2-2　更改计算机名称

登录计算机后，默认便会打开服务器管理器，请在「服务器管理器」窗口中选择「本地服务器」，在内容区域中选择计算机名，在弹出的「系统属性」窗口中单击「计算机名」选项卡的「更改」按钮，在「计算机名」中输入计算机名称「DC、iSCSI、Node1、Node2」，单击「确定」按钮，如图 13-25 所示，此时系统会提示您必需要重新启动计算机才能完成设置，请选择稍后重新启动，然后开始安装 VMware Tools 工具。

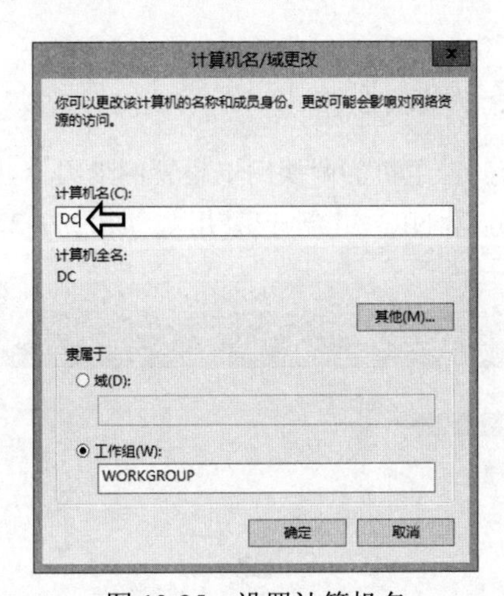

图 13-25　设置计算机名

13-2-3　安装 VMware Tools

请为 DC、iSCSI、Node1、Node2 主机安装 VMware Tools，以使它们能够在最优的状态下运行。请在 VMware Player 的 Console 画面依次选择「Player>Manage>Install VMware Tools」选项。安装完成后会提示您必需要重新启动主机，单击「Yes」按钮重新启动主机，重新启动完成后便会发现虚拟机运行较为流畅，鼠标也不会被卡在窗口内，如图 13-26 所示。

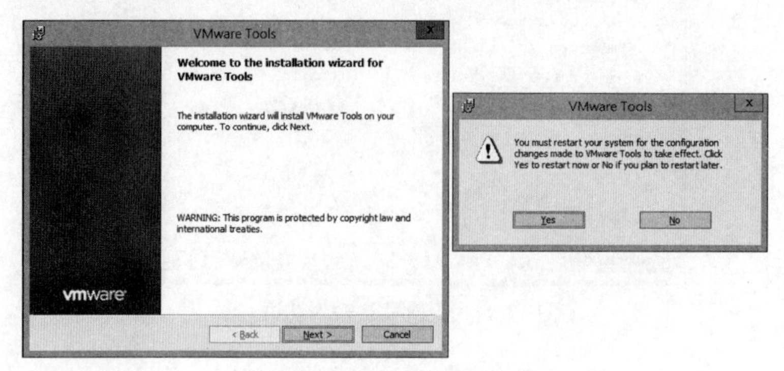

图 13-26　安装 VMware Tools

13-3　网络功能和域设置

我们已经在 VMware Player 中为 VMnet1、VMnet2、VMnet3、VMnet8 网络环境启动了 DHCP Server 功能，因此不用担心主机因为有多块网卡，而不知道哪块网卡是连接到哪个网络。

13-3-1　DC 主机网络初始化

登录 DC 主机之后，先为此台主机的两块网卡设置网卡组合，实现网络高可用性，请依次选择「服务器管理器>本地服务器>NIC 组合>已禁用」，如图 13-27 所示。

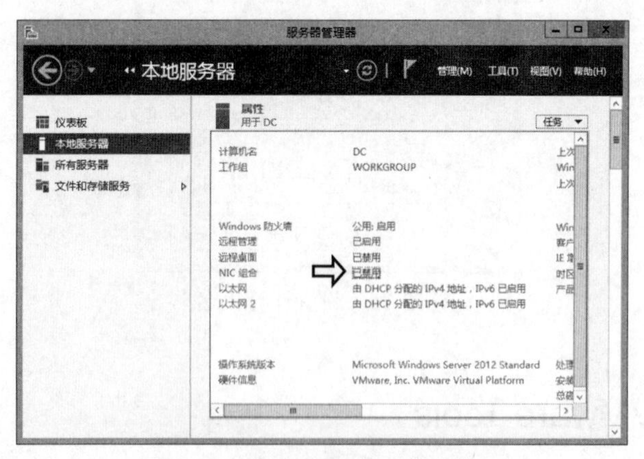

图 13-27　打开 NIC 组合设置窗口

在「NIC 组合」设置窗口中，按住 Ctrl 键，选择要加入 NIC 组合的网卡以太网和以太网 2，单击鼠标右键后在菜单中选择「添加到新组」选项，如图 13-28 所示。

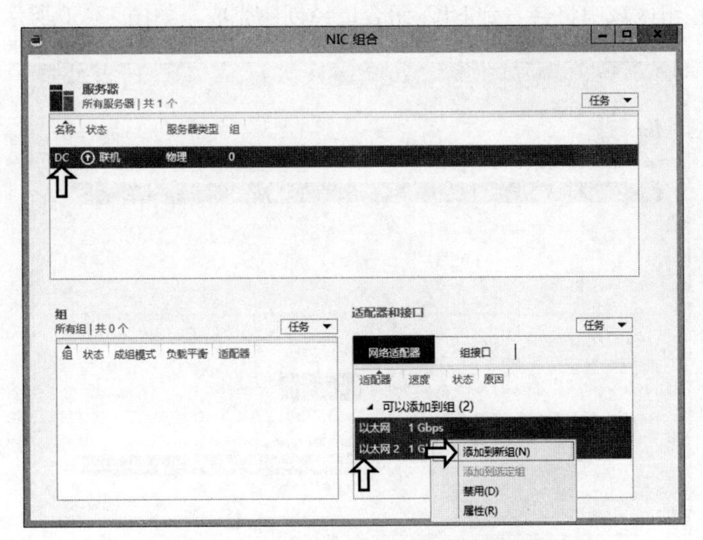

图 13-28　选择要加入 NIC 组合的成员网卡

在「新建组」窗口中，填入此 NIC 组合的名称，此处我们命名为「LAN Service」，其他的设置保持默认，然后单击「确定」按钮创建 NIC 组合，如图 13-29 所示。

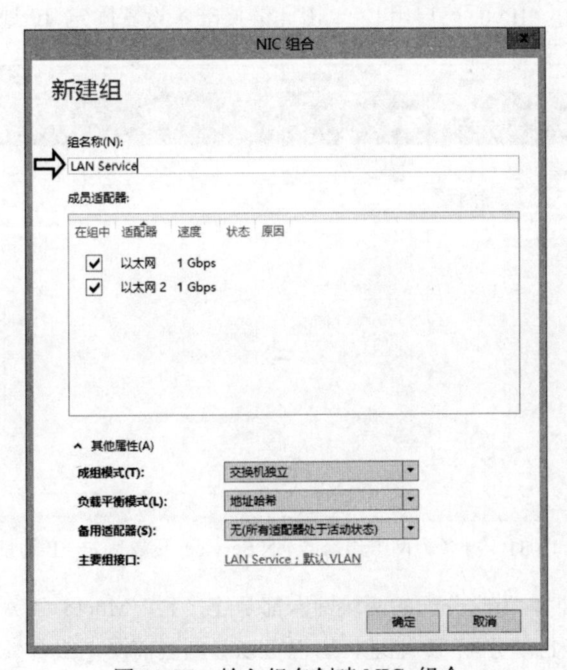

图 13-29　输入组名创建 NIC 组合

在创建 NIC 组合过程中，在适配器和接口区域中，首先会看到两块网卡的状态都是已出错，媒体已断开连接，接着您会看到其中一块网卡的状态转变成「活动」，最后两块网卡的状态都变成活动，此时您在组区域中将会看到 NIC 组合已经创建完成，如图 13-30 所示。

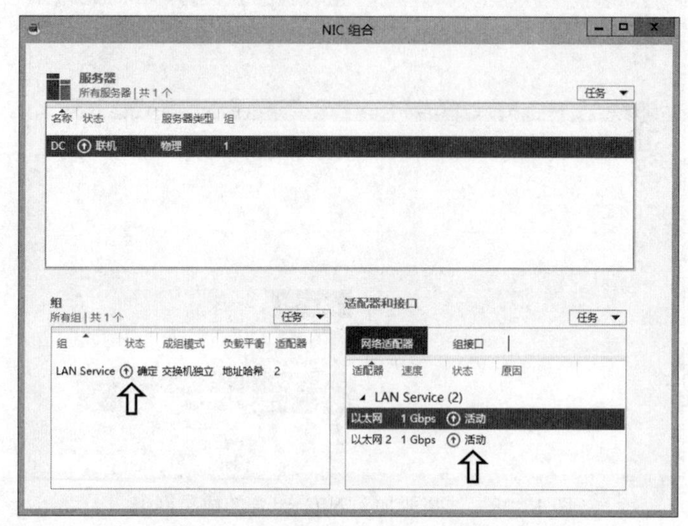

图 13-30　NIC 网卡组合创建完成

回到「服务器管理器」窗口中，可以看到刚才创建的网卡组合 LAN Service 的状态为「由 DHCP 分配的 IPv4 地址，IPv6 已启用」，单击此链接准备设置固定 IP 地址，如图 13-31 所示。

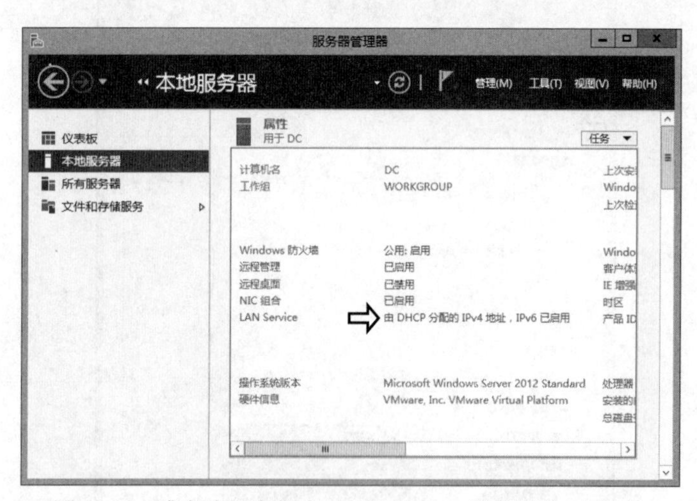

图 13-31　准备为网卡组合 LAN Service 设置固定 IP 地址

我们创建 DC 主机时，为它分配的两块网卡都是连接到 VMnet8（NAT）网络的，此网络中已经启用了 DHCP 功能自动分配 IP 地址，所以可以看到当前网卡组合 LAN Service 能够自动获得 IP 地址「10.10.75.228」，如图 13-32 所示。

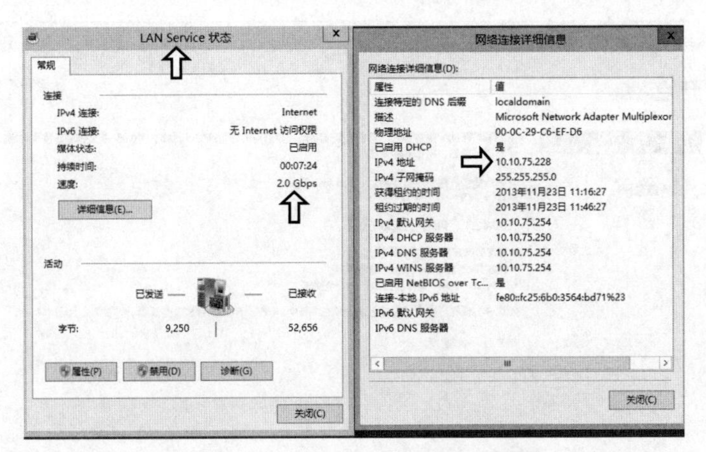

图 13-32　网卡组合 LAN Service 自动获得的 IP 地址

请为网卡组合 LAN Service 设置固定 IP 地址「10.10.75.10」、子网掩码「255.255.255.0」、默认网关「10.10.75.254」、DNS 服务器「127.0.0.1」，如图 13-33 所示。

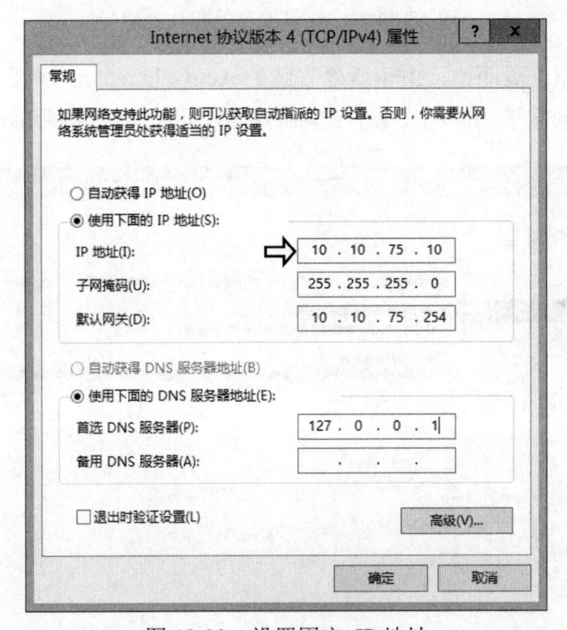

图 13-33　设置固定 IP 地址

13-3-2　DC 主机创建 Active Directory 域服务

此处我们已经使用本机管理员 Administrator 的身份登录了，准备创建「新林」，请依次选择「服务器管理器>仪表板>添加角色和功能」，打开「添加角色和功能向导」，单击「下一步」按钮继续，如图 13-34 所示。

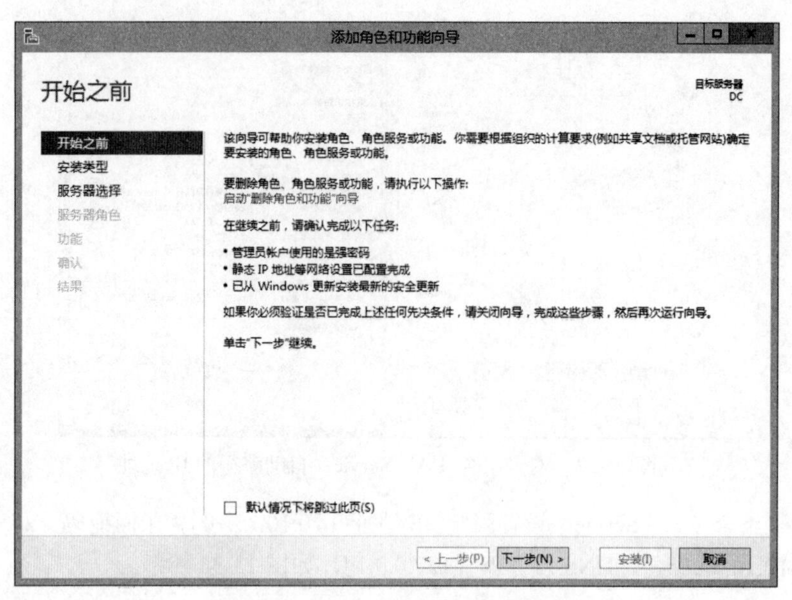

图 13-34　打开添加角色和功能向导

在「选择安装类型」页面中，由于所要安装的 Active Directory 域服务属于服务器角色，因此请选择「基于角色或基于功能的安装」选项，单击「下一步」按钮继续，如图 13-35 所示。

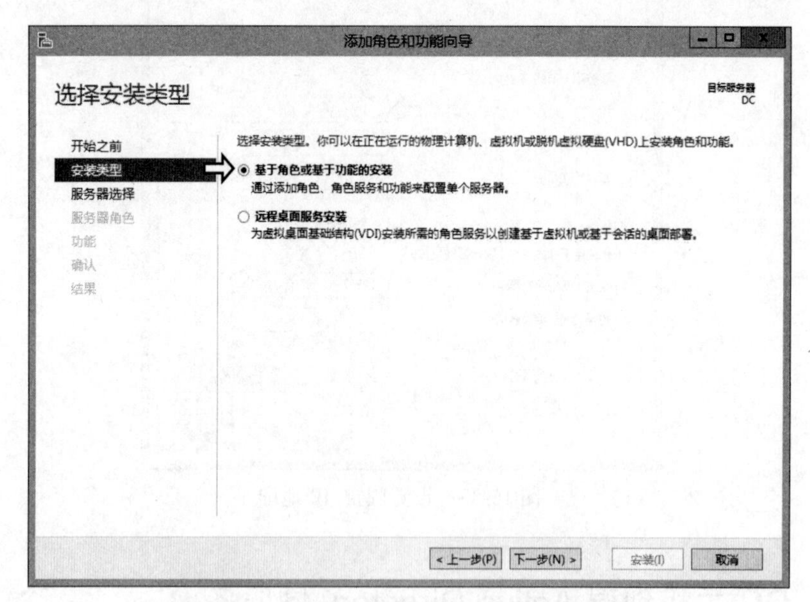

图 13-35　选择基于角色或基于功能的安装选项

在「选择目标服务器」页面中，请选择「从服务器池中选择服务器」选项，并且确认选择 DC 主机后，单击「下一步」按钮继续，如图 13-36 所示。

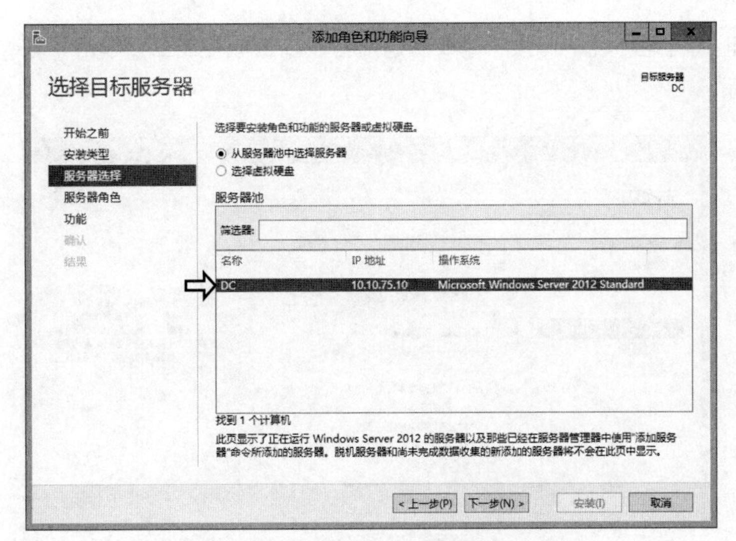

图 13-36　选择 DC 主机准备安装服务器角色

在「选择服务器角色」页面中，请勾选「Active Directory 域服务」选项，此时会弹出窗口提示添加 Active Directory 域服务时所需要的其他功能，单击「添加功能」确认稍后一起安装所依赖的功能，回到「选择服务器角色」页面中确认 Active Directory 域服务勾选完成后，单击「下一步」按钮继续，如图 13-37 所示。

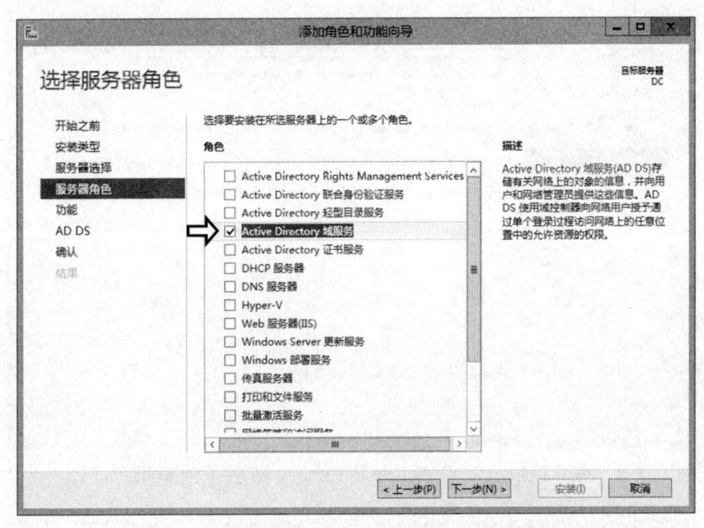

图 13-37　勾选 Active Directory 域服务选项

在「选择功能」页面中，由于刚才已经确认相关功能会进行安装，因此不需要勾选其他功能选项，直接单击「下一步」按钮继续，如图 13-38 所示。

在「Active Directory 域服务」页面中，因为本书演示环境硬件资源有限，因此仅会创建一台域控制器，正式营运环境中，强烈建议创建两台或以上域控制器，单击「下一步」按钮继续，如图 13-39 所示。

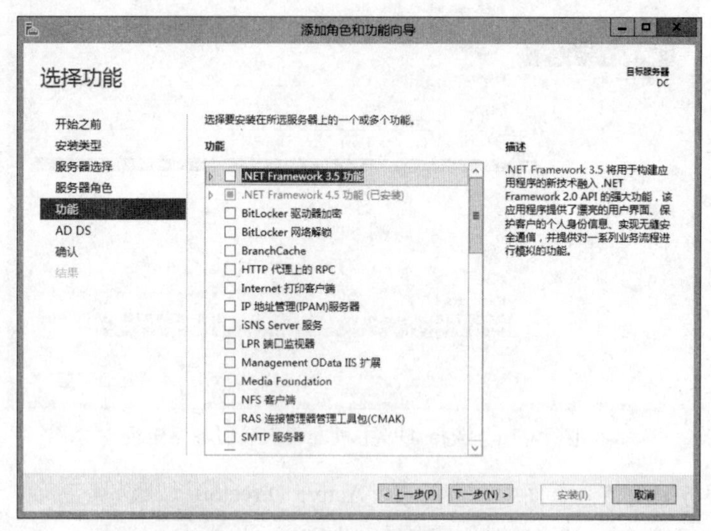

图 13-38　不需要勾选其他功能选项

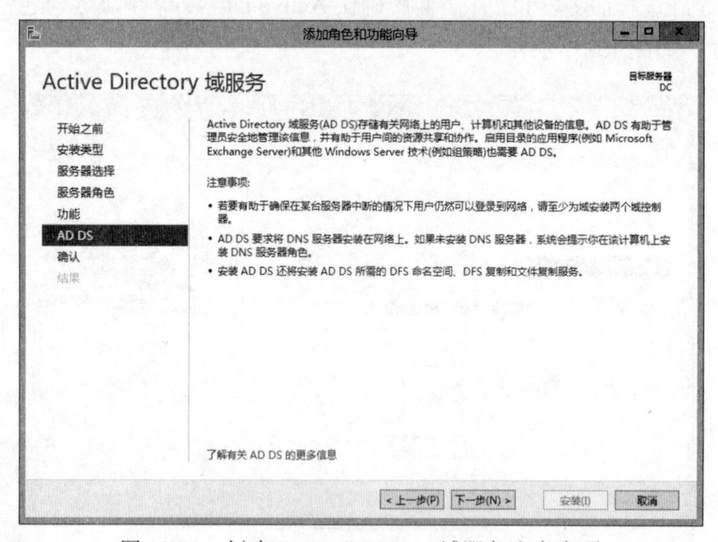

图 13-39　创建 Active Directory 域服务注意事项

在「确认安装所选内容」页面中，建议勾选「如果需要，自动重新启动目标服务器」选项，以便稍后 AD DS 服务器角色安装完成后如有必要自动重新启动主机，确认要进行 Active Directory 域服务安装后，单击「安装」按钮，如图 13-40 所示。

接下来便会开始安装 Active Directory 域服务和其他服务器功能（如远程服务器管理工具等），可以保持窗口打开状态，实时查看安装程序的进度，如图 13-41 所示，或者单击「关闭」

按钮关闭当前窗口，而安装程序将继续在后台中运行。

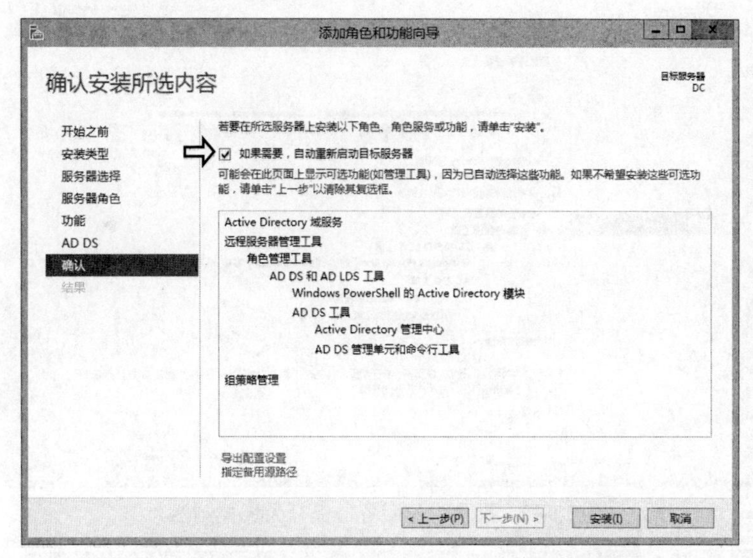

图 13-40　确认执行 Active Directory 域服务安装

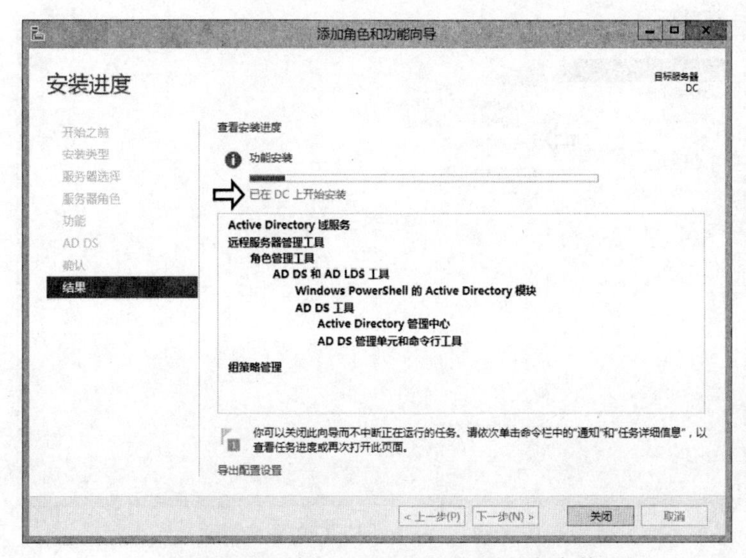

图 13-41　开始 Active Directory 域服务安装

当 Active Directory 域服务角色安装完成后，向导会提示您必需要执行其他步骤才能将此台服务器提升为域控制器，请在向导中单击「将此服务器提升为域控制器」链接，如图 13-42 所示。

此时将打开「Active Directory 域服务配置向导」，在选择部署操作区域中选择「添加新林」选项，并且在「根域名」字段中输入自定义根域名称「weithenn.org」，单击「下一步」按钮继续，如图 13-43 所示。

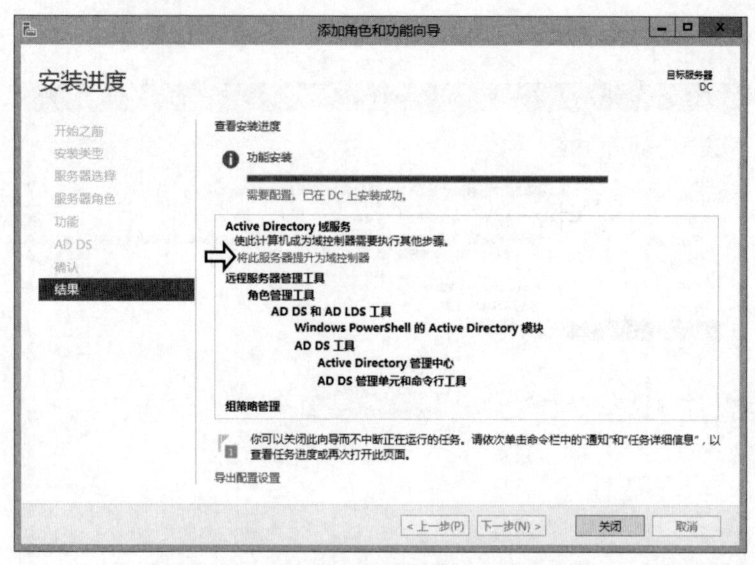

图 13-42　准备将此服务器提升为域控制器

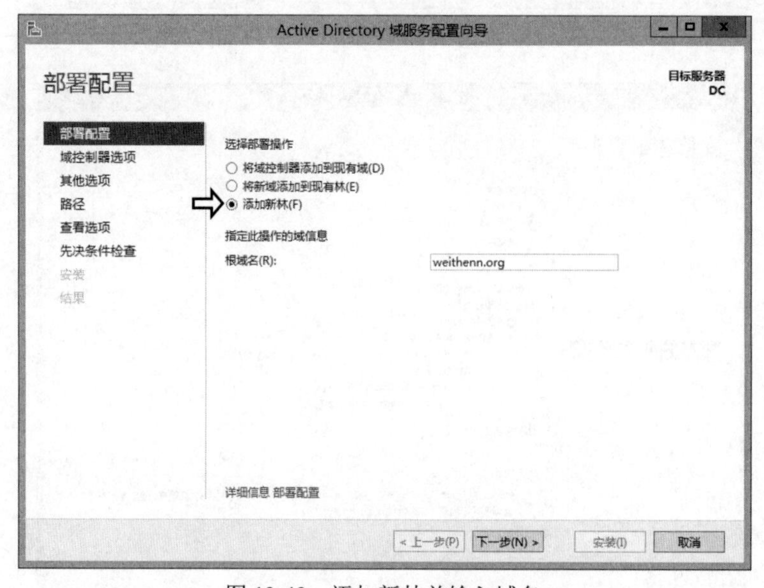

图 13-43　添加新林并输入域名

在「域控制器选项」窗口中，在键入目录服务还原模式（DSRM）密码区域中输入两次自定义的密码，然后单击「下一步」按钮继续，如图 13-44 所示。

由于此台主机为域中的第一台域控制器，因此会出现找不到权威的 DNS 父区域警告信息，不用担心直接单击「下一步」按钮继续，如图 13-45 所示。

接下来向导会依据您输入的域名自动显示 NetBIOS 域名，此处演示中便是显示为 WEITHENN，请使用此默认值，单击「下一步」按钮继续，如图 13-46 所示。

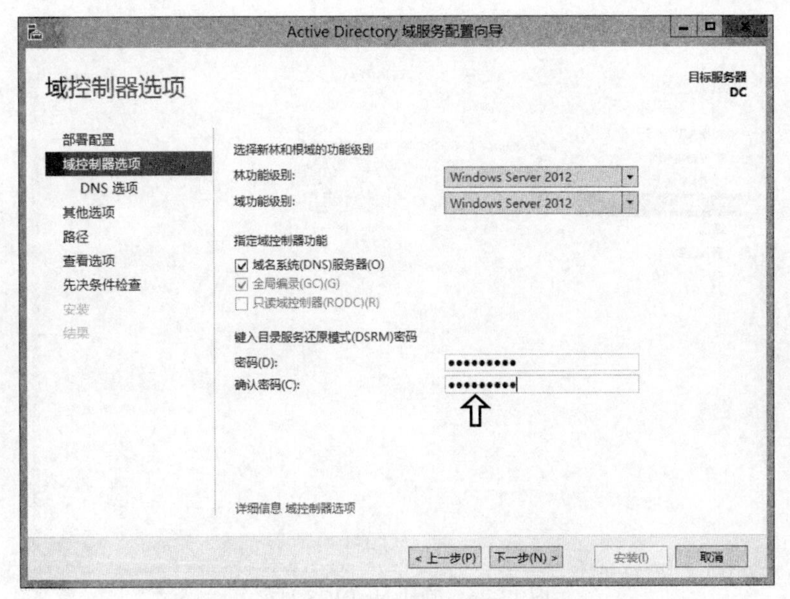

图 13-44　设置目录服务还原模式密码

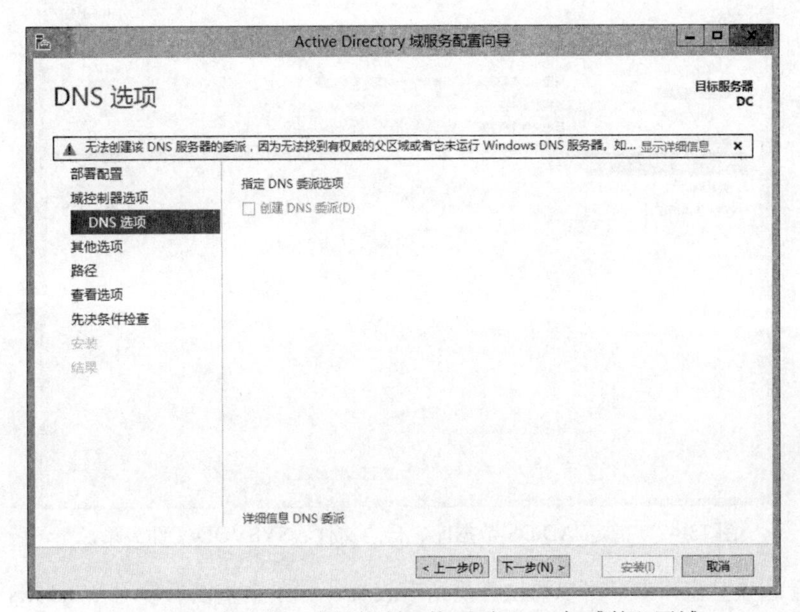

图 13-45　域中第一台域控制器找不到 DNS 权威的父区域

在「路径」页面中，可以查看或修改 AD DS 数据库、日志文件、SYSVOL 文件夹的路径。请注意!! 不要将 AD DS 数据库、日志文件、SYSVOL 文件夹保存在 ReFS 文件系统分区中，确认无误后单击「下一步」按钮继续，如图 13-47 所示。

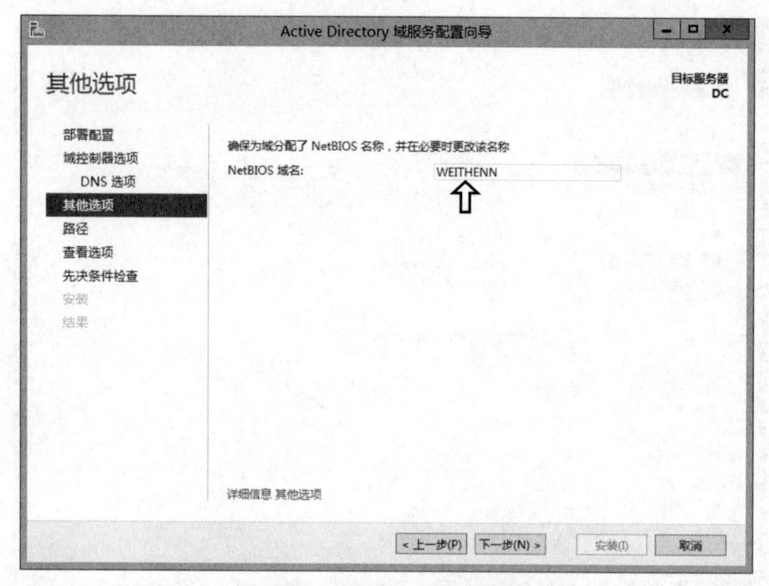

图 13-46　确认 NetBIOS 域名

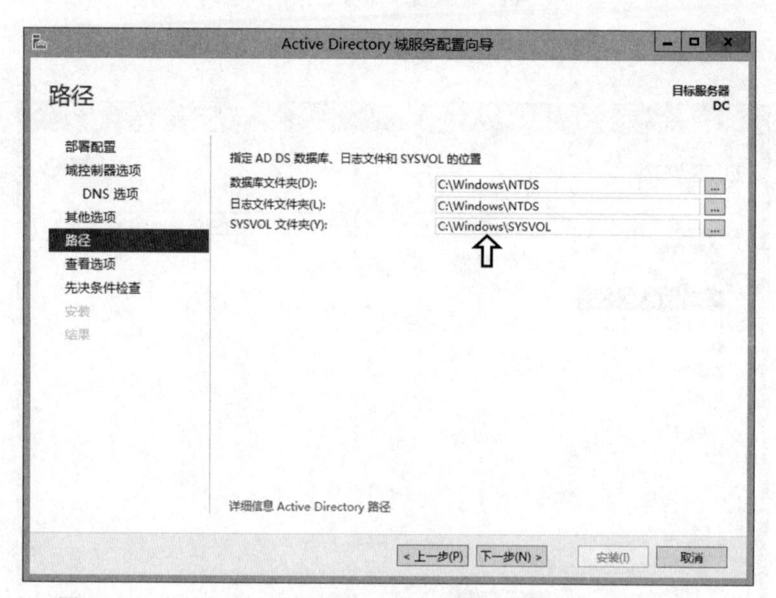

图 13-47　指定 AD DS 数据库、日志文件、SYSVOL 文件夹路径

在「查看选项」窗口中，可以再次查看所有设置，如果希望以后使用 Windows PowerShell 来完成自动化安装的话，可以单击「查看脚本」按钮，查看和保存 PowerShell 程序代码，确认无误后单击「下一步」按钮，如图 13-48 所示。

此时系统便会开始检查当前的主机运行环境是否满足刚才所有的设置要求，将主机提升为域控制器，检查完成后，我们可以看到当前主机已满足所有条件，因此单击「安装」按钮开始

Active Directory 域服务的安装，如图 13-49 所示。

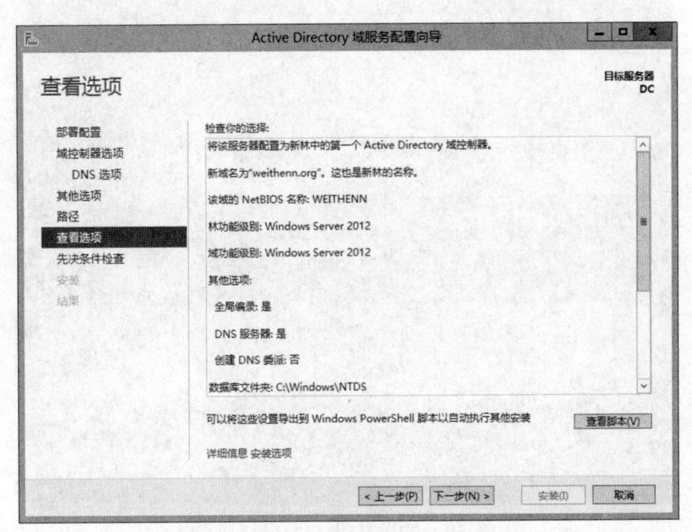

图 13-48　再次查看所有设置

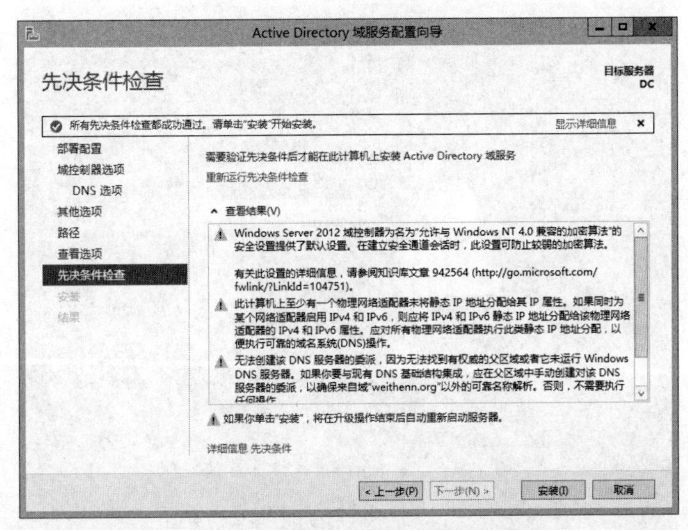

图 13-49　准备 Active Directory 域服务安装

当 Active Directory 域服务安装完成之后，因为我们已经勾选了「如有需要，自动重新启动目标服务器」选项，所以会发现系统自动弹出要重新启动计算机的提示信息，如图 13-50 所示。

当 DC 主机重新启动完成后，便可以使用域管理者账号的身份登录 DC 主机，如图 13-51 所示。

到这一步，Active Directory 域服务安装和设置任务已经完成，对于 DC 主机的设置暂告一个段落，请切换到 iSCSI 主机，开始进行系统网络的基本设置，并且加入 Active Directory 域。

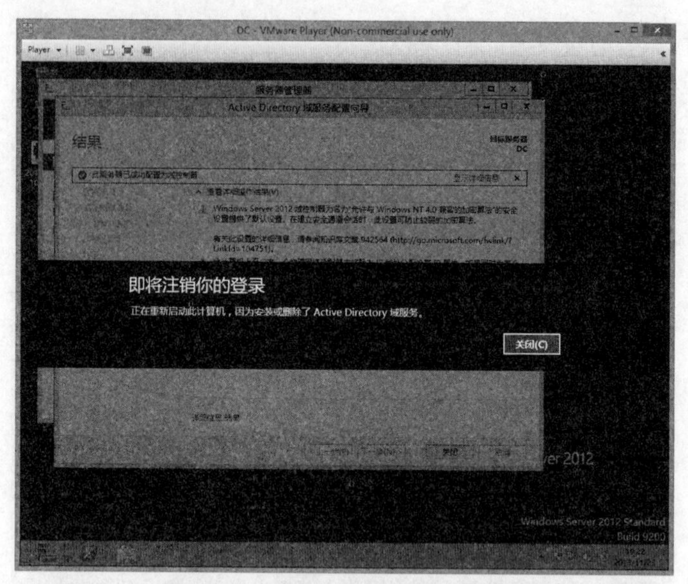

图 13-50　安装完成后自动重新启动

图 13-51　使用域管理员账户的身份登录 DC 主机

13-3-3　iSCSI 主机网络和域设置

登录 iSCSI 主机后，由于我们为 iSCSI 主机配置了四块网卡，并且分别属于 VMnet8（NAT）、VMnet2（Host-Only）、VMnet3（Host-Only）三个网段，所以在创建 NIC 组合前，必须先确认网卡的连接位置，请打开「网络和共享中心」查看网卡连接信息。

由于 VMnet8（NAT）网络启用了网关功能，因此我们可以很容易判断出「以太网 2、以太网 3」是 VMnet8 类型，而以太网、以太网 4 则为 Host-Only 类型（未识别的网络），如图 13-52 所示。

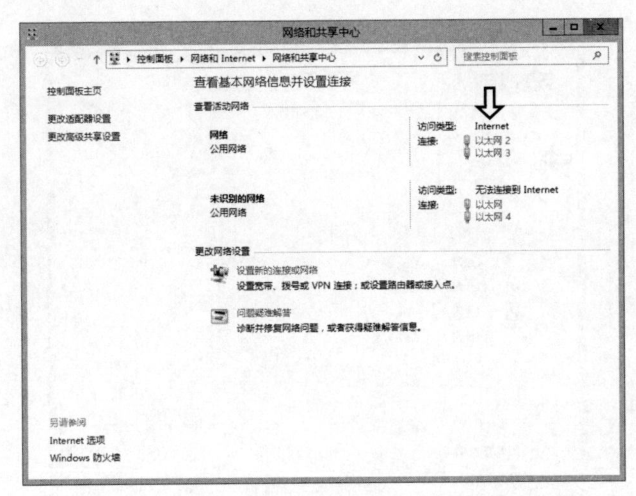

图 13-52　打开网络和共享中心查看网卡连接信息

确认 iSCSI 主机四块网卡连接的网络类型后，我们便可以开始设置 NIC 组合，实现网络高可用性和负载平衡的目标，另外的两块网卡并不需要配置 NIC 组合，用于「多重路径（Multipath I/O，MPIO）」。

请依次「选择服务器管理器>本地服务器>NIC 组合>已禁用」，在「NIC 组合」设置窗口中按住 Ctrl 键，选择要加入 NIC 组合的成员网卡以太网 2、以太网 3，单击鼠标右键，在弹出菜单中选择「添加到新组」选项，如图 13-53 所示。

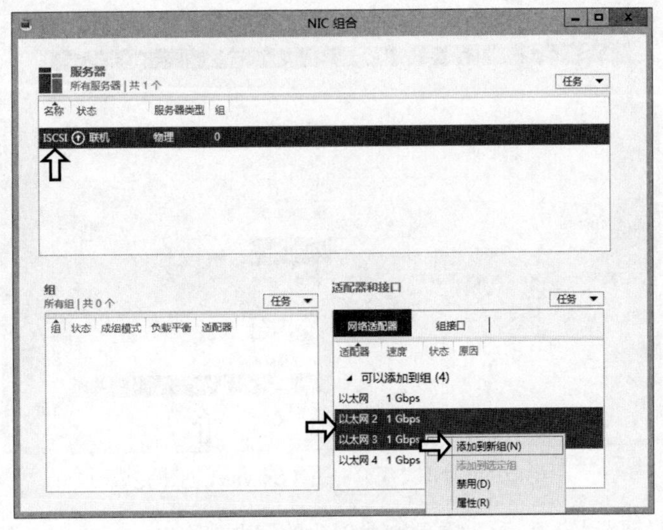

图 13-53　准备创建 NIC 组合

接着在「新建组」窗口中输入 NIC 组合名称为「LAN Service」，其他选项保持默认，确认无误后单击「确定」按钮创建 NIC 组合，如图 13-54 和图 13-55 所示。

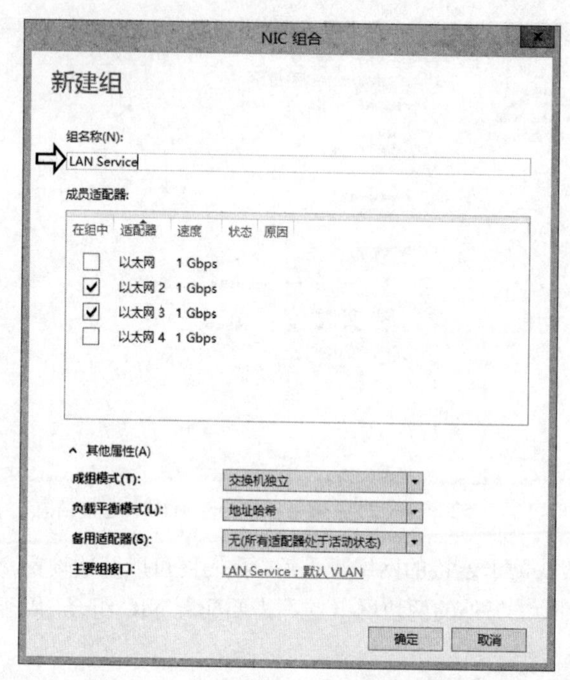

图 13-54 创建 NIC 组合 LAN Service

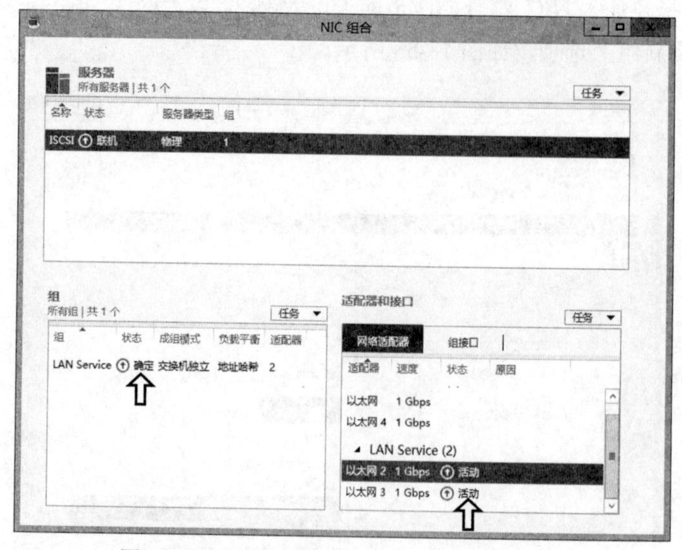

图 13-55 NIC 组合 LAN Service 创建完成

回到「服务器管理器」窗口，可以看到刚才创建的网卡组合 LAN Service 的状态为「由 DHCP

分配的 IPv4 地址，IPv6 已启用」，选择 LAN Service 链接设置固定 IP 地址。设置固定 IP 地址为「10.10.75.20」、子网掩码为「255.255.255.0」、默认网关为「10.10.75.254」，DNS 服务器指向 DC 主机也就是「10.10.75.10」，如图 13-56 所示。

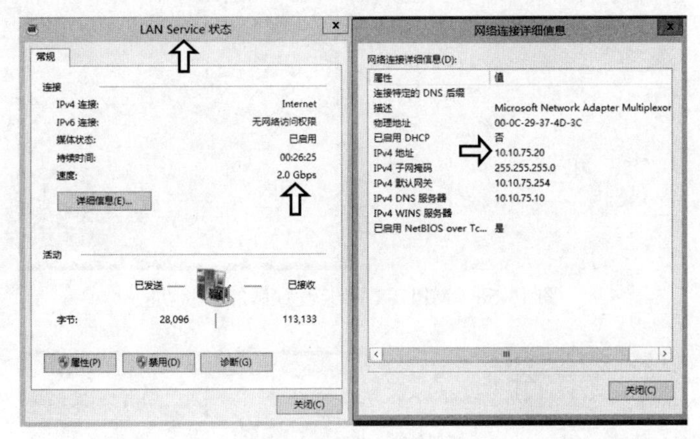

图 13-56　设置网卡组合 LAN Service IP 地址

接着请为第一块多重路径 MPIO 网卡设置名称和固定 IP 地址，在未设置以前「以太网 4」的网卡自动获得的 IP 地址为「192.168.75.201」，如图 13-57 所示。

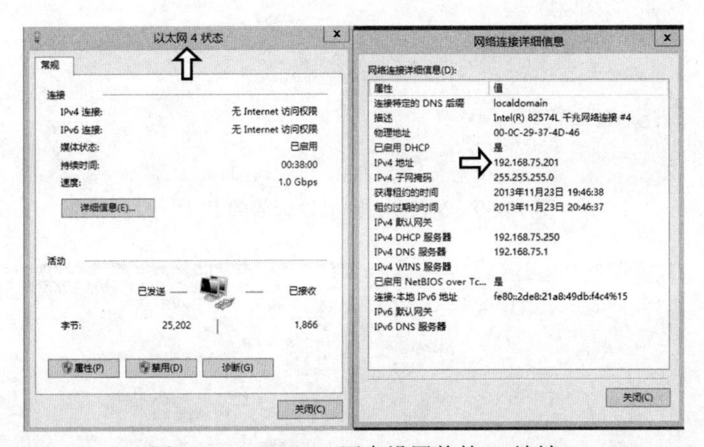

图 13-57　MPIO-1 网卡设置前的 IP 地址

请将网卡名称修改为「MPIO-1」，并设置固定 IP 地址为「192.168.75.20」、子网掩码为「255.255.255.0」，如图 13-58 所示。

请为第二块多重路径 MPIO 网卡设置名称和固定 IP 地址，在未设置以前以太网网卡自动获得的 IP 地址为「192.168.76.201」，如图 13-59 所示。

请将网卡名称修改为「MPIO-2」，并设置固定 IP 地址为「192.168.76.20」、子网掩码为「255.255.255.0」，如图 13-60 所示。

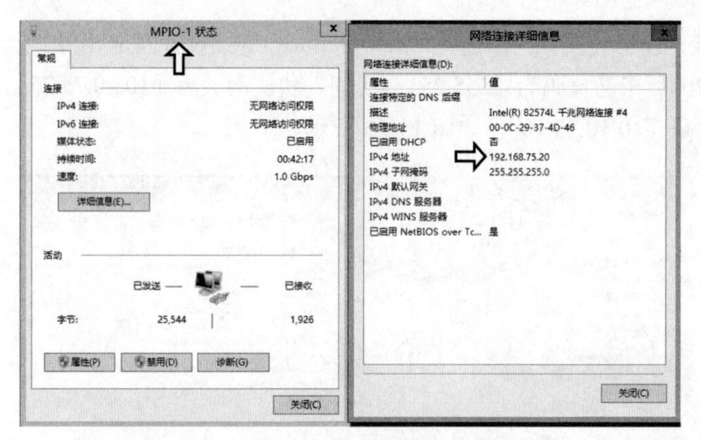

图 13-58　MPIO-1 网卡设置后的 IP 地址

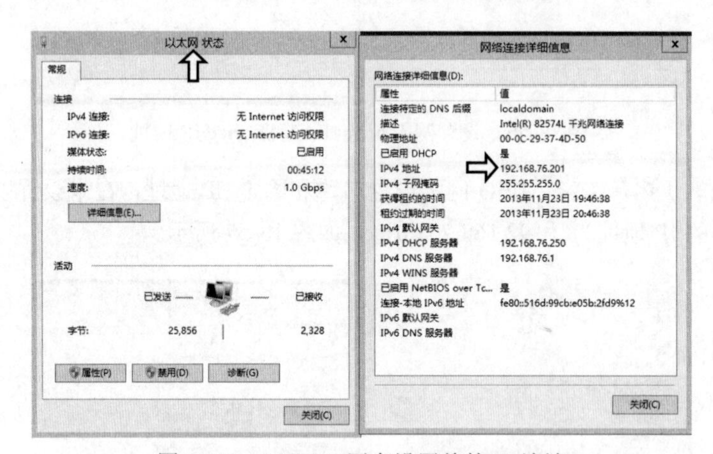

图 13-59　MPIO-2 网卡设置前的 IP 地址

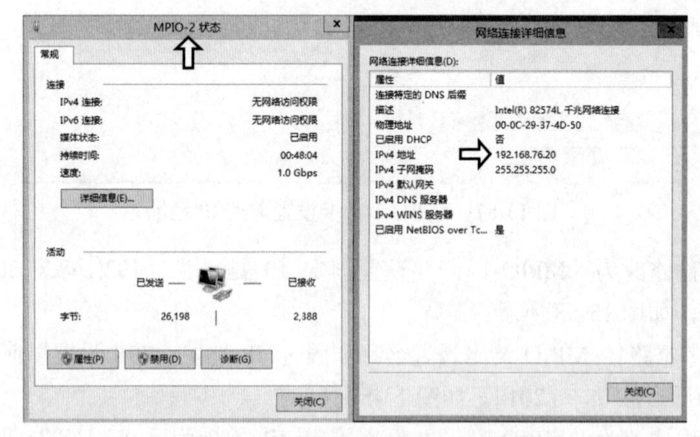

图 13-60　MPIO-2 网卡设置后的 IP 地址

iSCSI 主机加入域

在将 iSCSI 主机加入 weithenn.org 域之前，先执行 ping 和 nslookup 命令，确认 iSCSI 与 DC 主机之间能够正常通信，保证加入域的操作能正常执行。请利用「Windows Key + X」组合键打开「开始」菜单，然后选择命令提示符，接着输入「ping 10.10.75.10」命令确认 iSCSI 可以 ping 到 DC 主机，然后输入「nslookup weithenn.org」命令确认 iSCSI 主机可以正确解析 weithenn.org 域，如图 13-61 所示。

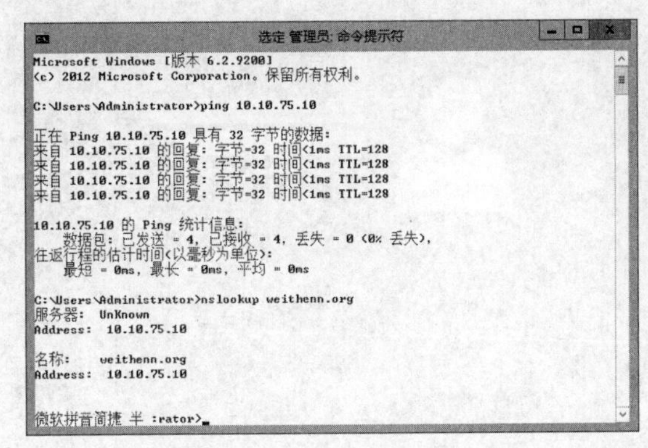

图 13-61　确认 iSCSI 与 DC 主机之间能够正常通信

接着请依次选择「服务器管理器>本地服务器>工作组>WORKGROUP」，打开「系统属性」窗口，在「系统属性」窗口中切换到「计算机名」选项卡中单击「更改」按钮，在「隶属于」区域中选择「域」，并且输入要加入的域名「weithenn.org」，单击「确定」按钮。然后输入 weithenn.org 域管理者账号和密码后单击「确定」按钮，最后提示您必需要重新启动主机，如图 13-62 所示。

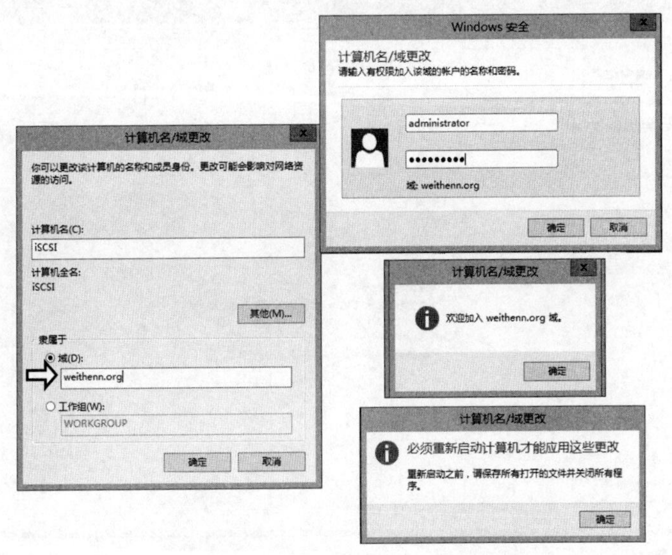

图 13-62　成功加入 weithenn.org 域

当 iSCSI 主机重新启动完成后，请选择使用其他用户账号登录，然后输入域管理员账号「weithenn.org\administrator」，以及域管理员密码便可以使用域管理者账号身份登入 iSCSI 主机，如图 13-63 所示。

图 13-63　使用域管理员账号身份登录 iSCSI 主机

登录完成后，请再次查看网络信息，可以看到网卡组合 LAN Service 位于「weithenn.org 域网络」中，而用于多重路径 MPIO 的网络位于「公用网络」，如图 13-64 所示。

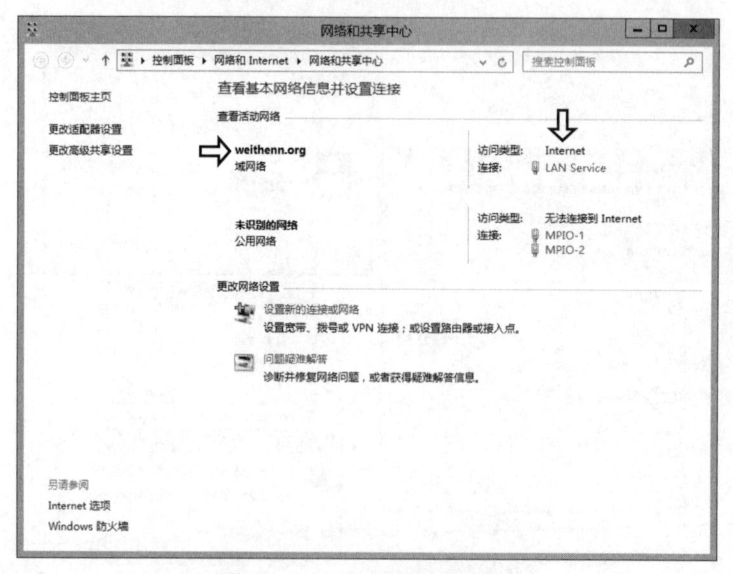

图 13-64　再次查看网络信息

到这一步 iSCSI 主机的初始化安装和设置已经完成，请切换到 Node1、Node2 主机，开始设置网络和加域操作。

13-3-4 Node1 主机网络和域设置

由于 VMnet8（NAT）网络启用了网关功能，因此我们可以很容易判断出「以太网、以太网 2」是 VMnet8 类型，而「以太网 3、以太网 4、以太网 5、以太网 6」则为 Host-Only 类型（未识别的网络），如图 13-65 所示。

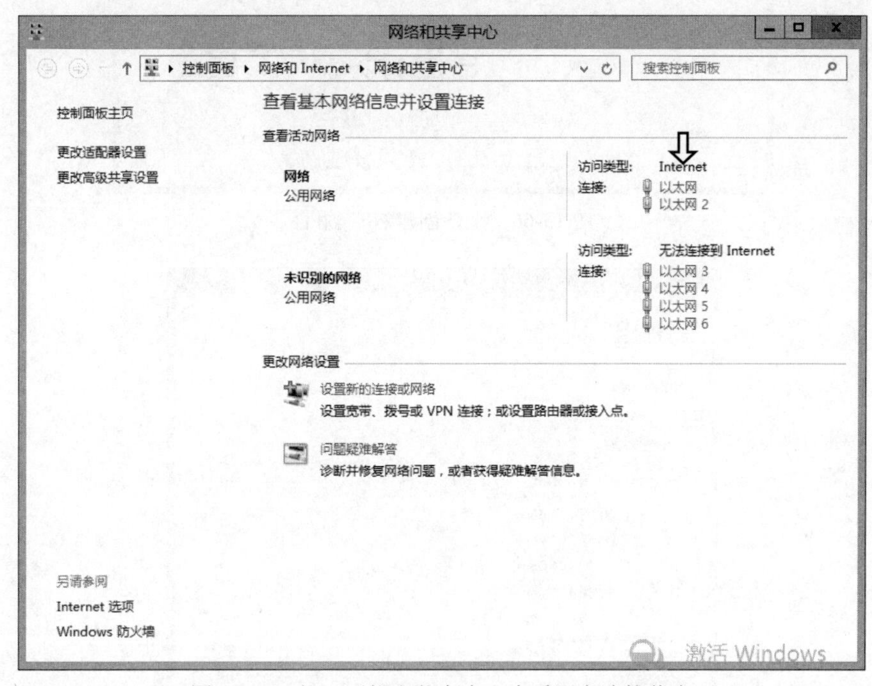

图 13-65 打开网络和共享中心查看网卡连接信息

确认 Node1 主机 6 块网卡连接信息后，我们便可以为此台主机的 4 块网卡设置两组 NIC 组合（VM Traffic、Heartbeat & Migration），实现网络高可用性和负载平衡的目标，而另外 2 块网卡则用于「多重路径 MPIO」，并且不需要设置 NIC 组合。

我们首先来创建用于负责 VM 虚拟机网络流量的网卡组合，请依次选择「服务器管理器>本地服务器>NIC 组合>已禁用」，接着在「NIC 组合」设置窗口中按住 Ctrl 键，选择要加入 NIC 组合的成员网卡：以太网、以太网 2，单击鼠标右键后，在右键菜单中选择「添加到新组」，如图 13-66 所示。

在「新建组」窗口中输入 NIC 组合的名称「VM Access」，并且采用默认的交换机独立模式和地址哈希负载平衡模式，确认无误后单击「确定」按钮创建 NIC 组合，如图 13-67 所示。

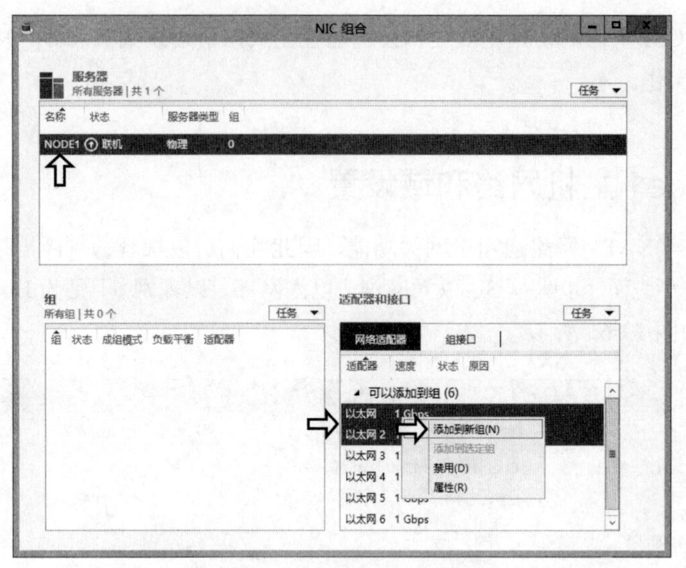

图 13-66 准备创建 NIC 组合

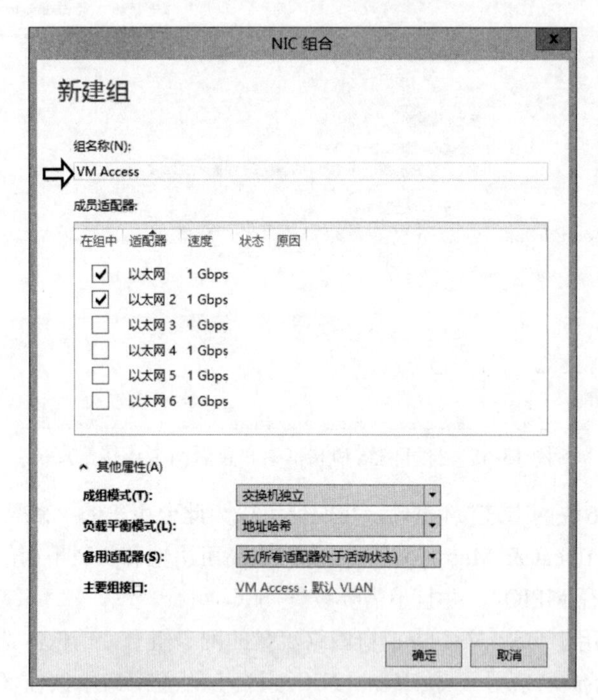

图 13-67 创建 NIC 组合（VM Access）

接下来创建用于负责 Hyper-V Host 主机之间心跳检测和迁移流量的网卡组合，请选择要加入 NIC 组合的成员网卡：以太网 3、以太网 4，单击鼠标右键后，在右键菜单中选择「添加到新组」选项，如图 13-68 所示。

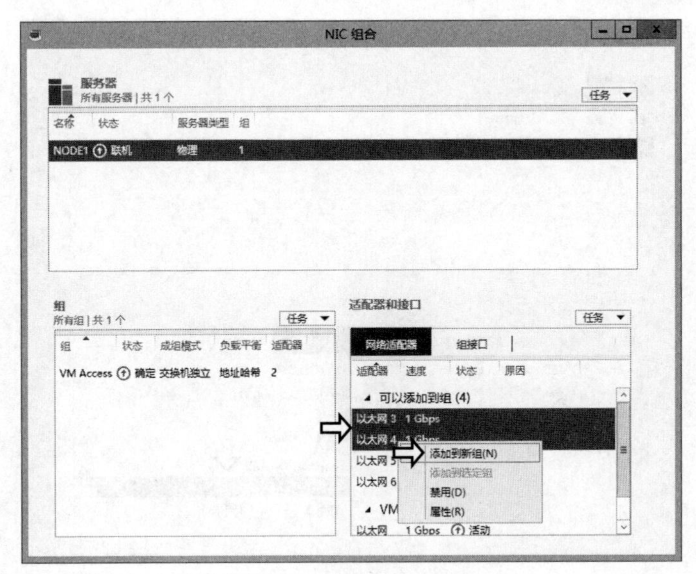

图 13-68　准备创建 NIC 组合

在「新建组」窗口中输入 NIC 组合的名称「Heartbeat」，并且采用默认的交换机独立模式和地址哈希负载平衡模式，确认无误后单击「确定」按钮创建 NIC 组合，如图 13-69 所示。

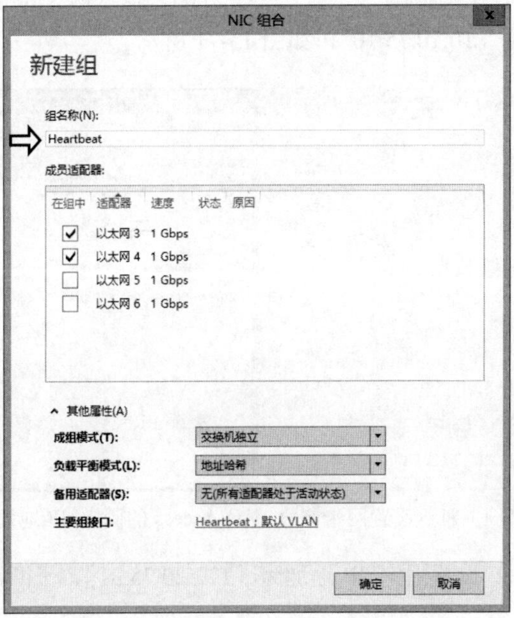

图 13-69　创建 NIC 组合（Heartbeat）

创建完成 VM Access、Heartbeat 网卡组合后，便可以准备设置网卡组合的固定 IP 地址，如图 13-70 所示。

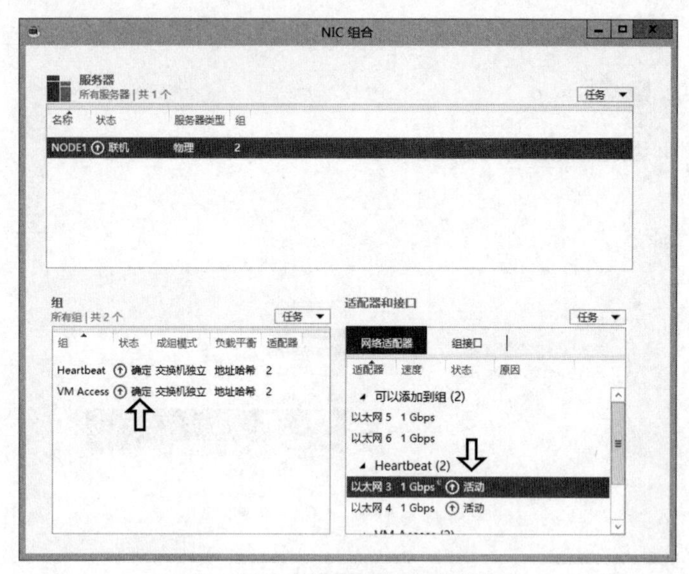

图 13-70　确认网卡组合创建成功

回到「服务器管理器」窗口中，您可以看到刚才创建的网卡组合 VM Access 状态为「由 DHCP 分配的 IPv4 地址，IPv6 已启用」，单击 VM Access 链接设置固定 IP 地址。设置的固定 IP 地址为「10.10.75.31」、子网掩码为「255.255.255.0」、默认网关为「10.10.75.254」，而 DNS 服务器所指向 DC 主机是「10.10.75.10」，如图 13-71 所示。

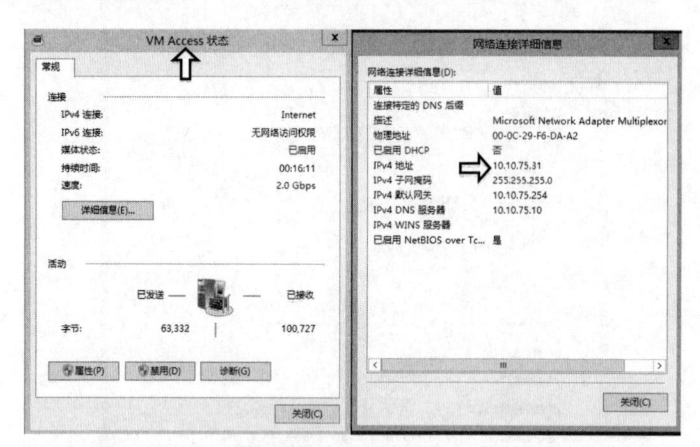

图 13-71　设置网卡组合 VM Access 的固定 IP 地址

为网卡组合 Heartbeat 设置固定 IP 地址为「172.20.75.31」、子网掩码为「255.255.255.0」，如图 13-72 所示。

请将用于多重路径 MPIO 的网卡名称从「以太网 5」修改为「MPIO-1」，并且设置固定 IP 地址为「192.168.75.31」、子网掩码为「255.255.255.0」，如图 13-73 所示。

同样地，将第二块用于多重路径 MPIO 的网卡名称从「以太网 6」修改为「MPIO-2」，并且设置固定 IP 地址为「192.168.76.31」、子网掩码为「255.255.255.0」，如图 13-74 所示。

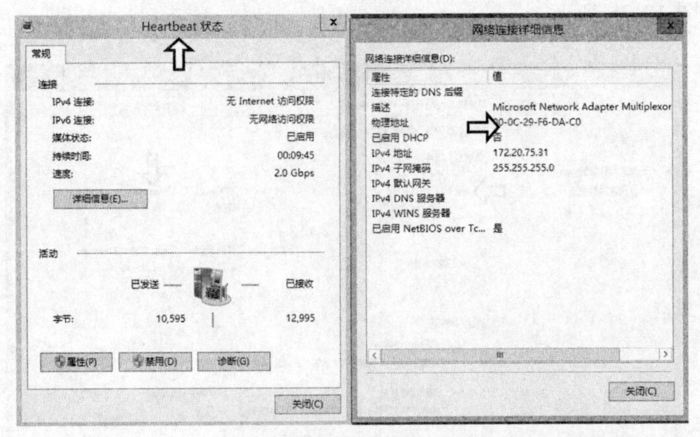

图 13-72　设置网卡组合 Heartbeat 的固定 IP 地址

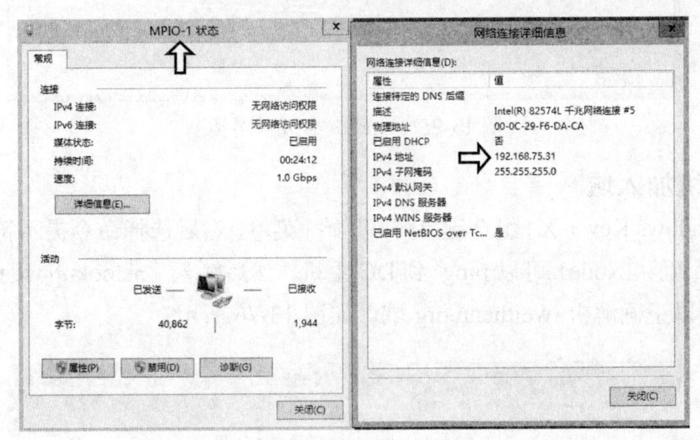

图 13-73　设置 MPIO-1 网卡固定 IP 地址

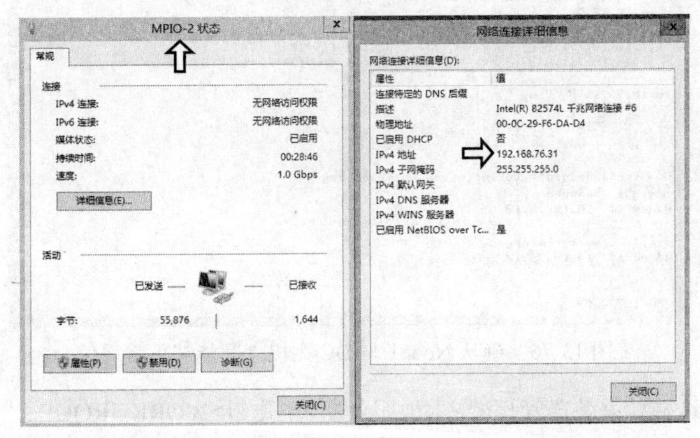

图 13-74　设置 MPIO-2 网卡固定 IP 地址

网卡设置固定 IP 地址后，可看到目前 VM Access、Heartbeat、MPIO-1、MPIO-2 分别所处的网络类型，如图 13-75 所示。

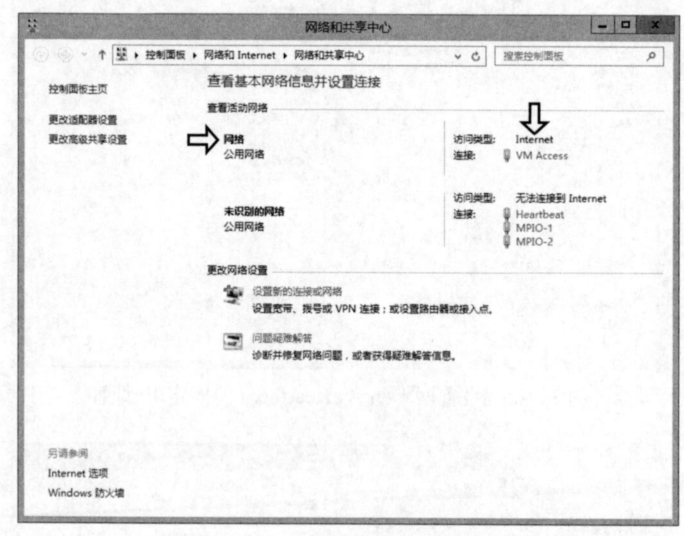

图 13-75　Node1 主机网络类型

Node1 主机加入域

请利用「Windows Key + X」组合键打开「开始」菜单，然后选择命令提示符，接着输入「ping 10.10.75.10」命令确认 Node1 可以 ping 到 DC 主机，然后输入「nslookup weithenn.org」命令确认 Node1 主机可以正确解析 weithenn.org 域，如图 13-76 所示。

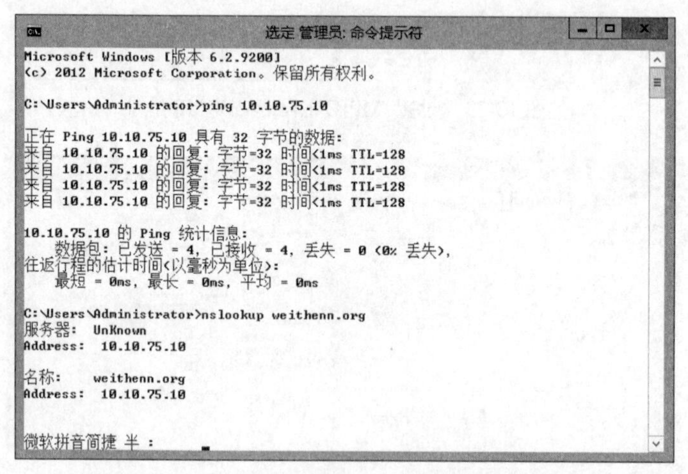

图 13-76　确认 Node1 与 DC 主机之间能够正常通信

接着请依次选择「服务器管理器>本地服务器>工作组>WORKGROUP」，打开「系统属性」窗口，如图 13-77 所示。

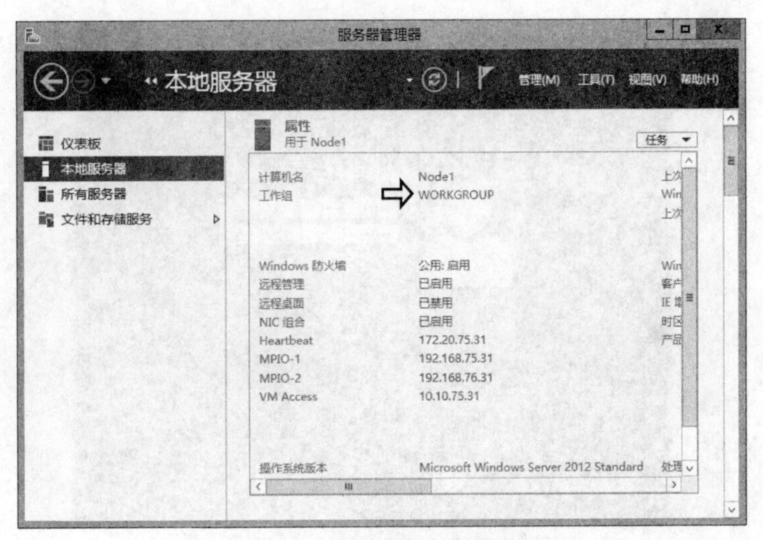

图 13-77　准备执行加域的操作

在「系统属性」窗口中切换到「计算机名」选项卡单击「更改」按钮，在隶属于区域中选择「域」，并且输入要加入的域名「weithenn.org」，单击「确定」按钮。然后输入 weithenn.org 域管理者账号和密码后单击「确定」按钮，最后提示您必需要重新启动主机，如图 13-78 所示。

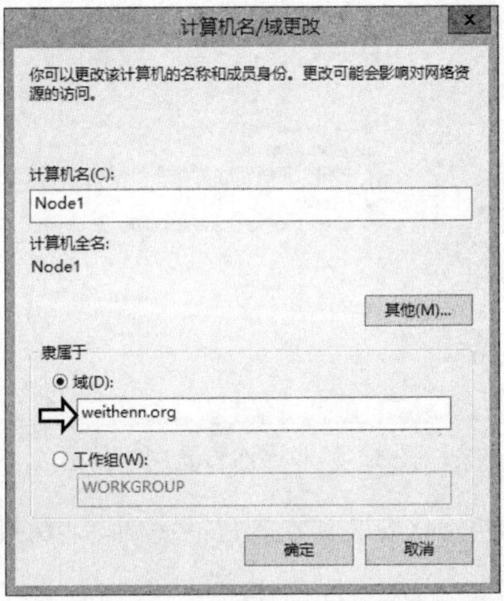

计算机名/域更改

你可以更改该计算机的名称和成员身份。更改可能会影响对网络资源的访问。

计算机名(C):
Node1
计算机全名:
Node1
其他(M)...
隶属于
域(D):
weithenn.org
工作组(W):
WORKGROUP
确定　取消

图 13-78　加入 weithenn.org 域

当 Node1 主机重新启动完成后，请选择使用其他用户账号登录，然后输入域管理员账号「weithenn.org\administrator」，以及域管理员密码便可以使用域管理者账号身份登入 Node1 主机，如图 13-79 所示。

登录完成后，再次查看网络信息，可以看到网卡组合 VM Access 位于「weithenn.org」域网络中，而网卡组合 Heartbeat 和多重路径 MPIO 的网络位于公用网络，如图 13-80 所示。

图 13-79 使用域管理员账号身份登录 Node1 主机

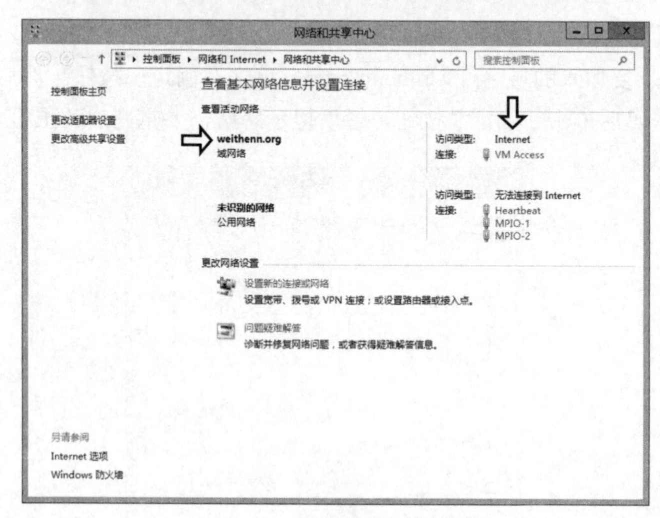

图 13-80 再次查看网络信息

到这一步 Node1 主机的初始化安装和设置已经完成，请切换到 Node2 主机，开始设置网络和加域操作。

13-3-5 Node2 主机网络和域设置

由于 VMnet8（NAT）网络启用了网关功能，因此我们可以很容易判断出「以太网、以太网 6」是 VMnet8 类型，而「以太网 2、以太网 3、以太网 4、以太网 5」则为 Host-Only 类型（未识别的网络），如图 13-81 所示。

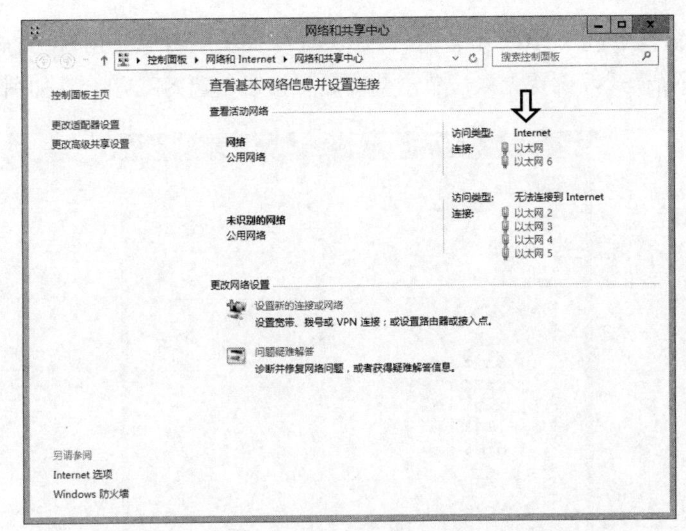

图 13-81　打开网络和共享中心查看网卡连接信息

确认Node2主机6块网卡连接信息后，我们便可以为此台主机的4 块网卡设置两组 NIC 组合（VM Traffic、Heartbeat & Migration），实现网络高可用性和负载平衡的目标，而另外 2 块网卡则用于多重路径 MPIO，并且不需要设置 NIC 组合。

我们首先来创建用于负责 VM 虚拟机网络流量的网卡组合，请依次选择「服务器管理器>本地服务器>NIC 组合>已禁用」，接着在「NIC 组合」设置窗口中按住 Ctrl 键，选择要加入 NIC 组合的成员网卡：以太网、以太网 6，单击鼠标右键后，在右键菜单中选择「添加到新组」，如图 13-82 所示。

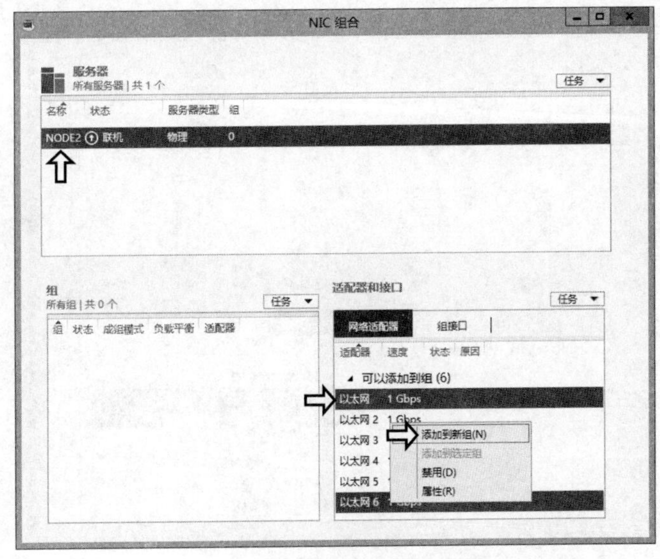

图 13-82　准备创建 NIC 组合

在「新建组」窗口中输入 NIC 组合的名称「VM Access」，并且采用默认的交换机独立模式和地址哈希负载平衡模式，确认无误后单击「确定」按钮创建 NIC 组合，如图 13-83 所示。

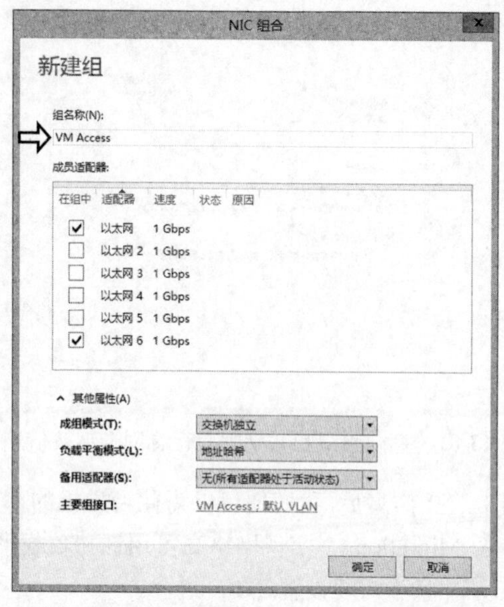

图 13-83　创建 NIC 组合（VM Access）

接下来创建用于负责 Hyper-V Host 主机之间心跳检测和迁移流量的网卡组合，请选择要加入 NIC 组合的成员网卡：以太网 2、以太网 3，按下鼠标右键后，在右键菜单中选择「添加到新组」选项，如图 13-84 所示。

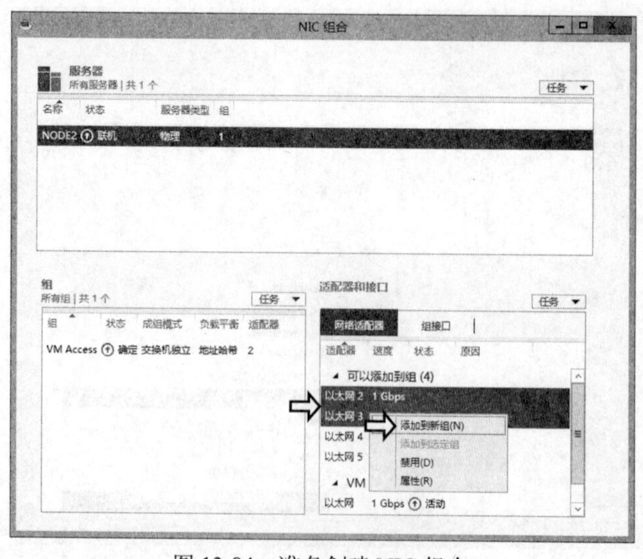

图 13-84　准备创建 NIC 组合

在「新建组」窗口中输入 NIC 组合的名称「Heartbeat」，并且采用默认的交换机独立模式和地址哈希负载平衡模式，确认无误后单击「确定」按钮创建 NIC 组合，如图 13-85 所示。

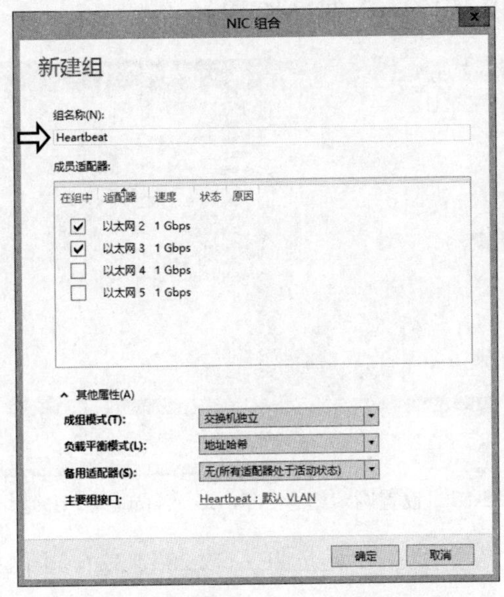

图 13-85　创建 NIC 组合（Heartbeat）

创建完成 VM Access、Heartbeat 网卡组合后，便可以准备设置网卡组合的固定 IP 地址，如图 13-86 所示。

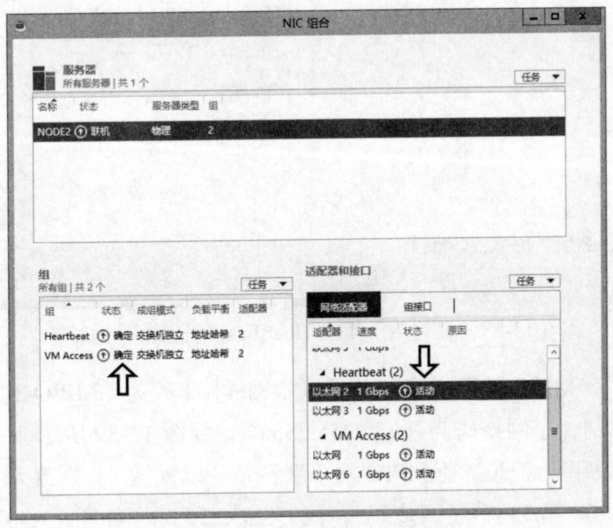

图 13-86　确认网卡组合创建成功

回到「服务器管理器」窗口中，可以看到刚才创建的网卡组合 VM Access 状态为「由 DHCP

分配的 IPv4 地址，IPv6 已启用」，单击 VM Access 链接设置固定 IP 地址。设置的固定 IP 地址为「10.10.75.32」、子网掩码为「255.255.255.0」、默认网关为「10.10.75.254」，而 DNS 服务器所指向 DC 主机是「10.10.75.10」，如图 13-87 所示。

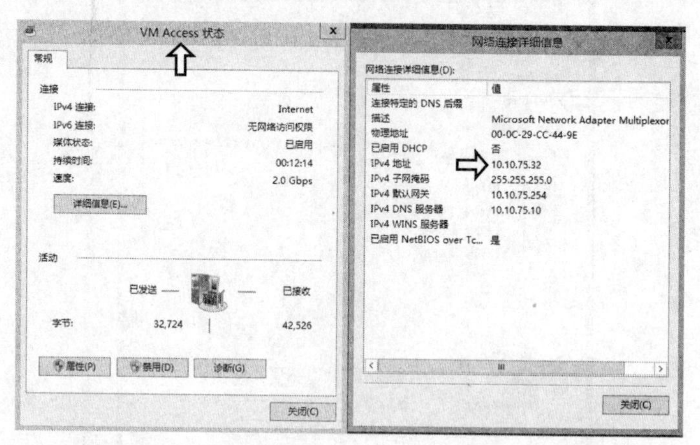

图 13-87　设置网卡组合 VM Access 的固定 IP 地址

为网卡组合 Heartbeat 设置固定 IP 地址为「172.20.75.32」、子网掩码为「255.255.255.0」，如图 13-88 所示。

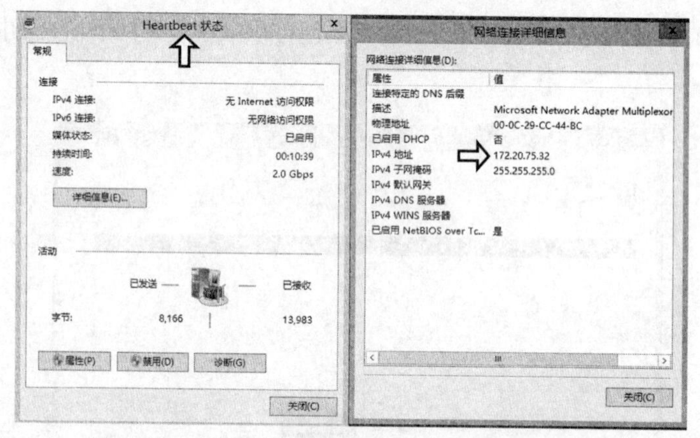

图 13-88　设置网卡组合 Heartbeat 的固定 IP 地址

请将用于多重路径 MPIO 的网卡名称从「以太网 4」修改为「MPIO-1」，并且设置固定 IP 地址为「192.168.75.32」、子网掩码为「255.255.255.0」，如图 13-89 所示。

同样地，将第二块用于多重路径 MPIO 网卡名称从「以太网 5」修改为「MPIO-2」，并且设置固定 IP 地址「192.168.76.32」、子网掩码为「255.255.255.0」，如图 13-90 所示。

Node2 主机加入域

请利用「Windows Key + X」组合键打开「开始」菜单，然后选择命令提示符，接着输入「ping

10.10.75.10」命令确认 Node2 可以 ping 到 DC 主机，然后输入「nslookup weithenn.org」命令确认 Node2 主机可以正确解析 weithenn.org 域，如图 13-91 所示。

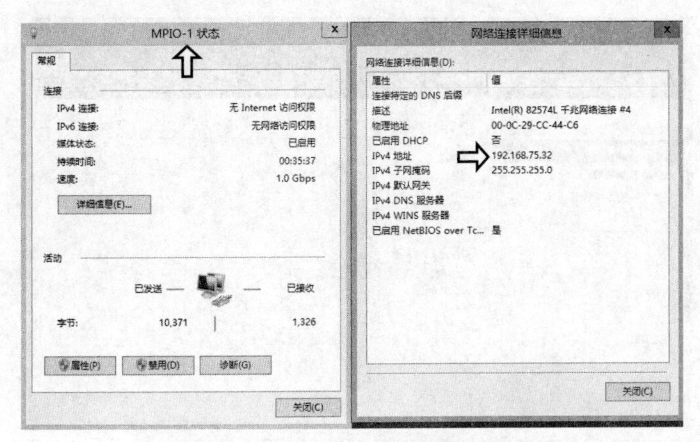

图 13-89　设置 MPIO-1 网卡固定 IP 地址

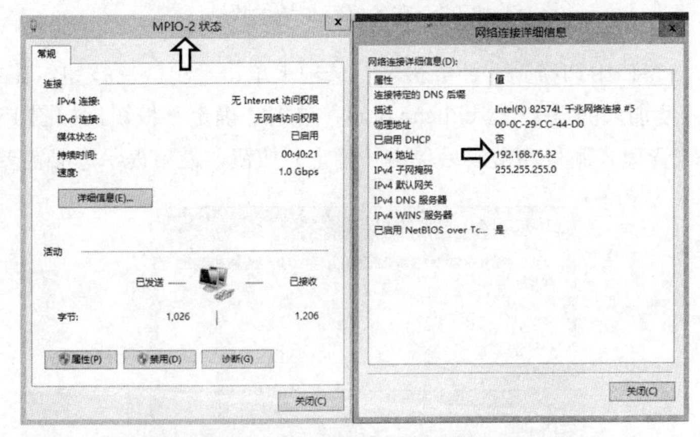

图 13-90　设置 MPIO-2 网卡固定 IP 地址

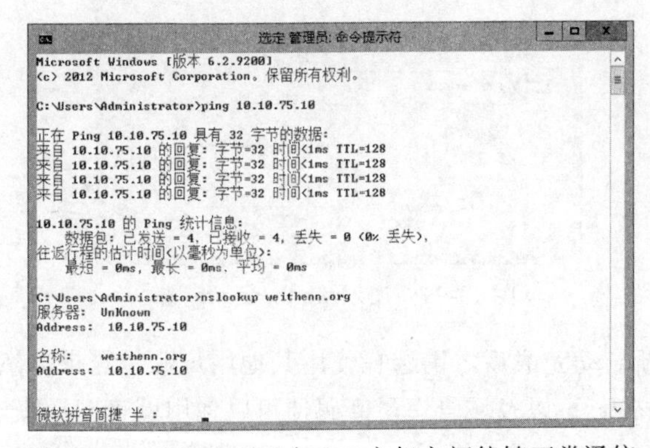

图 13-91　确认 Node2 与 DC 主机之间能够正常通信

接着请依次选择「服务器管理器>本地服务器>工作组>WORKGROUP」，打开「系统属性」窗口，如图 13-92 所示。

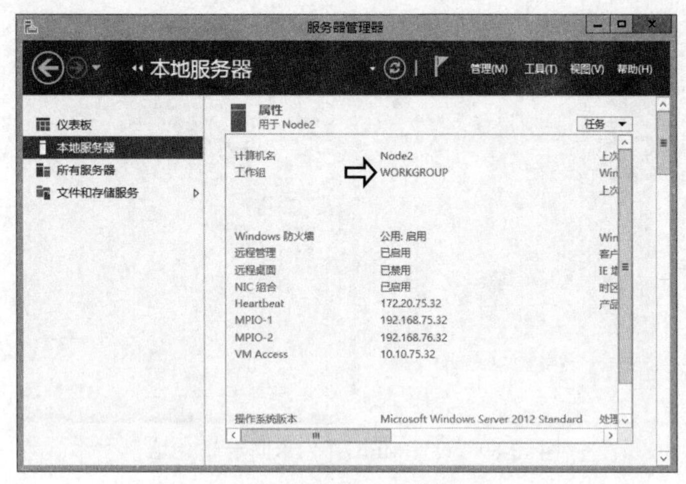

图 13-92　准备执行加域的操作

在「系统属性」窗口中切换到「计算机名」选项卡单击「更改」按钮，在隶属于区域中选择「域」，并且输入要加入的域名「weithenn.org」，单击「确定」按钮，如图 13-93 所示。然后输入 weithenn.org 域管理者账号和密码后单击「确定」按钮，最后提示您必需要重新启动主机。

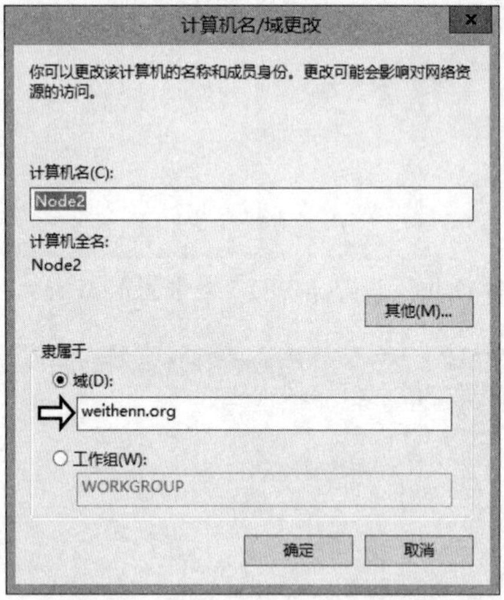

图 13-93　加入 weithenn.org 域

当 Node2 主机重新启动完成后，请选择使用其他用户账号登录，然后输入域管理员账号「weithenn.org\administrator」，以及域管理员密码便可以使用域管理者账号身份登入 Node2 主机，如图 13-94 所示。

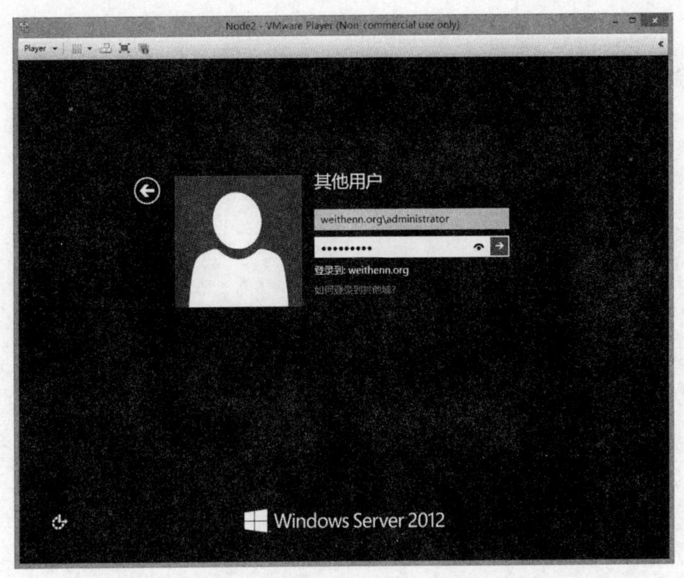

图 13-94 使用域管理员账号身份登录 Node2 主机

登录完成后，再次查看网络信息，可以看到网卡组合 VM Access 位于「weithenn.org」域网络中，而网卡组合 Heartbeat 和多重路径 MPIO 的网络位于公用网络，如图 13-95 所示。到这一步 Node2 主机的初始化安装和设置已经完成。

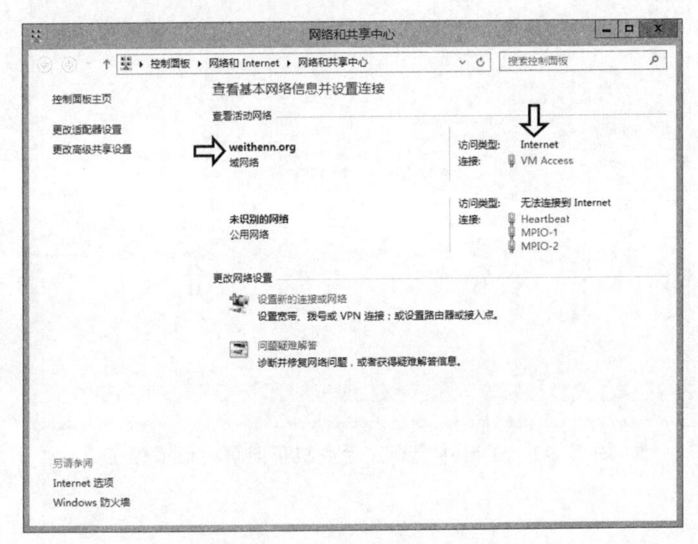

图 13-95 再次查看网络信息

目前我们已经顺利创建 weithenn.org 域并且将 DC 主机提升为域控制器，同时也已经将 iSCSI、Node1、Node2 三台主机的网络环境和网卡组合设置完成，并且都顺利加入 weithenn.org 域当中。可以切换到 DC 主机中打开服务器管理器，在菜单栏中选择「工具>Active Directory 用户和计算机」和「DNS」，分别查看在 Computers 当中是否有 iSCSI、Node1、Node2 三台主机加入，以及 DNS 解析记录中是否也有 iSCSI、Node1、Node2 三台主机的记录存在，如图 13-96 和图 13-97 所示。

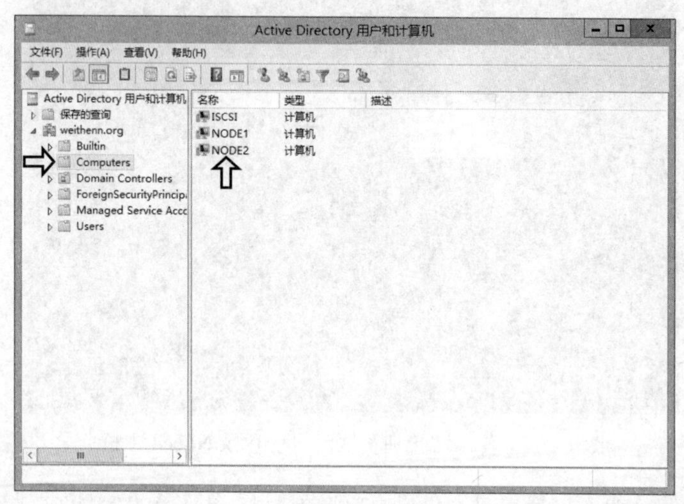

图 13-96　Active Directory 用户和计算机中 Computers 已有三台主机的记录存在

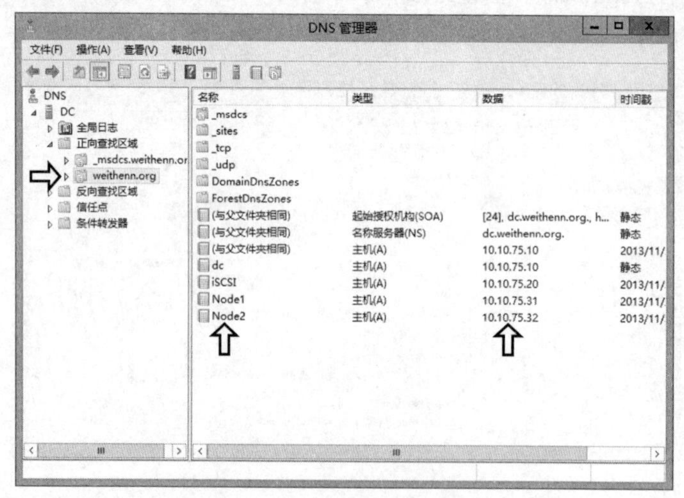

图 13-97　DNS 中已有三台主机正向解析记录存在

Chapter 14

创建故障转移群集准备工作

除了基础的准备工作以及添加服务器角色之外，本章将说明如何配置 Windows Server 2012 内置的 iSCSI Software Target，以在故障转移群集当中担任共享存储设备的角色，并且配置 Hyper-V 群集节点的 iSCSI Initiator MPIO 多重路径机制，以完成流量自动负载平衡及故障转移的机制。

14-1　高级功能准备任务

服务器管理器集中管理

切换到 DC 主机，打开「服务器管理器」，然后右击「所有服务器」选项，在弹出菜单中选择「添加服务器」选项，准备添加 iSCSI、Node1、Node2 主机，实现远程统一管理，如图 14-1 所示。

图 14-1　准备添加服务器实现远程统一管理

在「添加服务器」窗口的 Active Directory 选项卡中，请在「名称」字段中输入 iSCSI 的主机名后单击「立即查找」按钮，将会在下方区域中发现顺利搜索到 iSCSI 主机名和操作系统信息 Windows Server 2012 Standard，请选择 iSCSI 名称并单击中间的添加按钮，将主机加入到「已选择」区域中，如图 14-2 所示。

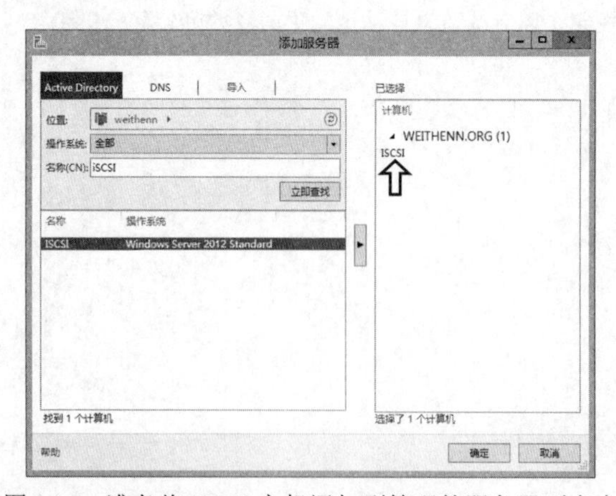

图 14-2　准备将 iSCSI 主机添加到管理的服务器列表中

在「名称」字段中输入「Node1」的主机名后单击「立即查找」按钮后，选择 Node1 名称并单击中间的添加按钮，将主机加入到「已选择」区域中，如图 14-3 所示。

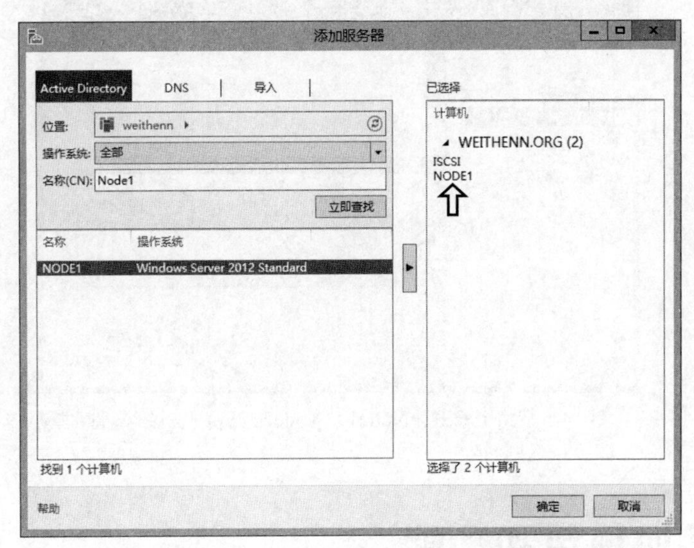

图 14-3 准备将 Node1 主机添加到管理的服务器列表中

在「名称」字段中输入「Node2」的主机名后单击「立即查找」按钮，选择 Node2 名称并单击中间的添加按钮，将主机加入到「已选择」区域中，最后单击「确定」按钮，如图 14-4 所示。

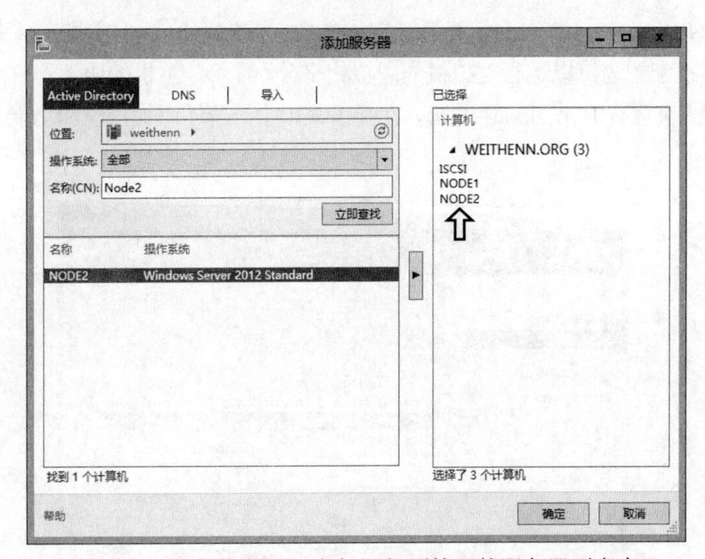

图 14-4 准备将 Node2 主机添加到管理的服务器列表中

此时我们已经顺利将 iSCSI、Node1、Node2 三台主机，添加到 DC 主机的所有服务器管理列表当中，以后便可以在 DC 主机上轻松操作和管理远程三台主机，而不需要不停切换到各台主机当中进行操作完成设置任务，如图 14-5 所示。

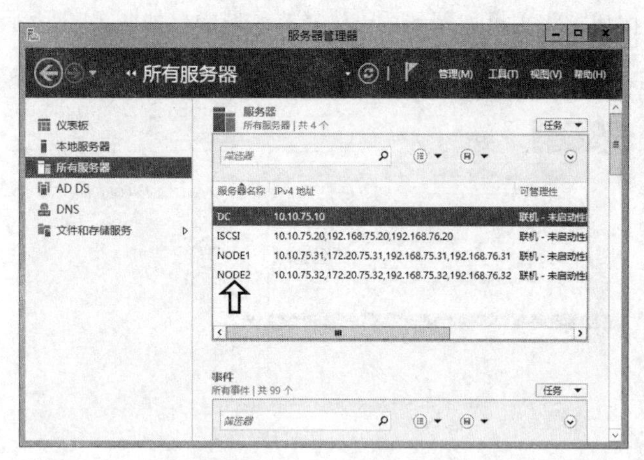

图 14-5　将 iSCSI、Node1、Node2 三台主机统一管理

14-2　添加角色和功能

14-2-1　Node1 主机添加 Hyper-V 服务器角色

将 iSCSI、Node1、Node2 三台主机添加完成之后，首先为 Node1 主机安装 Hyper-V 服务器角色，将 Node1 主机配置为可以运行虚拟机的虚拟化平台。在 DC 主机的服务器管理器中「所有服务器」的服务器管理列表内右击 Node1 主机，在弹出菜单中选择「添加角色和功能」选项，如图 14-6 所示。

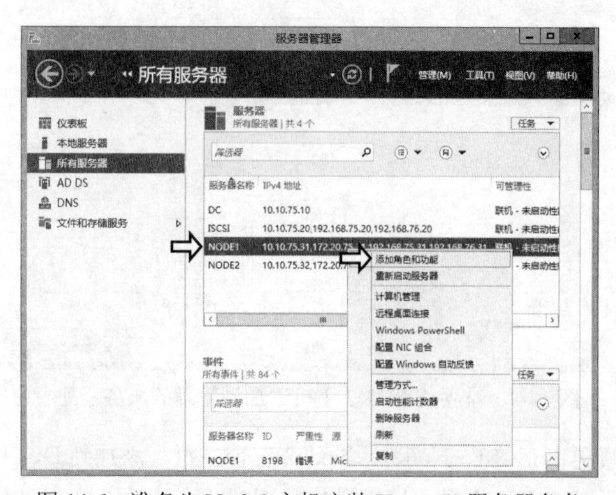

图 14-6　准备为 Node1 主机安装 Hyper-V 服务器角色

此时将会弹出「添加角色和功能向导」窗口，可以在此窗口的右上角中看到目标服务器为 NODE1.weithenn.org，在「选择安装类型」页面中，由于所要安装的 Hyper-V 属于服务器角色，因此请选择「基于角色或基于功能的安装」，单击「下一步」按钮继续，如图 14-7 所示。

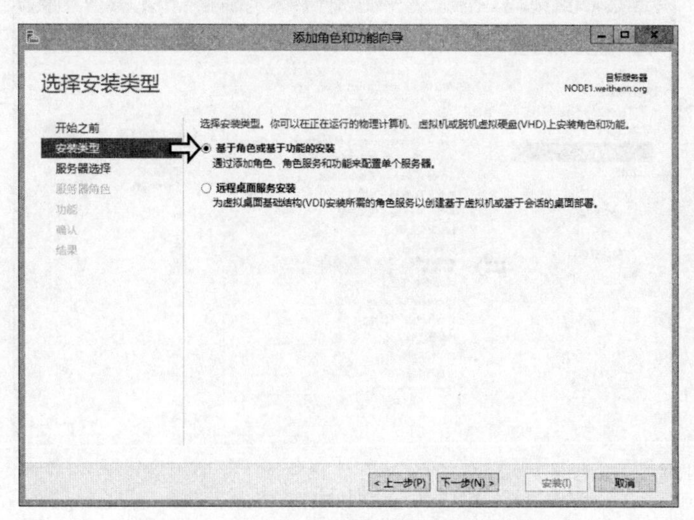

图 14-7　选择基于角色或基于功能的安装

在「选择目标服务器」页面中，请选择「从服务器池中选择服务器」选项（默认值），而在服务器池列表中将会看到远程管理的服务器清单，默认情况下便会自动选择 NODE1.weithenn.org 主机，单击「下一步」按钮继续，如图 14-8 所示。

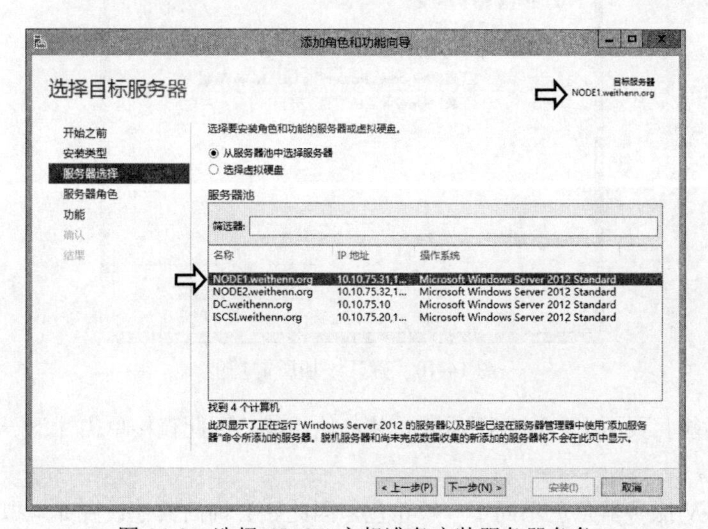

图 14-8　选择 Node1 主机准备安装服务器角色

在「选择服务器角色」页面中，当勾选「Hyper-V」角色后会弹出添加所需功能窗口，单击

「添加功能」按钮，回到「选择服务器角色」页面中，单击「下一步」按钮继续，如图 14-9 和图 14-10 所示。

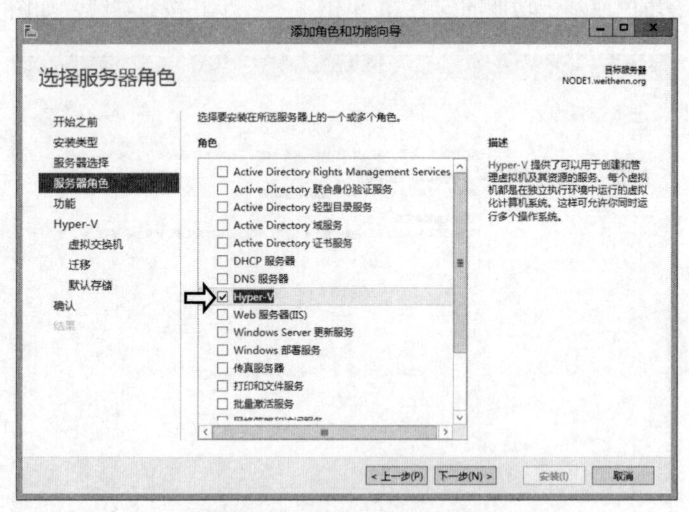

图 14-9　添加 Hyper-V 角色

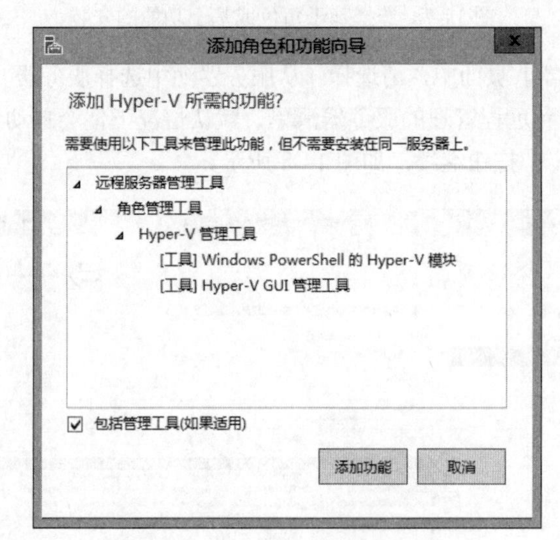

图 14-10　确认添加所需功能

在「选择功能」页面中，因为不需要安装其他功能，因此直接单击「下一步」按钮继续，如图 14-11 所示。

因为 Hyper-V 服务器角色不同于一般角色，因此还会询问其他设置如虚拟交换机等信息，单击「下一步」按钮继续，如图 14-12 所示。

在「创建虚拟交换机」页面中，选择用于 Hyper-V 虚拟交换机的网卡，勾选用于虚拟机网络流量的网卡组合「VM Access」，单击「下一步」按钮继续，如图 14-13 所示。

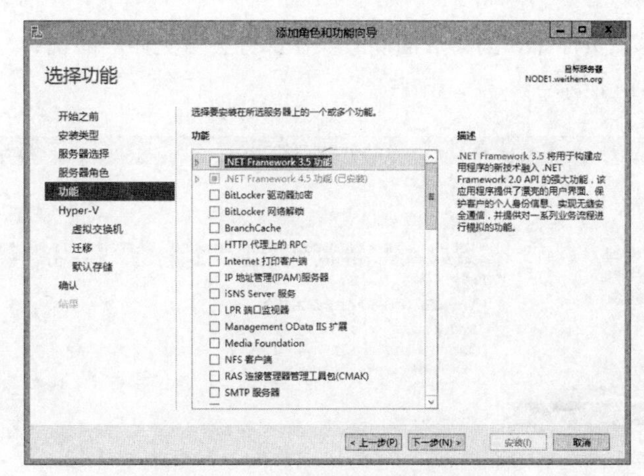

图 14-11　不需要安装其他功能

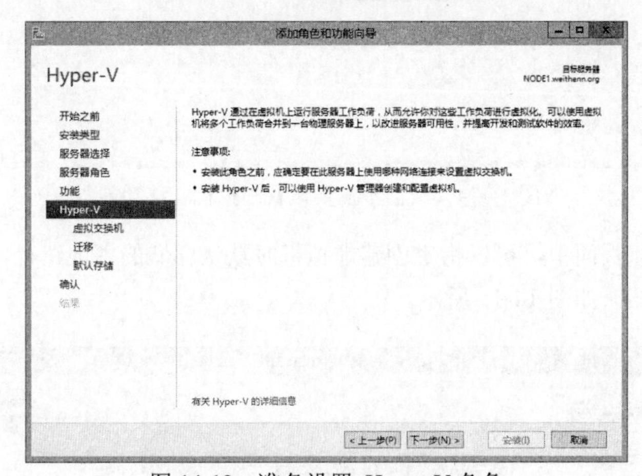

图 14-12　准备设置 Hyper-V 角色

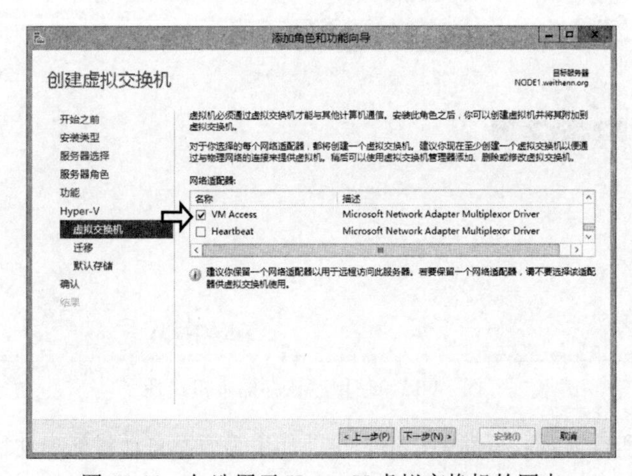

图 14-13　勾选用于 Hyper-V 虚拟交换机的网卡

在「虚拟机迁移」页面中，因为后面高级操作部分会做更详解的说明，直接单击「下一步」按钮继续，如图 14-14 所示。

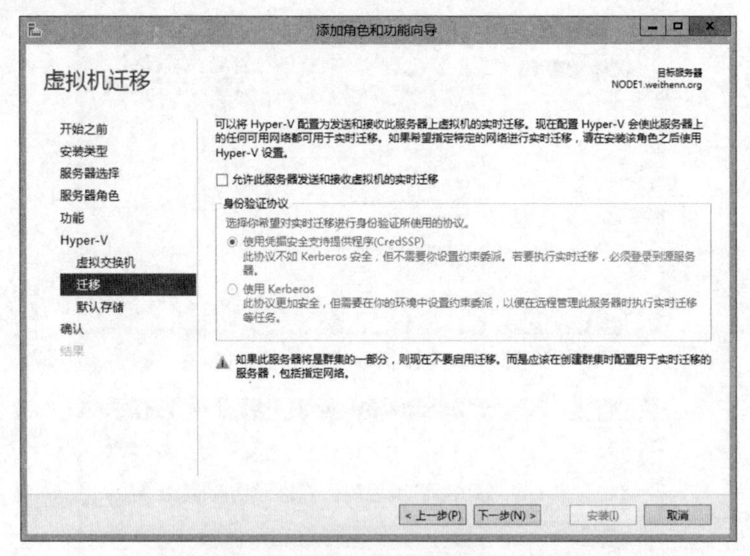

图 14-14　目前不需要设置虚拟机迁移功能

在「默认存储」页面中，可以指定创建虚拟机时默认存储的本地路径，保持默认设置单击「下一步」按钮继续，如图 14-15 所示。

图 14-15　使用默认存储本机路径

在「确认安装所选内容」页面中，请勾选「如果需要，自动重新启动目标服务器」选项，并且安装 Hyper-V 角色需要重新启动主机，单击「安装」按钮，如图 14-16 所示。

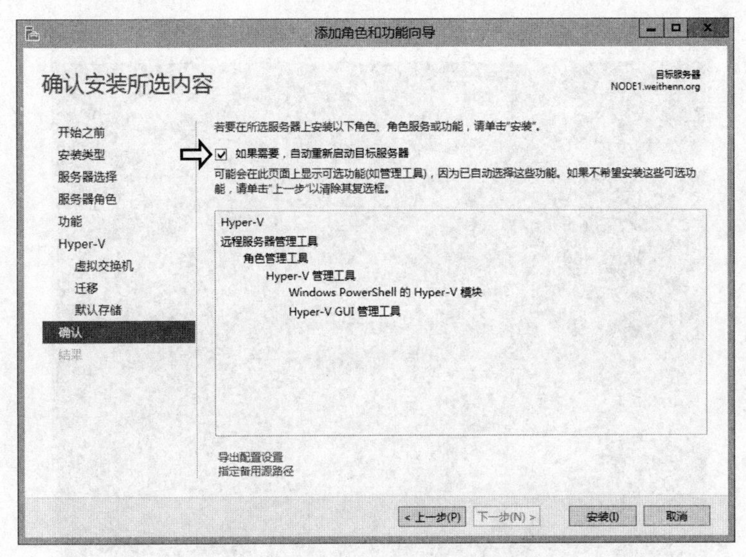

图 14-16　确认 Hyper-V 角色安装

在 Hyper-V 角色的安装过程中，可以单击「关闭」按钮，关闭安装进度窗口，安装程序将在后台继续运行，如图 14-17 所示。

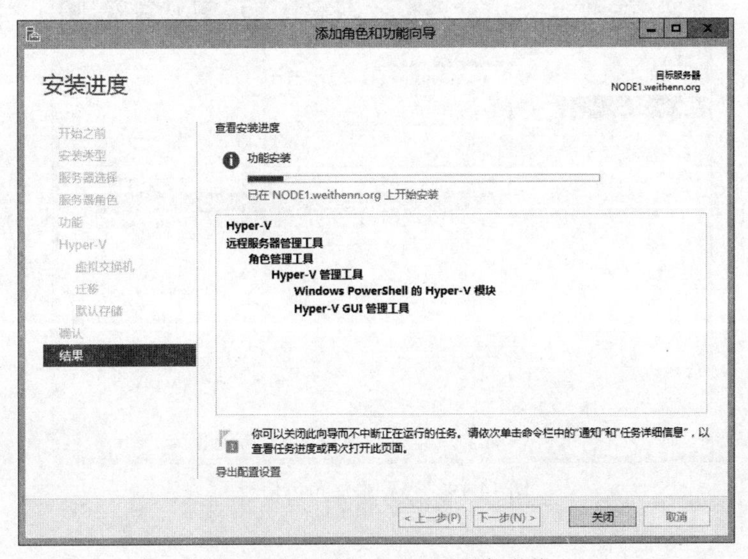

图 14-17　开始 Hyper-V 角色安装

当 Hyper-V 角色安装完成后，Node1 主机将会「自动重新启动两次」，如图 14-18 所示。

Node1 主机重新启动后，可以随时在 DC 主机的「服务器管理器」窗口中单击旗帜图标，在旗帜窗口中可以看到添加任务的信息，如图 14-19 所示，或者单击「添加角色和功能」链接，便可以重新打开刚才的安装进度窗口。

图 14-18　Hyper-V 角色安装完成后重新启动

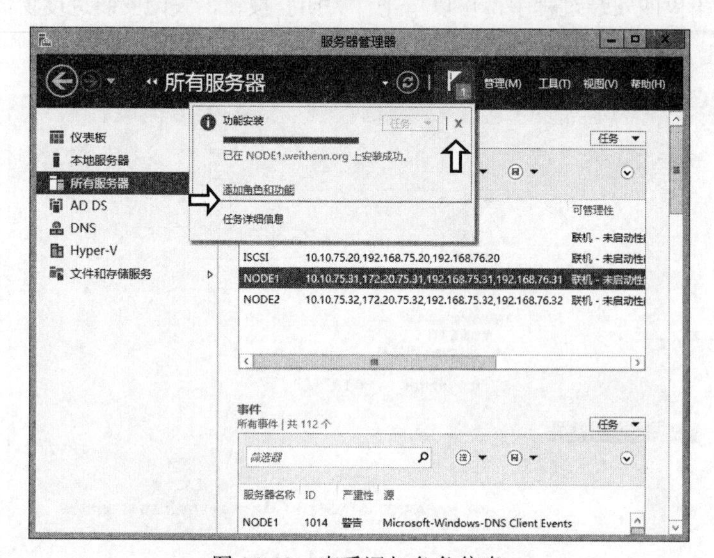

图 14-19　查看添加角色信息

14-2-2　Node2 主机添加 Hyper-V 服务器角色

同样的也请为 Node2 主机安装 Hyper-V 服务器角色，在「创建虚拟交换机」页面中，选择用于 Hyper-V 虚拟交换机的网卡并勾选用于虚拟机网络流量的网卡组合「VM Access」，单击「下一步」按钮继续，如图 14-20 所示。

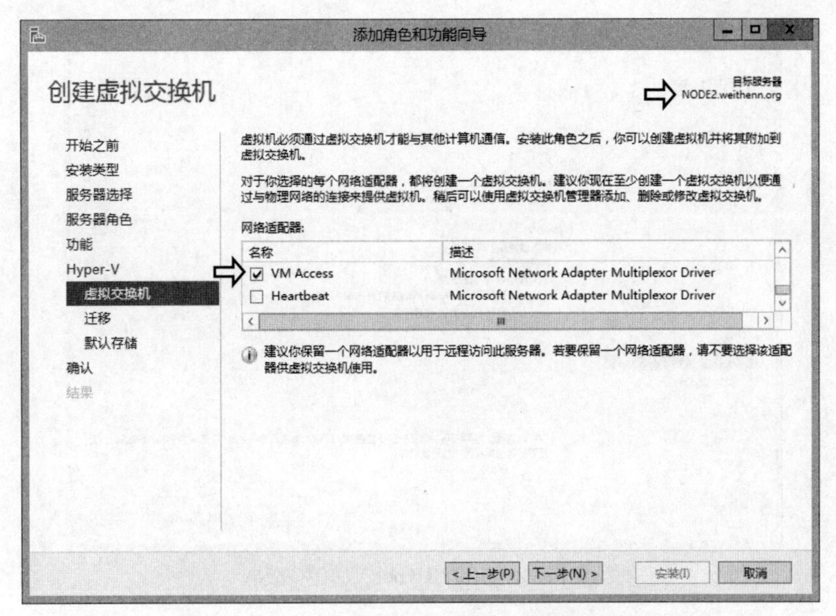

图 14-20　勾选用于 Hyper-V 虚拟交换机的网卡

在「确认安装所选内容」页面中，请勾选「如果需要，自动重新启动目标服务器」选项，并且安装 Hyper-V 角色需要重新启动主机，然后单击「安装」按钮，如图 14-21 所示。

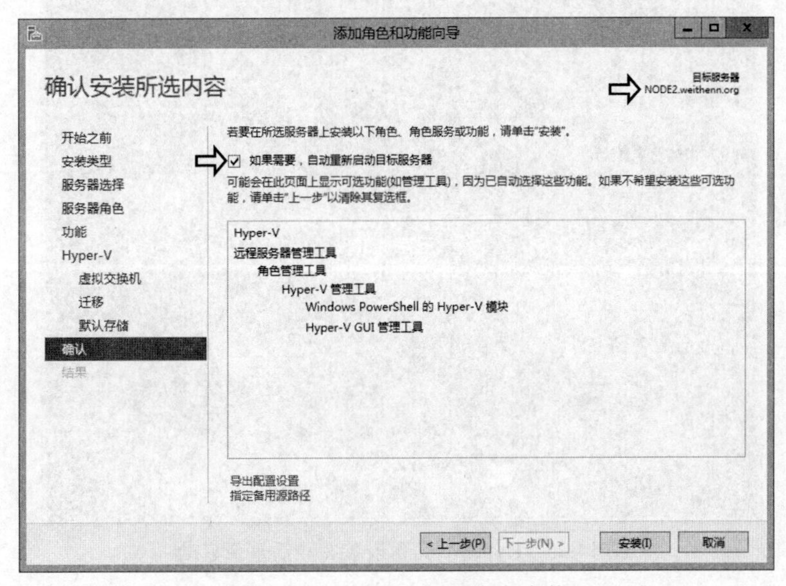

图 14-21　确认 Hyper-V 角色安装

在 Hyper-V 角色的安装过程中，可以单击「关闭」按钮，关闭安装进度窗口，安装程序将在后台继续运行，如图 14-22 所示。

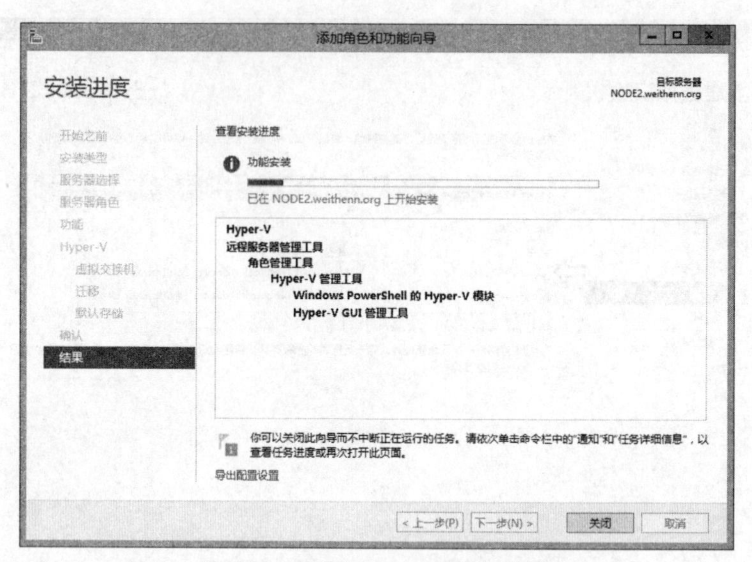

图 14-22　开始 Hyper-V 角色安装

当 Hyper-V 角色安装完成后，Node1 主机将会自动重新启动两次，如图 14-23 所示。

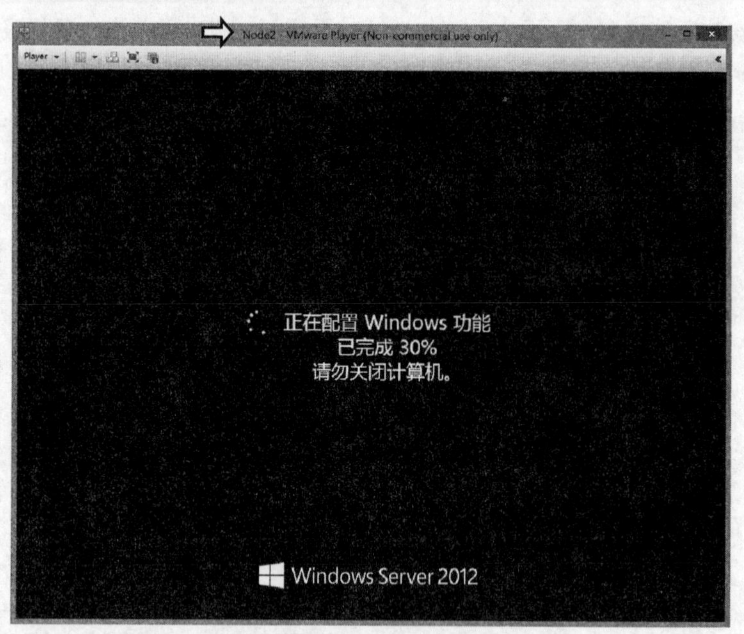

图 14-23　Hyper-V 角色安装完成后重新启动

Node2 主机重新启动后，可以随时在 DC 主机的「服务器管理器」窗口中单击旗帜图标，在旗帜窗口中可以看到添加任务的信息，或者单击「添加角色和功能」链接，便可以重新打开刚才的安装进度窗口，如图 14-24 所示。

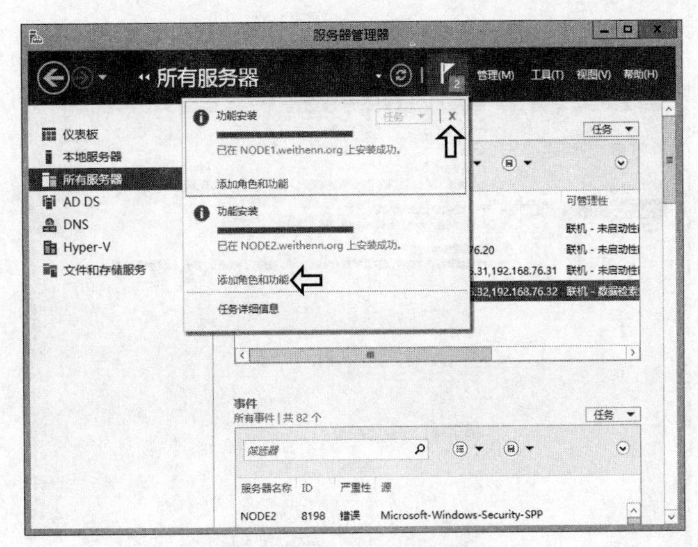

图 14-24　查看添加角色信息

14-2-3　iSCSI 主机添加 iSCSI 目标服务器

接下来为 iSCSI 主机安装 iSCSI 目标服务器，把 iSCSI 主机配置为共享存储服务器。

请在 DC 主机的服务器管理器中「所有服务器」的服务器管理列表内右击 iSCSI 主机，在弹出菜单中选择「添加角色和功能」选项，如图 14-25 所示。

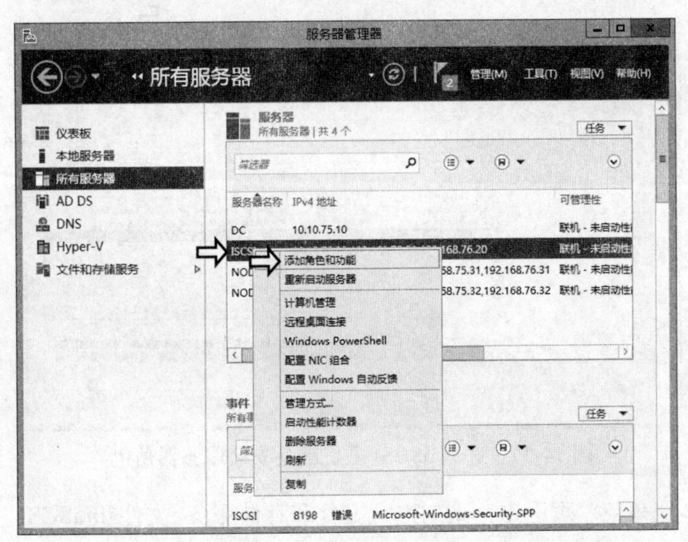

图 14-25　准备为 iSCSI 主机安装 iSCSI 目标服务器角色

由于所要安装的 iSCSI 目标服务器属于「服务器角色」，因此请选择「基于角色或基于功能的安装」，单击「下一步」按钮继续，如图 14-26 所示。

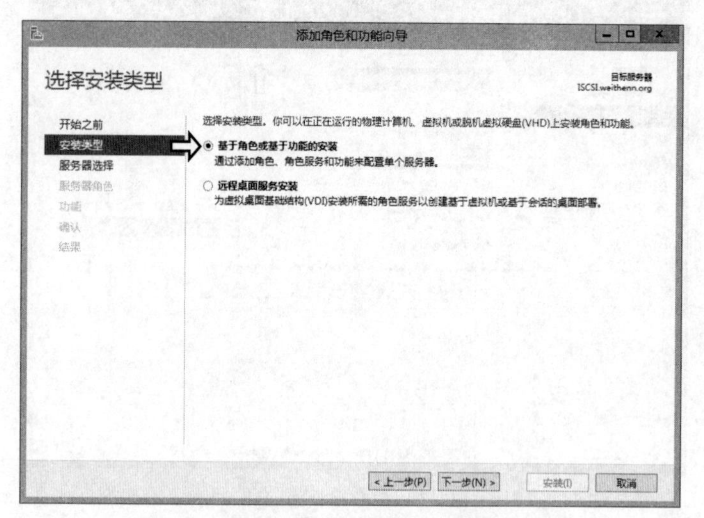

图 14-26　选择基于角色或基于功能型的安装

在「选择目标服务器」页面中，请选择「从服务器池中选择服务器」选项（默认值），而在「服务器池」列表框中将会看到远程管理的服务器清单，默认情况下便会自动选择 ISCSI.weithenn.org 主机，单击「下一步」按钮继续，如图 14-27 所示。

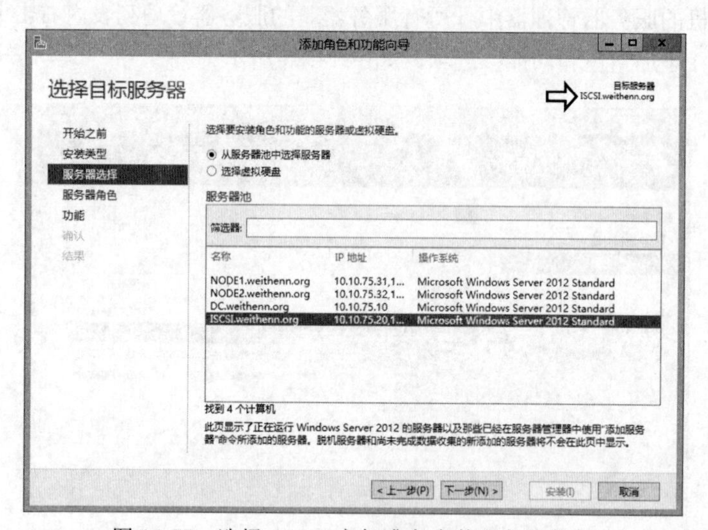

图 14-27　选择 iSCSI 主机准备安装服务器角色

在「选择服务器角色」页面中，请勾选「文件和存储服务>文件和 iSCSI 服务>iSCSI 目标服务器」选项，在弹出添加所需功能窗口中单击「添加功能」按钮，回到「选择服务器角色」页面中，单击「下一步」按钮继续，如图 14-28 和图 14-29 所示。

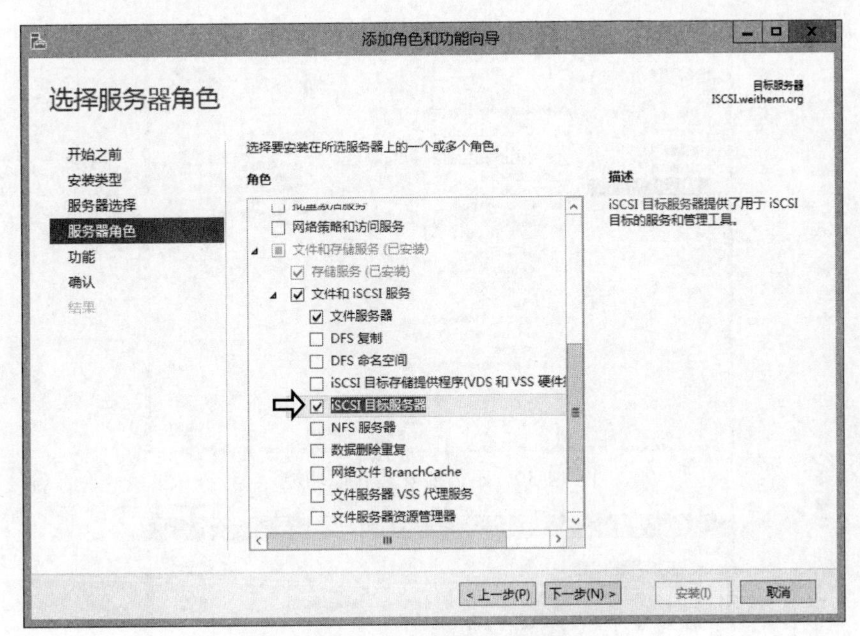

图 14-28 勾选 iSCSI 目标服务器

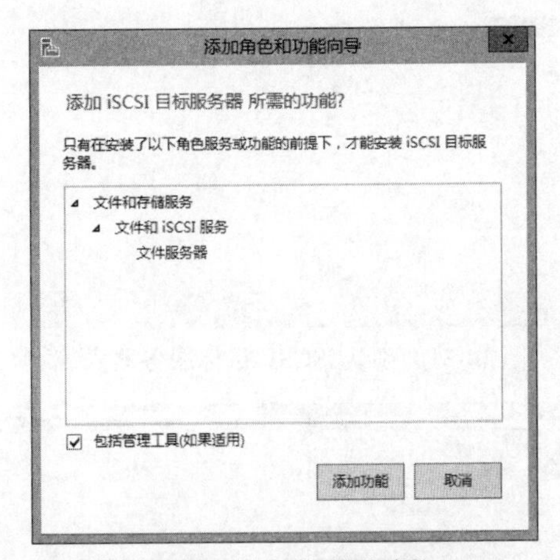

图 14-29 添加所需功能

在「选择功能」页面中，因为不需要安装其他功能，因此直接单击「下一步」按钮继续，如图 14-30 所示。

在「确认安装所选内容」页面中，可以勾选或不勾选「如果需要，自动重新启动目标服务器」选项（安装此服务器角色并不需要重新启动主机），因此是否勾选此项目并无影响，确认要进行 iSCSI 目标服务器安装后单击「安装」按钮，如图 14-31 所示。

在 iSCSI 目标服务器角色的安装过程中，可以单击「关闭」按钮，关闭安装进度窗口，安装程序将在后台继续运行，如图 14-32 所示。

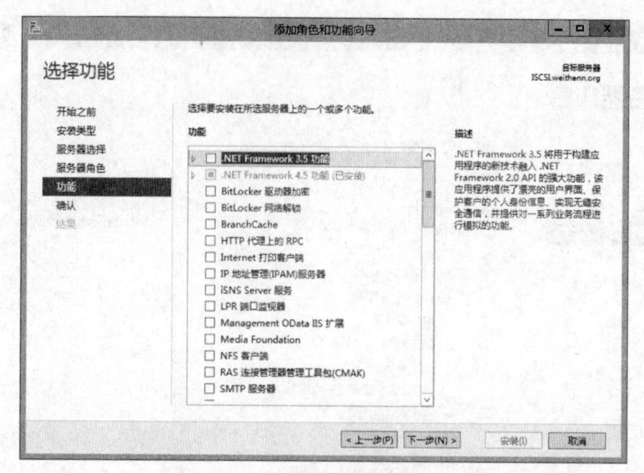

图 14-30　不需要安装其他功能

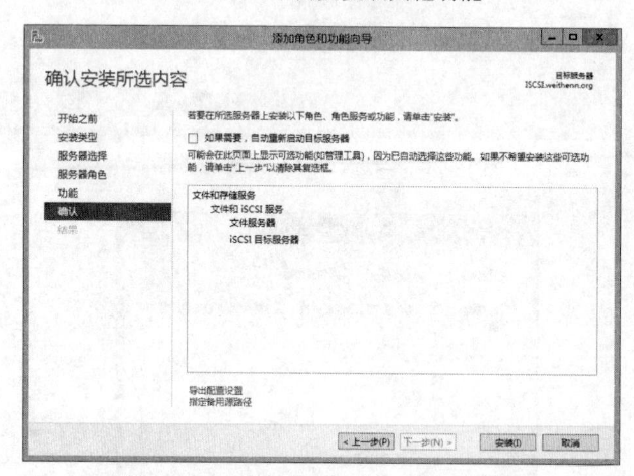

图 14-31　确认 iSCSI 目标服务器安装

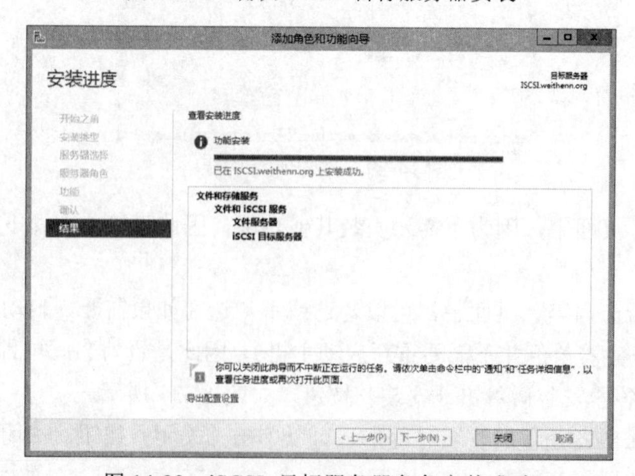

图 14-32　iSCSI 目标服务器角色安装成功

14-3　格式化 iSCSI 主机磁盘

在iSCSI主机上安装好 iSCSI 目标服务器角色后，接下来将为iSCSI主机安装的100 GB 硬盘进行联机、初始化、格式化等操作。在 DC 主机服务器管理器中依次选择「文件和存储服务>卷>磁盘」选项，将会看到 DC、iSCSI、Node1、Node2 四台主机，而在 iSCSI 主机中可以看到除了原本的 60 GB 硬盘可以安装操作系统之外，还有额外的 100 GB、200 GB 硬盘其状态为「脱机」，除此之外磁盘分区状态为「未知」，只读字段的状态为「勾选」。

14-3-1　脱机磁盘联机

请先将 100 GB 硬盘进行联机操作，为硬盘初始化做准备，右击该磁盘，在弹出菜单中选择「联机」选项，如图 14-33 所示。

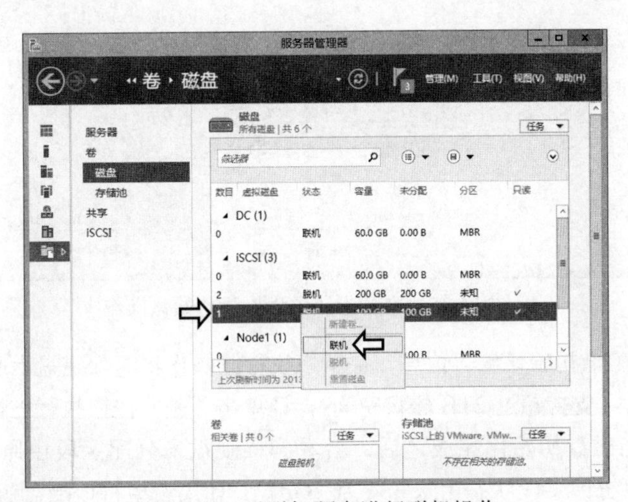

图 14-33　对脱机硬盘进行联机操作

此时将会出现磁盘联机警告信息，提示您如果此硬盘已在另一个服务器上联机，再使磁盘在此服务器上联机可能会导致数据丢失，如图 14-34 所示。不过因为这块硬盘并没有其他用途，所以可以放心地单击「是」按钮继续联机操作，当磁盘联机操作完成后，会看到该硬盘状态变成联机，而只读字段的「勾选状态则消失」。

14-3-2　硬盘初始化

将硬盘联机完成后，再次右击该磁盘，在弹出菜单中选择「初始化」选项，如图 14-35 所示。

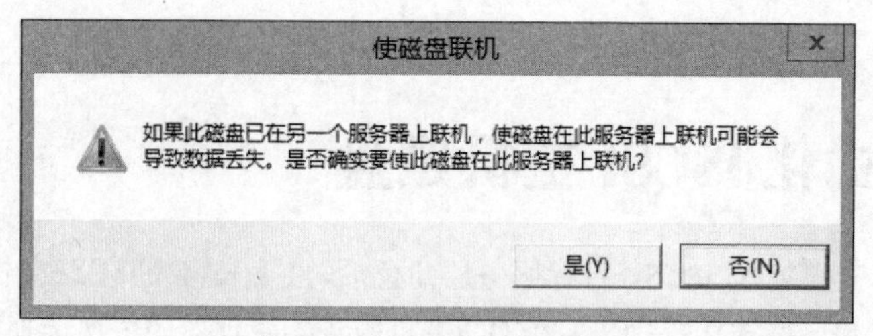

图 14-34　磁盘联机警告信息

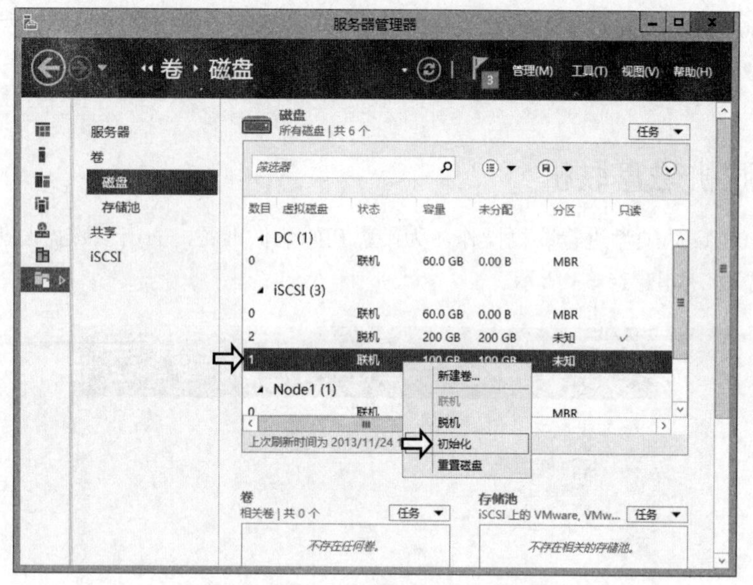

图 14-35　准备为该磁盘执行初始化操作

此时将会出现磁盘初始化警告信息，提示您执行此操作将清除磁盘上所有数据，并将磁盘初始化为 GPT 磁盘（支持超过 2TB 磁盘空间），请单击「是」按钮执行磁盘初始化的操作，如图 14-36 所示。当磁盘初始化完成之后，会看到该硬盘未分配字段由原来的 100 GB 变成「99.9GB」，而磁盘分区字段状态由未知变为「GPT」。如果希望将该磁盘初始化为传统的 MBR 格式（不支持 2 TB 以上磁盘空间），则请切换到 iSCSI 主机使用磁盘管理器工具进行操作。

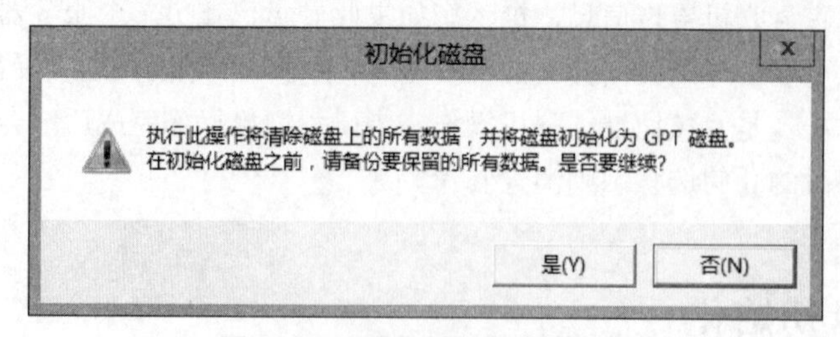

图 14-36　磁盘初始化警告信息

14-3-3 新建卷

当完成了硬盘初始化操作之后，再一次右击该磁盘，在弹出菜单中选择「新建卷」选项，如图 14-37 所示。

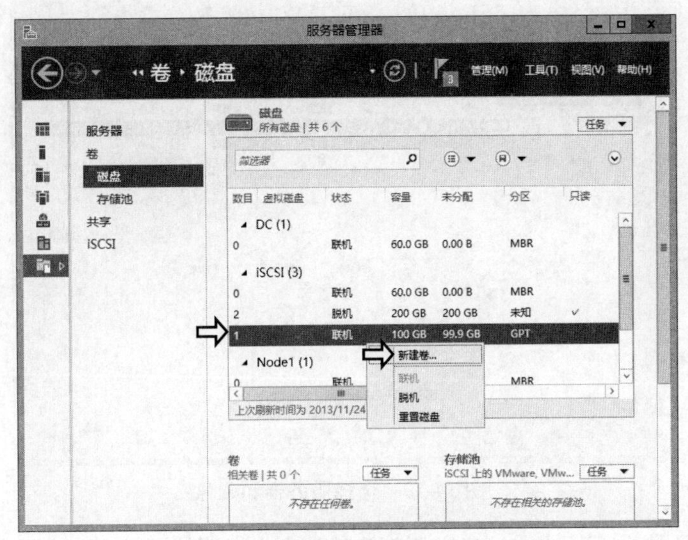

图 14-37 准备为该硬盘执行新建卷操作

此时会弹出「新建卷向导」窗口，可以勾选「不再显示此页」选项，以后再打开此向导将跳过此页面，单击「下一步」按钮继续，如图 14-38 所示。

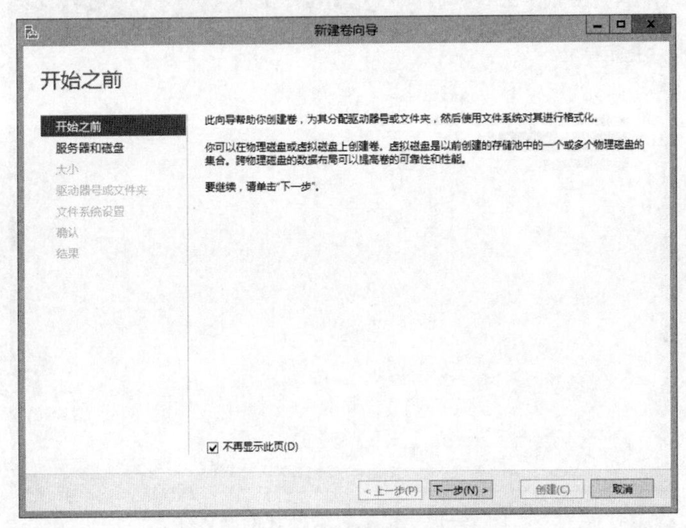

图 14-38 「新建卷向导」窗口

在「选择服务器和磁盘」页面中，在服务器列表中会看到接受管理的四台服务器，默认情况下会自动选择 iSCSI 主机，而在磁盘列表中会显示已经过联机、初始化处理流程的磁盘，因为只有一块磁盘，所以默认情况下也会自动选择该磁盘，单击「下一步」按钮继续，如图 14-39 所示。

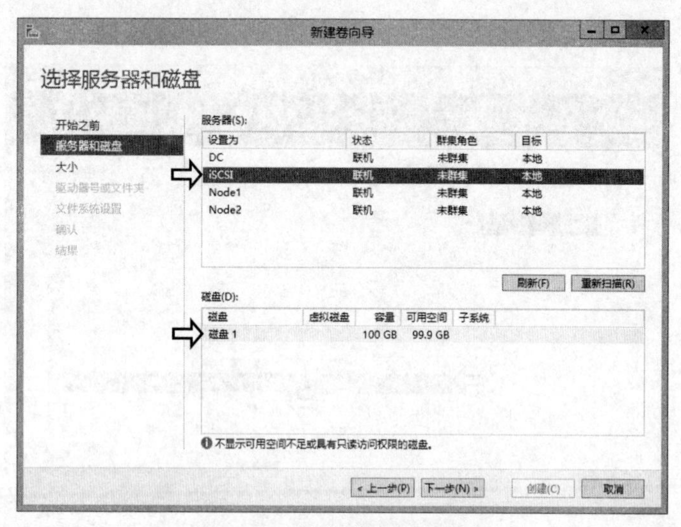

图 14-39　选择服务器和磁盘

在「指定卷大小」页面中，请指定要创建的卷大小（例如可以在一块硬盘中创建多个不同大小的卷），我们直接分配所有磁盘空间也就是 99.9GB 给将要创建的卷，单击「下一步」按钮继续，如图 14-40 所示。

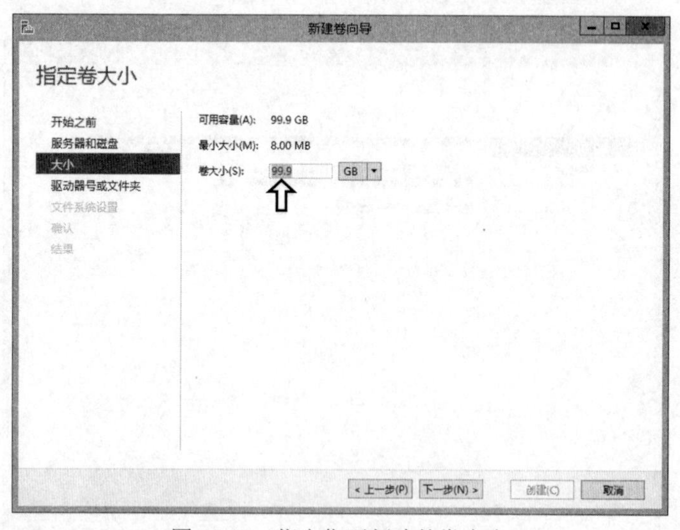

图 14-40　指定您要创建的卷大小

在「分配到驱动器号或文件夹」页面中，选择「驱动器号」，并且使用默认的「E」，单击「下一步」按钮继续，如图 14-41 所示。

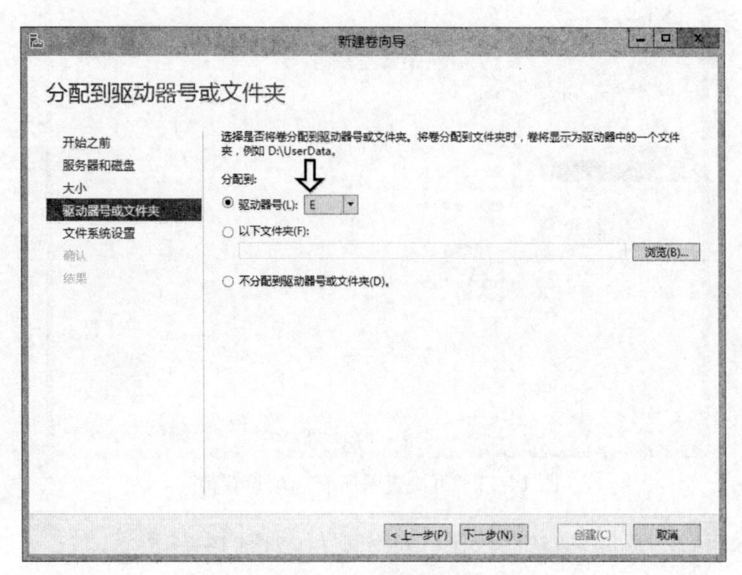

图 14-41　分配驱动器号 E

在「选择文件系统设置」页面中，文件系统使用默认的「NTFS」，分配单元大小也使用默认值，在卷标字段中填入 Storage1，单击「下一步」按钮继续，如图 14-42 所示。

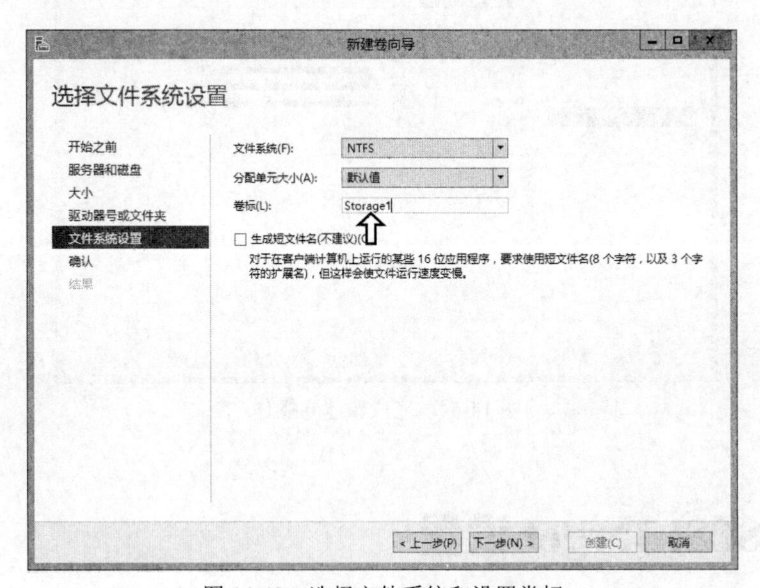

图 14-42　选择文件系统和设置卷标

在「确认选择」页面中，可以再次查看所有选项设置值，确认无误后单击「创建」按钮，向导便会立即开始磁盘格式化、分配驱动器号、设置卷标等操作，如图 14-43 所示。

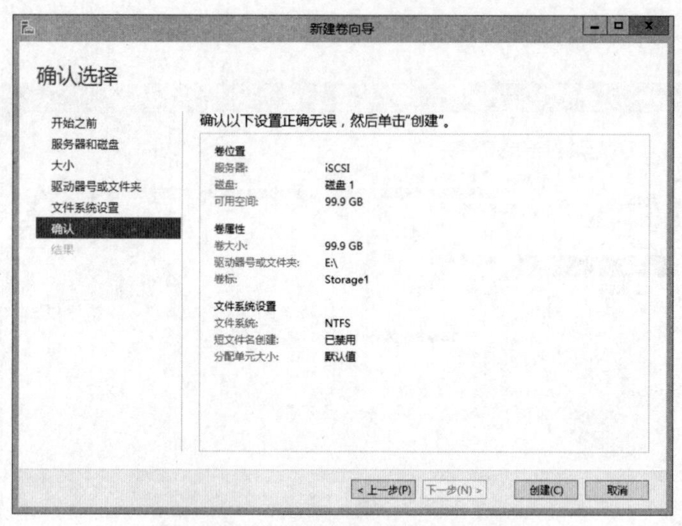

图 14-43　再次查看所有选项设置值

完成所有操作后，单击「关闭」按钮，关闭向导，如图 14-44 所示。

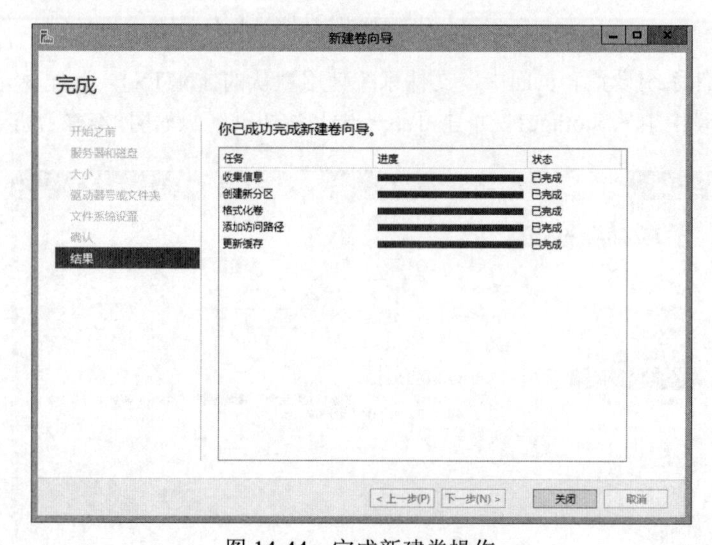

图 14-44　完成新建卷操作

14-4　iSCSI Target 设置

在 Windows Server 2008 R2 中，如果要将服务器配置成 iSCSI 目标服务器，则必须单独下载 2011 年 4 月发行的「Microsoft iSCSI Software Target（最新版本为 3.3）」软件，然后安装才可以。而在 Windows Server 2012 中已经将 iSCSI 目标服务器集成到服务器角色中，可以很轻松地配置 iSCSI 服务器环境，满足以下场景需求：

- 无盘网络启动应用（Diskless Boot）
- 服务器应用程序存储（Server Application Storage）
- 支持非 Windows iSCSI Initiator 的异构存储方案（见图 14-45）
- 开发、测试、演示、实验等 SAN 存储环境

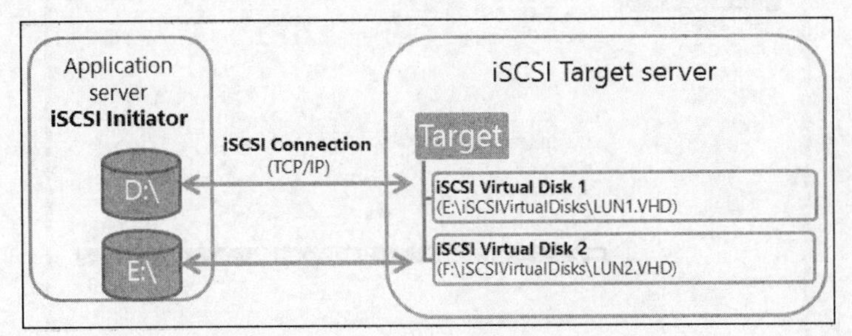

图片来源：Microsoft Storage Team Blog-Introduction of iSCSI Target in Windows Server 2012（http://goo.gl/c7fhu）

图 14-45　iSCSI Target 和 iSCSI Initiator 运行示意图

14-4-1　添加 iSCSI 虚拟磁盘（Quorum Disk）

我们在刚才格式化的 100GB 硬盘中创建两块 iSCSI 虚拟磁盘，其中一块 iSCSI 虚拟硬盘大小为 1GB，用于 Node1、Node2 故障转移群集环境中的「仲裁磁盘（Quorum Disk）」，而另一块虚拟硬盘大小则为剩下的 98.8 GB，用于故障转移群集环境当中的数据磁盘 Storage 1 Disk。

请在 DC 主机中打开服务器管理器，依次选择「文件和存储服务>iSCSI」，在 iSCSI 虚拟磁盘设置区域中选择「要创建 iSCSI 虚拟磁盘，请启动新建 iSCSI 虚拟磁盘向导」链接，如图 14-46 所示。

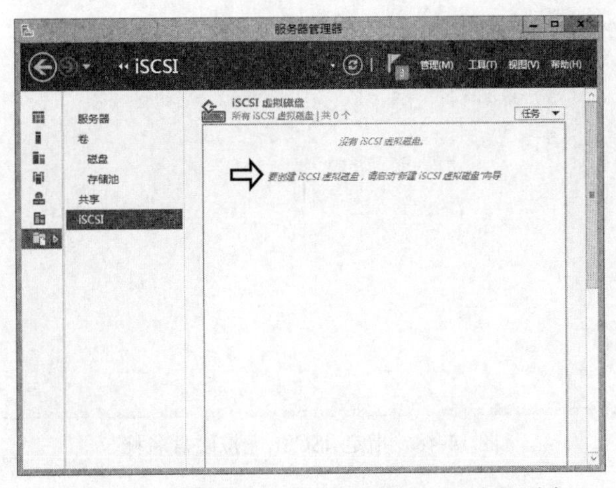

图 14-46　准备为 iSCSI 主机创建 iSCSI 虚拟磁盘

在弹出的「新建 iSCSI 虚拟磁盘向导」窗口中，请在存储位置区域选择刚才格式化的卷「E」后，单击「下一步」按钮继续，如图 14-47 所示。

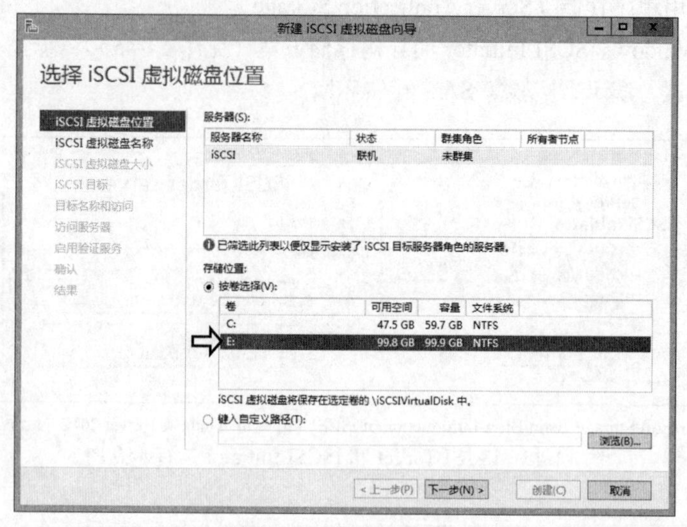

图 14-47　选择卷 E

在「指定 iSCSI 虚拟磁盘名称」页面中，请在「名称」字段输入 iSCSI 虚拟磁盘名称「LUN0」，在输入的同时会看到在「路径」字段中创建了 LUN0.vhd 文件（因为是 iSCSI Software Target 的原因，若是硬件 iSCSI Target 存储设备则不会有此文件），在「描述」字段输入此 iSCSI 虚拟磁盘用途 Failover Cluster Quorum Disk，单击「下一步」按钮继续，如图 14-48 所示。

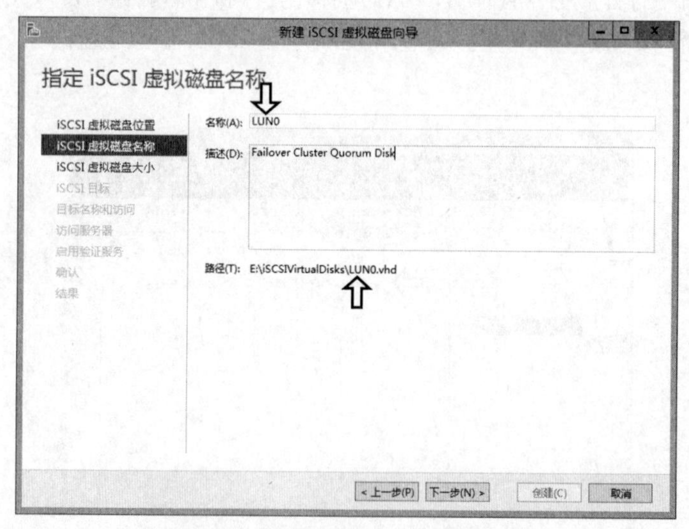

图 14-48　指定 iSCSI 虚拟磁盘名称

在「指定 iSCSI 虚拟磁盘大小」页面中，请在「大小」字段中输入数字 1，单位为默认的

GB 即可（Quorum Disk 大小 1GB 已经足够），单击「下一步」按钮继续，如图 14-49 所示。

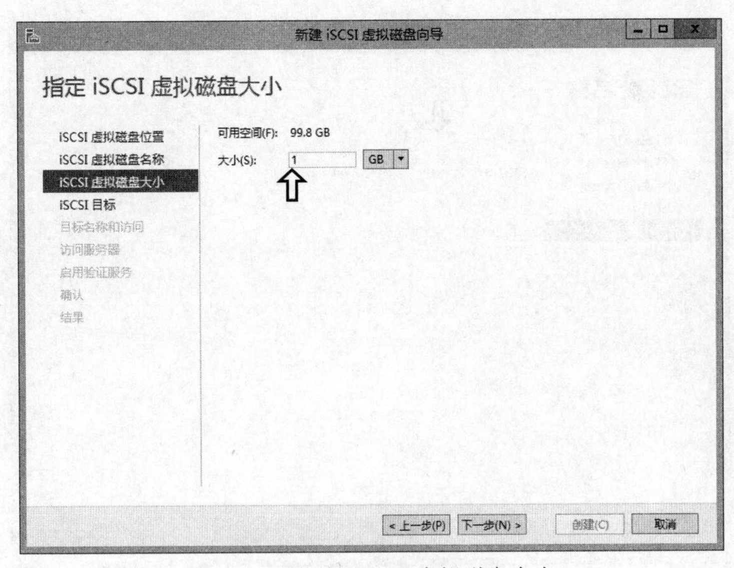

图 14-49 指定 iSCSI 虚拟磁盘大小

在「分配 iSCSI 目标」页面中，请选择「新建 iSCSI 目标」选项，单击「下一步」按钮继续，如图 14-50 所示。

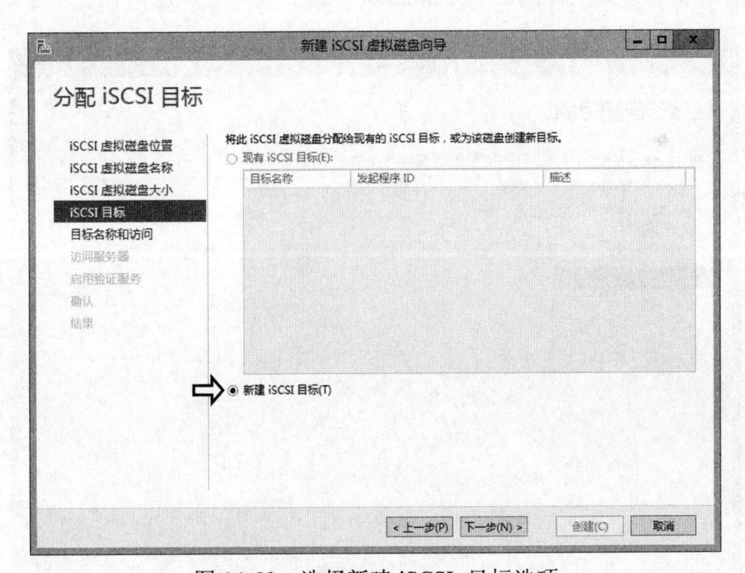

图 14-50 选择新建 iSCSI 目标选项

在「指定目标名称」页面中，请在「名称」字段输入「Quorum」（iSCSI Initiator 连接时将会看到此 iSCSI Target 名称），并在「描述」字段输入此 iSCSI 虚拟磁盘用途 Failover Cluster

Quorum Disk，单击「下一步」按钮继续，如图 14-51 所示。

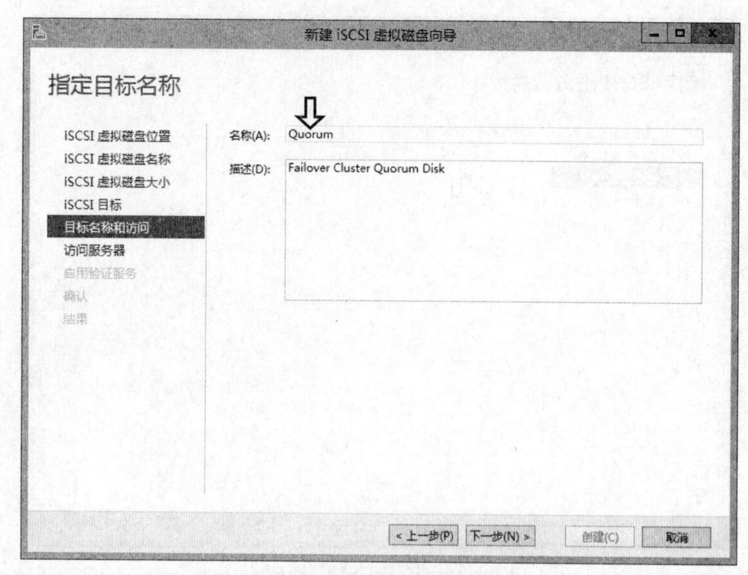

图 14-51　指定 iSCSI 目标名称

在「指定访问服务器」页面中，需要设置哪些 iSCSI Initiator 可以访问此 iSCSI Target 资源，单击「添加」按钮准备添加允许的 iSCSI Initiator 名称，如图 14-52 所示。

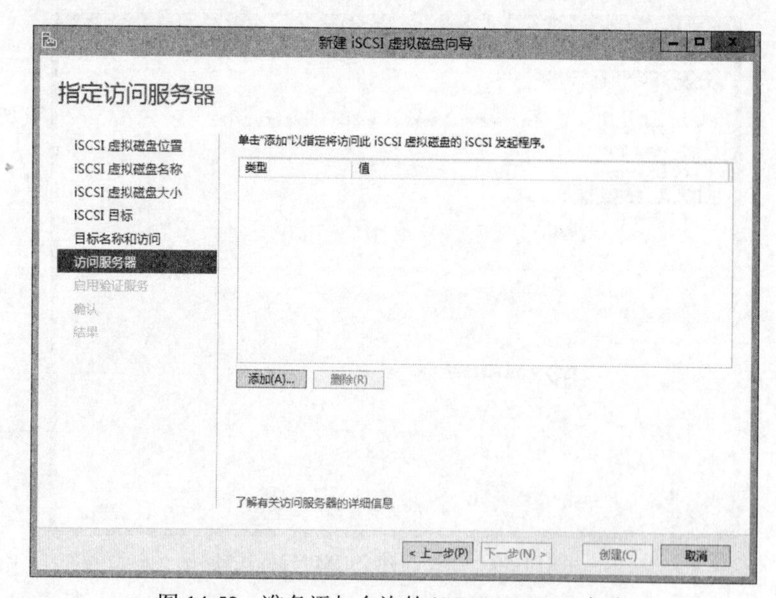

图 14-52　准备添加允许的 iSCSI Initiator 名称

在弹出的「选择用于标识发起程序的方法」窗口中，选择「查询发起程序计算机 ID」选项，然后单击「浏览」按钮，通过 DC 来对 iSCSI 发起程序（iSCSI Initiator）的名称进行查询，如图 14-53 所示。

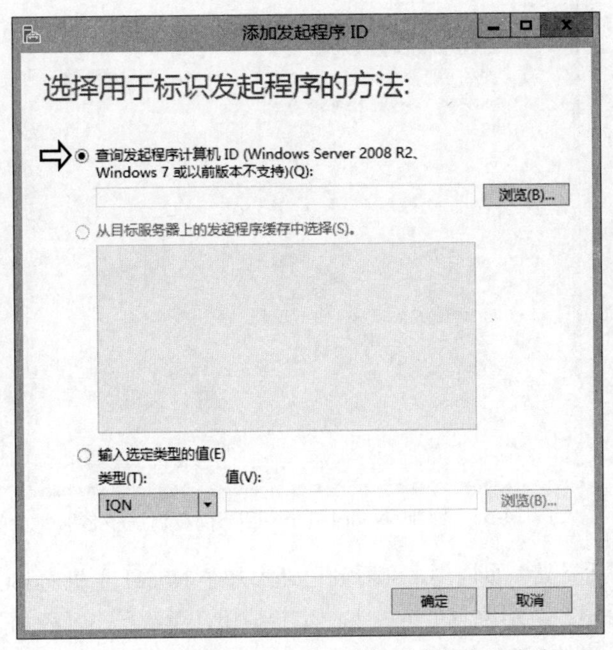

图 14-53 准备进行 iSCSI 发起程序的名称查询

在「选择计算机」窗口中，请在「输入要选择的对象名称」区域中输入「Node1」，然后单击「检查名称」按钮，名称将变为大写并且带下划线，单击「确定」按钮，如图 14-54 所示。

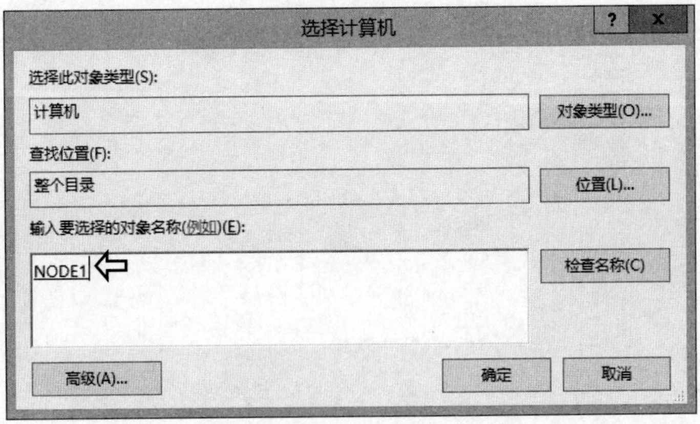

图 14-54 添加 Node1 主机 iSCSI 发起程序名称

回到「选择用于标识发起程序的方法」页面中，您会看到已经添加了「node1.weithenn.org」记录，单击「确定」按钮，如图 14-55 所示。

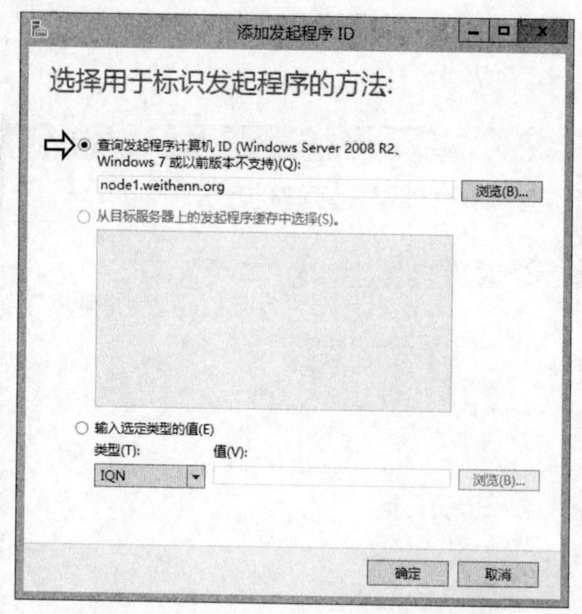

图 14-55　添加 Node1 主机 iSCSI 发起程序名称

回到「指定访问服务器」页面中，会看到已经添加了 Node1 主机的 iSCSI 发起程序的 IQN 名称，如图 14-56 所示。请别急着单击「下一步」按钮，再次单击「添加」按钮，添加 Node2 主机的 iSCSI 发起程序的 IQN 名称。

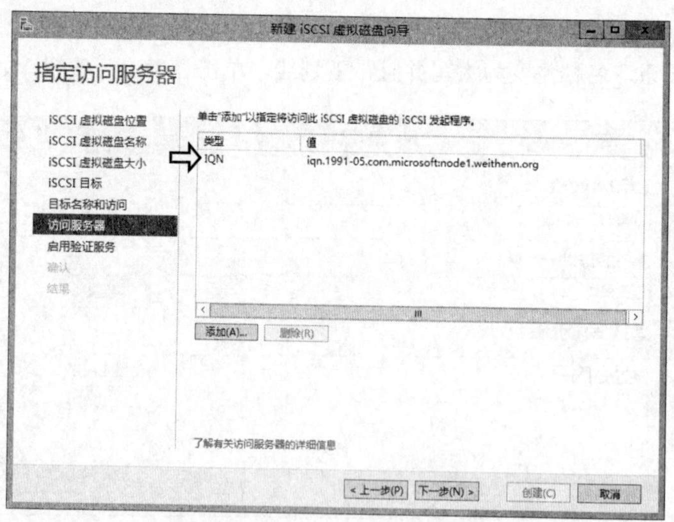

图 14-56　成功添加 Node1 主机 iSCSI 发起程序的 IQN 名称

在「选择用于标识发起程序的方法」窗口中，以同样的方式添加 Node2 主机，如图 14-57 所示。

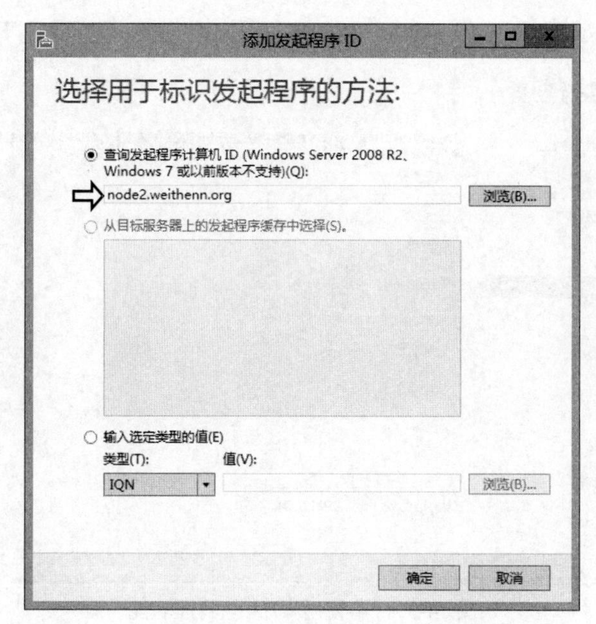

图 14-57　添加 Node2 主机 iSCSI 发起程序名称

确认将 Node1、Node2 主机的 iSCSI 发起程序 IQN 名称添加完成后，单击「下一步」按钮继续，如图 14-58 所示。

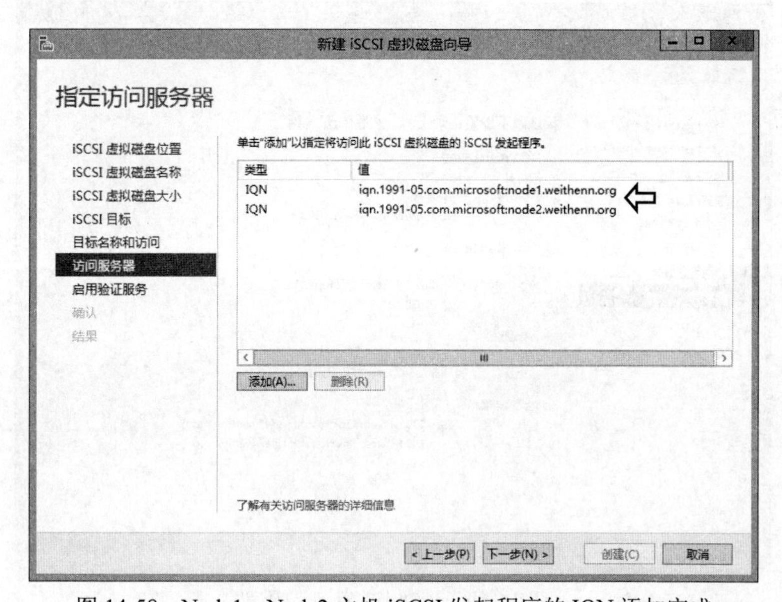

图 14-58　Node1、Node2 主机 iSCSI 发起程序的 IQN 添加完成

在「启用身份验证」页面中，因为本书中并不需要使用 CHAP 验证功能，因此直接单击「下一步」按钮继续，如图 14-59 所示。

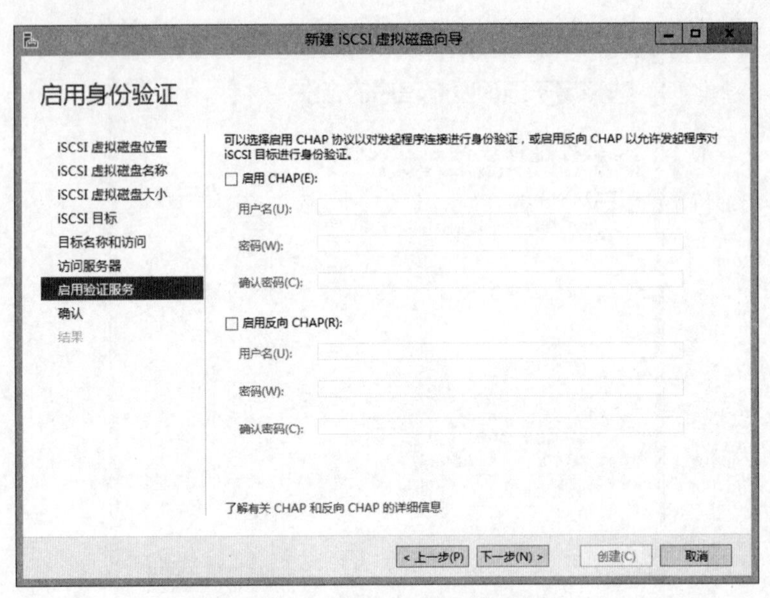

图 14-59　不使用 CHAP 验证功能

在「确认选择」页面中，可以再次查看相关设置，确认无误后单击「创建」按钮添加 iSCSI 虚拟磁盘，如图 14-60 所示。

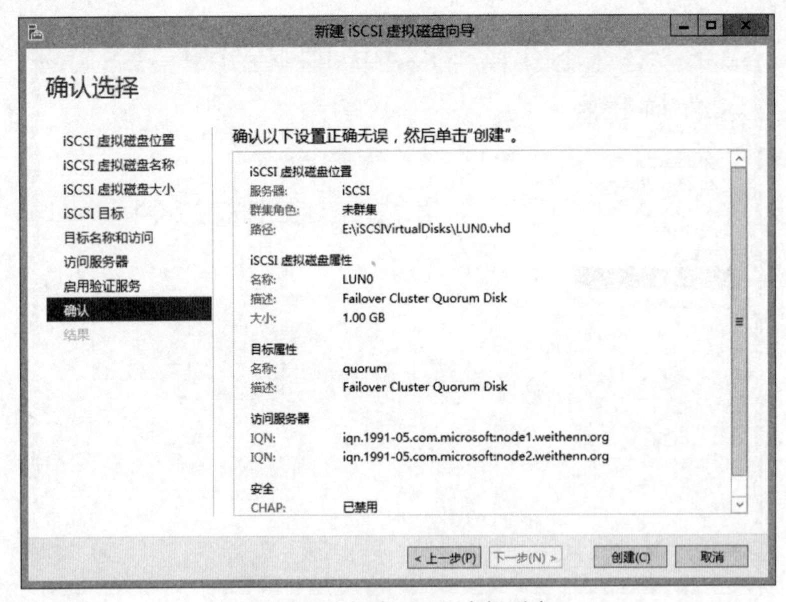

图 14-60　创建 iSCSI 虚拟磁盘

在「查看结果」页面中，会看到创建 iSCSI 虚拟磁盘的任务已经完成，单击「关闭」按钮，如图 14-61 所示。

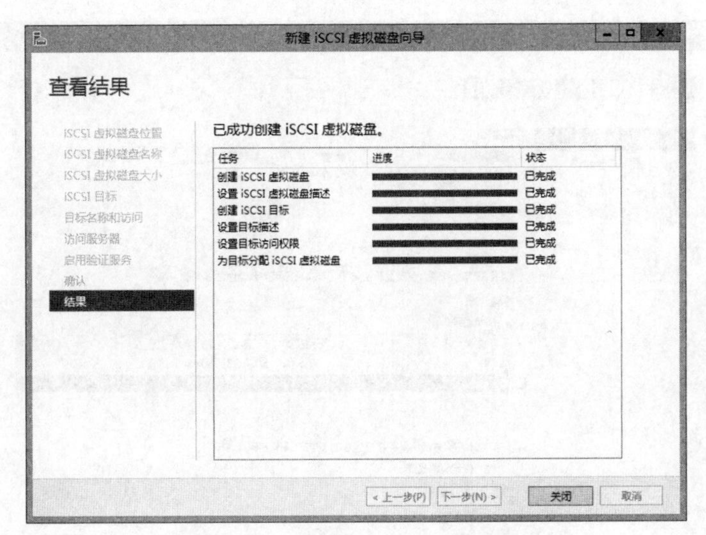

图 14-61　完成创建 iSCSI 虚拟磁盘

14-4-2　添加 iSCSI 虚拟磁盘（Storage1 Disk）

顺利将用于仲裁功能的 iSCSI 虚拟磁盘创建完成后，请再次选择「新建 iSCSI 虚拟磁盘」选项，来创建故障转移群集环境中的第一个共享存储磁盘（Storage 1），如图 14-62 所示。

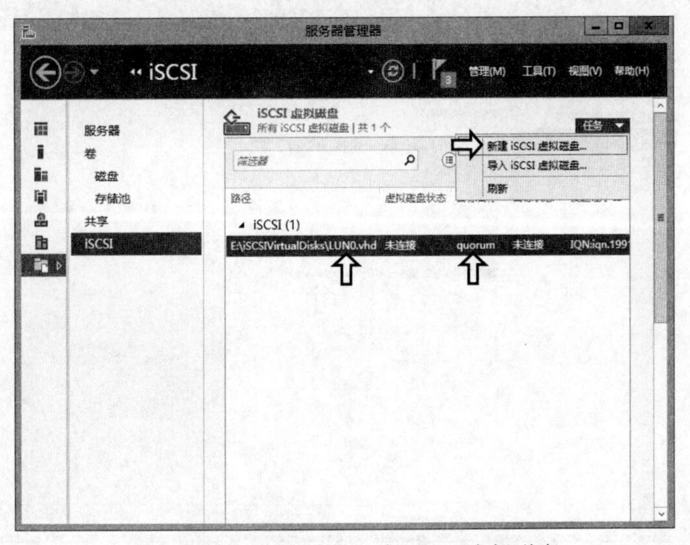

图 14-62　准备创建第二个 iSCSI 虚拟磁盘

在弹出的「新建 iSCSI 虚拟磁盘向导」窗口中，请在存储位置区域中选择刚才格式化的卷「E」后，单击「下一步」按钮继续，如图 14-63 所示。

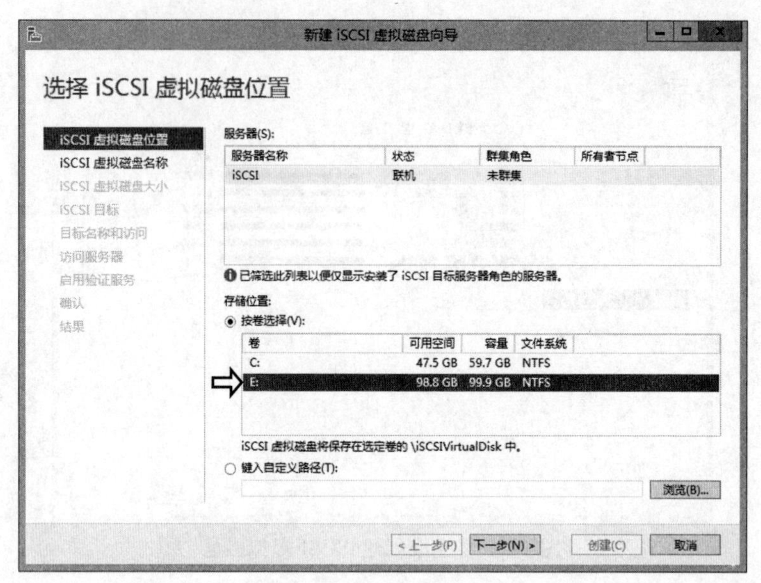

图 14-63　选择卷 E

在「指定 iSCSI 虚拟磁盘名称」页面中，请在「名称」字段输入 iSCSI 虚拟磁盘名称「LUN1」，在输入的同时会看到在「路径」字段中创建了 LUN1.vhd 文件，在「描述」字段输入此 iSCSI 虚拟磁盘用途「Failover Cluster Storage1 Disk」，单击「下一步」按钮继续，如图 14-64 所示。

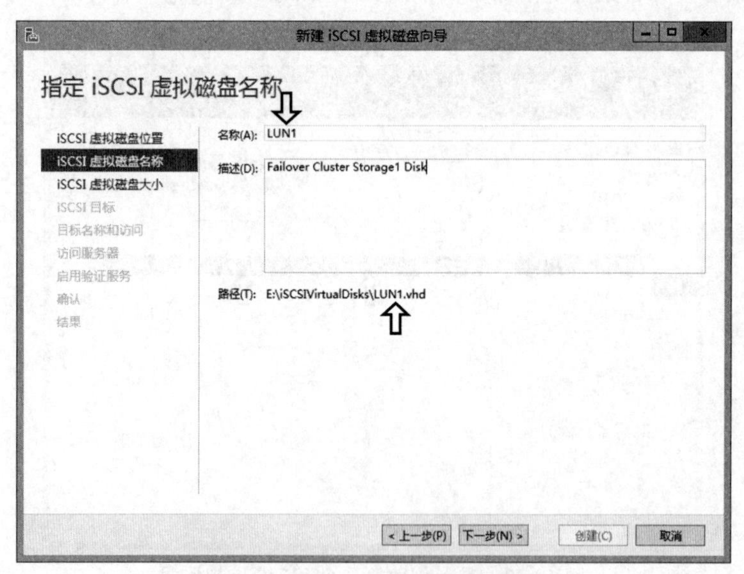

图 14-64　指定 iSCSI 虚拟磁盘名称

在「指定 iSCSI 虚拟磁盘大小」页面中，请在「大小」字段中输入数字「98.8」，单位为默认的 GB 即可（剩余所有空间），单击「下一步」按钮继续，如图 14-65 所示。

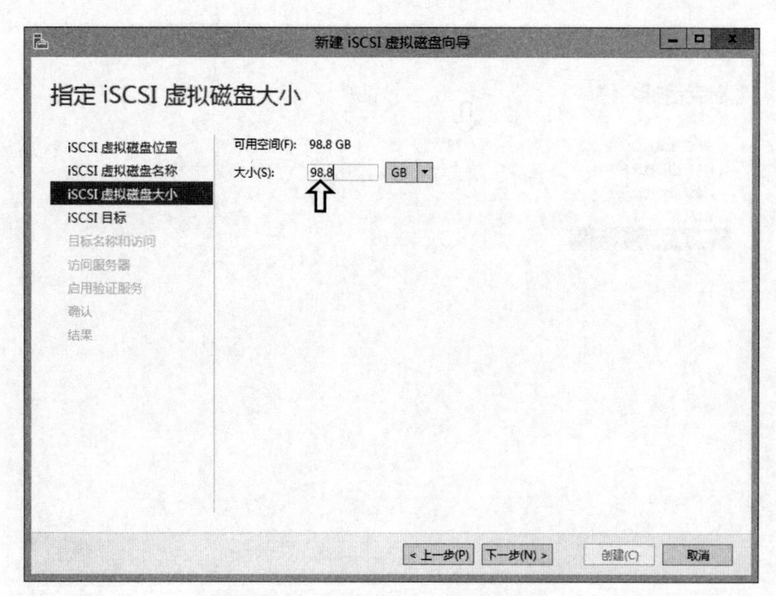

图 14-65 指定 iSCSI 虚拟磁盘大小

在「分配 iSCSI 目标」页面中，请选择「新建 iSCSI 目标」选项，单击「下一步」按钮继续，如图 14-66 所示。

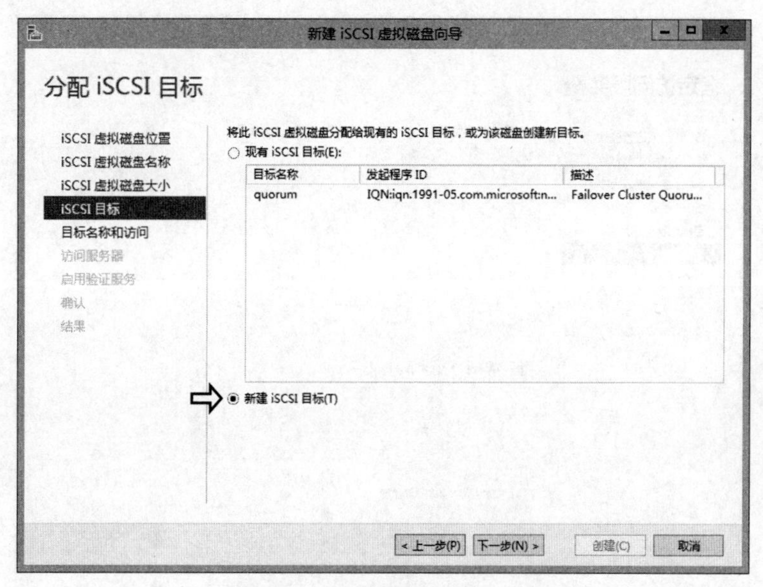

图 14-66 选择新建 iSCSI 目标

在「指定目标名称」页面中，请在「名称」字段输入「Storage1」(iSCSI Initiator 连接时将会看到此 iSCSI Target 名称)，并在「描述」字段输入此 iSCSI 虚拟磁盘用途「Failover Cluster Storage1 Disk」，单击「下一步」按钮继续，如图 14-67 所示。

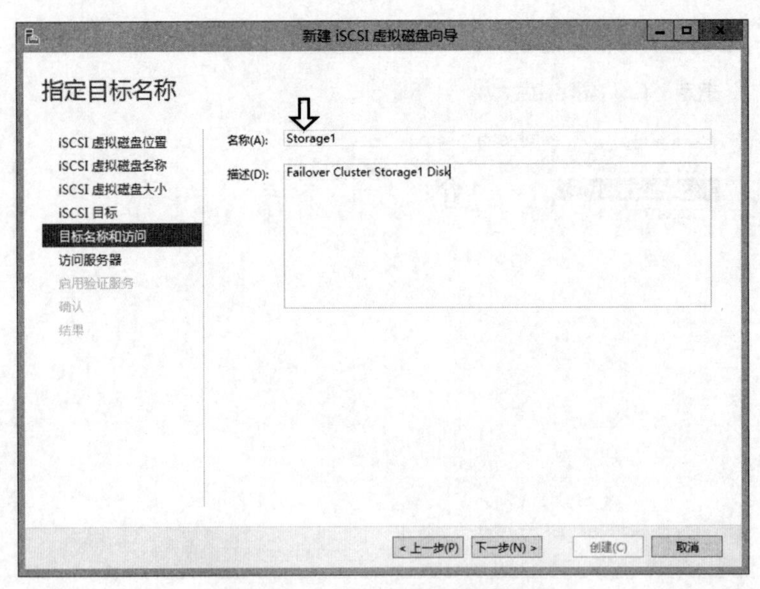

图 14-67　指定 iSCSI 目标名称

在「指定访问服务器」页面中，需要设置哪些 iSCSI Initiator 可以访问此 iSCSI Target 资源，单击「添加」按钮准备添加允许的 iSCSI Initiator 名称，如图 14-68 所示。

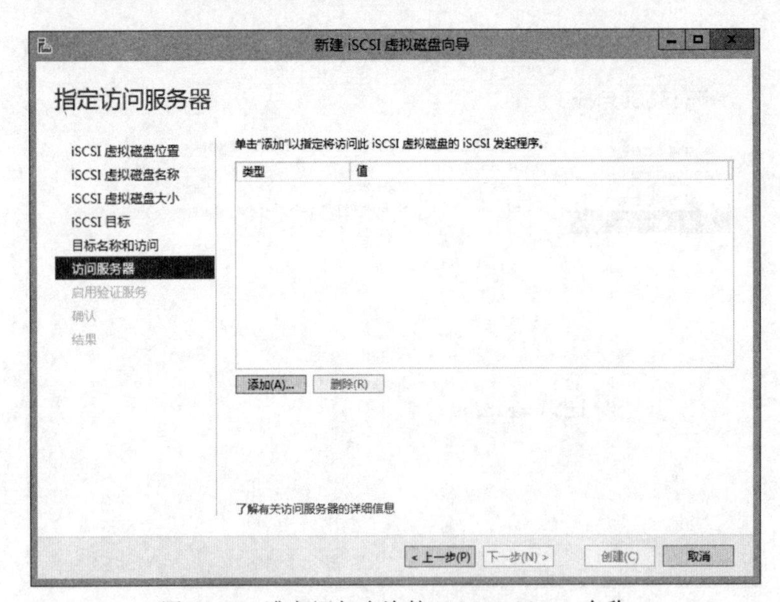

图 14-68　准备添加允许的 iSCSI Initiator 名称

在弹出的「选择用于标识发起程序的方法」窗口中，由于刚才已经查询过 Node1、Node2 主机的 iSCSI Initiator 名称，因此可以直接进行选择，依次添加 Node1、Node2 主机发起程序名称，如图 14-69 所示。

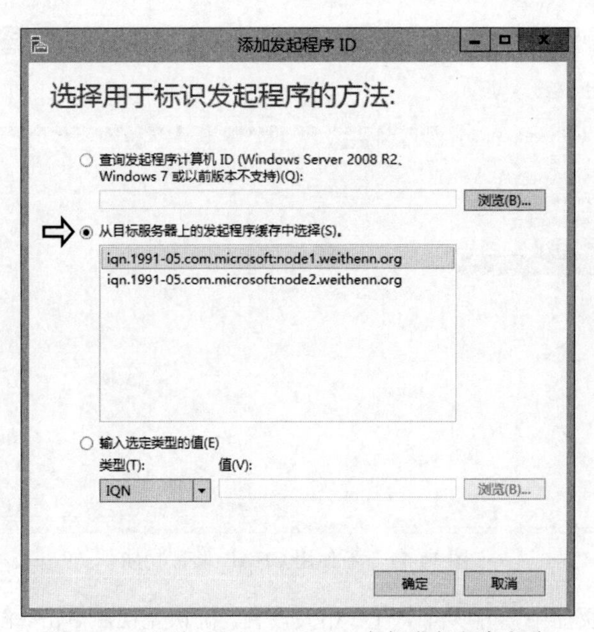

图 14-69 添加 Node1、Node2 主机发起程序名称

确认将 Node1、Node2 主机的 iSCSI 发起程序 IQN 名称添加完成后，便可以单击「下一步」按钮继续，如图 14-70 所示。

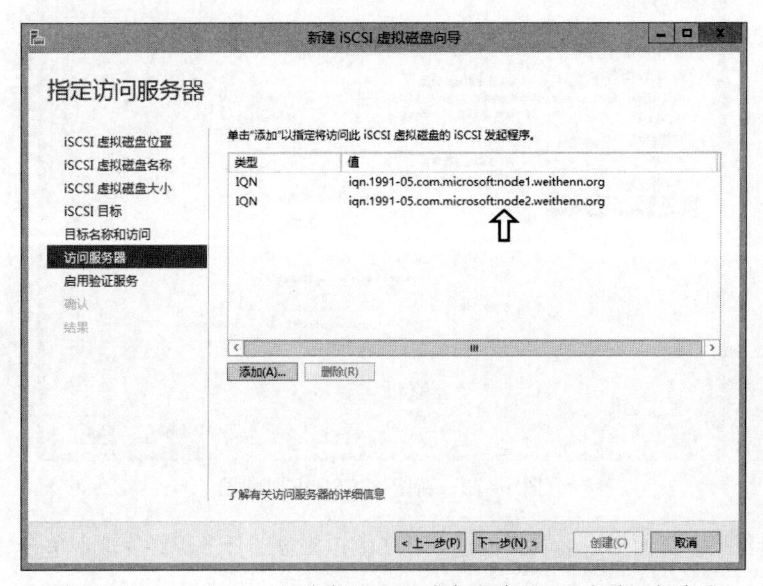

图 14-70 Node1、Node2 主机 iSCSI 发起程序 IQN 名称添加完成

在「启用身份验证」页面中，由于本书中并不需要使用 CHAP 验证功能，因此直接单击「下一步」按钮继续，如图 14-71 所示。

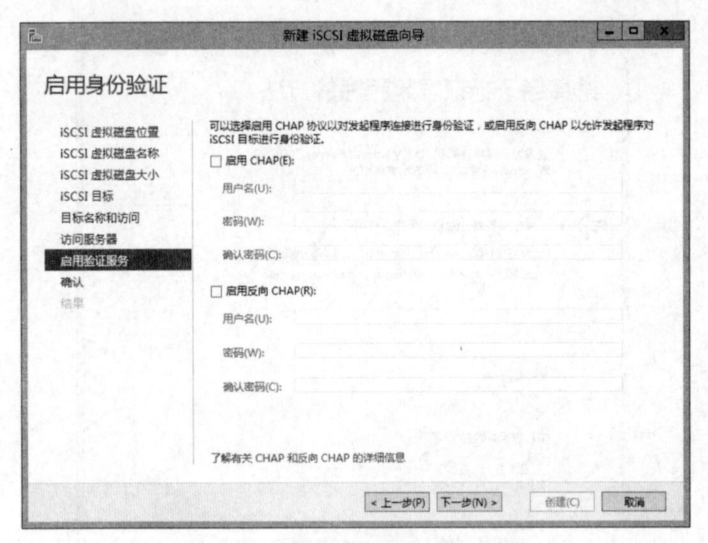

图 14-71 不使用 CHAP 验证功能

在「确认选择」页面中，可以再次查看相关设置，确认无误后单击「创建」按钮添加 iSCSI 虚拟磁盘，如图 14-72 所示。

图 14-72 新增 iSCSI 虚拟硬盘

在「查看结果」页面中，会看到创建 iSCSI 虚拟磁盘的任务已经完成，单击「关闭」按钮，如图 14-73 所示。

回到「服务器管理器」窗口当中，可以看到我们已经将故障转移群集使用的 Quorum Disk、Storage1 Disk 的 iSCSI 虚拟磁盘创建完成，并且允许 Node1、Node2 主机通过 iSCSI Initiator 访问 iSCSI Target 资源，如图 14-74 所示。

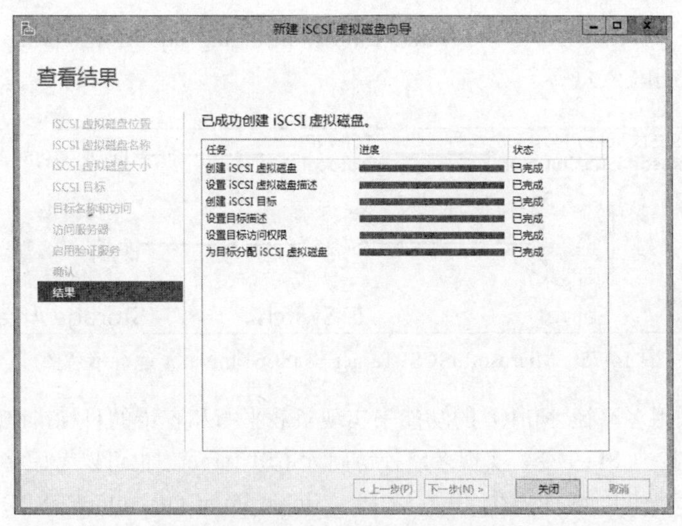

图 14-73　完成创建 iSCSI 虚拟磁盘

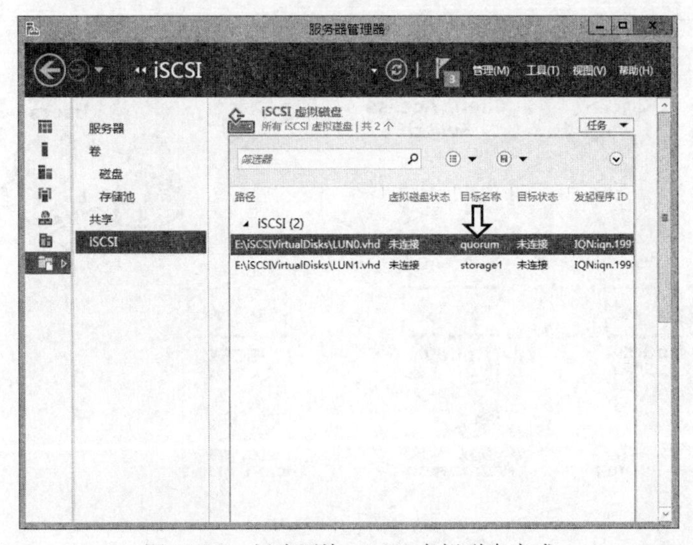

图 14-74　创建两块 iSCSI 虚拟磁盘完成

14-5　iSCSI Initiator MPIO 设置

在规划中 iSCSI 主机（iSCSI Target）为共享存储设备，Node1、Node2 主机将会把虚拟机文件存储在 iSCSI 主机中，可以想象到 iSCSI Target 与 iSCSI Initiator 之间会有频繁的存取操作，那么网络带宽很有可能会出现瓶颈，如图 13-75 所示。有关 Microsoft iSCSI Target 与 iSCSI Initiator 更多信息请参考 Technet Library-Understanding Microsoft iSCSI Initiator Features and

Components（http://goo.gl/wNz5d）、Technet Library-Installing and Configuring Microsoft iSCSI Initiator（http://goo.gl/LFvJd）。

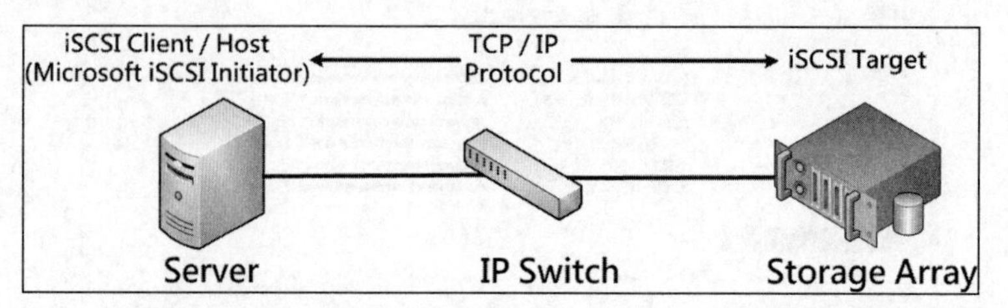

图 14-75　Microsoft iSCSI Target 与 iSCSI Initiator 运行示意图

因此便可以采用多路径 MPIO 的功能来实现负载平衡和容错的目标，MPIO 功能将通过 TCP/IP 协议来传输 SCSI 命令，实现多路径访问 iSCSI Target，也可以考虑将网络交换机分开（此章节中的演示架构），避免发生「单点故障（Single Point Of Failure，SPOF）」的问题，如图 14-76 所示。

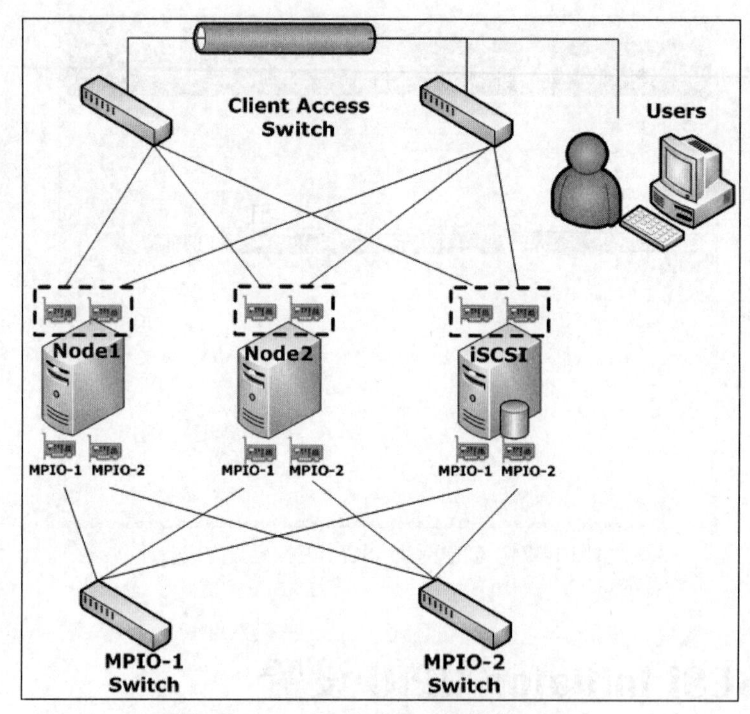

图 14-76　MPIO 多路径网络架构示意图

14-5-1　Node1 主机安装多路径 I/O 功能

由于我们要为 Node1、Node2 主机安装「多路径 I/O」服务器功能，并且要设置 MPIO，因此请切换到 Node1 主机进行操作。在 Node1 主机中依次选择「服务器管理器>管理>添加角色和功能」选项，准备安装多路径 I/O 服务器功能，如图 14-77 所示。

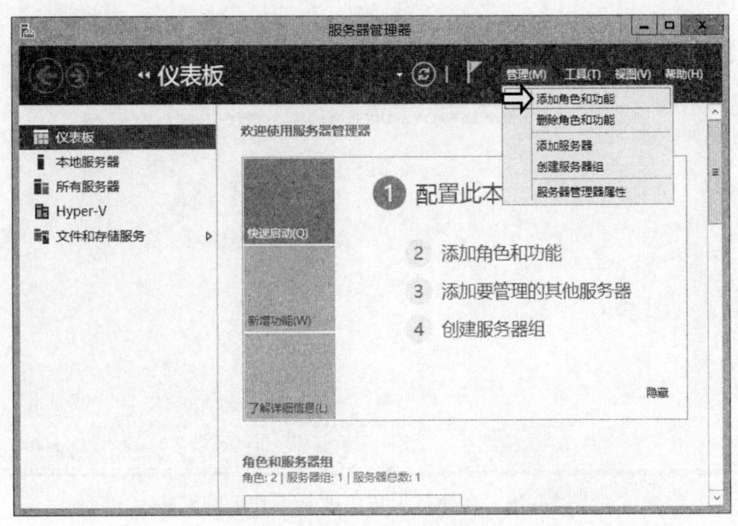

图 14-77　Node1 准备安装多路径 I/O 服务器功能

在弹出的「添加角色和功能向导」窗口中，请勾选「默认情况下将跳过此页」，单击「下一步」按钮继续，如图 14-78 所示。

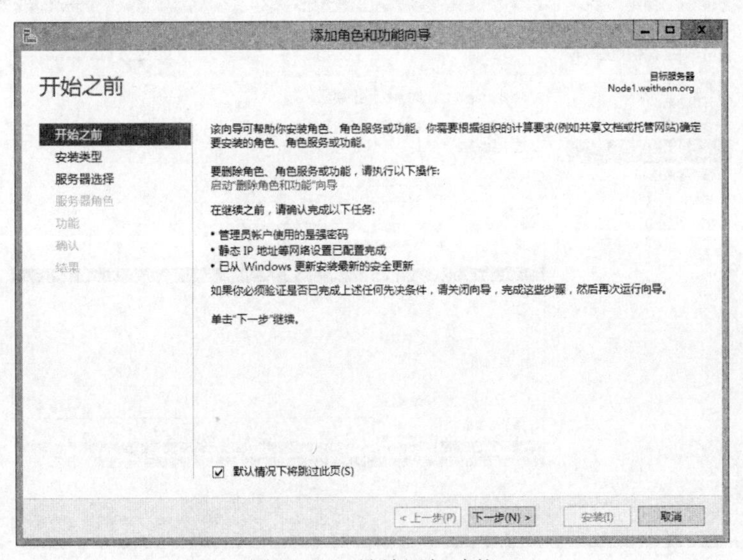

图 14-78　继续添加功能

由于所要安装的多路径 I/O 属于服务器功能，因此请选择「基于角色或基于功能的安装」，请单击「下一步」按钮继续，如图 14-79 所示。

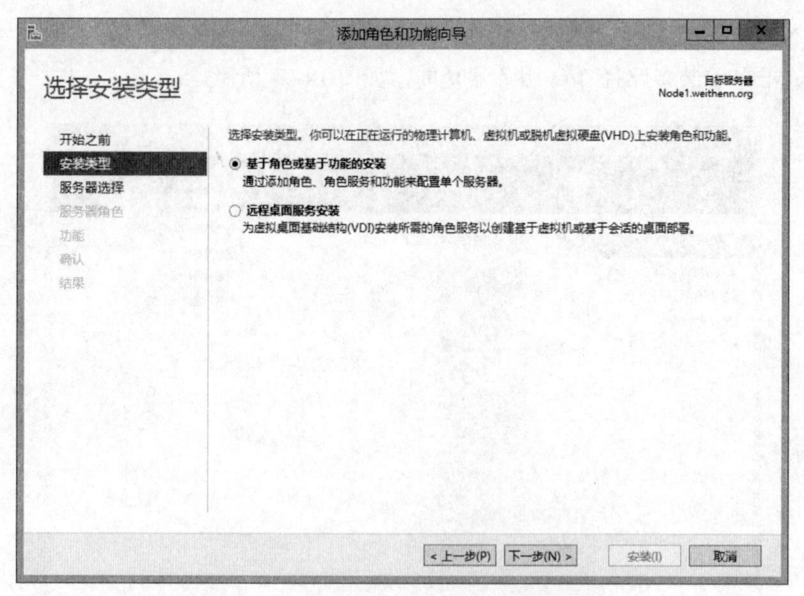

图 14-79　选择基于角色或基于功能的安装

在「选择目标服务器」页面中，向导已自动选择了 Node1.weithenn.org 主机，单击「下一步」按钮继续，如图 14-80 所示。

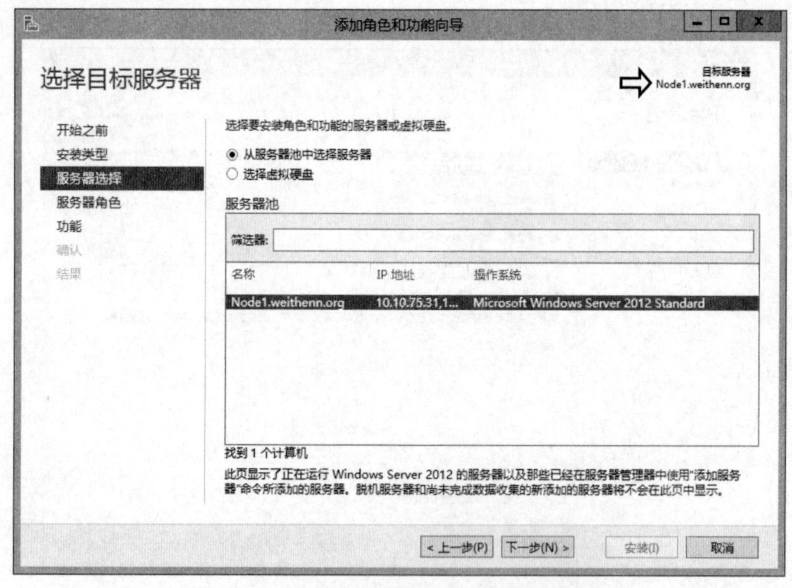

图 14-80　Node1 主机准备安装服务器功能

在「选择服务器角色」页面中，因为不需要安装任何服务器角色，因此单击「下一步」按钮继续，如图 14-81 所示。

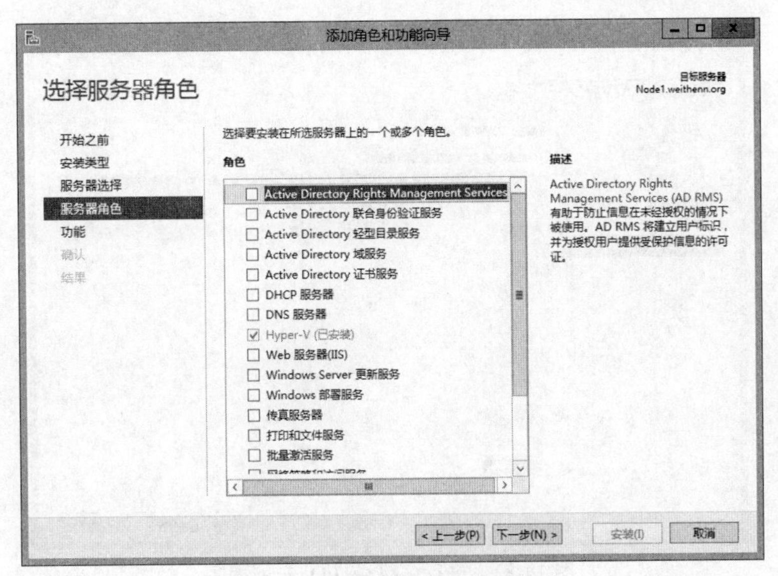

图 14-81　不需要安装服务器角色

在「选择功能」页面中，勾选「多路径 I/O」，单击「下一步」按钮继续，如图 14-82 所示。

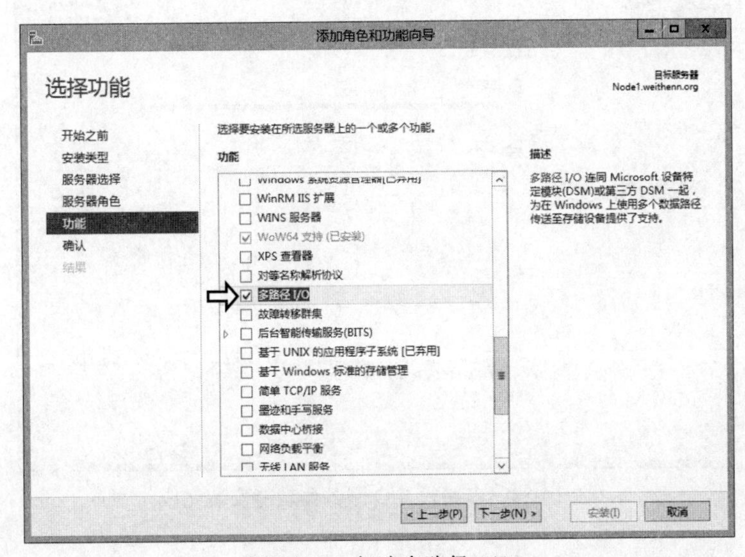

图 14-82　勾选多路径 I/O

在「确认安装所选内容」页面中，可以勾选或不勾选「如果需要，自动重新启动目标服务器」选项，安装此服务器功能并不需要重新启动主机，因此是否勾选并无影响，确认安装后单击「安装」按钮，如图 14-83 所示。

确认多路径 I/O 服务器功能安装完成后，便可以单击「关闭」按钮，准备开始设置 MPIO，如图 14-84 所示。

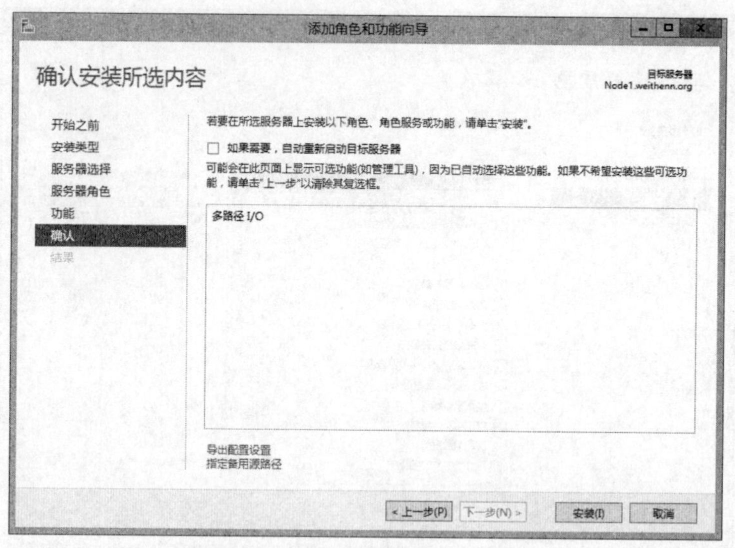

图 14-83　进行多路径 I/O 安装程序

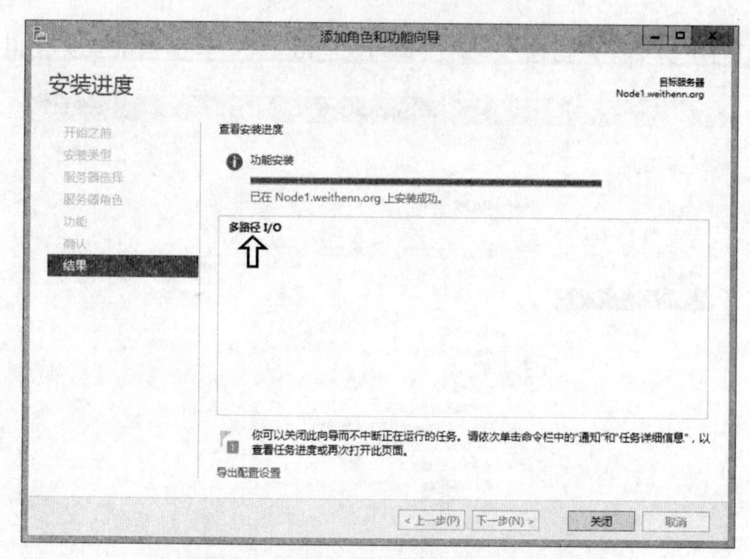

图 14-84　多路径 I/O 服务器功能安装完成

14-5-2　Node1 主机添加 MPIO 设备

在设置 MPIO 设备前，必须先使用 iSCSI 发起程序连接 iSCSI Target（192.168.75.20），所以先在服务器管理器中打开 iSCSI 发起程序，如图 14-85 所示。

接下来会弹出窗口询问您以后是否要开机自动启动 Microsoft iSCSI 服务，单击「是」按钮确认，如图 14-86 所示。

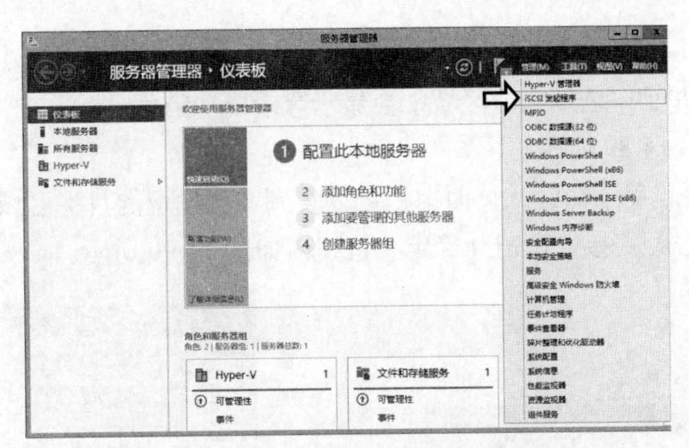

图 14-85　准备打开 iSCSI 发起程序

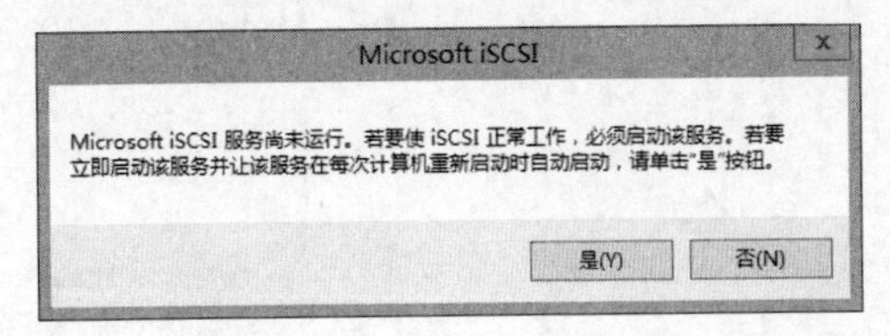

图 14-86　允许开机自动启动 Microsoft iSCSI 服务

在打开的「iSCSI 发起程序」窗口中，在「目标」选项卡的「目标」字段输入 iSCSI Target 的 IP 地址「192.168.75.20」，然后单击「快速连接」按钮进行连接，如图 14-87 所示。

此时将会弹出「快速连接」窗口，会看到之前创建的两个 iSCSI 目标资源（Quorum、Storage1），如图 14-88 所示。

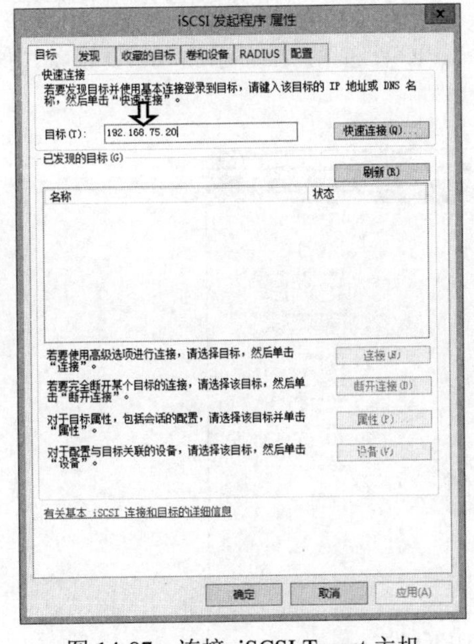

图 14-87　连接 iSCSI Target 主机

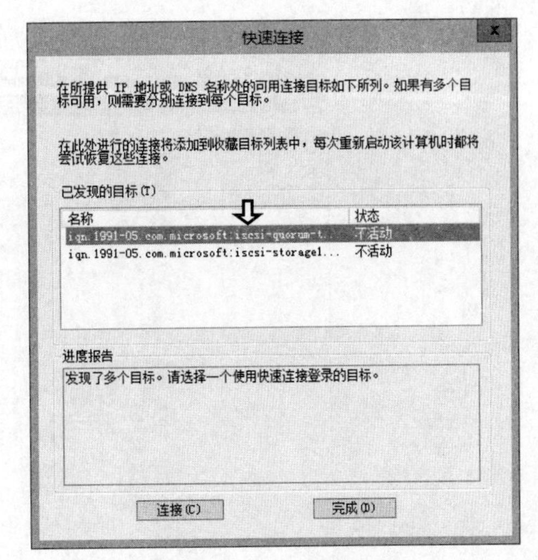

图 14-88　两个 iSCSI 目标资源 Quorum、Storage1

请选择 iqn.1991-05.com.microsoft: iscsi-quorum-target，然后单击「连接」按钮，它的状态将变成「已连接」，并且在进度报告区域中会显示登录成功的信息，单击「完成」按钮关闭「快速连接」窗口，如图 14-89 所示。

回到「iSCSI 发起程序属性」页面中，可以看到在已发现的目标区域中显示了两条记录，其中 Quorum 资源已经连接，单击「确定」按钮，如图 14-90 所示。

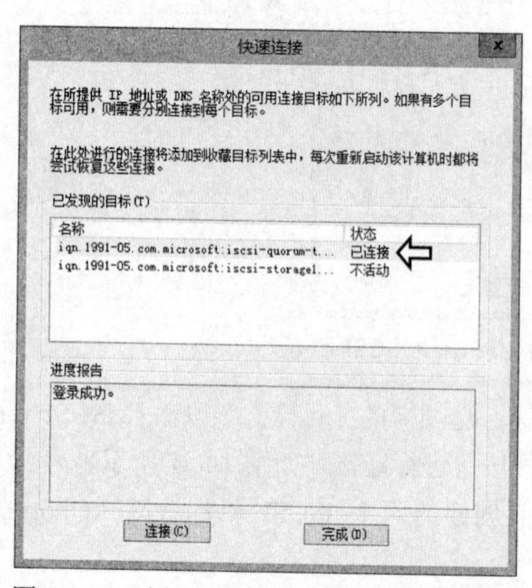

图 14-89　连接到 iSCSI 目标 Quorum 资源

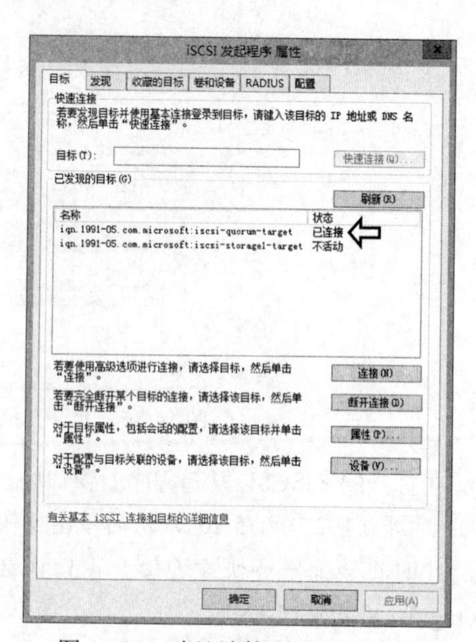

图 14-90　确认连接到 iSCSI 目标

请在「服务器管理器」窗口中依次选择「工具>MPIO」选项，准备添加 MPIO 设备，如图 14-91 所示。

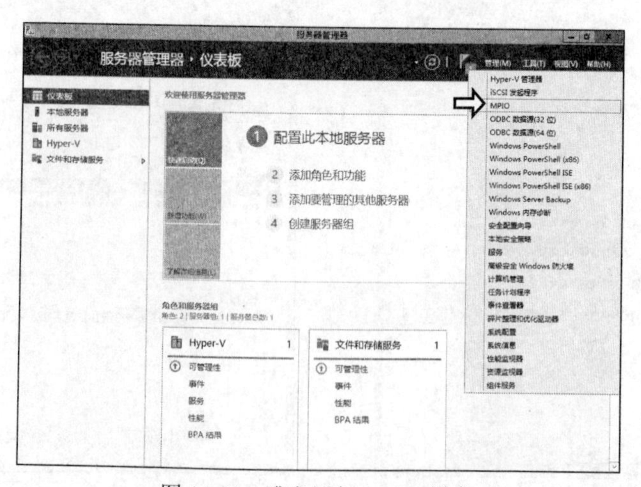

图 14-91　准备添加 MPIO 设备

在打开的「MPIO 属性」窗口中，切换到「发现多路径」选项卡，勾选「添加对 iSCSI 设备的支持」(如果未提前连接 iSCSI 目标，则此项目为灰色无法选择)，然后单击「添加」按钮，如图 14-92 所示。

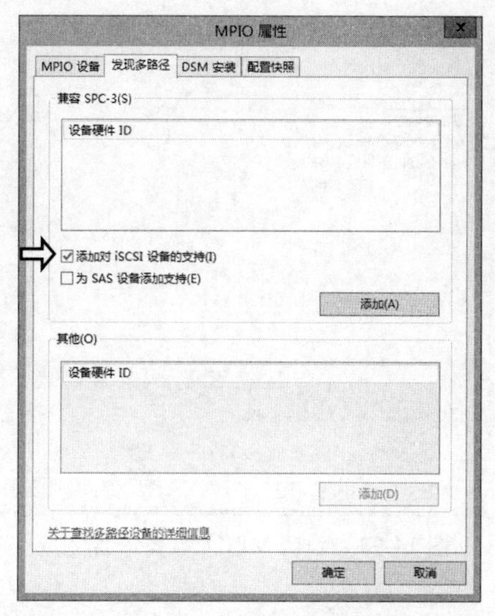

图 14-92　勾选添加对 iSCSI 设备的支持

接下来会弹出需要重新启动的提示窗口，单击「是」按钮添加 MPIO 设备并重新启动主机，如图 14-93 所示。

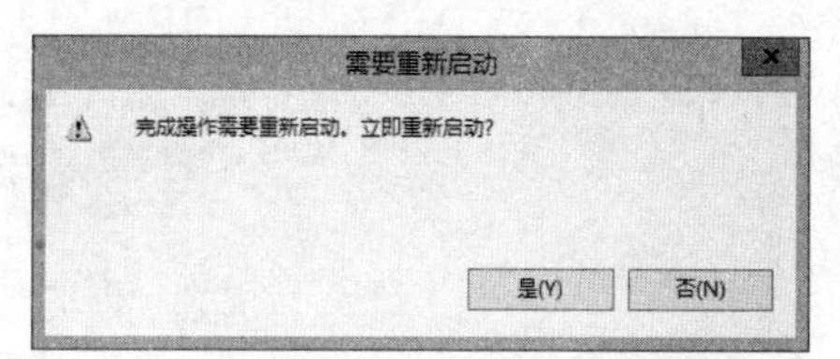

图 14-93　添加 MPIO 设备并重新启动主机

当 Node1 主机重新启动完成后，再次打开「MPIO 属性」窗口，在「MPIO 设备」选项卡中的设备区域内会看到添加了一个名称为「MSFT2005iSCSI BuxType_0x9」的设备，确认 MPIO 设备添加完成后单击「确定」按钮，如图 14-94 所示。

14-5-3　Node1 主机 iSCSI Initiator MPIO 设置

在开始进行 Node1 主机的 iSCSI Initiator MPIO 设置之前，笔者个人习惯是先将刚才添加 MPIO 设备的连接删除后再重新设置。打开 iSCSI 发起程序将刚才的连接断开，然后切换到「发现」选项卡，将目标删除，建议也切换到其他选项卡将此次的连接都删除，最后单击「确定」按钮，如图 14-95 和图 14-96 所示。

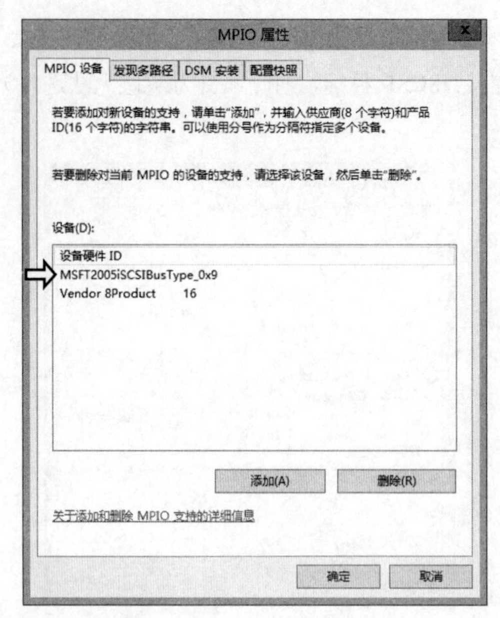

图 14-94　确认 MPIO 设备添加完成

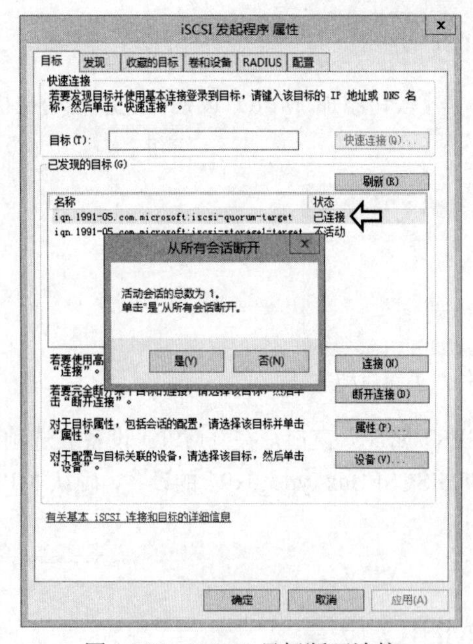

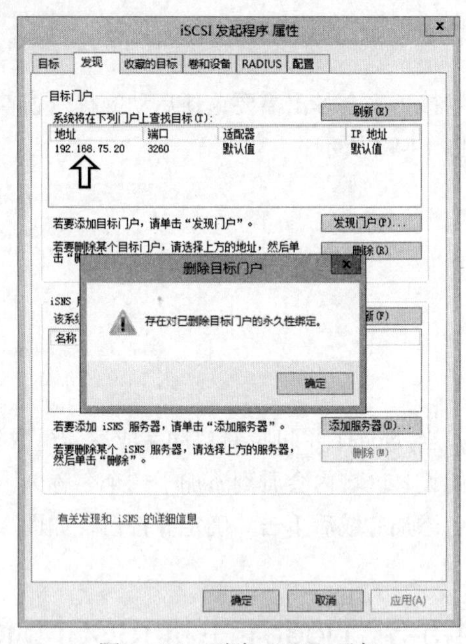

图 14-95　iSCSI 目标断开连接

图 14-96　删除 iSCSI 目标

再次打开 iSCSI 发起程序，切换到「发现」选项卡，然后单击「发现门户」按钮，在弹出窗口中输入 iSCSI Target 的 IP 地址「192.168.75.20」，然后单击「确定」按钮，如图 14-97 所示。

您会在目标门户区域中看到刚才添加的 iSCSI Target 的 IP 地址，如图 14-98 所示。

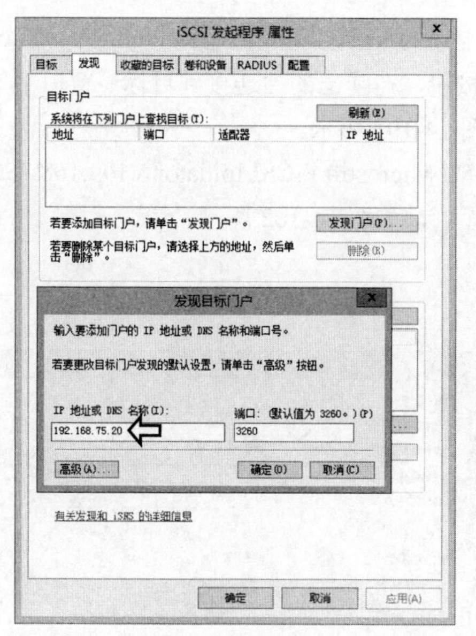

图 14-97　添加 iSCSI 目标 192.168.75.20

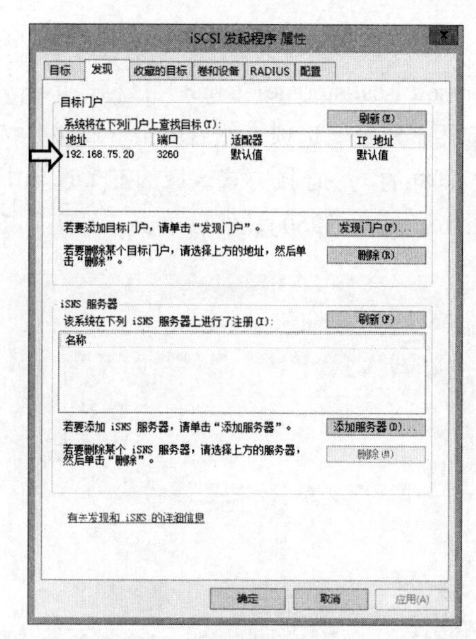

图 14-98　iSCSI Target MPIO 的第一个 IP 地址

切换到「目标」选项卡，选择「iqn.1991-05.com.microsoft:iscsi-quorum-target」后，单击「连接」按钮，在弹出的「连接到目标」窗口中，勾选「启用多路径」选项，单击「高级」按钮，如图 14-99 所示。

在「高级设置」窗口中，在连接方式区域中有三个下拉列表框，请依次选择为「Microsoft iSCSI Initiator、192.168.75.31、192.168.75.20 / 3260」，然后单击「确定」按钮，如图 14-100 所示。

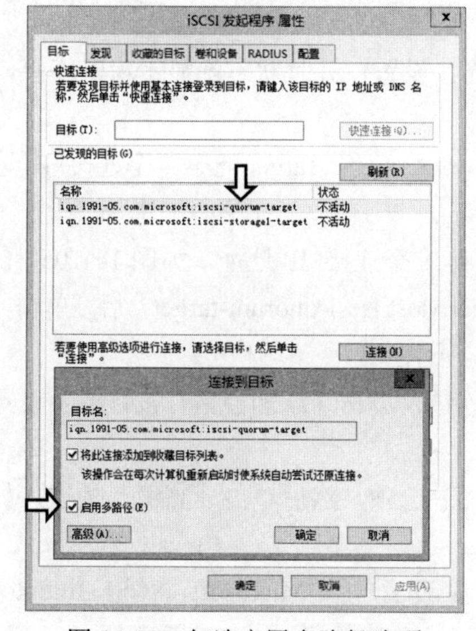

图 14-99　勾选启用多路径选项

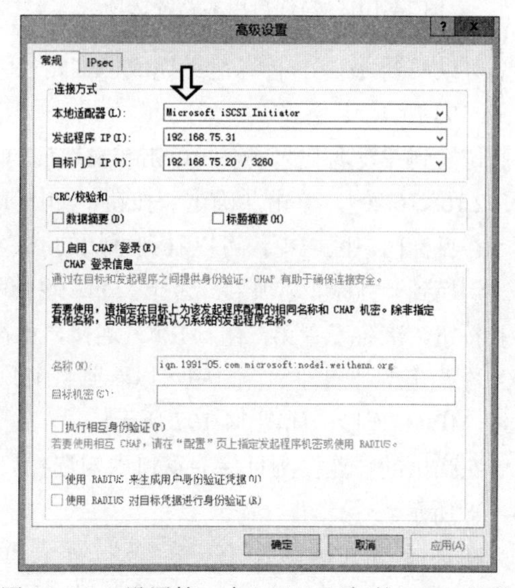

图 14-100　设置第一个 iSCSI 目标的 MPIO 连接

回到「目标」选项卡中，可以看到该目标的状态显示为「已连接」，再选择「iqn.1991-05.com.microsoft:iscsi-storage1-target」目标，单击「连接」按钮，在弹出的「连接到目标」窗口中勾选「启用多路径」选项，然后单击「高级」按钮，如图 14-101 所示。

同样的，在连接方式区域的三个选项中依次选择「Microsoft iSCSI Initiator、192.168.75.31、192.168.75.20 / 3260」，然后单击「确定」按钮完成设置，如图 14-102 所示。

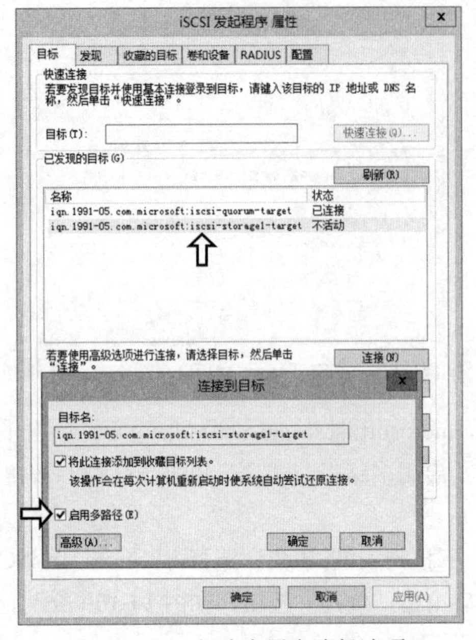

图 14-101　勾选启用多路径选项

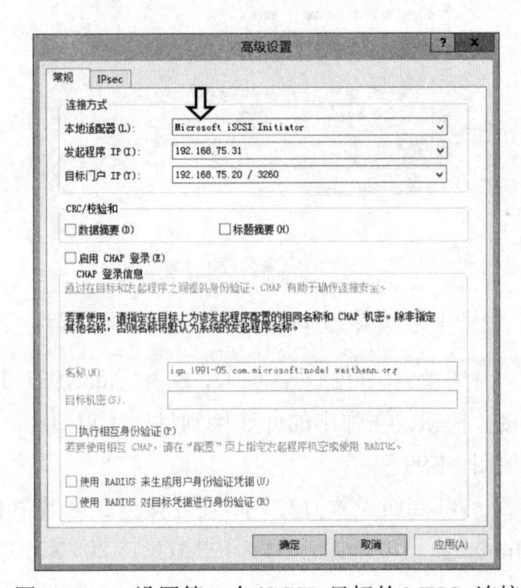

图 14-102　设置第二个 iSCSI 目标的 MPIO 连接

可以看到 iSCSI 目标已经完成了多路径 MPIO 连接设置，并且状态都显示为已连接，如图 14-103 所示。

切换到「发现」选项卡，单击「发现门户」按钮，输入 iSCSI Target 的第二个连接 IP 地址「192.168.76.20」，单击「确定」按钮，如图 14-104 所示。

在目标门户区域中，可以看到添加的 iSCSI Target 第二个连接 IP 地址，如图 14-105 所示。

切换到「目标」选项卡，选择「iqn.1991-05.com.microsoft:iscsi-quorum-target」后，单击「属性」按钮，准备设置第二组 MPIO 连接，如图 14-106 所示。

在弹出的「属性」窗口中可以看到目前只有一组连接，单击「添加会话」按钮准备设置第二组 MPIO 连接，如图 14-107 所示。

在弹出的「连接到目标」窗口中勾选「启用多路径」选项，然后单击「高级」按钮，如图 14-108 所示。

在连接方式区域中有三个下拉列表框，请依次设置为「Microsoft iSCSI Initiator、192.168.76.31、192.168.76.20 / 3260」，然后单击「确定」按钮，如图 14-109 所示。

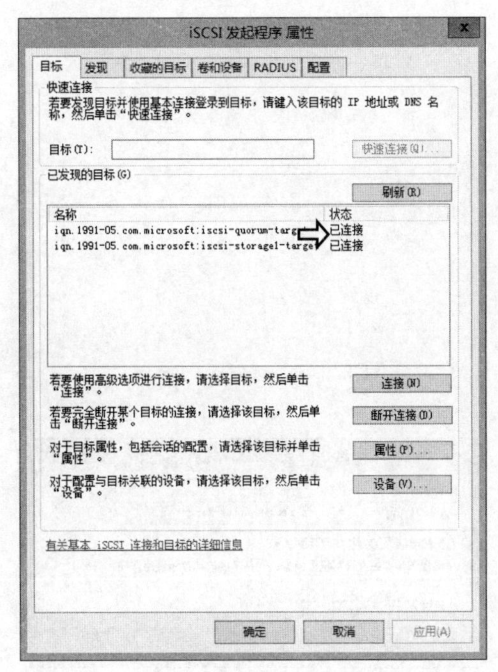

图 14-103　iSCSI 目标第一组 MPIO 设置已连接

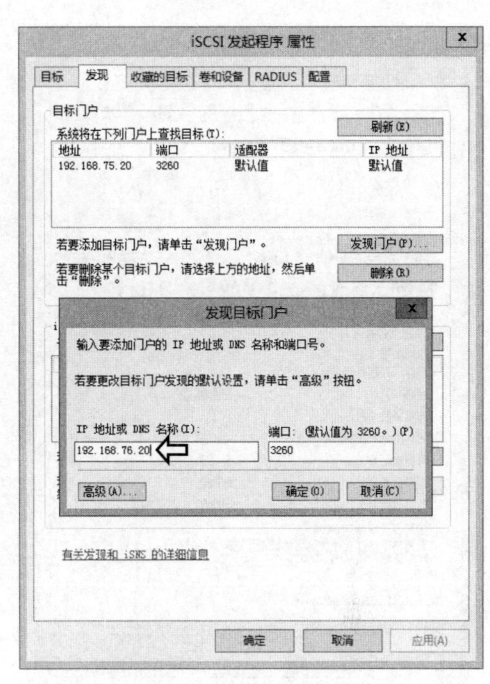

图 14-104　添加 iSCSI 目标 192.168.76.20

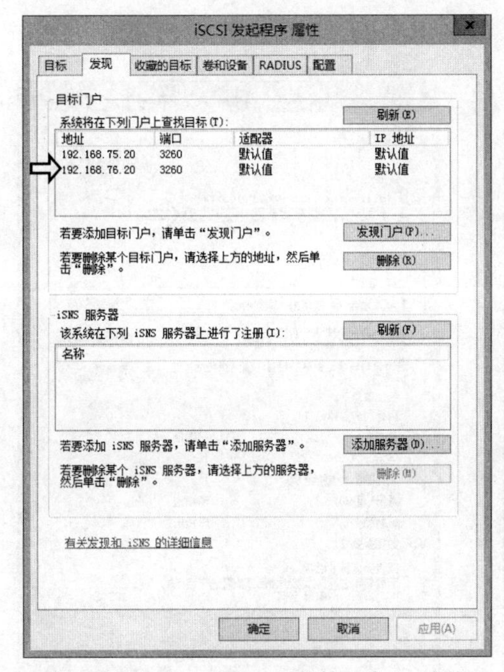

图 14-105　iSCSI Target 的第二个 IP 地址

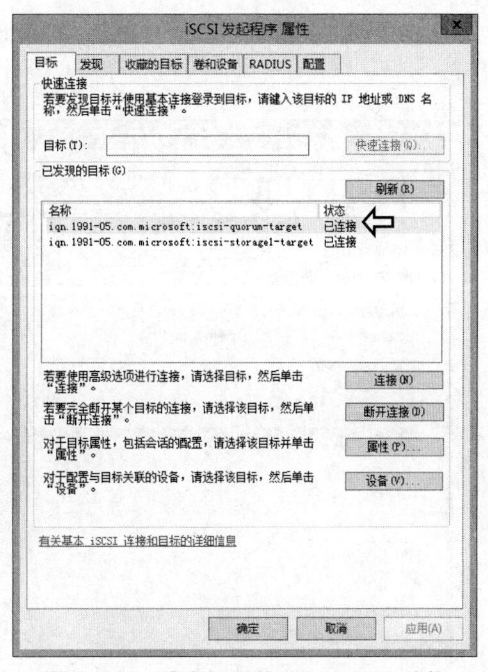

图 14-106　准备设置第二组 MPIO 连接

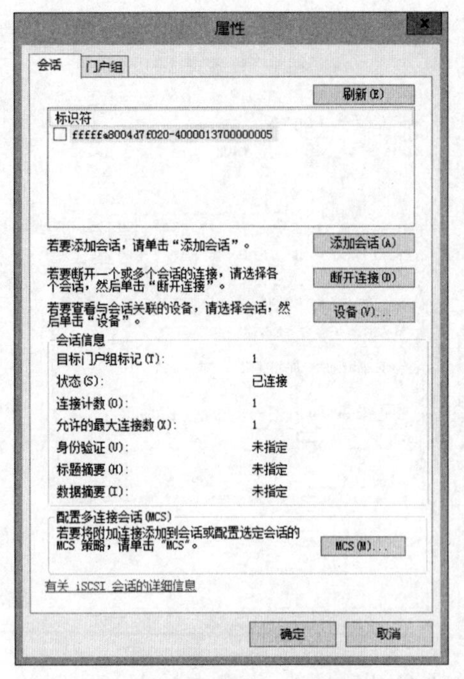

图 14-107　准备设置第二组 MPIO 连接

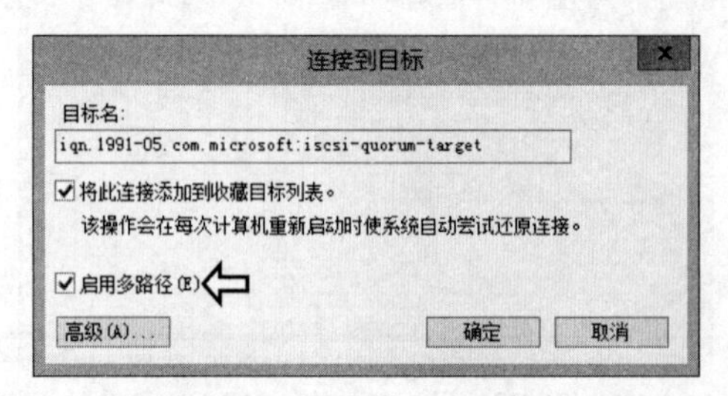

图 14-108　勾选启用多路径选项

回到「属性」窗口中，会看到多了一组连接，如图 14-110 所示。

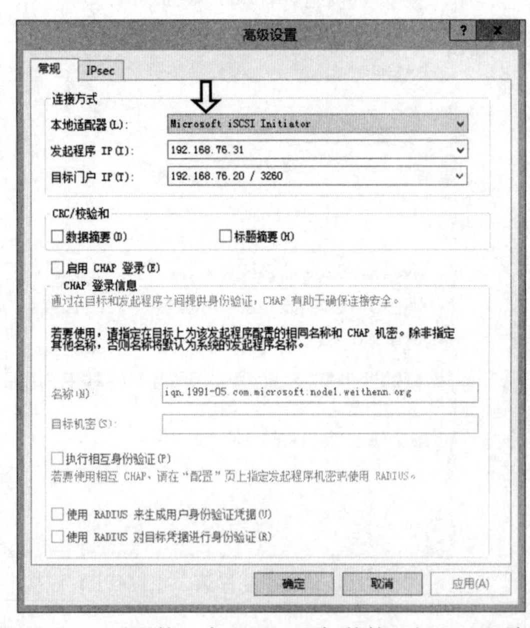

图 14-109　设置第一个 iSCSI 目标的第二组 MPIO 连接

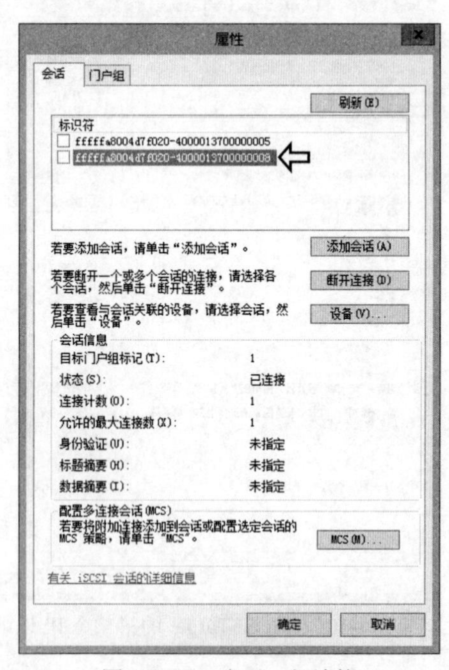

图 14-110　多了一组连接

回到「目标」选项卡，选择「iqn.1991-05.com.microsoft:iscsi-storage1-target」目标，单击「属性」按钮，准备设置第二组 MPIO 连接，如图 14-111 所示。

在弹出的「属性」窗口中可以看到目前只有一组连接，单击「添加会话」按钮准备设置第二组 MPIO 连接，如图 14-112 所示。

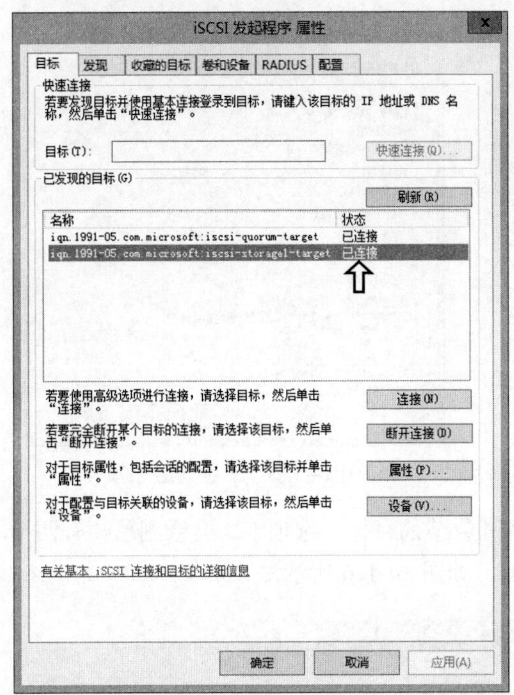

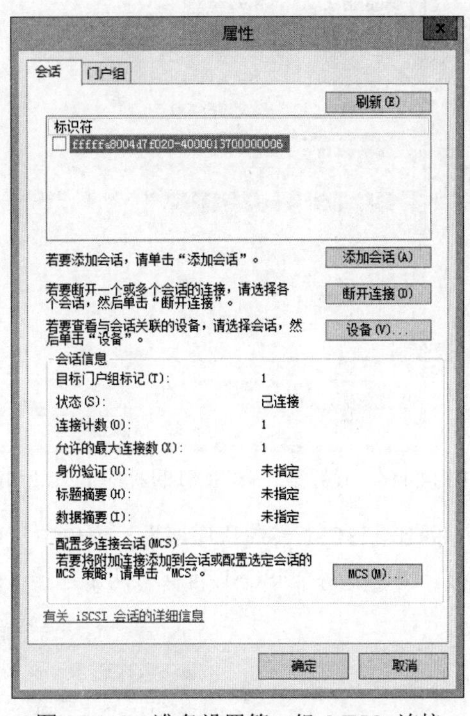

图 14-111 准备设置第二组 MPIO 连接

图 14-112 准备设置第二组 MPIO 连接

在弹出的「连接到目标」窗口中请勾选「启用多路径」选项，然后单击「高级」按钮，如图 14-113 所示。

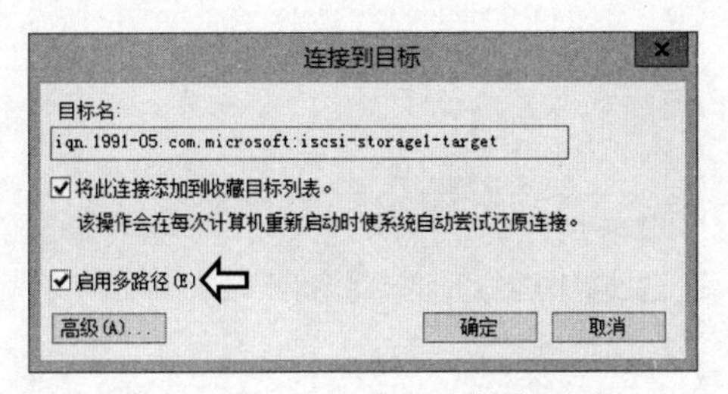

图 14-113 勾选启用多路径选项

在连接方式区域中有三个下拉列表框，请依次设置为「Microsoft iSCSI Initiator、192.168.76.31、192.168.76.20 / 3260」，然后单击「确定」按钮，如图 14-114 所示。

回到「属性」窗口中，您会看到多了一组连接，如图 14-115 所示。

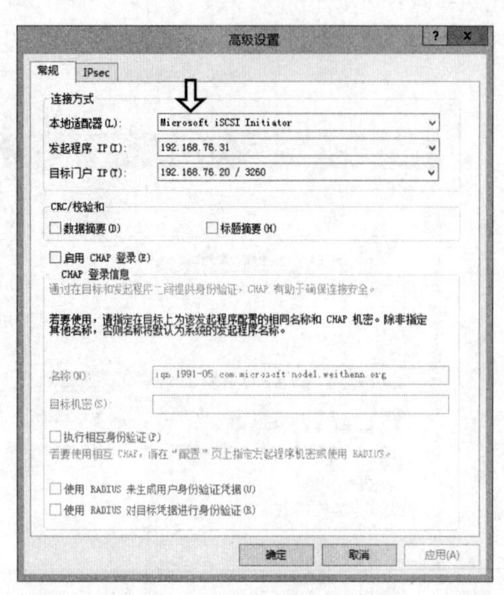

图 14-114　设置第二个 iSCSI 目标的第二组 MPIO 连接

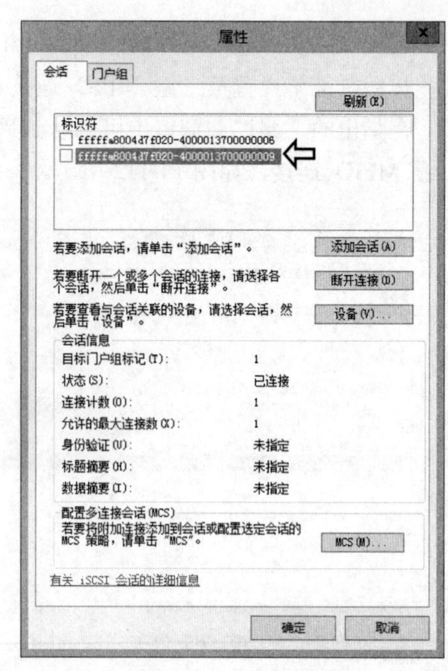

图 14-115　多了一组连接

回到「iSCSI 发起程序属性」窗口中，切换到「收藏的目标」选项卡，会看到总共有四个连接，也就是每个 iSCSI 目标有两个连接（MPIO），如图 14-116 所示。

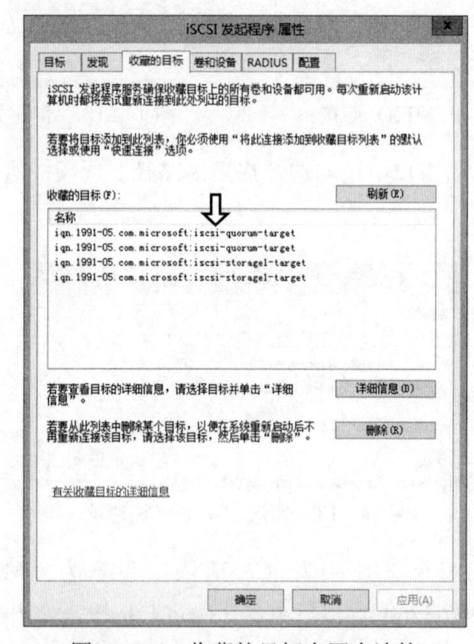

图 14-116　收藏的目标有四个连接

建议再次查看每个连接内容核对 IP 地址设置是否正确，以避免发生不可预期的错误。选择每个连接后单击「详细信息」按钮，每个 iSCSI 目标应该都有两组 IP 地址连接，如图 14-117 至图 14-120 所示。

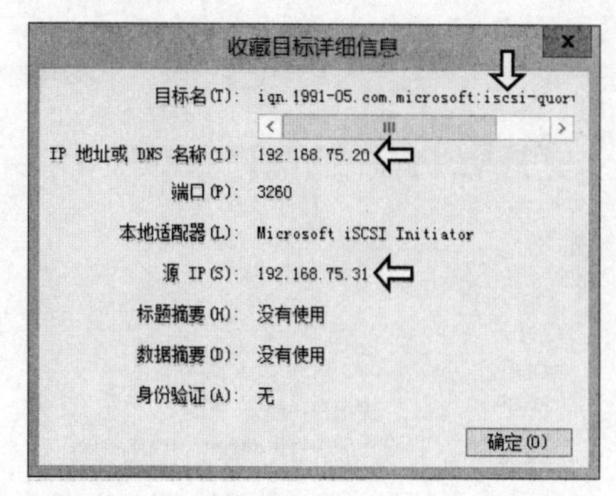

图 14-117 Quorum 目标 192.168.75.20 / 192.168.75.31 连接

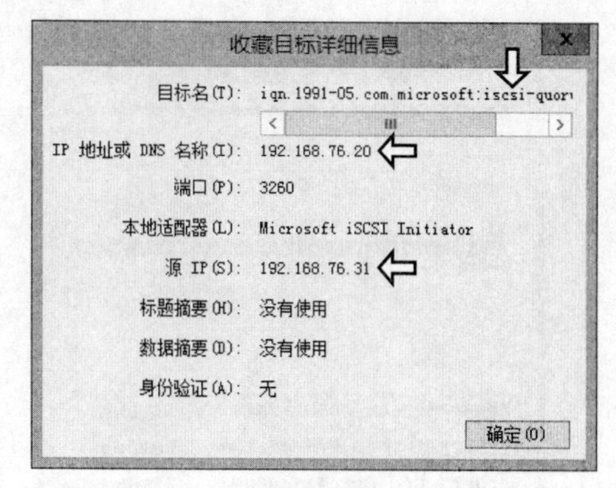

图 14-118 Quorum 目标 192.168.76.20 / 192.168.76.31 连接

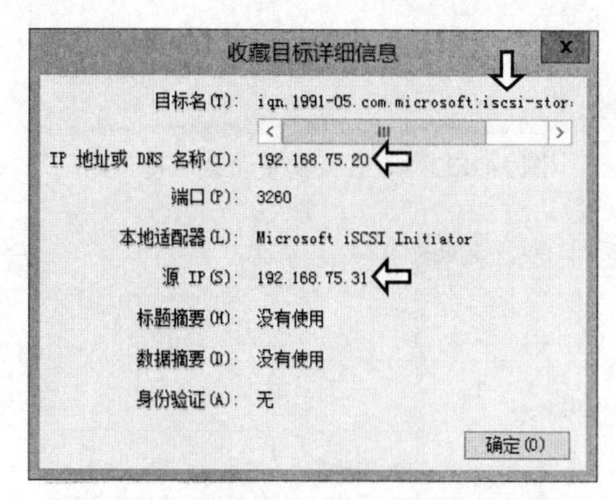

图 14-119 Storage1 目标 192.168.75.20 / 192.168.75.31 连接

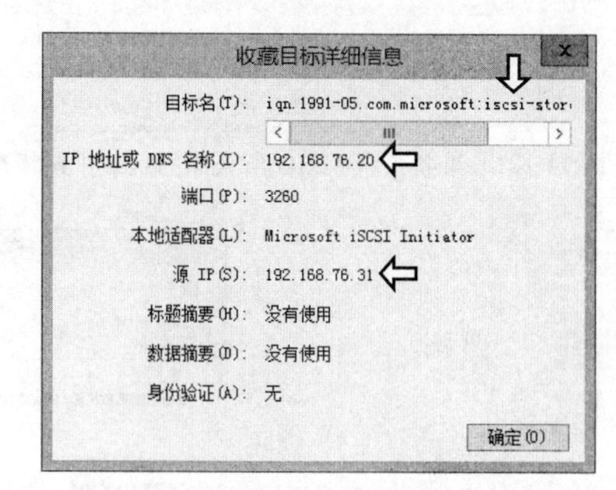

图 14-120 Storage1 目标 192.168.76.20 / 192.168.76.31 连接

接下来我们来查看多路径 MPIO 所采用的负载平衡策略，切换到「目标」选项卡，单击「设备」按钮，如图 14-121 所示。

在弹出的「设备」窗口中单击「MPIO」按钮，可以查看或调整负载平衡策略，如图 14-122 所示。

在「负载平衡策略」下拉列表中，当前使用的策略为「协商会议」，也就是会尝试平均分配所有传入要求，如图 14-123 所示，如果您有其他需求的话也可以调整负载平衡策略：

- 仅故障转移（Failover Only）：同一时间只有一个主要使用路径，当主要路径失效时，将使用备用路径 I/O。
- 协商会议（Round Robin）：使用 Active-Active 机制平均使用所有可用路径。

- 带子集的协商会议（Round Robin with Subnet）：除了协商会议之外，还增加了一组备用路径，例如有 A、B、C 三条可用路径，其中 A、B 为主要路径而 C 为备用路径，除非 A、B 路径都失效否则不会使用到 C 备用路径。

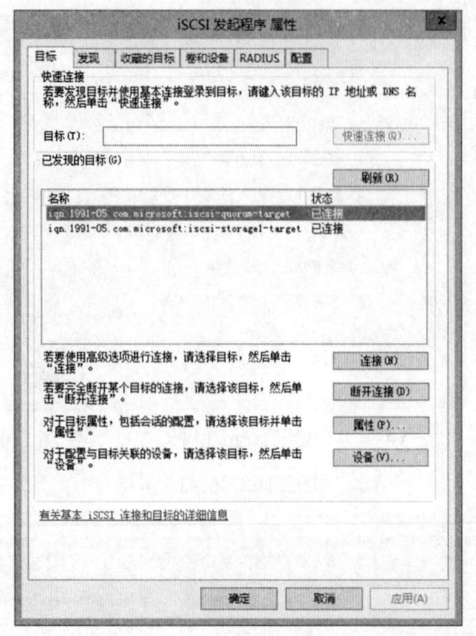

图 14-121　准备查看 MPIO 所采用的负载平衡策略

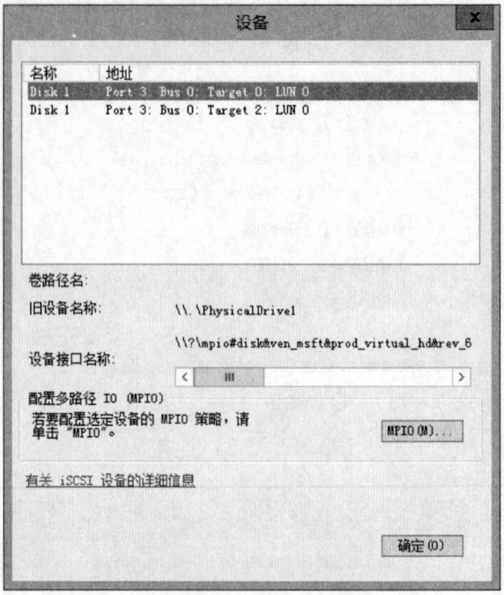

图 14-122　查看或调整负载平衡策略

图 14-123　采用协商会议（Round Robin）负载平衡策略

- 最少队列深度（Least Queue Depth）：统计目前可用路径当中 I/O 队列最少的路径，将 I/O 分配给该路径。
- 加权路径（Weighted Paths）：可自行分配路径权重，数值越大则优先级越低。

- 最少阻止次数（Least Blocks）：统计目前可用路径当中最少待处理 I/O 字节的路径，将 I/O 分配给该路径。

14-5-4 Node1 主机挂载 iSCSI Target 磁盘资源

设置完 MPIO 多路径后，便可以挂载 Quorum 和 Storage 磁盘，切换到「卷和设备」选项卡，单击「自动配置」按钮挂载 iSCSI Target 资源，如图 14-124 所示。

您会看到在卷列表区域中出现两条记录，分别是 Quorum 和 Storage 磁盘，如图 14-125 所示。

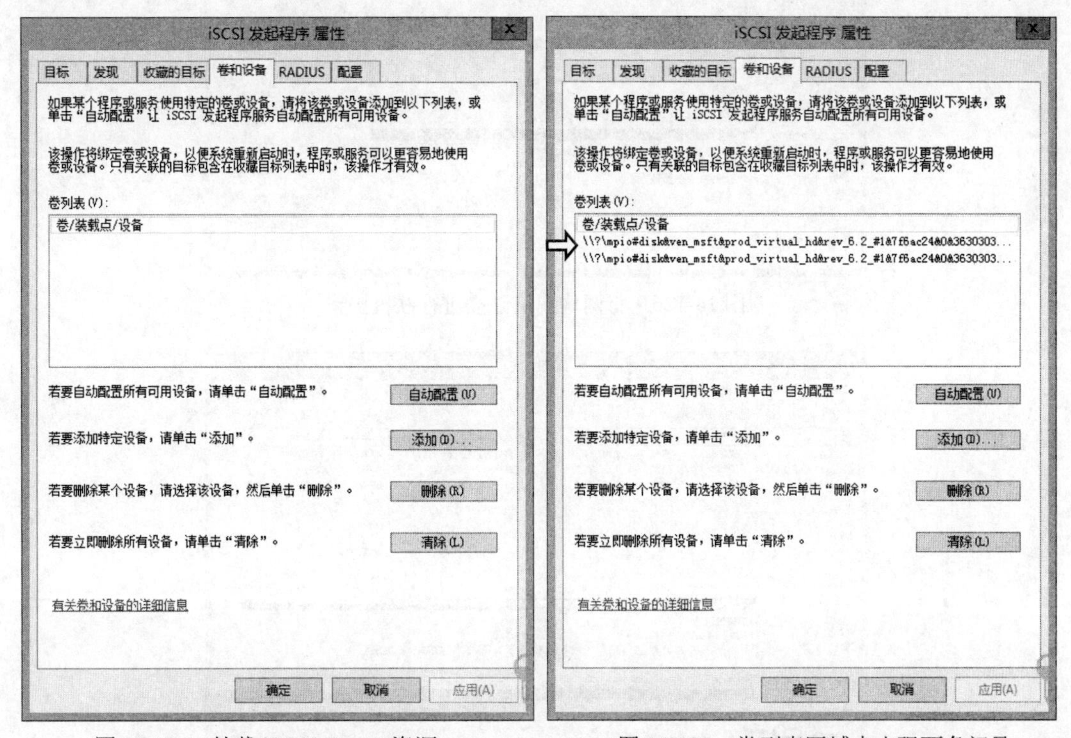

图 14-124　挂载 iSCSI Target 资源　　　图 14-125　卷列表区域中出现两条记录

使用 Windows Key + X 组合键调出「开始」菜单，然后选择「磁盘管理」，在「磁盘管理」窗口中可以看到共有两块「脱机」磁盘：1GB、98.76GB，请将两块脱机磁盘进行联机操作，如图 14-126 所示。

联机操作完成后，将两块磁盘「初始化」，为格式化磁盘做准备，如图 14-127 所示。

在弹出的「初始化」磁盘窗口中，由于两块磁盘容量都未超过 2TB 大小，因此使用传统的 MBR 磁盘分区形式即可，单击「确定」按钮初始化磁盘，如图 14-128 所示。

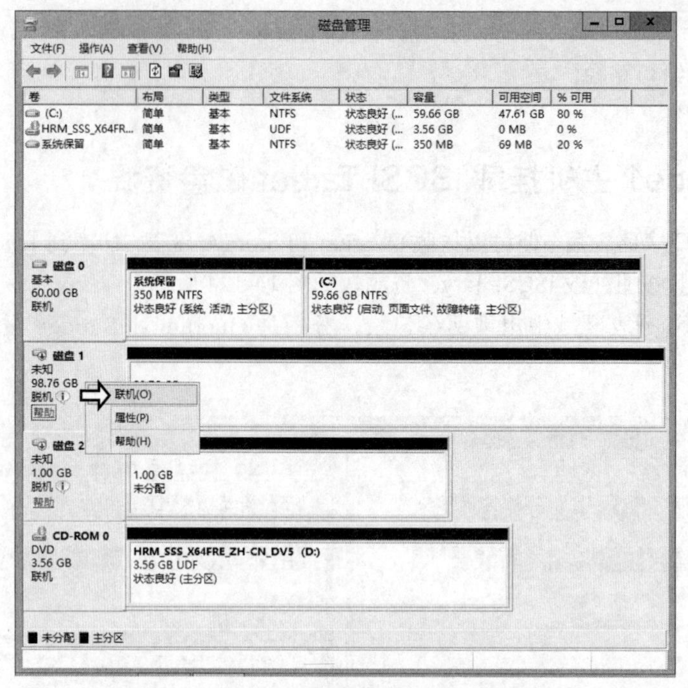

图 14-126　将两块脱机磁盘进行联机操作

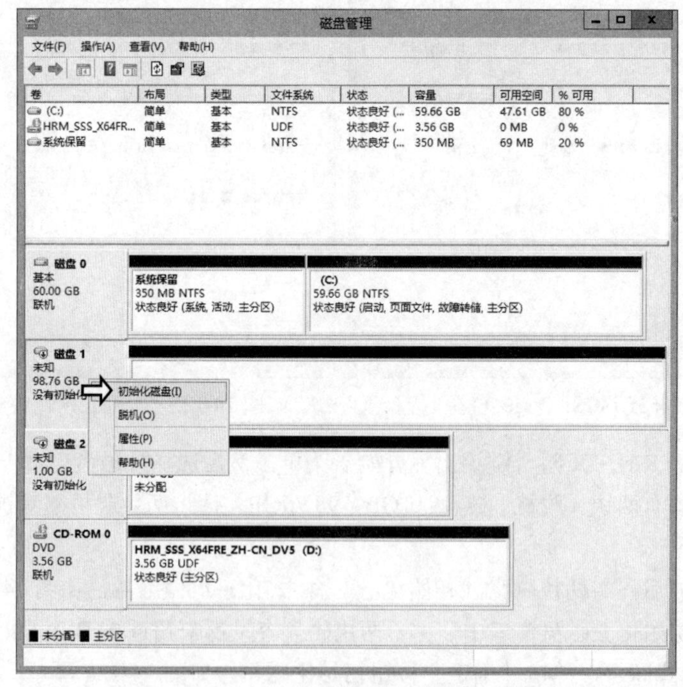

图 14-127　对两块磁盘进行初始化操作

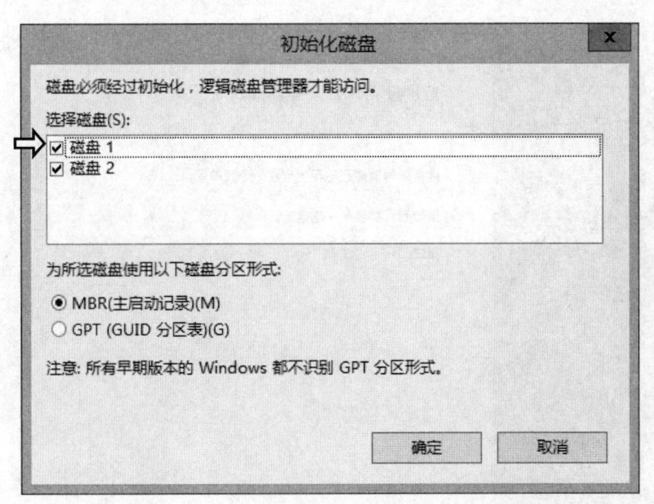

图 14-128　使用传统的 MBR 磁盘分区形式

首先对 1GB 磁盘进行格式化操作，右击该磁盘，在弹出菜单中选择「新建简单卷」选项，如图 14-129 所示。

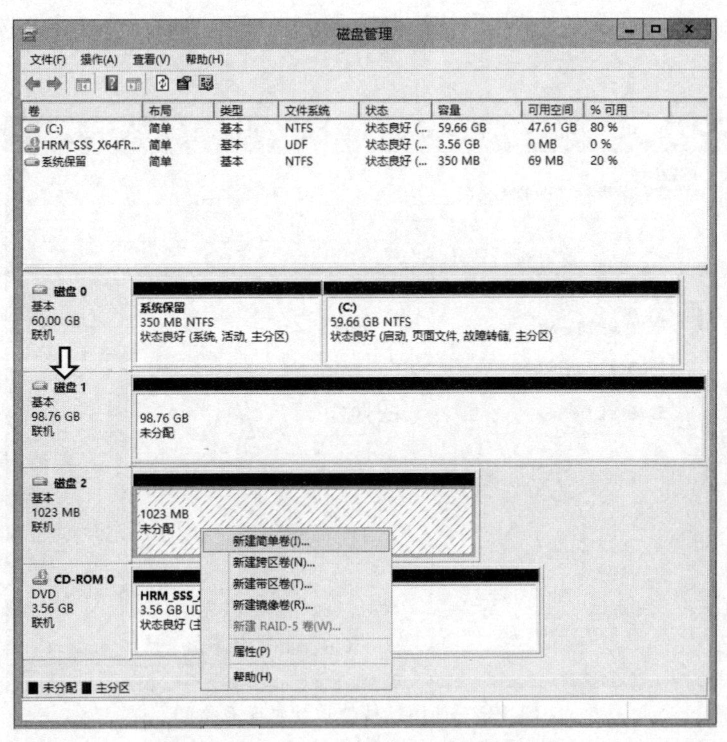

图 14-129　对 1GB 磁盘进行格式化操作

在「新建简单卷向导」窗口中，单击「下一步」按钮继续，如图 14-130 所示。

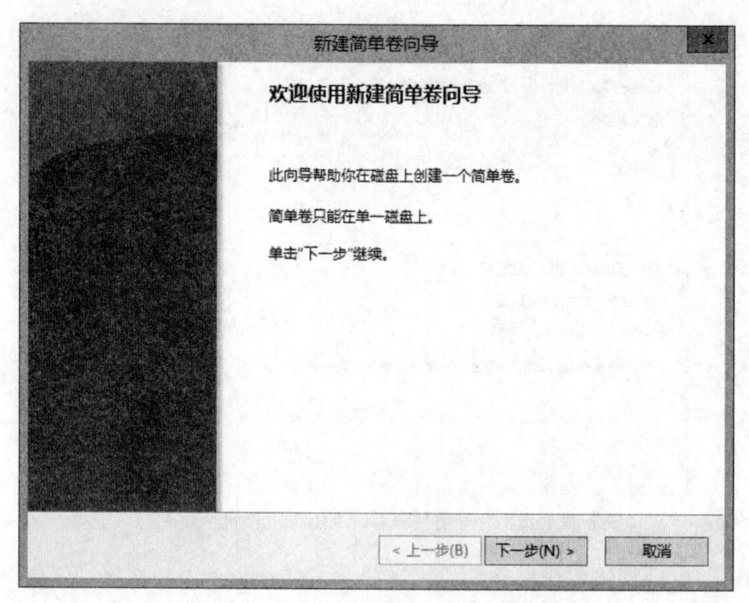

图 14-130　继续磁盘格式化程序

在「指定卷大小」页面中，使用默认值也就是所有空间，单击「下一步」按钮继续，如图 14-131 所示。

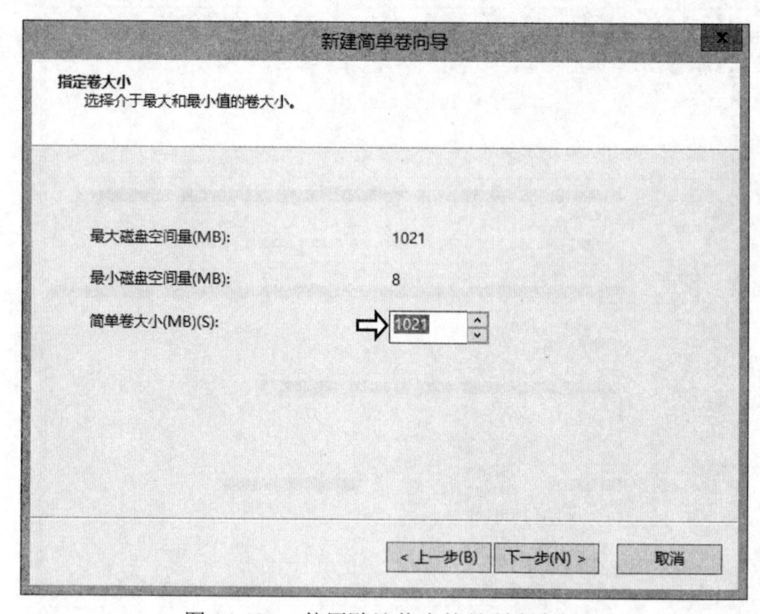

图 14-131　使用默认值也就是所有空间

在「分配驱动器号和路径」页面中，此块磁盘将作为 Quorum Disk 使用，因此为了方便标识和记忆，我们将驱动器号指定为「Q」，单击「下一步」按钮继续，如图 14-132 所示。

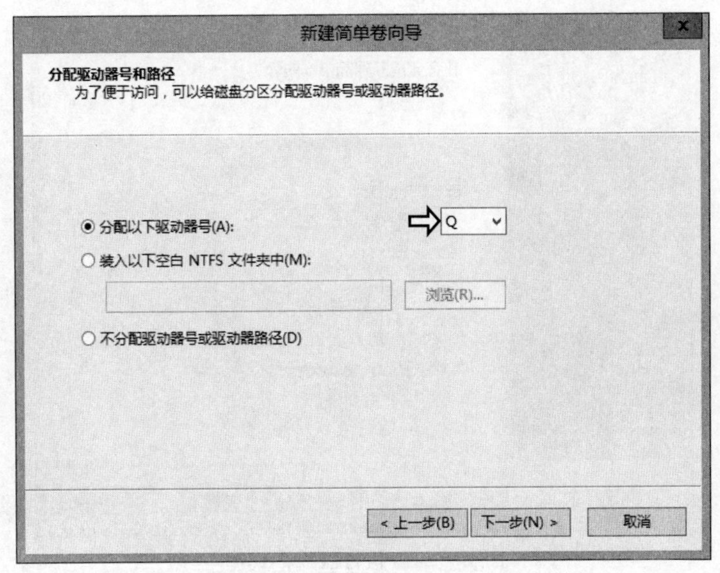

图 14-132　将驱动器号指定为 Q

在「格式化分区」页面中，为了方便标识和记忆，我们在「卷标」中输入「Quorum」并且勾选「执行快速格式化」，单击「下一步」按钮继续，如图 14-133 所示。

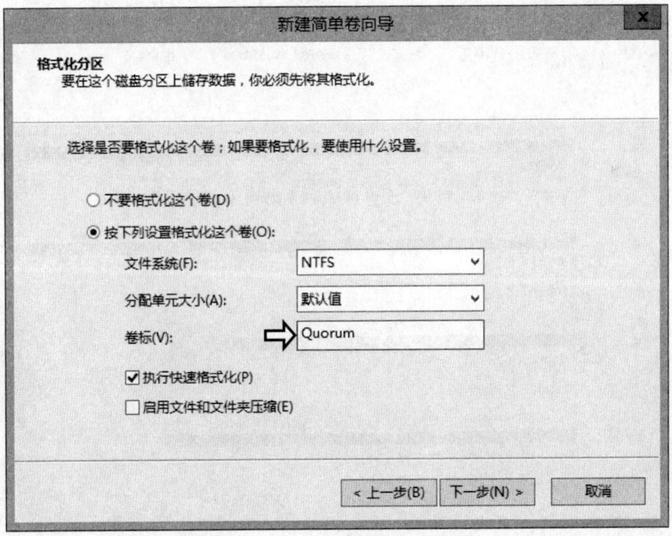

图 14-133　输入卷标 Quorum

再次查看磁盘格式化的相关设置，确认无误后单击「完成」按钮，如图 14-134 所示。

您会看到磁盘 2（1GB）已经格式化完成，它的驱动器号为「Q」，卷标为「Quorum」，同样的请为「磁盘 1(98.76GB)」进行磁盘格式化操作，驱动器号指定为「S」，卷标设置为「Storage」，如图 14-135 所示。

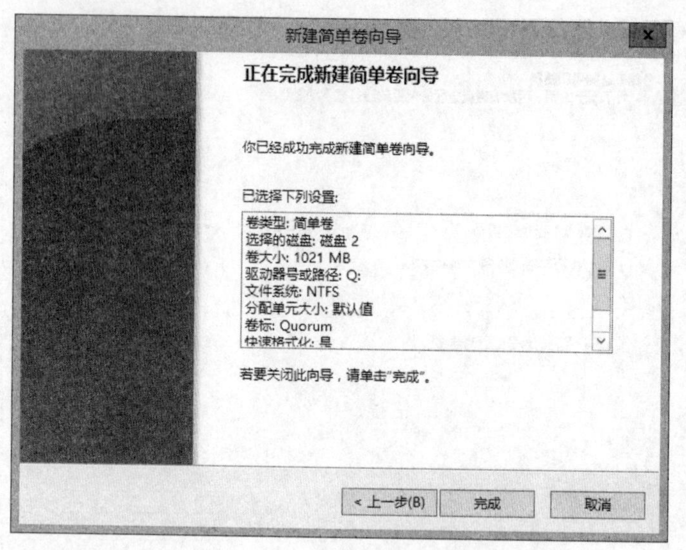

图 14-134　执行磁盘格式化

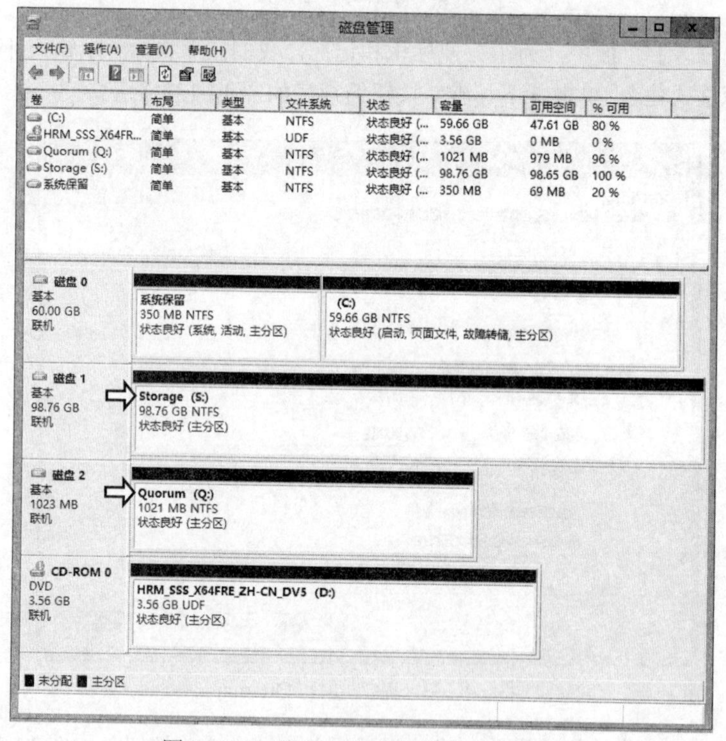

图 14-135　磁盘 2 完成磁盘格式化操作

其实磁盘格式化操作也可以在服务器管理器中完成（依个人操作习惯），当然刚才在「磁盘管理」窗口中的操作在服务器管理器中也可以看到结果，如图 14-136 所示。

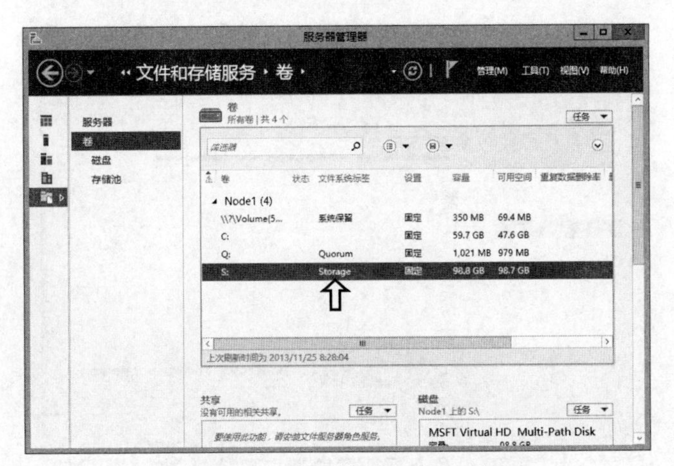

图 14-136　服务器管理器中查看结果

14-5-5　Node2 主机安装多路径 I/O 功能

同样的也请为 Node2 主机安装多路径 I/O 功能、添加 MPIO 设备、设置 MPIO 联机、添加 iSCSI Target 磁盘资源，由于大部分的操作步骤与 Node1 主机类似，因此下列操作步骤只会重点提醒读者应该注意的地方。

在 Node2 主机中依次选择「服务器管理器>管理>添加角色和功能」选项，准备安装多路径 I/O 服务器功能，在「选择功能」页面中勾选「多路径 I/O」选项进行服务器功能安装，如图 14-137 所示。

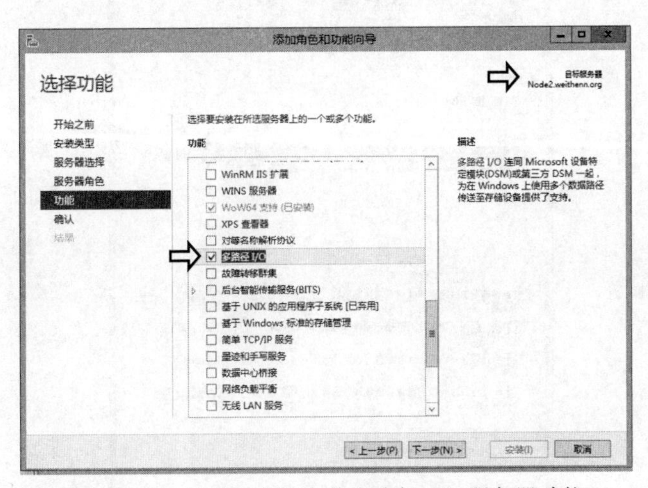

图 14-137　Node2 主机安装多路径 I/O 服务器功能

确认多路径 I/O 服务器功能安装完成，便可以单击「关闭」按钮准备设置 MPIO，如图 14-138 所示。

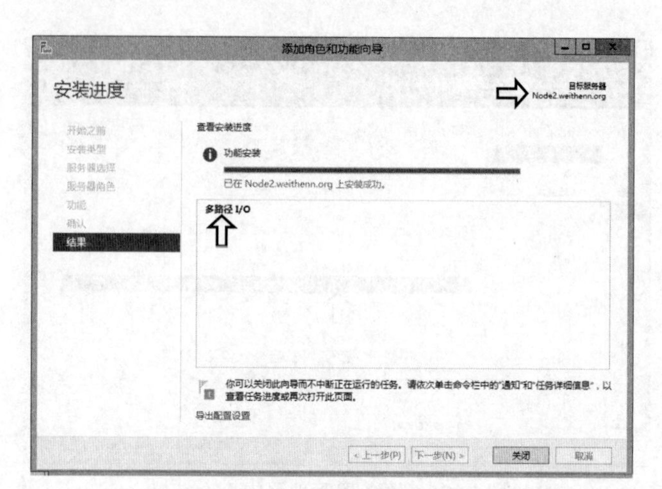

图 14-138　多路径 I/O 服务器功能安装完成

14-5-6　Node2 主机添加 MPIO 设备

同样的请在打开的「iSCSI 发起程序属性」窗口中，切换到「目标」选项卡，在「目标」字段输入 iSCSI Target 的 IP 地址「192.168.75.20」，单击「快速连接」按钮，连接成功后，选择「iqn.1991-05.com.microsoft:iscsi-quorum-target」进行连接操作，此时该列状态将显示为「已连接」，如图 14-139 所示。

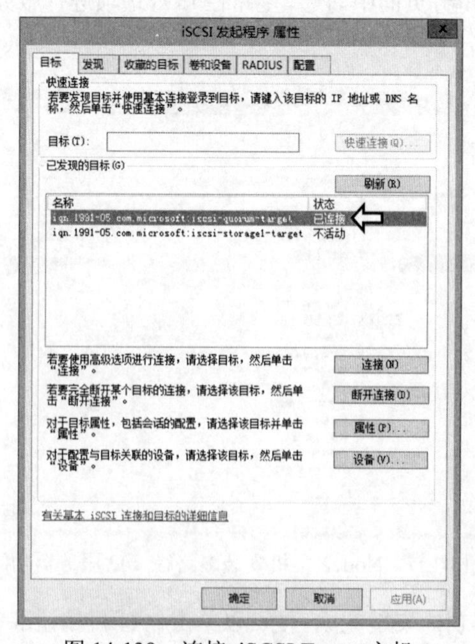

图 14-139　连接 iSCSI Target 主机

接着请在「服务器管理器」窗口中依次选择「工具>MPIO」选项，在打开的「MPIO 属性」窗口中，切换到「发现多路径」选项卡，勾选「添加对 iSCSI 设备的支持」选项，单击「添加」按钮将会弹出需要重新启动提示信息，单击「是」按钮添加 MPIO 设备并重新启动主机，如图 14-140 所示。

当 Node2 主机重新启动完成后，再次打开「MPIO 属性」窗口，在「MPIO 设备」选项卡中的设备区域内会看到添加了一个名称为「MSFT2005iSCSIBuxType_0x9」的设备，确认 MPIO 设备添加完成后单击「确定」按钮，如图 14-141 所示。

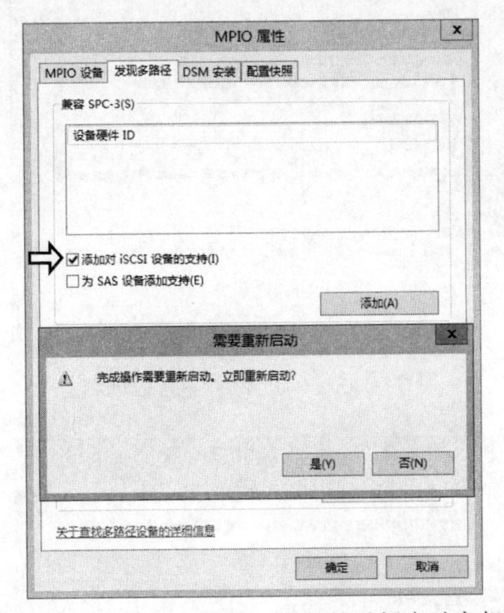

图 14-140 添加 MPIO 设备并重新启动主机

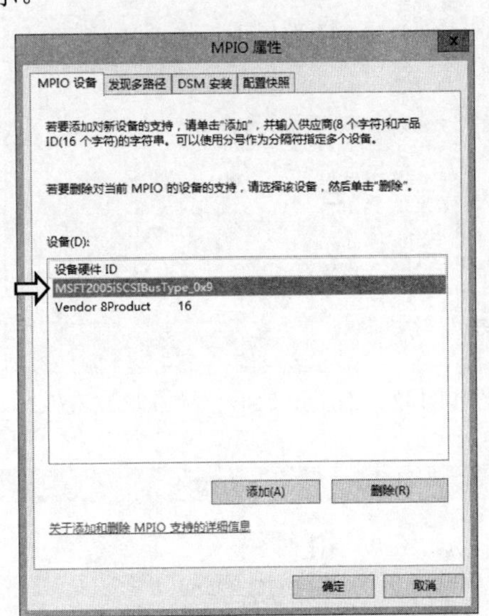

图 14-141 确认 MPIO 设备添加完成

14-5-7 Node2 主机 iSCSI Initiator MPIO 设置

先将刚才添加 MPIO 设备的连接删除后再重新设置，再次打开「iSCSI 发起程序属性」窗口并切换到「发现」选项卡，单击「发现门户」按钮，在弹出的「发现目标门户」窗口中输入 iSCSI Target 的 IP 地址「192.168.75.20」，然后单击「确定」按钮，如图 14-142 所示。

切换到「目标」选项卡，选择「iqn.1991-05.com.microsoft:iscsi-quorum-target」目标，单击「连接」按钮，在弹出的「连接到目标」窗口中勾选「启用多路径」选项，单击「高级」按钮，如图 14-143 所示。

在打开的「高级设置」窗口中，在连接方式区域内有三个下拉列表框，请依次设置为「Microsoft iSCSI Initiator、192.168.75.32、192.168.75.20/3260」，单击「确定」按钮完成设置，如图 14-144 所示。

回到「目标」选项卡中可以看到目标的状态显示为「已连接」，选择「iqn.1991-05.com.microsoft:iscsi-storage1-target」目标，单击「连接」按钮，在弹出的「连接到目标」窗口中勾选「启用多路径」选项，单击「高级」按钮，如图 14-145 所示。

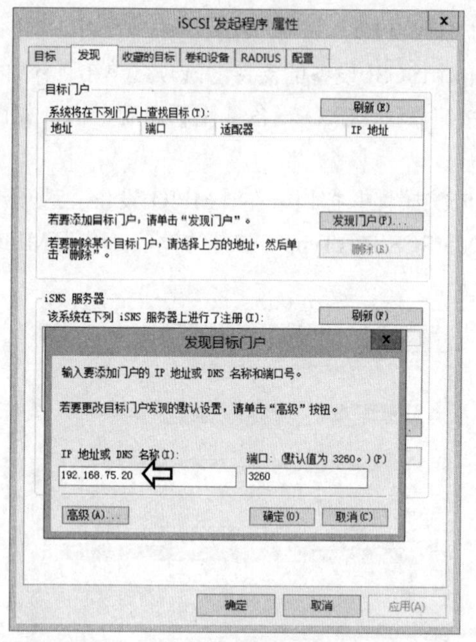

图 14-142　添加 iSCSI 目标 192.168.75.20

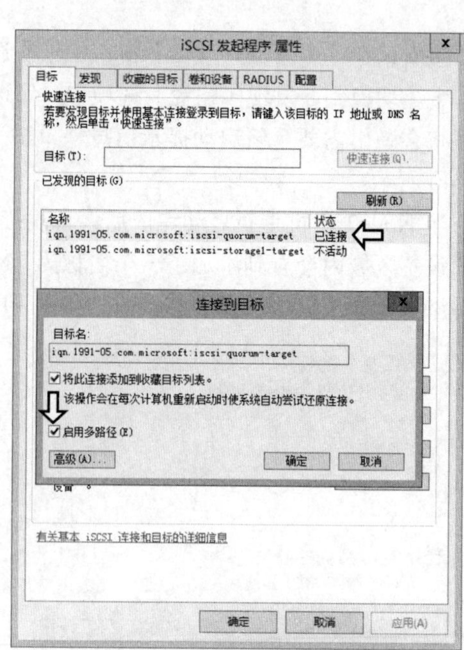

图 14-143　勾选启用多路径选项

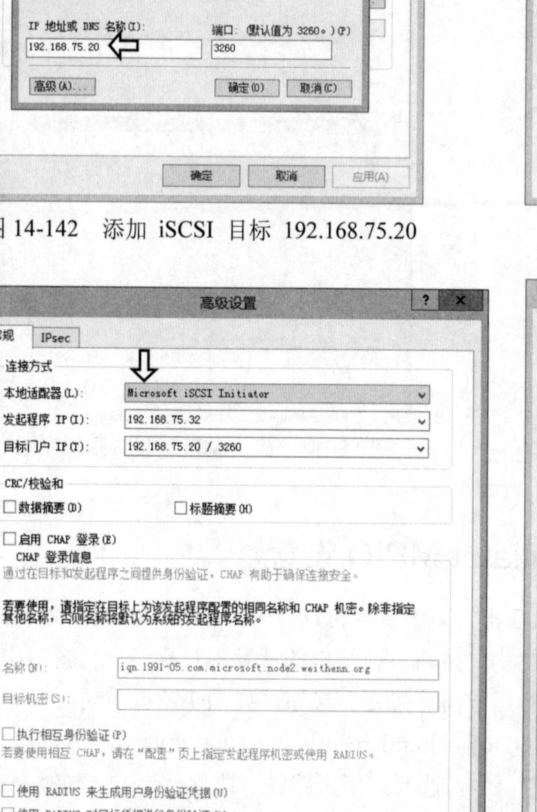

图 14-144　设置第一个 iSCSI 目标的第一组 MPIO 连接

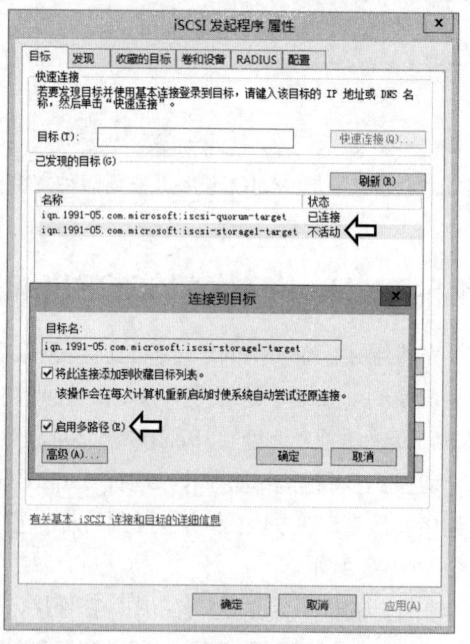

图 14-145　勾选启用多路径选项

同样的在连接方式区域内有三个下拉列表框，请依次设置为「Microsoft iSCSI Initiator、192.168.75.32、192.168.75.20 / 3260」，单击「确定」按钮完成设置，如图 14-146 所示。

切换到「发现」选项卡，单击「发现门户」按钮，输入 iSCSI Target 第二个联机的 IP 地址「192.168.76.20」，单击「确定」按钮，如图 14-147 所示。

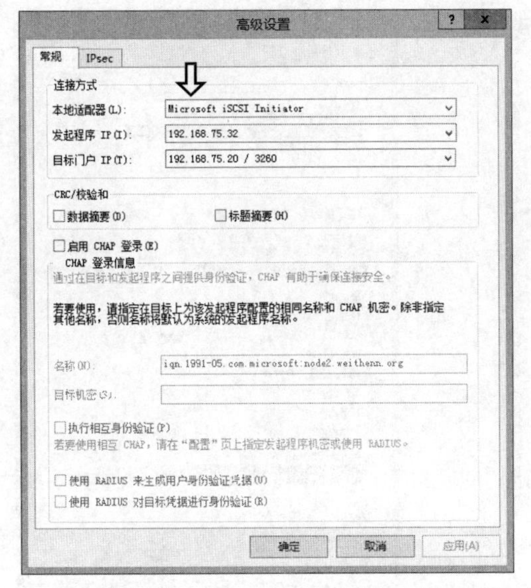

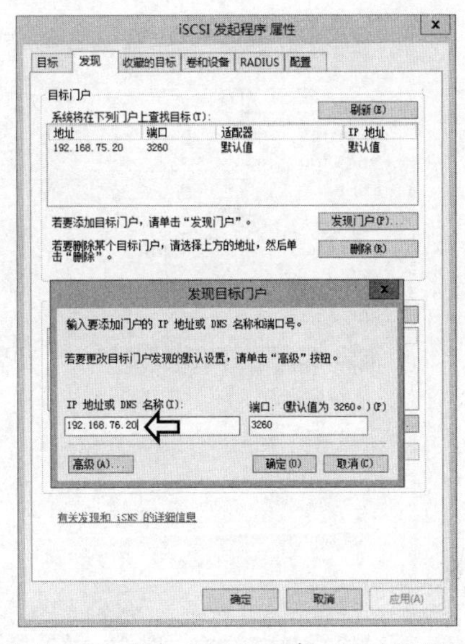

图 14-146　设置第二个 iSCSI 目标的第一组 MPIO 连接　　图 14-147　添加 iSCSI 目标 192.168.76.20

切换到「目标」选项卡，选择「iqn.1991-05.com.microsoft:iscsi-quorum-target」目标，单击「属性」按钮，单击「添加会话」按钮，在弹出的「连接到目标」窗口中，勾选「启用多路径」选项，单击「高级」按钮准备设置第二组 MPIO 连接，如图 14-148 所示。

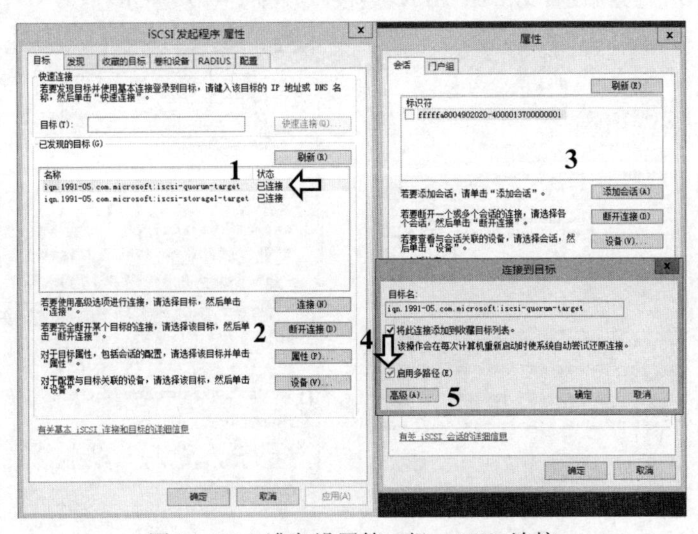

图 14-148　准备设置第二组 MPIO 连接

在连接方式区域内依次设置三个列表框为「Microsoft iSCSI Initiator、192.168.76.32、

192.168.76.20 / 3260」，单击「确定」按钮完成设置，如图 14-149 所示。

回到「属性」窗口中会看到多了一组连接，如图 14-150 所示。

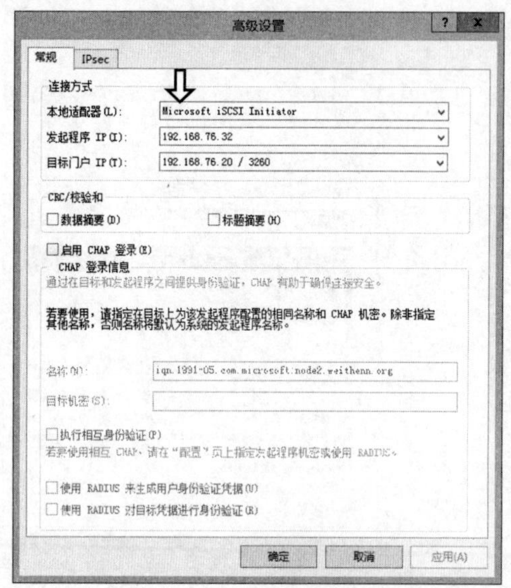

图 14-149 第一个 iSCSI 目标的第二组 MPIO 连接

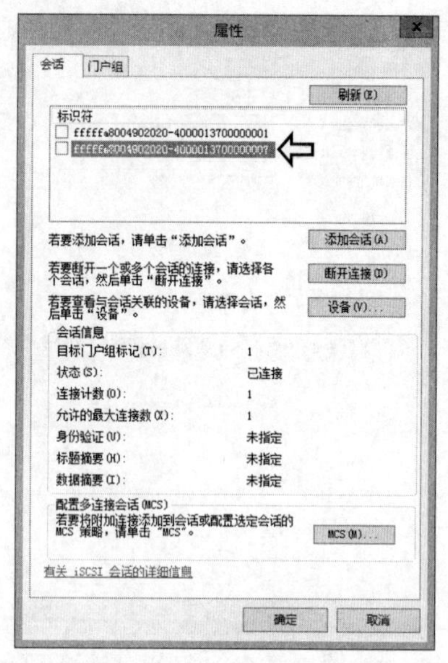

图 14-150 多了一组连接

回到「目标」选项卡中，选择「iqn.1991-05.com.microsoft:iscsi-storage1-target」目标，单击「属性」按钮，单击「添加会话」按钮，在弹出的「连接到目标」窗口中勾选「启用多路径」选项，单击「高级」按钮设置第二组 MPIO 连接，如图 14-151 所示。

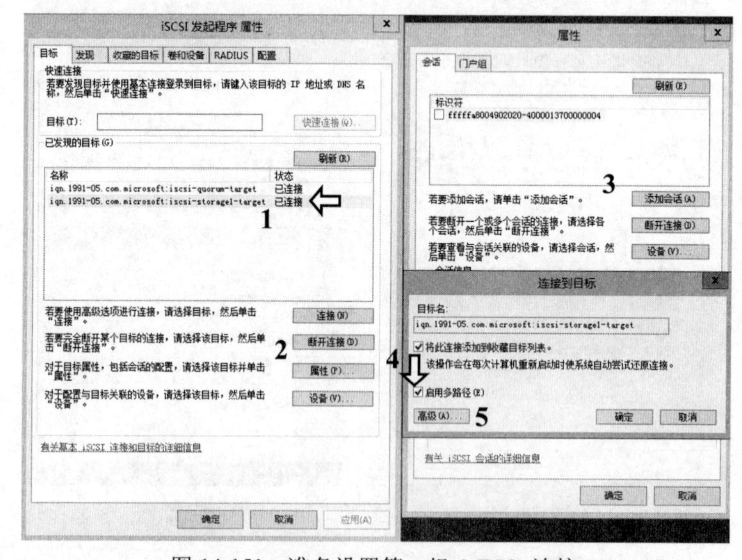

图 14-151 准备设置第二组 MPIO 连接

在连接方式区域的三个下拉列表框中，依次设置为「Microsoft iSCSI Initiator、192.168.76.32、192.168.76.20 / 3260」，单击「确定」按钮完成设置，如图 14-152 所示。

回到「属性」窗口中会看到多了一组连接，如图 14-153 所示。

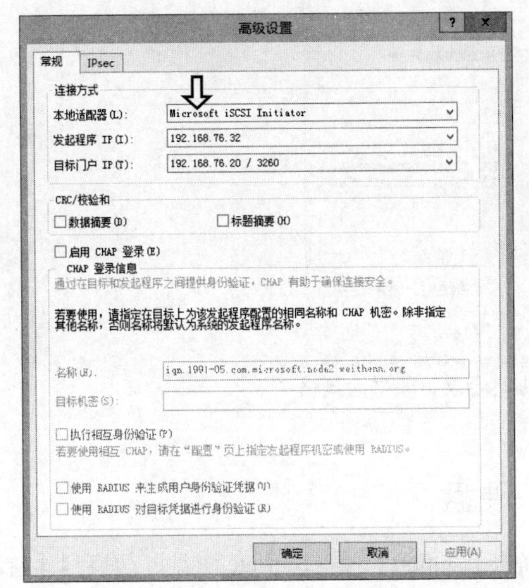

图 14-152　设置第二个 iSCSI 目标的第二组 MPIO 连接　　　图 14-153　多了一组连接

回到「iSCSI 发起程序属性」窗口中，切换到「收藏的目标」选项卡，会看到总共有四个连接，也就是每个 iSCSI 目标有两个连接（MPIO），如图 14-154 所示。

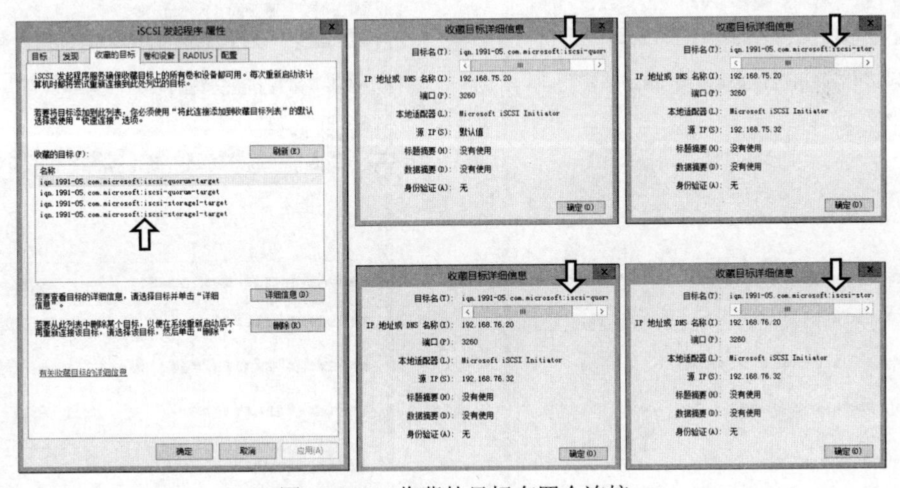

图 14-154　收藏的目标有四个连接

接着确认多路径 MPIO 所采用的负载平衡策略，切换到「目标」选项卡，单击「设备」按钮，在弹出的「设备」窗口中单击 MPIO 按钮，便可以查看或调整负载平衡策略，请确认使用的策略为「协商会议」方式，如图 14-155 所示。

图 14-155　采用协商会议负载平衡策略

14-5-8　Node2 主机挂载 iSCSI 硬盘

设置完 MPIO 多路径功能后，便可以准备挂载 Quorum 和 Storage 磁盘，切换到「卷和设备」选项卡，单击「自动配置」按钮，挂载 iSCSI Target 资源，如图 14-156 所示。

会看到在卷列表区域中出现两条记录，分别是 Quorum 和 Storage 磁盘，如图 14-157 所示。

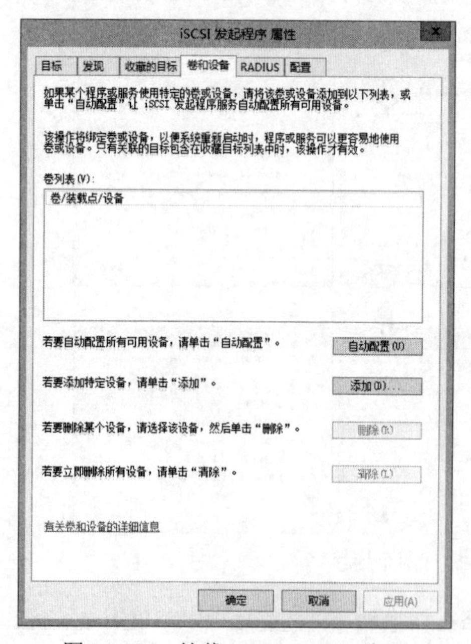

图 14-156　挂载 iSCSI Target 资源

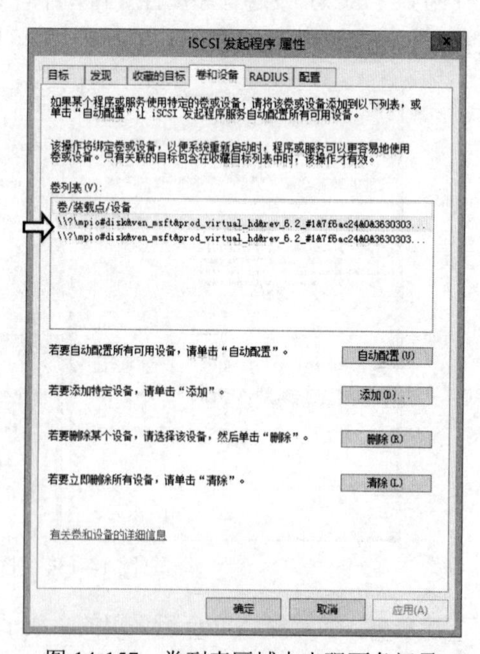

图 14-157　卷列表区域中出现两条记录

使用「Windows Key + X」组合键打开「开始」菜单，选择「磁盘管理」，在「磁盘管理」窗口中可以看到两块「脱机」磁盘，将两块脱机磁盘进行「联机」操作，如图 14-158 所示。

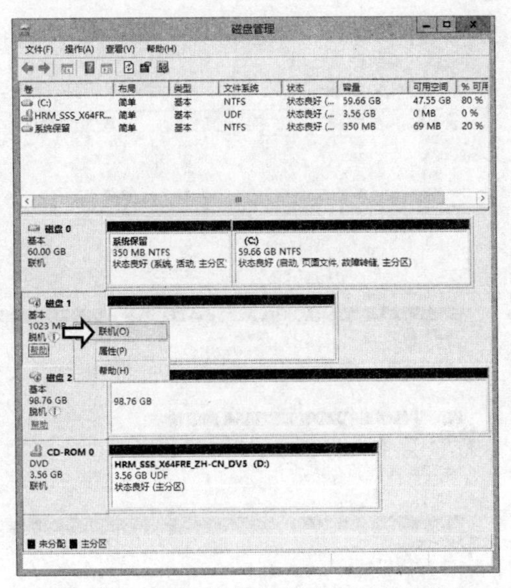

图 14-158　将两块脱机磁盘进行联机操作

由于在 Node1 主机上已经完成了磁盘格式化的操作，所以进行磁盘联机操作后便可以直接看到驱动器号和卷标，但是 Node2 主机的「驱动器号」和 Node1 主机「不同」，请将两台主机的驱动器号调整成「一致」，避免后续发生不可预期的错误，如图 14-159 所示。

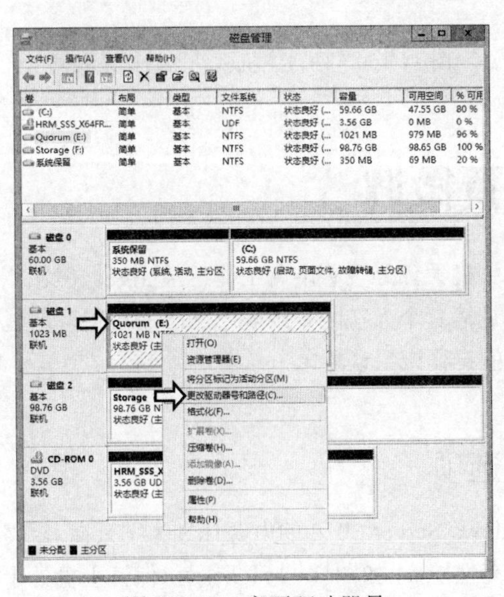

图 14-159　变更驱动器号

将 Node2 主机中的 Quorum 磁盘的驱动器号更改为 Q，而 Storage 磁盘的驱动器号更改为 S，如图 14-160 所示。

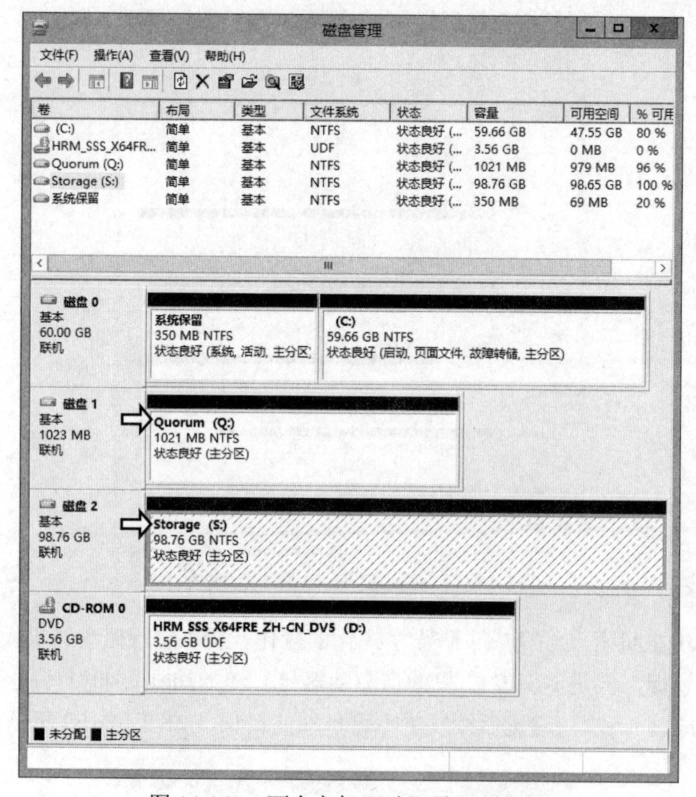

图 14-160　两台主机驱动器号必须相同

14-6　主机设置微调

到这一步，群集节点主机大部分设置准备工作已经完成，但在创建故障转移群集前，建议您进行一些小的调整，这是笔者个人在配置经验中的一些心得，通过本小节这些小的调整后有时可以减少很多不可预知的奇怪或错误现象。

14-6-1　调整电源选项

在默认的情况下 Windows Server 2012 的电源计划为「平衡」，请将 iSCSI、Node1、Node2 主机的电源计划调整为「高性能」，如图 14-161 所示，保持主机处于高性能的状态（虽然会耗用较多的电力）。表 14-1 为三种电源计划的适用场景和说明。

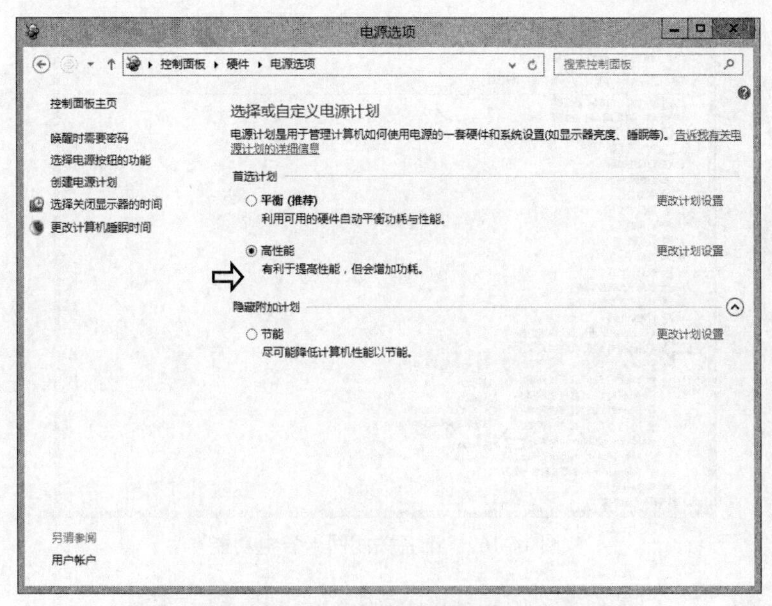

图 14-161　电源计划调整为高性能

表 14-1

电源计划	说明	适用场景
平衡（Balanced）	计算性能-中等 电力消耗-中等	启用部分节能设置，在性能和电力消耗之间取得平衡
高性能 （High Performance）	计算性能-最高 电力消耗-最高	CPU 处理应用程序代码时总是处于高性能状态（包括 Turbo Frequencies），并且取消 CPU 节能机制（CPU Unparked）
节能（Power Saver）	计算性能-低 电力消耗-低	开启所有 CPU 处理器上的节能机制，以尽量降低耗电量为目的

14-6-2　关闭网卡省电功能

在默认的情况下 Windows Server 2012 会为网卡启用「省电模式」，长时间没有连接的网卡将进入省电模式，需要使用此网卡联机时，再重新唤醒网卡，等待的时间可能会产生连接中断的错觉，因此建议将此功能关闭。

请将 iSCSI（四块）、Node1（六块）、Node2（六块）三台主机上的每块网卡都关闭省电功能，使用「Windows Key + X」组合键打开「开始」菜单，选择「设备管理器」，选择网卡后在右键菜单中选择「属性」，如图 14-162 所示。

在弹出的网卡属性窗口中，切换到「电源管理」选项卡，取消勾选「允许计算机关闭此设备以节约电源」选项，单击「确定」按钮完成设置，如图 14-163 所示。

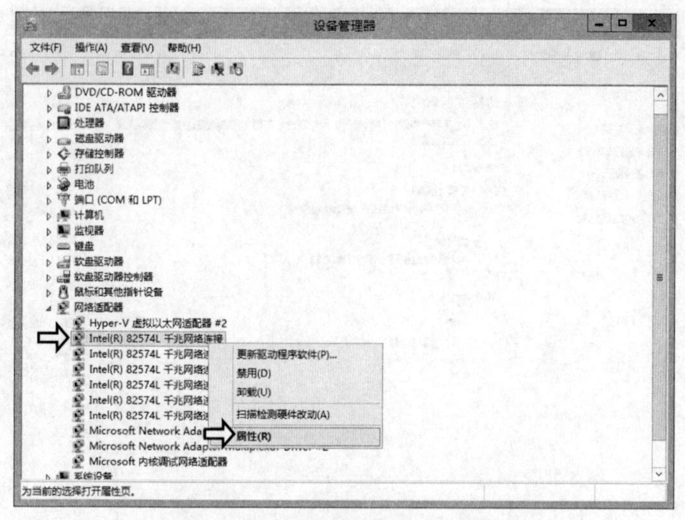

图 14-162　准备关闭网卡省电功能

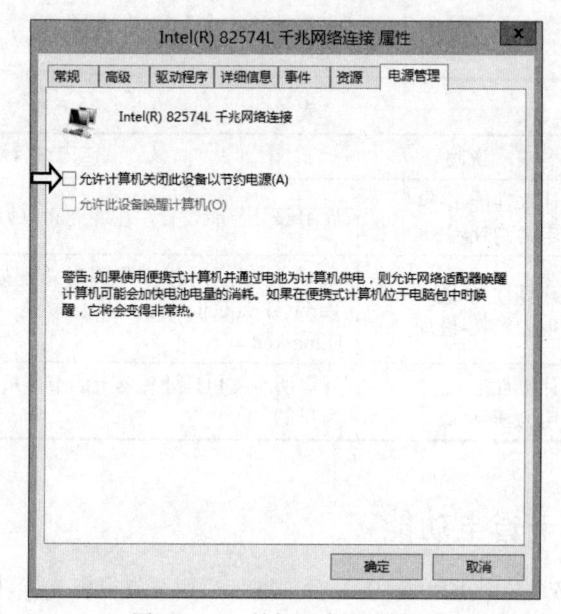

图 14-163　关闭网卡省电功能

14-6-3　不禁用 IPv6

从 Windows Vista / 7 到 Windows Server 2008 / 2012 默认便启用了 IPv4 和 IPv6 双堆栈协议，但有些管理人员可能觉得目前没有 IPv6 环境或需求，因此便会取消勾选网卡中的「Internet 协议版本 6（TCP/IPv6）」选项。

事实上，如果只是取消勾选网卡 IPv6 选项，只会关闭该网卡接口上的 IPv6 功能，并不会关闭其他 IPv6 功能和协议，例如 IPv6 on tunnel interface、IPv6 loopback interface 等，所以在某些情况下便有可能发生问题。例如取消勾选网卡 IPv6 选项后，会造成 Exchange Server 2007 安装完成后，产生「此服务器上的服务 MSExchange Transport 无法进行状态 'Running'」的错误信息，因此笔者并不建议您将网卡的 IPv6 功能禁用，如图 14-164 所示。

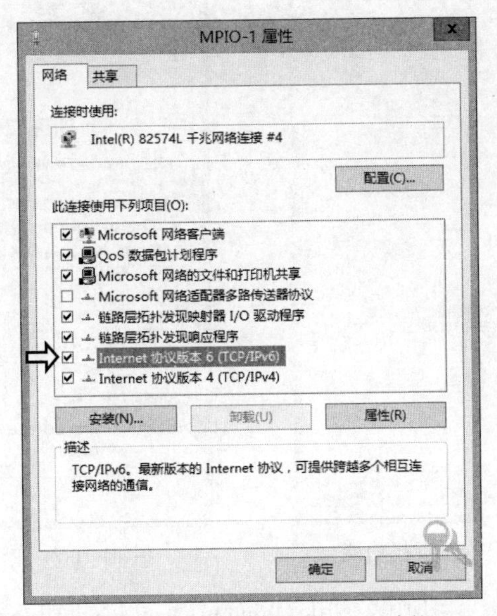

图 14-164　不禁用网卡 IPv6 功能

14-6-4　禁用 LMHOSTS 查找和 DNS 地址注册

在默认情况下，每块网卡都会启用 LMHOSTS 查找和 DNS 地址注册功能，有时候可能会造成 DNS 记录的混乱，因此建议将「没有配置」DNS 和 Gateway 地址的网卡，也就是 172.20.75.0/24、192.168.75.0/24、192.168.76.0/24 这三个网段所属的网卡，禁用 LMHOSTS 查找和 DNS 地址注册功能。

在 iSCSI、Node1、Node2 主机中，打开这些网段的网卡，并依次选择「IPv4>属性>高级」，切换到 WINS 选项卡中，取消勾选「启用 LMHOSTS 查找」选项，然后切换到 DNS 选项卡中，取消勾选「在 DNS 中注册此连接的地址」选项，单击「确定」按钮完成设置，如图 14-165 和图 14-166 所示。

14-6-5　关闭网卡 RSS 功能

虽然在 Windows Server 2012 中默认已经将网卡旧有功能 TCP Chimney 删除、NetDMA 功

能禁用，不过默认还是会启用接收方缩放（Receive Side Scaling，RSS）功能。如果是在 SMB 3.0 环境 SMB Server / Client 中建议启用此功能，但本书环境为 iSCSI Target / Initiator，因此不建议启用此功能。

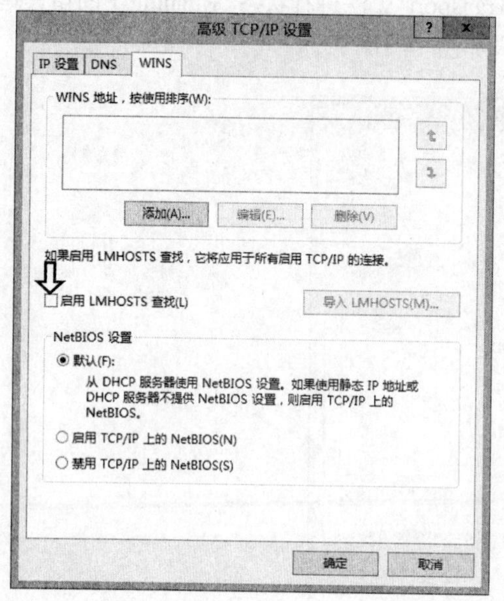

图 14-165　取消 LMHOSTS 查找功能

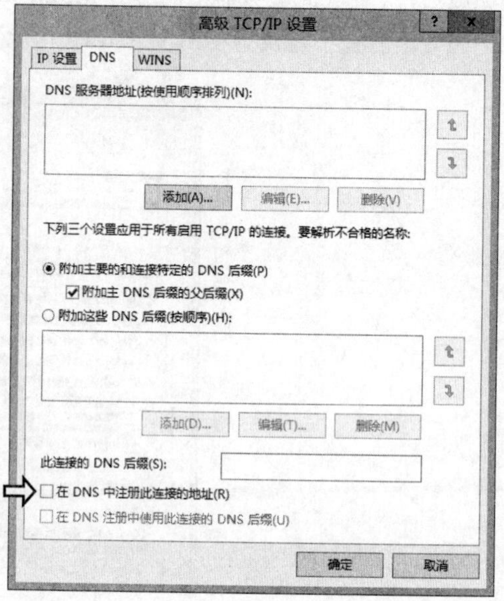

图 14-166　取消 DNS 地址注册功能

在 iSCSI、Node1、Node2 主机中，使用「Windows Key + X」组合键打开「开始」菜单，选择「命令提示符」，输入命令「netsh int tcp set global rss=disabled」关闭 RSS 功能，再次输入命令「netsh int tcp show global」查看设置，确认接收方缩放的功能状态为「disabled」，如图 14-167 所示。

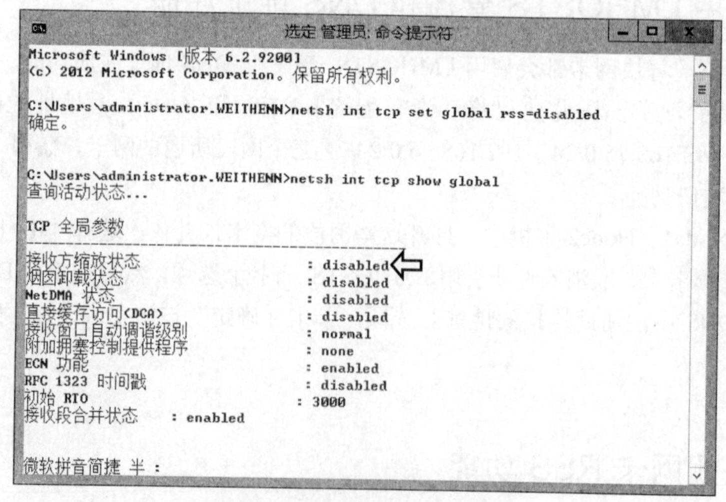

图 14-167　关闭 RSS 功能

14-6-6 调整网卡顺序

请在 Node1、Node2 主机中调整网卡的优先级顺序，打开「网络连接」窗口，依次选择「组织>布局>菜单栏」选项，如图 14-168 所示。

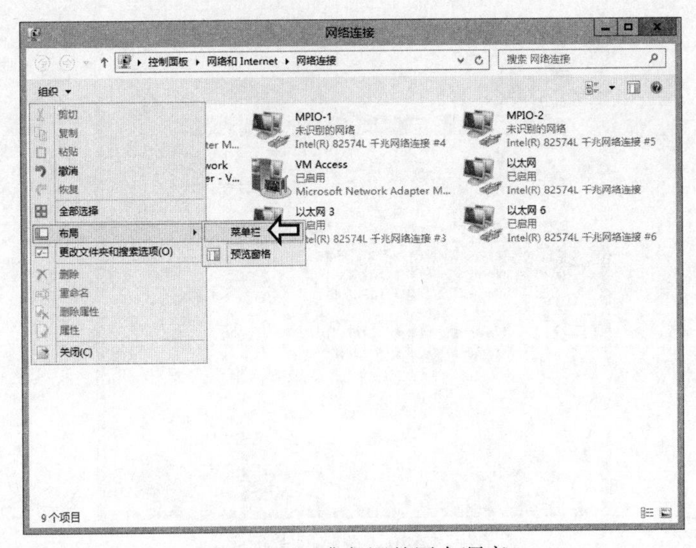

图 14-168　准备调整网卡顺序

在菜单栏中选择「高级>高级设置」选项，准备调整网卡顺序，如图 14-169 所示。

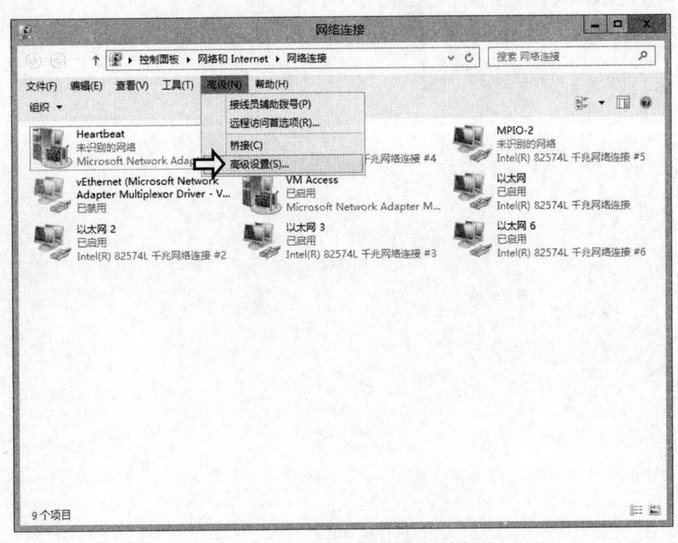

图 14-169　准备调整网卡顺序

在弹出的「高级设置」窗口中，将网卡顺序调整为 Heartbeat>vEthernet>MPIO-1>MPIO-2，并且在下方列表框中确认「IPv4」优先于 IPv6，确认后单击「确定」按钮完成设置，如图 14-170 所示。

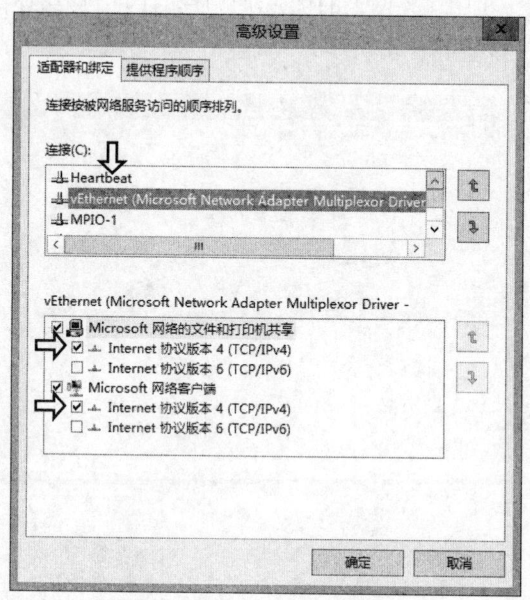

图 14-170　调整网卡顺序

最后!! 建议依次将前述修改过网卡设置的网卡先禁用再启用，确认网卡和相关功能都运行正常，便可以进入创建故障转移群集网络章节了!!

Chapter 15

计划性及非计划性停机解决方案

将故障转移群集创建完成后便着手测试计划性停机解决方案「实时迁移（Live Migration）」、「存储实时迁移（Live Storage Migration）」，以及必需要故障转移群集环境才支持的非计划性停机解决方案「快速迁移（Quick Migration）」。

15-1 配置故障转移群集运行环境

在 Windows Server 2012 中的故障转移群集环境，整体的高可用性和扩充性远远高于 Windows Server 2008 R2，如表 15-1 所示。

表 15-1

项目	资源	Server 2008 R2	Server 2012
Host	Logical Processors	64	320
	Physical Memory	1 TB	4 TB
	vCPUs per Host	512	2,048
VM	vCPUs per VM	4	64
	Memory per VM	64 GB	1 TB
	Active VMs per Host	384	1,024
	Guest NUMA	-	✔
Cluster	Maximum Nodes	16	64
	Maximum VMs	1,000	8,000

而在特性和功能方面除了将原有特性和功能增强之外，Windows Server 2012 相较于 Windows Server 2008 R2 也支持更多特性和功能，如表 15-2 所示。

表 15-2

特性/功能	Server 2008 R2	Server 2012
群集扩展性功能	✔	✔
群集共享卷	✔	✔
群集验证测试	✔	✔
AD 域集成	✔	✔
多站点支持	✔	✔
群集升级和迁移	✔	✔
PowerShell 支持	✔	✔
支持 Scale-Out 文件服务器		✔
群集感知更新		✔
虚拟机应用程序监控		✔
iSCSI 集成		✔

故障转移群集运行示意图如图 15-1 所示。

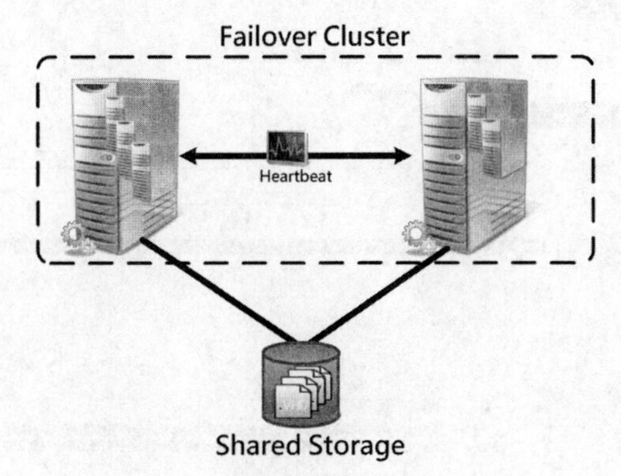

图 15-1 故障转移群集运行示意图

15-1-1 Node1 主机安装故障转移群集功能

我们已经准备好了创建故障转移群集的环境，接下来我们将为 Node1、Node2 主机安装故障转移群集服务器功能。切换到 Node1 主机依次选择「服务器管理器>管理>添加角色和功能>基于角色或基于功能的安装」，单击「下一步」按钮继续，如图 15-2 所示。

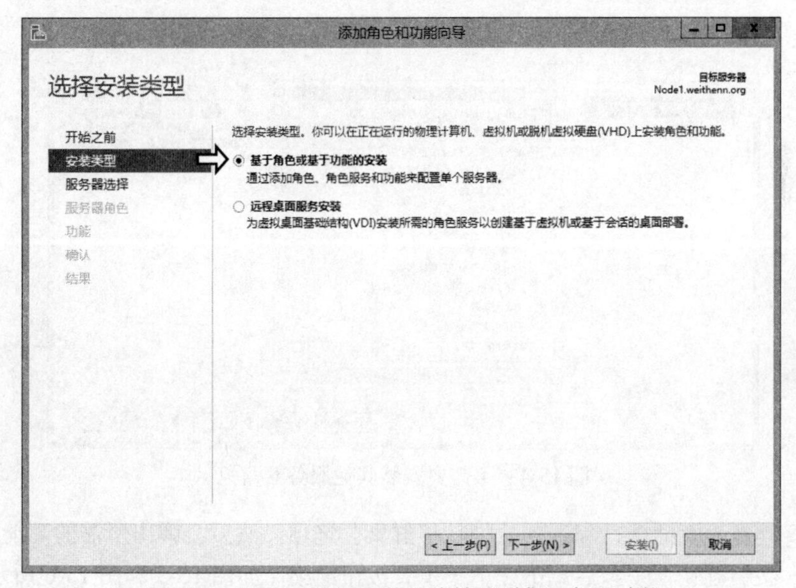

图 15-2 Node1 准备安装故障转移群集服务器功能

在「选择目标服务器」页面中，向导已自动选择了 Node1.weithenn.org 主机，单击「下一步」按钮继续，如图 15-3 所示。

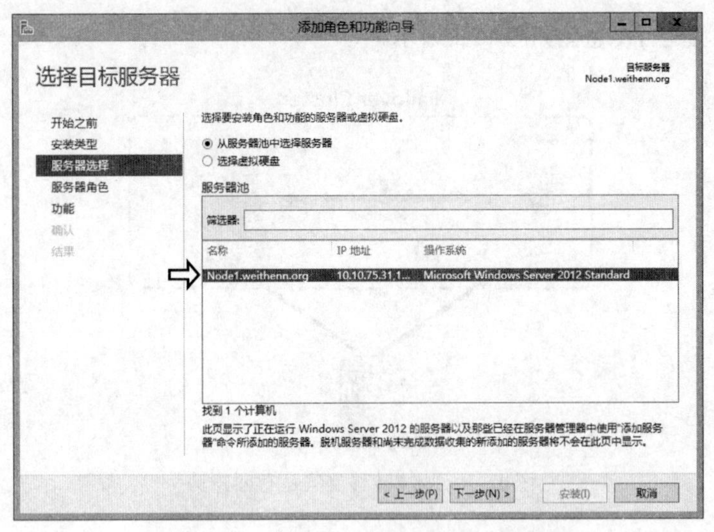

图 15-3　Node1 主机准备安装服务器功能

在「选择服务器角色」页面中，因为不需要安装任何服务器角色，因此单击「下一步」按钮继续，如图 15-4 所示。

添加角色和功能向导
选择服务器角色
目标服务器
Node1.weithenn.org
开始之前
安装类型
服务器选择
服务器角色
功能
确认
结果
选择要安装在所选服务器上的一个或多个角色。
角色
Active Directory Rights Management Services
Active Directory 联合身份验证服务
Active Directory 轻型目录服务
Active Directory 域服务
Active Directory 证书服务
DHCP 服务器
DNS 服务器
Hyper-V (已安装)
Web 服务器(IIS)
Windows Server 更新服务
Windows 部署服务
传真服务器
打印和文件服务
批量激活服务
描述
Active Directory Rights Management Services (AD RMS) 有助于防止信息在未经授权的情况下被使用。AD RMS 将建立用户标识，并为授权用户提供受保护信息的许可证。
< 上一步(P)
下一步(N) >
安装(I)
取消

图 15-4　不需要安装其他服务器角色

在「选择功能」页面中，勾选「故障转移群集」选项，然后会弹出所需的功能窗口，单击「添加功能」按钮确认，安装后单击「下一步」按钮继续，如图 15-5 和图 15-6 所示。

在「确认安装所选内容」页面中，可以勾选或不勾选「如果需要，自动重新启动目标服务器」选项（安装此服务器功能并不需要重新启动主机），因此是否勾选并不影响，确认要进行故障转移群集后单击「安装」按钮，如图 15-7 所示。

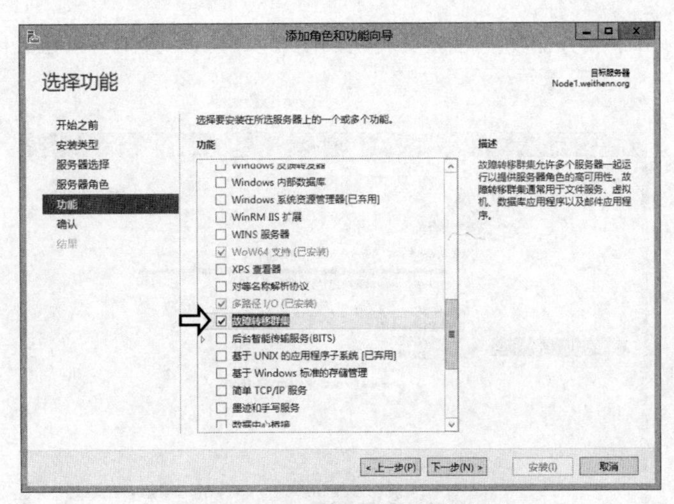

图 15-5　勾选故障转移群集选项

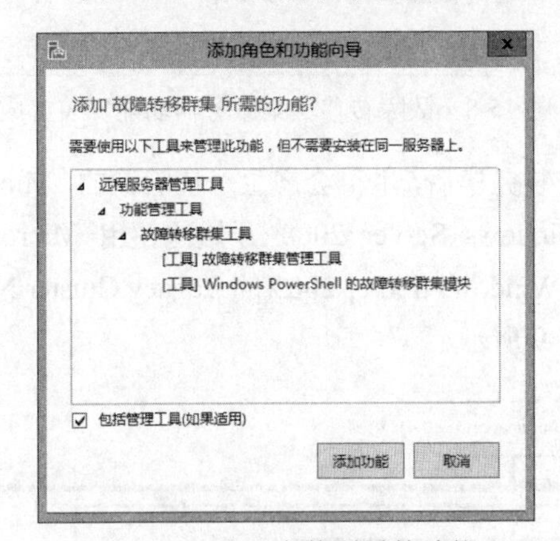

图 15-6　确认安装所需的功能

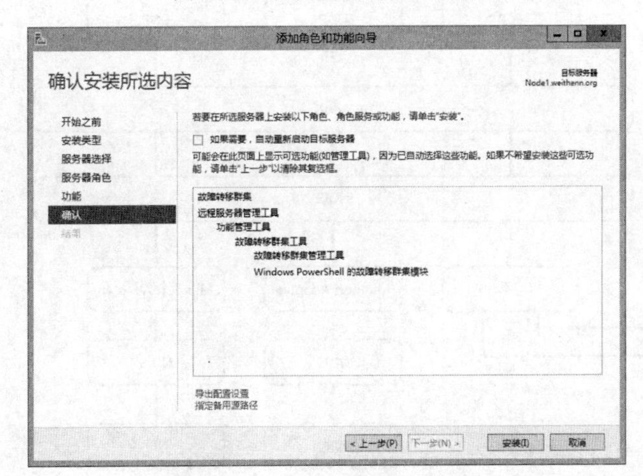

图 15-7　准备安装故障转移群集

确认故障转移群集服务器功能已经安装完成便可以单击「关闭」按钮关闭向导，如图 15-8 所示。

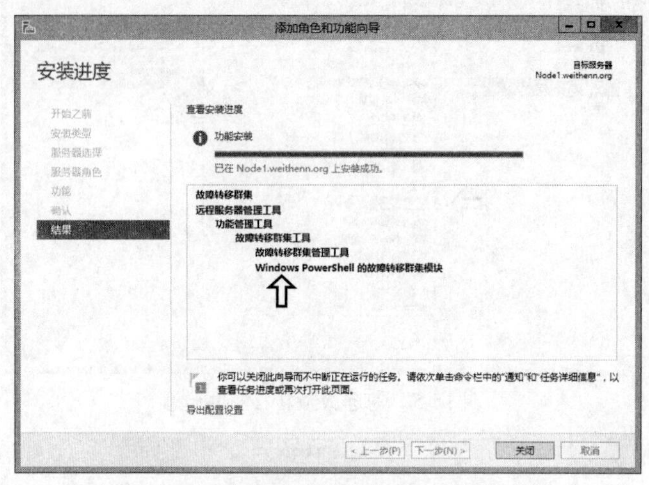

图 15-8　故障转移群集服务器功能安装完成

当故障转移群集功能安装完毕后，主机会产生一块隐藏的「Microsoft Failover Cluster Virtual Adapter」网卡设备，从 Windows Server 2008 开始便使用 Microsoft Failover Cluster Virtual Adapter（netft.sys）来取代 Windows Server 2003 的 Legacy Cluster Network Driver（clusnet.sys），netft.sys 运行示意图如图 15-9 所示。

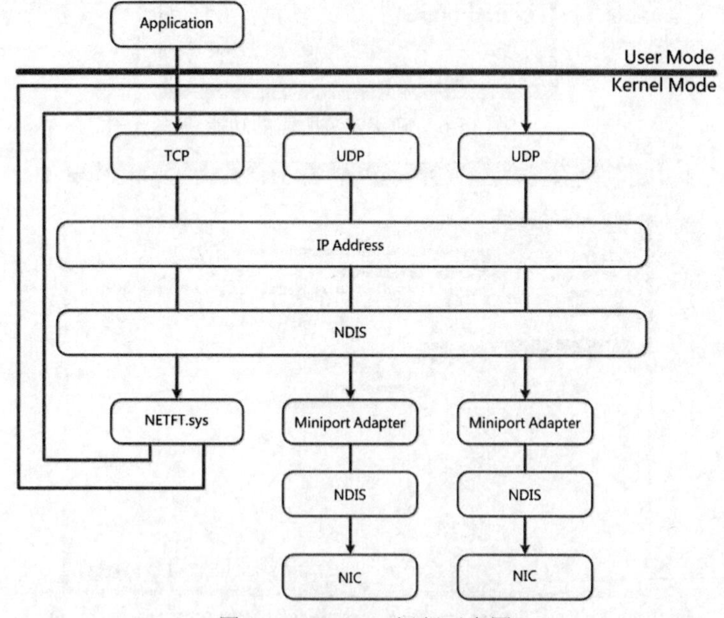

图 15-9　netft.sys 运行示意图

事实上群集节点将依靠 Microsoft Failover Cluster Virtual Adapter 来互相通信，请不要修改或禁用此隐藏设备，避免群集验证失败或无法创建故障转移群集。打开 Node1 主机的设备管理器，在菜单中选择「查看>显示隐藏的设备」，查看 Microsoft Failover Cluster Virtual Adapter，如图 15-10 所示。

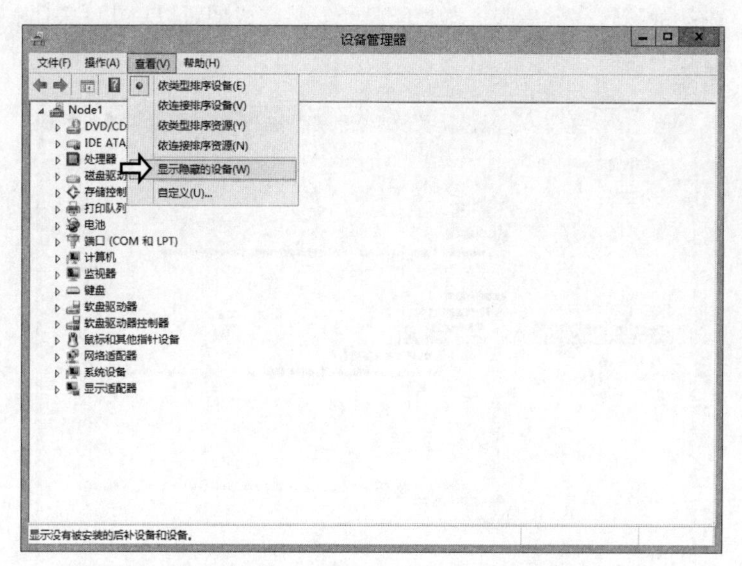

图 15-10　准备查看 Microsoft Failover Cluster Virtual Adapter

在网络适配器中便会出现「Microsoft Failover Cluster Virtual Adapter」，您可以看到此设备确实使用 netft.sys，如图 15-11 所示。

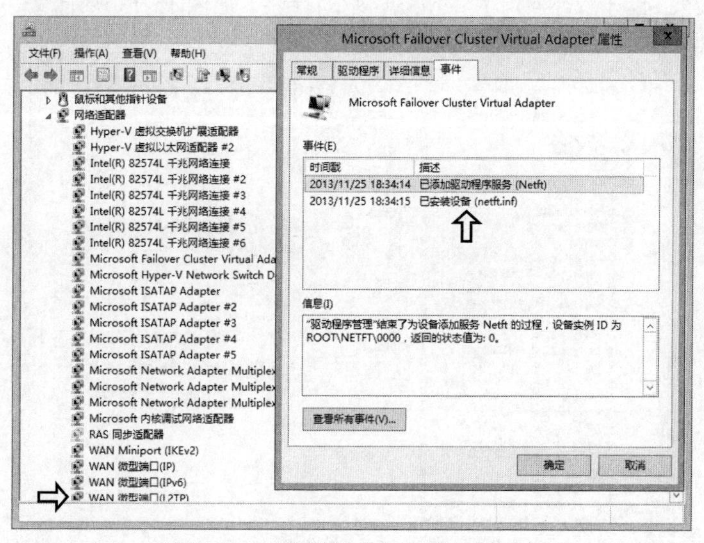

图 15-11　此设备确实使用 netft.sys

15-1-2　Node2 主机安装故障转移群集功能

同样的请为 Node2 主机安装故障转移群集服务器功能，切换到 Node2 主机依次选择「服务器管理器>管理>添加角色和功能>基于角色或基于功能的安装>Node2」，勾选故障转移群集功能」进行安装，确认故障转移群集服务器功能已经安装完成便可以单击「关闭」按钮关闭向导，如图 15-12 所示。

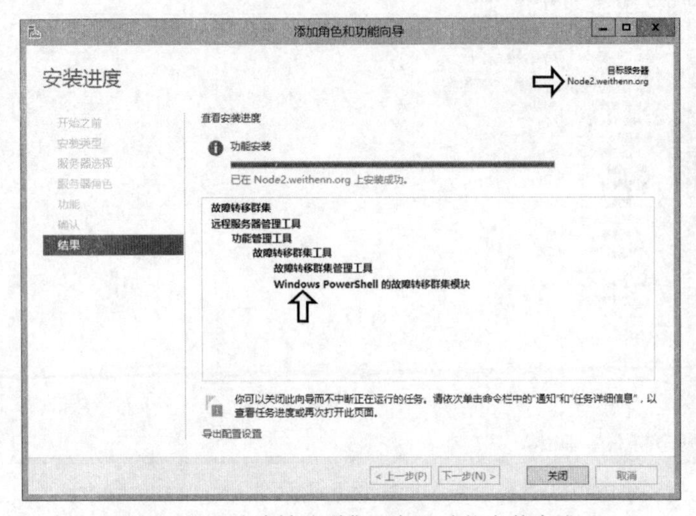

图 15-12　故障转移群集服务器功能安装完成

请打开设备管理器，选择「查看>显示隐藏设备」，查看 Microsoft Failover Cluster Virtual Adapter 是否存在，并且是否使用了 netft.sys 驱动程序，如图 15-13 所示。

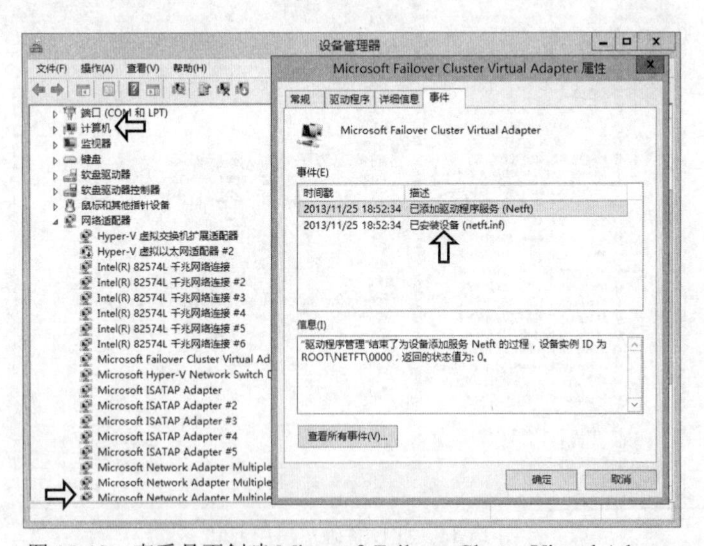

图 15-13　查看是否创建 Microsoft Failover Cluster Virtual Adapter

15-1-3 DC 主机安装故障转移群集管理工具

我们将使用 DC 主机来统一管理，因此切换到 DC 主机依次选择「服务器管理器>管理>添加角色和功能>基于角色或基于功能的安装」，单击「下一步」按钮继续，如图 15-14 所示。

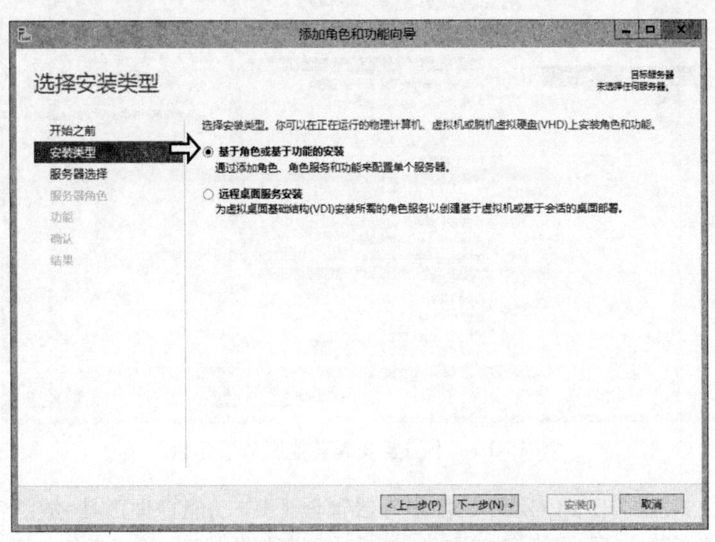

图 15-14 DC 主机准备安装故障转移群集管理工具

在「选择目标服务器」页面中，选择 DC.weithenn.org 主机后，单击「下一步」按钮继续，如图 15-15 所示。

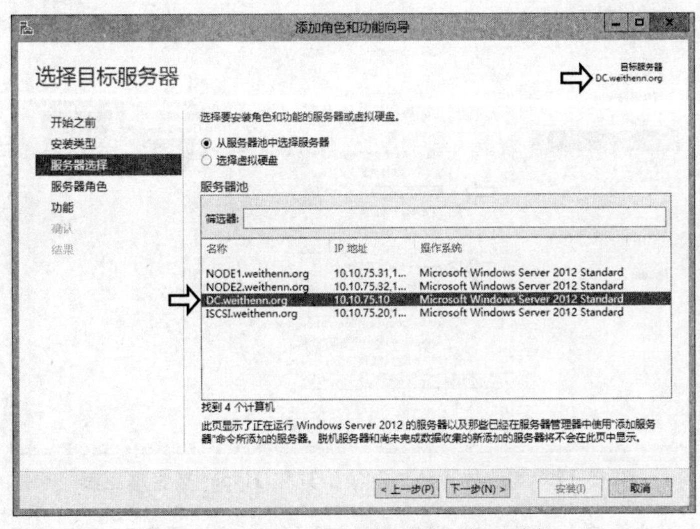

图 15-15 DC 主机准备安装服务器功能

在「选择服务器角色」页面中，因为不需要安装任何服务器角色，因此单击「下一步」按钮继续，如图 15-16 所示。

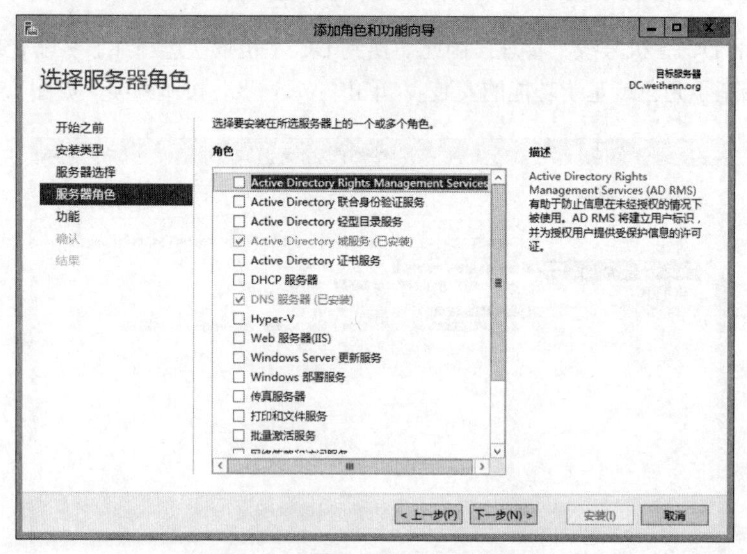

图 15-16　不需要安装其他服务器角色

在「选择功能」页面中，请勾选「远程服务器管理工具>功能管理工具>故障转移群集工具」，还有「远程服务器管理工具>角色管理工具>Hyper-V 管理工具」，单击「下一步」按钮继续，如图 15-17 所示。

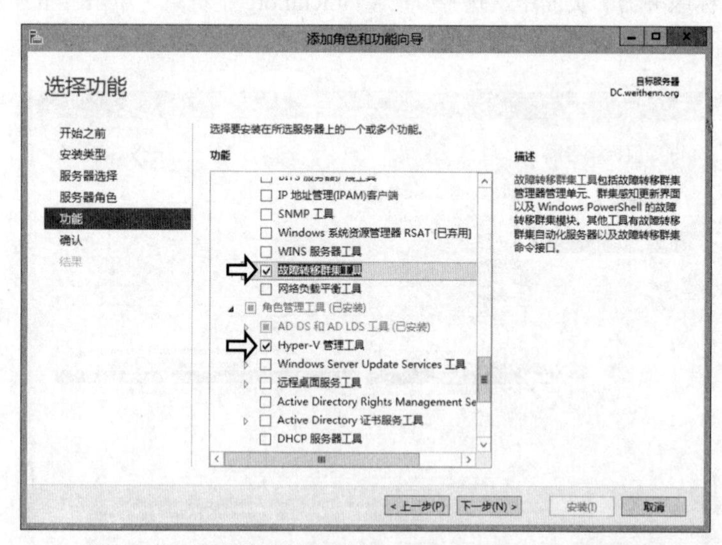

图 15-17　勾选故障转移群集工具和 Hyper-V 管理工具

在「确认安装所选内容」页面中，可以勾选或不勾选「如果需要，自动重新启动目标服务器」(安装此服务器功能并不需要重新启动主机)，因此是否勾选并无影响，确认安装后单击「安装」按钮，如图 15-18 所示。

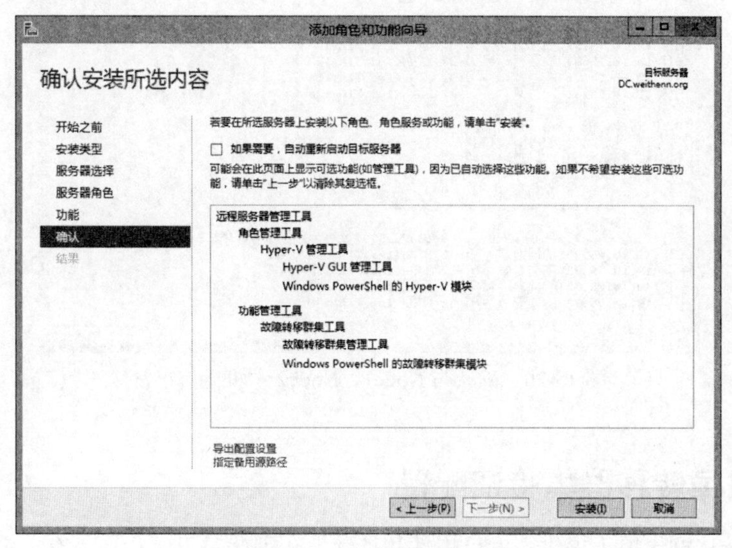

图 15-18　运行安装程序

确认故障转移群集工具和 Hyper-V 管理工具服务器功能安装完成后，便可以单击「关闭」按钮关闭向导窗口，如图 15-19 所示。

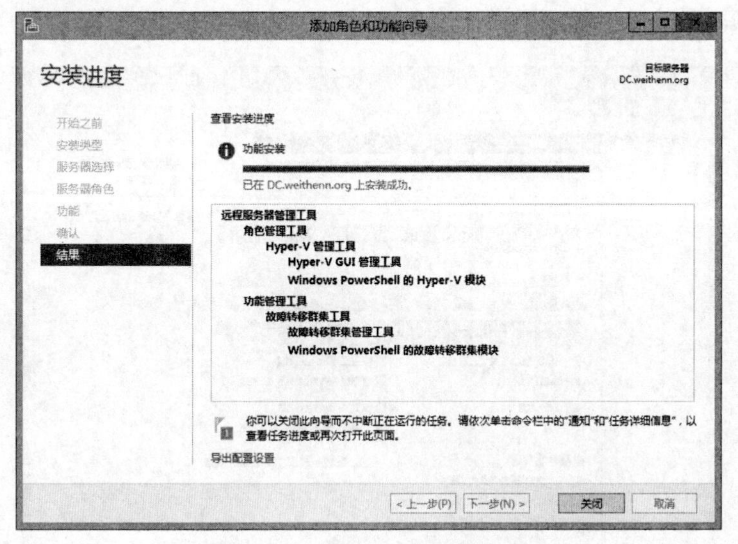

图 15-19　服务器功能安装完成

服务器功能安装完成后，在进行故障转移群集验证之前，测试 DC 主机是否能正确与 Node1、Node2 主机通信，避免稍后执行验证程序时发生通信错误，如图 15-20 所示。

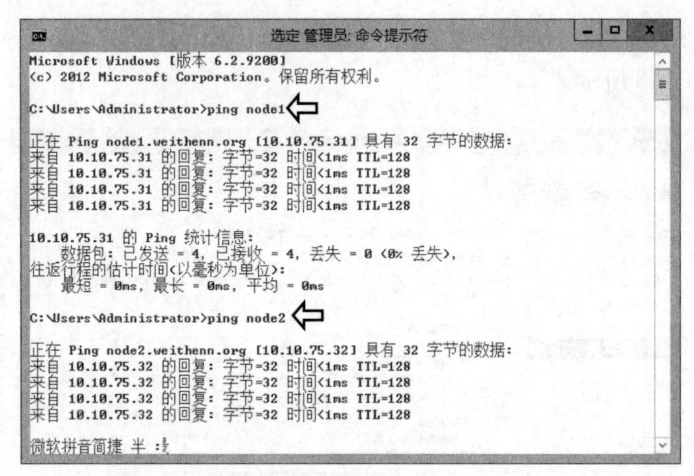

图 15-20 确认与 Node1、Node2 主机通信正常

15-1-4 故障转移群集验证配置

由于故障转移群集用于提供高度可用性和持续性，因此对于运行环境有一定的要求，所以在创建故障转移群集之前必须要先通过验证配置，才能保证创建的故障转移群集运行的稳定性和高可用性。

在 DC 主机中依次选择「服务器管理器>工具>故障转移群集管理器」，在打开的「故障转移群集管理器」窗口中单击「验证配置」，如图 15-21 所示。

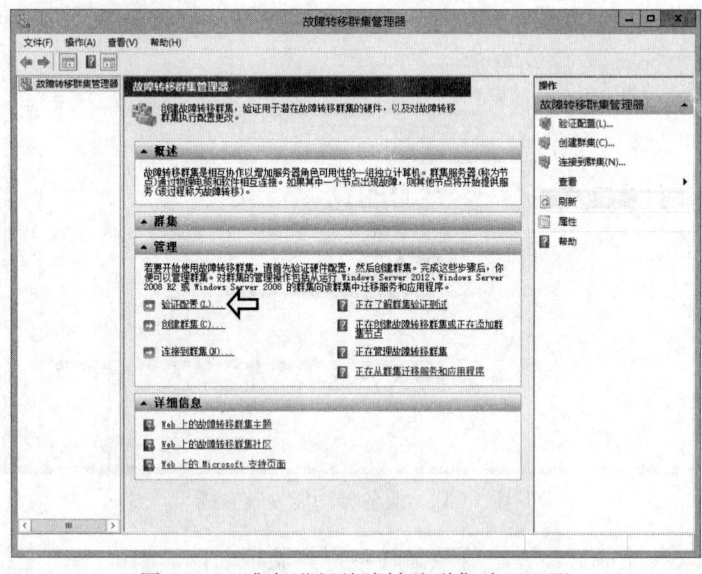

图 15-21 准备进行故障转移群集验证配置

在弹出的「验证配置向导」窗口中，会提醒您所有的硬件组件必须都是通过 Windows Server 2012 认证才行（确保不会因为驱动程序导致故障），单击「下一步」按钮继续，如图 15-22 所示。

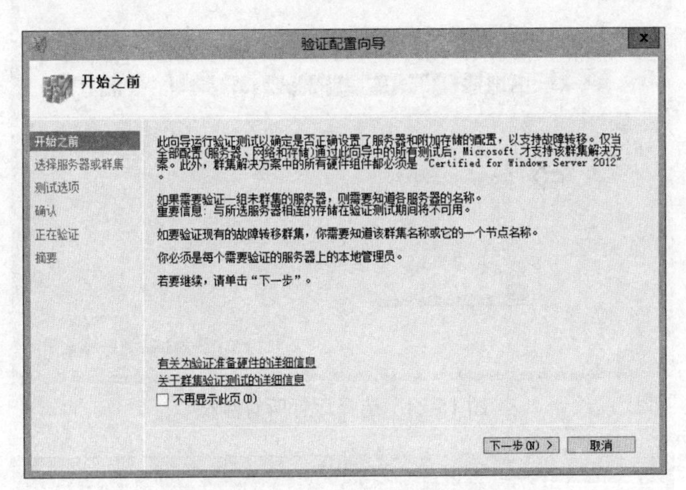

图 15-22　继续验证配置程序

在「选择服务器或群集」页面中，单击「浏览」按钮，在弹出的「选择计算机」窗口的输入对象名称来选择区域中输入「node1」，然后单击「检查名称」按钮，检查无误后（名称变为大写并有下划线），请添加 Node1、Node2 主机，回到向导后单击「下一步」按钮继续，如图 15-23 所示。

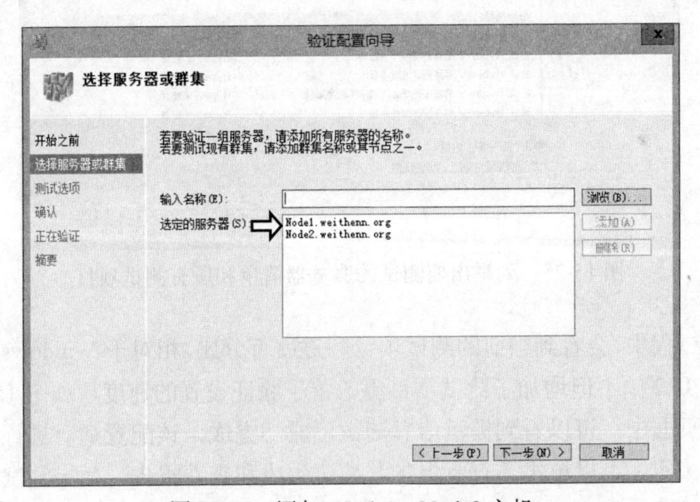

图 15-23　添加 Node1、Node2 主机

在「测试选项」页面中，可以只执行部分测试项目，但在正式运营环境中请执行所有测试项目，因此选择「运行所有测试」，单击「下一步」按钮继续，如图 15-24 所示。

在「确认」页面中，会列出要测试的服务器清单，还会列举出所有测试项目，单击「下一步」按钮立即运行验证设置程序，如图 15-25 所示。

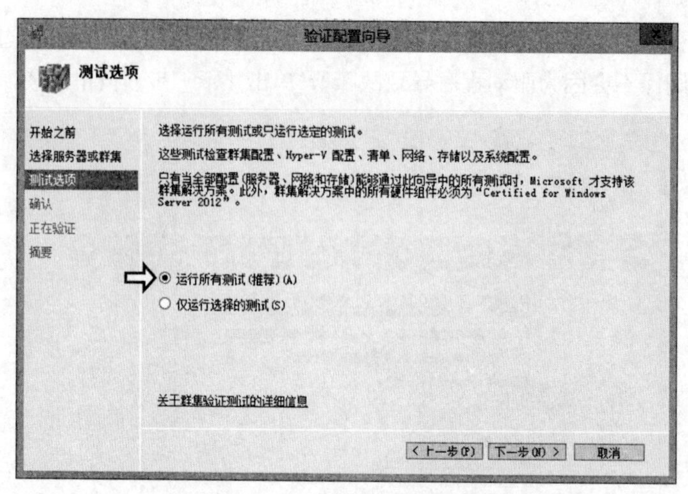

图 15-24　选择运行所有测试

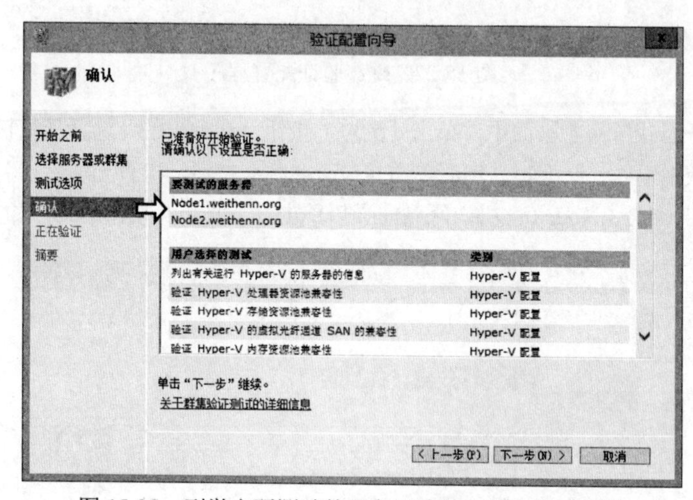

图 15-25　列举出要测试的服务器清单和所有测试项目

在验证设置过程中，会看到当前的测试项目和进度百分比，相对于 Windows Server 2008 R2，Windows Server 2012 中不但增加了测试项目更改善了验证设置的速度，如图 15-26 所示。

在「摘要」页面中，可以看到提示信息测试已成功完成，该配置适合进行群集，请先别急着单击「完成」按钮，可以单击「查看报告」按钮生成和查看报告，如果测试过程中有问题可以在报告中找到问题并解决它，如图 15-27 所示。

经过前面一系列辛苦的群集环境准备设置工作，在故障转移群集验证测试五大类别中（Hyper-V 设置、存储、系统配置、清单、网络）的每一项都是通过测试并且没有任何错误的，如图 15-28 所示。若有任何警告或错误信息，建议您阅读并尝试解决后再次进行验证，以确保创建的群集环境能强壮无比。

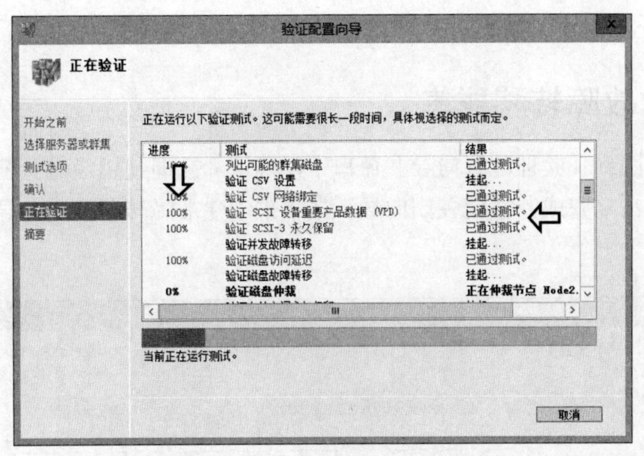

图 15-26　当前的测试项目和进度百分比

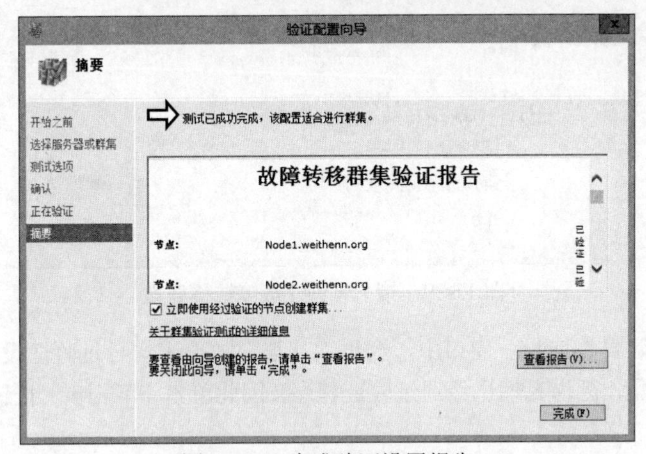

图 15-27　生成验证设置报告

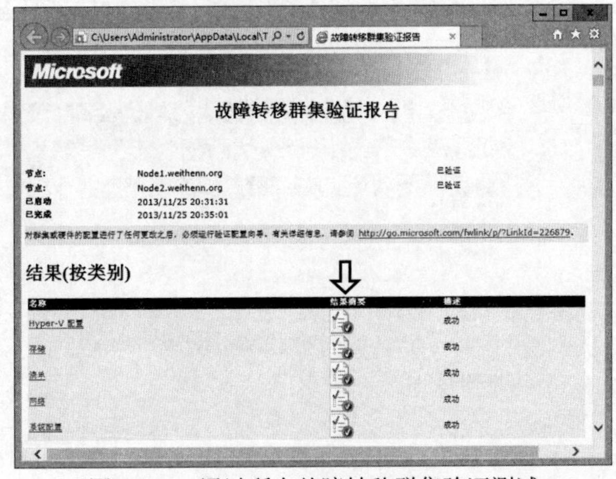

图 15-28　通过所有故障转移群集验证测试

15-1-5 创建故障转移群集

关闭测试报告回到「验证配置向导」窗口中，确认「立即使用经过验证的节点创建群集」选项被选中后，单击「完成」按钮关闭向导，接下来创建故障转移群集向导会自动打开，如图 15-29 所示。

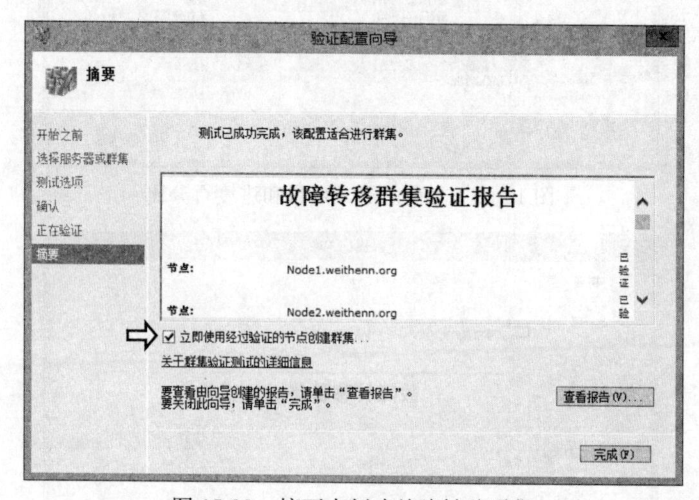

图 15-29　接下来创建故障转移群集

在弹出的「创建群集向导」窗口中，会再次建议您如果未执行过验证设置那么应该要先验证设置后再创建群集，因为我们已经通过验证程序，因此单击「下一步」按钮继续，如图 15-30 所示。

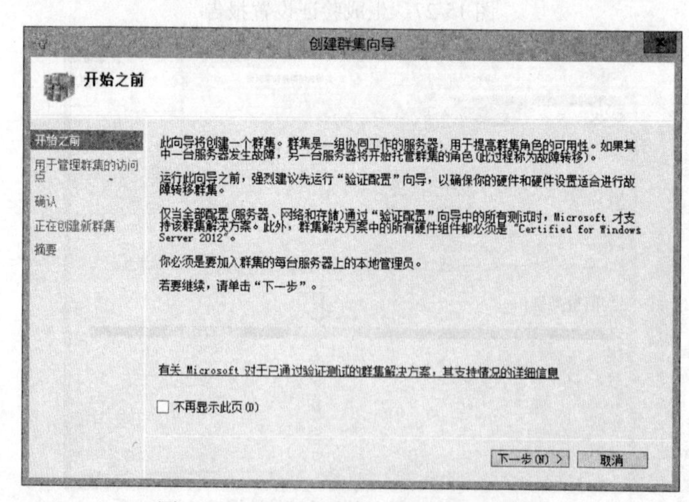

图 15-30　继续创建故障转移群集程序

在「用于管理群集的访问点」页面中，在「群集名称」字段输入此故障转移群集的名称，此处输入的名称为「VCluster」，而故障转移群集 IP 地址则为 10.10.75.30，单击「下一步」按钮继续，如图 15-31 所示。

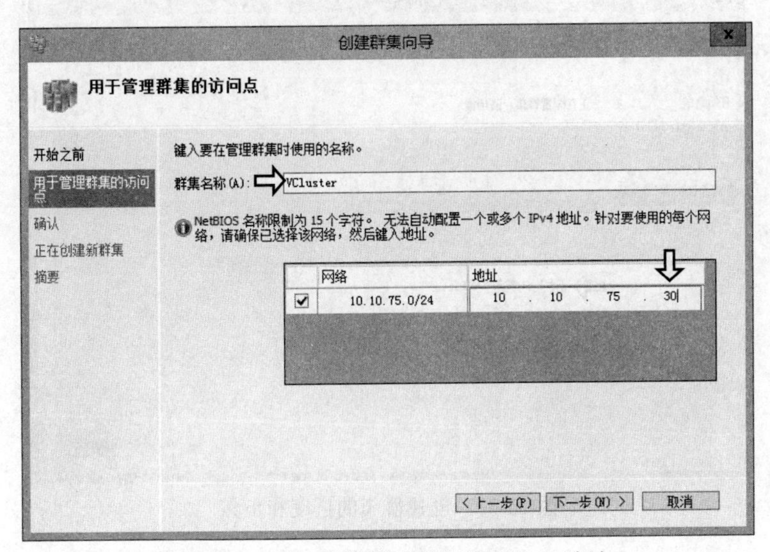

图 15-31　输入故障转移群集名称和 IP 地址

在「确认」页面中，可以再次查看创建群集程序的相关设置，确认后单击「下一步」按钮继续，如图 15-32 所示。

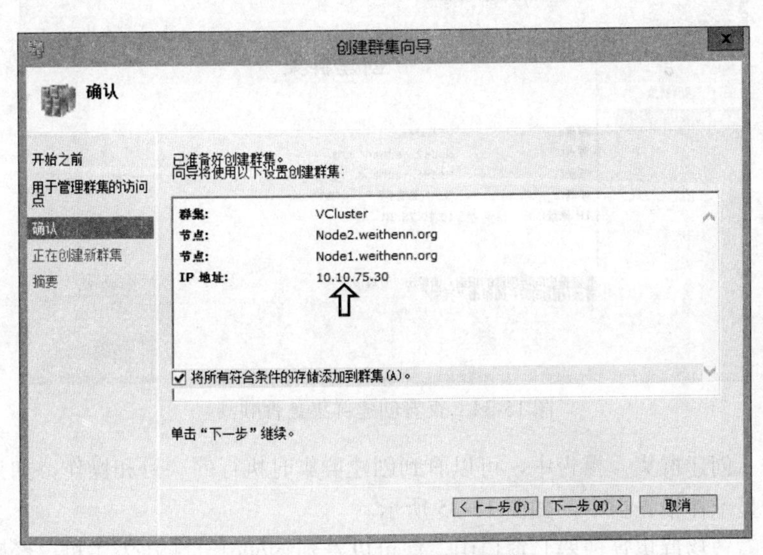

图 15-32　创建故障转移群集

在「正在创建新群集」页面中，会看到目前创建群集的进度和步骤，如图 15-33 所示。

在「摘要」页面中，显示已经成功完成创建群集向导信息，单击「查看报告」按钮，在报告中查看创建群集是否顺利，如图 15-34 所示。

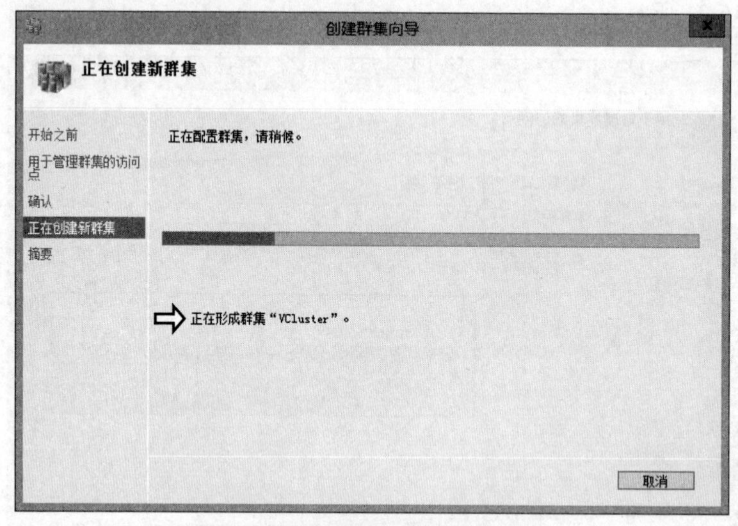

图 15-33　创建群集的进度和步骤

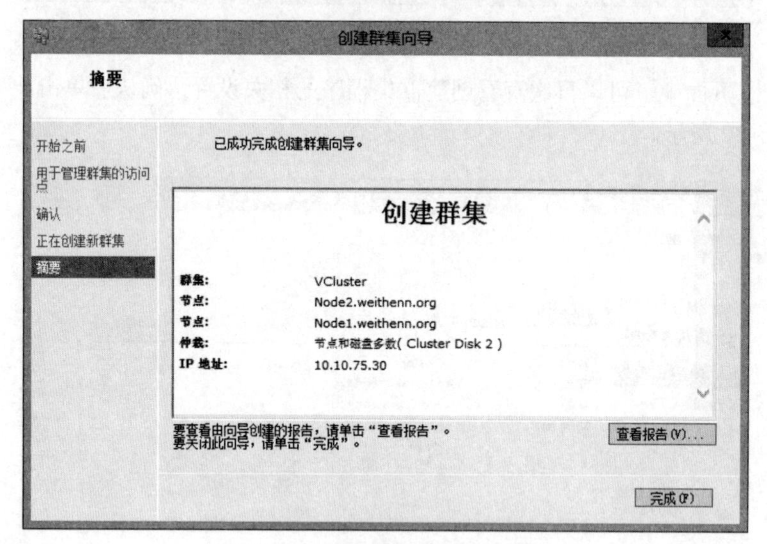

图 15-34　查看创建群集是否顺利

在打开的「创建群集」报告中，可以看到创建群集时执行的项目和操作，如果有任何错误信息的话也会显示在报告当中，如图 15-35 所示。

回到「故障转移群集管理器」窗口中，您可以看到 Node1、Node2 主机已经顺利成为群集节点，当前主服务器为「Node1」，采用默认的「节点和磁盘多数」的仲裁配置模式，并且此群集拥有四个群集网络，如图 15-36 所示。

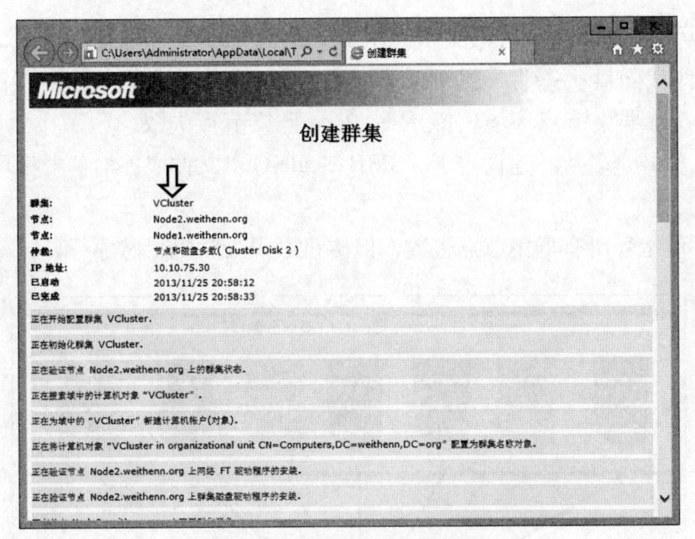

图 15-35　查看创建群集报告

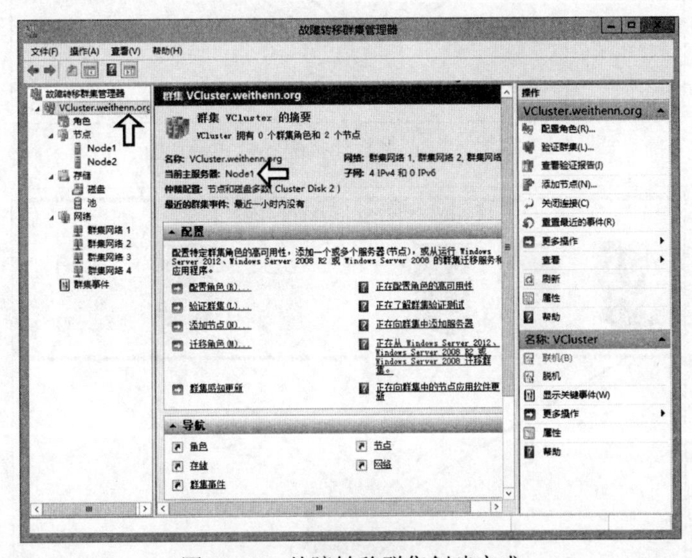

图 15-36　故障转移群集创建完成

默认情况下会采用「节点和磁盘多数」的仲裁配置模式，可以依据环境需求手动调整不同的仲裁配置模式。有关群集仲裁信息请参考 Technet Library-Understanding Quorum Configurations in a Failover Cluster（http://goo.gl/xrRgd）：

- 节点多数：用于「奇数」节点的群集环境，可承受群集节点一半减 1 的失败情况，例如 7 台群集节点环境可承受 3 台群集节点失败（如图 15-37 所示）。
- 节点和磁盘多数：推荐用于含有「偶数」节点的群集（如图 15-38 所示）。
  - ➢ 当仲裁磁盘状态为「联机」，则可承受群集节点一半的失败，例如 6 台群集节点环境可承受 3 台群集节点失败。

- ➢ 当仲裁磁盘状态为「脱机或失败」，则仅能承受群集节点一半减 1 的失败，例如 6 台群集节点环境仅能承受 2 台群集节点失败。

- 节点和文件共享多数：建议用于「SMB Scale-Out 文件服务器」群集环境（如图 15-39 所示）。
- 仅磁盘：可承受所有群集节点失败，但磁盘必须为联机状态才行。

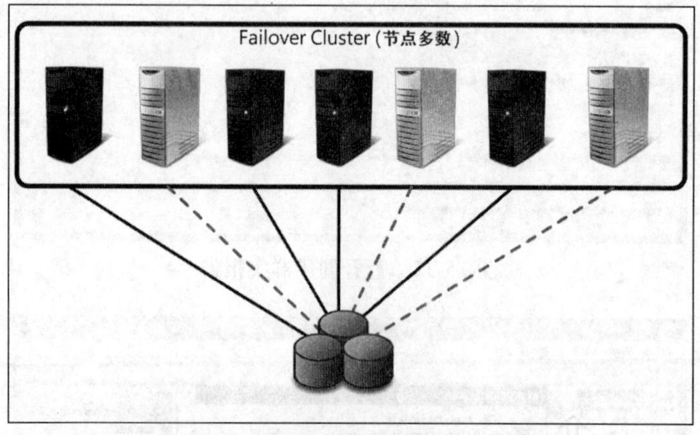

图 15-37　节点多数仲裁配置模式示意图

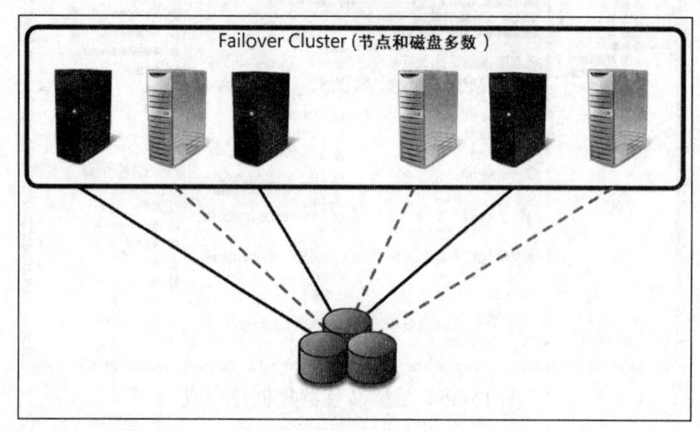

图 15-38　节点和磁盘多数仲裁配置模式示意图

同时在 Windows Server 2012 当中增加了「动态仲裁（Dynamic Quorum）」投票机制，避免因为群集节点脱机而导致群集发生瘫痪的问题，如图 15-40 所示。相关信息可参考 Windows Server 2012 Evaluation Guide（http://goo.gl/dxfOi）。

特色如下：

- 当有群集节点脱机时仲裁票数便动态改变。
- 允许超过 50%的群集节点脱机也不会导致群集瘫痪。

● 除了「仅磁盘」仲裁模式之外，其他仲裁模式（节点多数、节点和磁盘多数、节点和文件共享多数）默认都支持此功能。

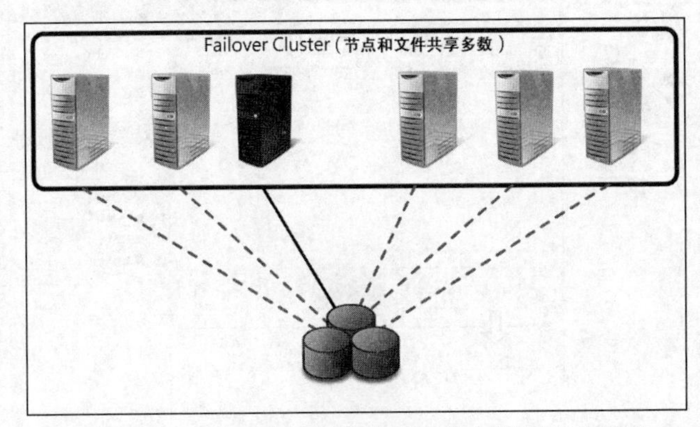

图 15-39 节点和文件共享多数仲裁配置模式示意图

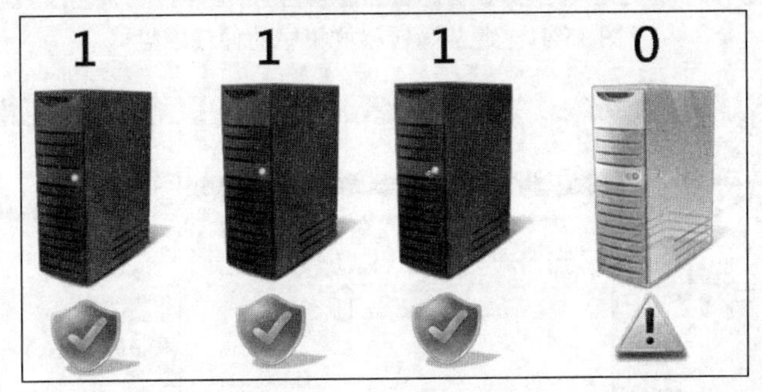

图 15-40 动态仲裁（Dynamic Quorum）示意图

15-1-6 了解群集磁盘

因为本章的演示环境为「两台」群集节点（偶数节点），因此需要规划「仲裁磁盘」，稍后会发现故障转移群集已经自动找到合适的磁盘（我们所规划的 Quorum Disk）并且已经分配，其原因在于我们所规划的空间和驱动器号（默认会找排序较前面的驱动器号）。

在「故障转移群集管理器」窗口中，选择「存储>磁盘」，可以看到目前有两块群集磁盘，其中第二块群集磁盘（Cluster Disk 2）为先前所规划的「Quorum Disk」，并且在「指派给」字段中为「仲裁中的磁盘见证」，表示此磁盘为此故障转移群集中的仲裁磁盘，如图 15-41 所示。

而第一块群集磁盘（Cluster Disk 1）为先前规划的「Storage Disk」，在「指派给」字段中为「可用存储」，如图 15-42 所示。

您必须将群集磁盘（可用存储）调整为「群集共享卷（Cluster Shared Volume，CSV）」才能提供分布式文件访问功能，也就是群集中的多个节点可以「同时访问」同一个 NTFS 文件系统，相关信息可参考 Windows Server 2012 Evaluation Guide（http://goo.gl/dxfOi）。

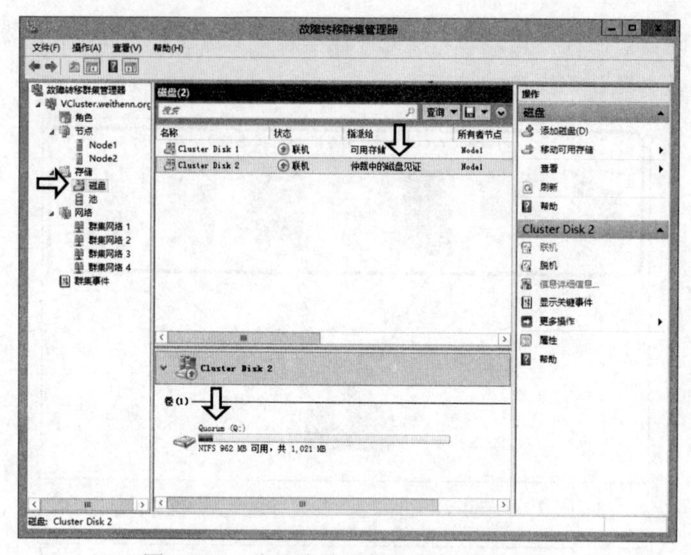

图 15-41　此故障转移群集中的仲裁磁盘

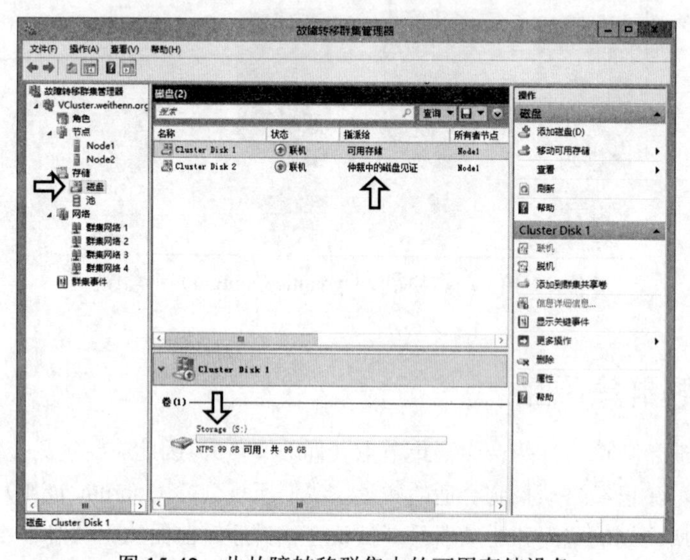

图 15-42　此故障转移群集中的可用存储设备

以下为 Windows Server 2012 对于 CSV 2.0 的一些功能增强（Windows Server 2008 R2 为 CSV 1.0），群集共享卷运行示意图如图 15-43 所示。

- 支持 Scale-Out SMB 文件服务器应用程序存储区。
- 增强 CSV 备份和还原流畅度，并且不再需要使用 AD 外部验证改进效率和弹性。
- 使用统一的文件命名空间并成为 CSV 文件系统（CSVFS），但是底层技术仍为 NTFS 文件系统（不支持 ReFS 文件系统）。
- 支持多个子网。

- 支持 BitLocker 磁盘驱动器加密机制。
- 支持联机扫描和修复任务。

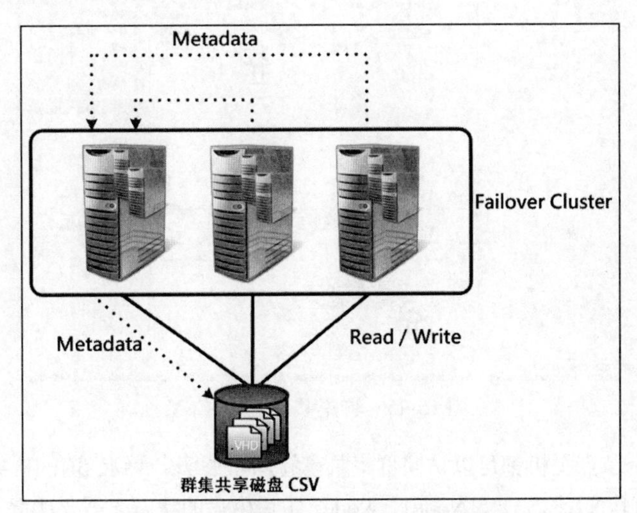

图 15-43　群集共享卷 CSV 运行示意图

在「故障转移群集管理器」窗口中，右击第一块群集磁盘，在弹出菜单中选择「添加到群集共享卷」，准备将群集磁盘转换为群集共享卷 CSV，如图 15-44 所示。

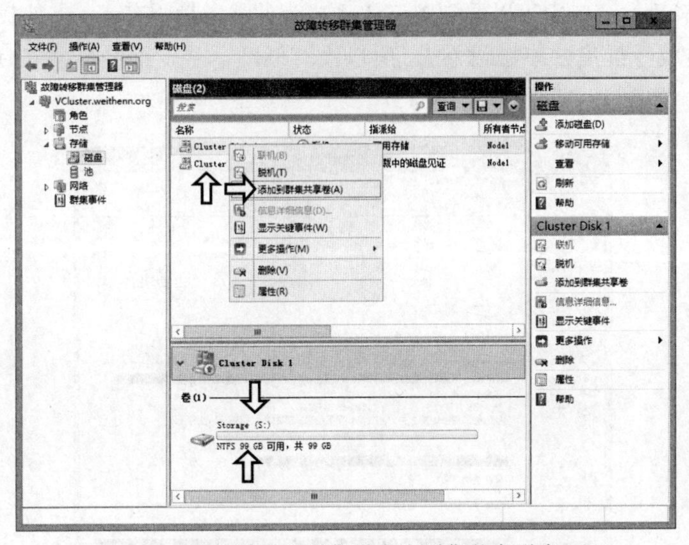

图 15-44　准备转换此群集磁盘为群集共享磁盘 CSV

转换操作完成后，会看到该群集磁盘指派状态由「可用存储」转变为「群集共享卷」，卷的信息由「S:」变成了「C:\ClusterStorage\Volume1」，文件系统也由「NTFS」变成了「CSVFS」，如图 15-45 所示。

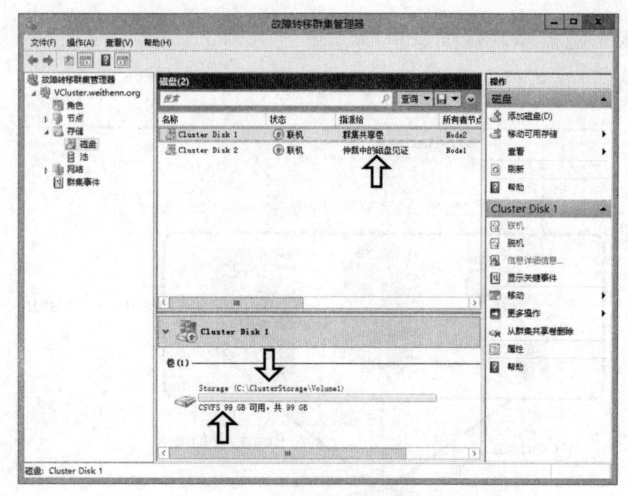

图 15-45 群集共享磁盘 CSV

群集中的每一个节点主机都可以访问群集共享卷，同时可以看到当前的群集仲裁磁盘所有者是「Node1」，此时我们可以来看一下 Node1、Node2 主机磁盘的状态。需要注意的是，完成了故障转移群集的创建后，不应该使用磁盘管理工具去修改磁盘状态，以避免不可预期的错误，要做任何设置，可以通过群集管理器来完成，而「查看」状态的话，可以使用磁盘管理工具。

切换到 Node1 主机，使用 Windows Key + X 组合键打开「开始」菜单，选择「磁盘管理」，在打开的「磁盘管理」窗口中可以看到 Node1 主机为仲裁磁盘所有者，它挂载了「Q 盘」，而 S 盘因为已经转换成「群集共享磁盘卷」，所以没有驱动器号，而是挂载在 C:\ClusterStorage\Volume1 目录中，如图 15-46 所示。

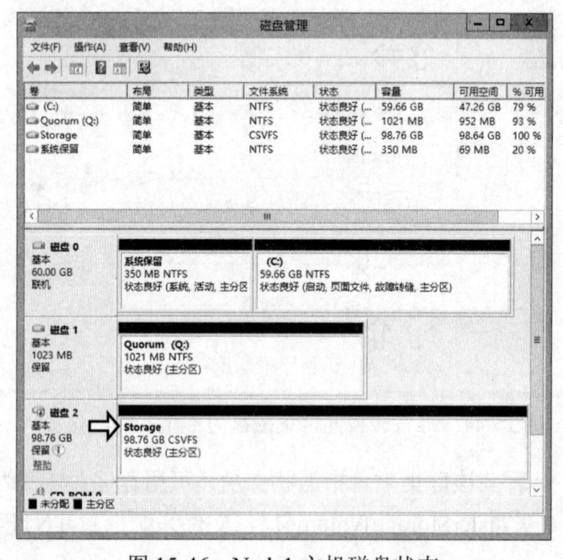

图 15-46 Node1 主机磁盘状态

打开 Node1 主机文件资源管理器确实可以看到操作系统的 C 盘，以及仲裁磁盘的 Q 盘，请勿进行任何写入操作，以避免不可预期的错误，如图 15-47 所示。

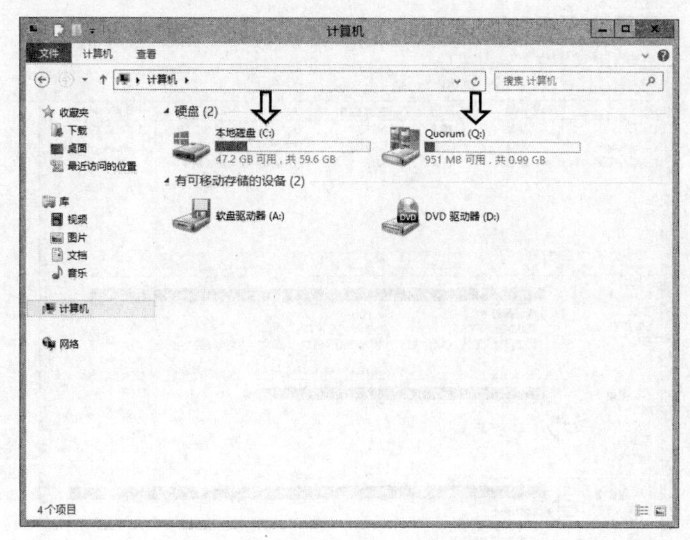

图 15-47　Node1 主机磁盘状态

打开 C:\ClusterStorage 文件夹，可以查看到挂载卷文件夹，如图 15-48 所示。

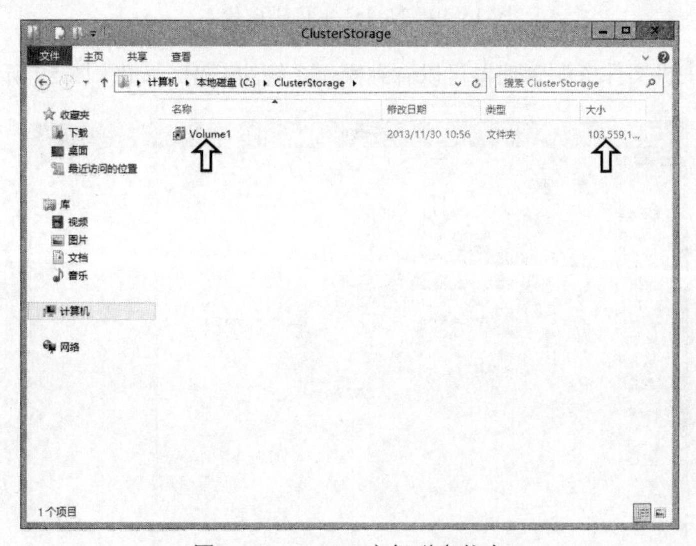

图 15-48　Node1 主机磁盘状态

切换到 Node2 主机，使用「Windows Key + X」组合键打开「开始」菜单，选择「磁盘管理」，在打开的「磁盘管理」窗口中可以看到当前 Node2 主机并不是仲裁磁盘拥有者，所以该磁盘没有挂载并有红色向下箭头图标，而原本的 S 盘因为已经转换为群集共享卷，因此没有驱动器号。不用担心磁盘有红色向下箭头图标，此为正常现象，请不要进行任何修改操作以免发生不可预期的错误，如图 15-49 所示。

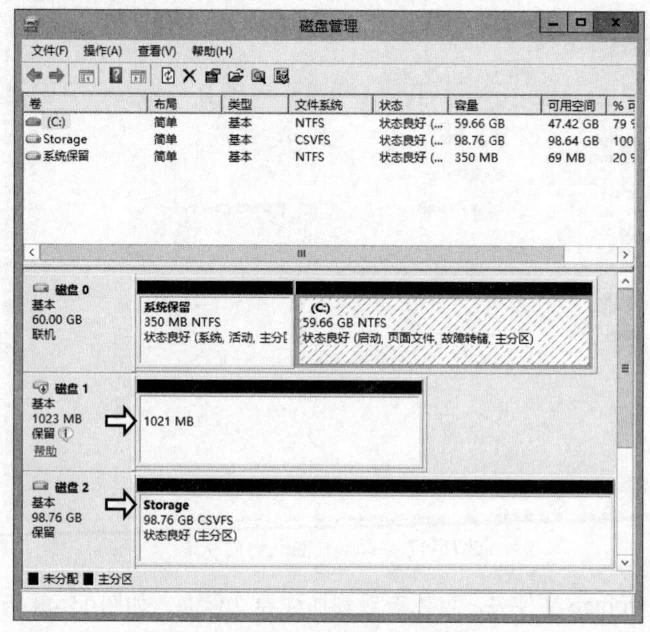

图 15-49　Node2 主机磁盘状态

打开 Node2 主机文件资源管理器可以看到操作系统的 C 盘，如图 15-50 所示。

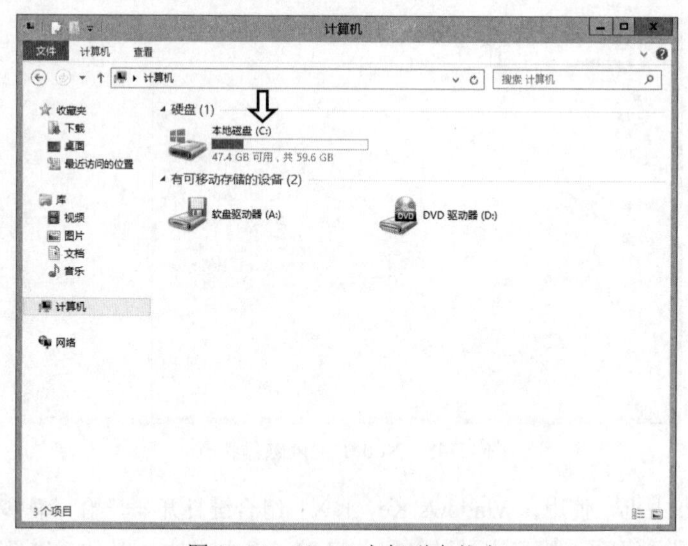

图 15-50　Node2 主机磁盘状态

在 Node2 主机打开 C:\ClusterStorage 文件夹，可以查看到挂载卷文件夹，如图 15-51 所示。

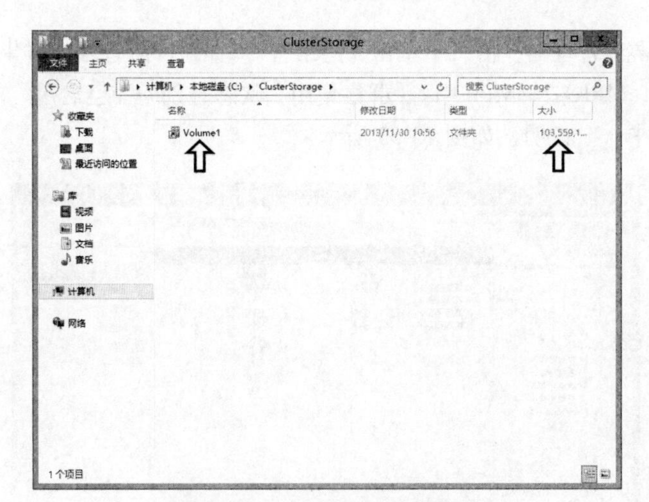

图 15-51　Node2 主机磁盘状态

15-1-7　了解故障转移群集网络

本章的网络环境中，有用于虚拟机运行的 10.10.75.0/24 网段，有用于故障转移群集心跳检测和迁移的 172.20.75.0/24 网段，还有用于 iSCSI Target / Initiator 之间传输流量负载平衡和容错切换的 192.168.75.0/24、192.168.76.0/24 网段。

虽然为了用于故障转移群集心跳检测（使用 UDP 单播端口 3343 互相检测）和迁移网络，我们使用了网卡组合功能来实现负载平衡和容错切换，如图 15-52 所示，但还是有可能发生断线情况，那么故障转移群集是否就因为群集节点无法检测而因此瘫痪呢？不一定!! 我们可以设置 10.10.75.0/24 网段作为群集心跳侦测的备用网络，相关信息可参考 Microsoft TechEd 2012 WSV430-Cluster Shared Volumes Reborn in Windows Server 2012（http://goo.gl/ErC9S）。

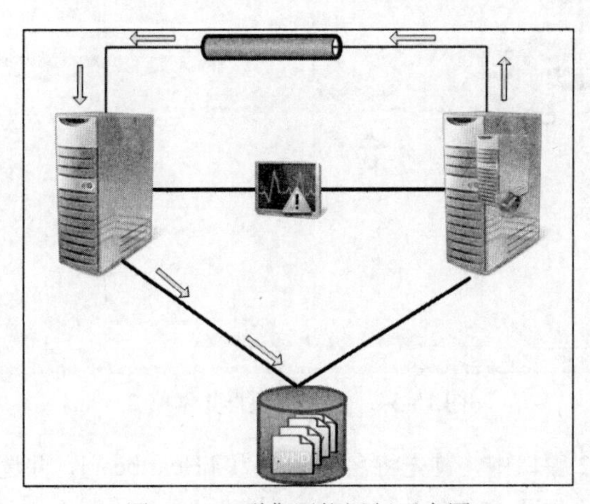

图 15-52　群集网络运行示意图

在「故障转移群集管理器」窗口中单击「网络」，您看到目前有四个群集网络，网卡顺序为 vEthernet>Heartbeat>MPIO-2、MPIO-1，「群集使用」状态分别为「已启用、内部、已禁用」，我们将在后面的设置中一一说明，如图 15-53 所示。

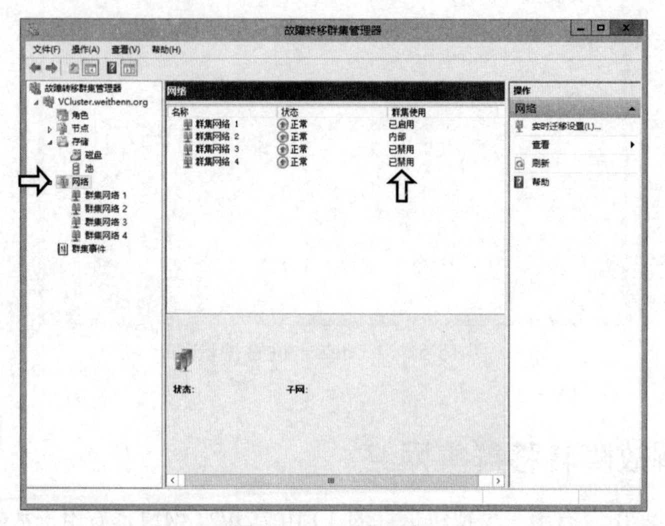

图 15-53　群集网络

首先选择「群集网络 2」，选择用于故障转移群集心跳检测和迁移的 172.20.75.0/24 网段，在右键菜单中选择「属性」，如图 15-54 所示。

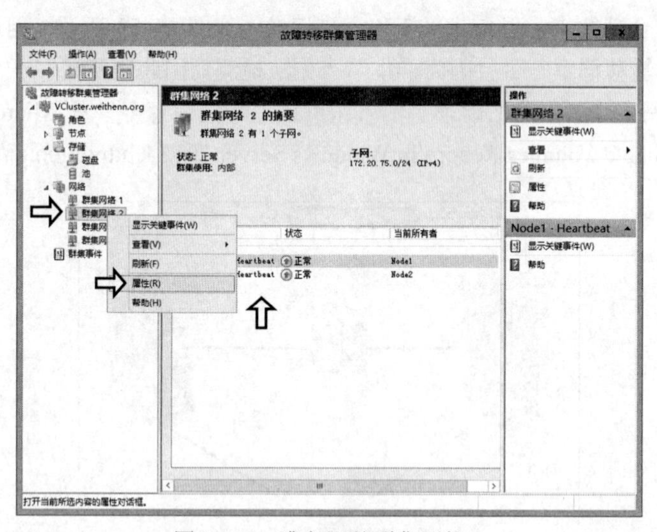

图 15-54　准备调整群集网络 2

在弹出的群集网络 2 窗口中，首先将名称修改为「Heartbeat」，并选择「允许在此网络上进行群集网络通信」选项，如图 15-55 所示。

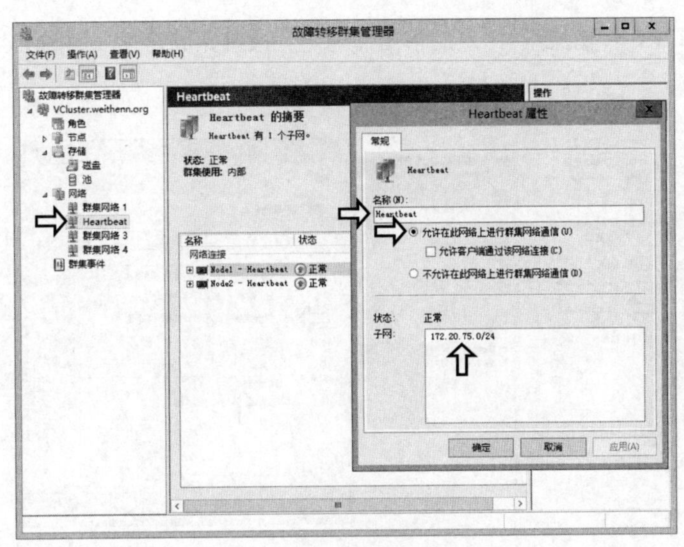

图 15-55 调整群集网络 2

选择「群集网络 1」，可以看到用于虚拟机网络流量的 10.10.75.0/24 网段，在右键菜单中选择「属性」，将名称修改为「VM Traffic」，并确认选择「允许在此网络上进行群集网络通信」，并且勾选「允许客户端通过该网络连接」，最后单击「确定」按钮完成设置，如图 15-56 所示。

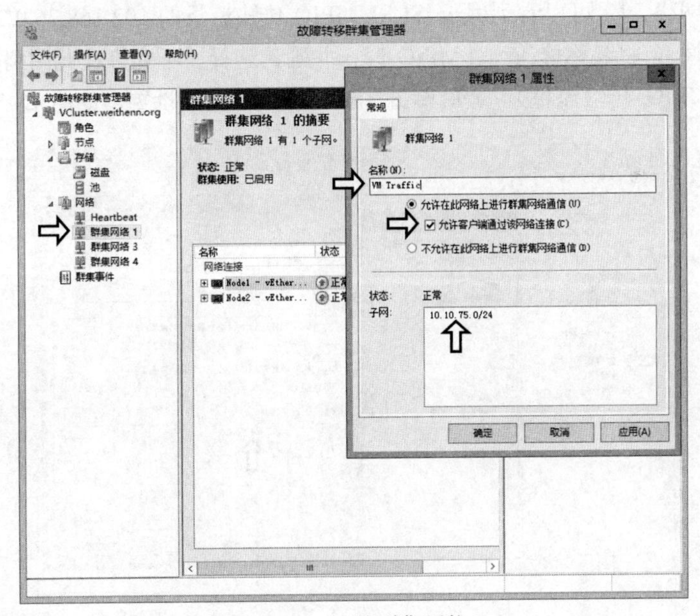

图 15-56 调整群集网络 1

选择「群集网络 4」，可以看到用于 iSCSI MPIO 传输流量的 192.168.75.0/24 网段，在右键菜单中选择「属性」，将名称修改为「MPIO-1」，并确认选择「不允许在此网络上进行群集网络通信」(专用于 MPIO 传输流量),最后单击「确定」按钮完成设置,如图 15-57 所示。

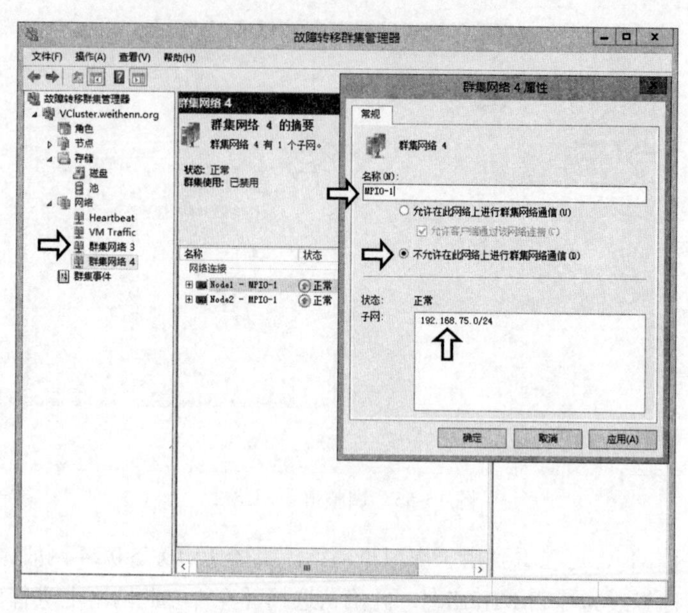

图 15-57 调整群集网络 4

选择「群集网络 3」,可以看到用于 iSCSI MPIO 传输流量的 192.168.76.0/24 网段,在右键菜单中选择「属性」,将名称修改为「MPIO-2」,并确认选择「不允许在此网络上进行群集网络通信」(专用于 MPIO 传输流量),最后单击「确定」按钮完成设置,如图 15-58 所示。

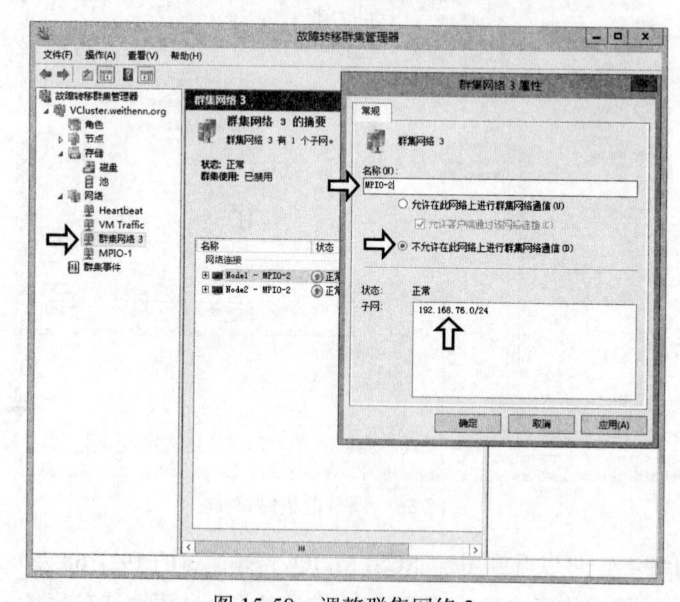

图 15-58 调整群集网络 3

经过调整后，可以很清楚地分辨出 Heartbeat 网络用于群集网络心跳检测，而 VM Traffic 网络除了用于虚拟机网络流量外也用于群集网络心跳检测，而 MPIO-1、MPIO-2 则专用于 iSCSI MPIO 传输流量，如图 15-59 所示。

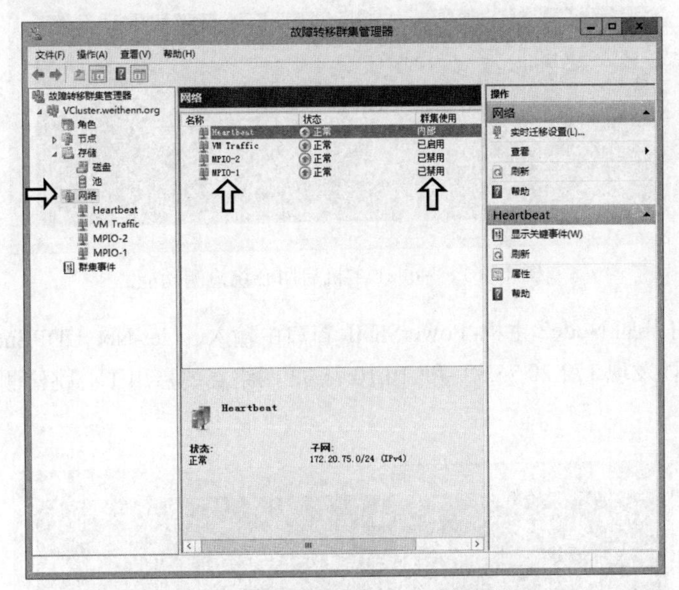

图 15-59　经过调整后的群集网络

接着切换到 DC 主机端的服务器管理器，右击「Node1」主机，在弹出菜单中选择「Windows PowerShell」选项，准备查看 Node1 主机是否真的启用心跳检测功能，如图 15-60 所示。

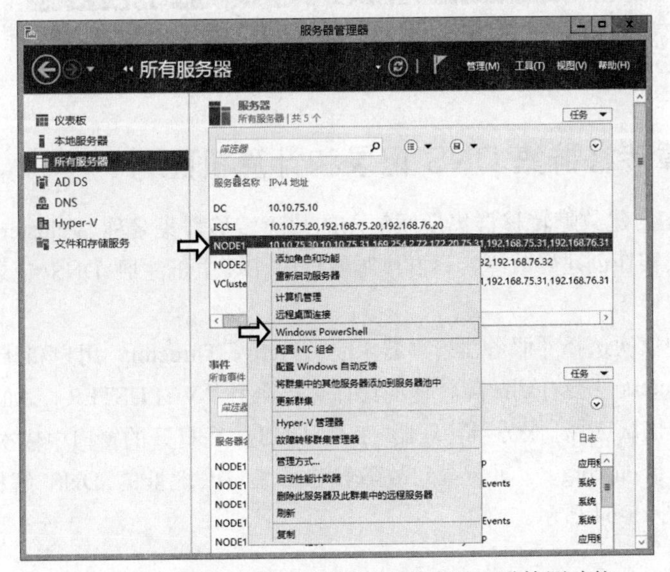

图 15-60　查看 Node1 主机是否真的启用心跳检测功能

在打开的 Node1 主机 PowerShell 窗口中输入「Get-NetUDPEndpoint –LocalPort 3343」命令，便可以发现 172.20.75.31 和 10.10.75.31 网络确实启用了心跳检测功能，如图 15-61 所示。

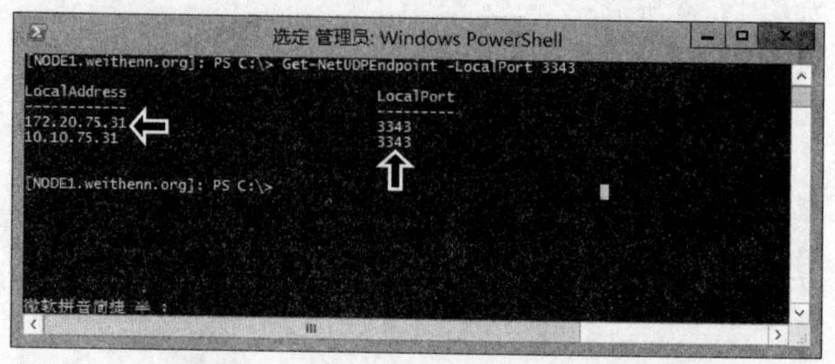

图 15-61　Node1 主机启用心跳检测功能

同样的也在打开的 Node2 主机 PowerShell 窗口中输入「Get-Net UDPEndpoint –LocalPort 3343」命令，便可以发现 172.20.75.32 和 10.10.75.32 网络真的启用了心跳检测功能，如图 15-62 所示。

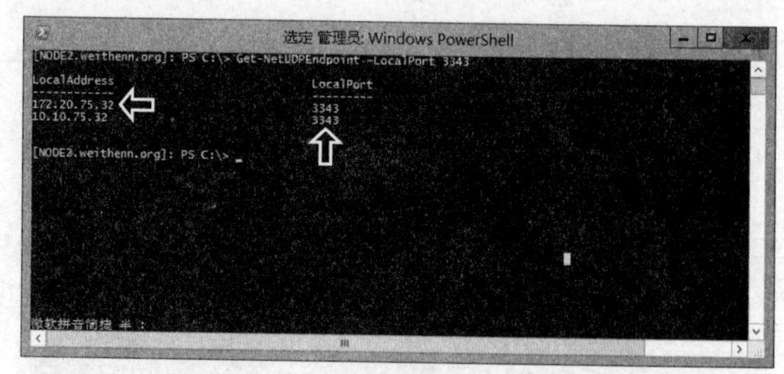

图 15-62　Node2 主机启用心跳检测功能

15-1-8　故障转移群集 DNS 记录和计算机账号

还记得吗？在创建故障转移群集期间输入的故障转移群集名称 Vcluster 和群集 IP 地址「10.10.75.30」，其实在创建好故障转移群集时便会向 DC 主机注册 DNS 记录并在域中创建计算机账号。

在 DC 主机中依次选择「服务器管理器>工具>Active Directory 用户和计算机」，在打开的窗口中选择 Computers 便会看到故障转移群集计算机账号「VCLUSTER」，如图 15-63 所示。

在 DC 主机中依次选择「服务器管理器>工具>DNS」，在打开的窗口中依次选择「DNS>DC>正向查找区域>weithenn.org」，便会看到故障转移群集 IP 地址的 DNS 解析记录「VCluster 10.10.75.30」，如图 15-64 所示。

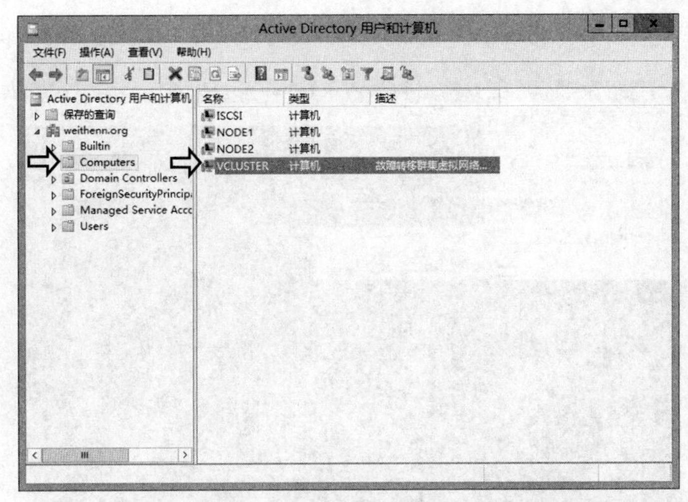

图 15-63　故障转移群集计算机账号 VCLUSTER

图 15-64　故障转移群集 DNS 解析记录

15-1-9　创建高可用性虚拟机

1. 复制 ISO 镜像文件

接下来将创建一台虚拟机，可以任意选择 Node1 或 Node2 主机，本书将使用 Node2 来为演示高级功能做准备。由于我们是多层虚拟化的环境，因此直接将用于安装的虚拟机的安装来源 ISO 镜像文件复制到 Node2 主机上以加快整体安装速度，请将 Windows 8 物理主机中的 Windows Server 2012 的 ISO 映像文件复制到 Node2 主机中。

切换到 Node2 主机的 VMware Player 窗口中，依次选择「Player>Manage>Virtual Machine

Settings」，准备将 Windows 8 物理主机磁盘资源挂载到 Node2 主机，如图 15-65 所示。

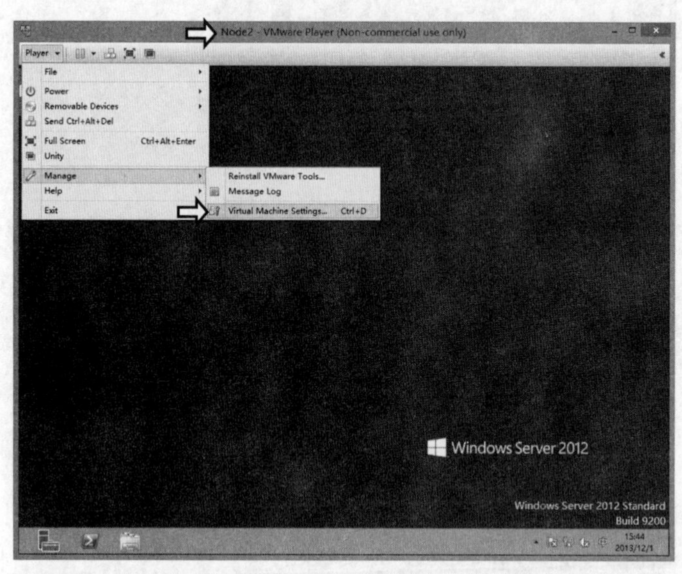

图 15-65　准备将 Windows 8 物理主机磁盘资源挂载到 Node2 主机

在打开的 Virtual Machine Settings 窗口中切换到「Options」选项卡，选择「Shared Folders」，在 Folder sharing 区域中选择「Always enabled」并勾选「Map as a network drive in Windows guests」，单击「Add」按钮依向导提示设置 ISO 镜像文件存储路径「C:\Lab\ISO」，确认无误后单击「OK」按钮完成设置，如图 15-66 所示。

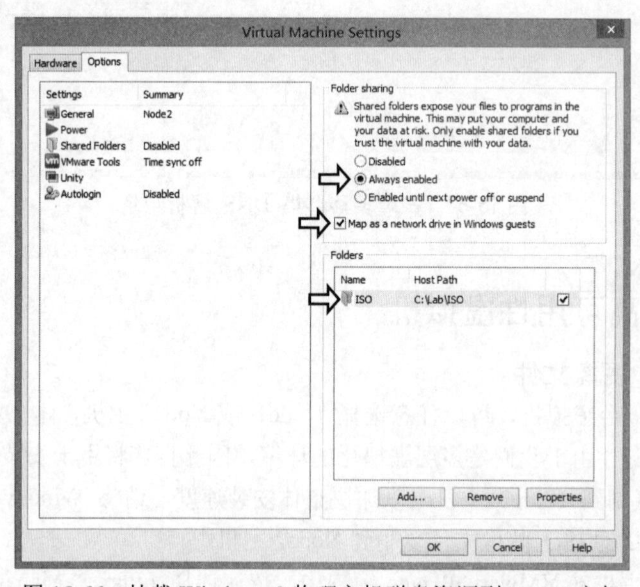

图 15-66　挂载 Windows 8 物理主机磁盘资源到 Node2 主机

因为刚才的共享设置选择了 Map as a network drive in Windows guests 选项，因此该磁盘共享默认便会链接到Node2主机的「Z盘」当中，请复制 Windows Server 2012 的ISO 镜像文件到「C盘」根目录，如图15-67和图15-68所示。

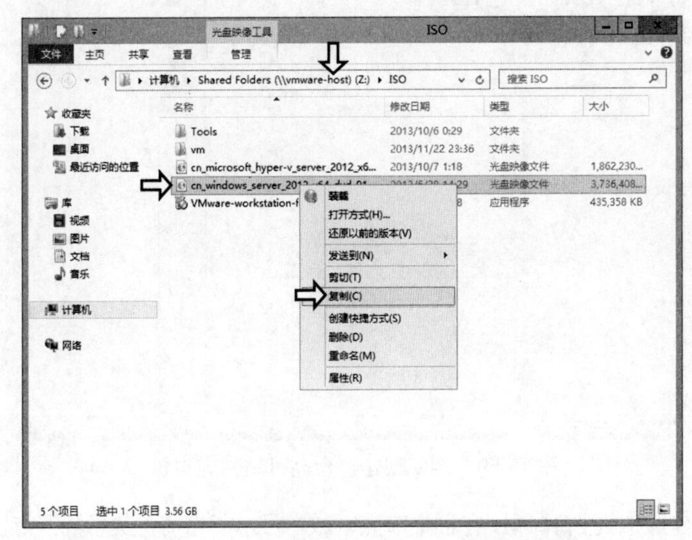

图15-67 复制Z盘下的ISO 镜像文件

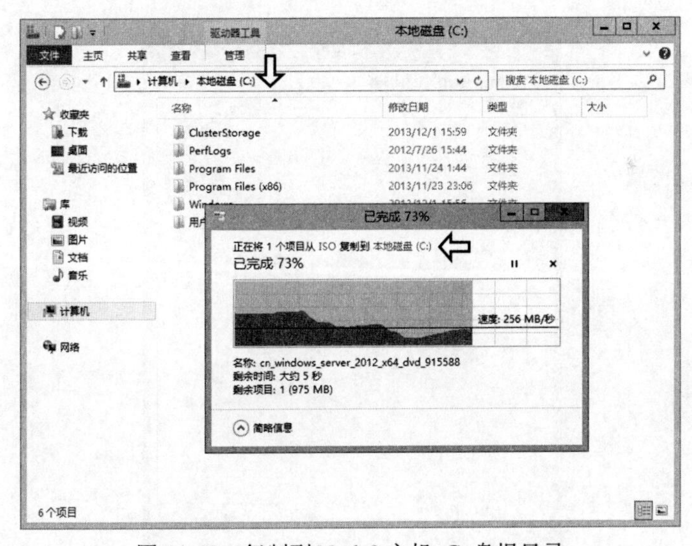

图15-68 复制到Node2主机 C 盘根目录

2. 创建高可用性虚拟机

切换回DC主机的「故障转移群集管理器」窗口中，并依次选择「角色>右键>虚拟机>新建虚拟机」，准备创建一台高可用性虚拟机，如图15-69所示。

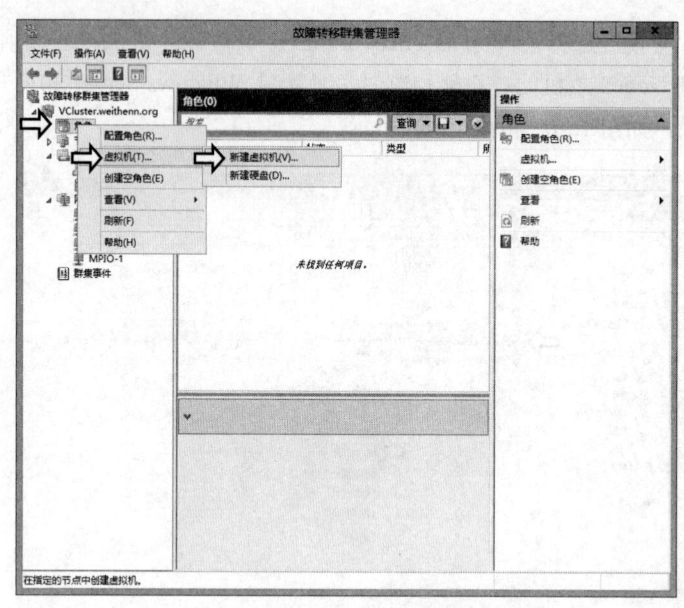

图 15-69　准备创建一台高可用性虚拟机

在弹出的「新建虚拟机」窗口中，在群集节点区域中显示了当前群集中的节点，由于我们将 ISO 镜像文件存放在 Node2 主机，因此选择「Node2」主机，单击「确定」按钮，如图 15-70 所示。

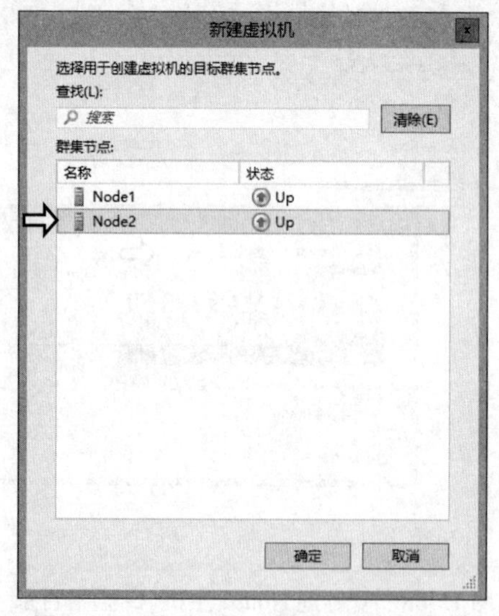

图 15-70　在 Node2 主机中创建虚拟机

在弹出的「新建虚拟机向导」窗口中，如果直接单击「完成」按钮，则会使用默认值创建一台虚拟机，但我们需要自定义不同于默认值的设置，因此单击「下一步」按钮继续，如图 15-71 所示。

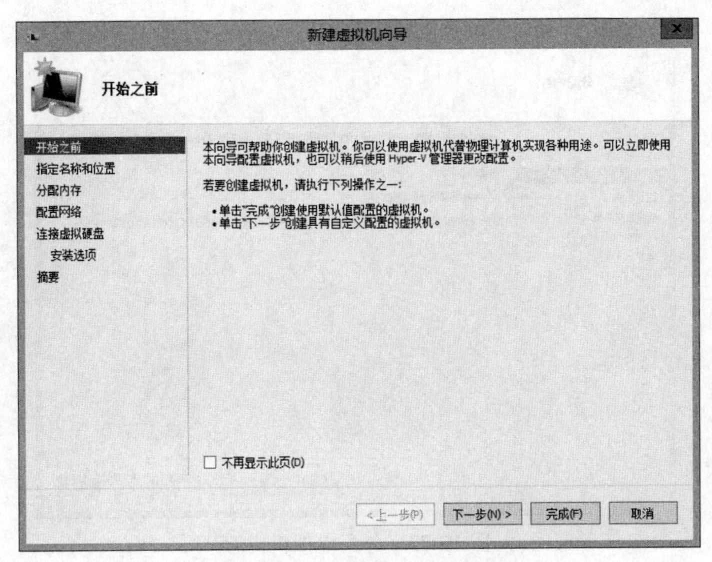

图 15-71　自定义虚拟机设置

在「指定名称和位置」页面中，请在「名称」字段输入虚拟机的名称 VM，默认情况下虚拟机存放在 Node2 主机本地硬盘中，勾选「将虚拟机存储在其他位置」选项，并且在「位置」字段中输入群集共享磁盘卷 CSV 的路径「C:\ClusterStorage\volume1\」，单击「下一步」按钮继续，如图 15-72 所示。

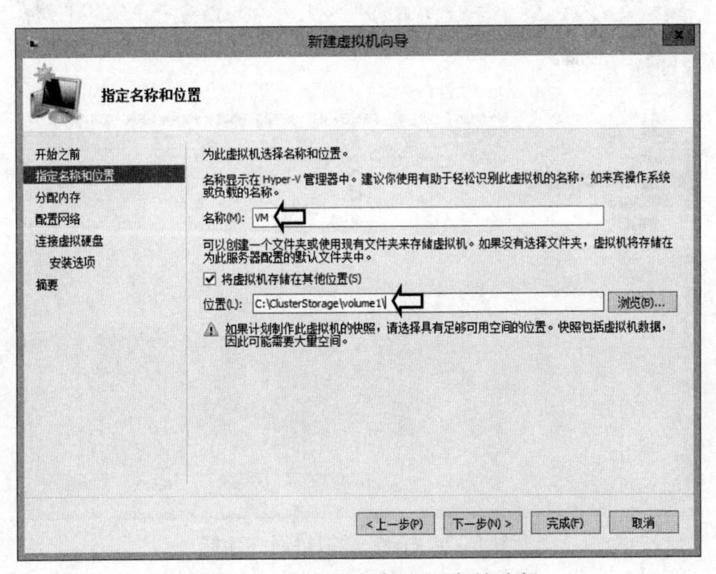

图 15-72　设置虚拟机名和存储路径

在「分配内存」页面中，默认启动内存为 512 MB，我们设置为「2048 MB」，并且勾选「为此虚拟机使用动态内存」选项，单击「下一步」按钮继续，如图 15-73 所示。

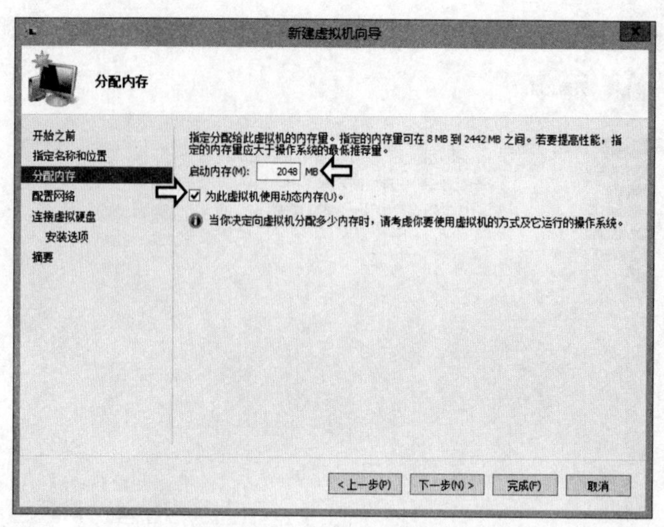

图 15-73　分配虚拟机内存

在「配置网络」页面中，默认为未连接，也就是虚拟机没有连接到 Hyper-V 主机中任何虚拟交换机上，请选择下拉列表框中的虚拟机专用的虚拟交换机「Microsoft Network Adapter Multiplexor Driver - Virtual Switch」，虚拟机将连接到 10.10.75.0/24，单击「下一步」按钮继续，如图 15-74 所示。

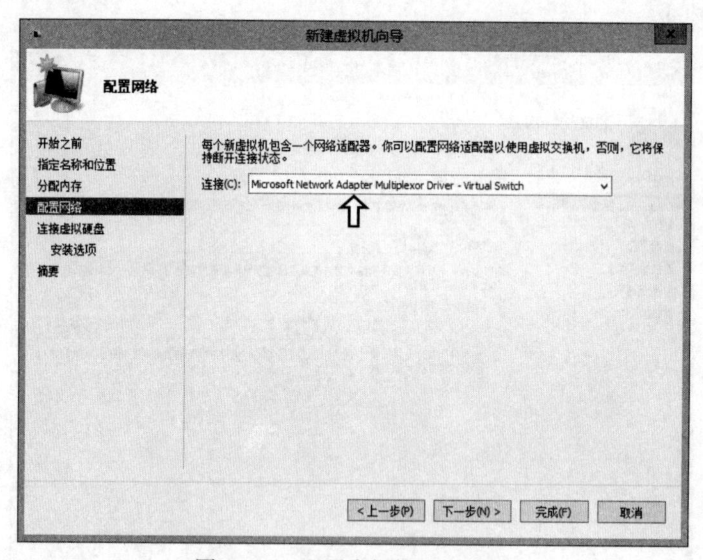

图 15-74　配置虚拟机网络功能

在「连接虚拟硬盘」页面中，向导能自动为虚拟机创建一个以虚拟机名称命名的虚拟硬盘文件，而存储位置也指定在群集共享磁盘卷 CSV 路径当中（C:\ClusterStorage\volume1\），虚拟硬盘大小默认为 127 GB（动态扩展），请保持默认，单击「下一步」按钮继续，如图 15-75 所示。

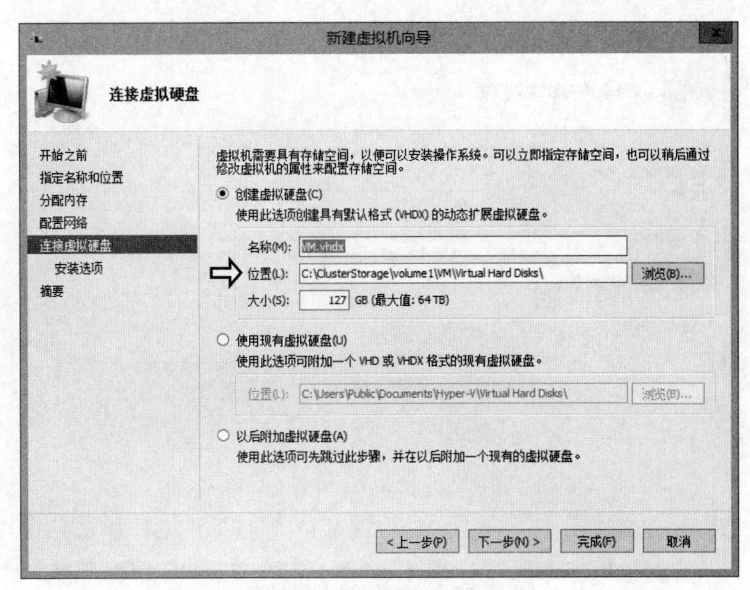

图 15-75　配置虚拟硬盘

在「安装选项」页面中，选择「从引导 CD/DVD-ROM 安装操作系统」，选择「映像文件」，浏览刚才准备好的 ISO 文件，单击「下一步」按钮继续，如图 15-76 所示。

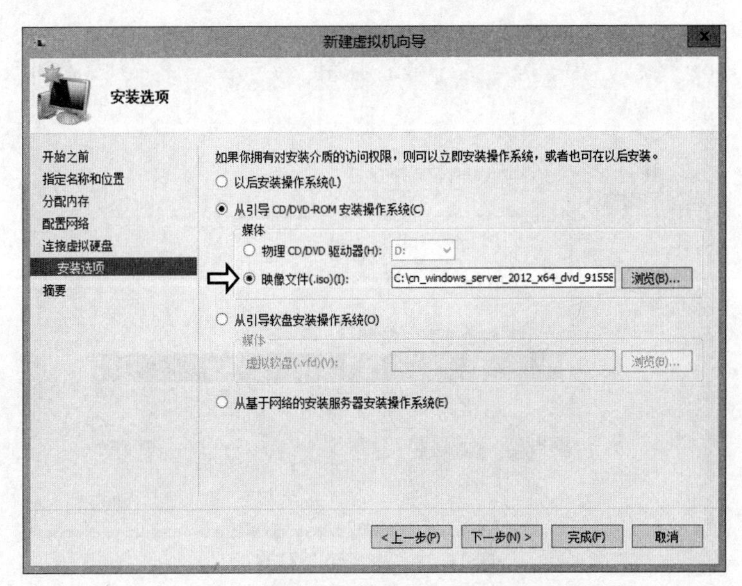

图 15-76　指定虚拟机安装操作系统所使用的镜像文件

在「正在完成新建虚拟机向导」页面中，可以再一次查看所有设置，确认无误后单击「完成」按钮，如图 15-77 所示。

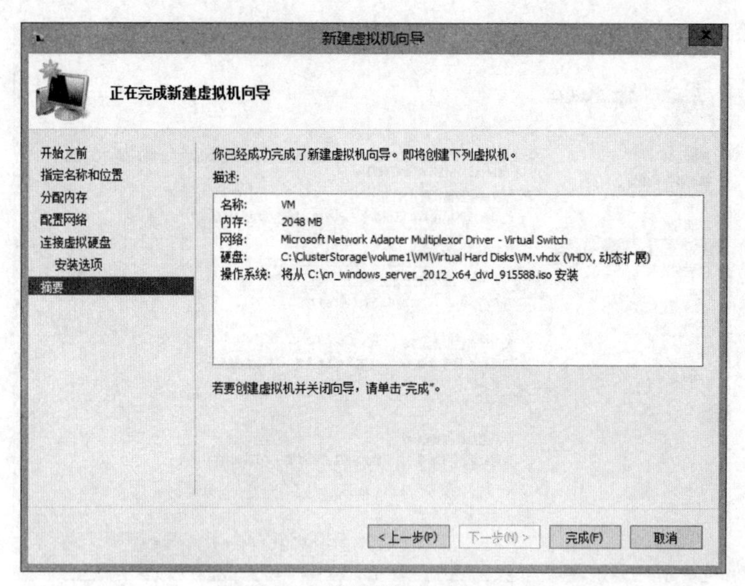

图 15-77　完成新建虚拟机向导

在「摘要」页面中，可以看到成功为此角色配置了高可用性，也就是此台虚拟机已经是高可用性角色，但在「结果」页面中却看到警告信息，单击「查看报告」按钮查看详细结果，如图 15-78 所示。

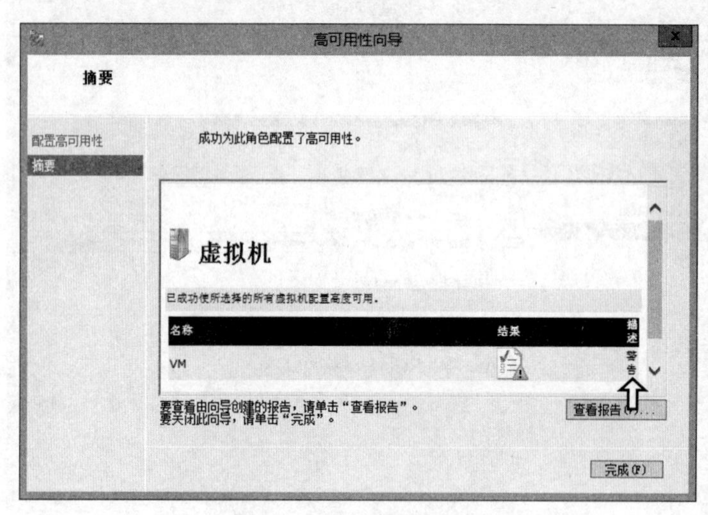

图 15-78　查看警告信息

在打开的详细报告窗口中可以看到，因为虚拟机所挂载的 ISO 镜像文件存储在「本地路径」，会造成其他群集节点无法存取，并可能会发生错误。不过因为我们只是要安装虚拟机，并在安装完成后卸载 ISO 镜像文件，因此可以放心忽略这个警告信息，如图 15-79 所示。

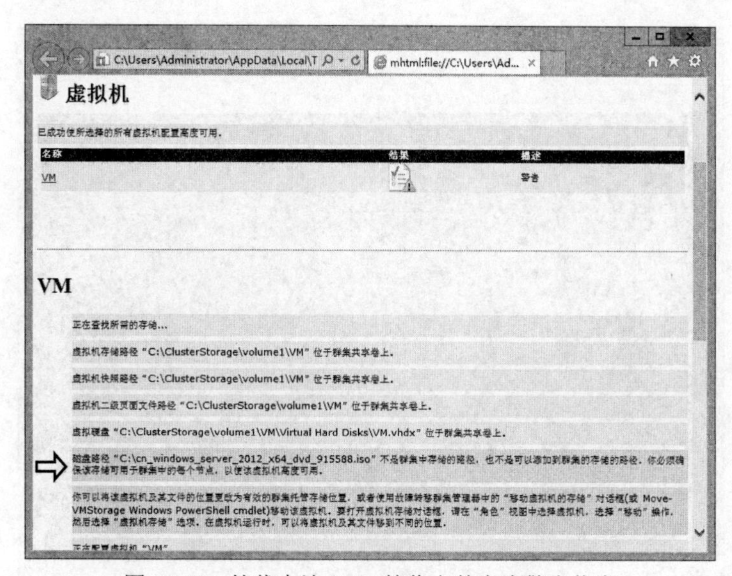

图 15-79　挂载本地 ISO 镜像文件产生警告信息

3．虚拟机安装操作系统

在 Node2 主机上完成了高可用性虚拟机创建后，选择虚拟机，在右侧操作窗格中单击「连接」，打开虚拟机的控制台画面，如图 15-80 所示。

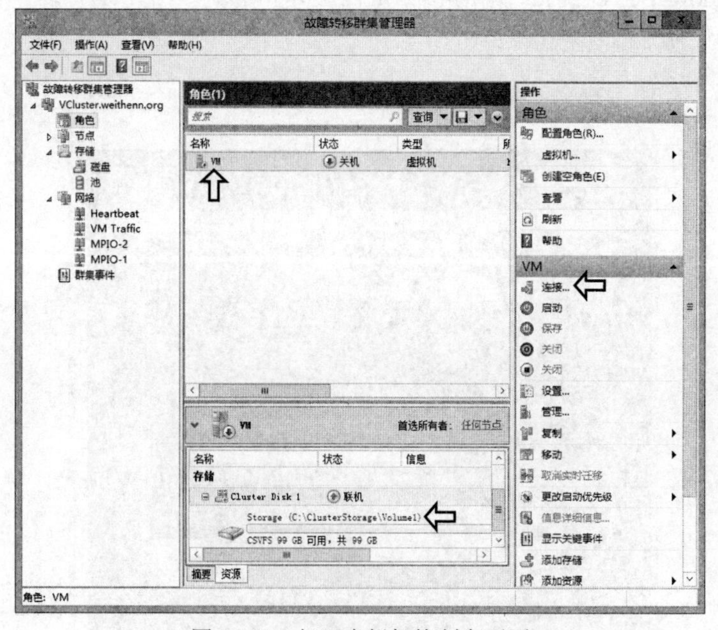

图 15-80　打开虚拟机控制台画面

在弹出的虚拟机控制台画面中单击「启动」图标，启动虚拟机，如图 15-81 所示。

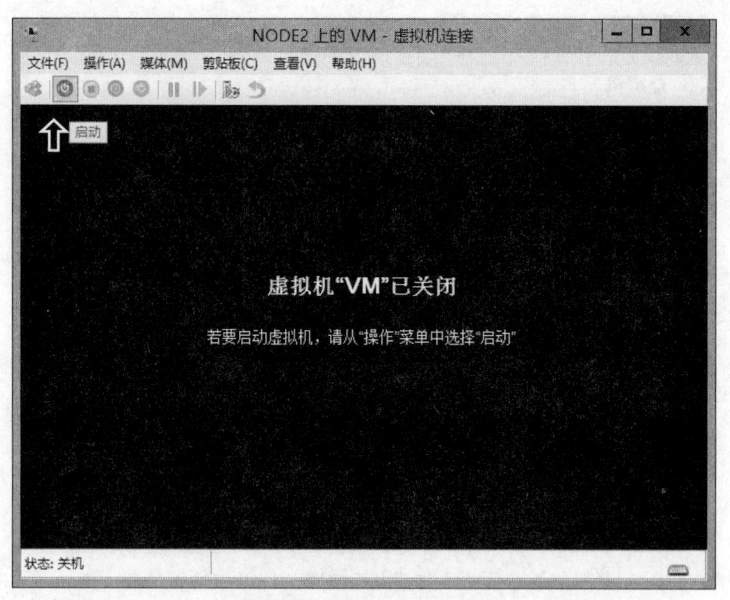

图 15-81 启动虚拟机

将虚拟机开机后，因为我们已经为虚拟机挂载了 Windows Server 2012 的 ISO 镜像文件，因此会自动加载该 ISO 镜像文件并进入操作系统安装初始化程序，如图 15-82 所示。接着请为虚拟机安装 Windows Server 2012 操作系统，如图 15-83 所示。由于安装过程在先前的章节已经有详细说明，因此便不再浪费篇幅说明。

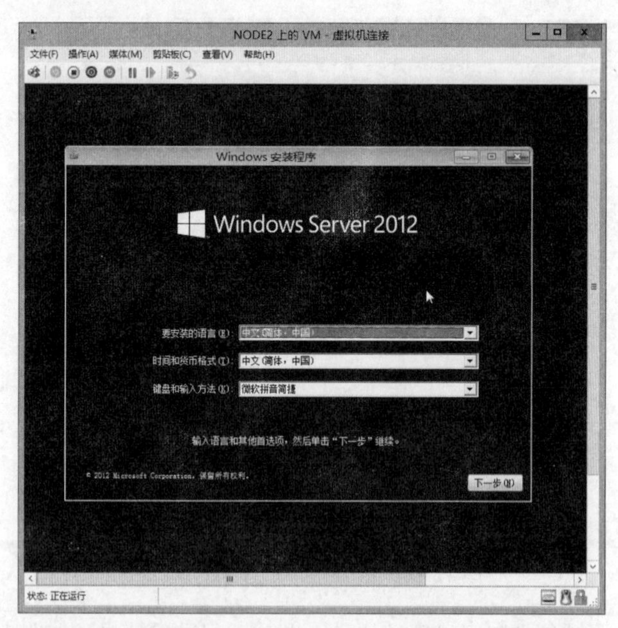

图 15-82 虚拟机开机后进入操作系统安装初始化程序

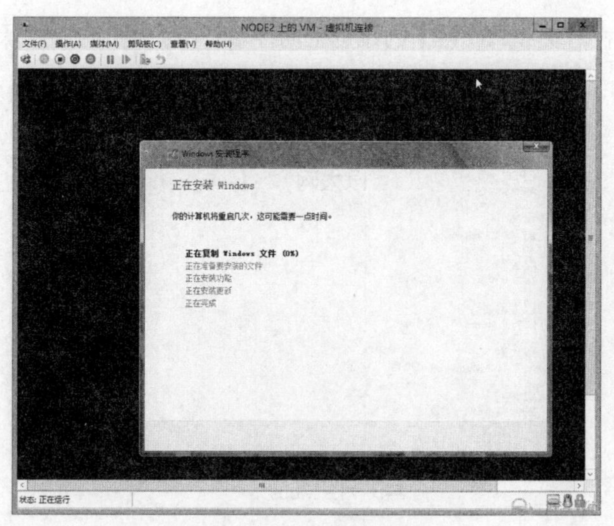

图 15-83　虚拟机开始安装操作系统

15-1-10　测试 MPIO 故障切换

当虚拟机在安装操作系统后，可以切换到「iSCSI 主机」，打开任务管理器并切换到「性能」选项卡，可以看到 iSCSI 主机两块 MPIO 网卡的流量正同时增长，如图 15-84 所示。

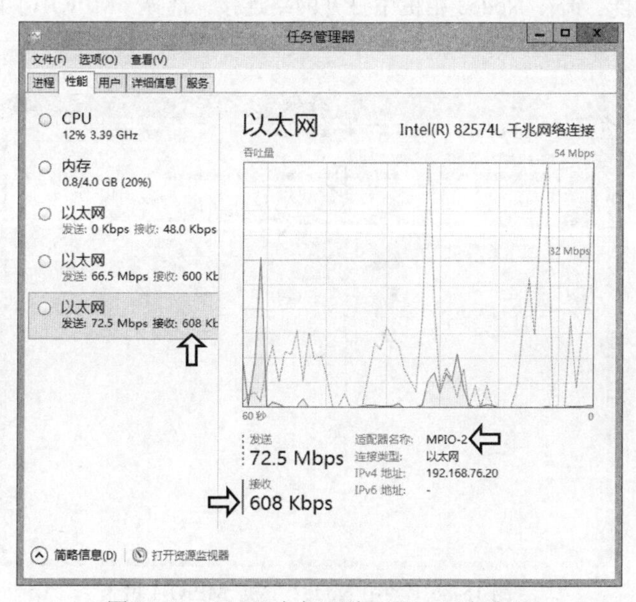

图 15-84　iSCSI 主机两块 MPIO 网卡流量

接着请切换到运行虚拟机的「Node2 主机」，同样打开任务管理器并切换到「性能」选项卡，可以看到 Node2 主机两块 MPIO 网卡的流量也同样增长，如图 15-85 所示。

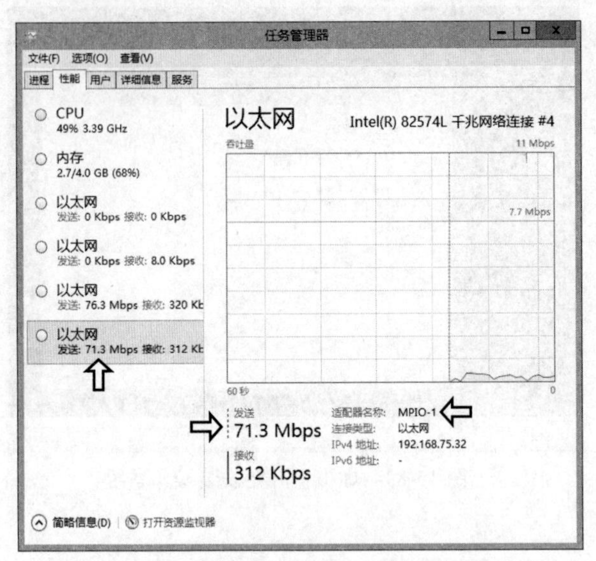

图 15-85　Node2 主机两块 MPIO 网卡流量

当虚拟机持续进行安装时，我们来测试如果将 Node2 主机其中一块 MPIO 网卡禁用（模拟网卡损坏或网络断线），是否真的如我们预计的一样，MPIO 网卡会实现负载平衡，发生灾难时也具备故障切换功能。请在 Node2 主机中打开网络连接，选择「MPIO-1」网卡后选择「禁用」，如图 15-86 所示。

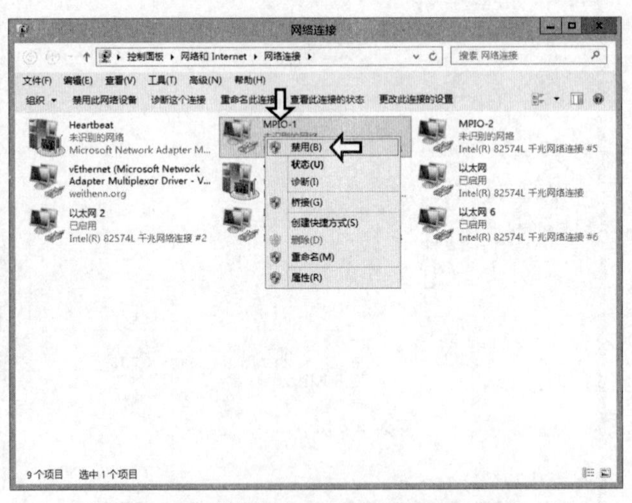

图 15-86　禁用 Node2 主机 MPIO-1 网卡

当我们将 Node2 主机的 MPIO-1 网卡禁用后，在任务管理器当中 MPIO-1 网卡已经「消失」，而您可以看到仍有一块 MPIO 网卡（MPIO-2）有流量，如图 15-87 所示。

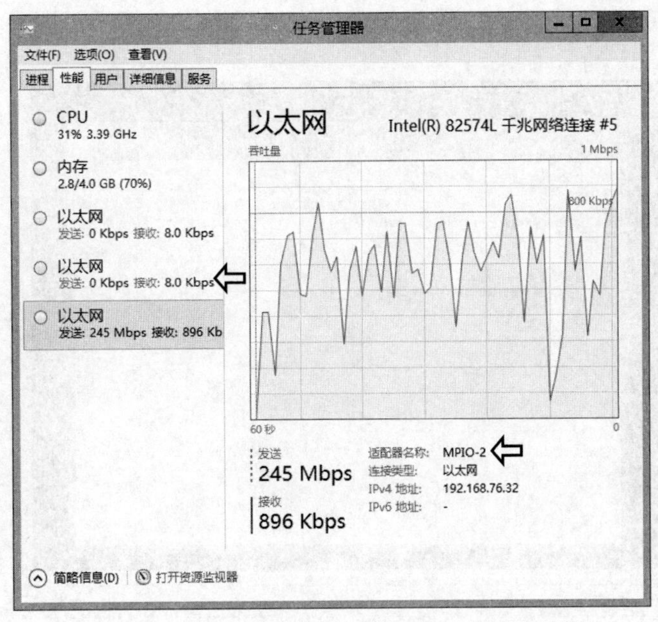

图 15-87 Node2 主机仍有一块 MPIO 网卡有流量

再次切换到「iSCSI 主机」，此时可以看到 iSCSI 主机仍有一块 MPIO 网卡有流量，如图 15-88 所示。

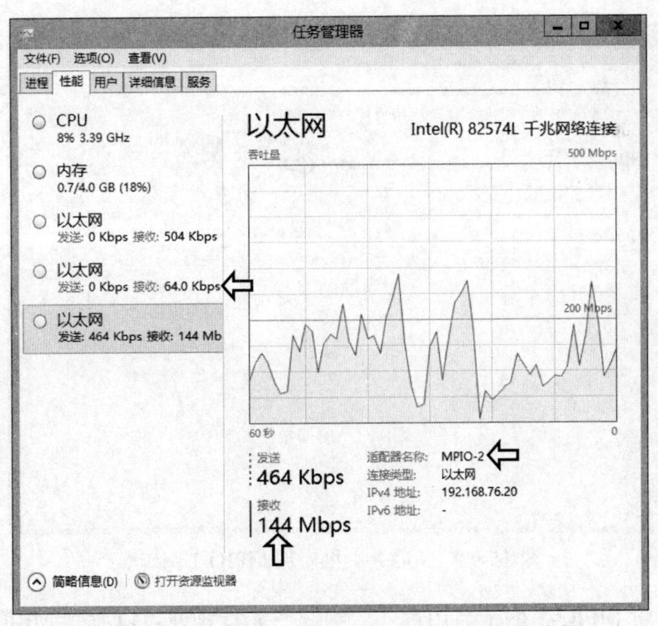

图 15-88 iSCSI 主机仍有一块 MPIO 网卡有流量

切换回虚拟机的控制台中，可以看到安装程序仍然在进行中，如图 15-89 所示。

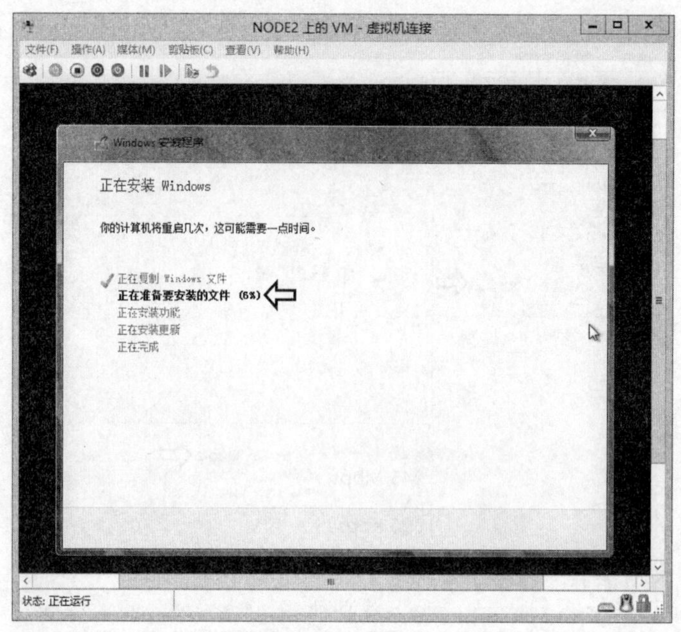

图 15-89 虚拟机安装程序正在进行中

切换到「Node2」将刚才禁用的 MPIO-1 网卡再次「启用」，准备观察 MPIO-1 网卡是否会自动加入并且传输网络流量，如图 15-90 所示。

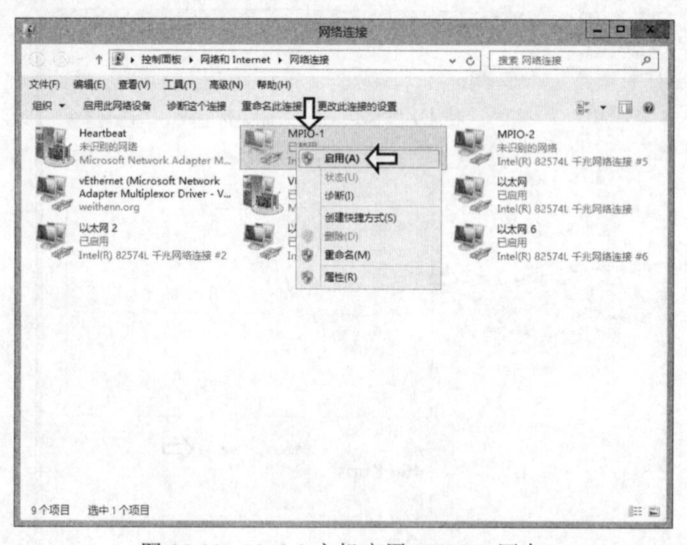

图 15-90 Node2 主机启用 MPIO-1 网卡

当 Node2 主机将 MPIO-1 网卡启用后，大约 3～5 秒钟便可以看到 MPIO-1 网卡出现在任务管理器中，并且传输流量又自动平均分配到 MPIO-1、MPIO-2 网卡，如图 15-91 所示。

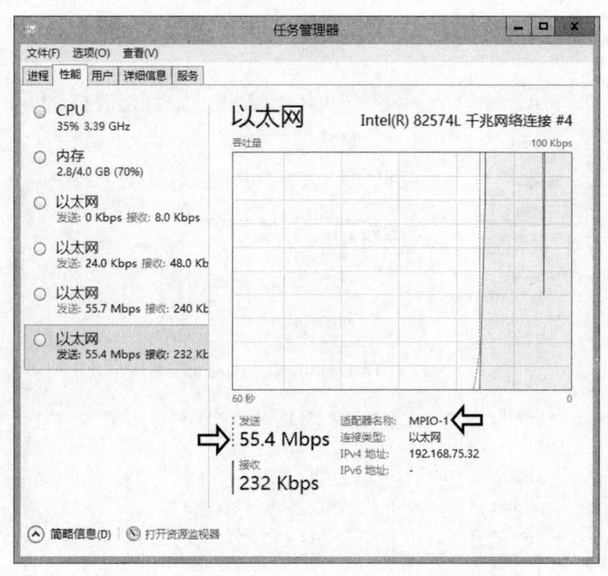

图 15-91　Node2 主机 MPIO 网络流量恢复

当然 iSCSI 主机端的两块 MPIO 网卡也恢复了传输流量，如图 15-92 所示。

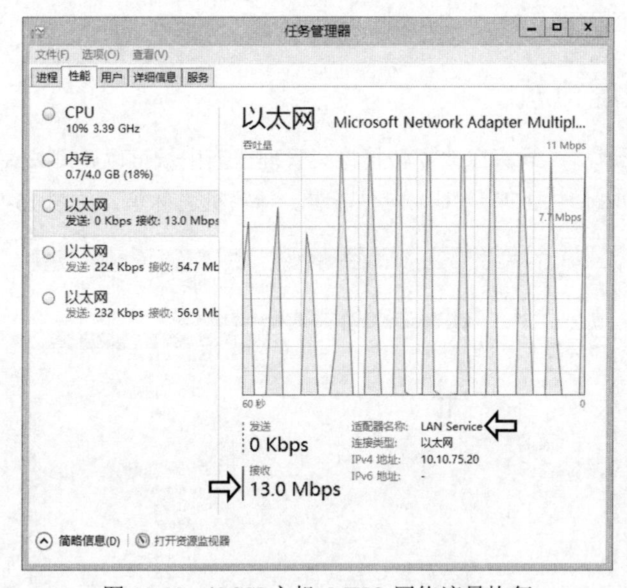

图 15-92　iSCSI 主机 MPIO 网络流量恢复

卸除 ISO 镜像文件

当虚拟机安装操作系统完成后，请在虚拟机控制台窗口的菜单中选择「文件>设置」，此时将弹出 VM 设置窗口，切换到「DVD 驱动器」选项，在媒体区域中选择「无」，也就是卸载 ISO 镜像文件，避免稍后执行迁移操作时，因为挂载的 ISO 镜像文件保存在 Node2 本地而发生错误，如图 15-93 所示。

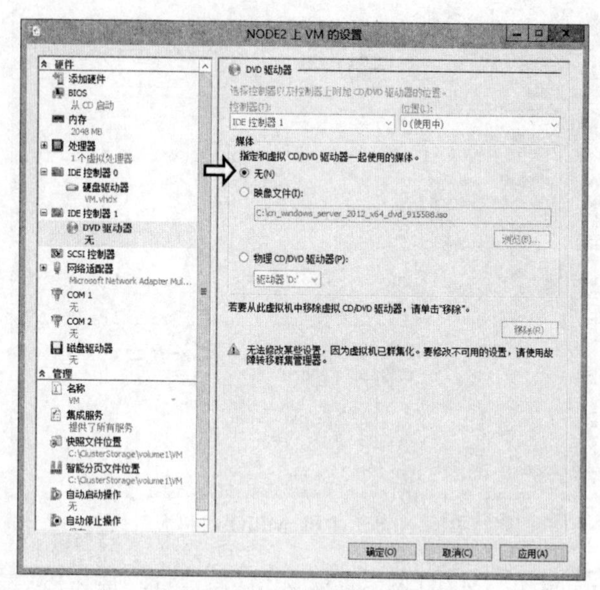

图 15-93　卸载 ISO 镜像文件

15-1-11　管理虚拟机

操作系统安装完成后，其实在故障转移群集管理器当中就可以管理该虚拟机，并且可以清楚地查看到虚拟机的运行状态如 CPU、内存需求、计算机名称等，如图 15-94 所示。

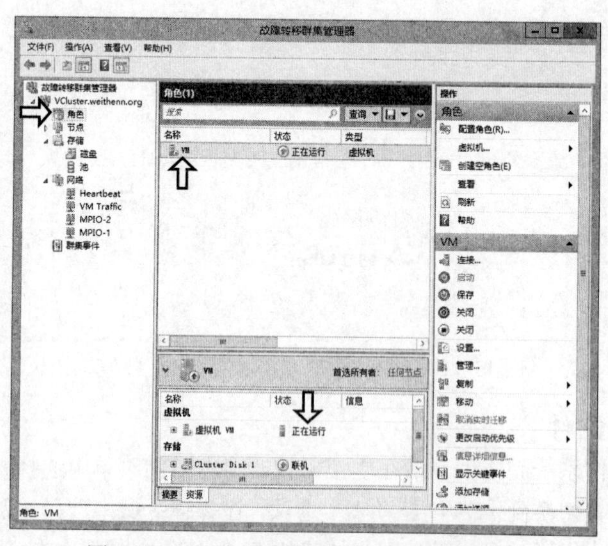

图 15-94　故障转移群集管理器管理虚拟机

如果习惯使用 Hyper-V 管理器来管理虚拟机，可以在故障转移群集管理器中选择该虚拟机，然后选择右下方操作窗口中的「管理」选项，便会打开「Hyper-V 管理器」窗口，如图 15-95 所示。

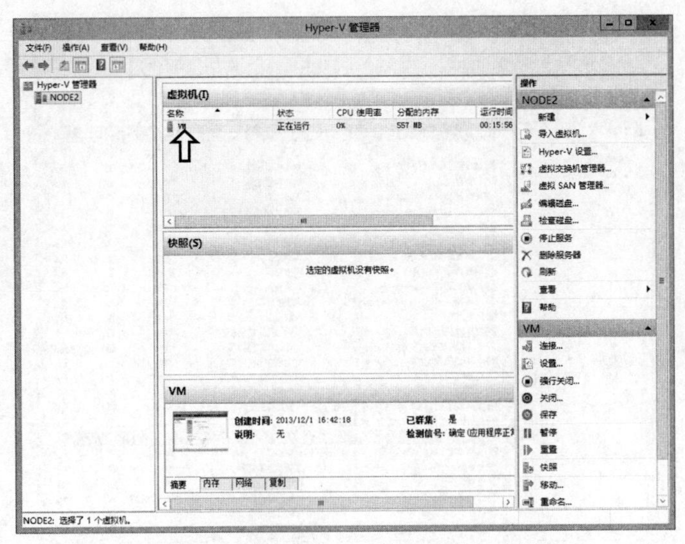

图 15-95　使用 Hyper-V 管理器管理虚拟机

由于设置了虚拟机连接到 10.10.75.x/24 网段，因此虚拟机启动后会自动取得 DHCP 所分配的 IP 地址，此处演示中虚拟机取得的动态 IP 地址为「10.10.75.237」，如图 15-96 所示。

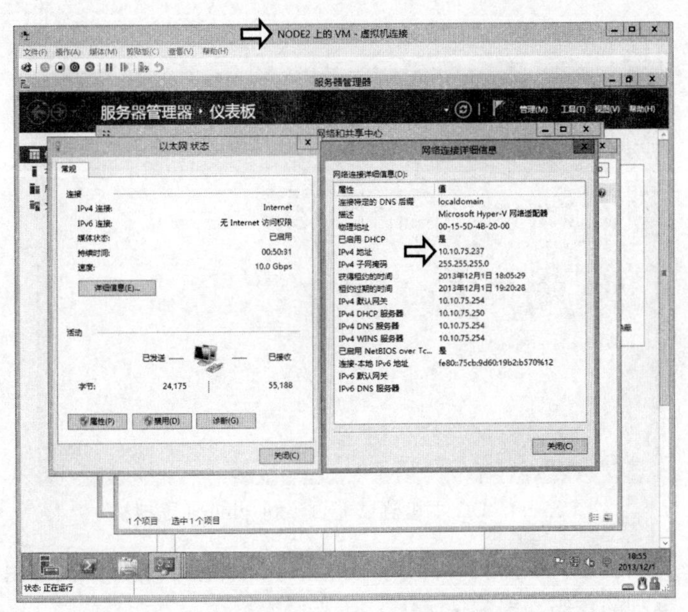

图 15-96　虚拟机获得 10.10.75.237 的动态 IP 地址

默认情况下 Windows Server 2012 并不允许「ping 响应」，所以我们将虚拟机的 ping 响应防火墙规则「启用」以方便测试，请将防火墙中的「文件和打印机」共享（回显请求-ICMPv4-In）规则启用，如图 15-97 所示。

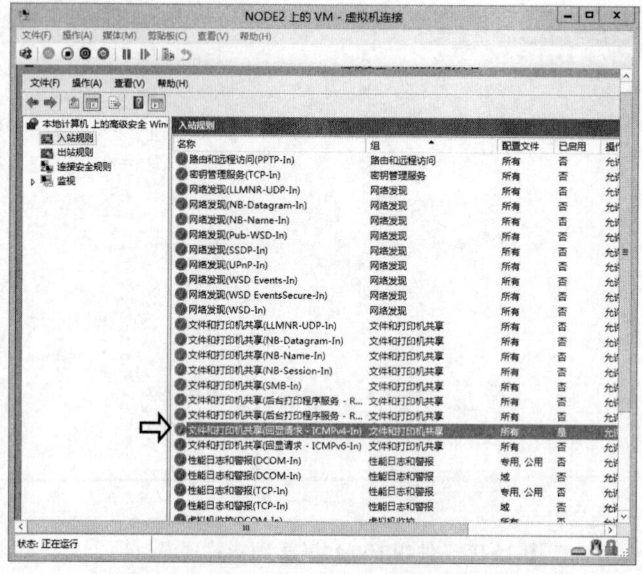

图 15-97　启用主机 ping 响应防火墙规则

启用虚拟机 ping 响应防火墙规则后，在 DC 主机端测试看看能否顺利 ping 通虚拟机，如图 15-98 所示。

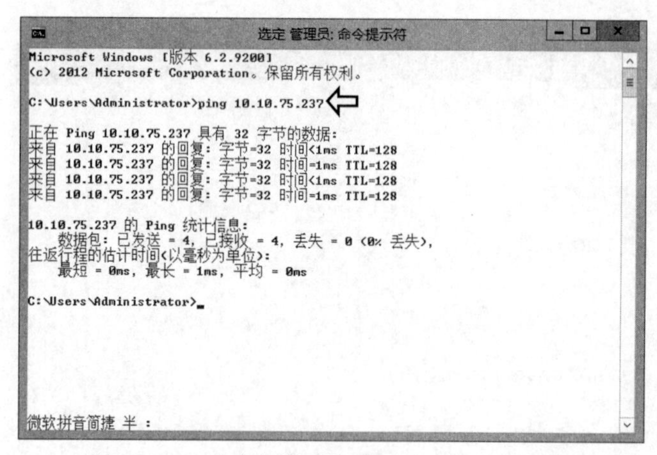

图 15-98　DC 主机测试能否顺利 ping 通虚拟机

到目前为止，我们已经将故障转移群集准备完成，并且也创建好了高可用性的虚拟机，接着我们可以开始一系列的高级功能测试了!!

15-2 实时迁移（Live Migration）

在 Hyper-V 3.0 虚拟化平台中，打破了 Hyper-V 2.0 对同一时间移动虚拟机数量的限制，现在您可以在 1 Gbps / 10 Gbps 网络环境中同时移动「多台」虚拟机而不会有任何限制（但仍需要考虑网络吞吐量、存储 IOPS 等因素）。相关信息可参考 Microsoft TechEd 2012 VIR401-Hyper-V High-Availability & Mobility（http://goo.gl/jLSqB）、Hyper-V Live Migration White Paper（http://goo.gl/mfQXY）。

图 15-99 所示为实时迁移运行示意图。

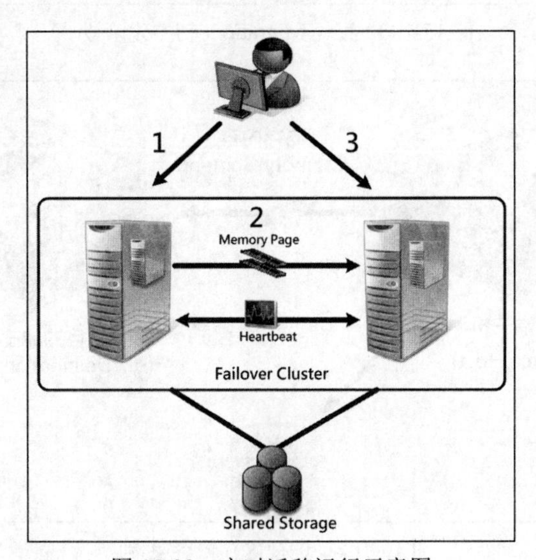

图 15-99 实时迁移运行示意图

实时迁移（Live Migration）流程：

（1）故障转移群集管理器启动实时迁移（Live Migration）操作，两台 Hyper-V 主机建立连接程序并且在目的端 Hyper-V 主机建立同名虚拟机（如图 15-100 所示）。

（2）源端 Hyper-V 主机将联机运行的虚拟机的「内存」复制到目的端 Hyper-V 主机（如图 15-101 所示）。

（3）当内存内容复制完成后（包含之后更改的内存内容），新的虚拟机完成相关设置并准备接管服务（如图 15-102 所示）。

（4）切换成由目的端 Hyper-V 主机中的虚拟机存取共享存储设备中的文件（如图 15-103 所示）。

（5）最后因为虚拟机所在的 Hyper-V 主机物理网卡 MAC 地址不同，虚拟机会发送 RARP 数据包使物理交换机重新更新正确的 MAC 地址和端口表（如图 15-104 所示）。

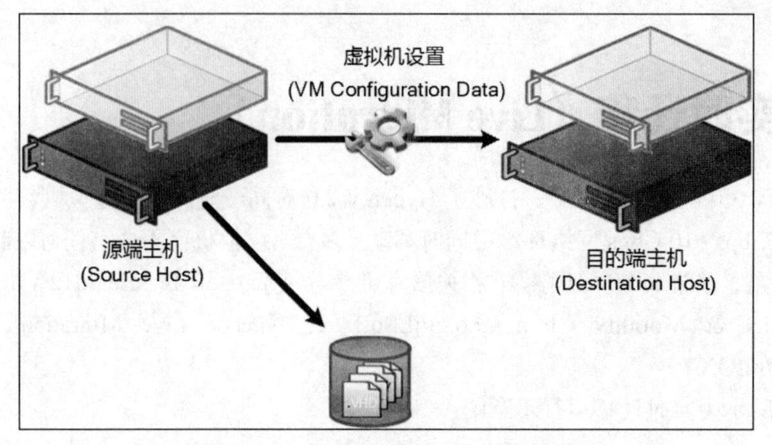

图 15-100 Live Migration 初始化阶段

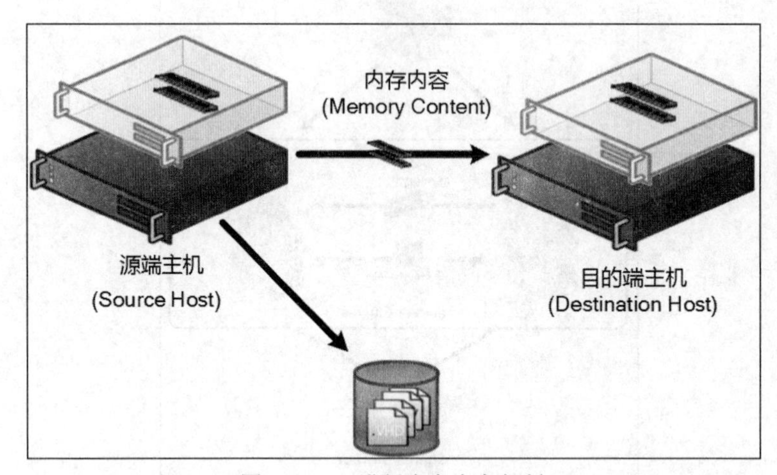

图 15-101 进行内存内容复制

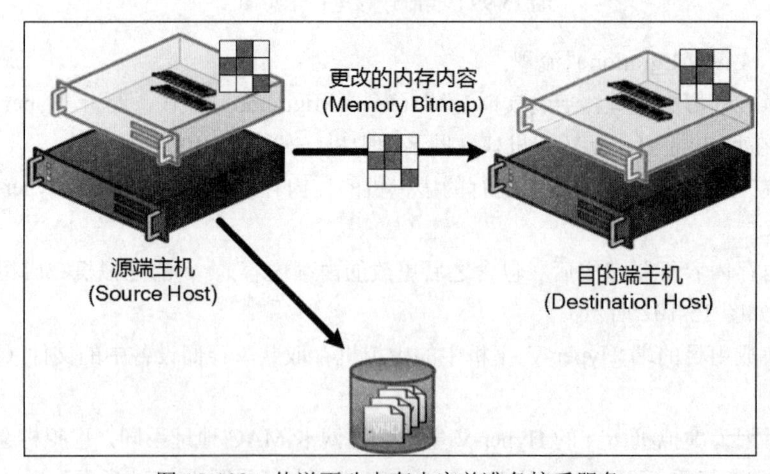

图 15-102 传送更改内存内容并准备接手服务

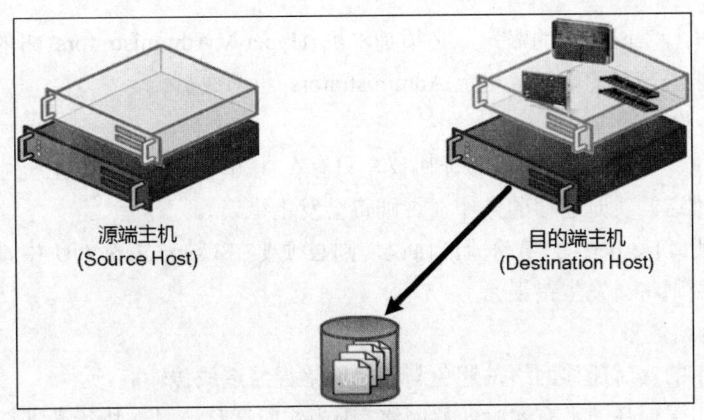

图 15-103　目的端虚拟机接管存储文件

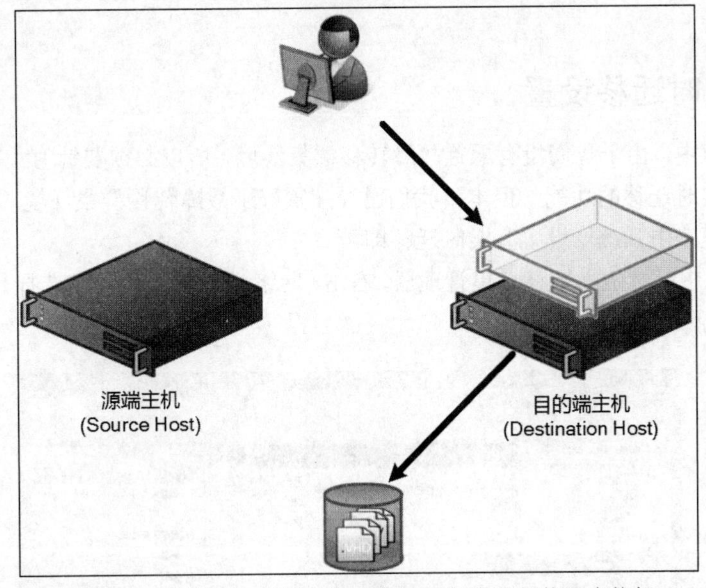

图 15-104　接管完成并发出 RARP 数据包更新物理交换机

Hyper-V 虚拟化平台中要实现实时迁移环境，还需要注意以下需求信息：

◆ 来源和目的 Hyper-V 主机
  - 必须处于同一个 Active Directory 域，或彼此信任的 Active Directory 域
  - 必须支持硬件虚拟化技术（Intel VT-x 或 AMD AMD-V）
  - 必须采用相同的处理器（例如都是 Intel 或都是 AMD）
  - 必须安装 Hyper-V 服务器角色
  - 故障转移群集（非必要条件）

◆ 用户账户和计算机账户权限设置
  - 设置限制委派的账户必须是 Domain Administrators 组的成员

  - 设置和执行实时迁移的账户，必须是本机 Hyper-V Administrators 组的成员
  - 必须是来源与目的端计算机上 Administrators 组的成员
- 实时迁移身份验证协议
  - 如果使用「CredSSP」身份验证协议，只有在「源端」Hyper-V 主机才能顺利将虚拟机执行「推送」实时迁移的操作（否则将会发生错误）。
  - 如果使用「Kerberos」身份验证协议，则必须要在 Computers OU 中设置「委派」信任服务（否则将会发生错误）。
- 实时迁移网络流量
  - 设置专用的实时迁移网络，避免与其他网络混用造成传输瓶颈。
  - 设置专用受信任的私有实时迁移网络，因为实时迁移流量在执行数据迁移操作时并不会「加密」传输的流量，此举可提高主机整体安全性。

15-2-1 实时迁移设置

在前面章节中，由于我们没有配置故障转移群集环境，所以必须要针对「每一台」Hyper-V 主机依次启用实时迁移的功能，但本章我们已经配置好了故障转移群集环境，所以只需要在故障转移群集管理器中「统一设置」实时迁移即可。

在 DC 主机中打开故障转移群集管理器，右击「网络」，在弹出菜单中选择「实时迁移设置」，如图 15-105 所示。

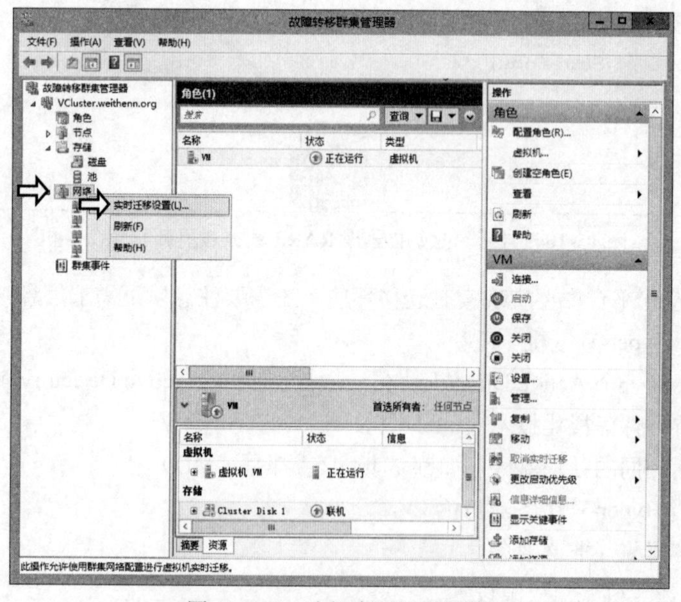

图 15-105 选择实时迁移设置

在弹出的「实时迁移设置」窗口中，只需要勾选用来进行实时迁移的网络并设置优先级即可。此处实时迁移优先级为「Heartbeat>MPIO-1>MPIO-2>VM Traffic」，确认后单击「确定」按钮，如图 15-106 所示。

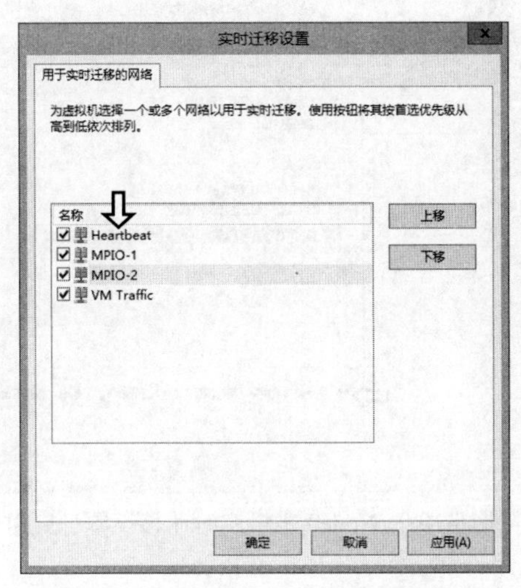

图 15-106　调整实时迁移网络优先级

完成实时迁移设置后，可以打开 Hyper-V 管理器，分别查看 Node1、Node2 主机的实时迁移设置是否已启用，您将在 Hyper-V 设置窗口最下方看到警告信息，无法调整相关设置是因为正在被群集使用中，如图 15-107 和图 15-108 所示。

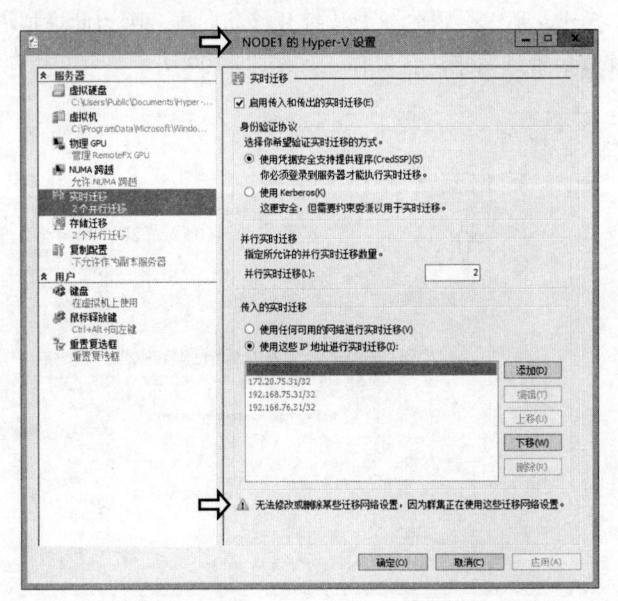

图 15-107　Node1 主机实时迁移设置已启用

图 15-108　Node2 主机实时迁移设置已启用

15-2-2　测试实时迁移（Live Migration）

前面其实已经提到过，我们应该都是使用故障转移群集管理器为主来进行相关设置，而使用 Hyper-V 管理器来查看相关设置。举例来说，如果尝试使用 Hyper-V 管理器来对高可用性的虚拟机进行「移动」操作，那么会得到「无法打开移动向导，因为此虚拟机已群集化」的信息，并建议使用故障转移群集管理器来进行操作，如图 15-109 所示。

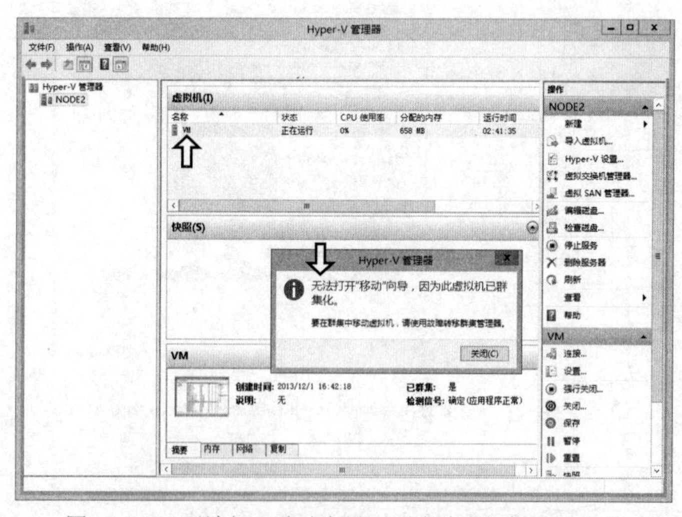

图 15-109　无法打开移动向导，因为此虚拟机已群集化

当前虚拟机运行在 Node2 主机上，而该虚拟机的虚拟硬盘文件则存放在 iSCSI 主机的 iSCSI 目标共享存储环境中。现在我们就测试在虚拟机运行的情况下，联机不中断地从 Node2 主机迁移到 Node1 主机。

在开始执行虚拟机实时迁移的操作之前，我们先准备好测试环境，以方便观察在线迁移过程，在 DC 主机打开命令提示符连续 ping 虚拟机，这里输入「ping -t 10.10.75.237」，如图 15-110 所示。

```
选定 管理员: 命令提示符 - ping -t 10.10.75.237

C:\Users\Administrator>ping -t 10.10.75.237

正在 Ping 10.10.75.237 具有 32 字节的数据:
来自 10.10.75.237 的回复: 字节=32 时间<1ms TTL=128
来自 10.10.75.237 的回复: 字节=32 时间<1ms TTL=128
来自 10.10.75.237 的回复: 字节=32 时间<1ms TTL=128
来自 10.10.75.237 的回复: 字节=32 时间=8ms TTL=128
来自 10.10.75.237 的回复: 字节=32 时间=2ms TTL=128
来自 10.10.75.237 的回复: 字节=32 时间<1ms TTL=128
来自 10.10.75.237 的回复: 字节=32 时间=1ms TTL=128

微软拼音简捷 半 :
```

图 15-110　DC 主机连续 ping 将执行在线迁移的虚拟机

接着切换到 Node1 主机，打开任务管理器，切换到「性能」选项卡便可以查看当前主机的网络流量，方便观察执行实时迁移时是否使用 Heartbeat 网络，如图 15-111 所示。

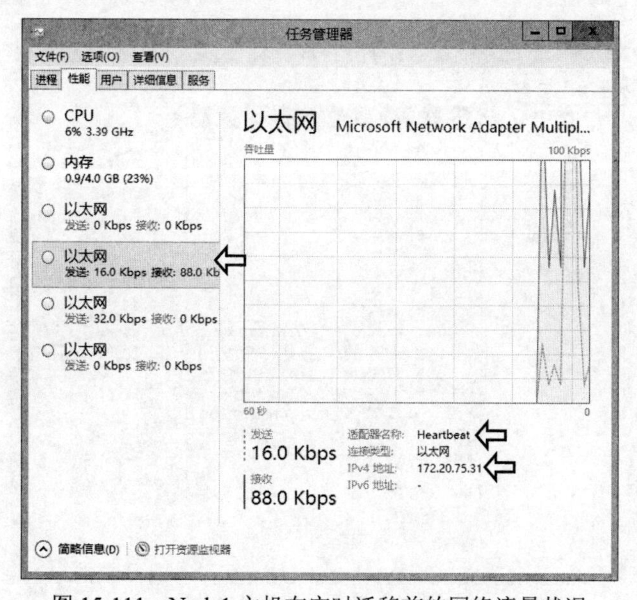

图 15-111　Node1 主机在实时迁移前的网络流量状况

而在 Node2 主机的任务管理器中同样可以看到，目前 Heartbeat 网络并没有什么网络流量，如图 15-112 所示。

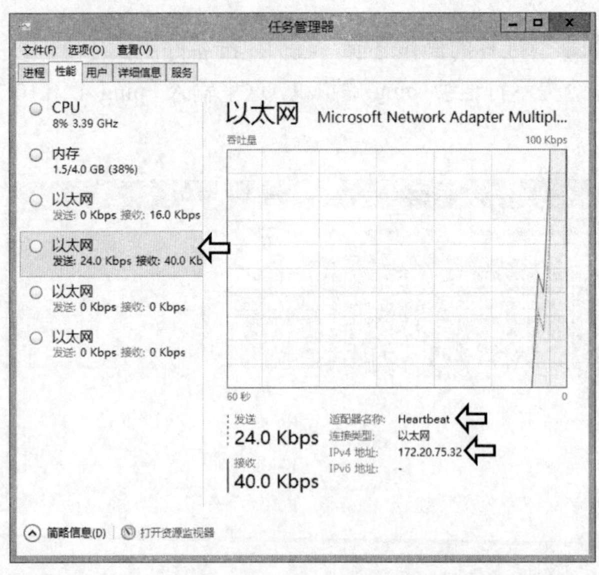

图 15-112　Node2 主机在实时迁移前的网络流量状况

回到 DC 主机的故障转移群集管理器，右击虚拟机，在弹出菜单中选择「移动>实时迁移>选择节点」，如果选择最佳节点则会由群集自行判断后选择，准备执行虚拟机实时迁移，如图 15-113 所示。

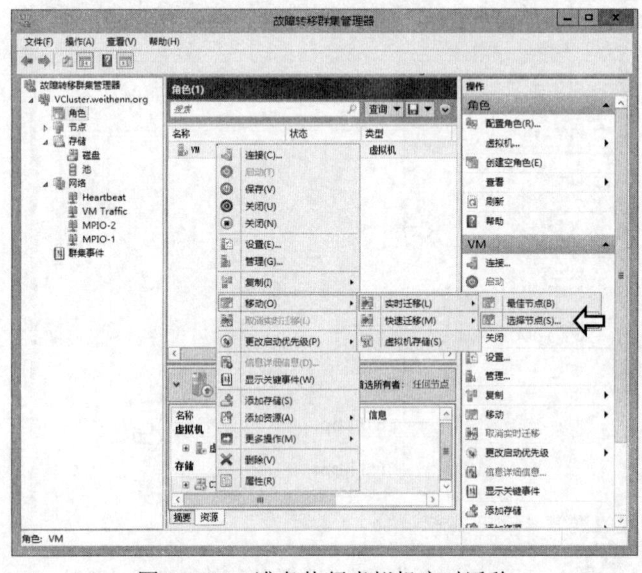

图 15-113　准备执行虚拟机实时迁移

在弹出的「移动虚拟机」窗口中，由于当前的故障转移群集只有两台主机，因此在窗口中只会显示剩余的「Node1」主机，选择 Node1 后单击「确定」按钮，如图 15-114 所示。

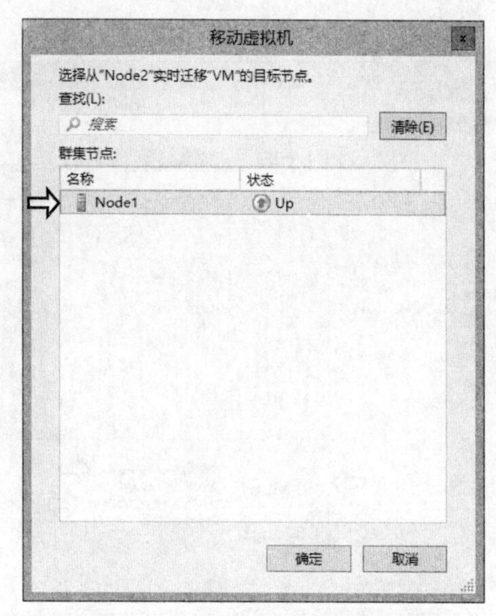

图 15-114　执行虚拟机实时迁移操作

可以看到目前移动虚拟机的百分比进度，虚拟机的状态也由「正在运行」转换为「正在进行实时迁移」，当然在实时迁移过程中虚拟机仍然可以正常运行，如图 15-115 所示。

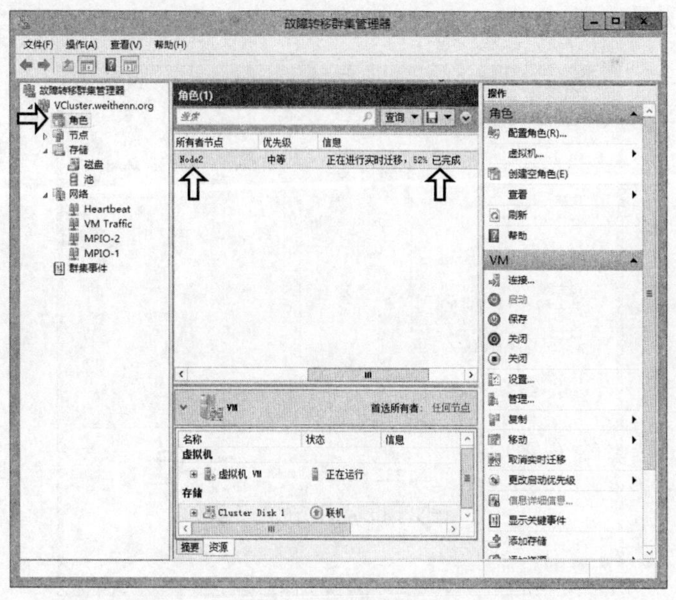

图 15-115　虚拟机实时迁移百分比进度

此时切换到 Node2 主机中，查看刚才打开的任务管理器，可以看到我们用于迁移流量的 Heartbeat 网络流量增长，也就是正在执行将虚拟机的内存状态由 Node2 主机实时「迁移」到 Node1 主机中，如图 15-116 所示。

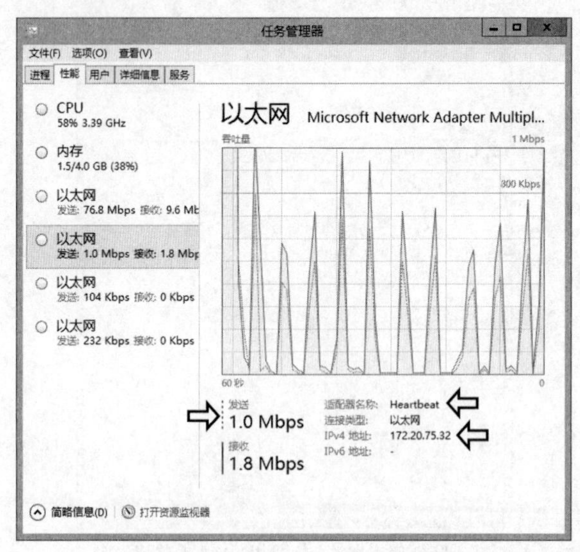

图 15-116 Node2 主机将虚拟机内存状态迁移到 Node1 主机

同样的切换到 Node1 主机中，查看刚才打开的任务管理器，可以看到我们用于迁移流量的 Heartbeat 网络流量增长，也就是 Node1 主机正在「接收」Node2 主机传送过来的虚拟机内存状态，如图 15-117 所示。

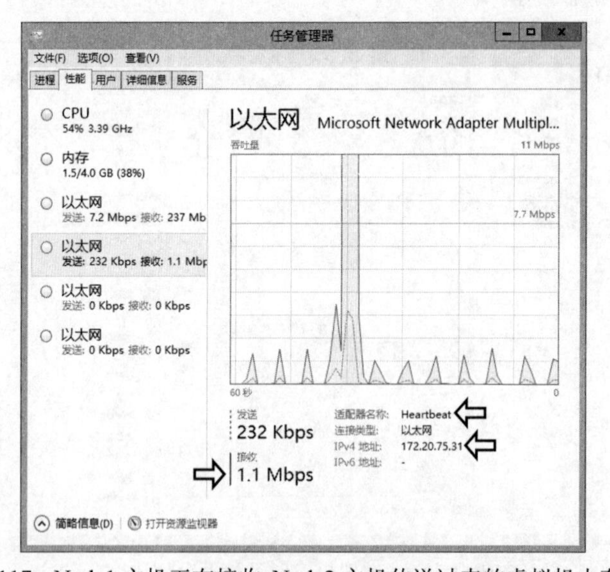

图 15-117 Node1 主机正在接收 Node2 主机传送过来的虚拟机内存状态

当 Node2 主机传送完虚拟机内存状态后，切换到 Node1 主机的「瞬间」，会看到 DC 主机对虚拟机的持续 ping 数据包掉了「1～3 个」，如图 15-118 所示。这是因为虚拟机迁移到不同的主机，物理交换机需要更新其 MAC 地址表。由于本书环境是多层虚拟化的关系才会掉了这么多 ping 数据包，在实际运行环境中应该是不会掉任何数据包或者最多掉一个数据包!!

图 15-118　虚拟机迁移主机的瞬间

此外如果一直打开虚拟机的管理控制台的话，在切换主机的瞬间会看到控制台画面闪一下后由原本的 Node2 变成了 Node1。如果是在 Hyper-V 2.0 平台则会断开虚拟机的控制台，而在 Hyper-V 3.0 中则会自动进行切换不需重新连接。

您是不是觉得非常简单且顺利就完成了实时迁移的操作了呢？没有错!! 经过前面正确的准备工作和设置后，要实现实时迁移（Live Migration）真的很容易。那么就进入下一个高级功能存储实时迁移吧!!

15-3　存储实时迁移（Live Storage Migration）

在 Hyper-V 2.0 虚拟化平台上，必须要结合 SCVMM 2008 R2 才能实现存储快速迁移功能（见图 15-119），并且在迁移切换的过程中会有短暂的脱机时间。

而在 Hyper-V 3.0 虚拟化平台，不需要配置 SCVMM 2012 SP1（请注意!! SCVMM 2012 无法管理 Windows Server 2012）环境，只要通过故障转移群集管理器便可以实现「存储实时迁移」功能，除了在迁移和切换过程当中不会有「停机时间」之外，还支持卸载的数据传输

（Offloaded Data Transfer，ODX）功能，但是要注意虚拟机的存储不可以使用 Pass Through Disk 的虚拟硬盘格式。

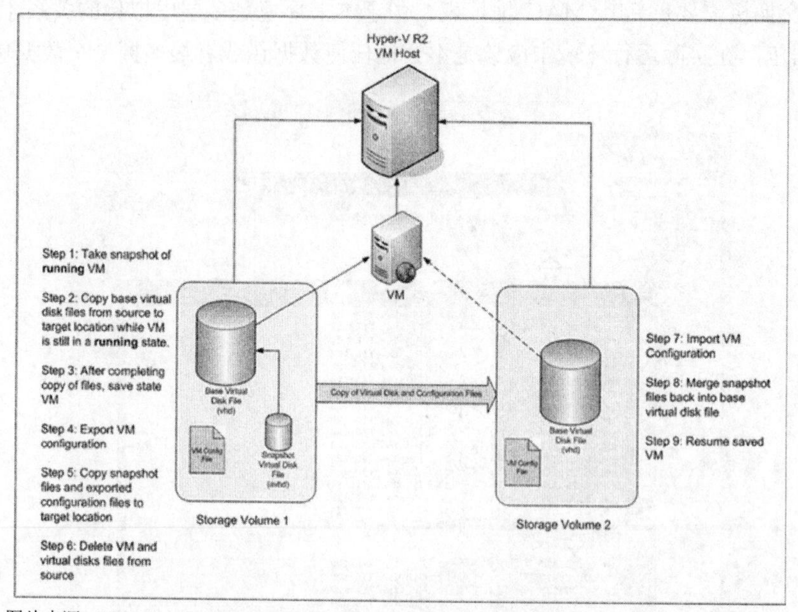

图片来源：Virtualization Blog-SCVMM 2008 R2 Quick Storage Migration（http://goo.gl/xCqRQ）

图 15-119 快速存储迁移运行示意图

那么存储实时迁移的功能是如何运行的呢？以下为存储实时迁移的运行流程和运行示意图（见图 15-120）：

（1）当触发执行存储实时迁移操作时，源存储设备此时仍然在处理数据的「读写」操作。

（2）创建目标存储设备，并且将源存储设备中的数据进行「初始化复制」到目标存储设备中。

（3）当源存储设备将数据初始化复制到目标存储设备的操作完成之后，此时数据写入的操作会执行「镜像」操动，也就是同时在源和目标存储设备中进行数据写入的操作。

（4）当源和目标存储设备的内容「完全一致」时，便会通知虚拟机将其与虚拟存储的链接「切换」到目标存储设备。

（5）当虚拟机顺利切换到目标存储设备并且运行正常后，便会「删除」源存储设备中的数据，但如果切换操作失败的话，则会继续使用源存储设备并且放弃目标存储设备中的数据。

15-3-1 故障转移群集增加第二个存储空间

iSCSI 主机格式化 200GB 硬盘

还记得吗？创建 iSCSI 主机时分配了一块「200 GB」的磁盘，本小节便要将这块 200 GB

的磁盘作为第二个存储，用于模拟 iSCSI 存储设备空间不足，外加 JBOD 磁盘扩展柜来增加存储空间。先将 200 GB 硬盘联机，也就是准备执行硬盘初始化的操作，右击硬盘后，在右键菜单中选择「联机」选项，如图 15-121 所示。

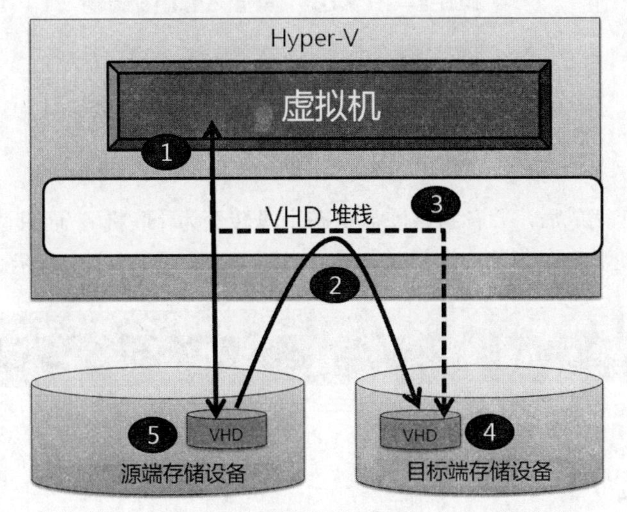

图片来源：Microsoft TechEd 2012 VIR309-What`s New in Windows Server 2012 Hyper-V, Port2（http://goo.gl/GDj7G）

图 15-120　存储实时迁移运行示意图

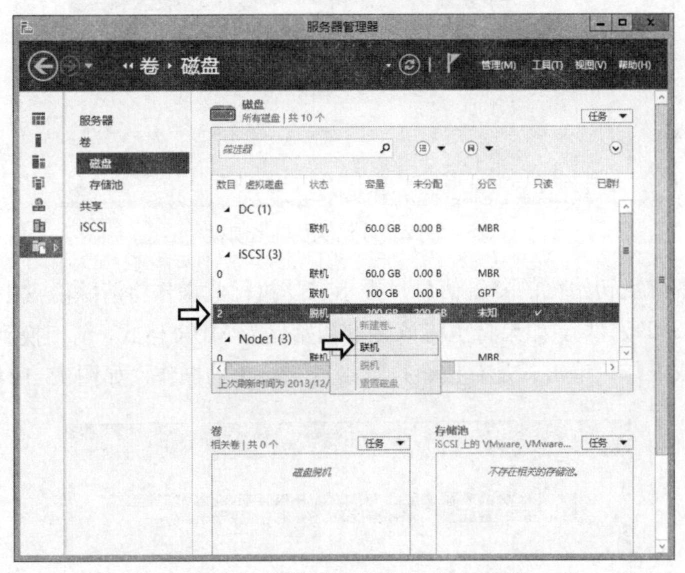

图 15-121　对脱机硬盘进行联机操作

此时将会出现磁盘联机警告信息，提示您「如果此硬盘已在另一个服务器上联机，使磁盘在此服务器上联机可能会导致数据丢失」，不过因为这块硬盘并没有其他用途，所以可以放心地单击「是」按钮继续，如图 15-122 所示。

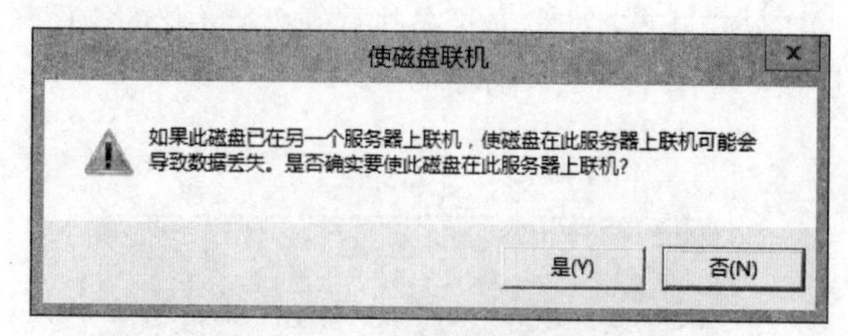

图 15-122　磁盘联机警告信息

当磁盘联机操作完成后，会看到该硬盘状态字段转变为「联机」，而只读字段则没有了勾选状态，再次右击该硬盘，在菜单中选择「初始化」选项，如图 15-123 所示。

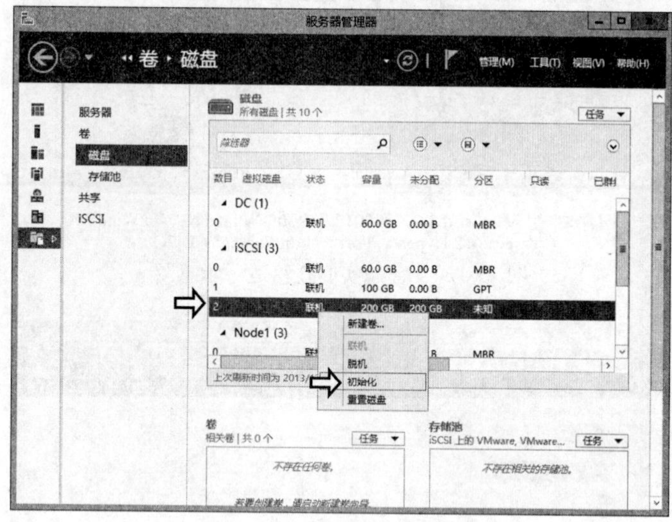

图 15-123　准备初始化硬盘

此时将会出现磁盘初始化的警告信息，提示您「执行此操作将清除磁盘上的所有数据，并将磁盘初始化为 GPT 磁盘」，如果希望将该磁盘初始化为 MBR 格式，请切换到 iSCSI 主机中使用磁盘管理器完成操作，单击「是」按钮执行磁盘初始化的操作，如图 15-124 所示。

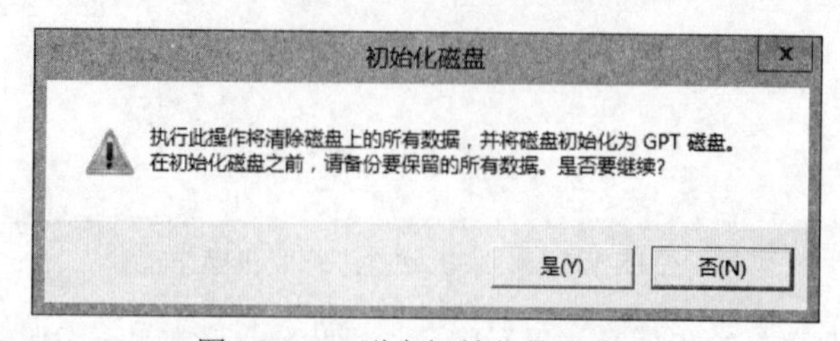

图 15-124　磁盘初始化警告信息

当磁盘初始化操作完成后，会看到磁盘分区字段状态由「未知」转变为「GPT」，再次右击磁盘，在弹出菜单中选择「新建卷」选项，如图 15-125 所示。

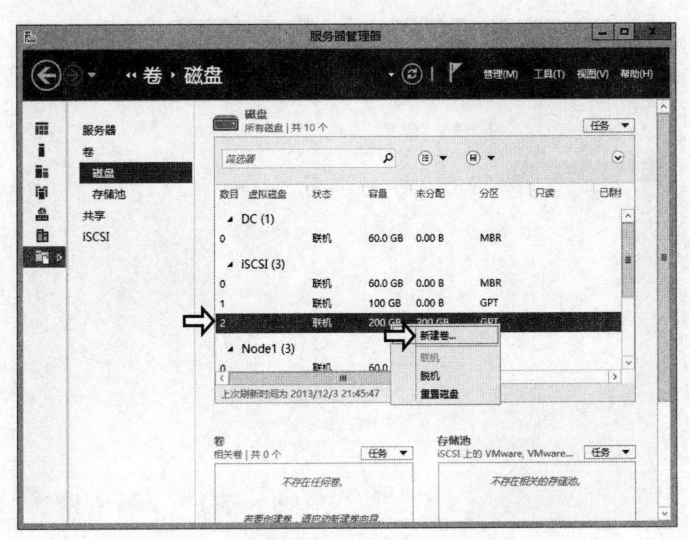

图 15-125 准备为该硬盘执行新建卷操作

在「选择服务器和磁盘」页面中，首先在服务器区域中会看到管理的四台服务器名称和故障转移群集的名称，默认情况下会自动选择 iSCSI 主机，而在磁盘区域中仅会显示已经过联机和初始化处理的磁盘，因为只有一块磁盘，所以默认情况下也会自动选择该磁盘，单击「下一步」按钮继续，如图 15-126 所示。

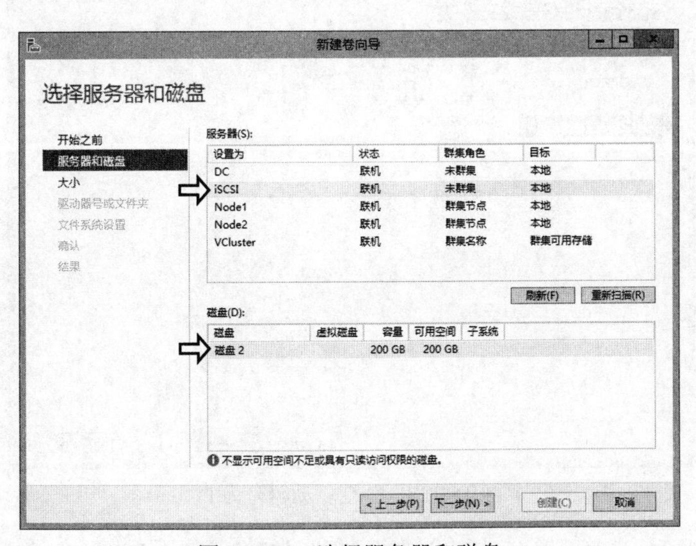

图 15-126 选择服务器和磁盘

在「指定卷大小」页面中，指定要创建的卷大小（例如可以在一块硬盘中创建多个不同大小的分区），我们将所有磁盘空间也就是 200 GB 分配给一个卷，单击「下一步」按钮继续，如图 15-127 所示。

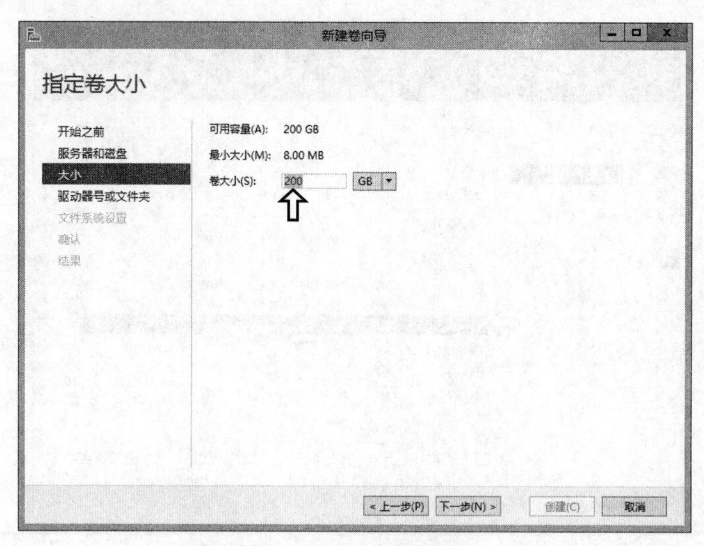

图 15-127　指定您要创建的卷大小

在「分配到驱动器号或文件夹」页面中，选择「驱动器号」选项，并在下拉列表框中选择默认的「F」，单击「下一步」按钮继续，如图 15-128 所示。

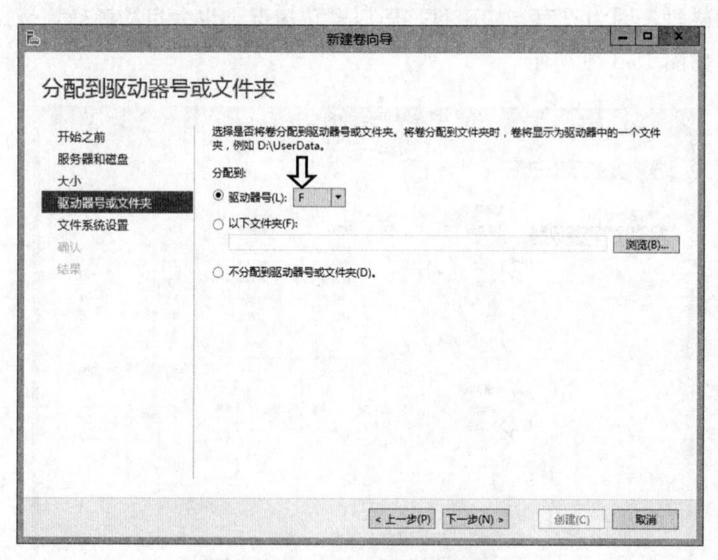

图 15-128　分配驱动器号为 F

在「选择文件系统设置」页面中，「文件系统」保持默认的「NTFS」，而「分配单元大小」也保持默认即可，在「卷标」字段中输入「Storage2」，单击「下一步」按钮继续，如图 15-129 所示。

新建卷向导
选择文件系统设置
开始之前
服务器和磁盘
大小
驱动器号或文件夹
文件系统设置
确认
结果
文件系统(F):
NTFS
分配单元大小(A):
默认值
卷标(L):
Storage2
生成短文件名(不建议)(G)
对于在客户端计算机上运行的某些 16 位应用程序，要求使用短文件名(8 个字符，以及 3 个字符的扩展名)，但这样会使文件运行速度变慢。
< 上一步(P)
下一步(N) >
创建(C)
取消

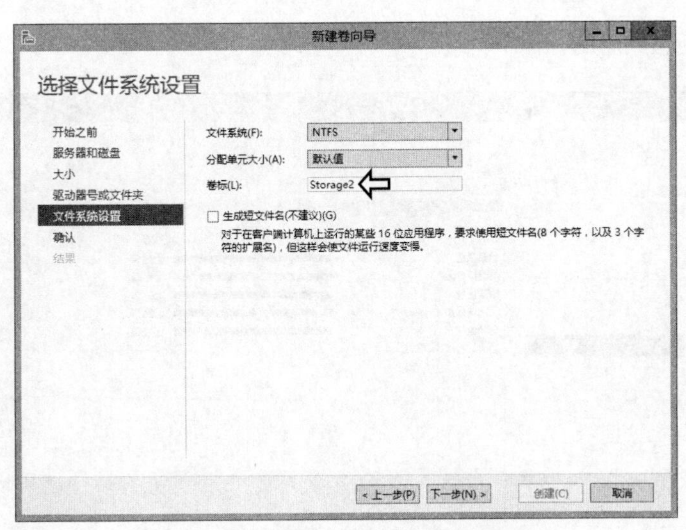

图 15-129　选择文件系统并设置卷标

在「确认选择」页面中，可以再一次检查相关选项设置值，确认无误后单击「创建」按钮，便会立即进行格式化、分配驱动器号、分配卷标等操作，如图 15-130 所示。

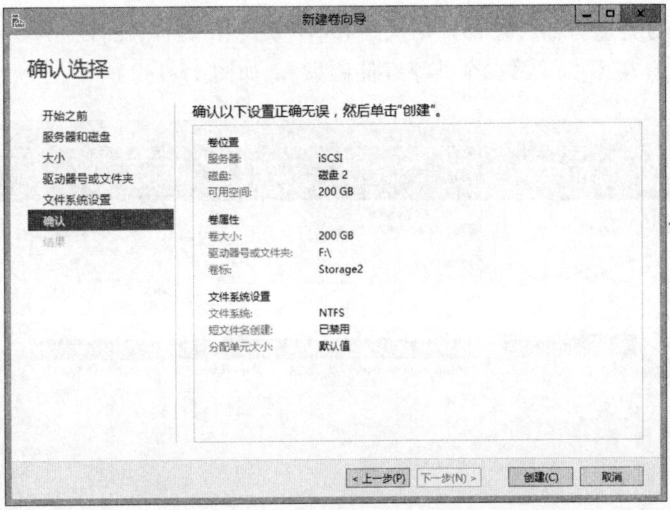

新建卷向导
确认选择
开始之前
服务器和磁盘
大小
驱动器号或文件夹
文件系统设置
确认
结果
确认以下设置正确无误，然后单击"创建"。
卷位置
服务器:
iSCSI
磁盘:
磁盘 2
可用空间:
200 GB
卷属性
卷大小:
200 GB
驱动器号或文件夹:
F:\
卷标:
Storage2
文件系统设置
文件系统:
NTFS
短文件名创建:
已禁用
分配单元大小:
默认值
< 上一步(P)
下一步(N) >
创建(C)
取消

图 15-130　格式化前再次确认设置

完成卷格式化操作后单击「关闭」按钮关闭向导，如图 15-131 所示。

15-3-2　iSCSI 主机添加第三块 iSCSI 虚拟硬盘（Storage2 Disk）

我们已经为 iSCSI 主机创建了两块虚拟磁盘，也准备好了第三块 200 GB 的磁盘，用于将虚拟机由原存储迁移到新的存储中。

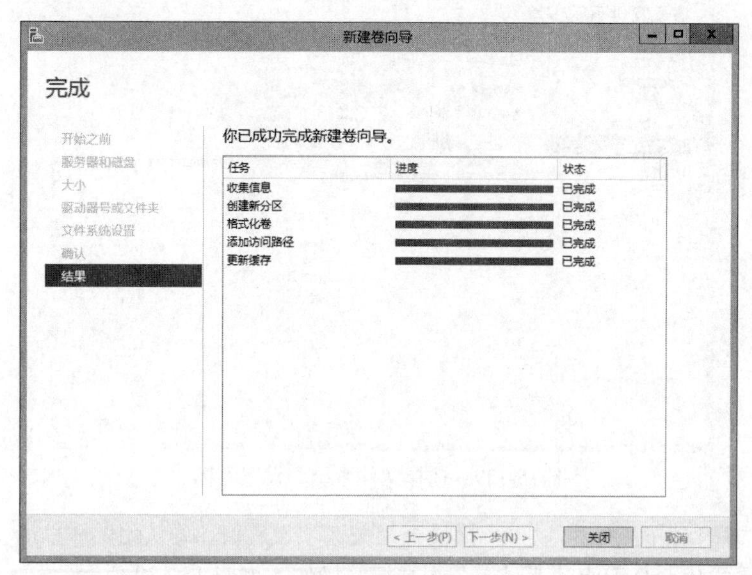

图 15-131　完成卷格式化操作

在 DC 主机中打开服务器管理器，切换到 iSCSI 选项，选择「新建 iSCSI 虚拟磁盘」，准备创建故障转移群集环境中的「第二个共享存储磁盘」，如图 15-132 所示。

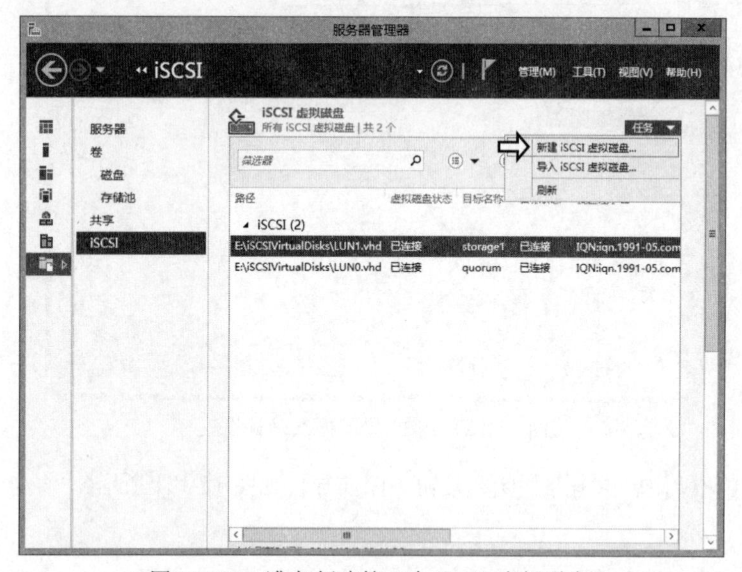

图 15-132　准备创建第三个 iSCSI 虚拟磁盘

在弹出的「新建 iSCSI 虚拟磁盘向导」窗口中，请在「按卷选择」区域中选择「F」，单击「下一步」按钮继续，如图 15-133 所示。

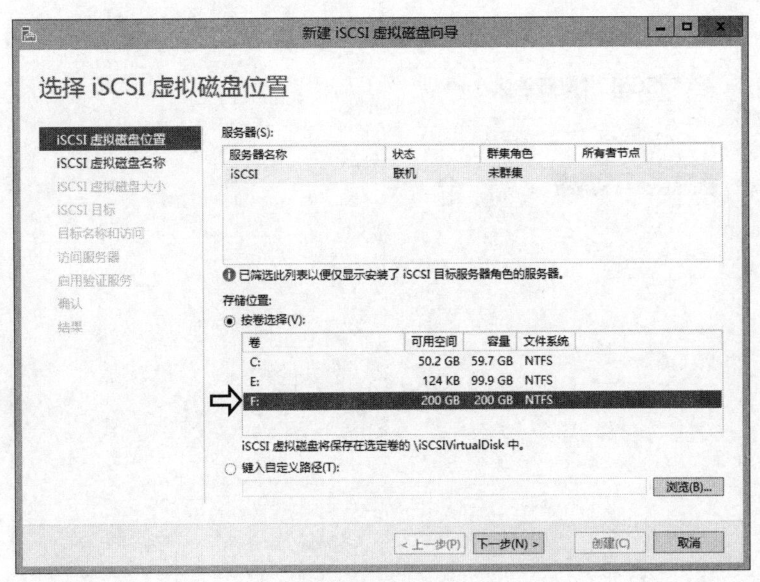

图 15-133　选择 F

在「指定 iSCSI 虚拟磁盘名称」页面中，在「名称」字段中输入 iSCSI 虚拟磁盘名称「LUN2」，在输入的同时会看到在「路径」字段中创建了 LUN2.vhd 文件，在「描述」字段中输入此 iSCSI 虚拟磁盘用途「Failover Cluster Storage 2」，确认无误单击「下一步」按钮继续，如图 15-134 所示。

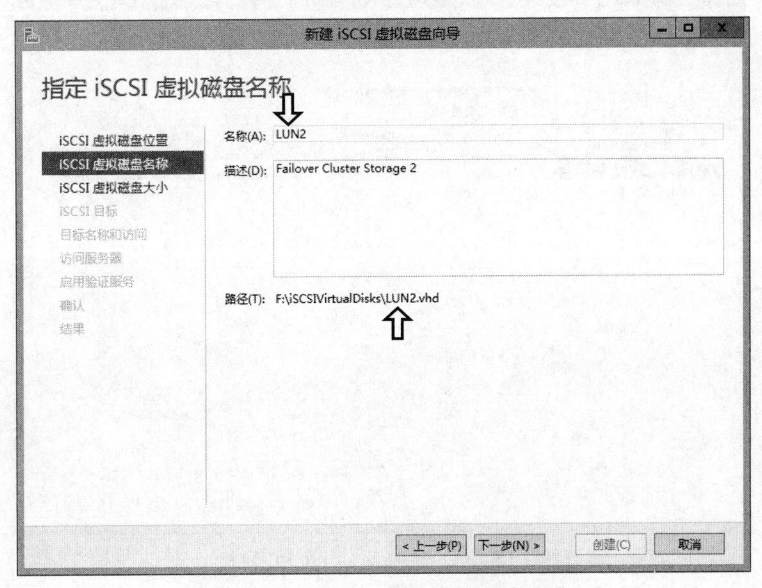

图 15-134　指定 iSCSI 虚拟磁盘名称

在「指定 iSCSI 虚拟磁盘大小」页面中，在「大小」字段中输入数字「200」，单位为默认的 GB 即可，单击「下一步」按钮继续，如图 15-135 所示。

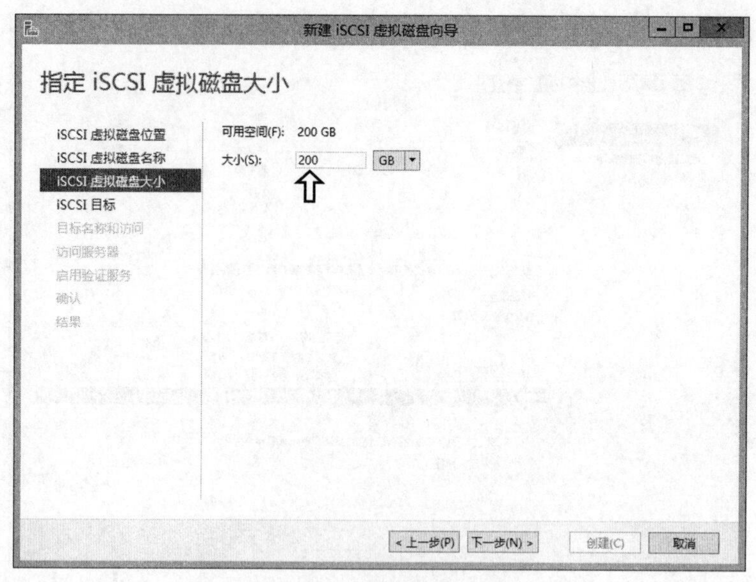

图 15-135　指定 iSCSI 虚拟磁盘大小

在「分配 iSCSI 目标」页面中，选择「新建 iSCSI 目标」，单击「下一步」按钮继续，如图 15-136 所示。

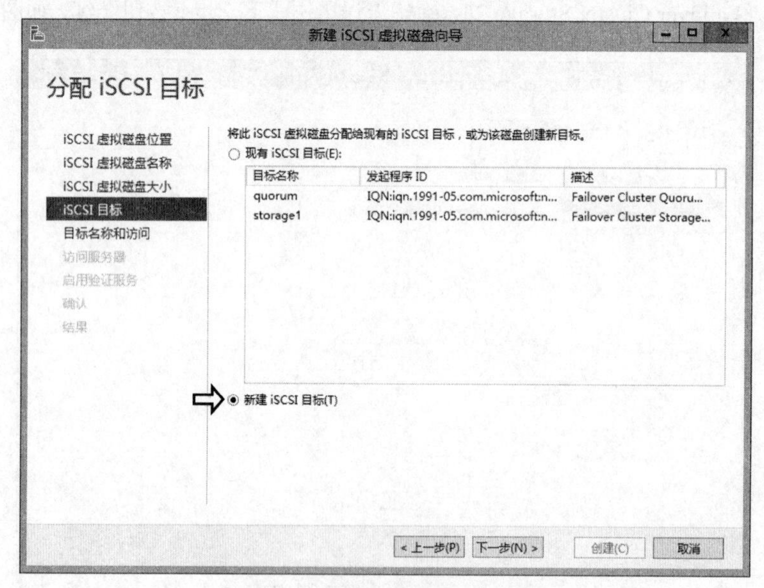

图 15-136　选择新建 iSCSI 目标

在「指定目标名称」页面中，在「名称」字段中输入「Storage2」，此名称同时也是 iSCSI Initiator 连接的 iSCSI Target 名称，并在「描述」字段中输入此 iSCSI 虚拟磁盘用途 Failover Cluster Storage 2，确认后单击「下一步」按钮继续，如图 15-137 所示。

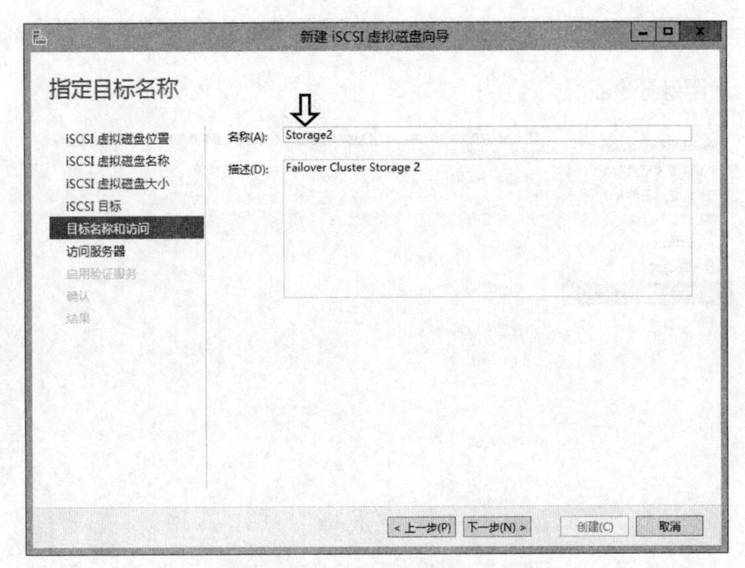

图 15-137　指定 iSCSI 目标名称

在指定访问服务器页面中，请单击「添加」按钮添加 Node1、Node2 主机的 iSCSI Initiator 名称，单击「下一步」按钮继续，如图 15-138 所示。

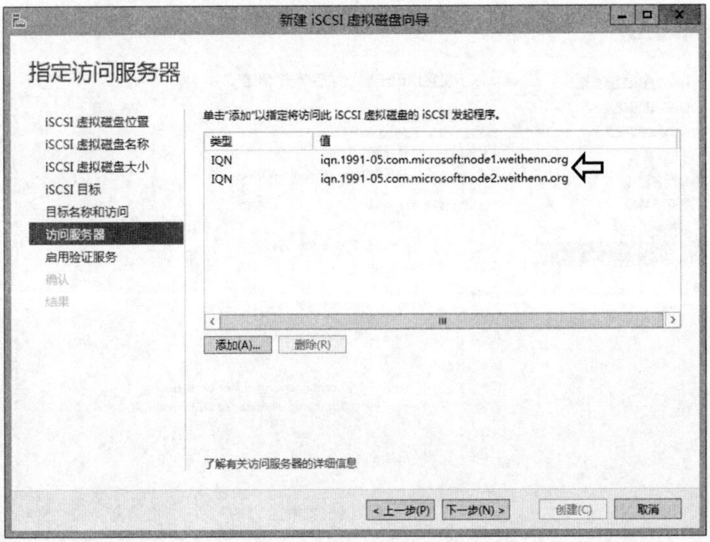

图 15-138　添加 Node1、Node2 主机的 iSCSI Initiator 名称

在「启用身份验证」页面中，我们并不需要使用 CHAP 验证，因此直接单击「下一步」按钮继续，如图 15-139 所示。

在「确认选择」页面中，您可以确认所有选择，确认完成后单击「创建」按钮添加 iSCSI 虚拟磁盘，如图 15-140 所示。

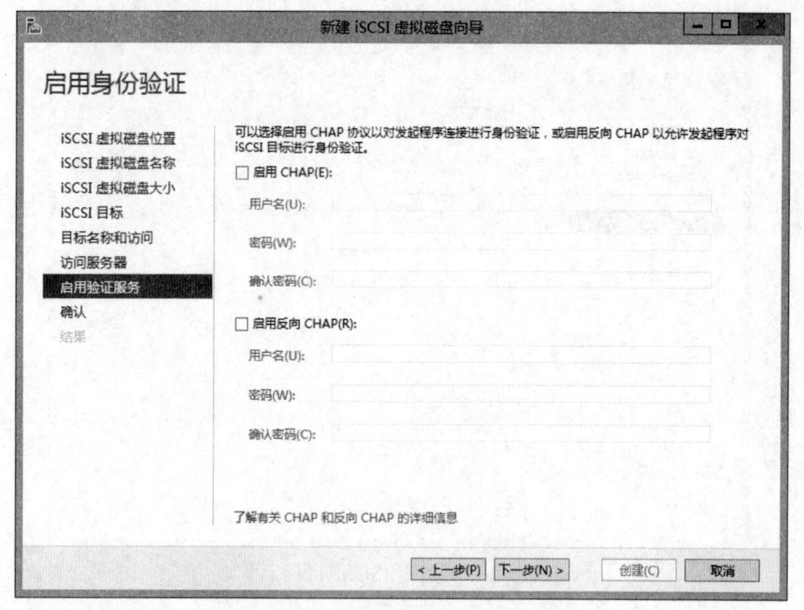

图 15-139　不需要使用 CHAP 验证

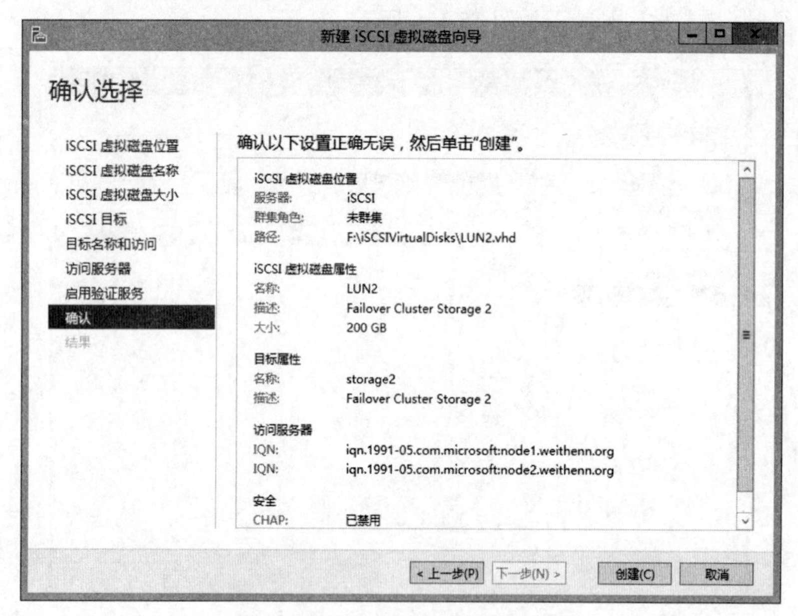

图 15-140　添加 iSCSI 虚拟磁盘

在「查看结果」页面中，会看到新建 iSCSI 虚拟磁盘的任务已经完成，单击「关闭」按钮，如图 15-141 所示。

回到「服务器管理器」窗口，我们已经将 Storage2 的 iSCSI 虚拟磁盘创建完成，并且允许 Node1、Node2 主机通过 iSCSI Initiator 访问 iSCSI Target 资源，如图 15-142 所示。

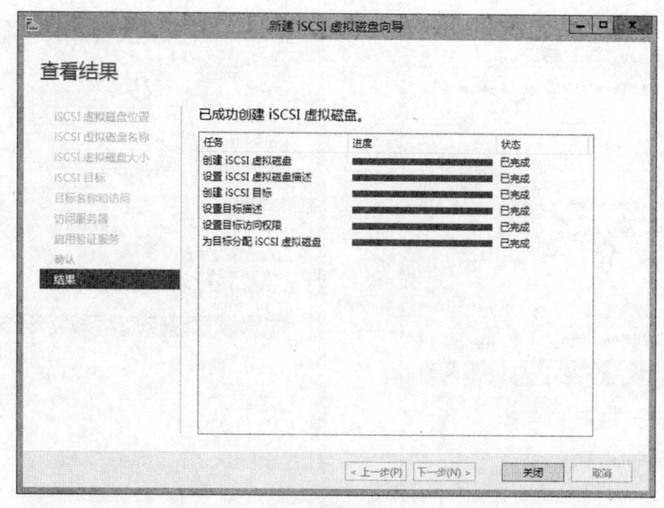

图 15-141 完成新建 iSCSI 虚拟磁盘

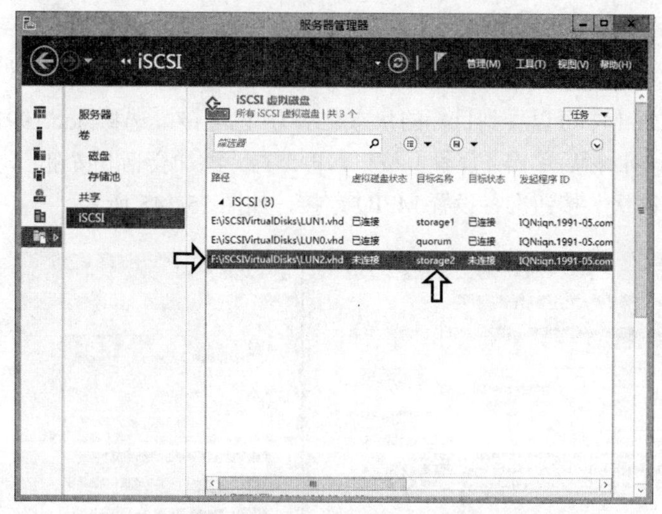

图 15-142 新建第三块 iSCSI 虚拟磁盘完成

15-3-3 Node1 主机 iSCSI Initiator MPIO 设置

当 iSCSI 主机新建完虚拟磁盘，我们必须为 Node1、Node2 主机再次设置访问此存储空间的 MPIO 设置。在 Node1 主机中再次打开 iSCSI 发起程序并切换到「目标」选项卡，单击「刷新」按钮，将会出现「iqn.1991-05.com.microsoft:iscsi-storage2-target」目标，单击「连接」按钮，在弹出的「连接到目标」窗口中勾选「启用多路径」后单击「高级」按钮，如图 15-143 所示。

在打开的「高级设置」窗口中，在连接方式区域内的三个下拉列表框中依次选择「Microsoft iSCSI Initiator、192.168.75.31、192.168.75.20 / 3260」，单击「确定」按钮完成设置，如图 15-144 所示。

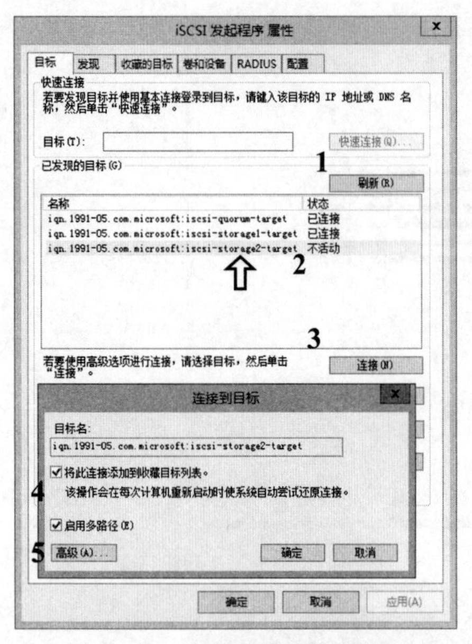

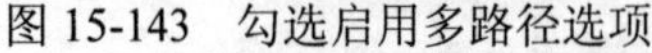
图 15-143　勾选启用多路径选项

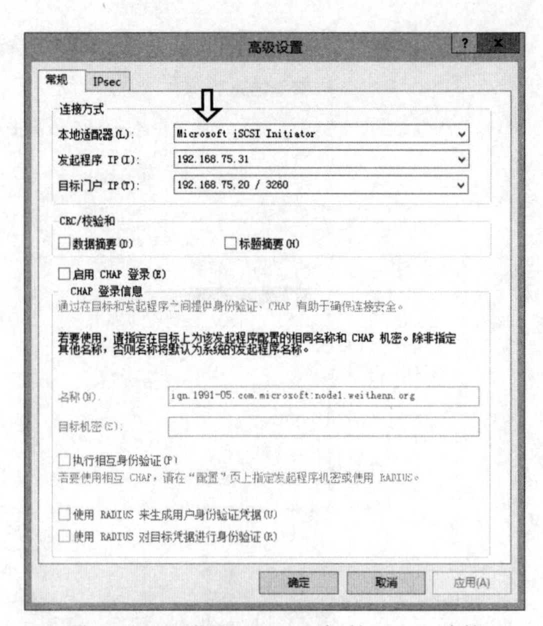

图 15-144　设置 iSCSI 目标的 MPIO 连接

回到「目标」选项卡中可以看到目标的状态显示为「已连接」，选择「iqn.1991-05.com.microsoft:iscsi-storage2-target」目标后单击「属性」按钮，再单击「添加会话」按钮，勾选「启用多路径」选项，并且单击「高级」按钮准备设置 MPIO 连接，如图 15-145 所示。

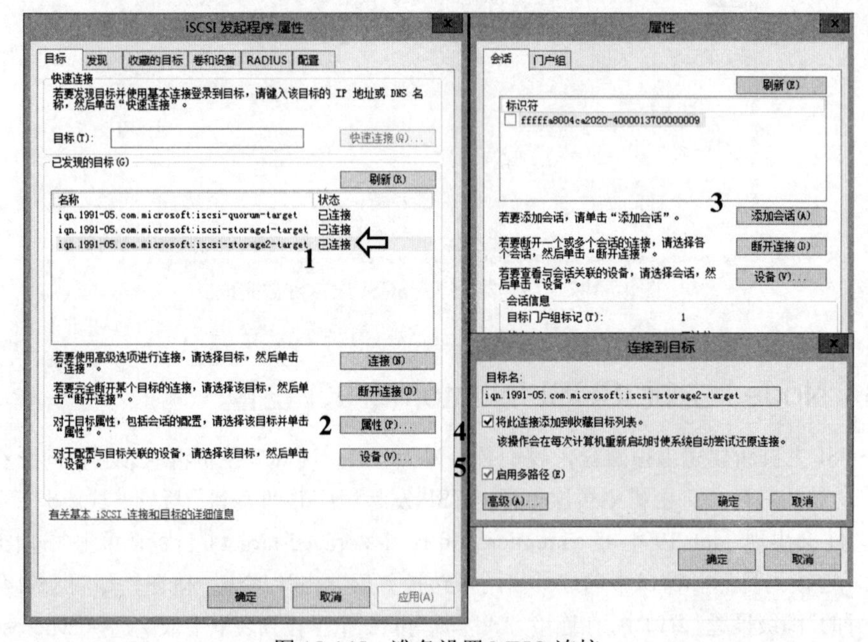

图 15-145　准备设置 MPIO 连接

在连接方式区域内的三个下拉列表框中依次选择「Microsoft iSCSI Initiator、192.168.76.31、192.168.76.20 / 3260」，单击「确定」按钮完成设置，如图 15-146 所示。

回到「属性」窗口中会看到多了一组连接记录，如图 15-147 所示。

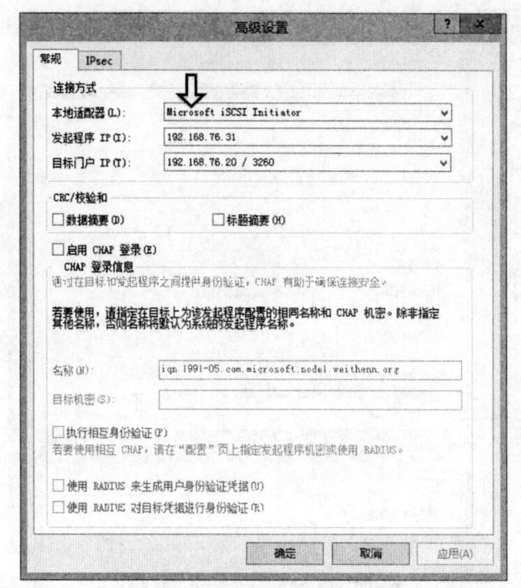

图 15-146　设置第三个 iSCSI 目标的第二组 MPIO 连接

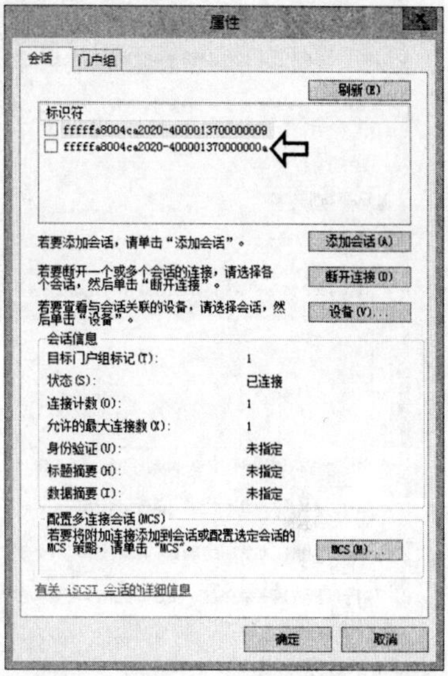

图 15-147　多了一组连接记录

回到「iSCSI 发起程序属性」窗口，切换到「收藏的目标」选项卡，会看到多了两条记录（总共六条记录），也就是每个 iSCSI 目标都有两个 MPIO 连接，如图 15-148 所示。

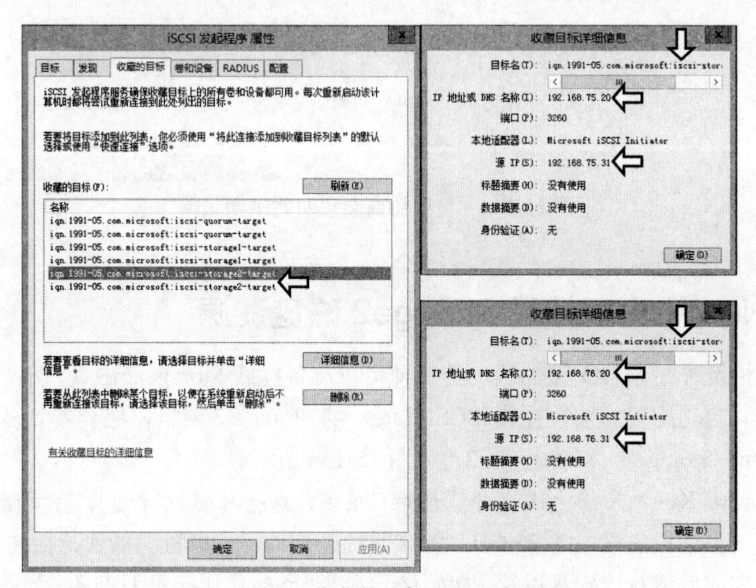

图 15-148　收藏的目标多了两条记录

接着查看多路径 MPIO 使用的负载平衡策略，切换到「目标」选项卡，单击「设备」按钮，在弹出的「设备」窗口中单击「MPIO」按钮，在「负载平衡策略」下拉列表框中确认当前使用「协商会议」方式即可，如图 15-149 所示。

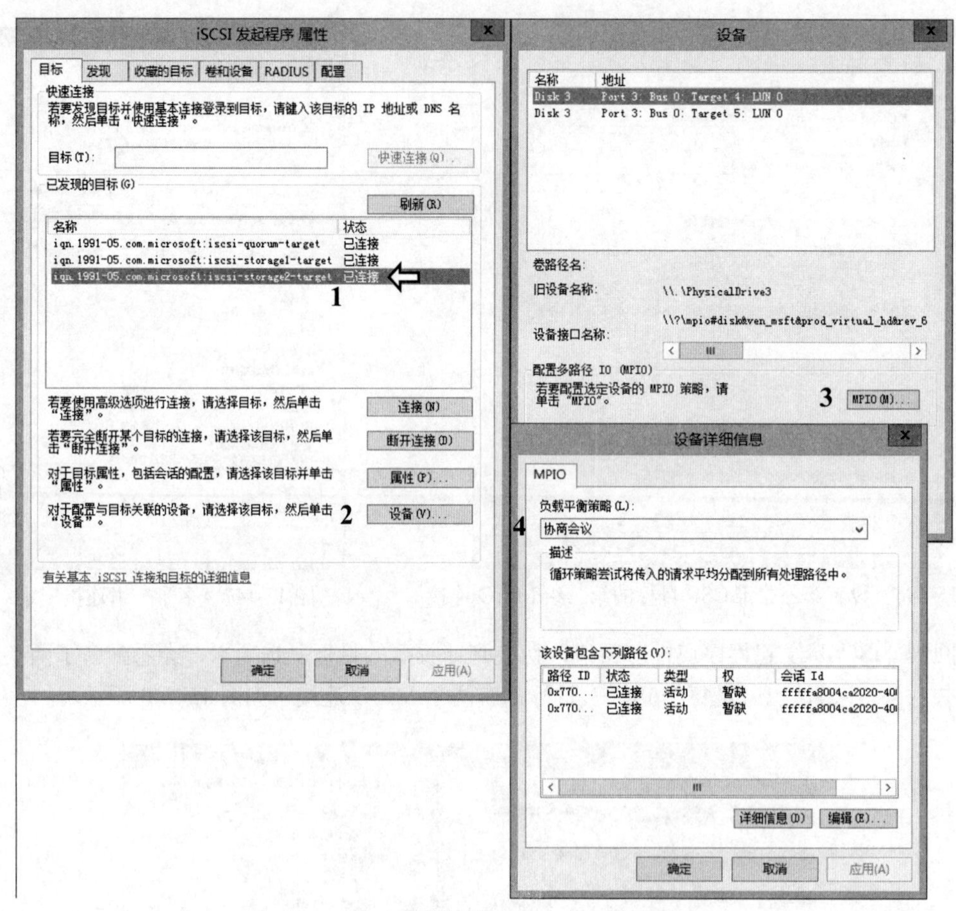

图 15-149　使用协商会议负载平衡策略

15-3-4　Node1 主机挂载 Storage2 磁盘资源

Node1 主机设置完 MPIO 多路径功能后便可以准备挂载 Storage 2 磁盘，切换到「卷和设备」选项卡，单击「自动配置」按钮挂载 iSCSI Target 的 Storage 2 磁盘，您会看到多出一条记录，也就是 Quorum、Storage 1 和 Storage 2，如图 15-150 所示。

使用 Windows Key + X 组合键打开「开始」菜单，选择「磁盘管理」，在「磁盘管理」窗口中可以看到有一块脱机磁盘 199.75 GB，将该脱机磁盘进行「联机」操作，如图 15-151 所示。

联机操作完成后请对该磁盘进行「初始化」操作，为格式化磁盘做准备，如图 15-152 所示。

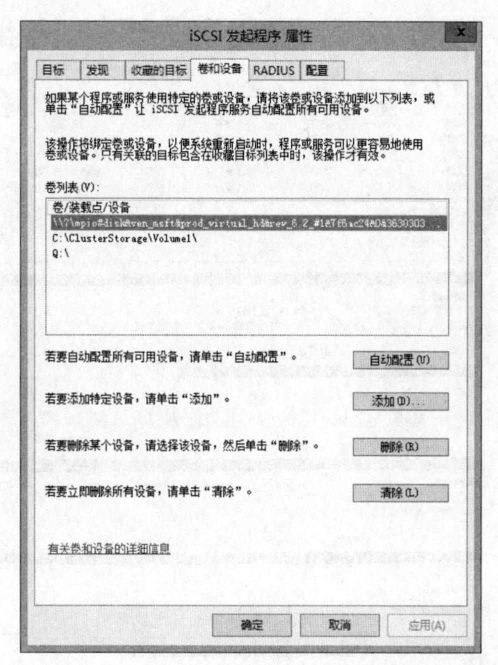

图 15-150 挂载 iSCSI Target 的 Storage 2 磁盘

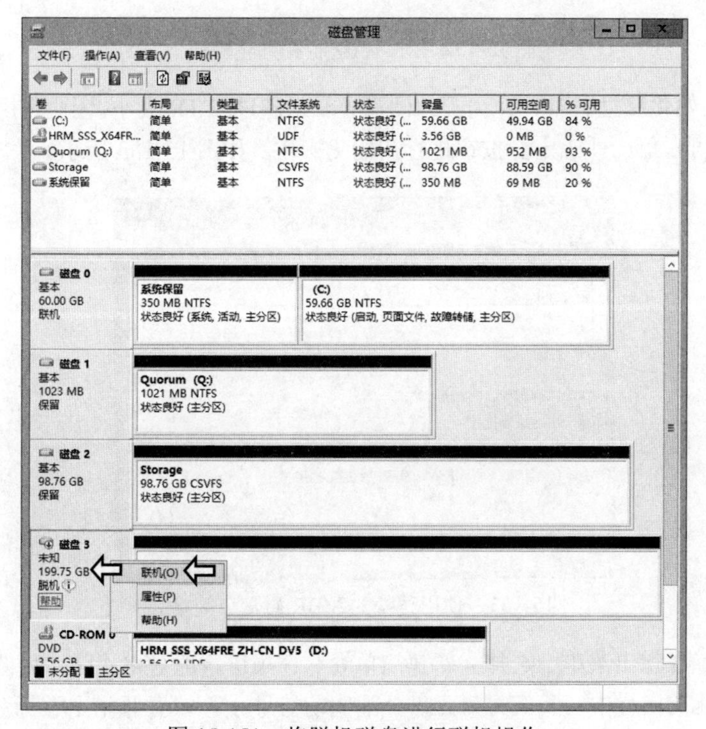

图 15-151 将脱机磁盘进行联机操作

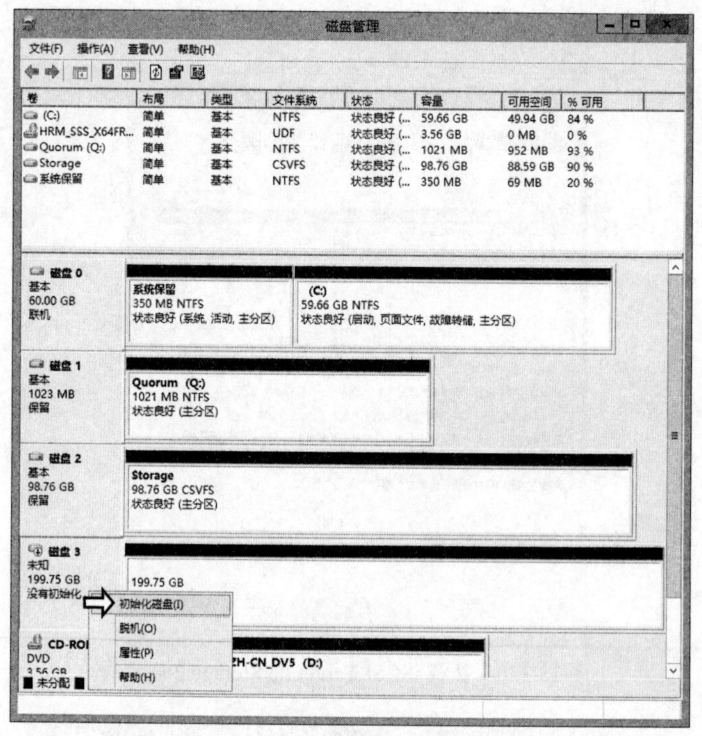

图 15-152　对磁盘进行初始化操作

在弹出的「初始化磁盘」窗口中，由于此硬盘容量未超过 2 TB 大小，因此使用传统的「MBR」磁盘分区格式即可，单击「确定」按钮进行初始化操作，如图 15-153 所示。

初始化磁盘
磁盘必须经过初始化，逻辑磁盘管理器才能访问。
选择磁盘(S):
磁盘 3
为所选磁盘使用以下磁盘分区形式:
MBR(主启动记录)(M)
GPT (GUID 分区表)(G)
注意: 所有早期版本的 Windows 都不识别 GPT 分区形式。
确定 取消

图 15-153　使用传统的 MBR 磁盘分区格式

右击该磁盘，在弹出菜单中选择「新建简单卷」选项进行磁盘格式化，如图 15-154 所示。

在磁盘格式化的向导中，我们将为磁盘分配驱动器号「V」，并且指定卷标名称为「Storage 2」，最终完成格式化操作，如图 15-155 所示。

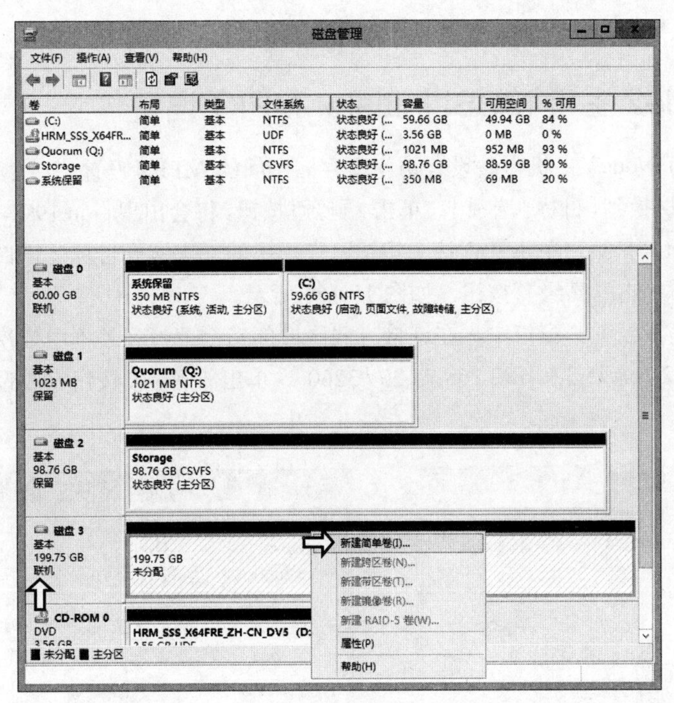

图 15-154　对 200 GB 磁盘进行格式化操作

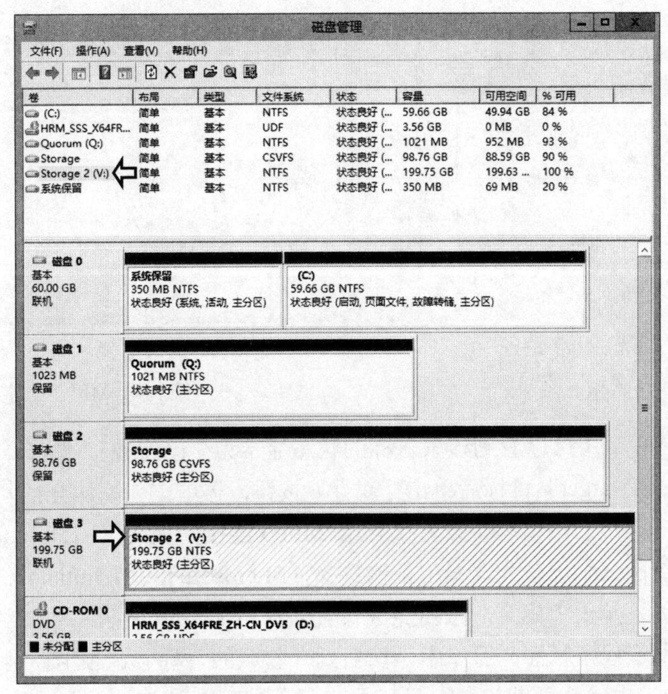

图 15-155　分配驱动器号 V，并且指定卷标名称为 Storage 2

15-3-5 Node2 主机 iSCSI Initiator MPIO 设置

同样的也请为 Node2 主机再次设置访问新存储空间的 MPIO 设置。在 Node2 主机中打开 iSCSI 发起程序，切换到「目标」选项卡，单击「刷新」按钮，将会出现「iqn.1991-05.com.microsoft:iscsi-storage2-target」目标，单击「连接」按钮，在弹出的「连接到目标」窗口中勾选「启用多路径」选项，最后单击「高级」按钮，如图 15-156 所示。

在打开的「高级设置」窗口中，在连接方式区域的三个下拉列表框中依次选择「Microsoft iSCSI Initiator、192.168.75.32、192.168.75.20 / 3260」，单击「确定」按钮完成设置，如图 15-157 所示。

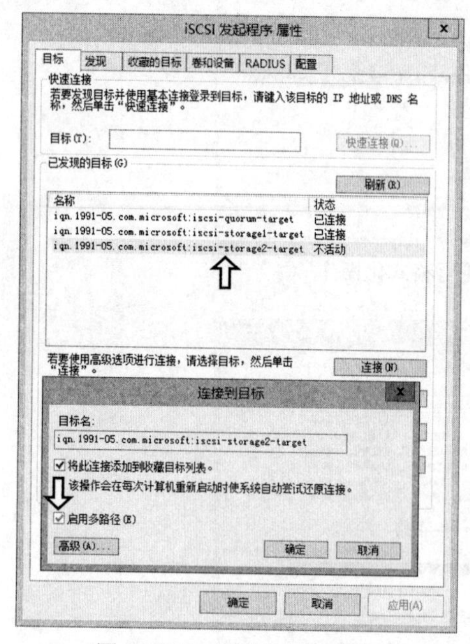

图 15-156 勾选启用多路径

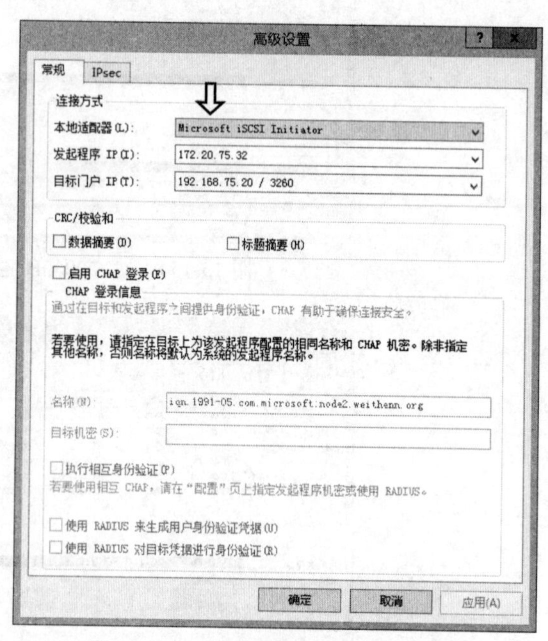

图 15-157 设置第三个 iSCSI 目标的第一组 MPIO 连接

回到「目标」选项卡中可以看到该条目标的状态显示为「已连接」，选择「iqn.1991-05.com.microsoft: iscsi-storage2-target」目标后单击「属性」按钮，再单击「添加会话」按钮，勾选「启用多路径」后单击「高级」按钮准备设置第二组 MPIO 连接，如图 15-158 所示。

在连接方式区域的三个下拉列表框中依次选择「Microsoft iSCSI Initiator、192.168.76.32、192.168.76.20 / 3260」，单击「确定」按钮完成设置，如图 15-159 所示。

回到「iSCSI 发起程序属性」窗口中，切换到「收藏的目标」选项卡，会看到多了两条记录（总共六条记录），也就是每个 iSCSI 目标共有两个 MPIO 连接，如图 15-160 所示。

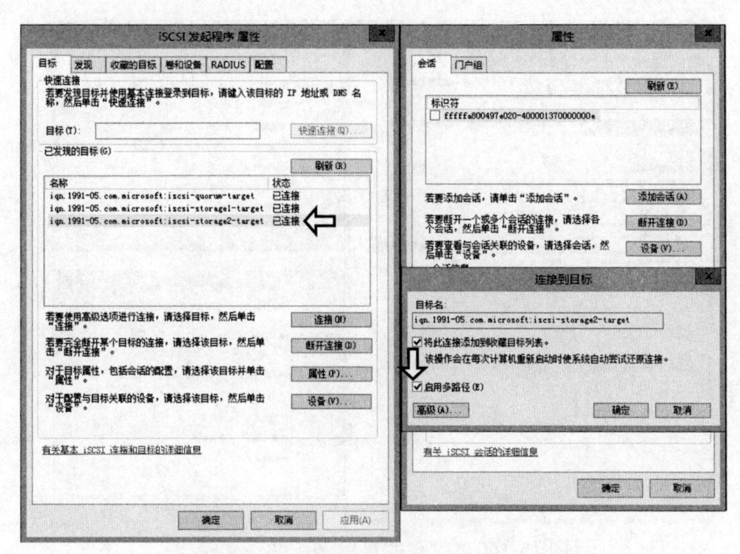

图 15-158　准备设置第二组 MPIO 连接

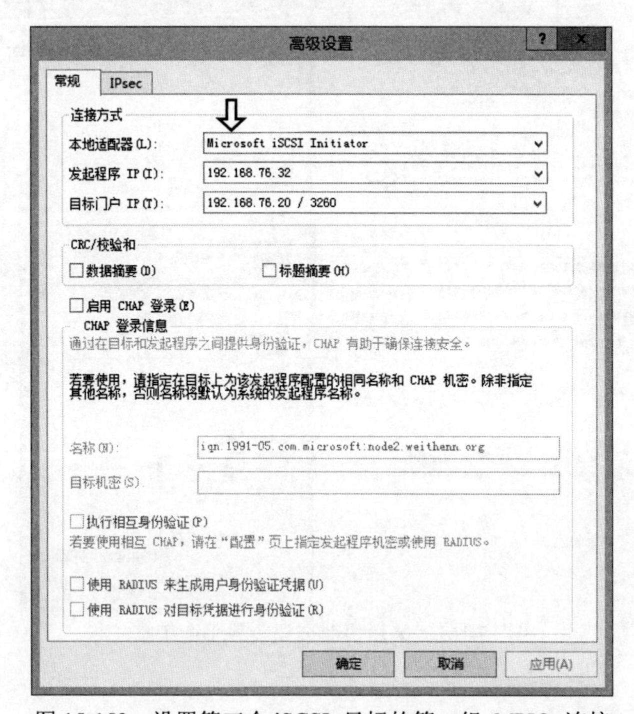

图 15-159　设置第三个 iSCSI 目标的第二组 MPIO 连接

接着查看多路径 MPIO 使用的负载平衡策略，切换到「目标」选项卡，单击「设备」按钮，在弹出的「设备」窗口中单击「MPIO」按钮，在「负载平衡策略」下拉列表框中确认当前使用「协商会议」方式即可，如图 15-161 所示。

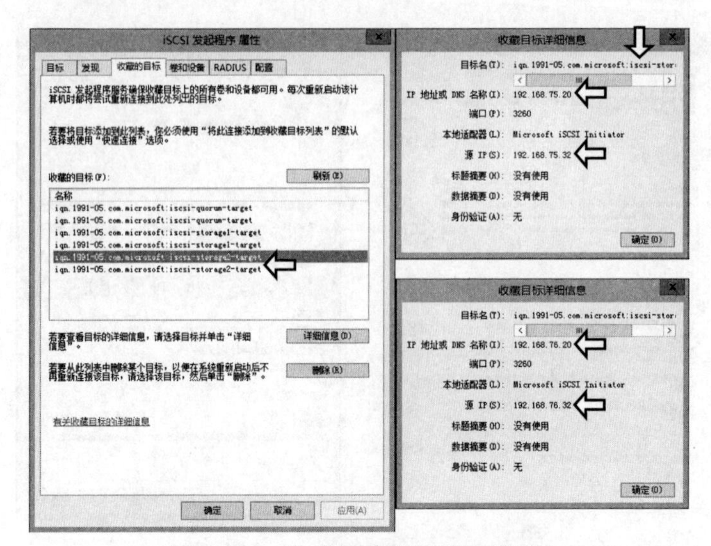

图 15-160　收藏的目标多了两条记录

图 15-161　采用协商会议负载平衡策略

15-3-6　Node2 主机挂载 Storage 2 磁盘资源

设置完 MPIO 多路径后，便可以准备挂载 Storage 2 磁盘，切换到「卷和设备」选项卡，单击「自动配置」按钮，会看到在卷列表区域中多出一条记录，就是刚才添加的 Storage 2 磁盘，如图 15-162 所示。

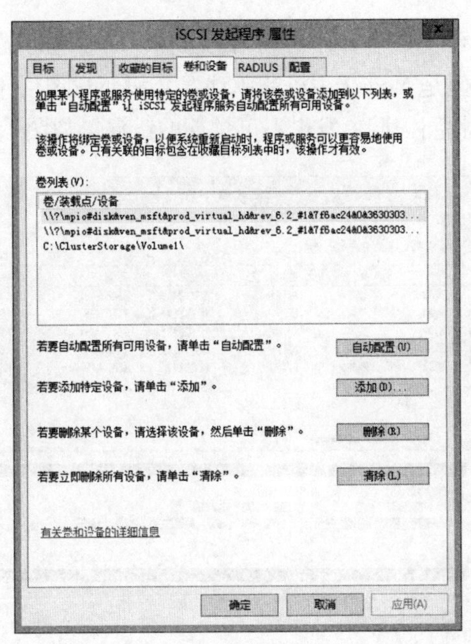

图 15-162　挂载 iSCSI Target 的 Storage 2 资源

使用「Windows Key + X」组合键打开「开始」菜单，选择「磁盘管理」，在「磁盘管理」窗口中可以看到有一块「脱机」磁盘 199.75 GB，将此脱机磁盘执行「联机」操作，如图 15-163 所示。

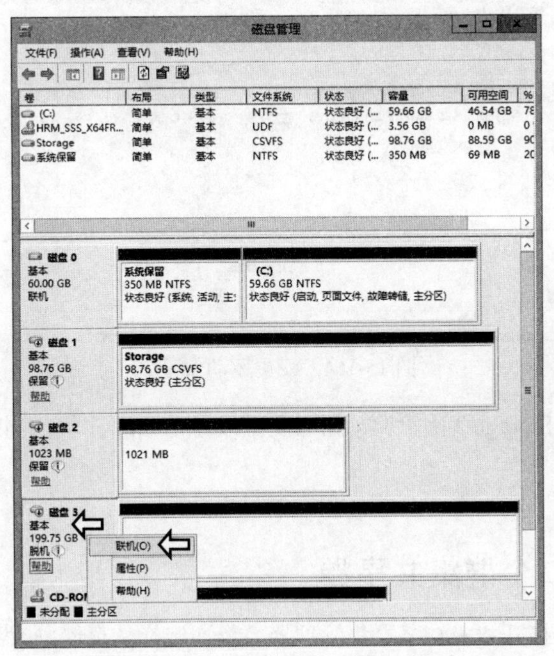

图 15-163　将脱机磁盘进行联机操作

由于刚才 Node1 主机已经完成了磁盘格式化的操作，所以进行磁盘联机操作后便可以直接看到驱动器号和磁盘卷标，但是 Node2 主机的驱动器号和 Node1 主机「可能不同」，因此请将两台主机的驱动器号调整成相同，避免发生不可预期的错误，如图 15-164 所示。

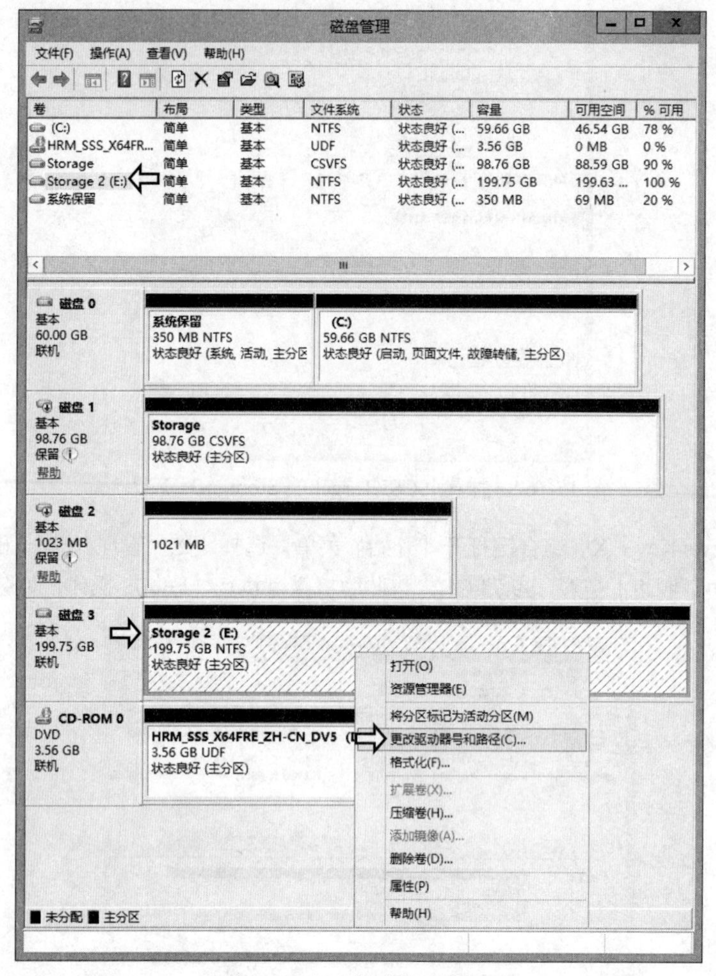

图 15-164 变更驱动器号

将 Node2 主机中的 Storage 2 磁盘驱动器号变更成与 Node1 主机相同的「V 盘」，如图 15-165 所示。

15-3-7 添加第二个群集共享卷

切换回 DC 主机，打开故障转移群集管理器，依次选择「存储>磁盘>添加磁盘」，准备将 Storage 2 磁盘添加到故障转移群集中，如图 15-166 所示。

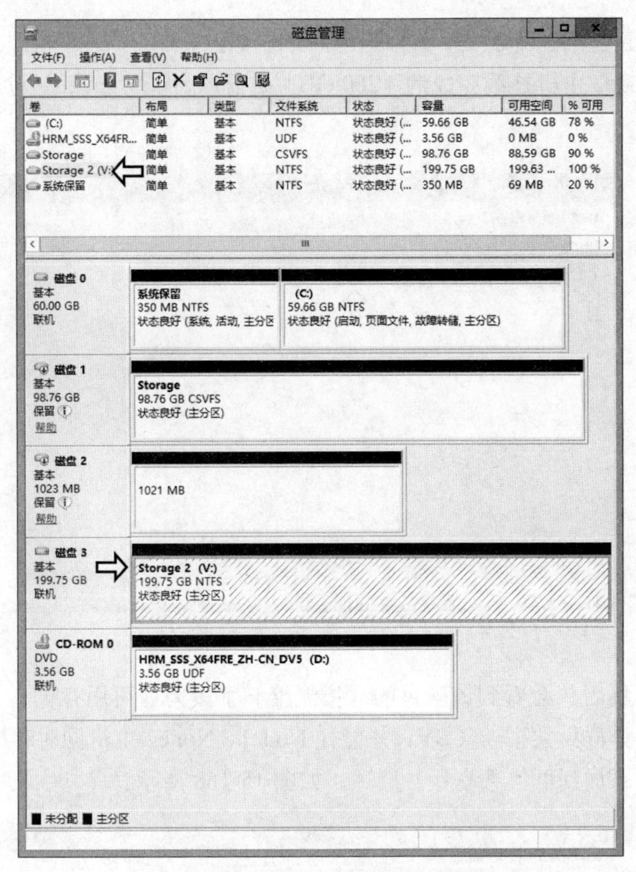

图 15-165 两台主机驱动器号相同

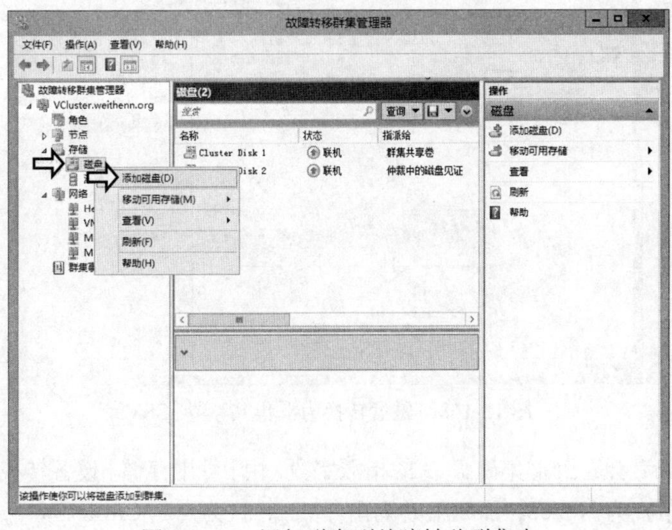

图 15-166 添加磁盘到故障转移群集中

在弹出的「将磁盘添加到群集」窗口当中，会出现刚才为 iSCSI 主机添加的 iSCSI Target 资源和为 Node1、Node2 主机挂载完成的「200 GB」磁盘，确认勾选该磁盘后单击「确定」按钮，如图 15-167 所示。

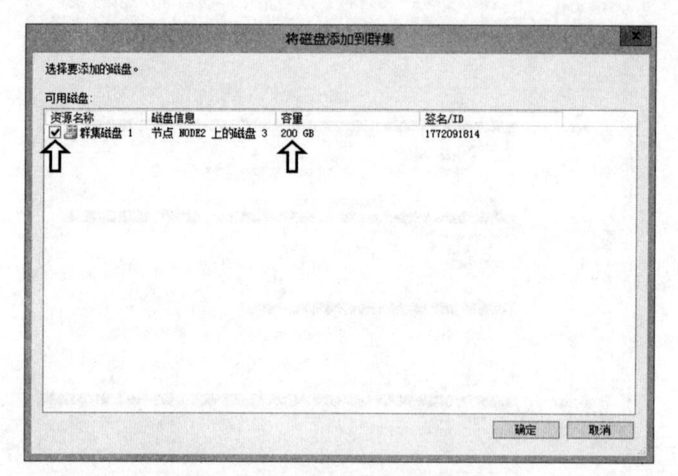

图 15-167　将磁盘添加到群集

磁盘添加到群集后，会看到该磁盘的「指派给」字段为「可用存储」，卷名称为「V」，同样的将此磁盘转换为群集共享卷 CSV，才能使 Node1、Node2 主机同时存取该存储空间，请在右键菜单中选择「添加到群集共享卷」选项，如图 15-168 所示。

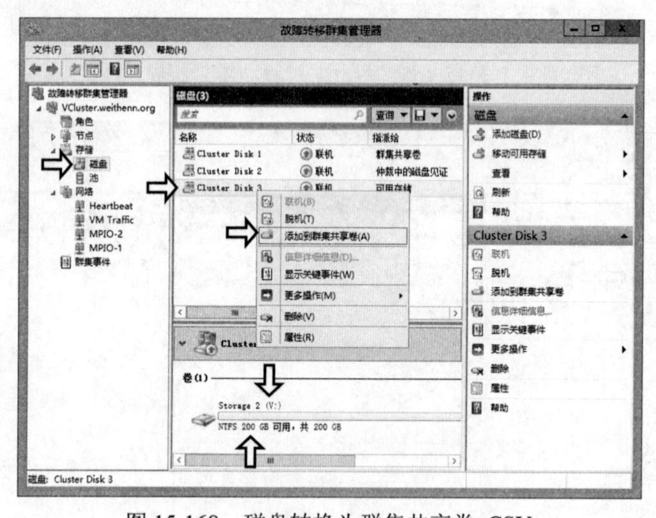

图 15-168　磁盘转换为群集共享卷 CSV

转换程序完成后会看到群集磁盘 3 的指派字段，由「可用存储」设备转换为「群集共享卷」，并且目前所有者节点为 Node2，而磁盘卷则由「V」转换为「C:\ClusterStorage\Volume2」，如图 15-169 所示。

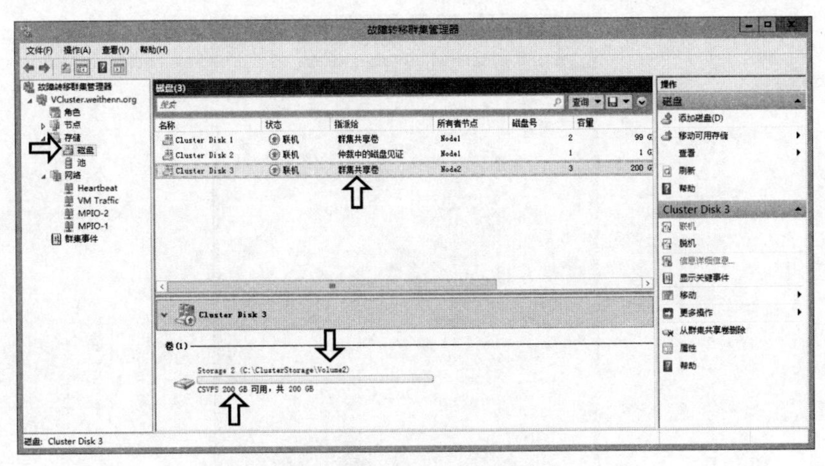

图 15-169　顺利转换为群集共享卷 CSV

15-3-8　更改磁盘所有者节点

目前群集磁盘 1、2 的所有者节点都是「Node1」，而刚才添加的群集磁盘 3 的所有者节点为「Node2」，由于我们已经将此磁盘转换为群集共享卷 CSV，因此可以任意更改该磁盘的所有者节点，将该磁盘的所有者节点更改为 Node2，这样可以在快速迁移的高级功能中更明显地观察到所有者节点的接管状态。

右击群集磁盘 3，在弹出菜单中依次选择「移动>选择节点」，准备手动更改磁盘的所有者节点，如图 15-170 所示。

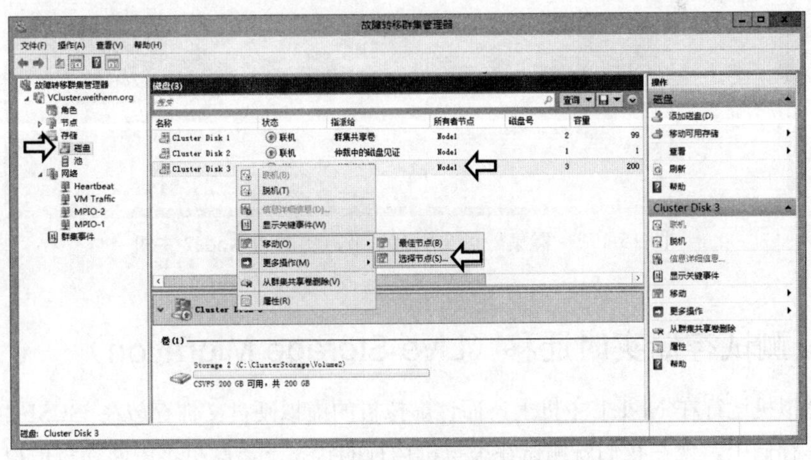

图 15-170　准备更改磁盘的所有者节点

在弹出的「移动群集共享卷」窗口中，因为目前故障转移群集当中只有两台节点主机，所以仅会显示另一台节点主机 Node2，选择 Node2 主机，单击「确定」按钮，如图 15-171 所示。

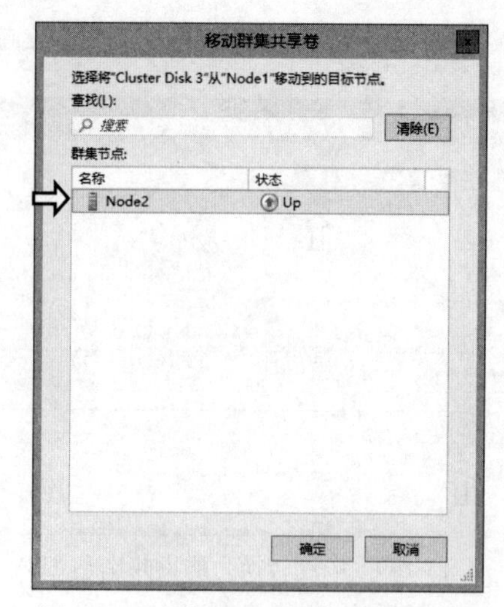

图 15-171　执行更改磁盘所有者节点

可以看到更改磁盘所有者节点操作瞬间就完成了，完成后目前此故障转移群集中的群集磁盘 3 所有者节点更改为「Node2」主机，如图 15-172 所示。

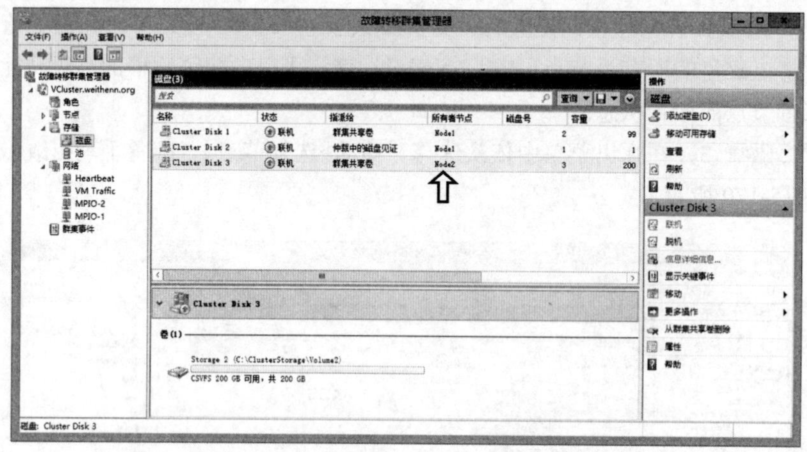

图 15-172　群集磁盘 3 所有者节点更改为 Node2 主机

15-3-9　测试存储实时迁移（Live Storage Migration）

当前虚拟机运行在 Node1 主机上，而该虚拟机的虚拟硬盘文件存放在 iSCSI 主机的 iSCSI Target 共享存储中，现在我们就测试在虚拟机运行的状态下，联机不中断地将虚拟机的虚拟硬盘文件（包括其他存储文件如快照），从「Storage 1 迁移到 Storage 2」中（可以想象成从 iSCSI Storage Controller 上的硬盘空间迁移到 JBOD 扩展柜上的硬盘空间）。

在开始执行虚拟机存储实时迁移前，我们先准备好测试环境以便等一下方便观察迁移过程是否如规划一样。先在 DC 主机上打开命令提示符连续 ping 虚拟机，此处输入「ping -t 10.10.75.237」，如图 15-173 所示。

```
选定 管理员: 命令提示符 - ping -t 10.10.75.237

C:\Users\Administrator>ping -t 10.10.75.237

正在 Ping 10.10.75.237 具有 32 字节的数据:
来自 10.10.75.237 的回复: 字节=32 时间<1ms TTL=128
来自 10.10.75.237 的回复: 字节=32 时间=1ms TTL=128
来自 10.10.75.237 的回复: 字节=32 时间<1ms TTL=128
来自 10.10.75.237 的回复: 字节=32 时间=1ms TTL=128
来自 10.10.75.237 的回复: 字节=32 时间<1ms TTL=128
来自 10.10.75.237 的回复: 字节=32 时间=1ms TTL=128
来自 10.10.75.237 的回复: 字节=32 时间<1ms TTL=128
来自 10.10.75.237 的回复: 字节=32 时间=1ms TTL=128
来自 10.10.75.237 的回复: 字节=32 时间<1ms TTL=128
来自 10.10.75.237 的回复: 字节=32 时间<1ms TTL=128
来自 10.10.75.237 的回复: 字节=32 时间=1ms TTL=128
来自 10.10.75.237 的回复: 字节=32 时间<1ms TTL=128
来自 10.10.75.237 的回复: 字节=32 时间=1ms TTL=128
来自 10.10.75.237 的回复: 字节=32 时间=2ms TTL=128
来自 10.10.75.237 的回复: 字节=32 时间<1ms TTL=128
来自 10.10.75.237 的回复: 字节=32 时间<1ms TTL=128
来自 10.10.75.237 的回复: 字节=32 时间<1ms TTL=128
来自 10.10.75.237 的回复: 字节=32 时间<1ms TTL=128
来自 10.10.75.237 的回复: 字节=32 时间<1ms TTL=128

微软拼音简捷 半 :
```

图 15-173　DC 主机持续 ping 执行存储迁移的虚拟机

除此之外，因为要执行虚拟机的存储实时迁移，所以在稍后执行存储实时迁移期间我们会在 C 盘下的「test」文件夹中依次创建「1000 个大小为 1 KB」的文件，模拟存储实时迁移执行时数据写入的场景，因此请在虚拟机中打开命令提示符，输入「cd \>md test>cd test」命令，创建 test 文件夹后切换路径，然后输入「for /l%i in（1,1,1000）do fsutil file createnew%i 1024」命令，稍后在执行存储实时迁移程序时执行，如图 15-174 所示。

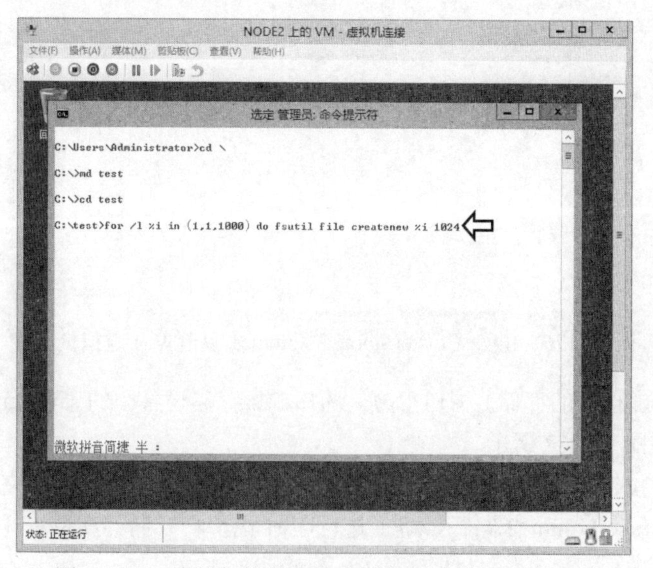

图 15-174　虚拟机执行存储实时迁移时模拟文件写入

在「故障转移群集管理器」窗口中，当选择运行在 Node2 主机上的虚拟机时可以看到其存储设备当前指向「C:\ClusterStorage\Volume1」(包含虚拟硬盘、快照文件、智能分页文件),请在右键菜单中依次选择「移动>虚拟机存储」,如图 15-175 所示。

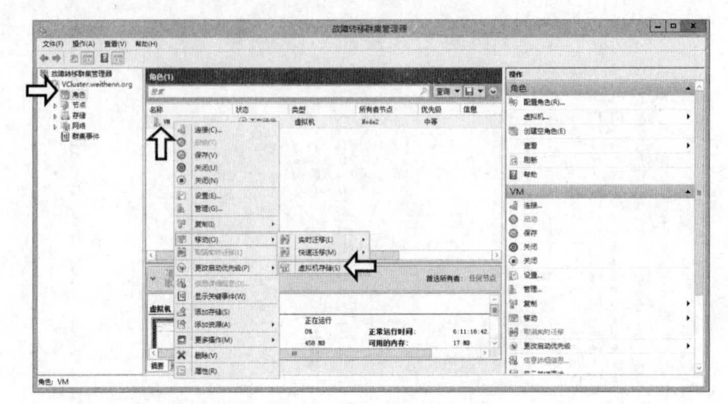

图 15-175　VM 虚拟机目前存储于 C:\ClusterStorage\Volume1 当中

在弹出的「移动虚拟机的存储」窗口当中,请使用 Shift 键将虚拟机 VM 的存储(VM.vhdx、快照、二级页面、当前配置)全部选择,接着单击「复制」按钮,如图 15-176 所示。

图 15-176　由 C:\ClusterStorage\Volume1 复制 VM 虚拟机存储

然后在「移动虚拟机的存储」窗口下方,选择群集存储设备中的「Volume2」文件夹后单击「粘贴」按钮,如图 15-177 所示。

单击「粘贴」按钮后在「移动虚拟机的存储」窗口上方的「目标文件夹路径」中可以看到显示 C:\ClusterStorage\Volume2 路径,确认进行 VM 虚拟机存储移动单击「启动」按钮,如图 15-178 所示。

此时回到「故障转移群集管理器」窗口中,可以在该 VM 虚拟机的信息字段中看到显示信息「正在启动虚拟机存储迁转」,如图 15-179 所示。

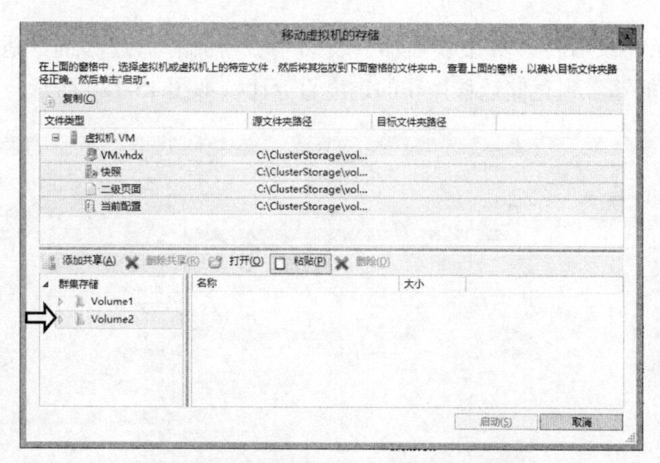

图 15-177　粘贴 VM 虚拟机存储至 C:\ClusterStorage\Volume2

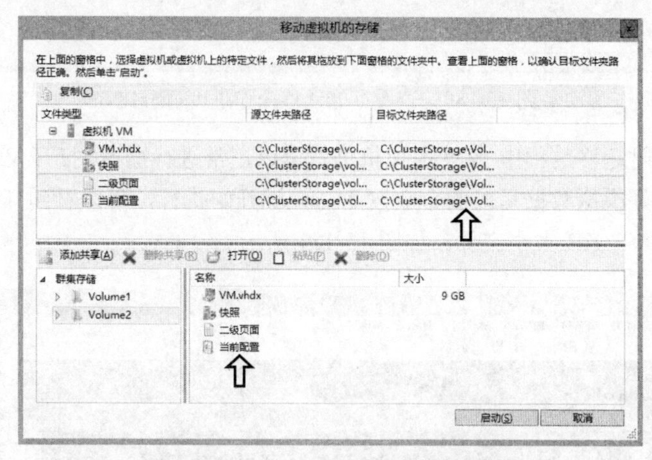

图 15-178　进行 VM 虚拟机存储移动

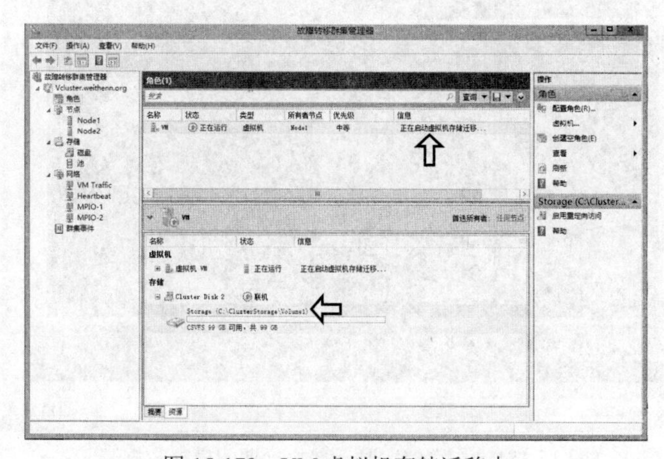

图 15-179　VM 虚拟机存储迁移中

可能会发现在「故障转移群集管理器」窗口中看不到存储迁移的「进度百分比」，打开 Hyper-V 管理器便能够看到存储迁移操作的进度百分比，如图 15-180 所示。

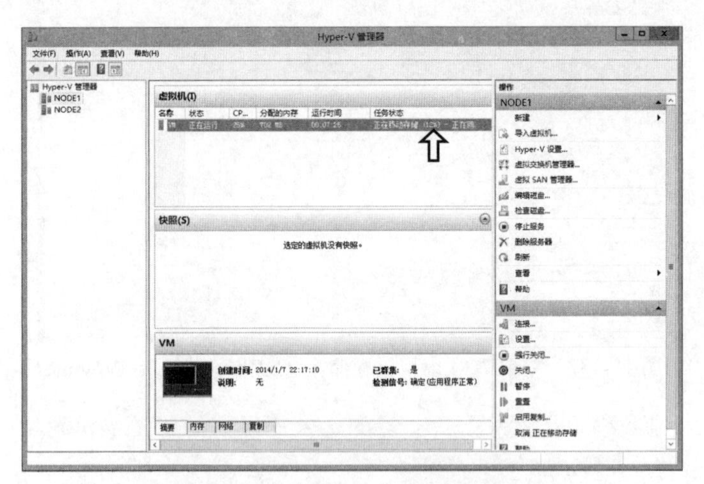

图 15-180　查看存储迁移操作进度百分比

当然在存储实时迁移过程中 VM 虚拟机仍然可以正常进行操作，打开 VM 虚拟机的控制台窗口，将刚才准备好模拟数据写入的命令按 Enter 键开始执行，可以看到开始执行循环命令，顺序创建 1～1000 个 1 KB 大小文件，如图 15-181 所示。

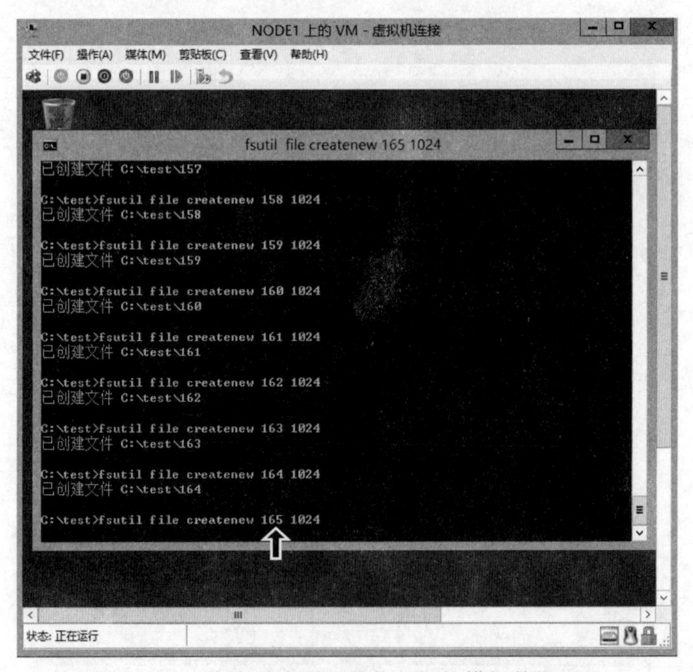

图 15-181　在存储实时迁移执行期间模拟数据写入

此时切换到 iSCSI 主机中查看任务管理器中的网络功能，可以看到我们所规划专用于 iSCSI Target / iSCSI Initiator 之间数据传输流量的 MPIO-1、MPIO-2 网络流量爆增当中，表示正在将 VM 虚拟机的存储由 LUN1（Storage 1）实时迁移到 LUN2（Storage 2）当中（别忘了此时文件仍在不断写入当中），如图 15-182 所示。

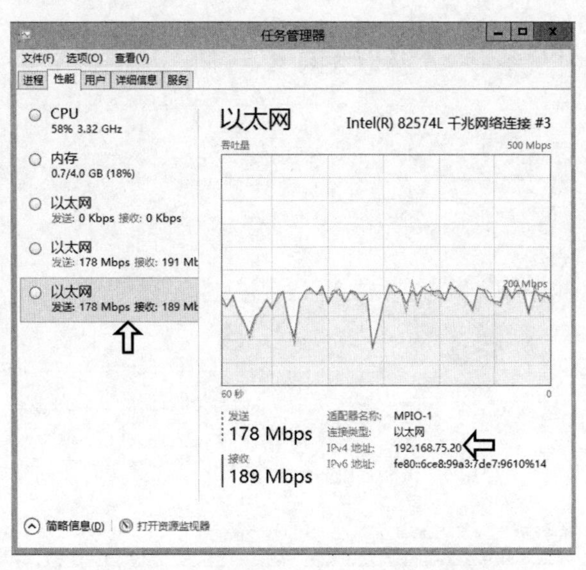

图 15-182 iSCSI 主机 MPIO 流量爆增

切换到提供 VM 虚拟机运行的 Node1 主机中查看任务管理器显示的网络功能流量，可以看到 MPIO-1、MPIO-2 网络流量也爆增当中，如图 15-183 所示。

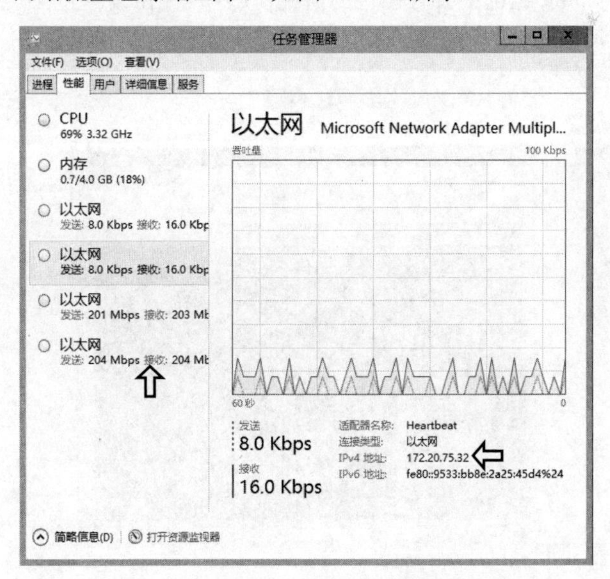

图 15-183 Node1 主机 MPIO 流量爆增

至于 Node2 主机由于目前上面并没有任何 VM 虚拟机，因此只有用于群集节点间互相侦测的 Heartbeat 有些许流量，如图 15-184 所示。

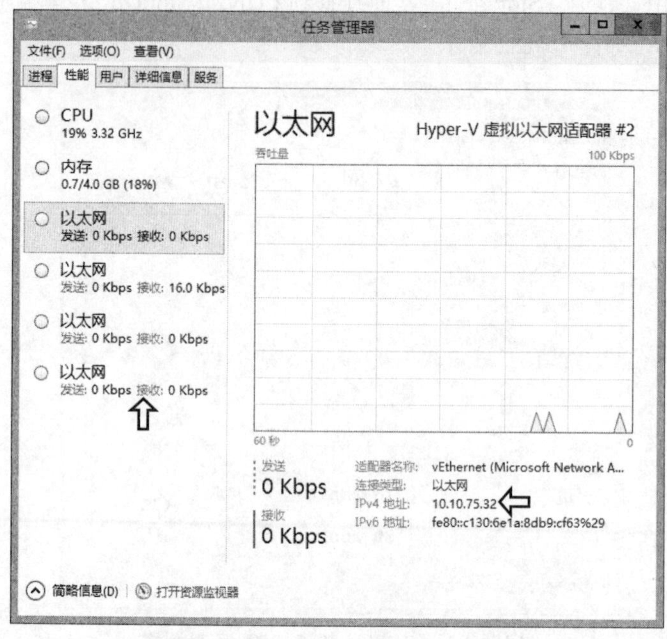

图 15-184　Node2 主机网络流量

当 VM 虚拟机的存储迁移操作完毕后在切换虚拟存储的瞬间（LUN1 → LUN2），DC 主机对 VM 虚拟机的持续 ping 包都不会有掉包的情况，顶多只有 ping 包的回应时间拉长的现象（因为数据读写及层层虚拟化的关系），如图 15-185 所示。

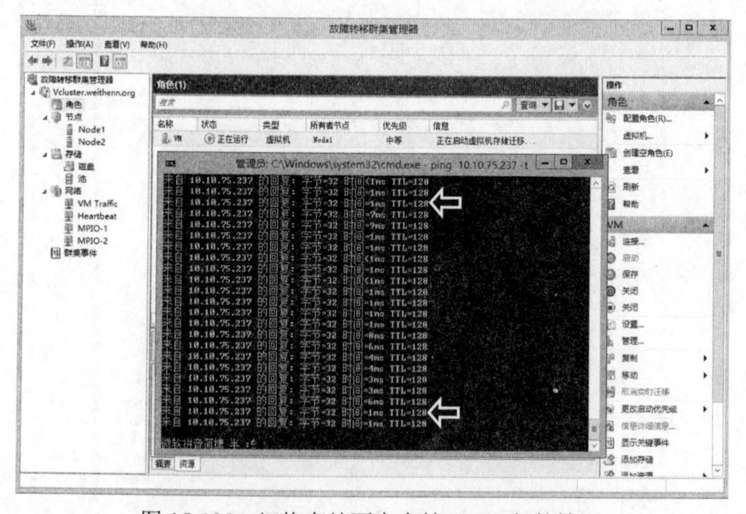

图 15-185　切换存储不会有掉 ping 包的情况

当存储实时迁移作业完毕后，选择 VM 虚拟机在其存储设备信息中可以看到，由先前的「C:\ClusterStorage\Volume1」存储路径切换到「C:\ClusterStorage\Volume2」，如图 15-186 所示。

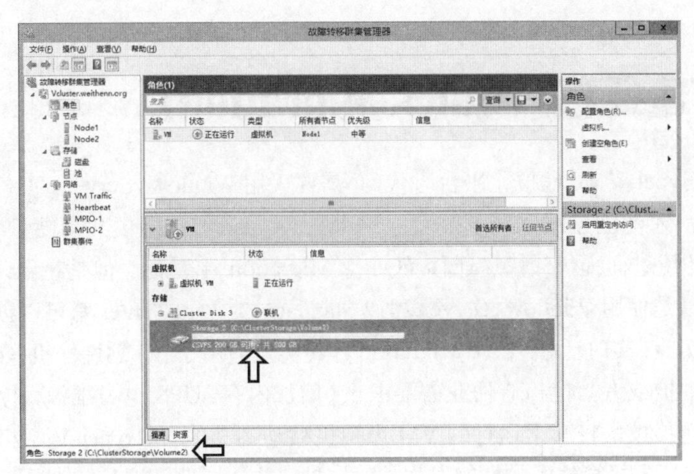

图 15-186　存储路径切换到 C:\ClusterStorage\Volume2

并且切换到 VM 虚拟机控制台画面查看时也可以看到，刚才在存储实时迁移执行期间 1000 个 1 KB 文件也都顺利创建完成，如图 15-187 所示。

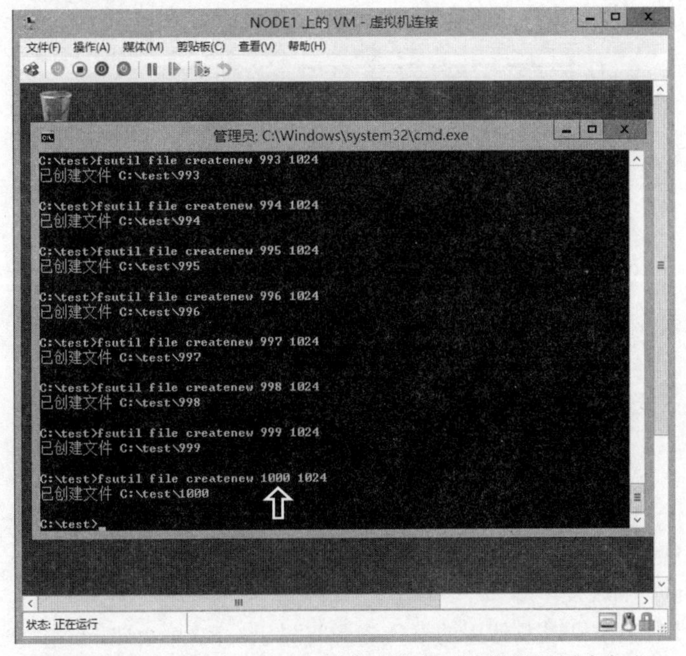

图 15-187　1000 个 1 KB 文件在存储实时迁移期间创建完成

是的!! 我们又在轻松简单的过程当中完成了 VM 虚拟机「存储实时迁移（Live Storage

Migration)」的任务!! 没错!! 经过前面正确的设置要完成存储实时迁移(Live Storage Migration)真的很容易对吧。那么我们就继续进入下一个高级实验「快速迁移(Quick Migration)」吧!!

15-4 快速迁移(Quick Migration)

在旧版本的Hyper-V 2.0虚拟化平台时代,必需要采用Windows Server 2008 R2 Enterprise 或 DataCenter 版本,才能创建故障转移群集(Failover Cluster)、群集共享硬盘(Cluster Shared Volume,CSV)环境进而提供「快速迁移(Quick Migration)」功能。但是在新一代 Hyper-V 3.0 虚拟化平台中不管是使用 Windows Server 2012 Standard 或 DataCenter 都可以创建此环境。

前面的高级实验「实时迁移(Live Migration)」其实是适用于「计划性停机」的,例如 Hyper-V 主机要进行年末维护或者其他检修作业需要中止(增加内存、UPS 电力维护、电源模块更换等),便可以使用实时迁移技术将其上运行的 VM 虚拟机移动到其他台 Hyper-V 主机继续运行。

但若是 Hyper-V 主机突然无预警的发生故障这种「非计划性停机」事件呢?例如 Hyper-V 主机物理服务器电源模块损坏、主板损坏、电线被踢掉等非预期的因素使 Hyper-V 主机无预警的断电,这时就适合使用本节所要介绍及实验的「快速迁移(Quick Migration)」机制来响应,如图 15-188 所示。相关信息可参考 Microsoft TechEd 2012 WSV430-Cluster Shared Volumes Reborn in Windows Server 2012(http://goo.gl/ErC9S)、Quick Migration with Hyper-V White Paper(http://goo.gl/3Z1Ck)。

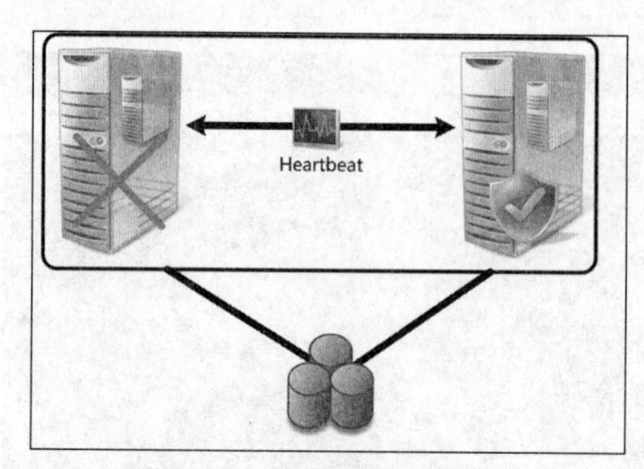

图 15-188 快速迁移运行示意图

快速迁移(Live Migration)运行流程(见图 15-189):

(1)当 Hyper-V 物理主机无预警故障时,VM 虚拟机将目前运行状态立即「存储(Save State)」起来(Client 端连接中断)。

(2)此时 VM 虚拟机以及使用的群集资源将显示「离线(Offline)」状态(无法运行中 Downtime)。

(3)根据 VM 虚拟机个性化设置「移动(Move)」到其存活的群集节点主机中。

（4）将 VM 虚拟机以及使用的群集资源进行「上线（Online）」操作。

（5）VM 虚拟机将会「启动（Power On）」并且回到刚才存储时的状态。

（6）Client 端此时便可以再次连接到 VM 虚拟机。

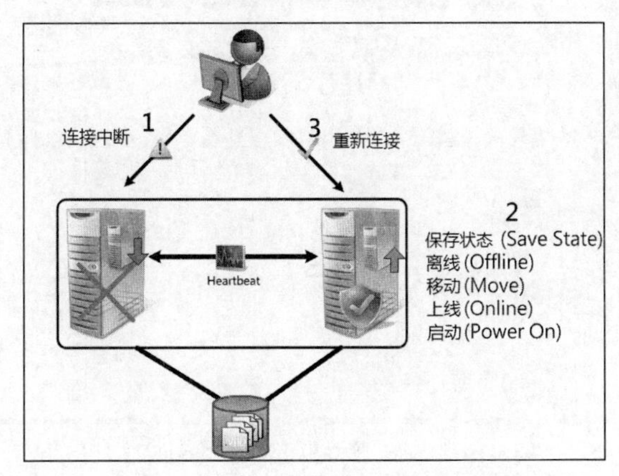

图 15-189　快速迁移运行流程示意图

15-4-1　准备实测环境

目前 VM 虚拟机运行于「Node1」主机上，而 VM 的虚拟存储则存储于群集共享硬盘「C:\ClusterStorage\Volume2」当中，我们将 VM 虚拟机由 Node1 主机实时迁移到 Node2 主机上，稍后模拟 Node2 无预警关机看看会发生什么事。

在「故障转移群集管理器」窗口中，右击 VM 虚拟机执行「实时迁移」(Node1→Node2）的操作，如图 15-190 所示。

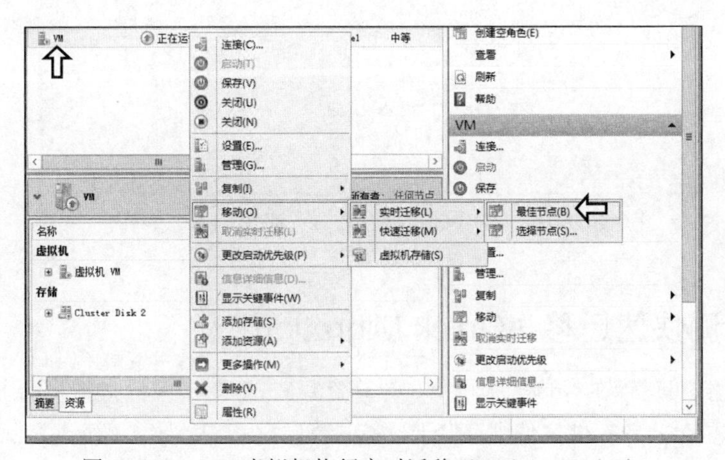

图 15-190　VM 虚拟机执行实时迁移（Node1→Node2）

确认 VM 虚拟机目前运行于 Node2 主机上，如图 15-191 所示。

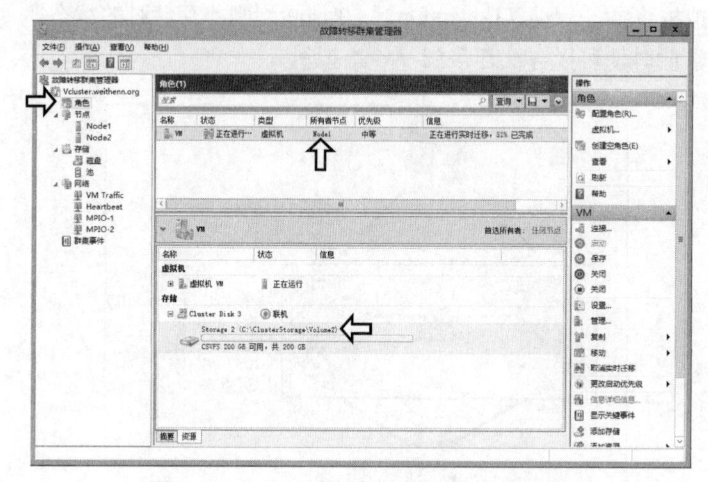

图 15-191　VM 虚拟机运行于 Node2 主机

接着切换到「存储>硬盘」项目中，可以看到目前所有群集硬盘的拥有者节点都是「Node2」主机，如图 15-192 所示。

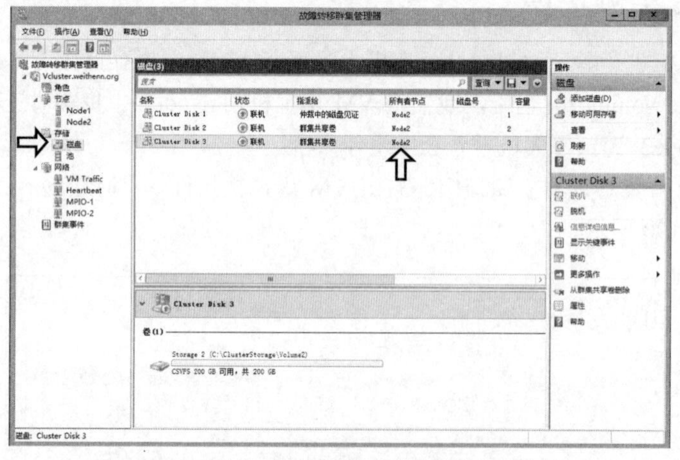

图 15-192　群集硬盘拥有者节点都是 Node2 主机

15-4-2　实测快速迁移（Quick Migration）

目前 VM 虚拟机运行在 Node2 主机上（计算资源），而该台 VM 虚拟机的虚拟硬盘、目前设置、快照、智能分页等存储文件则存储于群集共享硬盘 CSV 当中（存储资源），并且目前群集硬盘的拥有者节点是 Node2 主机，现在我们就在 VM 虚拟机运行中的情况下，将 Node2 主机「关机（Shutdown）」或者可以更暴力一点使用「断电（Power Off）」来进行测试，VM 虚拟机能否自动将「计算资源 / 存储资源」快速迁移到 Node1 主机当中。

在开始测试 VM 虚拟机快速迁移机制以前，我们先准备好测试环境以便观察迁移过程是否如规划一般。先在 DC 主机打开命令提示符持续 ping 此台 VM 虚拟机，此实验中输入「ping –t 10.10.75.210」，如图 15-193 所示。

```
管理员: C:\Windows\system32\cmd.exe - ping 10.10.75.237 -t
来自 10.10.75.237 的回复: 字节=32 时间=1ms TTL=128
来自 10.10.75.237 的回复: 字节=32 时间<1ms TTL=128
来自 10.10.75.237 的回复: 字节=32 时间=1ms TTL=128
来自 10.10.75.237 的回复: 字节=32 时间<1ms TTL=128
来自 10.10.75.237 的回复: 字节=32 时间<1ms TTL=128
来自 10.10.75.237 的回复: 字节=32 时间<1ms TTL=128
来自 10.10.75.237 的回复: 字节=32 时间<1ms TTL=128
来自 10.10.75.237 的回复: 字节=32 时间<1ms TTL=128
来自 10.10.75.237 的回复: 字节=32 时间<1ms TTL=128
来自 10.10.75.237 的回复: 字节=32 时间=1ms TTL=128
来自 10.10.75.237 的回复: 字节=32 时间=1ms TTL=128
来自 10.10.75.237 的回复: 字节=32 时间<1ms TTL=128
来自 10.10.75.237 的回复: 字节=32 时间<1ms TTL=128
来自 10.10.75.237 的回复: 字节=32 时间<1ms TTL=128
来自 10.10.75.237 的回复: 字节=32 时间<1ms TTL=128
来自 10.10.75.237 的回复: 字节=32 时间=2ms TTL=128
来自 10.10.75.237 的回复: 字节=32 时间=1ms TTL=128
来自 10.10.75.237 的回复: 字节=32 时间<1ms TTL=128
来自 10.10.75.237 的回复: 字节=32 时间<1ms TTL=128
来自 10.10.75.237 的回复: 字节=32 时间=1ms TTL=128
来自 10.10.75.237 的回复: 字节=32 时间=1ms TTL=128
来自 10.10.75.237 的回复: 字节=32 时间=1ms TTL=128
来自 10.10.75.237 的回复: 字节=32 时间=1ms TTL=128
来自 10.10.75.237 的回复: 字节=32 时间<1ms TTL=128
```

图 15-193　DC 主机持续 ping 执行存储迁移的 VM 虚拟机

因为后续还有许多高级实验要测试（毕竟断电还是有可能造成系统故障），所以此实验就将 Node2 主机「关机（Shutdown）」，切换到 Node2 主机后执行关机的操作，如图 15-194 所示。

图 15-194　将 Node2 主机关机

此时会看到 VM 虚拟机的控制台画面突然「变暗」并且无法进行任何操作，也就是进入「存储（Save State）」及「离线（Offline）」状态，如图 15-195 所示。

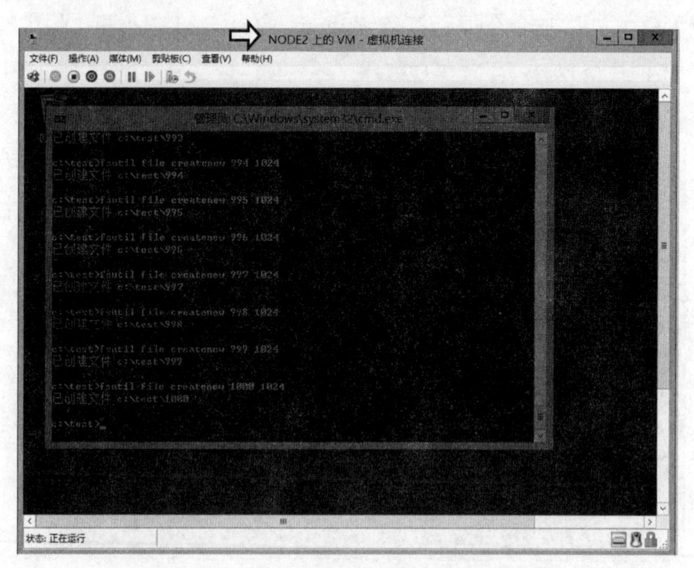

图 15-195　VM 虚拟机进入存储及离线状态

当 VM 虚拟机完成存储及离线程序后，会看到 VM 虚拟机的控制台画面变成已关闭，表示目前执行「移动（Move）」程序也就是寻找存活的群集节点进行移动，移动完毕后执行「上线（Online）」操作，如图 15-196 所示。

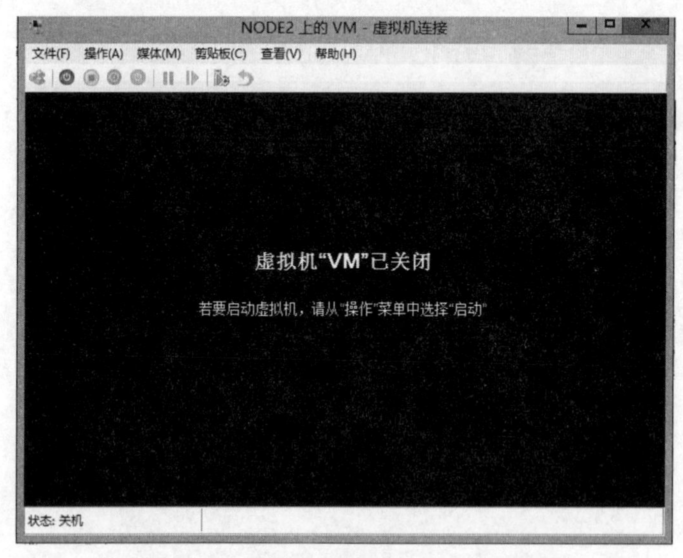

图 15-196　VM 虚拟机执行移动及上线程序

切换回「故障转移群集管理器」窗口中，可以看到目前 VM 虚拟机的状态为「正在启动」，也就是执行「启动（Power On）」程序，如图 15-197 所示。

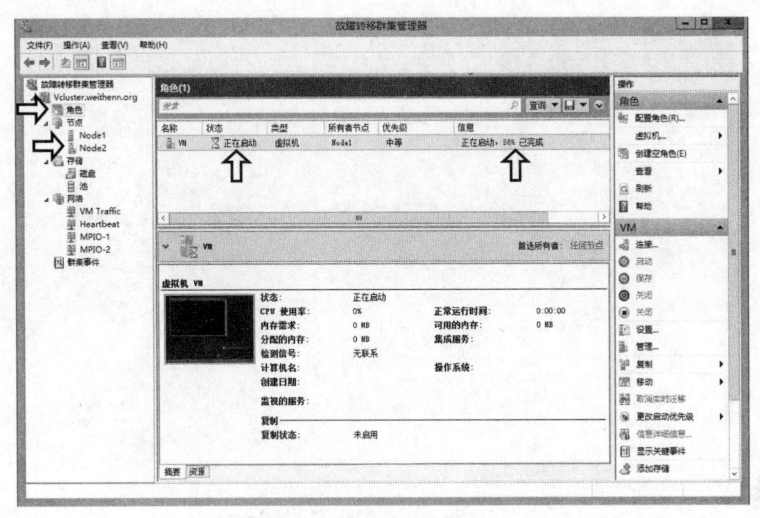

图 15-197　VM 虚拟机启动中

此时查看 DC 主机的持续 ping 包，可以看到大约掉了「10～20 个包」之后恢复连接，在掉包的期间就是 VM 虚拟机执行「存储、离线、移动、上线、启动」的期间，最后 VM 虚拟机启动完成恢复连接，如图 15-198 所示。

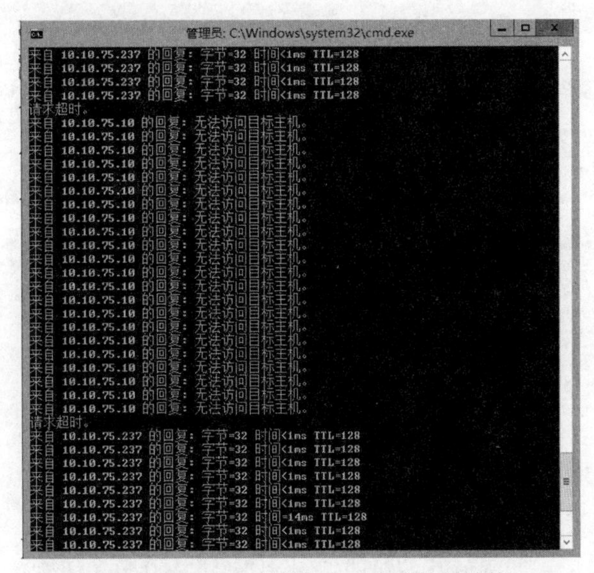

图 15-198　VM 虚拟机启动完成恢复连接

再次回到「故障转移群集管理器」窗口中，可以看到目前 VM 虚拟机的状态为「正在运行」

并且拥有者节点为「Node1」主机，而存储设备则维持在共享硬盘「C:\ClusterStorage\Volume2」，如图 15-199 所示。

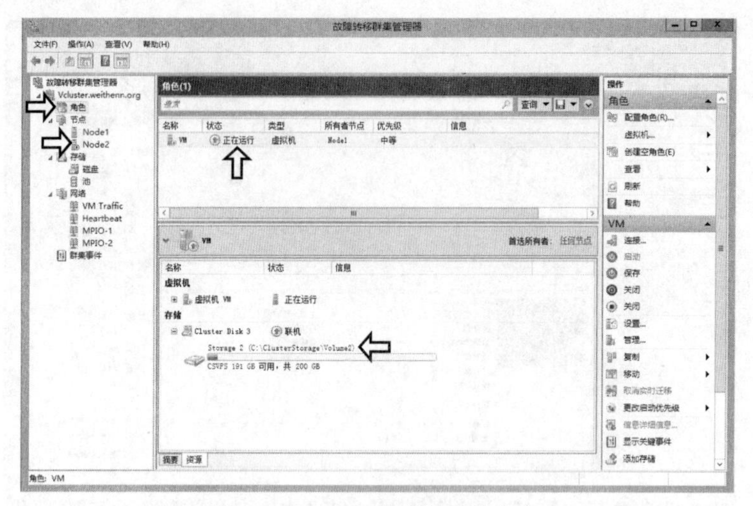

图 15-199　VM 虚拟机启动完成

切换到「存储>硬盘」项目可以看到拥有者节点都是「Node1」主机，可见在刚才 Node2 故障期间已经顺利接手了，而 Node2 主机因为还没恢复所以在节点中图标状态呈现为「红色下降」，如图 15-200 所示。

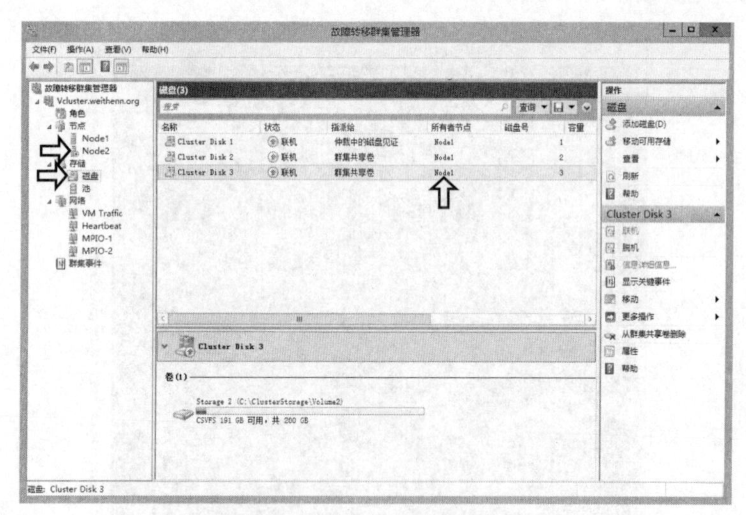

图 15-200　拥有者节点为接手的 Node1 主机

此次必需要「手动打开」VM 虚拟机的控制台了（并不会自动切换），在打开的 VM 虚拟机控制台画面中可以看到停留在上一个高级实验的画面（存储状态后恢复），而非重新启动 VM 虚拟机的登入画面，如图 15-201 所示。

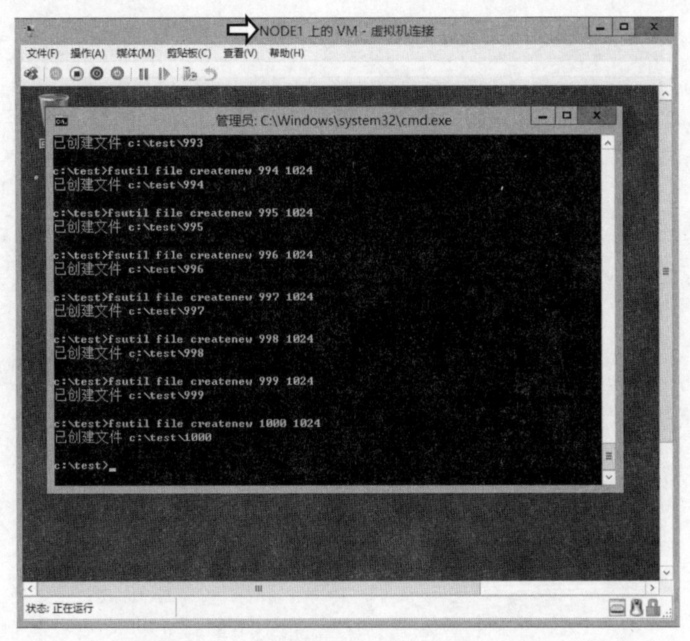

图 15-201　恢复后的 VM 虚拟机控制台画面

将 Node2 主机「启动（Power On）」，当 Node2 主机开机完毕后选择群集名称 VCluster.weithenn.org 后单击「重新整理」按钮，可以看到 Node2 红色下降图标不见了（表示重新回到群集中），并且目前主机服务器为「Node1」，如图 15-202 所示。

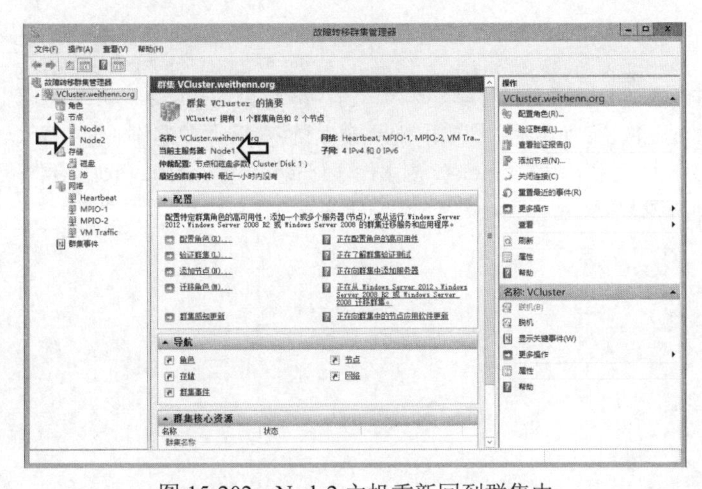

图 15-202　Node2 主机重新回到群集中

我们又再次于轻松简单的过程当中完成了 VM 虚拟机「快速迁移（Quick Migration）」的任务!! 没错!! 经过前面正确的设置要完成快速迁移（Quick Migration）以顺应物理服务器无预警故障真的很容易。那么我们继续进入下一个高级实验「Hyper-V 副本（Hyper-V Replica）」吧!!

Chapter 16

异地备份解决方案

在先前「未」创建故障转移群集环境的当中，主/副本站点之间若硬件架构无误便能顺利运行，但如果发生「副本」站点硬件损坏时副本复制作业便中断了，而故障转移群集环境当中的 Hyper-V 副本代理（Hyper-V Replica Broker）便担任了「自动协调」的角色，使副本复制作业不会发生任何中断。

16-1 Hyper-V 副本（Hyper-V Replica）

「Hyper-V 副本（Hyper-V Replica）」是 Windows Server 2012 当中才有的 Hyper-V 服务器角色，也就是 Hyper-V 3.0 虚拟化平台中才有此功能，在旧版本的 Hyper-V 2.0 中并没有此角色。简单来说 Hyper-V 副本是具备「保持业务连续性以及异地备份（Business Continuity and Disaster Recovery，BCDR）」的解决方案。

Hyper-V 副本机制允许 VM 虚拟机运行在「主站点（Primary Site）」，通过异步传输机制复制到「副本站点（Replica Site）」，以便运行于主站点上的 VM 虚拟机发生灾难时，可以在最短的时间内让副本站点上的 VM 虚拟机接管原有服务，如图 16-1 所示。

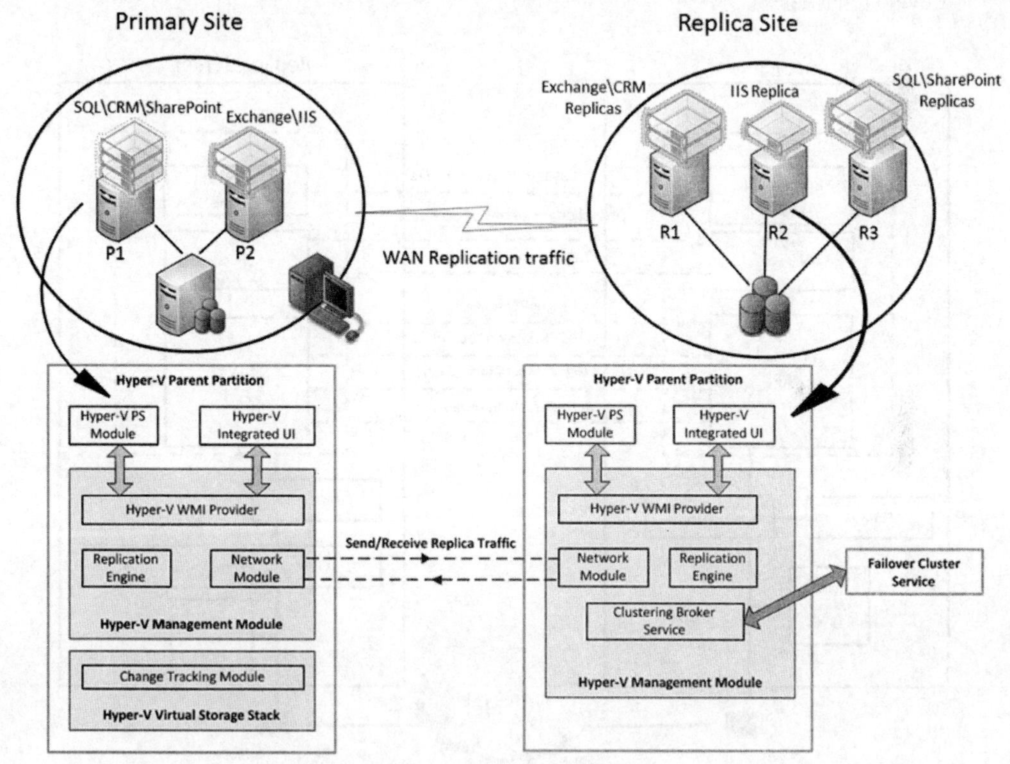

图片来源：Understand and Troubleshoot Hyper-V Replica in Windows Server 8 Beta（http://goo.gl/gU0V7）

图 16-1 Hyper-V 副本机制示意图

那么 Hyper-V 副本机制整体是怎么运行的（见图 16-2）并且如何完成计划性容错以及具备哪些特性：

● 采用「快照（Snapshot Based）」及「异步（Asynchronous）」数据传输机制，视情况而定，

约「5～15 分钟」便会进行一次复制。

- 主/副本站点之间「不需要」共享存储设备或者特定的存储设备。
- 支持独立服务器/故障转移群集的运行环境或者两种环境的混合，所以主机可以处于同一域或者不需要加入域。
- 主/副本站点之间可以在同一区域（LAN）或者是放在相隔遥远的两地（WAN）。
- 支持「测试故障转移」机制以便您测试复制过去的 VM 虚拟机能否顺利运行。
- 支持「计划性的故障转移」机制（不会发生数据遗失的情况），任何未复制的数据更改都会先复制到副本站点中的 VM 虚拟机才执行故障转移，属于「VM 虚拟机级别（VM Level）」的保护机制。
- 支持「非计划性的故障转移」机制（可能发生数据遗失的情况），顺应 Hyper-V 主机发生无预警的灾难状况时进行 VM 虚拟机的故障转移，属于「Hyper-V 主机级别（Host Level）」的保护机制。

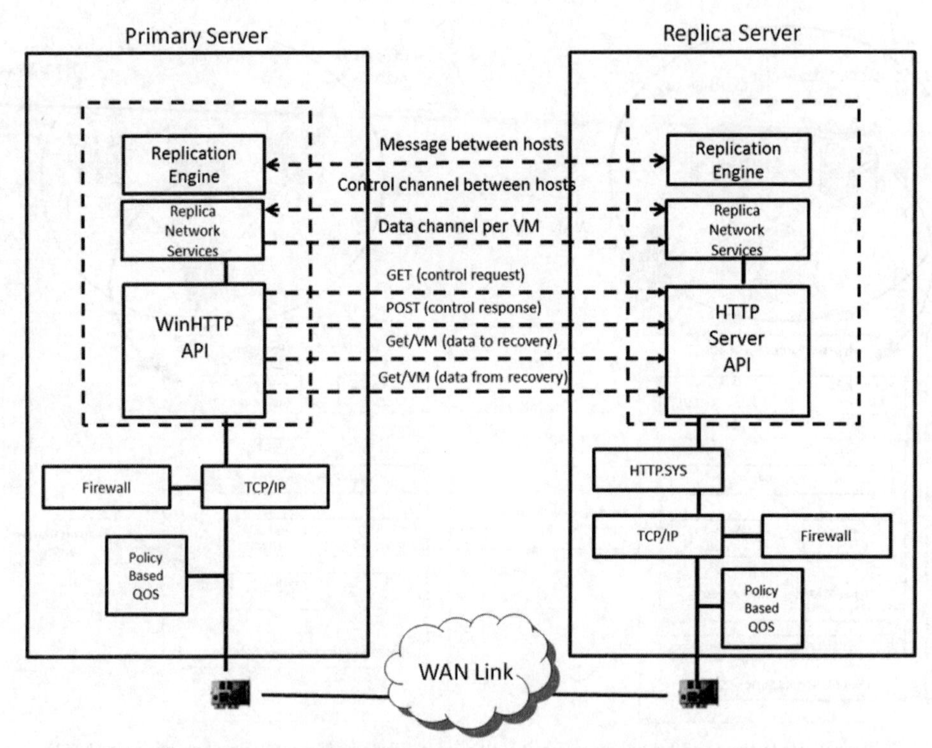

图片来源：Understand and Troubleshoot Hyper-V Replica in Windows Server 8 Beta（http://goo.gl/gU0V7）

图 16-2　Hyper-V 副本机制运行示意图

此外值得注意的是主/副本站点之间「网络带宽」、「存储空间」、「存储设备 IOPS」的影响，举例来说，许多台 VM 虚拟机同时启用 Hyper-V 副本机制将会耗用大量的带宽、每个备份点又会多占用原 VM 虚拟机存储空间 VHD/VHDX 的 10%、对于存储设备 IOPS 则相较于原有负载多出 1.5～5 倍的影响、每个执行 Hyper-V 副本机制的 VHD/VHDX 约占用 Hyper-V 主机 50～60 MB 内存等。

所以综合上述原因后排除存储空间、存储设备 IOPS、内存占用等因素，若单单就「网络带宽」及「传输数量」来看的话，最佳建议值为「1.5 Mbps, 100ms, 1% packet loss」网络质量搭配同时传输的 Hyper-V 副本机制数量为「3」，如图 16-3 所示。

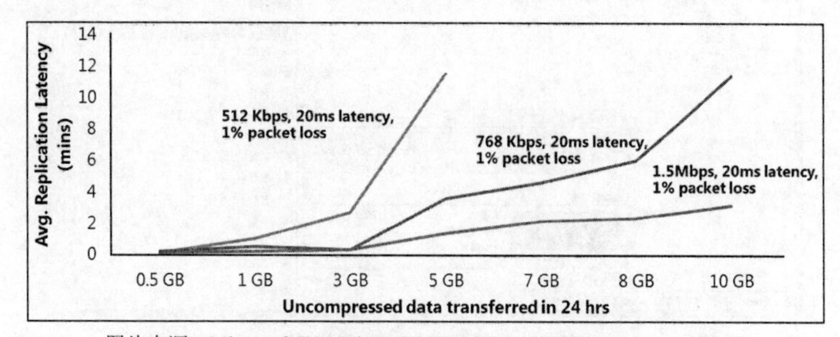

图片来源：Microsoft TechEd 2012 VIR302-Enabling Disater Recovery for Hyper-V Workloads Using Hyper-V Replica（http://goo.gl/bWSZW）

图 16-3 Hyper-V 副本机制网络质量建议

16-1-1 添加 Hyper-V 副本代理

在故障转移群集环境当中实验 Hyper-V 副本机制时，便需要添加高可用性角色「Hyper-V 副本代理（Hyper-V Replica Broker）」，在先前「未」架构故障转移群集环境当中，主/副本站点之间若硬件架构无误便能运行顺利，如果发生副本站点硬件损坏时，则副本复制作业便中断了，而 Hyper-V 副本代理便担任了「协调」的角色。

举例来说，两个故障转移群集之间有 Hyper-V 副本机制，原有主/副本站点若有硬件损坏的情况，此时 Hyper-V 副本代理便会居中协调后将副本复制转移到存活的主机上，以继续 Hyper-V 副本机制的运行，如图 16-4 所示。

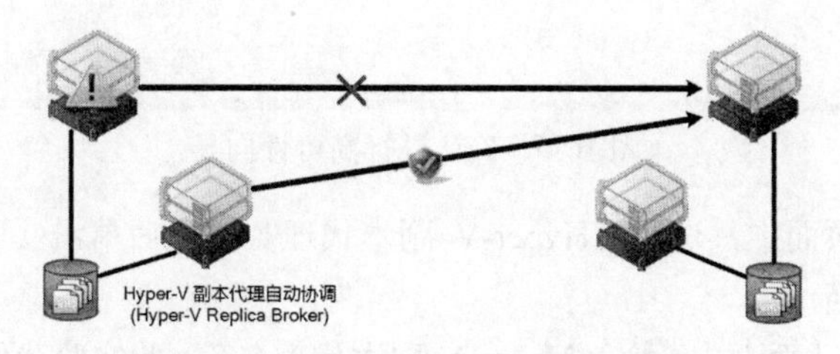

图 16-4 Hyper-V 副本代理运行示意图

创建 Hyper-V 副本代理高可用性角色

在 DC 主机打开故障转移群集管理器并依次单击「角色>配置角色」，准备添加 Hyper-V 副本代理高可用性角色，如图 16-5 所示。

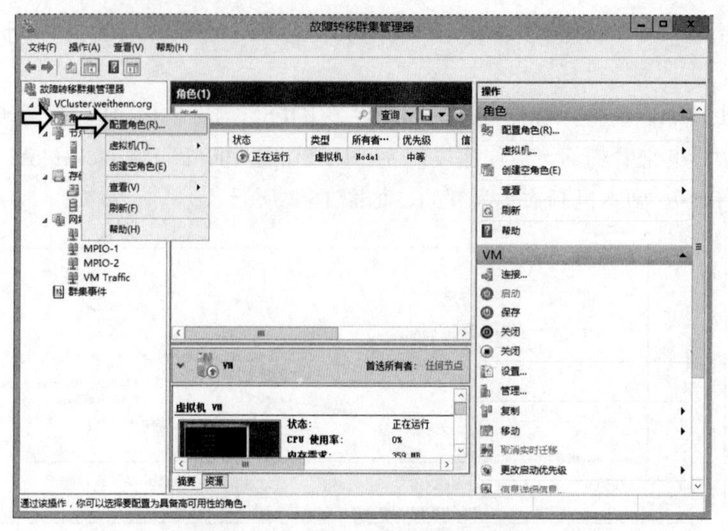

图 16-5　准备添加 Hyper-V 副本代理高可用性角色

在弹出的「高可性向导」窗口中，单击「下一步」按钮确认执行高可性向导，如图 16-6 所示。

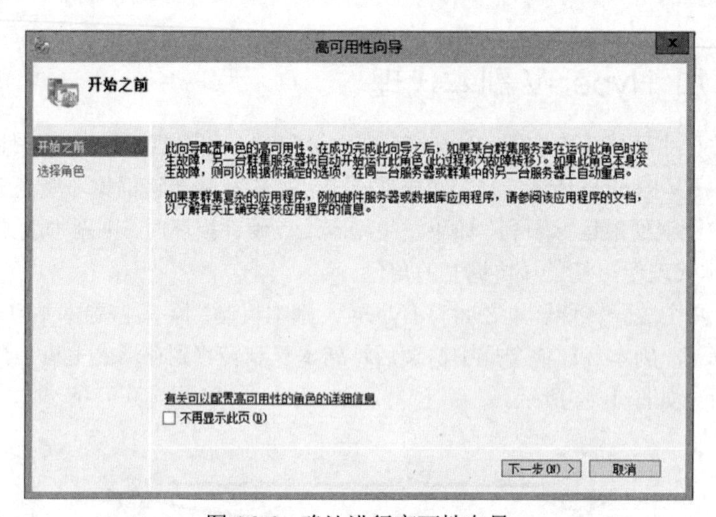

图 16-6　确认进行高可性向导

在「选择角色」页面中，选择「Hyper-V 副本代理」角色后单击「下一步」按钮继续高可性向导，如图 16-7 所示。

在「客户端访问点」页面中，输入 Hyper-V 副本代理名称，此实验我们输入「ReplicaBroker」并且输入到时候 Hyper-V 副本代理所要使用的 IP 地址「10.10.75.40」后，单击「下一步」按钮继续高可性向导，如图 16-8 所示。

在「确认」页面中，再次检查相关的选项配置值后单击「下一步」按钮继续高可性向导，如图 16-9 所示。

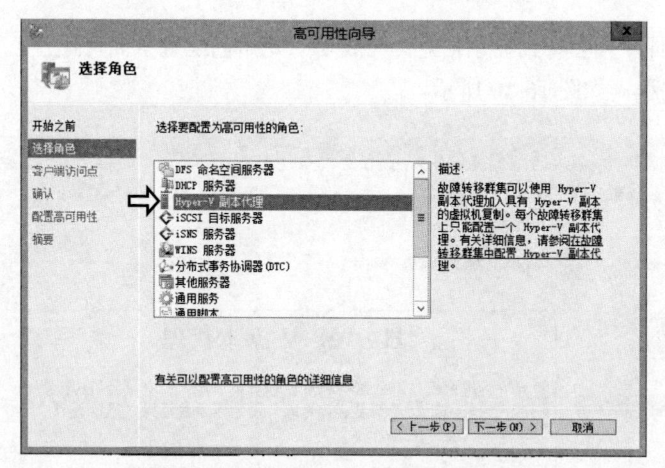

图 16-7　选择 Hyper-V 副本代理角色

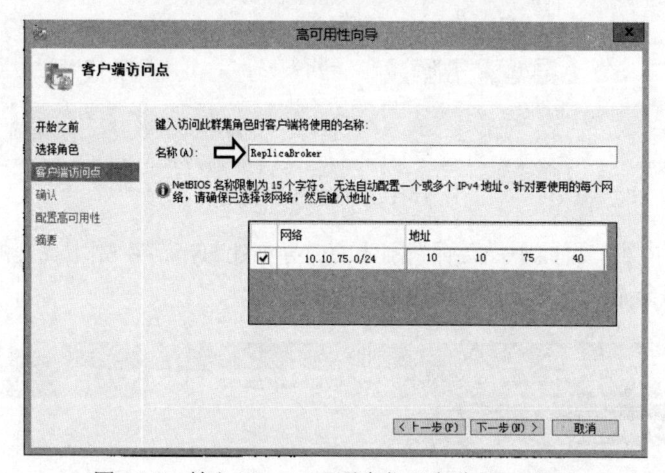

图 16-8　输入 Hyper-V 副本代理名称及 IP 地址

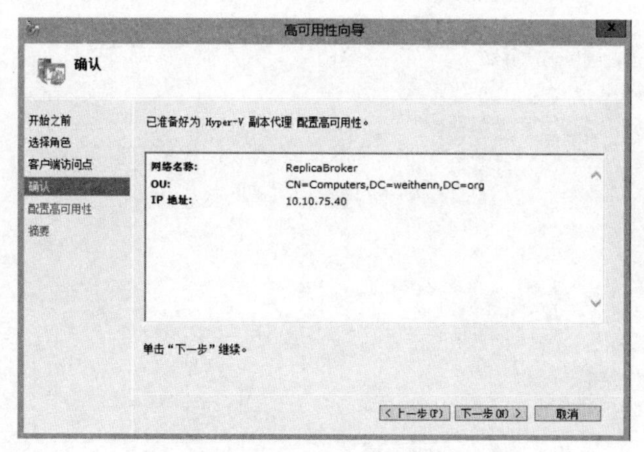

图 16-9　再次检查相关的配置情况

在「摘要」页面中，会看到显示信息为「成功为此角色配置了高可用性」，单击「查看报告」按钮来查看创建过程，如图 16-10 所示。

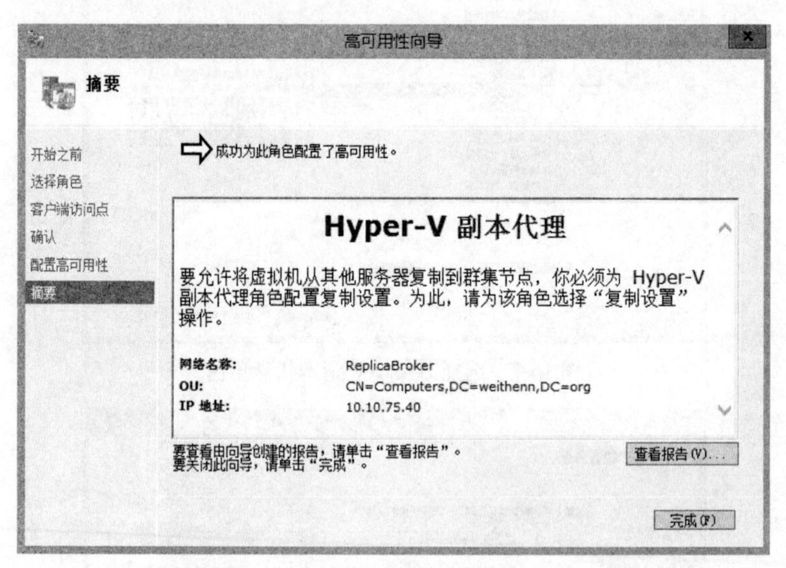

图 16-10　查看报告内容

在「查看报告内容」页面中，会看到刚才的向导创建 Hyper-V 副本代理的过程，若有任何警告或错误信息则会显示于其中，如图 16-11 所示。

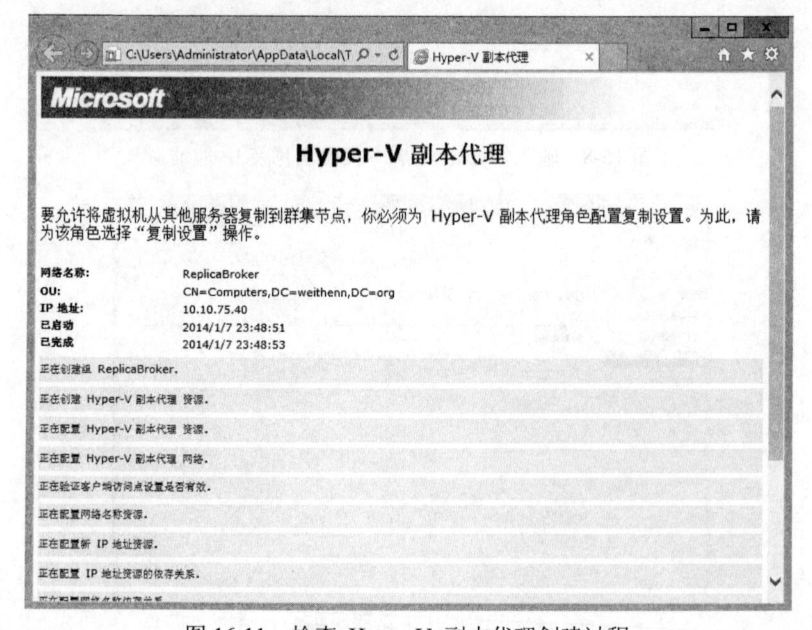

图 16-11　检查 Hyper-V 副本代理创建过程

回到「故障转移群集管理器」窗口中，在角色区域内会看到出现了 Hyper-V 副本代理「ReplicaBroker」及刚才配置的 IP 地址「10.10.75.40」，并且目前的所有者节点为 Node1，如图 16-12 所示。

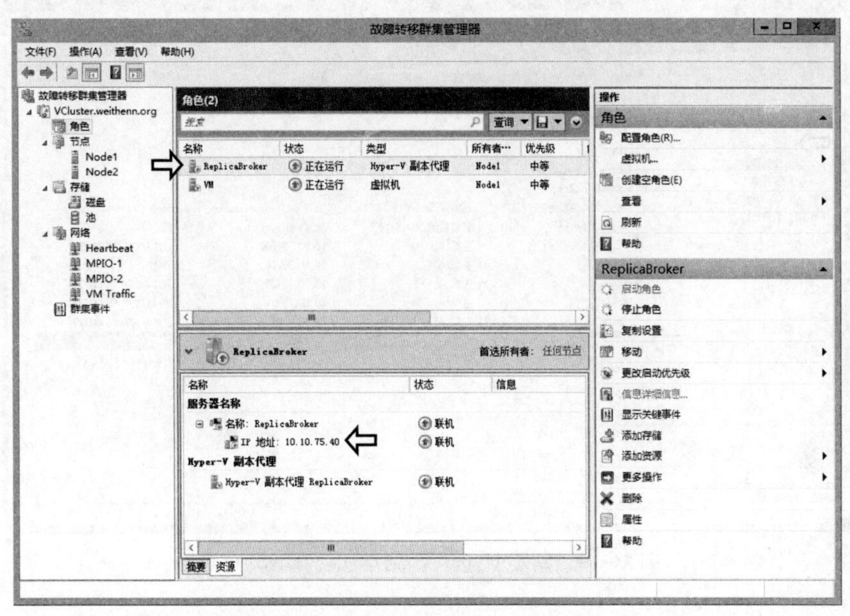

图 16-12　Hyper-V 副本代理运行中

此时在 DC 主机打开「Active Directory 用户和计算机」窗口切换到 Computers，同样的会看到多了一笔「ReplicaBroker」记录，如图 16-13 所示。

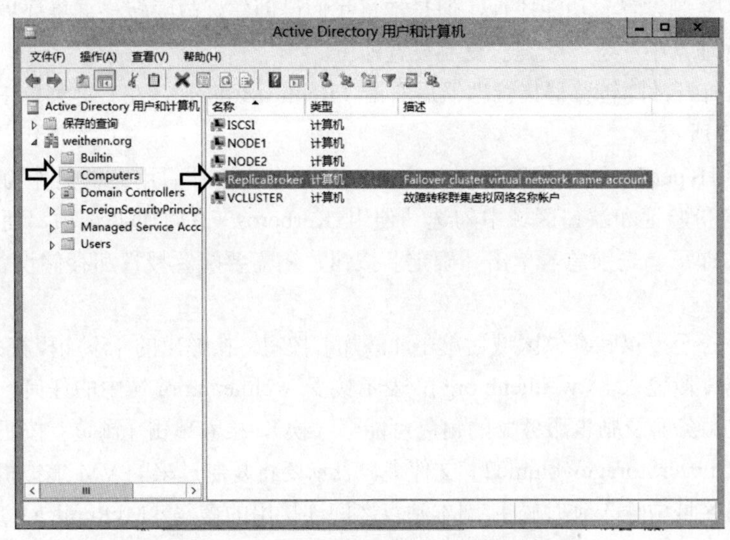

图 16-13　创建 Hyper-V 副本代理计算机账户

在 DC 主机打开「DNS 管理器」窗口，切换到 weithenn.org，同样的会看到多了一笔「ReplicaBroker 10.10.75.40」记录，如图 16-14 所示。

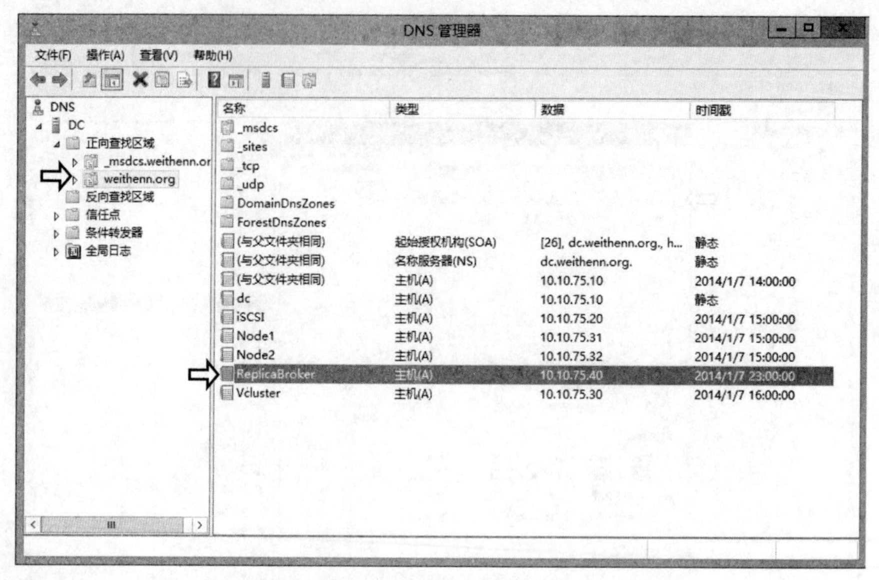

图 16-14　创建 Hyper-V 副本代理 DNS 记录

16-1-2　故障转移群集启用复制机制

同样的在先前章节中由于我们未架设故障转移群集环境，所以必需要针对「每一台」Hyper-V 主机依次启用「复制设置」功能才行，但是本章我们已创建好故障转移群集环境，因此只需在故障转移群集管理器中「统一配置」复制设置即可。

在 DC 主机打开故障转移群集管理器后右击「ReplicaBroker」，在右键菜单中选择「复制设置」，如图 16-15 所示。

在弹出的「Hyper-V 副本代理配置」窗口中，首先勾选「启用此群集作为副本服务器」选项，接着在身份验证和端口区域中勾选「使用 Kerberos（HTTP）」选项，而指定端口则使用默认的「80」即可，先别急着单击「确定」按钮，还需要配置授权和存储设备，如图 16-16 所示。

请将窗口下拉至授权和存储区域后单击「添加」按钮，在弹出的「添加授权条目」窗口中，在指定主服务器字段输入「*.weithenn.org」，表示接受 weithenn.org 域中的任何一台主机成为主服务器（因为主服务器及副本服务器的角色可能会互换），接着单击「浏览」按钮选择群集共享硬盘 CSV「C:\ClusterStorage\volume2」文件夹，表示要将复制过来的 VM 虚拟机存储于此，最后在指定信任组区域中输入到时候主/副本站点之间连接用的密码「MyReplica」后单击「确定」按钮完成授权和存储配置，如图 16-17 所示。

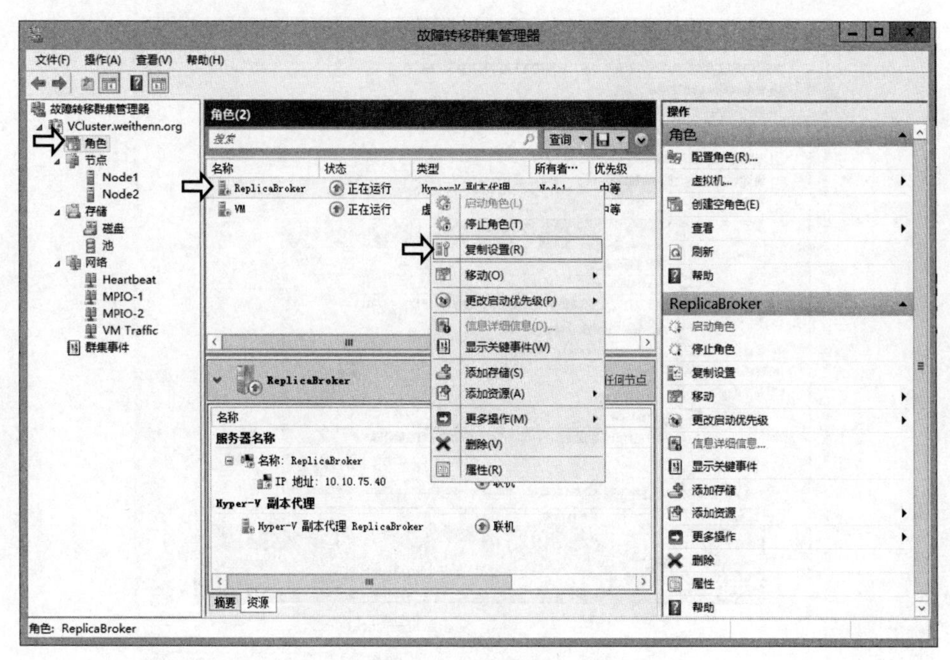

图 16-15 准备配置复制机制

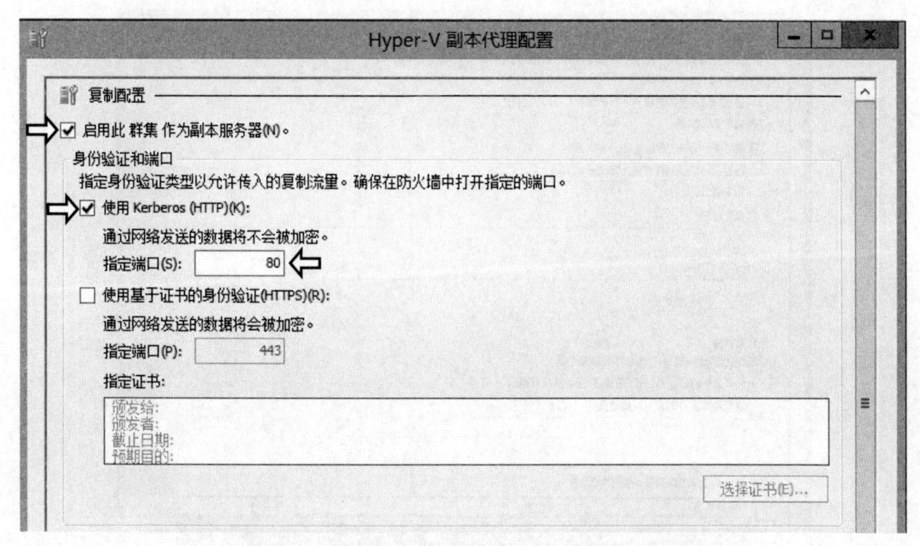

图 16-16 启用复制配置及使用 HTTP 传输

确认 Hyper-V 副本机制（启用、HTTP、主服务器、存储设备、信任组）配置无误后，单击「确定」按钮完成配置，如图 16-18 所示。

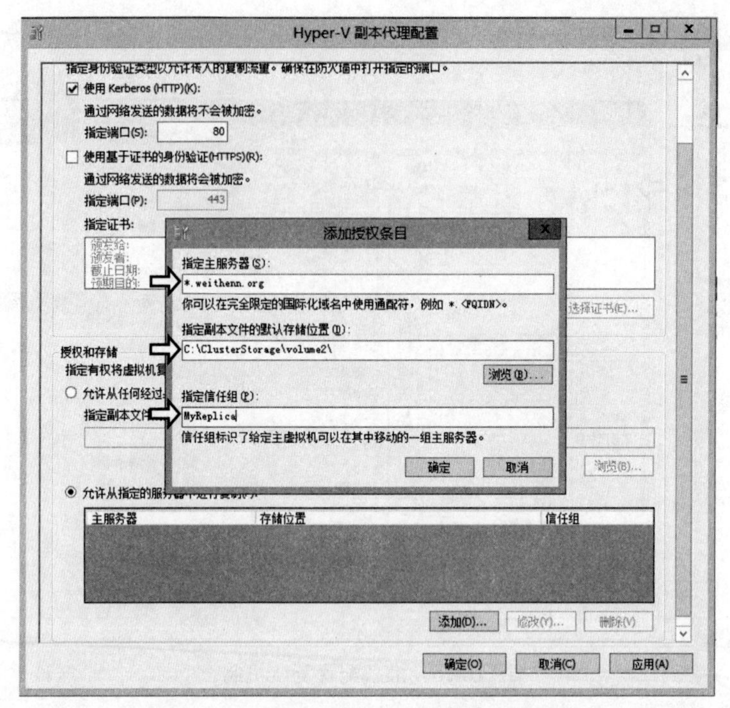

图 16-17　配置 Hyper-V 副本授权和存储

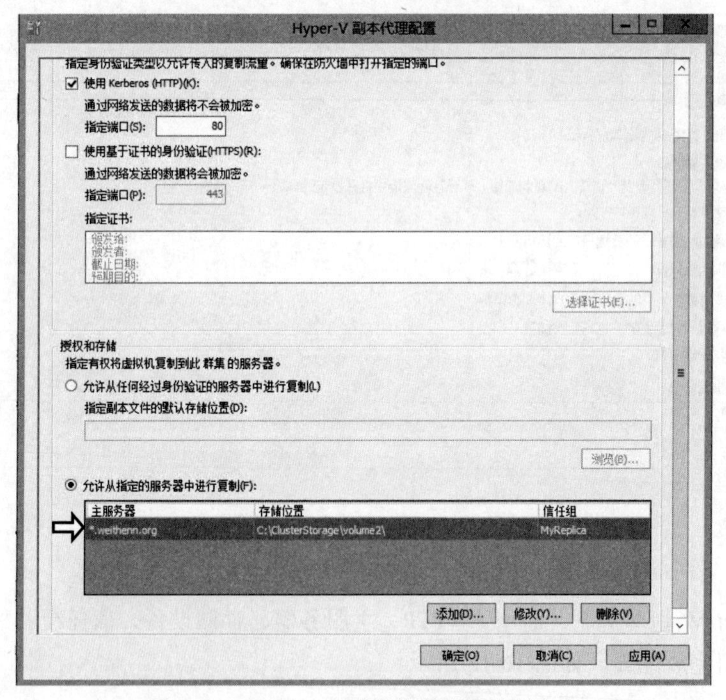

图 16-18　Hyper-V 副本代理配置机制完成

当单击「确定」按钮时，系统还会贴心提醒您记得要允许 Hyper-V 副本机制防火墙规则可通过，以便稍后的实验得以顺利进行，如图 16-19 所示。

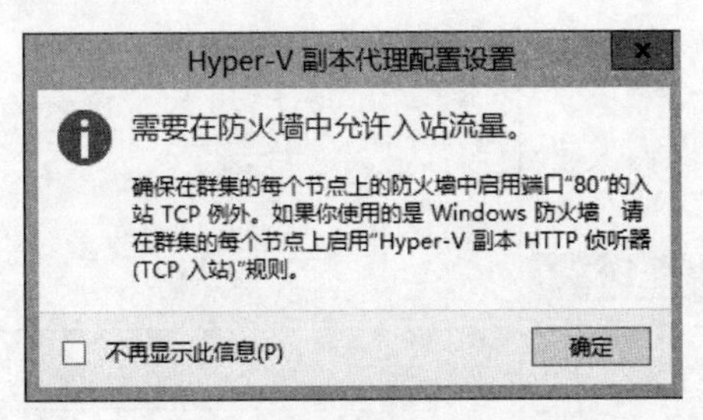

图 16-19　提醒允许防火墙规则

完成复制配置后我们可以打开 Hyper-V 管理器，分别查看 Node1、Node2 主机的复制配置是否真的都应用了刚才的配置，如图 16-20 和图 16-21 所示。

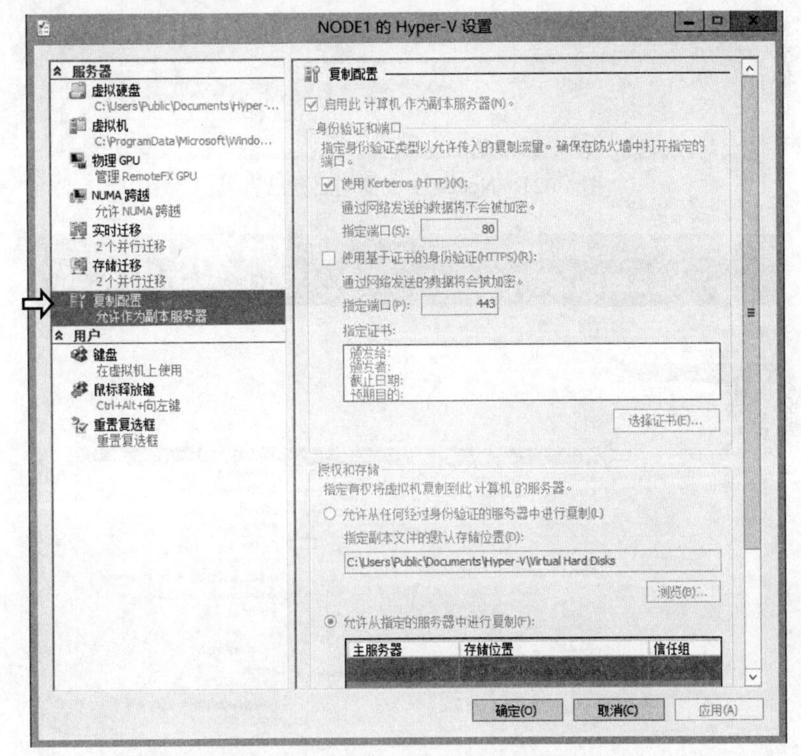

图 16-20　Node1 主机复制配置已启用

Node 主机允许复制机制防火墙规则通过

在 DC 主机打开服务器管理器，并且右击「Node1」主机后选择「Windows PowerShell」选项，准备允许 Hyper-V 复制机制防火墙规则启用（允许通过），如图 16-22 所示。

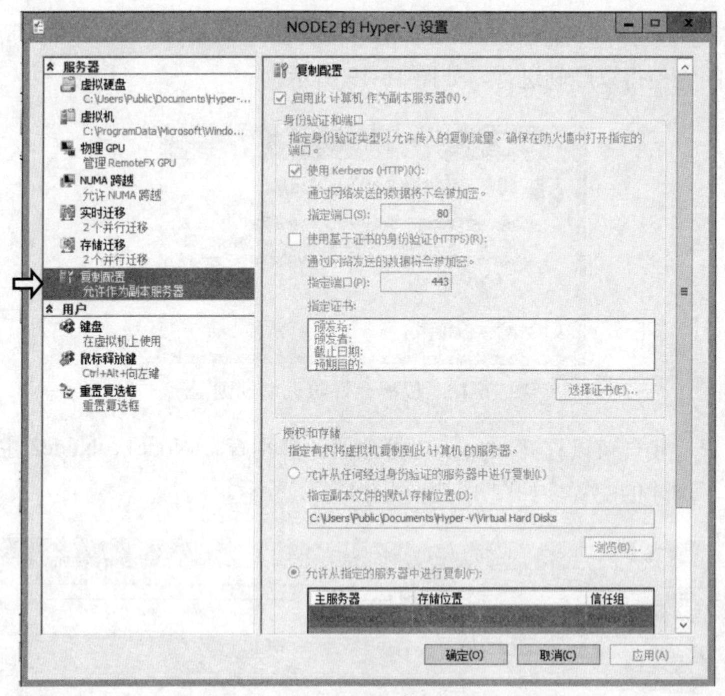

图 16-21　Node2 主机复制配置已启用

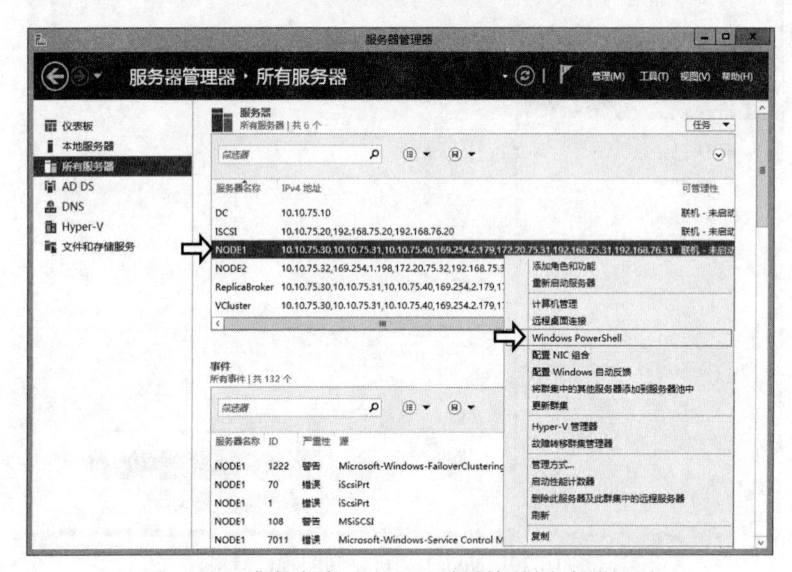

图 16-22　准备允许 Hyper-V 复制机制防火墙规则

在打开的远程 Node1 主机 PowerShell 命令行窗口当中，输入命令「Set- NetFirewallRule -DisplayName "Hyper-V 副本 HTTP 侦听器（TCP-入站）"　-Enabled True」，启用允许 Hyper-V 副本机制通过的防火墙规则，如图 16-23 所示。

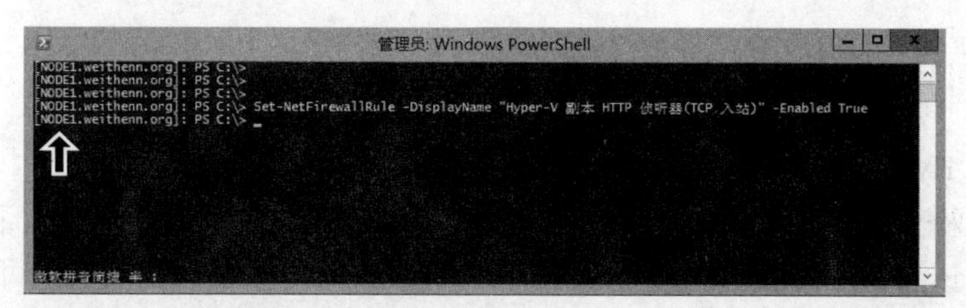

图 16-23　PowerShell 命令启用允许 Hyper-V 副本机制的防火墙规则

同样的在打开的远程Node2主机PowerShell命令行窗口当中，输入命令「Set-NetFirewallRule -DisplayName "Hyper-V 副本 HTTP 侦听器(TCP-入站)" -Enabled True」，启用允许 Hyper-V 副本机制通过的防火墙规则，如图 16-24 所示。

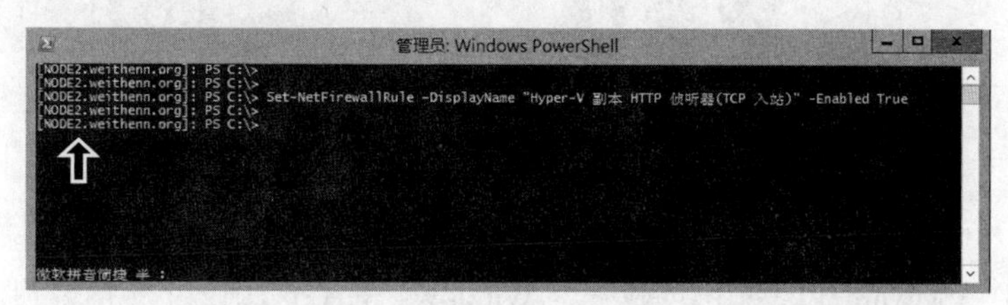

图 16-24　PowerShell 命令启用允许 Hyper-V 副本机制的防火墙规则

当然如果还是担心防火墙规则没有启用，那么可以切换到 Node1、Node2 主机查看防火墙规则是否真的已经启用，如图 16-25 所示。

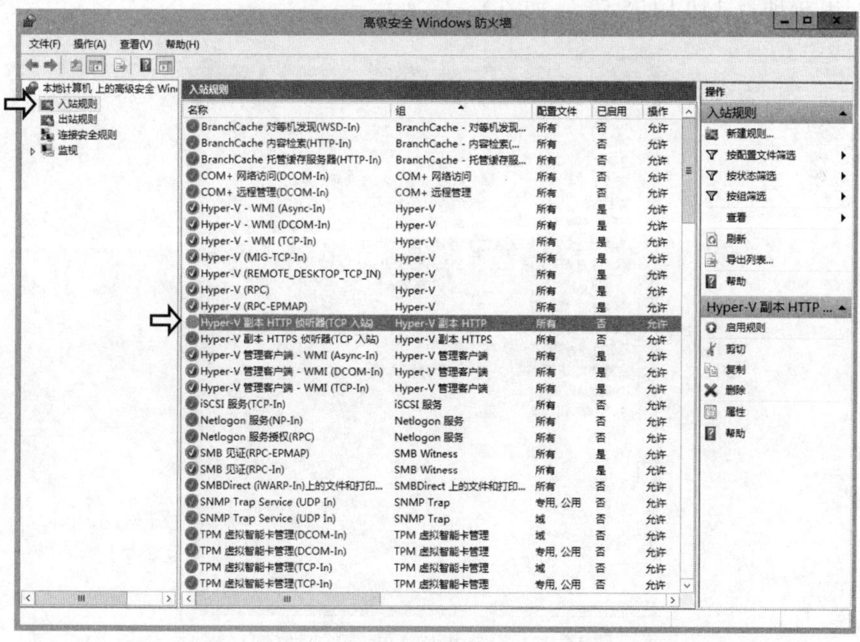

图 16-25　Node 主机确认防火墙规则是否真的已经启用

16-1-3 创建分支机构主机

我们知道 Hyper-V 副本机制可适用于「群集 ←→ 单机」之间的环境，因此着手创建一台「单机」主机来模拟担任分支机构主机的角色，并且后续会模拟当总公司整个机房发生灾难时分支机构主机该怎么在最快时间内上线服务，如图 16-26 所示。相关信息可参考 Microsoft TechEd 2012 WSV324-Building a Highly Available Failover Cluster Solution with Windows Server 2012 from the Ground UP（http://goo.gl/A393t）。

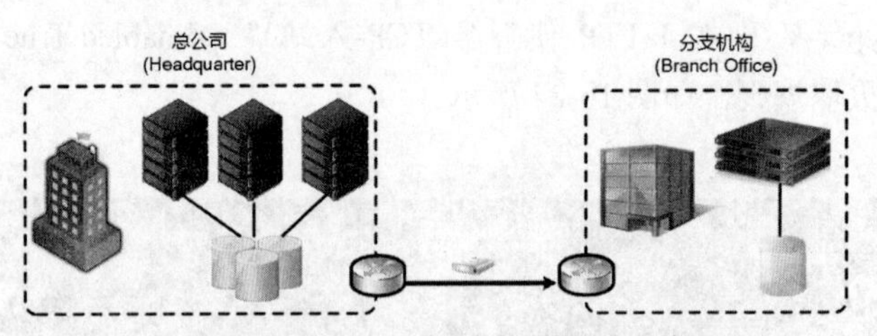

图 16-26 Hyper-V 副本机制运行示意图

我们快速在 VMware Player 中创建一台 Windows Server 2012 主机用以担任分支机构主机（BranchNode）角色，由于安装及配置步骤很基础相信读者都已经很熟悉，因此我们便重点说明此分支机构主机的环境。

安装分支机构主机 Windows Server 2012 操作系统后，配置计算机名称为「BranchNode」以及固定 IP 地址为「10.10.75.50」，如图 16-27 所示。

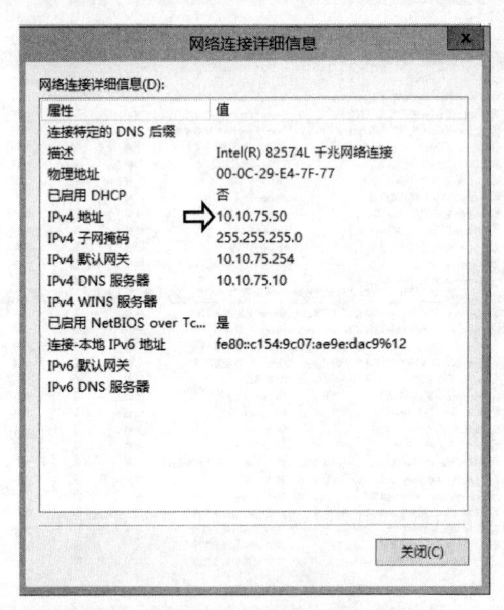

图 16-27 分支机构主机 IP 地址信息

将分支机构主机加入 weithenn.org 域，以便等一下可以直接管理以利后续实验，如图 16-28 所示。

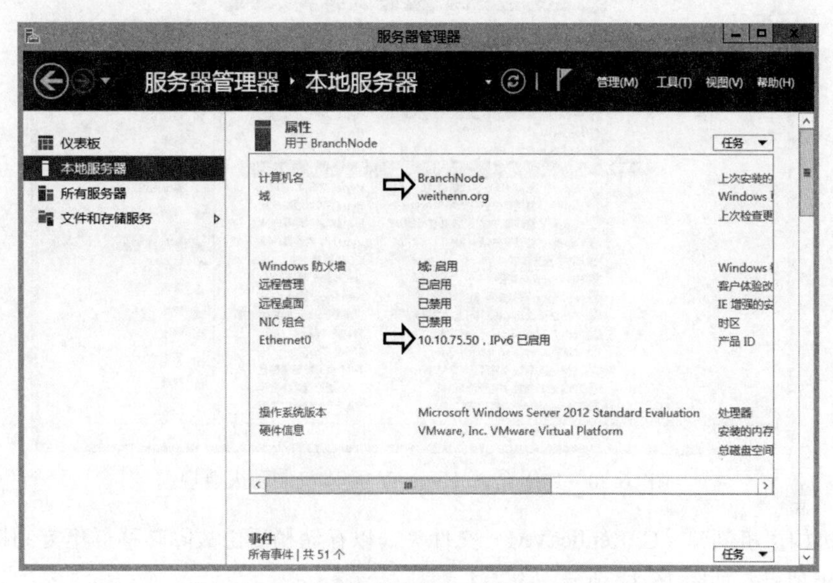

图 16-28　分支机构主机加入 weithenn.org 域

分支机构主机安装「Hyper-V 角色」，如图 16-29 所示。

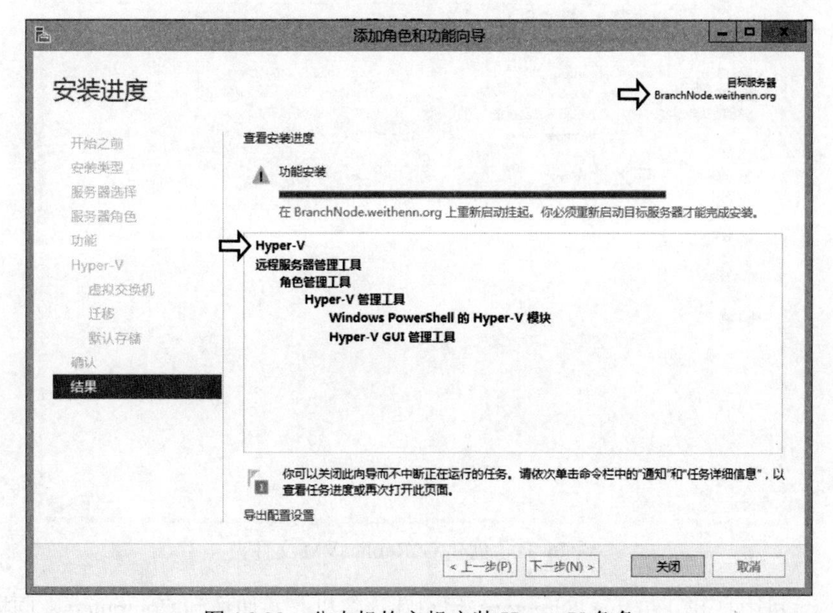

图 16-29　分支机构主机安装 Hyper-V 角色

分支机构主机启用允许 Hyper-V 副本机制通过的防火墙规则，如图 16-30 所示。

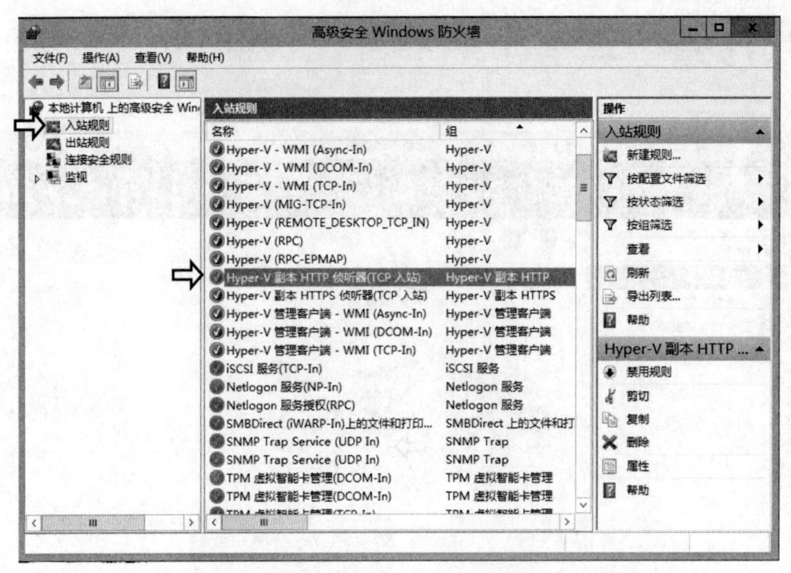

图 16-30 启用允许 Hyper-V 副本机制防火墙规则

分支机构主机创建「C:\ReplicaVM」文件夹，以存储稍后由故障转移群集复制机制复制过来的 VM 虚拟机，如图 16-31 所示。

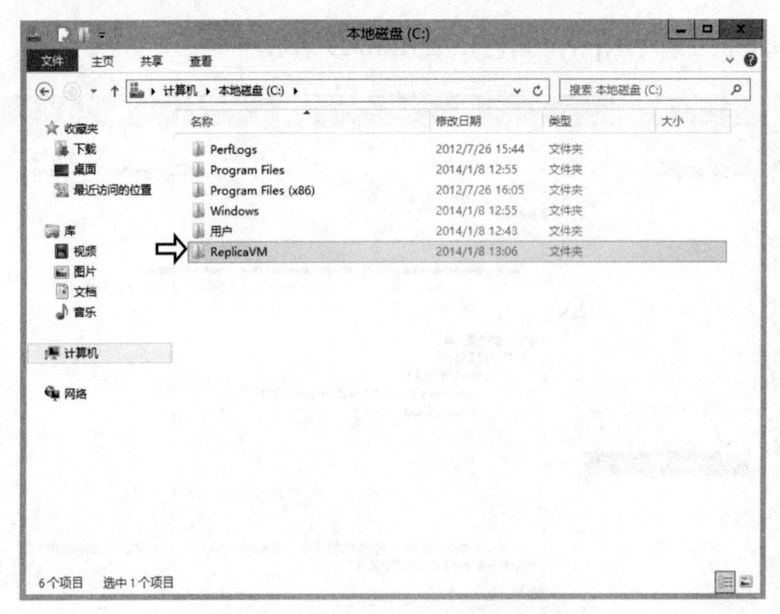

图 16-31 创建 C:\ReplicaVM 文件夹

在 DC 主机中打开「Active Directory 用户和计算机」并切换到 Computers，同样的会看到多了一笔「BranchNode」记录，如图 16-32 所示。

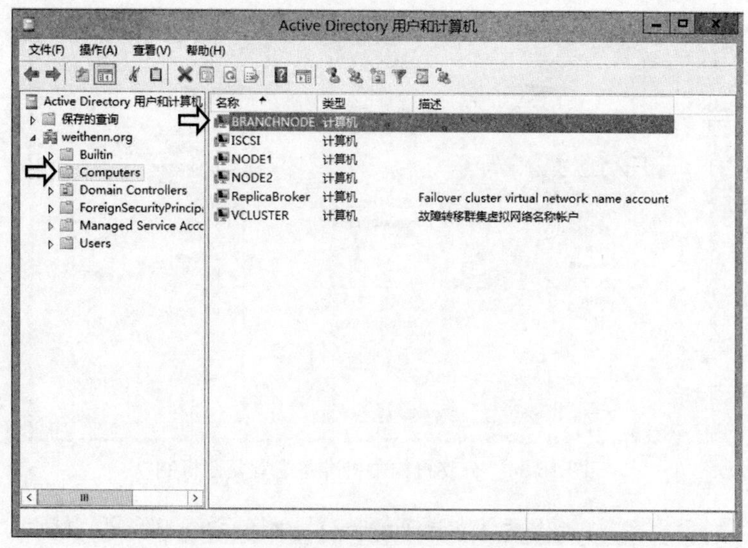

图 16-32 分支机构主机计算机账户

在 DC 主机打开「DNS」切换到 weithenn.org，同样的会看到多了一笔「BranchNode 10.10.75.50」记录，如图 16-33 所示。

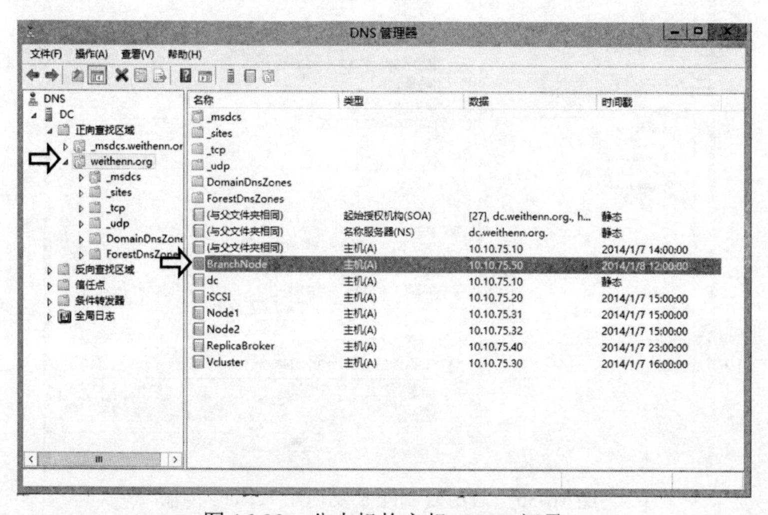

图 16-33 分支机构主机 DNS 记录

在 DC 主机打开 Hyper-V 管理器加入分支机构主机后，在右键菜单中选择「Hyper-V 设置」选项准备配置复制机制，如图 16-34 所示。

在弹出的 Hyper-V 设置窗口中，勾选「启用此计算机作为副本服务器」选项，接着在身份验证和端口区域中勾选「使用 Kerberos（HTTP）」选项，而指定端口则使用默认的「80」即可，先别急着单击「确定」按钮，还需要配置授权和存储设备，如图 16-35 所示。

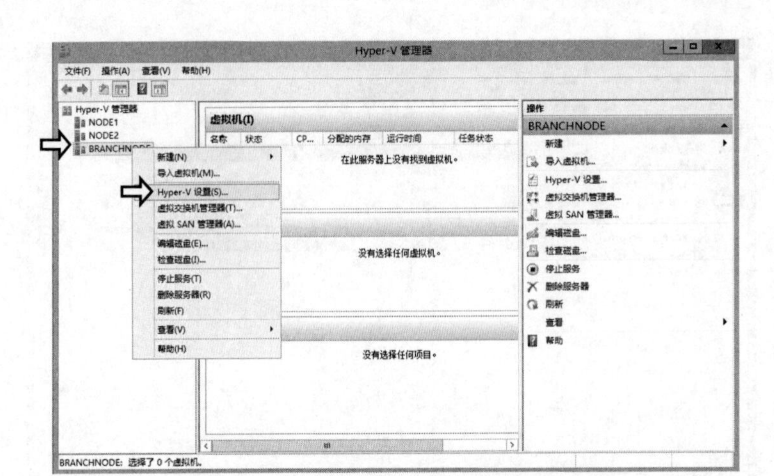

图 16-34　分支机构主机准备配置复制机制

图 16-35　启用复制配置及使用 HTTP 传输

将窗口下拉至授权和存储区域后单击「添加」按钮，在弹出的添加授权选项中在指定主服务器字段输入「*.weithenn.org」，表示接受 weithenn.org 域中的任何一台主机成为主服务器（因为主服务器及副本服务器二者角色可能会互换），接着单击「浏览」按钮选择刚才分支机构主机创建的「C:\ReplicaVM」文件夹，表示要将复制过来的 VM 虚拟机存储于此，最后在信任组字段中输入到时候主/副本站点之间连接用的密码「MyReplica」后单击「确定」按钮完成授权和存储配置，如图 16-36 所示。

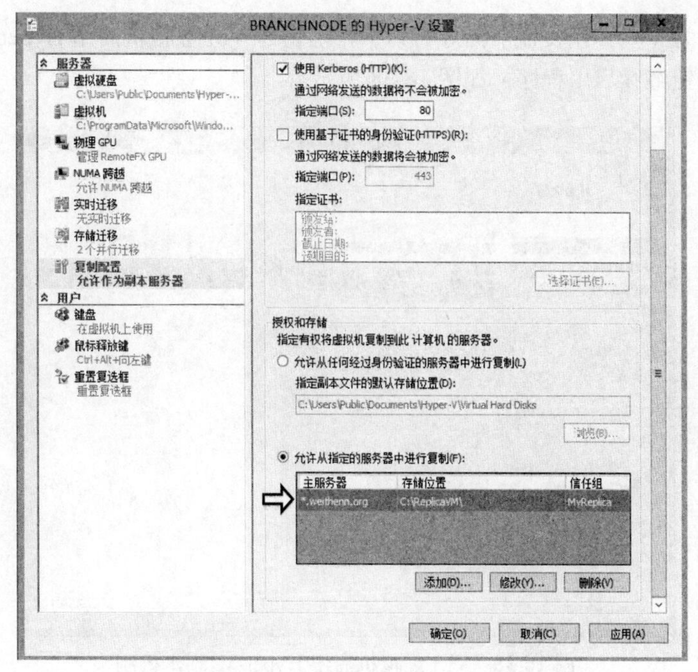

图 16-36　配置 Hyper-V 副本授权与存储设备区

16-1-4　VM 虚拟机启用复制机制

完成故障转移群集创建 Hyper-V 副本代理高可用性角色以及分支机构主机 Hyper-V 副本机制配置后，在「故障转移群集管理器」窗口中右击运行中的 VM 虚拟机并选择「复制>启用复制」选项，准备为 VM 虚拟机启用 Hyper-V 副本机制，如图 16-37 所示。

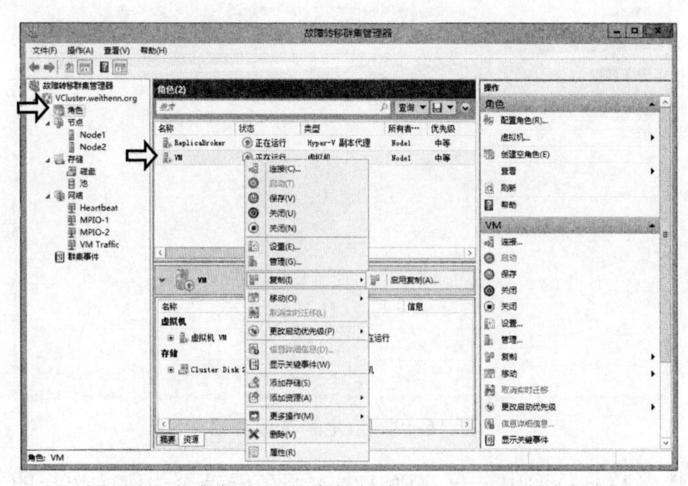

图 16-37　准备为 VM 虚拟机启动 Hyper-V 副本机制

在弹出的「为 VM 启用复制」向导窗口中，确认为 VM 虚拟机启用 Hyper-V 副本机制，单击「下一步」按钮继续启用程序，如图 16-38 所示。

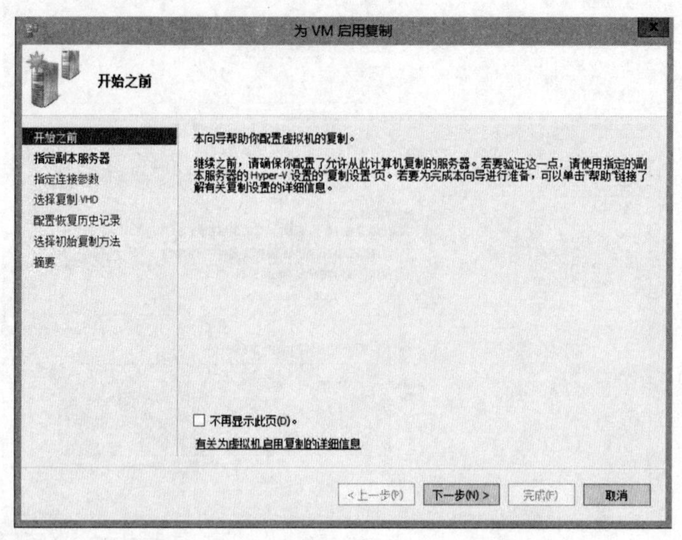

图 16-38　VM 虚拟机启用 Hyper-V 副本机制

在「指定副本服务器」页面中，请单击「浏览」按钮在选取计算机的窗口中输入「BranchNode」后单击「检查名称」按钮后单击「确定」按钮，通过检查步骤后主机名称将显示为 BRANCHNODE 并返回窗口，单击「下一步」按钮继续启用程序，如图 16-39 所示。

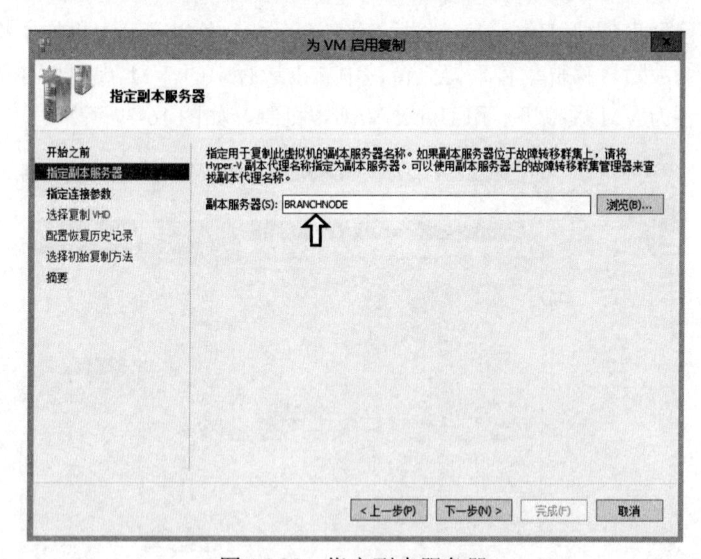

图 16-39　指定副本服务器

在「指定连接参数」页面中，再次确认副本服务器是否为刚才选择的 BRANCHNODE.

weithenn.org，并使用 HTTP 及端口 80 作为之后的传输方式，并确认勾选「压缩通过网络传输的数据」选项以便加快传输速度，单击「下一步」按钮继续启用程序，如图 16-40 所示。

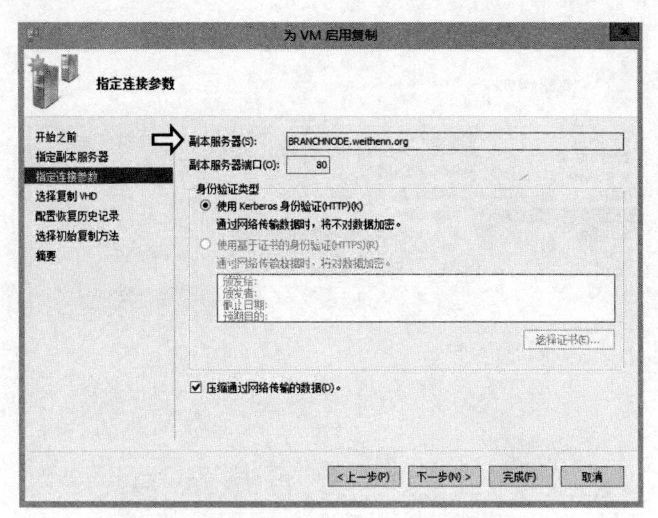

图 16-40　确认副本服务器及传输方式

在「选择复制 VHD」页面中，会显示该台 VM 虚拟机的存储（虚拟硬盘、分页等），建议采用默认值也就是全部都执行复制，单击「下一步」按钮继续启用程序，如图 16-41 所示。

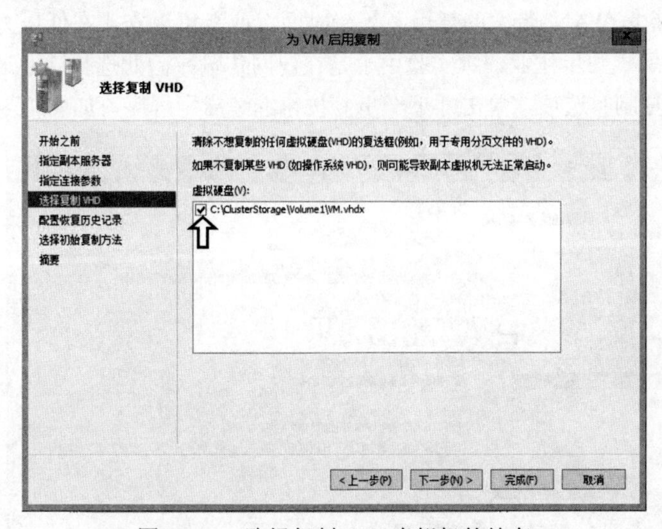

图 16-41　选择复制 VM 虚拟机的储存

在「配置恢复历史记录」页面中，可以指定要存储的恢复点数量，如果选择「其他恢复点」可以调整恢复点数量（默认为 4 个），最多可调整为 15 个，依据所要保存的恢复点个数以及该 VM 虚拟机的存储大小，系统会自动估算出大约占用的硬盘空间，此外还可以结合 VSS 机制来复制增量快照，频率为 1～12 小时，本实验选择「仅最新的恢复点」选项，也就是 VM 虚拟机会采用最后一份复制数据，单击「下一步」按钮继续启用程序，如图 16-42 所示。

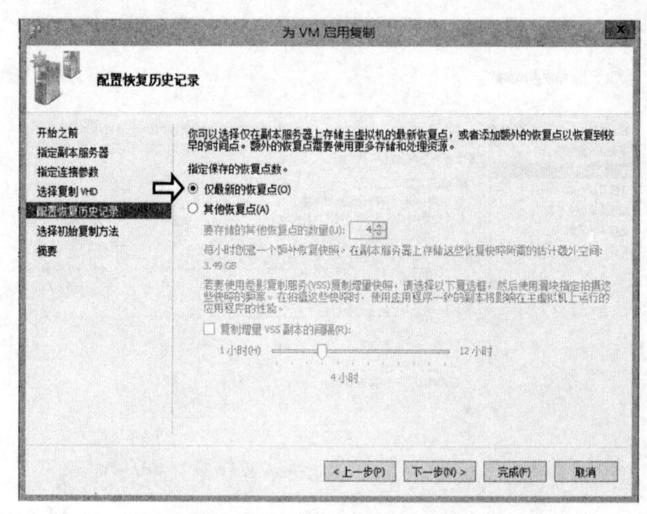

图 16-42　指定恢复点份数

在「选择初始复制方法」页面中，可以看到目前 VM 虚拟机的虚拟硬盘初始副本大小（8.72 GB），因为 WAN 带宽有可能很小所以还可以使用外部介质发送第一次的副本（例如 DVD、USB、外接式硬盘），以减少 WAN 带宽的耗用及等待时间，或者可以安排在低压力时间进行第一次 VM 虚拟机的初始副本同步作业。本实验由于是在内网传输，因此选择「通过网络发送初始副本」及「立即启动复制」选项，单击「下一步」按钮继续启用程序，如图 16-43 所示。

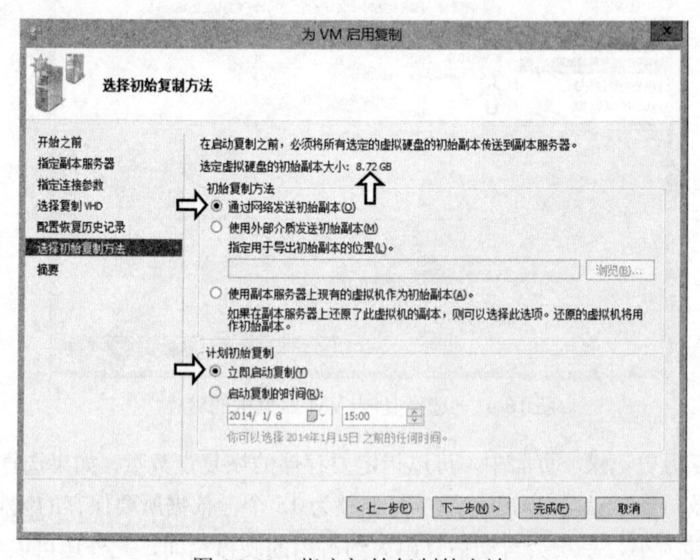

图 16-43　指定初始复制的方法

在「正在完成启用复制向导」页面中，再次检查相关选项配置正确无误后单击「完成」按钮，这时便立即执行将 VM 虚拟机由故障转移群集中 Node1 主机复制至单机 BranchNode 主机的操作，如图 16-44 所示。

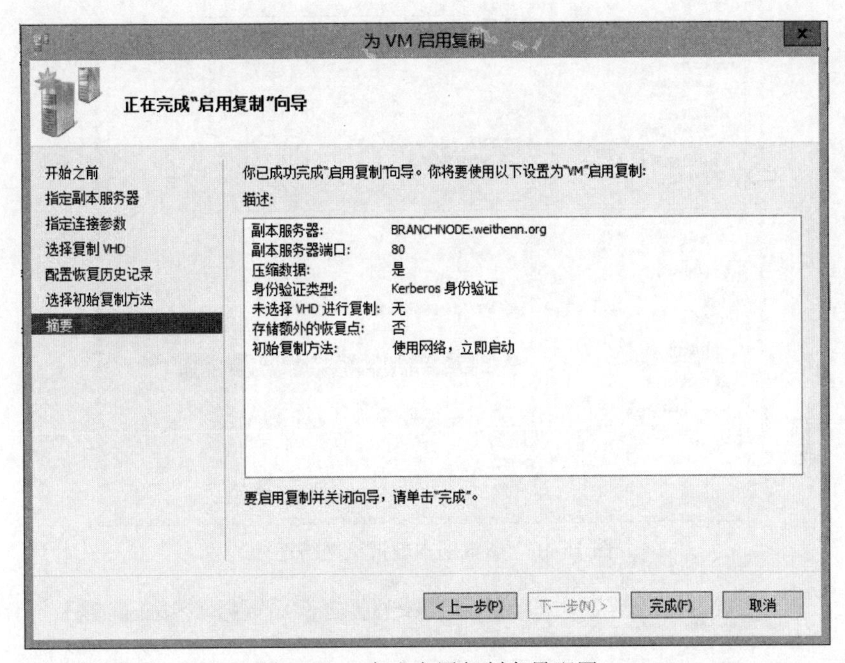

图 16-44　完成启用复制向导配置

此时会弹出已成功启用复制窗口，但是在窗口下方信息中会看到副本虚拟机「未连接」到任何网络，此原因为 BranchNode 主机上 Virtual Switch 名称与群集的 Virtual Switch 名称「不同」所致（因为总公司与分支机构很有可能网络环境不同），可以单击「设置」按钮进行配置，如图 16-45 所示。

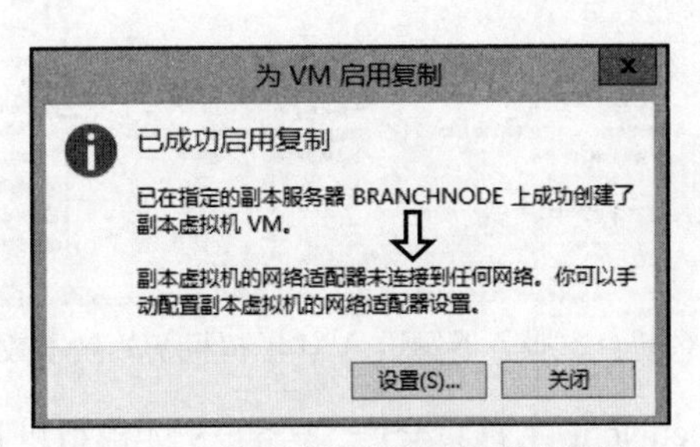

图 16-45　给副本虚拟机配置网络连接

在弹出的副本虚拟机设置窗口中可以调整虚拟交换机连接，如图 16-46 所示。

在 Hyper-V 管理器当中，可以看到主服务器（Node1）中的 VM 虚拟机在创建「初始副本快照」之后开始「发送」初始副本数据至副本服务器（BranchNode），如图 16-47 所示。

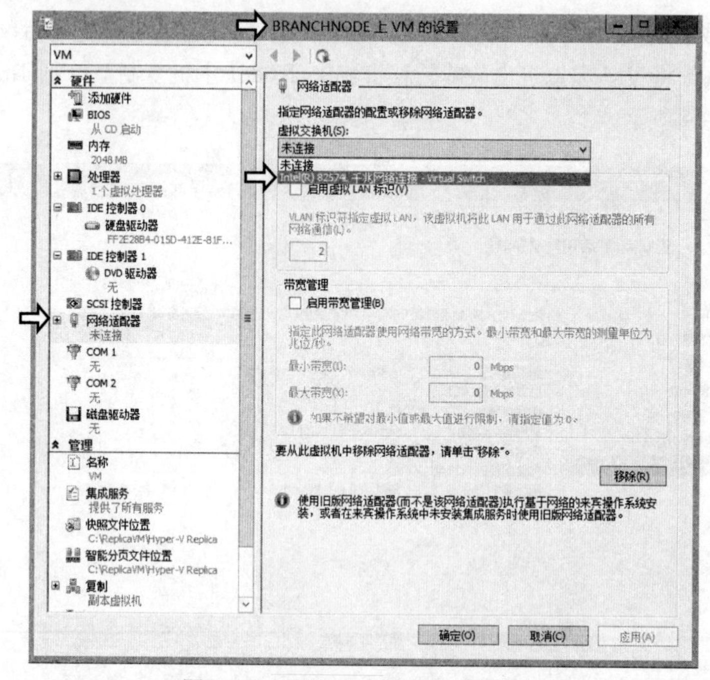

图 16-46　调整副本虚拟机网络连接

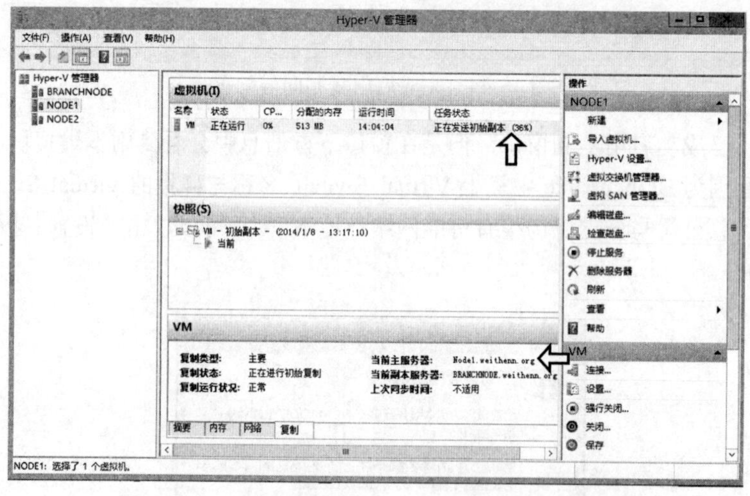

图 16-47　主服务器发送 VM 虚拟机初始副本数据

此时的副本服务器 BranchNode 主机将会产生一台 VM 虚拟机且状态为「正在接收更改」，在「Hyper-V 管理器」窗口当中该 VM 虚拟机的最下方切换到「复制」选项卡，便可以清楚了解此台 VM 虚拟机的主/副本服务器是哪台 Host 主机，可以看到主服务器显示为 Hyper-V 副本代理「ReplicaBroker」而非「Node1」主机（因为有可能为群集中其他节点如 Node2），如图 16-48 所示。

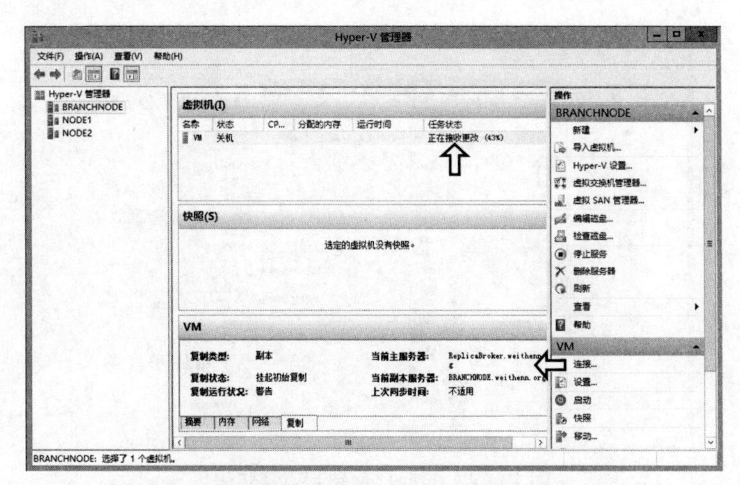

图 16-48　副本服务器接收 VM 虚拟机初始副本资料

当接收完毕之后在「复制」选项卡中，会看到主服务器显示为 Node1 主机，如图 16-49 所示。

图 16-49　接收完毕

查看复制机制运行状况

在默认情况下 Hyper-V 副本机制「5～15 分钟」内会执行一次异步的数据复制操作，如果想要查看复制数据操作的详细信息时，可在故障转移群集管理器中右击该 VM 虚拟机后，在右键菜单中选择「复制>查看复制运行状况」，如图 16-50 所示。

在弹出的复制运行状况窗口中，可以看到目前的主/副本服务器主机名称以及运行状况、Hyper-V 副本机制的开始/结束时间以及传输数据量跟复制次数，还有最新一次执行数据复制的时间点，如图 16-51 所示。

我们来试试看将 VM 虚拟机由「Node1」主机实时迁移至「Node2」主机后，观察 Hyper-V 副本机制是否仍然正常运行，如图 16-52 所示。

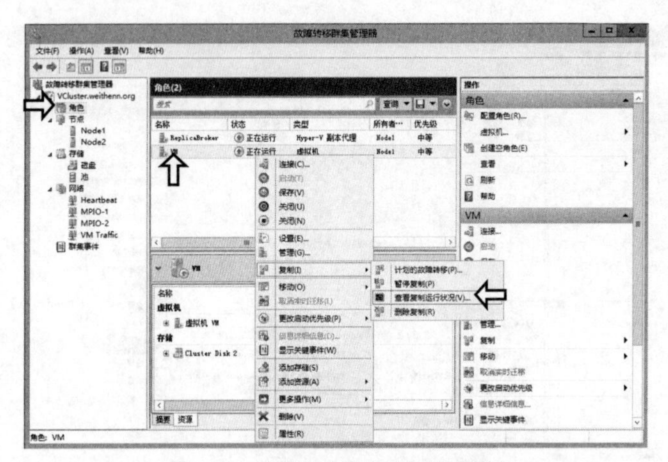

图 16-50　准备查看复制运行状况

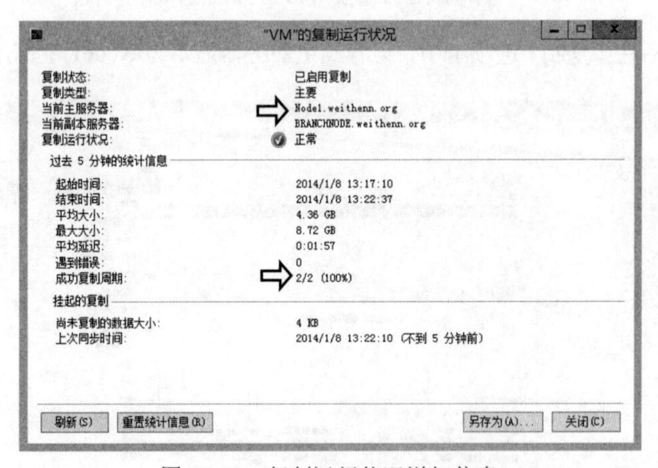

图 16-51　复制运行状况详细信息

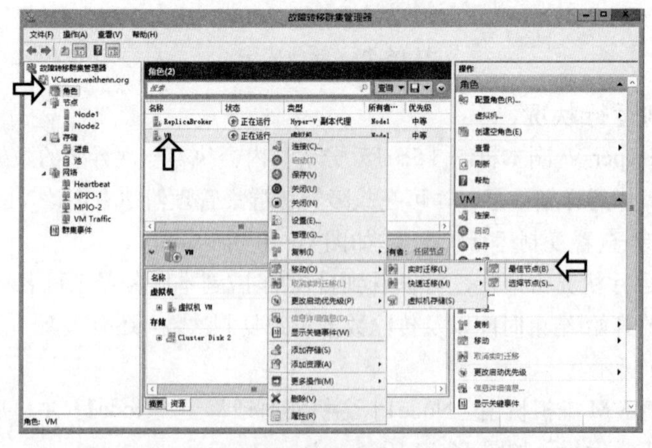

图 16-52　VM 虚拟机实时迁移（Node1→Node2）

VM 虚拟机执行实时迁移过程中，如图 16-53 所示。

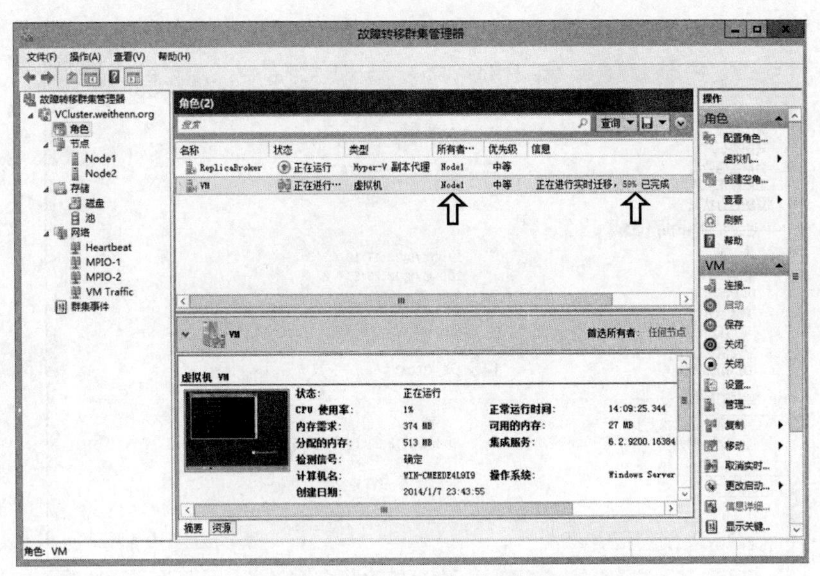

图 16-53　执行实时迁移过程中

待 VM 虚拟机实时迁移操作完毕，确认目前所有者节点为「Node2」主机后，稍待片刻（因为副本机制 5～15 分钟才会同步一次）之后再次查看复制运行状况，如图 16-54 所示。

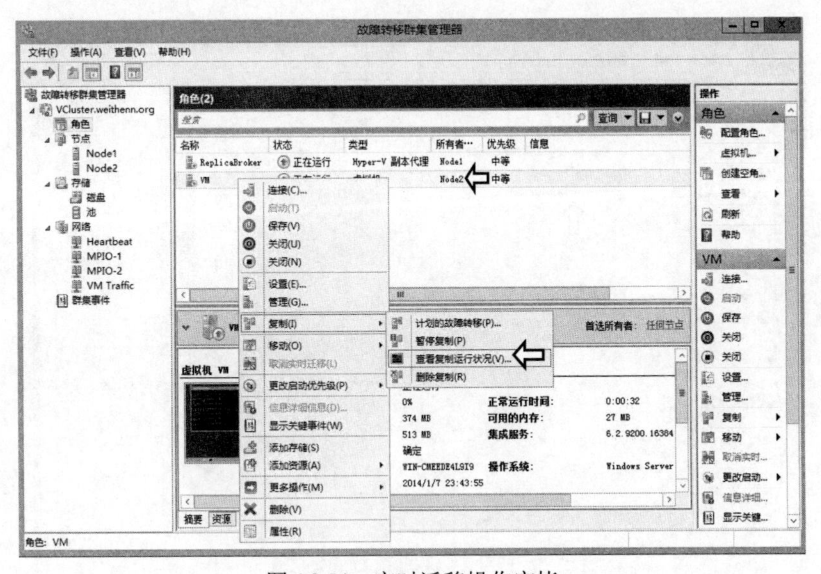

图 16-54　实时迁移操作完毕

在复制运行状况窗口中，可以看到主服务器「自动」更改为「Node2」主机，表示复制机制仍持续运行当中，完全没有中断或需要另外配置（Hyper-V Replica Broker 自动协调机制），如图 16-55 所示。

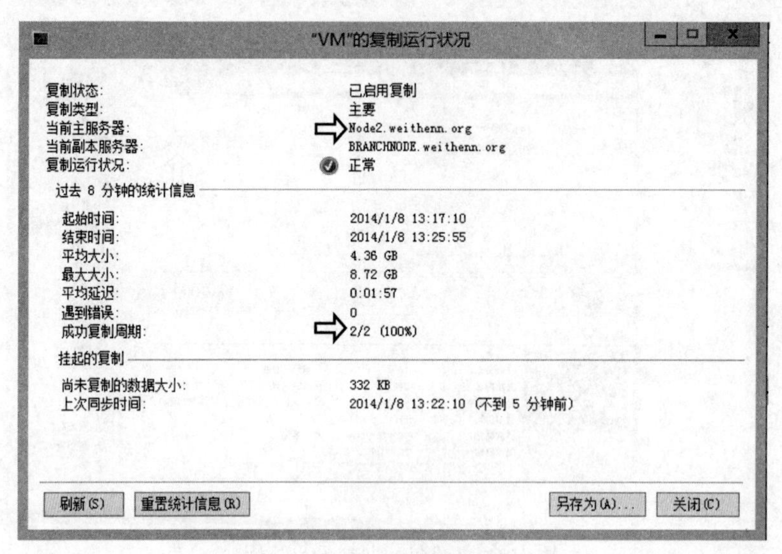

图 16-55　复制机制仍持续运行当中

切换到 BranchNode 主机至存储 VM 虚拟机副本的「C:\ReplicaVM」文件夹，查看相关的文件夹及文件是否真的有复制过来（已经自动创建相关文件夹），如图 16-56 所示。

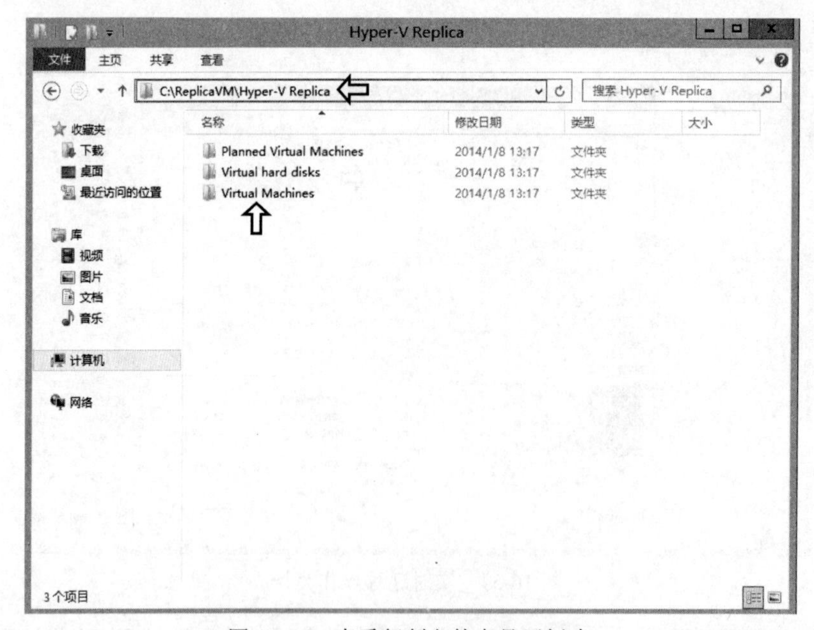

图 16-56　查看复制文件夹是否创建

16-1-5 指定复制 VM 虚拟机不同 IP 地址

因为 Hyper-V 副本机制为异地备份的容错解决方案，因此很有可能副本服务器与主服务器的网络架构不同导致 IP 地址网段不同，那么当真的发生故障转移事件时会不会导致副本服务器上的 VM 虚拟机虽然顺利启动并接管服务，但是却因为网络环境的 IP 地址网段不同导致服务不通的情况发生!!

请放心!! 关于这点 Hyper-V 副本机制已经考虑到了，只要在主/副本服务器的 VM 虚拟机配置当中选择「网络适配器>故障转移 TCP/IP」，便可以为同步过去的副本服务器的 VM 虚拟机配置符合所在网络架构的 IP 地址网段。此实验中请先在主服务器（Node2）中配置副本虚拟机的 IP 地址为固定的「10.10.75.100」（VM 虚拟机原本为 DHCP 自动获取），如图 16-57 所示。

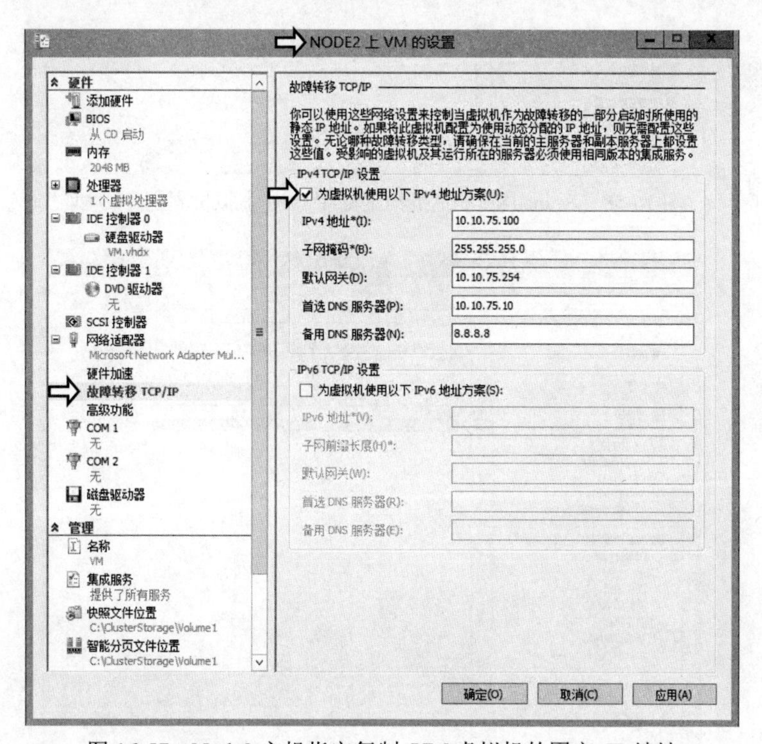

图 16-57　Node2 主机指定复制 VM 虚拟机的固定 IP 地址

并且也要为副本服务器（BranchNode）上的副本虚拟机配置 IP 地址为固定的「10.10.75.100」（VM 虚拟机原本为 DHCP 自动获取），如图 16-58 所示。

再次确认副本服务器（BranchNode）上的副本虚拟机网络有连接到 Virtual Switch 上，以免接管服务后却发生网络不通的情况，如图 16-59 所示。

图 16-58　BranchNode 主机指定复制 VM 虚拟机固定 IP 地址

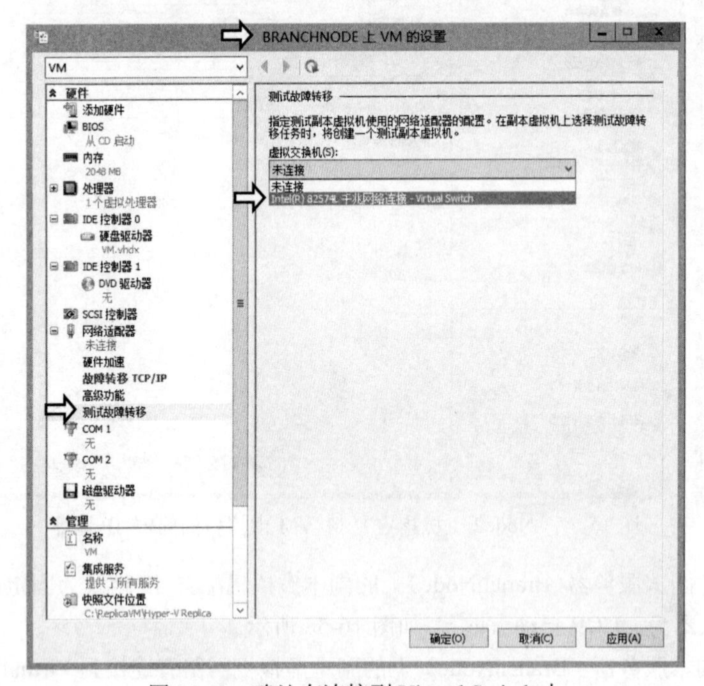

图 16-59　确认有连接到 Virtual Switch 上

16-2 测试故障转移

在开始测试后续「计划性」以及「非计划性」故障转移机制以前，我们先测试复制过去的 VM 虚拟机是否能正常运行并且数据都有正确复制过去，请先打开在主服务器上运行的 VM 虚拟机并打开命令提示符，输入「cd \>md replica-test>cd replica-test」也就是创建测试文件夹，接着输入「for /l%i in（1,1,100）do fsutil file createnew%i 1024」也就是创建 100 个 1 KB 文件，来模拟运行中的 VM 虚拟机数据添加的情况，如图 16-60 所示。

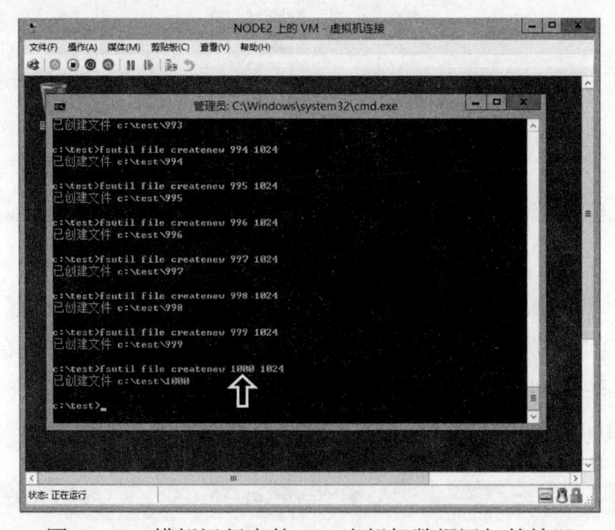

图 16-60　模拟运行中的 VM 虚拟机数据添加的情况

确认有再次执行复制数据的操作（查看复制运行状况最后一次同步时间），如图 16-61 所示。

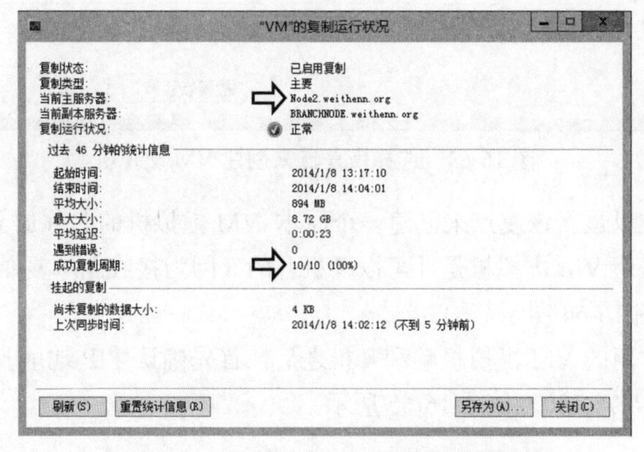

图 16-61　确认再次执行复制数据的操作

接着便可以在 Hyper-V 管理器中右击副本服务器（BranchNode）的副本 VM 虚拟机，然后在右键菜单中选择「复制>测试故障转移」选项，准备进行故障转移测试，如图 16-62 所示。

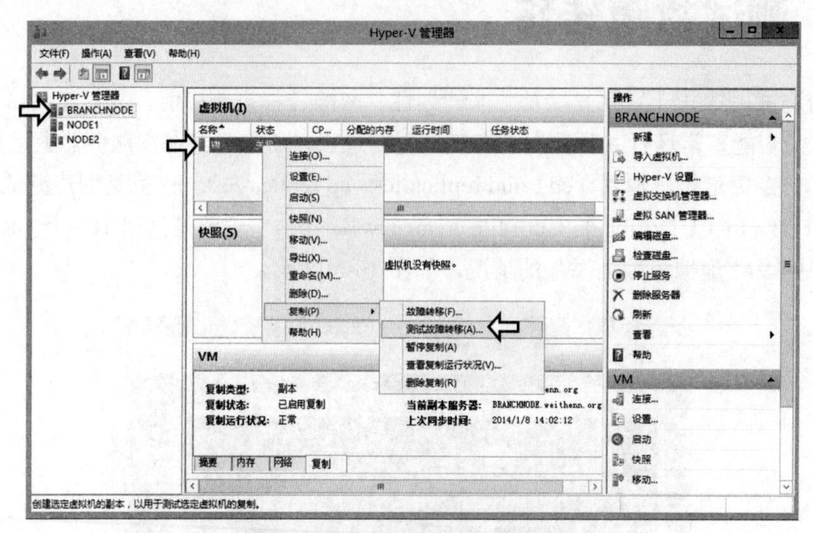

图 16-62　准备进行故障转移测试

此时将会弹出「测试故障转移」窗口，如果先前有配置保留多份恢复点的话，此时便可以选择要使用哪个恢复点来创建 VM 虚拟机。此次实验中因为我们先前选择「仅最新的恢复点」选项，因此会以最新一次的复制数据来创建 VM 虚拟机，确认恢复点后单击「测试故障转移」按钮以创建 VM 虚拟机进行测试，如图 16-63 所示。

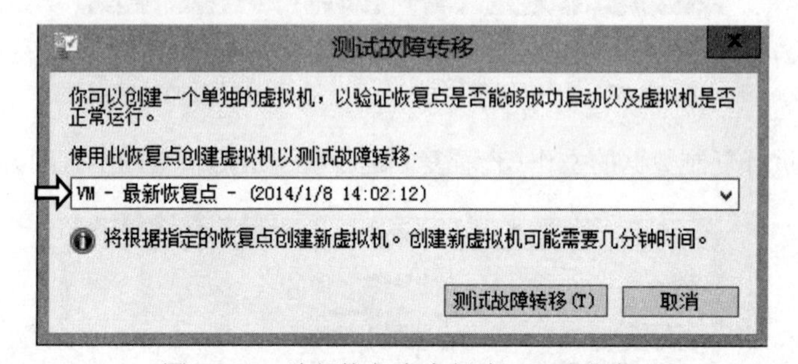

图 16-63　选择恢复点来创建 VM 虚拟机

您将会发现系统以最新恢复点来创建一个原本 VM 虚拟机的名称加上「- 测试」的 VM 虚拟机，而产生的测试用 VM 虚拟机是「可以开机」的（因为接收副本复制的 VM 虚拟机是「无法开机」的!!），如图 16-64 所示。

将测试故障转移用的 VM 虚拟机顺利开机之后，首先确认「IP 地址」是否如同刚才所配置的固定 IP 地址 10.10.75.100，如图 16-65 所示。

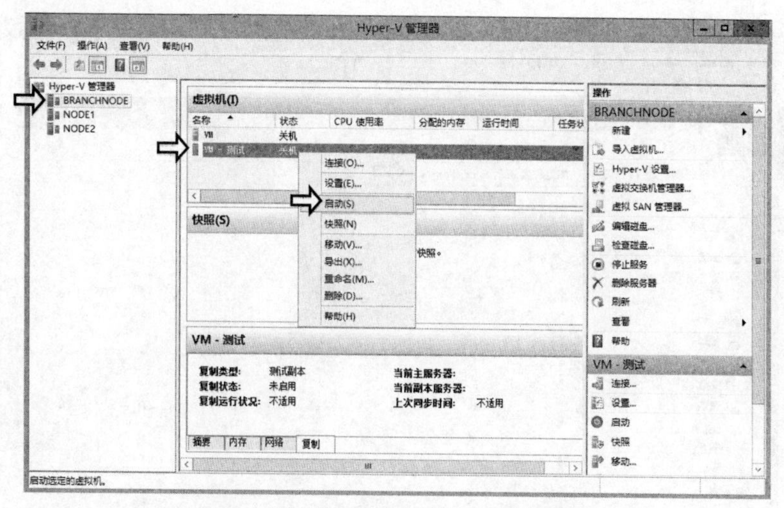

图 16-64 故障转移测试副本 VM 虚拟机开机

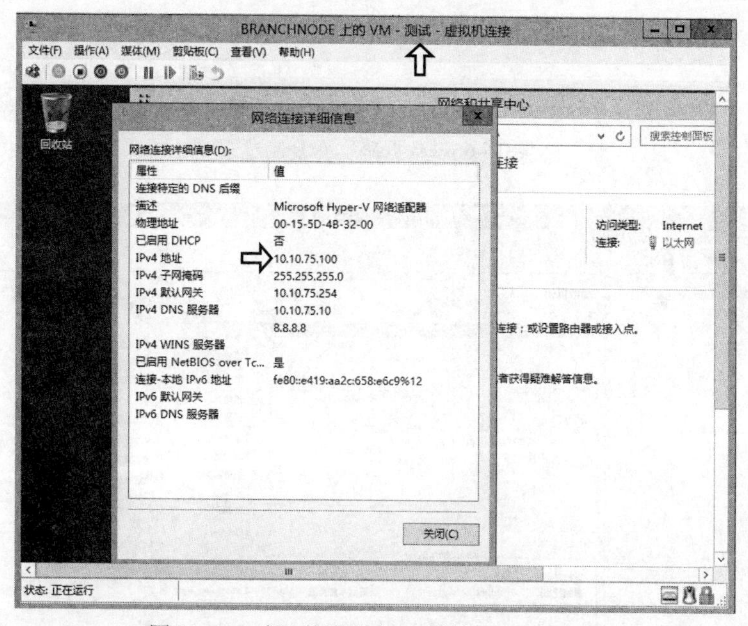

图 16-65 确认使用固定 IP 地址 10.10.75.100

并且查看刚才模拟运行中 VM 虚拟机添加数据是否有复制过来，切换到 C:\replica-test 文件夹后确实发现有 100 个 1 KB 的文件，如图 16-66 所示。

确认复制过来的 VM 虚拟机能够顺利运行并且数据也都有复制过来后，就可以放心将刚才开机的测试 VM 虚拟机关机，然后右击副本服务器中正在接收副本复制的 VM 虚拟机，然后在右键菜单中选择「复制>停止测试故障转移」选项，在弹出的「停止测试故障转移」窗口中单击「停止测试故障转移」按钮，便会将刚才所测试的 VM 虚拟机删除，如图 16-67 所示。

图 16-66　数据确实有复制过来

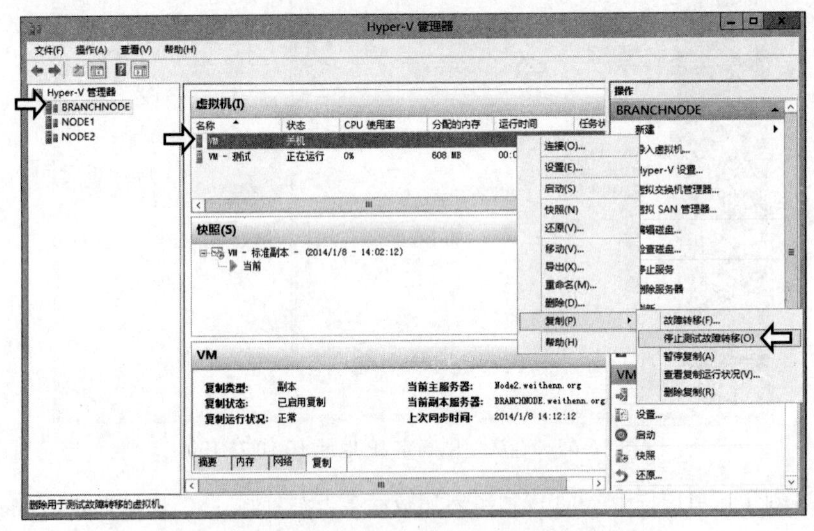

图 16-67　确认将测试完毕的 VM 虚拟机删除

删除操作完成后回到「Hyper-V 管理器」窗口中，便会看到只剩下持续接收副本复制的 VM 虚拟机，如图 16-68 所示。

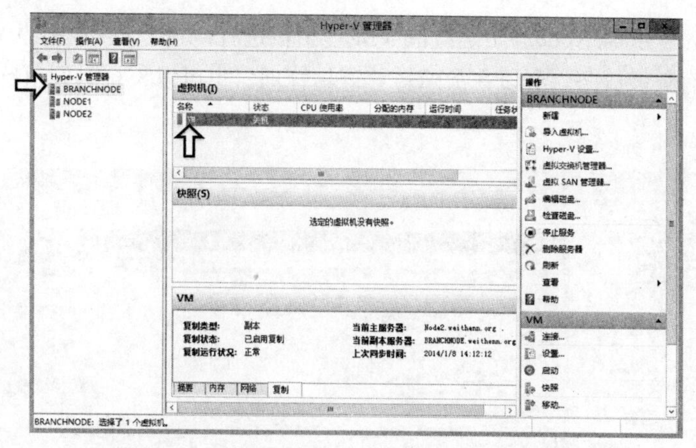

图 16-68　成功将测试故障转移的 VM 虚拟机删除

16-3　计划性故障转移

计划性的故障转移适用时机为，例如运行于主服务器的 VM 虚拟机，因为年末维护或者其他检修作业需要中止（电力维护），或者是运行于主服务器当中的 VM 虚拟机突然发生灾难无法正常运行时，此时便可以启动计划性故障转移功能，使副本服务器上的 VM 虚拟机启动以接管服务。

由于是执行计划性的故障转移，因此必需要先以「手动」的方式将主站点中的 VM 虚拟机「关机」，以模拟 VM 虚拟机因为年末维护或检修而停机（模拟它失效了，这样副本站点中的 VM 虚拟机才能接管），否则稍后执行「计划的故障转移」时会产生错误信息并且提示您应该要将 VM 虚拟机关机，如图 16-69 所示。

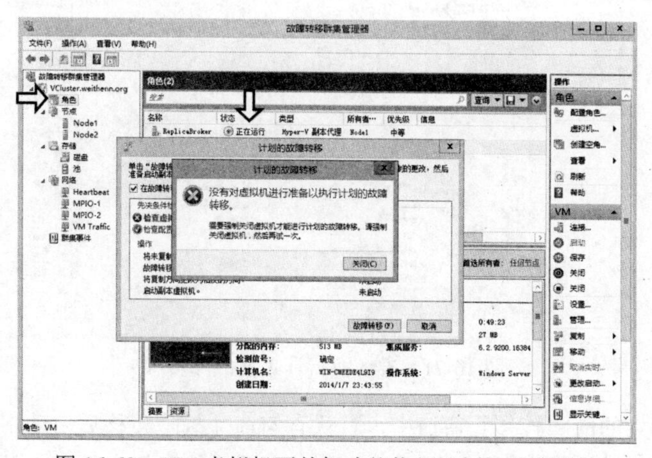

图 16-69　VM 虚拟机要关机才能执行计划性故障转移

因此先将在主服务器(Node2)上运行的 VM 虚拟机进行「关机」操作，因为 Windows Server 2012 默认已经含有集成服务，所以在故障转移群集管理器也可以直接触发执行关机的操作，如图 16-70 所示。

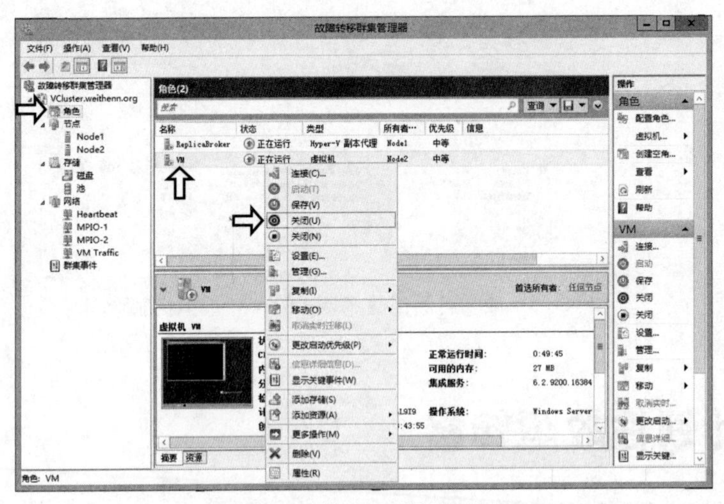

图 16-70　将 VM 虚拟机关闭

当 VM 虚拟机关机完成后（状态由正在运行 → 关机），此时便可以右击 VM 虚拟机后在右键菜单中选择「复制>计划的故障转移」选项，准备让副本服务器的 VM 虚拟机自动接管服务，如图 16-71 所示。

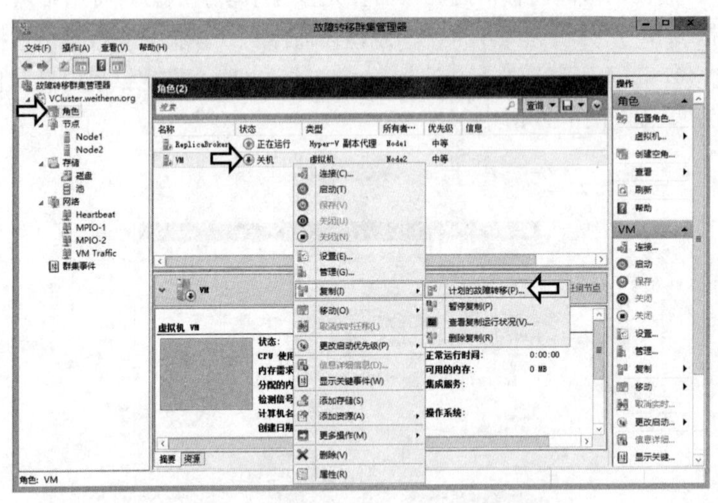

图 16-71　准备执行计划性故障转移

在弹出的「计划的故障转移」窗口中，默认有勾选「故障转移后启动副本虚拟机」选项，也就是当执行完故障转移的检查作业并且通过测试之后，便会将位于副本服务器中的 VM 虚拟机「自动启动（Auto Power On）」，确认后单击「故障转移」按钮进行检查及测试作业。当所有项目的故障转移检查作业完成并且通过测试之后，系统会弹出窗口告知已经自动将位于副本服务器中的 VM 虚拟机启动（Power On）了，如图 16-72 所示。

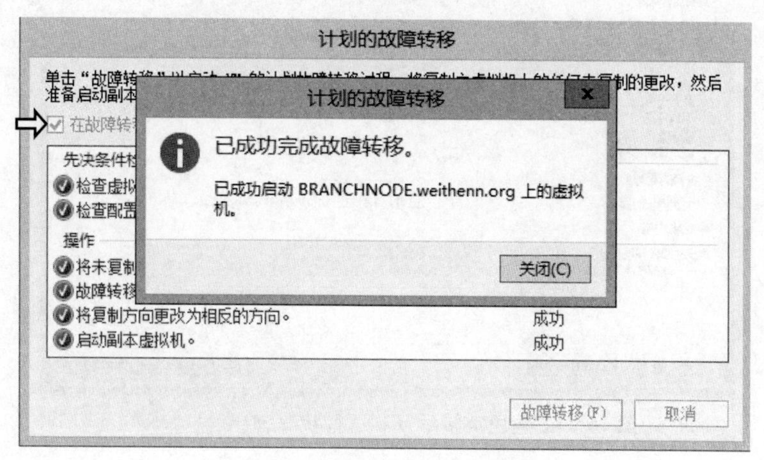

图 16-72　通过故障转移检查测试

此时画面切换到「Hyper-V 管理器」窗口中可以发现副本服务器（BranchNode）上的 VM 虚拟机真的自动启动了，并且在「复制」选项卡中可以看到「原本」的副本服务器（BranchNode）现在已经变成了主服务器，而原本的主服务器（Node2）现在则变成了副本服务器（ReplicaBroker），这就是执行故障转移机制之后的「角色反转」，如图 16-73 所示。

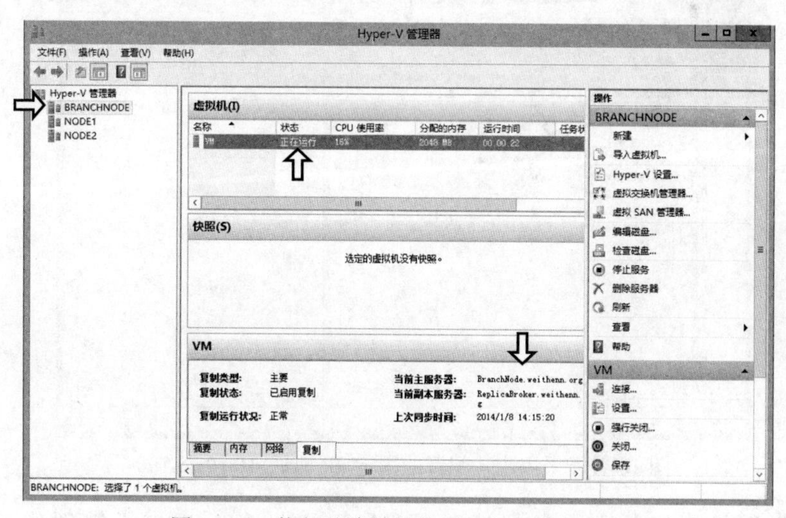

图 16-73　执行故障转移之后服务器角色反转

由于角色反转的关系若您查看复制运行状况的话，将会发现统计信息及各项数据已经归零，如图 16-74 所示。

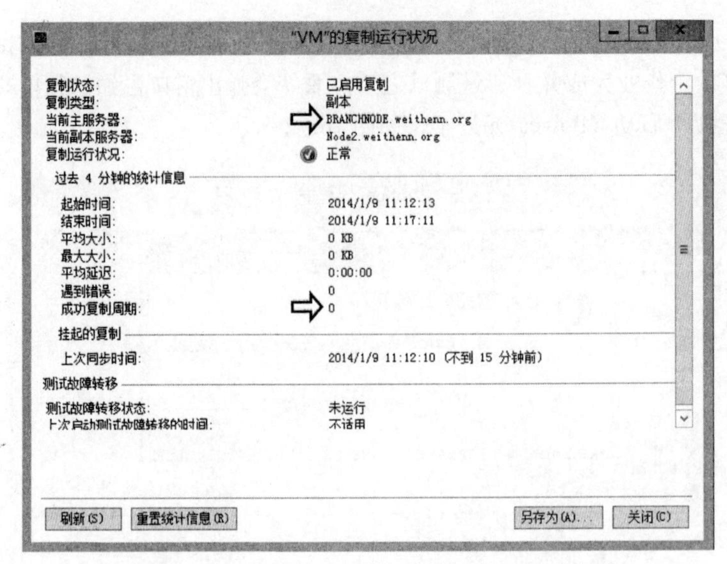

图 16-74　角色反转后复制运行状况统计信息归零

当然自动接管的副本服务器（BranchNode）上的 VM 虚拟机，也采用我们刚才配置的固定 IP 地址「10.10.75.100」，如图 16-75 所示。

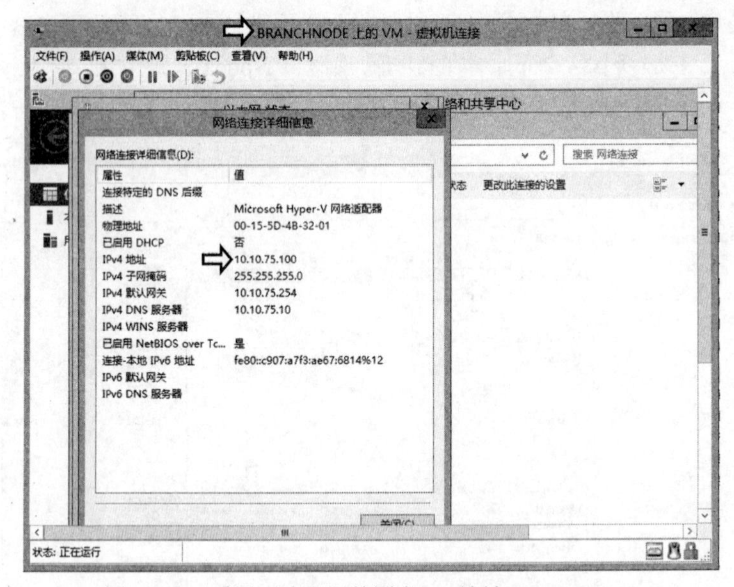

图 16-75　采用刚才配置的固定 IP 地址 10.10.75.100

可以再次到目前担任主服务器（BranchNode）的 VM 虚拟机中创建测试文件夹「C:\replica-plan」并且输入「for /l%i in（1,1,100）do fsutil file createnew%i 1024」创建 100 个 1 KB 文件，模拟故障转移后运行中的 VM 虚拟机数据添加的情况，如图 16-76 所示。

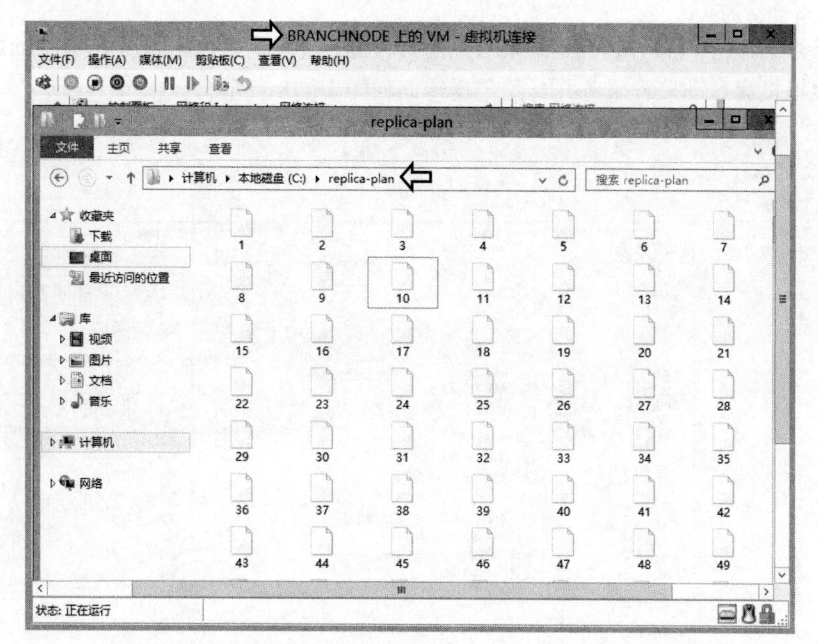

图 16-76　模拟故障转移后运行中的 VM 虚拟机数据添加情况

数据添加完毕后请确认真的有再次执行复制（查看成功的复制周期数值），如图 16-77 所示。

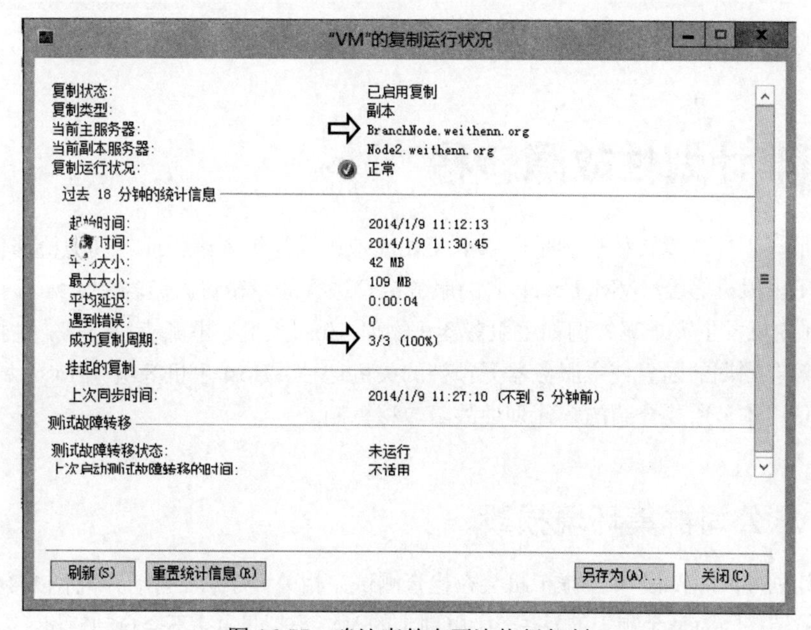

图 16-77　确认真的有再次执行复制

可以再次把目前主服务器（BranchNode）的 VM 虚拟机关机，然后再次执行计划性的故障转移来把服务器角色「再次反转」。结果当然是一样的，也就是目前副本服务器（ReplicaBroker）上的 VM 虚拟机会启动接管服务并且角色反转，如图 16-78 所示。

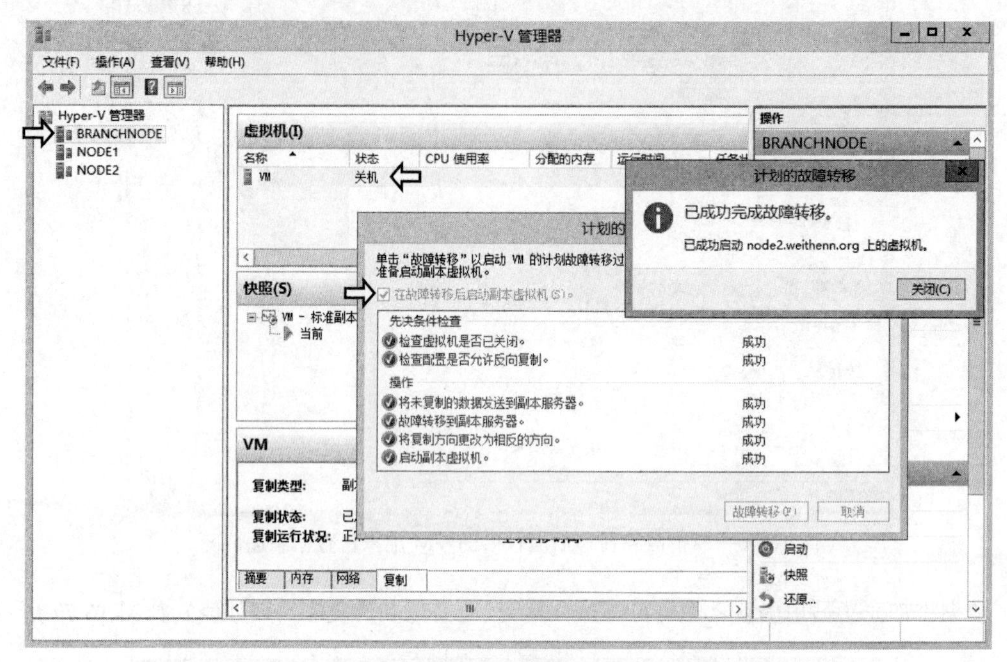

图 16-78　再次执行计划性故障转移

16-4　非计划性故障转移

上一小节计划性故障转移机制是适用于 VM 虚拟机因为年末维护或者其他检修作业需要中止这种「VM 虚拟机等级（VM Level）」的服务接管进行故障转移。但若是 VM 虚拟机所运行的物理 Host 主机发生灾难呢？例如主服务器（物理 Host 主机）电源模块损坏、主板损坏、电力线被踢掉等非预期的因素使主服务器无预警的关机这种「Host 主机等级（Host Level）」的灾难，就适合使用本节所要介绍的非计划性故障转移机制。

16-4-1　总公司群集环境损毁

不同于计划性故障转移 VM 虚拟机会在检查测试完相关程序后「自动开机」以接管服务，非计划性的故障转移因为是无预警的发生，所以副本的 VM 虚拟机并「不会自动开机」来接管服务。

再次确认一下目前 VM 虚拟机运行于「Node2」主机当中并且担任主服务器的角色，如图 16-79 所示。

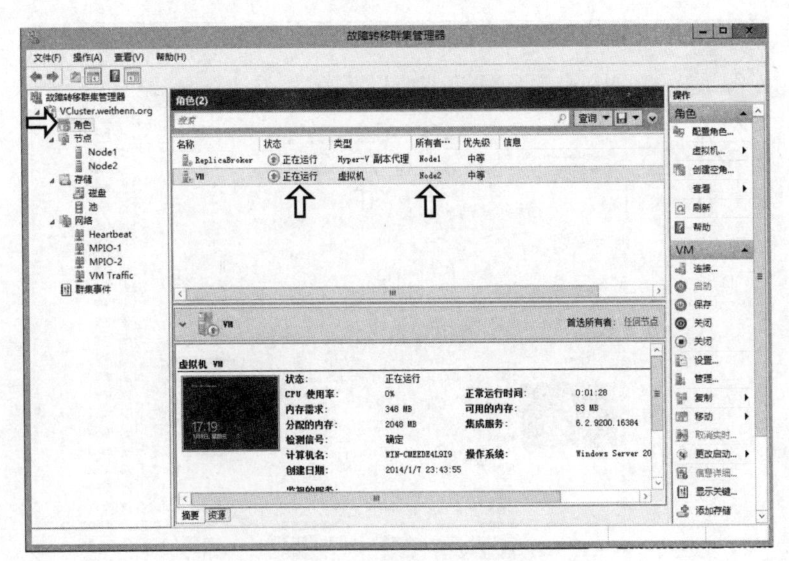

图 16-79　VM 虚拟机运行于 Node2 主机

切换到主服务器（目前为 Node2 主机）窗口执行「关机（Shutdown）」操作（别忘了此时其上的 VM 虚拟机还是运行中的状态），如图 16-80 所示。

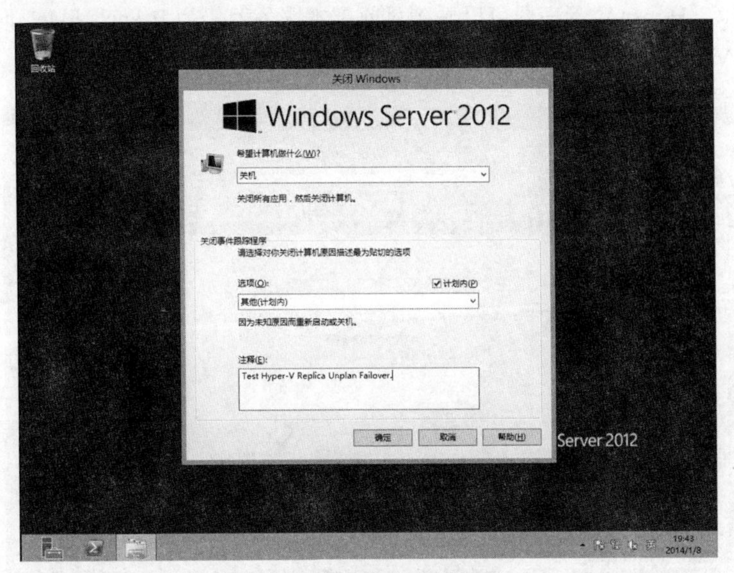

图 16-80　将主服务器关机

此时切回 DC 主机的「故障转移群集管理器」窗口当中，可以看到目前身份为主服务器的 Node2 主机图标状态有「红色下降」图标，并且 VM 虚拟机已经自动迁移到 Node1 主机（还记得吗？这是因为故障转移群集中快速迁移 Quick Migration 发挥作用保护 VM 虚拟机），如图 16-81 所示。

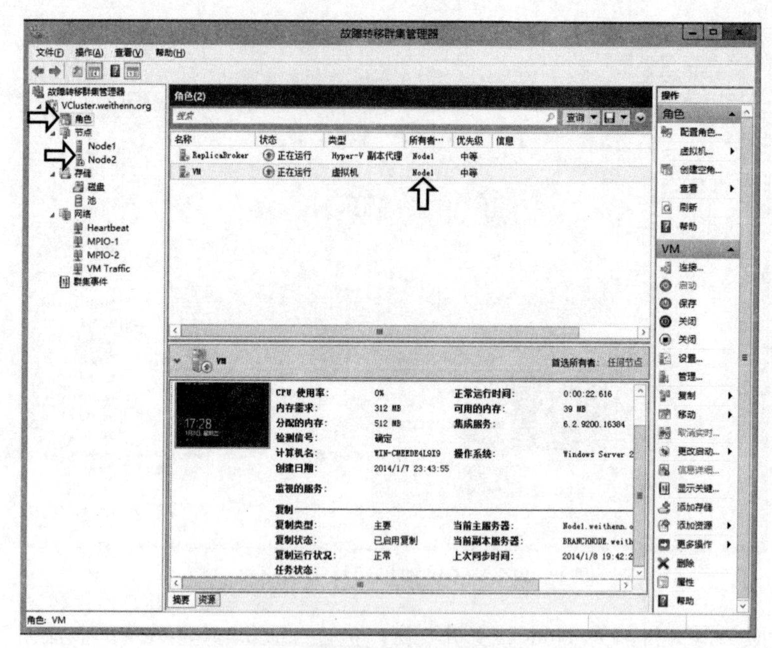

图 16-81　Node2 主机已经关机下线

此时若是打开 Hyper-V 管理器可以看到目前副本服务器仍为 BranchNode，而主服务器则为 Node1（Hyper-V Replica Broker 自动协调处理），如图 16-82 所示。

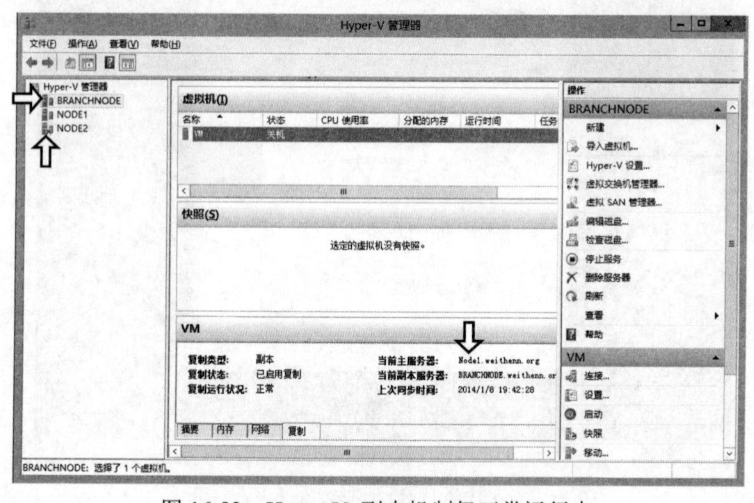

图 16-82　Hyper-V 副本机制仍正常运行中

刚才因为有故障转移群集的保护所以 Hyper-V 副本机制仍正常运行中（显示故障转移群集的高度可用性），那么我们再模拟更极端的情况就是把群集中目前唯一的节点主机 Node1 也关机看看会发生什么事（模拟总公司发生灾难群集损坏）!!如图 16-83 所示。

图 16-83　Node1 关机模拟总公司发生灾难群集损坏

当 Node1 关机后由于目前群集中已经没有任何存活的节点主机，所以在故障转移群集管理器当中是看不到任何资源的，如图 16-84 所示。

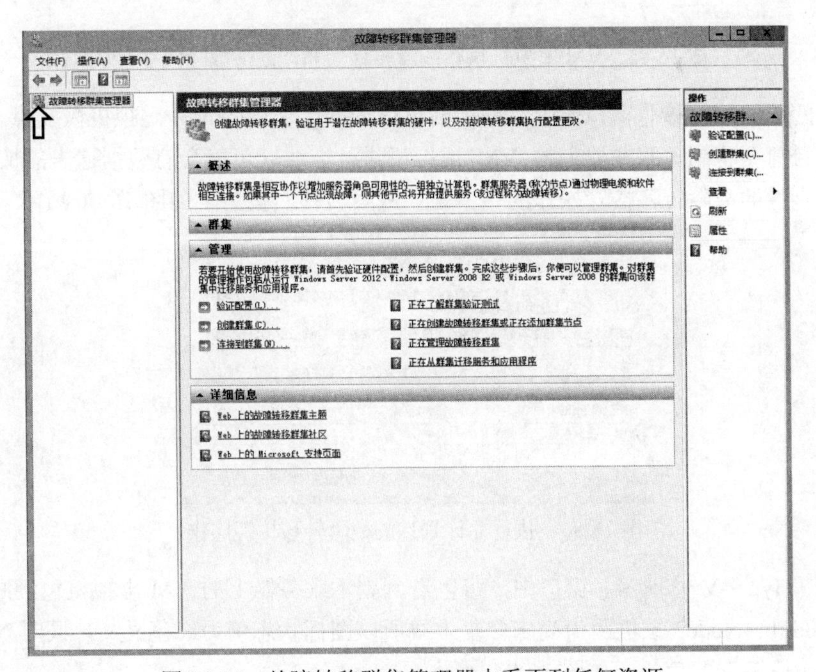

图 16-84　故障转移群集管理器中看不到任何资源

16-4-2 分支机构主机接管服务

选择目前角色为副本服务器的 BranchNode 主机（VM 虚拟机为关机状态），右击 VM 虚拟机在右键菜单中选择「复制>故障转移」选项，准备接管服务以便让目前身份是副本的 VM 虚拟机能够「开机（Power ON）」（因为默认情况下副本服务器上的 VM 虚拟机是无法开机的!!），如图 16-85 所示。

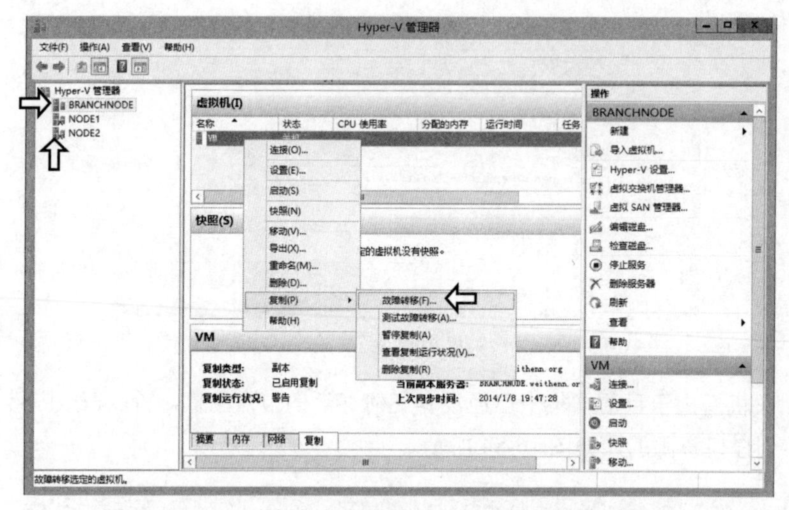

图 16-85 VM 虚拟机执行故障转移（非计划性故障转移）

在弹出的「故障转移」窗口当中，同样的可以选择要使用的 VM 虚拟机恢复点，系统也会贴心提醒您目前要将副本服务器上的 VM 虚拟机进行上线（可能会有数据遗失的情形），确认要进行非计划性的故障转移接管操作的话单击「故障转移」按钮，如图 16-86 所示。

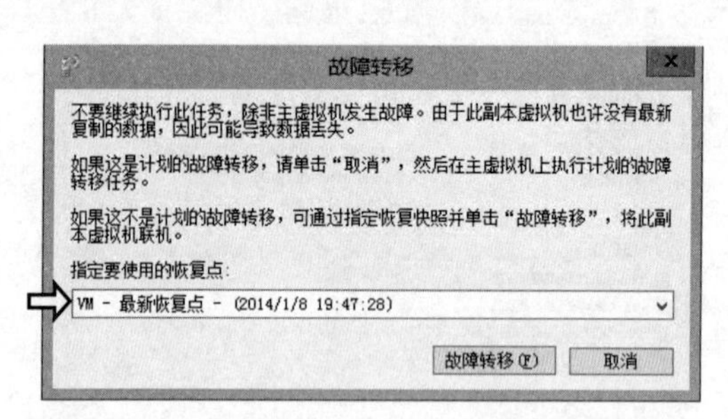

图 16-86 执行非计划性的故障转移接管操作

此时在「Hyper-V 管理器」窗口中，可以看到副本服务器上的 VM 虚拟机已经顺利启动，但是此时 Node1、Node2 主机因为尚未修复上线所以图标状态仍为红色叉叉，同时 Node1 主机「仍然」是主服务器的角色，如图 16-87 所示。

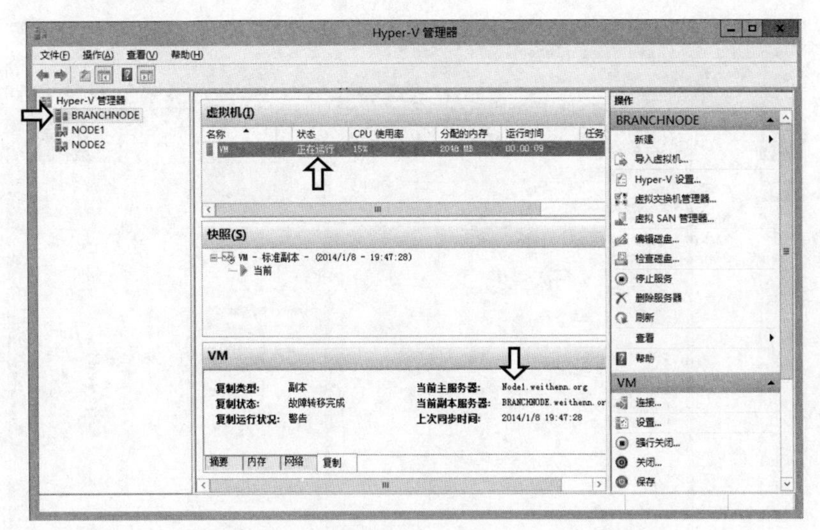

图 16-87 副本服务器上的 VM 虚拟机已经顺利启动

当然因为物理的 Hyper-V 主机无预警的损坏连带其上的 VM 虚拟机也发生不当关机，因此 VM 虚拟机会显示意外关闭事件追踪，如图 16-88 所示。

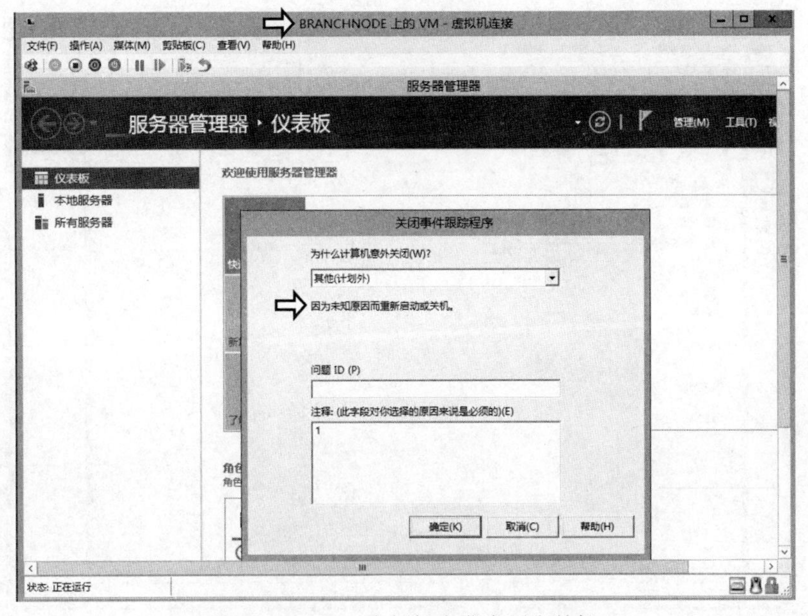

图 16-88 VM 虚拟机也发生不当关机

顺利登入 VM 虚拟机之后再次查看是否有使用我们所配置的固定 IP 地址，如图 16-89 所示。

同时在 Hyper-V 副本机制运行顺利时相关的数据也都保存完好（但主服务器发生灾难前所添加的数据可能会遗失!!），如图 16-90 所示。

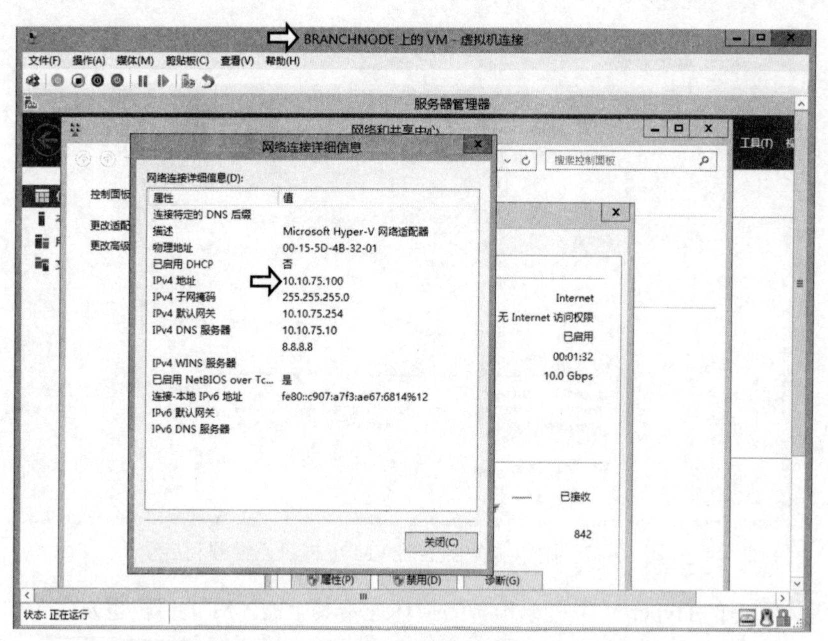

图 16-89 使用我们所配置的固定 IP 地址

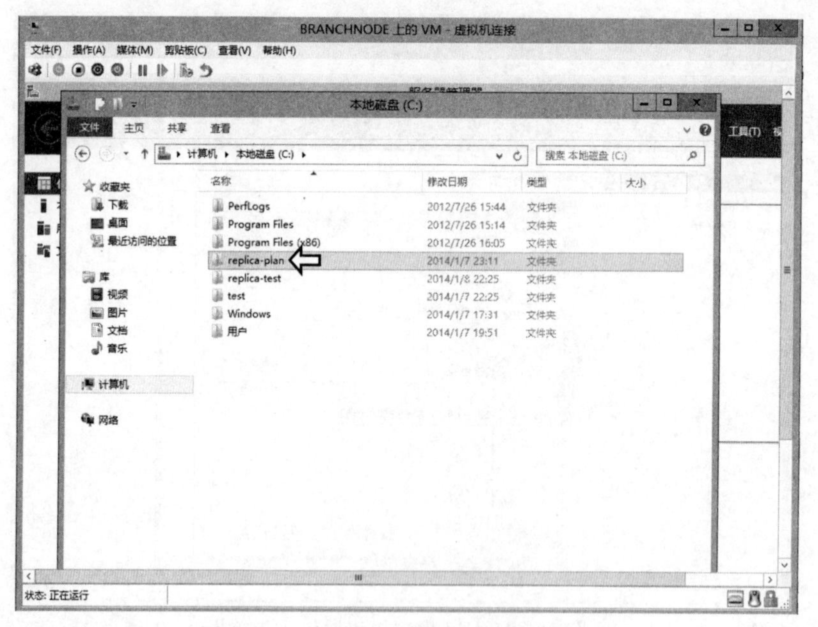

图 16-90 查看 VM 虚拟机数据是否遗失

当查看目前的复制运行状况时会看到状态显示为「警告」，并且提醒您应该配置「反向复制」以继续执行 VM 虚拟机的复制，如图 16-91 所示。

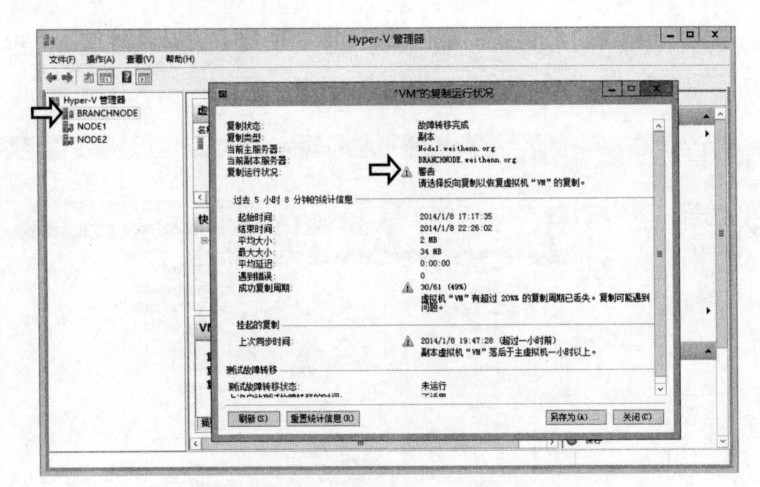

图 16-91　复制运行状况显示为警告

16-4-3　总公司服务重新上线

此时我们将 Node1、Node2 主机进行开机（Power On），以模拟总公司主机已经排除灾难并准备重新上线服务，当两台 Node 主机开机完毕后打开故障转移群集管理器尝试再次连接群集资源 VCluster.weithenn.org，如图 16-92 所示。

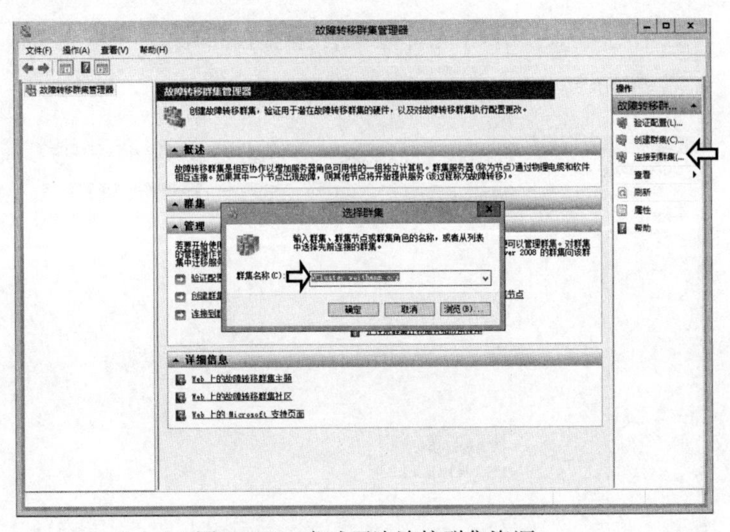

图 16-92　尝试再次连接群集资源

因为在原本的主服务器（Node1、Node2）无预警损坏期间，由副本服务器 BranchNode 主机上的 VM 虚拟机接管服务（数据有添加删除的状况），因此我们应该要将原本的复制机制进行反转，让目前具有较新数据的 VM 虚拟机能把数据反转回写回去。右击 BranchNode 主机中的 VM 虚拟机并在右键菜单中选择「复制>反向复制」选项，准备把复制机制进行反转，如图 16-93 所示。

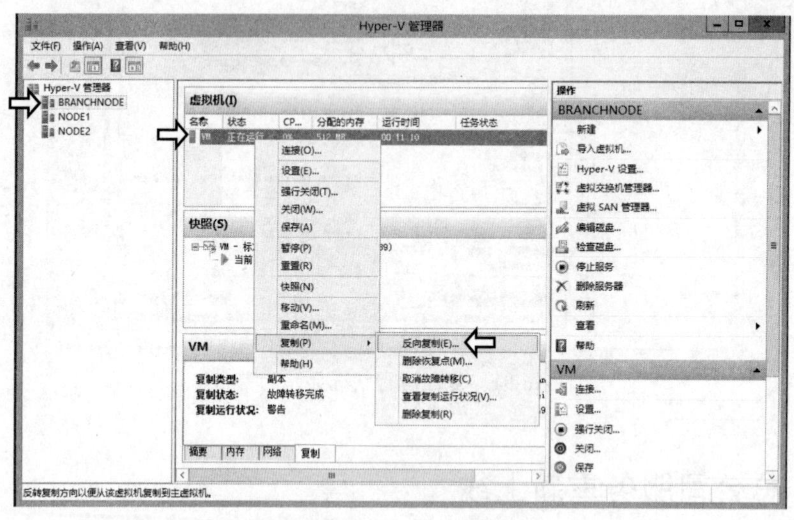

图 16-93　准备反转复制机制

在弹出的「VM 的反向复制向导」窗口中，若确认要执行复制机制反转单击「下一步」按钮，继续反转复制机制程序，如图 16-94 所示。

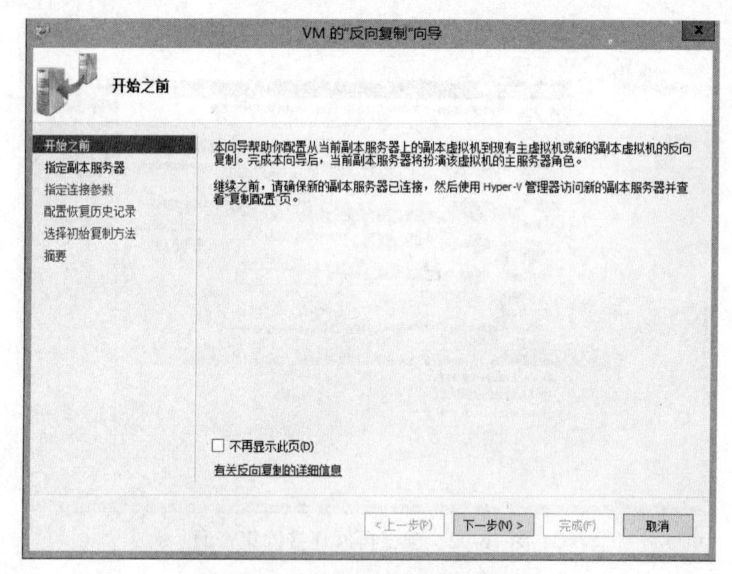

图 16-94　进行反转复制机制程序

在「指定副本服务器」页面中，单击「浏览」按钮在选取计算机的窗口中输入「ReplicaBroker」后单击「检查名称」按钮后单击「确定」按钮，通过检查步骤后主机名称将显示为 ReplicaBroker.

weithenn.org 并返回窗口，单击「下一步」按钮继续反转复制机制程序，如图 16-95 所示。

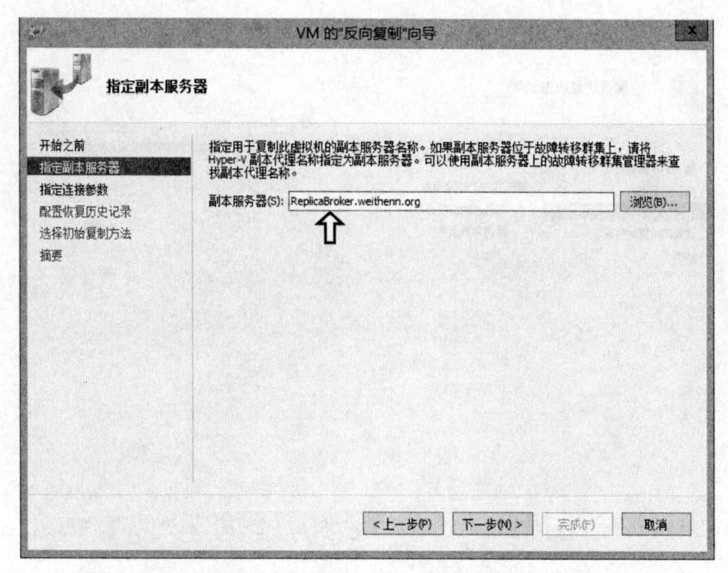

图 16-95　选择副本服务器为 ReplicaBroker.weithenn.org

在「指定连接参数」页面中，同样的仍然使用 HTTP 协议以及端口 80 来传输复制数据，并且在传输过程中启用压缩的机制，单击「下一步」按钮继续反转复制机制程序，如图 16-96 所示。

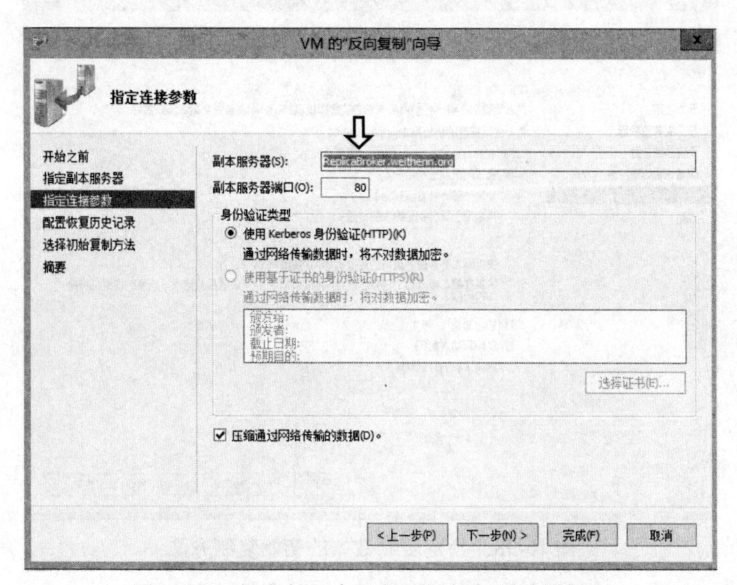

图 16-96　指定与副本服务器间的复制传输机制

在「配置恢复历史记录」页面中，可以调整恢复点数量的配置或者保持原本的配置也就是选择「仅最新的恢复点」即可，单击「下一步」按钮继续反转复制机制程序，如图 16-97 所示。

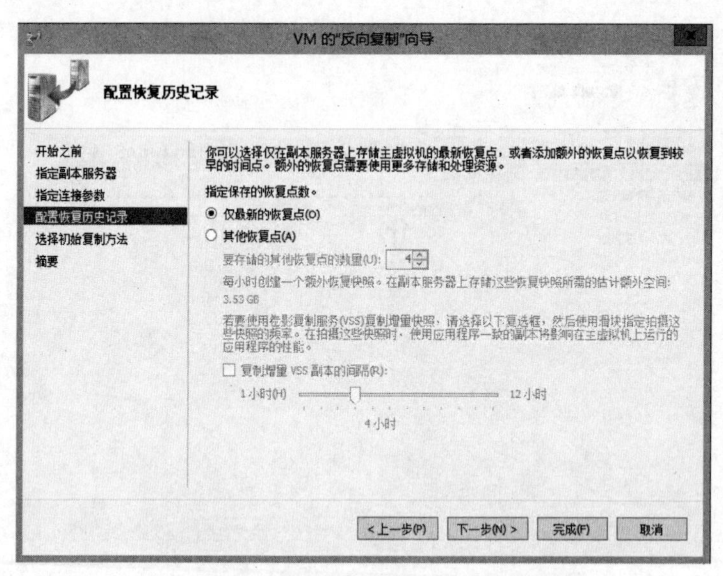

图 16-97　指定复制数据的恢复点数量

在「选择初始复制方法」页面中，同样会显示初始副本大小以及您可以选择的初始复制方法以及执行时间，单击「下一步」按钮继续反转复制机制程序，如图 16-98 所示。

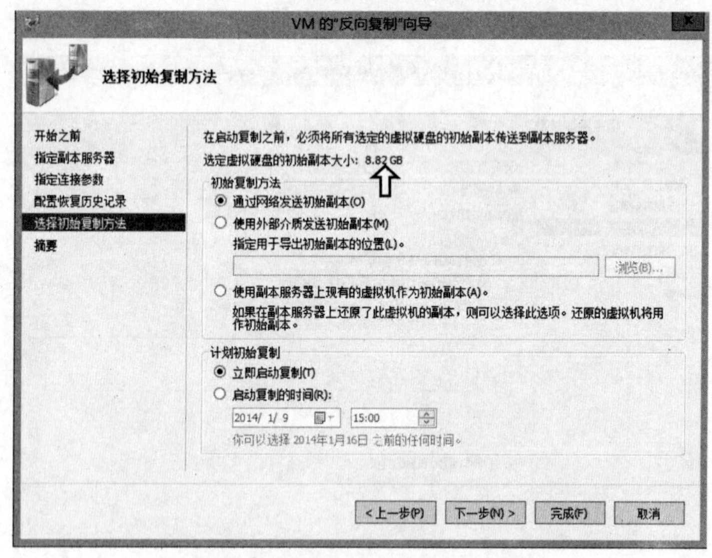

图 16-98　指定复制数据的初始复制方法

在「正在完成反向复制向导」页面中，确认相关的选项配置值正确后单击「完成」按钮，便会执行反转复制机制操作并且应用相关选项配置，如图 16-99 所示。

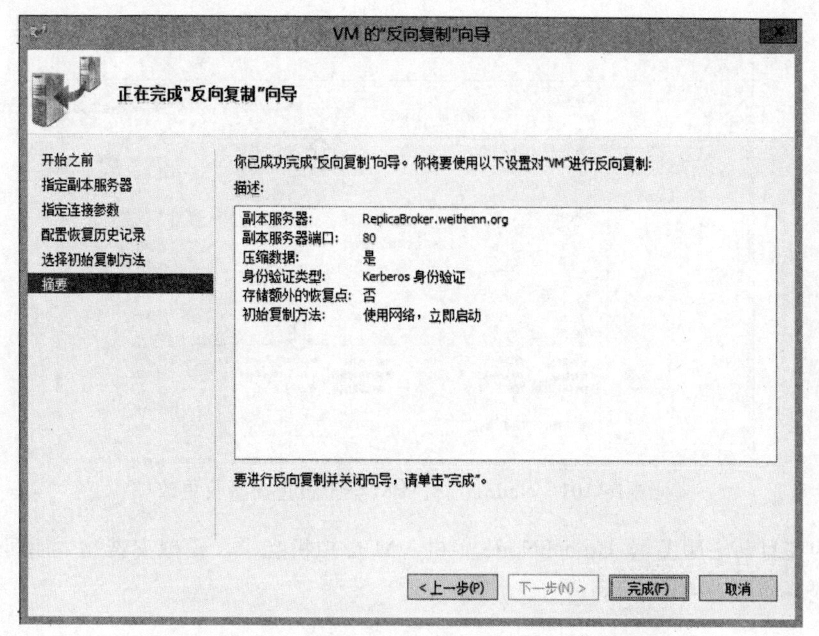

图 16-99　执行反转复制机制并且应用相关选项配置

反转复制机制完成后，此时 BranchNode 主机成为「主服务器」，而 ReplicaBroker 自动协调群集节点成为「副本服务器（目前为 Node1）」，可以看到 BranchNode 主机上的 VM 虚拟机在创建快照之后，开始「发送初始副本」至 Node1 主机中，如图 16-100 所示。

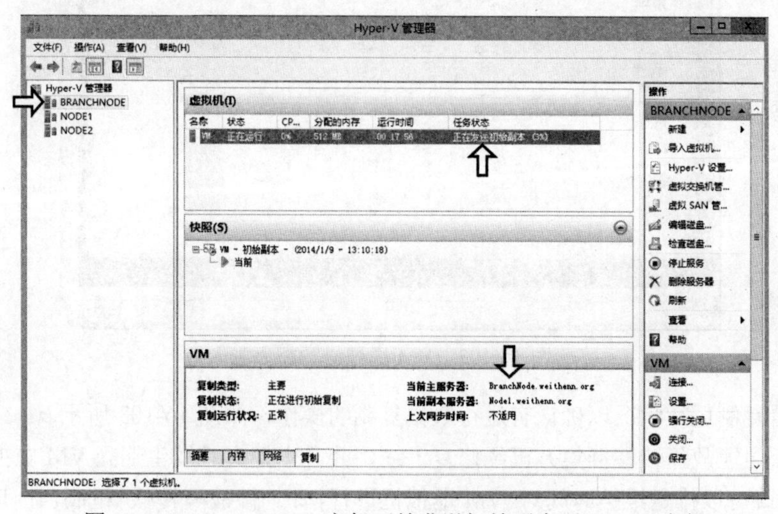

图 16-100　BranchNode 主机开始发送初始副本至 Node1 主机

切换到 Node1 主机中可以看到 VM 虚拟机「正在接收更改」，在「复制」选项卡中也可以明确看到目前谁是主/副本服务器，如图 16-101 所示。

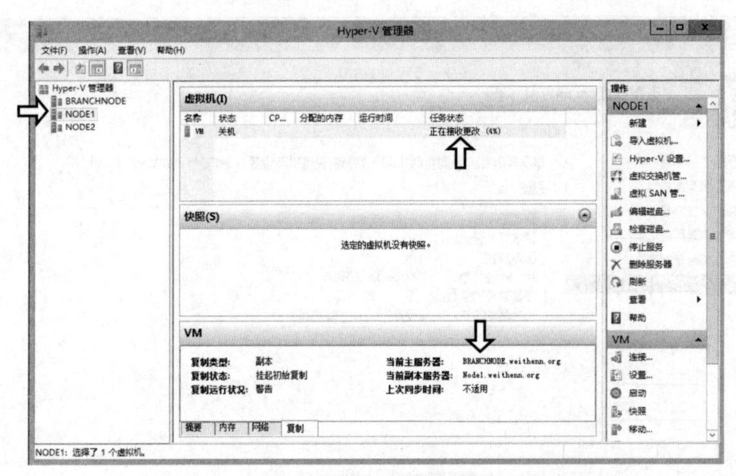

图 16-101　Node1 主机 VM 虚拟机正在接收更改

同样的在目前主服务器 BranchNode 主机 VM 虚拟机当中，模拟灾难发生期间不断有数据添加的情况，如图 16-102 所示。

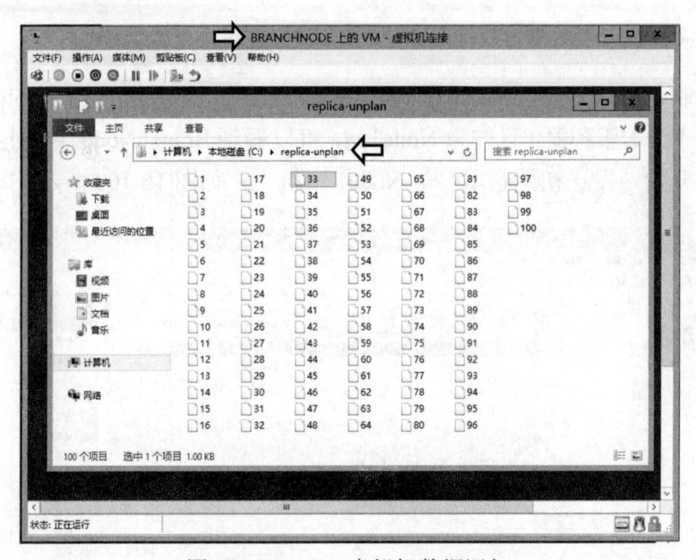

图 16-102　VM 虚拟机数据添加

再次查看复制运行状况以确认有进行数据复制的操作，如图 16-103 所示。

当然总公司（故障转移群集）已经修复上线，并且也把灾难发生期间 VM 虚拟机的数据回写回来之后，就可以排定维护时间对 VM 虚拟机进行「计划性故障转移」机制，让 ReplicaBroker 再次成为主服务器了，如图 16-104 所示。

计划性故障转移操作执行完毕之后，在故障转移群集当中的 VM 虚拟机又恢复正常运行，担任起主服务器中 VM 虚拟机的角色，如图 16-105 所示。

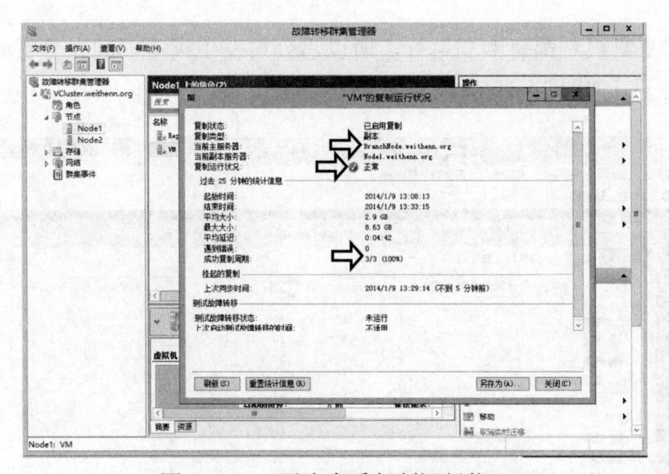

图 16-103　再次查看复制运行状况

图 16-104　执行计划性故障转移

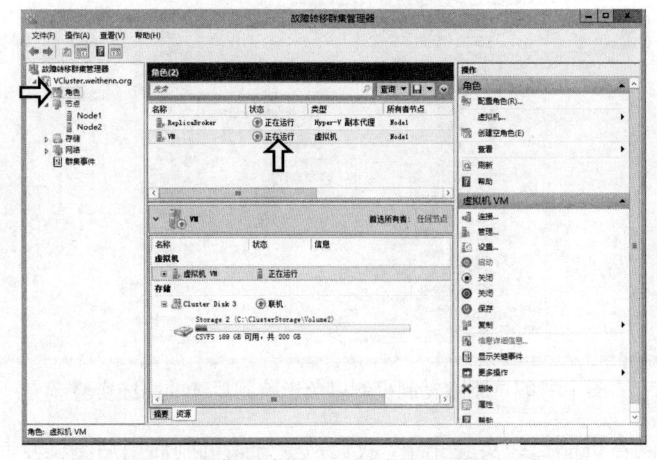

图 16-105　群集当中的 VM 虚拟机又恢复正常运行

当然因为刚才复制机制都有顺利运行，所以总公司发生灾难期间在分支机构上线服务所添加的数据也都回来了，如图 16-106 所示。

图 16-106　确认灾难期间添加数据是否完整

将目前 VM 虚拟机的复制机制删除以免影响到后续的高级实验，右击 VM 虚拟机选择「复制>删除复制」即可，如图 16-107 所示。

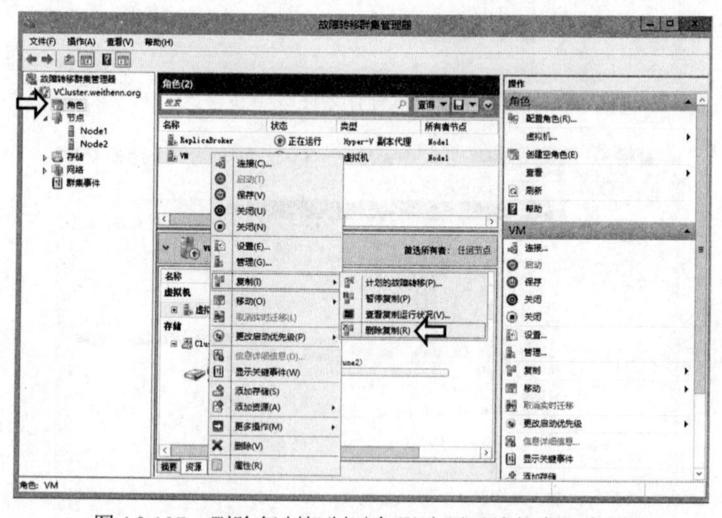

图 16-107　删除复制机制以免影响到后续的高级实验

至此 Hyper-V 副本机制已经实验完毕，我们从一开始机制启用后测试复制过去的 VM 虚拟机能否正确运行，讲到测试「计划性」的故障转移机制以顺应 VM 虚拟机进行年末维护或检测事件，最后测试「非计划性」的故障转移机制以顺应总公司所有群集节点主机无预警的故障损坏，而分支机构 VM 虚拟机能在最短时间内接管上线服务，到总公司修复群集节点主机上线服务后如何再反向复制，以便总公司主机能重新恢复担任主服务器的角色，相信读者应该可以了解到 Hyper-V 副本机制确实能够提供给您异地备份需求的完整解决方案。

Chapter 17

VM 虚拟机应用程序监控

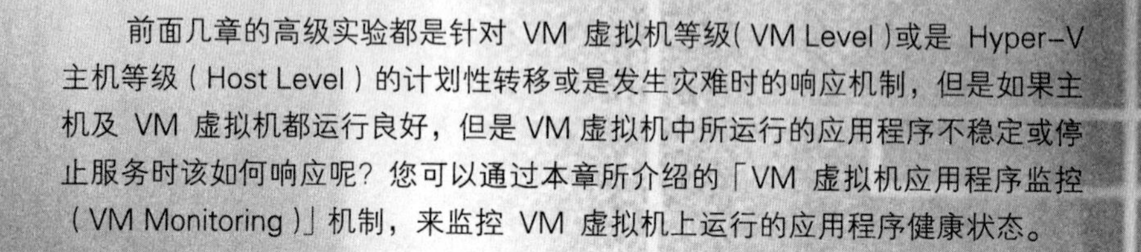

前面几章的高级实验都是针对 VM 虚拟机等级（VM Level）或是 Hyper-V 主机等级（Host Level）的计划性转移或是发生灾难时的响应机制，但是如果主机及 VM 虚拟机都运行良好，但是 VM 虚拟机中所运行的应用程序不稳定或停止服务时该如何响应呢？您可以通过本章所介绍的「VM 虚拟机应用程序监控（VM Monitoring）」机制，来监控 VM 虚拟机上运行的应用程序健康状态。

17-1 虚拟机应用程序监控（VM Monitoring）

前面章节中的高级实验——实时迁移（Live Migration）、存储实时迁移（Live Storage Migration）、快速迁移（Quick Migration）、Hyper-V 副本（Hyper-V Replica）等，都是针对「VM 虚拟机等级（VM Level）」或是「Hyper-V 主机等级（Host Level）」计划性转移或发生灾难时的响应机制，但是如果现在发生的情况是 Host 主机及 VM 虚拟机都运行良好，而是 VM 虚拟机当中所运行的「应用程序不稳定或停止服务」时该如何响应呢？

您可能会想到可以通过在 VM 虚拟机架构群集服务（Guest Cluster）来实现「应用程序感知（Application Aware）」机制，当担任 Active 角色的 VM 虚拟机上的服务停止时，会经由群集服务自动切换到 Standby 角色的 VM 虚拟机上继续运行，如图 17-1 所示。相关信息可参考 Microsoft TechEd 2012 WSV411- VM Monitoring and Guest Clustering in Windows Server 2012（http://goo.gl/WFMCR）、Microsoft TechEd 2012 VIR324-Guest Clustering and VM Monitoring in WS2012（http://goo.gl/mQ4he）。

不过要为 VM 虚拟机架构群集服务并不容易（虽然从 Windows Server 2008 R2 开始架设群集难度已经大大降低），那么有没有简单的方式可以帮我们监控 VM 虚拟机上运行的「应用程序健康程度」呢？有的!!新一代 Windows Server 2012 操作系统当中的「VM 虚拟机应用程序监控（VM Monitoring）」功能就是您的好帮手，如图 17-2 所示。

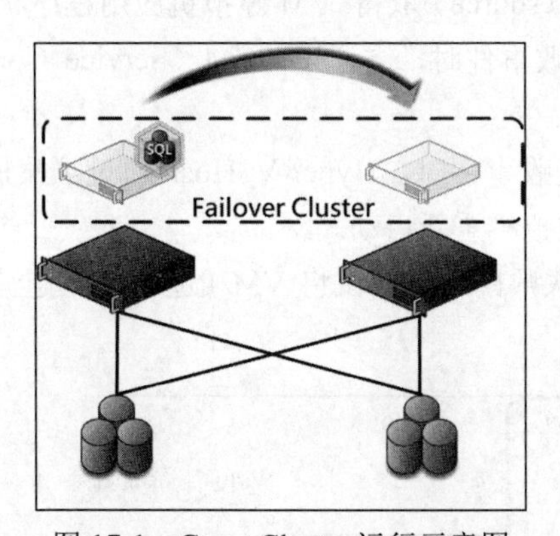

图 17-1 Guest Cluster 运行示意图

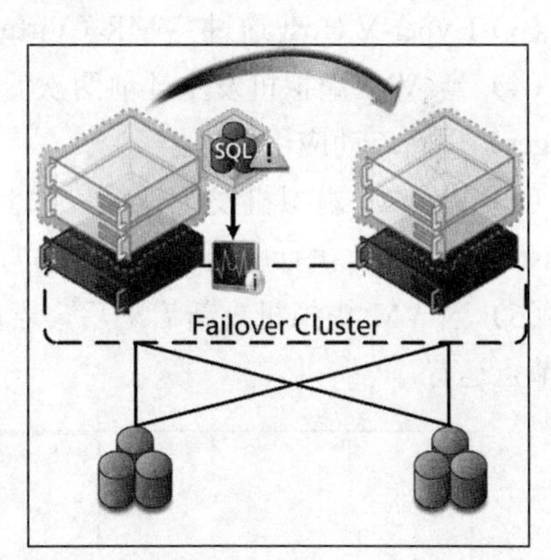

图 17-2 VM Monitoring 运行示意图

表 17-1 为对 Hyper-V 主机架设故障转移群集（Host Cluster）、VM 虚拟机架设故障转移群集（Guest Cluster）、VM 虚拟机应用程序监控（VM Monitoring）等三种机制的特性进行比较。

表 17-1

项目	Host Cluster	Guest Cluster	VM Monitoring
操作系统运行状态监控	✔	✔	
VM 虚拟机移动性	✔	✔	
VM 虚拟机应用程序运行状态监控		✔	✔
VM 虚拟机应用程序移动性		✔	
机制设置简单性			✔
事件监控			✔

在 Hyper-V 3.0 虚拟化平台中要完成「VM 虚拟机应用程序监控（VM Monitoring)」环境，还需要注意如下需求信息：

- Hyper-V Host 及 Guest OS 都需要使用 Windows Server 2012。
- Guest OS 必须开启相对应的防火墙规则。
- Guest OS 必须加入域或信任域。

VM 应用程序监控运行流程（见图 17-3 和图 17-4)：

（1）VM 虚拟机通过 COM Interface 收集应用程序运行状况并回送给 Hyper-V Host。

（2）Hyper-V Host 通过 VMMS（Virtual Machine Management Service）发送心跳侦测（Heartbeat）信号给 VM 虚拟机。

（3）Hyper-V Host 通过 VMR（Virtual Machine Resource）取得 VM 虚拟机应用程序状态。

（4）当 VM 虚拟机发生「前两次」应用程序失败事件时，会通过 SCM（Service Control Manager）重新启动应用程序。

（5）当 VM 虚拟机发生「第三次」应用程序失败事件时，Hyper-V Host 通过群集服务（Cluster Service）执行应用程序恢复程序，将 VM 虚拟机重新启动。

（6）当 VM 虚拟机重新启动后，若应用程序仍失败的话会尝试将 VM 虚拟机移动至其他群集节点运行。

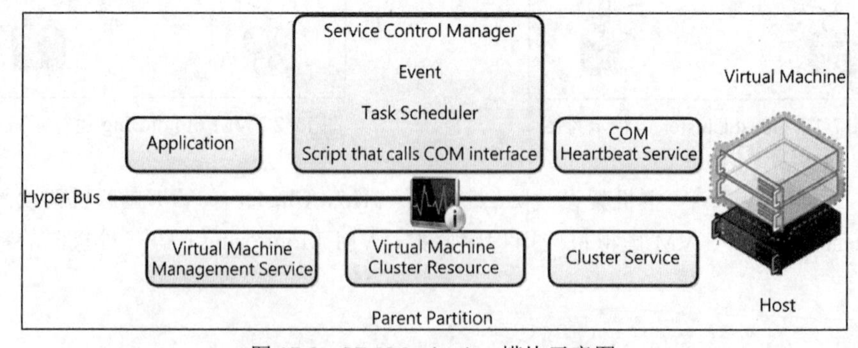

图 17-3　VM Monitoring 模块示意图

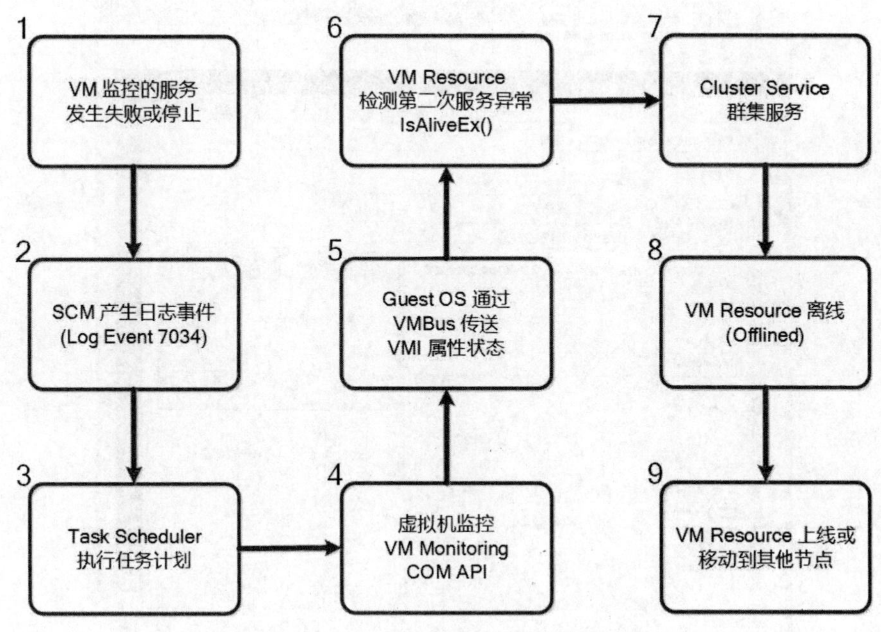

图 17-4　VM Monitoring 运行流程示意图

17-2　实测准备工作

本章实验中我们先完成 VM 虚拟机修改计算机名称并加入域等一连串的操作步骤以测试 VM Monitoring 机制是否能够正确运行，操作步骤如下：

（1）将 VM 虚拟机修改计算机名称并加入域。

（2）安装「打印和文件服务」服务器角色。

（3）开启虚拟机监控防火墙规则。

（4）故障转移群集配置监控 VM 虚拟机的 Print Spooler 服务。

（5）模拟 VM 虚拟机的 Print Spooler 服务连续失败的情况。

（6）了解 Cluster Service 将 VM 虚拟机重新启动时发生的群集事件。

1．VM 虚拟机加入域

我们将目前运行于故障转移群集中的高可用性 VM 虚拟机配置固定 IP 地址并将 DNS 地址指向 DC 主机（10.10.75.10）之后，修改计算机名称为「MonitorVM」（加入域后较容易辨识）后加入 weithenn.org 域，如图 17-5 所示。

2．VM 虚拟机添加打印角色

当 VM 虚拟机重新启动登入后打开服务器管理器，依次单击「管理>添加角色和功能」后安装「打印和文件服务」服务器角色，并确认服务器角色安装完毕，如图 17-6 所示。

图 17-5　VM 虚拟机加入域

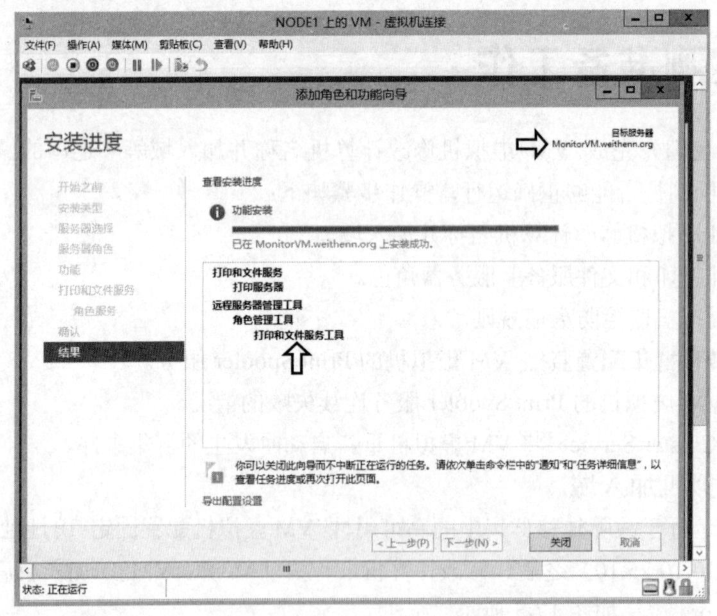

图 17-6　VM 虚拟机安装「打印和文件服务」服务器角色

3. VM 虚拟机允许防火墙规则

请开启 VM 虚拟机的 Windows 防火墙配置，在窗口当中单击「允许应用或功能通过

Windows 防火墙」链接，准备允许 VM Monitoring 机制能够通过防火墙，如图 17-7 所示。

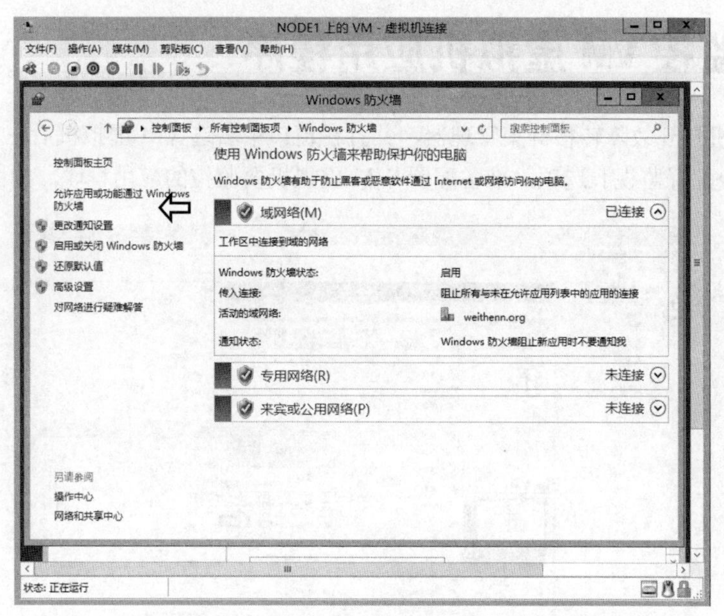

图 17-7　准备允许 VM Monitoring 机制的防火墙能够通过

在弹出的允许应用程序窗口中，勾选「虚拟机监控」项目并且因为 VM 虚拟机有加入域环境当中，因此该防火墙规则只要勾选「域」即可单击「确定」按钮完成配置，如图 17-8 所示。

图 17-8　允许虚拟机监控防火墙规则

17-3 监控 VM 虚拟机应用程序

在 DC 主机打开故障转移群集管理器，并且在窗口中右选 VM 虚拟机后在右键菜单依次单击「更多操作>配置监视」选项，准备配置 VM 虚拟机要监控的应用程序，如图 17-9 所示。

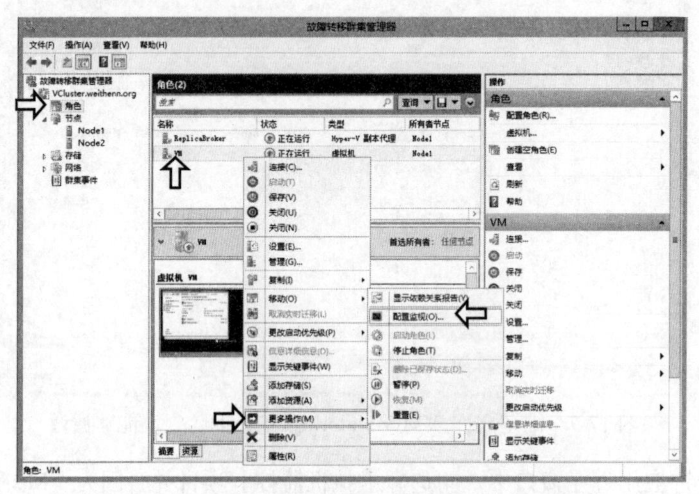

图 17-9 准备配置 VM 虚拟机要监控的应用程序

在弹出的「选择服务」窗口当中会列出可监控的服务列表，此实验中我们要监控 VM 虚拟机上运行的「打印服务」，因此请勾选「Print Spooler」后单击「确定」按钮完成配置，如图 17-10 所示。

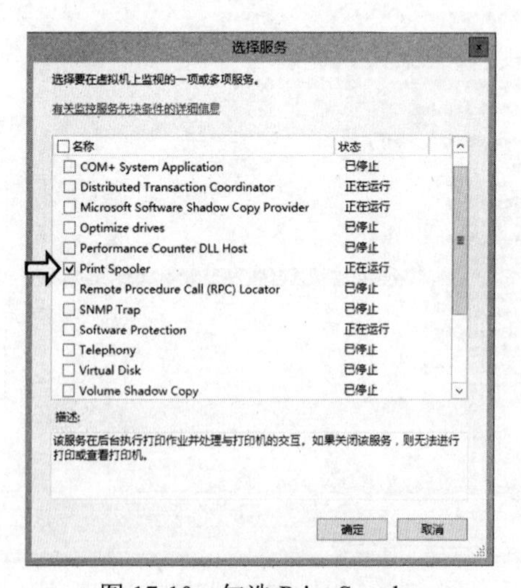

图 17-10 勾选 Print Spooler

当监控服务配置完成后，在 VM 虚拟机状态中「监视的服务」字段便会显示所监控的服务名称「Print Spooler」，如图 17-11 所示。

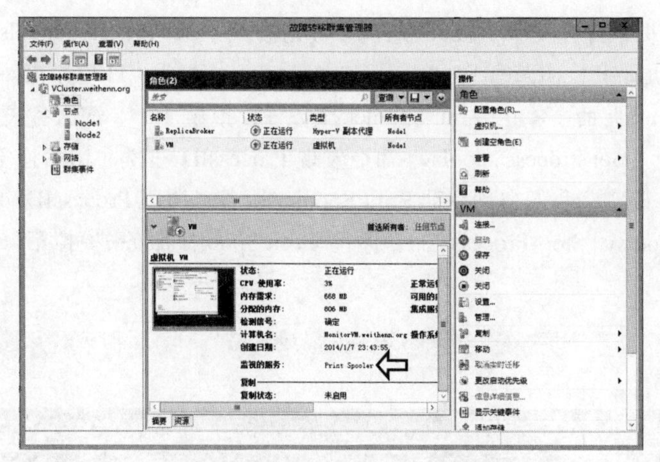

图 17-11　监控服务配置完毕

配置打印服务发生失败时处理行为

打开 VM 虚拟机控制台界面，使用 Windows Key + X 组合键调出「开始」菜单后选择「计算机管理」项目，在打开的「计算机管理」窗口中依次单击「服务与应用程序>服务>Print Spooler」选项，在打开的「Print Spooler 的属性」窗口中切换到「恢复」选项卡，在第一次失败及第二次失败下拉列表框中选择「重新启动服务」，而后续失败下拉列表框中请选择「无操作」，确认无误后请单击「确定」按钮完成配置，如图 17-12 所示。

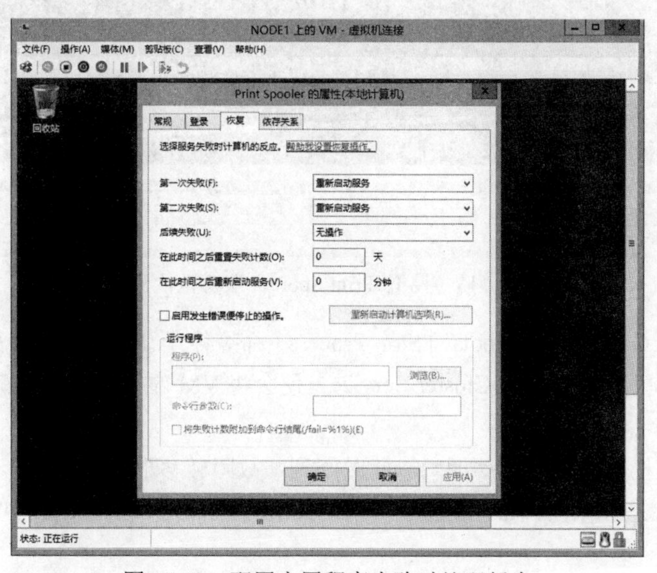

图 17-12　配置应用程序失败时处理行为

17-4 测试 VM Monitoring 机制

在 VM 虚拟机中打开 PowerShell 窗口，首先输入「Get-Process spoolsv」命令确认 Print Spooler 服务为「执行中」。此实验中 Print Spooler ProcessID 为「1120」，接着执行「Get-Process spoolsv | Stop-Process」命令停止 Print Spooler 服务（模拟第「一」次服务失败!!）。

接着再次执行「Get-Process spoolsv」命令发现 ProcessID 变为「1880」，表示 SCM（Service Control Manager）确实帮我们自动启动 Print Spooler 服务（所以 ProcessID 改变），接着再次执行「Get-Process spoolsv | Stop-Process」命令停止 Print Spooler 服务（模拟第「二」次服务失败!!），如图 17-13 所示。

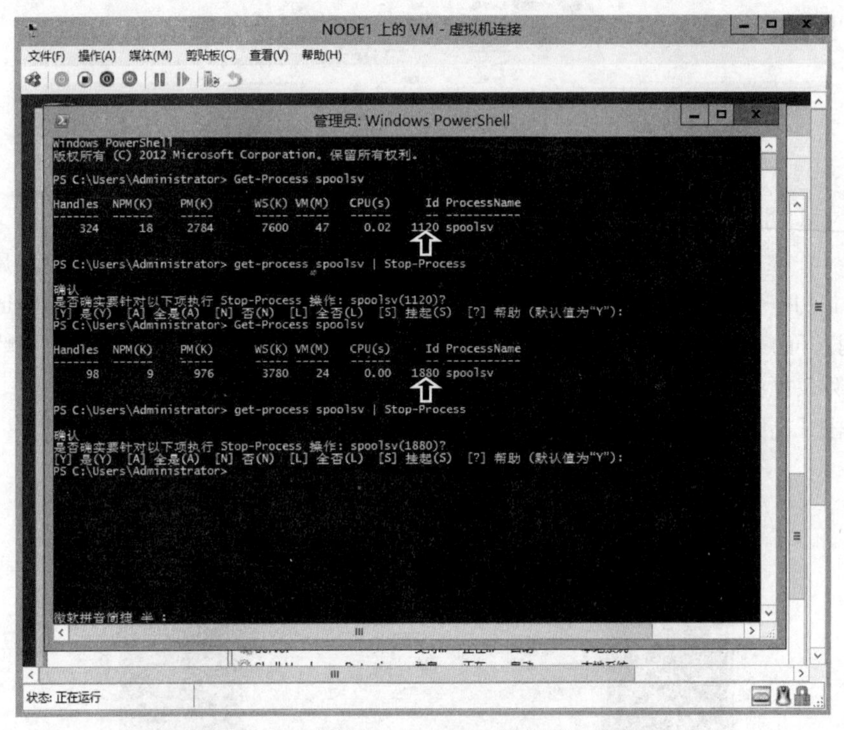

图 17-13 模拟 Print Spooler 服务两次失败

当再次执行「Get-Process spoolsv | Stop-Process」命令停止 Print Spooler 服务，模拟第「三」次服务失败时，此时群集服务（Cluster Service）便会将 VM 虚拟机自动重新启动（最慢 10 分钟之内），如图 17-14 所示。

当 VM 虚拟机自动重新启动期间，此时回到「故障转移群集管理器」窗口当中可以看到 VM 虚拟机的「状态」，由原本的「正在运行」，其结尾会加上「关键虚拟机中的应用程序」，如图 17-15 所示。

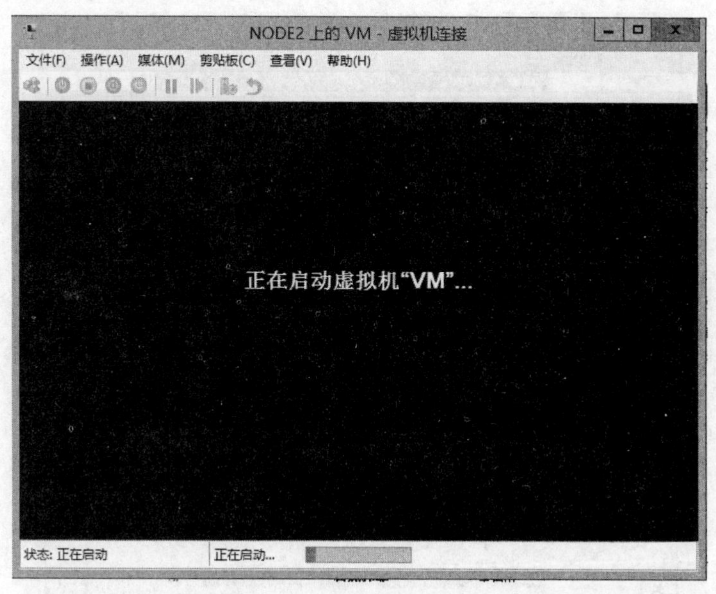

图 17-14 Print Spooler 服务第三次失败 VM 虚拟机自动重新启动

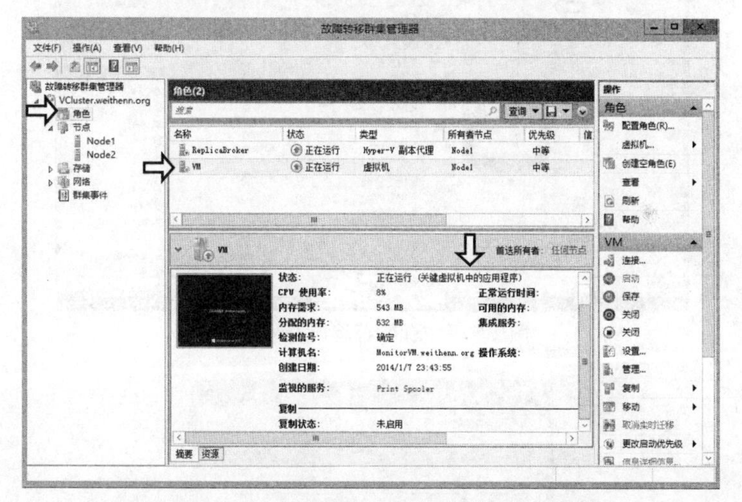

图 17-15 状态显示为 VM 中的关键应用程序

并且在「群集事件」中会看到出现一笔错误的群集事件，其事件标识为「1250」，也就是告知您 VM 虚拟机当中监控的服务曾经发生异常，如图 17-16 所示。

当 VM 虚拟机启动完毕后，若是应用程序仍然出现错误的话那么会尝试将 VM 虚拟机移动到其他节点，而移动到哪台群集节点则视「首选所有者」配置而定，右击 VM 虚拟机后在右键菜单中选择「属性」，如图 17-17 所示。

在弹出的「VM 属性」窗口中，可以看到首选所有者区域中有群集节点列表，可以视环境需求进行优先级调整，如图 17-18 所示。

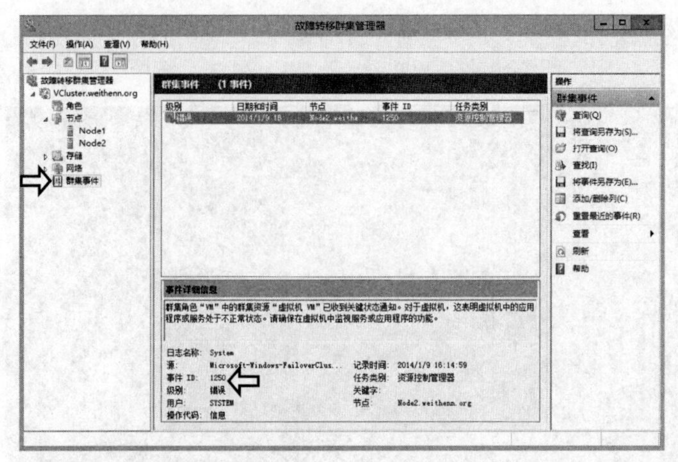

图 17-16　发生群集事件标识 1250

图 17-17　查看首选所有者配置

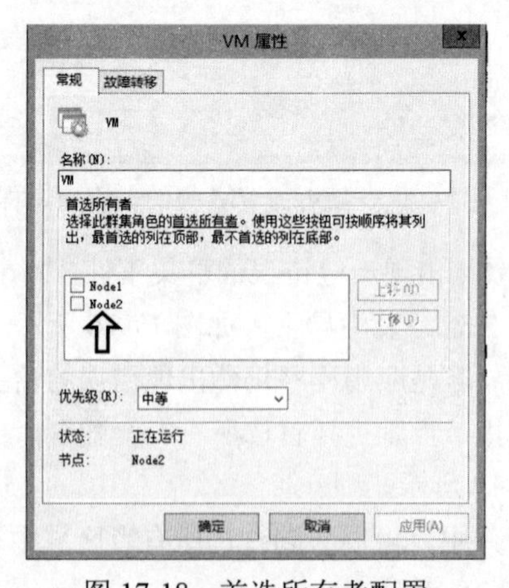

图 17-18　首选所有者配置

17-5 其他选项配置调整

在「故障转移群集管理器」窗口中选择 VM 虚拟机后切换到「资源」选项卡，右击下方的 VM 虚拟机后选择右键菜单中的「属性」选项，准备查看或调整 VM Monitoring 其他选项配置，如图 17-19 所示。

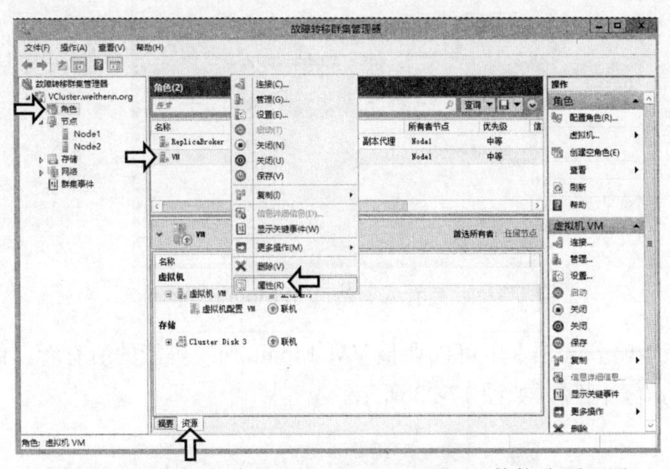

图 17-19 准备查看或调整 VM Monitoring 其他选项配置

在弹出的「虚拟机 VM 属性」窗口当中，切换到「设置」选项卡，在「检测信号设置」区域当中确保两个复选框都有勾选（VM Monitoring 的心跳侦测 Heartbeat 机制配置），否则将会影响 VM Monitoring 机制的正常运行，如图 17-20 所示。

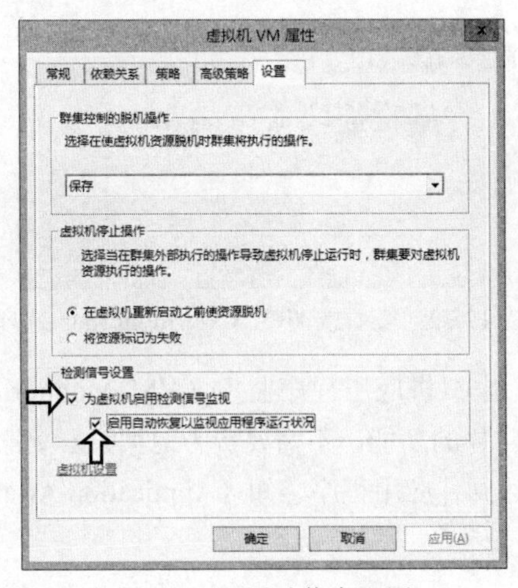

图 17-20 活动信息配置

切换到「策略」选项卡中可以调整 VM Monitoring 对于监控应用程序失败的处理方式，以及超时的处理方式是什么，如图 17-21 所示。

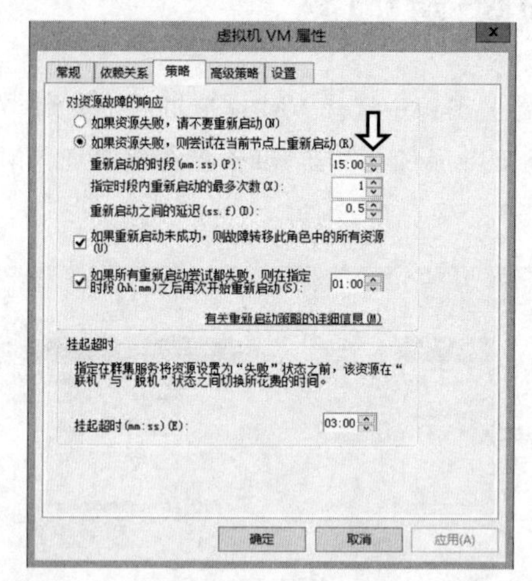

图 17-21　查看或调整 VM Monitoring 选项

切换到「高级策略」选项卡中可以调整 VM Monitoring 可能的所有者，或者自定义对于应用程序运行状况的检查间隔，如图 17-22 所示。

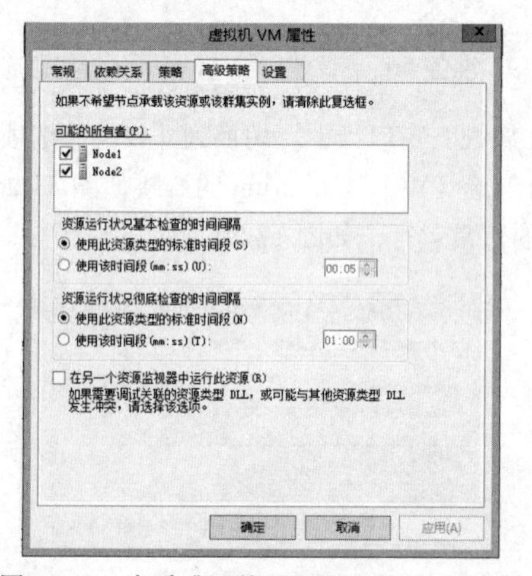

图 17-22　查看或调整 VM Monitoring 选项

相信实验完本章的 VM 虚拟机应用程序监控（VM Monitoring）后，您应该也觉得这是 Windows Server 2012 当中非常棒的功能，不需要费力地架设群集服务或采购任何第三方软件，只要使用内置的功能就可以达到「应用程序感知（Application Aware）」机制，真令人感到兴奋不是？

Chapter 18

群集感知更新

群集感知更新（Cluster-Aware Updating，CAU）为 Windows Server 2012 中故障转移群集的新功能，它能够让您「自动化」地进行群集节点的安全性更新且完全不需要人为介入，并且因为采用的是透明模式（Transparently），所以在安全性更新执行期间不会影响到群集节点的可用性。

18-1　Hyper-V 主机维护模式（Maintenance Mode）

虽然在规划 Hyper-V 物理运行架构时应该会采用适合长时间运行的服务器(而不该使用PC主机或工作站)，然而即使是服务器偶尔还是会需要进行年末维护、更新固件版本、增加内存、更换电源模块等，那么此时 Hyper-V 物理主机就必需要「关机」。

在旧版本 Windows Server 2008 R2 时代，若群集节点要执行关机操作的话必需要「手动」把群集节点进行暂停节点、移动组、移动服务或应用程序到另一个节点等手工操作程序（详细信息请参考 KB-174799)，或是环境中有创建 SCVMM 2008 R2 时则将 Hyper-V 主机放置到「Start Maintenance Mode」才行。

Windows Server 2012 当中完全简化这一切，把这些繁锁的手动操作步骤全都包含在「排出角色（Node Drain)」(或称为 Node Maintenance Mode）操作当中。当执行此操作时会对在线运行的 VM 虚拟机采用实时迁移（Live Migration）机制，并且依照 VM 虚拟机所配置的优先级进行转移操作，自动化地移动角色及工作负载（Role / Workloads）后关闭群集节点，避免其他群集节点把工作负载迁移过来。

18-1-1　Hyper-V 主机进入维护模式（排出角色）

Hyper-V 主机进入维护模式之前也就是要执行「排出角色（Node Drain)」的操作以前，让我们先来了解一下排出角色的自动化执行步骤有哪些:

（1）使该群集节点处于「暂停状态（Paused State)」(也就是进入维护模式)，以防止其他群集节点将「角色 Roles、工作负载 Workloads」迁移过来。

（2）根据 VM 虚拟机的「优先级 Priority」配置以及角色或工作负载进行迁移程序，迁移方式采用实时迁移（Live Migration）以及内存智能配置（Memory-Aware Intelligent Placement)，所以迁移期间并不会有 Downtime 事件发生。

（3）将角色依照优先级配置自动分配到故障转移群集中的「活动节点（Active Node)」以便继续运行。

（4）当该群集节点上所有角色及工作负载都迁移到其他群集节点时工作完成，即使群集节点重开机仍将维持暂停状态。

Node1 主机执行排出角色

目前 VM 虚拟机运行于 Node1 主机上，我们模拟因为故障转移群集中的 VM 虚拟机数量成长快速，所以 Hyper-V 物理主机必需要「关机」以增加内存模块，如图 18-1 所示。

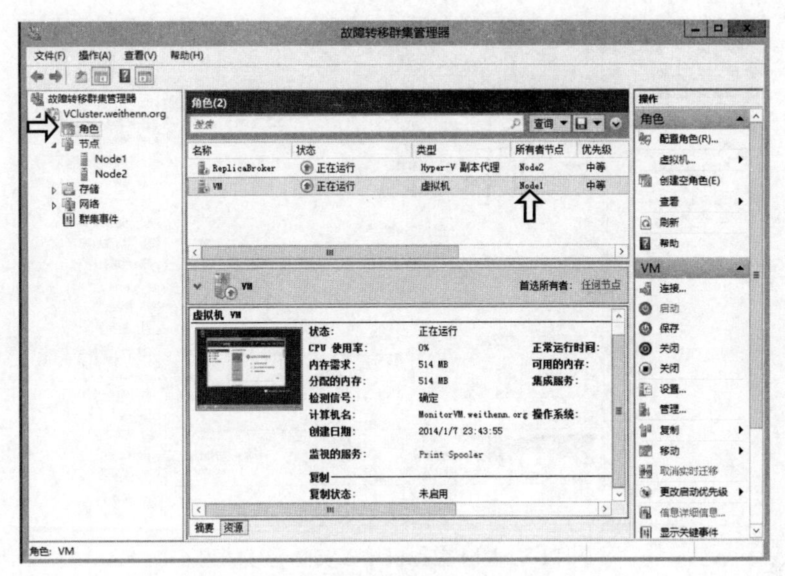

图 18-1　VM 虚拟机运行于 Node1 主机上

在「故障转移群集管理器」窗口中依次单击「节点>Node1>暂停>排出角色」选项，准备将其上运行的 VM 虚拟机及角色迁移到其他群集节点（请注意!! 如果选择「不排出角色」选项，那么就只是单纯地「暂停（Paused）」群集节点而不会迁移「角色及工作负载」），如图 18-2 所示。

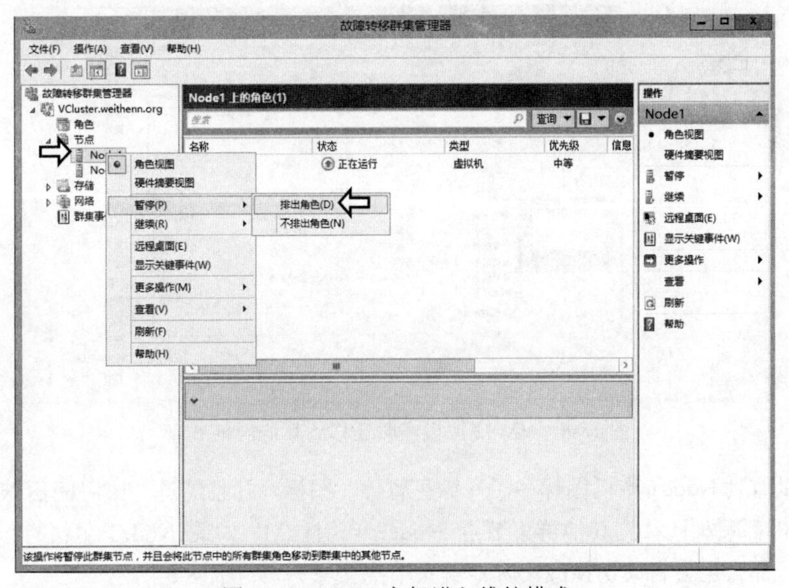

图 18-2　Node1 主机进入维护模式

此时会看到 VM 虚拟机的状态由原本的「正在运行」转变为「已将迁移排队」，也就是 Node1 主机上运行的 VM 虚拟机排入实时迁移队列准备迁移到其他群集节点，如图 18-3 所示。

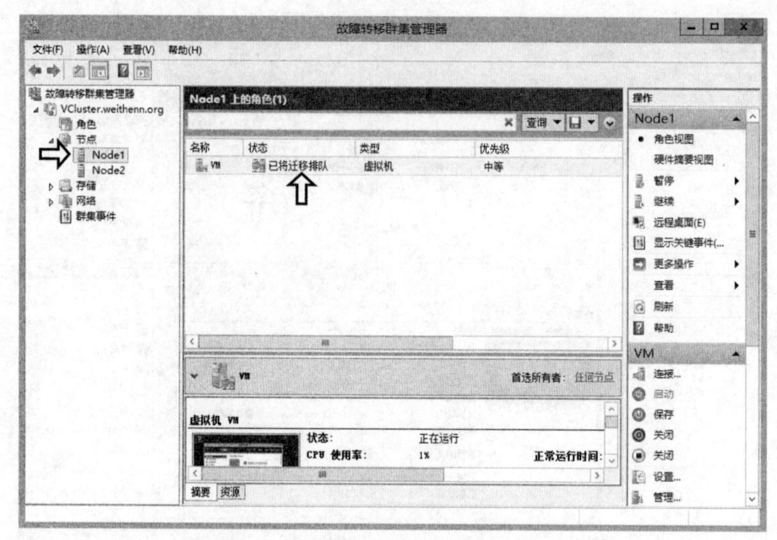

图 18-3　VM 虚拟机排入实时迁移队列

VM 虚拟机排入队列程序完毕后，此时便会依照 VM 虚拟机所配置的「优先级」来依次实时迁移到其他群集节点，如图 18-4 所示。

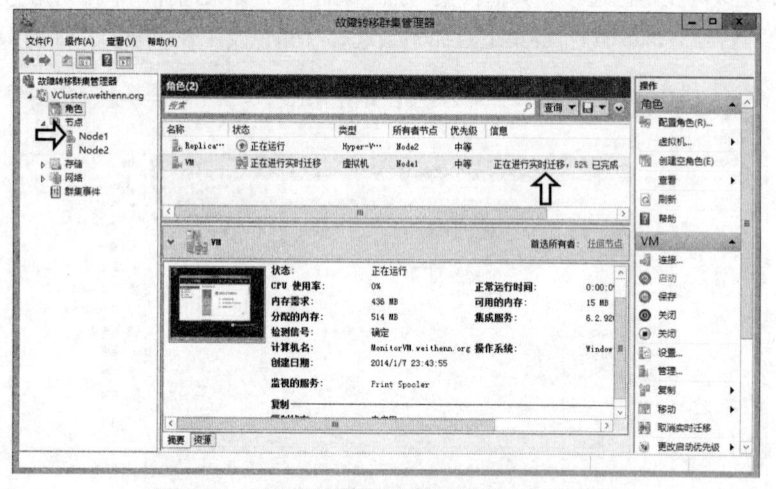

图 18-4　VM 虚拟机实时迁移到其他群集节点

此时可以看到 Node1 主机图标多了「绿色暂停」图标，并且经过一段时间后 Node1 主机上的 VM 虚拟机都顺利迁移到其他群集节点 Node2（请注意!! 如果 Node1 主机有担任群集硬盘所有者节点，那么也会自动切换改由其他群集节点接管），如图 18-5 所示。

我们可以尝试将 VM 虚拟机执行实时迁移回 Node1 主机，如图 18-6 所示。

如果选择「选择节点」实时迁移选项，那么在群集节点窗口当中将看不到进入维护模式的群集节点，此实验中因为只有两台群集节点所以便没有群集节点可显示，如图 18-7 所示。

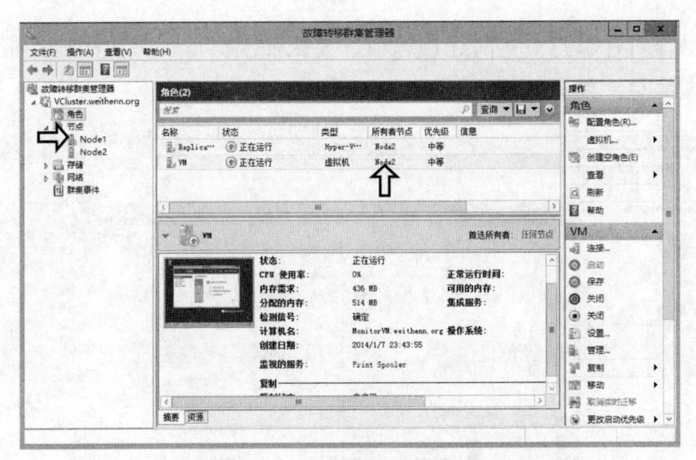

图 18-5 VM 虚拟机迁移完成

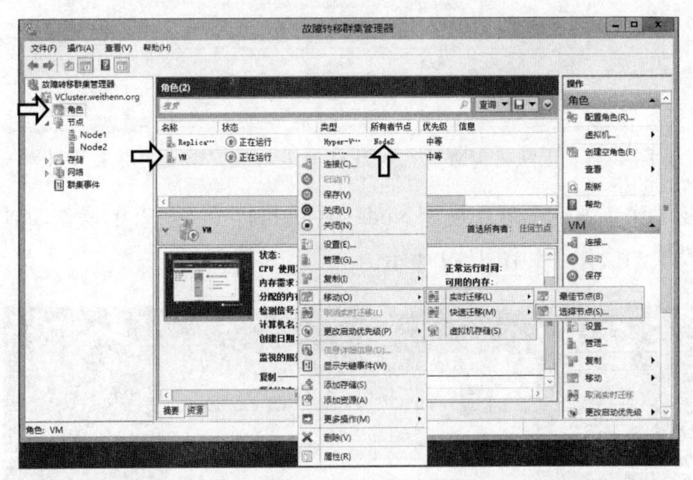

图 18-6 尝试将 VM 虚拟机迁移至进入维护模式的群集节点

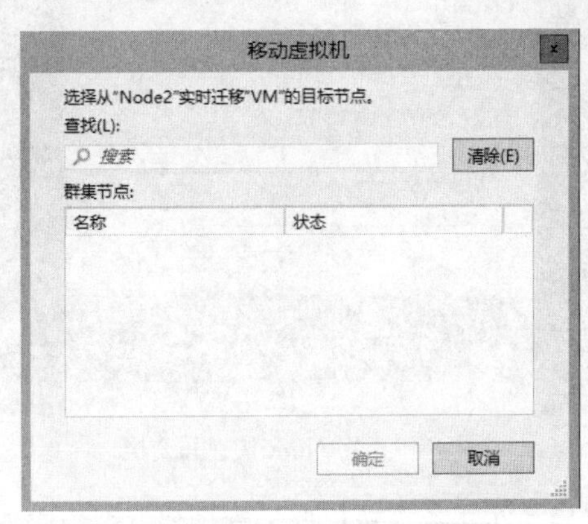

图 18-7 无法将 VM 虚拟机迁移至进入维护模式的群集节点

如果选择「最佳可行节点」实时迁移选项，尝试强制执行实时迁移则会显示「无法实时移转虚拟机」的错误信息，如图 18-8 所示。

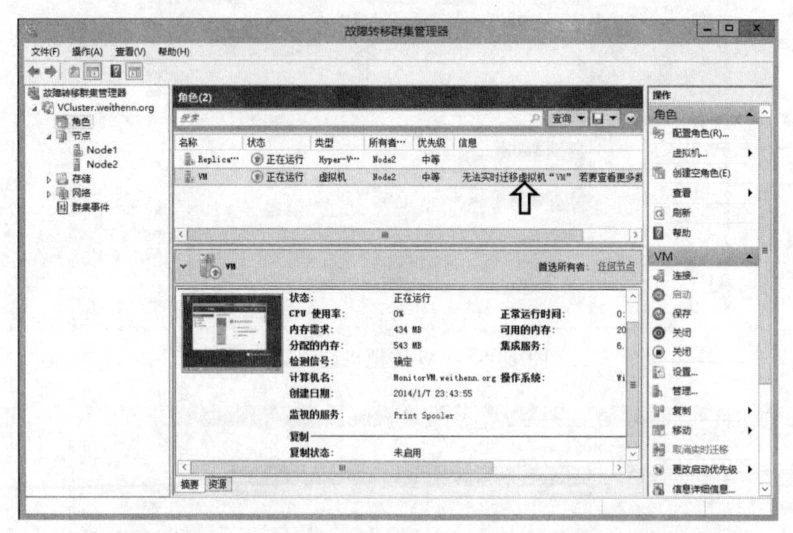

图 18-8　无法将 VM 虚拟机迁移至进入维护模式的群集节点

确认将角色及工作负载迁出后切换到 Node1 主机执行「关机」的操作，以便关闭物理主机后进行增加内存模块的操作，如图 18-9 所示。

图 18-9　将 Node1 主机关机

当 Node1 主机关机完毕后，在「故障转移群集管理器」窗口中 Node1 主机图标会呈现「红色下降」状态，如图 18-10 所示。

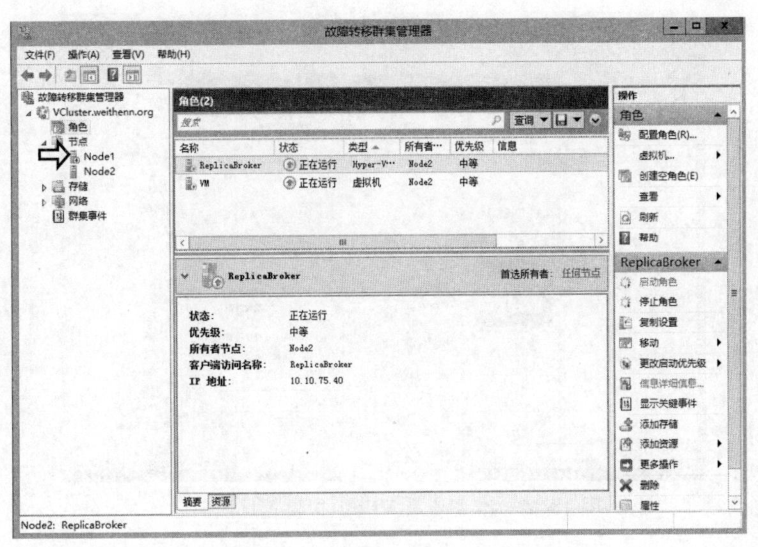

图 18-10　Node1 主机关机完成

当 Node1 主机将内存模块安装完毕之后请将 Node1 主机开机，当开机完成并确定相关服务启动正常后，在「故障转移群集管理器」窗口中 Node1 主机图标会呈现「绿色暂停」状态（表示仍维持在维护模式状态），如图 18-11 所示。

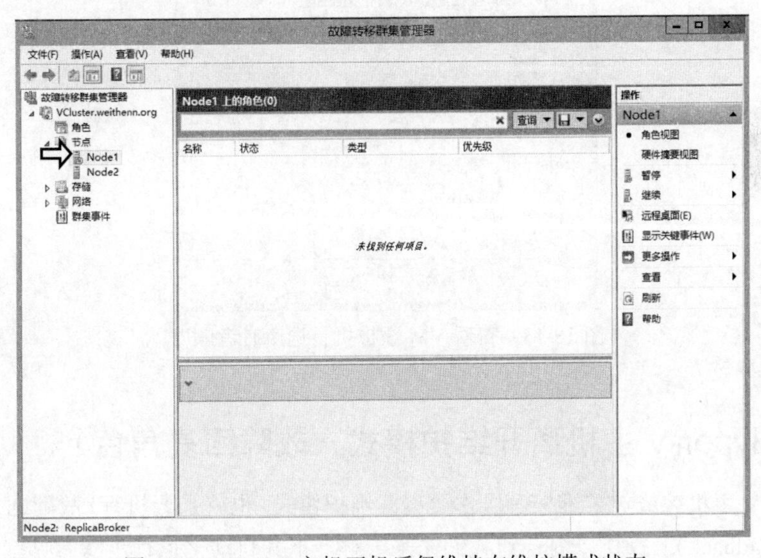

图 18-11　Node1 主机开机后仍维持在维护模式状态

因为此次实验中只有两台群集节点，所以当 Node1 主机执行排出角色操作时一定会移动角色及工作负载到 Node2 主机上，若是群集中有多台节点时则会自动进行判断，或是依照 VM 虚拟机的首选所有者配置来决定，如图 18-12 和图 18-13 所示。

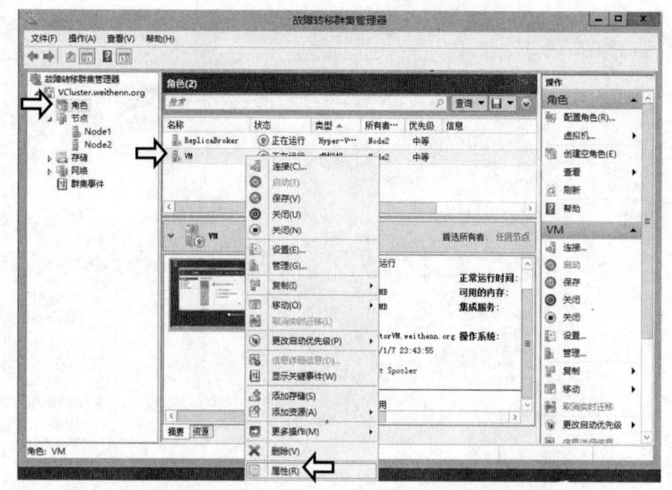

图 18-12　准备查看 VM 虚拟机首选所有者

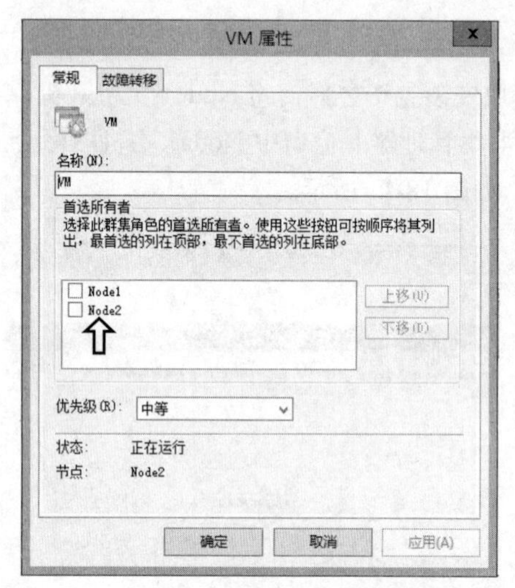

图 18-13　查看 VM 虚拟机首选所有者顺序

18-1-2　Hyper-V 主机离开维护模式（故障回复角色）

当 Hyper-V 主机完成年末维护等操作要离开维护模式，也就是要执行「故障回复角色（Node Resume with Failback）」操作以前，让我们先来了解一下其自动化执行步骤有哪些：

（1）移除群集节点的「暂停状态」，使得原本的角色及工作负载可以准备重新迁移回该群集节点当中。

（2）使用「故障恢复策略（Failback Policy）」机制将原本的角色及工作负载移回该群集节点当中。

Node1 主机执行故障回复角色

先前 VM 虚拟机原本在 Node1 主机上运行，但是因为 Node1 主机进入维护模式所以自动将 VM 虚拟机迁移到 Node2 主机上，现在 Node1 主机年末维护完毕离开维护模式。我们看看原本的 VM 虚拟机是否会自动迁移回来（因为 VM 虚拟机的首选所有者配置为先 Node1 接着才是 Node2）。

在「故障转移群集管理器」窗口中依次单击「节点>Node1>继续>故障回复角色」选项，准备将原本运行的 VM 虚拟机及角色迁移回来（请注意!! 如果选择「不故障回复角色」选项那么就只是单纯的状态「恢复 Resume」而不会转移「角色及工作负载」回来），如图 18-14 所示。

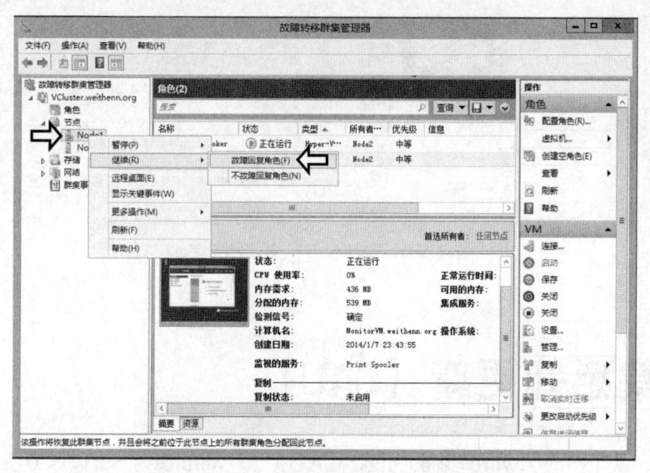

图 18-14　Node1 主机离开维护模式

此时会看到 VM 虚拟机的状态由「正在运行>已将迁移排队>正在进行实时迁移」，也就是 Node1 主机因为离开维护模式，群集开始将原本的角色及工作负载迁移回来，如图 18-15 所示。

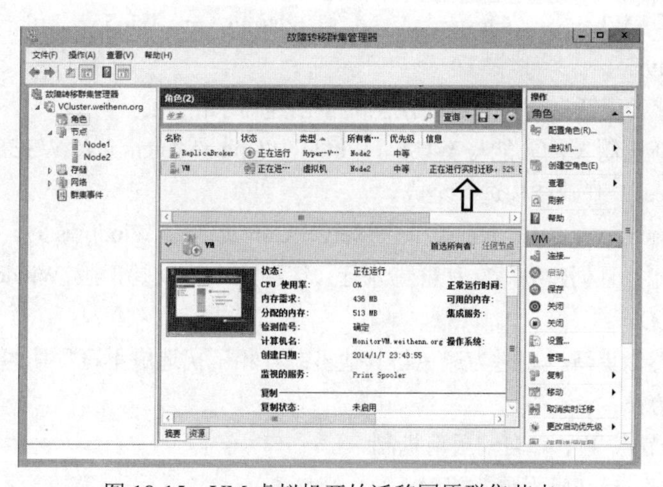

图 18-15　VM 虚拟机开始迁移回原群集节点

此时您可以看到 Node1 主机绿色暂停图标「消失」，并且经过一段时间原来在 Node1 主机上的 VM 虚拟机都顺利迁移回来了，如图 18-16 所示。

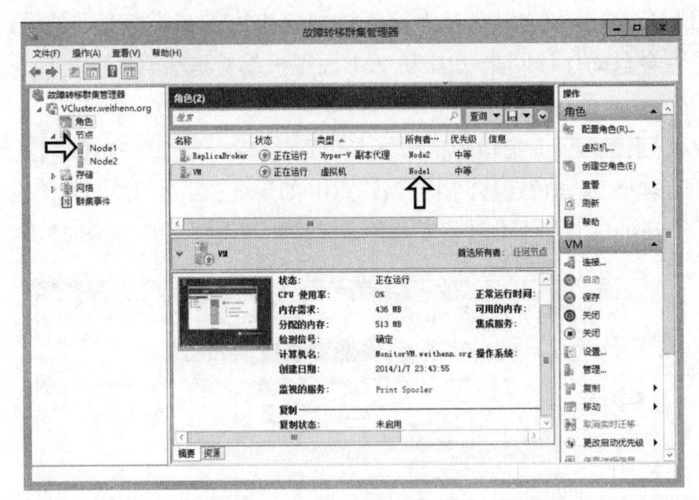

图 18-16　VM 虚拟机迁移完成

18-2　群集感知更新（CAU）

群集感知更新（Cluster-Aware Updating，CAU）为 Windows Server 2012 中故障转移群集的新功能，它能够让您自动化地完成群集节点的安全性更新，并且在安全性更新执行期间因为采用的是「透明模式（Transparently）」，所以并不会影响到群集节点的可用性。相关信息可参考 Microsoft TechEd 2012 VIR401-Hyper-V High-Availability & Mobility（http://goo.gl/jLSqB）、TechNet Blogs - What is Cluster Aware Updating in Windows Server 2012 Part 1（http://goo.gl/dGI9E）。

在创建群集感知更新机制时还需要注意如下创建需求信息：

- 群集感知更新机制 CAU 能与 WUA（Windows Update Agent）及 WSUS（Windows Server Update Services）基础结构进行集成。
- 支持 Windows Server 2012 所有版本含 Server Core（包括 Windows 8），但是必须安装故障转移群集功能并且创建故障转移群集才行（请注意!! 不支持旧版 Windows Server 2008 R2 及 Windows 7）。
- 当启用群集感知更新机制时为避免与其他机制互相干扰造成不可预期的错误，请停用其他安全性更新方法：
  - 停用群集节点 WUA 自动更新机制
  - 停用 WSUS 自动应用更新配置

- 停用 SCCM 将更新自动应用配置

群集感知更新（CAU）运行流程（见图 18-17）：

（1）通过群集 API 来协调故障转移作业，以群集内部衡量标准搭配智能定位启发学习机制，并且依据群集节点工作负载情况来自动选择目标群集节点。

（2）将目标群集节点「进入」维护模式也就是执行「排出角色（Node Drain）」的操作，将其群集角色以及工作负载进行迁移（包含群集硬盘转移）。

（3）群集节点将执行扫描、下载、安装安全性更新的操作，如果有需要会自动重新启动群集节点以使应用生效。

（4）重新启动群集节点后会再次进行扫描、下载、安装安全性更新直到没有需要下载及安装安全性更新为止（依赖性安全性更新侦测）。

（5）将该台群集节点「退出」维护模式也就是执行「故障回复角色（Node Resume with Failback）」，将群集角色以及工作负载迁移回来。

（6）对故障转移群集中下一台群集节点进行一样的操作，直到故障转移群集中所有群集节点都完成安全性更新为止。

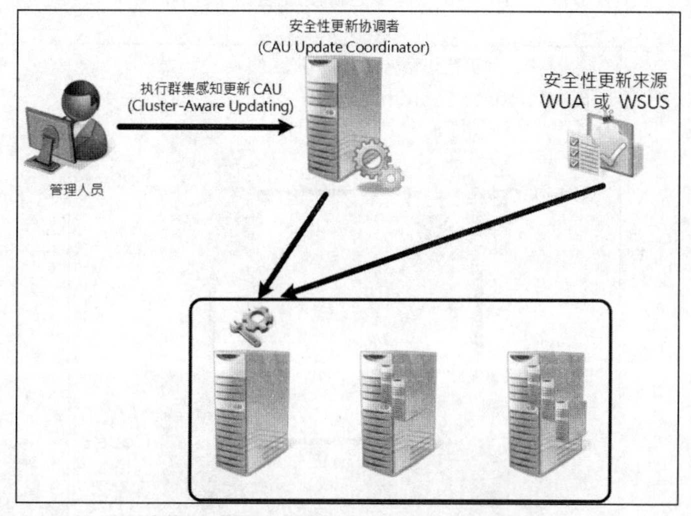

图 18-17　群集感知更新运行示意图

群集感知更新支持的两种更新模式：

（1）远程更新模式（Remote-Updating Mode）：系统默认值，简单来说就是「手动更新」机制，在同一时间只会有一台群集节点成为「安全性更新协调者（CAU Update Coordinator）」CAU 角色，如图 18-18 所示。

（2）自行更新模式（Self-Updating Mode）：需要添加 CAU 群集角色并且按照自行定义的配置文件及执行时间自动运行，简单来说为「自动更新」机制，如图 18-19 所示。

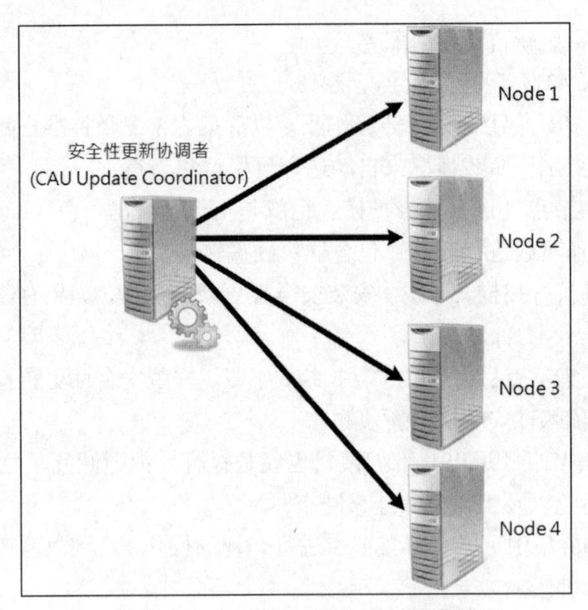

图 18-18　远程更新模式运行示意图

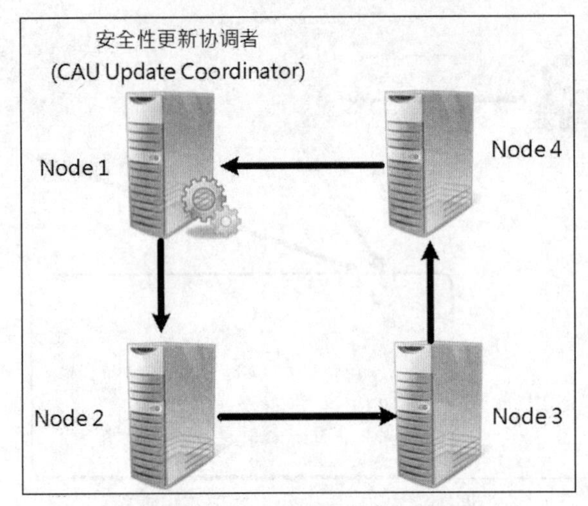

图 18-19　自行更新模式运行示意图

18-2-1　执行群集感知更新

由于为群集节点自动化安装安全性更新还是有一定程度的风险（例如会不会自动更新完毕后造成群集运行出状况等），因此笔者建议采用「远程更新模式（Remote-Updating Mode）」，也就是您应该安排维护时间，并且在维护期间以「手动」方式为群集节点安装安全性更新的操作，以便发生任何状况时可以立即处理。

下列实验也将以远程更新模式进行说明，此外由于目前实验环境中并没有创建 WSUS 更新服务器，因此将以搭配 WUA（Windows Update Agent）方式进行群集感知更新机制的实验演练。

1. 确认是否具备群集感知更新模块

在执行群集感知更新的操作以前，可以先使用 PowerShell 命令「Get-Command –Module ClusterAwareUpdating」查看是否已经具备群集感知更新模块，如图 18-20 所示。

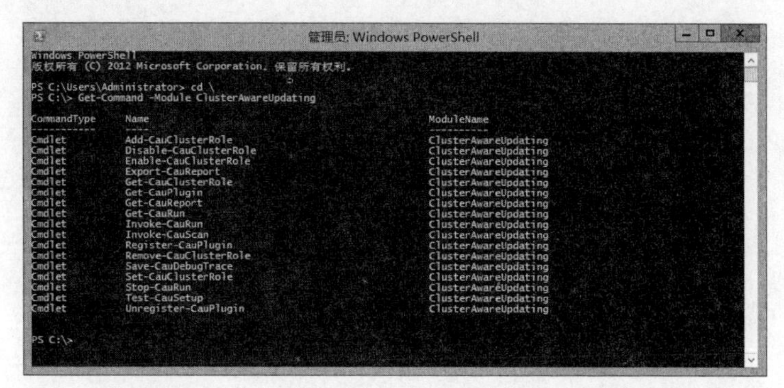

图 18-20　查看是否已经具备群集感知更新模块

2. 执行群集感知更新

在 DC 主机打开故障转移群集管理器，打开后依次单击「VCluster.weithenn.org>更多操作>群集感知更新」选项，准备执行群集感知更新机制，如图 18-21 所示。

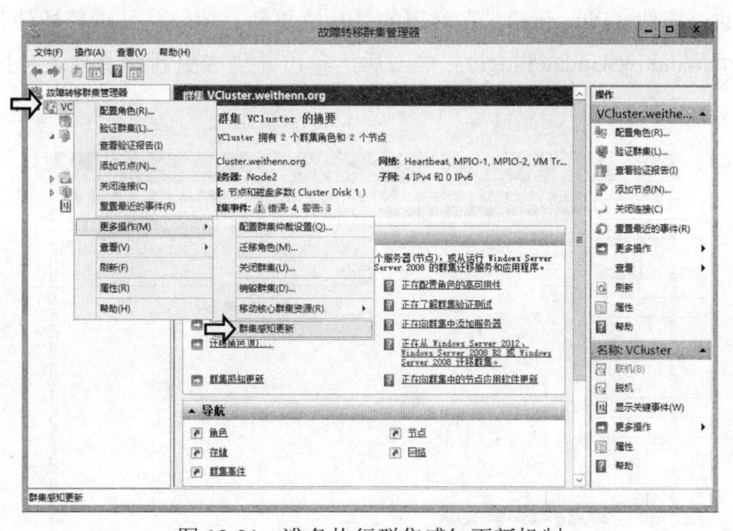

图 18-21　准备执行群集感知更新机制

在弹出的「群集感知更新」窗口中可以看到相关信息以及可执行的群集操作选项（见图 18-22）：

- 将更新应用于此群集：以「手动」方式启动群集感知更新机制。

- 预览此群集的更新：立即检查群集节点是否需要安装安全性更新(通过 WUA 或 WSUS)。
- 创建或修改更新运行配置文件：创建或修改群集感知更新配置文件（自行更新模式）。
- 生成有关过去更新运行的报告：创建群集感知更新执行期间的报告。
- 配置群集自我更新选项：配置及执行群集感知更新（自行更新模式）。
- 分析群集更新就绪情况：分析群集和角色使群集感知更新没有 Downtime(自行更新模式)。

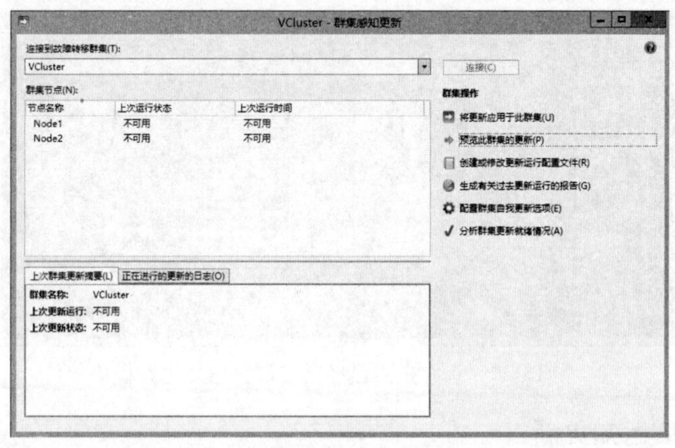

图 18-22　群集感知更新窗口及群集操作选项

在「群集感知更新」窗口中单击「预览此群集的更新」选项，准备为群集节点执行更新操作选择所使用的「插件（Plug-in)」，在弹出的「预览更新」窗口从「选择插件」下拉列表框中选择「Microsoft.WindowsUpdatePlugin」单击后，单击「生成更新预览列表」按钮即可，如图 18-23 所示。

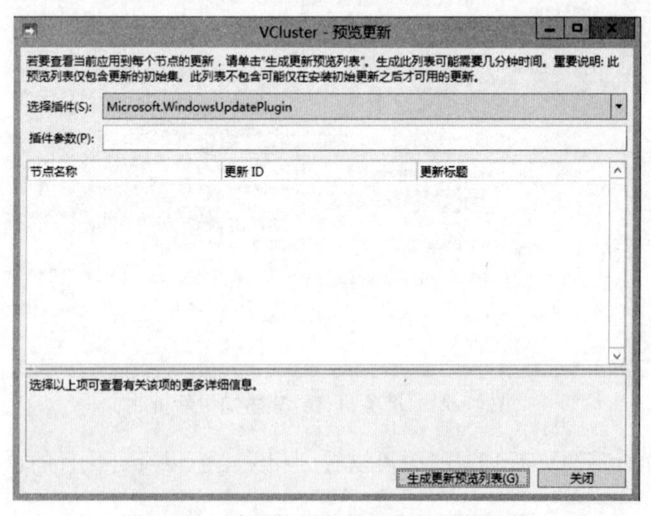

图 18-23　选择执行更新操作使用的插件

此时将会「分析、扫描」群集节点所需要下载及安装的安全性更新项目并且以列表的方式呈现，当选择更新项目时还可以查看该更新的说明内容，查看完毕后单击「关闭」按钮即可，如图 18-24 所示。

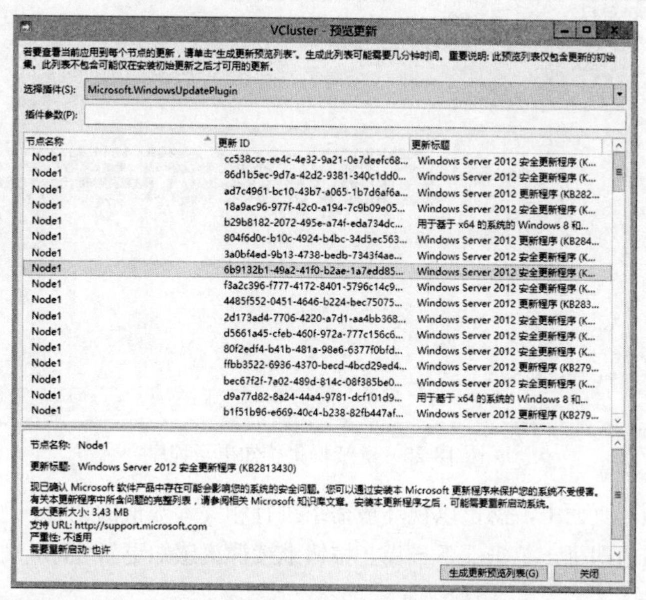

图 18-24　分析及扫描群集节点所需要的安全性更新项目

了解所需下载及安装的安全性更新项目后，在「群集感知更新」窗口中单击「将更新应用于此群集」选项，准备执行群集感知更新操作，如图 18-25 所示。

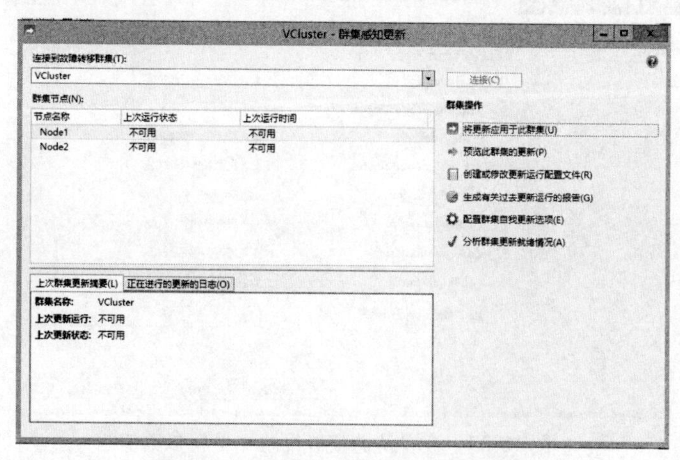

图 18-25　准备执行群集感知更新操作

在弹出的「群集感知更新向导」窗口中，单击「下一步」按钮继续群集感知更新程序，如图 18-26 所示。

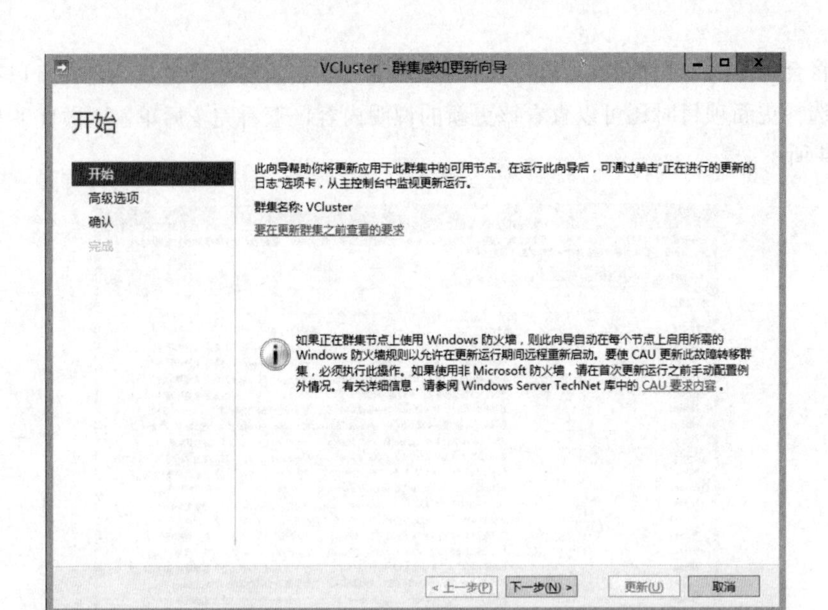

图 18-26　继续群集感知更新程序

在「高级选项」页面中，您可以视环境需求进行相关参数值的调整，例如使用的插件等，本实验中使用默认值即可，单击「下一步」按钮继续群集感知更新程序，如图 18-27 所示。

图 18-27　查看及调整群集感知更新参数值

在「其他更新选项」页面中，确认勾选「推荐更新的接收方式和重要更新的接收方式相同」选项后单击「下一步」按钮继续群集感知更新程序，如图 18-28 所示。

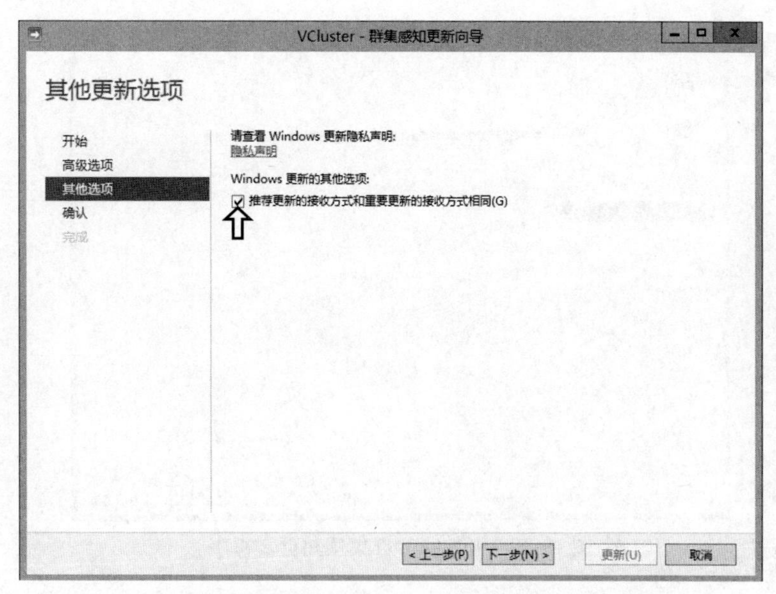

图 18-28　勾选「推荐更新的接收方式和重要更新的接收方式相同」

在「确认」页面中，再次检查相关的选项配置值确认执行群集感知更新程序单击「更新」按钮即可，如图 18-29 所示。

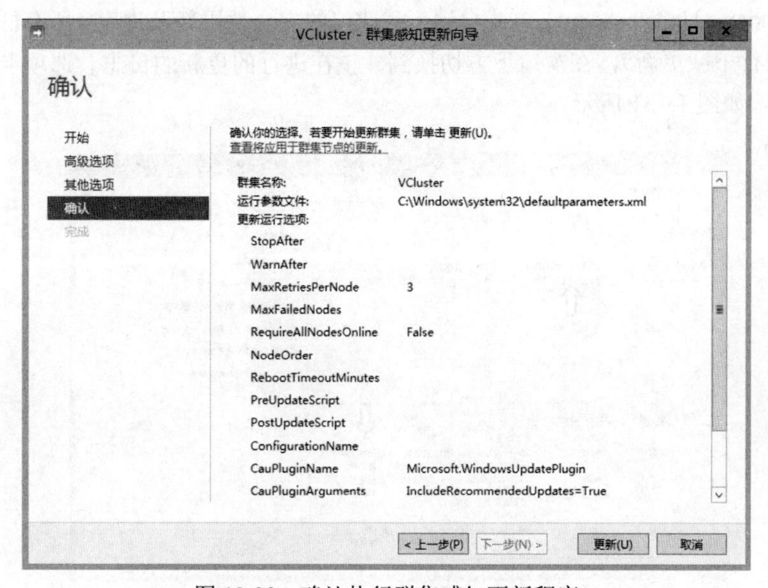

图 18-29　确认执行群集感知更新程序

在「完成」页面中，系统会提醒您已经开始执行群集感知更新程序了，可以单击「关闭」按钮回到控制台观察更新进度，如图 18-30 所示。

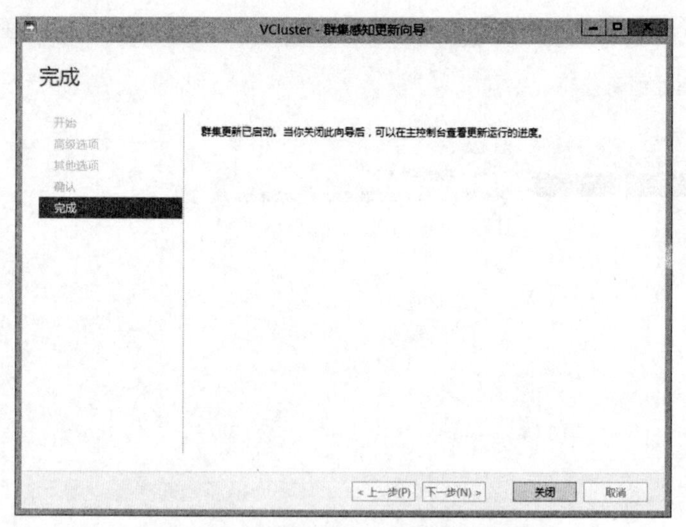

图 18-30　开始执行群集感知更新程序

18-2-2　群集节点下载安全性更新

当群集感知更新程序开始执行后，回到「群集感知更新」窗口中可以看到群集节点已经通过 WUA（Windows Update Agent）方式自动下载建议的安全性更新及进度（所有群集节点同时通过 WUA 自行下载更新），在窗口下方切换到「正在进行的更新的日志」选项卡还可看到详细的运行信息，如图 18-31 所示。

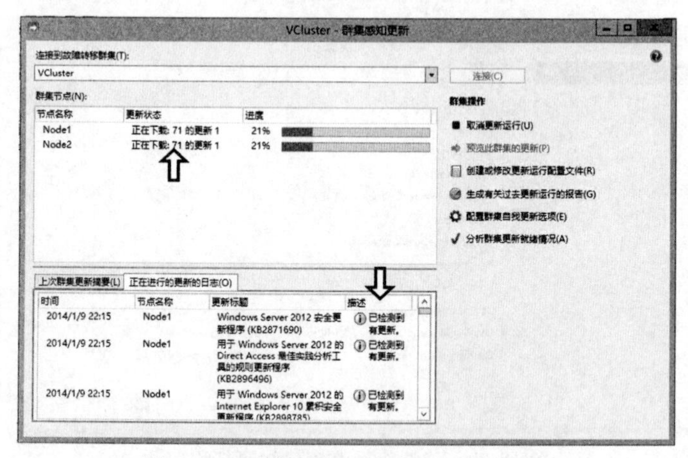

图 18-31　群集节点开始下载安全性更新

在窗口中可以看到，当 Node2 主机下载安全性更新完毕后「自动进入维护模式」，此时 Node1 主机正在等待下载安全性更新当中，如图 18-32 所示。

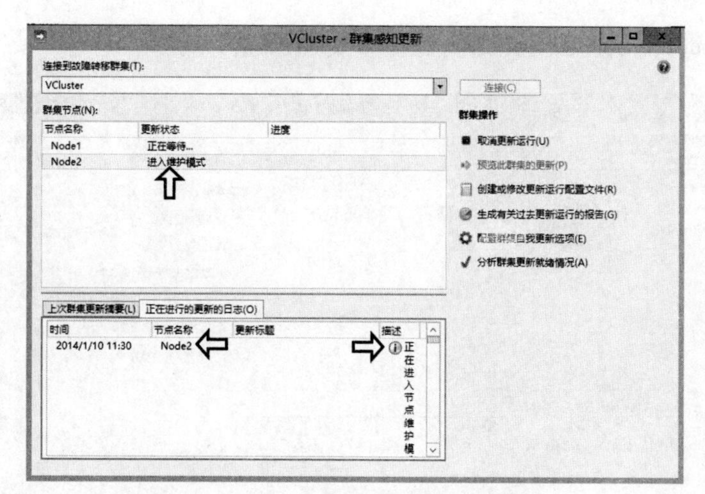

图 18-32　Node2 主机自动进入维护模式

此时回到「故障转移群集管理器」窗口中，可以看到 Node2 主机正在执行「排出角色（Node Drain）」的操作，将其群集角色以及工作负载进行迁移，包含群集硬盘转移操作（Node2 图标呈现暂停状态），如图 18-33 所示。

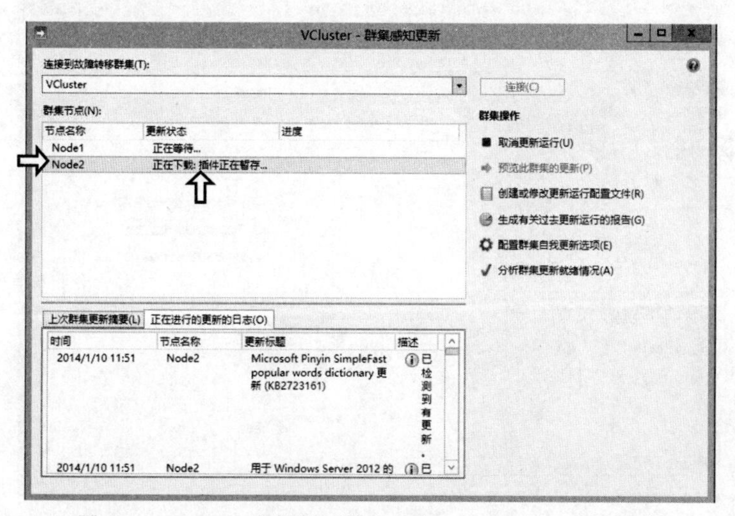

图 18-33　Node2 主机执行排出角色（Node Drain）的操作

经过一段迁移时间后 Node2 主机顺利将角色及工作负载迁移到其他群集节点当中，如图 18-34 所示。

18-2-3　主机安装安全性更新

当 Node2 主机顺利将角色及工作负载迁移到其他群集节点后，此时在「群集感知更新」窗口中可以看到 Node2 主机正在安装安全性更新，如图 18-35 所示。

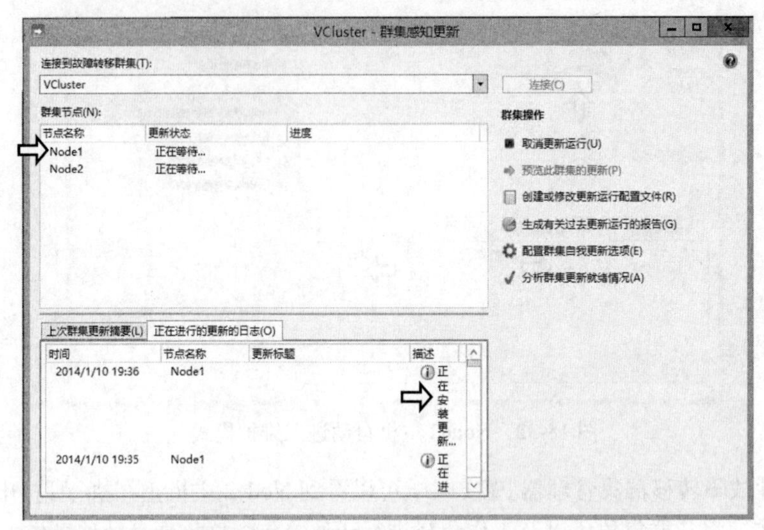

图 18-34　Node2 主机顺利将角色及工作负载迁移到其他群集节点

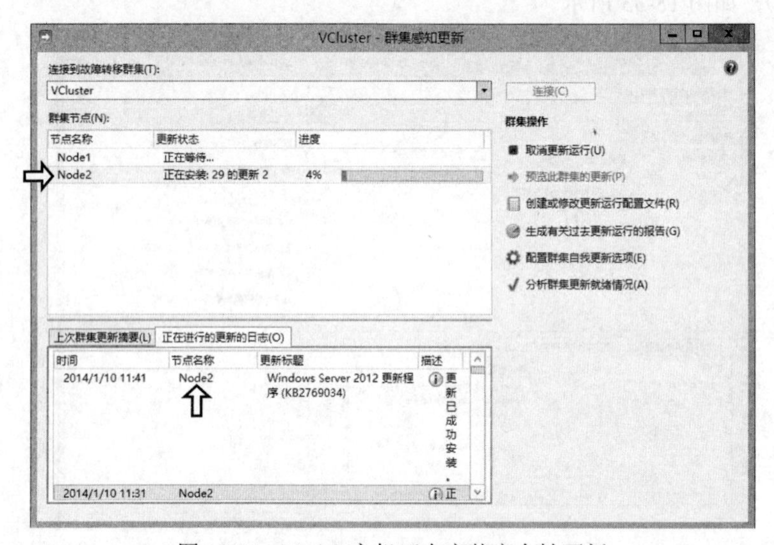

图 18-35　Node2 主机正在安装安全性更新

由于所安装的安全性更新必需要重新启动主机才能应用生效，因此当 Node2 主机安装完安全性更新后便「自动重新启动」主机，如图 18-36 所示。

此时切换到 Node2 主机可以发现正在执行重新启动程序当中，如图 18-37 所示。

当 Node1 主机重新启动期间在「故障转移群集管理器」窗口中，看到 Node2 主机图标由原本的「绿色暂停」转变为「红色下降」，表示该群集节点目前为失联的状态，如图 18-38 所示。

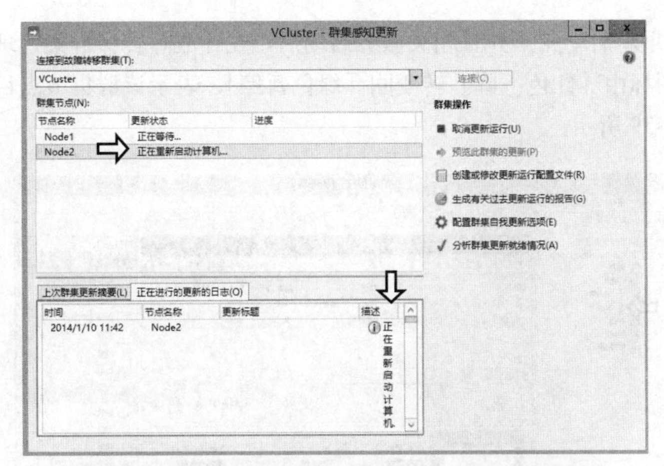

图 18-36　Node2 主机安装完安全性更新后自动重新启动

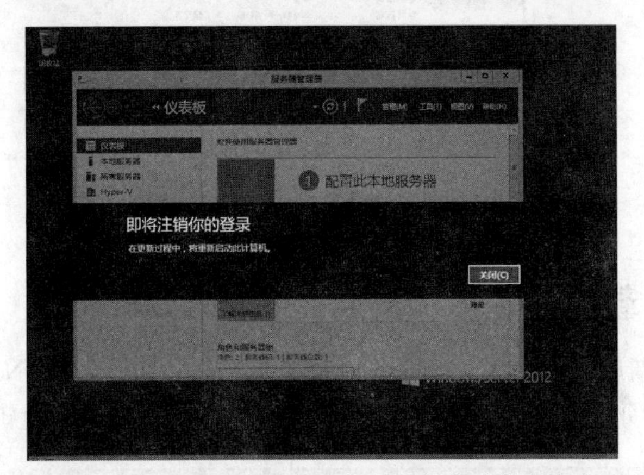

图 18-37　Node2 主机正在执行重新启动程序当中

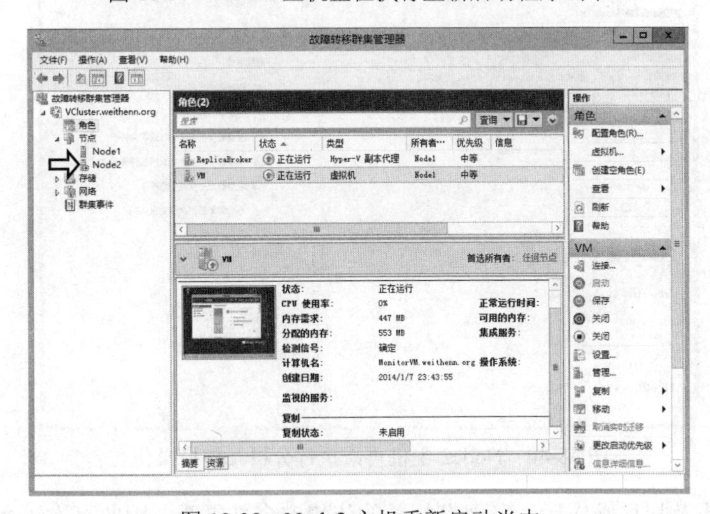

图 18-38　Node2 主机重新启动当中

当 Node2 主机重新启动完毕并且相关服务启动后，在「故障转移群集管理器」窗口中可以看到 Node2 主机图标由「红色下降」转变回「绿色暂停」，表示该群集节点目前已经重新回到群集当中，如图 18-39 所示。

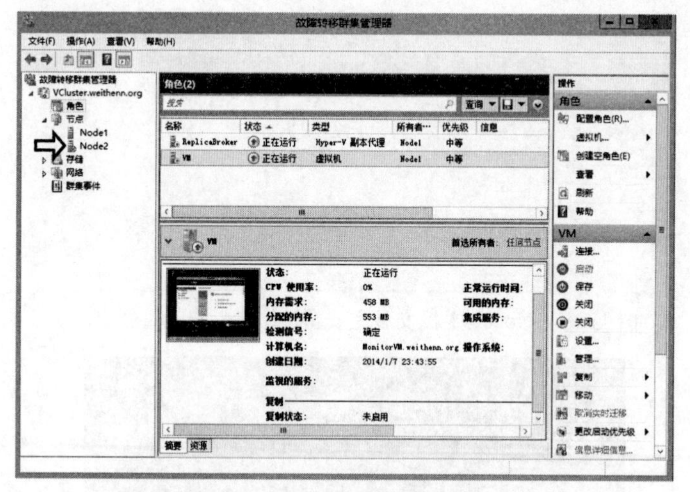

图 18-39　Node2 主机重新回到群集当中

18-2-4　主机下载及安装依赖安全性更新

当 Node2 主机重新启动完毕后，在「群集感知更新」窗口中可以看到 Node2 并未离开维护模式，而是「再次」执行分析及扫描操作，以确保是否有需要的依赖安全性更新，如图 18-40 所示。

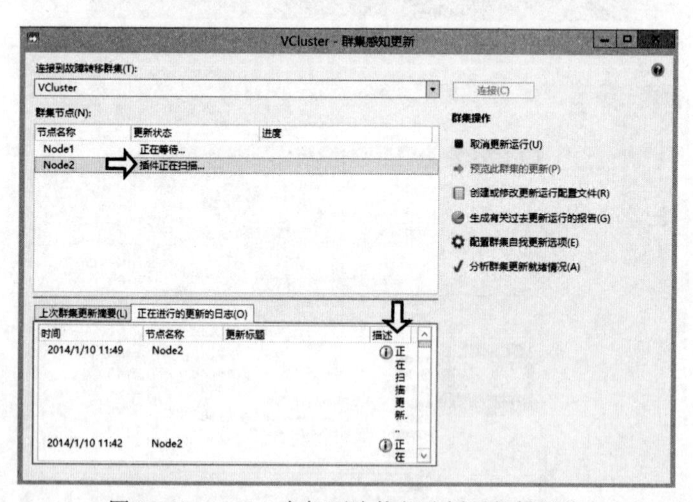

图 18-40　Node2 主机再次执行分析及扫描操作

再次执行分析及扫描操作后，发现有相关的依赖安全性更新，因此再次进行下载更新的操作，如图 18-41 所示。

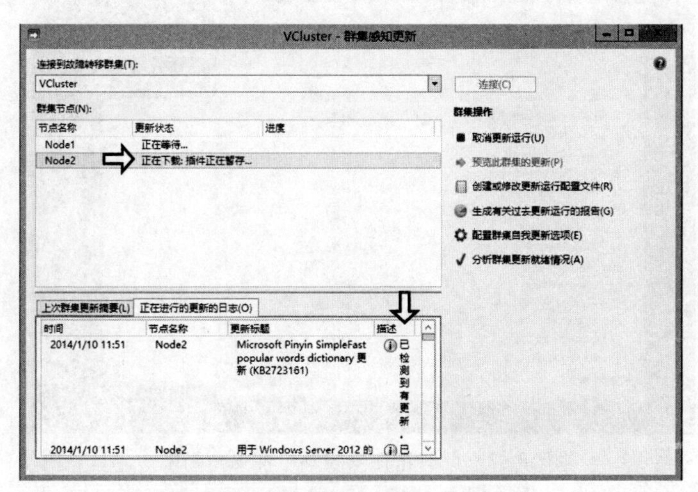

图 18-41　再次进行下载更新的操作

下载依赖安全性更新完毕后自动进入安装程序，如图 18-42 所示。

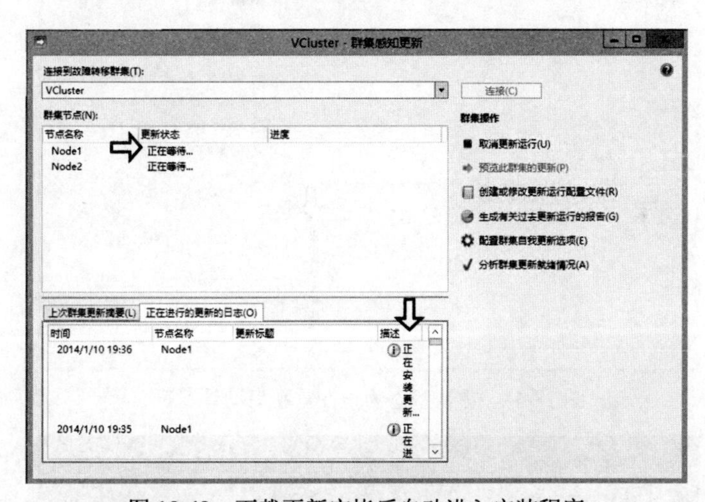

图 18-42　下载更新完毕后自动进入安装程序

此时可以切换到 Node1 主机打开任务管理器，可以看到有一个程序「Windows Modules Installer Worker」正占用大量计算资源，表示此时正在安装安全性更新当中，如图 18-43 所示。

在安装的依赖安全性更新列表中可以看到，提示需要重新启动主机以使应用生效。

因此当依赖安全性更新安装完毕后，更新状态又更改为「正在重新启动计算机」，如图 18-44 所示。

此时切换到 Node2 主机确认真的又在执行重新启动计算机，如图 18-45 所示。

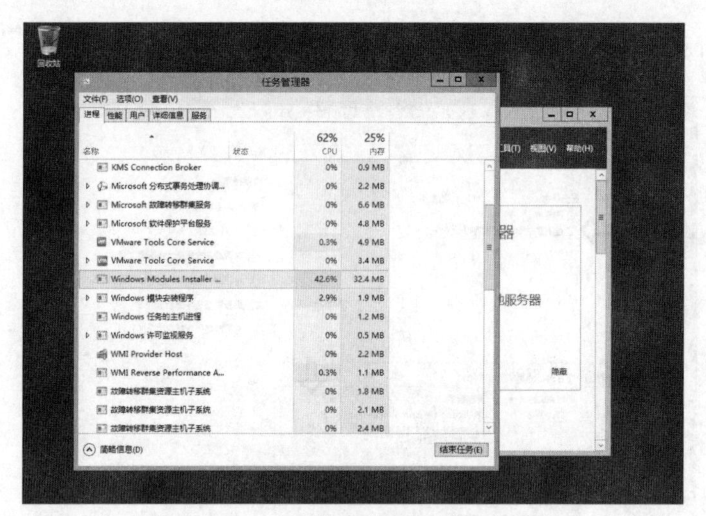

图 18-43　此时正在安装安全性更新当中

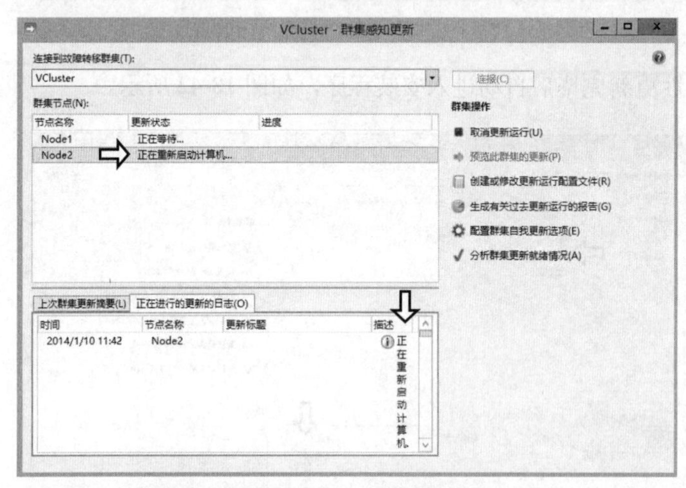

图 18-44　更新状态为正在重新启动计算机

图 18-45　Node2 主机再次重新启动

当 Node2 主机重新启动完毕后，再一次执行分析及扫描操作以确认是否有依赖安全性更新，如图 18-46 所示。

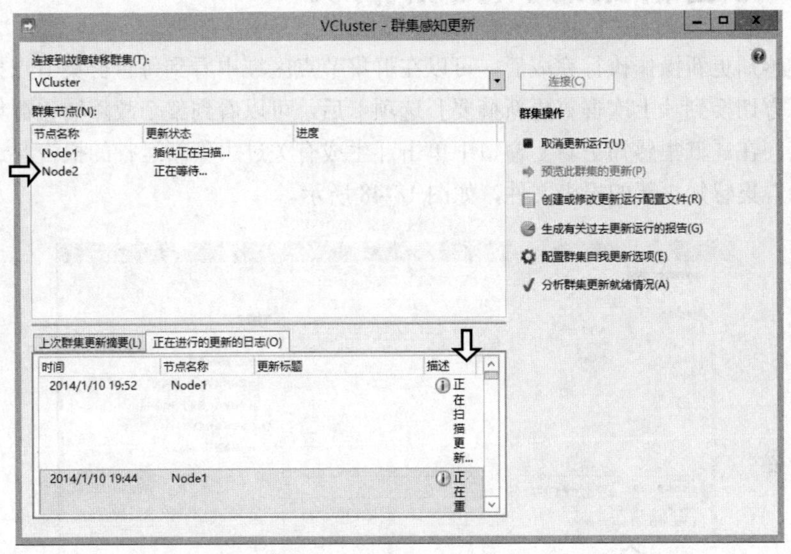

图 18-46　再一次分析及扫描确认是否有依赖安全性更新

分析及扫描操作完成后，发现 Node2 主机已经不需要下载及安装任何安全性更新，便自动执行「故障回复角色（Node Resume with Failback）」机制将群集角色以及工作负载迁移回来（离开维护模式）并且更新状态将显示为「成功」。

此时在「群集感知更新」窗口中，可以看到所有的群集节点已经都「成功」执行更新操作，并且在日志窗口中也看到更新执行成功并将报告存储到群集节点的信息，如图 18-47 所示。

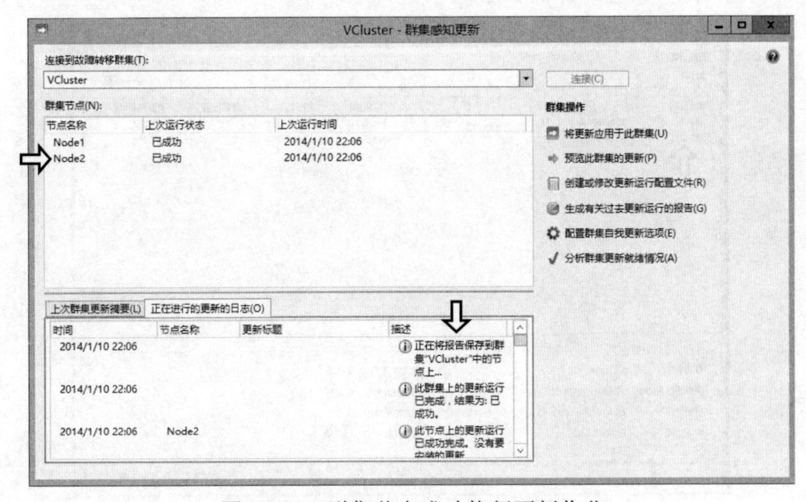

图 18-47　群集节点成功执行更新作业

18-3 导出群集感知更新报表

当群集感知更新操作执行完成后，可以在群集节点区域中看到每台群集节点执行更新的时间，而在下方切换到「上次群集更新摘要」选项卡后，可以看到整个故障转移群集的更新状态以及时间点。在「群集感知更新」窗口中单击「生成有关过去更新运行的报告」选项，以便导出此次执行群集感知更新的报表文件，如图 18-48 所示。

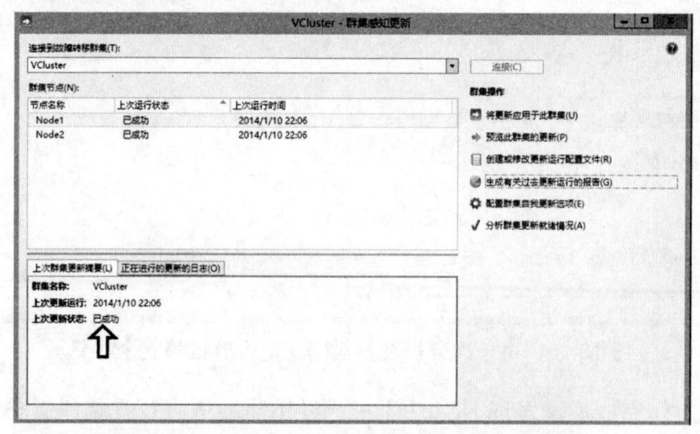

图 18-48　导出此次执行群集感知更新的报表文件

在弹出的「产生更新执行报告」窗口当中，可以选择开始及结束的日期时间，在时间区域当中将会显示执行群集感知更新的选项以及摘要信息，此实验中因为只执行一次群集感知更新因此只有一个选项可选，单击「导出报告」按钮来执行报表文件导出的操作，如图 18-49 所示。

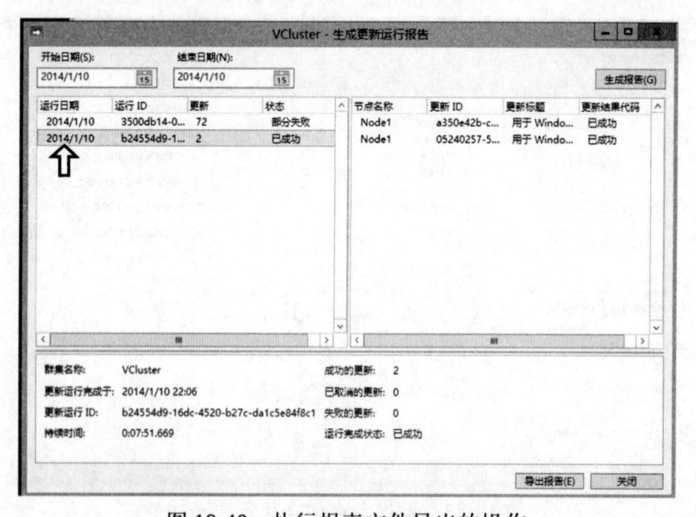

图 18-49　执行报表文件导出的操作

在弹出的「报告导出为」窗口中，输入此次导出报表的「文件名」(此实验为 Report）以及选择导出「路径」(此实验为存储于桌面）后单击「保存」按钮即可，如图 18-50 所示。

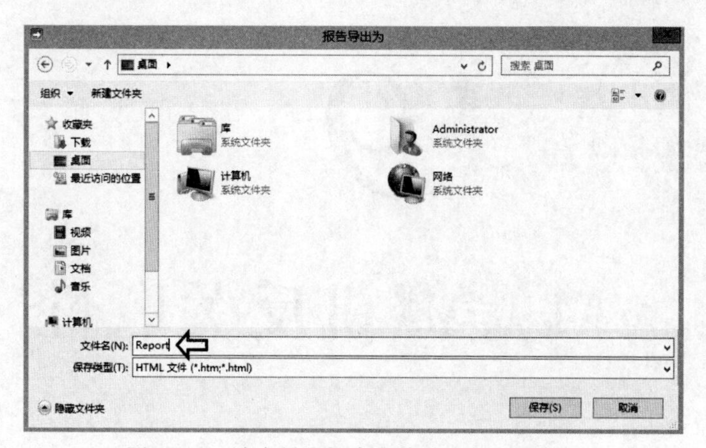

图 18-50　决定导出报表文件名称及存储路径

单击导出的报表文件（Report.htm）后便会显示执行群集感知更新的详细信息，包括群集名称、更新完成时间、更新执行时间、已成功安装的更新数量、安全性更新说明信息等，如图 18-51 所示。

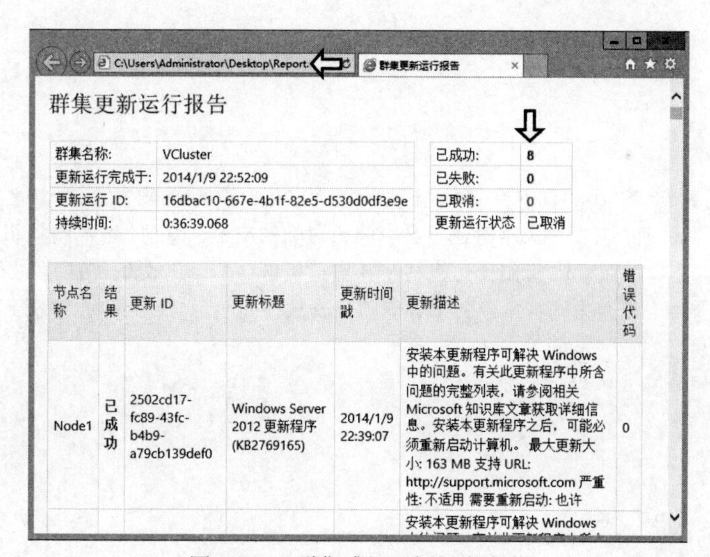

图 18-51　群集感知更新报表内容

Chapter 19

VM 虚拟机反关联性

当创建了 Guest Clustering 机制的两台 VM 虚拟机安放在同一台 Hyper-V 主机上，当发生灾难时还是会有停机时间的产生，通过「VM 虚拟机反关联（Anti-Affinity）」机制便可以将 VM 虚拟机自动「分开放置」在不同的群集节点当中，以避免同样角色的 VM 虚拟机安放在同一台 Hyper-V 主机上的困扰发生。

19-1 VM 虚拟机反关联性（Anti-Affinity）

当故障转移群集当中的Hyper-V 群集节点主机以及VM虚拟机数量越来越多时可能会发生一个状况？例如您在故障转移群集当中创建两台 VM 虚拟机的高可用性 DHCP 服务器，但是这两台 VM 虚拟机若是存储于「同一台」群集节点主机时，若该群集节点主机发生「非计划性故障」灾难事件，虽然会通过故障转移群集当中的快速迁移（Quick Migration）机制，自动将这两台 VM 虚拟机迁移到其他存活的群集节点继续运行。

但是我们知道快速迁移机制是有「停机时间（Downtime）」的，因此虽然创建了两台高可用性 DHCP 服务器，但是却因为安放在同一台群集节点主机并发生非计划性故障灾难事件因此还是造成了短暂的停机时间，那么有没有机制可以配置将 VM 虚拟机自动「分开放置」在不同的群集节点当中呢？有的!!「VM 虚拟机反关联（Anti-Affinity）」机制就可以为您解决这样的困扰。

沿用上例，您只要在那两台 VM 虚拟机当中定义「群集属性（AntiAffinityClassName）」参数值，那么当 VM 虚拟机在进行迁移作业时只要判断到该群集节点当中有相同 VM 虚拟机具备相同的 AntiAffinityClassName 参数值，便会将 VM 虚拟机「自动分散」到故障转移群集中的所有群集节点，也就是「尽量避免」将 VM 虚拟机放置在同一台群集节点当中（举例来说，如果群集节点只有三台，但是却有四台 VM 虚拟机，那么即使配置此属性还是会有重复放置的情况）。

以图 19-1 的 VM 虚拟机反关联（Anti-Affinity）运行示意图为例，正常情况下当 VM 虚拟机进行迁移时默认会迁移到负载较「小」的群集节点，但因为查看到负载较少的群集节点当中有「相同」AntiAffinityClassName 参数值配置的 VM 虚拟机，因此便将 VM 虚拟机迁移到负载较「高」的群集节点当中。

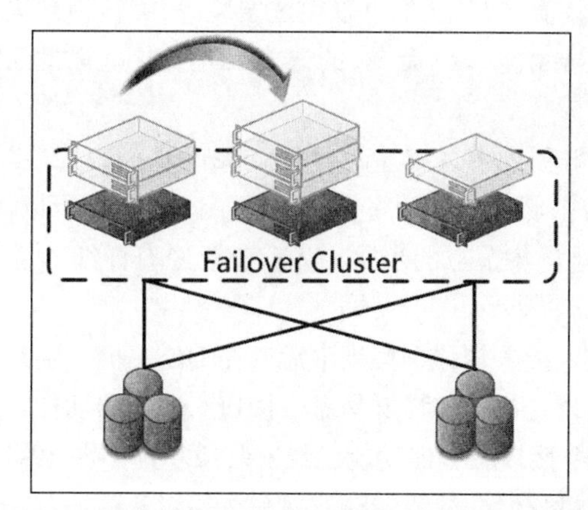

图 19-1　VM 虚拟机反关联（Anti-Affinity）运行示意图

若您的虚拟化环境当中有创建 SCVMM 2012 SP1 的话，那么可以在 GUI 图形接口中配置该台 VM 虚拟机的「Availability Sets」属性值，若是没有创建 SCVMM 2012 SP1 的话也没关系，可以使用 PowerShell 命令来进行配置，如图 19-2 所示。

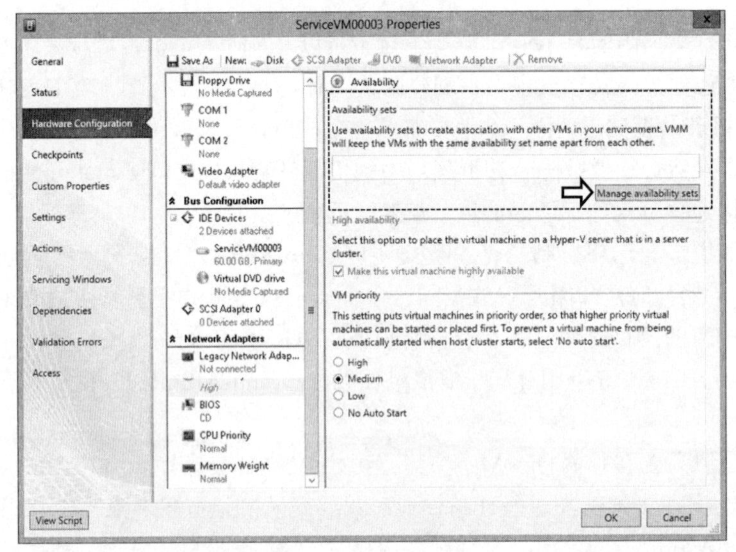

图片来源：Microsoft TechEd 2012 MGT327-Protection and Recovery Using New Capabilities of Windows Server 2012 and Microsoft System Center 2012 SP1（http://goo.gl/LsjOq）

图 19-2 使用 SCVMM 2012 SP1 配置 VM 虚拟机 Anti-Affinity 机制

19-2 安装故障转移群集命令接口功能

虽然在 Windows Server 2012 当中并没有 GUI 图形接口可以配置 VM 虚拟机的 AntiAffinityClassName 参数值，但是我们可以通过安装「故障转移群集命令接口（Failover Cluster Command Interface）」服务器功能，以「命令」的方式来为 VM 虚拟机配置 AntiAffinityClassName 参数值。

由于目前在故障转移群集当中只有「两台（Node1、Node2）」群集节点，因此无法有效实验此章节内容（只有两台群集节点时一定是迁移至另一台），所以请创建「第三台群集节点（Node3）」，然而因为创建群集节点的步骤在先前都已经有详细的说明，因此在此便不再赘述以避免不必要的内容重复。

顺利将 Node3 主机加入故障转移群集当中后，在 DC 主机分别为群集节点主机安装服务器功能，先为 Node1 主机安装「故障转移群集命令接口」服务器功能，如图 19-3 所示。

确认故障转移群集命令接口服务器功能已经安装成功，如图 19-4 所示。

同样的也为 Node2 主机安装「故障转移群集命令接口」服务器功能，如图 19-5 所示。

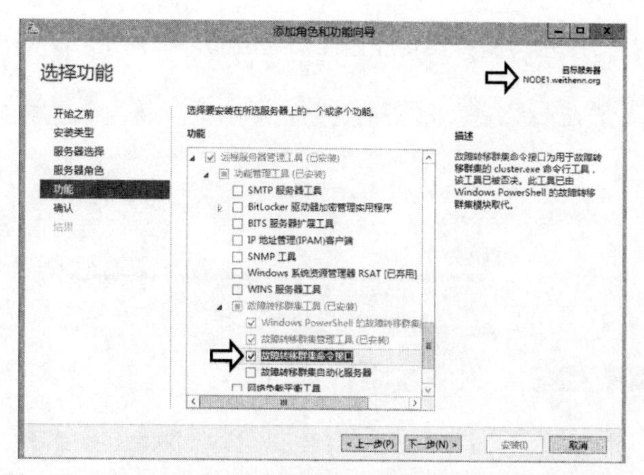

图 19-3　Node1 主机安装故障转移群集命令接口服务器功能

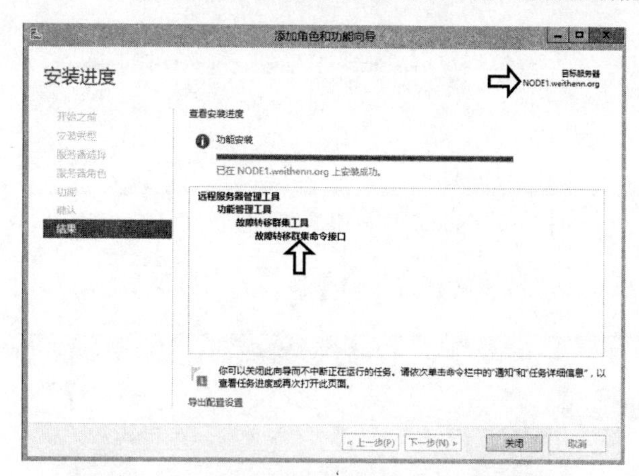

图 19-4　Node1 主机服务器功能已经安装成功

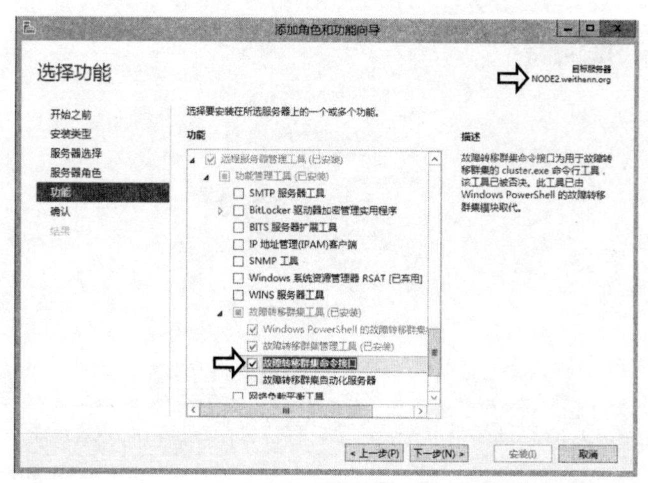

图 19-5　Node2 主机安装故障转移群集命令接口服务器功能

确认故障转移群集命令接口服务器功能已经安装成功，如图 19-6 所示。

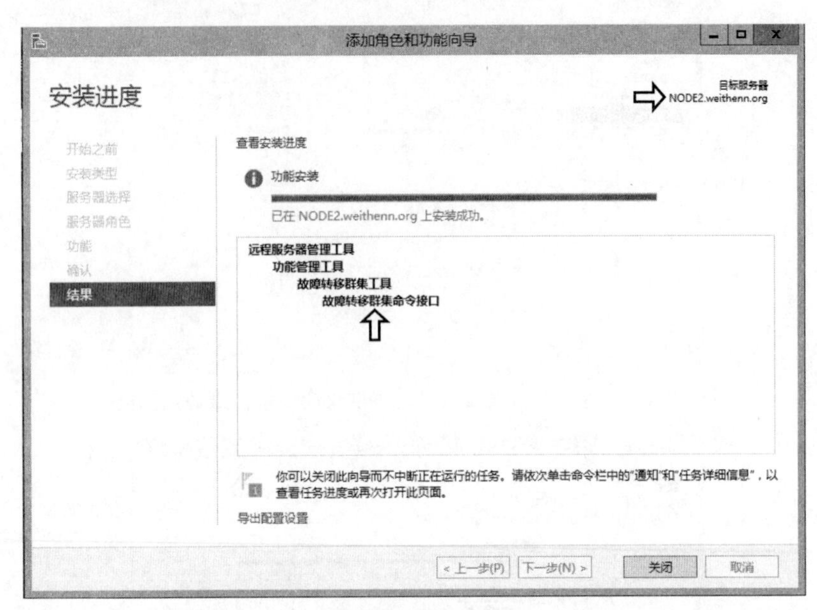

图 19-6　Node2 主机服务器功能已经安装成功

最后为 Node3 主机安装「故障转移群集命令接口」服务器功能，如图 19-7 所示。

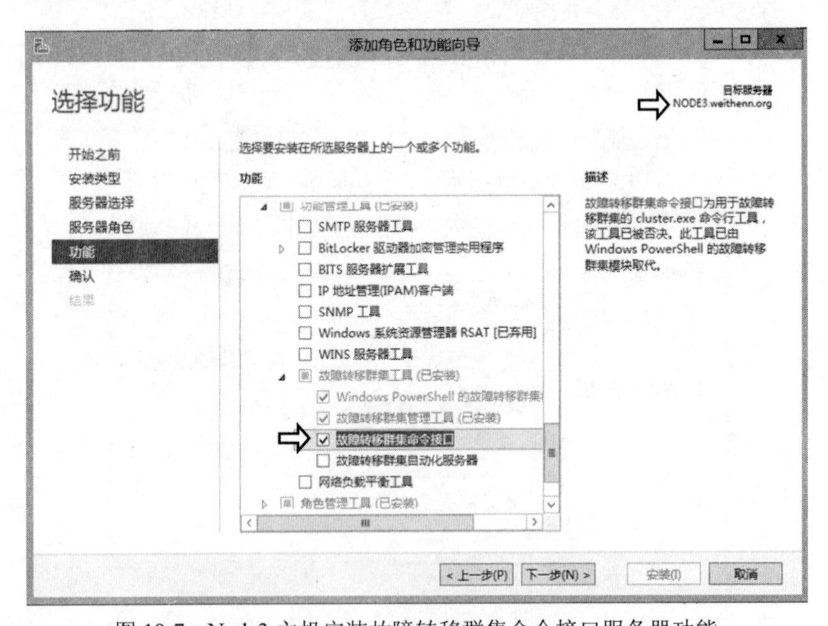

图 19-7　Node3 主机安装故障转移群集命令接口服务器功能

确认故障转移群集命令接口服务器功能已经安装成功，如图 19-8 所示。

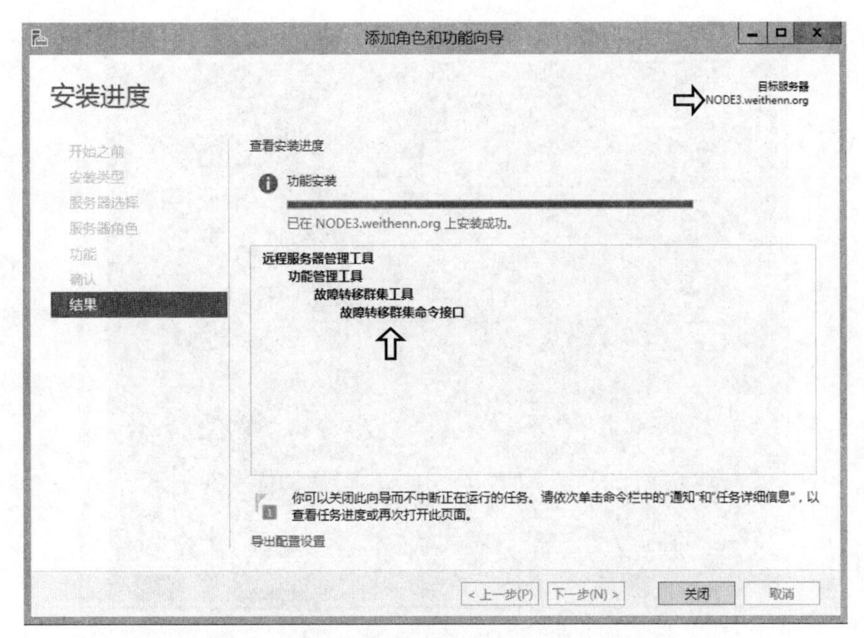

图 19-8　Node 3 主机服务器功能已经安装成功

19-3　未配置 AntiAffinityClassName 属性

顺利将故障转移群集命令接口服务器功能安装完毕后，我们可以有两种命令方式来配置 VM 虚拟机的 AntiAffinityClassName 参数值，一个是使用旧有的「cluster.exe」故障转移群集管理命令（但以后可能不支持），另一个则是使用「Get-ClusterGroup」PowerShell 命令进行配置。本节实验当中将会同时以两种配置方式介绍给读者。

在目前的故障转移群集环境当中有两台 VM 虚拟机（VM、VM2），并且分别运行于 Node1（运行 VM）及 Node2（运行 VM2）主机上，我们可以在 DC 主机打开远程 Node1 PowerShell 窗口并且输入命令来查看目前 VM 虚拟机的属性值，在 Node1 主机 PowerShell 窗口中键入「cluster group vm /prop」命令，在输出显示中可以看到「AntiAffinityClassName」字段值是「空的」，表示目前尚未配置，如图 19-9 所示。

在 DC 主机开启远程 Node2 主机 PowerShell 窗口并且输入命令来查看目前 VM2 虚拟机的属性值，在 Node2 主机 PowerShell 窗口中键入「cluster group vm2 /prop」命令，在输出显示中可以看到「AntiAffinityClassName」字段值是「空的」，表示目前尚未配置，如图 19-10 所示。

在故障转移群集管理器中为 VM 虚拟机配置首选所有者，将目前运行于 Node1 主机上的 VM 虚拟机，配置其首选所有者节点为「Node2」主机，如图 19-11 所示。

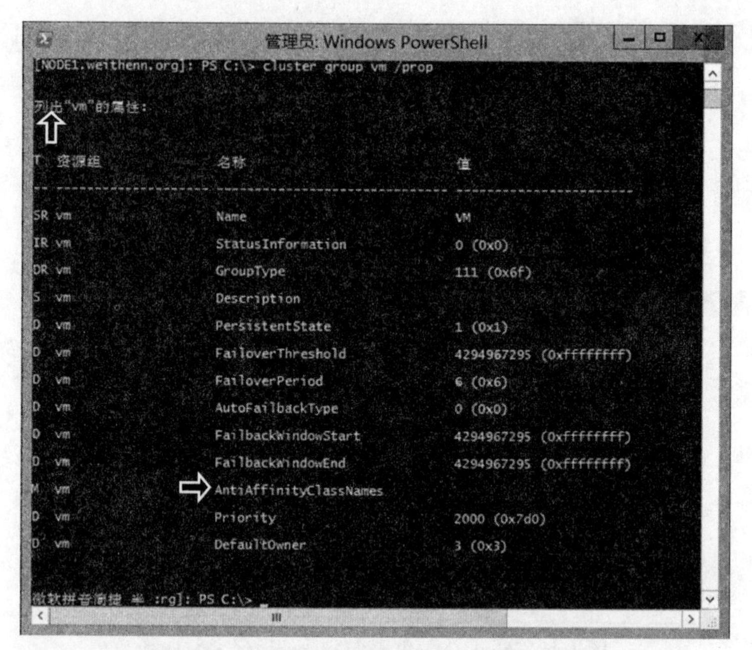

图 19-9　查看 Node1 主机上 VM 虚拟机配置

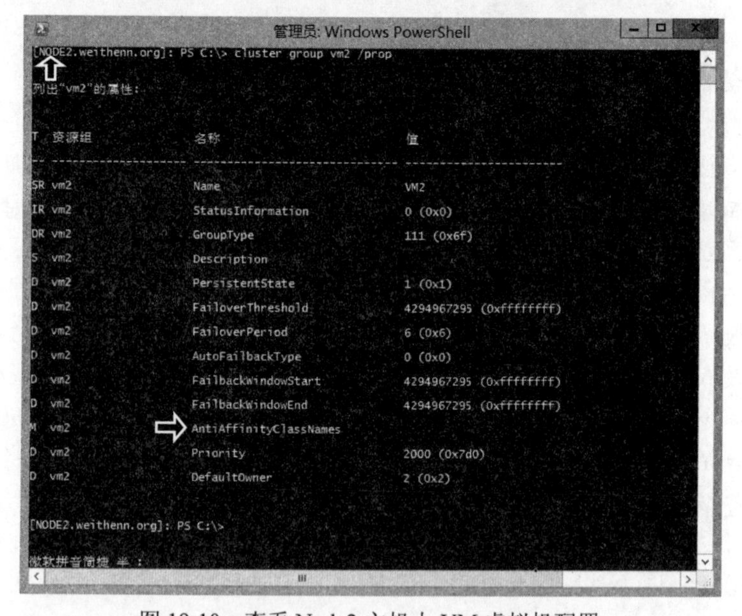

图 19-10　查看 Node2 主机上 VM 虚拟机配置

接着为 Node1 主机执行「排出角色」操作，以便将 Node1 主机上的工作负载及角色进行清空迁移的操作，如图 19-12 所示。

此时 Node1 主机上的工作负载及角色将开始执行迁移的操作，如图 19-13 所示。

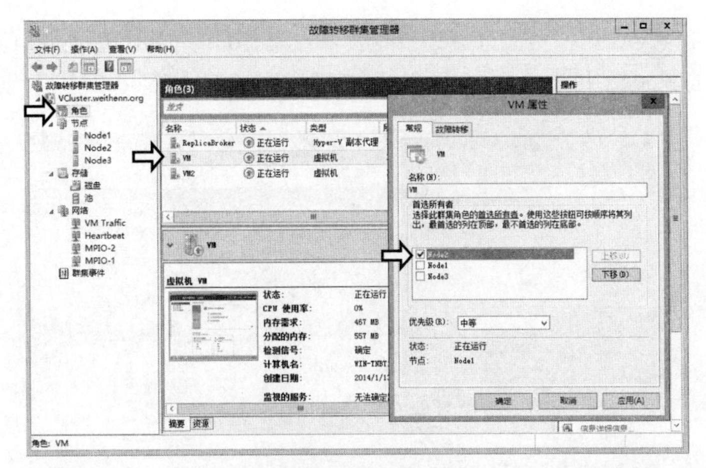

图 19-11　配置 VM 虚拟机首选所有者节点为 Node2 主机

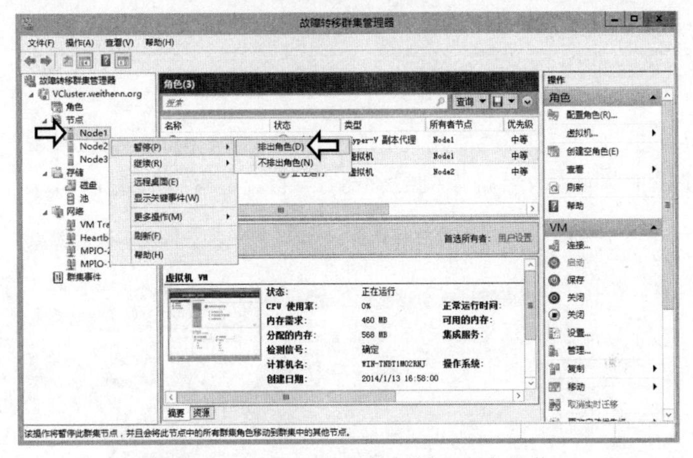

图 19-12　Node1 主机执行排出角色操作

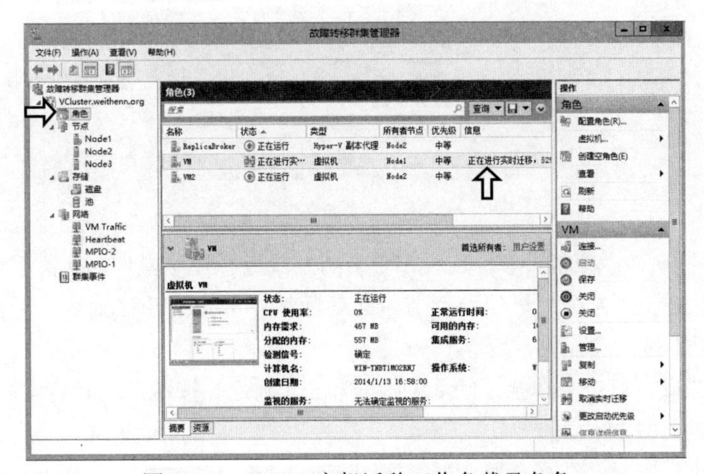

图 19-13　Node1 主机迁移工作负载及角色

因为刚才已经为 VM 虚拟机配置首选所有者节点为 Node2 主机，因此 VM 虚拟机便迁移到已经有工作负载的 Node2 主机上，而非目前没有任何工作负载的 Node3 主机，如图 19-14 所示。

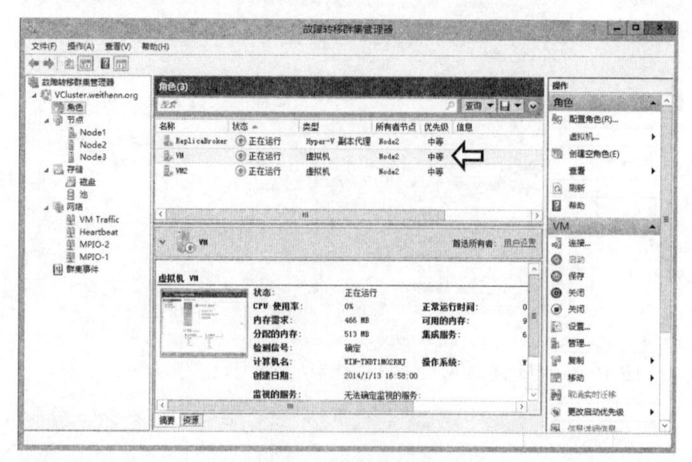

图 19-14　VM 虚拟机迁移到 Node2 主机

即使为 Node1 主机执行「故障回复角色」的操作离开维护模式，仍会发现 VM 虚拟机不会自动迁移回 Node1 主机上（因为 VM 虚拟机已经身处于首选所有者节点上了!!），如图 19-15 所示。

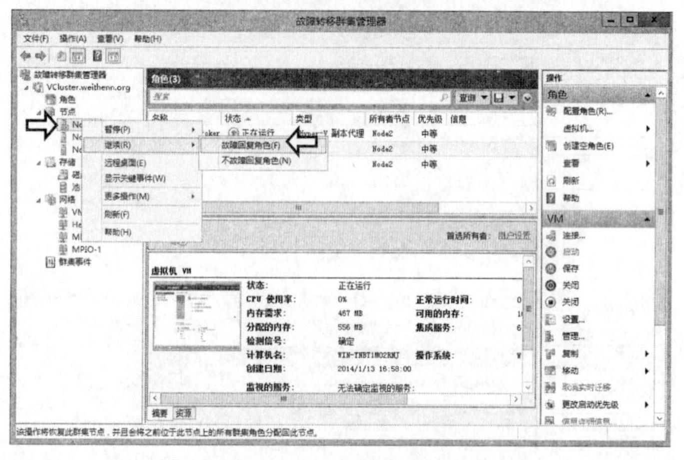

图 19-15　Node1 主机离开维护模式

执行实时迁移 VM 虚拟机并以「选择节点」的方式进行迁移操作，准备手动将 VM 虚拟机迁移回 Node1 主机（因为选择最佳可行节点的话，很有可能会迁移到目前无任何工作负载的 Node3 主机），如图 19-16 所示。

在「移动虚拟机」窗口中选择「Node1」并单击「确定」按钮，选择将 VM 虚拟机迁移回 Node1 主机，如图 19-17 所示。

此时便立即执行实时迁移操作将 VM 虚拟机迁移回 Node1 主机，如图 19-18 所示。

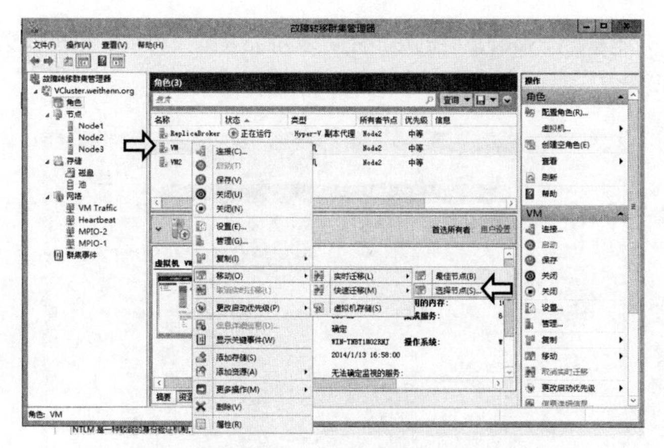

图 19-16 准备将 VM 虚拟机迁移回 Node1 主机

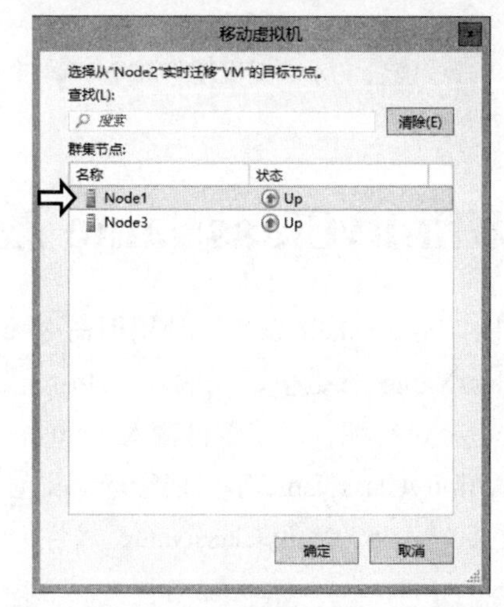

图 19-17 选择将 VM 虚拟机迁移回 Node1 主机

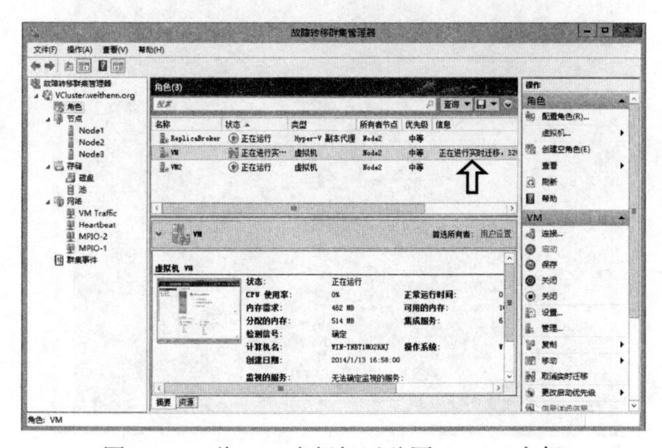

图 19-18 将 VM 虚拟机迁移回 Node1 主机

确认 VM 虚拟机迁移回 Node1 主机后，便可以准备测试 VM 虚拟机反关联（Anti-Affinity）机制，如图 19-19 所示。

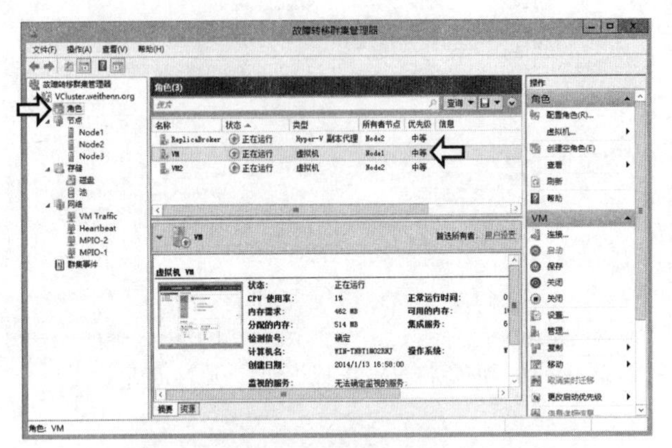

图 19-19　确认 VM 虚拟机迁移回 Node1 主机

19-4　配置 AntiAffinityClassName 属性

首先我们打开 Node1 主机的 PowerShell 窗口，使用旧命令 cluster.exe 方式为其上运行的 VM 虚拟机配置 AntiAffinityClassName 参数值，先输入「cluster group vm /prop AntiAffinity-ClassNames = "DHCP Server"」命令进行配置，接着再输入「cluster group vm /prop」命令查看字段值是否应用，可以看到 AntiAffinityClassName 字段已经应用配置值「DHCP Server」（请注意!!一台 VM 虚拟机其实可以配置多个 AntiAffinityClassName 属性），如图 19-20 所示。

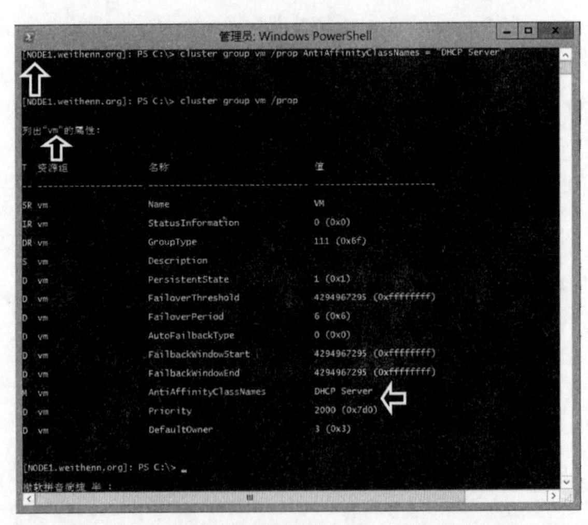

图 19-20　配置 Node1 主机上 VM 虚拟机的 AntiAffinityClassName 参数值

然后打开 Node2 主机的 PowerShell 窗口，使用新的 PowerShell 命令来为其上运行的 VM 虚拟机配置 AntiAffinityClassName 参数值，先输入「(Get-ClusterGroup vm2).AntiAffinity-ClassNames = "DHCP Server"」命令进行配置，接着再输入「(Get-ClusterGroup vm2).AntiAffinity-ClassNames」命令查看是否应用生效，如图 19-21 所示。

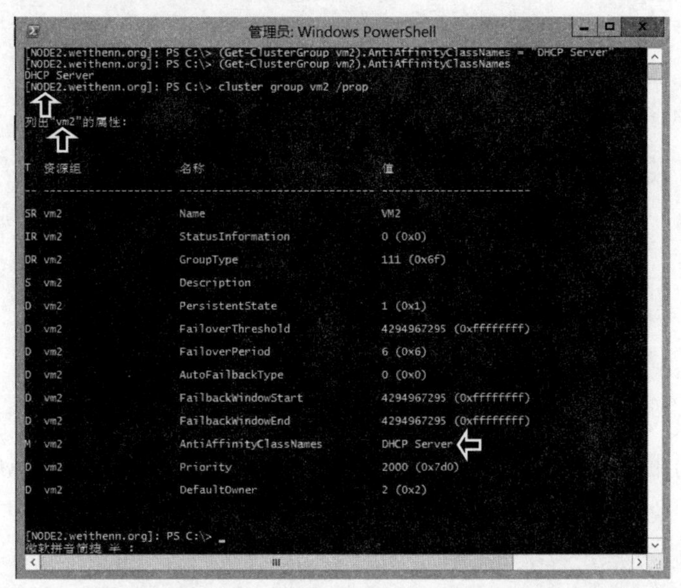

图 19-21 配置 Node2 主机上 VM 虚拟机的 AntiAffinityClassName 参数值

确认两台 VM 虚拟机都配置好同样的 AntiAffinityClassNames 参数值后，再次执行操作让 Node1 主机进入维护模式，并且确认 VM 虚拟机的首选所有者节点配置为 Node2 主机，如图 19-22 所示。

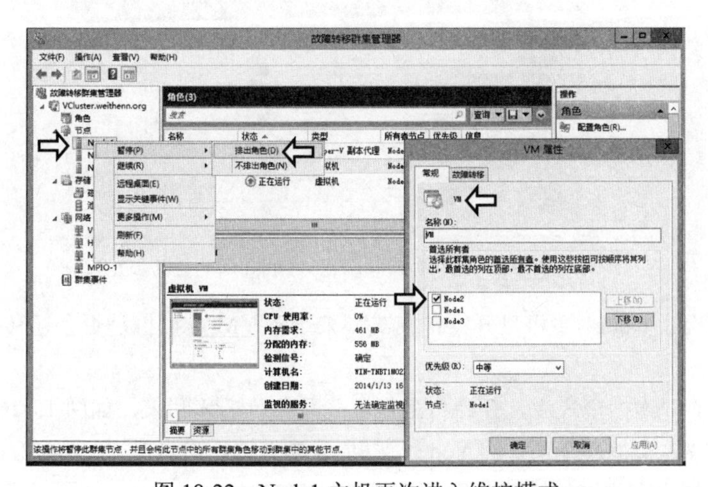

图 19-22 Node1 主机再次进入维护模式

Node1 主机成功进入维护模式后，便开始将工作负载及角色进行迁移，如图 19-23 所示。

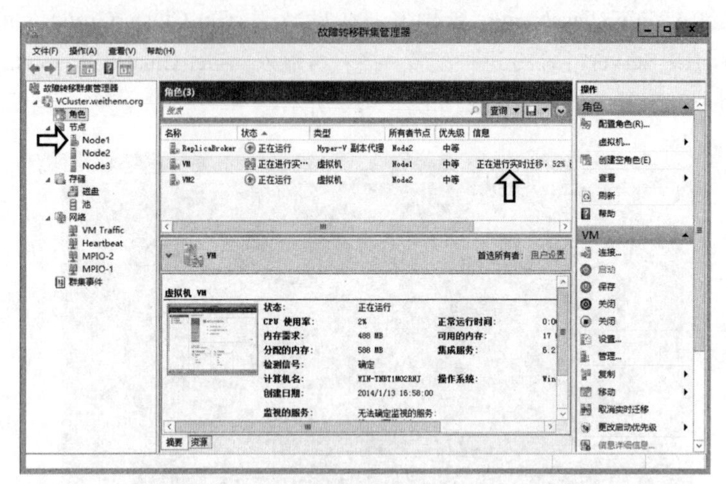

图 19-23　Node1 主机迁移工作负载及角色

此时将会发现 VM 虚拟机并没有迁移到首选所有者节点 Node2 主机，而是另外一台存活的群集节点 Node3 主机（因为 Node2 主机中的 VM 虚拟机有相同的 AntiAffinityClassNames 参数值配置），如图 19-24 所示。

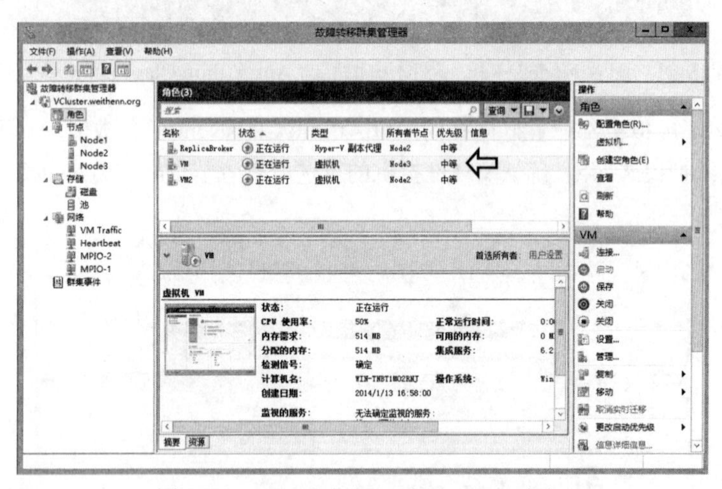

图 19-24　VM 虚拟机迁移到 Node3 主机

当然可以再次让 Node1 主机离开维护模式，来查看 VM 虚拟机是否会迁移到 Node2 主机，如图 19-25 所示。

Node1 主机离开维护模式后，开始将工作负载及角色迁移回来，如图 19-26 所示。

可以看到 VM 虚拟机还是迁移回 Node1 主机 而非首选所有者节点 Node2 主机(因为 Node2 主机中的 VM 虚拟机有相同的 AntiAffinityClassNames 参数值配置)，如图 19-27 所示。

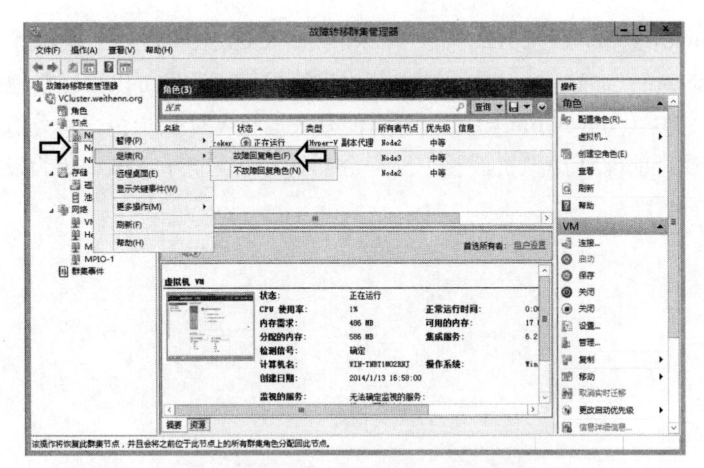

图 19-25 Node1 主机离开维护模式

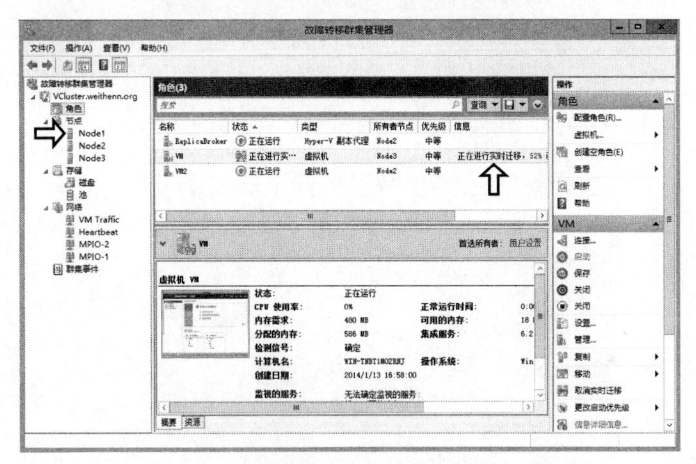

图 19-26 Node1 主机将工作负载及角色迁移回来

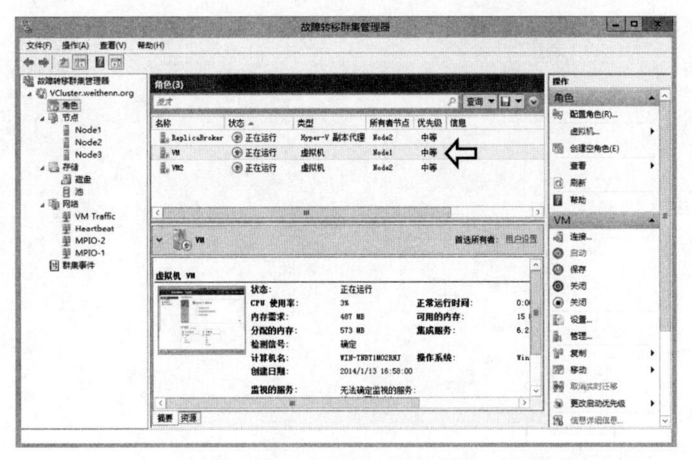

图 19-27 VM 虚拟机迁移回 Node1 主机

虽然在 Windows Server 2012 当中并未内置 GUI 图形接口来配置 VM 虚拟机的 AntiAffinityClassNames 参数值，但是通过本节的实验相信读者也可以很轻松地为 VM 虚拟机配置 VM 虚拟机反关联（Anti-Affinity）机制，以便有效地将 VM 虚拟机平均分散在群集节点主机当中，避免相同属性的 VM 虚拟机放置于同一台群集节点主机上，减少因为发生灾难事件而导致的停机时间。